D1665155

Gabelstaplerfahrschule
– Flurförderzeuge –

Beschaffenheit · Ausbildung · Einsatz

Gabelstaplerfahrschule
– Flurförderzeuge –

Beschaffenheit · Ausbildung · Einsatz

von RA Bernd Zimmermann
Leiter des Institutes für angewandten Arbeits- und
Gesundheitsschutz/Qualitätssicherung – IAG Mainz

Mit 936 Abbildungen, Grafiken, Tabellen und Zeichnungen

„Jedes Ding ist gefährlich.
Kennst du seine Eigenart,
ist die Gefahr zu besiegen!“

Impressum:
10. Auflage 2018

Maria-Eich-Straße 77, D-82166 Gräfelfing
Umschlagfoto: Space-kraft, Fotolia.com
Bildnachweis: s. Seite 550
Satz: Peter Körffer, Augsburg
Druck und Bindung: Salzland-Druck, Staßfurt

Printed in Germany
ISBN 978-3-930039-00-5

Inhaltsverzeichnis

Kapitel 2

Kapitel 3

Kapitel 5

Kapitel 6

Vorwort zur 10. Auflage

Auch für die 10. Auflage wurde das Werk einer vollständigen Durchsicht und Überprüfung unterzogen.

Neue Vorschriften, wie die BetrSichV oder TRBS wurden eingearbeitet, die vollständige Umbenennung des DGUV-Regelwerkes vorgenommen.

Auch inhaltlich wurden Passagen neu gefasst und zahlreiche Bilder aktualisiert. Insbesondere das 2. Kapitel „Physikalische Grundlagen" wurde einer umfassenden Überarbeitung unterzogen, versehen mit zahlreichen neu eingefügten Definitionen, die dem Verständnis für diese schwierige Thematik dienen sollen.

Verlag und Verfasser hoffen so, allen Unternehmern, Ausbildern, Unterweisern und Einsatzleitern in bewährter Form ein hochwertiges Lehrbuch zur Verfügung stellen zu können.

Wie auch bei der Bearbeitung der Vorauflagen möchte ich mich ganz herzlich bei meiner Frau bedanken, die bei der Umsetzung des Werkes wesentlich mitgewirkt hat. Als stolzer Vater möchte ich mich auch bei unserem Sohn Timo für die wertvolle Zuarbeit i. S. Überarbeitung der physikalischen Grundlagen und Erstellung mehrerer Graphiken bedanken.

Gleiches gilt für die bewährte und vertrauensvolle Zusammenarbeit mit dem Resch-Verlag.

– Bernd Zimmermann –

Vorwort

Seit Jahren sind die Unfallzahlen, an denen Flurförderzeuge und insbesondere Gabelstapler beteiligt sind – auch tödliche Unfälle – sehr hoch. Nicht vergessen werden dürfen dabei auch die Sachschäden, die die Unternehmer zu erleiden haben und die Versicherungen bezahlen müssen.

Bei den Unfallursachen handelt es sich meistens um Einsatz- und Bedienungsfehler. Die Gefahren im Umgang mit diesen Maschinen werden aber nicht nur von den Fahrern unterschätzt. Selbst die Einsatzleitung, die Aufsichtspersonen und natürlich die im Umfeld arbeitenden Menschen wissen zu wenig über das Gefahrenpotenzial Bescheid.

Hersteller, Aufsichtsbehörden, Berufsgenossenschaften, Fachkräfte für Arbeitssicherheit und Sicherheitsbeauftragte haben dies erkannt. Das Restrisiko wird, soweit es geht, vermindert, die Flurförderzeuge stetig verbessert und weiterentwickelt und die Ausbildungsvorgaben der Fahrer an die Sicherheitsbedürfnisse angepasst.
Bei der Erarbeitung der Arbeits- und Gesundheitsschutzvorgaben für die Aus- und Fortbildung des Fahr- und Steuerpersonals und den Einsatz von Flurförderzeugen steht die „Gabelstaplerfahrschule" seit Jahrzehnten erfolgreich Pate. Sie ist wesentlicher Bestandteil eines umfassenden Lehrprogrammes und wird durch digitale Medien, Lehrsysteme, Broschüren, Test- und Protokollbogen u.v.m. ergänzt.

Mit diesem Handbuch, das nunmehr in der 10. Auflage erscheint und seit 1973 auch die Regeln der Technik maßgeblich mitgeprägt hat, wird den Verantwortlichen eine Grundlage an die Hand gegeben werden, mit der sie alle anstehenden Fragen verlässlich beantworten können. Aus diesem Grund wurde das Werk überarbeitet und erweitert. Die Vorschriften und Gesetzestexte berücksichtigten die langjährigen Erfahrungen und Erkenntnisse, die durch Technische Aufsichtsbeamte/Aufsichtspersonen und Sicherheitsingenieure in den verschiedenen Institutionen und Unternehmen gesammelt wurden. In diesem Handbuch sollen diese Erkenntnisse von der praktischen Seite her erläutert und begründet werden. Es geht hier nicht darum, Vorschriften genüge zu leisten, sondern ein Verständnis dafür zu wecken, warum der Umgang und der Einsatz dieser Maschinen so und nicht anders zu erfolgen hat. Nur wer das selbst versteht, kann Fahrer gewissenhaft ausbilden, unterweisen und beaufsichtigen, und nur dann kann auch richtig entschieden werden, welche Flurförderzeuge wann und wie eingesetzt werden können.

Für die Schulung der Fahrer selbst ist ein umfangreiches Lehrprogramm von Bauartenbroschüren entwickelt worden. Es ist auch für den Fahrer wichtig, eine kurzgefasste und reich bebilderte Übersicht in Händen zu haben. Er soll in die Lage versetzt werden, das ihm in der Schulung vermittelte Wissen wiederholen und vertiefen zu können. Entsprechend ist das gesamte Informationssystem, das wir entwickelt haben wie folgt aufgebaut:

Das Handbuch „Gabelstaplerfahrschule“:

1. Der Betriebsleiter:
Er erhält durch dieses Handbuch nicht nur Hinweise über mögliche Gefahrenquellen, sondern auch, wie der Betrieb und der Betriebsablauf zu gestalten sind, wenn Flurförderzeuge eingesetzt werden. Hier spielen die Gestaltung der Wege, die Abstellmöglichkeit der Fahrzeuge, die Absicherungen an Regalen, die Beleuchtung usw. eine Rolle. Wer den Einsatz der Fahrzeuge bestimmt, muss prüfen, ob das Umfeld auch stimmt. Derjenige steht in der Verantwortung und muss deshalb wissen, auf welcher Grundlage er Entscheidungen fällt.

2. Der Betriebs- und Anlagenplaner:
Er muss bei seinen Planungen konkret die Arbeitsweisen der Flurförderzeuge kennen und sich der potenziellen Gefahren bewusst sein.

3. Der Einsatzleiter:
Er muss wissen, welche Personen und welche Geräte er für welche Aufgaben einsetzen kann. Fundierte Kenntnisse über diese unfallträchtigen Maschinen sind deshalb unabdingbare Voraussetzung.

4. Der Ausbilder:
Wie bereits erwähnt, kann er nur dann gut ausbilden, wenn er Vorschriften und Maßnahmen begründen kann. Es reicht nicht aus, wenn sich sein Wissen nur auf das bezieht, was er den Fahrern in der Ausbildung anhand von Schulungsunterlagen vermittelt oder auf das, was in den Lernbroschüren für die Fahrer steht.

5. Fachkraft für Arbeitssicherheit:
Sie findet in dem vorliegenden Handbuch eine Fülle von Anregungen für den sicheren Betriebsablauf, der gerade durch den Einsatz von Flurförderzeugen besonders gefährdet sein kann.

6. Sachverständiger/Sachkundiger/befähigte Person und Betriebsrat:
Sie werden immer wieder mit Fragen konfrontiert, die eine genaue Kenntnis der Zusammenhänge erforderlich machen. Durch dieses Handbuch können sie sich schnell in spezielle Fragen einarbeiten und damit über ein verlässliches Wissen verfügen, das dem Stand der Technik entspricht und die gültigen Gesetze berücksichtigt.

Zum Schulungsmaterial im Einzelnen:

Die Unterrichtsfolien (Schulungspräsentation im PowerPoint-Format):
Für den Ausbilder stellt das Lehrsystem „Flurförderzeugführer-Ausbildung" eine unverzichtbare Grundlage dar. Der Ausbilder erhält somit die Sicherheit, eine rechtlich unangreifbare Ausbildung zu gewährleisten. Es behandelt vollumfänglich den für die Ausbildung von Flurförderzeugführern geforderten Inhalt. Umfassende Dozententexte sind für ihn zu jeder Folie mit beinhaltet.

Die Fahrerbroschüren:
Sie sind für die Fahrer unerlässlich und vermitteln zur Ausbildung und Unterweisung die notwendigen Grundlagen. Sie sollten deshalb jedem Fahrer zur Verfügung gestellt werden. Das Handbuch und die Unterrichtsfolien nehmen zudem Bezug auf die Broschüren, sodass Ausbildung und Unterweisung mit übereinstimmendem Material durchgeführt werden können.

Betriebsanweisungen und Protokollbücher:
Betriebsanweisungen sind zu erstellen und zu beachten. Pflichten, wie die tägliche oder regelmäßige Prüfung von Arbeitsmitteln, wie auch Unterweisungen und Aufsichtspflichten, sind zu dokumentieren – schon im eigenen Interesse des Unternehmers, Ausbilders, der befähigten Person oder des Gerätebedieners. Hierzu bieten wir ebenfalls umfassende Hilfsmittel. Gleiches gilt für Testbogen, Fahrausweise, Eignungsprotokolle oder jährliche Unterweisungen.

– Verfasser und Verlag –

Hinweise zum Gebrauch des Handbuches/ Nachschlagewerkes

Das Handbuch ist chronologisch von der Beschaffenheit des Flurförderzeugs, der Verantwortung und Haftung nach Schäden, der Fahrpersonalanforderung, über die Sicherheitseinrichtungen der Maschinen, deren Prüfung, Instandhaltung, Einsatzplanung, Sondereinsatzfragen bis hin zur Grundhaltung der Fahrer(innen), Durchführung von Lehrgängen und Abnahme von Prüfungen aufgebaut.

Für die Ausbildung des Fahrpersonals ist es so gegliedert und verfasst, dass es mit einer erfolgreichen Seminargestaltung nach Inhalt, Form und Aufbau gemäß des berufsgenossenschaftlichen Grundsatzes für die Ausbildung von Flurförderzeugführern – DGUV G 308-001 übereinstimmt.

Zur schnellen Problemlösung beim Einsatz von Flurförderzeugen beinhaltet es am Schluss der Ausführungen ein umfassendes Stichwortverzeichnis.

Weitere Ausbildungsliteratur:

Als Zusatzliteratur, besonders für den Fahrer, direkten Vorgesetzten, z. B. Einsatzleiter, Meister und Sicherheitsbeauftragten, haben sich die speziellen Bauartenbroschüren

- „Der Gabelstaplerfahrer"
- „Der Mitgänger-Flurförderzeugführer"
- „Der Lagertechnikgeräteführer"
- „Der Wagen- und Schlepperfahrer"
- „Flurförderzeuge auf öffentlichen Straßen – Verkehrsräumen"
- „Sicherer Umgang mit Regalen – Hinweise für Gabelstaplerfahrer und Lageristen"
- „Fit und sicher – Was der Gabelstaplerfaher für seine Gesundheit wissen muss"

sehr bewährt. Sie sind mit ausführlichem Bildmaterial ausgestattet und behandeln das Wesentliche für das Führen und den Einsatz dieser Maschinen.

Damit Gerätebediener, Führungskräfte und Ausbilder auf dem aktuellen Stand des Rechts und der Technik gehalten werden, wurden die jährlichen Unterweisungen geschaffen – verschiedene Themen mit Kontrollfragen zur Dokumentation der rechtlich vorgeschriebenen Unterweisungsverpflichtung des Unternehmers (nach DGUV V 1 § 4).
Abgerundet werden diese Themen durch weitere Lehrmedien wie den Broschüren:

- Instandhaltungsarbeiten
- Protokollbücher
- u.v.m.

Auf gerätespezifische technische Details wurde in diesem Werk bewusst verzichtet. Dies ist Aufgabe der jeweiligen Betriebsanleitung des Herstellers. Dieses Handbuch soll und darf die Betriebsanleitung auch nicht ersetzen. Umgekehrt ersetzt keine Betriebsanleitung dieses Handbuch.

Wir wünschen allen, die mit dem Einsatz von Flurförderzeugen zu tun haben, bei ihrer verantwortungsvollen Aufgabe viel Erfolg.

Glück auf!

Abkürzungen

A	Vibrationswert
ABE	Allgemeine Betriebserlaubnis – Straßenverkehr
AC	Bezeichnung des Wechselstroms
AGW	Arbeitsplatzgrenzwert
ArbSchG	Arbeitsschutzgesetz
ArbStättV	Arbeitsstättenverordnung
ASR	Arbeitsstättenrichtlinie
Ast	Arbeitsgangbreite
ATEX	EG-Richtlinie 94/9/EG – übliche Bezeichnung in Fachkreisen
AVV	Allgemeine Verwaltungsvorschrift
BA	Betriebsarzt
BAnz	Bundesanzeiger
BAT	Werte für krebserzeugende Stoffe (biologische Arbeitsplatztoleranz)
BAuA	Bundesanstalt für Arbeitsschutz und Arbeitsmedizin
BetrAnl	Betriebsanleitung
BetrSichV	Betriebssicherheitsverordnung
BetrVG	Betriebsverfassungsgesetz
BG	Berufsgenossenschaft
BGB	Bürgerliches Gesetzbuch
BGBl.	Bundesgesetzblatt
BGH	Bundesgerichtshof
BOA	Verordnung über den Bau und Betrieb von Anschlussbahnen
BKRFQG	Berufskraftfahrer-Qualifikations-Gesetz
BPersVG	Bundespersonalvertretungsgesetz
BUK	Bundesunfallkasse
C-Norm	Maschinenbezogene Europäische Norm
CE	Communantés européens (Buchstabenfolge des europäischen Konformitätszeichens)
CEN	Europäisches Komitee für Normung
CENELEC	Europäisches Komitee für elektrotechnische Normung
DA	Durchführungsanweisung zu Berufsgenossenschaftlichen Vorschriften
DC	Bezeichnung des elektrischen Gleichstroms
DEKRA	Deutscher Kraftfahrzeug-Überwachungsverein
DGUV	Deutsche Gesetzliche Unfallversicherung – Spitzenverband der gewerblichen Berufsgenossenschaften und der Unfallversicherungsträger der öffentlichen Hand
DGUV G	DGUV Grundsätze } Bezeichnungen der Maßnahmen zur Erfüllung der Schutzziele von Unfallverhütungsvorschriften der DGUV
DGUV I	DGUV Informationen
DGUV R	DGUV Regeln
DGUV V	DGUV Vorschriften – Unfallverhütungsvorschriften der DGUV
DIN	Deutsches Institut für Normung e.V.; Deutsche Normenbezeichnung
DIN EN ISO	Harmonisierte internationale Norm, ohne ISO: Harmonisierte Europäische Norm
DME	Dieselmotorenemissionen
DVR	Deutscher Verkehrssicherheitsrat
EBOA	Eisenbahn-Bau- und Betriebsordnung für Anschlussbahnen
EG	Europäische Gemeinschaft
ElexV	Verordnung über elektrische Anlagen in explosionsgefährdeten Bereichen
EM	Elektromagnetische Felder
EMV	Elektromagnetische Verträglichkeit
EMVG	Gesetz über elektromagnetische Verträglichkeit von Betriebsmitteln
EN	Europäische Norm
ETSI	Europäisches Institut für Telekommunikationsnormen

EU	Europäische Union
E-Werk	Elektrizitätswerk
Ex-Schutz	Explosionsschutz
ExVO	Explosionsschutzverordnung (Kurztitel der 11. ProdSV)
FEM	Fédération Européenne de la Manutention
FeV	Verordnung: Allgemeine Regelung für die Teilnahme am Straßenverkehr
Fl	Flächenangabe bei Bodenpressung (vom Verfasser)
FOPS	Schutzaufbauten gegen herabfallende Gegenstände
FZV	Fahrzeug-Zulassungsverordnung
GAA	Gewerbeaufsichtsamt
GefStoffV	Gefahrstoffverordnung
GGVSEB	Gefahrgutverordnung Straße, Eisenbahn und Binnenschifffahrt
GHS	Globally Harmonized System of Classification and Labelling of Chemicals
GPSG	Geräte- und Produktsicherheitsgesetz (abgelöst durch das ProdSG)
GS	Geprüfte Sicherheit; Buchstabenfolge des GS-Zeichens
ISO	International Organization for Standardization – Internationale Norm – Normungsorganisation
JArbSchG	Jugendarbeitsschutzgesetz
LärmVibrations-ArbSchV	Lärm- und Vibrations-Arbeitsschutzverordnung
Lkw	Lastkraftwagen
LUK	Landesunfallkasse
MRL	Maschinenrichtlinie
NJW	Neue juristische Wochenschrift
NJW-RR	Neue juristische Wochenschrift – Rechtsprechungsreport
oEG	Obere Explosionsgrenze
OLG	Oberlandesgericht
OWiG	Ordnungswidrigkeitengesetz
Pa	Pascall-Schallwert
PflVG	Pflichtversicherungsgesetz
ProdSG	Produktsicherheitsgesetz
ProdSV	Maschinenverordnung (Kurztitel)
PSA	Persönliche Schutzausrüstung
RL	Europäische Richtlinie
ROPS	Überroll-Schutz
RSA	Richtlinien für die Sicherung von Arbeitsstellen an Straßen
SGB VII	7. Sozialgesetzbuch
StVG	Straßenverkehrsgesetz
StVO	Straßenverkehrsordnung
StVZO	Straßenverkehrszulassungsordnung
TC	Technical Comitee = technisches Komitee
THC	Tetrahydrocannabinol
TRA	Technische Regeln für Aufzüge
TRBS	Technische Regeln für Betriebssicherheit
TRG	Transportreformgesetz/Technische Regeln für Druckgase
TRGS	Technische Regeln für Gefahrstoffe
TRK-Wert	Technischer Richtkonzentrationswert eines krebserregenden Stoffes, z.B. Dieselabgas
TÜV	Technischer Überwachungsverein
uEG	untere Explosionsgrenze
UVV	Unfallverhütungsvorschrift(en) der Berufsgenossenschaften

VDE	Verband der Elektrotechnik Elektronik Informationstechnik e. V.
VDI	Verein Deutscher Ingenieure
VDMA	Verband Deutscher Maschinen- und Anlagenbau e. V.
VdS	Verband der Sachversicherer
VDV	Vibrationsdosis
WG	Working Group = Arbeitsgruppe
ZDV	Zentrale Dienstvorschrift der Bundeswehr
ZPO	Zivilprozessordnung

Zeichen / Umrechnung

a	Beschleunigung/Verzögerung
a/b	Bezeichnung von Strecken, z. B. Hebelarme (a = Lastarm, b = Staplergewicht)
A	Ampère (elektrische Stromstärke); Antriebskraft, Mindestluftvolumenstrom
A_{zul}	Zulässige spezifische Windfläche der Last
α	Alpha – griechischer Buchstabe
β	Beta – griechischer Buchstabe
AC	Wechselstrom
c	Lastschwerpunktabstand (Herstellerbezeichnung)
c_f	Tatsächlicher aerodynamischer Kraftbeiwert
ca.	cirka
$\cos \beta$	Winkelfunktion – Trigonometrie
cm	Zentimeter
cm^2	Quadratzentimeter
D	Norm-Lastschwerpunktabstand/-lage auf den Gabelzinken
daN	Deka-Newton; 1 daN = 10 N
daN/cm^2	Deka-Newton pro Quadratzentimeter
dB	Dezibel
dB(A)	A-bewerteter Schalldruckpegel in Dezibel Dimension des Lärmbeurteilungspegels mit Frequenzbewertung
DC	Gleichstrom
η	Wirkungsgrad eines Batterieladegerätes; griechischer Buchstabe
E	Energie
E_L	Lageenergie
E_K	Kinetische Energie
F	Fliehkraftangabe
Fl	Stützfläche
F_{LS}	Schrägzugkraft
ft	foot = ' Fuß, englische Längenmaßeinheit; 1 ft = 30,48 cm
F_H	Horizontalkraft; u. a. Kippkraft
F_S	Schubkraft
F_W	Reibungskraftangabe
F_{WK}	Wankkraft
$F_{Zg.max}$	Maximale Zugkraftangabe eines Schleppzuges
g	Fall-/Erdbeschleunigung; 9,81 $m/s^2 \sim 10\ m/s^2$
G	Eigengewicht, z. B. eines Staplers (Angabe vom Verfasser)
G_H	Hinterachslast
G_K	Gewichtskraftangabe, auch als G oder G_S bezeichnet
GL	Gesamtgewicht
h	Stunde; Staplerhubhöhen; Lasthöhen
H	Hangabtriebskraft; Hubhöhenangaben in EN-Normen
i	Steigungs-/Gefälleangabe in Prozent
inch/in/''	Zoll; englisches Längenmaß; 1 Zoll = 25,395 mm
I	Ladestromstärke für ein Batterieladegerät
IU	Ladekennlinie eines Batterieladegerätes mit konstanter(m) Spannung und Strom
J	Joule (Energieeinheit); 1 J = 1 Newtonmeter [Nm]; 1 J pro s = 1 W
K	Kelvin; Gradschritt bei Temperaturen
kg	Kilogramm; 1 kg = 1 000 g
km	Kilometer; 1 km = 1 000 m
km/h	Kilometer pro Stunde; Stundenkilometer
kN	Kilo-Newton (Kraftangabe); 1 kN = 1 000 N
K_n	Nennkapazität einer Batterie

kV — Kilo-Volt (elektrische Stromspannung); 1 kV = 1 000 V
L — Last-/Schwerpunkt (Angabe vom Verfasser); Lärmschalldruckpegel
LA — Lastschwerpunktabstand
L_{EX8h} — Lärmexpositionspegel
L_f — Batterieladefaktor
L_{WA} — Schallleistungspegel
m — Masse eines Körpers; Meter
m^2 — Quadratmeter (auch qm)
m_A — Maximale Anhängerlast
mA — Milli-Ampère (elektrische Stromstärke); 1 000 mA = 1 A
mJ — Milli-Joule = 1/1000 J
mm — Millimeter
m_S — Bruttogewicht des Flurförderzeugs (Eigen- plus Fahrergewicht)
m/s — Meter pro Sekunde
n — Anzahl der Zellen einer Batterie
N — Newton (Krafteinheit)
Nm — Newtonmeter = Kraft mal Meter
p — Druck
Pa — Pascal – Druckschwankungswert – Lärm
q — Windstaudruck
Q — Nenn-Grundtragfähigkeit; Luftvolumenstrom – Entlüftung
QE — Entladungszustand einer Batterie; Luftvolumenstrom pro Batterie
Q_{ges} — Erforderlicher Luftvolumenstrom in einer Batterie-Ladestation
qm — Quadratmeter
s — Wegstrecke
S — Massenmittelpunkt; Schwerpunktlage
sec — Sekunde
Sif — Statischer Standsicherheitsfaktor
$\sin \alpha$ — Winkelfunktion – Trigonometrie
St_1/St_2 — Staplerbezeichnung
t — Tonne (Gewichtsangabe)
tan — Tangens-Winkelfunktion – Trigometrie
T — Trägheitskraftangabe
U — Batterie-Ladungsspannung
U_m — Mittlere Ladespannung einer Batterie
v — Geschwindigkeit
v_{red} — reduzierte zulässige Windgeschwindigkeit
v_{zul} — zulässige Windgeschwindigkeit nach Tragfähigkeitstabelle
V — Volt (elektrische Stromspannung)
W — Arbeit
x — Konstruktionsausgleich des Herstellers zwischen Gabelschaft und Vorderachse
Z — Prozentuales Abbremsvermögen
μ — Reibbeiwertangabe
° — Gradeinheit für Winkelgrößen (ggf. auch für Temperaturen)
Ω — Ohm – Elektrischer Widerstand
= — gleich
$<$ — kleiner als
$>$ — größer als
$\leq$ — kleiner oder gleich
$\geq$ — größer oder gleich
~ — ungefähr – aufgerundet
$\cong$ — fast gleich
$\triangleq$ — entspricht
Δ — Durchmesser eines kreisrunden Körpers
% — Prozent; 1/100 (1 bezogen auf 100)
‰ — Promille; 1/1000 (1 bezogen auf 1 000)

Kapitel 1
Rechtliche Grundlagen für die Ausführung der Maschinen/Arbeitsmittel, Auswahl des Fahrpersonals und den Einsatz von Flurförderzeugen

1.1.1 Sicherheitssystem in der Bundesrepublik Deutschland

Dieses System ruht in den Betrieben, auf den Baustellen und dgl. hauptsächlich auf folgenden drei Eckpfeilern:

- dem Siebten Sozialgesetzbuch – SGB VII
- dem Arbeitsschutzgesetz – ArbSchG
- dem Produktsicherheitsgesetz – ProdSG

Siebtes Sozialgesetzbuch – SGB VII

Gesetzliche Grundlage der gewerblichen Unfallversicherung ist das SGB VII. Erleidet z. B. ein Gabelstaplerfahrer einen Arbeitsunfall oder einen Unfall auf dem Weg von/zur Arbeit bzw. auf einer Dienstfahrt, trägt die für den Betrieb zuständige **Berufsgenossenschaft**, deren Aufgabe die Umsetzung der Vorgaben des Siebten Sozialgesetzbuchs ist, die Heilungs- und Rehabilitationskosten. Bei bleibenden Unfallschäden ab 20 % Erwerbsminderung zahlt sie dem Verunfallten eine Rente.

Ihre Hauptaufgabe liegt jedoch im Bereich der Prävention, denn sie muss u. a. durch Beratung der Betriebe bis hin zu Anordnungen an den Unternehmer durch ihre technischen Aufsichtsbeamten, jetzt genannt Aufsichtspersonen, mit dafür Sorge tragen, dass die Betriebe weitestgehend unfallsicher sind, so erhalten bleiben und dass die Beschäftigten bei ihrer Arbeit vor Arbeitsunfällen, Berufskrankheiten und arbeitsbedingten Gesundheitsgefahren weitestgehend geschützt sind. Mit dieser Arbeit unterstützen sie den Unternehmer, dessen Aufgaben auch die o. a. Vorgaben sind.

Zur Verwirklichung dieses Zieles hat die Berufsgenossenschaft Unfallverhütungsvorschriften geschaffen, die der Unternehmer und seine Mitarbeiter beachten müssen; denn sie stellen für diese Personengruppen verbindlich geltendes (autonomes) Recht dar. Solche Vorschriften sind z. B. die

- DGUV Vorschrift 1 (frühere BGV A1) „Grundsätze der Prävention",
- DGUV Vorschrift 2 (frühere BGV A2) „Betriebsärzte und Fachkräfte für Arbeitssicherheit",
- DGUV Vorschrift 3 (frühere BGV A3) „Elektrische Anlagen und Betriebsmittel" oder
- DGUV Vorschrift 68 (frühere BGV D27) „Flurförderzeuge".

Neben den Unfallverhütungsvorschriften haben die Unfallversicherungsträger der Deutschen gesetzlichen Unfallversicherung (DGUV) Regeln, Informationen und Grundsätze geschaffen, die arbeitsmittel- und arbeitsplatzbezogen die Arbeitssicherheit regeln.

Seit dem 01.05.2014 haben die Gremien der Deutschen Gesetzlichen Unfallversicherung (DGUV) die Benennung ihrer Vorschriften komplett geändert, d. h. jede Vorschrift hat eine neue Bezeichnung erhalten.

Folgende Systematik liegt der Umstrukturierung zugrunde:
Die bisherigen berufsgenossenschaftlichen Unfallverhütungs**vorschriften** tragen die Ziffern 1-99 und werden als DGUV Vorschriften bezeichnet.
Beispiel: Die alte BGV A1 „Grundsätze der Prävention" trägt jetzt die Bezeichnung DGUV Vorschrift 1, die bisherige BGV D27 „Flurförderzeuge" heißt jetzt DGUV Vorschrift 68.
Von 100-199 folgen die berufsgenossenschaftlichen **Regeln**. Die Regeln haben vorne immer eine 1. Da es mehr als 100 Regeln gibt, wurde mit Zahlenkombinationen gearbeitet, also beispielsweise DGUV Regel 112-195 „Benutzung von Schutzhandschuhen" (frühere BGR 195).

Mit der Ziffer 2 beginnen die berufsgenossenschaftlichen **Informationen**. Da es wie bei den Regeln mehr als 100 gibt, finden wir auch hier die Kombination mit dem Bindestrich.
Beispiel: DGUV Information 212-515 „Persönliche Schutzausrüstungen" (frühere BGI 515).
Mit einer 3 beginnen die berufsgenossenschaftlichen **Grundsätze**, also z. B. DGUV Grundsatz 308-001 „Ausbildung und Beauftragung der Fahrer von Flurförderzeugen mit Fahrersitz und Fahrerstand" (früherer BGG 925).

Wichtig ist, dass mit dieser Umbenennung gleichzeitig keine inhaltliche Veränderung der Vorschriften verbunden war.

Die DGUV Regeln und Grundsätze sind Regeln der Technik und sollten vom Unternehmer und Beschäftigten eingehalten werden. Sie können davon abweichen, wenn sie die Arbeitssicherheit auf gleiche Art und Weise sicher gewährleisten können, wie wenn sie diese Vorschriften einhalten würden. Aber auch die DGUV Informationen sollten bei der Bewertung der Arbeitssicherheit mit einfließen, auch wenn sie rechtlich das „Schwächste" des DGUV-Regelwerks darstellen.

Beispiele für diese berufsgenossenschaftlichen Regeln der Technik:

DGUV-Grundsätze, z. B.
DGUV G 308-001 Ausbildung und Beauftragung der Fahrer von Flurförderzeugen mit Fahrersitz und Fahrerstand

DGUV-Regeln, z. B.
DGUV R 112-193 Benutzung von Kopfschutz
DGUV R 112-198 Benutzung von persönlichen Schutzausrüstungen gegen Absturz
DGUV R 108-007 Lagereinrichtungen und -geräte

DGUV-Informationen, z. B.
DGUV I 250-427 Handlungsanleitung für die arbeitsmedizinische Vorsorge
DGUV I 213-568 Verfahren zur Bestimmung von Schwefelsäure
DGUV I 208-001 Ladebrücken
DGUV I 214-003 Ladungssicherung auf Fahrzeugen

1. DGUV V 1 – Grundsätze der Prävention
   Sie löste die UVV „Allgemeine Vorschriften" ab.
   Bei der Einhaltung der DGUV Vorschriften etc. haben die Versicherten/Beschäftigten den Unternehmer zu unterstützen.
   Diese Basisvorschrift verzahnt das berufsgenossenschaftliche Satzungsrecht mit dem staatlichen Arbeitsschutzrecht (§ 2 Abs. 1).
   Sie zieht bestimmte Pflichten und Tätigkeitsbereiche der Versicherten und Unternehmer aus danach folgenden „speziellen" Unfallverhütungsvorschriften quasi als Präambel zusammen. Sie gelten sozusagen immer und generell für alle Arbeitsbereiche. Geregelt werden z. B. Unterweisungspflichten, gefährliche Arbeiten, Pflichtenübertragung, Unterstützungspflichten beim Arbeits- und Gesundheitsschutz durch die Versicherten, Regeln zur Ersten Hilfe oder das Tragen von persönlicher Schutzausrüstung.
   Diese Grundlagenvorschrift bedarf einer Konkretisierung, die in speziellen Unfallverhütungsvorschriften (s. z. B. unter Pos. 2 und im DGUV-Regelwerk) vorgenommen und in Verbindung/Einklang mit dem Betriebssicherheitsausschuss und seinen Unterausschüssen weiterentwickelt wird, da sie selbst, wie die Betriebssicherheitsverordnung (BetrSichV) nur allgemeine Schutzziele formuliert.
   Für den Einsatz von Arbeitsmitteln ist die Forderung an den Arbeitgeber/Unternehmer hervorzuheben, der die geltenden „Qualifizierungsanforderungen" in Bezug auf Arbeitsmittel einzuhalten hat (DGUV V 1 § 7 Abs. 1 Satz 2). Bezogen auf Flurförderzeuge ist dies der DGUV G 308-001 „Ausbildung und Beauftragung der Fahrer von Flurförderzeugen mit Fahrersitz und Fahrerstand".

2. DGUV V 68 – Flurförderzeuge
   Diese berufsgenossenschaftliche Vorschrift gibt vor, dass Flurförderzeugführer auszubilden und wie die Maschinen sicher einzusetzen sind (s. a. Abschnitt 1.5.1).
   Sie ist damit auch Erfüllungsvorgabe für das ArbSchG, die BetrSichV und zivil- und strafrechtliche Haftungsvorschriften.

Arbeitsschutzgesetz – ArbSchG

Dieses Gesetz dient dazu, die Sicherheit und den Gesundheitsschutz der Beschäftigten bei der Arbeit durch Maßnahmen des Arbeitsschutzes zu sichern und zu verbessern. Es gilt in allen Tätigkeitsbereichen (s. § 1 ArbSchG).

Unter Maßnahmen des Arbeitsschutzes im Sinne dieses Gesetzes sind Maßnahmen zur Verhütung von Arbeitsunfällen und arbeitsbedingten Gesundheitsgefahren einschließlich der Maßnahmen der menschengerechten Gestaltung der Arbeit zu verstehen (s. § 2 ArbSchG).

Es ist die vorgeschriebene Umsetzung der europäischen Arbeitsschutz-Rahmen-Richtlinie (89/391/EWG) zur Verbesserung der Arbeitssicherheit und des Gesundheitsschutzes bei der Arbeit.

Die Beratungs- und Überwachungsstellen dieses Gesetzes sind die für die Betriebe zuständigen Ämter für Arbeitsschutz oder die Gewerbeaufsichtsämter.

Dieses duale System, also staatliche Vorschriften und die der DGUV, hat sich seit über 100 Jahren bewährt und ist wohl in der Welt einzigartig. Bei aller erforderlichen Umschichtung/Änderung der Kostenträger unseres Sozial-, Gesundheits- und Rentenwesens denkt kaum jemand in Deutschland an eine Änderung dieses Systems. Mehrere Änderungsversuche sind sogar gerichtlich abgeschmettert worden.
So können einem Flurförderzeugführer und einer Führungskraft im Betrieb mit seinem Vorgesetzten, gemeinsam mit dem Betriebsrat und der Fachkraft für Arbeitssicherheit bei einer Betriebsbegehung sowohl ein Beamter des Gewerbeaufsichtsamts und sechs Monate später eine Aufsichtsperson der Berufsgenossenschaft begegnen, und beide sind zum Wohle der Beschäftigten unterwegs, wenn es im Moment auch mancher nicht einsieht, besonders dann, wenn seine Handlungsweise beanstandet wird, z. B. ein vorschriftswidrig abgestellter Gabelstapler oder eine fehlende Betriebsanweisung.

Auch ein Meister wird sich im ersten Augenblick nicht freuen, wenn er aufgefordert wird, die Verkehrswege nicht unzulässig einzuengen, den Sicherheitsabstand zu beiden Seiten des Flurförderzeugs und dessen Lasten von je 0,5 m nicht zu verkleinern oder keine Rettungswege/Feuerlöscheinrichtungen usw. zu verstellen.

Merke

Jeder im Betrieb hat die Betriebssicherheitsvorschriften zu beachten!

Gemeinsames Ziel aller Fachleute – ob im Betrieb oder als externe Berater – ist es, das Risiko von Arbeitsunfällen zu minimieren.

Anmerkung

Als günstig für die Verwirklichung eines noch besseren Arbeits- und Gesundheitsschutzes hat sich das Qualitätsmanagement gemäß ISO 9001 ff. bewährt, das ebenfalls durch ihre Auditoren ein sicheres Arbeitsumfeld anstrebt.

Produktsicherheitsgesetz – ProdSG

Das Produktsicherheitsgesetz ist die zentrale Rechtsvorschrift für die Sicherheit von Geräten, Produkten und Anlagen. Es ist seit dem 01.12.2011 in Kraft (BGBl. I S. 2178) und löste das bis dahin geltende Geräte- und Produktsicherheitsgesetz (GPSG) ab.

Es gilt, wenn im Rahmen einer Geschäftstätigkeit Produkte auf dem Markt bereitgestellt, ausgestellt oder erstmals verwendet werden (§ 1 ProdSG).
Unter Produkt versteht das Gesetz Waren, Stoffe oder Zubereitungen, die durch einen Fertigungsprozess hergestellt worden sind. Das trifft auch auf unsere technischen Arbeitsmittel zu, die noch das GPSG wie folgt definierte:
„Technische Arbeitsmittel sind verwendungsfertige Arbeitseinrichtungen, die bestimmungsgemäß ausschließlich bei der Arbeit verwendet werden, deren Zubehörteile, wie Schutzausrüstungen, die nicht Teil einer Arbeitseinrichtung sind, und Teile von technischen Arbeitsmitteln."
Dies sind auch unsere Flurförderzeuge (wie auch andere mobile Arbeitsmittel wie Krane, Hubarbeitsbühnen oder Erdbaumaschinen).

Unter Verbraucherprodukten versteht das ProdSG „... neue, gebrauchte oder wiederaufgearbeitete Produkte, die für Verbraucher bestimmt sind oder unter Bedingungen, die nach vernünftigem Ermessen vorhersehbar sind, von Verbrauchern benutzt werden könnten, selbst wenn sie nicht für diese bestimmt sind; als Verbraucherprodukte gelten auch Produkte, die dem Verbraucher im Rahmen einer Dienstleistung zur Verfügung gestellt werden." (§ 2 Nr. 26 ProdSG).

Produkte dürfen nur in Verkehr gebracht werden, wenn sie die Sicherheit und Gesundheit der Perso-

nen, die naturgemäß mit diesen Produkten in Berührung kommen, nicht gefährden. Voraussetzung dafür ist jedoch eine bestimmungsgemäße oder vorhersehbare Verwendung.
Unter „bestimmungsgemäßer Verwendung" versteht das Gesetz „a) die Verwendung, für die ein Produkt nach den Angaben derjenigen Person, die es in den Verkehr bringt, vorgesehen ist oder b) die übliche Verwendung, die sich aus der Bauart und Ausführung des Produkts ergibt." (§ 2 Nr. 5 ProdSG).

Unter „vorhersehbarer Verwendung" versteht das Gesetz „die Verwendung eines Produkts in einer Weise, die von derjenigen Person, die es in den Verkehr bringt, nicht vorgesehen, jedoch nach vernünftigem Ermessen vorhersehbar ist." (§ 2 Nr. 28 ProdSG).

Die zugegebenermaßen etwas verwirrende Definition der vorhersehbaren im Unterschied zur bestimmungsgemäßen Verwendung kann man mit der Maschinenrichtlinie 2006/42/EG vergleichen, die von einer sog. vorhersehbaren Fehlanwendung spricht. Dies bedeutet, dass der Hersteller damit rechnen muss, dass ein Benutzer dieses Produkt/diese Maschine so benutzt, wie er dies an sich nicht vorsieht, aber damit rechnen oder dies befürchten muss. Hierauf muss er den Benutzer in seiner Bedienungs-/Betriebsanleitung hinweisen, die Risiken und Gefahren darstellen.

Wenn ein Hersteller ein Produkt nach den dafür vorgegebenen Normen und Richtlinien herstellt, so kann er davon ausgehen, dass sein Produkt verkehrssicher ist. Dies gilt insbesondere für die sog. harmonisierten Normen. Das sind Normen, die im Amtsblatt der Europäischen Union veröffentlicht werden. Baut der Hersteller z. B. ein Flurförderzeug nach den dafür geltenden Normen (z. B. DIN EN ISO 3691-1 für Flurförderzeuge bis 10 000 kg Tragfähigkeit), so kann er von der geforderten Sicherheit dieser Maschine ausgehen.

Unter dem „Hersteller" versteht das ProdSG „... jede natürliche oder juristische Person, die ein Produkt herstellt oder entwickeln oder herstellen lässt und dieses Produkt unter ihrem eigenen Namen oder ihrer eigenen Marke vermarktet" (§ 2 Nr. 14 ProdSG).
Unter „Inverkehrbringen" wird die „... erstmalige Bereitstellung eines Produkts auf dem Markt" verstanden, wobei die Einfuhr in den europäischen Wirtschaftsraum dem Inverkehrbringen in Deutschland gleichsteht (§ 2 Nr. 15 ProdSG).

Wenn ein Hersteller ein Produkt (z. B. Gabelstapler) nach den für dieses Produkt vorgegebenen Normen oder Richtlinien (z. B. Maschinenrichtlinie) herstellt, kann er an diesem Produkt das CE-Zeichen anbringen. Die CE-Kennzeichnung muss angebracht werden, bevor das Produkt in den Verkehr gebracht wird (§ 7 Abs. 5 ProdSG).

Unter der CE-Kennzeichnung versteht man die Kennzeichnung, durch die der Hersteller erklärt, dass das Produkt den geltenden Anforderungen genügt, die in den Harmonisierungsvorschriften der EU, die ihre Anbringung vorschreiben, festgelegt sind (§ 2 Nr. 7 ProdSG). Die CE-Kennzeichnung bedeutet somit eine Vermutungswirkung für den Rechtsverkehr (Unternehmer, Gerätebediener, Verbraucher), dass das Produkt „sicher" ist.

Das CE-Zeichen finden wir häufig auf Typenschildern an unseren Maschinen. Es darf nicht mit anderen Zeichen verwechselt werden oder eigenmächtig „künstlerisch gestaltet" werden. Auch darf es nicht in ein Firmenlogo „eingebaut" werden. Es muss immer eindeutig klar und als CE-Zeichen unverwechselbar erkennbar sein.

Typenschild eines Flurförderzeuges mit CE-Zeichen

Fehlt einem Produkt/einer Maschine das CE-Zeichen, so ist dies ein Mangel und berechtigt zur Gewährleistung des Herstellers bis hin zur Rückgabe der Sache (z. B. bei Weigerung dies anzubringen).

Treten Zweifel an der Sicherheit des Produktes auf, so sind bestimmte Behörden befähigt, hier einzuschreiten und die Sicherheit zu überprüfen. Sind die Voraussetzungen für ein sicherheitsgerechtes Inverkehrbringen nicht gegeben, kann dies bis zur Untersagung führen, das Produkt dem Markt bereitzustellen. Bevor es aber dazu kommt, sieht das Gesetz eine Reihe von Maßnahmen vor, der sich der Hersteller bedienen kann und muss, wie z.B. Warnungen oder Rückrufaktionen.

Entgegen dem CE-Zeichen, das grundsätzlich keiner vorherigen Prüfung des Produkts unterliegt, bevor es auf den Markt gebracht wird, ist bei den Produkten, auf denen das GS-Zeichen angebracht ist, ein behördliches Genehmigungsverfahren erforderlich.

Auch dieses Zeichen hat, wie das CE-Zeichen, seine Grundlage im ProdSG (auch früher im GPSG). Dieses GS-Zeichen darf nur auf Antrag des Herstellers oder seines Bevollmächtigten zuerkannt und am Produkt angebracht werden, wenn es von einer sog. GS-Stelle geprüft und zugelassen wurde. GS-Stellen können z.B. unsere Technischen Überwachungsvereine – TÜV sein.

Das GS-Zeichen hat sich in der Vergangenheit als wichtiger Qualitätsfaktor sowohl bei Arbeitsmitteln als auch bei Verbraucherprodukten entwickelt.

Betriebssicherheitsverordnung – BetrSichV

Die derzeit geltende BetrSichV trat am 01. 06. 2015 in Kraft. Ihre Rechtsgrundlage ist das Arbeitsschutzgesetz – ArbSchG. Sie wendet sich an den Betreiber und Arbeitgeber. Sie gilt für die Bereitstellung von Arbeitsmitteln durch Arbeitgeber sowie für die Benutzung von Arbeitsmitteln durch Beschäftigte bei der Arbeit (§ 1).

Arbeitsmittel nach der BetrSichV sind Werkzeuge, Geräte, Maschinen oder Anlagen, die für die Arbeit verwendet werden, einschließlich überwachungsbedürftige Anlagen (§ 2 Abs. 1).

Anlagen werden definiert als eine Zusammensetzung mehrerer Funktionseinheiten, die zueinander in Wechselwirkung stehen und deren sicherer Betrieb wesentlich von diesen Wechselwirkungen bestimmt wird. Auch überwachungsbedürftige Anlagen fallen unter diese Verordnung, wie z.B. Dampfkesselanlagen, Füllanlagen, Leitungen unter innerem Überdruck für entzündliche, leicht entzündliche, hoch entzündliche, ätzende oder giftige Gase, Dämpfe, Aufzugsanlagen, Bauaufzüge oder Anlagen in explosionsgefährdeten Bereichen, auch Tankstellen.

Im § 2 „Begriffsbestimmung" stellt sie klar, dass Arbeitsmittel Werkzeuge, Geräte, Maschinen, Teilmaschinen, Sicherheitsbauteile und Betriebsanlagen, z.B. überwachungsbedürftige Anlagen, wie Druckbehälter, Aufzüge, Tankstellen und dgl., sind.
Ziel der BetrSichV ist es, ein geordnetes und einheitliches Anlagensicherheitsrecht zu schaffen, das eine Weiterentwicklung des bestehenden hohen Sicherheitsniveaus unterstützen soll.

Sie gibt folglich auch nur Schutzziele vor, die durch technische Regeln, Unfallverhütungsvorschriften und Informationen ausgefüllt werden.

Zur Beratung in allen Fragen des Arbeitsschutzes für die Bereitstellung und Benutzung von Arbeitsmitteln und für den Betrieb überwachungsbedürftiger Anlagen wurde beim Bundesministerium für Arbeit und Sozialordnung ein Ausschuss für Betriebssicherheit eingerichtet. Dieser setzt sich zusammen aus ehrenamtlichen sachverständigen Mitgliedern der öffentlichen und privaten Arbeitgeber, der Länderbehörden, der Gewerkschaften, der Träger der gesetzlichen Unfallversicherung, der Wissenschaft und der zugelassenen Stellen. Dieser Ausschuss (mit entsprechenden Unterausschüssen versehen) soll den Stand der Technik, Arbeitsmedizin und Hygiene ermitteln und entsprechende Regeln und sonstige gesicherte arbeitswissenschaftliche Erkenntnisse für die Bereitstellung und Benutzung von Arbeitsmitteln sowie für den Betrieb überwachungsbedürftiger Anlagen ermitteln und entsprechende Regeln erstellen. Angegliedert ist dieser Ausschuss an die Bundesanstalt für Arbeits-

schutz und Arbeitsmedizin, die die Geschäfte des Ausschusses führt (s. § 21 BetrSichV).
Diese vom Ausschuss und den entsprechenden Unterausschüssen entwickelten Regeln sind die sog. TRBS – Technischen Regeln für Betriebssicherheit. In diesen technischen Regeln „verarbeiten" die Ausschussmitglieder staatliche und berufsgenossenschaftliche Vorschriften, Regeln, Richtlinien, Informationen und geltende Grundsätze.

Bewegt sich der Unternehmer/Betreiber/Arbeitgeber im Sicherheitsrahmen der BetrSichV und der TRBS, so hat er rechtlich die Vermutung auf seiner Seite, vorschriftsmäßig zu handeln. Wählt er eine davon abweichende Lösung, hat er nachzuweisen, dass er die Arbeitssicherheit mit genau demselben Sicherheitsstandard gewährleisten kann, wie es die Vorgaben der BetrSichV und der TRBS regeln. Dies muss schriftlich im Rahmen einer Gefährdungsanalyse nachgewiesen werden. Die Berufsgenossenschaft ist jederzeit berechtigt, diese einzusehen.

Diese Gefährdungsanalyse ist Ausfluss aus der Grundpflicht des Arbeitgebers, die erforderlichen Maßnahmen des Arbeitsschutzes unter Berücksichtigung der Umstände zu treffen, die die Sicherheit und Gesundheit der Beschäftigten bei der Arbeit beeinflussen (§ 3 ArbSchG). Hierzu hat er die mit der Arbeit verbundenen Gefährdungen zu ermitteln und im Hinblick auf Maßnahmen des Arbeitsschutzes zu prüfen. Gefährdungen können sich ergeben aus

- der Gestaltung und Einrichtung der Arbeitsstätte,
- physikalischen, chemischen oder biologischen Einwirkungen,
- der Gestaltung, der Auswahl und dem Einsatz von Arbeitsmitteln, insbesondere von Arbeitsstoffen, Maschinen, Geräten und Anlagen sowie dem Umgang damit,
- der Gestaltung von Arbeits- und Fertigungsverfahren, Arbeitsabläufen und Arbeitszeit und deren Zusammenwirken oder
- unzureichender Qualifikation und Unterweisung der Beschäftigten

(so § 5 ArbSchG).
Im Hinblick auf diese Gefahren sind vom Arbeitgeber die notwendigen Maßnahmen für die sichere Bereitstellung und Benutzung von Arbeitsmitteln zu ermitteln. Dabei hat er insbesondere die Gefährdungen zu berücksichtigen, die mit der Benutzung des Arbeitsmittels (also z. B. des Flurförderzeuges) selbst verbunden sind und die am Arbeitsplatz durch Wechselwirkungen der Arbeitsmittel untereinander oder mit Arbeitsstoffen oder der Arbeitsumgebung hervorgerufen werden (so § 3 BetrSichV).

Werden Flurförderzeuge (oder auch andere Arbeitsmittel) in besonders gefährlichen Bereichen eingesetzt, wie z. B. in explosionsfähiger Atmosphäre) oder kommt es beim Einsatz des Flurförderzeuges zur Bildung eines entsprechenden Gefahrenbereiches, muss der Unternehmer/Arbeitgeber zusätzliche Schutzmaßnahmen einleiten und Sondervorschriften beachten (z. B. die GefStoffV und die Erstellung eines Explosionsschutzdokumentes nach der GefStoffV § 6 Abs. 8).

Nur wer die staatlichen Arbeitsschutzvorschriften nicht einhält, muss sich der Gefahr der Haftung ausgesetzt sehen, wenn etwas passiert.

Merke

Der Unternehmer, seine Beauftragten und Beschäftigten können davon ausgehen, dass sie ihrer Verantwortung für Sicherheit und Gesundheit gerecht werden, wenn sie die staatlichen Arbeitsschutzvorschriften einhalten!

1.1.2 Beschaffenheit von Arbeitsmitteln / Maschinen – Flurförderzeugen, deren Anbaugeräte und dgl.

Wie im Absatz „Arbeitsschutzgesetz – ArbSchG" bereits erwähnt, sind sich die Mitgliedstaaten der Europäischen Gemeinschaft – EG über die Notwendigkeit einer Verbesserung des Arbeits- und Gesundheitsschutzes einig. Gleichzeitig will man aber auch Handelshemmnisse abbauen. Es muss gewährleistet sein, dass eine Maschine, die in Frankreich, Italien oder Deutschland gebaut worden ist, in allen anderen Staaten der EG ohne technische Änderungen, Ergänzungen oder dgl. eingesetzt werden kann.

Unter einer Maschine versteht man „... eine mit einem anderen Antriebssystem als der unmittelbar eingesetzten menschlichen oder tierischen Kraft ausgestattete oder dafür vorgesehene Gesamtheit miteinander verbundener Teile oder Vorrichtungen, von denen mindestens eines bzw. eine beweglich ist und die für eine bestimmte Anwendung zusammengefügt sind", so die Maschinenrichtlinie. Das kann z. B. ein Kran, ein Bagger oder auch ein Flurförderzeug sein.

EG-Maschinenrichtlinie – Maschinenverordnung

Um die bereits erläuterte Vorgabe der Gründer der Europäischen Wirtschaftsgemeinschaft, festgeschrieben im Artikel 100 a der „Römischen Verträge", umzusetzen, wurde die EG-Maschinenrichtlinie – 89/392/EWG – neueste Fassung – 2006/42/EG geschaffen. Ihre Umsetzung erfolgt in deutsches Recht über die 9. Verordnung zum ProdSG, die sog. Maschinenverordnung.

In diese Richtlinie/Verordnung sind neben den erwähnten Maschinen/Teilmaschinen auch Sicherheitsbauteile, z. B. Fahrerschutzdächer, Logikeinheiten für Sicherheitsfunktionen, z. B. Zweihandschaltungen, Lichtschranken und Scanner zum Verkehrswegabtasten sowie Lastaufnahmeeinrichtungen aufgenommen worden.

Die Richtlinie/Verordnung wendet sich an Hersteller, Importeure und dgl. Auch ein Unternehmer, der zum Eigenbedarf eine Maschine herstellt, gilt als Hersteller.

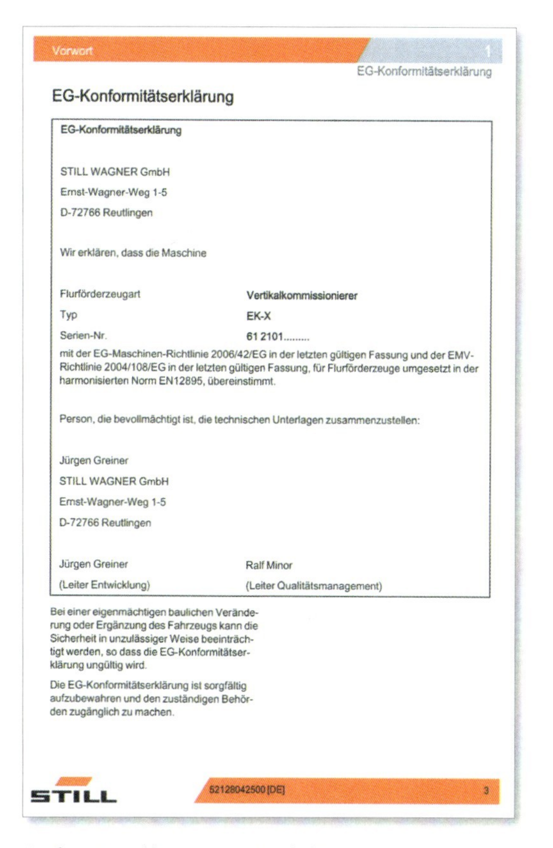
Vorwort 1

EG-Konformitätserklärung

EG-Konformitätserklärung

EG-Konformitätserklärung

STILL WAGNER GmbH
Ernst-Wagner-Weg 1-5
D-72766 Reutlingen

Wir erklären, dass die Maschine

Flurförderzeugart	**Vertikalkommissionierer**
Typ	**EK-X**
Serien-Nr.	**61 2101.........**

mit der EG-Maschinen-Richtlinie 2006/42/EG in der letzten gültigen Fassung und der EMV-Richtlinie 2004/108/EG in der letzten gültigen Fassung, für Flurförderzeuge umgesetzt in der harmonisierten Norm EN12895, übereinstimmt.

Person, die bevollmächtigt ist, die technischen Unterlagen zusammenzustellen:

Jürgen Greiner
STILL WAGNER GmbH
Ernst-Wagner-Weg 1-5
D-72766 Reutlingen

Jürgen Greiner	Ralf Minor
(Leiter Entwicklung)	(Leiter Qualitätsmanagement)

Bei einer eigenmächtigen baulichen Veränderung oder Ergänzung des Fahrzeugs kann die Sicherheit in unzulässiger Weise beeinträchtigt werden, so dass die EG-Konformitätserklärung ungültig wird.

Die EG-Konformitätserklärung ist sorgfältig aufzubewahren und den zuständigen Behörden zugänglich zu machen.

STILL 52128042500 [DE] 3

Konformitätserklärung eines Vertikal-Kommissionierers

CE-Kennzeichen – Konformitätserklärung

Ein Hersteller/Importeur oder dgl. darf eine Maschine nur in den Handel bringen/verkaufen, wenn sie den Vorgaben der EG-Maschinenrichtlinie entspricht. Dies dokumentiert er durch das Anbringen des CE-Kennzeichens, z. B. auf dem Fabrikschild und mit der einer der Maschine beigefügten Konformitätserklärung.

Mit der Konformitätserklärung bescheinigt er die Übereinstimmung seiner Konstruktion/Fertigung der Maschine unter Berücksichtigung seiner Risikobeurteilung gemäß Vorbemerkung zu Anhang 1 der EG-Maschinenrichtlinie und den derzeit gültigen Regeln der Technik.

Zusätzlich übernimmt er dafür die Gewähr, dass die elektromagnetische Verträglichkeit der Maschine gemäß EMV-Richtlinie 2004/108/EG erfüllt wurde.

Sicherheitsbauteile

Wie sind Sicherheitsbauteile zu behandeln?

Zunächst muss geklärt werden, was unter einem Sicherheitsbauteil zu verstehen ist. Es ist ein vollständiges, gebrauchsfertiges Bauteil, welches unmittelbar nur eine spezielle Sicherheitsfunktion zu erfüllen hat. Es kann an einer Maschine, hier Flurförderzeug, z. B. eine Zweihandeinrückung oder ein Scanner zum Abtasten eines Verkehrsweges, aber auch z. B. am Eingang von Schmalgängen in Form einer Lichtschranke angebracht oder frei beweglich sein, wie Funkfernsteuerungen.

Fehlt es an der Maschine/der Anlage, beeinträchtigt es nicht die Funktion der Maschine, stellt aber die Sicherheit für den Bediener und andere gefährdete Personen im Umfeld außerordentlich infrage und ist somit unabdingbar.

Sicherheitsbauteile sind z.B. auch Fahrerkabinen, die als Fahrerschutzdach ausgelegt sind, Notausschalter, Scanner, Fahrbahnendschalter, Schaltmatten, Geschwindigkeitsreduzierschalter und Lastmomentbegrenzer.

Werden sie von Maschinenherstellern selbst hergestellt und in die Maschine eingebaut bzw. nach Vorgaben des Maschinenherstellers ebenfalls unter Berücksichtigung o.a. Norm gefertigt und vom Maschinenhersteller selbst eingebaut, gelten sie als Bauteil der gesamten Maschine.

Werden sie aber vom Maschinen- oder Sicherheitsbauteilhersteller einzeln in den Verkehr gebracht, z.B. ein Überrollschutzaufbau für einen Teleskopstapler als Sonderzubehör, ist dem Sicherheitsbauteil eine eigene Konformitätserklärung beizulegen sowie das CE-Zeichen anzubringen.

Liegt für die Herstellung der Bauteile keine harmonisierte Norm vor, müssen sie einer Baumusterprüfung durch eine notifizierte (zugelassene) Stelle unterzogen werden, wenn das Bauteil im Anhang IV der Maschinenrichtlinie aufgeführt ist. Solche Bauteile sind z.B. elektrosensible und sensorgesteuerte Personenschutzeinrichtungen, wie Lichtschranken, Logikeinheiten von Zweihandschaltungen zur Aufrechterhaltung der Sicherheitsfunktion und Schutzaufbauten gegen herabfallende Gegenstände, z.B. Fahrerschutzdächer und Personenrückhalteeinrichtungen für Sitze.

Was ist eine harmonisierte Norm?
Sie erleichtert den Herstellern den Nachweis über die Konformität/Übereinstimmung mit den grundlegenden Anforderungen an die jeweilige Maschine, das Sicherheitsbauteil oder dgl.

Diese Normen werden auf europäischer Ebene ausschließlich vom „Europäischen Komitee für Normung" – CEN bzw. vom „Europäischen Komitee für Elektrotechnische Normung" – CENELEC oder dem „Europäischen Institut für Telekommunikationsnormen" – ETSI erlassen.
Hierzu erhalten diese privatrechtlichen Organisationen ein Mandat/Normungsauftrag von der Europäischen Kommission für einen festumrissenen Regelungsgegenstand.

Diese Normen werden von dem technischen Komitee „Technical Comitee" – TC in seinen Arbeitsgruppen „Working Groups" – WGs erarbeitet. Diesen Arbeitsgruppen steht ein Fachmann/Spezialist für den jeweiligen Regelungsgegenstand, z.B. hier den Flurförderzeugen, zur Seite. Er wird als „CE-Consultant" bezeichnet und arbeitet im Auftrag der EU-Kommission. Er hat dabei auch die Aufgabe, die Normenentwürfe auf technische Mängel wie Widersprüche zwischen der Maschinenrichtlinie – MaschinenRL und dem Normentext sowie der Vermeidung von Betreiber-/Anwenderpflichten mit Bau- und Ausführungsbestimmungen zu untersuchen und sie ggf. zu vermeiden.

Die harmonisierten Normen werden nach Freigabe durch die EU-Kommission im Amtsblatt der EG veröffentlicht. Diese Veröffentlichung und die Umsetzung durch einen EU-Mitgliedstaat lassen die Vermutung seitens der Hersteller zu (juristisch genannt „Vermutungswirkung"), dass die hergestellte Maschine die grundlegenden Anforderungen der betreffenden Richtlinie, hier der MaschinenRL, erfüllt.

Darüber hinaus werden vom CEN/CENELEC und dem DIN-Ausschuss Normen erarbeitet, die nicht harmonisiert sind, also nicht der Abstimmung mit der EU-Kommission bedürfen, z.B. die DIN 15185 – Teil 1 „Lagersysteme mit leitliniengeführten Flurförderzeugen – Anforderungen an Boden, Regal und sonstige Anforderungen". Solche Normen werden so erstellt, weil sie keinen direkten Einfluss auf den Bau und die Ausrüstungen der Flurförderzeuge haben.

1.1.3 Grundlagen des Einsatzes von Flurförderzeugen

Betriebsanleitung

In der Betriebsanleitung – BetrAnl, in der auch die erforderlichen sicherheitstechnischen Maßnahmen aus der Risikobeurteilung aufgeführt sind, ist die bestimmungsgemäße Verwendung der Maschine vom Maschinenhersteller festgelegt.
Können sich durch die Konstruktion der Maschine – ihrer Bauart entsprechend – trotz der vorgesehenen bestimmungsgemäßen Verwendung Unfallrisiken aus vorhersehbaren ungewöhnlichen Situationen (z.B. zu schnelles Verfahren des Staplers/Durchfahren einer Kurve mit abruptem Bremsen) ergeben

oder bestehen Restgefahren, die z.B. eine Spezialausbildung erfordern, ist in der Betriebsanleitung darauf hinzuweisen, z.B. Gefahren durch Lärm (s.a. Kapitel 3, Abschnitt 3.1, Absatz „Lärmschutz").

Betriebsanleitung für einen Vertikal-Kommissionierer

Hinweise auf Unfallgefahren sind auch erforderlich, wenn bei normalem Gebrauch der Maschine mit vernünftigem Ermessen des Maschinenführers Situationen vorkommen oder in Fachkreisen bekannt sind, vom Maschinenführer bewusst herbeigeführt werden und in der Praxis immer wieder vorkommen, z.B. Hochfahren einer Person auf dem Lastaufnahmemittel, z.B. Palette oder Gitterbox zum Reparieren einer Lüftungsanlage oder Mitfahren eines Bedieners eines Mitgänger-Flurförderzeugs auf den Gabeln und Staplereinsatz auf öffentlichen Verkehrsräumen, z.B. Lkw-Mitnahmestapler (s.a. Abschnitt 4.4.8).
In dieser Anleitung müssen auch Anweisungen für die Montage, Demontage (An- und Abbau z.B. von Anbaugeräten), Wartungs- und Reparaturarbeiten sowie für den Transport der Maschine, u.a. für das Heben als hängende Last mittels Kran in ein Wasserfahrzeug, enthalten sein (s.a. Anhang 1 Punkt 1.7.4 MRL).

Die Betriebsanleitung ist in einer der Gemeinschaftssprachen, z.B. Englisch, zu erstellen. Darüber hinaus ist eine Übersetzung in der Sprache des Verwenderlandes beizufügen. Instandhaltungsanleitungen können in der Sprache des Fachpersonals abgefasst sein.

Je detaillierter eine Betriebsanleitung abgefasst wurde, umso weniger Unklarheiten treten bei der Benutzung der Maschine auf.

Bestimmungsgemäße Verwendung

Der Hersteller hat für die Konstruktion und Ausführung – Bestückung seiner Maschine einen bestimmten Verwendungszweck vorausgesetzt. Über diese Herstellung fügt er der Maschine bei der Lieferung gemäß EG-Maschinenrichtlinie – Maschinenverordnung eine Konformitätserklärung und eine Betriebsanleitung bei (s. Abschnitt 1.1.2).

Die Konstruktion und damit die Gewährleistung des Maschinenherstellers bezieht sich nur auf den vom Hersteller vorgesehenen Gebrauch der Maschine – die bestimmungsgemäße Verwendung. Hierunter ist auch der Gebrauch eines Arbeitsmittels zu verstehen, mit dem billigenderweise gerechnet werden muss, also auch einem üblichen Fehlgebrauch, z.B. Überschreitung der Maschinentragfähigkeit oder gefährliche Situationen, wie Einsatz auf einer schrägen Ebene oder unebenem Gelände.

Darüber hinaus können aber schon bei der Konstruktion Erweiterungen, Ergänzungen, z.B. durch Montage von Anbaugeräten oder Verwendung von Zusatzeinrichtungen und auswechselbare Ausrüstungen, möglich sein.

Diese Vorgaben dürfen jedoch nicht zur Veränderung der Maschine führen, deren Herstellungsgrundlage die Maschinenverordnung, Normen und die Maschinenrichtlinie sind. Demzufolge werden in der Richtlinie und der Verordnung nur wesentliche, allgemein gültige Sicherheits- und Gesundheitsanforderungen = Zielvorgaben festgeschrieben. Diese grundlegenden Bestimmungen werden durch detaillierte Anforderungen für bestimmte Maschinengattungen ergänzt. Dies geschieht durch (harmonisierte) Normen.
Der Betreiber darf eine Maschine nur bestimmungsgemäß einsetzen und führen lassen (s. DGUV V 68

§ 6 „Flurförderzeuge" und Betriebsanleitung, z. B. für einen Kommissionierstapler).

Neue Konformitätserklärung/ -erweiterung

Eine neue Konformitätserklärung, wenigstens ihre Erweiterung, ist erforderlich, wenn konstruktive Veränderungen vorgenommen werden, die das Gefährdungspotenzial der Maschine vergrößern. Das ist regelmäßig der Fall, wenn in die Steuerung des Flurförderzeuges eingegriffen wird.
Ein Beispiel für die Änderung bzw. Erweiterung einer Konformitätserklärung wäre z. B. der Einbau einer Druckluftbremsanlage mit automatischer Kupplung an einem Gabelstapler zum Ziehen von Lkw-Anhängern.

Von einer neuen oder erweiterten Konformitätserklärung kann abgesehen werden, wenn eine solche Änderung/Erweiterung bereits bei der ursprünglichen Konformitätserklärung berücksichtigt wurde. Dies könnte z. B. der Fall sein bei

- dem Einbau eines im Staplerhubmast integrierten Seitenschiebers,
- der Angabe der wirklichen Tragfähigkeit mittels eines zusätzlichen Traglastdiagramms, wenn dies durch Standsicherheitsprüfung verifizierbar (nachprüfbar) ist,
- einem im Voraus vorgesehenen Einbau einer Fernbedienung.

Erstmaliges Inverkehrbringen

Erstmalig in den Verkehr gebracht wird ein Produkt, das selbstständig im Rahmen einer wirtschaftlichen Unternehmung ausgestellt oder, ob unentgeltlich oder entgeltlich, in der EG zur Benutzung bereitgestellt wird. Auch das Überlassen eines Produktes an den Weiterverwender, z. B. Bevollmächtigten, ist nach dem EU-Recht ein „Inverkehrbringen". Hierunter sind neben neuen Produkten auch Produkte aus Drittländern, egal ob sie neu oder gebraucht sind, zu verstehen, z. B. auch aus der Schweiz (s. Absatz „Gebrauchte Maschinen/Altmaschinen").
Als neue Maschine gilt auch eine gebrauchte Maschine, die erneuert = wesentlich verändert wurde (auch für den Eigenbedarf).

Das Anbringen/Austauschen von Werkzeugen und Zubehör, z. B. Videokameras und Arbeitsscheinwerfer, führen nicht zur o. a. Erneuerung der Konformitätserklärung; denn sie fallen nicht unter den Geltungsbereich der Maschinenrichtlinie.

Schon das Überlassen oder Bereitstellen einer Maschine, z. B. eines Schleppers oder Hubwagens, zum Probeeinsatz gilt als erstmaliges Inverkehrbringen mit allen rechtlich erforderlichen Maßnahmen, wie betriebssicherer Zustand, Beigabe der Betriebsanleitung und ggf. Hinweise für einen sicheren Einsatz, z. B. auf Verkehrswegen ohne beidseitigen ausreichenden Sicherheitsabstand von je 0,5 m bis zu einer Höhe von ≤ 2 m.

Inverkehrbringen ist also jedes Überlassen von technischen Arbeitsmitteln seitens des Herstellers oder Importeurs an andere. Dieser Tatbestand liegt demnach auch vor, wenn ein Hersteller oder Importeur Geräte an einen Händler abgibt.

Anmerkung

Eine Bereitstellung im Sinne der Maschinenrichtlinie liegt nur dann nicht vor, wenn z. B. ein Gabelstapler vom Personal des Herstellers oder seines Händlers bedient bzw. vorgeführt wird. Selbstverständlich muss die Maschine sicher sein, sodass durch ihre Bedienung das Steuer- und Kundenpersonal keinen Gefahren ausgesetzt wird.

Gebrauchte Maschinen/Altmaschinen

Für diese Maschinen gilt der Grundsatz, dass sie immer den technischen Voraussetzungen entsprechen müssen, die zum Zeitpunkt des erstmaligen Inverkehrbringens in den europäischen (EG-Mitgliedstaaten) bzw. deutschen Wirtschaftsraum galten, d. h. nach Inkrafttreten der Maschinenrichtlinien, deren Mindestvorgaben (MRL 98/37/EG bis 30.12.2009, danach die der MRL 2006/42/EG). Davor mussten sie die Voraussetzungen der Richtlinie 89/392/EWG erfüllen (die Richtlinie zur Angleichung der Rechtsvorschriften der Mitgliedsstaaten für Maschinen über das GPSG und die 9. GPSGV, die sog. Maschinenverordnung in deutsches Recht umgesetzt).

Es besteht jedoch eine „Nachrüstpflicht", insbesondere für Sicherheitseinrichtungen an Maschinen, wenn die Mindestanforderungen für Sicherheits- und Gesundheitsschutz nicht erfüllt werden, die in der BetrSichV niedergeschrieben sind (s. insbesondere die Anhänge zur BetrSichV).

Anmerkung

Wird an einer gebrauchten Maschine eine wesentliche Änderung vorgenommen, die zur Risikoerhöhung im Umgang mit der Maschine führt, so kann diese Maschine zu einer „neuen" Maschine werden, der „Veränderer" neuer Hersteller werden, der damit die technischen Voraussetzungen zu erfüllen hat, die zum Zeitpunkt der Veränderung der alten/gebrauchten Maschine gelten.

Lieferbedingungen

Trotz der grundsätzlichen Forderung des Gesetzgebers muss der Unternehmer bzw. dessen Beauftragter (Auftraggeber) bei der Erteilung von Aufträgen zur Planung, Herstellung, Änderung oder Instandsetzung von Einrichtungen bzw. Lieferung von technischen Arbeitsmitteln dem Auftragnehmer/Hersteller von Maschinen und deren Zubehör, Lieferer oder Importeur als weitere Lieferbedingung schriftlich aufgeben, dass diese Einrichtungen oder technischen Arbeitsmittel den staatlichen Arbeitsschutzvorschriften sowie den allgemein anerkannten sicherheitstechnischen Regeln entsprechen müssen. Dies kann in den Allgemeinen Geschäftsbedingungen – AGB geschehen.

Hilfreich hierzu ist auch die Richtlinie VDI 3589 „Auswahlkriterien für die Beschaffung von Flurförderzeugen". Diese Richtlinie schreibt Einsatzmerkmale, bei denen das Flurförderzeug unter Beachtung der bestimmungsgemäßen Verwendung und den Bestimmungen der Unfallverhütungsvorschriften betrieben werden soll, vor. Sie dient einem zukünftigen Betreiber als Leitlinie für die Erstellung der Auswahlkriterien bis zur Ausschreibung des Lieferumfanges für ein Flurförderzeug. Sie berücksichtigt den technischen Geräteaufbau, die Ergonomie, Umwelteinflüsse und Betriebskosten und enthält die wichtigsten Begriffsbestimmungen rund um das Flurförderzeug.

Betriebsanweisungen

Der Unternehmer muss für den Flurförderzeugeinsatz eine Betriebsanweisung erlassen (s. § 5 DGUV V 68). Betriebsanweisungen sind Regelungen, die ein Unternehmer für einen sicheren Betriebsablauf erlässt.

Betriebsanweisungen brauchen keine Ausführungen über fachliches Handhaben von Maschinen und Geräten, z. B. von Flurförderzeugen, zu enthalten. Das ist Sache der Betriebsanleitung. Die Kenntnisse und die Fertigkeiten zur Handhabung derselben hat der Beschäftigte zudem in seiner Fahrerausbildung erhalten. Trotzdem kann es sehr von Nutzen sein, wenn der Unternehmer besonders unfallträchtige Handlungen zum Anlass nimmt, um die richtige Handlungsweise, z. B. das Stillsetzen von Maschinen, wie Gabelstapler und Mitgänger-Flurförderzeuge, in die Anweisungen betriebsspezifisch aufzunehmen.

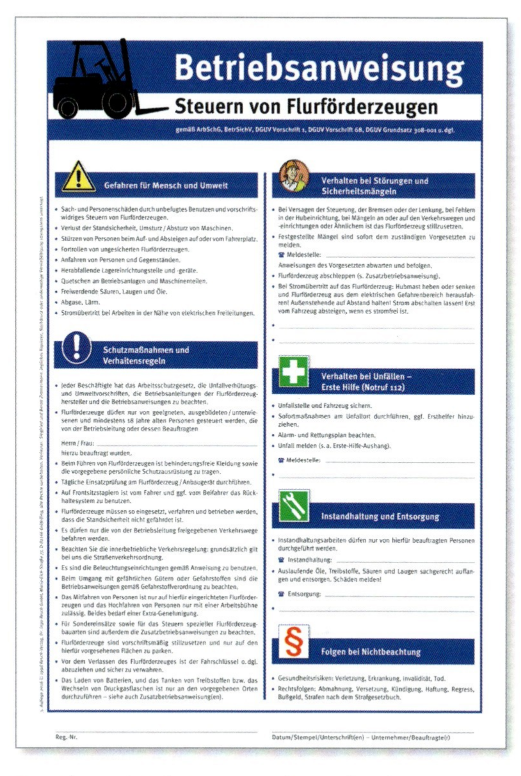

Betriebsanweisung

Steuern von Flurförderzeugen

gemäß ArbSchG, BetrSichV, DGUV Vorschrift 1, DGUV Vorschrift 68, DGUV Grundsatz 308-001 u. dgl.

Gefahren für Mensch und Umwelt

- Sach- und Personenschäden durch unbefugtes Benutzen und vorschriftswidriges Steuern von Flurförderzeugen.
- Verlust der Standsicherheit, Umsturz / Absturz von Maschinen.
- Stürzen von Personen beim Auf- und Absteigen auf oder vom Fahrerplatz.
- Fortrollen von ungesicherten Flurförderzeugen.
- Anfahren von Personen und Gegenständen.
- Herabfallende Lagereinrichtungsteile und -geräte.
- Quetschen an Betriebsanlagen und Maschinenteilen.
- Freiwerdende Säuren, Laugen und Öle.
- Abgase, Lärm.
- Stromübertritt bei Arbeiten in der Nähe von elektrischen Freileitungen.

Schutzmaßnahmen und Verhaltensregeln

- Jeder Beschäftigte hat das Arbeitsschutzgesetz, die Unfallverhütungs- und Umweltvorschriften, die Betriebsanleitungen der Flurförderzeughersteller und die Betriebsanweisungen zu beachten.
- Flurförderzeuge dürfen nur von geeigneten, ausgebildeten / unterwiesenen und mindestens 18 Jahre alten Personen gesteuert werden, die von der Betriebsleitung oder dessen Beauftragten
  Herrn / Frau: ______
  hierzu beauftragt wurden.
- Beim Führen von Flurförderzeugen ist behinderungsfreie Kleidung sowie die vorgegebene persönliche Schutzausrüstung zu tragen.
- Tägliche Einsatzprüfung am Flurförderzeug / Anbaugerät durchführen.
- Auf Frontsitzstaplern ist vom Fahrer und ggf. vom Beifahrer das Rückhaltesystem zu benutzen.
- Flurförderzeuge müssen so eingesetzt, verfahren und betrieben werden, dass die Standsicherheit nicht gefährdet ist.
- Es dürfen nur die von der Betriebsleitung freigegebenen Verkehrswege befahren werden.
- Beachten Sie die innerbetriebliche Verkehrsregelung: grundsätzlich gilt bei uns die Straßenverkehrsordnung.
- Es sind die Beleuchtungseinrichtungen gemäß Anweisung zu benutzen.
- Beim Umgang mit gefährlichen Gütern oder Gefahrstoffen sind die Betriebsanweisungen gemäß Gefahrstoffverordnung zu beachten.
- Das Mitfahren von Personen ist nur auf hierfür eingerichteten Flurförderzeugen und das Hochfahren von Personen nur mit einer Arbeitsbühne zulässig. Beides bedarf einer Extra-Genehmigung.
- Für Sondereinsätze sowie für das Steuern spezieller Flurförderzeugbauarten sind außerdem die Zusatzbetriebsanweisungen zu beachten.
- Flurförderzeuge sind vorschriftsmäßig stillzusetzen und nur auf den hierfür vorgesehenen Flächen zu parken.
- Vor dem Verlassen des Flurförderzeuges ist der Fahrschlüssel o. dgl. abzuziehen und sicher zu verwahren.
- Das Laden von Batterien, und das Tanken von Treibstoffen bzw. das Wechseln von Druckgasflaschen ist nur an den vorgegebenen Orten durchzuführen – siehe auch Zusatzbetriebsanweisung(en).

Verhalten bei Störungen und Sicherheitsmängeln

- Bei Versagen der Steuerung, der Bremsen oder der Lenkung, bei Fehlern in der Hubeinrichtung, bei Mängeln an oder auf den Verkehrswegen und -einrichtungen oder Ähnlichem ist das Flurförderzeug stillzusetzen.
- Festgestellte Mängel sind sofort dem zuständigen Vorgesetzten zu melden.
  Meldestelle: ______
  Anweisungen des Vorgesetzten abwarten und befolgen.
- Flurförderzeug abschleppen (s. Zusatzbetriebsanweisung).
- Bei Stromübertritt auf das Flurförderzeug: Hubmast heben oder senken und Flurförderzeug aus dem elektrischen Gefahrenbereich herausfahren! Außenstehende auf Abstand halten! Strom abschalten lassen! Erst vom Fahrzeug absteigen, wenn es stromfrei ist.
- ______
- ______

Verhalten bei Unfällen – Erste Hilfe (Notruf 112)

- Unfallstelle und Fahrzeug sichern.
- Sofortmaßnahmen am Unfallort durchführen, ggf. Ersthelfer hinzuziehen.
- Alarm- und Rettungsplan beachten.
- Unfall melden (s. a. Erste-Hilfe-Aushang).
  Meldestelle: ______
- ______

Instandhaltung und Entsorgung

- Instandhaltungsarbeiten dürfen nur von hierfür beauftragten Personen durchgeführt werden.
  Instandhaltung: ______
- Auslaufende Öle, Treibstoffe, Säuren und Laugen sachgerecht auffangen und entsorgen. Schäden melden!
  Entsorgung: ______
- ______

Folgen bei Nichtbeachtung

- Gesundheitsrisiken: Verletzung, Erkrankung, Invalidität, Tod.
- Rechtsfolgen: Abmahnung, Versetzung, Kündigung, Haftung, Regress, Bußgeld, Strafen nach dem Strafgesetzbuch.

Reg.-Nr.

Datum/Stempel/Unterschrift(en) – Unternehmer/Beauftragte(r)

Beispiel einer Betriebsanweisung des Resch-Verlags

Die Betriebsanweisungen müssen jedoch Anweisungen für ein sicherheits- und qualitätsgerechtes Arbeiten und Verhalten der Beschäftigten, der Leiharbeitnehmer und für Fremdpersonal (Anhang zum Werkvertrag ist zu empfehlen), insbesondere zur Abwendung von Gefahren für die Beschäftigten, Dritter und die Umwelt, enthalten. Ferner müssen sie die vom Hersteller oder Lieferer mitgelieferte Betriebsanleitung sowie die örtlichen und betrieblichen Gegebenheiten berücksichtigen.

Weitere Informationen zur Abfassung von Betriebsanweisungen, s. „Sicherheit durch Betriebsanweisungen" der Berufsgenossenschaften – DGUV I 211-010. Die Betriebsanweisung ist in schriftlicher Form zu erstellen, in verständlicher Sprache abzufassen und an geeigneter Stelle in der Arbeitsstätte bekannt zu machen bzw. zur Einsichtnahme für die Beschäftigten bereitzuhalten.

Inhalt und Zeitpunkt der Bekanntgabe sollten, insbesondere bei der Erstunterweisung, vor Beginn der Beschäftigung/Arbeitsaufnahme schriftlich festgehalten und vom Unterwiesenen durch Unterschrift bestätigt werden. Der Inhalt der Betriebsanweisung sollte in die regelmäßig zu wiederholenden Unterweisungen der Beschäftigten einfließen (s. Abschnitt 1.5.6).

Betriebsanweisungen sollten nicht zu umfangreich abgefasst sein, sonst werden sie nicht gelesen oder geistig aufgenommen und folglich auch nicht beachtet. Empfehlenswert ist es daher, Grundanweisungen und darüber hinaus je nach Bedarf Zusatzanweisungen für bestimmte Tätigkeiten, z. B. Sondereinsätze, herauszugeben (vgl. auch Broschüre „Grundsatz- und Zusatzbetriebsanweisungen für den Betrieb von Flurförderzeugen" des Resch-Verlags).

Merke

Betriebsanweisungen und Betriebsanleitungen sind zu beachten!

1.2.0 Verantwortung

Grundsatz

Der Arbeitgeber hat die erforderlichen Maßnahmen zu treffen, damit dem Beschäftigten, auch Leiharbeitnehmer, nur Arbeitsmittel, z. B. Flurförderzeuge sowie Lagereinrichtungen und -geräte, bereitgestellt werden, die für die am Arbeitsplatz gegebenen Bedingungen geeignet sind und bei deren bestimmungsgemäßer Benutzung die Sicherheit und der Gesundheitsschutz gewährleistet sind (s. § 4 ArbSchG).

Für spezielle Arbeitsbereiche oder Arbeitsmittel gelten zudem Sondervorschriften, z. B. beim Umgang mit Gefahrstoffen oder in explosionsgefährdeten Bereichen (s. GefStoffV).

Auch das Restrisiko ist weitestgehend gering zu halten. Hierbei sind die vom zuständigen Bundesministerium veröffentlichten Regeln und Erkenntnisse zu berücksichtigen, wobei die Maßnahmen dem Ergebnis der Gefährdungsbeurteilung nach § 3 BetrSichV und dem Stand der Technik entsprechen müssen.
Unsere Bücher, Broschüren, Lehrsysteme und Medien wollen hierbei unterstützend wirken.

Verantwortung

Jeder Mensch trägt grundsätzlich für alles was er tut, also für jede seiner Handlungen, persönlich die Verantwortung.
Für die Verantwortung, die er gemäß seinen Fähigkeiten und zugewiesenen Tätigkeitsbereichen zu erfüllen hat, muss er einstehen. Verursacht er z. B. einen Schaden, muss er dafür gerade stehen. Hierbei helfen die Beteuerungen nicht: „Das habe ich nicht gewusst – nicht gewollt." Oder: „Mir wurde die Arbeit so angewiesen."

Aber nicht nur ein aktives Tun (Handlung) kann zu einer rechtlichen Einstandspflicht führen, auch ein Unterlassen, z. B. Nichteingreifen, kann einen Schaden verursachen. Eine Haftung im Rechtssinne kann daraus jedoch nur dann hergeleitet werden, wenn eine Pflicht zum Handeln bestanden hat. Man nennt diese Pflicht „Garantenstellung". Diese Pflicht zum Handeln kann auf Gesetz (z. B. Verkehrssicherungspflicht), Vertrag (z. B. Arbeitsvertrag), vorangegangenem gefährlichen Tun oder der Aufnahme von Vertragsverhandlungen beruhen. Wird dann von dem sog. „Garanten" (s. o. Garantenstellung) die gebotene Handlung unterlassen, die er vollziehen könnte, so ist er für den eingetretenen Schaden verantwortlich.

Der Unternehmer ist bspw. verantwortlich für:
- den betriebssicheren Zustand von Betriebsanlagen, Flurförderzeugen und deren regelmäßige Prüfung,
- die Auswahl seiner Mitarbeiter für deren vorgesehene Aufgaben, ihre Aus- und Weiterbildung sowie die Unterweisung, z. B. der Flurförderzeugführer,
- die Regelung des sicheren Betriebsablaufs und der fachgerechten Instandhaltung.

Achtung!

Ein Unternehmer ist auch für den sicherheitsgerechten Zustand von angemieteten Anlagen und Arbeitsmitteln bei der Benutzung gegenüber seinen Mitarbeitern, dem Umfeld, Fremdfirmen/der Öffentlichkeit (Verkehrssicherungspflicht) verantwortlich.

Unterlässt er innerhalb seines Verantwortlichkeitsbereiches wesentliche Pflichten, also unterlässt er es überhaupt richtig zu handeln, haftet er. Dies wäre z. B. der Fall, wenn er verkehrsunsichere, mangelhafte Stapler fahren und sie nicht kontrollieren lässt oder seine Flurförderzeugführer nicht angemessen ausbildet.

Die „Messlatte" für das erforderliche Wissen, das für eine sichere Arbeitsweise notwendig ist, wird vom Gericht für alle Beteiligten sehr hoch angelegt.

Beide Personengruppen müssen für ihre Arbeit praktisch alles wissen. Hierzu hat der Bundesgerichtshof u. a. Folgendes ausgeführt: Erforderlich ist das Maß an Umsicht, das nach dem Urteil besonnener und gewissenhafter Angehöriger des in Betracht kommenden Verkehrskreises zu beachten ist (s. a. Abschnitt 1.3, Absatz „Subjektive Sorgfaltspflichtverletzung").

Der Flurförderzeugführer ist verantwortlich z. B. für:

- das sichere Steuern des Flurförderzeugs, den Mitfahrer auf dem Flurförderzeug sowie die Anhänger des Flurförderzeugs,
- die Kenntnisnahme und Beachtung der Sicherheitsvorschriften und Betriebsanweisungen,
- das Melden von Mängeln und Schäden an Betriebseinrichtungen und Flurförderzeugen.

Unterlässt er Pflichten, die in seinem Verantwortungsbereich liegen, ist er für die Folgen ebenfalls verantwortlich. Das wäre z. B. das Nichtanziehen der Feststellbremse und ein daraus resultierender Unfall, infolge des sich selbstständig machenden Staplers, der eine Person anfahren könnte.

Merke

Jeder ist für seine Handlungen / Unterlassungen verantwortlich!

§ 823 Abs. 1 BGB führt Folgendes aus:

„Wer vorsätzlich oder fahrlässig das Leben, den Körper, die Gesundheit, die Freiheit, das Eigentum oder ein sonstiges Recht eines anderen widerrechtlich verletzt, ist dem anderen zum Ersatz des daraus entstehenden Schadens verpflichtet."

Die Verantwortung des Unternehmers kann übertragen werden. Eine vollständige Übertragung ist jedoch nicht möglich.
Über die erforderliche Auswahl seines Personals hinaus verbleibt beim Unternehmer jedoch immer eine Aufsichtspflicht (s. a. Abschnitt 1.4).

Die Verantwortung des Flurförderzeugführers ist generell nicht übertragbar. Dies ist auch verständlich, denn das vorschriftsmäßige, umsichtige Steuern der Maschine kann dem Fahrer keiner abnehmen. Das ist z. B. bei jedem Pkw auch nicht möglich.
Er darf für ihn erkennbar gegen Sicherheit und Gesundheit gerichtete Weisungen nicht befolgen (s. § 15 Abs. 1 DGUV V 1). Dies bedeutet keine Arbeitsverweigerung, und eine fristlose Kündigung hätte vor Gericht geringe Aussicht auf Erfolg. Trotzdem ist ein Gespräch mit dem Vorgesetzten besser. Weitere Ausführungen zu Pflichtenübertragungen sind in den Abschnitten 1.4, 1.5.1 und 1.7. dargelegt.

Verantwortung bedeutet auch, sich in seinem Verantwortungsbereich zu informieren. Unwissenheit schützt vor Strafe nicht. Wer sich nicht informiert, d. h., die für ihn geltenden Vorschriften (Unfallverhütungsvorschriften, Sicherheitsregeln usw.) nicht gewissenhaft zur Kenntnis nimmt und somit deren Forderungen nicht erfüllt bzw. sich nicht danach richtet, handelt verantwortungslos und sieht sich der Gefahr der Haftung von vielen Seiten ausgesetzt.
Die Vorschriften hierfür haben gemäß § 12 Abs. 1 Unfallverhütungsvorschrift „Grundsätze der Prävention" – DGUV V 1 an geeigneter Stelle in jedem Betrieb zur Einsichtnahme auszuliegen.
Den Personen, z. B. Vorgesetzten, Fachkräften für Arbeitssicherheit, Betriebsärzten und Sicherheitsbeauftragten, die mit der Durchführung und Überwachung der Einhaltung von Arbeits- und Gesundheitsschutzmaßnahmen betraut sind, hat der Unternehmer die diesbezüglichen Vorschriften und Regeln zur Verfügung zu stellen (§ 12 Abs. 2 DGUV V 1).

Merke

Jeder ist für die sorgfältige Erfüllung der ihm übertragenen Pflichten verantwortlich!

1.2.1 Haftung – Schuld

Haftung

Jeder im Betrieb tätige Mensch, sei es Unternehmer, Lagermeister, Flurförderzeugführer oder Helfer, auch ein Leiharbeitnehmer und Fremdpersonal, haftet für seinen Verantwortungsbereich. Er ist Garant für seine sicherheitsgerechte Arbeit. In dieser Haftung steht selbstverständlich auch ein Ausbilder, wenn er fachlich fehlerhaft oder unvollständig gelehrt hat und als Folge daraus ein Unfall geschehen ist.

Der Unternehmer haftet in erster Linie für den sicheren Zustand des Betriebs und seiner Arbeitsmittel. Der Beschäftigte haftet in erster Linie für den sicheren Umgang mit den Arbeitsmitteln, z.B. dem Flurförderzeug.

Was ist unter „in erster Linie" zu verstehen?
Darunter ist zu verstehen, dass auch noch eine weitere Person für den sicheren Umgang mit den Arbeitsmitteln in der Haftung steht. Hierzu zwei Beispiele:

1. An einem Gabelstapler ist eine schadhafte Hubkette gerissen. Eine aufgenommene Last stürzt durch den schräggestellten Gabelträger ab. Der Stapler ist regelmäßig ohne Befund geprüft worden. Der Fahrer, der diesen auffälligen Schaden dem Unternehmer nicht gemeldet hat, ist ebenfalls mit in der Verantwortung; denn hätte er den Schaden gemeldet, wäre der Unternehmer mit Sicherheit sofort tätig geworden.
2. Ein Staplerfahrer fährt in einer Lagerhalle mit Publikumsverkehr mit hochgehobener Last in eine Kurve. Hierbei stürzt der Stapler um, und der Hubmast mit Last verletzt eine Person. Der Lagerleiter, der diesen Vorgang beobachtete und ihn nicht unterband, ist mitverantwortlich und haftbar, wobei die Hauptschuld beim Fahrer liegt.

Merke

Jeder haftet hauptsächlich für seinen Verantwortungsbereich!

Schuld

Haftung bedeutet Vorwerfbarkeit.
Eine Haftung wird nur an vorwerfbares Verhalten geknüpft, das man Verschulden nennt. Für die betriebliche Haftung und den Verstoß gegen Arbeitssicherheitsbestimmungen kann die verschuldensunabhängige Haftung sowie die Gefährdungshaftung vernachlässigt werden. Verschulden, d.h. vorwerfbares Verhalten, stellt sich nicht als etwas Punktuelles und eindeutig Abgrenzbares dar, sondern ist immer etwas, was aus mehreren Einzelkomponenten zusammengesetzt den jeweiligen Haftungsgrad ergibt. Jemand, dem ein Sorgfaltspflichtverstoß angelastet wird, muss sowohl objektiv als auch subjektiv Voraussetzungen erfüllen, damit er haftbar gemacht werden kann. Dies bedeutet, dass ein tatsächlich realer Verstoß gegen eine Sorgfaltspflicht vorliegen muss, und dieser tatsächliche Verstoß muss dem Betreffenden auch persönlich anzulasten und zuzurechnen sein.

Objektive Sorgfaltspflichtverletzung und Rechtswidrigkeit

Sorgfaltspflichten können sich aus vielen Bereichen ergeben, z.B. aus Gesetzen, Verordnungen, Unfallverhütungsvorschriften, Regeln der Technik, Arbeitsverträgen, Betriebsvereinbarungen, Bedienungsanleitungen.

Hier spielen für die betriebliche Haftung die Betriebssicherheitsverordnung und die Unfallverhütungsvorschriften eine wichtige Rolle.

Anmerkung

Unfallverhütungsvorschriften sind für den sicherheitsgerechten Umgang mit technischen Geräten und zur allgemeinen betrieblichen Sicherheit von den Berufsgenossenschaften als autonomes Recht erlassen worden.

Eine betriebliche Haftung und damit eine Schuld am Unfall wird vom Gericht immer dann bejaht, wenn folgende Voraussetzungen erfüllt sind:

1. **Tatbestand** – Hierbei ist es wichtig, ob es zwischen dem Verhalten des Schädigers, z.B. des Maschinenführers, und dem Schaden einen Zusammenhang (eine Kausalität) gibt.
   Dabei ist es unerheblich, ob das Verhalten aktiv (durch Handlung) oder passiv (durch Unterlassen) zu einem Schaden oder Unfall führt.
   Für ein Unterlassen haftet jedoch nur derjenige, der für eine Sache, z.B. Maschinensteuerung, bzw. für einen Arbeitsbereich, z.B. Regallager,

verantwortlich ist. Der betreffende Vorgesetzte bzw. Flurförderzeugführer ist Garant für den sicheren Arbeitsablauf bzw. das sichere Steuern/ Führen des Flurförderzeuges.

2. **Sorgfaltspflichtverletzung** – Gibt es eine oder sogar mehrere Vorschriften, gegen die der Schädiger verstoßen hat, und wäre der Schaden bei vorschriftsmäßiger Handlung nicht entstanden?
3. **Rechtfertigungsgrund** – Hat der Schädiger für seine Handlung einen Rechtfertigungsgrund? Ihn gibt es in der betrieblichen Haftung kaum, denn er ist u. a. nur bei Notwehr/Abwehr von Gefahr für das eigene Leben und das dritter Personen gegeben.
4. **Schuld/Verschulden** – Ist das Ereignis (Pos. 1 und 2) dem Schädiger persönlich vorwerfbar? Dies muss hier im Gegensatz zur Garantiehaftung immer gegeben sein.

Merke

Ein Unternehmer, Einsatzleiter oder dgl. und der Flurförderzeugführer sind Garanten für ein(e) sichere(n) Maschineneinsatz/-führung!

1.3 Unfall und Verschulden

Fahrlässigkeit

Für die betriebliche Haftung sind die zwei Verschuldensformen – Fahrlässigkeit und Vorsatz – relevant. Wir können uns das Verschulden als einen Vektor vorstellen. Beide Großformen des Verschuldens stellen sich auf einem Vektor wie folgt dar:

Fahrlässigkeit → Vorsatz

Auf der linken Seite des Vektors steht die Fahrlässigkeit. Unter Fahrlässigkeit versteht man das Außerachtlassen der im Verkehr erforderlichen Sorgfalt. Diese Definition entspricht § 276 Abs. 2 BGB, die da lautet: „Fahrlässig handelt, wer die im Verkehr erforderliche Sorgfalt außer Acht lässt."

Unter Verkehr ist jede Handlung, auch die Unterlassung einer erforderlichen Handlung, zu verstehen. Eine Handlung ist z. B. das Steuern eines Staplers. Eine Unterlassung liegt z. B. vor, wenn die regelmäßige Überprüfung eines Flurförderzeugs nicht veranlasst wird. Aus dieser Definition wurde auch der Begriff „Sorgfaltspflichtverletzung" abgeleitet.

Wie wird § 276 BGB nun ausgelegt?
Eine Sorgfaltspflichtverletzung ist eine fahrlässige Handlungsweise. Es ist kein Unterschied, ob der Verstoß im häuslichen Bereich, im Straßenverkehr oder im Betrieb begangen wird.
Jeder Verstoß gegen eine Arbeitsschutz- oder eine Unfallverhütungsvorschrift ist grundsätzlich auch schuldhaftes Verhalten!

Subjektive Sorgfaltspflichtverletzung
Liegt nun eine objektive Sorgfaltspflichtverletzung, z. B. der Verstoß gegen eine Unfallverhütungsvorschrift vor, so muss sie demjenigen, der diese Pflicht verletzt hat, auch zuzurechnen sein, d. h. ihm persönlich vorzuwerfen sein. Der Betreffende muss in der Lage sein, sein Unrecht in die begangene Tat (hier also Verletzung der objektiven Sorgfaltspflicht) einzusehen. Kann er das Unrecht in seine Tat nicht einsehen, so ist er auf seine Schuldfähigkeit hin zu überprüfen. Fälle der Schuldunfähigkeit oder der verminderten Schuldfähigkeit sind in der betrieblichen Haftung jedoch die Ausnahme. Im Normalfall wird davon ausgegangen, dass der Betreffende die Einsichtsfähigkeit in sein Verhalten besitzt und damit voll zur Verantwortung gezogen werden kann.

Man kann die subjektive Sorgfaltspflichtverletzung immer dann bejahen, wenn folgende drei Voraussetzungen gegeben sind, wobei in der betrieblichen Haftung die dritte Voraussetzung kaum eine Rolle spielt:

1. Der Eintritt eines Schadens ist voraussehbar gewesen und
2. er hätte vermieden werden können und
3. die Vermeidung des Schadens war für die Person, die ihn verursacht hat, zumutbar, d. h. ohne Gefährdung eigener Rechtsgüter (Leben, Körper) möglich.

Können diese drei Voraussetzungen aus Sicht des Schädigers bejaht werden, so ist er für den Schaden verantwortlich. Zu betonen ist, dass nicht nur individuell auf die Person abgestellt wird, die den Schaden verursacht hat, sondern als Maßstab wird ein „besonnener und gewissenhafter Mensch in der konkreten Lage und der sozialen Rolle des Handelnden" angenommen. Dieser, von der Rechtsprechung (Bundesgerichtshof) entwickelte Haftungsmaßstab (besonnener und gewissenhafter Mensch), ist hoch.

Bei der Bemessung des Strafmaßes, möglicher Regressnahmen durch den Unfallversicherungsträger/Berufsgenossenschaft und der Krankenkasse (s. SGB X) sowie den Haftpflichtversicherungen, Schadenersatz und Schmerzensgeld ist der Grad der Fahrlässigkeit mit entscheidend.
Doch mit der Verschuldensstufe Fahrlässigkeit ist nicht „Schluss", denn sie geht „fließend" in die Stufe des Vorsatzes mit einem weitaus höheren Haftungsrahmen, z. B. Freiheitsstrafe, über.

Merke

Jede Handlung, ob Anweisung oder Ausführung ist vorschriftsmäßig und gewissenhaft vorzunehmen!

Vorsatz

Unter vorsätzlichem Handeln versteht man im Grundsatz die Kenntnis und den Willen, einen bestimmten Schaden zu verursachen. Nun ist nicht nur das Vorsatz, was landläufig damit verbunden wird und was aus Fernsehfilmen bekannt ist, z. B. Mord. Es ist auch dann Vorsatz gegeben, wenn jemand einen Schaden „billigend in Kauf nimmt", z. B. „Ich kenne die Gefahr, handle aber trotzdem oder unterlasse etwas, sei's drum." Wenn dies subjektiv festgestellt werden kann, rückt der Vektor bereits in den Vorsatzbereich, mit der Konsequenz, nun auch ein Vorsatzdelikt – z. B. vorsätzliche Körperverletzung oder vorsätzliche Tötung – und nicht mehr ein Delikt der Fahrlässigkeit ahnden zu müssen. Dies hat erheblichen Einfluss auf das Strafmaß, z. B. in einem Strafprozess, was näherer Darlegungen sicherlich nicht bedarf.

Hierzu folgende Zeitungsnotiz:
„Geschäftsführer verhaftet
Koblenz (lrs) – Der 49-jährige Geschäftsführer einer Spedition in Kirchen-Wehbach (Kreis Altenkirchen) ist am Freitag in Zusammenhang mit dem Lkw-Unglück in Betzdorf verhaftet worden. *Er hatte seinen Mitarbeiter mit einem Firmen-Lkw vom Hof fahren lassen, obwohl die Bremsen defekt waren (Anmerkung des Verfassers).* Bei dem Unglück waren zwei Menschen getötet worden. Der Haftbefehl lautet auf Totschlag, denn der Geschäftsführer habe, laut Staatsanwaltschaft Koblenz, von den defekten Bremsen gewusst und einen Unfall mit Todesfolge „billigend in Kauf genommen"."

Man kann die einzelnen Verschuldensstufen mit Bewertung des Handelns auf einem Vektor (s. Grafik unten) sehr deutlich wie folgt darstellen:

Der dolus directus (Vorsatz 1. und 2. Grades) spielt in der betrieblichen Haftung kaum eine Rolle.

Der dolus eventualis dagegen ist besonders durch vorschriftswidrige Handlungen mit gravierenden Schäden durch Unternehmer oder Vorgesetzte vor Gericht durchaus relevant.

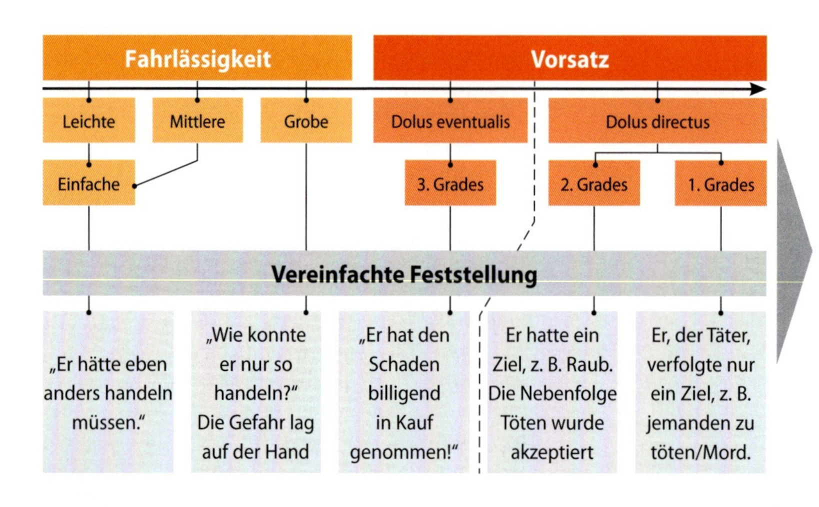

Man sieht auf der linken Seite des Vektors die Form der leichten Fahrlässigkeit, fließend übergehend in den Bereich der mittleren und groben Fahrlässigkeit. Die einzelnen Haftungsabstufungen werden in der Praxis ausgefüllt durch Einzelkomponenten, wie Schwere der Verletzung der Vorschrift, Stellung desjenigen, der den Schaden verursacht hat, von der Frage, ob und ggf. in welchem Maße derjenige, der einen Schaden verursachte, belehrt und angewiesen, ob und wie er geschult wurde usw.

Je mehr von diesen einzelnen Komponenten negativ für den Schädiger, z. B. Unternehmer, Führungskraft oder Flurförderzeugführer, hinzukommen, desto schärfer ist der Verschuldensgrad, d. h. desto weiter bewegt er sich mit dem Grad seines Verschuldens auf dem „Verschuldensvektor" nach rechts.

Haftung in der betrieblichen Praxis

Den Großteil der betrieblichen Haftungsfälle nimmt die Fahrlässigkeit ein. Da man im täglichen Tagesrhythmus, wo schnelle Entscheidungen getroffen werden müssen, häufig unter Stressbedingungen arbeitet und keine Zeit hat, die oben genannten Haftungsvoraussetzungen durchzuprüfen, kann man sich die Fahrlässigkeit in ihren beiden Formen – einfache und grobe Fahrlässigkeit – wie folgt verdeutlichen:

Würde man bei der einfachen (leichten und mittleren) Fahrlässigkeit urteilen: „Er hätte eben anders handeln müssen!", so müsste man auf eine grobfahrlässige Handlungsweise reagieren: „Wie konnte er nur so handeln?". Im Bereich des Vorsatzes wäre man, wie bereits oben gesagt, wenn man feststellen müsste: „Sei's drum, wenn etwas passiert, es war ihm egal."

Unfallbeispiele

Anhand einiger Unfallbeispiele werden subjektive Haftungsvoraussetzungen kurz verdeutlicht und verständlich gemacht.

Fall A

Ein Gabelstaplerfahrer fährt mit hoch angehobener Gabel und überhöhter Geschwindigkeit in eine Kurve und stürzt mit dem Stapler um. Dabei trifft der ausgefahrene Hubmast einen vorbeilaufenden Kollegen und verletzt ihn schwer am Bein. Der Fahrer wurde sowohl von seinem Vorgesetzten als auch auf Gabelstapler-Fahrschulungen vorher eindringlich auf die Gefährlichkeit eines solchen Verhaltens hingewiesen.

Verschulden des Staplerfahrers:

1. War der Schaden für den Staplerfahrer voraussehbar?
   Ja, denn die auftretenden physikalischen Auswirkungen, die zum Umstürzen des Staplers führen können, waren dem Fahrer bekannt.
2. War der Schaden vermeidbar?
   Ja, denn die Gabel hätte vorher in Tiefstellung (bodenfrei) gebracht und der Stapler mit angemessener Geschwindigkeit um die Kurve gesteuert werden können, d. h., es bestand die Alternative, die Fahrbewegung des Staplers vorschriftsmäßig durchzuführen.
3. War die Vermeidbarkeit des Schadens für den Fahrer zumutbar?
   Ja, denn die vorschriftsmäßige Steuerung des Staplers wäre für den Fahrer ohne Gefährdung seiner eigenen Person möglich gewesen.

Ergebnis:

Da die Voraussetzungen 1 bis 3 mit Ja beantwortet

wurden, ist eine Haftung des Staplerfahrers zu bejahen. Er wäre einer fahrlässigen Körperverletzung in einem Strafprozess schuldig zu sprechen. Jeder Fachmann, sogar ein Laie, wird feststellen müssen: „Er hätte anders handeln müssen."

Fall B

Ein Unternehmer (Ingenieur) gibt einen Verkehrsweg, in dem sich eine Montageöffnung befindet, die für den Staplerverkehr mit zu schwachen Bohlen abgedeckt ist, ohne Prüfung zum Befahren mit dem Gabelstapler frei. Als dieser über die Abdeckung fährt, bricht eine Bohle und der Stapler stürzt um. Der Fahrer wird schwer verletzt.

Verschulden des Unternehmers:

1. Voraussehbarkeit:
   Ja, denn die erheblich unzureichende Tragfähigkeit der Abdeckung hätte für den Unternehmer, der ja Ingenieur ist, erkennbar sein müssen.
2. Vermeidbarkeit:
   Ja, denn die Abdeckung der Öffnung mit ausreichend tragfähigen Bohlen (Alternative) hätte den Unfall verhindert. Diese Abdeckung wäre auch möglich gewesen.
3. Zumutbarkeit einer Vermeidung:
   Ja, denn ohne erkennbare eigene Gefährdung hätte eine ausreichend tragfähige Abdeckung erfolgen können.

Ergebnis:
Alle drei Voraussetzungen werden bejaht. Somit liegt eine fahrlässige Körperverletzung vor, denn jeder wird feststellen können: „Er hätte anders handeln müssen."

Fall C

Ein Gabelstaplerfahrer stellt seinen Stapler vor dem Ausgang eines Sozialraumes mit hochgehobener Gabel ab. Ein Kollege stößt beim Verlassen des Raumes mit dem Kopf gegen die hochgehobene Gabel und verliert infolge des Aufpralls die Sehkraft des rechten Auges.

Verschulden des Gabelstaplerfahrers:

1. Voraussehbarkeit:
   Ja, denn der Fahrer hätte erkennen müssen, dass sich jemand beim Verlassen eines Sozialraumes an der hochgestellten Gabel stoßen und sich dabei erheblich verletzen kann.
2. Vermeidbarkeit:
   Ja, denn der Fahrer hätte ohne Weiteres die Gabel absenken können (Alternative).
3. Zumutbarkeit einer Vermeidung:
   Ja, denn das Absenken der Gabel hätte keine erkennbare Gefährdung für den Fahrer mit sich gebracht.

Ergebnis:
Da alle drei Voraussetzungen mit Ja beantwortet werden, ist eine Haftung des Gabelstaplerfahrers zu bejahen. In diesem Fall liegt auf alle Fälle eine grobe fahrlässige Körperverletzung vor. Man kann sagen, wie auch unter Umständen in den beiden vorangegangenen Fällen, kommt hier sogar eine grob fahrlässige Körperverletzung in Betracht, denn man wird feststellen müssen: „Wie konnte er nur so handeln?"

Fall D

Der Schlosser „F" als Gabelstapler-Sachkundiger hatte vom Unternehmer den Auftrag erhalten, in regelmäßigen Zeitabständen einen Gabelstapler zu überprüfen. Bei einer Überprüfung stellt er fest, dass eine der beiden Hubketten beschädigt ist. Er meldet diesen Mangel jedoch nicht weiter. Beim nachfolgenden Einsatz reißt die Hubkette beim Anheben einer Last. Diese fällt ab und verletzt einen vorbeigehenden Lagerarbeiter.

Verschulden des Sachkundigen „F":

1. Voraussehbarkeit:
   Ja, als Sachkundigem hätte „F" bekannt sein müssen, dass ohne zwei intakte Hubketten Volllasten nicht sicher gehoben werden können.
2. Vermeidbarkeit:
   Ja, denn durch die Meldung des Mangels wäre ein Einsatz des Staplers verhindert worden und eine Reparatur möglich gewesen, wobei es zum Schaden dann nicht mehr gekommen wäre (Alternative: Nichteinsatz des defekten Staplers). ***Anmerkung: Auch wenn kein zweiter Stapler zur Verfügung stehen würde, darf der beschädigte Stapler keinesfalls eingesetzt werden!***
3. Zumutbarkeit einer Vermeidung:
   Ja, denn ohne Gefährdung von Rechtsgütern wäre die Alternativhandlung (Schaden melden) möglich gewesen. ***Anmerkung: Wirtschaftliche Gesichtspunkte, d.h. der Zwang, nur einen vorhandenen Stapler unbedingt einsetzen zu müssen, spielen bei der Arbeitssicherheit keine Rolle!***

Ergebnis:
Der Schlosser „F" haftet aus dem Gesichtspunkt der Fahrlässigkeit, denn er hätte den Schaden zwingend melden müssen und so einen Einsatz des beschädigten Staplers verhindern können.

Fall E

Der Unternehmer „J" beauftragt, weil Staplerfahrer „M" plötzlich erkrankt ist, den Lkw-Fahrer „L", mit einem Stapler einen Lkw mit gefüllten Gitterboxen zu beladen, obwohl „L" zum Umgang und Führen eines Staplers nicht ausgebildet ist. „L" hat den Unternehmer „J" unter Zeugen auf die ihm hierzu fehlenden Fähigkeiten aufmerksam gemacht, der ihn jedoch trotzdem auffordert, diese Tätigkeit auszuführen. „L" beginnt daraufhin mit dem Ladevorgang und neigt den Hubmast des beladenen Staplers nach vorne und bremst den Stapler über der Ladefläche ruckartig ab. Durch diese beiden Fehler rutscht die Last von der Gabel und quetscht einen Kollegen zwischen Ladebordwand und Gitterbox ein. Der Kollege wird hierbei so schwer verletzt, dass er auf dem Weg ins Krankenhaus stirbt.

Verschulden des Unternehmers „J":
1. Voraussehbarkeit:
   Ja, denn der Unternehmer „J" hätte erkennen können, dass eine für den Umgang mit einem Stapler nicht geschulte Person einen derartigen Unfall verursachen kann.
2. Vermeidbarkeit:
   Ja, denn durch den Einsatz einer geschulten Person wäre dieser Schaden nicht eingetreten.Fehlt eine geschulte Person, darf diese Handlung nicht ausgeführt werden (Alternative: Nichtausführung der Tätigkeit).
3. Zumutbarkeit einer Vermeidung:
   Ja, denn der Ladevorgang hätte ohne jede zusätzliche Unfallgefahr durch eine geschulte Kraft durchgeführt werden können. Hierzu muss ausdrücklich, wie unter Punkt 2 bereits erwähnt, betont werden, dass die Tatsache, dass zur Zeit des Verladens keine geschulte Person anwesend war, die den Ladevorgang hätte abwickeln können, nicht zur Entlastung des Unternehmers führt, sondern ihn verpflichtet, den Ladevorgang dann eben nicht ausführen zu lassen. Wirtschaftliche Gesichtspunkte, spielen keine Rolle.

Ergebnis:
Die Voraussetzungen müssen mit Ja beantwortet werden: „Schuldig" der fahrlässigen Tötung. Sie wenden ein, dass das für Sie vorsätzliches Verhalten des Unternehmers „J" ist, denn er hat doch den Tod des Kollegen billigend in Kauf genommen (s. a. in Kapital 1.3 unter „Vorsatz"). Da muss ich Ihnen im Grunde genommen Recht geben. Urteilen Sie selbst, wo Sie das Verschulden des „J" auf unserem Verschuldensvektor einstufen würden. ***Anmerkung: Selbstverständlich liegt auch ein Verschulden des Gabelstaplerfahrers vor, denn er hätte diese Pflichtenübertragung/Arbeit ablehnen müssen. Ablehnungen solcher Arbeiten sind keine Arbeitsverweigerungen und rechtfertigen daher keine arbeitsrechtlichen Konsequenzen wie Abmahnungen oder Kündigungen.***

Fall F

Gabelstaplerfahrer „G" stellt gegen 12.00 Uhr mittags einen von ihm geführten Stapler nahe einer Lehrlingswerkstatt ab, um in die Pause zu gehen, ohne den Fahrschlüssel abzuziehen und ihn sicher zu verwahren bzw. mitzunehmen. Ein siebzehnjähriger Auszubildender bedient sich dieses Staplers, um damit eine „Spritztour" zur Kantine zu machen. Auf dem Weg dahin fährt er gegen einen Hallenpfeiler und erleidet dadurch schwere Kopfverletzungen.

Verschulden des Gabelstaplerfahrers „G":
1. Voraussehbarkeit:
   Ja, denn der Gabelstaplerfahrer „G" hätte voraussehen müssen, dass z.B. ein Lehrling auf die Idee kommen könnte, sich des Staplers zu bedienen.
2. Vermeidbarkeit:
   Ja, denn der Staplerfahrer hätte den Fahrschlüssel abziehen und mitnehmen können.
3. Zumutbarkeit einer Vermeidung:
   Hierzu brauchen wir keine großen Worte zu verlieren, denn ohne Gefährdung der eigenen Person, wäre die Mitnahme des Schlüssels möglich gewesen.

Ergebnis:
Alle drei Fragen (Voraussetzungen) müssen mit Ja beantwortet werden, sodass „G" einer fahrlässigen Körperverletzung schuldig zu sprechen ist. Der Haftungsmaßstab wird auf dem Vektor in der Mitte, also grobe Fahrlässigkeit, einzuordnen sein, denn man würde ausrufen/denken: „Wie konnte der Fahrer nur so handeln!"

Zusammenfassung

Das Verschulden und damit die Haftung wächst, wenn und je öfter der Schädiger vor Eintritt des Schadens durch Hinweise, Belehrungen, Abmahnungen oder Besichtigungsbefunde der Berufsgenossenschaft auf die Unfallgefahr durch derartiges Verhalten hingewiesen wurde. Die erforderlichen Sicherheitsvorkehrungen sind auch dann zutreffend, wenn sie mit Unbequemlichkeit, Zeitverlust oder finanziellen Opfern verbunden sind.

An diesen Beispielen ist klar zu erkennen, dass

- ein Unternehmer oder dessen Beauftragter (Betriebsleiter, Einsatzleiter, Meister, unmittelbare Vorgesetzte und dgl.) in erster Linie (hauptsächlich) für den fachgerechten Einsatz seines Personals (s. Abschnitt 1.4) verantwortlich ist. Er darf auch keine sicherheitswidrigen Anweisungen erteilen (s. a. § 2 Abs. 4 DGUV V 1).
  Selbstverständlich ist er auch für den sicherheitsgerechten Zustand und die regelmäßige Überprüfung von Flurförderzeugen und weiterer Betriebsanlagen/-einrichtungen und Geräte verantwortlich (s. Abschnitt 1.4, Absatz „Umfang der Pflichten – Pflicht aus Arbeitsvertrag").
  Ein Flurförderzeugführer selbst ist aber in Bezug auf den sicherheitsgerechten Zustand des Flurförderzeuges, welches er steuert, oder die Anlagen und Geräte, die er benutzt, nicht aus der Verantwortung entlassen. Er muss, will er nicht auch zur Rechenschaft gezogen werden, einen Mangel beseitigen und, wenn er hierzu nicht befähigt, beauftragt oder in der Lage ist, dem Unternehmer oder dessen Beauftragten, den sicherheitsgefährdenden Zustand unverzüglich melden (s. § 16 ArbSchG, § 16 DGUV V 1, § 9DGUV V 68 „Flurförderzeuge").
- ein Fahrzeug-/Geräteführer in erster Linie für das fachmännische Steuern, z. B. eines Gabelstaplers, verantwortlich ist.
  Selbstverständlich ist ein Unternehmer oder dessen Beauftragter auch für das sicherheitsgerechte Führen der in seinem Betrieb eingesetzten Flurförderzeuge (in zweiter Linie) mitverantwortlich, z. B., wenn er wiederholtes Lastverfahren mit hochgehobenen Gabelzinken nicht untersagt und der Stapler umstürzt, wobei ein Beschäftigter schwer verletzt wird.

Diese Verantwortungsbereiche gelten auch für Fremdfahrzeuge und Fremdfirmen, insbesondere, wenn durch falschen Einsatz bzw. falsches Führen der Fahrzeuge Beschäftigte einer Gefahr für Leben und Gesundheit ausgesetzt sind. Der Unternehmer/dessen Beauftragter muss also einschreiten, wenn er erkennt oder darauf aufmerksam gemacht wird und sich vom Tatbestand überzeugt hat, dass das Steuern der Maschine(n) vorschriftswidrig erfolgt.

Merke

Der Unternehmer haftet in erster Linie für seine Betriebsanlagen und Arbeitsmittel! Der Flurförderzeugführer haftet hauptsächlich für seine Fahrtätigkeit/den Umgang mit dem Fahrzeug!

1.4 Pflichtenübertragung – Aufsichtspflicht – Rechtsfolgen

Pflichtenübertragung

Wir kennen zwei Arten von Pflichten. Zum einen können es Pflichten sein, die der Unternehmer zu erfüllen hat, und zum anderen sind es Pflichten, die sich aus einem Arbeitsauftrag an die Beschäftigten, aus einem Dienstvertrag oder Werkvertrag, z. B. an dritte Personen (Fremdunternehmen), ergeben.

Grundsätzliches – Auswahl

Die Größe der Unternehmen sowie effektive Arbeitsweisen führen dazu, verschiedene Tätigkeitsbereiche zu schaffen und die damit verbundene Verantwortung zu verteilen. Wie derjenige haftet, der letztendlich die ihm übertragene Tätigkeit ausführt, wurde im Vorangegangenen erläutert. Aber nicht nur er ist verantwortlich für die Ausführung seiner ihm übertragenen Aufgaben, sondern auch diejenigen, die die anfallenden Aufgaben delegieren.

Bei der Auswahl der Beauftragten ist sorgfältig zu verfahren, will sich der Unternehmer den Vorwurf der Auswahlpflichtverletzung ersparen. Dies beginnt bei den leitenden Angestellten, geht über die Betriebsingenieure, Meister, Schichtführer, Flurförderzeugführer bis hin zu den Lagerarbeitern und Helfern.

Der Beauftragte muss fachlich und stellungsmäßig in der Lage sein, von sich aus die notwendigen Maßnahmen zu ergreifen, die zur Erfüllung der Pflichten notwendig sind. Das hat der Auswählende zu ermitteln, bevor er jemanden mit einer Tätigkeit beauftragt.

Fehlt demjenigen, der die Tätigkeit verrichten soll, entweder die fachliche Qualifikation oder liegen persönliche Gründe vor, die es nahe legen, dass er für diesen Posten nicht geeignet ist, so darf ihm dieser nicht zugewiesen werden. Wird er ihm trotzdem übertragen, so haftet derjenige, der ihn ausgewählt hat. Für seine Haftung ist einzig und allein die schuldhaft unrichtig vorgenommene Auswahl maßgebend und nicht die Schuld des Ausgewählten, die letztendlich zum Schaden geführt hat.

§ 831 BGB

„(1) Wer einen anderen zu einer Verrichtung bestellt, ist zum Ersatz des Schadens verpflichtet, den der andere in Ausführung der Verrichtung einem Dritten widerrechtlich zufügt. Die Ersatzpflicht tritt nicht ein, wenn der Geschäftsherr bei der Auswahl der bestellten Person und, sofern er Vorrichtungen oder Gerätschaften zu beschaffen oder die Ausführung der Verrichtung zu leiten hat, bei der Beschaffung oder der Leitung die im Verkehr erforderliche Sorgfalt beobachtet oder wenn der Schaden auch bei Anwendung dieser Sorgfalt entstanden sein würde.

(2) Die gleiche Verantwortlichkeit trifft denjenigen, welcher für den Geschäftsherrn die Besorgung eines der im Absatz 1 Satz 2 bezeichneten Geschäfte durch Vertrag übernimmt."

Die Pflichten des Unternehmers, die ihm durch die Unfallverhütungsvorschriften auferlegt sind, z.B. sichere Betriebsanlagen und Arbeitsmittel zu stellen und zu erhalten, für sachgerechte Instandhaltung sowie regelmäßige Unterweisung der Belegschaft zu sorgen, kann dieser auch auf andere Personen übertragen. Die Beauftragung muss den Verantwortungsbereich und die Befugnisse festlegen, z.B.

- über Geldmittel für Sicherheitseinrichtungen und Sicherheitsmaßnahmen zu entscheiden,
- Anordnungen und Entscheidungen in eigener Verantwortung zu treffen.
- in den Produktionsablauf einzugreifen,

Anderenfalls ist die Übertragung nur „halbherzig" und haftungsgemäß aufgreifbar.

Sie ist vom Beauftragten zu unterzeichnen. Eine Ausfertigung der Beauftragung ist ihm auszuhändigen (s. § 13 DGUV V 1). Muster solcher Bescheinigungen halten die Berufsgenossenschaften für ihre Mitglieder bereit.

Auswahl von Personen

Die Auswahl der Person(en) für die Pflichtenerfüllung muss hier besonders sorgfältig erfolgen, will der Übertragende sich nicht den Vorwurf der Fahrlässigkeit gefallen lassen (s. § 276 Abs. 2 BGB). Darüber hinaus kann er zum Ersatz des Schadens verpflichtet werden, den die Person bei Ausführung der Verrichtung (Pflicht) einem Dritten zufügt, wenn der Übertragende bei der Auswahl der verpflichteten Person nicht die erforderliche Sorgfalt hat walten lassen (§ 831 BGB, § 130 OWiG).

Umfang der Pflicht

Eine unternehmerische Pflichtenübertragung macht nur dann Sinn, wenn der betreffenden Person, der die Pflicht übertragen wird, Eigenverantwortung gegeben wird, d.h. ihr die erforderliche Entscheidungskompetenz und Vollmacht eingeräumt wird, handeln zu können.

Sind für diese Handlungen Geldmittel erforderlich, muss ihr hierfür die Verfügungsbefugnis eingeräumt sein. Ist diese Verfügungsbefugnis eingeschränkt, z.B. durch einen Kostenrahmen, haftet die betreffende Person auch nur innerhalb dieses Kostenrahmens. Dieser Rahmen sollte stets eindeutig, entweder in der Erklärung selbst oder durch einen festgeschriebenen Hinweis in Bezug auf den Kostenrahmen in der Übertragung/Bestätigung festgelegt sein.

Pflichten aus Arbeitsvertrag

Vorgesetzte und Aufsichtführende sind aufgrund ihres Arbeitsvertrages verpflichtet, im Rahmen ihrer Befugnisse die Maßnahmen und Anordnungen zu treffen, die zur Verhütung von Arbeitsunfällen und für den Gesundheitsschutz erforderlich sind. Selbstverständlich haben sie dafür Sorge zu tragen, dass ihre Vorgaben auch befolgt werden. Hierunter fallen jedoch nicht automatisch z.B. die Pflicht zur Durchführung von Unterweisungen oder die Ausbildung von Beschäftigten.

Die Abgrenzung der Verantwortungsbereiche, in denen die Aufsichtspersonen ihre Aufgaben wahrzunehmen haben, muss der Unternehmer oder dessen Beauftragter vornehmen. Außerdem muss er sicherstellen, dass auch diese Pflichten erfüllt werden und sich die Aufsichtspersonen untereinander abstimmen.

Die Pflichtenübertragungen sollten möglichst immer schriftlich erfolgen. Das gilt nicht nur für Pflichtenübertragungen in höheren Verantwortungsbereichen, sondern für jede Pflichtenübertragung. So sollten Pflichten an Mitarbeiter klar und eindeutig gefasst und formuliert sein, damit Unklarheiten gar nicht erst auftreten. Jeder der Beteiligten, sowohl der Übertragende als auch derjenige, der die Pflicht zu erfüllen hat, weiß so genau, was er an Aufgaben zu übernehmen hat und wofür er letztendlich verantwortlich ist (Garant). So sollten auch Fahraufträge an Maschinenführer oder Flurförderzeugführer unabhängig von möglichen rechtlichen Vorgaben der Schriftform immer schriftlich klar formuliert sein. Dies ist für alle Beteiligten nicht zuletzt im Fall einer rechtlichen Auseinandersetzung äußerst sinnvoll.

Unabhängig der Pflichtenübertragung gelten selbstständige Pflichten aus dem Arbeitsvertrag, wie dies bspw. die Pflicht darstellt, Schäden und Mängel, insbesondere sicherheitsrelevanter Art, unverzüglich an die verantwortlichen Personen zu melden (§ 16 ArbSchG, § 16 DGUV V 1).

Merke

Nur fachkundige Personen als Fahrer einsetzen! Mängel an Betriebseinrichtungen und Flurförderzeugen melden! Die Beteuerung „Das habe ich nicht gewusst und gewollt!" hilft vor Gericht wenig!

Aufsichtspflicht

Nicht nur die Auswahl von geeigneten Arbeitskräften hat der Unternehmer (oder sein Beauftragter) sorgfältig auszuführen, sondern er hat auch den Betrieb und die von ihm ausgewählten Kräfte sorgfältig zu überwachen (s.a. § 831 BGB, § 130 Abs. 1 OWiG).

Darüber hinaus hat er auch auf Gefahren hinzuweisen, die durch Anordnungen oder eigene Veranlassung zu beseitigen sind, sowie unter Umständen bei gefährlichen und wichtigen Betriebsabläufen anwesend zu sein.

Die Aufsichtspflicht ist von dem hierfür Zuständigen im Betrieb ständig und sorgfältigst wahrzunehmen. Mit einer einmalig ausgeführten und rechtmäßigen Pflichtenübertragung können sich der Unternehmer oder die betrieblichen Vorgesetzten nicht zufrieden geben. Sie müssen dafür Sorge tragen, dass diejenigen, die bestimmte Aufgaben übertragen bekommen haben, z.B. das Steuern von Flurförderzeugen, ständig fachlich und stellungsmäßig geeignet sind, diese Aufgaben auch vorschriftsmäßig wahrzunehmen.

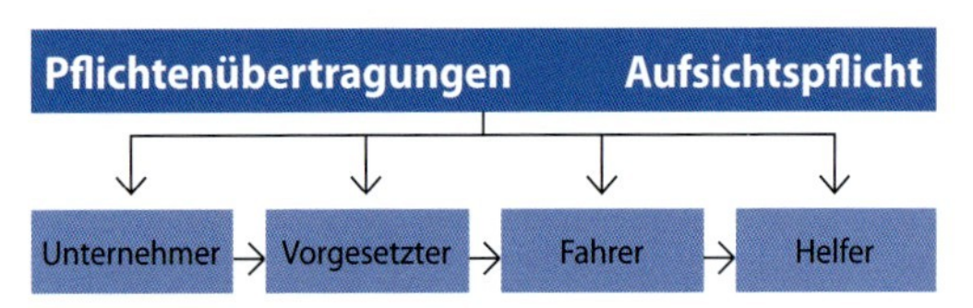

Eine einmalige sorgfältige Pflichtenübertragung geht in eine ständige Aufsichtspflicht über.

Kann man aus organisatorischen Gründen, z.B. bei angeordneter Alleinarbeit, als Vorgesetzter nicht ständig anwesend sein, so sind die Beschäftigten, hier die Flurförderzeugführer, so auszubilden und zu unterweisen, dass sie besonders bei unmittelbar drohender Gefahr für die eigene Sicherheit oder die Sicherheit anderer Personen in der Lage sind, zur Gefahrenabwehr und Schadensbegrenzung Entscheidungen selbst treffen zu können (s.a. §§ 3, 4 und 9 ArbSchG).

Stellen Vorgesetzter oder Unternehmer fest, dass dem nicht mehr so ist, müssen diese Personen von diesen Tätigkeiten entbunden werden oder notfalls arbeitsrechtliche Konsequenzen in Kauf nehmen. Tragen die Verantwortlichen nicht dafür Sorge, ihrer Aufsichtspflicht Genüge zu tun, so haften sie, wenn dadurch Schäden entstehen. Im Rahmen der obigen Haftungsvoraussetzungen wäre dann die Aufsichtspflichtverletzung als Handlung anzusetzen, die ursächlich für einen eingetretenen Schaden ist, wenn z. B. ein Arbeitnehmer, der nachweislich seit geraumer Zeit nicht im Stande ist, seinen Aufgaben gerecht zu werden, einen Schaden verursacht. Hier kann auch eine Haftung durch Unterlassen relevant sein, wenn die Vorgesetzten diese Person nicht von der entsprechenden Tätigkeit entbinden.

Bei Fahrern mobiler kraftbetriebener Arbeitsmittel, z. B. Flurförderzeugen, wie Gabelstapler, Hubwagen, Wagen und Schlepper, ist diese Aufsicht verstärkt durchzuführen, besonders, wenn sie im externen Bereich, auf öffentlichen Straßen, Wegen und Plätzen, Verkehrsräumen sowie auf Lagerflächen, Ladestraßen und Parkplätzen von Baumärkten, Einkaufszentren oder dgl. mit Publikumsverkehr und/oder z. B. Zulieferern im Einsatz sind.
Dies gilt natürlich auch bei vergleichbaren Einsätzen mit anderen mobilen Arbeitsmitteln, wie Kranen, Erdbaumaschinen, Hubarbeitsbühnen oder anderen Fahrzeugen.

Hier ist zusätzlich eine planmäßige, unauffällige und fortdauernde persönliche Kontrolle durch Einsatzleiter oder dgl. erforderlich. Auch diese sollte dokumentiert werden.

Zeigen sich Besonderheiten bei Kollegen, ist jemand z. B. durch Einnahme von hochdosierten Medikamenten aufgefallen oder hat schon mehrfach Schäden verursacht, erhöht sich bei diesem Mitarbeiter die Aufsichtspflicht – er ist engmaschiger zu kontrollieren.

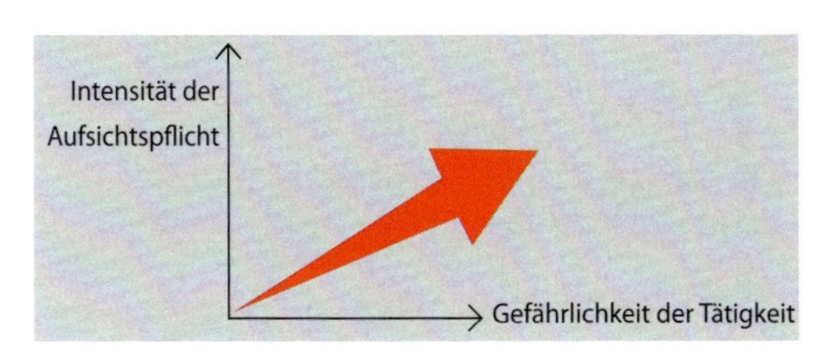

„Wachsende" Aufsichtspflicht

§ 130 Abs. 1 OWiG

„Wer als Inhaber eines Betriebes oder Unternehmens vorsätzlich oder fahrlässig die Aufsichtsmaßnahmen unterlässt, die erforderlich sind, um in dem Betrieb oder Unternehmen Zuwiderhandlungen gegen Pflichten zu verhindern, die den Inhaber treffen und deren Verletzung mit Strafe oder Geldbuße bedroht ist, handelt ordnungswidrig, wenn eine solche Zuwiderhandlung begangen wird, die durch gehörige Aufsicht verhindert oder wesentlich erschwert worden wäre. Zu den erforderlichen Aufsichtsmaßnahmen gehören auch die Bestellung, sorgfältige Auswahl und Überwachung von Aufsichtspersonen."

Bei diesen Kontrollen, die bei Beanstandungen Belehrungen nach sich ziehen müssen bzw. in die Unterweisungen einfließen sollten, können diese Überwachungen bei den Beschäftigten Unmut und Verunsicherung hervorrufen bis hin als persönliche Überwachung wegen Misstrauen, als „Bespitzelung" angesehen werden. Darum sollte der Betriebsrat hiervon unterrichtet bzw. mit eingebunden werden und die Beschäftigten über die notwendigen Maßnahmen vorher grundsätzlich unterrichtet werden. Hierbei sollte auch zum Ausdruck gebracht werden, dass sie nicht zuletzt auch zur Absicherung und zum Schutz der Beschäftigten selbst dienen.

Rechtsfolgen

Fehlerhaftes und schuldhaftes Verhalten, Tun oder Unterlassen kann vielfältige Rechtsfolgen haben. Diese können strafrechtlicher, ordnungswidrigkeitsrechtlicher, zivilrechtlicher oder arbeitsrechtlicher Natur sein. Wird jemand durch das Verhalten eines anderen verletzt, kann er eine Strafanzeige stellen, die es mit sich bringt, dass die staatlichen Ermittlungsbehörden ein Verfahren einleiten müssen (Legalitätsprinzip).
Zwei Paragrafen aus dem Strafgesetzbuch sollen dies verdeutlichen:

§ 222 StGB
„Wer durch Fahrlässigkeit den Tod eines Menschen verursacht, wird mit Freiheitsstrafe bis zu fünf Jahren oder mit Geldstrafe bestraft."

§ 229 StGB
„Wer durch Fahrlässigkeit die Körperverletzung einer anderen Person verursacht, wird mit Freiheitsstrafe bis zu drei Jahren oder mit Geldstrafe bestraft."

Auch die Möglichkeit ordnungswidrigkeitsrechtlicher Haftung besteht. Bewegen Sie sich z. B. mit einem Flurförderzeug im öffentlichen Straßenverkehr,

sind Sie, wie jeder andere Verkehrsteilnehmer (z.B. Autofahrer), für das Steuern Ihres Fahrzeuges verantwortlich. Passiert hier etwas, unterliegen Sie den straßenverkehrsrechtlichen Vorschriften, wie z.B. der Straßenverkehrsordnung (StVO).
Rechtsfolgen zivilrechtlicher Art können Schadensersatz oder Schmerzensgeld sein.

Auch nach einem Personenschaden haben die Sozialleistungsträger, die vorleistungspflichtig sind, d.h. Leistungen für einen verletzten Versicherten erbringen, die Möglichkeit im Wege des Regresses an den Schädiger heranzutreten und sich das Geld „wieder zu holen". Dies kann z.B. eine Berufsgenossenschaft beim Vorliegen eines Arbeitsunfalles bei grob fahrlässigem Verhalten machen, eine Krankenkasse kann dies schon ab einfacher Fahrlässigkeit.

Auch drohen arbeitsrechtliche Konsequenzen nach einem Fehlverhalten, wie eine Abmahnung oder gar eine Kündigung, die insbesondere bei mehrfachen Verstößen im Raume steht. Der Verstoß gegen Unfallverhütungsvorschriften kann auch eine sofortige Kündigung nach sich ziehen.

Anmerkung

Wenn man auf die Meinung stößt „Mir kann ja nichts passieren, ich bin ja bei der Berufsgenossenschaft versichert!", so ist dies ein massiver Irrglaube. Auf die Möglichkeit des Regresses der Berufsgenossenschaft wurde bereits hingewiesen. Ferner hat bspw. die Durchführung eines Strafverfahrens überhaupt nichts mit einer Berufsgenossenschaft zu tun. Auch sind z.B. arbeitsrechtliche Konsequenzen völlig losgelöst von unserem Unfallversicherungsrecht.

Als Ausbilder ist es insbesondere wichtig, seinen Schülern klar zu machen, dass nach einem Unfall oder Schaden mehrere Rechtsfolgen nebeneinander und unabhängig voneinander eintreten können, wie das oben stehende Schaubild verdeutlicht.

Als Ausbilder und Führungskraft sollte immer wieder auf die Verantwortung, die die Beschäftigten und natürlich auch Sie selbst haben, geachtet und hingewiesen werden. Man ist schneller in den „Gerichtsmühlen" gefangen als man glaubt. Wehklagen hilft danach nichts mehr.

Merke

Nur eine gewissenhaft handelnde, fachlich und persönlich geeignete Person, die ständig darauf bedacht ist, das für sie Erforderliche zu wissen und anzuwenden, hat die Gewissheit, einer Haftung zu entgehen.

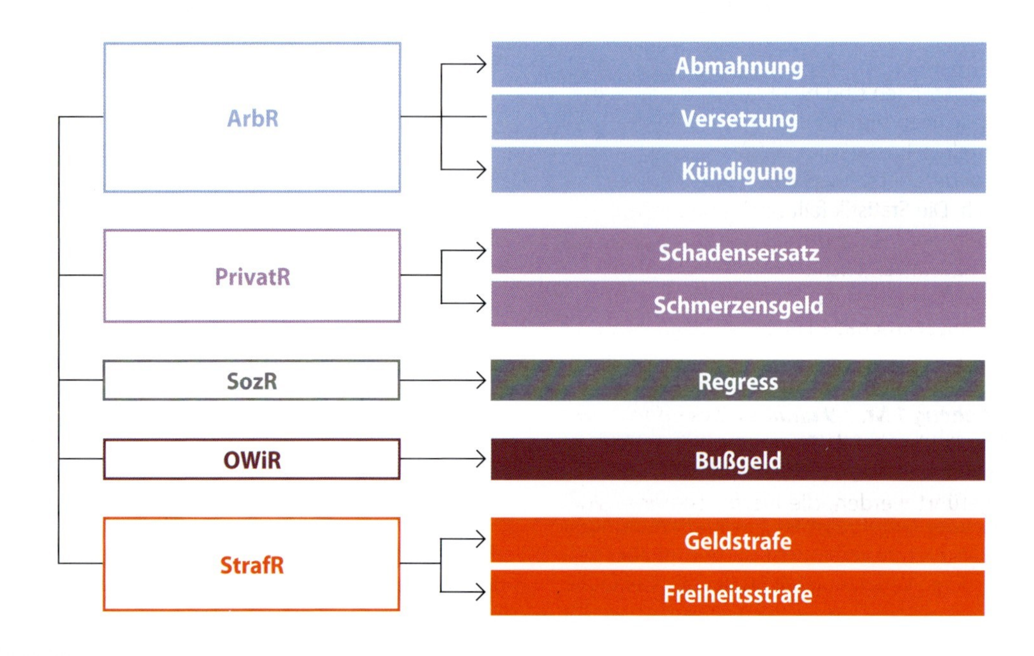

Zusammenfassung

Die gezielte umfangreiche Verantwortung verlangt von jedem Betriebsangehörigen, sei er Unternehmer, dessen Beauftragter oder Arbeitnehmer, ständig wachsames Verhalten, und dieses keinesfalls durch Stress oder Eile gemindert. Nur so kann ein Unfall verhindert und eine Haftung ausgeschlossen werden (s. a. § 25 ArbSchG).

1.5.1 Anforderungen an den Flurförderzeugführer

Grundsätzliches

Jeder Unternehmer und jede Führungskraft wird für Facharbeiten wie Elektroinstallationen, Metall- und Schweißarbeiten nur Fachleute einsetzen.
Stehen aber Aufgaben wie Fahr- und Steuertätigkeiten von mobilen Arbeitsmitteln wie Kranen, Flurförderzeugen, Erdbaumaschinen, Hubarbeitsbühnen an, muss man manchmal den Eindruck gewinnen, hier werden weniger strenge Maßstäbe angesetzt. Man erkennt, oberflächlich betrachtet, hierfür nicht die Notwendigkeit der Eignung, ihrer Überprüfung und Ausbildung/Fachunterweisung, obwohl das ArbSchG, die BetrSichV mit ihren TRBS sowie die Vorschriften der DGUV dies eindeutig fordern.

Diese Forderungen sind mehr als begründet, denn diese Maschinen sind im Verhältnis zu anderen Arbeitsmitteln sehr stark am Unfallgeschehen beteiligt, besonders mit schweren Unfällen. Sie gelten als gefährlich. Die Statistik fällt noch ungünstiger aus, wenn man die Unfallgegenstände im Verhältnis zu ihren Einsätzen vergleicht.
Neben den Unfällen mit Personenschäden sind Unfälle nur mit Sachschäden noch viel zahlreicher.

Darum gibt die Betriebssicherheitsverordnung in ihrem Anhang 1 Nr. 1.9 unmissverständlich vor:
„Der Arbeitgeber hat dafür zu sorgen, dass
a) selbstfahrende Arbeitsmittel nur von Beschäftigten geführt werden, die hierfür geeignet sind und eine angemessene Unterweisung erhalten haben, ..."

Begriffsbestimmungen

Ein motorkraftbetriebenes Flurförderzeug ist ein Flurförderzeug mit motorkraftbetriebenem Fahrantrieb – außer einem Gleisfahrzeug (s. aber „Einsatz zum Waggonverschieben auf einem Verschiebegerät", Kapitel 4, Abschnitt 4.4.4, Absatz „Waggonverschiebegeräte"), das seiner Bauart nach dem Befördern, Ziehen, Schieben, Heben, Stapeln oder In-Regale-Einlagern von Lasten aller Art dient, das mitgängergeführt ist oder von einem Fahrer bedient wird, der auf dem Flurförderzeug oder einer speziell angeordneten Plattform sitzt oder steht (s. Norm DIN EN 3691-1).
Ist das Flurförderzeug zusätzlich mit einem Hilfssitz ausgerüstet, gilt es als Flurförderzeug mit Fahrerstand (s. o. und Norm ISO 5053).
Kraftbetriebene Flurförderzeuge sind selbstfahrende Arbeitsmittel. Es sind z. B. Front-, Teleskop-, Mitnahme- und Schubmaststapler, Containerstapler, Querstapler, Regalstapler, Kommissionierstapler, Kommissioniergeräte, Wagen, Schlepper und Mitgänger-Flurförderzeuge.

Hierzu folgende spezielle Definitionen (s. a. VDI 3586):

Anhänger sind Fördermittel ohne eigenen Antrieb, die so eingerichtet sind, dass sie bestimmungsgemäß an Flurförderzeuge angekoppelt werden können. Hierunter sind also keine Lkw-Anhänger zu verstehen (s. a. Kapitel 4, Abschnitt 4.4.3 „Anhängerbetrieb").

Anhänger – sog. Routenzug

Fernbedienung für einen Mitnahmestapler

Frontstapler

Gabelhochhubwagen/Hochhubwagen mit Mitfahrgelegenheit/Fahrerstand

Containerstapler

Containerstapler sind Frontstapler, in der Regel mit hoher Traglast, ausgerüstet mit einem Spreader oder mit Gabelzinken als Lastaufnahmemittel. Haben sie statt eines Hubmastes einen Hubarm (befestigt hinter der Vorderachse), sind es Teleskopstapler. In der Fachwelt werden sie als „Reach Stacker" bezeichnet.

Fernbedienungen ohne (Funkfernsteuerung) oder mit Kabel, sowohl für die Hub- als auch für die Fahrbewegung, nicht automatisch gesteuert (s. programmgesteuerte Flurförderzeuge auf S. 50), gelten hinsichtlich der Anforderungen an den Fahrer als Fahrerplätze.

Frontstapler sind praktisch die uns allen bekannten Gabelstapler. Sie sind an ihrer Rückseite mit einem Gegengewicht ausgerüstet. Daher werden sie in der Norm auch als Gegengewichtsstapler bezeichnet. Die Maschinen können als Sitz- oder Stand-Flurförderzeug in der Anordnung als Front- oder Querposition ausgeführt sein.

Hochhubwagen sind Radarm-unterstützte Flurförderzeuge mit einem Hubgerät. Wir finden diese Geräte auch als Mitgänger-Flurförderzeug ausgestattet, entweder als reines Mitgänger-Flurförderzeug oder kombiniert mit Fahrerstand.

Geländestapler

Niederhubwagen

Geländestapler sind Frontstapler mit einer höheren Bodenfreiheit sowie großvolumigeren Reifen und breiterer Aufstandsfläche.

Niederhubwagen sind Gabelhubwagen mit Niederhub, also ohne Hubmast. Sie verfügen über feststehende Palettenarme, mit denen die Lasten bodenfrei angehoben und anschließend horizontal transportiert werden. Auch sie werden, wie die Hochhubwagen, häufig mit der Variante Mitgänger-Flurförderzeug mit oder ohne Fahrerstand kombiniert.

Kommissioniergerät

Kommissioniergeräte sind Maschinen sowohl mit Fahrerstand, nicht oder hebbar ≤ 1,20 m über Flur, als auch ohne Fahrerstand. Ohne Fahrerstand werden sie von Flur aus, z. B. über eine(n) am Gerät fest angebrachte(n) Deichsel oder Tastschalter gesteuert (Fahreranforderung s. u. „Mitgänger ohne Hubmast“). Können sie wahlweise von einem Fahrerstand oder von Flur aus gesteuert werden, gelten die Geräte als Fahrerstandfahrzeug, vorausgesetzt sie können schneller als 6 km/h fahren.

Kommissionierstapler

Kommissionierstapler sind Maschinen mit einem > 1,20 m über Flur hebbaren Fahrerplatz für das Ein- und Auslagern in der Regel ganzer Ladeeinheiten sowie dem Verfahren in hochgehobenem Zustand, meistens in Regalgängen.

Mitnahmestapler am Heck des Fahrzeugs

Mitgängergeführter Niederhubwagen

Portalhubwagen

Querstapler

Mitgänger-Flurförderzeuge sind Maschinen, die durch einen mitgehenden Fahrer über eine am Gerät angebrachte bewegliche Deichsel gelenkt werden (s. a. Kommissioniergerät). Das Mitgänger-Flurförderzeug hat eine Fahrgeschwindigkeit von ≤ 6 km/h. Wird es mit einer Mitfahrgelegenheit ausgerüstet, fährt es in der Regel schneller als 6 km/h und gilt dann als Flurförderzeug mit Fahrerplatz, mit der Konsequenz, Fahrermindestalter 18 Jahre usw. (s. § 1 Abs. 1 DGUV V 68). Es ist dann ohne Hubmast ein Niederhubwagen und mit Hubmast ein Hubhochwagen, praktisch ein Stapler.

Mitnahmestapler, auch Lkw-Stapler genannt, sind Stapler, die entweder hinten am Lkw mit einer dafür vorgesehenen Halterung angebracht oder mit nach hinten eingeklapptem Hubmast unter der Ladefläche des Lkw zwischen Vorder- und Hinterachse verstaut werden. Die Modelle, die zwischen Vorder- und Hinterachse verstaut werden, haben den Vorteil, dass sich der Gesamtschwerpunkt des Lkw durch den Stapler nicht nach hinten verlagert. Dies trägt zur Standsicherheit des Lkw bei.

Portalhubwagen sind Maschinen, bei denen das Lastaufnahmemittel – ein Spreader – in der Mitte von vier Pfeilerstützen auf Rädern befestigt ist. Er wird zum Containertransport eingesetzt.

Programmgesteuert sind Flurförderzeuge, wenn ihre Bewegungen und die des Lastaufnahmemittels nach einem vorgegebenen Programm selbsttätig ablaufen.
Programmsteuerung ist nicht nur eine Steuerung in Verbindung mit einem Computer. Sie liegt auch vor, wenn der Steuerimpuls nicht willkürlich von Personen eingegeben wird. Die Personen, die Steu-

Schlepper

erimpulse eingeben, also in die Programmierung eingreifen, z. B. über eine Tastatur oder per Chipkarte unterschiedliche Steuerungen auslösen, gelten als Fahrer von Flurförderzeugen mit Fahrerplatz.
Es gibt sie in Form von Mitgängergeräten (z. B. automatische Palettensammler) als auch ohne Personenbetrieb – wir sprechen dann von sog. fahrerlosen Transportsystemen.

Querstapler sind Seitenstapler, die sowohl am freien Stapel, zum Be- und Entladen von Lkw sowie an Regalen eingesetzt werden. In der Regel nehmen sie Langmaterial auf, unabhängig davon, ob es eine ganze Ladeeinheit, z. B. gebündelt, palettiert oder frei, oder eine Einzellast ist.

Regalstapler sind Seiten-, Dreiseiten- oder Quergabelstapler mit einem festen Fahrerplatz nahe dem Fahrweg, die ganze Ladeeinheiten in Regale ein- und auslagern können.

Schlepper sind Flurförderzeuge, die überwiegend zum Vorwärts- oder Rückwärts-Verziehen von Anhängern konzipiert sind.
Sie können auch, ausgerüstet mit einem Drückschild, Anhänger verschieben.
Häufig werden kleinere Geräte auch als Fahrzeug für Aufsichtspersonen und Instandhalter eingesetzt. Darüber hinaus können sie auch – je nach Bauart – eine kleine Ladefläche hinter dem Fahrerplatz haben. Es gibt sie auch mitgängergeführt.

Schubmaststapler, oft auch Schubstapler genannt, sind Gegengewichtsstapler, ausgerüstet mit einem in Längsrichtung verstellbarem Hubmast, der zwischen dem Fahrgestell, bestehend aus zwei Tragarmen, angebracht ist.

Regalstapler

Schubmaststapler

Teleskopstapler/Reach Stacker

Teleskopstapler mit drehbarem Oberwagen

Wagen

Teleskopstapler mit starrem Aufbau

Teleskopstapler sind kraftbetriebene Sitz-Gegengewichts-Stapler mit veränderlicher Reichweite, sei es mit einem oder mehreren Gelenkarmen, die als teleskopierbare oder gelenkige Hubarmteile für die Handhabung von Lasten ausgerüstet sind. Ihre Lastaufnahmeeinrichtungen können entweder direkt an der Hubeinrichtung oder an einem Hilfsmast montiert sein, der am Ende der Hubeinrichtungen befestigt ist.

Der Reach Stacker ist eine Sonderform des Teleskopstaplers zum Containertransport. Er ist mit einer speziellen Lastaufnahmeeinrichtung, dem sog. Spreader, ausgestattet, mit dem die Container gehoben und transportiert werden können.

Auch die Fahrzeuge mit drehbarem Oberwagen (auch Rotos genannt) fallen unter die Kategorie Flurförderzeuge, auch wenn sie an sich wie ein (Fahrzeug-)Kran arbeiten, insbesondere wenn an ihnen noch eine Winde befestigt ist (so DIN EN 1459-2).

Wagen, auch als Plattformwagen bezeichnet, sind Maschinen, die auf einer Plattform mit oder ohne Bordwände/Seitenwände Lasten transportieren können. In der Regel sind sie auch zum Verziehen von Anhängern mit einer Kupplung ausgerüstet. Sie sind einem Kleinlastwagen sehr ähnlich.

Fahrbeauftragung – Voraussetzungen

Was verlangen § 7 DGUV V 68, DGUV G 308-001 „Ausbildung und Beauftragung der Fahrer von Flurförderzeugen mit Fahrersitz und Fahrerstand" sowie die Betriebsanleitungen der Hersteller und die „Regeln für die bestimmungsgemäße und ordnungsgemäße Verwendung von Flurförderzeugen" des VDMA – Fachgemeinschaft Fördertechnik, die häufig Bestandteil der Betriebsanleitungen sind?

Der Unternehmer darf mit dem selbstständigen Steuern von Flurförderzeugen unabhängig von ihrer bauartbedingten Fahrgeschwindigkeit, auch ≤ 6 km/h, ausgerüstet mit Fahrersitz oder Fahrerstand Personen nur beauftragen, die

1. mindestens 18 Jahre alt sind,
2. für diese Tätigkeit geeignet und ausgebildet sind und
3. ihre Befähigung nachgewiesen haben.

Der Auftrag muss schriftlich erteilt werden.

Diese Vorgabe basiert auf jahrzehntelangen Erfahrungen und Gefährdungsanalysen, dass nicht allein hohe Fahrgeschwindigkeiten die Ursache von Unfällen sind, sondern auch beim Lastenbewegen, z. B. beim Aus- und Einlagern von Gütern, gravierende Fehler gemacht werden. Hier handelt es sich u. a. um Überlastungen der Maschinen, falsche Lasthandhabung beim Aus- und Einlagern, Steuerungsfehler mit der Folge hoher Trägheitskräfte und falsches Fahrverhalten.

Beim Einsatz von Mitgänger-Flurförderzeugen ist der Gefahrengrad geringer, sodass hierfür folgende Erleichterungen zugelassen werden:

Der Unternehmer darf mit dem Steuern von Mitgänger-Flurförderzeugen nur Personen beauftragen, die geeignet und in der Handhabung dieser Geräte unterwiesen sind (§ 7 Abs. 2 DGUV V 68). Das bedeutet, dass diese Personen hierfür jünger als 18 Jahre alt sein können. Das 16. Lebensjahr sollen sie aber vollendet haben, denn ein nicht unerhebliches Unfallrisiko bleibt auch bei diesen Geräten erhalten (s. a. Jugendarbeitsschutzgesetz und Absatz „Selbstständiges Führen").

Bei Handgabelhubwagen, die rein mit Muskelkraft bedient werden, kann ein Mindestalter von 15 Jahren zugelassen werden, da hier das Gefährdungspotenzial für Fahrer und Umfeld am geringsten ist. Unter 15 Jahren ist der Einsatz von Jugendlichen an Flurförderzeugen grundsätzlich untersagt (§ 5 Abs. 1 JArbSchG).

Achtung!

Egal welches Flurförderzeug eingesetzt wird, an allen Geräten ist eine Ausbildung vorzunehmen (s. TRBS 2111 Teil 1 Punkt 3.5 Abs. 3). Dass eine Ausbildung an einem Handhubwagen anders aussieht oder sein kann, als an einem Stapler, ist selbstverständlich. Eine Beschäftigung ohne vorherige Schulung bzw. Einweisung am jeweiligen Arbeitsmittel darf aber nicht stattfinden (s. § 12 ArbSchG).

Eine „abgespeckte" Ausbildung bedeutet aber nicht, dass die Bedienpersonen oberflächlicher für das sichere Steuern dieser Maschinen/Fahrzeuge fachkundig gemacht werden, sondern dass die Fachunterweisung, bezogen auf das Gerät, einfacher für die Handhabung desselben erfolgen kann. Ein schriftlicher Fahrauftrag ist nach der DGUV V 68 nicht vorgeschrieben. Allerdings wird es bei allen Flurförderzeugen für sinnvoll erachtet, einen schriftlichen Fahrauftrag zu erteilen (s. TRBS 2111 Nr. 5.3.2 und TRBS 2111 Teil 1 Nr. 3.3.9 Abs. 2)

Haben diese Geräte eine zusätzliche Standplattform, gelten sie als Flurförderzeuge nach § 7 Abs. 1 DGUV V 68, d. h. sie werden wie „normale" Stapler behandelt – egal wie schnell sie fahren und ob sie von Flur oder Standplatz aus bedient werden. So gilt z. B. auch der Lkw-Mitnahmestapler, der regelmäßig nur bis 6 km/h fährt, als Flurförderzeug i. S. d. § 7 Abs. 1 DGUV V 68, also als Flurförderzeug mit Fahrersitz, und es bedarf dementsprechend einer Ausbildung und eines schriftlichen Fahrauftrags.

Selbstständiges Führen

Was ist unter selbstständigem Führen/Steuern zu verstehen?

Selbstständiges Führen von Flurförderzeugen ist gegeben, wenn der Umgang mit ihnen auftragsgemäß, aber ohne ständige Kontrolle und ohne ggf. mögliche sofortige Korrektur durch Aufsicht bzw. laufende Anleitung erfolgt. Das Führen von Flurförderzeugen geschieht demnach, außer zu Ausbildungszwecken, immer selbstständig.

Selbstständiges Führen eines Flurförderzeugs liegt also nicht vor, wenn der Bedienende für jede Flurförderzeugfahrt unter Anleitung (mit Eingriffsmöglichkeit in die Bedienung, sei es von einem Beifahrerplatz aus oder mittels Sprechfunk), z. B. eines fachkundigen Einsatzleiters/Aufsichtführenden oder Co-Ausbilders, einen Auftrag erhält bzw. unter dessen direkter Aufsicht auf einer abgegrenzten und gesicherten Übungsfläche den Flurförderzeugeinsatz durchführt (s. a. Abschnitt 1.5.4, Absatz „Co-Ausbilder").

Ein nicht selbstständiges Führen eines kraftbetriebenen Flurförderzeuges mit Fahrerplatz, auch mittels Fernbedienung und dgl. kann sehr gut mit dem Steuern eines Kraftfahrzeuges auf einem ADAC-Übungsplatz verglichen werden.
In der Regel werden demnach, außer bei der Ausbildung zum Flurförderzeugführer, Flurförderzeugbedienungen selbstständig durchgeführt.

Legt die Unfallverhütungsvorschrift für das nicht selbstständige Führen eines Flurförderzeugs und für das Steuern von mitgängergeführten Geräten kein Mindestalter fest, so sollten Personen unter 16 Jahren mit dem Führen von Flurförderzeugen trotz durchgeführter Schulung und ständiger Aufsicht nicht eingesetzt werden. Sie können die Tragweite ihres Handelns oft nicht erkennen. Selbstüberschätzung und Übermut sind bei Jugendlichen häufig die Ursache von schweren Unfällen (s. a. § 22 JArbSchG). Bei reinen handgeführten, mit Muskelkraft betriebenen Handhubwagen, kann grundsätzlich bereits mit 15 Jahren gefahren werden.

Sollen Jugendliche nach ihrer Ausbildung auch Flurförderzeuge führen, z. B. als Fachpacker oder Flurförderzeuginstandhalter, so können sie auch schon vor Vollendung des 18. Lebensjahres während ihrer Ausbildung zu berufsbildbezogenen Ausbildungszwecken unter Aufsicht Flurförderzeuge führen. Unter Aufsicht ist zu verstehen, dass seitens des Aufsichtführenden die jeweilige Arbeitsaufgabe beschrieben und vorgegeben wird. Der Einsatz muss aber örtlich und zeitlich begrenzt sein (≤ 3 Monate). Dieser Einsatz gilt dann nicht als selbstständiges Führen.

Der Aufsichtführende hat sich aber regelmäßig von der ordnungsgemäßen Durchführung des Auftrages zu vergewissern. Die einwandfreie Beurteilung der ordnungsgemäßen/bestimmungsgemäßen Arbeit mit dem Flurförderzeug kann der Aufsichtführende/Mit-Berufs-Ausbilder nur abgeben, wenn er mindestens den „Fachverstand" eines Co-Ausbilders hat.

Eignung

Abgesehen vom Erreichen des Mindestalters muss der Flurförderzeugführeranwärter körperlich, geistig und charakterlich so „fit" sein, dass er das Flurförderzeug in jeder Situation sicher führen kann. Hierfür ist u. a. ausreichendes Hören und Sehen, schnelle geistige Auffassungsgabe und entsprechendes Reaktionsvermögen erforderlich. Hierzu gehört auch, dass er der deutschen Sprache insoweit „mächtig" sein muss, dass er zur Aufnahme und Umsetzung des Lehrstoffes in der Lage ist und später im Einsatz u. a. Betriebs- und Rettungsanweisungen verstehen und befolgen, sowie selbst im Rahmen seiner Tätigkeit Hinweise an seine Kollegen geben kann, z. B. zum unfallsicheren Arbeiten. Außerdem muss er ausreichendes motorisches Geschick haben, gewissenhaft und zuverlässig sein.

Bei der Beherrschung der deutschen Sprache treten bei den Teilnehmern nicht selten Probleme auf, besonders wenn sie nicht ausreichend lesen können (s. a. Kapitel 5).
Schon bei der Vermittlung des Stoffes wird es schwierig, da der Teilnehmer u. a. Texte auf Folien nicht lesen kann. Hier ist der Ausbilder besonders mit seinem didaktischen Können gefordert. Auf jeden Fall benötigt er für die Prüfung mehr Zeit als normal. Der Ausbilder kann dem Teilnehmer die Fragen und möglichen Antworten vorlesen und er kreuzt/gibt daraufhin die richtige Antwort an oder der Ausbilder führt die Abschlussprüfung mündlich durch, was aber die absolute Ausnahme sein sollte.

Konnte diese Hürde für den Lernenden erfolgreich genommen werden, ist bei der verhaltensbezogenen Ausbildung – Unterweisung zu berücksichtigen, dass der Maschinenführer u. a. Betriebs- und Arbeitsanweisungen nicht lesen kann, was er schwerlich zugeben wird. Hier können in Verbindung mit intensiven mündlichen Erläuterungen z. B. Betriebsanweisungen in Form von grafischen Darstellungen wie Verbots-, Gebots-, Warn-, Rettungs-, Hinweis- und zusätzlichen Zeichen gemäß der Arbeitsstättenrichtlinie ASR A1.3 „Sicherheits- und Gesundheitsschutzkennzeichnung" oder der DGUV I 211-041 mit Zeichnungen oder Bildern statt Text bzw. Grundbetriebsanweisungen in der jeweiligen Sprache hilfreich sein.
Solche Anweisungen sollte man den betreffenden Personen unter Zeugen, z. B. ein Betriebsratsmitglied oder Vertreter der Personalabteilung bzw.

Vorgesetzten, persönlich geben und sich bestätigen lassen (s.a. Abschnitt 1.1.3, Absatz „Betriebsanweisung").

Für die Eignungsbeurteilung der Maschinenführer geben DGUV G 350-001 (G25) sowie DGUV I 250-427 „Fahr-, Steuer- und Überwachungstätigkeiten" wichtige Anhaltspunkte.

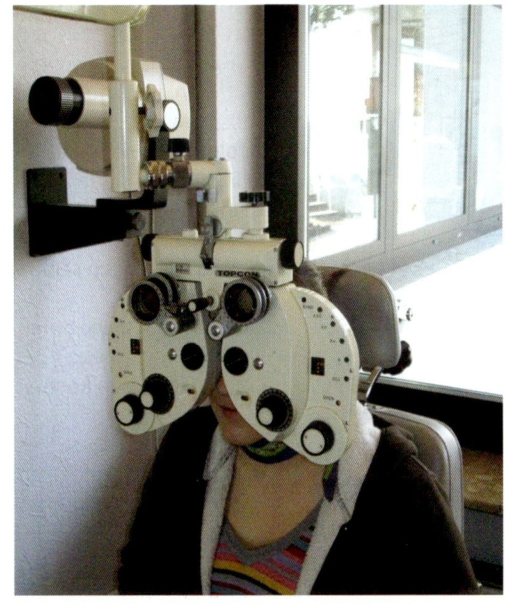

Flurförderzeugführeranwärterin beim Sehtest

Die Beurteilung der Eignung/Tauglichkeit von Fahrern und Fahrerinnen ist grundsätzlich vom Unternehmer oder von dessen Beauftragten vorzunehmen. Beauftragte können sein: Ärzte (insbesondere Betriebsärzte), Fachkräfte für Arbeitssicherheit, Werksleiter, Betriebsingenieure, Versandleiter, Lagermeister, Vorgesetzte oder Ausbilder.

Die Voraussetzung für diese Pflichtenübertragung ist jedoch, dass der Beauftragte die Anforderungen für das sichere Steuern der vorgesehenen Flurförderzeuge sachkundig beurteilen kann.

Am besten kann die Eignungs-/Tauglichkeitsbeurteilung, insbesondere die körperliche Eignung, durch den Betriebsarzt und die geistige sowie charakterliche Eignung (s. unten) optimal in Zusammenarbeit mit der Personalabteilung, einer Fachkraft für Arbeitssicherheit und einem Ausbilder durchgeführt werden.

Der Protokollbogen für die Eignungs-/Tauglichkeitsbeurteilung des Resch-Verlags kann hierfür eine gute Unterstützung sein.

Bestehen Zweifel, besonders hinsichtlich der körperlichen/gesundheitlichen Eignung des Lernenden, ist eine arbeitsmedizinische Vorsorgeuntersuchung durch einen anerkannten Arbeitsmediziner u.U. unter Hinzuziehung eines weiteren Facharztes, z.B. eines Neurologen, angezeigt. Dies gilt auch für die Festlegung der Gültigkeitsdauer der Eignung/Tauglichkeit und für eine Wiederholungsuntersuchung, z.B. bei einer bedingten Tauglichkeit.

Anmerkung

Bei einer Eignungs- und Tauglichkeitsbeurteilung für Fahr- und Steuerpersonal nach DGUV I 250-427 (allgemein bekannt als „G 25") oder auch DGUV I 250-449 (G 41 – Arbeiten mit Absturzgefahr) handelt es sich nicht um eine verpflichtende Untersuchung, die der Arbeitgeber nach der Arbeitsmedizinischen Vorsorgeverordnung – ArbMedVV vornehmen muss. Wird ein Jugendlicher eingesetzt, so darf er nur beschäftigt werden, wenn er innerhalb der letzten 14 Monate von einem Arzt untersucht worden ist und dem Arbeitgeber eine von diesem Arzt ausgestellte Bescheinigung vorliegt (§ 32 JArbSchG). Eine Nachuntersuchung hat 1 Jahr nach Aufnahme der Beschäftigung zu erfolgen (§ 33 JArbSchG).

Eine Notwendigkeit für arbeitsmedizinische Vorsorgeuntersuchungen ist im Normalfall z.B. für das Führen/Steuern von folgenden Maschinen nicht notwendig:

- Mitgänger-Flurförderzeuge ohne Hubeinrichtung,
- Schlepper und fahrbare Arbeitsmittel, wie Kehr-

maschinen und Rasenmäher mit geringer Leistung sowie handbetriebene Flurförderzeuge.

Die geistige und charakterliche Eignungsbeurteilung, wie Auffassungsgabe und Zuverlässigkeit, kann auch der Unternehmer bzw. dessen Beauftragter durchführen und z. B. im Fahrausweis dokumentieren. Bezüglich der charakterlichen und geistigen Eignung und Zuverlässigkeit können auch frühere Zeugnisse und Beurteilungen hinzugezogen werden.
Einer Eignungsbeurteilung/-untersuchung kann sich ein Flurförderzeugführer oder -anwärter nicht entziehen, will er weiter als Flurförderzeugführer tätig sein bzw. als solcher im neuen Unternehmen arbeiten.
Der Arbeitgeber ist berechtigt, Fragen, die im Zusammenhang mit der konkreten Tätigkeit stehen, zu stellen, und er hat einen Anspruch auf wahrheitsgemäße Beantwortung. Sagt der Mitarbeiter bewusst die Unwahrheit, kann ihm der Unternehmer (oder sein zuständiger Beauftragter) den Fahrauftrag entziehen. Der Befragte sollte immer daran denken, dass die Fragen keine Schikane sind, sondern seinem Schutz und der Arbeitssicherheit im Betrieb dienen. Denn auch die Kollegen haben ein Recht darauf zu vertrauen, dass nur die Personen eingesetzt werden, die geeignet und tauglich ihre Aufgaben erfüllen können.

Spezialfälle der Tauglichkeit

Eine körperliche Eignung ist in der Regel immer dann nicht gegeben, wenn Symptome wie Bewusstseins- oder Gleichgewichtsstörungen vorliegen oder die Person unter Anfallsleiden jeglicher Art leidet.

Eine bedingte Eignung/Tauglichkeit kann z. B. schon festgestellt werden bei Personen

- mit Geh- und Greifbehinderungen.
- mit Höhenangst, z. B. beim Steuern von Staplern von einem Führerhaus aus, dessen Boden zum Hallenboden über 2 m entfernt/hebbar ist (s. DGUV G 350-001, G 41 und DGUV I 250-449 „Arbeiten mit Absturzgefahr"). Dies gilt auch für das Hochfahren in Arbeitsbühnen (s. a. Kapitel 4, Abschnitt 4.4.2).
- mit Gefährdung durch elektromagnetische Felder [EM] ausgehend von aktiven oder passiven Körperhilfen, wie Herzschrittmachern, Insulinpumpen, künstlichen Hüftgelenken, Platten, Schrauben, Nägeln, Stangen oder dgl. und Piercingschmuck (s. Absatz „Körperbehinderte"). Hier könnten gezielte Schutzmaßnahmen, wie z. B. Abschirmungen, Leistungsminderung bzw. Abschaltung der Strahlenquelle, persönliche Schutzausrüstung und Begrenzung der Aufenthaltsdauer durchgeführt werden (s. DGUV V 16 „Elektromagnetische Felder" mit DGUV R 103-013 und Abschnitt 1.1.2).

In so gekennzeichneten Bereichen dürfen bestimmte Kollegen zu ihrem eigenen Schutz nicht eingesetzt werden.

Anmerkung

Hochfrequente Felder können zur unmittelbaren Körpererwärmung, besonders von Organprothesen und Implantaten sowie von Piercingschmuck, Ketten, Armreifen und Ringen, führen. Außerdem können u. a. mittelbare Wirkungen, wie Berührungsspannungen und Körperdurchströmungen, auftreten.

Solche Betriebsgegebenheiten können vorliegen beim Einsatz von Staplern mit Lasthebemagneten als Lastaufnahmemittel, in Hochfrequenzanlagen und bei galvanischen Bädern, an Schmelzöfen, Hochfrequenzbatterieladegeräten oder Elektro-Schweißgeräten.

Ein Beispiel aus der Praxis: Durch Anpassung/Abgrenzung des Arbeitsfeldes kann auch ein taubstummer Kollege eingesetzt werden.

Anmerkung

Bei körperlichen Einschränkungen der Fahrer sollte man immer versuchen, das Flurförderzeug, das Anbaugerät und das Arbeitsumfeld an die Behinderung anzupassen (s. a. Absatz „Körperbehinderte").

Bei der Eignungsbeurteilung sind auch temporäre Einsätze des Fahrpersonals, z. B. von Leiharbeitnehmern und Fahrern von Mietfahrzeugen, mit den erläuterten Gefahrenbereichen zu berücksichtigen.

Arbeitsmedizinische Vorsorgeuntersuchungen

Eignungs- und Tauglichkeitsuntersuchungen haben nichts mit arbeitsmedizinischer Vorsorge zu tun. Sie ersetzen auch nicht erforderliche arbeitsmedizinische Vorsorgeuntersuchungen, z. B. für den Einsatz des Fahrpersonals in Lärmbereichen, in kontaminierten Bereichen, auf Deponien oder beim Umgang mit Biostoffen und für Kältearbeiten (s. a. DGUV V 6 „Arbeitsmedizinische Vorsorge") oder Pflichtuntersuchungen der arbeitsmedizinischen Vorsorgeverordnung.

Körperbehinderte

Bei den Eignungs-/Tauglichkeitsbeurteilungen sollten sich die Beurteilenden immer von dem Grundsatz leiten lassen, das Arbeitsmittel und die Arbeitswelt an den jeweiligen Menschen und bei Personen mit einer Körperbehinderung/-beeinträchtigung an die jeweilige Behinderung anzupassen. Dies wird neben der Anpassung meistens mit einer bedingten Eignung verknüpft sein, i. V. m. Wiederholungsbeurteilungen.

Hierbei sollte immer die Erfahrung berücksichtigt werden, dass gerade Menschen mit Körperbehinderung besonders zuverlässig und gewissenhaft arbeiten.
Nicht zuletzt aufgrund dieser Erfahrungen wurden in der Vergangenheit viele Arbeitsplätze „behindertengerecht" gestaltet bzw. Arbeitsmittel angepasst. Dies wird auch von vielen Institutionen staatlich gefördert (ob Berufsgenossenschaften, Renten-, Krankenversicherungen oder Arbeitsämtern).
Dies ist u. a. auch der Grund, warum der Grundsatz DGUV G 350-001 (G 25, s.a. DGUV I 250-427) kein Dogma ist. Nicht zuletzt muss auch dem Arbeitsmediziner „Spielraum" für seine Entscheidungen gegeben werden. Gleiches gilt im Übrigen auch für geistig oder mehrfach Behinderte.

Auch bei Fahrern ohne gesundheitliche Probleme sollte die Tauglichkeit nicht auf unbegrenzte Dauer bescheinigt werden. Bis zum Lebensalter von 50 Jahren sollte sie alle fünf Jahre und über 50 Jahre alle drei Jahre festgestellt werden (Anlehnung an die normalen Fristen der DGUV V 6, z. B. Arbeiten unter einem Beurteilungspegel bei Lärm von ≥ 80 dB(A)).

Alkohol- und Rauschmittelwirkung

Selbstverständlich ist durch die Aufsichtspflicht des Vorgesetzten eine laufende Prüfung/Beobachtung der Tauglichkeit der Flurförderzeugführer erforderlich. Eine Möglichkeit wären unauffällige Kontrollgänge zusammen mit dem Betriebsarzt.
Für eine entstandene Nichteignung genügt als Grundlage auch der Augenschein durch den Vorgesetzten, am besten mit einem Zeugen. Hierunter fallen z. B. Auffälligkeiten durch Alkoholgenuss, Alkoholismus und Rauschmittelmissbrauch. Den Gegenbeweis kann der Betroffene durch eine ärztliche Untersuchung entkräften (Angebot der Firma). Zu einem Alkoholtest oder gar einer Blutprobe kann man den Fahrer nicht zwingen. Dies wäre ein Verstoß gegen das verfassungsrechtlich geschützte Persönlichkeitsrecht und bei einer Blutabnahme sogar eine Körperverletzung. Es sei denn, eine Blutprobe wird von der Polizei zur Beweissicherung im Rahmen eines Strafverfahrens angeordnet und durch einen Arzt vorgenommen, z. B. nach einem Unfall mit Personenschaden im Betrieb.

In den Betrieben spielt nicht nur der Alkoholkonsum eine Rolle, sondern auch Drogensucht und Tablettenmissbrauch. Zum Führen eines Flurförderzeuges ist nicht mehr geeignet, wer mehr als 0,3 ‰ Alkohol im Blut hat. Dies gilt umso mehr für diejenigen, die in der 3. Dimension, also in der Höhe arbeiten müssen, z. B. in Hochregallagern.
Dieser Alkoholpegel ist niedrig und bedeutet praktisch keinen Alkoholkonsum während des Dienstes einschließlich der Pausen (Mittagspause). Außerdem ist es erforderlich, vor Dienstantritt Maß zu halten, denn Alkohol baut sich im Körper nur mit höchstens 0,12 ‰/h ab, und dies beginnt erst ca. 1 Stunde nach dem „letzten Schluck". Nach allen Erfahrungen kann von einer Steuerungsunfähigkeit für alle mobilen Arbeitsmittel (also z. B. Flurförderzeuge, Krane, Erdbaumaschinen, Hubarbeitsbühnen) ab 0,8 ‰ ausgegangen werden.

Der Arbeitgeber ist gut beraten, wenn er bezüglich aller Suchtmittel null Toleranz zulässt. So sollte er schon im Arbeitsvertrag schriftlich festhalten, dass der Genuss von Alkohol und anderer Suchtmittel während der Arbeitszeit strikt untersagt ist. Er hat dann die vereinfachte Möglichkeit, im Falle eines Verstoßes dagegen mit arbeitsrechtlichen Konsequenzen zu reagieren, z. B. mit Abmahnung oder gar Kündigung. Ähnlich verhält es sich auch bei

Drogen, Rauschmitteln oder Tablettenmissbrauch, wobei sich z. B. das Cannabinoid Tetrahydrocannabinol (THC) im Haschisch und Marihuana, das für die rauscherzeugende Wirkung verantwortlich ist, sogar erst innerhalb einer Woche abbaut.
Haschisch und Cannabisgenuss wird in seiner Negativwirkung leider oft unterschätzt. Auswirkungen, wie herabgesetzte Konzentration, gestörter Bewegungsablauf, Müdigkeit/Schläfrigkeit und Sehstörungen sind die Folge.
Bei Amphetaminen/Ecstasy sind Reaktionsverlust und Selbstüberschätzung an der Tagesordnung. Gegenüber dem normalen Rauchen ist die inhalierte Rauchmenge 66 %, die Einatmungstiefe 33 % und der Teergehalt 300 % größer als beim normalen Zigarettenrauchen.

Versicherte, z. B. Kranführer und Gabelstaplerfahrer, die infolge o. a. Genusses nicht mehr in der Lage sind, ihre Arbeit ohne Gefahr für sich oder andere auszuführen, dürfen mit Arbeiten nicht betraut werden. Das Beschäftigungsverbot zieht nicht zwangsläufig eine Entfernung aus dem Betrieb nach sich. Dies ist jeweils im Einzelfall zu entscheiden.

Anmerkung

Der Vorgesetzte darf den Berauschten nicht einfach nach Hause schicken. Er hat eine Fürsorgepflicht! Er muss ihn entweder z. B. im Aufenthaltsraum ausnüchtern oder nach Hause bringen lassen. Außerdem muss er dafür Sorge tragen, dass er sich nicht unkontrolliert im Betrieb bewegt, damit er sich und andere nicht gefährdet.

Suchtmittel im öffentlichen Straßenverkehr

Gilt für jede Beschäftigung, dass man sich nicht durch den Konsum von Alkohol, Drogen, anderen berauschenden Mitteln oder Medikamenten in einen Zustand versetzen darf, durch den man sich selbst oder andere gefährdet (so § 15 Abs. 2 und 3 DGUV V 1), so gilt dies noch verstärkter mit konkreten Bemessungsgrenzen für den öffentlichen Straßenverkehr.

Jeder Flurförderzeugführer, der am öffentlichen Straßenverkehr teilnimmt, ist Verkehrsteilnehmer. So regeln die §§ 315 c und 316 StGB, dass mit Geld- oder Freiheitsstrafe geahndet wird, wer sich durch Alkohol oder andere berauschende Mittel beeinflusst im Straßenverkehr bewegt. Hierbei muss es noch nicht einmal zu einem Unfall kommen, da es sich bei den beiden Delikten um sog. Gefährdungsdelikte handelt, also die Gefahr durch Suchtmittel, einen Schaden zu verursachen, der Anknüpfungspunkt für die Haftung ist. Diese Vorschriften knüpfen an die sog. Fahruntüchtigkeit an. Wir unterscheiden zwischen der relativen und der absoluten Fahruntüchtigkeit:

Absolute Fahruntüchtigkeit liegt ab 1,1 ‰ vor. Dies bedeutet, dass auch ohne ein Anzeichen im Fahrverhalten dieser Promillegehalt alleine ausreicht, den Straftatbestand zu verwirklichen. Dies hat der BGH – unser höchstes deutsches Zivil- und Strafgericht – bereits in einer Entscheidung aus dem Jahre 1990 entschieden (AZ: 4 StR 297/90) und ist seitdem geltende und unveränderte Rechtsprechung.

Bereits ab 0,3 ‰ ist man aber als Verkehrsteilnehmer bereits relativ fahruntüchtig. **Relative Fahruntüchtigkeit** bedeutet, dass zum Promillegehalt ein weiteres Merkmal hinzutreten muss, um den Straftatbestand zu verwirklichen. Dies kann eine Bewegungsanomalie sein, wie z. B. Torkeln oder eine andere Ausfallerscheinung oder Orientierungslosigkeit. Ein Promillegehalt von 0,3 ‰ ist sehr schnell erreicht, also höchste Vorsicht beim sog. „Herantrinken" an diese Promillegrenze.

Auch ohne Ausfallerscheinung ist eine Ahndung von Alkohol im Straßenverkehr möglich und zwar als Ordnungswidrigkeit, wenn nämlich der Fahrzeugführer mehr als 0,5 ‰ Alkohol im Blut hat (§ 24 a StVG).

Es muss der Grundsatz gelten: Entweder trinken oder fahren – beides zusammen geht nicht! – Ob innerbetrieblich oder im öffentlichen Straßenverkehr.

Merke

Durch den Genuss von Rauschmitteln und die Einnahme bestimmter Medikamente wächst die Bereitschaft, eigenes Fehlverhalten in Kauf zu nehmen! Außerdem wird die Risikobereitschaft erhöht!

Über drohende Geld- und Freiheitsstrafen hinaus dürfen wir auch nicht die weiteren drohenden Nebenfolgen vergessen, die der Genuss von Suchtmitteln im öffentlichen Straßenverkehr mit sich bringt, wie Entzug der Fahrerlaubnis oder Fahrverbot sowie die MPU (**M**edizinisch-**P**sychologische **U**ntersuchung) zur Wiedererlangung eines entzogenen Führerscheines (nach Fahrerlaubnisentzug ab 1,6 ‰).

Entzug des Fahrauftrags

Die Grundlage zum Entzug des Fahrauftrages (Zurücknahme der Pflichtenübertragung) kann auch gegeben sein, wenn sich die geistige Leistungsfähigkeit verringert oder der Fahrer längere Zeit keine Maschine gesteuert hat. Das Zeitlimit sollte hier bei einem Jahr liegen. Solche Fälle liegen z. B. vor, wenn ein Flurförderzeug einer Arbeitsgruppe zugeordnet wird und der betroffene Fahrer den Gabelstapler trotz fehlender Fahrpraxis steuern soll. Hier können praktische Fahrübungen unter Leitung eines Ausbilders oder erfahrenen Flurförderzeugführers Abhilfe schaffen, die gut mit einer jährlichen Unterweisung verbunden werden können.

Alleinarbeit

Des Öfteren ist zu entscheiden, ob Alleinarbeit zulässig ist und wenn ja, welche Sicherheitsmaßnahmen hierbei zu treffen sind. Zunächst muss definiert werden, was unter Alleinarbeit zu verstehen ist.
Alleinarbeiten sind Tätigkeiten, bei denen Beschäftigte keinen unmittelbaren Kontakt zu anderen Personen haben. Solche Arbeiten können sein: Alleinarbeit eines Flurförderzeugführers in einer Halle, auf einem Freigelände, Bereitschaftsdienst von Fahrpersonal in einer Spedition, Spätdienst bzw. Nachtarbeit in einem Großlager.
Besteht für einen Beschäftigten durch seine Tätigkeit in Alleinarbeit keine erhöhte Gefährdung, ist sie zulässig. Eine erhöhte Gefährdung kann z. B. bei Arbeiten nahe elektrischer Anlagen bzw. elektrischer Freileitungen, in Begasungsräumen sowie in Lagerräumen, gefüllt mit Schüttgut, beim Befahren von Silos und Arbeiten in Tanks vorliegen. Hier ist in der Regel eine zweite Person erforderlich. Kontrolltätigkeiten, Betriebsbegehungen und dgl. zählen nicht zu gefährlichen Arbeiten (s. a. Kapitel 4, Abschnitt 4.8).

Für die Erste Hilfe sind grundsätzlich stets die gleichen Sicherheitsmaßnahmen wie bei gleichartigen Arbeiten mit Personenkontakt erforderlich (s. §§ 24 ff. DGUV V 1).

Einsatz in einer großen Lagerhalle

Nur für die Erste Hilfe sind gemäß § 21 DGUV V 1 zusätzlich folgende Vorkehrungen zu treffen:

- Der Beschäftigte trägt ein Personensignalgerät, das drahtlos, automatisch und willensunabhängig Alarm auslöst, wenn er eine bestimmte Zeit in einer definierten Lage, z. B. in sich zusammengesunken, verbleibt.
- Es ist ein zeitlich abgestimmtes Meldesystem eingerichtet, durch das ein vereinbarter, in bestimmten Zeitabständen zu wiederholender Anruf erfolgt.
- Der Beschäftigte wird in kurzen Abständen kontrolliert.
  Die regelmäßig zu wiederholenden Anrufe bzw. die Kontrollgänge sind entsprechend der Tätigkeit und dem Alter des Alleinarbeiters zeitlich festzulegen. Alle 45 min sollten sie jedoch erfolgen. Selbstverständlich muss gewährleistet sein, dass die Notrufstelle ständig besetzt ist.

Der Einsatz von Radio, MP3-Player usw. – natürlich mit angemessener Lautstärke – kann hier sinnvoll sein, insbesondere um die psychischen Nachteile der Alleinarbeit, wie Einsamkeit oder fehlenden sozialen Kontakt, auszugleichen.

1.5.2 Aus- und Fortbildung/ Fachunterweisung von Flurförderzeugführern

Grundsätzliches

Flurförderzeugführer müssen im Führen z. B. eines Gabelstaplers/Mitgänger-Flurförderzeugs erfolgreich ausgebildet/fachunterwiesen (s. § 7 DGUV V 68) und auch fortgebildet und regelmäßig unterwiesen werden (s. § 12 ArbSchG, § 12 BetrSichV und § 4 DGUV V 1).

Vorab muss klargestellt werden, warum man in § 7 DGUV V 68 für Fahrer von Flurförderzeugen vom Fahrerplatz aus gesteuert, von Ausbildung und für Bediener von Mitgänger-Flurförderzeugen von Unterweisung spricht. Hier liegt die Tatsache zugrunde, dass die praktisch und theoretisch zu erlernenden Fähigkeiten unterschiedlich sind. Ein Staplerfahrer muss die gesamte Fahrphysik beherrschen, unabhängig davon, ob er in einem kleinen Lager einen Gabelstapler steuern soll oder ob er eine solche Maschine, wie z. B. einen Containerstapler, auf einem weiträumigen Betriebsgelände führen wird.

Für eine sichere Fahrzeugführung ist stets das gleiche Grundwissen erforderlich. Dieses kann nur in einer „Allgemeinen Ausbildung – Stufe 1", für die mindestens 20 Lerneinheiten „LE" à 45 min anzusetzen sind, vermittelt werden (s. DGUV G 308-001).

Ausbildungsziel

Die Ausbildung zum Flurförderzeugführer hat das Ziel, den Fahrschüler so zu schulen, dass er diese Flurförderzeugbauart mindestens für die Erledigung der Aufgaben des Unternehmers, der speziell für diese Arbeiten den Ausbildungsauftrag gegeben hat, fachgerecht und damit sicherheitsgemäß ausführen kann.
Hierzu muss der Flurförderzeugführer die Vorschriften, besonders die Arbeitsschutzbestimmungen, z. B. die diesbezüglichen Unfallverhütungsvorschriften, kennen lernen und verstehen. Er muss in der Lage sein, sie richtig umzusetzen.
Der angehende Flurförderzeugführer muss für diese Aufgabe ausreichend theoretisch und praktisch geschult werden sowie die Prüfung in Theorie und Praxis bestanden haben, will er danach z. B. als Stapler-, Hubwagen- oder Schlepperfahrer tätig werden.

Als Ausbildungsmaßstab sollte der berufsgenossenschaftliche Grundsatz DGUV G 308-001 herangezogen werden. Beachtet man ihn, ist man als Unternehmer und Ausbilder auf rechtlich sicherem Terrain.

Medieneinsatz

Will man bei der theoretischen Ausbildung Medien, z. B. Broschüren, Filme und Computerprogramme, auch wenn sie auf der Basis des BG-Grundsatzes 308-001 aufgebaut sind, für die Teilnehmer als eine Art Selbststudium einsetzen (s. Kapitel 6, Abschnitt 6.1), sollten die Fahranwärter dabei stets von einem Ausbilder begleitet werden. Sie sollten nicht „allein gelassen" werden, auch nicht beim Einsatz von elektronischen Medien/web-basierten Trainingsprogrammen – WBT, in dem die Inhalte multimedial aufbereitet sind (s. a. Abschnitte 1.5.5 und 1.5.7).

Folgende Hauptgründe lassen dies angezeigt sein:

- Oft wird durch Zufall oder Probieren die richtige Antwort gefunden, bzw. es wird geraten.
- Der Schüler hat bei Unklarheiten keinen fundierten Fachmann zur Hand.

Diese Person muss in der Lage sein, z. B. auf folgende Fragen die richtige Antwort zu geben:

- Warum müssen Kurven mit mäßiger/angepasster Geschwindigkeit und in möglichst großem Bogen/Radius durchfahren werden?
- Warum ist der Hubmast am Stapler vor dem Verfahren des Staplers besonders mit Lasten zurückgeneigt einzustellen?
- Warum sind Lasten mit Staplern in abgesenkter Stellung zu verfahren?
- Warum ist beim Vorbeifahren an Personen ein größerer Sicherheitsabstand als 0,50 m einzuhalten?

Ist dies nicht gewährleistet, fühlt sich der Fahranwärter überfordert, hat Angst und gibt auf oder wird ein unsicherer Fahrer. Das können wir nicht gebrauchen.

Außer Frage steht, dass die o.a. Medien nutzbringend sind, geben sie doch Beispiele, stellen Gefahrensituationen in Wort und Bild dar, ohne dass der Anwärter hierbei in Gefahr kommt.

Trotzdem können diese Medien nur begleitende Mittel bei der Ausbildung/Fachunterweisung sein. Sie können aber die theoretische Schulung und die Schulungszeit nutzbringend straffen und damit verkürzen, wobei, wie bereits erläutert, stets ein Ausbilder unerlässlich ist (s.a. Abschnitt 1.5.3, Absatz „Wer muss die Ausbildung vornehmen?").

1.5.3 Grundsätzliches für die Ausbildung/Fachunterweisung von Personen für das Führen/Steuern von Flurförderzeugen

Gliederung der Ausbildung

Die Ausbildung ist in folgende drei Stufen aufgeteilt:

Allgemeinausbildung – Stufe 1

Diese Stufe muss jeder Teilnehmer erfolgreich durchlaufen. Der Lehrinhalt dieser Stufe beinhaltet hauptsächlich Grundsatzthemen, die für die jeweilige Maschinenbauart gelten. Dieser Lehrstoff wird durch spezielle Themen, abgestellt auf die jeweilige spezielle Bauart, ergänzt.

Im Abschnitt 1.5.4.1 haben wir, wie auch für die Zusatzausbildungen (s. nachfolgend), Beispiele für die hauptsächlich eingesetzten Flurförderzeugbauarten und Einsätze erstellt, wobei wir von den hauptsächlich durchzuführenden Arbeiten mit diesen Arbeitsmitteln ausgegangen sind.

Zusatzausbildungen – Stufe 2

Sollen Flurförderzeuge anderer Bauart, mit anderen Antrieben oder zusätzliche Fahraufträge – Sondereinsätze erledigt werden, die nicht Bestandteil der Allgemeinausbildung – Stufe 1 waren, bedarf es einer Zusatzausbildung – Stufe 2. Solche Einsätze sind z.B.

- Anhänger verziehen,
- Waggon verschieben,
- Transport hängender Lasten,
- Umgang mit Gefahrstoffen,
- Einsatz in Brand- und explosionsgefährdeten Bereichen.

Anmerkung

Die Antriebe Batterie, Flüssiggas, Erdgas und Diesel sowie der Arbeitsbühneneinsatz sollten in der Ausbildung – Stufe 1 immer abgehandelt werden. In den Lehrplänen sind sie berücksichtigt.

Instandhaltungsarbeiten wurden in die Lehrpläne nicht eingearbeitet, denn solche Arbeiten sind in der Regel nicht Aufgaben eines Fahrers. Zur Fortbildung der Instandhalter sind aber im Kapitel 3, Abschnitt 3.4 grundsätzliche Aussagen gemacht worden, die auch dem Fahrer als Hilfsmittel dienen können.

Eine Zusatzausbildung kann auch für eine andere Flurförderzeugbauart durchgeführt werden. Hier ist dann, wie auch für den Einsatz von Anbaugeräten, die Betriebsanleitung – BetrAnl mit heranzuziehen. In unserem Beispiel unter Abschnitt 1.5.4.1 wählten wir eine Zielgruppe aus, die eine Allgemeine Ausbildung/Basisausbildung – Stufe 1 für Wagen und Schlepper besitzt und zusätzlich zum Frontgabelstaplerfahrer ausgebildet werden soll.
In all diesen Fällen können z.B. die Themen „Rechtliche Grundlagen", „Physikalische Grundlagen" und das „Stillsetzen der Maschinen" kürzer gefasst werden, wenn nicht sogar entfallen.

Betriebliche Ausbildung – Stufe 3

Diese Ausbildung teilt sich auf in die „verhaltensbezogene Ausbildung – Stufe 3.1" und die „geräte-/maschinenbezogene Ausbildung – Stufe 3.2".

Anmerkung

Das Wort „gerätebezogen" wählte man im BG-Grundsatz –„Flurförderzeuge" – DGUV G 308-001, weil man z.B. auch die Anbaugeräte und die hydrostatische sowie hydrodynamische Steuerung, Steuerung von Flur aus, Fernbedienung sowie den Antrieb, u.a. Batterie oder Flüssiggas mit einbeziehen wollte. Im Grunde sind jedoch alle Flurförderzeugbauarten und Anbaugeräte gemäß EG-Maschinenrichtlinie Maschinen.

In der Stufe 3.1 werden u.a. die Betriebsanweisungen, Freigabe von Fahrwegen, Verkehrsregelungen, der Umgang mit besonderen Lasten, das Benutzen von persönlicher Schutzausrüstung und ggf. der Einsatz im öffentlichen Verkehrsraum erläutert.

Die Stufe 3.1 sollte möglichst stets vor der Stufe 3.2 erfolgen. Denn bricht z.B. ein Gabelstaplerfahrer mit dem Stapler erst in eine Montageöffnungsabdeckung ein, weil sie für den Gabelstapler zu schwach ausgelegt war, und der Fahrer sie in Unkenntnis darüber befuhr, weil er vorher nicht darüber belehrt wurde, würde ihm eine erst danach folgende verhaltensbezogene Ausbildung – die Stufe 3.1 nichts mehr nutzen.

Die Stufe 3.2 beinhaltet u.a. die Erklärungen für das Flurförderzeug:

- Betriebsanleitung mit ihren Sicherheitshinweisen,
- eine andere Steuerungstechnik, z.B. mittels Joystick/Doppelpedal, von Flur aus, Fernbedienung oder Programmsteuerung,
- ein Anbaugerät statt der Grundausrüstung Gabelzinken oder
- besondere Lasten statt einfacher Ladeeinheiten auf Flachpaletten.

Zeitliche Abwicklung der Ausbildung

Will man pro Tag eine geringere Lerneinheitenanzahl als neun Lerneinheiten – LE (s. Abschnitt 1.5.4.1) ansetzen, sind die Schulungstage entsprechend zu erweitern.

Morgens sollte man früh beginnen; denn die Teilnehmer sind in der Regel gewohnt früh aufzustehen (Tagesrhythmus).

Die Ausbildung muss sowohl in der Stufe 1 als auch in den Stufen 2 und 3 nicht „an einem Stück" erfolgen. Sie kann temporär aufgegliedert werden. So kann z.B. die theoretische Wissensvermittlung an zwei Samstagen erfolgen. Es können aber auch die theoretische Ausbildung und die praktische Ausbildung der Stufe 1 an zwei verschiedenen Tagen erfolgen.

Eine Stückelung der Allgemeinausbildung in mehr als vier Teile (zwei für die Theorie und zwei für die Praxis) sollte nicht erfolgen. Es fehlen ansonsten erfahrungsgemäß immer Teilnehmer an verschiedenen Schulungstagen und der Ausbilder kann die Wissensvermittlung nicht erfolgreich durchführen. Außerdem wird der Aufwand an Zeit und Geld (Fahrtkosten) sehr hoch.
Bei einer Seminarstückelung sollte der Ausbilder in jedem Fall eindeutig darauf hinweisen, dass die Fahrschüler Flurförderzeuge erst selbstständig führen dürfen, wenn sie dafür die Prüfung in Theorie und Praxis bestanden haben.

Zuvor sollte der Fahrausweis mit der darin eingetragenen Ausbildungsbescheinigung weder unterschrieben noch überreicht werden (s. Abschnitt 1.5.6).

Wer muss die Ausbildung vornehmen?

Die Allgemeinausbildung – Stufe 1 und in der Regel auch Stufe 2 muss immer ein Ausbilder durchführen. Dies gilt sowohl für die Theorie als auch für die Praxis. Nur dann ist sicher gewährleistet, dass die Ausbildung in jeder Beziehung erfolgreich ist und rechtlich Bestand hat.

In der Stufe 2 können durch Fachkräfte mit besonderen Aufgaben, z.B. für den Umgang mit Gefahrstoffen Gefahrgutbeauftragte/Sicherheitsberater und Fachkräfte für Arbeitssicherheit sowie für den Einsatz in brand- und besonders in explosionsgefährdeten Bereichen Fachleute aus dem Betrieb, Betriebsingenieure usw. herangezogen werden. Sie gelten dann auch als Ausbilder.

Bei den Fahrübungen in der praktischen Ausbildung hat sich die Mitarbeit eines **Co-Ausbilders** bewährt. Dadurch kann der eigentliche Ausbilder während den Fahrübungen leichter parallel lehren, z.B. das Ausführen der täglichen Einsatzprüfung und Erläuterung besonderer Gefahrenstellen an/auf den Verkehrswegen.

Anmerkung

Solche Co-Ausbilder sind später für die betriebliche Ausbildung – Stufe 3 auch gute „Paten" (s. Abschnitt 1.5.4, Absatz „Co-Ausbilder").

Bei einer Teilnehmeranzahl von mehr als 12 Personen ist die Mithilfe eines Co-Ausbilders dringend erforderlich, da hier ein zweites Fahrzeug notwendig ist, um die erforderliche Übungszeit pro Teilnehmer zu garantieren.
In diesem Fall wäre es noch besser, wenn ein zweiter vollwertiger Ausbilder mitwirkt. Dann könnte auch die praktische Prüfung „zweispurig" – mit zwei Fahrzeugen durchgeführt werden (s.a. Kapitel 5, Abschnitt 5.1, Absatz „Praktische Prüfung – Fahrtest").

Beim Einsatz eines zweiten Ausbilders können die

Lehrtätigkeiten und die Aufsicht aufgeteilt werden. Damit trägt auch der zweite Ausbilder einen Teil der Verantwortung. Hierzu ist jedoch eine klare Abgrenzung erforderlich.

Die betriebliche Ausbildung – Stufe 3 und die verhaltensbezogene Ausbildung – Stufe 3.1 können Einsatzleiter, Schichtführer und Fachkräfte für Arbeitssicherheit durchführen. Der Zeitaufwand hierfür ist relativ gering, aber sehr nutzbringend – „Vorbeugen ist besser als Heilen" – (s. Zeitrahmen der Stufe 3.1 im jeweiligen Lehrplan, Abschnitt 1.5.4.1). Die gerätebezogene Ausbildung – Stufe 3.2 kann von einem erfahrenen Fahrzeugführer dieser Bauart und für den vorgesehenen Einsatz als so genannter Pate – Co-Ausbilder (s. Abschnitt 1.5.4, Absatz „Co-Ausbilder") vorgenommen werden, der den Neuling die ersten Stunden, am besten noch länger, „begleitet" (s. Zeitrahmen für die Stufe 3.2 im Lehrplan Abschnitt 1.5.4.1).

Die Ausbildungsstufen 1 bis 3 können auch zusammengefasst/kombiniert werden. Dafür muss der Zeitaufwand für den Ausbilder entsprechend erweitert werden.
Wird Stufe 1 mit Stufe 3 zusammengefasst, muss den Lehrstoff der Stufe 3 auch ein Ausbilder vermitteln. So ist auch zu verfahren, wenn die praktische Ausbildung aus der „Allgemeinen Ausbildung" mit Stufe 3.2 (geräte-/ maschinenbezogene – betriebliche Ausbildung") zusammengelegt wird. Entsprechend ist die erfolgreiche Teilnahme in den Ausbildungsunterlagen, z. B. im Protokollbogen „Prüfungsergebnisse" (s. Medien des Resch-Verlags) und im Fahrausweis (s. Abschnitt 1.5.6) einzutragen.

1.5.4 Voraussetzungen für Ausbilder/Fachunterweiser und Unterweiser – Beauftragung

Die Lehrkraft/der Ausbilder muss für seine Ausbildungsarbeit = Lehrtätigkeit fachlich, pädagogisch und sozial geeignet sein. Außerdem muss er fachliche Fähigkeiten für diese Tätigkeit und Erfahrungen mit Flurförderzeugen haben, besonders mit deren Steuerung und Einsatzmöglichkeiten. Darüber hinaus muss er vertraut sein mit den einschlägigen staatlichen Arbeitsschutzbestimmungen, u. a. mit dem Arbeitsschutzgesetz – ArbSchG, dem Produktsicherheitsgesetz – ProdSG, der Gefahrstoffverordnung – GefStoffV, der Maschinenverordnung, der Arbeitsstättenverordnung – ArbStättV, der Betriebssicherheitsverordnung – BetrSichV, den einschlägigen Unfallverhütungsvorschriften, z. B. DGUV V 1, V 68, V 70, den DGUV-Grundsätzen, Richtlinien und dgl., der DGUV R 100-500, Kapitel 2.8 sowie den allgemein anerkannten Regeln der Technik und Betriebsanleitungen.

Er sollte folgende Grundvoraussetzungen erfüllen:

- ein Lebensalter von mindestens 24 Jahren (wegen Lebenserfahrung),
- eine erfolgreiche Ausbildung/Fachunterweisung zum Führen wenigstens einer Flurförderzeugbauart, am besten mit der Bauart, für deren Bedienung er die Personen ausbilden soll,
- eine zweijährige Erfahrung im Umgang oder Einsatz mit Flurförderzeugen,
- die Kenntnis des diesbezüglichen Unfallgeschehens,
- eine Tätigkeit als Meister oder mindestens eine vierjährige Tätigkeit in gleichwertiger Funktion, da diese Tätigkeit u. a. Fähigkeiten vermittelt, Ausbildungskonzepte zu erstellen, Fachkenntnisse zu lehren und eine Gruppe durch ein Seminar zu führen. Werkmeister, Schichtführer und erfahrene Mechaniker/Servicetechniker aus der Maschinenbranche haben sich aber auch seit Jahren sehr gut dabei bewährt.

Ausbilderanwärter bei der eigenen praktischen Ausbildung

Selbstverständlich erfüllen Ingenieure, Techniker und Fachkräfte für Arbeitssicherheit ebenfalls die o. a. Vorgaben, vorausgesetzt, sie haben sich eingehend mit dieser Materie vertraut gemacht.

Unsere jahrzehntelangen Erfahrungen bei der Ausbildung von Ausbildern, u. a. für Flurförderzeug-, Erdbaumaschinen- und Kranführer sowie bei Beratungen der Unternehmen, Erstellung von Gutachten und als Sachverständige beweisen trotz vorhandener guter Medien zum Selbststudium immer wieder, dass eine erfolgreiche Teilnahme an einem Lehrgang zur Ausbildertätigkeit für Führer o. a. Maschinen unabdingbar ist (s. z. B. Ausführungen im berufsgenossenschaftlichen Grundsatz DGUV G 308-001).

Solche Seminare werden u. a. von einigen Berufsgenossenschaften, Herstellern, dem Haus der Technik e. V. in Essen, Berlin und München, den Technischen Überwachungsvereinen und Fachinstituten durchgeführt.

Nicht zuletzt ist eine erfolgreiche Teilnahme mit Zertifikat die beste rechtliche Absicherung, um nach einem Schaden – Unfall vor möglichen Rechtsfolgen sicher zu sein.
Voraussetzung hierfür ist jedoch, dass man inhaltlich gemäß BGG 925 gelehrt hat.

Oft wird zur eigenen Entlastung des Schadensverursachers der Vorwurf erhoben: „Das hat der Ausbilder nicht gesagt/gelehrt." Der Verdacht einer unvollkommenen Ausbildung steht im Raum. Ein Entkräften dieser Argumentation ist ohne Nachweis der Ausbilderbefähigung schwer.

Die Grundlagen dieser Ausbildungslehrgänge sind die eingangs angeführten Vorschriften, Normen, physikalischen Gesetze, die z. B. auch Grundlage der diesbezüglichen EN-Normen und der Maschinenkonstruktion sowie der Betriebsanleitung und der Broschüre „Regeln über die bestimmungsgemäße Verwendung von Flurförderzeugen" der VDMA-Fachgemeinschaft Fördertechnik sind und dieses Lehrbuch, das u. a. Grundlage des BG-Grundsatzes DGUV G 308-001 war.

Wertstellung der Ausbildung/ des Zertifikates

Dieses Lehrbuch ist in vielen europäischen Ländern Lehrgrundlage der Ausbildung von Fahrlehrern und Flurförderzeugführern.
Ein Anerkennungsverfahren für die Ausbildertätigkeit für Fahr- und Steuerpersonal, also auch von Flurförderzeugen, gibt es in Deutschland nicht!
Das hat dazu geführt, dass sich viele Ausbilder einem Qualitätssicherungsmaßstab anschließen und sich haben registrieren lassen, um sich von sog. „schwarzen Schafen" abzugrenzen (Weiterführendes unter www.iag-mainz.de).

Auswahl – Beauftragung des Ausbilders/ Fachunterweisers

Der Unternehmer bzw. dessen Beauftragter darf nur Personen, sei es aus dem eigenen Betrieb oder von Fremdfirmen/Instituten, Herstellern, Fahrschulen oder dgl., mit der Ausbildung/Fachunterweisung des Fahrpersonals beauftragen, wenn sie hierfür geeignet sind (s. Abschnitt 1.4, Absatz „Grundsätzliches – Auswahl"), will er haftungsmäßig nicht in Gefahr kommen.

Erfolgt eine Pflichtenübertragung an einen Ausbilder/Unterweiser ohne vorherige Vergewisserung über die vorhandene notwendige Fachkunde, wurde sie fahrlässig erteilt. Kommt es nach der Ausbildung/Fachunterweisung und Flurförderzeugführerbeauftragung zu einem Unfall und war die fehlerhafte Unterweisung (mit) ursächlich dafür, kann sich die Person, die den Auftrag zur Unterweisung erteilte und der Ausbilder selbst einer Haftung für den eingetretenen Schaden bis hin zu einem Strafverfahren ausgesetzt sehen (s. §§ 276 und 831 BGB sowie §§ 222 und 229 StGB).

Die beste Absicherung vor Rechtsfolgen als Nachweis der notwendigen Fachkunde ist folglich die Urkunde über die erfolgreiche Teilnahme an einem Lehrgang für Ausbilder (am besten mit Teilnahmebescheinigungen über Fortbildungen, die alle zwei Jahre stattfinden sollten).

Der moderne Ausbilder/Fachunterweiser

So ist ein Ausbilder:

- Er ist einfühlsam, er hat Fingerspitzengefühl.
- Er geht auf die Teilnehmer zu.
- Er berücksichtigt die Tagesform der Teilnehmer.
- Er beachtet die Tageszeit, das Wetter und den Wochentag.
- Er ist fachlich sicher und gut vorbereitet.
- Goethe schrieb einmal, er erkenne keine andere Autorität auf Erden an als die der Meisterschaft.

Tolstoi ersetzt Meisterschaft durch Güte. Kommt bei einem Lehrer beides zusammen, haben wir den idealen Lehrer.

- Er ist nicht überheblich, sondern gegenüber seinen „Schülern" aufgeschlossen und hilfsbereit. Denn: „Wer sich als Paradiesvogel unter schwarzen Raben oder als Schwan unter einer Schar von Zwerghühnern empfindet und sich auch so gibt, den holt schnell der Geier."
- Darüber hinaus weicht er keiner Frage aus. Auch auf eine provozierende oder gar hinterhältige Frage weiß er eine Antwort.
- Er ist seinen Schülern ein Vorbild. (So werden sie sich auch nach dem Lehrgang mit ihm identifizieren.) Die Vorbildfunktion beginnt schon damit, dass der Ausbilder nie selbst ohne persönliche Schutzausrüstung an der Praxis der Ausbildung teilnimmt. Dies gilt insbesondere für das Tragen von Sicherheitsschuhen. Wie glaubwürdig ist denn ein Ausbilder, der überzeugt im theoretischen Part der Ausbildung über das Tragen von PSA spricht, selbst aber ohne diese im praktischen Teil auftritt? ...

Wissen und Güte (s. Goethe und Tolstoi) mit einem hohen Maß an Anpassungsfähigkeit an die Stufe des „Lernenden", gepaart mit der unbedingt erforderlichen Distanz zu den Schülern, macht einen guten Ausbilder aus.

Gibt er den Teilnehmern darüber hinaus auch noch das Gefühl, die Sicherheit und Gewissheit, dass sie sich auch in „heiklen" Situationen, seien es dienstliche Fragen oder Fragen aus dem privaten Bereich, an ihn wenden können, dann ist für beide Teile der Erfolg des Lehrgangs gesichert. Denn auch hier gilt der Leitsatz aus dem Qualitätsmanagement: „Qualität ist, wenn der Kunde wiederkommt und nicht die Ware".
Erfolg bringt außerdem dem Dozenten selbst ein Glücksgefühl, das sich positiv auf seine Kreativität und damit auf seine Leistung auswirkt.

Co-Ausbilder

Unter einem Co-Ausbilder ist eine Person zu verstehen, die sich der Ausbilder aus der Teilnehmergruppe heraussucht und ihn zur Mitarbeit motiviert. Es ist eine Person, die schon im theoretischen Unterricht positiv in Erscheinung trat und bei den Fahrübungen eine gute Fertigkeit beim Steuern, z. B. des Flurförderzeuges, bewies. Ein Co-Ausbilder kann natürlich auch in Form eines versierten Maschinenführers aus der Firma erbeten werden.
Die Verantwortung für die Durchführung des gesamten Lehrganges verbleibt selbstverständlich beim Ausbilder. Der Co-Ausbilder unterstützt ihn, ist aber ihm gegenüber stets weisungsgebunden.
Ein Co-Ausbilder kann dem Ausbilder sehr nützlich bei der Durchführung der praktischen Ausbildung/den Fahrübungen der Lernenden sein:
Er kann u. a. Fahrübungen gut vormachen und die Fahrübungen bedingt mit beaufsichtigen, Anleitungen geben und notfalls direkt in das Steuern, z. B. des Flurförderzeugs, eingreifen.

Er hält so dem Ausbilder den „Rücken frei", so dass es diesem möglich ist, sich intensiver mit den Teilnehmern zu beschäftigen, die gerade keine Fahrübungen durchführen, z. B. Erläuterungen zum Flurförderzeug, dem Gefahrenbereich, den Lastaufnahmeeinrichtungen und dgl. geben, mit den Teilnehmern die Fahrübungen der anderen Fahrschüler diskutieren und auf positives Handeln oder Fehler bei den Fahrübungen hinweisen. Natürlich muss er bei Fehlern, die eine unmittelbare Gefahr darstellen, sofort eingreifen.

Grundsätzlich haben sich für die Durchführung von Fahrübungen und später bei der praktischen Prüfung Funksprechgeräte bewährt, durch welche der Ausbilder mit den Teilnehmern/dem Co-Ausbilder ständig in Verbindung steht. So wie z. B. ein Kfz-Fahrlehrer, der mit seinem Fahrschüler Kontakt hat, während dieser das Motorradfahren erlernt.

Ein Co-Ausbilder ist besonders dann nützlich, wenn die Gruppe aus mehr als 12 Teilnehmern besteht. Schon ab 8 Teilnehmern kann der Ausbilder ihn gut gebrauchen. Er kann aus der Teilnehmergruppe selbst gewonnen werden, wenn der Ausbilder erkennt, dass ein Teilnehmer besonders schnell das Führen z. B. des Flurförderzeugs erlernt, menschlich umgänglich ist und dem Wunsch zur Mithilfe aufgeschlossen gegenübersteht.

Ein Co-Ausbilder bewährt sich auch als so genannter Pate für Anfänger (s. u. Stufe 3.2), die nach der allgemeinen Ausbildung in den Betrieb kommen.

Er wird so in die maschinenbezogene Ausbildung – Stufe 3.2 (Einweisung – Gewöhnung im Betrieb) einbezogen (s.a. Abschnitt 1.5.3, Absatz „Wer muss die Ausbildung vornehmen?").

Ein Co-Ausbilder ist ein wirkungsvoller Fachhelfer in der Arbeitssicherheitsarbeit. In Großbetrieben bezeichnet man ihn auch als Bereichseinweiser.

Achtung!

Die Lernenden vor dem eigentlichen Ausbildungs- / Fachunterweisungslehrgang erst im Betrieb praktisch üben zu lassen, oft auf sich allein gestellt oder sogar dabei z. B. mit Flurförderzeugarbeit betraut, ist nicht die richtige Methode. Denn der Teilnehmer erlernt dabei meistens fehlerhaftes/vorschriftswidriges Flurförderzeugführen. Diese Fehler muss dann der Ausbilder im Lehrgang mühsam und mit viel Überzeugungsarbeit ausmerzen. Darüber hinaus kann dies gefährlich sein. Geschieht dabei ein Unfall, kann dieses „Üben" als selbstständiges Führen des Flurförderzeugs ausgelegt werden, was in der Regel so ja auch gegeben ist.

Innerhalb der allgemeinen Ausbildung – Stufe 1 und bei Zusatzausbildungen – Stufe 2 trägt der Ausbilder während der theoretischen und praktischen Ausbildung der Teilnehmer die Verantwortung für die fach- und arbeitsschutzgerechte Vermittlung des Lehrstoffes und Abwicklung des Seminars. Darunter fällt auch die Sicherheit der Teilnehmer und des Umfelds. Hiervon ist die maschinen- und verhaltensbezogene Ausbildung ausgeklammert, wenn der Ausbilder sie nicht selbst durchführt oder beaufsichtigt.

Zweiter Ausbilder

Steht ein zweiter Ausbilder für den Lehrgang zur Verfügung, z.B. bei einer Teilnehmerzahl von über 12 Personen, sollten die Lernenden für die praktische Ausbildung in zwei Gruppen aufgeteilt werden. Voraussetzung ist natürlich, dass eine zweite Maschine zur Verfügung steht.

Für sein Tun trägt der zweite Ausbilder natürlich die Verantwortung.

Der zweite Ausbilder hat die gleichen Fähigkeitsvoraussetzungen zu erfüllen wie der erste Ausbilder, es sei denn, er arbeitet im beschränkten Einsatz und unter Aufsicht des ersten Ausbilders. Dann trägt er auch entsprechend eine geringere Verantwortung, z.B. nur für die praktische Ausbildung/Fahrübungen und dgl. (s.a. Abschnitt 1.5.6, Absatz „Unterschriftsleistung").

Sind zwei „gleichrangige" Ausbilder am Werke, sollte zwischen beiden vorab geklärt werden, wer im Zweifelsfall die Entscheidungskompetenz hat.

1.5.4.1 Lehrpläne für die Ausbildungen Stufen 1 bis 3

Die in den folgenden Beispielen vorgegebenen Zeitrahmen für die Ausbildungen/Fachunterweisungen sollten als Mindestangaben angesehen werden (s.a. DGUV G 308-001).
Zu den Lehrplänen haben wir zu den einzelnen Themen die Zuordnung der einzelnen Folien des Lehrsystems aufgelistet.

Grundsätzliches

Vorbemerkung:
Für eine Lerneinheit – LE haben wir 45 min eingesetzt. Anschließend sollte eine Pause von 10 min eingeplant werden.
Eine praktische Lerneinheit benötigt nach 45 min keine Pause, da die Teilnehmer ohnehin in Bewegung sind. Aber auch in der praktischen Ausbildung sollte nach 2 LE eine 10-minütige „Verschnaufpause" eingelegt werden.

Für die Lehrpläne „Flurförderzeuge" haben wir als Muster einen Zeitrahmen für die einzelnen Themen mit Pausen eingefügt.

Jeder Lehrplan ist für bestimmte Flurförderzeugbauarten gedacht. Die Bauarten müssen aber, will man sie zusammenfassen, annähernd die gleiche Thematik erfordern. Dies gilt z.B. für Container- und Teleskopstapler, Hubwagen und Kommissioniergeräte sowie Wagen und Schlepper (s.a. Anmerkung zum Lehrplan auf Seite 72).
Wir haben bei den ersten beiden Lehrplänen bewusst die Themen „Persönliche Schutzausrüstung" und „Regelmäßige Prüfung – Tägliche Einsatzprüfung" in den 2. Tag und bei den anderen Plänen in den 1. Tag gelegt, um aufzuzeigen, dass der Aufbau der Lehrpläne variabel gehandhabt werden kann (s.a. Absatz „Kombi-Lehrpläne" auf Seite 74).

Allgemeine Ausbildung – Lehrpläne

°) Theoretische Ausbildung
+) Praktische Ausbildung

Gegengewichts-/Frontstapler

Pos.	Zeitrahmen	Thema	LE
	1. Tag	***Stufe 1***	
	7.45 – 8.00	Begrüßung – Ablauf des Lehrgangs Unfallgeschehen	¼ °)
1	8.00 – 8.45	Rechtliche Grundlagen und Verantwortung Arbeitsschutzgesetz, Vorschriften, DGUV V 68 – Flurförderzeuge, Fahrlässigkeit, Schuld, Haftung, Arbeitsrecht, Zivilrecht, Strafrecht, Fahrauftrag	1 °)
2	9.00 – 9.55	Physikalische Grundlagen I Lastschwerpunkt, Hebelgesetz, Lastaufnahme – Ein- und Auslagern von Ladeeinheiten	1 ¼ °)
3	10.10 – 11.15	Physikalische Grundlagen II Standsicherheit, Tragfähigkeit, Retten aus Gefahr, Rückhaltesystem	1 ½ °)
4	11.30 – 11.50	Anbaugeräte Zuordnung zur Grundmaschine, Resttragfähigkeit	½ °)
	11.55 – 12.25	Mittagspause	
5	12.30 – 13.00	Maschinenschutz Sicherheitseinrichtungen, Aufstieg, Gabelzinkenverstellung, Gefahr durch Antrieb, Steuerungen, Lenkverhalten	¾ °)
6	13.15 – 14.00	Fahrbetrieb Anhalteweg, Verkehrswege, Aufzugbefahren, Lagereinrichtungen und -geräte, Stapeln, Verkehrsregeln	1 °)
7	14.15 – 15.00	Verfahren von Lasten Lastsicherung, Hubmaststellung, Befahren schräger Ebenen, Kurvenfahren, Sichtverhältnisse, Rückwärtsfahren	1 °)
8	15.15 – 16.00	Sondereinsätze Grundsätzliches, Mitfahren von Personen, Arbeitsbühneneinsatz, Einsatz in öffentlichem Verkehrsraum	1 °)
9	16.00 – 17.00	Be- und Entladen von Fahrzeugen*)	1 °)
	Ende des 1. Tages		

***) Anmerkung:** Sollen vom Staplerfahrer beim Be- und Entladen von Fahrzeugen Ladungssicherungen durchgeführt werden, bedarf es hierzu einen vertiefenden Lehrstoff gemäß VDI 2700 ff. – s. VDI 2700 1 und einer zusätzlichen Fachunterweisung.

Pos.	Zeitrahmen	Thema	LE
	2. Tag		
10	7.45 - 8.00	Regelmäßige Prüfung - Tägliche Einsatzprüfung Mängelmeldung, Verhalten bei Störungen	¼ °)
11	8.00 - 8.25	Persönliche Schutzausrüstung Tragepflicht - Achtung Kontaktlinsenträger!	½°)
12	8.35 - 9.00	Retten aus Gefahr, Stillsetzen von Staplern	½ °)
	9.00 - 10.15	Theoretische Prüfung Testbogen mit Fehlerbesprechung	1 ½ °)
	10.30 - 12.00	Fahrübungen I Parallel: Besondere Gefahrenquellen im Umfeld	2 +)
	12.00 - 12.30	Mittagspause	
	12.30 - 16.15	Fahrübungen II Parallel: Verhalten zum Umfeld	5 +)
	16.15 - 17.00	Praktische Prüfung Testfahrt mit Fehlerbesprechung vor Ort	1 +)
	17.00 - 17.15	Abschluss des Lehrganges	¼ °)
		Gesamt	**20 ¼**

Anteil: Theoretische Lerneinheiten °): 12 ¼
Praktische Lerneinheiten +): 8

Zeitrahmen für Stufe 3.1: 1,5 LE
Stufe 3.2: 4 LE

Anmerkung:
Für das Steuern von Sonderbauarten sollten bei einigen Themen Zusatzfolien eingesetzt werden, z. B. für einen Containerstapler, für den Teleskopstapler die Themen Traglasttabelle und mögliche Abstützung, z. B. der Vorderachse sowie für Mitnahme-/Lkw-Stapler.

Regalstapler / Kommissionierstapler			
Pos.	**Zeitrahmen**	**Thema**	**LE**
	1. Tag	***Stufe 1***	
	7.45 - 8.00	Begrüßung - Ablauf des Lehrgangs, Unfallgeschehen	¼ °)
1	8.00 - 8.45	Rechtliche Grundlagen und Verantwortung, Arbeitsschutzgesetz, Vorschriften, DGUV V 68 - Flurförderzeuge, Fahrlässigkeit, Schuld, Haftung, Arbeitsrecht, Zivilrecht, Strafrecht, Fahrauftrag	1 °)

Pos.	Zeitrahmen	Thema	LE
2	9.00 – 9.55	Physikalische Grundlagen I Lastschwerpunkt, Hebelgesetz, Lastaufnahme – Ein- und Auslagern von Ladeeinheiten	1 ¼
3	10.10 – 11.00	Physikalische Grundlagen II Standsicherheit, Tragfähigkeit, Retten aus Gefahr	1 °)
4	11.15 – 12.00	Personensicherungsmaßnahmen, Scanner am Stapler, Lichtschranken	1 °)
	12.00 – 12.30	Mittagspause	
5	12.30 – 13.00	Maschinenschutz Sicherheitseinrichtung – Fahrerplatz, Gefahr durch Antrieb, Steuerung, Lenkverhalten	¾ °)
6	13.15 – 13.45	Fahrbetrieb Anhalteweg, Verkehrswege, Lagereinrichtungen und -geräte, Stapeln, Verkehrsregeln	¾ °)
7	14.00 – 14.30	Verfahren von Lasten Lastsicherung, im Schmalgang/im Breitgang, Kurvenfahren, Rückwärtsfahren	¾ °)
8	14.30 – 14.50	Sondereinsätze Grundsätzliches, Mitfahren von Personen, Arbeitsbühneneinsatz	½ °)
9	14.50 – 15.05	Regelmäßige Prüfung – Tägliche Einsatzprüfung Mängelmeldung, Verhalten bei Störungen	¼ °)
10	15.20 – 15.35	Persönliche Schutzausrüstung Tragepflicht – Achtung Kontaktlinsenträger!	¼ °)
11	15.35 – 15.50	Stillsetzen von Staplern	¼ °)
12	15.50 – 17.00	Theoretische Prüfung Testbogen mit Fehlerbesprechung	1 ½ °)
	Ende des 1. Tages		
	2. Tag		
	7.45 – 10.30	Fahrübungen	3 ½ +)
	10.30 – 11.40	Praktische Prüfung Testfahrt mit Fehlerbesprechung vor Ort	1 ½ °)
	11.40 – 11.50	Abschluss des Lehrgangs	¼
		Gesamt	**14 ¾**

Anteil: Theoretische Lerneinheiten °): 9 ¾
Praktische Lerneinheiten +): 5

Zeitrahmen für Stufe 3.1: 1,5 LE
Stufe 3.2: 4 LE

Hubwagen / Kommissioniergeräte			
Pos.	**Zeitrahmen**	**Thema**	**LE**
		Stufe 1	
	7.45 – 8.00	Begrüßung – Ablauf des Lehrgangs, Unfallgeschehen	¼ °)
1	8.00 – 8.30	Rechtliche Grundlagen und Verantwortung Arbeitsschutzgesetz, Vorschriften, DGUV V 68 – Flurförderzeuge, Fahrlässigkeit, Schuld, Haftung, Arbeitsrecht, Zivilrecht, Strafrecht, Fahrauftrag	¾ °)
2	8.30 – 8.45	Persönliche Schutzausrüstung, Tragepflicht – Achtung Kontaktlinsenträger!	¼ °)
3	9.00 – 9.15	Regelmäßige Prüfung – Tägliche Einsatzprüfung Mängelmeldung, Verhalten bei Störungen	¼ °)
4	9.15 – 9.45	Maschinenschutz Sicherheitseinrichtungen, Schalteinrichtungen, Gefahr durch Antrieb	½ °)
5	10.00 – 10.25	Physikalische Grundlagen Tragfähigkeit, Lastschwerpunkt, Lastaufnahme, Lastsicherung, Lenkverhalten	½ °)
6	10.25 – 10.45	Fahrbetrieb Anhalteweg, Verkehrswege, Aufzugbefahren, Lagereinrichtungen (ohne Stapel), Aus- und Einlagern, Verkehrsregeln	½ °)
7	11.00 – 11.20	Verfahren von Lasten Lastsicherung, Befahren schräger Ebenen, Kurvenfahren	½ °)
8	11.20 – 11.45	Mitfahren von Personen, Be- und Entladen von Fahrzeugen*), Stillsetzen von Geräten	½ °)
	11.45 – 12.45	Theoretische Prüfung Testbogen mit Fehlerbesprechung	1 °)
	12.45 – 13.15	Mittagspause	
	13.15 – 14.20	Fahrübungen	1 ½ °)
	14.20 – 15.00	Praktische Prüfung Testfahrt mit Fehlerbesprechung vor Ort	1 +)
	15.00 – 15.15	Abschluss des Lehrgangs	¼ °)
		Gesamt	**7** ¾

Anteil: Theoretische Lerneinheiten °): 5 ¼ — Zeitrahmen für Stufe 3.1: 1 LE
Praktische Lerneinheiten +): 2 ½ — Stufe 3.2: 2 LE

***) Anmerkung:**
Sollen vom Hubwagenführer beim Be- und Entladen von Fahrzeugen Ladungssicherungen durchgeführt werden, bedarf es hierzu einen vertiefenden Lehrstoff gemäß VDI 2700 ff – s. VDI 2700 1 und einer zusätzlichen Fachunterweisung.

Wagen und Schlepper

Vorbemerkung: Bei dieser Bauart bietet es sich an, den Probanden vor dem Lehrgang für ca. zwei Lerneinheiten, z. B. als Helfer des Fahrers, mitfahren zu lassen, wenn die Maschine mit einem Beifahrersitz ausgerüstet ist. Hierdurch kann ein Teil der geräte- und verhaltensbezogenen Ausbildung – Stufe 3 vorgezogen werden. Dies bietet sich auch an, wenn die Ausbildung – Stufe 1 auf mehrere Tage verteilt wird (s. Abschnitt 1.5.3, Absatz „Zeitliche Abwicklung der Ausbildung").

Pos.	Zeitrahmen	Thema	LE
		Stufe 1	
	7.45 – 8.00	Begrüßung – Ablauf des Lehrgangs, Unfallgeschehen	¼ °)
1	8.00 – 8.20	Rechtliche Grundlagen und Verantwortung, Arbeitsschutzgesetz, Vorschriften, DGUV V 68 – Flurförderzeuge, Fahrlässigkeit, Schuld, Haftung, Arbeitsrecht, Zivilrecht, Strafrecht, Fahrauftrag	½ °)
2	8.20 – 8.30	Persönliche Schutzausrüstung Tragepflicht, Achtung Kontaktlinsenträger!	¼ °)
3	8.30 – 8.50	Maschinenschutz Gefahr durch Antrieb, z. B. Batterie, Diesel, Gas	½ °)
4	9.00 – 9.45	Physikalische Grundlagen Schwerpunkt, Tragfähigkeit, Zugkraft, Anhalteweg	1 °)
5	10.00 – 10.20	Beladen, Lastsicherung	½ °)
6	10.20 – 10.45	Anhängerbetrieb	½ °)
7	11.00 – 11.15	Mitfahren von Personen	¼ °)
8	11.15 – 11.35	Fahrbetrieb Fahrverhalten, Verkehrswege, Anhalteweg	½ °)
9	11.35 – 11.50	Stillsetzen des Flurförderzeugs	¼ °)
	11.50 – 12.30	Mittagspause	
	12.30 – 15.30	Fahrübungen Parallel: Tägliche Einsatzprüfung, besondere Gefahrenstellen, regelmäßige Prüfung	4 +)
	15.30 – 16.15	Theoretische Prüfung mit Fehlerbesprechung	1 °)

Pos.	Zeitrahmen	Thema	LE
	16.15 – 17.15	Praktische Prüfung	1 ¼ +)
	17.15 – 17.30	Abschluss des Lehrganges	¼ °)
		Gesamt	**11**

Anteil: Theoretische Lerneinheiten °): 5 ¾
Praktische Lerneinheiten +): 5 ¼

Zeitrahmen x) für Stufe 3.1: 1 LE
Stufe 3.2: 4 LE

x) Hierbei ist keine Mitfahrt als Helfer eingerechnet. Sie könnte, fand sie statt, anteilmäßig abgezogen werden.

Anmerkung:
Sollte bei Wagen kein Anhängerbetrieb stattfinden und die Schlepper nur zu Kurierdiensten oder als Personenbeförderungsmittel, z. B. für die Aufsichtspersonen oder für Instandhalter, zur Verfügung stehen, kann das Thema Anhängerbetrieb entfallen und die Fahrübungszeiten sowie der Zeitaufwand für die praktische Prüfung geringer angesetzt werden. Ein Vermerk darüber ist dann vom Ausbilder im Fahrausweis erforderlich.
Soll das Anhängerverziehen später doch verlangt werden, z. B. bei Firmenwechsel, ist eine Zusatzausbildung – Stufe 2 notwendig.

Mitgänger-Flurförderzeuge

a) mit Niedrig-/Niederhubeinrichtung < 500 mm

Pos.	Zeitrahmen	Thema	LE
		Stufe 1	
	7.45 – 8.00	Begrüßung – Ablauf des Lehrgangs Unfallgeschehen	¼ °)
1	8.00 – 8.20	Rechtliche Grundlagen und Verantwortung Arbeitsschutzgesetz, Vorschriften, DGUV V 68 – Flurförderzeuge, Fahrlässigkeit, Schuld, Haftung, Arbeitsrecht, Zivilrecht, Strafrecht, Fahrauftrag	½ °)
2	8.20 – 8.30	Persönliche Schutzausrüstung Tragepflicht – Achtung Kontaktlinsenträger!	¼ °)
3	8.30 – 8.45	Physikalische Grundlagen Schwerpunkt, Tragfähigkeit, Lastaufnahme	¼ °)
3	8.30 – 8.45	Physikalische Grundlagen	¼ °)
4	9.00 – 9.10	Maschinenschutz	¼ °)
		Gefahr durch Antrieb, z. B. Batterie, Sicherheitseinrichtungen, Regelmäßige Prüfung	
5	9.10 – 9.45	Fahrbetrieb Lastaufnahme, -sicherung, Fahrbetrieb, Fahrverhalten, Aufzug befahren, Anhänger verziehen	½ °)

Pos.	Zeitrahmen	Thema	LE
6	10.00 – 10.10	Stillsetzen des Gerätes	¼ °)
7	10.10 – 11.00	Be- und Entladen von Fahrzeugen	1 °)
	11.00 – 11.45	Fahrübungen Parallel: Tägliche Einsatzprüfung	1 °)
	11.45 – 12.30	Theoretische Prüfung Testbogen mit Fehlerbesprechung	1 +)
	12.30 – 13.15	Mittagspause	
	13.15 – 13.30	Praktische Prüfung Testfahrt mit Fehlerbesprechung vor Ort	¼ °)
		Abschluss des Lehrganges	¼ °)
		Gesamt	**5 ¾**

Anteil: Theoretische Lerneinheiten °): 3 ¾ — Zeitrahmen für Stufe 3.1: ¼ LE
Praktische Lerneinheiten +): 2 — Stufe 3.2: 1 LE

Mitgänger-Flurförderzeuge
b) mit Hochhubeinrichtung > 500 mm (Hubmast)

Hierzu ist gegenüber dem Gerät mit Niedrighub der Lehrplan in Anlehnung an den Plan für Frontgabelstapler folgendermaßen zu erweitern:

Pos.	Zeitrahmen	Thema		LE
1		***Stufe 1*** Physikalische Grundlagen, Schwerpunkt, Hebelgesetz, Tragfähigkeit	statt ¼ ➡	1 °)
2		Lastaufnahme und -sicherung, Fahrbetrieb, Fahrverhalten, Sondereinsätze, Grundsatz, Arbeitsbühne	statt ½ ➡	¾ °)
3		Lagereinrichtungen und -geräte zusätzlich aufzunehmen	statt ½ ➡	½ °)
		Fahrübungen	statt 1 ➡	2 °)
		Dies ergibt für die Geräte mit Hubmast insgesamt		**8**

Anteil: Theoretische Lerneinheiten °): 5 — Zeitrahmen für Stufe 3.1: ½ LE
Praktische Lerneinheiten +): 3 — Stufe 3.2: 2 LE

Mitgänger-Flurförderzeuge c) mit Hochhubeinrichtung > 500 mm (Hubmast) und Mitfahrgelegenheit (Fahrerstand)			
Erweiterung gegenüber Gerät Position b)			
Pos.	**Zeitrahmen**	**Thema**	**LE**
		Stufe 1	
1		Lastaufnahme und -sicherung, Fahrbetrieb, Fahrverhalten statt ¾ ➡	1 °)
		Fahrübungen statt 2 ➡	2 ¾ +)
		Dies ergibt für die Geräte mit Hubmast und Fahrerstand insgesamt	**9**

Anteil: Theoretische Lerneinheiten °): 5 ¼ — Zeitrahmen für Stufe 3.1: 1 LE
Praktische Lerneinheiten +): 3 ¾ — Stufe 3.2: 3 LE

Anmerkung: Flurförderzeuge, die von Flur aus mittels Fernbedienung, ob mit oder ohne Kabel, Tastschaltung oder Programmsteuerung bedient werden, auch unter 6 km/h Fahrgeschwindigkeit oder Mitgänger-Furförderzeuge mit Mitfahrgelegenheit über 6 km/h, gelten als Maschinen mit Fahrerplatz, -sitz oder -stand (s. a. Ergebnisse von Gefährdungsanalysen).

Kombi-Lehrpläne

Selbstverständlich kann man innerhalb der „Allgemeinen Ausbildung" Fahrer für das Steuern mehrerer Bauarten schulen. So ist auch z. B. der Lehrplan für die Frontstapler und dgl. aufgebaut.

Desgleichen kann der Ausbilder auf der Grundlage seines Auftrages auch andere Bauarten mit einschließen, z. B. die Mitgänger-Flurförderzeuge, oder in die Schulung von Regalstaplern/Kommissionierstaplern die Kommissioniergeräte und Hubwagen bzw. bei Hubwagen/Kommissioniergeräten die Mitgänger-Flurförderzeuge.

Der Ausbilder stellt dafür anhand der einzelnen Lehrpläne seinen Gesamtlehrplan zusammen. Viele einzelne Themen, z. B. „rechtliche Grundlagen und Verantwortung", „persönliche Schutzausrüstung, Maschinenschutz, Fahrbetrieb" sind gleich oder decken sich in vielen Dingen.

Genauso verhält es sich bei den Fahrübungen.

Natürlich benötigt der Ausbilder bei den einzelnen Themen etwas mehr Zeit und dies besonders bei den Fahrübungen sowie der theoretischen und praktischen Prüfung.

Fahrübungen zu Stufe 1

Praktische Ausbildung und Fahrübungen sind für ein späteres fach- und damit sicherheitsgerechtes Steuern, z. B. von Gabelstaplern, unerlässlich.
Die Notwendigkeit der praktischen Ausbildung mit Fahrübungen wird oft, sowohl von der Einsatzleitung als auch von den Fahrern selbst, unterschätzt.

Die praktische Ausbildung ist besonders deshalb erforderlich, weil sie in Verbindung mit Fahrübungen auch die Umsetzung, Anwendung und Beachtung der physikalischen Gesetze zum Ziel hat. Es sollte also neben der Übung mit dem Stapler stets auf das sicherheitsgerechte Steuern und die richtige Lastaufnahme geachtet werden.
Die Probanden müssen hierbei erkennen und praktisch erfahren/„ersteuern", wie wichtig die Berücksichtigung der physikalischen Gesetze für einen sicheren Staplereinsatz ist.

Anmerkung

Alle Betriebsvorschriften in Betriebsanleitungen, Unfallverhütungsvorschriften und Sicherheitsregeln, die sich mit dem Lastenumgang und dem Steuern eines Flurförderzeuges befassen, basieren auf den bereits erläuterten physikalischen Gesetzen.

Auf die Ausführungen und den Sinn eines Co-Ausbilders wurde bereits hingewiesen (s. a. Abschnitt 1.5.4).

Welche Fahrübungen sollten durchgeführt werden?

Hierzu gibt der DGUV-Grundsatz 308-001 – Anhang 1 für Front- und Schubmaststapler sehr gute Beispiele, die auch für die anderen Bauarten, z. B. Lagertechnikgeräte oder Mitnahmestapler, in leicht abgewandelter Form anwendbar sind.

Darum haben wir in folgender Auflistung nur für die anderen Bauarten Übungsfolgen zusammengestellt, die fließend, je nach Teilnehmer, langsamer oder schneller, durchfahren/erledigt werden können. Die Übungslerneinheiten „LE" sind jeweils im Lehrplan angegeben.

Fahrübungen von Fahranwärtern unter Aufsicht und mit Belehrungen

Selbstverständlich sollten diese Übungen auch bei Fahrübungen der Stufe 2 als „Übungsgerüst" verwendet werden, wenn z. B. ein Wagen- oder Schlepperfahrer oder ein Bediener eines Mitgänger-Flurförderzeugs ein Frontgabelstaplerfahrer werden soll.

Kommissionierstapler – Regalstapler – Schmalgangstapler

- Tägliche Einsatzprüfung durchführen.
- Notabstieg benutzen, erst am Boden dann in Hochstellung.
- Fahrerkabine in Tiefstellung ohne Last. Kriechgangfahrt (v ≤ 2,5 km/h) im Schmalgang. Anfahren der Endstellung im Gang.
- Kriechgangfahrt außerhalb eines Schmalganges. Fahrerkabine ohne Last auf der Stelle hoch- und herunterfahren.
- Lastaufnahmemittel ohne Last in die Regalfächer zu beiden Seiten ein- und ausfahren.
- Kriechgangfahrt außerhalb eines Schmalganges erst ohne, dann mit Last.
- Fahrten mit normaler Geschwindigkeit innerhalb und außerhalb eines Schmalganges, erst ohne, dann mit Last.
- Ein- und Auslagern von Ladeeinheiten bzw. Kommissionieren.
- Fahrzeug stillsetzen.
- Übungen je nach Fertigkeit der Probanden wiederholen.

Kommissioniergeräte

Hierzu können die Fahrübungen für Hubwagen sinngemäß ausgeführt werden. Zusätzlich ist das Kommissionieren zu üben.

Hubwagen

- Tägliche Einsatzprüfung durchführen.
- Kurze Strecke (2 m lang) ohne Last vorwärts und rückwärts verfahren.
- Längere Strecke mit Kurven, erst weiter, dann enger und schließlich Drehen auf der Stelle ohne Last durchführen.
- Gleiche Aufgaben wie o. a. mit Last durchführen.
- Last aus- und einlagern, erst mit größerem Freiraum, dann aus Stapel/Lagerreihen.
- Gerät stillsetzen.
- Wenn als Einsatz vorgesehen: Be- und Entladen von Fahrzeugen, Fahren auf schrägen Ebenen.
- Je nach Fertigkeit der Probanden, Übungen mehrmals wiederholen lassen.

Wagen und Schlepper

- Tägliche Einsatzprüfung durchführen.
- Ohne Last und Anhänger:
  Einfache gerade Fahrt im Schritttempo. Einfache gerade Fahrt langsam mit Bremsproben.
  Befahren einer Strecke mit weiträumigen, danach

mit engen Kurven.
Kurze Strecke rückwärts fahren, weiträumig einparken, danach eng einparken.
Übungen mehrfach wiederholen.

- Oben beschriebene Fahrübung mit Last bzw. mit Anhängern mit und ohne Last durchführen ohne einzuparken.
  Anhänger kuppeln und verziehen, zuerst im Schritttempo mehrmals mit Bremsproben, danach in langsamer Fahrt mit Kurvenfahrten.
- Fahrzeug und Anhänger stillsetzen.

Mitgänger-Flurförderzeuge

- Tägliche Einsatzprüfung durchführen.
- Hubeinrichtung betätigen, auf kurzer Strecke (2 m lang) vor- und zurückfahren, ca. 10 m lange Vorwärtsfahrt mit seitlichem Vorwärtsgehen vor dem Gerät, Deichselstellung ca. 45°.
  Gleiche Strecke Rückwärtsfahrt, hinter dem Gerät gehend (vorwärts).
  Vorgang wiederholen, jeweils ohne Last.
- Gerät ohne Hubmast:
  Vom Fahrweg Palette längs (80 cm Breite) aufnehmen, auf kurzer Strecke rangieren (vor- und zurück mit leichter Kurvenfahrt), Palette wieder absetzen.
- Palette vom Boden quer (120 cm Breite) mittig aufnehmen, durch eine Engstelle auf einer markierten Strecke verfahren und an einem vorgegebenen Platz absetzen. Gerät ohne Last auf einem Parkplatz stillsetzen.
  Vorgang mehrmals wiederholen.
- Gerät mit Hubmast:
  Übungen wie oben angegeben.
  Danach eine Palette aufnehmen und auf einen kleinen Palettenstapel absetzen.
  Gitterbox aufnehmen und auf eine andere Gitterbox oder in einem Regalfach absetzen.

Wenn es möglich ist, sollten bei den Fahrübungen mehrere Flurförderzeuge eingesetzt werden. So kann noch intensiver geübt werden, wobei ab zwei Maschinen ein Co-Ausbilder mit herangezogen werden sollte (s. Abschnitt 1.5.4, Absatz „Co-Ausbilder").

Zusatzausbildungen

Frontstaplerfahrer/Mitgänger-Flurförderzeug-, Wagen-/Schlepperfahrer für den Sondereinsatz „Anhängerverziehen"

Pos.	Zeitrahmen	Thema	LE
		Stufe 2	
	7.45 – 8.00	Begrüßung – Ablauf des Lehrgangs Unfallgeschehen	¼ °)
1	8.00 – 8.45	Physikalische Grundlagen Zugkraft, Reibungskräfte, Anhängerfahrverhalten	1 °)
	8.45 – 9.10	Theoretische Prüfung Testbogen mit Fehlerbesprechung	½ °)
	9.30 – 10.00	Fahrübungen	½ +)
	10.00 – 10.30	Praktische Prüfung Testfahrt mit Fehlerbesprechung vor Ort	½ +)
		Gesamt	**2 ¾**

Anteil: Theoretische Lerneinheiten °): 1 ¾
Praktische Lerneinheiten +): 1

Zeitrahmen für Stufe 3.1: ½ LE
Stufe 3.2: 1 LE

Frontstaplerfahrer für den Transport von hängenden Lasten

Pos.	Zeitrahmen	Thema	LE
		Stufe 2	
	7.45 – 8.00	Begrüßung – Ablauf des Lehrgangs Unfallgeschehen	¼ °)
1	8.00 – 8.45	Physikalische Grundlagen Traglastreduzierung, Last führen	1 °)
2	9.00 – 9.30	Lastaufnahmeeinrichtungen Auswahl – Einsatz	¾ °)
	9.30 – 10.00	Theoretische Prüfung Testbogen mit Fehlerbesprechung	¾ °)
	10.00 – 10.45	Fahrübungen Parallel: Tägliche Einsatzprüfung	1 +)
	10.45 – 11.15	Praktische Prüfung Testfahrt mit Fehlerbesprechung vor Ort	¾ +)
		Gesamt	**4 ½**

Anteil: Theoretische Lerneinheiten °): 2 ¾
Praktische Lerneinheiten +): 1 ¾

Zeitrahmen für Stufe 3.1: ½ LE
Stufe 3.2: 1 LE

Zusatzausbildung eines ausgebildeten Wagen- oder Schlepperfahrers zum Frontgabelstaplerfahrer

Pos.	Zeitrahmen	Thema	LE
		Stufe 2	
	7.45 – 8.00	Begrüßung – Ablauf des Lehrgangs Unfallgeschehen	¼ °)
1	8.00 – 8.45	Physikalische Grundlagen Hebelgesetz, Lastaufnahme, Ein- und Auslagern von Ladeeinheiten, Standsicherheit, Tragfähigkeit	1 °)
2	9.00 – 9.20	Retten aus Gefahr Rückhaltesysteme	½ °)
3	9.20 – 9.40	Anbaugeräte Zuordnung zur Grundmaschine, Resttragfähigkeit	½ °)
4	9.55 – 10.20	Maschinenschutz Steuerung, Lenkverhalten, Sicherheitseinrichtungen, Aufstieg, Gabelzinkenverstellung	½ °)
5	10.20 – 10.45	Fahrbetrieb Verkehrswege, Stapeln, Lagereinrichtungen und -geräte	½ °)

Pos.	Zeitrahmen	Thema	LE
6	11.00 - 11.30	Verfahren von Lasten Hubmaststellung, Befahren schräger Ebenen, Sichtverhältnisse, Rückwärtsfahren	¾ °)
	11.30 - 12.15	Mittagspause	
7	12.15 - 13.00	Sondereinsätze Grundsätzliches, Mitfahren von Personen, Arbeitsbühneneinsatz, öffentlicher Verkehrsraum	1 °)
8	13.15 - 13.40	Be- und Entladen von Fahrzeugen	½ °)
	13.40 - 17.35	Fahrübungen Parallel: Tägliche Einsatzprüfung, besondere Gefahrenstellen	5 +)
	2. Tag		
9	7.45 - 8.00	Regelmäßige Prüfungen	¼ °)
10	8.00 - 8.15	Retten aus Gefahr, Stillsetzen von Staplern	
	8.15 - 9.20	Theoretische Prüfung Testbogen mit Fehlerbesprechung	1 ½ °)
	9.20 - 10.10	Praktische Prüfung Testfahrt mit Fehlerbesprechung	1 +)
	10.15 - 10.30	Abschluss des Lehrganges	¼ °)
		Gesamt	**13 ¾**

Anteil: Theoretische Lerneinheiten °): 7 ¾
Praktische Lerneinheiten +): 6

Zeitrahmen für Stufe 3.1: 1 LE
Stufe 3.2: 3 LE

Waggonverschieben

Pos.	Zeitrahmen	Thema	LE
		Stufe 2	
	7.45 – 8.00	Begrüßung – Ablauf des Lehrgangs Unfallgeschehen	¼ °)
1	8.00 – 8.45	Physikalische Grundlagen Zugkraft, Reibungskraft, Anhalteweg, Zugmittel, -gerät	1 °)
2	9.00 – 9.15	Verschiebevorgang Haltepunkt, Streckensicherung, Mitfahren	¼ °)
	9.15 – 9.35	Theoretische Prüfung Testbogen mit Fehlerbesprechung	½ °)
	9.40 – 11.00	Fahrübungen mit praktischer Prüfung	2 +)
		Gesamt	**4**

Anteil: Theoretische Lerneinheiten °): 2
Praktische Lerneinheiten +): 2

Zeitrahmen für Stufe 3.1: ½ LE
Stufe 3.2: 2 LE

1.5.5 Fort-/Weiterbildung – Nachschulung

Grundsätzliches

Fort-/Weiterbildungen von Flurförderzeugführern dienen, wie auch bei anderen Zielgruppen, nicht nur der Optimierung ihrer Pflichterfüllung, sondern auch der Betriebs- und Qualitätssicherung.

Sie können auch als Zusatzausbildung gelten, z.B. wie in unserem Beispiel für Gefahrgut und Ex-Schutz. Ihre Hauptaufgabe soll jedoch in der Regel darin bestehen, das Wissen der Teilnehmer zu erweitern/zu vertiefen und „verschüttetes Wissen" wieder aufzufrischen. Außerdem können in ihnen neue gesetzliche Bestimmungen und die Gefahren- oder Unfallsituationen behandelt werden, um solche Sachverhalte auszuschalten. Darüber hinaus sollte diese Ausbildung für Fahrer veranstaltet werden, die mit Gefahrstoffen/Gefahrgut zu tun haben, besonders dann, wenn sich diese Güter in ihrer chemischen Zusammensetzung mit dadurch veränderten Reaktionen durch fehlerhaften Umgang geändert haben.

Werden diese Veranstaltungen im eigenen Betrieb durchgeführt, so bietet es sich an, einmal einen „Externen" mit einzubeziehen, bspw. einen Vertreter der BG oder andere Fachleute.

Diese Bildungsmaßnahmen können auch sehr gut der Ausbildung zur Erweiterung des zukünftigen Einsatzbereiches oder der Aufgabenstellung dienen.

Sie sind rechtlich Unterweisungen gleichzusetzen, sodass innerhalb von 12 Monaten eine weitere Unterweisung entfallen kann. Des Weiteren können Belehrungen nach „Beinaheunfällen" oder Unfällen, werden sie „schulisch" und nicht im „Vorbeigehen" durchgeführt, auch als Unterweisungen gezählt werden.

Auch diese Ausbildungen sollten möglichst mit einem Erfolgstest abgeschlossen werden (s. a. Kapitel 5).

Nachschulung

Grundsatz

Der DGUV Grundsatz 308-001 ist de facto die Grundlage zur Erfüllung dieser Vorgabe. Er ist aber kein Dogma!

Diese Nachschulung „Wissensauffrischung alter Hasen" kann und darf aber z. B. den DGUV Grundsatz 308-001 nicht ersetzen. Seine Ausführungen zu erfüllen, ist die beste Richtschnur für eine Ausbildung/Fachunterweisung des Fahr- und Steuerpersonals für Flurförderzeuge.

Folglich ist streng darauf zu achten, dass z. B. ein Betreiber oder ein Einsatzleiter des Betreibers der(m) Ausbildungsstätte, -abteilung, -institut oder dgl. nur solche Personen zu dieser Nachschulung schickt, die, wie und warum auch immer, bereits „geübte Fahrer" sind.

Achtung!

Es wird eindringlich davor gewarnt, es mit der Erfüllung der ausreichenden Fahrpraxis als Grundvoraussetzung „locker" zu nehmen. Besonders ist seitens des Ausbilders darauf zu achten, dass der sog. „Mauschelei" der Betreiber/Einsatzleiter des Betreibers gegenüber einer externen Ausbildungsinstitution oder der betriebsinternen Ausbildungsabteilung nicht nachgegeben wird, denn leider stehen u. U. Haftungen der unterschiedlichsten Art ins Haus.

Kommt es zu einem Schaden, ob mit oder ohne Körperverletzung, und stellt man bei den Ermittlungen fest, dass die Ursache des Schadens mit einer unvollständigen Ausbildung, hier z. B. einer unzureichenden Fahrpraxis, zusammenhängt, muss der Verursacher/Betreiber oder dessen Beauftragter sowie der Ausbilder mit seiner Institution mit zivilrechtlichen und/oder strafrechtlichen Prozessen/Verfahren mit unangenehmen, oft teuren, Rechtsfolgen rechnen.

Diese Vorgabe muss die o. a. Institution in ihrer Ausschreibung/ihrem „Leistungsheft" eindeutig angeben. Ferner muss sie darauf achten, dass sie auch erfüllt wird.

Zu Beginn des Lehrgangs muss der Ausbilder abfragen, ob die Teilnehmer bereits eine ausreichende Fahrpraxis haben. Ist dies nicht der Fall, sollte der Ausbilder diese(n) Fahranwärter von der Schulung ausschließen. Stellt er dieses Defizit erst bei der praktischen Prüfung fest, muss er die praktische Prüfung als nicht bestanden werten. Die weitere Vorgehensweise, z. B. Anmeldung zu einer praktischen Ausbildung, hängt von den Umständen und dem Ergebnis der theoretischen Prüfung ab. Gegebenenfalls muss der Anwärter einen gesamten Ausbildungslehrgang „Allgemeine Ausbildung" – Stufe 1 absolvieren.
Die Nachschulung ist eine Art von Fortbildung. Sie ist nur für Fahrer geeignet, die bereits umfangreich diese Maschinenbauart gesteuert haben, aber keine Ausbildung hierfür besitzen oder ein urkundlicher Nachweis hierüber fehlt.

Die Ursache für diesen Sachverhalt kann z. B. sein:

- Der Ausweis/Nachweis ging verloren.
- Der bisherige Arbeitgeber hatte keinen schriftlichen Fahrauftrag erteilt. Der Fahrausweis wurde nicht ausgestellt oder eingezogen.
- Der Fahranwärter kann das Staplerfahren nur durch ein Arbeitszeugnis nachweisen.
- Der Betrieb hat den Arbeitnehmer nur nach einer kurzen maschinenbezogenen Unterweisung mit dem Steuern einer solchen Maschine beauftragt.
- Der Unternehmer oder dessen Beauftragter hat das Fahrpersonal ohne theoretische Ausbildung nur praktisch mit den Flurförderzeugen üben und dabei Arbeiten mit solchen Maschinen/Arbeitsmitteln verrichten lassen.
- Der Fahranwärter hat sich das Steuern solcher Maschinen selbst beigebracht, z. B. als Unternehmer eines Kleinbetriebs.

Diese Fortbildung/Nachschulung wird zum Teil auch von Betrieben bei Neueinstellung von Fahranwärtern durchgeführt, auch wenn sie bereits im Besitz eines Fahrausweises sind. Hierbei wird vom neuen Mitarbeiter ein Befähigungsnachweis, oft abgestellt auf die zu steuernde Maschinenbauart und die Belange des Betriebs, abverlangt.

Nachschulung für Gabelstaplerfahrer			
Pos.	**Zeitrahmen**	**Thema**	**LE**
	1. Tag	***Stufe 1***	
	7.30 – 7.45	Begrüßung – Ablauf des Lehrgangs Unfallgeschehen	¼
1	7.45 – 8.30	Rechtliche Grundlagen und Verantwortung Arbeitsschutzgesetz, Vorschriften, DGUV V 68 – Flurförderzeuge, Fahrlässigkeit, Schuld, Haftung, Arbeitsrecht, Zivilrecht, Strafrecht, Fahrauftrag	1
2	8.45 – 9.45	Physikalische Grundlagen I Bauart, Lastschwerpunkt, Hebelgesetz, Lastaufnahme, Ein- und Auslagern von Ladeeinheiten	1 ¼
3	10.00 – 10.45	Physikalische Grundlagen II Standsicherheit, Tragfähigkeit, Anbaugeräte, Resttragfähigkeit, Retten aus Gefahr	1
4	11.00 – 12.00	Fahrbetrieb Verkehrswege, Lagereinrichtungen und -geräte, Stapeln, Verkehrsregeln	1 ¼
	12.00 – 12.30	Mittagspause	
5	12.30 – 13.15	Maschinenschutz Gefahr durch Antrieb, Sicherheitseinrichtungen, Aufstieg, Gabelzinkenverstellung, Steuerung, Lenkverhalten	1
6	13.30 – 14.15	Regelmäßige Prüfung – Tägliche Einsatzprüfung, Stillsetzen des Staplers, Mängelmeldung, Verhalten bei Störungen, Retten aus Gefahr	1
7	14.30 – 15.15	Verfahren von Lasten Hubmaststellung, Befahren schräger Ebenen, Kurvenfahren,	1
8	15.15 – 16.00	Sondereinsätze Grundsätzliches, Mitfahren von Personen, Arbeitsbühneneinsatz, öffentlicher Verkehrsraum	1
	16.15 – 17.00	Theoretische Prüfung Testbogen mit Fehlerbesprechung	1
	17.00 – 18.00	Praktische Prüfung Testfahrt mit Fehlerbesprechung vor Ort	1
	18.00 – 18.15	Abschluss des Lehrgangs	¼
		Gesamt	**11**

Manche Betriebe legen den Anwärtern/Arbeitsuchenden, auch Anfängern, ohne vorherige Nachschulung gleich einen Abschlusstestbogen vor (z.B. des Resch-Verlags).
Dies kann, besonders ohne praktische Prüfung/Fahrtest, für alle Beteiligten gefährlich sein; denn dies ist eine Art theoretische Prüfung (s. Kapitel 5). Hat der Anwärter dabei Fehler gemacht, was in der Regel geschieht, müssen mit ihm in jedem Fall seine Fehler durchgesprochen und die richtige Verhaltens-/Bedienweise erläutert werden, denn sonst ist der Fahrer fest der Meinung, er handelt richtig. Folglich ist ein Unfall eine Frage der Zeit. Beim Fahrer wird dann leider oft der allein Schuldige gesucht.

Die Prüfer und die Fahrbeauftragten werden versuchen, sich durch den Inhalt des Prüfungsbogens abzusichern, aber das gelingt nicht immer. § 831 BGB und z.B. die BetrSichV stehen dem entgegen (s. Abschnitt 1.4).
Es ist also stets ein Ausbilder mit der Aufgabe zu betrauen und ggf. eine erforderliche Ausbildungsmaßnahme vorzuschlagen.
Hat der Anwärter z.B. zu viele Fehler gemacht und somit die Prüfung/den Test nicht bestanden, und will man ihn trotzdem anstellen und mit dieser Arbeit betrauen, muss er vor der Fahrbeauftragung an einer Ausbildung/Nachschulung teilnehmen und dann die Abschlussprüfung in Theorie und Praxis erfolgreich bestehen. Auch diese Schulung muss von einem Ausbilder vorgenommen werden.

Die Lehrgangsart „Nachschulung" ist eng an die „Allgemeine Ausbildung" – Stufe 1 anzulehnen. Praktisch ist sie etwas gestrafft mit ihr identisch. Es sind im Lehrplan nur keine Fahrübungen vorgesehen, denn diese Personen sind ja schon im Flurförderzeugsteuern „geübte Fahrer".
Selbstverständlich sind in den Betrieben zusätzlich die verhaltens- und maschinenbezogene Ausbildung/Fachunterweisung – Stufen 3.1 und 3.2 sowie ggf. „Zusatzausbildung" – Stufe 2 erforderlich.
Sie können nur entfallen, wenn sie, wie auch bei einer praktischen Ausbildung in der Stufe 1, in der Nachschulung/Fortbildung gleich mit eingegliedert sind, z.B. für eine vorgesehene Steuerungsaufgabe in einem Großbetrieb. Natürlich sind hierfür zusätzlich die erforderlichen Lerneinheiten „LE" vorzusehen. Dies gilt auch für „Zusatzausbildungen" – Stufe 2.
Zeitrahmen für Stufen 3.1 und 3.2 je nach Grund der Nachschulung.

Selbstverständlich kann dieser Lehrplan auch als Grundlage für die Schulung von Fahrpersonal für das Steuern anderer Flurförderzeugbauarten, z.B. Wagen und Schlepper oder dgl., herangezogen werden. Hierzu sind dann nur entsprechend Themen aus den Lehrplänen – Stufe 1 der jeweiligen Bauarten anstelle von Themenbereichen, u.a. aus den „Physikalischen Grundlagen I und II", Umgang mit Lasten oder Sondereinsätzen, dieses Lehrplanes zu setzen.

Der Ausbilder sollte am Anfang des Lehrgangs das Wissen der Teilnehmer in etwa „erforschen" und die Fahrer zu Fragen animieren, die ihnen „auf der Seele brennen". So kann er ggf. ein Thema vertiefen oder ein anderes kürzer behandeln. Zu dieser variablen Seminargestaltung sollte er dann noch weitere diesbezügliche Folien einsetzen.

Wie auch die Allgemeine Ausbildung sollte die Schulung nur von einem Ausbilder durchgeführt werden.

Prüfung

Die Prüfung der Lehrgangsteilnehmer muss immer von einem Ausbilder in Theorie und Praxis erfolgen. Sie muss als Grundlage die gleichen Prüfkriterien haben, wie die „Allgemeine Ausbildung – Stufe 1" für Anfänger/ungeübte Fahrer.

Anmerkung

Wie im Kapitel 5 der Gabelstaplerfahrschule im Abschnitt 5.3 erläutert, soll der Fahrparcours so gestaltet sein, dass neben der Grundfertigkeit des Steuerns der Maschine auch die Beherrschung und die bestimmungsgemäße Bedienung des Flurförderzeuges getestet wird.

Wird die praktische Prüfung (Fahrtest) nicht im Nachschulungsseminar abgenommen, muss sie im Betrieb erfolgen.

Sie ist auch dort von einem Fahrlehrer/Ausbilder für Flurförderzeugführer abzunehmen; denn nur eine solche befähigte Person kann sicher beurteilen, ob das in der theoretischen Nachschulung vermittelte Wissen, insbesondere in Bezug auf das bestimmungsgemäße Bedienen/Steuern des Flurförderzeuges, in der Praxis richtig umgesetzt wird.

Dokumentation der Schulung und Prüfung

Die durchgeführte Schulung und ihr Ergebnis können am einfachsten und trotzdem juristisch klar, in einem Fahrausweis für die jeweilige Bauart unter der Rubrik „Allgemeine Ausbildung" direkt unter der Überschrift mit dem Untertitel „Nachschulung", am besten „Nachschulung – Fortbildung" dokumentiert werden (s.a. Abschnitt 1.5.6).
Nur nach erfolgreicher Prüfung in Theorie und Praxis sowie deren Nachweis kann ein Fahrauftrag vom Unternehmer oder dessen Beauftragten einwandfrei und ohne Bedenken erteilt werden.
Die Prüfungsnachweise sollten, nicht zuletzt zur rechtlichen Absicherung des Ausbilders, von der Ausbildungsabteilung/-firma (externem Ausbilder) zehn Jahre aufbewahrt werden.

Die Dokumentation kann neben dem Eintrag im Fahrausweis in Form der Teilnehmerliste mit Vermerk des Prüfungsergebnisses erfolgen. So kann die erfolgreiche Prüfung juristisch belegt werden, wenn z.B. der Originalausweis bei Firmenwechsel einbehalten wurde oder verloren gegangen ist.

Spezialfortbildungen

Bei diesen Fortbildungen sollte der Ausbilder stets viel Freiraum für Diskussionen und Fragen der Teilnehmer einplanen und den Fahrern Mut machen, aus der Praxis zu berichten. Der Ausbilder sollte keine Fragen unbeantwortet lassen.

Einsatz einer Arbeitsbühne für Arbeiten nahe und an/unter elektrischer Spannung stehender Anlagen/Leitungen

Pos.	Zeitrahmen	Thema	LE
		Stufe 2	
	7.45 – 8.00	Begrüßung – Ablauf des Lehrgangs Unfallgeschehen	¼ °)
1	8.00 – 8.25	Rechtliche Grundlagen Verantwortung, Haftung, Rechtsfolgen, Vorschriften	½ °)
2	8.25 – 8.50	Physikalische Grundlagen Gefahr durch Strom	½ °)
3	9.05 – 9.20	Sicherheitsmaßnahmen nahe elektrischer Leitungen Abstandsmaße an elektrischen Leitungen, Arbeitsbühnenisolation	¼ °)
4	9.20 – 9.35	Verhalten im Gefahrfall	¼ °)
5	9.35 – 9.50	Betriebsanleitung, Betriebsanweisung	¼ °)
	10.05 – 10.40	Erfolgstest mit Fehlerbesprechung	¾ °)
	10.40 – 10.50	Abschluss des Lehrgangs	¼ °)
		Gesamt	**3**

Anteil: Theoretische Lerneinheiten °): 3 — Praktische Lerneinheiten +): -

Zeitrahmen für Stufe 3.1: ¼ LE — Stufe 3.2: 1 LE

Anmerkung: Praktische Übungen können entfallen, denn der Arbeitsbühneneinsatz wurde grundsätzlich in Stufe 1 behandelt.

Einsatz in brand-/explosionsgefährdeten Bereichen/Räumen			
Pos.	**Zeitrahmen**	**Thema**	**LE**
		Stufe 2	
	7.45 – 8.00	Begrüßung – Ablauf des Lehrgangs Unfallgeschehen	¼ °)
1	8.00 – 8.20	Rechtliche Grundlagen Verantwortung, Haftung, Vorschriften, Fahrauftrag	½ °)
2	8.20 – 8.45	Physikalische Grundlagen I Zündtemperatur, Verbrennungstemperatur	½ °)
3	9.00 – 9.45	Physikalische Grundlagen II Explosionsfähige Atmosphäre, Zündquellen, Zonen- und Stoffeinteilung	1 °)
4	10.00 – 10.30	Maschinen- und Anlagenschutz Gefahr durch Antrieb, Lastaufnahmemittel, Ladeflächen, Lagereinrichtungen und -geräte	¾ °)
5	10.30 – 10.55	Persönliche Schutzausrüstung Auswahl, öl- und fettfrei, Tragepflicht	½ °)
6	10.55 – 11.40	Lastbewegung – Fahrverhalten Lastaufnahmemittel, Verbot von Rauchen und offenem Licht, Handy	1 °)
7	11.40 – 12.00	Tägliche Einsatzprüfung Mängelmeldung, Verhalten bei Gefahr	½ °)
	12.00 –12.30	Mittagspause	
	12.30 – 13.15	Theoretische Prüfung mit Fehlerbesprechung	1 °)
	13.15 – 14.30	Fahrübungen	1 +)
	14.30 – 15.15	Praktische Prüfung mit Fehlerbesprechung vor Ort	1 +)
	15.15 – 15.25	Abschluss des Lehrgangs	¼ °)
		Gesamt	**8 ¼**

Anteil Theoretische Lerneinheiten °): 6 ¼
Praktische Lerneinheiten +): 2

Zeitrahmen für Stufe 3.1: 1 LE
Stufe 3.2: 2 LE

Anmerkung: Beim Einsatz in brandgefährdeten Bereichen können die Pos. 3, die Fahrübungen und die praktische Prüfung entfallen, sowie die Pos. 1, 4, 5, 6 und 7 im Inhalt und entsprechend im Zeitaufwand verkleinert werden. Der Lehrgang könnte so in ~ 3 LE durchgeführt werden.

Umgang mit Gefahrstoffen/Gefahrgut

Pos.	Zeitrahmen	Thema	LE
		Stufe 2	
	7.45 – 8.00	Begrüßung – Ablauf des Lehrgangs Unfallgeschehen	¼ °)
1	8.00 – 8.45	Rechtliche Grundlagen Verantwortung, Haftung, Vorschriften, Fahrauftrag	1 °)
2	9.00 – 10.00	Physikalische und chemische Grundlagen Gesundheitsgefahren, Brand- und Explosionsgefahr, GHS-Symbole, Stoffeinteilung	1 ¼ °)
3	10.15 – 10.35	Maschinen- und Anlagenschutz Gefahr durch Antrieb, Lastaufnahmemittel, Lagereinrichtungen und -geräte	½ °)
4	10.35 – 10.50	Lagerung der Güter	¼ °)
5	11.05 – 11.30	Persönliche Schutzausrüstung Auswahl, Tragepflicht, Achtung Kontaktlinsenträger!	½ °)
6	11.30 – 12.00	Lasten aus- und einlagern Zusammenlagerung, Be- und Entladen von Fahrzeugen ***)**	¾ °)
	12.00 – 12.30	Mittagspause	
7	12.30 – 12.45	Umfeld und Ladegutbeobachtung Mängelmeldung	¼ °)
8	12.45 – 13.00	Verhalten bei Störungen und Unfällen	¼ °)
	13.00 – 14.15	Theoretische Prüfung mit Fehlerbesprechung	1 °)
	14.15 – 14.30	Abschluss des Lehrgangs	¼ °)
		Gesamt	**6 ¼**

***)** Sollen von den Fahrern Ladungssicherungsarbeiten ausgeführt werden, sind die Fahrer durch eine zusätzliche Unterweisung in Anlehnung an VDI 2700 ff. dafür zu schulen.

Anteil: Theoretische Lerneinheiten °): 6 ¼
Praktische Lerneinheiten +): –

Zeitrahmen für Stufe 3.1: ½ LE
Stufe 3.2: 3 LE

Anmerkung: Fahrübungen und die praktische Prüfung können entfallen, denn das Lastenverfahren sowie das Ein- und Auslagern ist dem normalen Lastenumgang gleich. – Dafür wird der Zeitaufwand in Stufe 3.2 höher angesetzt.

1.5.6 Fahrbeauftragung – Fahrausweis

Fahrausweis

Die Form und Ausführung der Pflichtenübertragung ist nicht vorgeschrieben. Sie kann formlos, in Form einer Bescheinigung/Chipkarte oder als Fahrausweis mit einer Eintragung des Fahrauftrages erfolgen (s. a. DGUV G 308-001 Punkt 4).

Über Jahrzehnte hinweg und immer mehr haben sich Fahrausweise für das Führen/Steuern von mobilen Arbeitsmitteln, wie Fahrzeuge, Erdbaumaschinen, Flurförderzeuge, Hubarbeitsbühnen oder Krane, bewährt.

Ein Fahrausweis, z. B. des Resch-Verlags, hat den großen Vorteil, dass er für alle Fahrauftragsvoraussetzungen, wie Eignung, Ausbildung, Zusatzausbildung, mit deren erfolgreichem Abschluss und der Betriebsausbildung sowie der Beauftragung selbst, eine klare und eindeutige Dokumentationsmöglichkeit bietet.

Bestell-Nr. FA7

Fahrausweis für Flurförderzeuge

Reg.-Nr. ____________
(für interne Zwecke, z. B. Personal-, Lehrgangsnummer o. Ä.)

Fahraufträge sind von jedem Unternehmen neu zu erteilen.
Für weitere Fahraufträge o. dgl. ist ein Ergänzungsblatt erhältlich.
*** Nichtzutreffendes in den jeweiligen Rubriken streichen.**

Ausgabe 2017
© Copyright 1996, Resch-Verlag, Dr. Ingo Resch GmbH
Maria-Eich-Straße 77, D-82166 Gräfelfing
Telefon: 089 85465-0, Telefax: 089 85465-11
www.resch-verlag.com
Nachdruck – auch auszugsweise – nicht gestattet

Fahrausweis für Flurförderzeuge – Titelseite: Resch-Verlag

Darüber hinaus ist in den einzelnen Eintragungsfeldern ausreichend Platz für mehrere Unterschriftenleistungen. Ob zeitlich vom gleichen Ausbilder oder von einem anderen Ausbilder durchgeführte theoretische und/oder praktische Ausbildungen oder nur die theoretische oder die praktische Allgemein-/Zusatzausbildung. Gleichermaßen ist dies bei der Beurteilung der körperlichen Eignung/ Tauglichkeit durch den Betriebsarzt und der geistigen und charakterlichen Eignung durch einen Vertreter der Personalabteilung/einer Fachkraft für Arbeitssicherheit/einen Ausbilder möglich.

Außerdem können später weitere betriebliche Ausbildungen, Fahrauftragserweiterungen und Unterweisungen dokumentiert werden. Die Übernahme der Verantwortung für die pflicht- und ordnungsgemäß vorgenommene Pflichtenübertragung ist so nachvollziehbar und kann juristisch einwandfrei belegt werden. Gleichzeitig trägt der jeweilige Ausbilder/Unterweiser oder dgl. nur für seinen „Part" und nicht generell die Verantwortung.

Dieser Fahrausweis untermauert ferner die Wertstellung des Besitzers in Bezug auf die Eignung, die Ausbildung/Fachunterweisung, ggf. die Zusatzausbildungen, wie ein Gesellenbrief eines Facharbeiters. Der Ausweis des Resch-Verlags ist aus unempfindlichem Spezialpapier gefertigt und kann zusammengefaltet werden.

Unterschriftsleistungen

Wer dokumentiert die Ergebnisse/Feststellungen im Fahrausweis und wo werden sie eingetragen?

Die Eignung, besonders die körperliche, ist am besten vom Betriebsarzt zu bestätigen (s. Abschnitt 1.5.1, Absatz „Eignung"). Wurde die geistige und charakterliche Eignung von einem Vertreter der Personalabteilung, der Fachkraft für Arbeitssicherheit oder dem Ausbilder festgestellt, hat diese Person zu unterzeichnen.

Die erfolgreiche Allgemeine Ausbildung – Stufe 1 mit Angaben, z. B. der Flurförderzeugbauart, wird vom Ausbilder eingetragen und unterschrieben.

Die betriebliche Ausbildung kann sowohl vom Ausbilder als auch vom Unternehmer, dessen Beauftragten oder Einsatzleiter vorgenommen und unterschrieben werden.
Der Fahrauftrag wird aufgrund der Ausbildung (wieder mit Angabe der Bauart u. dgl.), vom Unternehmer oder dessen Beauftragten unterschrieben.

Zusatzausbildungen – Stufe 2 werden vom Ausbilder vorgenommen und unterschrieben. Aufgrund dessen wird der Fahrauftrag danach vom Unternehmer oder dessen Beauftragten durch Unterschrift in der Rubrik „Erweiterung des Fahrauftrages" erteilt bzw. erweitert.

Fortbildungen (Wissensauffrischung für „alte Hasen") werden unter der Rubrik Allgemeine Ausbildung mit dem Zusatz Nachschulung – Fortbildung eingetragen und vom Ausbilder unterschrieben (s. Abschnitt 1.5.5, Absatz „Dokumentation der Schulung und Prüfung").

Die Unterweisungen, ob ad hoc oder regelmäßig, können vom Unterweiser, Ausbilder, Sicherheitsfachkraft, Meister, externen Fachmann unter der Rubrik „Jährliche Unterweisung" dokumentiert werden.
Wird die praktische Ausbildung in der Stufe 1 „Allgemeine Ausbildung" nicht in einem „Guss", sondern noch von einem anderen Ausbilder vorgenommen, ist der Ausbilder, der die theoretische Ausbildung vorgenommen hat, auch nur dafür verantwortlich. Er vermerkt dies im Ausweis, indem er in der Unterschriftenzeile das Wort Praxis frei lässt.

Nach erfolgreicher Durchführung der praktischen Ausbildung dokumentiert dieser Ausbilder seine Tätigkeit im gleichen Unterschriftsfeld beim Wort Praxis.

Fasst man im Betrieb die praktische mit der gerätebezogenen/betrieblichen Ausbildung zusammen, und wird sie nicht gleich und nicht vom selben Ausbilder durchgeführt, kann die Eintragung der Praxis aus Stufe 1 auch unter der Rubrik „Betriebliche Ausbildung – gerätebezogener Teil" mit eingetragen und von diesem Ausbilder unterzeichnet werden (s. Abschnitt 1.5.3).

Gültigkeit des Fahrauftrags/ Fahrausweises

Der Fahrauftrag ist nur für das Unternehmen/den Betrieb gültig, dessen Inhaber/Unternehmer oder dessen Beauftragter den Fahrauftrag erteilt hat.

Bei Firmenwechsel muss der Fahrauftrag neu erteilt werden. Nur die Eignung, Ausbildung und Zusatzausbildungen können übernommen werden.

Verlässt ein Flurförderzeugführer das Unternehmen, erlischt der Fahrauftrag. Er wird richtigerweise im Fahrausweis storniert. Der Fahrausweis behält aber weiterhin seine Gültigkeit.

Wird der Flurförderzeugführer in eine andere Betriebsstätte des gleichen Betriebes versetzt, bleibt der Fahrauftrag bestehen, wenn die Unternehmensleitung nichts anderes regelt.

Mit einer Versetzung kann auch ein anderer/erweiterter Arbeitsauftrag verbunden sein. Hierzu muss u. U. der Fahrauftrag erweitert werden. Dazu muss ggf. vorher eine Zusatzausbildung und/oder eine weitere betriebliche Ausbildung, maschinen-/gerätebezogen oder verhaltensbezogen, durchgeführt werden, wenn z. B. der Mitarbeiter nun mit Gefahrstoffen umgeht oder eine andere Bauart bedient.

Die Bundeswehr handelt so im bewährten Maße. Sie legt in ihrer „Zentralen Dienstanweisung – ZDV 3/800" Nr. 111 bis 116 fest:
„Inhaber eines zivilen Fahrausweises für motorisch angetriebene Flurförderzeuge können die Betriebsberechtigung erwerben/den Fahrauftrag erhalten. Voraussetzung ist vorher eine Einweisung in die militärischen Bestimmungen und die Besonderheiten des Flurförderzeuges (Betriebliche Ausbildung – Stufe 3) durch einen Lehr- und Prüfberechtigten. Der Erwerb der Berechtigung ist der personalbearbeitenden Stelle zu melden."

Soldaten sowie Beamte, die im Ausland eingesetzt werden und die entsprechende Betriebsberechtigung der Bundeswehr besitzen, dürfen auch dort Flurförderzeuge der Bundeswehr bedienen.

Beim Fahren außerhalb umschlossener Anlagen sind die abweichenden oder zusätzlichen Bestimmungen des Aufnahmestaates zu berücksichtigen (s. a. Kapitel 4, Abschnitt 4.4.8).

In Anlehnung daran kann so auch eine Privatfirma im Ausland verfahren.

Für alle Aus- und Fortbildungen sowie Fahrbeauftragungen sind im Fahrausweis die jeweiligen Rubriken vorhanden.

Der Resch-Verlag bietet auch Ausweise in englischer Sprache an; diese können direkt verwendet oder als „Übersetzungshilfe" mit ins Ausland genommen werden.

Bestell-Nr. FA7ENG

Driver authorization for industrial trucks

Reg. No. ____________________
(For internal purposes, e.g. personnel ID, course no. etc.)

Driving mandates must be reissued by each company. For additional driving mandates or the like, a supplementary sheet can be obtained.
**** Always cross out non-applicable categories.***

2015 issue
© Copyright 1996, Resch-Verlag, Dr. Ingo Resch GmbH
Maria-Eich-Straße 77, D-82166 Gräfelfing, GERMANY
Phone: ++49 89 85465-0, Fax: ++49 89 85465-11
www.resch-verlag.com
The copying – even of excerpts – of this authorization is not permitted

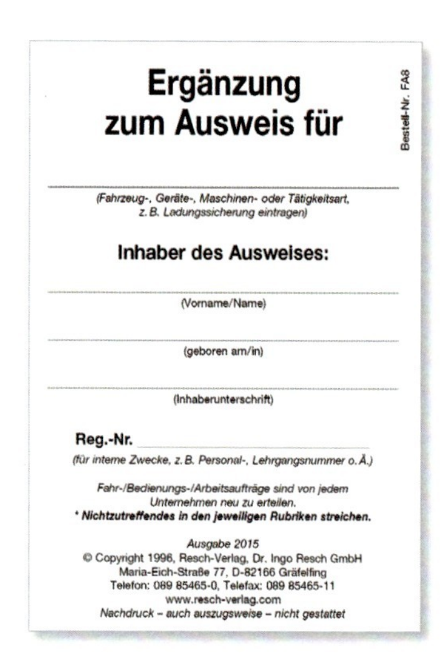
Bestell-Nr. FA8

Ergänzung zum Ausweis für

____
(Fahrzeug-, Geräte-, Maschinen- oder Tätigkeitsart, z. B. Ladungssicherung eintragen)

Inhaber des Ausweises:

____
(Vorname/Name)

____
(geboren am/in)

____
(Inhaberunterschrift)

Reg.-Nr. ____________________
(für interne Zwecke, z. B. Personal-, Lehrgangsnummer o. Ä.)

Fahr-/Bedienungs-/Arbeitsaufträge sind von jedem Unternehmen neu zu erteilen.
**** Nichtzutreffendes in den jeweiligen Rubriken streichen.***

Ausgabe 2015
© Copyright 1996, Resch-Verlag, Dr. Ingo Resch GmbH
Maria-Eich-Straße 77, D-82166 Gräfelfing
Telefon: 089 85465-0, Telefax: 089 85465-11
www.resch-verlag.com
Nachdruck – auch auszugsweise – nicht gestattet

Der Fahrausweis ist grundsätzlich Eigentum des Flurförderzeugführers. Verwendet der Unternehmer eine Chipkarte als Fahrausweis, die z. B. gleichzeitig Zutrittskarte des Firmengeländes mit persönlicher Zuordnung ist, wird die Chipkarte beim Ausscheiden des Fahrers aus dem Betrieb in der Regel eingezogen.

Dann muss der Unternehmer dem Fahrer eine Bescheinigung über seine Aus- und Zusatzausbildungen und die Teilnahme an den Unterweisungen ausstellen (s. a. Kapitel 4, Abschnitt 4.9). Am besten ist es, wenn grundsätzlich ein Fahrausweis ausgestellt wird, auf dem dann ggf. nur der Fahrauftrag zu stornieren ist.

Dies gilt auch für Leiharbeitnehmer und Mitarbeiter von Fremdpersonal, die ihren gültigen Fahrausweis/Nachweis der Ausbildung und des grundsätzlichen Fahrauftrages von ihrem Unternehmer/Chef mitbringen.

Der Fahrauftrag innerhalb des Betriebs des Entleihers bzw. der Betriebsleitung des Kunden wird von der jeweiligen Werkleitung im Fahrausweis und für das Fremdpersonal über den Werkvertrag erteilt. Dies gilt auch für Sachkundige/befähigte Personen, Servicetechniker oder Verkäufer, wenn Testfahrten nach Durchführung von regelmäßigen Prüfungen/Wartungs- und Reparaturarbeiten von Flurförderzeugen vorgenommen werden oder Gerätevorführungen stattfinden sollen.

Für diese neuen Fahraufträge und ggf. weitere Zusatzausbildungen kann das Ergänzungsblatt des Resch-Verlags sehr gut verwendet werden, das einfach juristisch zugeordnet werden kann und gefaltet in den Fahrausweis hineinpasst.

Merke

Der Besitz des Fahrausweises für Flurförderzeuge und eines schriftlichen Fahrauftrages (bei Flurförderzeugen mit Fahrersitz oder -stand) ist stets Grundlage/Voraussetzung für das Steuern des Flurförderzeugs, unabhängig vom Ort des Einsatzes.

Der Fahrausweis ist nicht mit einem Kfz-Führerschein zu verwechseln. Ein Kfz-Führerschein ist nur für den Fahrer zusätzlich erforderlich, der das Flurförderzeug auf öffentlichem Verkehrsraum, wie Parkplätzen für Kunden, Lagerplätzen, die für jedermann zugänglich sind und insbesondere auf öffentlichen Plätzen, Straßen und Wegen, führen soll (ab 6 km/h). Es ist z. B. für Stapler der Führerschein „L", „B"; „C1" oder „C".

1. Grundsatz

- → Nur als sicher ausgewiesene Flurförderzeuge und Anbaugeräte einsetzen und steuern!
- → Anbaugeräte/Zusatzeinrichtungen müssen zum Flurförderzeug passen und sind fachgemäß anzubringen!
- → Betriebsanleitungen und Betriebsanweisungen sind genauestens zu beachten!
- → Jeder ist für die sorgfältige Ausführung seiner Arbeit/Handlungen verantwortlich!
- → Bei Unfällen mit oder ohne Personenschaden muss der Verantwortliche mit Rechtsfolgen rechnen!
- → Arbeiten sorgfältig ausführen!
- → Vorschriftswidrige Arbeiten nicht ausführen!
- → Eine planmäßige, unauffällige und fortdauernde Kontrolle/Aufsicht des Fahrpersonals ist erforderlich!

1.5.7 Unterweisungen

Erstunterweisung

Unterweisungen sind auch vor Arbeitsaufnahme erforderlich. Sie werden als „Erstunterweisung" bezeichnet (s. § 12 ArbSchG, § 12 BetrSichV und § 4 DGUV V 1). Dies gilt auch für Personen, die mit Hebelrollern, Handhubwagen und Handgabelstaplern umgehen sollen. Hierzu können sehr gut die Lehrpläne und Fahrübungsbeispiele für Hubwagen und Mitgänger-Flurförderzeuge herangezogen werden. Für persönliche Schutzausrüstungen, die gegen tödliche Gefahren oder bleibende Gesundheitsschäden schützen sollen, sind zusätzlich besondere Unterweisungen erforderlich (s.a. § 3 PSA-Verordnung, § 31 DGUV V 1 und Abschnitt 1.6).

Regelmäßige/jährliche Unterweisungen

Unabhängig von den erforderlichen Ausbildungen sind Flurförderzeugführer jährlich mindestens einmal zu unterweisen. Die gesetzlichen Grundlagen hierfür sind § 12 ArbSchG, § 12 BetrSichV und § 4 DGUV V 1. Dies gilt auch für Leiharbeitnehmer.
Diese Unterweisungen müssen Belehrungen und Erläuterungen über die bei den Tätigkeiten der Mitarbeiter auftretenden Gefahren sowie über die Maßnahmen, u. a. Verhaltensweisen, zu ihrer Abwehr/Abwendung enthalten. Beinaheunfälle und geschehene Unfälle sollten auch behandelt werden. Hierfür haben sich Ad-hoc-Unterweisungen bewährt, die selbstverständlich dann auch als regelmäßige Unterweisung gelten können.
Diese Unterweisungen muss ein Flurförderzeug-Fahrlehrer nicht durchführen. Sind jedoch hierbei fahrtechnische Erläuterungen, z. B. Arbeiten mit einer Arbeitsbühne, Fahren in Kurven, Transport von Lasten oder dgl., erforderlich, sollte hierfür ein Ausbilder herangezogen werden.
Eine theoretische Unterweisung sollte immer auf spezielle Themen ausgerichtet sein und nie länger als höchstens einen halben Tag, am besten 1 bis 2 LE = 1 bis 2 h dauern. Eine praktische Unterweisung, z.B. spezielle Fahrübungen, kann auch mehr Zeit in Anspruch nehmen, wenn bei mehreren Teilnehmern nur ein Übungsfahrzeug zur Verfügung steht.

Lehrpläne

Auch für die regelmäßigen Unterweisungen und Ad-hoc-Unterweisungen haben sich Lehrpläne wie in den Beispielen A bis C bewährt (ab nächster Seite).

Für das Vermitteln der Themen können die Fachbroschüren, z. B. „Der Gabelstaplerfahrer", „Der Lagertechnikgeräteführer" oder dgl. bzw. die diesbezüglichen CDs des Resch-Verlags herangezogen werden (s. www.resch-verlag.com).

Die Themen sind in diesen Medien mit Bildern/Kurzfilmen prägnant informativ abgehandelt. In Verbindung mit diesem Lehrbuch (zur Vorbereitung für den Ausbilder) stehen somit Hilfsmittel zur Verfügung, die es dem Unternehmer/dessen Beauftragten ermöglichen, ohne viel Zeitaufwand, effizient die Unterweisung vornehmen zu können.

Dokumentation

Die Unterweisungen müssen mit Thema und Dauer in Verbindung mit einer Teilnehmerliste dokumentiert werden (s. § 4 DGUV V 1). Hierfür hat sich das „Protokollbuch – Unterweisungen von Beschäftigten, Leiharbeitnehmern und Fremdfirmen" des Resch-Verlags bewährt. In diesem Buch sind sowohl für jede Unterweisung ein Teilnehmerlistenvordruck, in dem die Anwesenden die Teilnahme durch Unterschrift bestätigen (worauf nicht verzichtet werden sollte), und Raum für den Hinweis auf Inhalte der Unterweisung vorhanden. Durch die Teilnahmebestätigung wird die Verpflichtung zur erforderlichen richtigen Arbeitsweise verstärkt, und kein Teilnehmer kann z. B. nach einem Schadensfall behaupten, dass ihm dies niemand gesagt hätte.
Außerdem sollte die Teilnahme an der Unterweisung möglichst immer in den Fahrausweis der Teilnehmer aufgenommen werden, nicht zuletzt aus psychologischen Gründen (s. Abschnitt 1.5.6).
Darüber hinaus ist dieser Nachweis für die Qualitätssicherungssysteme (s. DIN EN ISO 9000 ff.) sehr wichtig.

Als Inhaltsnachweis der Unterweisung hat sich der Eintrag im Protokollbuch mit Seitenangabe, z. B. aus der Gabelstaplerfahrschule, der Fahrerbroschüre, z. B. „Der Gabelstaplerfahrer"/„Der Lagertechnikgeräteführer" oder der diesbezüglichen CD-ROM „Jährliche Unterweisungen" des Resch-Verlags bewährt (s. a. Abschnitt 1.5.1, Absatz „Dokumentation der Schulung und Prüfung").

Merke

Unterweisungen sind auch für gewissenhaftes Personal erforderlich! Sie holen verschüttetes Wissen zurück und motivieren auch das Restrisiko von Unfällen zu „bekämpfen".

Beispiellehrpläne für Unterweisungen

A) Sachverhalt

Ein Gabelstaplerfahrer lässt es zu, dass ein Monteur einen Eisenwinkel auf eine Palettenladung auflegt, die aus leeren neuen Getränkeflaschen besteht und mittels Plastikfolie zu einer Einheit zusammengehalten wird. Bei einer Kurvenfahrt rutscht der Winkel seitlich weg und fällt einer entgegenkommenden Bürokraft auf den linken Fuß. Folge: Der Fuß wird erheblich verletzt.

Ad-hoc Belehrung der Transportgruppe

Pos.	Zeitrahmen	Thema	LE
	9.00 – 9.10	Begrüßung – Unfallgeschehen	¼
1	9.10 – 9.35	Warum Transportverbot von losen Lasten? – Physikalische Grundlage –	½
2	9.35 – 10.00	Verantwortung, Haftung, Rechtsfolgen	½
	10.00 – 10.15	Abschlussdiskussion	¼
		Gesamt	**1 ½**

Anteil: Theoretische Lerneinheiten °): 1 ½
Praktische Lerneinheiten +): –

Die Unterweisung erfolgte durch einen Ausbilder.

B) Sachverhalt

In einer Lagerhalle mit Publikumsverkehr setzt ein Staplerfahrer einen Schubmaststapler in einem Regalgang zurück ohne sich zu vergewissern, ob der Verkehrsweg frei ist. Hierbei fährt er ein Kind an, das Rückenprellungen davonträgt.

Unterweisung des Fahrpersonals

Pos.	Zeitrahmen	Thema	LE
	7.15 – 7.30	Begrüßung – Unfallgeschehen	¼
1	7.30 – 8.00	Fahrverhalten des Fahrpersonals auf Verkehrswegen	¾
2	8.00 – 8.15	Verantwortung, Haftung, Rechtsfolgen	¼
	8.15 – 8.45	Erfolgstest mit Fehlerbesprechung	¾
	8.45 – 9.10	Abschluss der Unterweisung	¼
		Gesamt	**2 ¼**

Anteil: Theoretische Lerneinheiten °): 2 ¼
Praktische Lerneinheiten +): –

Die Unterweisung wurde von einem Ausbilder vorgenommen. Sie kann aber auch von einem Einsatzleiter und dgl. erfolgen.

C) Sachverhalt

Ein Gabelstaplerfahrer durchfährt eine Kurve zu schnell, wobei er die Last außerdem nicht nahe genug zur Fahrbahn absenkt. Folge: Der Stapler stürzt um und erzeugt einen hohen Sachschaden. Durch das wirkende Rückhaltesystem kommt der Fahrer mit dem Schrecken davon.

Der Unfall wurde zum Jahresthema der regelmäßigen Unterweisung gewählt.

Pos.	Zeitrahmen	Thema	LE
	15.00 – 15.15	Begrüßung – Unfallgeschehen	¼ °)
1	15.15 – 16.00	Physikalische Grundlage des Staplerumsturzes:	1 °)
		Große Fliehkraft, hoher Lastschwerpunkt	
2	16.00 – 16.15	CD-ROM-Vorführung	¼ °)
3	16.15 – 16.30	Verantwortung, Haftung, Rechtsfolgen	¼ °)
	16.30 – 16.45	Abschlussdiskussion	¼ °)
		Gesamt	**2**

Anteil: Theoretische Lerneinheiten °): 2
Praktische Lerneinheiten +): –

Die Unterweisung führte die Fachkraft für Arbeitssicherheit durch. Sie könnte aber auch vom Einsatzleiter oder einem Ausbilder vorgenommen werden. Es erfolgte der Einsatz einer jährlichen Unterweisungs-CD (PowerPoint-Präsentation) des Resch-Verlags.

Protokollbuch für Unterweisungen: Resch-Verlag

1.6 Ausrüstung der Flurförderzeugführer

Grundsätzliches

Arbeitsmittel und Behältnisse von Gütern werden für ihren geplanten Einsatz/Umgang so gut wie möglich gebaut und gewährleisten bei bestimmungsgemäßem Einsatz/Umgang weitestgehend den erforderlichen Arbeits- und Gesundheitsschutz.

Ein Restrisiko bleibt jedoch bei all unseren Handlungen bestehen. Außerdem ist kein Mensch bei seinem Tun immer fehlerfrei.

Diese Tatsache darf die Verantwortlichen jedoch nicht dazu verleiten, es zu unterlassen, einen immer besseren Arbeits- und Gesundheitsschutz bei Arbeitsmitteln und Betriebsanlagen anzustreben und zu verwirklichen.

Fahrer mit Kälteschutzkleidung

Kann ein verbleibendes Restrisiko durch das Tragen von persönlicher Schutzausrüstung – PSA gemindert werden, muss der Unternehmer für den Arbeitseinsatz geeignete PSA, z. B. als wirksamen Schutz gegen Hitze, ätzende Stoffe und elektrostatischer Aufladung (s. TRBS 2153) bereitstellen und hierfür allein die Kosten tragen (s. § 2 PSA-Benutzungsverordnung und § 29 DGUV V 1). Dies gilt auch für Wetterschutzkleidung (s. § 23 DGUV V 1).

Achtung!

Beim Kauf von PSA ist darauf zu achten, dass die Konformitätserklärung beiliegt und die PSA über eine CE-Kennzeichnung verfügt (s. Verordnung über das Inverkehrbringen von persönlichen Schutzausrüstungen – § 3 8. ProdSV).
Vor der Bereitstellung hat der Unternehmer die Versicherten/Beschäftigten anzuhören (s. § 29 Abs. 1 DGUV V 1).

Die Arbeitnehmer müssen die PSA während der Tätigkeit bestimmungsgemäß tragen und sie pfleglich behandeln (s. § 30 Abs. 2 DGUV V 1). Die Anweisung für das Tragen erfolgt in der Regel über Dienst- bzw. Betriebsanweisungen.

Leider wird die Notwendigkeit der Benutzung von PSA vom Arbeitnehmer oft nicht eingesehen und die Gefahr durch Nichttragen derselben unterschätzt.

Trägt der Beschäftigte trotz einer Anweisung, Ermahnung, ja sogar bis hin zu einer Abmahnung die PSA nicht, kann er Gefahr laufen, nach einem dadurch erlittenen Körperschaden, der eine Arbeitsunfähigkeit nach sich zieht, vom Unternehmer keine Lohnfortzahlung zu erhalten.

Bei einem arbeitsgerichtlichen Verfahren wurde dem Unternehmer Recht gegeben (s. Abschnitt 1.4). Das Gericht urteilte, der Arbeitnehmer habe keinen Anspruch auf Lohnfortzahlung, da er den Arbeitsunfall vorsätzlich im Sinne von „billigend in Kauf nehmend" verursacht hat.

Merke

Persönliche Schutzausrüstung ist ohne Ausnahme zu tragen und pfleglich zu behandeln!

Hierbei werden grundsätzlich drei Gedankenfehler gemacht:

1. Körper/Massen geringen Gewichts, z. B. eine Schraube von 200 g Gewicht, die herabfällt und mich trifft, tut nicht weiter weh.

2. Scharfe Kanten, spitze Gegenstände, wie Drahtbrüche an Anschlagmitteln/Stahldrahtseilen und hervorstehende Nägel in Brettern oder Paletten, gibt es nicht viel.

3. Geringe Mengen von Gefahrstoffen, mit denen man in Berührung kommt, z. B. über die Haut oder durch Einatmen, schaden mir nicht.

Alle diese Argumente sind nicht stichhaltig. Die Unfälle und Gesundheitsschäden beweisen es leider immer wieder.

Sie können gegen diese Argumentation Folgendes anführen:

Läuft z. B. Dieseltreibstoff beim Tanken immer wieder über unsere Hände, wird die Haut spröde, trocknet aus. Dieselöl reizt die Haut! Folge: Die Haut wird empfindlich, ihre Abwehrreaktion gegenüber anderen Schadstoffen ist geringer, Bakterien können leichter eindringen und die „Schadenskette ist geflochten“. Bedenken Sie, dass unsere Haut ein lebenswichtiges Organ ist.

Eine Schraube von 200 g Gewicht, die aus 2 m herabfällt und den Kopf eines Staplerfahrers trifft, hat dabei eine Geschwindigkeit von 23 km/h entwickelt. Schlägt sie auf, bereitet sie nicht nur Kopfweh.

Fällt sie auf die Hand, hat sie bei einer Fallhöhe aus 4 m sogar eine Geschwindigkeit „v“ von rund 32 km/h.

Der Grund hierfür ist die hohe Erd-/Fallbeschleunigung „g“ von 9,81 m/sec^2 ~ 10 m/sec^2. Dadurch hat die Schraube eine kinetische Energie „E_K“/Wucht von 7,21 Joule aufgenommen. Hauptsächlich ausschlaggebend ist wiederum die Geschwindigkeit; denn sie geht im Quadrat in die Rechnung ein:

$$\left[E_K = \frac{m \cdot v^2}{2}\right]$$

Diese Wucht verursacht zumindest starke Prellungen, wenn nicht gar größere Verletzungen, wie offene Wunden (s. a. Kapitel 3, Abschnitt 3.4, Absatz „Freier Fall“).

Die entstehende Geschwindigkeit ist im Übrigen unabhängig vom Gewicht = Masse „m“ des Körpers.
Einfach zu beweisen ist dies mit zwei Tennisbällen, wobei man einen vorher aufschneidet und bis zur Hälfte, z. B. mit Holzschrauben füllt. Beide Bälle lässt man nun zugleich aus ca. 2 m Höhe herabfallen. Beide Bälle treffen zur gleichen Zeit auf dem Boden auf, da ihre Körper in Form und Größe gleich sind. Der Luftwiderstand ist identisch.

Fallen beide in den Sand, gräbt sich der gefüllte Ball jedoch tiefer in den Sand ein als der leichtere; denn die Wucht ist durch seine höhere Masse „m“ größer.

Anmerkung

Werkzeuge oder Büromaterial sollte man für diesen Versuch nicht verwenden, trotzdem es damit genauso funktioniert, denn zum einen kann man durch das herabfallende Werkzeug selbst verletzt werden und zum anderen springt z. B. ein Radiergummi beim Aufprall aufgrund seiner Asymmetrie weg und man muss ihn ggf. suchen. In beiden Fällen kommt seitens der Teilnehmer u. U. Schadenfreude auf, was dem psychologischen Erfolg nicht guttut.

Diese Demonstration ruft bei vielen Teilnehmern ungläubiges Staunen hervor, da fast jeder damit rechnet, dass der Ball mit den Nägeln schneller zu Boden fällt. Damit eine Manipulation Ihrerseits ausgeschlossen ist, lassen Sie das Experiment von einem staunenden Teilnehmer wiederholen. Er wird zum gleichen Ergebnis kommen.

Die hohe Fallgeschwindigkeit und damit verbundene Unmöglichkeit einer Reaktion können Sie auch damit demonstrieren, indem Sie einen Kollegen aus dem Teilnehmerkreis zu sich holen, ihn bitten sich umzudrehen und in dem Moment, in dem Sie die Bälle loslassen, „jetzt“ rufen. Auf dieses „jetzt“ muss sich der Kollege umdrehen und versuchen die Bälle oder zumindest einen Ball zu fangen. Sie werden sehen, in den wenigsten Fällen gelingt dies (wer es schafft, erntet natürlich Beifall).

Anmerkung

Dieses Experiment ist auch ein schönes Beispiel dafür, wie Sie einen Lehrgang oder auch nur eine jährliche Unterweisung anschaulich machen können und zudem praktisch auflockern, also quasi „Physik live".

Rechnerischer Beweis der entstehenden Wucht an herabfallenden Gegenständen

Berechnung von „v" am Beispiel einer Schraube, die aus 4 m Höhe herabfällt:

Grundlage: Weg-Zeit-Gesetz von Newton:

$$\left[s = \frac{a \cdot t^2}{2} \right]$$

Beschleunigung „a"
Zeit „t"

$$\sqrt{\frac{s \cdot 2}{a}} = \sqrt{\frac{4 \cdot 2}{10}} = \sqrt{0{,}8} = 0{,}89 \text{ sec}$$

$$v = a \cdot t = 10 \cdot 0{,}89 = 8{,}9 \text{ m/sec} = 8{,}9 \cdot 3{,}6 = 32{,}04 \text{ km/h}$$

(3 600 : 1 000 = 3,6 ist der Unrechnungsfaktor von m/sec in km/h – s. a. Kapitel 2, Abschnitt 2.4.2)

Schraubengewicht „m" = 200 g = 0,2 kg (s. a. Kapitel 2, Abschnitt 2.6.2).

$$E_K = \frac{m \cdot v^2}{2} = \frac{0{,}2 \cdot 8{,}9^2}{2} = \frac{0{,}2 \cdot 79{,}21}{2} = 7{,}92 \text{ Joule}$$

Aufstellung der sich entwickelnden Geschwindigkeiten „v" in Abhängigkeit der Fallhöhen:

Fallhöhe (s)	*Fallzeit (t)*	*Geschwindigkeit am Ende (v)*
1 m	*0,45 sec*	*4,4 m/sec = 16 km/h*
2 m	*0,63 sec*	*6,3 m/sec = 23 km/h*
5 m	*1 sec*	*9,9 m/sec = 36 km/h*
10 m	*1,43 sec*	*14,0 m/sec = 50 km/h*

Ähnlich verhält es sich auch beim Pendeln von Lasten. Zum einen fällt die Last herab, zum anderen wirkt eine Fliehkraft; denn beim Pendeln entsteht waagerecht auch eine Kreisbewegung.

Persönliche Schutzausrüstung im Einzelnen

Schutzhelm

Ein Flurförderzeugführer hat einen Schutzhelm zu tragen, wenn er Lasten über Kopf bewegt und sie auf ihn herabfallen oder durch Bewegung seinen Kopf verletzen können.

Ist mit einer Gefahr für den Kopf zu rechnen, ist ein Schutzhelm zu tragen

Beim Fahren von Staplern mit geschlossener Kabine oder Fahrerschutzdach besteht grundsätzlich keine Helmpflicht. Aber der Kopf muss auch gegen ggf. herabfallende Kleinteile, wie Schrauben, Muttern oder Werkzeuge, geschützt sein. Hierbei muss bedacht sein, dass Flurförderzeuge mit Fahrerschutzdach oder Kabine, bei denen das Dach mit Streben im Abstand von mehreren Zentimetern versehen ist, ein Eindringen solcher Kleinteile nicht vollständig verhindert. Dies bedeutet, dass in diesen Fällen das Tragen eines Helmes nicht nur sinnvoll, sondern durchaus angebracht ist und z. B. vom Unternehmer in seiner Gefährdungsanalyse zu berücksichtigen ist.

Bei bestimmten Tätigkeiten, z. B. Einsatz einer Arbeitsbühne, ist die Gefahr herabfallender Gegenstände für das Umfeld besonders groß, wenn in dieser mit Werkzeug, Schrauben usw. gearbeitet wird. Auch haben bauartbedingt unsere Mitgänger-Flurförderzeuge kein Fahrerschutzdach. Droht hier Gefahr von oben, müssen diese Geräteführer immer einen Helm tragen. Dies sollte der Unternehmer/Arbeitgeber zur eigenen Absicherung anordnen, denn er ist für die Organisation seines Betriebes und für das Wohl seiner Mitarbeiter verantwortlich.

Anmerkung

Auch wenn es der Unternehmer nicht anordnet – es ist der Kopf der Fahrer. Niemand kann ihnen das Tragen eines Schutzhelmes oder zumindest einer Schutz- oder Anstoßkappe verbieten.

Schutzhandschuhe

„Schutzhandschuhe sind Handschuhe, die die Hände vor Schädigungen durch äußere Einwirkungen mechanischer, thermischer und chemischer Art sowie vor Mikroorganismen und ionisierender Strahlung schützen" (so DGUV R 112-195).
Ist der Flurförderzeugführer z.B. beim Transport von hängenden Lasten auch als Anschläger tätig oder geht er mit scharfkantigen Gütern oder mit gefährlichen Gütern/Gefahrstoffen um, muss er hierbei Schutzhandschuhe tragen.

Als Anschläger sind aber keine Schutzhandschuhe mit aufgenieteten Verstärkungen zu tragen. Denn damit kann man, wenn sich die Nieten lösen, z.B. leicht an Gütern/Lasten hängen bleiben.
Außerdem müssen in explosionsgefährdeten Bereichen Reib-, Schlag- und Schleiffunken vermieden werden. Bei Handschuhen z.B. mit Beschlagteilen sind diese Beschlagteile aus nichtrostendem Stahl zu verwenden; denn vor allem durch Aluminiumbeschläge können beim Aufschlagen auf verrostetem Stahl zündfähige Funken entstehen (s. „Sicherheitsregeln für Deponien" – DGUV R 114-004).

Sicherheitsschuhe

Sicherheitsschuhe sind stets notwendig, da der Staplerfahrer mit Gütern umgeht, die erfahrungsgemäß Fußverletzungen hervorrufen können. Die Regeln für die bestimmungsgemäße Verwendung von Flurförderzeugen des VDMA empfehlen beim Führen dieser Geräte das Tragen von Sicherheitsschuhen, schreiben aber als Bestandteil der bestimmungsgemäßen Verwendung auf alle Fälle festes Schuhwerk vor und zwar für alle Flurförderzeugführer. Das Tragen von Sandalen, Pantoffeln oder hochhackigen Schuhen ist keinesfalls geeignetes Schuhwerk. Da unsere Mitgänger-Flurförderzeuge für unsere Füße besonders gefährlich sind, sollten bei ihrer Bedienung immer Sicherheitsschuhe getragen werden. Das schreiben die Hersteller sogar auch in ihre Betriebsanleitungen hinein, so Punkt 5.5.9 der bestimmungsgemäßen Verwendung von Flurförderzeugen des VDMA (als Bestandteil einer Betriebsanleitung): „Der Fahrer des Mitgänger-Flurförderzeuges muss Sicherheitsschuhe tragen."

Hinweis auf das Tragen von Sicherheitsschuhen am Mitgänger- Flurförderzeug

Kommt es beim Tragen von ungeeignetem Schuhwerk zu einem Unfall, kann sich der Kollege schwerlich vor dem Vorwurf des Eigenverschuldens bewahren (s.a. Abschnitte 1.2 und 1.3).
Wie immer die Sachlage seitens des Fahrers gesehen wird, ist im Betrieb das Tragen von PSA vorgeschrieben, gilt dies auch für ihn.

Für den Einsatz in explosionsgefährdeten Betriebsstätten muss der Flurförderzeugführer Sicherheitsschuhe mit elektrisch leitfähigen Sohlen tragen, damit er sich beim Gehen nicht elektrisch aufladen kann. Würde dies geschehen, könnten, sobald der Flurförderzeugführer Maschinen- oder Anlageteile berührt, Entladungsfunken von ihm zur berührten Maschine oder dgl. überspringen und u.U. eine Explosion auslösen. Diese Funken haben immer eine so hohe Temperatur, dass sie ein zündfähiges Gas-Luft-Gemisch zünden können. Außerdem muss er die Sohlen öl- und fettfrei halten, denn Öl und Fett leiten keinen elektrischen Strom (s.a. Absatz „Schutzhandschuhe" und Kapitel 4, Abschnitt 4.2.3).

Gehörschutz

Wird in Bereichen, in denen Lärm auftritt, gearbeitet, hat der Arbeitgeber Gehörschutz bereitzustellen, der von den Mitarbeitern zu tragen ist. Darauf sollte auch hingewiesen werden.

Gebotszeichen zum Tragen von Gehörschutz

Unter Lärm verstehen wir Schallschwingungen in der Intensität, dass die Gesundheit beeinträchtigt werden kann. Schäden aufgrund von Lärm zählen zu den in Deutschland am häufigsten entschädigten Berufskrankheiten. Das Schlimme an Lärmschädigungen ist, dass Gehörschäden weitestgehend nicht heilbar sind, sondern dauerhaft bestehen bleiben.

Der Schallpegel wird gemessen in Dezibel. Arbeitsbereiche ab einem Schallpegel von 85 dB(A) gelten als Lärmbereiche. Führen technische Maßnahmen, wie z. B. Lärmminderung an der Schallquelle selbst (z. B. der Maschine), oder organisatorische Maßnahmen, wie z. B. räumliche Trennung von lauten und leisen Arbeitsplätzen, nicht zu einer Beseitigung des Lärmes, sind persönliche Schutzmaßnahmen, d. h. das Tragen von Gehörschutz, anzuordnen. Ab 85 dB(A) ist Gehörschutz zu tragen, bereits ab 80 dB(A) ist den Beschäftigten persönlicher Gehörschutz zur Verfügung zu stellen (s. Lärm- und Vibrationsschutzverordnung). Ein Schallpegel von 85 dB(A) kann bereits, sofern der Mitarbeiter dieser Hörbelastung über einen längeren Zeitraum ausgesetzt ist, zu einem dauerhaften Gehörschaden im Innenohr führen. Hierbei ist zu bedenken, dass jeder Anstieg des Lärmpegels um 3 dB(A) bereits eine Verdoppelung der Gehörgefährdung mit sich bringt.

Neben dauerhaften „Beschallungen" können auch kurzzeitige extrem hohe Schalldruckpegel (auf z. B. 140 dB(A)) bei einem Knall oder einer Explosion zu Gehörschäden führen. Je nach Arbeitsbereich, Lärmquelle und Mitarbeiter gibt es verschiedene Arten von Gehörschutz, so Gehörschutzstöpsel, -kapsel, Gehörschützer mit Kommunikationseinrichtung, Schallschutzhelme und sogar Schallschutzanzüge.

Der Einwand „passt nicht", „vertrag ich nicht" oder „ist zu unbequem" gilt nicht.

Weitere persönliche Schutzausrüstungen – PSA

Bestimmte Arbeitsbereiche können das Tragen spezieller PSA erforderlich machen, z. B. in Gießereien spezielle Gießerschuhe oder Gießerhosen (s. DGUV I 209-006).

Auch können Arbeitseinsätze zusätzliche PSA erforderlich machen, z. B.

- Schutzbrille/Gesichtsschild bei Gefahr durch herumfliegende kleine Körper,

Achtung!

Bei hoher Temperaturwirkung ist eine Brille zu tragen; denn die Linsen können schmelzen und sich mit den Augen „verschweißen". Auch bei Umgang mit ätzenden Stoffen oder beim Einsatz in deren Nähe kann sich dieser Stoff hinter die Kontaktlinsen setzen und schnell Schaden anrichten. – In jedem Fall ist der Betriebsarzt/Augenarzt zu Rate zu ziehen.

- säure-/laugenbeständige Schutzhandschuhe, -schürzen, -stiefel,
- Schutzanzüge bei Hitze-/Kältearbeiten und als Strahlenschutz,
- Atemschutz, z. B. Feinstaubmasken in kontaminierten Bereichen, Deponien, Biostoffverwertungsbetrieben oder dgl.
- Rettungswesten beim Einsatz in/an Schiffen bei Absturzgefahr ins Wasser
- Warnwesten bei Aufenthalt in Containerterminals, z. B. in Hafenbetrieben und bei Instandhaltungsarbeiten auf öffentlichen Straßen, u. a.

beim Reifenwechsel an einem Flurförderzeug (s. § 31 DGUV V 70)
- Sicherheitsgeschirr/Höhensicherheitsgerät beim Einsatz in einer Arbeitsbühne (s. Abschnitt 3.4.1 und 4.2.2)

Ausbilder beim Unterweisen in Sachen Abseilvorrichtung bei einem Lagertechnikgerät.
Übrigens: Auch wir Ausbilder tragen PSA – wie hier Sicherheitsschuhe – und gehen mit gutem Beispiel voran.

Müssen PSA als Schutz gegen tödliche Gefahren oder bleibende Gesundheitsschäden, z. B. durch giftige Gase und Dämpfe oder Säuren und Laugen getragen werden, sind im Rahmen der durchzuführenden Unterweisungen und Übungen die bereitzuhaltenden Benutzerinformationen mit einzubeziehen (s. § 31 DGUV V 1).

Noch ein Hinweis zu Kleidung und Schmuck: Die Kleidung sollte funktionsgerecht sein, d. h. nicht zu groß (z. B. flatternd) oder zu klein (Bewegungseinschränkung). Lange Haare dürfen nicht zur Gefahr werden (z. B. Einziehen in Maschinen). Sie sind deshalb zusammenzubinden oder hochzustecken. Große Ringe oder Ketten dürfen nicht getragen werden, sie hindern und sind gefährlich.

In bestimmten Arbeitsbereichen ist auffällige reflektierende Kleidung sinnvoll, gerade dort, wo man gesehen werden muss oder die Gefahr des Übersehens gegeben ist.

So kann die Arbeit losgehen.

Merke

Die persönliche Schutzausrüstung dient allein unserer Gesundheit!

2. Grundsatz

→ Sach- und fachgerechte, erfolgreiche Flurförderzeugausbildungen sind unabdingbar!

→ Flurförderzeugführer müssen für ihre Tätigkeit schriftlich beauftragt werden. Dies gilt auch für Sondereinsätze!

→ Regelmäßige und ggf. Ad-hoc-Unterweisungen sind erforderlich und dienen dem sicheren und störungsfreien Betriebsablauf!

→ Persönliche Schutzausrüstung hilft, das Unfallrisiko zu verkleinern!

→ Persönliche Schutzausrüstung ist zu tragen und pfleglich zu behandeln!

Kapitel 2
Physikalische Grundlagen – Charakteristik von Flurförderzeugen

Einleitung

Aufgrund jahrzehntelanger Erfahrung können wir bis auf wenige Ausnahmen davon ausgehen, dass Flurförderzeuge bei bestimmungsgemäßem Einsatz, fachkundiger Führung, vorschriftsmäßiger Benutzung und Überprüfung sowie betriebsanleitungsgemäßer Instandhaltung unfallsicher sind, denn sie befinden sich auf einem hohen funktionsbezogenen Sicherheitsstandard.

Voraussetzung hierbei ist jedoch, dass die Flurförderzeuge für den geplanten Einsatz richtig ausgewählt wurden, z.B. nach Flurförderzeugbauarten.

Die Unfallursachen beruhen meist auf Lastumgangs- und Fahrfehlern der Flurförderzeugführer und Fehlern beim Einsatz der Maschinen.

Neben Bequemlichkeit, mangelnder Einstellung, Routine oder Nichtbeachtung von Betriebsvorschriften sind häufig Fehler unfallursächlich, die ihren Ursprung in der Unkenntnis oder dem Nichtverstehen bzw. der Nichtumsetzung der Betriebsanleitungen haben, die die Hersteller den Betreibern und Fahrern an die Hand geben. Diese sind im wesentlichen auf der Grundlage von physikalischen Gesetzen erstellt.

Solch schwere Unfälle sind meist zu vermeiden.

Diese Grundlagen muss auch der Flurförderzeugkonstrukteur beachten. Darüber hinaus muss er Zielvorgaben einhalten, die diese Maschinenbauart beim Einsatz erfüllen müssen. Darum wird in der Betriebsanleitung seitens der Hersteller ausdrücklich auf die bestimmungsgemäße Verwendung der Maschine und auf Fehler, die in der Praxis immer wieder gemacht werden, hingewiesen.

> **Anmerkung**
>
> Kenntnis von Fehlern seiner Maschine erlangt der Hersteller u. a. durch die Marktbeobachtung, die ihm das ProdSG auferlegt. Hieraus leitet er auch ggf. Änderungen/Verbesserungen an seinen Maschinen ab.

Für einen unfallsicheren Flurförderzeugbetrieb kommt erschwerend hinzu, dass die physikalischen Einwirkungen und Einflüsse sowie die Tragweite ihrer Nichtbeachtung von den Fahrzeugführern und Einsatzleitern nicht vollständig verstanden und darum häufig nicht beachtet/eingehalten werden. Es kann nicht oft genug wiederholt werden, dass alle technischen Anleitungen und Vorschriften ihre Grundlagen in den Gesetzen der klassischen Physik/Mechanik/Dynamik haben. Nur wenn sie von den Flurförderzeugführern, den Betriebsleitungen sowie Einsatzleitern verstanden werden, ist ein unfallsicherer Flurförderzeugbetrieb gewährleistet.

Hauptaufgabe eines Flurförderzeugführerausbilders muss es deshalb sein, den beteiligten Personen, vor allem den Flurförderzeugführeranwärtern, diese physikalischen Gesetze in einfacher und anschaulicher Weise nahezubringen.

Zum besseren Verständnis und zur leichteren Unterscheidung betrachten wir in unseren Erläuterungen vereinfachte Vorgänge bzw. bilden idealisierte

Vorstellungen von der Wirklichkeit getreu dem Weisheitsspruch von Einstein: „Vorstellungskraft ist wichtiger als Wissen."

Erläuterung: Wir bezeichnen im Folgenden die technischen Begriffe (entgegen dem „Gesetz über Einheit im Messwesen" vom 2. Juli 1962) wie folgt:

G = die Masse „m" eines Flurförderzeugs ohne Last = Eigengewicht
L = die Masse „m" einer Last
GL = die Masse „m" z. B. eines Flurförderzeugs mit Last = Gesamtgewicht
G_K = die Gewichtskraft
A = die Antriebskraft
T = die Trägheitskraft
F = die Fliehkraft
E_K, E_L = die Energien
s = den Weg
sec = die Sekunde

Da der Schwerpunkt „S" (oder auch Massenmittelpunkt) für das Gleichgewicht eines Körpers ausschlaggebend ist, kann man vereinfacht sagen, dass alle o. a. Kräfte nur in diesem Punkt angreifen.

Bei den Sekundenangaben wählen wir die Bezeichnung „sec", u. a. deshalb, weil im Weg-Zeit-Gesetz von Newton und in unseren Erklärungen zurückgelegte Wege bzw. Strecken als „s" bezeichnet werden, z. B. eine Flurförderzeugfahrt auf einer Strecke s = 20 m.

2.1 Schwerpunkt – Schwerpunktfindung

Schwerpunkt

Egal, ob nur ein Blatt Papier, ein Buch, ein Stapler oder ein Gefäß gefüllt mit Flüssigkeit – jeder dieser Körper hat einen Schwerpunkt.

Der Schwerpunkt ist der sog. **Massenmittelpunkt** eines Körpers.
Am Schwerpunkt **greifen vereinfacht gesagt alle sog. physikalischen Kräfte an,** neben der Schwerkraft z. B. die Fliehkraft, Beschleunigungskraft, Trägheitskraft, die später noch erläutert werden.

Masse „m" = physikalische Grundgröße, die die Schwereeigenschaften von Materie (z. B. Körpern) beschreibt. Sie ist das Ergebnis eines Wiegevorgangs (= Wägeergebnis), gemessen in der Einheit kg (bei Staplern in t). Sie ist ortsunabhängig.

Anmerkung/Historie:
Das Urkilogramm besteht aus einer Legierung zweier Edelmetalle (Platin und Iridium). Es wird in Paris aufbewahrt. Diesem Urkilogramm wurde 1799 genau die Masse von 1 dm^3 Wasser mit einer Temperatur von 4° C zugeordnet.

In unserem Sprachgebrauch wird anstatt Masse meist der Begriff Gewicht verwendet. Das Gewicht bezeichnet jedoch eigentlich eine Kraft, nämlich die Gewichtskraft.

Gewichtskraft „G_K" = Gewicht = Schwerkraft = Kraft, die durch ein Schwerefeld (Erdanziehung) auf einen Körper wirkt. Sie ist ortsabhängig. Maßeinheit: [N] (= Newton) – (Berechnung s. Abschnitt 2.3)

Ein Körper in der Schwerelosigkeit hat also kein Gewicht, seine Masse (s. o.) bleibt jedoch gleich.

Schwerpunkt „S" = Massenmittelpunkt = Punkt, der (bei einem Körper) als Angriffspunkt der Schwerkraft zu denken ist. Bei regelmäßig/symmetrisch geformten Körpern aus einem Material befindet er sich in der Mitte. Hier greifen die physikalischen Kräfte an.

Beispiel:
Bei einer vollständig mit Schrauben gefüllten Kiste befindet sich der Schwerpunkt genau in der Mitte der Kiste.

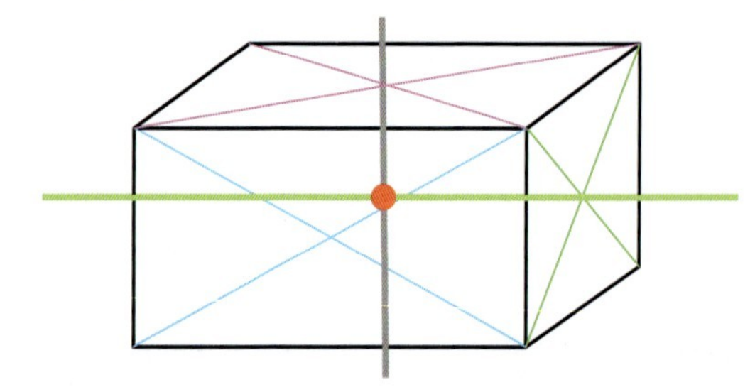

Ist die Kiste nicht vollständig gefüllt, liegt der Schwerpunkt mehr oder weniger außerhalb der Mitte – je weniger voll, desto tiefer.
Ist ein Behälter mit Flüssigkeit gefüllt, wandert der

Schwerpunkt durch Bewegung des Behälters und damit der Flüssigkeit (Schwappen).
Der Schwerpunkt eines Körpers kann auch außerhalb des Körpers, also in der Luft liegen.

Beispiel:
Bei einem Stahlrohr mit gleichmäßig dicker Wandung befindet er sich innerhalb des Rohres – genau in der Mitte auf der Längsachse.

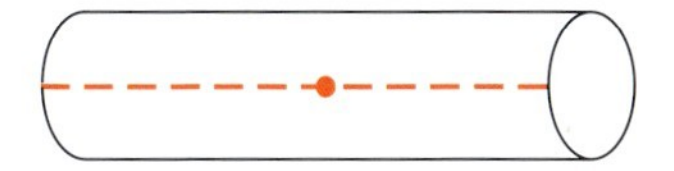
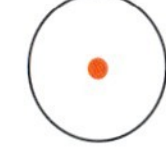

Schwerpunkt finden und unterfangen

In jedem festen Körper gibt es einen einzigen Schwerpunkt. Um zu verhindern, dass der Körper zu Boden fällt, muss man ihn unterfangen/abstützen. Die gesamte Masse des Körpers ist demnach in diesem Punkt zentriert (deshalb auch Massenmittelpunkt genannt) und im Gleichgewicht.

Unterfangen = zur Sicherung gegen Absinken/Abstürzen abstützen, unterlegen.

Beispiel:
Bei einem Buch findet man schnell den Punkt, unter den man einen Finger halten muss, damit dieses auf ihm ruht ohne herabzufallen. Er befindet sich genau in der Mitte des Buches.

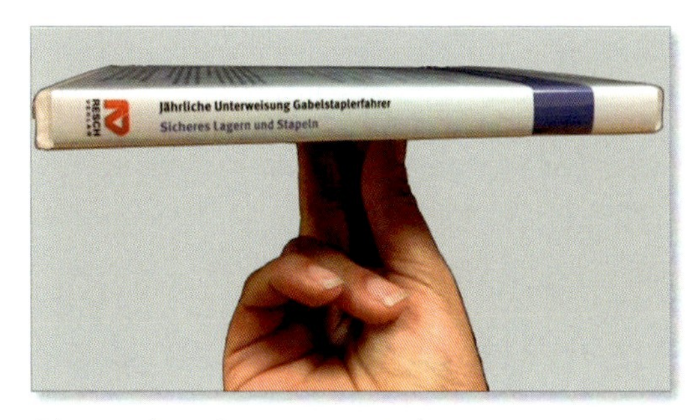

Schwerpunkt mit Fingerspitzen unterfangen

Übrigens: Der Schwerpunkt des Menschen befindet sich etwa in Bauchnabelhöhe.

Vorschlag für den Ausbilder:
Geben Sie den Teilnehmern einen Bogen Pappe und lassen Sie die beiden Diagonalen einzeichnen. Der Schnittpunkt beider Linien in der Mitte ist der Schwerpunkt/Massenmittelpunkt. Hier sollen die Teilnehmer mittels Kugelschreiber eine Vertiefung eindrücken und die Pappe mit der Vertiefung auf die Stiftspitze legen. Die Pappe ist horizontal ausbalanciert. – Lassen Sie den Stift nun etwas neben den Schwerpunkt aufsetzen, sinkt die Pappe nach einer Seite ab, bis es ganz abgleitet, wenn der Abstand zum Schwerpunkt zu groß wird. So können Sie anschaulich den Schwerpunkt vermitteln und haben die Teilnehmer gleichzeitig aktiv in den Lehrgang eingebunden.

Bei gleichmäßig geformten Körpern (z. B. Quader, Würfel) liegt der Schwerpunkt in der Mitte, im Inneren des Körpers – von der Seite aus gesehen dort, wo sich die Flächendiagonalen schneiden. Würde man in den Körper hineinsehen, wäre das dort, wo sich die Diagonalen des Körpers schneiden – vorausgesetzt die Masse ist gleichmäßig verteilt.

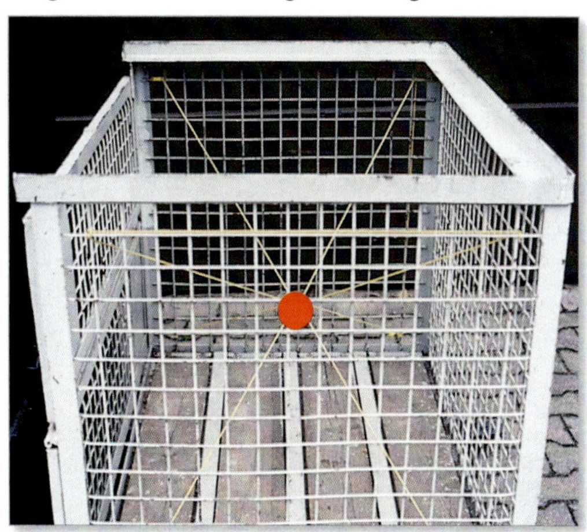

Schwerpunktfindung durch Schnittpunkt der Raumdiagonalen.

Überträgt man diese Erkenntnisse auf die Arbeit mit Flurförderzeugen, heißt das, dass Lasten mit den Gabeln eines Staplers ausreichend unterfangen werden müssen um ein Abrutschen beim Transport zu verhindern. Das bedeutet, dass die Last mittig aufgenommen werden muss.

Gabel = Standard-Lastaufnahmemittel eines Gabelstaplers, bestehend in der normalen Variante aus 2 Gabelzinken.

Mittige Lastaufnahme = die Last mit dem Schwerpunkt genau in der Mitte zwischen den Gabelzinken aufnehmen.

Last exakt mittig aufgenommen und damit ausreichend unterfangen.

Merke

Lastschwerpunkt ausreichend unterfangen!

Beispiele:

1. Palette gleichmäßig beladen mit Sandsäcken:
   Breite = 80 cm, Länge = 120 cm, Höhe = 100 cm
   Der Schwerpunkt liegt auf einer Höhe von 50 cm, 40 bzw. 60 cm vom Rand entfernt.
2. Eisenplatte:
   Breite = 1 m, Länge = 2 m, Dicke = 5 cm
   Der Schwerpunkt liegt 2,5 cm von der Unterkante, 1 m von der schmalen Seite und 0,5 m von der langen Seite entfernt.

Gesamtschwerpunkt

Besteht ein Körper aus mehreren einzelnen Körpern/Massen, wirken alle Gewichtskräfte zusammen am sog. Gesamtschwerpunkt.

Gesamtschwerpunkt = Punkt, der sich aus allen Einzelschwerpunkten (mehrere Körper zu einer Einheit zusammengefügt) ergibt. Hier greifen wiederum alle physikalischen Kräfte an, die auf diese Einheit wirken.

Beispiele:

1. Rad-/Motorradfahrer: Der Fahrer, das Zweirad und das Gepäck haben jeweils einen Einzelschwerpunkt. Beim Fahren werden alle drei zu einer Einheit – ihre Einzelschwerpunkte werden zu einem Gesamtschwerpunkt zusammengefasst. Ist das Gepäckstück sehr schwer, befindet sich dieser nicht mehr mittig zwischen den beiden Rädern, sondern weiter hinten, nahe des Hinterrades.
2. Mutter mit Kleinkind: Beide haben ihren eigenen Schwerpunkt, jeweils etwa in Bauchnabelhöhe. Nimmt die Mutter das Kind auf den Arm, bilden sie eine Einheit und haben einen Gesamtschwerpunkt, der sich nun weiter oben, etwa in Brusthöhe der Mutter befindet. Dadurch wird es für die Mutter schwieriger das Gleichgewicht zu halten.

Übertragen auf den Gabelstaplerbetrieb:
Der Stapler hat einen Eigenschwerpunkt, der sich nahe dem Gegengewicht befindet. Hinzu kommt nach der Lastaufnahme der Lastschwerpunkt. Auch hier bildet sich eine Einheit zu einem Gesamtschwerpunkt, der sich nun weiter vorne, nahe der Vorderachse befindet (s. a. Abschnitt 2.2). Der Schwerpunkt verlagert sich also in Längsrichtung nach vorne.
Ist der Lastschwerpunkt auch noch hoch, wäre auch der Gesamtschwerpunkt weiter oben.

Kommen wir zurück auf unseren Versuch mit dem Buch: Legt man außermittig einen Kugelschreiber auf das Buch, müssen unsere Finger in Richtung Kugelschreiber wandern, um den Gesamtschwerpunkt Buch + Kugelschreiber unterfangen zu können, denn dieser befindet sich außerhalb der Mitte Richtung Kugelschreiber.
Beim Stapler ist solch eine Schwerpunktverlagerung nach außen nicht zu korrigieren – hier muss die Last mittig aufgenommen werden.

An all diesen Beispielen erkennt man, dass die Lage des Gesamtschwerpunktes (nach vorne/hinten, zur Seite und nach oben/unten) neben dem Lastgewicht einen wesentlichen Einfluss auf die Standsicherheit eines Staplers hat.

2.2 Hebelgesetz – Tragfähigkeit – Standsicherheit

Hebelgesetz

Ein Gabelstapler ist so gebaut, dass er Lasten mit Gabelzinken oder Anbaugeräten (z. B. Dorn, Klammer, Zange etc.) aufnehmen kann. Aufgrund des Hebelgesetzes ist dazu ein entsprechendes Gegengewicht erforderlich – sonst würde der Stapler beim Aufnehmen der Last nach vorne kippen.

Vergleichen kann man dies am besten mit einer Wippe:
Eine Wippe funktioniert am besten, wenn Gleichgewicht herrscht. Bei zwei gleichschweren Kindern ist dies kein Problem.

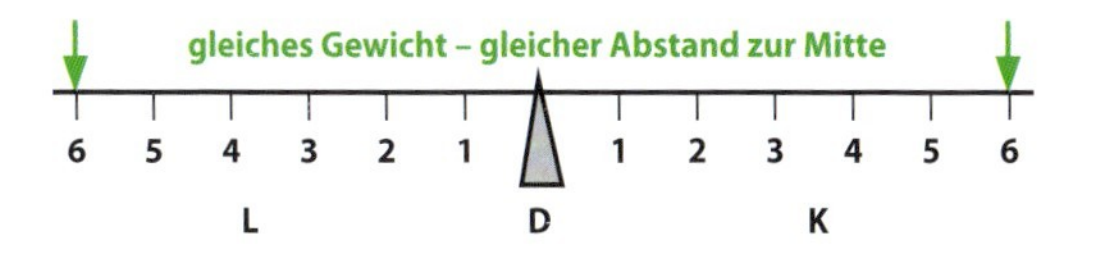

Sitzt auf der einen Seite der Wippe aber ein schwereres Kind als auf der anderen, wird das leichtere Kind nach oben gehoben. So ist kein Wippen möglich.

Hallo?! Die Wippe funktioniert so nicht!

Um die Wippe ins Gleichgewicht zu bringen, gibt es zwei Möglichkeiten: Das leichte Kind setzt sich weiter nach hinten oder das schwere Kind setzt sich weiter nach vorne. Dann ist die Wippe wieder im Gleichgewicht und das Wippen funktioniert.

Jetzt herrscht Gleichgewicht!

Hebelarme: Lastarm – Kraftarm

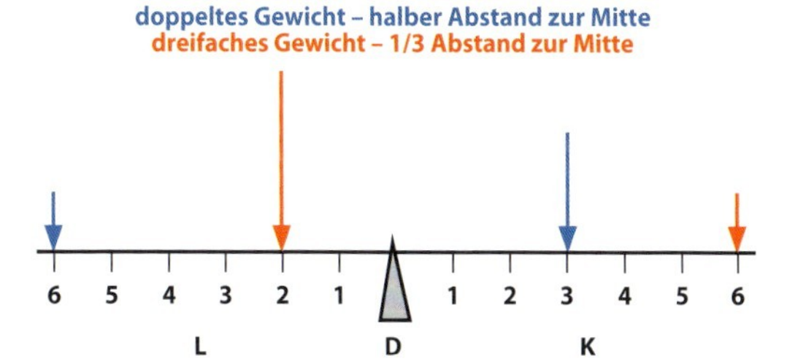

In der Mitte der Wippe befindet sich der sog. **Drehpunkt (D)**. Links und rechts vom Drehpunkt befinden sich die **Hebelarme**, genannt **Lastarm (L)** und Kraftarm (K).

Drehpunkt = fester Punkt, um den die Drehung eines Körpers – hier eines Hebels – erfolgt.

Hebel = starrer Körper, der um einen festen Punkt oder eine Achse drehbar ist. Mit Hebeln werden Kräfte übertragen.

Lastarm = Hebelarm, an dem sich die zu bewegende Last befindet/an dem das Gewicht der Last wirkt. Seine Länge ist der Abstand zwischen Drehpunkt und Schwerpunkt der Last.

Kraftarm = Hebelarm/Seite, an der die bewegende Kraft anliegt/auf den die Kraft wirkt. Seine Länge ist der Abstand zwischen Drehpunkt und Angriffspunkt der Kraft (z. B. Schwerpunkt des Staplers).

Kraft = physikalische Größe, die Ursache von Änderungen der Bewegung frei beweglicher Körper oder der Form von Körpern ist.

Eine Wippe funktioniert immer dann gut, wenn Folgendes erfüllt ist:
Last(gewicht) mal Lastarm auf der einen Seite = Kraft mal Kraftarm auf der anderen Seite.
Dies ist das Prinzip des Hebelgesetzes.

Hebelgesetz = Gesetz, nach dem bei einem Hebel Gleichgewicht herrscht, wenn das Produkt aus Last und Lastarm und das Produkt aus Kraft und Kraftarm gleich sind

Kraftmoment = Lastmoment

Kraft × Kraftarm = Last x Lastarm

d. h., die Drehmomente beider Hebel sind gleich – das System befindet sich im Gleichgewicht.

Drehmoment = beschreibt die Drehwirkung einer Kraft auf einen Körper

Hebelarm × angreifende Kraft

also

Lastmoment = Last(gewicht) mal Lastarm auf der einen Seite

Kraftmoment = Staplermoment = Kraft mal Kraftarm auf der anderen Seite.

Ist also das eine Kind doppelt so schwer wie das andere (z. B. 30 kg und 15 kg), müsste das leichte Kind doppelt so weit vom Drehpunkt entfernt sitzen (6 m) wie das schwere Kind (3 m) um die Wippe im Gleichgewicht zu halten und damit gut wippen zu können, denn (s. Zeichnung auf S. 103)

30 kg · 3 m = 15 kg · 6 m

Wäre das eine Kind 3 x so schwer (45 kg), müsste das leichte Kind 3 mal so weit vom Drehpunkt entfernt sitzen (6 m) wie das schwere Kind (jetzt nur 2 m), also

45 kg · 2 m = 15 kg · 6 m

Das Hebelgesetz wendet auch der Konstrukteur eines Flurförderzeuges an. Die Drehachse ist hier die Achse der Vorderräder.

Beim Gabelstapler möchte man nun aber auf keinen Fall eine Gleichgewichtssituation zwischen Stapler und Last haben. Kommt nämlich nur eine „Komponente" hinzu, z. B. Beschleunigung, Bremsen, Pendeln einer Last oder Transport einer Flüssigkeit (die naturgemäß bei Transportvorgängen immer in Bewegung ist), ist die Standsicherheit gefährdet.

Demnach muss hier die Staplerseite, also das Drehmoment des Kraftarms, wesentlich größer sein als das Drehmoment der Last, um die Last sicher transportieren zu können.

Der Stapler ist keine Wippe!

Das Lastaufnahmemittel wird deshalb möglichst nahe an der Vorderachse positioniert, während der Stapler so konstruiert wird, dass sich sein Eigengewichtsschwerpunkt möglichst weit von der Vorderachse entfernt befindet. Dadurch wird der Lastarm „a" (gemessen von Lastschwerpunkt zur Vorderachse) bewusst klein gehalten, während der Kraftarm „b" (gemessen vom Staplerschwerpunkt zur Vorderachse) möglichst groß gewählt wird (s. Zeichnung S. 106 unten). Durch diese Bauweise kann der Stapler schwere Lasten (viel schwerer als er selbst) aufnehmen und diese auch in Bewegung sicher tragen.

Hebel werden also u. a. dazu genutzt, um mit einer kleinen Kraft einen Körper mit großem Gewicht zu heben. So auch bei folgendem…

Beispiel:

Brechstange, Hebeisen, Stech- oder Sackkarre

Zum Ankippen einer Kiste, die 100 kg wiegt, benötigt man mit einem Hebeisen eine Kraft von ~ 50 N zum Herunterdrücken, wenn die Brechstange 1 m lang (Kraftarm b = 100 cm) und der abgewinkelte Lastarm a = 10 cm lang ist.

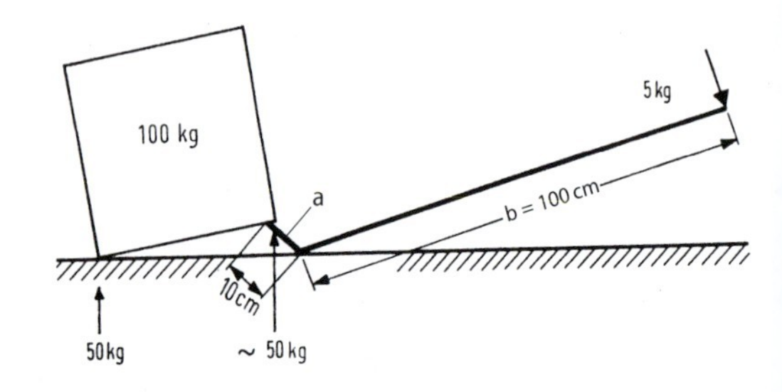

Hebeeisen – Anwendung des Hebelgesetzes

Tragfähigkeit

Gabelstapler haben ein bestimmtes Verhältnis von Eigengewicht zu Tragfähigkeit.

Nenntragfähigkeit = vom Hersteller zugelassene Last in kg, die der Stapler bei bestimmungsgemäßer Verwendung unter spezifischen Bedingungen befördern oder heben kann. Der Hersteller geht dabei von einem Norm-Lastschwerpunktabstand „D" (auch in der Höhe) und einer Norm-Hubhöhe aus, „S" bezeichnet den Lastschwerpunkt (DIN EN 3691).

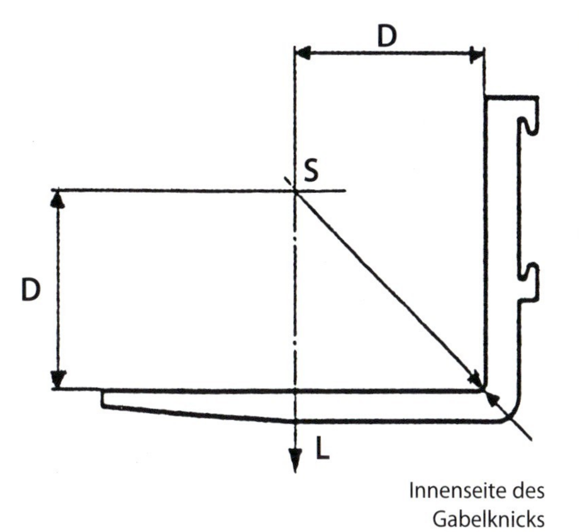

Norm-Lastschwerpunktabstand „D"

wirkliche Tragfähigkeit = Tragfähigkeit = Traglast = vom Hersteller zugelassene Höchstlast in kg, die der Stapler befördern oder heben kann. Diese ist abhängig von der Ausrüstung, der Hubhöhe, dem Lastschwerpunktabstand und der Reichweite. Der Hersteller hat diese durch Standsicherheitsversuche ermittelt und hält sie in Tragfähigkeitsdiagrammen oder -tabellen fest (DIN EN 3691).

Da im Gabelstaplerbetrieb diverse statische und dynamische (= Bewegungs)Kräfte auf Stapler und Last einwirken, wird bei der wirklichen Tragfähigkeitsberechnung von den Herstellern ein sog. Stoßfaktor einberechnet, um die Standsicherheit zu gewährleisten.

Stoßfaktor = Faktor, der dynamische Kräfte (z. B. Beschleunigungs-, Trägheits-, Fliehkräfte, Schwingungen, Vibrationen), die auf den Stapler einwirken können, definiert

In der Regel wiegt ein Gabelstapler mit bis 2 t zulässiger Tragfähigkeit ca. das 1,5- bis 2-fache von dem, was er trägt, also bis zu **2 x 2 t = 4 t**.
Ab 2 t zulässiger Tragfähigkeit beträgt sein Eigengewicht ca. 2 x 2 t plus die Differenz zwischen 2 t und der zulässigen Tragfähigkeit. Ein Stapler mit einer Tragfähigkeit von 4,5 t wiegt also demnach ca. **2 x 2 t + (4,5 – 2 t) = 6,5 t**.

Der Staplerfahrer muss darauf achten, dass der Lastarm stets so klein wie möglich ist. So nutzt er das Hebelgesetz aus und der Stapler hat seine volle Tragfähigkeit zur Verfügung. Dazu müssen die Gabelzinken weit unter die Last geschoben werden. Ist dies aus irgendeinem Grund nicht möglich (Lastform, Art der Stapelung), vergrößert sich der Lastarm – die Tragfähigkeit des Staplers vermindert sich.

Gewichtsverteilung:
L = Lastgewicht
G = Staplereigengewicht
GL = Gesamtgewicht (Stapler + Last)

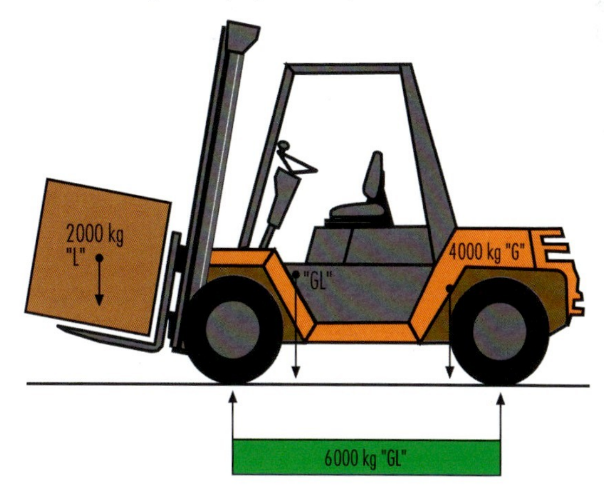

Ungefähre Gewichtsverteilung in einem Stapler

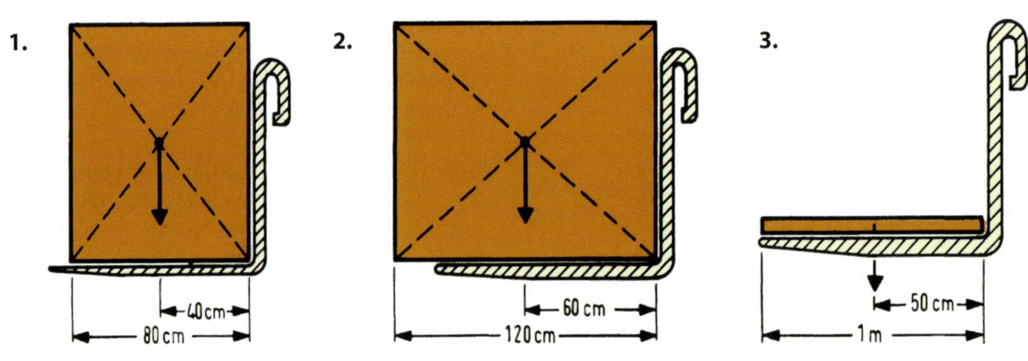

Lastschwerpunktabstände - 1. LSA = 40 cm, 2. LSA = 60 cm, 3. LSA = 50 cm

Lastschwerpunktabstand

Lastschwerpunktabstand „LSA" = Abstand vom Gabelrücken (Gabelschaft) bis zum Schwerpunkt der geladenen Last. Bei anderen Lastaufnahmemitteln wird anstatt vom Gabelrücken von der Trägerplatte (Gabelträger) aus gemessen.

Beim Lastaufnehmen mit dem Stapler ist der Lastschwerpunktabstand eine wichtige Größe.

Bei seinen Berechnungen berücksichtigt der Hersteller den Lastarm, „a". Dieser setzt sich zusammen aus dem Lastschwerpunktabstand „LSA" und dem Abstand „x" vom Gabelrücken bis zur Drehachse des Staplers = Mitte Vorderachse, s. nebenstehende Abb.).

a = LSA + x

Auch der Staplerfahrer hat auf den Lastarm „a" einen großen Einfluss:

1. Er kann den Lastschwerpunktabstand „LSA" klein halten, indem er die Last bis ganz an den Gabelrücken plaziert. Das kann enorm viel ausmachen.
2. Aber auch auf den Abstand vom Gabelrücken bis zur Vorderachse „x" hat er – wenn auch einen geringen – Einfluss, den er für einen sicheren Lastentransport aber unbedingt ausnutzen muss. Dies geschieht, indem nach der Lastaufnahme der Hubmast zurückgeneigt wird. Dadurch holt sich der Fahrer die Last und damit ihren Schwerpunkt näher zur Vorderachse heran und verkürzt somit den gesamten Hebelarm „a". Gleichzeitig werden durch diesen Vorgang die Gabelspitzen etwas angehoben, was eine Art Sicherheitsgurtwirkung für die Last zur Folge hat, denn diese „sitzt" jetzt sicher auf den Gabelzinken und kann nicht so leicht nach vorne (weil bergauf) abrutschen.

Auch der Hersteller geht bei seinen Standsicherheitsberechnungen von einem zurückgeneigten Hubmast beim Transport aus (s. Abschnitte 2.4 und 2.4.3).

Ist das Lastmoment gleich dem Staplermoment, ist der Stapler schon überlastet.

Lastmoment = Last(gewicht) mal Lastarm auf der einen Seite: L · a
Staplermoment = Kraftmoment = Kraft mal Kraftarm auf der anderen Seite: G · b

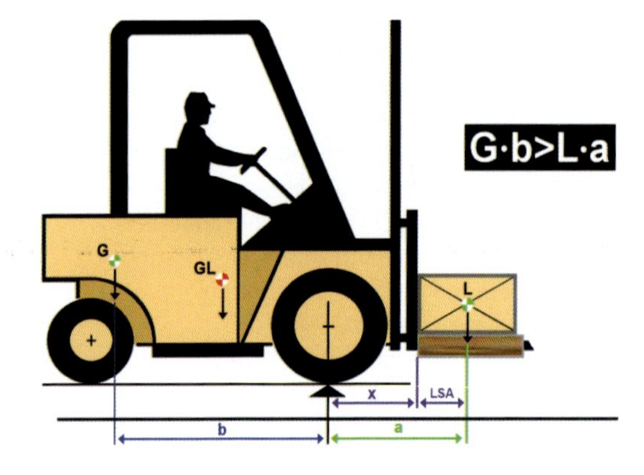

Durch das Anheben der Last besteht die Gefahr, dass die gelenkten Räder (Lenkachse = Hinterachse) durch die Hebelwirkung kaum noch Bodenkon-

Zum Lastverfahren wird die Last nah am Gabelrücken aufgenommen, die Gabelzinken in Tiefstellung abgesenkt und der Hubmast zurückgeneigt. Dies wird bereits in der Ausbildung vermittelt.

takt haben. Der Stapler ist dadurch kaum noch lenkfähig – es besteht Kippgefahr.

Provisorische oder gar lebende Gegengewichte sind unzulässig. Wird dennoch darauf zurückgegriffen, handeln alle beteiligten Personen vorschriftswidrig und verantwortungslos. Neben den „lebenden Gegengewichten" selbst sind das sowohl der Fahrer als auch der Vorgesetzte, der dies angeordnet hat oder zulässt.

Unverantwortlich!

Die Hersteller berechnen die Tragfähigkeit ihres Staplers also immer so, dass das Staplermoment größer ist als das Lastmoment.

$$G \cdot b > L \cdot a$$

Das Ergebnis dieser Berechnungen findet ihren Niederschlag dann in den Traglast-/Tragfähigkeitsdiagrammen oder -tabellen. Diese gilt es ausnahmslos zu beachten. Trotzdem kann es passieren, dass sich bei ruckartigem Anheben einer schweren Last der Stapler hinten etwas anhebt. Darum gilt der folgende Merksatz:

Merke

Lasten mit Gefühl anheben.

Statischer Standsicherheitsfaktor

statischer Standsicherheitsfaktor „Sif" = berechnet sich aus dem Verhältnis von Standmoment und Kippmoment.

$$\text{Sif} = \frac{\text{Standmoment}}{\text{Kippmoment}}$$

Zur Wiederholung:

Ein Drehmoment ist das Produkt aus Kraft und Hebelarm. Will man das Drehmoment vergrößern, muss entweder die Kraft vergrößert oder der Hebelarm verlängert werden, beim Verkleinern ist es genau umgehrt.

Standmoment = Standsicherheitsmoment = Summe aller Momente/Kräfte, die hinter der Vorderachse angreifen/wirken und ein Kippen des Flurförderzeuges verhindern wollen – erzeugt z. B. durch das Eigengewicht der Maschine.

Kippmoment = Summe aller Momente/Kräfte, die vor der Vorderachse angreifen/wirken und das Flurförderzeug umkippen wollen – erzeugt z. B. durch dynamische Kräfte, aber evtl. auch durch eine außermittige Lastaufnahme.

Der Hersteller eines Staplers benutzt zur Berechnung des Sif das

Hinterachslastmoment = Standmoment
sowie das
Staplergrenzlastmoment = Kippmoment

Folglich ist der

$$\text{Statische Standsicherheitsfaktor} = \frac{\text{Hinterachslastmoment}}{\text{Staplergrenzlastmoment}}$$

Sif < 1 → Der Stapler ist kippgefährdet – je kleiner Sif, desto größer die Gefahr.

Sif = 1 → Der Stapler ist im Gleichgewicht (Standmoment = Kippmoment), was jedoch bedeutet, dass er „auf wackligen Beinen" steht. Ein Umkippen ist nicht auszuschließen. Für den Staplerbetrieb ist dies nicht wünschenswert.

Sif > 1 → Der Stapler ist nicht kippgefährdet – je größer Sif, desto unwahrscheinlicher das Kippen.

Beispiel:
Berechnung des Standsicherheitsfaktors eines Gabelstaplers (Linde H 40)

$$Sif = \frac{Hinterachslastmoment}{Staplergrenzmoment} = \frac{G_H \cdot b}{L \cdot a}$$

$$= \frac{3125 \cdot 1920}{4000 \cdot (500+520)} = \frac{6000000}{4080000} \approx 1{,}47$$

→ Sif > 1
Der Standsicherheitsfaktor ist wesentlich größer als 1, d.h. die Maschine steht sicher – was der Hersteller ja auch möchte.

Das Grenzlastmoment eines Staplers darf im Einsatz aus Sicherheitsgründen nicht überschritten werden, denn der Sicherheitsfaktor dient (neben dem Stoßfaktor, s. S. 105) auch dazu, die Einflüsse der dynamischen Kräfte auf die Standsicherheit des Staplers abzufangen (s. Abschnitt 2.4.1).
Teilweise schränken die Hersteller ab einem bestimmten Lastschwerpunktabstand die Tragfähigkeit des Staplers zusätzlich ein bzw. geben die zulässige Traglast für den Regelfall nur bis zu einem begrenzten Abstand an (s. Abschnitt 2.5). Will man darüber hinausgehen, ist in jedem Fall der Hersteller hinzuzuziehen.

Merke

Hebelgesetz beachten! Stapler nie überlasten! Lasthebel/Lastarm möglichst klein halten!
Nie provisorische oder gar „lebende" Gegengewichte verwenden!

Zeichenerklärung:

HA_{OL} = Hinterachslast G_H

y = Achsabstand (bei uns „b" als Abstandsmaß für das Staplermoment)

Q = Hublast (bei uns „L" = Last)

x = Lastabstand – Maß von Achsmitte bis Gabelrücken

c = Lastschwerpunktsabstand – Maß vom Gabelrücken bis zum Lastschwerpunkt

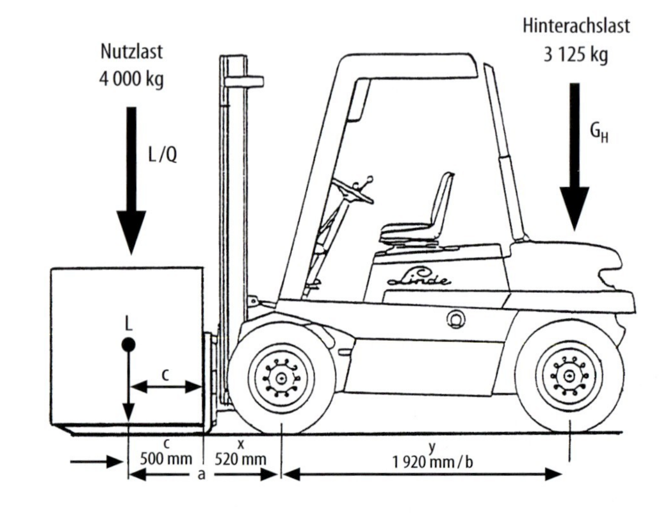

Berechnung der statistischen Standsicherheit von Gabelstaplern am Beispiel eines Staplers mit zulässiger Tragfähigkeit von 4 t

Mittige Lastaufnahme

Bei den Tragfähigkeitsangaben eines Gabelstaplers geht der Hersteller bei der Grundausstattung (mit Gabel) immer von einer Lastaufnahme aus, bei der sich der Lastschwerpunkt auf der Längsachse des Gabelstaplers befindet. Es sei denn, es handelt sich um Stapler für eine betriebsbedingte Außermittigkeit, z. B. für die Aufnahme von Schüttgut in einer Schaufel oder eine gewollte Außermittigkeit, z. B. zur Maschinenbeschickung mittels eines Anbaugerätes mit einer Kippvorrichtung zur Seite oder einem Seitenschieber (s. Kapitel 3, Abschnitt 3.2).
Eine Außermittigkeit ist ohne Traglast- und Hubhöhenreduzierung seitens des Herstellers zulässig, wenn folgende Werte eingehalten werden:

Tragfähigkeit in kg	zulässige Abweichung in mm
bis 6.300	100
> 6.300 bis 10.000	150
> 10.000 bis 20.000	250
über 20.000	350

Die Werte gelten unabhängig von der Bauart des Staplers.

Beim Einsatz einer Schaufel als Anbaugerät, z. B. zum Umschlag von Schüttgut, liegt eine betriebsbedingte Außermittigkeit vor. Denn es gelingt dem Staplerfahrer, besonders beim Transport von großstückigen Schüttgütern, z. B. grobem Schotter, Steinen und verklumptem Material, in der Regel nicht, die Schaufel so zu füllen, dass sich der Lastschwerpunkt und somit der Gesamtschwerpunkt auf der Längsachse des Staplers befindet.

Wir erkennen aus diesen Herstellervorgaben für diese besonderen Stapler, dass die Außermittigkeit sehr eng gefasst ist. Wenn wir also bei einer Lastaufnahme mit Staplern in normaler Bauart von mittig sprechen, dann ist die zulässige Abweichung von der Mitte sehr gering. Darum sind die Lasten möglichst exakt in der Mitte, unter dem Lastschwerpunkt, aufzunehmen. Hierzu sind die Gabelzinken im gleichen Abstand von der Mittelachse am Lastschild einzustellen und mittig unter die Last einzufahren. Bei eingebautem Seitenschieber ist der Seitenschieber mittig einzustellen.

Exakt mittige Lastaufnahme

Kann die Last aus Platzgründen nicht mittig aufgenommen werden, ist sie nach der Lastaufnahme vor Aufnahme des Fahrbetriebes nochmals abzusetzen und mittig aufzunehmen. Ist dies nicht möglich, ist bei Überschreitung der erläuterten Toleranz die Tragfähigkeit nicht voll auszuschöpfen.

Dies kann beim Transport von Flüssigkeiten der Fall sein, und sollte besonders dann angeordnet werden, wenn der Behälter nur bis zu ¾ seines Fassungsvermögens gefüllt ist. Hierbei ist mit einer Wankkraft „F_{WK}" zu rechnen, die 0,2 x Gewichtskraft der Flüssigkeit im Behälter stark ist. Sie wirkt immer in Richtung der geänderten Fahrbeschleunigung, beim Überfahren von Unebenheiten oder Durchfahren von Kurven. Hierzu ist der Hersteller zu Rate zu ziehen und die ggf. vorgegebene Resttragfähigkeit nicht zu überschreiten.

Wird dies nicht berücksichtigt, liegt keine bestimmungsgemäße Verwendung des Staplers vor, was nach Schadensereignissen juristische Konsequenzen nach sich ziehen kann (s. Kapitel 1, Abschnitte 1.1.3 und 1.4).

Merke

Last mittig aufnehmen oder die normale Tragfähigkeit nach Vorgabe des Herstellers nicht voll ausschöpfen! – Resttragfähigkeit beachten!

Resttragfähigkeit = Tragfähigkeit des Staplers, die übrigbleibt, wenn bei vorgebautem Anbaugerät dessen Gewicht sowie die Vorbaumaße berücksichtigt sind oder wenn der Lastentransport außermittig erfolgt. Die tatsächliche Tragfähigkeit kann sich hierbei erheblich verringern.

Nenntragfähigkeit – Normabstände

Grundsätzlich ist in den Normen DIN EN 1459, DIN EN ISO 3691 eine Nenntragfähigkeit angegeben, der jedes Flurförderzeug wenigstens gerecht werden muss (s. a. Abschnitt 2.4.3). Alle Hersteller gehen mit ihrer wirklichen Tragfähigkeit aber weit darüber hinaus.

Jeder Gabelstapler muss bei bestimmungsgemäßer Verwendung unter vorgegebenen Bedingungen, z. B. mittige Lastaufnahme und nahe am Fahrweg (s. Abschnitt 2.4.3) eine bestimmte Tragfähigkeit haben.

Die Hersteller legen bei ihren Tragfähigkeitsberechnungen bestimmte Lastschwerpunktabstände zugrunde, z. B. 500 mm und 600 mm, die dann in Abhängigkeit zur jeweiligen Hubhöhe die Tragfähigkeit ergeben. Oft werden auch noch weitere Lastschwerpunktabstände angegeben, z. B. 400 mm oder bei Großmaschinen 900 mm oder 1 200 mm.

Nicht immer kann jedoch eine Last unter Einhaltung des Normabstands aufgenommen werden, sei es, dass die Last eine große Grundfläche hat oder sie nicht nahe genug am Gabelrücken, bei anderen Lastaufnahmemitteln, z. B. einem Dorn, an der Trägerplatte, aufgenommen werden kann. Dies ist dann der Fall, wenn z. B. an einem Transportbehälter ein Rohrstutzen oder dgl. angebracht ist.

Es kann aber auch bewusst unter Verwendung von langen Gabelzinken, Dornen oder anderen Anbaugeräten die Last mit einem freien Abstand vom Gabelrücken aufgenommen bzw. zum Absetzen nach vorn verschoben werden.

Transport mit langem Lastarm

Anmerkung

Natürlich ist die wirkliche Tragfähigkeit/Traglast vorab auf eine Resttragfähigkeit zu reduzieren, wenn Anbaugeräte oder dgl. eingesetzt werden (s. a. Kapitel 1, Abschnitt 1.1.3, Absatz „Neue Konformitätserklärung/-erweiterung" und Kapitel 3, Abschnitt 3.2). Das Gleiche gilt beim Transport von Flüssigkeiten und aufgehängten Lasten, wegen des u. U. „wandernden" Lastschwerpunktes (s. Abschnitte 2.4.2 und 2.5).

Merke

Last nahe am Lastaufnahmeschild bzw. am Gabelrücken aufnehmen! Kurzer Lastarm, schwere Last! – Langer Lastarm, leichte Last! Flüssigkeiten und aufgehängte Lasten ruckfrei verfahren!

Der Norm-Lastschwerpunktabstand wird in Abhängigkeit der Nenntragfähigkeit, egal welcher Bauart, wie folgt festgelegt:

Nenntragfähigkeit (in kg)		Normschwerpunktabstand „D" (in mm), z. B. gemäß EN 1459					
		400	500	600	900	1 200	1 500
	< 1 000	x	+	+			
1 000	< 5 000		x	+			
≥ 5 000	≤ 10 000			x			
> 10 000	< 20 000			x	x	x	
≥ 20 000	< 25 000				x	x	
≥ 25 000						x	x

Die genormten Schwerpunktabstände „D" sind mit „x" bezeichnet. Die mit „+" bezeichneten Lastschwerpunktabstände sind optimal. Bei Schubmaststaplern ist der Lastschwerpunktabstand mit 600 mm festgelegt.

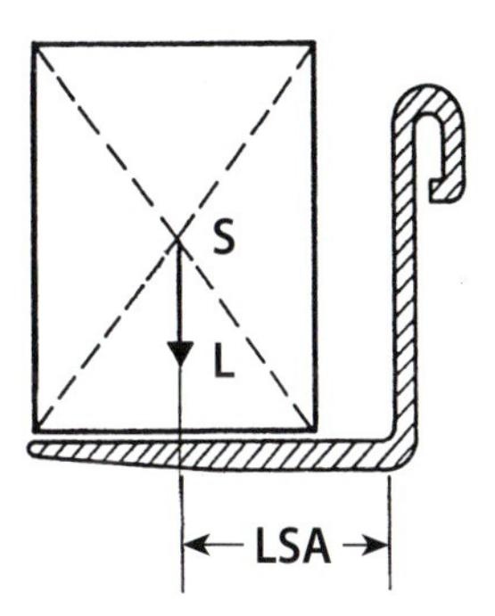

Lastschwerpunktabstand/Lastarm durch Freiraum zum Gabelrücken vergrößert

Kurzer Lastarm → schwere Last

Langer Lastarm → leichte Last

Bei all diesen Varianten gilt dann eine entsprechend zugeordnete geringere Tragfähigkeit. Diese ist zeitlich begrenzt auf den jeweiligen Lastfall abgestellt. Der Lastschwerpunktabstand ist dann nämlich größer als der Norm-Lastschwerpunktabstand; dadurch vergrößert sich das Lastmoment, obwohl die Last nicht schwerer geworden ist.

Die zulässige Resttragfähigkeit in Abhängigkeit vom Lastschwerpunktabstand muss der Hersteller auf einem zusätzlichen Diagramm oder einer Lasttabelle angeben (s. a. Abschnitt 2.5). Je länger der Lastarm ist, desto leichter muss die Last sein.

2.3 Schwerkraft – Schwerkraftlinie – Schräge Ebenen – Standsicherheit

Schwerkraft

Warum drückt der Massenmittelpunkt/Schwerpunkt bei der Demonstration des Pappedeckels bzw. Buches auf den Finger?

Es ist eine Kraft, die diesen Vorgang bewirkt, nämlich die Schwerkraft. Wir nennen sie Gewichtskraft „G_K". Sie greift am Körperschwerpunkt an (s. a. Abschnitt 2.1, Absatz „Schwerpunkt").

Beispiele:

1. Befinden sich ein Körper (z. B. ein Stapler) oder ein Körperkomplex (z. B. die Mutter mit ihrem Kind oder der Fahrrad-/Motorradfahrer mit seiner Maschine) in Ruhe, stehen sie standsicher auf der Erde. Ihre Körper sind nicht magnetisch, trotzdem werden sie zur Erde gezogen – auf der Erde festgehalten. Es wirkt also eine Kraft zur Erde. Das ist die Erdanziehungskraft. Sie wirkt immer lotrecht zum Erdmittelpunkt (s. Absatz „Schwerkraftlinie").

   lotrecht = vertikal = in Richtung der Erdbeschleunigung – in Richtung Erdmittelpunkt zeigend.

Dagegen ist

senkrecht = rechtwinklig (90°) zu einer Fläche oder Linie stehend.

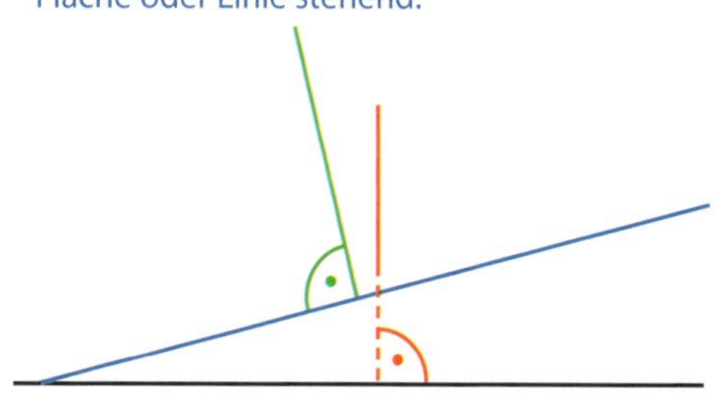

senkrecht zur schrägen Ebene
lotrecht, aber auch senkrecht zur Grundfläche

lotrecht	=	bezogen auf den Erdmittelpunkt
senkrecht	=	bezogen auf eine Grundfläche/ den Boden

Fallbeschleunigung = Erdbeschleunigung = Erdanziehung „g" = durch die Gewichtskraft hervorgerufene Beschleunigung. Sie ist ortsabhängig (Ortsfaktor, z. B. auf der Erde: $g \approx 9{,}81\ m/s^2 \approx 10\ m/s^2$).

2. Beim Tragen eines Getränkekastens mit gefüllten Flaschen spüren wir diese Kraft deutlich in unseren Muskeln, denn der Getränkekasten wird mit großer Kraft zur Erde gezogen. Gleitet er uns aus den Händen, fällt er zur Erde herab und zwar mit einer gleichbleibenden Erd-/Fallbeschleunigung „g" (s. a. Abschnitt 2.4.2, Absatz „Freier Fall").

Die Schwerkraft/Gewichtskraft „G_K" eines Körpers ist also abhängig von seiner Masse „m" mal Erdbeschleunigung „g" [$\mathbf{G_K = m \cdot g}$].

Die Maßeinheit für eine Kraft, also auch hier die Gewichtskraft, ist „N" (Newton). Sie wurde nach dem englischen Physiker Isaak Newton (1643 bis 1727) benannt.

1 N (Newton) = die konstante Kraft, die benötigt wird, um die Masse eines Körpers von 1 kg Gewicht in 1 Sekunde „sec" aus der Ruhe auf die Geschwindigkeit „v" von 1 m/sec zu beschleunigen. Sie hat die Dimension

$$\left[\frac{kg \cdot m}{sec^2}\right]$$

Anmerkung

In der Regel werden für die Angabe von Gewichts- und anderen Kräften, wie Zugkräften, auch folgende Maßeinheiten verwendet: „kN" (Kilo-Newton), „daN" (Deka-Newton) und „cN" (Zenti-Newton).

Umrechnung:	100 cN	=	1 N
	10 N	=	1 daN
	100 daN	=	1 kN
	1 000 N	=	1 kN

Beispiel:
Eine gefüllte Gitterbox von z. B. 500 kg Gesamtgewicht hat eine Gewichtskraft
$G_K = 500\ kg \times 10\ m/sec^2 = 5\,000\ N$.

Wird ein Körper frei, z. B. eine Last, fällt er bedingt durch die Wirkung seiner Gewichtskraft, zur Erde herab (s. Erläuterung oben). Die Last bewegt sich aber auch schon, wenn sie nicht ausreichend fest unterfangen, umschlungen oder geschnürt ist. Dies geschieht immer dann, wenn sich ihr Schwerpunkt oberhalb der Körpermitte befindet und er schon eine geringe Schwungbewegung ausführt.

Hierzu ein einfaches Beispiel:
Eine mit Brotaufstrich versehene belegte Brotscheibe ist dafür der beste Beweis. Halten wir das Lebensmittel nicht ausreichend fest, fällt es in der Regel mit der belegten Seite auf den Boden, denn ihr Gesamtschwerpunkt, gebildet aus dem Brotscheibenschwerpunkt und dem Schwerpunkt des Brotaufstriches liegt oberhalb der Mitte des Brotes, weil der Brotaufstrich eine höhere Wichte als das Brot hat. Das Lebensmittel wurde kopflastig.

Wichte = spezifisches Gewicht = Verhältnis der Gewichtskraft eines Körpers zu seinem Volumen.

Schwerkraftlinie

Schwerkraftlinie = Wirkungslinie der Schwerkraft:
Die Linie, die vom Schwerpunkt eines Körpers ausgehend lotrecht nach unten führt (Richtung Erdmittelpunkt) – quasi ein Lot vom Schwerpunkt aus.

Befindet sich ein Körper, hier z. B. die Mutter mit dem Kind und der Motorrad-/Radfahrer mit seinem Zweirad, in Ruhe (Stillstand), wirkt die Kraft am Gesamtschwerpunkt angreifend auf dieser Linie zur Erde. Wir sehen diese Schwerkraftlinie deutlich an einem Baulot oder wenn wir einen Gliedermaßstab (Zollstock) freischwebend aufgeklappt nur an einem Ende festhalten. Baulot und Zollstock hängen lotrecht – senkrecht.

Verstellen wir einzelne Zollstockglieder, so verändert der Zollstock, oben festgehalten, automatisch seine bisherige Lage, da seine Schwerpunktlage jetzt eine andere ist. Der Zollstock richtet sich jetzt so aus, dass sich sein Schwerpunkt wieder lotrecht unter dem Fixpunkt (Finger der Hand) befindet.

Um zu beweisen, dass alle statischen Kräfte nur am Schwerpunkt angreifen, können wir den oben erläuterten verstellten/aufgeklappten Zollstock auch waagerecht auf eine Tischkante legen, derart, dass sich sein Schwerpunkt über der Tischkante befindet. (Nach einigen Korrekturen gelingt es uns.) Seine beiden Enden hängen praktisch frei schwebend links und rechts herab.

Ein zweiter Beweis ist auch einfach so möglich: Wir halten ein Buch, z. B. unsere Gabelstaplerfahrschule, waagerecht von unten mittels drei Fingern der linken Hand. Wir unterstützen dadurch nur den Buchschwerpunkt (s. a. Abb. Abschnitt 2.1, Absatz „Schwerpunktfindung"). Würden Sie jetzt Ihren Autoschlüssel etwas einseitig = außerhalb der Mitte oben auf das Buch legen, kippt das Buch von den Fingern ab, weil sich durch diese Zusatzmasse (nicht exakt über dem Buchschwerpunkt abgelegt) die Lage des Gesamtschwerpunktes verändert hat. Wir müssen nun, wollen wir das Buch wieder sicher halten, die Fingerstellung etwas in Richtung Schlüssel verschieben (s. a. Beispiel im Abschnitt 2.1, Absatz „Schwerpunktlage").

Bei den Beispielen Brotscheibe und Buch wirkt sich die Schwerkraftlinie nicht so sichtbar aus, wie bei einem Baulot. Kommen wir deshalb auf dieses zurück.
Heben wir eine Last mit einem lotrecht eingestellten Hubmast an, wobei der Stapler auf einer waagerechten Fahrbahn steht, bleibt der Lastarm oben genau so lang wie er unten war.

Neigen wir aber den Hubmast mit hochgehobener Last nach vorn und haben am Lastschwerpunkt ein ausreichend langes Baulot befestigt, so würde es sich, ohne dass es seine lotrechte Lage verändert, nach vorne bewegen.

Folge: Der Lastarm wird durch das Vorkippen des Hubmastes verlängert, denn trifft die Schwerkraftlinie auf die Fahrbahn auf, ist ihr Abstand zur Drehachse (= Vorderachse) größer als bei lotrecht eingestelltem Hubmast.

Die Bewegung der Schwerkraftlinie kann man im Vortragsraum folgendermaßen leicht demonstrieren:
Hierzu nimmt man wieder einen 2-m-Zollstock, klappt ihn diesmal nur um vier Glieder auf und hält ihn mit dem schweren Ende nach unten in der Nähe seines Körperschwerpunktes (Bauchnabelnähe) dicht vor den Körper freihängend fest. Beugt man sich nun nach vorn oder zur Seite, bewegt sich der Zollstock wie die unsichtbare Schwerkraftlinie lotrecht ebenfalls in diese Richtung. Je höher man vom Fußboden entfernt steht, desto größer ist die Abweichung der Schwerkraftlinie (Zollstock) gegenüber der Wirkungslinie der Schwerkraft bei lotrechter Körperstellung zum Boden.

Der Hebelarm/Lastarm verlängert sich also nicht nur, wenn die Gabel nicht vollständig unter die Last geschoben wird, oder wenn Zusatzeinrichtungen mit einem größeren Abstand als die Gabelzinken zur Trägerplatte des Lastaufnahmemittels eingesetzt werden, sondern auch, wenn der Hubmast nach vorn geneigt wird. Darum darf der Hubmast höchstens dicht über standsicheren Flächen, wie Lagerböden, Regale, Stapel und Fahrzeugladeflächen, nach vorn geneigt werden.

Soll mit einem Stapler betriebsbedingt mit nach vorn geneigtem Hubmast gefahren werden, ohne dass sich der Stapler mit seiner Last dicht über standsicheren Flächen befindet, sind die Betriebsbedingungen vom Hersteller oder Lieferer festzule-

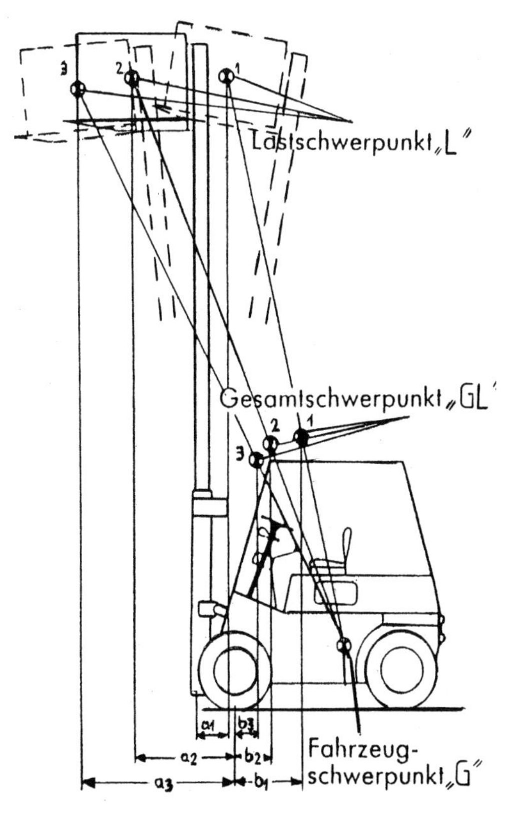

„Wandernde" Schwerpunkte durch die Last-/ Hubmastbewegung

Sehr ungünstig: Kippgefahr zur Seite durch die Lage des Staplergesamtschwerpunktes nahe der Standsicherheitsdreiecksspitze (s. Absatz „Standsicherheit“, S. 119) und wirkende Schwungkräfte bei Hubmast-Standkorrekturen in der Höhe.

Richtig: Die Last liegt fest. Der Lastarm bleibt unverändert. Große Hubmaststandkorrekturen in der Höhe sind nicht erforderlich. Der Stapler wird nicht überlastet und bleibt standfest.

Falsch: Die Last kann durch Schräglage von den Gabelzinken abgleiten. Außerdem kann der Stapler durch den verlängerten Lastarm überlastet werden und nach vorn kippen.

gen. Der Stapler unterliegt davor besonderen Standsicherheitsversuchen, deren Vorgaben er erfüllen muss.

Anmerkung

Nicht immer kann der Hubmast genau lotrecht eingestellt werden, sei es, weil der Boden uneben oder geneigt ist oder der Stapler voll belastet ist und er sich dadurch leicht nach vorn neigt, besonders wenn er Luftbereifung hat; denn die Last muss zum Aus- und Einlagern weitgehend waagerecht eingestellt werden. Der Hubmast muss dann so eingestellt werden, dass die Gabelblätter waagerecht stehen. Der Lastarm wird dadurch nicht verlängert.

Merke

Hubmast vor Ein- und Auslagerungsarbeiten so einstellen , dass die Last/Gabel waagerecht steht (lotrecht)!

Die Auswirkung der Schwerkraftlinie darf uns aber nicht dazu verleiten, zu glauben, dass es beim Ein- und Auslagern von Gütern sowie Be- und Entladen von Fahrzeugen auf waagerechter, ebener Fahrbahn am sichersten wäre, wenn hierbei der Hubmast zurückgeneigt wird. Das Gegenteil ist der Fall, denn zum einen wird dadurch der Lastschwerpunkt „L“ extrem nach hinten geholt und damit auch der

Stellung des Hubmastes bei Aus- und Einlagerung waagerecht

Hubmast nur über standsichere Fläche/Stapel nach vorn neigen

Gesamtschwerpunkt „GL" nach hinten zur Lenkachse verlagert, dorthin, wo die Standsicherheit am geringsten ist (s. Absatz „Standsicherheit"). Zum anderen muss dann bei der Lastbewegung im hochgehobenen Zustand eine zusätzliche Lastbewegung (beim Einlagern nach vorn und beim Auslagern nach hinten) durchgeführt werden. Hierbei können durch Bedienungsfehler, z. B. ruckartige Hubmastbewegungen, große Trägheitseffekte (Peitschenschläge mit langem Hebelarm) auftreten und den Stapler zum Umstürzen bringen (s. Abschnitt 2.4.1, Absatz „Trägheitskraft").

Befahren schräger Ebenen

Anmerkung

In der Physik wird eine schräge Ebene als schiefe Ebene bezeichnet. Wir haben statt „schief" das Wort „schräg" gewählt, weil es zum einen in der Praxis besser verstanden wird und zum anderen, weil wir auch beim Querfahren auf solchen Ebenen von Schrägfahren sprechen.

Auch auf einer schrägen Ebene wirkt die Schwerkraftlinie eines Körpers, der auf dieser Ebene steht, lotrecht zur Erde, denn ihre Wirkungslinie bleibt lotrecht zum Erdmittelpunkt. Der beste Beweis ist hierfür wieder der Einsatz eines Baulotes, z. B. beim Aufstellen von Zaunpfählen auf einem Hang.

Würde ein Stapler mit der Last bergab stehen (Gabel bergab zeigend), verlängert sich der Lastarm. Außerdem könnte die Last von der Gabel rutschen, besonders wenn der Stapler abgebremst wird und dadurch eine Trägheitskraft (s. S. 132) wirkt. Dies bewirkt die sog. Hangabtriebskraft „H".

> **Hangabtriebskraft** = Komponente der Gewichtskraft, die auf einer schrägen Ebene hangabwärts gerichtet ist. Sie entspricht der Kraft, die einen Körper nach unten (hangabwärts) rutschen lässt. Maßeinheit: [N]

Stapler ohne Last fahren den Berg vorwärts hinauf und auch vorwärts hinunter. Mit Last wird ein Stapler den Berg vorwärts hinaufgefahren und rückwärts hinunter, also die Last immer bergwärts.

Dadurch haben wir bei Talfahrt (mit Last) und gleichzeitigem Abbremsen als Sicherheit gegen ein

In Vorwärtsfahrt die Last immer zum Berg führen. Die Lastschwerkraftlinie wirkt so Richtung Vorder-/Antriebsachse.

Rückwärtsfahren (bergab) auf schrägen Ebenen mit Last: Last immer bergwärts.

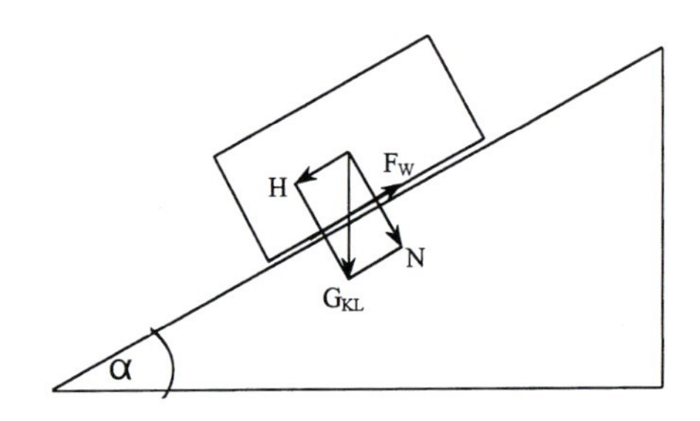

G_{KL} = Lastgewichtskraft N = Normalkraft H = Hangabtriebskraft

F_W = Reibungskraft α = Steigungswinkel

Normalkraft = Komponente der Kraft auf einen Körper, die senkrecht zu seiner Kontaktfläche steht; sie erzeugt Zug- oder Druckspannungen. Maßeinheit: [N]

Reibungskraft = Kraft, die zwischen zwei sich berührenden Körpern wirkt, wenn sie sich gegeneinander bewegen. Sie ist immer so gerichtet, dass sie der Bewegung entgegenwirkt und diese hemmt oder verhindert – d. h. sie „bremst". Maßeinheit: [N]

<u>Berechnung der Hangabtriebskraft H mit der Winkelfunktion:</u>

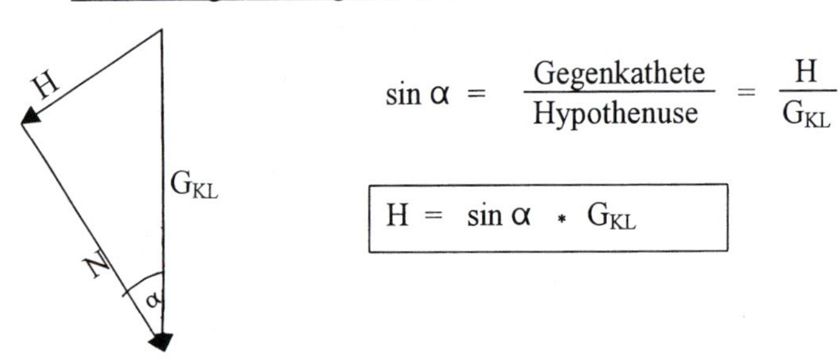

Wirkungslinie und Größe der Hangabtriebskraft in Abhängigkeit des Steigungs-/Gefällewinkels „α". Diese Vorgaben gelten auch für Mitgänger-Flurförderzeuge und Gabelhubwagen.

Kippen nach vorn, das Gegengewicht als „Anker" hinten. Nur kurz vor Erreichen der Talsohle ist das Lastaufnahmemittel, besonders die Gabel anzuheben, damit wir nicht mit ihm auf der Fahrbahn anstoßen (s. a. Abschnitt 2.4.1, Absatz „Trägheitskraft-Berechnung").

Teleskopstapler ohne Last bei Bergabfahrt. Lastaufnahmemittel in der Talsohle ausreichend angehoben.

Merke

Je größer der Steigungswinkel „α" ist, desto größer ist die Hangabtriebskraft „H"!

Anmerkung

Besonders beim Aus- und Einlagern (Stapeln) von Gütern, ist ein weitgehend waagerechter und ebener Boden die Voraussetzung für einen sicheren Fahrbetrieb.

Der Transport von hängenden Lasten auf schrägen Ebenen ist verboten. Grund: Die Gefahr ihrer Außermittigkeit ist zu groß. Flüssigkeiten und breiige Massen ebenfalls nicht auf schrägen Ebenen verfahren. Dies gilt besonders für feuerflüssige Massen, denn ihre Gefäße haben keinen Deckel, und generell bleibt die Oberfläche der Flüssigkeiten und der breiigen Massen waagerecht. Folge: Das Gut läuft nach hinten über.

Nur bei Teleskopstaplern, unabhängig einer möglichen veränderlichen Reichweite wird die Berg-/Talfahrt gemäß DIN EN 1459 mit eingezogenem Teleskoparm und abgesenkter ≤ 300 mm Last geprüft und z. B. von Herstellern zu Informationszwecken ab den angegebenen Neigungen wie folgt verdeutlicht.

Fahrweisen für Teleskopstapler bei Überschreitung des Gefälle-/Steigungswinkels – Angabe eines Herstellers.

Merke

Auf schrägen Ebenen, außer mit Teleskopstaplern, die Last immer zum Berg führen und ohne Last vorwärtsfahren!
Nur auf waagerechtem und ebenem Boden Lasten aus- und einlagern!

Ab ca. 3 % ist eine Fahrstrecke als schräg anzusehen.

Neben der Auswirkung einer geneigten Fahrbahn auf die Standsicherheit können auch Unebenheiten, z. B. hervorstehende Deckel von Revisionsschächten und Schlaglöcher, die überfahren werden, problematisch sein.

Schon durch relativ kleine Unebenheiten, z. B. durch einen Revisionsschachtdeckel, weicht die Lastschwerkraftlinie von der Längsachsmitte ab.

Darum wirkt sich die Pendelachse auf die Standsicherheit auch positiv aus. Bei geringen Unebenheiten bleibt das Gegengewicht waagerecht und damit die Schwerkraftlinie besonders bei unbeladenem Stapler längsachsmittig.

Auch andere „Hilfsmittel" dienen der Standsicherheit und werden von den Herstellern verbaut, wie bei den Quer- und Teleskopstaplern.

Schräglagenkompensator zum Niveauausgleich des Oberwagens eines Teleskopstaplers

Hydraulisch verstellbare Neigung der Plattform eines Querstaplers.

Fahren in Querfahrt auf geneigten Fahrbahnen/über Unebenheiten

Vorbemerkung: Bei den Standsicherheitsversuchen geht der Hersteller immer von einer waagerechten Fahrbahn aus. Schon bei Querneigungen von 1 % = 0,57° in Richtung des gewollten Ablaufens von Regen- oder Reinigungswasser zum Gully ist beim Fahren erhöhte Vorsicht geboten. Die Ursache ist hauptsächlich die Richtung der Schwerkraftlinie, da sie sich schon im Stillstand und bei Geradeausfahrt außerhalb der Längsachse des Staplers befindet. Schon eine geringe Fliehkraft in einer Kurvenfahrt oder ein Wendemanöver können einen Stapler zum Kippen bringen, da dann die Gesamtkraftlinie außerhalb der Standsicherheitsfläche des Staplers fällt. Besonders dann, wenn die Last nicht in Bodennähe verfahren wird (s. a. Absatz „Standsicherheit von Staplern", Abschnitt 2.4.1, Absätze „Trägheitskraft" und „Fliehkraft" sowie Abschnitt 2.4.3, Absatz „Zusammengesetzte Kraft").

Fliehkraft = Zentrifugalkraft = Kraft, die bei gleichförmigen Dreh- und Kreisbewegungen auftritt und in Richtung des Radius von der Rotationsachse nach außen gerichtet ist. Sie ist eine Sonderform der Trägheitskraft. Maßeinheit: [N]

Sehr gefährliche Fahrsituationen treten ein, wenn auf schrägen Ebenen (≥ 3 % Steigung) diagonal gefahren, im Tal zu früh in die Kurve gegangen wird oder der Fahrer das Fahrzeug gar wendet.

Die Ursache ist auch hier die Wirkungslinie der Gewichtskraft/Schwerkraft, wobei bei einem Wendemanöver oder einer zu frühen Kurvenfahrt die dabei auftretende Fliehkraft noch hinzu kommt. Denn beim Wenden und zu frühen Verlassen der Schräge wird meistens eine Kurve gefahren, die in der Regel mit kleinem Radius durchfahren wird. Wird dabei noch gebremst, tritt zudem noch die Trägheitskraft auf. Da die Schwerkraftlinie durch die Schräge schon ohne eine Fahrbewegung von der Längsachse des Fahrzeugs abweicht, ist der negative Ausgang des „Manövers" vorprogrammiert: Umsturz des Staplers.

Warum wenden die Fahrer auf schrägen Ebenen oder verlassen sie zu früh?
Sie fahren zu früh in die Kurve, weil sie instinktiv den kürzesten Weg suchen. Darum kürzen wir ja auch oft Wege ab und laufen quer über Rasenflächen. Die „Trampelpfade" sind die besten Beweise dafür.
Das Wenden hat technisch in der Regel zwei Gründe. Zum einen, wenn das Fahrzeug die Steigung nicht schafft, weil es hierfür zu leistungsschwach ist, zum anderen, wenn bei einem Elektrostapler die Batterie geladen werden muss.
Statt in diesen Fällen das Fahrzeug langsam bergab rückwärts zu fahren, bekommt der Fahrer häufig Panik und wendet das Fahrzeug.
Das liegt in der Natur des Menschen. Er möchte sich schnellstens aus dieser Gefahrenzone befreien, und dies tut er instinktiv. Die Fahrer müssen lernen, sich richtig zu verhalten und diese erforderliche Verhaltensweise auch verstehen.

Merke

Unebenheiten und Schlaglöcher meiden!
Auf schrägen Ebenen nicht wenden, nicht schräg fahren und nicht zu früh in die Kurve gehen!

Demonstration der waagerechten Lage des Gegengewichts trotz einseitigem Auffahren auf einem Auffahrkeil dank der Pendelachse oder …

… der Kombiachse …

… und sogar beim Überfahren eines Klotzes

Standsicherheit von Staplern

Den Herstellern sind diese genannten Restrisiken natürlich bekannt. Sie versuchen konstruktiv gegenzusteuern, indem sie bei den Staplern mit vier Rädern die Lenkachse pendelnd aufhängen. Durch diese Konstruktion gleicht die Pendel- oder Kombiachse die Unebenheit auf der Fahrbahn etwas aus. Bei den Dreiradstaplern ist dies nicht erforderlich (s.a. fortführende Ausführungen zum Wenderadius und dgl. im Folgenden).

Man sieht in den Abbildungen deutlich, dass das Gegengewicht des Staplers in waagerechter Stellung verbleibt, trotzdem der Stapler mit dem linken Hinterrad auf einem Holzklotz steht. Dies ist bei der Kombiachskonstruktion ebenfalls so. Hier am Beispiel: Einseitiges Auffahren mit der Hinterachse auf eine Auffahrvorrichtung. Bei großen Unebenheiten oder dgl. sind aber auch der Hinterachse Grenzen gesetzt (s.a. Absatz „Befahren schräger Ebenen).

Mittige Pendelachsaufhängung oberhalb der Achse

Durch diese Pendelaufhängung der Lenkachse ist der Achsbefestigungspunkt an der Lenk-/Hinterachse vorteilhaft über der Achse angebracht. Wir kommen dadurch dem Schwerpunkt „G/GL" entgegen, so, als ob der Stapler in die Knie gehen würde. Der Abstand zur Fahrbahn wird dadurch kleiner (s.a. Abschnitt 2.4.3, Absatz „Kraftwirkung am Schwerpunkt").

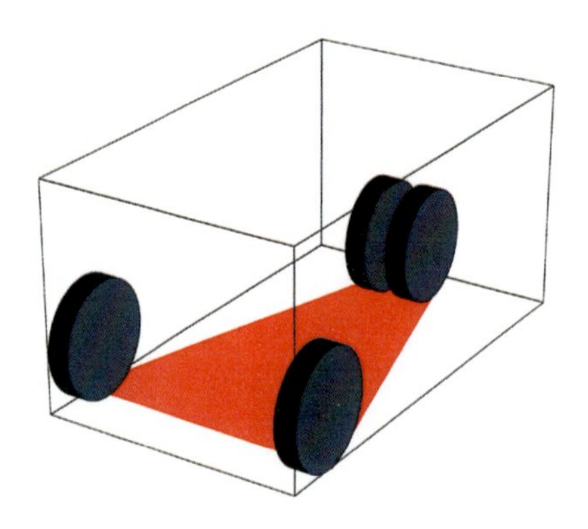

Gabelstapler mit Drehschemelachse und Zwillingsrad – Grafische Darstellung des Standsicherheitsdreiecks bei einem Dreiradstapler/Zwillingsrad

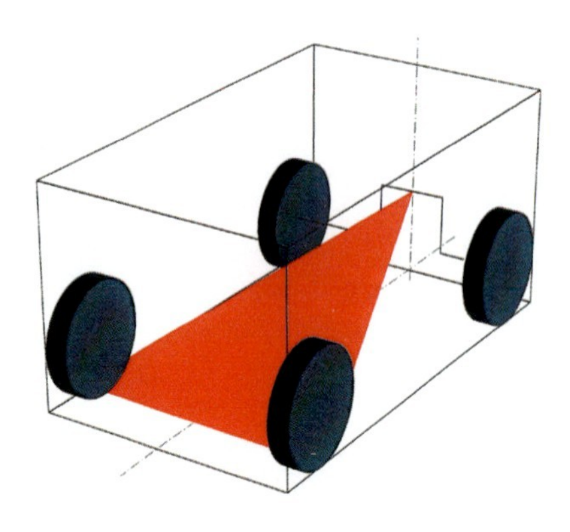

Gabelstapler mit Pendelachse – Grafische Darstellung der Lage über der Pendelachse

Drehschemelachse = Achse, die mit den Rädern fest verbunden ist und mithilfe des Drehschemels komplett in die entsprechende Fahrtrichtung gedreht wird (wie z. B. auch beim Lkw-Anhänger) – Verwendung bei Dreiradstaplern.

Vorderer Stapler mit Drehschemellenkung, hinterer mit Pendelachse

Pendelachse = eine in der Regel ungefederte starre Achse (Hinterachse des Staplers), die in der Mitte pendelnd aufgehängt und um die Längsachse des Fahrzeugs drehbar ist. Die Räder sind einzeln schwenkbar angebracht – Verwendung bei Vierradstaplern.

Kombiachse = Drehschemelachse, bei der die Räder pendelnd aufgehängt sind oder Pendelachse, bei der jedes Rad eine Drehschemellenkung hat.

Demonstration der Staplerstandsicherheitsfläche mittels eines aufgelegten Zollstocks und den markierten Eigen- und Gesamtschwerpunkten durch seitliche Markierungen

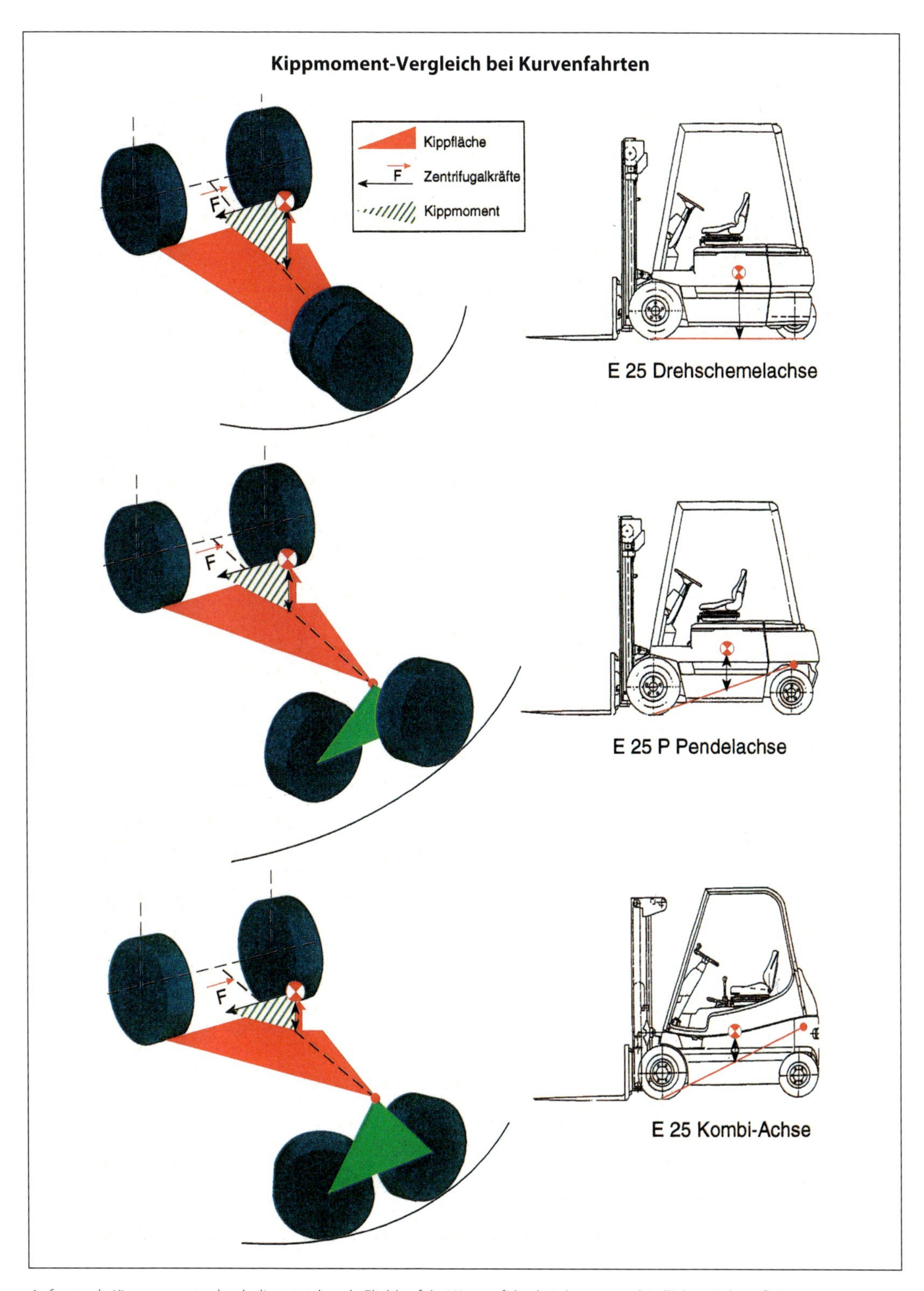

Auftretende Kippmomente durch die entstehende Fliehkraft bei Kurvenfahrt bei drei unterschiedlichen Achsaufhängungen

Anmerkung

Darum haben z. B. auch Lkw-Anhänger, Sattelschlepper und Gliederstraßenbahnen einen Drehschemel. Anderenfalls könnten sie keine sehr engen Kurven durchfahren.

Die gewollte Pendelmöglichkeit der Lenkachse zieht aber zwangsläufig eine Einpunktaufhängung nach sich. Doch auch dieser Punkt wirkt sich positiv aus, denn das Flurförderzeug hat dadurch einen relativ geringen Wenderadius. Durch diese Lenkungsart dreht sich ein Stapler innerhalb seiner Baulänge praktisch um sich selbst, wie ein Kinderdreirad oder Dreiradstapler.

Wie schon erwähnt, legt man die Lenkung auf die Hinterachse. Zum einen hat man dadurch den Vorteil, dass die Lenkräder bei beladenem Stapler nicht so stark belastet werden. Zum anderen kann man sich mit dem Stapler mit wenig Platzbedarf rechtwinklig von einem Regal zum Stapler oder Lkw zum Ein- und Anhängen/Be- und Entladen positionieren.

Wie für alles im Leben muss man, will man die Naturgesetze/Physik für sich nutzen, auch dafür „bezahlen", d. h. folgende Nachteile in Kauf nehmen:

- Die Lenkräder radieren bei Kurvenfahrt etwas (nutzen sich stärker ab).
- Der Wenderadius ist größer als bei einem Dreiradstapler. Diesen Nachteil kann man aber z. B. durch eine Kombiachskonstruktion beseitigen (s. Abb. auf S. 121).
- Die Stapler haben dadurch im Gegensatz z. B. zu einem Pkw kein Standsicherheitsviereck, sondern, wie auch ein Dreiradstapler, ein Standsicherheitsdreieck. Die Dreiecksspitze befindet sich hinten am Lenkdrehpunkt/über der Lenkachse.

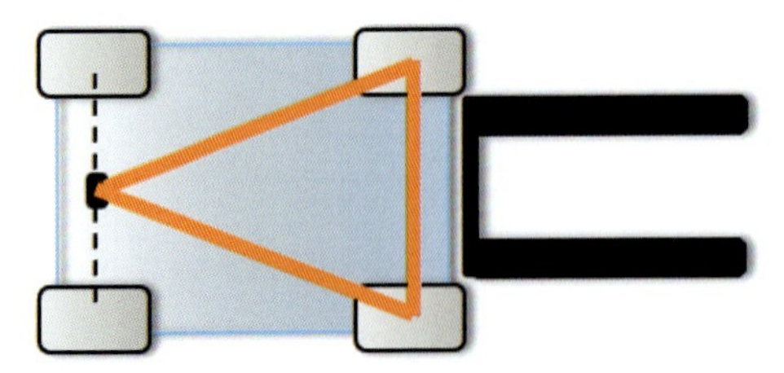

Durch diese Tatsache kann die Schwerkraftlinie der zusammengesetzten Kraft/Resultierenden, die bei einem beladenen Stapler am Gesamtschwerpunkt „GL" und bei einem unbeladenen Stapler an seinem Eigenschwerpunkt „G" angreift, bei einem leeren oder teilweise beladenem Gabelstapler im Vergleich zu einem mit bis zur zulässigen Traglast belasteten Gabelstapler, leichter aus dem Standsicherheitsdreieck herausfallen, als bei einer voll beladenen Maschine, vorausgesetzt die Last ist jeweils bodenfrei abgesenkt, z. B. durch eine Fliehkraftwirkung (s. Abschnitt 2.4.1, Absatz „Fliehkraft").

Die zur Verfügung stehende Fläche, richtiger die Strecke, z. B. vom Gesamtschwerpunkt bis zur Dreieckseite, ist die Gegenkippstrecke zum Kippmoment. Bei beladenem Stapler ist sie folglich größer als bei unbeladenem Stapler, da sein Schwerpunkt „G" näher an der Hinterachse liegt (beim Gegengewicht) als die der Gesamtmasse „GL" des beladenen Staplers.

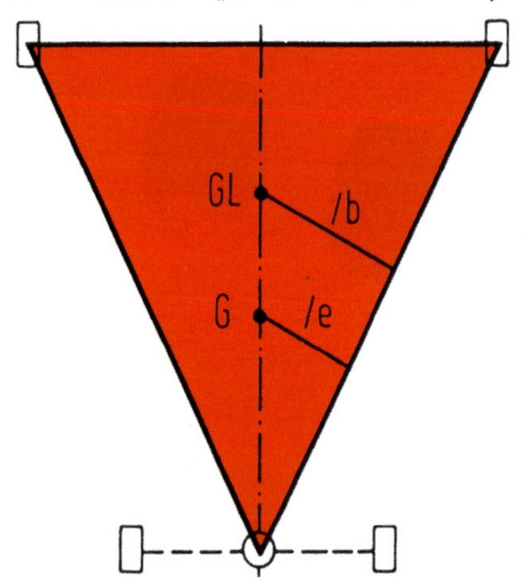

Grafische Darstellung der Staplerstandfläche mit Eintragung des Eigenschwerpunkts „G" und des Gesamtschwerpunkts „GL" sowie der zugehörigen Gegenkippstrecken „e" und „b"

Zur Wiederholung:

Kippmoment = Summe aller Momente, welche das Flurförderzeug umkippen wollen – erzeugt z. B. durch dynamische Kräfte, aber evtl. auch durch eine außermittige Lastaufnahme.

Gegenkippstrecke = Strecke, gemessen rechtwinklig von der Kippkante zum Schwerpunkt; veranschaulicht die Größe des Kippmoments.

Die Gesamtmasse „GL" und damit ihr Schwerpunkt wird, wie bereits erläutert, aus Staplerschwerpunkt und Lastschwerpunkt gebildet. Das Standsicherheitsmoment wird gebildet aus

- Gewicht „G“ + Gegenkippstrecke „e“ bei leerem Stapler bzw.

- Gewicht „GL“ + Gegenkippstrecke „b“ bei beladenem Stapler (+ Last).

Man erkennt deutlich, dass die Gegenkippstrecke „b“ des beladenen Staplers größer ist als die Gegenkippstrecke „e“ des unbeladenen Staplers. Damit ist auch das Standsicherheitsmoment beim beladenen Stapler größer – der Stapler ist beladen standsicherer als unbeladen, vorausgesetzt die Last wird tief verfahren (s. Abschnitt 2.4.1).

Die gleichen Standsicherheitsmerkmale sind auch bei Schubmaststaplern gegeben (s. Grafik), denn auch sie haben ein Standsicherheitsdreieck. Die Seitenstabilität ist bei ausgeschobenem Schubmast sogar noch höher als bei einem vergleichbaren Frontgabelstapler. Hierbei ist jedoch zu beachten, dass in dieser Schubmaststellung die Standsicherheit nach vorn geringer wird, denn die beim Bremsen auftretenden Trägheitskräfte wirken bekanntlich bei Vorwärtsfahrt nach vorn und drücken die Gesamtkraft/Resultierende „R“ (s. Abschnitt 2.4.3) nach vorn. Außerdem hat der Schubmaststapler in diesem Zustand beim Drehen und Wenden einen großen Platzbedarf.

Ganz extrem wirkt sich dies bei einem leeren Gabelstapler mit eingezogenem Hubmast aus, denn der Eigenschwerpunkt des Staplers befindet sich in diesem Zustand am nächsten zur Dreieckspitze. Schon eine Kurvenfahrt mit hochgehobenen Gabelzinken kann zum Umstürzen der Maschine führen.

Anmerkung

Dieses Standsicherheitsdreieck haben die klassischen Frontstapler, die Schubmast- und Teleskopstapler und in etwa die Querstapler (s. a. Kapitel 3, Abschnitt 3.3.1, Absatz „Querstapler“).

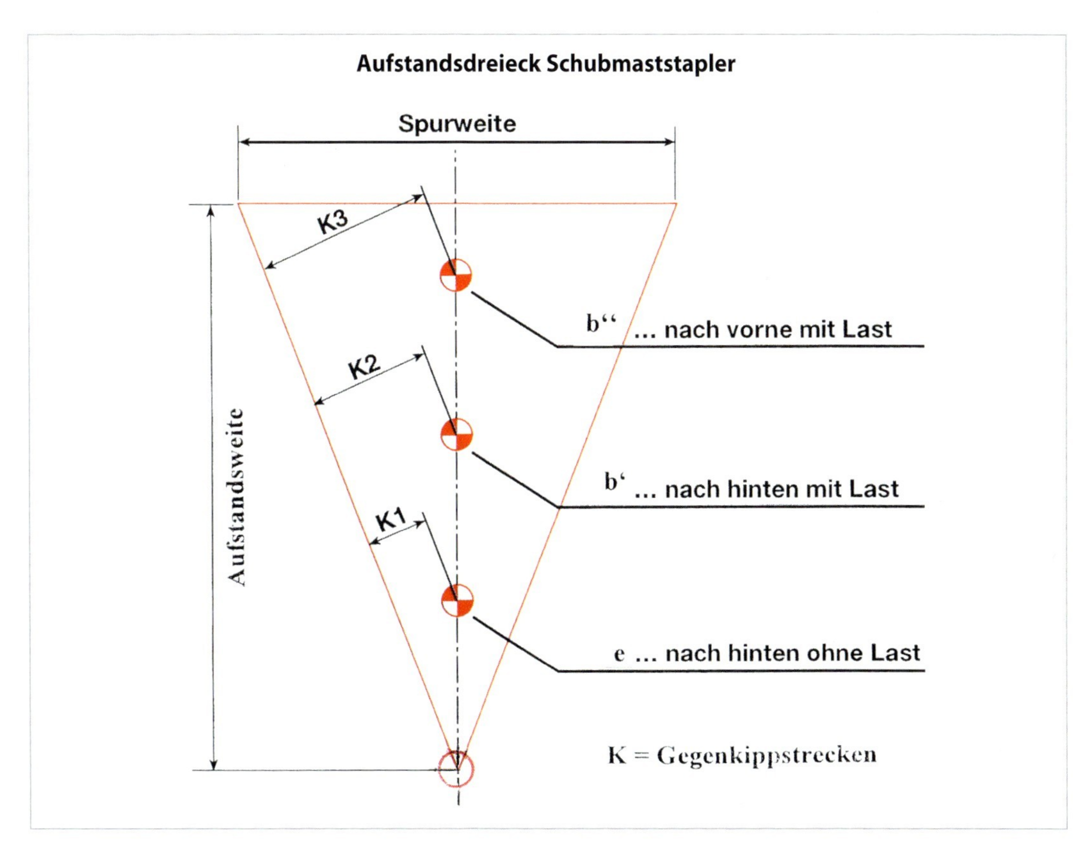

Grafische Darstellung der Standsicherheitsfläche eines Schubmaststaplers mit Eintragung der Schwerpunktlagen in Abhängigkeit der Hubmaststellungen, des Ladezustands und der zugehörigen Gegenkippstrecken „K“

Aufstandsdreieck Schubmaststapler R 14

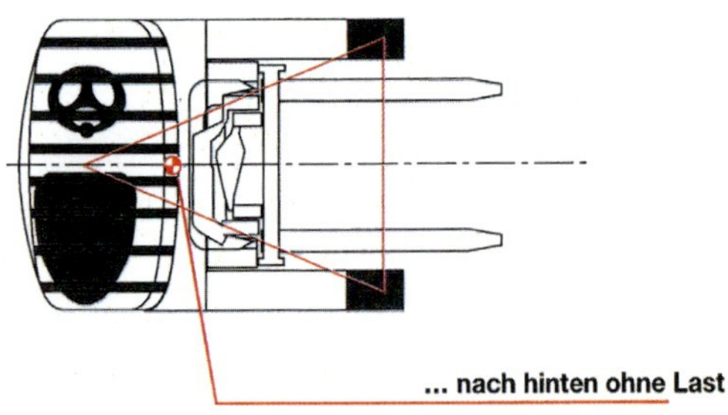

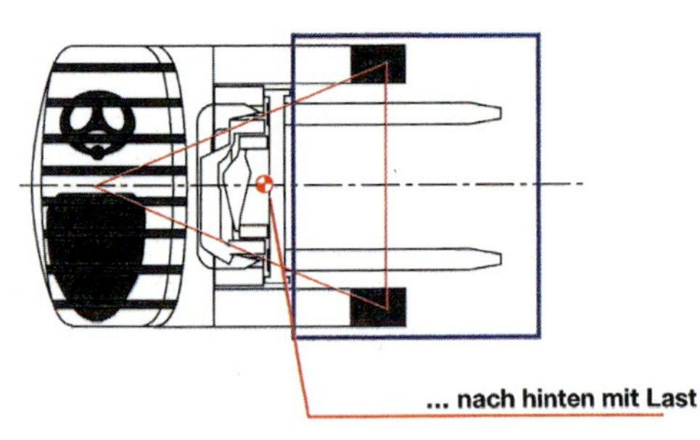

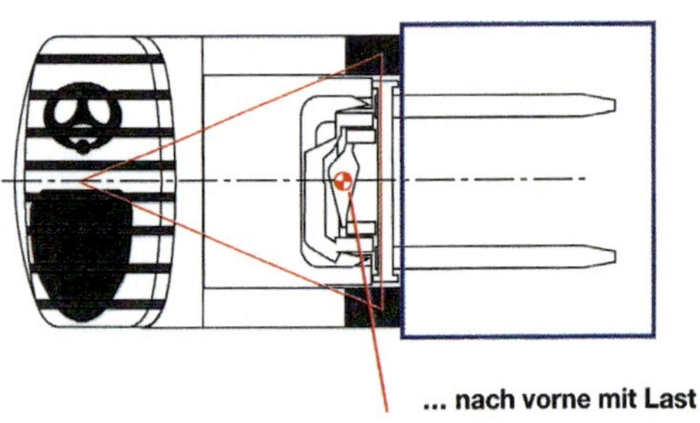

Grafische Darstellung des Standsicherheitsdreiecks mit der jeweiligen Position/Lage des Schwerpunktes

Als zusätzliche Umsturzsicherung haben die Hersteller am Chassis (bei Frontstaplern über der Lenkachse und bei Schubmaststaplern oder dgl. seitlich unten am Rahmen) Aufsetznocken/-puffer angebracht.
Die Wirkung dieser „Nocken" ist mit den Aufsetzpratzen von Autokranen und Lkw-Ladekranen gleichzusetzen, wenn deren Stützarme zwar ausgefahren, aber die Pratzen nicht voll abgesenkt wurden. Ist der Kippschwung aber zu groß, fällt die Maschine trotz dieser Nocken um. Sie sind dann wirkungslos. Der Fahrer darf sich darauf nicht verlassen und muss dies in seine Fahrweise miteinkalkulieren.

Rat: Wir sind gut beraten, wenn wir den Fahrschülern diese zusätzliche Maßnahme nicht besonders erläutern, sonst könnten sie noch sorgloser mit hochgehobener Last und durch Kurven fahren als ohnehin.

Eine der beiden Aufsetznocken (markiert) über der Antriebsachse eines Frontstaplers

Merke

Auch ein Stapler hat Standsicherheitsgrenzen!
Stapler, ob beladen oder leer, sorgsam verfahren!

Anmerkung

Die Standsicherheit bei Regalflurförderzeugen wird im Kapitel 3, Abschnitt 3.3.2 erläutert.

Fahrzeuge mit Knicklenkung, z.B. auch Erdbaumaschinen/Lader haben ihre Lenkung vorn und eine Achskonstruktion ähnlich der eines Lkw, also eine Zweipunktauflage.

Erdbaumaschine mit Knicklenkung

Von diesen Achsen gehen die Standsicherheitsdreieckstrecken bis zum Knickpunkt. Die beiden Standsicherheitsdreiecke stehen mit ihren Spitzen zueinander.

Knicklenkung = Form der Fahrzeuglenkung bei zwei- oder mehrachsigen Fahrzeugen, die mindestens aus 2 Teilen bestehen, die mit einem Gelenk verbunden sind. Eine Richtungsänderung erfolgt durch horizontales „Knicken" der Fahrzeugteile samt den daran befindlichen Achsen mit Rädern.

Lkw-Mitnahmestapler mit Knicklenkung

Solch ein Fahrzeug ist in seiner Standsicherheit ebenfalls empfindlich, wenn die Lenkung stark eingeschlagen werden kann und gleichzeitig mit hochgehobener Last, besonders in Kurven, gefahren wird. Die Standfläche ist bei einer Kurvenfahrt praktisch ein Trapez, wobei seine Basisseite nach innen zur Kurve immer kürzer/kleiner ist als die äußere/gegenüberliegende Seite. Deshalb drohen diese Maschinen immer über die Räder nach innen umzukippen, z. B. bei Vorwärtsfahrt über das Vorderrad.

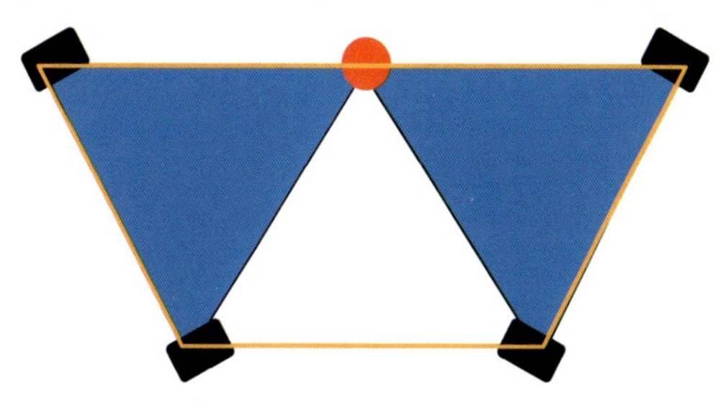

Eine Knicklenkung kann auch mit einem Vorderteil in Form eines Dreiecks, befestigt am Hinterteil (mit Antrieb und Gegengewicht), bewerkstelligt werden. Auch hier entsteht ein Standsicherheitsviereck.

Achtung!

An der Knicklenkung entsteht auf beiden Seiten des Staplers zwischen Vorder- und Hinterteil bei Lenkungseinschlag eine Quetschstelle für die Beine des Fahrers. Deshalb Sicherheitsabstand ≥100 mm einhalten (s. a. Kapitel 3, Abschnitt 3.3.3, Absatz „Lkw-/Mitnahmestapler").

Der Vollständigkeit halber sei gesagt, dass Hubwagen in Dreirad-Bauweise zum Teil ebenfalls ein Standsicherheitsdreieck haben (s. Zeichnungen). Durch ihre Dreieckspitze sind sie ohne Last kippgefährdeter als mit Last.

Hubwagen in Vier- bzw. Fünfrad-Bauweise haben ein Standsicherheitstrapez, dessen längere Seite sich bei den Lenkrädern befindet. Die schmalere Seite befindet sich also meistens vorn bei den Tragrädern.

Hubwagen mit Standsicherheitsdreieck

Aufstandstrapez eines Niederhubwagens

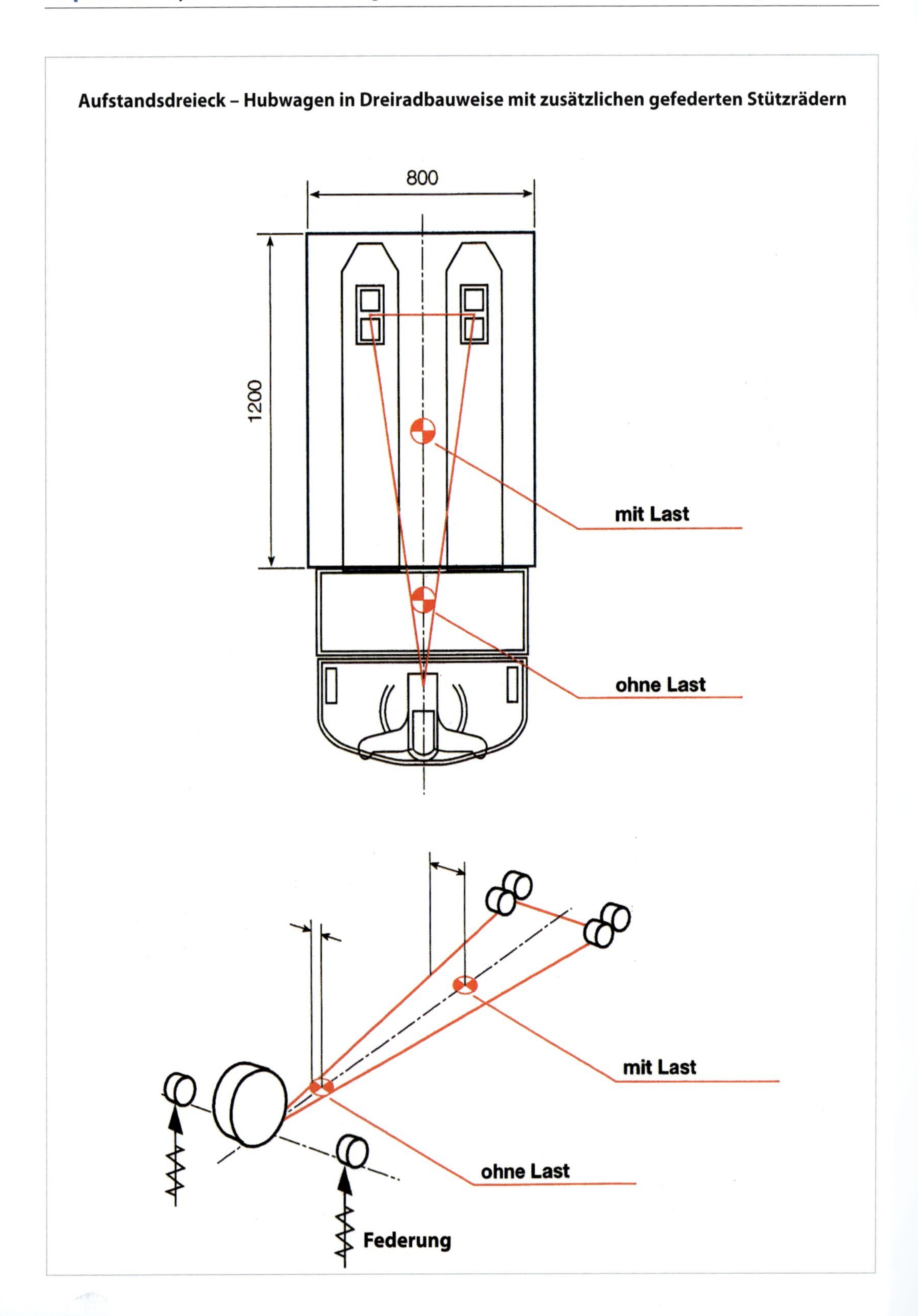
Aufstandsdreieck – Hubwagen in Dreiradbauweise mit zusätzlichen gefederten Stützrädern
800
1200
mit Last
ohne Last
mit Last
ohne Last
Federung

Aufstandstrapez – Hubwagen in Vierradbauweise mit einseitigem Antriebsrad (links)

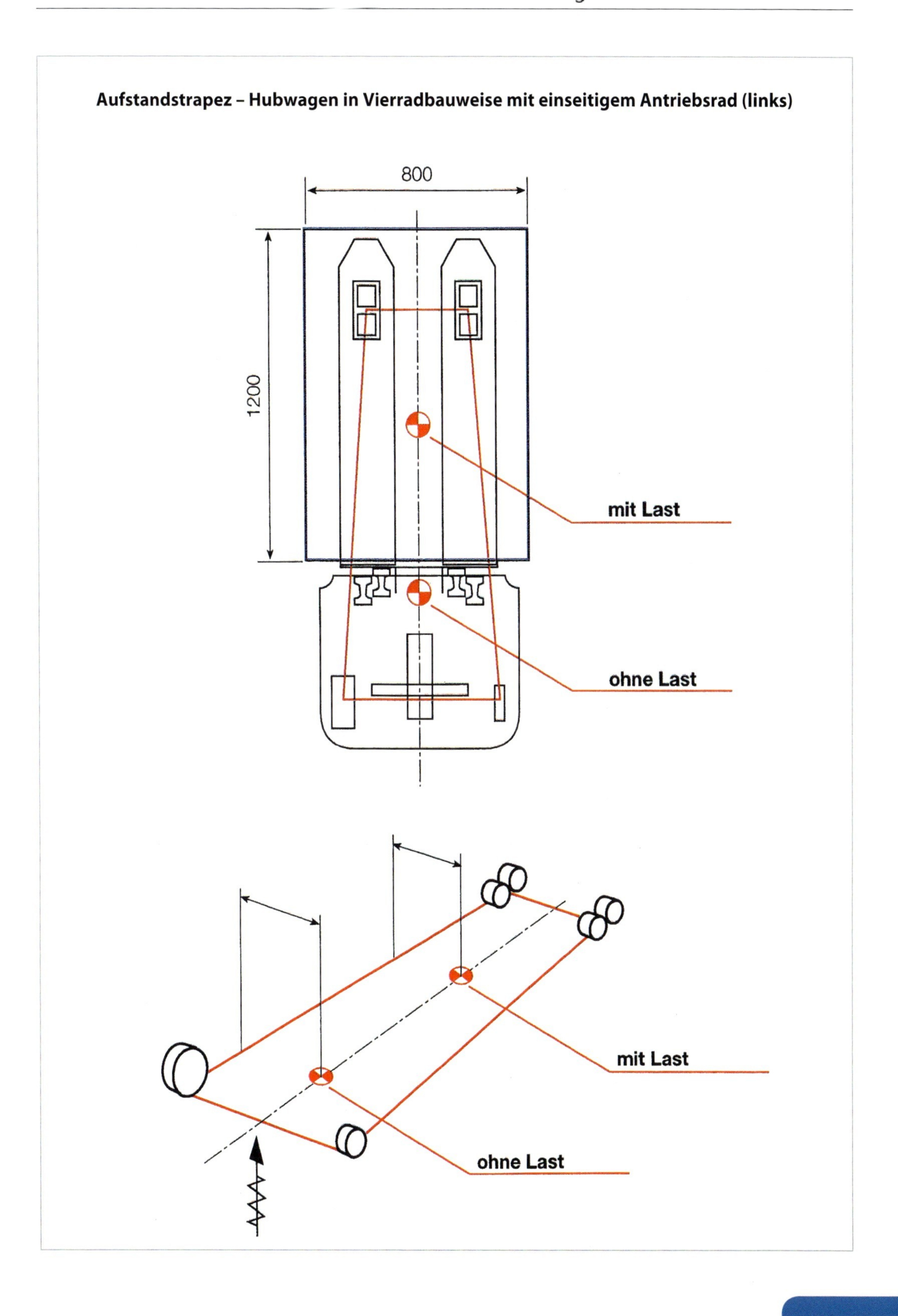

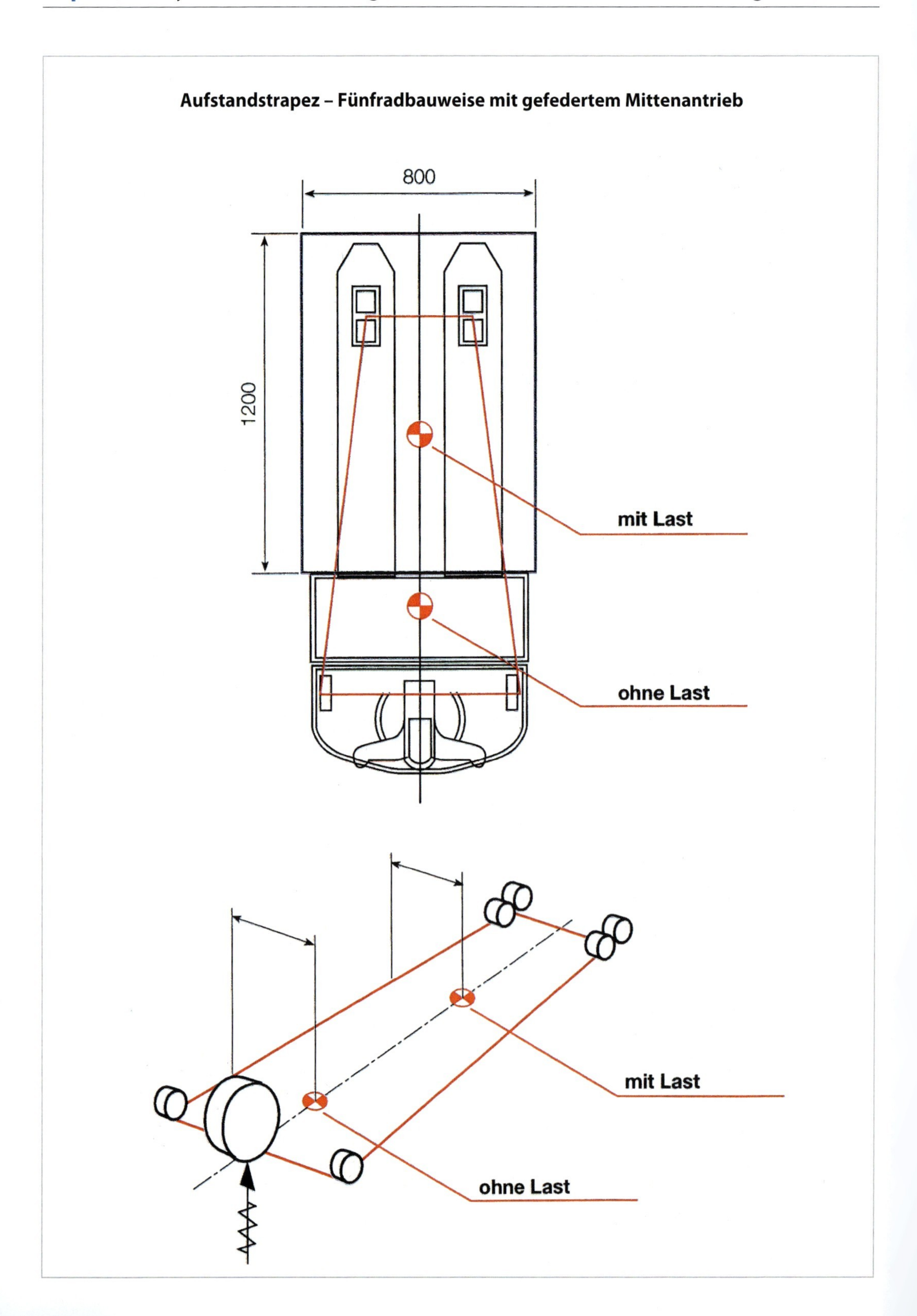
Aufstandstrapez – Fünfradbauweise mit gefedertem Mittenantrieb
800
1200
mit Last
ohne Last
mit Last
ohne Last

Ein beladener Hubwagen mit Standsicherheitstrapez hat demnach eine geringere Seitenstabilität als ein Hubwagen ohne Last. Diese Tatsache ist besonders bei Kurvenfahrten zu berücksichtigen, d.h. die Kurven sind daher besonders vorsichtig, mit mäßiger Geschwindigkeit und möglichst in großem Bogen zu durchfahren, damit die Fliehkraft klein bleibt (s. Abschnitt 2.4.1, Absatz „Fliehkraft“).

Zur Auswirkung von Fahrbahnneigung und Fahrbahnzustand kommen neben der Fliehkraft noch weitere Gefahrenmomente, wie Trägheitskräfte hinzu (s. Abschnitt 2.4.1).

Lenkverhalten von Flurförderzeugen

Wie erinnern uns:
Die Lenkung der Stapler ist in der Regel hinten. Der Vorteil ist bekannt: Das Fahrzeug ist auf engstem Raum manövrierbar.

Wir nutzen diesen Vorteil als Autofahrer auch aus, z.B. beim Rückwärtseinparken parallel zum Bürgersteig. Die Lenkung ist dabei, in Fahrtrichtung gesehen, hinten. Wir achten sehr darauf, dass wir das vor uns stehende Fahrzeug beim Einschwenken mit unserem Frontteil nicht touchieren. Diese Vorsicht ist auch begründet, denn das Fahrzeugvorderteil schert aus.

Vorteil: Wendigkeit
Risiko: Heckausschlag

Dies ist auch so gewollt. Beim Vorwärtseinparken geschieht dies nicht. Dafür benötigen wir dann auch wesentlich größere Parklücken.

Durch diesen Heckausschlag bei Kurvenfahrt kann der Staplerfahrer, hält er nicht ausreichend Abstand von Betriebsanlagen, Stapeln und Personen, an diese anstoßen und Schäden verursachen. Deshalb gibt es kaum einen Gabelstapler, der nach wenigen Monaten im Einsatz kein verschrammtes Gegengewicht hat und dessen Farbe nicht an Hallen-, Regalpfosten und Hallenwänden wiederzufinden ist. Natürlich reagiert beim Kurvenfahren auch jedes Flurförderzeug einer anderen Bauart, z.B. ein Hubwagen, Wagen oder Schlepper und auch ein Mitgänger-Flurförderzeug, mit einem Heckausschlag, wenn es die Lenkung hinten hat, sei es konstruktionsbedingt oder beim Rückwärtsfahren.

Typische Gebrauchsspuren an einem Frontstapler durch Heckausschlag.

Mit diesem Heckausschlag ist auch eine ständig „schlummernde“ Unfallgefahr verbunden, die sich meistens dann auswirkt, wenn der Fahrer die Fahrt beginnt und er sich dabei nahe von Personen befindet. Achtet er nicht auf die Stellung der Lenkräder, könnte es passieren, dass er eine Person versehentlich anfährt, denn so schnell kann er seine Lenkräderstellung gar nicht korrigieren (s.a. Kapitel 4, Abschnitte 4.5 und 4.9).

Anmerkung

Regalpfosten müssen an der Ein- und Durchfahrt mit einem Anfahrschutz versehen sein, wenn die Regalgänge mit nicht leitliniengeführten Flurförderzeugen befahren werden (s. Kapitel 4, Abschnitt 4.1.4).

Anfahrschutz vor Regal im Boden fest verschraubt.

Anfahrschutz an Stetigförderern

Merke

Bei jedem „Fahrzeugschwenk" einen vergrößerten Abstand von Personen und Betriebsanlagen und -einrichtungen sowie Stapeln einhalten! Bei Fahrtbeginn auf die Lenkräderstellung achten!

3. Grundsatz

→ Hebelgesetz – Schwerpunktlage beachten! Stapler nie überlasten!

→ Hubmast vor der Lastaufnahme/-absetzung weitestgehend lotrecht einstellen!

→ Last nahe am Tragschild/Gabelrücken und mittig aufnehmen!

→ In Sonderfällen Resttragfähigkeit beachten!

→ Flüssigkeiten und aufgehängte Lasten ruckfrei verfahren!

→ Auf schrägen Ebenen Last, außer mit Teleskopstaplern, stets bergwärts führen, nicht schräg fahren, nicht wenden und nicht zu früh in die Kurve gehen!

→ Beim Aus- und Einlagern von Lasten auf waagerechten und ebenen Boden achten! Schlaglöcher und Unebenheiten meiden!

→ Die Standsicherheitsgrenzen berücksichtigen! Leere und beladene Maschinen sind gleich zu verfahren!

→ **Achtung:** Leere Stapler sind kippanfälliger als beladene!

→ Bei Kurvenfahrten, ob lang oder kurz, Heckausschlag berücksichtigen! – Dies gilt auch bei Fahrtbeginn! (Auf Lenkräderstellung achten!)

2.4.1 Dynamische Kräfte

Bis jetzt haben wir, bis auf die Hinweise für Transporte von Flüssigkeiten und hängenden Lasten, hauptsächlich nur statisch wirkende Kräfte erläutert. Es treten beim Umgang mit Flurförderzeugen aber auch dynamische Kräfte auf, wie Trägheits-, Flieh- und Schwungkräfte. Sie werden auch zusammengefasst als Horizontalkräfte oder Schubkräfte bezeichnet (s. a. Kapitel 4, Abschnitt 4.1.2.2, Absatz „Ladungssicherungen – Grundsätzliches"). Sie gilt es „im Griff zu haben" bzw. klein zu halten.

Geschwindigkeit

Geschwindigkeit „v" = gibt an, wie schnell ein Körper im Laufe der Zeit seinen Ort verändert, also das Verhältnis von zurückgelegter Strecke zur dafür benötigten Zeit.
Maßeinheit: [m/sec] und [km/h]

$$\left[v = \frac{s}{t}\right]$$

Bei jeder Flurförderzeugarbeit werden Bewegungen des Staplers bzw. von Lasten durchgeführt. Diese Körper „erfahren" also eine Geschwindigkeit „v".
Bewegt sich ein Körper gleichförmig, legt er in einer bestimmten Zeit „t" immer den gleichen Weg „s" zurück. Der Weg „s" ist dann der Zeit „t" proportional: [s ~ t].

gleichförmige Bewegung = Bewegung eines Körpers, bei der
1. die Geschwindigkeit immer gleich ist
2. die Beschleunigung = 0 ist, d. h. der Körper wird weder beschleunigt noch abgebremst.

Die Geschwindigkeit ist dann

$$v = \frac{s}{t}$$

Wir kennen diese Angaben vom Autofahren durch die Tachometerangabe, z. B. 30 km/h.

Umrechnung in Metern pro Sekunde:
1 Kilometer [km] = 1 000 m
1 Stunde [h] = 3 600 Sekunden [sec]

Will man also „km/h" in „m/sec" umrechnen, teilt man den Wert durch 3,6.

Beispiel:

$$100\ \text{km/h} = \frac{100000\ \text{m}}{3600\ \text{sec}} = \frac{1000\not{0}\not{0}}{36\not{0}\not{0}} = \frac{100}{3{,}6} =
= 27{,}78\ \frac{\text{m}}{\text{sec}}$$

Will man „m/sec" in km/h umrechnen, multipliziert man mit 3,6.

Beschleunigung

Beschleunigung „a" = Zunahme der Geschwindigkeit in einer bestimmten Zeiteinheit. Die Beschleunigung ist beim Anfahren positiv, beim Bremsen negativ.
Maßeinheit: [m/sec^2]

$$\left[a = \frac{v}{t}\right]$$

Da ein Körper, hier das Auto, seine Fahrt aber bei null beginnt, muss er/es beschleunigt werden. Die wachsende Geschwindigkeit erkennen wir ebenfalls an der Tachometerangabe. Die Beschleunigung „a", die das Auto in der Lage ist, für sich zu erbringen, finden wir u. a. im Autoprospekt oder in der Bedienungsanleitung, z. B. von 0 km/h auf 100 km/h in 10 sec. Dabei nimmt die Geschwindigkeit bei gleichförmiger Beschleunigung „a", also in 1 sec, um 10 km/h zu. Die Beschleunigung gibt die Zunahme der Geschwindigkeit in einer Sekunde (sec) an.
Die Maßeinheit einer Beschleunigung „a" ist m/sec^2. Diese Maßeinheit entsteht nach dem Geschwindigkeits-Zeit-Gesetz **[v = a · t]**

Folglich ist:

$$a = \frac{v}{t} = \frac{\text{m/sec}}{\text{sec}} = \frac{\text{m}}{\text{sec}^2}$$

$$\text{z. B. } a = \frac{27{,}78\ \text{m/sec}}{10\ \text{sec}} = \frac{27{,}78\ \text{m}}{\text{sec} \cdot 10\ \text{sec}}
= 2{,}778\ \frac{\text{m}}{\text{sec}^2}$$

Grafisch dargestellt, sieht dies im Geschwindigkeits-Zeit-Diagramm so aus:

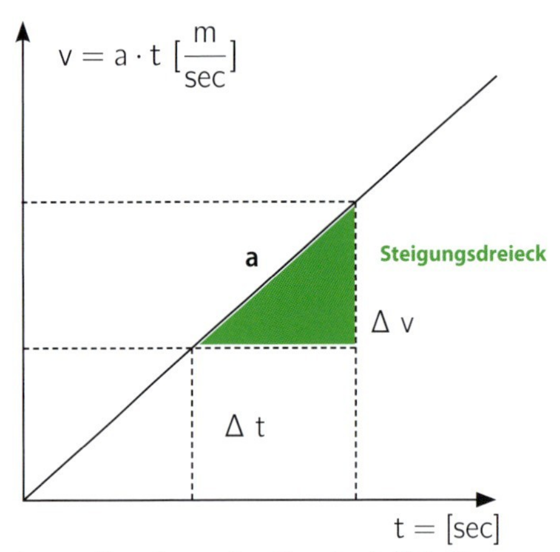

Δ v = Zunahme der Geschwindigkeit

Δ t = Zunahme des Zeitwerts

Grafische Darstellung der Geschwindigkeitszunahme

Je schneller das Auto seine Geschwindigkeit erhöhen soll – je größer also sein Beschleunigungsvermögen sein soll – desto leistungsstärker muss der Motor des Autos sein. Je mehr Kraft wir aber zum schnelleren Erreichen einer Geschwindigkeit benötigen, desto mehr Kraft (Bremskraft) brauchen wir auch zum sicheren Abbremsen des in Bewegung gesetzten Körpers. Genauso ist es auch bei einer Flurförderzeug-/Lastbewegung.

Merke

Keine Kavalierstarts ausführen!

Trägheitskraft

Trägheit = Beharrungsvermögen = das Bestreben eines Körpers in seinem Bewegungszustand zu verharren, solange keine äußeren Kräfte auf ihn einwirken.

Trägheitskraft „T" = Kraft, die ein Körper während einer Beschleunigung durch eine äußere Kraft aufgrund seiner Trägheit entgegensetzt. Sie ist der Antriebskraft entgegengesetzt. Maßeinheit: [N]

$[T = m \cdot a]$

Wollen wir einen Körper in Bewegung setzen, z. B. ein Auto anschieben, müssen wir Kraft aufwenden, um es in Bewegung zu setzen. Wollen wir es wieder anhalten, müssen wir jedoch eine größere Kraft als beim Schieben des rollenden Fahrzeuges aufwenden. Wir haben das natürliche Empfinden, dass das Auto träge wäre und unsere Empfindung ist richtig. Jeder Körper hat ein Beharrungsvermögen, das sich einer ihm aufgezwungenen Bewegung entgegenstellt. Jeder zur Bewegung erforderlichen Antriebskraft „A" stellt der Körper eine Trägheitskraft „T" entgegen. Genauso ist es beim Abbremsen.

Antriebskraft „A" = Kraft, die einen Körper in Bewegung setzt und hält. Beim Stapler erfolgt der Antrieb durch seinen Motor. Sie ist der Trägheitskraft entgegengesetzt. Maßeinheit: [N]

$[A = m \cdot a]$

Die Körperbewegung – Wirkung der Trägheitskraft – erfolgt weiter in die Richtung, in der sich der Körper gerade bewegt oder bewegt wird; beim Autofahren z. B. nach vorne.

Erstes Grundgesetz der Mechanik – Trägheitssatz von Isaac Newton:

Jeder Körper beharrt in seinem Zustand der Ruhe oder der gleichförmigen Bewegung, wenn er nicht durch einwirkende Kräfte gezwungen wird, seinen Zustand zu ändern.

Wir spüren diese Trägheitskraftwirkung auch als Fluggast beim Beschleunigen aus der Ruhe, wenn das Flugzeug startet. Wir werden hierbei durch das Beharrungsvermögen unseres Körpers in den Sitz gedrückt. Genauso spüren wir eine Trägheitskraft beim scharfen Abbremsen als Beifahrer in einem Auto. Unser Oberkörper wird nach vorn geknickt. Normalerweise bewegt sich unser gesamter Körper in Fahrtrichtung weiter, würde unser Unterkörper nicht durch Reibkräfte auf dem Beifahrersitz festgehalten werden. Eine Trägheitskraft „T" treibt unseren Körper voran. Der Sicherheitsgurt und im Notfall der Airbag fangen diese Kraftwirkung ab.

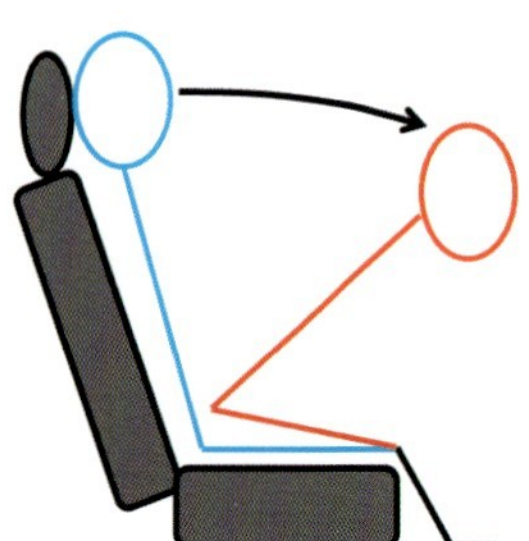

Trägheitskraft-Berechnung

Je ruckartiger sich der Bewegungszustand ändert, also je schneller wir beschleunigen oder abgebremst werden, desto größer ist die Trägheitskraft „T". Sie errechnet sich aus der Masse „m" unseres Körpers multipliziert mit der Beschleunigung „a", positiv beim Anfahren, negativ beim Abbremsen.

$$T = m \cdot a$$

Praktischer Beweis für den Einsatz von Staplern:
Wird eine Gitterboxpalette mit lotrecht eingestelltem Hubmast verfahren und der Stapler scharf abgebremst, rutscht sie durch die Wirkung der Trägheitskraft nach vorn von der Gabel.

Wird dagegen der Hubmast vor der Fahrt nach hinten angeneigt, bleibt die Gitterboxpalette auf der Gabel stehen, weil die schräg nach oben gerichteten Gabelzinken die Trägheitskraft abfangen.

Beispiel:
Sie legen bei lotrecht eingestelltem Hubmast einen Tennisball in eine Gitterbox. Sie fahren an und bremsen gar nicht schnell ab. – Der Tennisball rollt nach vorn. Sie neigen den Hubmast zurück, fahren an und bremsen. – Der Tennisball bleibt liegen.
Grund: Er müsste einen Berg hochrollen und das schafft er nicht.

Fazit: Man legt also durch das Nachhintenneigen des Hubmastes und der dadurch nach oben gerichteten Gabelzinkenspitzen der Last praktisch einen Sicherheitsgurt an.

Achtung!

Bei diesem Versuch, wie auch bei allen Vorführungen oder dgl., dürfen sich in Fahrtrichtung des Staplers keine Personen aufhalten!

Durch die nach oben gerichteten Gabelzinken wird zudem Bodenkontakt der Gabelzinkenspitzen vermieden, der leicht geschieht, besonders wenn der Fahrweg nicht ganz eben ist oder zum Einfahren in eine Halle eine abgesenkte Bordsteinkante überfahren werden muss. Darum sollte der Hubmast auch nach dem Absetzen von Lasten für eine Leerfahrt etwas zurückgeneigt werden; denn der Stapler „wippt" bei Leerfahrt infolge dieser Unebenheiten. Bleiben Gabelzinkenspitzen im Fahrweg hängen, gibt es Stöße auf den Stapler, die weder dem Fahrzeug noch dem Fahrer gut tun.

Durch die langen Gabelzinken wird die Wirkung des Sicherheitsgurteffektes deutlich sichtbar. Die parallel zur Fahrbahn wirkende Trägheitskraft „läuft" gegen einen Berg.

Auch ohne Last wird das Lastaufnahmemittel – hier die Gabel – in Tiefstellung und bei zurückgeneigtem Hubmast verfahren.

Hubmast nicht zurückgeneigt. Mit Gabelzinken an Eisenbahnschiene hängen geblieben → Fahrer wurde schwer verletzt.

Hubmast nach vorn geneigt an Auffahrt zu einem Halleneingang mit der Gabelzinke angestoßen. Fahrer wurde nach vorne geschleudert und erlitt einen Schädelbruch.

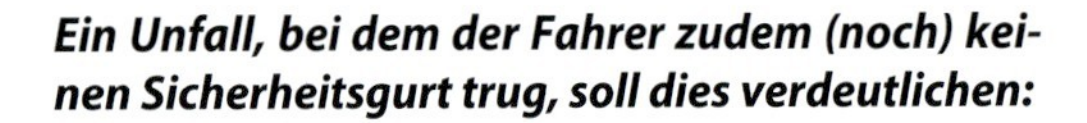

Ein Unfall, bei dem der Fahrer zudem (noch) keinen Sicherheitsgurt trug, soll dies verdeutlichen:

Beim Überfahren eines Eisenbahngleises stieß eine Zinke an der Schiene an. Dadurch wurde der Stapler abrupt abgebremst und die auftretende Trägheitskraft schleuderte den Staplerfahrer auf die Fahrbahn. Hierbei erlitt er lebensgefährliche Verletzungen.
Die starke Kraft entstand durch die hohe Verzögerung („a"); denn der Verzögerungs-/Brems-/Verformungsweg war nur so lang wie die Länge der verbogenen Gabelzinkenspitze (ca. 150 mm). Auf dieser kurzen Strecke wurde der Stapler auf „null"/zum Stillstand gebracht. Der Mann flog durch die Luft und schlug mit großer Wucht auf dem Fahrweg auf.

Sicherlich ist die Unfallfolge auch deshalb so gravierend, weil der Fahrer keinen Sicherheitsgurt angelegt hatte. Es zeigt aber die massiven Kräfte, die bei einem solchen Vorgang entstehen und wirken.

Außerdem können Fahrweg und Bauteile des Staplers beschädigt werden. Wir sehen, dass sogar massive Gabelzinken dadurch verbogen werden können. Durch das nach hinten Neigen wird auch ein Schleifenlassen der Gabelzinken auf dem Fahrweg verhindert. Die Zinken nutzen sich folglich nicht so schnell ab.

Starke Trägheitskräfte treten trotz Schwingungsdämpfung am Flurförderzeug (s. Kapitel 3, Abschnitt 3.1, Absatz „Vibrationen") auch auf, wenn Torschienen, Schwellen und dgl. gerade überfahren werden, denn abgesehen von einem heftigen Stoß auf die Vorderachse und damit auf den gesamten Stapler und den Fahrer, wird die Fahrgeschwindigkeit abrupt verringert. Die Verzögerung „a" und damit die Trägheitskraft „T" sind also auch dabei groß (s. a. geschilderter Unfall). Sie können somit auch leicht Lasten und Lastteile zum Abrutschen/Abgleiten bringen. Solche Unebenheiten sind daher mit mäßiger Geschwindigkeit und schräg zu überfahren.

Merke

Ob mit oder ohne Last: Gabelzinken vor der Fahrt zurückneigen!
Mit Gefühl beschleunigen und bremsen!
Schienen, Schwellen usw. schräg und langsam überfahren!

Zusätzlich zu dieser Problematik ist außerdem zu beachten, dass beim Schrägüberfahren die Schwerkraftlinien (vom Stapler, der Last sowie Stapler + Last = Gesamtschwerpunkt) außermittig wirken (s. Abschnitt 2.1, Absatz „Schwerpunktlage", Abschnitt 2.2, Absatz „Mittige Lastaufnahme" und Abschnitt 2.3, Absatz „Fahren in Querfahrt auf geneigten Fahrbahnen/über Unebenheiten").

Die beim Überfahren von Schienen und Schwellen oder dgl. auftretenden Schwungkräfte sind nur durch vorsichtige Fahrweise (langsames Überfahren) der Hindernisse in den „Griff zu bekommen". Wir fahren mit unserem Pkw genauso, wollen wir trotz der Abfederung am Fahrzeug nicht einen Achsschaden oder gar eigene Verletzungen riskieren.

Hallentorschwelle wird langsam und schräg überfahren.

Anmerkung

Torschienen, Auffahrten und Schwellen sollten möglichst schon beim Bau von Betriebsanlagen in den Boden eingelassen bzw. abgeschrägt werden, damit erst gar keine Bodenunebenheiten auftreten.

Die Trägheitskraft wirkt also beim Abbremsen des Staplers in Fahrtrichtung (s. Pkw-Beifahrer) weiter. Sie kann den Stapler zum Kippen nach vorne bringen, besonders wenn er bis an seine zulässige Tragfähigkeit ausgelastet ist und der Stopp der Fahrbewegung plötzlich, etwa ungewollt durch Unebenheiten oder Hindernisse, erfolgt. Stürzt nicht der Stapler um, können herabfallende Lastteile oder die gesamte Last z.B. die Person verletzen, wegen der gebremst werden musste.

Aber nicht immer kann der Hubmast ausreichend nach hinten geneigt werden, sei es durch die Bauart des Staplers, z.B. bei Schubmaststaplern, oder wegen des Transportes von hängenden Lasten oder Flüssigkeiten in offenen Gefäßen. Hier ist noch „sanfter" zu Werke zu gehen. Also auch hier nicht ruckartig anfahren und bremsen.

Achtung!

Bei den Standsicherheitsversuchen gemäß den Normen, z.B. EN 1459 (s.a. Abschnitt 2.4.3, Absatz „Zusammengesetzte Kraft") wird der Hubmast zurückgeneigt. Im Unkehrschluss ist diese Einstellung mit eine Voraussetzung für eine bestimmungsgemäße Verwendung der Stapler.

Das Auftreten von Trägheitskräften wird auch beim Ein- und Auslagern von Gütern weitgehend vermieden, wenn der Hubmast vor dem Anheben des Lastaufnahmemittels, mit oder ohne Last, weitestgehend lotrecht eingestellt wird – so, dass die Gabel/Last weitgehend waagerecht steht; denn dadurch wird das Auftreten des so genannten Peitschenschlages des Hubmastes bei zu forscher Hubmastbewegung im angehobenen Zustand des Lastaufnahmemittels verhindert. Zudem bleibt der Gesamtschwerpunkt nahe der Vorderachse und wandert nicht, wenn z.B. eine Last mit zurückgeneigtem Hubmast hoch angehoben wird, zurück in Richtung der Spitze des Standsicherheitsdreiecks, dort, wo es schmal wird und der Stapler kippge-

Auch bei Teleskopstaplern i.V.m. hängenden Lasten ist ein „ruhiges Händchen" bei der Bedienung angesagt.

Vorbildlicher Stapelvorgang in großer Höhe: Hubmast lotrecht ausgerichtet, kontrollierte Staplerbewegung.

fährdeter ist (s. Abschnitt 2.3, Absätze „Schwerkraftlinie" und „Standsicherheit von Staplern" sowie Abschnitt 2.4.4).

Damit sich der Stapler beim Ein- und Auslagern von Gütern nicht unbeabsichtigt bewegt und ein notwendiges schnelles Abbremsen des Staplers entfällt, ist hierbei außerdem mindestens die Betriebsbremse zu betätigen bzw. in ständiger Bremsbereitschaft zu sein. Beim Stapeln in großen Höhen empfiehlt es sich, die Feststellbremse anzuziehen.

Merke

Hubmast vor dem Aus- oder Einlagern von Lasten weitestgehend lotrecht einstellen!
Hubmastbewegungen mit hochgehobenem Lastaufnahmemittel vermeiden, aber auf keinen Fall ruckartig ausführen!

Reibungskraft

Reibungskraft „F_W"= Kraft, die zwischen zwei sich berührenden Körpern wirkt, wenn sie sich gegeneinander bewegen. Sie ist immer so gerichtet, dass sie der Bewegung entgegenwirkt und diese hemmt oder verhindert – d. h. sie „bremst". Sie wird bestimmt durch die Gewichtskraft $G_K = m \cdot g$ (s. Abschnitt 2.3), die senkrecht auf die Fläche drückt (= Normalkraft)

und den

Reibbeiwert = Reibungskoeffizient = Reibungszahl „µ"= Maß für die Reibungskraft im Verhältnis zur Anpresskraft zwischen zwei Körpern. Er ist abhängig von der Beschaffenheit (Rauheit) der sich berührenden Flächen. Es handelt sich um eine dimensionslose Größe, d. h. ohne Maßeinheit.

$$[F_W = m \cdot g \cdot \mu]$$
Maßeinheit: [N]

Da die Reibungskraft oft falsch eingeschätzt wird, sollte der Ausbilder hierauf ein besonderes Augenmerk legen. Immer wieder kommt es zu dem Irrglauben, Lasten müssten nicht gesichert werden, weil sie schwer sind. Auch der Leichtsinn des Transportes von losen Teilen ist scheinbar nicht auszuräumen.

Der Ausbilder tut also gut daran, seinen „Schützlingen" die Wirkung der Trägheitskraft, die meist über die Reibungskraft siegt, anhand von Versuchen mit einer halb gefüllten bzw. leeren Gitterbox aufzuzeigen. Die gefüllte Gitterbox rutscht nämlich auf den Gabelzinken des Staplers bzw. auf der Ladefläche eines Wagens oder Anhängers genauso nach vorne wie die leere.

Stapler mit Anhänger und Gitterboxen zur Demonstration der auftretenden Kräfte beim Beschleunigungs- und Bremsvorgang.

Achtung!

Beim Versuch keine Personen in der unmittelbaren Nähe der Versuchsstrecke dulden; denn die an der Last entstehende „kinetische Energie" (Bewegungsenergie, s. S. 144) ist groß. Darum das Fahrzeug nur in Geradefahrt mit max. 10 km/h verfahren. Beim Versuch mit einem Wagen oder Anhänger die Gitterbox in einem Abstand von ≤ 10 cm von der vorderen Fahrzeugwand aufstellen und die Wand vorher mit einer ca. 20 cm dicken Schaumstoffmatte abpolstern.

Warum bewegen sich beide Gitterboxen, ob beladen oder leer, gleichermaßen?

Beide Gitterboxpaletten werden nur durch die Reibungskraft auf den Gabelzinken gehalten. Die Reibungskraft „F_W" wird bestimmt durch die Masse/Gewicht „m" der Gitterboxpalette, die Fallbeschleunigung „g" und den Reibbeiwert „µ" zwischen den Oberflächen der Gabelzinken und der Gitterbox, also hier Stahl auf Stahl.

$$F_W = m \cdot g \cdot \mu$$

Angetrieben wird die Gitterboxpalette durch die Trägheitskraft „T". Sie errechnet sich, wie wir wissen, aus:

$$T = m \cdot a$$

„a" ist hier die Verzögerung durch die Abbremsung des Staplers.
Befindet sich die Gitterboxpalette gerade noch in Ruhe auf den Gabelzinken, ist die Trägheitskraft „T" = Reibungskraft „F_W".

Man kann diese Gleichheit den Teilnehmern gut mit einem Stuhl zeigen, den man auf dem Fußboden verschieben will:
Kurz bevor sich der Stuhl bewegt, ist die Antriebskraft, vereinfacht gesagt, so groß wie die Reibungskraft, die zwischen den vier Stuhlbeinen und dem Fußboden wirkt. Erst, wenn Sie mehr Kraft als die Summe der vier wirkenden Reibungskräfte zwischen den Stuhlbeinen und dem Boden aufbringen, bewegt sich der Stuhl. Entscheidend ist hier nur die Beschleunigung, und sie braucht nur klein zu sein (s. nachfolgendes Beispiel mit einem Werkzeugkasten).

Die Antriebskraft, in unserem Falle also die Trägheitskraft, ist gleich der Reibungskraft:

$$T = F_W$$

Setzen wir die Gleichheitswerte ein, entsteht folgendes Verhältnis:

$$\frac{T}{F_W} = 1$$

$$\frac{T}{F_W} = \frac{m \cdot a}{m \cdot g \cdot \mu} = \frac{\not{m} \cdot a}{\not{m} \cdot g \cdot \mu} = \frac{a}{g \cdot \mu}$$

Wir erkennen, dass wir „m" im Gleichheitsbruch kürzen können. Die Masse (= Gewicht des Körpers) spielt also keine Rolle. Sie hebt sich praktisch selbst auf. Eine leichte Last verrutscht bzw. gleitet also leicht und schnell von der Gabel, genauso wie eine sehr schwere Last (s. Gitterboxpalettendemonstration).

Viele Menschen glauben es nicht und können es sich auch vom Gefühl her nicht vorstellen. Sie sind erschrocken, wenn es geschieht und dadurch ein Unfall passiert. Verrutschende Ladungen und dadurch umstürzende Lkws oder herabfallende Ladungen, die auf Pkws fallen, sind genauso ein Beweis dafür, wie herumfliegende Schirme oder Straßenkarten in Pkws, besonders, wenn scharf gebremst werden muss.

Besonders in Verbindung mit unzureichender oder fehlerhafter Ladungssicherung kommt es leider nicht selten zu schweren Unfällen, wie dieser Fall beweist:
Ein großvolumiger Container war auf einer Kfz-Ladefläche nicht richtig gesichert. Der Fahrer fuhr langsam an und musste sodann gleich scharf bremsen. Der nur 1,50 m von der Führerhausrückwand entfernt verstaute Container rutschte nach vorn, durchschlug die Rückwand des Führerhauses und verletzte den Fahrer tödlich. Selbstverständlich war dabei die schwere Masse des Containers mit ausschlaggebend, denn die dabei entwickelte kinetische Energie „E_K" war Grund der verheerenden Wirkung (s. a. Abschnitt 2.4.2).

Ungläubige Lehrgangsteilnehmer sollten zu Hause folgenden Versuch durchführen und werden es danach erkennen und glauben:
Wenn Sie zum Getränkehändler fahren, stellen Sie in den Kofferraum einen Kasten mit nicht gefüllten Flaschen. Danach fahren Sie an und bremsen scharf. Der Kasten rutscht gegen die Rückwand der hinteren Sitze.
Nach dem Getränkekauf stellen Sie einen Kasten mit gefüllten Flaschen in den Kofferraum und bremsen nach dem Anfahren wieder etwas scharf ab. Der Kasten mit den gefüllten Flaschen rutscht genau so nach vorn wie vorher der Kasten mit den leeren Flaschen.

Vor den Bremsversuchen müssen sie sich vergewissern, ob hinter ihrem Fahrzeug kein anderes Fahrzeug fährt. Wenn ja, dann den Versuch bitte nicht durchführen, denn es kann sonst zu einem Auffahrunfall kommen!
Deshalb empfiehlt es sich, wenn die Bodenbeschaffenheit im Kofferraum Ihres Fahrzeugs nicht ohnehin aus rauem Material besteht, Matten mit entsprechender Beschaffenheit auszulegen, wenn Sie etwas transportieren. Sie gehen dann auf „Nummer sicher". Dadurch wird der Reibbeiwert und damit die Reibungskraft erhöht. Am besten sind sog. Antirutschmatten.

Das Verrutschen einer Ladung/Last ist auch abhängig von der Beschaffenheit der Flächen, die aufeinander reiben. Aus diesem Grunde legen wir unter Teppichen auch Antirutschmaterial oder kaufen Fußmatten, die auf der Unterseite rau oder haftend ausgeführt sind. Bei Glatteis sind wir vorsichtig, ebenfalls auf regennasser, schneefeuchter Straße wegen des längeren Bremsweges, den unser Fahrzeug zurücklegt.

Ein Reibbeiwert „μ" ist also umso kleiner, je glatter die Flächen sind, die aufeinander reiben. Außerdem ist die Größe des Reibbeiwertes von der Art der Reibung abhängig.

Reibungsarten

Haftreibung = Kraft, die das Gleiten sich berührender Körper verhindert. Dabei liegen/haften zwei Körper aufeinander, ohne dass diese sich zueinander bewegen.

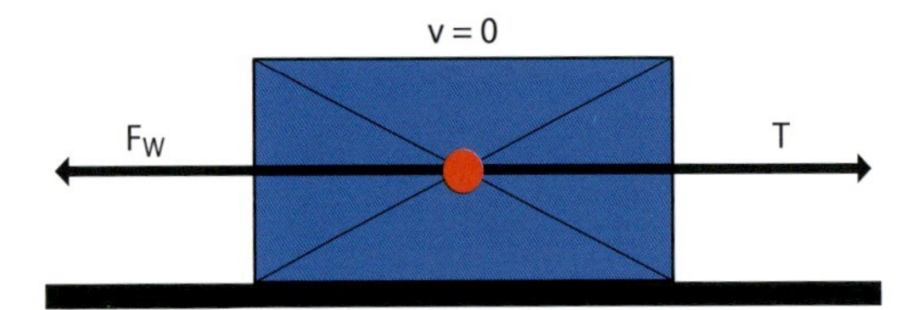

Beispiel:
Ein Auto steht mit angezogener Handbremse am Berg. Haftreibung entsteht

1. zwischen Bremsbelägen und Bremsscheiben und
2. zwischen Reifen und Straße.

Gleitreibung = liegt vor, wenn zwei Körper aufeinander gleiten

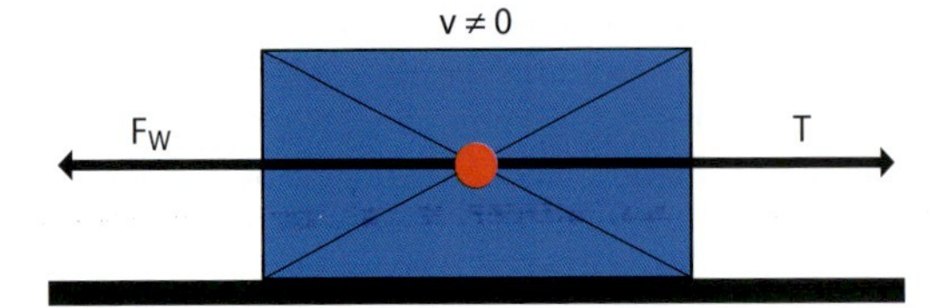

Beispiel:
Ein Auto bremst auf Glatteis. Die Haftreibung zwischen Bremsbelägen und Bremsscheiben greift. Der Untergrund (das Eis) ist jedoch zu glatt um Haftreibung aufzubauen und das Fahrzeug zum Stehen zu bringen. Es rutscht/gleitet.
Weitere Beispiele: Schlittschuhläufer, Skifahrer.

Bei Schnee kann uns die nötige Bodenhaftung fehlen.

Rollreibung = Rollwiderstand = Kraft, die beim Rollen entsteht und der Bewegung entgegengerichtet ist.

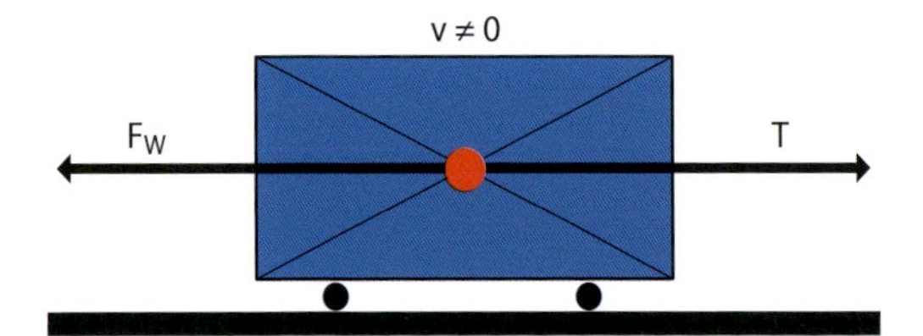

Beispiel:
Das Auto fährt auf der Straße, die Räder rollen.

Haftreibung > Gleitreibung > Rollreibung

Bei einer Haftreibung ist der Reibbeiwert μ am größten, wird bei einer Gleitreibung kleiner und ist bei einer Rollreibung ganz klein.

Warum ist die Haftreibung größer als die Gleitreibung?

- Zunächst „verkeilen" sich kleine Teilchen auf den Oberflächen der beiden Körper, da Oberflächen nie ganz glatt sind.
- Trennt man diese Verankerung mit genügend Kraft, rutschen/gleiten die Körper aufeinander.

Beispiele:
Versucht man eine schwere Kiste in einen Lkw zu schieben, braucht man anfangs sehr viel Kraft um sie zu bewegen (Haftreibung). Nach dem ersten „Ruck" rutscht sie jedoch auch mit geringem Kraftaufwand weiter (Gleitreibung).

Warum ist die Rollreibung so klein?
Je größer die Flächen der beiden Reibkörper sind, desto mehr Teilchen gibt es, die sich verhaken können. Bei einem Rad z. B. auf einer Schiene ist die Kontakt-/Auflagefläche sehr klein. Deshalb verkeilen sich auch viel weniger Teilchen und die Reibung ist entsprechend geringer.

Aus diesem Grunde ist u. a. auch ein Körper, ist er erst in Bewegung, schwer wieder zum Stillstand zu bringen, z. B. ein rollender Waggon oder ein Fahrzeug, das sich bergab infolge nicht angezogener Handbremse selbstständig gemacht hat (s. auch Kapitel 4, Abschnitt 4.3, Absatz „Lose Teile" und Abschnitt 4.4.4).

Eine Rollreibungskraft ist folglich 100-mal kleiner als eine Haftreibungskraft bei gleichen Verhältnissen. Aber auch bei Gleitreibung wird weniger Kraft benötigt, um z. B. einen Körper rutschen/gleiten zu lassen. Bei Ladungssicherungen wird immer von einem Reibbeiwert für Gleitreibung ausgegangen (s. a. Kapitel 4, Abschnitt 4.1.2.2, Absatz „Kinetische Energie".

Drei Beispiele mit Mittelwertangaben:

Oberflächen (trocken)	**Reibbeiwerte μ**		
	Haft-reibung	Gleit-reibung	Roll-reibung
Holz auf Holz	0,6	0,25	0,0060
Stahl auf Stahl	0,15	0,05	0,0015
Stahl auf Holz	0,35	0,18	0,0035

Hierzu ein Beweis:
Ein Werkzeugkasten wird lose auf eine Last aus Stahlplatten gestellt. Reibbeiwert „μ" Stahl auf Stahl = 0,15.

Bei Stillstand ist:
$$T = F_W$$
$$\not{m} \cdot a = \not{m} \cdot g \cdot \mu$$
$$a = g \cdot \mu$$

Setzen wir ein: $a = 10 \cdot 0{,}15 = 1{,}5\ \frac{m}{sec^2}$

Fazit: Eine Beschleunigung/Verzögerung von nur etwas mehr als 1,5 m/sec² bringt den Werkzeugkasten ins Rutschen.

Zum Vergleich:
Beim Autofahren wird oft mit 8 m/sec² gebremst.

Merke

Lasten sichern!
Keine ungesicherten Lasten transportieren!
Keine losen Teile mitnehmen!

Fliehkraft

Fliehkraft „F" = Zentrifugalkraft = Kraft, die bei gleichförmigen Dreh- und Kreisbewegungen auftritt und in Richtung des Radius von der Rotationsachse nach außen gerichtet ist. Sie ist eine Sonderform der Trägheitskraft. Maßeinheit: [N]

$$F = \frac{m \cdot v^2}{r}$$

Der Gegenspieler der Fliehkraft ist die

Zentripetalkraft = Kraft, die bei Dreh- und Kreisbewegungen auftritt und in Richtung Kreismittelpunkt gerichtet ist. Sie hält den Körper in der Kreisbahn fest, wirkt also genau entgegengesetzt der Fliehkraft. Maßeinheit: [N]

Die Fliehkraft haben wir alle schon gespürt und erleben sie immer wieder. Dreht sich ein Kettenkarussell, sehen wir, dass sich die Sitze vom Mittelpunkt des Karussells nach außen wegbewegen. Da sie hängend an Ketten befestigt sind, werden sie angehoben.

Sitzen wir selbst auf einem solchen Sitz, haben wir das Gefühl, dass der Sitz und wir aus der Kreisbewegung heraus geradeaus weiterfliegen wollen. So ist es auch, denn der Körper will sich geradeaus bewegen. Reißt die Kette, würden wir rechtwinklig zum Kurvenradius geradeaus wegfliegen (s. a. Abschnitt 2.4.2, Absatz „Hängende Lasten").

Bei der Leichtathletik sehen wir solch einen Flug beim Hammer-/Diskuswerfen. Die Kette hält den sich um die lotrecht ausgerichtete Karussellachse drehenden Körper aber fest. Die Kraft, die das bewirkt, heißt Zentripetalkraft. Sie wirkt auf die Kette und deren Verankerung. Die gleichgroße Kraft, die nach außen drückt, z. B. wie in einem Wäschetrockner/einer Wäscheschleuder, die die Wäsche nach außen an die Trommel drückt, ist die Zentrifugalkraft auch Fliehkraft „F" genannt. Sie wirkt immer rechtwinklig zur Schwerkraftlinie und zur Bewegungsrichtung.

Die Drehbewegung des Karussells/des Sportlers braucht gar nicht so schnell zu sein, um die Sitze oder den Hammer/Diskus in der Kreisbewegung anzuheben; denn die Geschwindigkeit geht im Quadrat in die Fliehkraftberechnung ein. Der Grund hierfür ist, dass außer der Geschwindigkeitserhöhung des Karussells bzw. des Sportgerätes und damit auch der Sitze gleichermaßen (proportional) zwangsläufig eine Zusatzgeschwindigkeit für die Bewegung im Kreisbogen erzeugt wird, die umso größer sein muss, je enger der Kurvenradius „r" ist.

Selbstverständlich ist, dass darüber hinaus natürlich die Fliehkraft „F" umso größer ist, je schwerer der Körper (die Masse „m") ist, der sich auf einer Kreisbahn bewegt.

Darum errechnet sich „F" wie folgt:

$$F = \frac{m \cdot v^2}{r}$$

Ihre Dimension ist N (Newton)
(s. a. Abschnitt 2.3, Absatz „Schwerkraft")

Zwei Beispiele:

1. Ein Kind auf einem Kettenkarussell:
   Das Kind mit m = 35 kg Gewicht wird mit einer Geschwindigkeit v = 2 m/sec mit einem Drehradius von 5 m gedreht. Die hierbei auftretende Fliehkraft (Zentrifugalkraft), beträgt:

$$F = \frac{m \cdot v^2}{r} = \frac{35 \cdot 2^2}{5} = \frac{35 \cdot 4}{5} = 28\ \text{N}$$

2. Ein Pkw in Kurvenfahrt:
   Pkw-Gewicht m = 1 000 kg, Kurvenradius r = 40 m, Geschwindigkeit v = 30 km/h entspricht 8,33 m/sec (geteilt durch 3,6, s. Absätze „Geschwindigkeit" und „Beschleunigung"). Die Fliehkraft beträgt:

$$F = \frac{1000 \cdot 8{,}33^2}{40} = \frac{1000 \cdot 69{,}39}{40}$$
$$= 1734{,}72\ \text{N}$$

Bei v = 60 km/h = 16,67 m/sec wären es

$$F = \frac{1000 \cdot 16{,}67^2}{40} = 6947{,}22\ \text{N}$$

Anmerkung

Ein Auto wird in der Kurve allein durch die Reibungskraft, die zwischen Auto und Straße wirkt, auf der Straße festgehalten. Sie wirkt praktisch als Zentripetalkraft (s. Absatz „Reibungskraft").

Die Wirkung der Fliehkraft merkt auch jeder selbst, der zu eng und zu schnell um einen Pfahl oder um eine Häuserecke rennen oder mit dem Fahrrad fahren will. Leicht wird man aus der Kurve „getragen", wenn man die Geschwindigkeit zu groß gewählt hat, denn die Geschwindigkeit hat einen großen Einfluss auf die Fliehkraft. Wird sie verdoppelt, erhöht sich die Fliehkraft um das Vierfache; denn sie geht im Quadrat in die Berechnung ein.

Fahre ich in einer sehr engen Kurve statt wie vorgeschrieben 30 km/h mit 60 km/h, vervierfacht sich die Fliehkraft, denn vereinfacht gerechnet ist bei 30 km/h der Multiplikator für $v^2 = 3 \cdot 3 = 9$ und bei 60 km/h = $6 \cdot 6 = 36$.

Darum wird es auf Autobahnbaustellen mit Spurwechsel nicht selten gefährlich; denn statt mit zulässig 60 km/h wird oft 100 km/h gefahren. Dies ergibt dann für 60 km/h 36 und für 100 km/h 100 als Verhältnis-Multiplikator der Geschwindigkeiten: $6 \times 6 = 36$; $10 \times 10 = 100$. Die Folgen sind jedem klar: Das Fahrzeug wird aus der Spur gedrückt. Das Unfallrisiko steigt enorm.

Von der Feuerwehr auf einer Veranstaltung ausgestelltes Fahrzeug, das mit erheblich überhöhter Geschwindigkeit aus der Kurve getragen wurde und sich mehrfach überschlug. Für den Fahrer endete der Unfall tödlich.

Die Wirkung der Fliehkraft ist auch deutlich bei einem Motorradfahrer zu erkennen. Er gleicht sie durch Schräglage seines Körpers und der Maschine aus. Er findet diese Ausgleichs-/Gegenwirkungsschräglage gefühlsmäßig, denn er spürt die Wirkung der Fliehkraft auf seinem Körper.

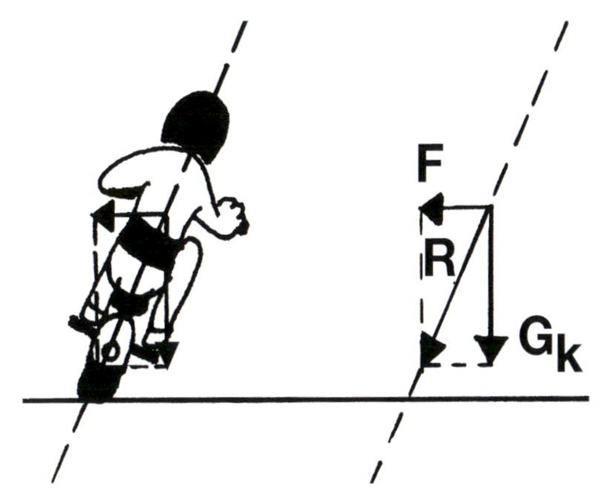

Zeichnerische Darstellung der Resultierenden „R". Motorradfahrer beim Durchfahren einer Rechtskurve: Fliehkraft „F" wirkt nach links. Durch Schräglage hält er die zusammengesetzte Kraft – Resultierende aus „F" und „G_k" in seiner Körperachse.

Die Größe des Winkels wird bestimmt aus der Größe der lotrecht wirkenden Gewichtskraft des Motorrades und Fahrers und der rechtwinklig dazu am Gesamtschwerpunkt angreifenden Fliehkraft. Durch die vom Fahrer eingenommene Schräglage wirkt die Resultierende „R" über die Räder auf die Fahrbahn und nicht außen an ihnen vorbei, was den Umsturz bei einer Fahrt in einer Rechtskurve nach links hervorrufen würde.

Staplerumsturz. Ursachen: hochgehobene Gabel und zu schnelle Kurvenfahrt.

Stapler ohne Last mit hochgehobenen Gabelzinken (s. Folgeabbildung) kippte in einer Linkskurve um. Hier half auch kein Bremsen mehr (s. Bremsspuren).

Beim Gabelstapler ist dies jedoch wegen des geringen Gewichtes des Fahrers gegenüber dem des Staplers wirkungslos. Außerdem kann man den Stapler nicht „in die Kurve legen".

Viele Fahrer glauben nun, dass die verhältnismäßig große Masse des Staplers der Fliehkraft wirksam entgegen wirkt und je schwerer ein Stapler ist, desto weniger wirkt sich eine Fliehkraft auf die Standsicherheit des Staplers aus. Dem ist leider nicht so, denn die Masse „m" spielt im geschlossenen System keine Rolle.

Hierzu der Beweis Kettenkarussell:

Drehen sich die Sitze eines Kettenkarussells in einem Winkel von 45° zur Lotrechten nach außen, sind Fliehkraft und Gewichtskraft gleichgroß – unabhängig der Masse auf dem Sitz.

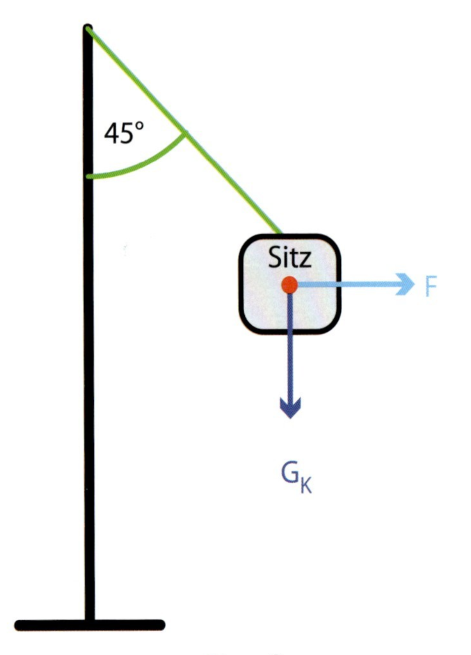

$$F = G_K$$

Es ist folglich $\frac{F}{G_K} = 1$

Setzen wir für $F = \frac{m \cdot v^2}{r}$

und für $G_K = m \cdot g$

ein, erkennen wir, dass sich die Masse „m" aus dem Bruch kürzen lässt:

$$\frac{F}{G_K} = \frac{\not{m} \cdot v^2}{r \cdot \not{m} \cdot g} = \frac{v^2}{r \cdot g}$$

Die Masse spielt also keine Rolle.

Hier sehen wir, wie sich die Masse „aufhebt" – gleiche Flugkurve, ob besetzter oder leerer Platz.

Diese Tatsache wirkt sich wie folgt aus:

Nicht besetzte Kettenkarussellsitze und z. B. ein Sitz mit einem kleinen Jungen, bewegen sich im gleichen Radius und in der gleichen Höhe auf einer Kreisbahn, wie der Sessel, auf dem der Vater des kleinen Jungen sitzt.

Verkehrssicher werden Fahrzeuge, also auch Flurförderzeuge, wenn Kurven nur in weitem Bogen, mit mäßiger/angepasster Geschwindigkeit und mit Lastaufnahmemittel, ob mit oder ohne Last, in Tiefstellung durchfahren werden. Außerdem kann der Fahrer durch die große Kurvenfahrt noch gut „um die Ecke" schauen.

Stapler in einer großen Rechtskurve. Die Fliehkraft „F" wird beherrscht.

Achtung!

Ein kippender Stapler ist nicht mehr aufzuhalten, auch nicht ein Stapler mit geringer Tragfähigkeit. Keinesfalls sollte der Fahrer oder eine andere Person dies versuchen zu verhindern. Er wird unweigerlich eingequetscht.

Beim Fahren mit einem unbeladenen Stapler kommt noch folgendes Gefahrenmoment hinzu. Der Eigenschwerpunkt „G" des Staplers befindet sich nahe der Lenkachse, dort wo das Standsicherheitsdreieck schmal ist (s. Abschnitt 2.3, Absatz „Standsicherheit von Staplern"). Die Gegenkippstrecke/das seitliche Standsicherheitsmoment ist klein. Folglich ist er sogar kippgefährdeter als ein beladener Stapler.

Merke

Je höher die Fahrgeschwindigkeit und/oder je enger die Kurve ist, desto größer ist die Fliehkraft!
Deshalb Kurven möglichst in großem Bogen und stets mit angepasster Geschwindigkeit durchfahren!

4. Grundsatz

→ Hubmast, auch bei unbeladenem Stapler vor der Fahrt möglichst zurückneigen!

→ Mit hochgehobenem Lastaufnahmemittel keine ruckartigen Korrekturbewegungen des Hubmastes ausführen!

→ Fahrbahnabsätze, -überhänge und dgl. mit größerem Niveauunterschied, z. B. an Auffahrten und Halleneingängen, mit mäßiger Geschwindigkeit und schräg überfahren!

→ Mit Gefühl beschleunigen und bremsen!

→ Keine ungesicherten Lasten transportieren! Keine losen Teile mitnehmen!

→ Kurven möglichst in großem Bogen und stets mit angepasster Geschwindigkeit durchfahren!

2.4.2 Schwungkräfte – Transport hängender Lasten – Schrägzug und Losreißen von Lasten – Windeinfluss

Schwungkräfte

Schwungkraft = Kraft, die durch das Schwingen, Schaukeln, Pendeln von Körpern auftritt. Sie setzt sich zusammen aus Trägheits- und Fliehkraft.

Ein Schaukeln des Staplers gefährdet die Standsicherheit. Es entsteht z. B.

- beim Befahren unebener Böden oder Überfahren von Torschienen u. dgl.
- wenn hängende Lasten am Lastaufnahmemittel pendeln
- bei Lastbewegungen, v. a. in angehobenem Zustand – sogar mit leerem Lastaufnahmemittel (z. B. Gabel).

Ein Pendeln ist meistens auch eine Kreisbewegung in waagerechter Ebene. Je größer die pendelnde Masse ist und je ruckartiger die Bewegung erfolgt, umso größer sind die Schwungkräfte (heftiges Pendeln). Dies trifft auch bei Dreh-, Kipp- und Schiebebewegungen von Anbaugeräten zu (s. Kapitel 3, Abschnitt 3.2).
Sie sind nur klein zu halten, wenn nicht zu schnell gefahren wird, Unebenheiten am besten gemieden, Torschienen, Bordsteinkanten möglichst schräg überfahren werden, und bei diesen Gegebenheiten mit mäßiger Geschwindigkeit verfahren wird sowie keine abrupten Beschleunigungsvorgänge ausgeführt werden.

Merke

Schwungkräfte nicht unterschätzen – am besten ganz vermeiden!

Hängende Lasten

Hängende Lasten können, wie wir schon wissen, ins Pendeln kommen – durch auf sie einwirkende Kräfte (Trägheitskräfte beim Anfahren und Abbremsen, Fliehkräfte beim Kurvenfahren sowie Schwungkräfte u. a. beim Befahren von unebenen Fahrwegen).

Pendel = starrer Körper, der unter dem Einfluss der Schwerkraft Schwingungen um seinen festen Aufhängepunkt ausführt.

Wie entsteht eine Pendelbewegung?
Wird z. B. die Bewegung eines Staplers ruckartig begonnen oder beendet, wirkt u. a. eine Trägheitskraft (s. Abschnitt 2.4.1, Absatz „Trägheitskraft"). Die angehängte Last am Stapler bleibt dadurch beim Beschleunigen etwas zurück und bewegt sich beim Bremsen etwas in Fahrtrichtung weiter. Da sie an einem Festpunkt angehangen ist, kann sie nur nach oben – bis zu einer Höhe „h" – schwingen. Sie bewegt sich also um diesen Punkt auf einer Kreisbahn nach oben.

Nun müssen wir zunächst feststellen, dass jeder Körper Energie besitzt.

Energie „E" = physikalische Größe, die auf verschiedene Weise in Erscheinung treten kann, deren Zahlenwert aber immer gleich bleibt (= Erhaltungsgröße – Energieerhaltungssatz). Es gibt also unterschiedliche Energieformen, die nicht erzeugt oder vernichtet, aber ineinander umgewandelt werden können. Maßeinheit: Newtonmeter [Nm] = Joule [J]
(Frühere Definition: Fähigkeit, Arbeit zu verrichten = gespeicherte Arbeit.)

potenzielle Energie = Lageenergie
„E_L" = Energie, die ein Körper in einem Kraftfeld (Schwerkraft) aufgrund seiner Lage besitzt. Es ist also die Energie, welche man aufbringen muss, um ein Objekt eine gewisse Höhe „h" zu heben.

$$E_L = G_K \cdot h$$

Erreicht unsere pendelnde Last den höchsten Punkt „h", hat sie eine maximale Lageenergie. Von dort aus pendelt sie aufgrund der Schwerkraftwirkung zunächst zurück nach unten. Die Lageenergie nimmt umso mehr ab, je mehr die Last an Höhe verliert – sie wird umgewandelt in kinetische Energie.

kinetische Energie = Bewegungsenergie
E_K = Energie, die ein Körper aufgrund seiner Bewegung enthält/besitzt.

$$E_K = \frac{m \cdot v^2}{2}$$

Am tiefsten Punkt der Pendelbewegung ist $E_L = 0$ und E_K = maximal. Durch diese maximale Bewegungsenergie wird die Last auf der anderen Seite wieder hoch „getrieben". Die Lageenergie nimmt wieder zu, die Bewegungsenergie in gleichem Maße ab, bis die pendelnde Last wieder den höchsten Punkt erreicht hat. Nun ist $E_K = 0$ und E_L = maximal.

Dieser Vorgang würde sich endlos wiederholen, wäre da nicht der Luftwiderstand und die Reibungskräfte (zwischen Festpunkt und Lastaufnahmemittel), die die Pendelbewegung bremsen und jeden Schwung kleiner werden lassen, bis die Last zum Stillstand kommt.

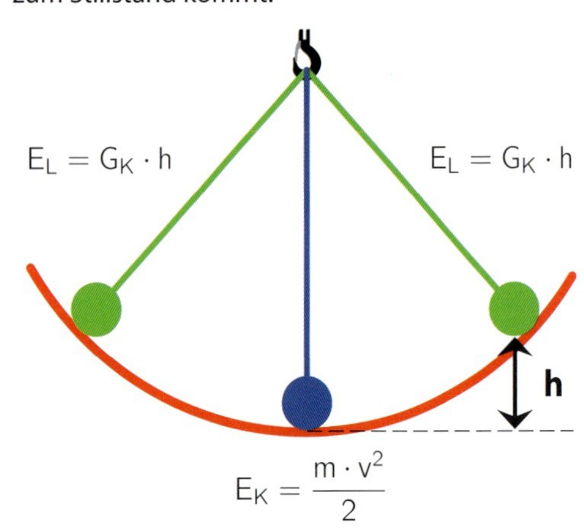

Grafische Darstellung einer Pendelbewegung mit dadurch entstehenden Emergien „E_L" und „E_K"

Ähnlich ist es auch bei einem Pendel in einer alten Standuhr. Hier ziehen wir kleine Gewichte hoch, leisten für die Uhr eine Arbeit und verleihen ihr eine Lageenergie. Mit dieser Energie = Arbeitsvermögen überwindet die Uhr die Reibungskräfte in ihrem Werk. Die Lageenergie wird hierbei aufgebraucht. Die Gewichte sinken dadurch nach unten.

Anmerkung

Die Auswirkungen dieser Energien (E_L und E_K) spielen auch beim fehlerhaften Arbeiten an einem ungesicherten hochgehobenen Hubmast oft eine tragische Rolle (s. Kapitel 3, Abschnitt 3.4.1, Absatz „Freier Fall").

Beweis der Energiegleichheit

Angenommen, wir wollen einen Kopfsprung ins Wasser wagen, so müssen wir erst etwas über die

Wasseroberfläche steigen, z. B. auf ein Sprungbrett. Wir „laden“ unseren Körper praktisch mit einer Lageenergie „E_L“ auf, und zwar, um unsere Gewichtskraft „G_K“ mal erstiegener Höhe „h“ zur Wasseroberfläche. Genauer gesagt: „h“ ist der Abstand unseres Schwerpunktes, an dem bekanntlich unsere Gewichtskraft angreift, zur Wasseroberfläche.

$$E_L = G_K \cdot h$$

Diese Energie setzen wir durch Fallenlassen unseres Körpers in Bewegungsenergie „E_K“ um.
Die kinetische Energie nimmt bekanntlich hierbei um den gleichen Wert zu, wie die Lageenergie abnimmt. Hierbei haben wir wieder den Luftwiderstand vernachlässigt, der auf dem relativ kurzen Weg nach unten und der damit geringen Geschwindigkeit eine untergeordnete Rolle spielt.

Will man dies mathematisch beweisen, müssen wir uns an die allgemeinen Bewegungsgesetze erinnern:

Allgemeine Bewegungsgesetze (Herleitung s. nächste Seite)

1. gleichförmige Bewegung (also v = konstant):

$$v = \frac{s}{t}$$

2. gleichförmig beschleunigte Bewegung (also a = konstant):

a) Geschwindigkeits-Zeit-Gesetz:

$$v = a \cdot t$$

b) Weg-Zeit-Gesetz:

$$s = \frac{1}{2} v \cdot t \rightarrow s = \frac{a \cdot t^2}{2}$$

Zu beweisen ist: $E_L = E_K$

$$E_L = G_K \cdot h, \quad E_K = \frac{m \cdot v^2}{2} \rightarrow G_K \cdot h = \frac{m \cdot v^2}{2}$$

Nun wird eingesetzt
Anmerkung: Die Beschleunigung „a“ ist bei uns die Erdbeschleunigung „g“.

$$G_K = m \cdot g$$
$$v = g \cdot t$$
$$s = h = \frac{g \cdot t^2}{2}$$

$$E_K = \frac{m \cdot v^2}{2} = \frac{m \cdot (g \cdot t)^2}{2} = \frac{m \cdot (g^2 \cdot t^2)}{2}$$
$$= (m \cdot g) \cdot (\frac{1}{2} g \cdot t^2) = G_K \cdot h = E_L$$
$$E_K = E_L \rightarrow \text{Was zu beweisen war.}$$

Freier Fall

Freier Fall = Fallbewegung eines Körpers (gleichmäßig beschleunigte geradlinige Bewegung), die nicht durch den Luftwiderstand behindert wird. Die Beschleunigung ist dabei gleich der Fallbeschleunigung „g“.

Warum fällt/pendelt die hochgeschwungene Last wieder zurück und danach in die andere Richtung nach oben?

Der Grund hierfür ist die Erdanziehung. Durch die Erdanziehung fällt jeder frei werdende Körper, auch aus der Ruhe heraus, in Richtung Erdmittelpunkt herab. Man nennt dies „freier Fall“. Durch die Erdbeschleunigung/Fallbeschleunigung „g“ = 9,81 ~ 10 m/sec² nimmt er hierbei unabhängig von seinem Gewicht eine Geschwindigkeit „v“ an (s. Abschnitt 2.3, Absatz „Schwerkraft“). Hierbei ist der Zuwachs der Geschwindigkeit aller Körper gleich, vernachlässigt man den Luftwiderstand, der u. a. durch den Umfang und die Oberflächenbeschaffenheit der fallenden Körper sehr unterschiedlich ausfallen kann (z. B. Stein – Feder).

Dieser Vorgang lässt sich ganz einfach folgendermaßen demonstrieren und beweisen:

Wir nehmen zwei Tennisbälle. Den einen Tennisball haben wir durch einen eingeschnittenen Schlitz von ca. 3 cm Länge mit Schraubenmuttern/Holzschrauben oder Kieselsteinen gefüllt. Nun lassen wir sie beide aus einer Höhe „h/s“ von 2 m auf den Fußboden herabfallen. Beide Bälle treffen zur gleichen Zeit auf dem Boden auf.

Nach dem Weg-Zeit-Gesetz von Newton ist, wie schon erläutert:

$$s = \frac{1}{2} \cdot g \cdot t^2$$

Folglich ist:

$$t = \sqrt{\frac{s \cdot 2}{g}} = \sqrt{\frac{4}{10}} = 0{,}63 \text{ sec}$$

Betrachten wir zunächst die geometrische Darstellung (Geschwindigeits-Zeit-Diagramm) des Weges einer **gleichförmigen Bewegung** (v = konstant):

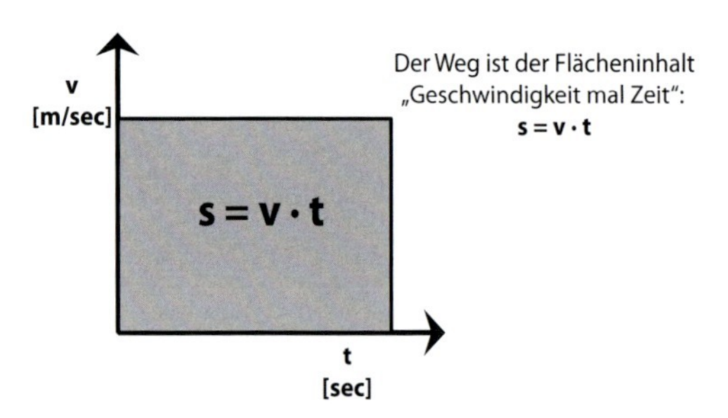

Bei einer **gleichmäßig beschleunigten Bewegung** ist v nicht konstant (gestrichelte Linie), sondern wird von 0 angefangen immer größer. Das Geschwindigkeits-Zeit-Diagramm sieht deshalb folgendermaßen aus:

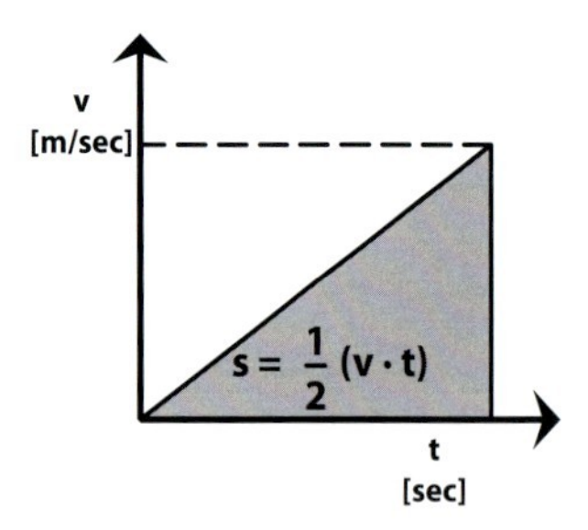

Wie man erkennen kann, ist „s" jetzt nur noch halb so groß – das Rechteck von oben wurde halbiert. Da aber

$$s = \frac{1}{2}(v \cdot t)$$

und

$$v = a \cdot t$$

ist, können wir dies oben einsetzen und erhalten:

$$s = \left[\left(\frac{1}{2}a \cdot t\right)\right] \cdot t$$

$$s = \frac{1}{2}a \cdot t^2$$

Die Geschwindigkeit „v" der Tennisbälle ist demnach:

$$v = a \cdot t = g \cdot t = 10 \cdot 0{,}63 = 6{,}3 \ \frac{m}{sec}$$

Dies entspricht in km/h 6,3 · 3,6 = 22,68 km/h

Beendigung der Pendelbewegung

Wir können diese Pendelbewegung früher beenden und damit die Last zur Ruhe (zum Stillstand) bringen, indem wir mit einer kleinen Fahrbewegung des Staplers der Pendelbewegung nachgehen und damit den Pendelfestpunkt in seiner Lage zur pendelnden Last hin verschieben. Dabei wird die Last möglichst auch noch etwas angehoben.

Wie wir auch schon erkannt haben, wandert bei einer Pendelbewegung der Lastschwerpunkt (s. Abschnitt 2.1, Absatz „Schwerpunktlage"). Dies kann sowohl nach vorn (Lastarmverlängerung) als auch zur Seite (Außermittigkeit) und dadurch außerhalb der Mitte (der Längsachse) des Staplers geschehen und somit die Standsicherheit beeinträchtigen. Hierbei sind die wirkenden Trägheitskräfte noch nicht berücksichtigt.

Aus diesen Gründen dürfen Flurförderzeuge, insbesondere Gabelstapler, zum Verfahren hängender Lasten nur eingesetzt werden, wenn entweder der Hersteller des Flurförderzeuges dies als bestimmungsgemäße Verwendung vorgesehen hat und die Vorgaben, z. B. die Resttragfähigkeit und ggf. Fahrgeschwindigkeitsbegrenzung, mit den Betriebsgegebenheiten vereinbar sind oder ein Sachverständiger unter Berücksichtigung der örtlichen Betriebsbedingungen unter ähnlichen Bedingungen eine ausreichende Standsicherheit des Flurförderzeuges nachgewiesen hat. Auf schrägen Ebenen sind aufgehängte Lasten nicht zu verfahren (s. a. Abschnitt 2.3, Absatz „Befahren schräger Ebenen").

Anmerkung

Je kürzer die Anschlagmittel, z. B. Stahldrahtseile oder Rundstahlketten, gewählt und Traversen eingesetzt werden, desto geringer ist die Gefahr des Pendelns der Last. Die Aufnahme von Coils mittels eines Dornes wird deshalb auch nur als geringfügig hängende Last angesehen. Aber Achtung! Der Lastschwerpunkt befindet sich in höherem Abstand als bodenfrei zur Fahrbahn, wenn der Dorn nicht tief abgesenkt wird (s. a. Abschnitt 2.5).

Aufgehängte Last mittels kurzen Stahldrahtseilen und einer Traverse mit dadurch geringer Pendelbewegung.

Lastführung wegen Gefahr großer Pendelbewegungen – Helfer geht schräg neben der Last.

Weil Pendelbewegungen schwierig zu beenden sind, oder die Last leicht Betriebsanlagen oder sich selbst bzw. Personen beschädigen kann, sind Begleitpersonen oder Kollegen, die sich in unmittelbarer Nähe des Staplers aufhalten, verführt, das Pendeln durch Zugreifen und mittels ihrer Körperkraft zu beenden. Schwere Quetschverletzungen sind oft die Folgen. Wir können eine solche relativ lang andauernde Pendelbewegung gut bei einer Kinderschaukel beobachten.

Sollen hängende Lasten während der Fahrt geführt werden, hat der Unternehmer oder dessen Beauftragter hierfür Hilfsmittel (Halteseile oder Haltestangen) zur Verfügung zu stellen, die diese Helfer benutzen müssen.

Gut ist es, wenn man Chemiefaserseile wählt, denn zum einen sind sie nicht so schwer und biegsamer als Stahldrahtseile und zum anderen können sie keine Drahtbrüche aufweisen, an denen man sich leicht verletzen kann. Sie können jedoch das Pendeln nur in eine Richtung stoppen, aber das reicht meistens schon. Beim Benutzen von Haltestangen, um das Pendeln in beide Richtungen zu verhindern/zu stoppen, kann man leicht durch einen Rückstoß, hervorgerufen durch die Stange, verletzt werden.

Beim Führen der Last muss sich in Fahrtrichtung gesehen, der Lastführende außerhalb der Fahrspur des Staplers aufhalten. Er darf nie vor der Last hergehen. Der Fahrer muss diese Personen während der Fahrbewegung beobachten. Das gilt auch für Einweiser und Aufsichtführende. Von der Sichtverbindung darf nur bei Einsatz von Sprechfunk abgesehen werden, z. B. beim Herablassen einer Last durch eine Deckenöffnung in ein Untergeschoss (s. a. Kapitel 4, Abschnitte 4.4, 4.5.2 und 4.5.3).

Gegenüber anderen Personen hat der Fahrer mit dem Stapler und der Last ebenfalls ausreichenden Abstand zu halten, wobei er Pendelbewegungen der Last miteinkalkulieren muss.

Coil wird mit abgesenktem Dorn bodenfrei verfahren.

Ist der Aufenthalt von Personen unter angehobenen Lasten und Lastaufnahmemitteln auch grundsätzlich verboten, so hat der Fahrer beim Einsatz von kraftschlüssigen Lastaufnahmemitteln, wie Magnete, Steineklammern und Vakuumhebern, auch in der näheren Umgebung auf Personen zu achten und Abstand zu halten, denn es könnten sich Lasten oder Lastteile lösen und dann schräg herabfallen.

Kraftschlüssig ist eine Verbindung, bei der ständig eine zusätzliche Kraft wirkt, z. B. Reibungskraft (Zange), Saugkraft (Vakuum), Magnetkraft (Magnetheber).

Der Gegensatz dazu ist der Formschluss:

Formschlüssig ist eine Verbindung, bei der ein Verbindungspartner die Bewegung des anderen verhindert. Die Last wird vom Lastaufnahmemittel umfasst, umschlossen oder unterfasst. Bsp.: Umschlingung mit Band, Seil etc., Palettenaufnahme mittels Gabelzinken, Schaufel oder Gitterbox.

Selbstverständlich sind die Lasten so anzuschlagen/anzuhängen, dass sich das Anschlagmittel nicht unbeabsichtigt verschieben oder lösen kann (Lasthaken mit Aushebsicherung) und beim Lastentransport nicht beschädigt wird (s. a. Kapitel 4, Abschnitt 4.3).

Merke

Fahrbewegungen von aufgehängten Lasten nie ruckartig durchführen bzw. beenden und damit Pendelbewegungen der Last vermeiden!
Führen dieser Lasten nur mit Hilfsmitteln zulassen, wobei sich die Hilfspersonen außerhalb der Fahrspur befinden müssen, und in Fahrtrichtung gesehen, nicht vor der Last aufhalten dürfen!

Achtung, wenn Lastaufnahmemittel auf die Gabelzinken aufgeschoben werden sollen!

Die Gabelzinken sind nach vorne schmaler werdend gebaut. Sollen Klemmvorrichtungen, z. B. für eine Lasthakentasche, eingesetzt werden, können sie sich im Fahrbetrieb durch die auftretenden Erschütterungen lösen. Nur formschlüssige Sicherungen, z. B. Verriegelungen hinter dem Gabelzinkenknick, sind optimal.

Achtung!

Andere, d. h. nicht hängende Lasten dürfen grundsätzlich nicht geführt werden. Sie sind so zu sichern bzw. aufzunehmen, dass sie nicht wippen, schwanken, verrutschen und herabfallen können.

Schrägzug von Lasten

Das Anheben als hängende Last von Gütern verführt auch zum Schrägziehen von Lasten.

Dieser Vorgang gefährdet jedoch sehr stark die Standsicherheit. – Warum?

Bei einem Schrägzug entsteht zusätzlich zur senkrechten Hubkraft, die gleich der Gewichtskraft der Last „G_{KL}" ist, eine Horizontalkraft „H". Sie greift z. B. oben am Lasthaken der Gabelzinkentasche als Kippkraft an. Die Schrägzugkraft „F_{LS}" wirkt praktisch wie eine Lastarmverlängerung.

Hinzu zur Kraft „F_{LS}" kommt auch noch die Reibungskraft „F_W", die bis zum Freiwerden der Last vom Boden beim Heranziehen der Last auf dem Boden entsteht und überwunden werden muss.

Vereinfacht dargestellte Schrägzugwirkung:

S = Schwerpunkt – Maschine
G_{KM} = Gewichtskraft – Maschine
G_{KL} = Gewichtskraft Last
H = Horizontal-/Kippkraft
F_{LS} = Schrägzugkraft
F_W = Reibungskraft
c = Lastschwerpunktabstand
M_{KS} = Kippmoment bei Schrägzug
M_{Stsi} = Standsicherheitsmoment

$$[M_{KS} = G_{KL} \cdot a + H \cdot h] \quad [M_{Stsi} = G_{KM} \cdot b]$$

Wird die Last beim Anheben vom Boden frei, tritt eine Trägheitskraft auf und die Last pendelt Richtung Hubmast.

Wird die Last nicht exakt längsachsmittig herangezogen, kann zusätzlich eine Pendelbewegung zur Seite auftreten, die insgesamt eine Kreisbewegung einleitet.

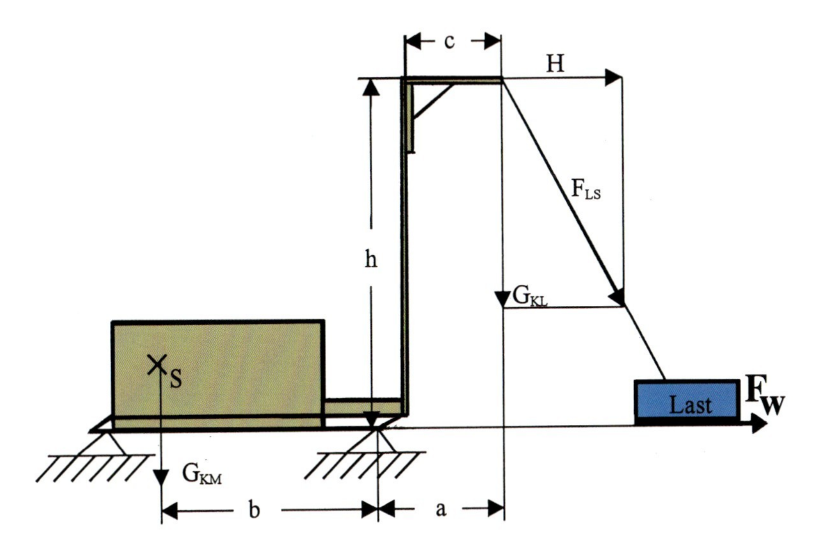

Grafische Darstellung der Schrägzugkraft „F_{LS}" über einem Ausleger.

Losreißen von Lasten

Beim Schrägzug kann die Last auch auf dem Boden hängen bleiben. Beim Weiterziehen wird sie praktisch losgerissen. Hierbei baut der Stapler über das Anschlagmittel zum Stapler eine Spannungskraft auf, die beim Losreißen plötzlich frei wird. Die Folge ist, dass der Stapler nach hinten oder zur Seite mindestens ins Schwanken kommt oder derart überlastet wird, dass tragende Teile, wie Lager, Neigungszylinder oder dgl., beschädigt werden.

Das liegt daran, dass ihm die Gegenkraft = Rückstellkraft fehlt. Hier bewahrheitet sich wieder die Weisheit von Herrn Newton: „Jede Kraft, soll sie wie gewohnt wirken, benötigt eine entsprechende Gegenkraft."

Anmerkung

Die Auswirkung der plötzlich fehlenden Gegenkraft tritt auch nach einem Unterhaken der Gabelzinken z. B. an einem Regalboden auf, wenn der Staplerfahrer den Gabelträger nicht absenkt, sondern weiter anzieht und dabei etwas zurücksetzt.

Beispiel für das plötzliche Wegfallen der Gegenkraft:

1. ***Fingerhakeln:*** Beim bayerischen Fingerhakeln ist es die Kraft, welche jeder Sportler aufbringt, um vom Gegner nicht über den Tisch gezogen zu werden. Sie ist entgegengesetzt wirkend vom Sportler zu spüren und vom Zuschauer zu erahnen. Bekommt einer der Sportler die „Übermacht", und der andere lässt plötzlich los, schnellt der stärkere Sportler zurück, da die Gegenkraft durch den Gegner plötzlich wegfällt.

2. ***Angeln:*** Beim Angeln hat ein starker Fisch am Angelhaken angebissen. Er will sich befreien und zieht mit großer Kraft an der Angel. Durch diese Kraft biegt sich die Angel durch und erzeugt eine Spannungskraft/Gegenkraft. Es ist eine innere Kraft, denn sie wirkt zur Zugkraft des Fisches nur zwischen den beiden Körpern (Fisch – Angel). Verfolgen wir den Kraftfluss weiter, finden wir weitere innere Kräfte (Muskelkräfte des Anglers), bis wir die Stemmkraft des Anglers auf den Erdboden mit der Gegenkraft – als äußere Kraft –, die vom Standplatz ausgeübt wird, feststellen. Befreit sich der Fisch, schnellt die Angel zurück. Sie und der Körper des Anglers entspannen sich. Beim Hochseeangeln schnellt wegen der größeren Kraftwirkung auch der Angler zurück.

Merke

Schrägziehen und Losreißen von Lasten sind nicht zulässig!

Windeinfluss

Durch Wind erzeugte Kräfte können im Freien oder in teilweise geschlossenen Hallen einen sicheren Flurförderzeugbetrieb, wie sicheren Lastentransport, Fahrsicherheit und sogar die Standsicherheit von Staplern sowie eine sichere Stapelung von Ladeeinheiten und Lagergeräten beeinträchtigen. Sie können Lasten, z.B. Holzbretter, Blechtafeln und verschalte Maschinen, von der Gabel bzw. vom Stapel „wehen" lassen sowie hängende Lasten zum Pendeln bringen. Sind die Lasten besonders großflächig und leicht, wirken sie wie ein Segel, z.B. Container oder containerähnliche Lasten, und können einen Gabelstapler leicht zum Kippen bringen.

Windkräfte werden leider häufig unterschätzt. Die Windlast, die z.B. auf einen Gabelstapler einwirkt, ist von der Windangriffsfläche (Stapler + Last) und dem Windstaudruck abhängig. Der Windstaudruck „q" steigt nicht linear mit der Windgeschwindigkeit „v" an. Er wird nach folgender Formel berechnet:

$$\left[q = \frac{v^2}{1{,}6}\ [\mathrm{N/m^2}]\right]$$

Windlast = vom Wind auf eine Fläche eines Bauwerks ausgeübter Druck oder Sog.

Windstaudruck = Winddruck = Staudruck = Druck, der auf einen dem Wind ausgesetzten Körper senkrecht zur Windrichtung wirkt. Er wächst mit dem Quadrat der Windgeschwindigkeit „v" und hängt zudem ab von der Luftdichte sowie der äußeren Form des betreffenden Gegenstandes.

Verdoppelt sich die Windgeschwindigkeit, steigt der Staudruck um das Vierfache an. Eine Zunahme von nur einigen Metern pro Sekunde ergibt also eine wesentlich höhere Windbelastung für eine Last und einen Stapler (s. umseitige Tabelle), als die Steigerung um eine Windstärke vermuten lässt.

Die Windstärke wird in 10 m Höhe, vom Boden aus gerechnet, gemessen. Sie nimmt vom Boden nach oben sehr stark, aber nicht linear, sondern unregelmäßig zu. Auf Fahrwegen zwischen Hallen, Waggonreihen, an Häuserecken und in Hallen mit gegenüberliegenden großen Hallentoren erhöht sich oft durch einen so genannten Röhreneffekt und Abwinde die Windgeschwindigkeit.

Ab Windstärke 6 (starker Wind) oder starkem böigem Wind, jeweils mit Windgeschwindigkeiten von ~ 13 m/sec, kann die Standsicherheit von Staplern, besonders beim Transport von großflächigen und leichten Lasten, gefährdet sein. Doch auch schon bei einer „frischen Brise" (Windstärke 5) ist auf die Lastsicherung gegen Windeinfluss aufzupassen. Das gilt ebenfalls besonders bei großflächigen und verhältnismäßig leichten Lasten, da sie leicht „verwehen" können. Das liegt daran, dass deren Gewichtskraft klein ist und sie dem Wind keine ausreichende (Trägheits- und Gewichts-)Kraft entgegensetzen können. Denken Sie nur an „verwehte" Gartenmöbel, Sonnenschirme und Reklametafeln. Weht ein „starker Wind", sollte der Fahrbetrieb eingestellt werden. Bei den o.a. Lasten sollte man schon ab Windstärke 5 so handeln.

Diese Windgeschwindigkeitsgrenze von Windstärke 5 wurde aufgrund von Berechnungen, Fahr- und Kippversuchen von der „Federation Europeenne de la Manutention Sektion IV – Flurförderzeuge – FEM" festgelegt.

Für Containertransporte gibt es hierzu festgelegte Kriterien, anhängig von Größe oder Transportstellung (s.a. Kapitel 3, Abschnitt 3.3).

Für andere Lasten, besonders für hängende Lasten, könnte man die Vorgaben der Autokranhersteller zu Rate ziehen, wobei stets erst der Staplerhersteller zu Rate zu ziehen ist (bestimmungsgemäße Verwendung).

In der Regel untersagen die Hersteller eine Arbeit ab Windstärke 6 (12,5 m/sec). Zugrundegelegt wird dabei die sog. Beaufortskala (s. Tabelle). Das gilt übrigens für Krane, Hubarbeitsbühnen und Flurförderzeuge gleichermaßen. Ein Blick in die Betriebsanleitung gibt darüber Aufschluss (sofern nicht, sollte der Hersteller kontaktiert werden).

Am exaktesten kann die Windgeschwindigkeit mit einem speziellen Gerät ermittelt werden, dem sog Anemometer.

Anmerkung

Wetterämter leisten Sturmwarndienst. Dort können Wetterdaten erfragt werden.

Windstärke		**Windgeschwindigkeit**		Auswirkung des Windes im Binnenland
Beaufort-grad	**Bezeichnung**	**m/sec**	**km/h**	
0	Windstille/ Flaute	0 bis 0,2	1	Keine Luftbewegung, Rauch steigt lotrecht empor
1	leiser Zug	0,3 bis 1,5	1 bis 5	Kaum merklich, Windrichtung wird nur durch Zug des Rauches angezeigt, aber nicht durch Windfahnen
2	leichte Brise	1,6 bis 3,3	6 bis 11	Wind im Gesicht spürbar, Blätter rascheln
3	schwache Brise	3,4 bis 5,4	12 bis 19	Wimpel werden gestreckt, Blätter und dünne Zweige bewegen sich
4	mäßige Brise	5,5 bis 7,9	20 bis 28	Zweige und dünnere Äste bewegen sich, Staub und loses Papier werden vom Boden gehoben
5	frische Brise	8 bis 10,7	29 bis 38	Kleinere Laubbäume beginnen zu schwanken
6	starker Wind	10,8 bis 13,8	39 bis 49	Starke Äste bewegen sich, hörbares Pfeifen an Drahtseilen/Überlandleitungen
7	steifer Wind	13,9 bis 17,1	50 bis 61	Große Bäume schwanken, fühlbare Hemmung beim Gehen gegen den Wind
8	stürmischer Wind	17,2 bis 20,7	62 bis 74	Zweige brechen von den Bäumen, Gehen im Freien erheblich erschwert
9	Sturm	20,8 bis 24,4	75 bis 88	Kleinere Schäden an Häusern (Dachziegel und Rauchhauben werden von den Dächern gehoben), beim Gehen im Freien erhebliche Behinderung
10	schwerer Sturm	24,5 bis 28,4	89 bis 102	Bäume werden entwurzelt, bedeutende Schäden an Häusern
11	orkanartiger Sturm	28,5 bis 32,6	103 bis 117	Heftige Böen, schwere Sturmschäden, Dächer werden abgedeckt, Gehen im Freien ist unmöglich
12	Orkan	32,7 bis 36,9	118 bis 133	Schwerste Sturmschäden und Verwüstungen

Anemometer (Windmesser) an einem Fahrzeugkran

Merke

Vorsicht beim Einsatz im Freien und teilweise offenen Hallen ab „starkem und böigem Wind"!
Bei großflächigen und verhältnismäßig leichten Lasten gilt dies bereits ab einer „frischen Brise"!

5. Grundsatz

→ Schwungkräfte vermeiden!

→ Lasten, die pendeln können, mit Hilfsmitteln führen und dabei neben der Last gehen sowie großen Abstand von Personen halten!

→ Keine Lasten schräg ziehen und losreißen!

→ Windeinflüsse auf die Standsicherheit des Flurförderzeugs nicht unterschätzen!

→ Ab „starkem Wind" (Windstärke 6) und böigem Wind gleicher Windgeschwindigkeit ist höchste Vorsicht geboten!

2.4.3 Kraftwirkung am Schwerpunkt – Zusammengesetzte Kraft

Kraftwirkung am Schwerpunkt

Die erläuterten dynamischen Kräfte greifen, wie auch die Gewichtskräfte, weitgehend am Gesamtschwerpunkt an, sei es direkt oder über ein Drehmoment um den Massenmittelpunkt.

Wir können uns diese punktuelle Kraftwirkung sehr gut an einem Segelboot vorstellen. Die Windkräfte greifen am Segel praktisch nur am Segelflächenschwerpunkt „S_1" an.

Würde man dasselbe Segel mit seiner Spitze nach unten am Mast anbringen, bestände schon bei leichter Windeinwirkung eine große Kippgefahr, obwohl die Segelfläche die gleiche geblieben ist. ***Grund:*** Der Flächenschwerpunkt „S_2" des Segels befände sich in dieser Segelstellung höher im Abstand „h_{S2}" zur Wasseroberfläche als das Segel in richtiger Stellung mit Schwerpunkt „S_1" und damit kleineren Abstand „h_{S1}" des Segels zur Wasseroberfläche. Am Segel S_2 wirkt also ein größeres Kippmoment.

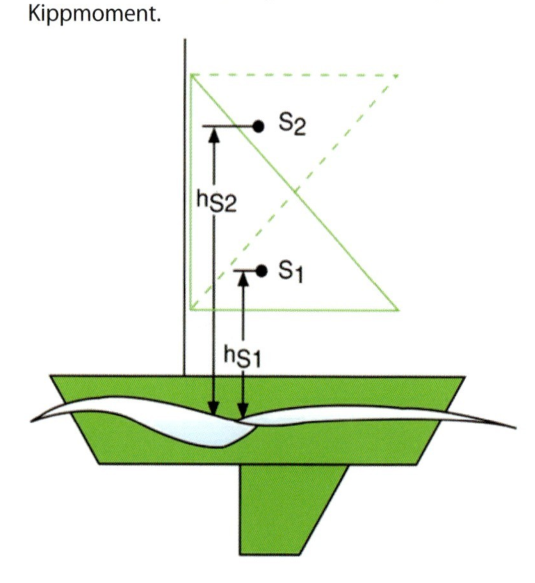

Schwerpunktlage eines Segels bei unterschiedlicher Segelaufhängung → unterschiedlich großer Windkraftarm zur Wasseroberfläche

Anmerkung

Natürlich bleibt der Staudruck, der u. a. von der Windgeschwindigkeit und der Segelfläche abhängig ist, derselbe (s. a. Abschnitt 2.4.2 Absatz „Windeinfluss").

Wir erkennen außerdem an diesem Beispiel deutlich, dass die Größe eines Hebelarmes zur Aufstandfläche eines Körpers, über den eine Kraft auf ihn wirkt, einen großen Einfluss auf seine Standsicherheit hat.

Fünf Beispiele aus dem täglichen Leben beweisen deutlich die Zusammenhänge über die Lage des Schwerpunktes im dynamischen System, dem Abstand zur Standfläche und der Wirkung der Kräfte.

1. Eine Mutter nimmt ihr kleines Kind auf den Arm. Beide haben einen Schwerpunkt. Die Mutter hat ihren in Bauchnabelnähe, ca. 85 cm vom Fußboden entfernt. Der Schwerpunkt des Kindes befindet sich nach dem Hochheben durch die Mutter in Schulterhöhe der Mutter. Die Lage des Gesamtschwerpunktes (von Mutter und Kind) wird deshalb unterhalb der Brust der Mutter sein. Bewegt sich nun das Kind lebhaft auf dem Arm der Mutter, hat die Mutter es schwer, das Gleichgewicht zu halten, denn der Hebelarm zum Fußboden ist groß.

2. Bei normalem Wellengang schaukelt ein kleines Segelboot sicher im Wasser. Würde jedoch ein Mann oben auf der Mastspitze sitzen, würde das Segelboot durch die dynamischen Momente schon bei ganz leichtem Wellengang kentern, obwohl die Person direkt über dem Kiel des Bootes sitzt. Das Boot ist kopflastig geworden. Der Gesamtschwerpunkt liegt zu hoch.

3. Man klappt bei einem Zollstock zwei Glieder auf und hält ihn lotrecht so fest, dass sich die übrigen (zusammengeklappten) Glieder oben befinden und die Hand am unteren Ende der aufgeklappten Glieder. So ist der Zollstock leichter im lotrechten Gleichgewichtszustand zu halten als bei vier aufgeklappten Gliedern, obwohl er jetzt oben leichter wurde. Schon leichte Bewegungen bringen die oberen Glieder aus dem Gleichgewicht.

4. In einem Autobus stehen eine Mutter und ihr 6-jähriges Kind nebeneinander. Der Bus muss scharf bremsen. Die Frau wird, wenn sie sich nicht rechtzeitig festhalten kann, von der Wirkung der Trägheitskräfte umgerissen, während das Kind durch geringes Auspendeln seines Körpers im Gleichgewicht bleibt. Hierbei spielt sowohl das größere Gewicht der Frau gegenüber dem des Kindes eine Rolle als auch der größere Abstand ihres Schwerpunktes zum Busboden.

5. Wie im Beispiel 4 wirken auch die Trägheitskräfte an einem kleinen Hund und seinem Herrchen, z. B. bei einer S-Bahn-Fahrt.

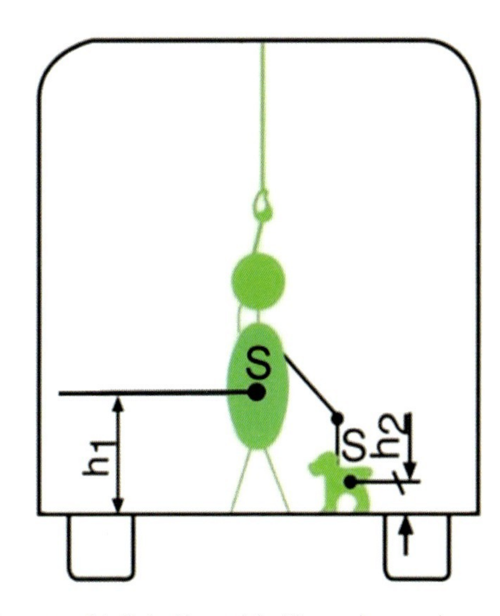

Der unterschiedliche Abstand des Körperschwerpunkts von Herrchen und Hund beeinflusst deren Standsicherheit.

Bei den Beispielen 1 bis 3 verlagert sich praktisch der Schwerpunkt/Gesamtschwerpunkt nach der Lastaufnahme bzw. Aufklappen des Zollstocks nach oben.

In den Beispielen 4 und 5 liegen die Vergleichsschwerpunkte unterschiedlich hoch.

In allen fünf Beispielen gehen wir bewusst davon aus, dass die Standfläche/Fahrbahn weitestgehend waagerecht und eben ist.

Wie es für den Lastschwerpunktabstand Normabstände gibt, sind auch für die Bauart der Stapler

und deren Nenntragfähigkeit gemäß der zutreffenden Norm folgende lotrechte Normhubhöhen „H" festgelegt und zwar für:

- Maschinen mit bis 10 000 kg Traglast
  - für Gabelhochhubwagen und Hochhubwagen mit einer Breite bis einschließlich 690 mm über Gabelzinken oder Plattform:
    H = 2 500 mm
  - für alle anderen Flurförderzeuge:
    H = 3 300 mm

- Maschinen mit über 10 000 kg Traglast:
  H = 5 000 mm für alle Flurförderzeuge

- Maschinen mit veränderlicher Reichweite – Teleskopstapler:
  H = 3 300 mm bei ≤ 10 000 kg Traglast
  H = 5 000 mm bei > 10 000 kg Traglast

Von diesen Normhubhöhen können Hersteller aber auch abweichen. Es ist daher entscheidend, was in der jeweiligen Betriebsanleitung und Gerätekennzeichnung vorgegeben ist.

Merke

Lasten nur gemäß den Tragfähigkeitsangaben des Gabelstaplerherstellers ein- und auslagern!
Hubmast vorher lotrecht/Last waagerecht einstellen!

Würden wir die Standfläche/Fahrbahn als schräg ansehen, erkennt man an unserer Dreiphasenabbildung (s. S. 163), dass die Schwerkraftlinie im Falle einer bodenfrei abgesenkten Last noch in die Sicherheitsstandfläche des Staplers fällt. Bei den anderen beiden Beispielen fällt sie jedoch heraus. Die Stapler würden umstürzen, trotzdem bei allen drei Beispielen keine Fahr- oder Ein- und Auslagerbewegung angenommen wurde. Die Stapler stehen still. Es waren also rein statische Standsicherheitsversuche, wobei die Hubmaststellung nicht verändert wurde. Der Gesamtschwerpunkt „GL" blieb nahe der Vorderachse (s. Abb. S. 163).

Wie wirkt sich eine Hubmastverstellung mit hochgehobener Last aus?

Der Gesamtschwerpunkt wird, wenn der Hubmast nach vorn geneigt wird, nach vorn verlagert. – Die Kippgefahr nach vorn ist vorhanden. Wird der Hubmast nach hinten angeneigt/zum Stapler herange-

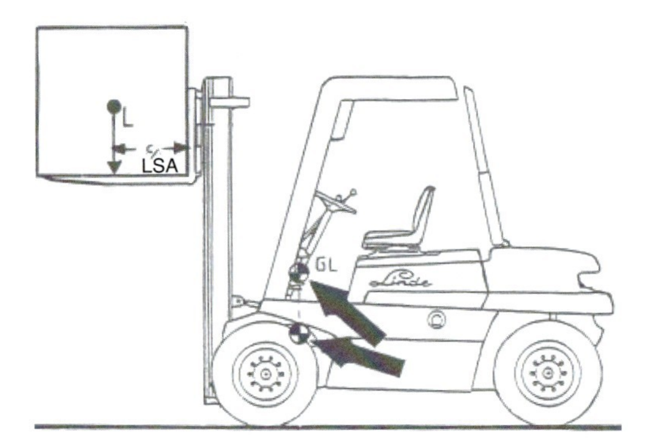

Veränderung der Höhenlage des Schwerpunktes „GL" durch angehobene Last

zogen, „wandert" der Gesamtschwerpunkt nach hinten, dorthin, wo das Standsicherheitsdreieck schmaler wird (s. Abb. und Abschnitt 2.3, Absatz „Standsicherheit von Staplern").

Auf welcher Grundlage beruht die Vorgabe Lasten „bodenfrei" – nahe der Fahrbahn – zu verfahren?

Der Konstrukteur hat ein „Leistungsheft", in dem die rationell und sicher zu erfüllenden Aufgaben festgeschrieben sind. Dabei muss der Stapler aber wendig, mit nicht zu großen Abmessungen und in seiner Ausführung sehr tragfähig und schnell sein. Die jeweiligen diesbezüglichen Normen z. B. DIN EN 1459 geben ihm den Rahmen vor. Sogar die Standsicherheitstests als Nachweis sind ihm darin vorgeschrieben.

Dem Konstrukteur sind im Einsatz der Stapler auch Risikoverhaltensweisen bekannt, denen er mit fol-

Last wird in Tiefstellung mit zurückgeneigtem Hubmast verfahren.

genden Vorgaben begegnet (s. Betriebsanleitung – Beilage Regeln für die bestimmungsgemäße Verwendung von Flurförderzeugen – VDMA). Er kann hiermit auch die Lastposition, z. B. beim Mitnahme-/Lkw-Stapler → eingezogener Schubmast, vorgeben.

Lastabstand zum Fahrweg

Die Last ist möglichst im Abstand ≤ 300 mm, bei Geländestaplern ≤ 500 mm vom Fahrweg mit waagerecht eingestellten Gabelblättern, Dornen oder dgl., aufzunehmen und mit zurückgeneigtem Hubmast zu verfahren (s. Abschnitt 2.2, Absatz „Lastschwerpunktabstand – Lastarm").
Der Abstand wird von der Oberseite des Gabelblattes der Gabelzinken im Knick bis zur Fahrbahn gemessen. Er wird in der Norm als „D" bezeichnet (s. Abschnitt 2.2, Absatz „Hebelgesetz" und Abschnitt 2.2, Absatz „Lastschwerpunktabstand – Lastarm").

Durch die Zurückneigung des Hubmastes wird damit das Lastaufnahmemittel, z. B. die Gabelzinken, näher zur Vorderachse herangezogen und das Maß „x" verkürzt. Gleichzeitig werden die Gabelzinken mit ihren Spitzen kreisförmig nach oben gehoben. Die Gabelzinken wirken so praktisch wie ein Sicherheitsgurt im Auto (s. Abschnitt 2.4.1, Absatz „Trägheitskraft"). Dabei hebt der Hubmast aber auch die Last mit ihrem Schwerpunkt schräg nach hinten an.

Nun gibt es jedoch Fälle, bei denen das Zurückneigen des Hubmastes nicht oder nur gering möglich ist:

- bei Mitgänger-Flurförderzeugen
- beim Transport von Flüssigkeiten in Behältern ohne dichtschließenden Deckel (die Flüssigkeit fließt sonst Richtung Hubmast aus, denn der Flüssigkeitsspiegel im Behälter bleibt waagerecht)
- beim Transport aufgehängter Lasten (die Last würde sonst u. U. gegen den Hubmast schlagen, denn sie hängt ja durch die Schwerkraftwirkung weiter lotrecht)
- bei Schubmaststaplern (nur 1° bis 5° Rückneigung möglich)

Für diese Fälle hat man in der UVV „Flurförderzeuge" – §§ 2 und 12 DGUV V 68 alternativ eine Bodenfreiheit „$d_{1.1}$" von 500 mm festgelegt. Dies jedoch unter der Voraussetzung, dass die Gabelblätter der Gabelzinken waagerecht/parallel zur Fahrbahn eingestellt sind und damit der Hubmast weitgehend lotrecht ausgerichtet ist.

Den Abstand „Bodenfreiheit" $d_{1.1}/d_{1.1.1}$ (s. nachfolgende Zeichnungen A und C) von 500 mm/300 mm sollte man noch unterschreiten. Es sollte eine Last möglichst nur im Abstand „$d_{2.2}/d_{2.3}/d_{2.4}/d_{2.5}$" (s. nachfolgende Zeichnungen A, B, C und D) von 50 mm bis 100 mm von der Fahrbahn verfahren werden, wenn es die Bodenbeschaffenheit der Fahrbahn hergibt.

Warum ist dieser verringerte Abstand zum Fahrzeug anzustreben?

Wir haben im Abschnitt 2.2, Absatz „Lastschwerpunktabstand" schon erfahren, dass beim Norm-Lastschwerpunktabstand das gleiche Abstandsmaß von Gabelblattoberkante zum Lastschwerpunkt gilt.

Bodennahes Verfahren unter Verwendung einer Klammer, Palette daher entbehrlich.

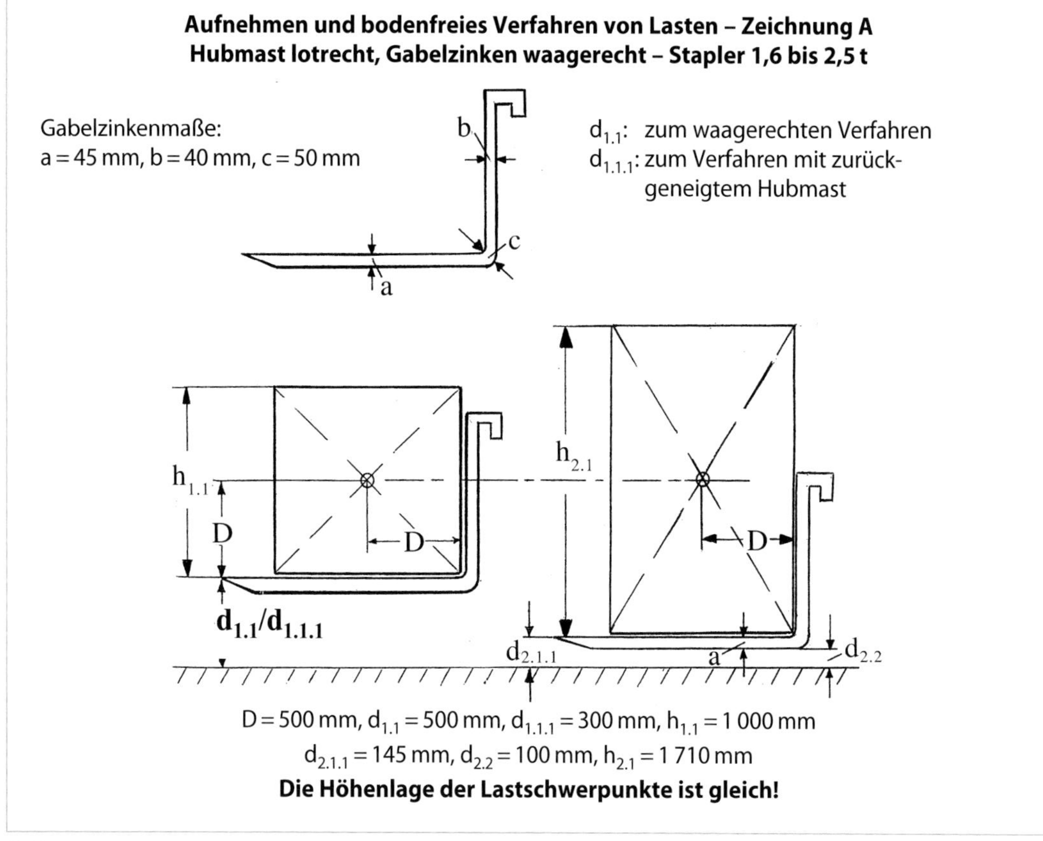

Zeichnung A:
Lasthöhengewinn durch tief abgesenkte Last, hier ohne Palette und mit lotrecht eingestelltem Hubmast

Das bedeutet, dass bei einem Normabstand von 500 mm die Last, z. B. eine gleichmäßig gefüllte Kiste, in welcher sich der Lastschwerpunkt in ihrer Mitte befindet, nur 1 m = 1 000 mm (s. „$h_{1.1}$“ – Zeichnung A) hoch sein darf. Denn der Schwerpunkt darf bei Ausschöpfung des Bodenfreimaßes von 500 mm 1 m von der Fahrbahn entfernt sein. Er liegt bei unserer angenommenen Kiste (gleichmäßig gefüllt) auf halber Höhe, also

1 000 mm : 2 = 500 mm.

Solche Lasten finden wir in den Betrieben aber in der Regel nicht vor, wenn keine Gitterboxpaletten oder ähnliche Behältnisse transportiert werden.

Anmerkung

Der Normabstand „D“ für den Lastschwerpunkt ist unterschiedlich. Er ist entsprechend der Tragfähigkeit der Stapler festgelegt. So beträgt er z. B. für Stapler bis 1 000 kg Traglast 400 mm, von 1 001 kg bis 5 000 kg 500 mm, von 5 001 kg bis 10 000 kg 600 mm. Über 10 000 kg Traglast kann er von 600 mm bis 1 200 mm und > 25 000 kg bis 1 500 mm betragen.

Wie kann man solche Lasten trotzdem bestimmungsgemäß/sicher verfahren?

Mit einem klassischen Frontstapler sollte die Last vor dem Verfahren mindestens auf den Abstand „$d_{2.2}$“ von 100 mm zum Verkehrsweg abgesenkt werden (s. Zeichnung A).

Da bei Staplern z. B. für 1,6 t bis 2,5 t zulässiger Traglast die Gabelzinkendicke a = 45 mm beträgt, wird dadurch die Verkürzung des zulässigen Abstandsmaßes „$d_{1.1}$“ = 500 mm von der oberen Fläche des Gabelblattes zum Verkehrsweg um 355 mm erreicht. Der Abstand „$d_{2.1.1}$“ von der Oberseite des Gabelblattes bis zum Fahrweg beträgt dann immer noch 145 mm (s. Zeichnung A).

Den Gewinn aus dieser Absenkung kann man dem Abstandsmaß „D“ (s. Zeichnung A) des Lastschwerpunktes zum Gabelblatt hinzurechnen, wenn, wie in dem Beispiel auf der Zeichnung A, das Ladegut ohne Palette direkt, z. B. mit einer Pappunterlage, aufgenommen wird.

Der zulässige Lastschwerpunktabstand nach oben beträgt dann 500 mm + 355 mm = 855 mm. Die Lasthöhe „$h_{2.1}$“ kann demnach 855 · 2 = 1 710 mm sein.

Die Höhe/der Abstand zur Fahrbahn von 1 000 mm hat sich hierdurch nicht verändert.

Für geländegängige Gabelstapler kann die Bodenfreiheit bei zurückgeneigtem Hubmast, gemessen vom Gabelknick aus, 500 mm betragen. Dies bedeuted bei lotrecht eingestelltem Hubmast, dass die Bodenfreiheit 700 mm sein kann.

Diese Erweiterung von 200 mm sollte nicht auf die Lasthöhe/den Lastschwerpunktabstand nach oben zugeschlagen werden; denn sie ist in erster Linie, wie schon der Begriff „geländegängige Gabelstapler“ besagt, für das Durchfahren von unebenen Fahrstrecken gedacht, wobei die Gesamtschwerkraftlinie sowohl nach vorn ausschwingen als auch außermittig geraten kann.

Bei Schubmaststaplern ist der Normabstand grundsätzlich 600 mm lang (s. a. Abschnitt 2.2, Absatz „Lastschwerpunktabstand“). Entsprechend dieser Festlegung ändert sich natürlich die Höhe „h_2“ der Last wie folgt:

Bei einem Normabstand „D“ von 600 mm, z. B. für einen Schubmaststapler oder einen Gabelstapler mit zulässiger Tragfähigkeit von 6 000 kg, könnte die Lasthöhe „$h_{1.1}$“ um 2 · 100 mm = 200 mm höher sein als bei einem Stapler für 2 000 kg Traglast. Diese 200 mm resultieren aus 2 • „D“. Die zulässige Höhe „$h_{2.1}$“ würde dann 1 910 mm betragen.

Anmerkung

Die Gabelzinkendicke „a“ wird beim Platzbedarf nicht berücksichtigt, da die Gabel in die Palette eingeschoben wird.

Bodenfreies Verfahren von Lasten mit Euro-Paletten – Zeichnung B
Hubmaststellung lotrecht, Stapler 1,6 bis 2,5 t

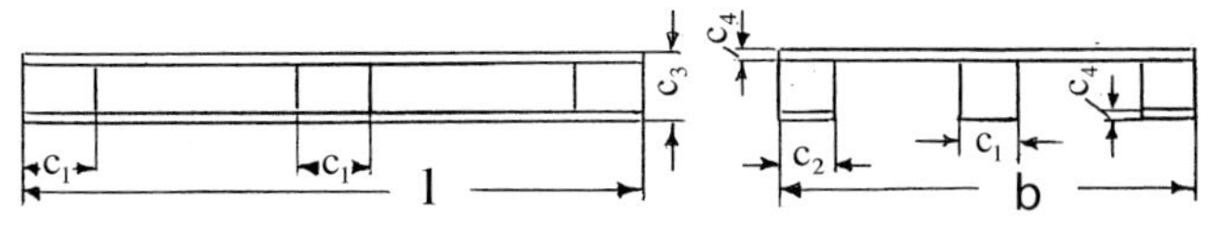

$l = 1\,200$, $b = 800$, $c_1 = 145$, $c_2 = 100$, $c_3 = 150$, $c_4 = 22$ [Maße in mm]

LA von 600 mm reduziert die zulässige Traglast!
D bleibt aber gleich!

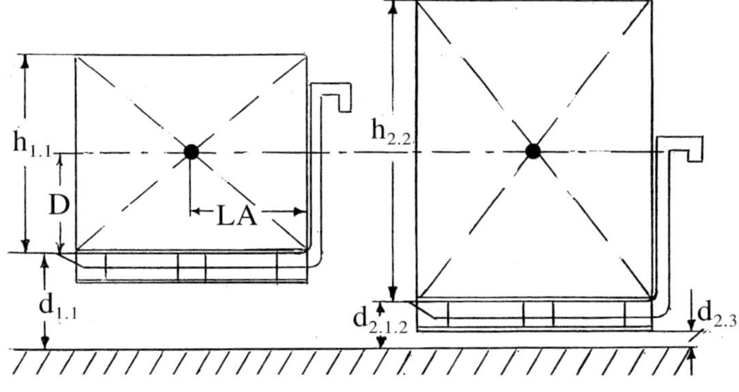

$D = 500$ mm, $d_{1.1} = 500$ mm, $h_{1.1} = 1\,000$ mm, $LA = 600$ mm
$d_{2.1.2} = 250$ mm, $d_{2.3} = 100$ mm, $h_{2.2} = 1\,500$ mm
Die Höhenlage der Lastschwerpunkte ist gleich!

Zeichnung B:
Lasthöhengewinn durch Last in tiefer Stellung bei Lastaufnahme mit Palette und lotrechter Fahrstellung des Hubmastes

Anmerkung

Das Palettenoberbrett ist mit seiner Dicke „c4" = 22 mm beim Maß „D" (s. Zeichnung A) zu berücksichtigen. Wir haben dieses Maß bei unseren Darstellungen der Einfachheit halber generell schon dem Platzbedarfsmaß „d1.1, d2.1.2, d1.2 und d2.5" (s. Zeichnungen B und D) unterhalb des Gabelblattes hinzugerechnet, also die gesamte Dicke „c_3" der Palette eingesetzt.

Werden z. B. Euro-Paletten (s. Zeichnung B) verwendet, ist beim Bodenfreimaß die Palettenhöhe „c_3" = 150 mm (s. Zeichnung B) zu berücksichtigen, da sich die Palette, außer ihrem Oberbrett, unterhalb des Gabelblattes befindet.

Senkt man die Last statt auf 500 mm auf 100 mm Abstand „$d_{2.3}$" zum Fahrweg ab (s. Zeichnung B), muss man also die Palettenhöhe beachten. Der Gewinn für die Lasthöhe „$h_{2.2}$" ist deshalb nur $d_{2.1.2} = d_{1.1} - (d_{2.3} + c_3) = 500\text{ mm} - (100\text{ mm} + 150\text{ mm}) = 250\text{ mm}$.

Man kann folglich die Lasthöhe „$h_{2.2}$" nur um $2 \cdot 250\text{ mm} = 500\text{ mm}$ vergrößern. Dies ergibt eine Lasthöhe von „$h_{2.2}$" = 1 500 mm (ohne Palettenhöhe „c_3").

Die Höhenlage des Lastschwerpunktes/Abstand zum Fahrweg ist wiederum gleich.

Würde man für das Bodenfreiheitsmaß nur 50 mm in Anspruch nehmen, erhöht sich die Lasthöhe „$h_{2.2}$" (über dem Gabelblatt) zusätzlich um 100 mm. Sie beträgt dann 1 600 mm.

Rechnet man das Palettenmaß „c_3" von 150 mm hinzu, wäre die zulässige Höhe der Ladeeinheit 1 750 mm.

Bei einem Schubmaststapler mit D = 600 mm könnte die Ladeeinheit (Gut plus Palette) um 200 mm höher sein. Dies ergibt 1 950 mm.

Natürlich müsste mit dem Schubmaststapler die Euro-Palette in Längsrichtung „l" aufgenommen werden, sonst könnten u. U. die Radarme dem tiefen Absenken entgegenstehen.

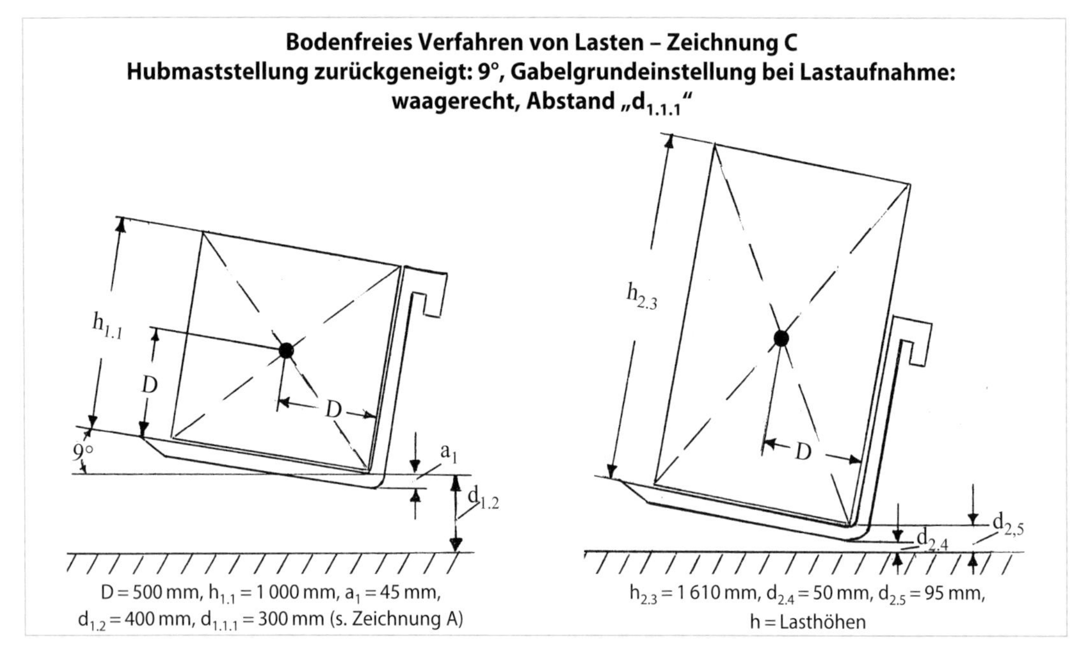

Zeichnung C:
Lastaufnahme ohne Palette. Last in tiefstmöglicher Stellung – 50 mm zum Boden abgesenkt und Hubmast zurückgelegt.

Wie stellen sich die Lasthöhen „$h_{2.3}$ und $h_{2.4}$" (s. Zeichnung C und D) / Ladeeinheitsgrößen bei zurückgeneigtem Hubmast dar?

Vorbemerkung:

Durch das Zurückneigen des Hubmastes werden die Gabelzinken und die Palette schräg gestellt und angehoben (s. a. Eingangserläuterungen). Mit in unseren Beispielen angenommenen Staplern sind es für die Lage des Gabelknickes plus ~ 100 mm. Dadurch nehmen diese Teile für den lotrechten zulässigen Abstand von der Oberseite des Gabelblattes, zum Verkehrsweg weniger Raum ein.

Bei vorgebautem Seitenschieber erhöhen sich diese Werte noch positiver, denn der Drehradius vom unteren Hubmastlager ist länger als ohne diesen Vorbau.

Bei einer Bodenfreiheit von dadurch $d_{1.2}$ = 400 mm kann die Lasthöhe „$h_{1.2}$" trotzdem = 2 · D = 1 000 mm betragen (s. Zeichnung C).

Durch die Zurückneigung des Hubmastes kann die Gabel mit Last aber sicher auf 50 mm zum Fahrweg abgesenkt werden.

Trotz des geringen Abstandes „$d_{2.4}$" von 50 mm des untersten Punktes des Gabelknicks/der hinteren unteren Palettenkante bis zum Verkehrsweg besteht nur eine geringe Gefahr, mit den Gabelzinkenspitzen auf dem Fahrweg anzustoßen oder Bodenkontakt hervorzurufen (s. Zeichnung C und D).

Durch diesen geringen Bodenabstand können die Lasten aber folgende Höhen „h" haben:

Ohne Palettenunterbau (Zeichnung C):

$$
\begin{aligned}
h_{2.3} &= 2 \cdot (D + d_{1.2} - a_1 - d_{2.4}) \\
&= 2 \cdot (500\,\text{mm} + 400\,\text{mm} - 45\,\text{mm} - 50\,\text{mm}) \\
&= 2 \cdot (500\,\text{mm} + 305\,\text{mm}) \\
&= 2 \cdot 805\,\text{mm} = 1\,610\,\text{mm}
\end{aligned}
$$

(„a_1" haben wir mit 45 mm angesetzt, da der Gabelknick in waagerechter Stellung 50 mm misst, aber zurückgeneigt zum Fahrweg nur 45 mm Platz beansprucht (s. Zeichnungen A und C)).

Mit Palettenunterbau (Zeichnung D):

$$
\begin{aligned}
h_{2.4} &= 2 \cdot (D + d_{1.2} - d_{2.6}) \\
&= 2 \cdot (500\,\text{mm} + 400\,\text{mm} - 200\,\text{mm}) \\
&= 2 \cdot (500\,\text{mm} + 200\,\text{mm}) \\
&= 2 \cdot 700\,\text{mm} = 1\,400\,\text{mm}
\end{aligned}
$$

Für die Ermittlung der Gesamthöhe der Ladeeinheit bei waagerechter Lagerung, z. B. vor der Aufnahme durch den Stapler, müssen wir noch die Palettenhöhe „c_3" von 150 mm addieren und erhalten 1 550 mm.

Würde man einen Gabelstapler mit einer zulässigen Traglast von 6 000 kg = 6 t einsetzen, sind für die Ermittlung der zulässigen Lasthöhe folgende Werte

Bodenfreies Verfahren von Lasten – Zeichnung D
Grundeinstellung bei Lastaufnahme:
Gabel waagerecht, Abstand zum Verkehrsweg 300 mm = $d_{1.1.1}$ (s. Zeichnung A)

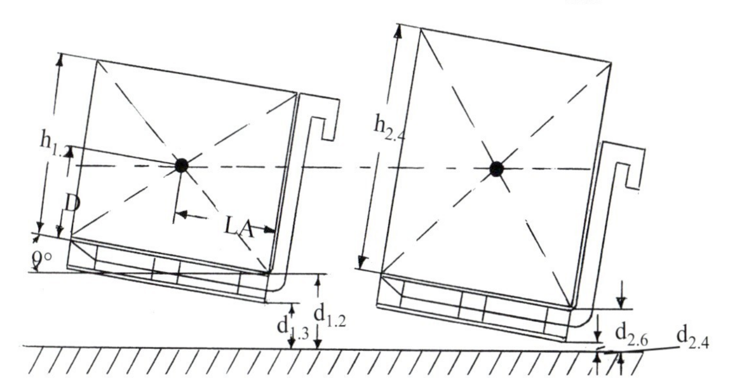

Hubmaststellung zurückgeneigt: 9°, Raumgewinn im Knickbereich: 100 mm, $d_{1.2}$ = 400 mm
$d_{1.3}$ = 250 mm = $d_{2.6}$ bei Absenkung um 200 mm, $d_{2.4}$ = 50 mm Bodenfreiheit, $h_{2.4}$ = 1 400 mm
Schwerpunktabstand zum Fahrweg bleibt gleich!
Gesamthöhe der Ladeeinheit (mit Palette) = 1 550 mm (ohne $d_{2.4}$)

Zeichnung D:
Lastaufnahme mit Palette, Last in tiefstmöglicher Stellung – 50 mm zum Boden abgesenkt und Hubmast zurückgelegt.

zu berücksichtigen:
Norm-Lastschwerpunkt „D" = 600 mm
Hubmastneigungswinkel zurück = 10°
Gabelzinkendicke a = 60 mm

Vereinfacht kann festgelegt werden, dass die Ladeeinheitshöhe (Gut plus Palette) insgesamt in unserem Beispiel um 200 mm (2 · 100 mm) erhöht werden und damit 1 750 mm betragen kann.
Man kann also durch diese Maßnahme entsprechend höhere Lasten sicher transportieren, ohne dass mit einer reduzierten Tragfähigkeit und ggf. zusätzlich kleinerer Fahrgeschwindigkeit gearbeitet werden muss.
Dies gilt allerdings nur unter der Voraussetzung, dass die Last nicht über die Hubhöhe hinaus angehoben wird, die für die Hubmasthöhe einschließlich des Abstandes „D" nach oben im Tragfähigkeitsdiagramm/in der Lasttabelle festgelegt ist. Wird diese Höhe überschritten, ist das Übermaß von „D" der Hubhöhe hinzuzurechnen.

Ein Beispiel:
Ist der Hubmast 7 000 mm, und die Lasthöhe „$h_{2.1}$" beträgt 1 710 mm, ist das Übermaß von 355 mm bei der Lasthubhöhe von 7 500 mm zu Grunde zu legen. Der Stapler ist statt mit ≤ 7 000 kg nur mit ≤ 6 000 kg zu belasten.

Weitere Ausführungen zu den Tragfähigkeiten s. Abschnitt 2.5, Absatz „Tragfähigkeitsdiagramm/Traglasttabelle".

Achtung!

Die Ermittlung der für die Standsicherheit im Fahrbetrieb festgelegten Ladeeinheitshöhen haben wir unabhängig von den zulässigen Höhen des Ladegutes für die erforderlichen Sichtverhältnisse auf die Fahrbahn beim Rückwärtsfahren vorgenommen. Sie sind selbstverständlich bei der Bestimmung der Ladeeinheitshöhen zu berücksichtigen. Ggf. sind Rückwärtsfahrten angesagt oder Schubmaststapler bzw. Frontstapler mit Dreh- oder Hochsitz (Getränkestapler) bereitzustellen (s. Abschnitte 4.5.2 und 4.5.3).

Achtung!

Wird eine Last mit einem Lastschwerpunktabstand transportiert, der länger ist als der Normabstand „D", in unseren Beispielen von 500 mm (bis auf den Schubmaststaplereinsatz), so bleibt dabei der Abstand „D" nach oben als „Richtschnur" unverändert. Dies gilt auch beim Einsatz von Euro-Paletten. Ihre normgerechte Ausführung hat darauf keinen Einfluss. Wird eine Euro-Palette in Längsrichtung aufgenommen, liegt der Lastschwerpunkt bei 600 mm. Die Staplertragfähigkeit ist entsprechend herabzusetzen. Der Abstand „D" nach oben bleibt davon unberührt.

Merke

Will man höhere Ladeeinheiten als die auf der Grundlage der Normen ermittelten Werte transportieren, ist der Hersteller vorher schriftlich zu Rate zu ziehen!

Nebeneffekt dieser kleinen Abstände der Last zum Fahrweg: Bei diesen Bodenfreiheiten bleibt der Hubmast in der Regel noch im Hubgerüst, weil sich in diesem Maßbereich der Freihub des Hubmastes befindet. Die Staplerbauhöhe wird also nicht vergrößert, wodurch wiederum die Stapler ohne Anstoßgefahr problemlos niedrige Tordurchfahrten passieren können.

Merke

Lasten, auch nicht beladene Lastaufnahmemittel, nur bodenfrei, möglichst im Abstand von 50 mm bis 100 mm zur Fahrbahn mit zurückgeneigtem Hubmast verfahren!
Hubmast vor dem Ein- und Auslagern lotrecht einstellen, sodass die Gabelblätter waagerecht ausgerichtet sind!

Von der Vorschrift, die Last stets bodenfrei ≤ 300 mm/500 mm, am besten 50 mm bis 100 mm vom Fahrweg = tief zu verfahren, darf nur abgewichen werden, wenn der Stapler für das Fahren mit angehobener Last gebaut ist, z. B. mit erhöhter Standsicherheit, bauartbedingter geringer Fahrgeschwindigkeit oder dgl. (s. a. Kapitel 3, Abschnitt 3.3 „Sonderbauarten") oder ein Sachverständiger die Standsicherheit des Staplers nach Prüfung, unter Einbeziehung der örtlichen Gegebenheiten, durch ein Gutachten nachgewiesen hat.

Hubmast beim Aus- und Einlagern lotrecht eingestellt

Hubmaststellung zum Aus- und Einlagern

Der Hubmast ist vor dem Ein- und Ausstapeln weitgehend lotrecht einzustellen. Und zwar so, dass die Lastaufnahmemittelfläche, z. B. die Gabelblätter waagerecht stehen (s. a. Abschnitt 2.3, Absatz „Schwerkraftlinie" und Abschnitt 2.4.1, Absatz „Trägheitskraft").

Auch bei Staplern mit großer zulässiger Traglast gilt es bei Lager- und Stapelarbeiten den Hubmast lotrecht auszurichten bzw. so einzustellen, dass die Last waagerecht liegt.

Damit bleibt der Lastschwerpunkt auch oben unverändert, und der Lastschwerpunkt und damit der Gesamtschwerpunkt wird nicht nach hinten in Richtung Standsicherheitsdreieck verlagert. Dies würde den Stapler seitlich kippempfindlicher machen, was besonders bei Ein-/Auslagerungsarbeiten, z.B. in Regalen, auf Galerien und auf/von Stapeln, gefährlich ist. Denn hierbei werden zwangsläufig Kurven gefahren und diese haben noch dazu einen kleinen Radius, was die Kippgefahr zur Seite zusätzlich erhöht (s. Abschnitt 2.4.1, Absatz „Fliehkraft").

Bewegungen, die bei hochgehobenem Lastträger Kräfte hervorrufen (z. B. Trägheits- und Fliehkräfte), die die Lage des Gesamtschwerpunktes verändern und damit die Maschine „aus dem Lot bringen", werden schon allein dadurch minimiert, dass der Hubmast lotrecht ausgerichtet wird und damit das Gabelblatt waagerecht steht. Das gilt sowohl mit als auch ohne Last.

Es gilt im Übrigen auch für Teleskopstapler. Auch hier haben die Gabelblätter waagerecht zu stehen.

Zusammengesetzte Kraft

Die beim Flurförderzeugbetrieb auftretenden dynamischen Kräfte haben meistens keine lotrechte

Ein- und Auslagern mit Teleskopstapler bei waagerechten Gabelblättern.

Wirkung. Aus der Gesamtgewichtskraft mit ihrer lotrechten, zum Erdmittelpunkt gerichteten Wirkungslinie und den anderen Kräften bildet sich eine zusammengesetzte Kraft, die wir Resultierende „R" nennen. Sie wirkt mehr oder weniger schräg.

Diese Kraft greift beim Stapler mit Last am Gesamtschwerpunkt „GL" und bei einem unbeladenen

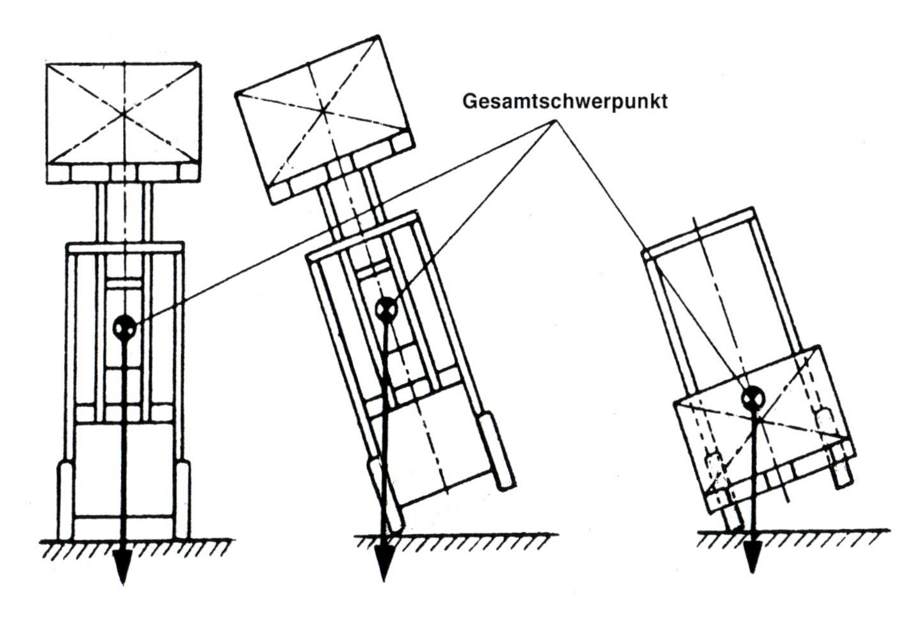

Grafische Darstellung der Auswirkung der Schrägstellung eines Staplers bei unterschiedlichen Lastschwerpunkthöhen zur Kippkante.

Stapler am Eigenschwerpunkt „G" des Staplers an. Fällt ihre Wirkungslinie aus dem Standsicherheitsdreieck des Staplers heraus, kippt er um.

S = Gesamtschwerpunkt
h = Abstand zur Standfläche
R = Resultierende/Zusammengesetzte Kraft

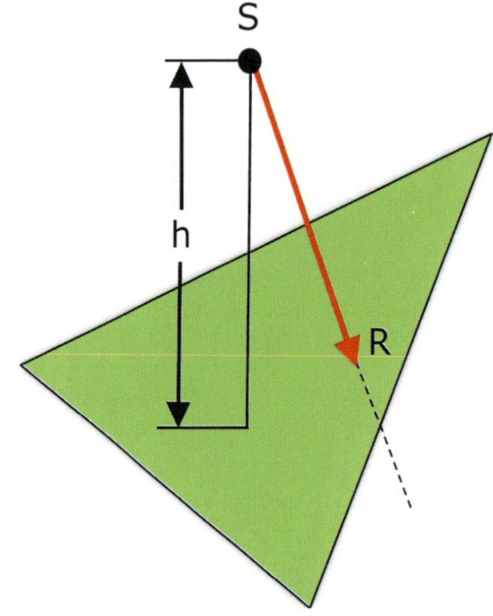

Grafische Darstellung eines Umsturzfalls. Summe aller Kräfte in Größe und Richtung → Resultierende außerhalb der Standsicherheitsfläche.
Es besteht höchste Kippgefahr.

Diese Umsturzgefahr ist umso größer, je weiter sich der Gesamtschwerpunkt eines beladenen Staplers bzw. der Eigenschwerpunkt eines unbeladenen Staplers in der Höhe „h" vom Verkehrsweg entfernt befindet (s.a. Abschnitt 2.3, Absatz „Standsicherheit von Staplern").

Vorschriftsmäßige Fahrweise

Hierzu ein einfacher Beweis:

Sie nehmen einen Zollstock, klappen drei Glieder auf und halten ihn mit der linken Hand, mit dem schweren Ende nach unten hängend, locker in der Nähe Ihres eigenen Schwerpunktes (in Bauchnabelhöhe) fest. Jetzt drücken Sie ihn mit der rechten Hand leicht am zweiten Glied des Zollstockes um ca. 5 cm nach links, so als würde eine Fliehkraft wirken. Sie erkennen, dass das Zollstockende immer noch zwischen Ihre Füße – Standfläche – zeigt. Danach stellen Sie sich auf Ihre Zehenspitzen und klappen den Zollstock um ein weiteres Glied auf. Wieder halten Sie ihn leicht oben nahe Ihres Bauchnabels fest und drücken ihn jetzt wiederum am zweiten Teil von oben um ca. 5 cm nach links. Jetzt zeigt das Zollstockende außerhalb Ihrer Standfläche.

Merke

Die Abweichung der Schwerkraftlinie durch dynamische Kräfte ist möglichst klein zu halten!

Bei gleicher Kraftlinienabweichung würde also die Resultierende „R" außerhalb der Standfläche des Staplers herausfallen und der Stapler umstürzen. Diese Kräfte treten im Fahrbetrieb bei allen Flurförderzeugbauarten, ob Frontstapler, Mitgänger-Flurförderzeuge, Hubwagen, Regal-, Kommissionierstapler, Kommissioniergeräte, Wagen oder Schlepper auf. Nur beim Betrieb von Staplern ist die Auswirkung der Kräfte wegen der zusätzlichen Bewegung (Heben von Lasten in großen Höhen und dort bewegen) gravierender.

Für Außenstehende, auch Einsatzleiter, erscheint die Rechnung mit Millimetern, Standsicherheitsflächenbetrachtungen, Traglast- und Geschwindigkeitsreduzierungen übertrieben, aber das ist es nicht.

Jedem ist sicher noch das Umstürzen des Testwagens eines namhaften Autoherstellers beim „Elchtest" (Slalomfahrt) im Gedächtnis. – Kein Fachmann hat darüber gelächelt.

Der Autohersteller hat sofort reagiert und u.a. folgende Maßnahmen ergriffen:

- Die Wagenschwerpunktlage wurde um ~ 20 mm gesenkt.
- Es wurden härtere Federn und straffere Dämpfer

ausgewählt → weniger Neigung
- Der vordere Stabilisator wurde verstärkt.
- Der Fahrzeugtyp wurde mit Breitreifen bestückt → größere Reibung
- Ein elektronisches Stabilitätsprogramm wurde installiert → hält die dynamischen Kräfte klein

Damit wurden hauptsächlich die Standfläche vergrößert, Beschleunigungskräfte und dgl. „gezähmt", deren Angriffspunkt/Schwerpunkt tiefer gelegt und die Resultierende „R" so nah wie möglich in der Längsachsmitte des Fahrzeugs gehalten.

Ergebnis: Das Fahrzeug bestand danach fehlerfrei jeden Test.

Die Flurförderzeughersteller führen gemäß Normvorgabe auch Standsicherheitsversuche unter Berücksichtigung eines Fahrergewichtes von 90 kg und der entsprechenden Last, z.B. mit dem Abstand der Unterseite von 1 000 mm eines aufgenommenen Containers bis zur Oberfläche des maximal eingedrückten Fahrersitzes, durch, und dies auch für Stapler mit > 10 000 kg zulässiger Tragfähigkeit.

Stapler auf dem Prüfstand beim Standsicherheitstest gemäß Normvorgabe

2.4.4 Bestimmungsgemäße Lastbewegung

Wissenschaftliche Reihenversuche von Arbeitsspielen

Die vorschriftsmäßige Lastbewegung, also die Einstellung des Hubmastes in lotrechte Position vor dem Ladevorgang, wird von vielen Fahrern und Einsatzleitern für übertrieben und zeitraubend gehalten. Dem ist jedoch nicht so. Seit Jahren haben wir es mit zahlreichen Versuchen nachgewiesen.

Hierbei führen die Teilnehmer (angehende Fahrlehrer) folgende Arbeitsspiele aus:
Von einem Startplatz aus wird mit einem Frontstapler mit bodenfrei eingestellter Gabel und zurückgeneigtem Hubmast auf einen Stapel von drei leeren Gitterboxen zugefahren. Von ihm wird eine Box abgestapelt. Mit dieser Box wird nach wieder bodenfrei eingestellter Gabel rückwärts zum Startplatz zurückgefahren. Danach wird die Box auf einen Stapel mit zwei Gitterboxen, der neben dem ersten Stapel steht und ursprünglich aus drei Boxpaletten bestand, abgesetzt. Folgend wird der Stapler wieder rückwärtsfahrend am Startplatz stillgesetzt.
Jede Fahrt wird mit den Gabelzinken in Bodennähe durchgeführt.
Dieses Arbeitsspiel wird von jedem Teilnehmer je einmal vorschriftsmäßig und vorschriftswidrig durchgeführt.

Fahrlehrer beim Reihenversuch von Arbeitsspielen

Bei An- und Abfahrt/Fahrvorgang: Hubmast zurückgeneigt und Last bodennah verfahren

Vorschriftsmäßige Fahrweise:
Der Stapler wird mit zurückgeneigtem Hubmast (Abstand zur Fahrbahn ca. 50 mm bis 100 mm) vor den Stapel gefahren. Hubmast lotrecht einstellen, Gabel hochfahren, Gitterbox aufnehmen, Gitterbox in lotrechter Hubmaststellung bodenfrei (≤ 100 mm) absenken, Hubmast zurückneigen und rückwärts zum Startplatz zurückfahren. Danach die Last unter lotrechter Maststellung auf den zweiten Stapel absetzen. Hubmast lotrecht eingestellt belassen, Gabel bodenfrei absenken, Hubmast zurückneigen und rückwärts zum Startplatz fahren.

Vorschriftswidrige Fahrweise:
Stapler wird mit zurückgeneigtem Hubmast auf den Stapel zugefahren, wobei die Gabelzinken schon hochgehoben werden. Erst danach wird der Hubmast oben weitgehend lotrecht eingestellt. Die Last wird aufgenommen und der Hubmast vollständig zurückgeneigt, und gleichzeitig der Hubmast zur Bodenfreiheit abgesenkt sowie rückwärts auf den Startplatz gefahren. Danach wird die Gitterbox in der oben beschriebenen Art auf dem Zweier-Boxenstapel abgesetzt. Folgend wird der Hubmast sofort vollständig zurückgeneigt und während der Rückwärtsfahrt zum Startplatz die Gabel bodenfrei (≤ 100 mm) abgesenkt. Dort wird der Stapler vorschriftsmäßig (mit den Gabelzinkenspitzen auf dem Boden) stillgesetzt.

Bei diesen Arbeitsspielen werden je folgende Werte pro Teilnehmer in einem Protokoll erfasst: Die benötigte Arbeitsspielzeit und die Anzahl der Steuerbefehle sowohl für die Hubmaststellung als auch die Fahrbewegungen beim jeweiligen Stapelvorgang vor dem Stapel.

Die Daten werden gegenübergestellt und die Differenzen errechnet.

Das Ergebnis ist seit Jahren im Durchschnitt immer das gleiche:

Die Zeiten sind gleich mit einem leichten Plus beim vorschriftswidrigen Fahren, wobei dieses Plus im negativen Sinne immer nur durch im Steuern von Staplern geübten Teilnehmern erzielt wird. Die Anzahl der Steuerbewegungen und dgl. sind beim vorschriftsmäßigen Fahren jedoch wesentlich geringer.

Um Vor-/Nachteile durch Übungen auszuschalten, wird bei diesem Reihenversuch abwechselnd erst mit vorschriftsmäßiger – und vom nachfolgenden Teilnehmer mit der vorschriftswidrigen Fahrweise begonnen.

Ergebnis und Folgerungen:

Die Konzentrationsanforderung an die Teilnehmer über längere Zeit ist bei vorschriftsmäßiger Arbeit geringer und die möglichen Schäden/Unfälle, z. B. durch Herabfallen von Boxen bzw. Anstoßen an einen Parallelstapel, sind geringer.

Der gesparte Zeitaufwand bei der vorschriftswidrigen Arbeit gleicht die störungsfreien und sicheren Steuertätigkeiten nicht aus. Es fährt auch kein verantwortungsvoller Autofahrer durch eine geschlossene Ortschaft mit 80 km/h, nur weil es schneller geht. Das höhere Unfallrisiko ist dies nicht wert.

Zwei Beispiele vorschriftsmäßiger Arbeitsweisen für die Praxis, bei denen alle dynamischen Kräfte am Stapler wirken, mit Beschreibung der Steuertätigkeit:

So werden diese Kräfte im Griff gehalten, und die Standsicherheit bleibt gewährleistet. Vorausgesetzt, die wirkliche Tragfähigkeit des Staplers wird nicht überschritten.

1. ***Ein- und Auslagern von Gütern in/aus Regalen, auf/von Lagerböden und Stapeln, insbesondere mit Frontstaplern***

   Zum Einlagern wird möglichst nahe (ca. 0,5 m und näher) mit zurückgeneigtem Hubmast und abgesenkter Last (Laststellung ≤ 100 mm, maximal 300 mm des Gabelknicks von der Fahrbahn entfernt) an ein Regal, einen Lagerboden oder Stapel herangefahren. – Das Heranfahren mit abgesenkter Last bzw. das Absenken der Last vor dem Zurücksetzen des Staplers ist besonders wichtig bei Hubhöhen über 1,50 m. Bei niedrigeren Lagerniveauhöhen könnte, wie auch beim Be- und Entladen von Fahrzeugen, das Anheben bzw. Absenken der Last/der unbeladenen Gabel während gleichzeitiger Rangierfahrt mit Fahrtgeschwindigkeiten ≤ 4 km/h fließend erfolgen. Danach wird der Hubmast so eingestellt (lotrecht), dass sich die Last/Gabel waagerecht befindet und folgend die Last auf das Lagerniveau angehoben und mit geringer Geschwindigkeit über die Lagerfläche gefahren.

   Befindet sich die Last über der Lagerfläche, kann zum leichteren Absetzen der Last der Hubmast leicht nach vorn geneigt werden. Zum Absetzen der Last wird der Hubmast wieder lotrecht (Last waagerecht) eingestellt und die Last abgesetzt. Daraufhin wird die Gabel durch geringfügiges Anheben freigesetzt und durch Zurücksetzen des Staplers (vorher rückwärts schauen) herausgefahren.

   Nachdem die Gabel die Lagerfläche verlassen hat, wird sie bis auf 50 mm bis 100 mm, mindestens aber auf 500 mm, z.B. bei Schubmaststaplern und Hochhubwagen, zur Fahrbahn abgesenkt, und der Hubmast, wenn möglich etwas zurückgeneigt. Erst dann wird der Stapler weiter zurückgefahren (hierbei wieder zurückschauen), um seine Fahrt zur nächsten Arbeitsaufgabe aufnehmen zu können.

Mit abgesenkter Last wird zum Einlagern auf das Regal zugefahren

Auch mit Mitgänger-Flurförderzeugen wird die Last beim Ein- und Auslagern in Tiefstellung gefahren

Beim Ein- und Auslagern: Hubmast lotrecht eingestellt

Last vor und während der Fahrt in Tiefstellung abgesenkt

Zum Auslagern wird mit abgesenkter Gabel ca. 0,5 m oder näher an das Regal oder dgl. herangefahren, der Hubmast lotrecht (Gabel waagerecht) eingestellt und die Gabel auf das Lagerniveau angehoben. Danach wird die Gabel in die Palette eingefahren. Hierbei kann, nachdem sich die Gabel mit ihren Gabelzinkenspitzen über der Lagerfläche befindet, der Hubmast leicht nach vorn geneigt werden, um z.B. einfacher „einfädeln" zu können. Nachdem die Palette mit den Gabelzinken möglichst weit unterfahren wurde, sodass sich ihr Rand nahe an dem Gabelschaft/-rücken befindet, wird der Hubmast wieder lotrecht (Last waagerecht) eingestellt, die Last leicht angehoben und von der Stapelfläche herausgefahren (vorher zurückschauen). In waagerechter Stellung der Last wird sie bis auf 50 mm bis 100 mm, mindestens aber auf 300/500 mm, bis zur Fahrbahn abgesenkt und der Hubmast zurückgeneigt. Erst nach Erreichen dieser Stellung setzt man mit dem Stapler weiter zurück (rückwärtsschauen), um seine Fahrt wieder aufnehmen zu können.

Sowohl beim Einlagern als auch beim Auslagern sollte in Stellung des Staplers vor dem Regal, besonders beim Stapeln in großen Höhen (über 4 m), die Feststellbremse angezogen werden. Bei geringeren Hubhöhen muss der Fahrer wenigstens in steter Bremsbereitschaft sein (Fuß auf dem Bremspedal, außer bei hydrostatischem Getriebe, denn hier wirkt das Getriebe als Bremse (s. Kapitel 3, Abschnitt 3.1, Absatz „Hydrostatische Steuerung")).

2. ***Be- und Entladen von Transportmitteln/Fahrzeugen, insbesondere mit Frontstaplern***

Zum Beladen wird mit dem Stapler bis auf ca. 1 m an das Fahrzeug mit möglichst zurückgeneigtem Hubmast und Last in Tiefstellung (ca. 50 bis 100 mm, mindestens aber bis auf 300 mm vom Gabelknick bis zum Fahrweg) herangefahren. Hierbei wird die Fahrgeschwindigkeit auf ≤ 4 km/h, am besten ≤ 2,5 km/h, vermindert (normales Geh-Tempo). Erst danach darf, während der Stapler weiter langsam auf das Fahrzeug zufährt, die Last langsam in Diagonalfahrt im Winkel von ca. 45° auf die Fahrzeugbodenhöhe angehoben und der Hubmast lotrecht (Last waagerecht) eingestellt werden. Nachdem sich die Gabel mit der Last über dem Fahrzeugboden befindet, darf der Hubmast, wenn überhaupt erforderlich, nach vorn geneigt werden. – In der Regel wird dies getan, damit der Fahrer an der Vorderkante der Last das Absetzen genauer einsehen kann.

Diagonalfahrt = Fahrt, bei der gleichzeitig das Lastaufnahmemittel gehoben / gesenkt wird.

Zum Absetzen der Last wird der Hubmast lotrecht eingestellt und die Last abgesetzt. Danach wird die Gabel zum Freisetzen von der Palette leicht angehoben und die Gabel aus der Palette herausgefahren (vorher rückwärts schauen). Bei weiterer Rückwärtsfahrt (mit ≤ 4 km/h und zurückschauen) wird die Gabel in Diagonalfahrt im Winkel von ca. 45°, wobei gleichzeitig der Hubmast zurückgeneigt wird, auf Fahrthöhe (ca. 50 bis 100 mm, aber mindestens bis zu 300 mm, zur Fahrbahn) abgesenkt. Erst danach wird die Fahrt mit normaler Geschwindigkeit möglichst mit ausreichender Sicht auf die Fahrbahn vorwärts fortgesetzt.

Zum Entladen eines Fahrzeugs wird der Stapler bis auf ca. 1 m an das Fahrzeug herangefahren. Mit verminderter Geschwindigkeit (ca. 4 km/h) weiterfahrend, wird die Gabel auf Fahrzeugbodenhöhe angehoben und der Hubmast dabei in Diagonalfahrt im Winkel von 45° an die Ladefläche herangefahren, wobei gleichzeitig der Hubmast lotrecht eingestellt wird. Nachdem die Gabel möglichst weit unter die Palette gefahren wurde (Last nah am Gabelschaft/-rücken), wird die Last leicht angehoben und aus dem Fahrzeug mit lotrechtem Hubmast (Last waagerecht) herausgefahren (vorher zurückschauen). Hat die Last den Fahrzeugboden verlassen, wird die Last bis auf ca. 50 bis 100 mm, aber mindestens bis zu 300 mm, zur Fahrbahn abgesenkt und der Hubmast zurückgeneigt. Während des Absenkens der Last kann der Stapler mit verminderter Geschwindigkeit (≤ 4 km/h, am besten mit v = 2,5 km/h, bei gleichzeitigem Zurückneigen des Hubmastes in Diagonalfahrt) zurücksetzen. Erst nachdem die Laststellung, ca. 0 bis 100 mm, aber mindestens bis zu 300 mm, zur Fahrbahn, erreicht wurde, darf die Fahrt mit normaler Geschwindigkeit fortgesetzt werden.

Optimaler Ladevorgang: Hubmast lotrecht und langsam ein- und ausladen

Egal welches Transportmittel beladen wird: Hubmast ist immer lotrecht. Hier im Einsatz: Anbaugerät, mit dem in das 2. Glied geladen werden kann.

Werden zum Be- und Entladen auf das Fahrzeug zu oder vom Fahrzeug weg (analog zu Regalen, Lagerböden oder Stapeln) Kurven gefahren, zu denen Lenkungseinschläge größer als ± 10° erforderlich sind (enge Kurven), ist die Last bis kurz vor die Lagerfläche auf ca. 500 bis 100 mm, aber mindestens bis zu 300 mm, zur Fahrbahn zu halten bzw. nach dem Entladen sofort bis auf ca. 50 bis 100 mm, aber mindestens bis zu 500 mm bei lotrecht/senkrecht eingestelltem Hubmast und 300 mm (Gabelknick) bei zurückgeneigtem Hubmast, zur Fahrbahn abzusenken. Dies gilt auch unabhängig von einer Kurvenfahrt, wenn die Fahrbahn eine größere Neigung

Optimal: Stapler vorne – Ladevorgang mit lotrechtem Hubmast. Stapler hinten – Last abgesenkt und Hubmast zurückgeneigt vor Fahrtbeginn nach dem Entladen bzw. bis kurz vor dem Ladevorgang

als 1 % nach vorn oder zur Seite hat, bzw. Lasten transportiert werden, deren Lastschwerpunkt hoch liegt, bei Staplern für Traglasten > 1 000 kg bis 5 000 kg z. B. höher als 500 mm vom Gabelblatt entfernt. Dieses Maß kann um den Wert erhöht werden, um den der Lastschwerpunktabstand (Normabstand) ≤ 500 mm (s. Abschnitt 2.4.3, Absatz „Kraftwirkung am Schwerpunkt").

Bei Staplern von 5 000 kg bis 10 000 kg Tragfähigkeit und bei Schubmaststaplern wäre das Maß z. B. 600 mm, da der Normabstand des Lastschwerpunktes (nach vorn und nach oben) 600 mm beträgt.

Anmerkung

Zur Erinnerung: Das Entfernungsmaß der Last zur Fahrbahn (bodenfrei) ist bei lotrecht eingestelltem Hubmast vom Gabelblatt 500 mm und mit zurückgeneigtem Hubmast/am Gabelknick 300 mm (s. Abschnitt 2.4.3, Absatz „Kraftwirkung am Schwerpunkt").
Erläuterungen über die sichere Gestaltung und Ausführung der für einen unfallsicheren Arbeitsablauf beim Be- und Entladen von Fahrzeugen erforderlichen Baulichkeiten und Einrichtungen sowie der Umgang mit ihnen sind im Kapitel 4, Abschnitt 4.1.2.2 niedergeschrieben.

6. Grundsatz

→ Lasten, auch nicht beladene Lastaufnahmemittel, möglichst nur bodenfrei (≤ 50 mm bis 100 mm) mit zurückgeneigtem Hubmast verfahren!

→ Vor dem Aus- und Einlagern von Gütern und Stapeln Hubmast möglichst lotrecht einstellen, sodass das Lastaufnahmemittel waagerecht steht!

→ Vor Fahrtbeginn Hubmast möglichst zurückneigen!

→ Auf Schlaglöcher und rutschige Fahrwegstrecken achten sowie Schäden und Unebenheiten meiden!

→ Dynamische Kräfte klein halten!

→ Fahr- und Hubmastbewegungen mit hochgehobener Last bzw. unbeladenem Lastaufnahmemittel möglichst vermeiden und wenn notwendig nur gering und „sanft" vornehmen!

→ Die gemeinsame Wirkungslinie aller Kräfte Resultierende „R" nahe der Längsachsmitte des Flurförderzeugs halten!

2.5 Tragfähigkeit von Flurförderzeugen

Grundsätzliches

Alle erläuterten Kräfte und das Hebelgesetz beeinflussen die zulässige/wirkliche Tragfähigkeit/Traglast des Staplers. Wir haben gelernt, sie zu beherrschen und anzuwenden.

Wie wird nun die wirkliche Tragfähigkeit eines Staplers ermittelt?

An jedem Stapler, ggf. an jedem Anbaugerät und Anhänger, muss je ein Fabrikschild (Typenschild) angebracht sein. Darauf muss u.a. das Eigengewicht und die höchstzulässige Belastung (= wirkliche Tragfähigkeit) angegeben sein. Die wirkliche Tragfähigkeit der Gabelstapler (s.a. Kapitel 3, Abschnitt 3.1) wird auf einen bestimmten Lastarm bei lotrecht eingestelltem Hubmast, mittig aufgenommener Last und einer Hubhöhe, die in der Regel über der Nennhubhöhe liegt, bezogen (s. Abschnitt 2.2, Absatz „Lastschwerpunktabstand – Lastarm" und Abschnitt 2.4.3).

Anmerkung

Für Stapler mit betriebsmäßiger Außermittigkeit gelten besondere Standsicherheitsbedingungen (Hersteller zu Rate ziehen – s.a. Kapitel 4, Abschnitt 4.3, Absatz „Lastaufnahme aufzuhängender Lasten").

Kann die Last nicht mittig aufgenommen werden (Lastschwerpunkt unterfangen), ist die Tragfähigkeit eingeschränkt (s.a. Abschnitt 2.2, Absatz „Mittige Lastaufnahme").

Tragfähigkeitsdiagramm/Traglasttabelle

Die Tragfähigkeit ist neben der Grundkonstruktion, bezogen auf den Normabstand, bei der Lastaufnahme abhängig vom Lastschwerpunktabstand und damit vom Lastarm (s.a. Abschnitt 2.3). Damit der Fahrer des Gerätes Anhaltswerte hierüber hat, wird am Gabelstapler ein Tragfähigkeitsdiagramm oder eine Lasttabelle über die wirklichen Tragfähigkeiten angebracht.

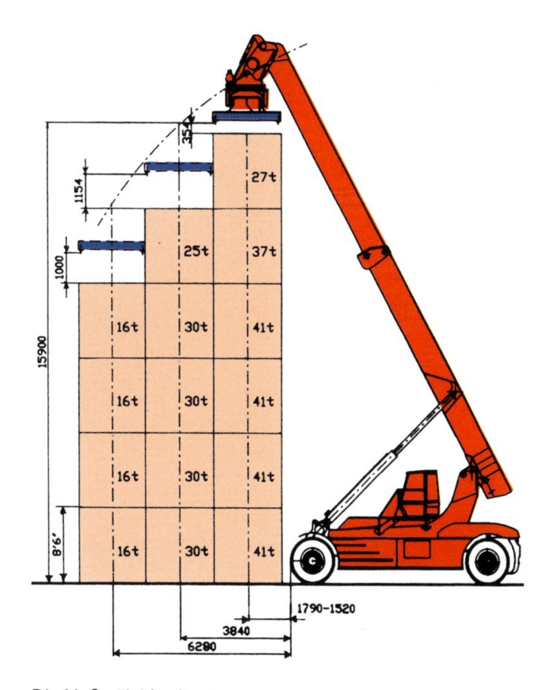

Die Maße 8'6" bedeuten:
' = 1 Fuß (ft) = 304,75 mm
" = 1 Zoll = 1 inch (in) = 25,395 mm

Traglastdiagramm eines Teleskopstaplers – Reach Stacker für 41 t Traglast

Bei einem Diagramm ist in der Regel das Gabelsymbol abgebildet, auf dem unten auf der Längsseite der Gabelzinken die Lastschwerpunktabstände eingezeichnet sind. Auf dem waagerechten Gabelzinkenteil/ Gabelblatt sind die Tragfähigkeiten in Abhängigkeit vom Lastarm angegeben. Zur Ermittlung der zulässigen Traglast in Abhängigkeit vom Lastarm sind jeweils die entsprechenden Diagrammlinien zu verfolgen, bis sie sich treffen. Ihr Treffpunkt darf nie über der Hubmastlinie/-kurve liegen.

Bei einer Lasttabelle sind die Lastschwerpunktabstände und Hubhöhen direkt angegeben und die zulässigen Traglasten und Lastschwerpunktabstände tabellenartig abzulesen.

Bei Teleskopstaplern sind die Diagrammlinien in Form einer Kurve dargestellt, weil der Hubmast bei ihnen am Lastaufnahmemittel beim Heben und Senken der Last eine Kurve beschreibt. Ist der

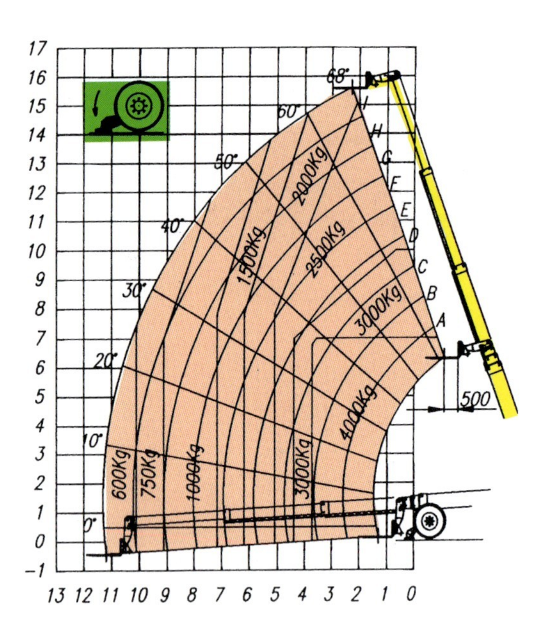

Tragfähigkeitsdiagramm eines Teleskopstaplers mit veränderlicher Reichweite, Rüstzustand: abgestützte Vorderachse gemäß DIN EN 1459 Tabelle A

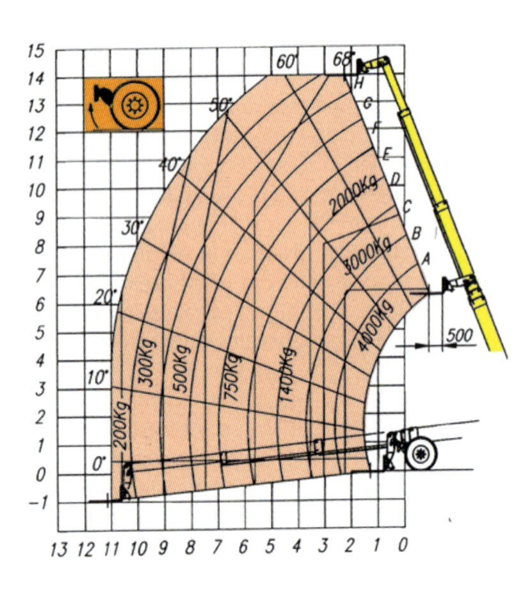

Tragfähigkeitsdiagramm eines Teleskopstaplers mit veränderlicher Reichweite, Rüstzustand: nicht abgestützte Vorderachse gemäß DIN EN 1459 Tabelle A.

Stapler mit einer Abstützvorrichtung ausgerüstet, sind zwei Diagramme angegeben: Einmal für das Ein- und Auslagern von Lasten mit in Funktion gebrachter (vollständig abgesetzter) Abstützeinrichtung und einmal ohne den Einsatz der Abstützung (s. a. Kapitel 3, Abschnitt 3.3.3, Absätze „Teleskopstapler" und „LKW-/Mitnahmestapler").

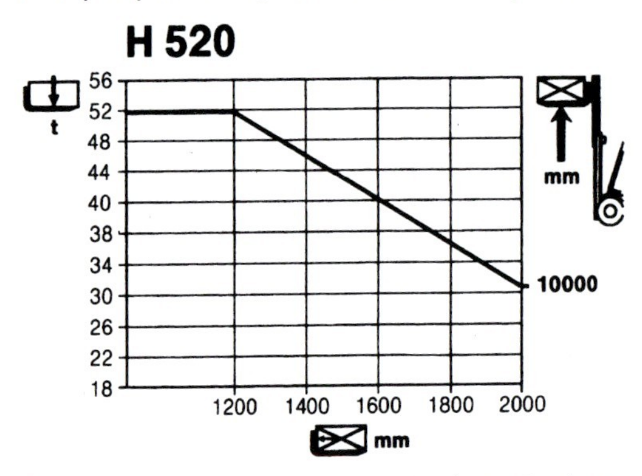

Traglastdiagramm eines Containerstaplers für 52 t Traglast, hier für 10 m Hubhöhe.

Die Tragfähigkeit ist höher, wenn der Lastschwerpunktabstand kleiner ist.

Der Lastschwerpunktabstand wird (bei lotrecht eingestelltem Hubmast) vom vorderen Teil des Gabelschaftes/Gabelrückens (senkrechter Teil der Gabel) bis zum Schwerpunkt der Last gemessen. Befindet sich der Lastschwerpunkt höher als die Oberkante des Gabelschaftes/-rückens bzw. des Trägerschildes, z. B. für einen Dorn, ist die nach oben senkrecht gedachte Linie an der Vorderkante des Trägerschildes als zweiter Messbezugspunkt zu nehmen.

Anmerkung

Der Schwerpunkt liegt natürlich nur dann in der Mitte (halbe Palettentiefe), wenn die Palette gleichmäßig beladen ist. Ist die Palette einseitig beladen, liegt auch der Schwerpunkt einseitig.

Der Gabelschaft/Gabelrücken ist die Stelle, an der die Ladung möglichst immer anliegen soll. Wird also die Gabel in eine Palette in Querrichtung eingefahren, bei 800 mm Tiefe der Palette, so ist der Lastschwerpunktabstand bei 400 mm (die halbe Tiefe). Würde die Palette in Längsrichtung aufgenommen werden, bei 1 200 mm Tiefe der Palette, liegt der Schwerpunkt der Last bei 600 mm. Der Lastschwerpunktabstand beträgt demnach 600 mm.

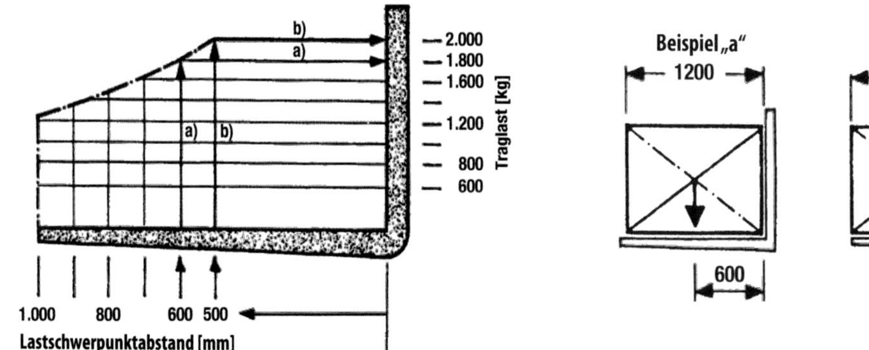

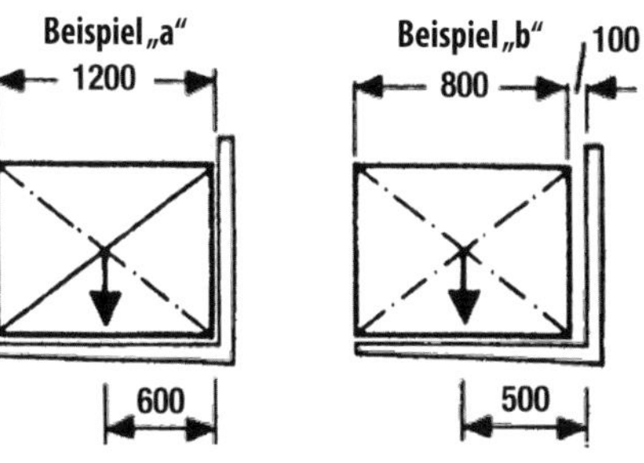

Tragfähigkeitsdiagramm eines Staplers mit Hubmast zum Üben, Belastungsbeispiele „a" und „b".

Anhand des abgebildeten Diagramms können wir uns den Einfluss des Lastschwerpunktabstandes nochmals verdeutlichen.

Beispiel „a":
Eine Europalette, vollständig beladen mit gleichmäßiger Last, wird von dort, wo die Palette 1 200 mm tief ist, aufgenommen. Der Lastschwerpunktabstand beträgt also 600 mm (1/2 Palettentiefe).
Wie schwer darf die Last nach dem Diagramm sein, damit sie aufgenommen werden kann?

Der Lösungsweg ist mit Pfeilen und dem Buchstaben „a" eingezeichnet. Wir beginnen mit dem bekannten Abstand von 600 mm auf der waagerechten Seite der Gabel. Nun verfolgen wir die Linie, bis sie oben die schräge Kennlinie trifft. Von diesem Treffpunkt, oder auch Schnittpunkt genannt, verfolgen wir die Linie waagerecht nach rechts bis zum senkrechten vorderen Teil der Gabel (Gabelschaft). Dort lesen wir die wirkliche Tragfähigkeit in Kilogramm ab. Sie beträgt 1 800 kg.

Beispiel „b":
Die gleiche Palette wird von dort, wo sie 800 mm tief ist (Längsseite), aufgenommen. Der Lastschwerpunktabstand würde also nur 400 mm betragen. Wir können jedoch die Gabel bei der Lastaufnahme auf dem Stapel nicht ganz einfahren und behalten wegen sonst hervorstehender Gabelzinken (Gefahr von Beschädigung dicht dahinter stehender Güter) so ein freies Gabelmaß von 100 mm. Der Lastarm beträgt also 400 + 100 = 500 mm. Wir verfolgen die senkrechte Linie „b" ab der Angabe 500 mm bis zur Kennlinie oben. Vom Schnittpunkt gehen wir die Linie „b" waagerecht nach rechts und finden die Angabe 2 000 kg. Nur durch den geringen Abstand von 100 mm (600 mm zu 500 mm) können schon 200 kg mehr aufgenommen werden. Hätten wir die Gabel vollständig eingefahren, würde der Abstand nur 400 mm betragen und der Transport könnte noch sicherer als mit einem Lastarm von 500 mm abgewickelt werden (s. Ausführungen in „Ein weiteres Beispiel").

Bei normaler Lastaufnahme ist für den Lastschwerpunktabstand der Grundriss der Palette bzw. der Ladung maßgebend. Der Lastschwerpunktabstand ist bei gleichmäßig verteilten Lasten, z. B. Getränkekisten oder gefüllten Gitterboxpaletten, der halbe Abstand (gemessen vom Gabelschaft bis zur Mitte der Palette), vorausgesetzt, die Gabel wurde ganz in die Palette eingefahren. Ist dies nicht der Fall, muss das Maß des freien Teils der Gabel hinzugerechnet werden.

Ein weiteres Beispiel:
Ein Behälter von 1 m Breite und 1,40 m Länge wird von der Seite aufgenommen, dort, wo er 1 m tief ist. Dies ist bei gleichmäßiger Beladung die günstigste Art. Die Gabel kann jedoch nicht ganz eingeschoben werden, da sich Deckelverschlüsse an den beiden Schmalseiten befinden. Es bleiben dadurch 20 cm frei.

Der Lastarm setzt sich jetzt zusammen aus 0,20 m freiem Gabelteil und 0,50 m Schwerpunktabstand von der Behälterkante. Umgerechnet auf Millimeter beträgt der Lastarm dann
200 mm + 500 mm = 700 mm.

Man müsste also im Diagramm den Wert 700 mm auf dem waagerechten Gabelteil (Gabelblatt) des Diagramms suchen, dann senkrecht nach oben gehen, bis die gedachte Linie die Kennlinie schneidet, und dann nach rechts die gedachte Linie verfolgen, wo man dann die wirkliche Tragfähigkeit ablesen kann.

Wird der Normlastschwerpunktabstand nicht ausgeschöpft, z. B. beim Transport von Glaskisten hochkantstehend (und natürlich gesichert gegen Umfallen), kann die Tragfähigkeit nicht erhöht werden, trotzdem der Lastschwerpunktabstand geringer ist. Die Begründung liegt in der Konstruktion des Staplers, der auf die Normtragfähigkeit ausgerichtet ist. Entsprechend sind die Bremsen, der Antrieb, die Hubmastlager, die Neigungszylinder und die Hubketten ausgeführt. Darum beginnen die Traglastangaben in den Tabellen und auf Diagrammen stets mit dem Norm-Lastschwerpunktabstand.

Auch der Abstand des Lastschwerpunktes nach oben (von der Gabelauflagefläche/vom Gabelblatt aus) kann größer sein als jener, der der Nenntragfähigkeit zugrunde liegt! Auch dann ist die Tragfähigkeit herabzusetzen. Denn wird eine 2 m große Last angehoben, deren Schwerpunkt in der Mitte liegt, ist die wirkliche Hubhöhe gegenüber der Hubhöhe, die im Tragfähigkeitsdiagramm bzw. auf der Lasttabelle angegeben ist, wenn sie ausgenützt wird, um 0,50 m höher als der Normabstand. Es ist dann der Wert des größeren Hubmastes zugrunde zu legen. Eine größere Hubhöhe liegt de facto auch vor, wenn ein Dorn statt Gabelzinken, z. B. zum Transport von Coils, Papierrollen oder Teppichböden, eingesetzt wird, auch wenn er vor der Fahrt in Tiefstellung abgesenkt wird.

Weitere Beispiele – anderes Diagramm:

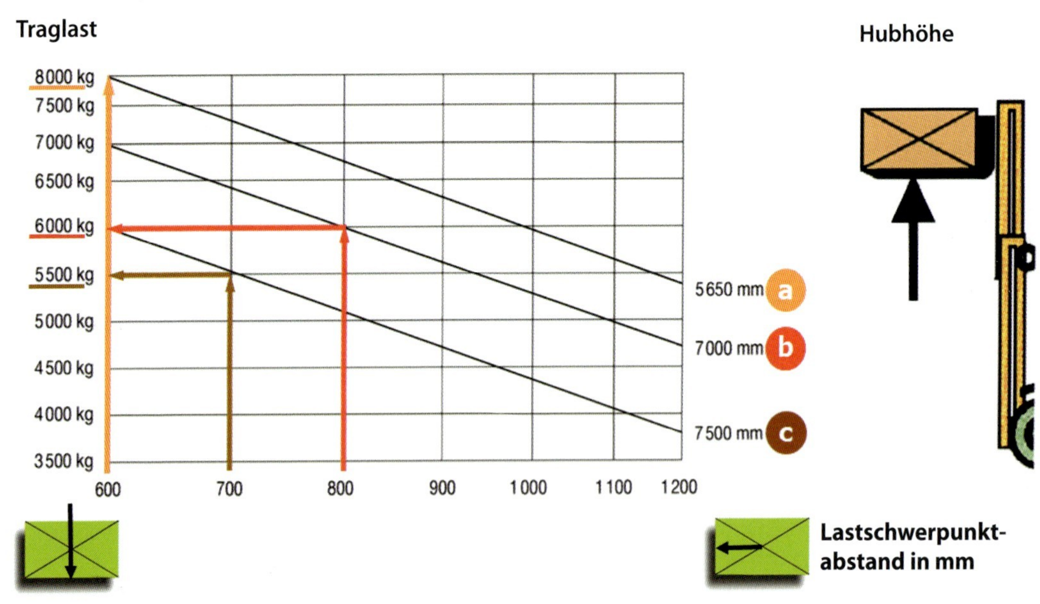

Tragfähigkeitsdiagramm eines Linde-Frontstaplers mit drei Hubmasten (a, b, c):

Drei Lösungsbeispiele für die zulässige Traglast in Abhängigkeit vom Lastschwerpunktabstand LSA und der Hubhöhe für diese Bauart:

1. LSA 600 mm ⟶ Hubhöhe (a) ⟶ Traglast 8 000 kg
2. LSA 800 mm ⟶ Hubhöhe (b) ⟶ Traglast 6 000 kg
3. LSA 700 mm ⟶ Hubhöhe (c) ⟶ Traglast 5 500 kg

Hubmast (a) 5 650 mm, LSA 600 mm = 8 000 kg Traglast; mit LSA 700 mm = 7 250 kg; 800 mm = 6 750 kg Traglast
Hubmast (b) 7 000 mm, LSA 600 mm = 7 000 kg Traglast; mit LSA 800 mm = 6 000 kg; 1 000 mm = 5 250 kg Traglast
Hubmast (c) 7 500 mm, LSA 600 mm = 6 000 kg Traglast; mit LSA 700 mm = 5 500 kg; 900 mm = 4 750 kg Traglast

Das liegt daran, dass ein Dorn in der Regel ein größeres Eigengewicht hat als die Gabelzinken. Darüber hinaus liegt sein Schwerpunkt höher zur Fahrbahn als der der Gabelzinken.

Gibt es in der Tabelle/auf dem Diagramm dazu keine Angaben, ist der Hersteller schriftlich zu befragen. Dieser wird in der Regel die Tragfähigkeit herabsetzen (s. a. Abschnitt 2.2, Absatz „Lastschwerpunktabstand – Lastarm" und Abschnitt 2.4.3, Absatz „Kraftwirkung am Schwerpunkt"). Natürlich kann auch ein Sachverständiger helfen. In den Traglastaufstellungen, in denen mehrere Hubmasthöhen angegeben sind, ist deutlich zu erkennen, dass die zulässige Traglast nach oben hin im Verhältnis zu den unteren Hubhöhen sehr stark abnimmt.

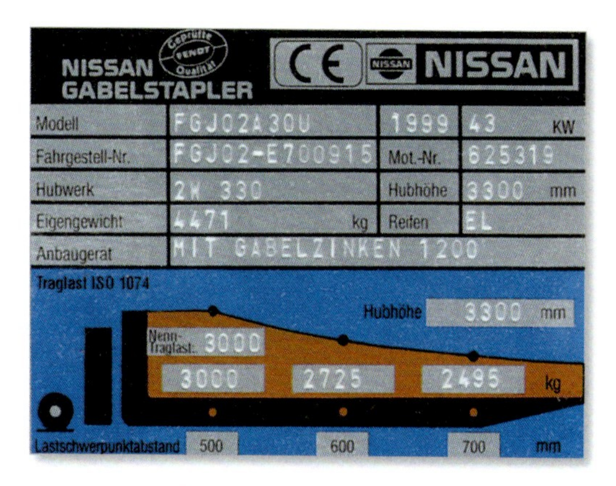

Fabrikschild mit Traglasttabelle eines Staplers

Anmerkung

Von Herstellern kann für die Tragfähigkeit auch ein höherer Schwerpunktabstand nach oben als 500 mm bzw. 600 mm zugrunde gelegt werden. Er kann bis auf 1 000 mm groß sein. Dies entspräche dann einer Lastgröße von 2 000 mm = 2 m. Hierzu ist ebenfalls der Hersteller zu befragen.

Bei Anbaugeräten, wie Auslegern mit Kranhaken, wird der Lasthub vom Fahrweg bis zur Mitte des Lasthakens gemessen (s. a. Abschnitt 2.4.2, Absatz „Hängende Lasten" ff.).

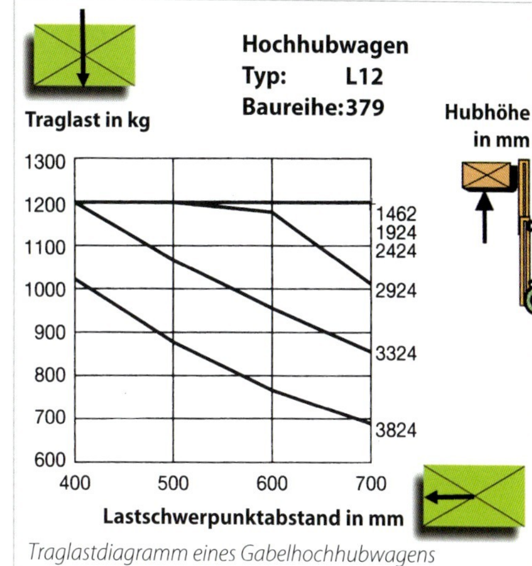

Traglastdiagramm eines Gabelhochhubwagens

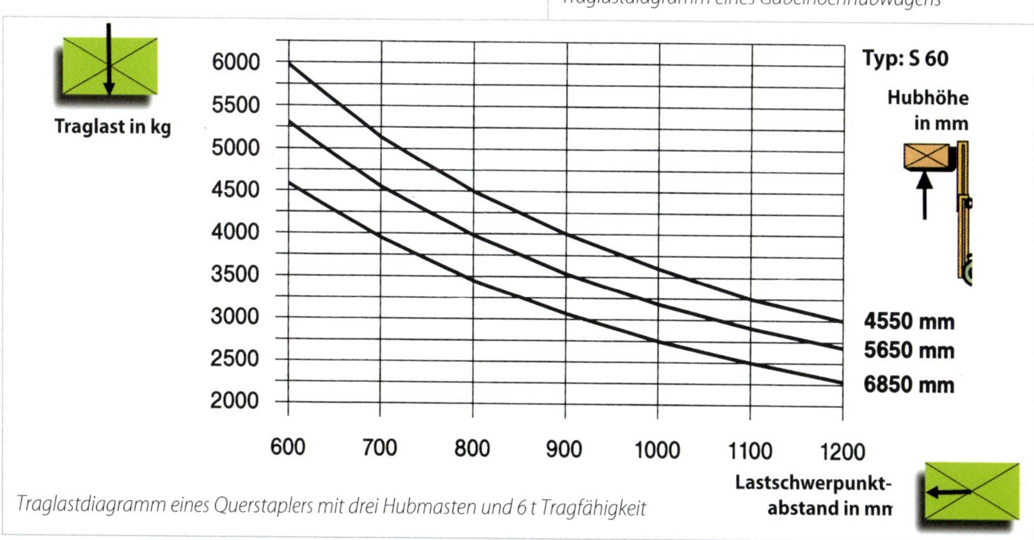

Traglastdiagramm eines Querstaplers mit drei Hubmasten und 6 t Tragfähigkeit

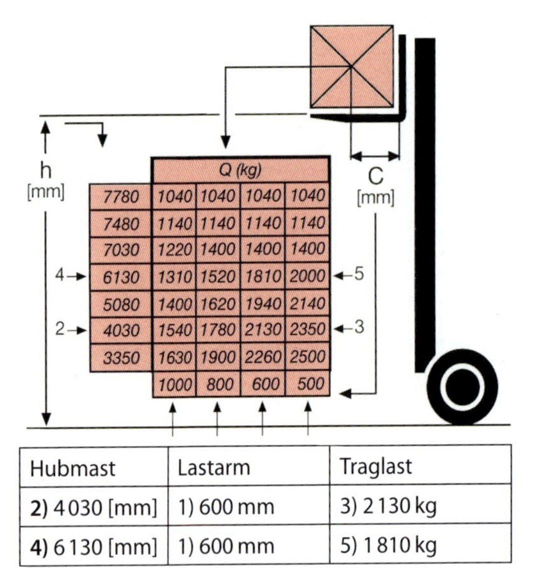

Hubmast	Lastarm	Traglast
2) 4 030 [mm]	1) 600 mm	3) 2 130 kg
4) 6 130 [mm]	1) 600 mm	5) 1 810 kg

Traglasttabelle eines Still-Frontstaplers mit zwei Hubmastbeispielen (2 und 4)

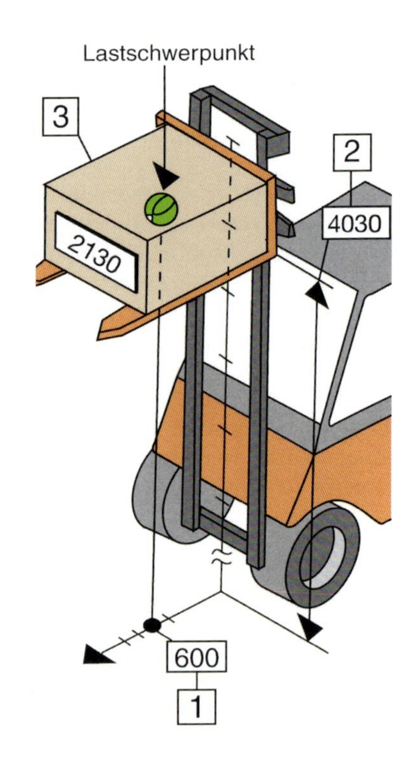

Bildliches Übungsbeispiel zum Hubmast (2) des linken Traglastdiagramms

Nennhub	Lastarm	Traglast
a) 3 000 mm [3 m]	500 mm 600 mm 700 mm 800 mm	1 600 kg 1 450 kg 1 320 kg 1 220 kg
b) 4 000 mm [4 m]	500 mm 600 mm 700 mm 800 mm	1 550 kg 1 400 kg 1 280 kg 1 180 kg

Traglasttabelle, auf der deutlich die erhebliche Reduzierung der zulässigen wirklichen Tragfähigkeit durch Erhöhung der Hubhöhe, hier als Nennhub bezeichnet, zu erkennen ist.

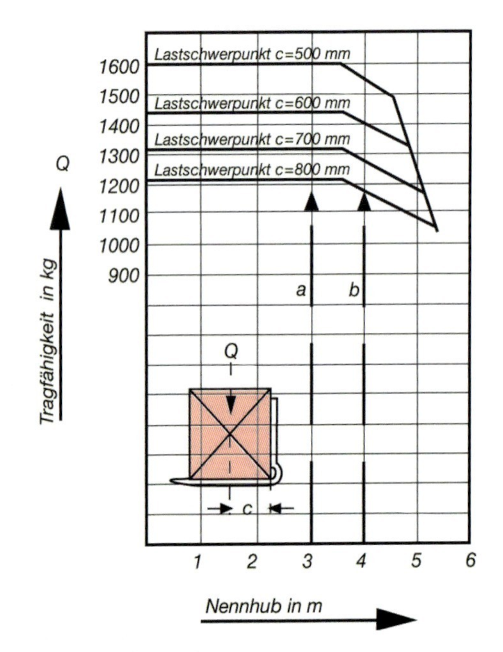

Tragfähigkeitsdiagramm mit Tragkraftreduzierung in Abhängigkeit der Hubhöhe

Traglastdiagramme für Lkw-Mitnahmestapler

Die zulässigen Traglasten sind u. a. von der Masse des Gegengewichtes und dessen Abstand von der Vorderachse abhängig. Je größer das daraus resultierende Gegengewichtsmoment ist, desto größer kann das Lastmoment sein.

Diese Momente sind hauptsächlich zum Lastaufnehmen und Lastabsetzen erforderlich. Um Gegengewicht zu sparen, haben die Hersteller bei bestimmten Modellen eine Abstützung der Vorderachse vorgesehen. Dies erhöht die Stabilität und Standsicherheit des Staplers, da der Abstand vom Gegengewicht zur vorderen Kippkante (jetzt die Abstützung, nicht mehr die Vorderachse) größer wird – und damit auch das Gegengewichtsmoment.
Das ist für den Lkw-Mitnahmestapler sehr vorteilhaft, da dadurch das Eigengewicht des Staplers geringer ist und folglich mehr Ladegut auf dem Lkw mitgenommen werden kann sowie „totes Gewicht" vermieden wird. Bei dieser Konstruktion ist es jedoch sehr wichtig, dass die Vorderachsabstützung erst eingefahren werden darf, wenn die Last eingezogen wurde.

Ist der Stapler mit einer Abstützvorrichtung an der Vorderachse ausgerüstet, ist sie in der Regel im Diagramm angegeben. An diese Angaben hat sich der Gerätebediener zu halten (also z. B. Abstützung bei ausgefahrenem Hubmast). Zum Lastentransport muss die Last aber mit dem Hubmast vollständig eingezogen werden. Bevor mit der Lastfahrt begonnen wird, ist die Last bodenfrei abzusenken und die Abstützvorrichtung außer Funktion zu bringen.

Da es in der Praxis nicht immer möglich ist, den Lastschwerpunktabstand auf dieses vorgegebene Maß einzuhalten, geben die Hersteller in der Regel drei Lastschwerpunktabstände an. Nicht zuletzt wird dadurch das Restrisiko, Überlastungen der Stapler und damit ihr Umstürzen/Kippen nach vorn minimiert.

Traglastdiagramme für Lkw-Mitnahmestapler:

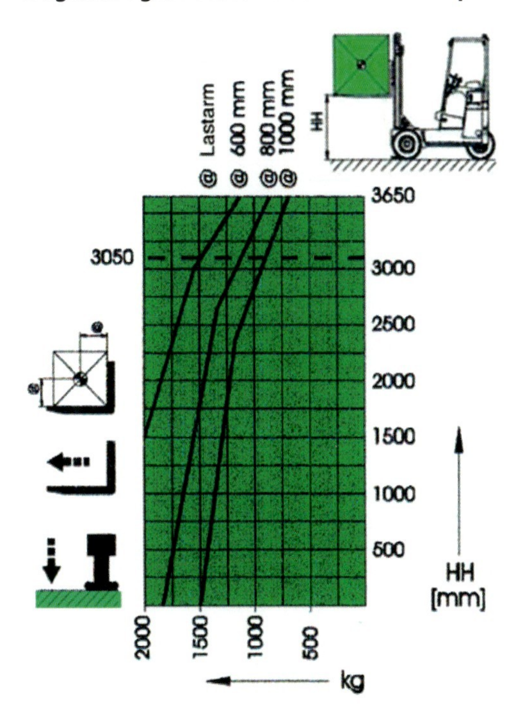

Mit Abstützung der Vorderachse

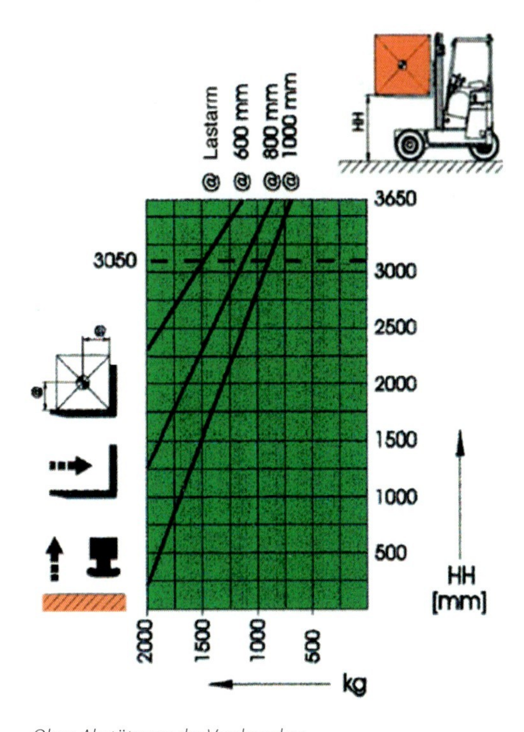

Ohne Abstützung der Vorderachse

Anmerkung

Mitnahmestapler sind auch Gegengewichtsstapler. Sie haben gleichartige Diagramme. U. a. sind sie zur Verringerung ihres Gegengewichtes mit einer Vorderradabstützung ausgerüstet und entsprechend mit zwei Diagrammen.

Abstützvorrichtung in Funktion

Abstützvorrichtung außer Funktion, Last eingezogen

Merke

Je länger der Lastschwerpunktabstand und damit der Lastarm ist und je höher die Last gehoben wird, desto geringer ist die Tragfähigkeit des Staplers!

Soll ein Stapler mit der 1 300 mm Lastschwerpunktabstandsangabe eine Last mit geringerem Lastschwerpunktabstand anheben, ist der Hersteller über die zulässige Traglast zu befragen. Dies gilt bis zum Normabstand von 600 mm. Darunter erhöht sich, wie bereits erläutert, die Traglast nicht.

Anmerkung

Wird eine Palette in Querrichtung aufgenommen, so befindet sich der Lastschwerpunkt ≤ 400 mm vom Palettenrand entfernt. Dadurch wird die Tragfähigkeit, wie auch bei den Staplern anderer Bauarten, jedoch nicht erhöht, denn auf der Grundlage des Abstandes von 600 mm und der Traglast sind z. B. die Hubmastberechnungen, seine Aufhängung und die Bremsen ausgelegt.

Muss betriebsbedingt mit einem längeren Lastarm gearbeitet werden, muss der Hersteller über die erforderliche Traglastverringerung schriftlich befragt werden. Anderenfalls erlischt die Konformitätserklärung. Es kann auch ein Sachverständiger zu Rate gezogen werden. Hier liegt dann die Konformitätserweiterung/-neuerstellung beim Sachverständigen.

Anbaugeräte

Verwendet man Zusatzeinrichtungen als Lastaufnahmemittel, ist deren Eigengewicht und der ggf. größere Grundabstand (= Vorbaumaß) vom Lastschild, z. B. bei einem Seitenschieber, zu berücksichtigen. Ist das Anbaugerät jedoch derart gestaltet, dass sein Eigenschwerpunkt mehr als Gabelrückendicke vor dem Tragschild des Lastaufnahmemittels liegt, ist jedoch der Abstand von dem Tragschild (hintere Fläche) bis zum Anbaugeräteschwerpunkt zu berücksichtigen. Ist dieser Abstand aber nicht gleich dem Lastschwerpunktabstand, z. B. kürzer, so sind die Momente von Lastschwerpunktabstand mal Last und Anbaugeräteschwerpunktabstand mal Anbaugerätegewicht zu berücksichtigen. Es bleibt in beiden Fällen je eine so genannte „Resttragfähigkeit" übrig; denn das Gewicht von Zusatzeinrichtungen oder ggf. auftretende Pendelbewegungen der Last, ggf. am Lasthaken auf Gabeltaschen oder z. B. an Auslegern von hängenden Lasten oder Drehbewegungen bei Einsatz eines Kübels, erfordern eine Herabsetzung der wirklichen Tragfähigkeit (s. a. Abschnitt 2.4.2 und Kapitel 3, Abschnitt 3.2). Für jedes Anbaugerät muss darum mindestens vom Hersteller die zulässige Tragfähigkeit, sein Eigengewicht, sein Vorbaumaß (indirekte Lastschwerpunktabstandsverlängerung) und sein Eigenschwerpunktabstand auf seinem Fabrikschild angegeben sein.

Anbaugerät Kranausleger für aufzuhängende Lasten

Zusatzschild zum Traglastdiagramm (s. entsprechende Abb.) eines Nissan-Staplers für den Einsatz eines Anbaugerätes

Bei Geräten zur Aufnahme von hängenden Lasten kann vom Hersteller eines Anbaugerätes und vom Staplerhersteller keine globale Aussage getroffen werden. Für hängende Lasten kann die Reduzierung der Tragfähigkeit sehr massiv ausfallen. Sie ist vom Hersteller bzw. von einem Sachverständigen auf der Basis der Betriebsgegebenheiten für den Einzelfall festzulegen (s. a. Kapitel 1, Abschnitt 1.1.3 und Kapitel 4, Abschnitt 4.3, Absatz „Lastaufnahme aufzuhängender Lasten").

Traglastreduzierung durch Eigengewicht der Klammer und der möglichen Pendelbewegungen

Über die Berücksichtigung des Anbaugeräteeigengewichtes hinaus ist eine Tragfähigkeitsreduzierung vorzunehmen, da durch betriebliche Gegebenheiten wie unebenen Boden und den Lasten an Lastaufnahmemitteln (z. B. Zangen und Klammern) oder Anschlagmitteln (z. B. Ketten, Seile, Hebebänder, wobei deren verwendete Längen eine große Rolle spielen) eine Pendelbewegung der Last einkalkuliert werden muss.

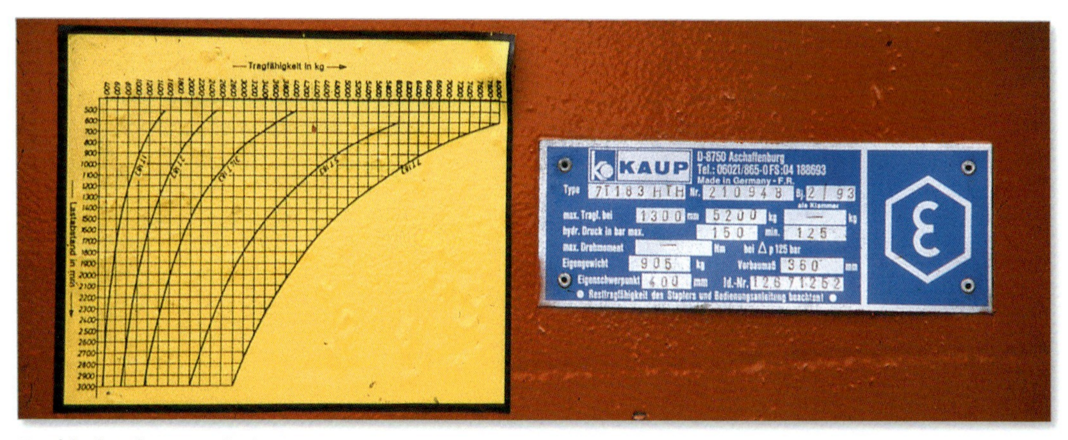

Tragfähigkeitsdiagramm für den Einsatz eines Kranauslegers. Grundlage: Statische Standsicherheit – keine Fahrbewegungen und dgl. – Pendelmöglichkeit ist hierbei auszuschließen.

Pendelbewegungen aufgrund von unebener Bodenstelle

Die Tragfähigkeitsverringerung (Resttragfähigkeit) kann sich zwischen 10 % und 75 % bewegen, z. B.:

- 20 % beim Transport von Coils mittels Dorn,
- beim Einsatz von Steineklammern ohne Dämpfer gegen Ausschwingen bis zu 50 %, bei langen Aufhängungen bis zu 75 %,
- beim Einsatz von Seilen, Ketten oder Hebebändern auf unebenen Fahrwegen bis zu 75 %.

Bei allen Tragfähigkeitsberechnungen bzw. -festlegungen gehen die Hersteller, wie bereits erläutert, beim Verfahren von Lasten davon aus, dass die Last etwa längsachsmittig und bei horizontaler/waagerechter Gabelblattstellung bodennah (in einem Abstand von höchstens 500 mm bzw. bei zurückgeneigter Gabel von 300 mm/bei Geländestaplern 500 mm vom Fahrweg) verfahren wird.

Liegen diese Voraussetzungen nicht vor, sind diese Besonderheiten mit dem Hersteller zu klären, oder es ist ein Sachverständiger zu Rate zu ziehen (s. a. Abschnitte 2.2, 2.4.2 und 2.4.3).

Provisorische oder gar lebende Gegengewichte sind nicht zulässig. Soll die Tragfähigkeit erhalten oder erhöht werden, ist für den Anbau von Zusatzgegengewichten stets der Hersteller zu Rate zu ziehen (s. Kapitel 1, Abschnitt 1.1.3, Absätze „Betriebsanleitung" und „Konformitätserklärung/-erweiterung").

Merke

Anbaugeräte setzen die Tragfähigkeit des Staplers herab!
Die Vorgaben des Herstellers sind strikt einzuhalten!

7. Grundsatz

→ Flurförderzeuge dürfen nicht überlastet werden!

→ Die Angaben für den Betrieb und die Belastung des Flurförderzeugs, z. B. auf dem Fabrikschild, den Tragfähigkeitsdiagrammen/-tabellen sind strikt einzuhalten!

→ Die Nenntragfähigkeit des Flurförderzeugs ist die Richtschnur jeder Lastaufnahme!

→ Gabelstapler tragen nicht mehr, wenn der Normlastschwerpunktabstand nicht ausgenutzt wird!

→ Die Vorgaben der Hersteller sind unbedingt einzuhalten!

→ Ohne Sonderregelungen mit dem Hersteller/einem Sachverständigen gelten die Angaben auf dem Fabrikschild/der Traglasttabelle/dem Tragfähigkeitsdiagramm!

→ Nur unter Beachtung der physikalischen Gesetzmäßigkeiten ist ein störungsfreier und sicherer Flurförderzeugeinsatz möglich!

Kapitel 3
Ausführungen von Flurförderzeugen, Anbaugeräten, Sonderbauarten, Instandhaltung und Prüfung aus sicherheitstechnischer Sicht

Einleitung

Rechtsgrundlagen für den Bau und die Beschaffenheit von Maschinen, so auch unseren Flurförderzeugen, sind die EG-Richtlinien, die u. a. durch das Arbeitsschutzgesetz – ArbSchG, das Produktsicherheitsgesetz – ProdSG, die Maschinenverordnung und die Betriebssicherheitsverordnung – BetrSichV in nationales Recht umgesetzt werden. Die Regeln der Technik, z. B. die Normen sowie die diesbezüglichen Verordnungen, Unfallverhütungsvorschriften, Richtlinien, Grundsätze und Merkblätter, sind die Ausführungs-/Durchführungsanweisungen zur Umsetzung der gesetzlichen Vorgaben (s. Kapitel 1, Abschnitte 1.1.2 und 1.1.3).

Wesentliche Grundlage in Sachen Sicherheit von Maschinen/Flurförderzeugen ist die Maschinenrichtlinie 2006/42/EG. Sie hat zum 29.12.2009 die davor geltende Maschinenrichtlinie 98/37/EG abgelöst. Alle Flurförderzeuge, die in den europäischen Wirtschaftsraum eingeführt werden, müssen den Sicherheitsvorgaben der Maschinenrichtlinie genügen.

Umfassende generelle Sicherheitsvorgaben für den Betreiber sind zudem die BetrSichV und die Technischen Regeln TRBS 2111 „Mechanische Gefährdungen – Allgemeine Anforderungen" und 2111 Teil 1 „Mechanische Gefährdungen – Maßnahmen zum Schutz vor Gefährdungen beim Verwenden von mobilen Arbeitsmitteln".

Ergonomie

Ergonomie = Wissenschaft von der Gesetzmäßigkeit menschlicher bzw. automatisierter Arbeit. Es geht dabei um die Anpassung der Arbeitsbedingungen an den Menschen (nicht umgekehrt).

Bei der Konstruktion, Gestaltung und Ausrüstung lassen sich die Hersteller von den Erkenntnissen der Arbeitswissenschaften leiten, wobei die „Ergonomie" – Gesetzmäßigkeit der Arbeit –, wie z. B. körpergerechte Bedienbarkeit, Vibrationsarmut, gute Sicht und geringe Geräuschentwicklung, bei den namhaften Herstellern eine Selbstverständlichkeit ist. Mit Recht kann festgestellt werden, dass sich die Flurförderzeuge auf einem hohen Sicherheitsstandard befinden, sowohl was den Arbeitsschutz als auch den Gesundheitsschutz und damit die Qualitätssicherung betrifft.

Fahrersitz eines „Oldies" – die Anfänge der Stapler.

Fahrersitz neuester ergonomischer Generation mit Schwingungsdämpfung zur Beseitigung von Vibrationen.

Die Betreiber sind aufgerufen, die Ergonomie auch für den Einsatz der Flurförderzeuge anzuwenden, z.B. bei der Gestaltung der Arbeitsplätze, der Lagereinrichtungen und der Verkehrswege.

3.1 Bauarten, Bauteile – Ausrüstung

Der Gabelstapler besteht aus mehreren Bauteilen. Die unten stehende Abbildung zeigt exemplarisch die wesentlichen.

Stapler mit Hybridantrieb – speichert die bei Bremsvorgängen freiwerdende Energie

Antrieb, Lenksystem, Hubwerk

Gabelstapler werden entweder über einen Elektromotor (mittels Batterie) oder Verbrennungsmotor (mittels Diesel, Benzin, Treib- oder Erdgas sowie Wasserstoff) betrieben.

Auch die Hybridtechnologie hat vor Flurförderzeugen nicht Halt gemacht. Diese Fahrzeuge werden sowohl von einem Elektromotor als auch einem Verbrennungsmotor angetrieben.

Hybridantrieb = (*hybrida, lat. = Mischling*) Kombination verschiedener Antriebstechniken.

Der Antrieb erfolgt in der Regel über die Vorderräder. Bei Staplern mit geringer Tragfähigkeit wird er vereinzelt über die Hinterräder übertragen. Als Getriebeart hat sich das automatische Schaltgetriebe durchgesetzt. Mechanische Getriebe, d.h. Schaltgetriebe, wie wir sie z.B. von unseren Autos kennen, finden wir kaum noch. Das wäre auch vollkommen

1. Rahmen
2. Gegengewicht
3. Antriebsachse
4. Lenkachse
5. Hubgerüst
6. Gabelträger
7. Gabelzinken
8. Lenkrad
9. Fahrerschutzdach

uneffektiv, wenn wir bedenken, dass der Fahrer durchschnittlich alle 1,6 bis 1,9 sec schalten müsste. Bei einem achtstündigen Arbeitstag würde dies 15 000 bis 18 000 Bedienvorgänge bedeuten. Der Bedienaufwand wäre so hoch, dass er sich auf die Umschlagleistung des Fahrers absolut negativ auswirken würde, zudem die Betriebskosten/der Verschleiß der Fahrzeuge extrem hoch wären.

Die Vorderachse dieser Flurförderzeuge ist starr. Die Lenkung erfolgt über das Hinterrad bei Dreirad- oder über die Hinterräder bei Vierradstaplern, sei es durch Zahnstangen-, Kettentriebslenkung oder eine besondere Lenkung.

Hydraulik

Hydraulik = (hydor, griech. = Wasser; aulos, griech. = Rohr) Lehre vom Strömungsverhalten der Flüssigkeiten, hier die Verwendung von Flüssigkeit zur Signal-, Kraft- und Energieübertragung.

Das Heben über den Hubmast für das Lastaufnahmemittel (Gabel) geschieht durch Hydraulik. Die Hydraulik wird über eine Pumpe betrieben. Durch Aus- oder Einfahren, z. B. eines Kolbens, wird das Lastaufnahmemittel in der Regel über eine bzw. zwei Hubketten angehoben oder gesenkt.

An der Hydraulik lauert Gefahr, wenn sie plötzlich drucklos wird. Darum dürfen hier nur sachkundige, beauftragte Personen, wie Reparaturschlosser, Arbeiten ausführen (s. a. Abschnitt 3.4).

Hubwerk eines Frontstaplers

Die Hubeinrichtung (Hydraulik) muss so gebaut sein, dass bei fachgerechter Bedienung und ohne Bedienungseinfluss das Lastaufnahmemittel mit oder ohne Last sicher gehalten wird. Dies wird erreicht durch ein Überdruckventil mit Verstellsicherung und einer selbsttätigen Ölfiltrierung.

Die Senkgeschwindigkeit soll bei mit Nennlast belastetem Lastaufnahmemittel ≤ 0,6 m/sec sein. Die Leckverluste im gesamten System sind gering zu halten. Dies ist erfüllt, wenn sich z. B. die Stellung des Neigezylinders in den ersten 10 min um nicht mehr als 5° verändert, wobei die Neigegeschwindigkeit nicht größer als 0,5°/min sein darf. Insgesamt sollte durch Leckverluste kein schnelleres Absinken der Nennlast als 100 mm, bei Teleskopstaplern 150 mm, in 10 min möglich sein.

Hydrauliksysteme müssen mit einer Reinigungseinrichtung, z. B. durch Magnet, Filter usw., ausgerüstet sein. Das Überfahren der Endstellung ist durch Anschläge zu verhindern. Rohrleitungen, Schläuche und Verbindungsteile sind so anzuordnen oder zu schützen, dass Beschädigungen vermieden werden.

Alle Hydrauliksysteme müssen eine Sicherung gegen Überdruck haben. Bei Ausfall und Unterbrechung der Energiezufuhr darf die Hydraulikpumpe nicht als Hydraulikmotor wirken.

Achtung!

Der Hubzylinder ist bei Fehlfunktion nicht abgesichert.

Fahrgeschwindigkeit

Für Flurförderzeuge mit Fahrerstandplatz darf die Fahrgeschwindigkeit bei beladenem Fahrzeug auf horizontalem Boden 16 km/h bauartbedingt nicht überschritten werden. Sie darf auch durch Manipulationen am Motor, Getriebe usw. nicht erhöht werden.
Flurförderzeuge mit Fahrersitz/Gabelstapler erreichen eine Geschwindigkeit bis ca. 25 km/h.

Die reinen Mitgänger-Flurförderzeuge fahren bis zu 6 km/h. Das ist die maximale Geschwindigkeit. Eine höhere Geschwindigkeit wäre nicht vertretbar, denn es sind ja Geräte, die ausschließlich an der Deichsel von Menschen geführt werden. Deshalb darf die maximale Schrittgeschwindigkeit nicht überschritten werden.

Bedienung am Gerät außerhalb des Fahrerplatzes

Bei bestimmungsgemäßen Bedienmöglichkeiten außerhalb des Flurförderzeuges, z. B. von Fahr- oder Lenkstellteilen, dürfen sich Flurförderzeuge nur mit einer Geschwindigkeit von max. 6 km/h und Schlepper von 4 km/h bewegen.

Rücktasteinrichtung an einem Plattformwagen, mit der das Fahrzeug außerhalb des Fahrerplatzes aus bedient werden kann, z. B. für Kupplungsvorgänge.

Die Lenkung, z. B. an Kommissioniergeräten, stellt sich in der Regel automatisch auf Geradeausfahrt ein.

Fernbedienung

Es gibt auch Flurförderzeuge, die mit einer Fernbedienung benutzt werden. Diese Betriebsart kann durch einen extra Schalter, aber automatisch, freigegeben werden, wenn der Fahrer den Fahrerplatz verlässt. Eine gleichzeitige Bedienung vom Fahrerplatz aus muss ausgeschlossen sein. Beim Loslassen des Fahrstellteiles an der Steuereinheit muss der Fahrantrieb selbsttätig abschalten und die Betriebsbremse ausgelöst werden.

Bei Fernbedienung muss direkte oder indirekte Sicht (Spiegel, Bildschirm) auf die Fahrbahn des Flurförderzeuges gegeben sein. Das Fahrzeug muss beim Fahren über ein Warnlicht, welches am Gerät angebracht ist, deutlich seine Bewegung signalisieren und über einen Notausschalter am Fahrzeug stillgesetzt werden können.

Warnblinklicht an selbständig fahrendem Kommissioniergerät

Auf der mitnehmbaren (mobilen) Bedieneinheit (Steuerpult) = Fernbedienung muss das Stellteil für die Fahrbewegung gegen unbeabsichtigte Betätigung gesichert sein, z. B. durch Zweiwegeschaltung.

Bei Fernbedienung mit Kabel muss das Kabel so lang sein, dass die Steuerung der Maschine außerhalb des Gefahrenbereichs mit ausreichender Sicht auf die Fahrbahn möglich ist. Die Möglichkeit, dass das Steuerkabel überfahren werden kann, ist zu beseitigen.
Der Fahrer muss sich auch selbst außerhalb des Gefahrenbereichs aufhalten.

Bei Standortwechsel müssen die Steuerbefehle zweifelsfrei zugeordnet werden können. Hier können besonders in Hallen deutlich erkennbare Farbtafeln an den Wänden hilfreich sein, z. B. in Rot an einer Stirnwand, ihr gegenüber Blau, an einer Seitenwand in Grün und ihr gegenüber in Gelb. Für Farbenblinde könnten die Farbtafeln unterschiedliche Formen haben, z. B. einen Kreis, ein Quadrat, ein auf der Spitze stehendes Quadrat, ein Rechteck, eine Ringfläche oder ein Dreieck. Auf dem Steuerkasten müssen dann nahe den Stellteilen die gleichen Symbole aufgeklebt sein.

Bei Steuerung ohne Kabel muss der Sendebereich so groß sein, dass sich der Fahrer außerhalb des Gefahrenbereichs des Flurförderzeugs aufhalten kann. Auch von dort muss er die Fahrbahn ausreichend überblicken können.

Sind mehrere Flurförderzeuge im selben Bereich im Einsatz, darf keine gegenseitige Beeinflussung durch die Fernsteuerungen erfolgen.

Fernsteuerung eines Mitnahmestaplers außerhalb des Gefahrenbereichs

Fährt das Flurförderzeug aus dem Kontrollbereich der Steuerung heraus, muss es automatisch anhalten.

Die Steuereinheit ist vor dem Ablegen auszuschalten sowie gegen unbefugtes und irrtümliches Betätigen zu sichern.

Programmsteuerung

Werden Flurförderzeuge automatisch gesteuert und können sie unter normalen Einsatzbedingungen mit Beschäftigten zusammenstoßen oder sie einklemmen, sind die Geräte mit Schutzvorrichtungen, z. B. Anstoßschalter, auszurüsten oder mit Warneinrichtungen, die das Umfeld scannen und entsprechend reagieren können, sodass ein Kontakt zwischen Fahrzeug und Umfeld/Person ausgeschlossen ist.

Fahrzeug mit Laserscanner ausgestattet

Unbeabsichtigtes Verfahren

Bei Flurförderzeugen mit Verbrennungsmotor muss eine Vorrichtung eingebaut sein, durch die verhindert wird, dass der Motor gestartet werden kann, wenn ein Gang eingelegt ist.
Außerdem müssen die Stellteile so ausgeführt sein, dass sich die Maschine auf horizontalem Boden nicht bewegt, wenn kein Gang eingelegt ist. Ist er eingelegt, darf sie sich nur mit ≤ 2,5 km/h bewegen. Es sei denn, das Stellteil wird betätigt.

Am Fahrerstand/-sitz von Flurförderzeugen muss je eine Einrichtung vorhanden sein, die nach dem Verlassen des Fahrerplatzes verhindert, dass das Fahrzeug in Bewegung gesetzt werden kann, bei verbrennungsmotorisch betriebenen Maschinen z. B. durch Nullstellung des Stellteils und Anziehen der Feststellbremse.
Bei Maschinen mit Batterie-/elektrischem Antrieb wird dies in der Regel durch einen Stand-/Sitzschalter erreicht.

Bremsen

Jeder Gabelstapler mit kraftbetriebenem Fahrwerk muss eine Betriebsbremse und zusätzlich eine Feststellbremse haben. Die Feststellbremse muss auch auf Neigungen das Gerät sicher festhalten. Als Betriebsbremsen sind nur Reibungsbremsen, hydrostatische Übertragungs- und elektrische Bremssysteme zulässig. Sind elektromechanische Bremsen eingebaut, muss deren Auslösung auch mechanisch durchgeführt werden können. Die Betriebs- und Feststellbremsen können auf das gleiche Feststellelement wirken.

Die vom Hersteller bestens ausgeführten Bremsen nützen wenig, wenn sie im Betrieb nicht funktionsfähig erhalten werden. Sie können durch betriebliche Einflüsse, wie Wasser, Dampf oder Öl, in ihrer Bremskraft beeinträchtigt werden. Darum sind die Bremsen mehrmals in einer Arbeitsschicht zu betätigen. Dadurch werden die Bremsbacken wieder freigeschliffen, und man ist vor unliebsamen Überraschungen sicher.

Die Handbremse (Feststellbremse) ist das „Stiefkind" eines jeden Fahrers. Sie ist aber wichtig, will man die Maschine, z. B. nach dem Stillsetzen, auch wieder am gleichen Ort vorfinden. Ihr regelmäßiger

Gebrauch, mit Lösen vor Fahrtantritt, hält sie funktionstüchtig.

Bei Fahrerstand- und Mitgänger-Flurförderzeugen müssen die Bremsen selbsttätig wirken. Eine zusätzliche Feststellbremse brauchen sie deshalb nicht. Bei Energieausfall darf es jedoch bei selbsttätig wirkenden Bremsen nicht zu Bremsverlusten kommen. Die Deichsel muss in der obersten und untersten Stellung die Bremse anlegen und den Fahrantrieb unterbrechen. Beim Loslassen der Deichsel muss sie selbsttätig in die oberste Stellung schwenken.

Lenkung

Die Übertragung von Fahrbahnstößen auf das Lenkrad muss so begrenzt sein, dass Verletzungen der Hände bzw. Arme weitgehend vermieden werden.

Eine möglichst spielfreie Lenkung ist der Garant für einen sicheren Betrieb.

Die Übertragung von Stößen, u.a. durch die Fahrbahnbeschaffenheit auf das Lenkrad, muss, soweit dies möglich ist, vermieden werden, z. B. durch eine Lenkhilfe. Ein Knauf am Lenkrad sollte nur montiert werden, wenn das Lenkrad praktisch stoßfrei eingerichtet ist, z. B. durch eine Servolenkung.

Lenkhilfe/Knauf am Lenkrad

Ausreichender Schutz ist gegeben, wenn im Moment des Gegenfahrens eines unbeladenen Staplers mit v = 3 km/h gegen ein Hindernis (Auffahrwinkel 30°) die Lenkradumdrehung nicht größer ist, als 1/8. Haben mechanische Lenkungen Hilfskraftunterstützung, muss bei Energieausfall, inkl. Fahrmotorausfall, das Flurförderzeug bis zum Stillstand die Fahrtrichtung beibehalten können.

Anmerkung

Auch hier gilt: Die Gerätebediener müssen das jeweilige Fahrzeug kennen, d. h. die Funktionen mehrfach vor dem eigentlichen Einsatz üben und ausprobieren.

Stellteile/Schaltorgane

Stellteile zum Handhaben der Last sind so herzurichten, dass der Fahrer nicht gefährdet wird und ein sicheres Bedienen gewährleistet ist. Deshalb werden sie im Profil des Staplers angebracht.
Darüber hinaus sind sie sinnfällig anzuordnen und die Bewegungseinrichtungen dauerhaft anzugeben (s. a. ISO 3287).

Merke

Stellteile müssen leichtgängig sein und vertragen keine „rohe Gewalt"!

Hydrostatische Steuerung

Hydrostatik = Lehre/Wissenschaft der Kräfte, die auf ruhende/in ruhenden Flüssigkeiten wirken.

Hydrodynamik = Teilgebiet der Strömungslehre, das sich mit den Bewegungen von Flüssigkeiten und den dabei wirksamen Kräften beschäftigt.

Bei Staplern mit hydrostatischer Steuerung ist bei der Bedienung eine Besonderheit zu beachten.
Im Gegensatz zu einem hydrodynamischen Getriebe, das wir alle von unserem Auto kennen, braucht man hier das Getriebe/Fahrzeug beim Reversieren (Vorwärts-/Rückwärtsfahren) nicht erst zum Stillstand zu bringen.

Wie funktioniert ein solches Getriebe vereinfacht dargestellt?

Stellen wir uns vor, es stehen zwei Kinder im Alter von ca. 8 Jahren entweder mit Skiern oder mit Inlinern auf einer schrägen Ebene nebeneinander und halten sich jeweils mit gestrecktem Arm links/rechts an einer zwischen ihnen lotrecht fest im Boden steckenden Stange fest. Jetzt kommen Sie und

drücken von hinten auf die Schulter des rechts vom Pfahl stehenden Kindes.
Der Druck kommt von oben lotrecht auf der schrägen Ebene an und teilt sich auf. Ein Teil wirkt lotrecht auf den Boden. Der stärkere Teil des Drucks wirkt jedoch zu Tal und dreht das Kind, das sich weiter an der Stange festhält, links um die Stange herum zu Tal. Das Kind steigt wieder an seinen ursprünglichen Standort zurück.
Nun machen sie das Gleiche mit dem links von der Stange stehenden Kind, und es dreht sich rechts herum zu Tal.

Würden Sie jetzt eine runde Scheibe mit der Stange als Zentrier- und Drehpunkt auf den Boden legen, in die Sie vorher große runde Löcher geschnitten haben (wie eine alte Telefonwahlscheibe) und stellen in jedes Loch ein Kind hinein, würden sich entsprechend alle anderen Kinder zwangsläufig nach links oder rechts mitbewegen. Dabei erhalten die Kinder nacheinander an der Ausgangsposition Ihrer ersten beiden Kinder jeweils den entsprechenden Druck durch Sie von oben.

In der hydraulischen Steuerung/dem Getriebe funktioniert es ähnlich. Die Kolben arbeiten in einem Käfig/Block und werden mit ihren kugelförmigen Köpfen gegen eine schräg gestellte Fläche gedrückt. Sie haben also nur den Druck auf die andere Seite gebracht, und die Drehrichtung hat sich geändert. Ein Stapler würde also entweder vorwärts- oder rückwärtsfahren.

In dem geschlossenen System herrscht immer der gleiche Öldruck von über 200 bar. Mit der Bewegung des Doppelpedals verteilt der Fahrer mit einer Art kreisrunden Wippe, die vom Antriebsmotor gedreht wird, nur den Ölfluss/den Druck auf die Kolben, in unserem Beispiel die Kinder. Nimmt der Fahrer seine Füße von den Pedalen, steht die Wippe waagerecht und kein Öl fließt. Der Stapler bewegt sich folglich nicht. Er wird sogar gebremst. Auf dem Kolben links ruht der gleiche Druck wie auf dem rechten Kolben.

Doppelpedalsteuerung, angeordnet wie z. B. in unseren Pkws

Durch die geringste Pedalbewegung wird aber schon Öl auf die jeweilige Seite/den jeweiligen Kolben gepumpt und der Stapler kann sofort exakt feinfühlig mit voller Kraft arbeiten. Mit größerer Pedalbewegung fließt das Öl schneller und der Stapler fährt entsprechend schneller.

Würde der Fahrer aber aus Versehen das linke Pedal als Kupplung, wie im Auto, drücken, fährt der Stapler los. Das Stellteilsystem ist also etwas gewöhnungsbedürftig. Es geht jedoch schnell, und es ist bequem (wie Autofahren mit Automatik). Man muss nur verstehen, was aufgrund der Pedalbewegung im Getriebe passiert und dass das Stopppedal in der Mitte, das Bremspedal ist, das der Fahrer eigentlich gar nicht benötigt. Er kann den Fahrbetrieb und das Bremsen mit dem Doppelpedal bestimmen.

Anmerkung

Natürlich kann statt des Doppelpedals auch ein Handhebel die Steuerfunktion übernehmen.

Flurförderzeuge mit elektromotorischer Steuerung sind wegen ihrer Emissionsfreiheit besonders für den Einsatz in geschlossenen Räumen geeignet. Sie kommen deshalb vornehmlich in Lager- und Regalbereichen zum Einsatz, aber auch in Fertigungsbereichen, wie der Automobilindustrie und der chemischen sowie Getränkeindustrie.

Elektromotoren heutiger Bauweisen zeichnen sich durch einen nahezu verschleißfreien Betrieb aus und sind deshalb extrem wirtschaftlich. Sie verfügen in der Regel über mehrere Motoren (z. B. Fahrmotor, Pumpenmotor für die Lastbewegung des Hubmastes sowie Lenkmotor). Sie besitzen weder Kupplung noch Schaltgetriebe und zeichnen sich in ihrer Arbeit dadurch aus, dass sie am schnellsten die maximale Drehzahl erreichen, ihre Arbeit somit am effektivsten ist.

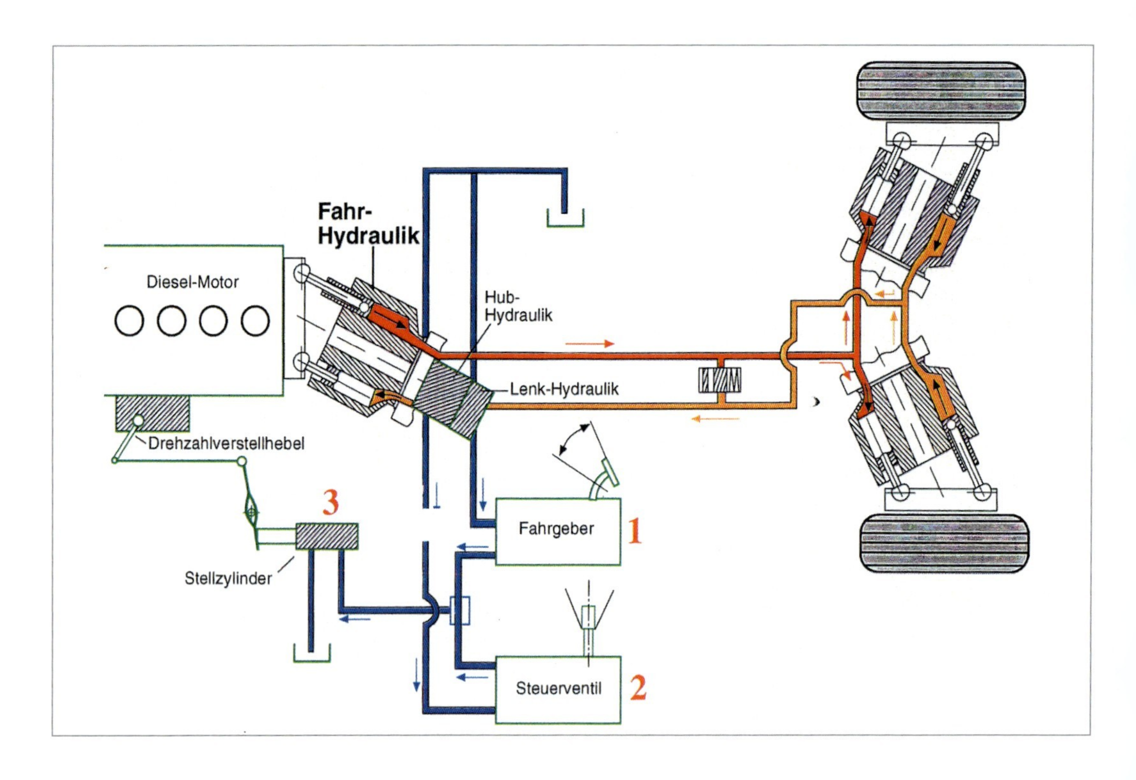

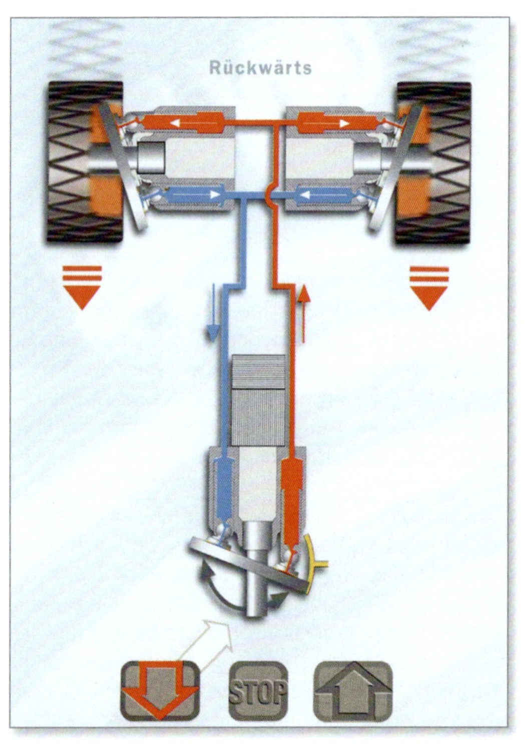

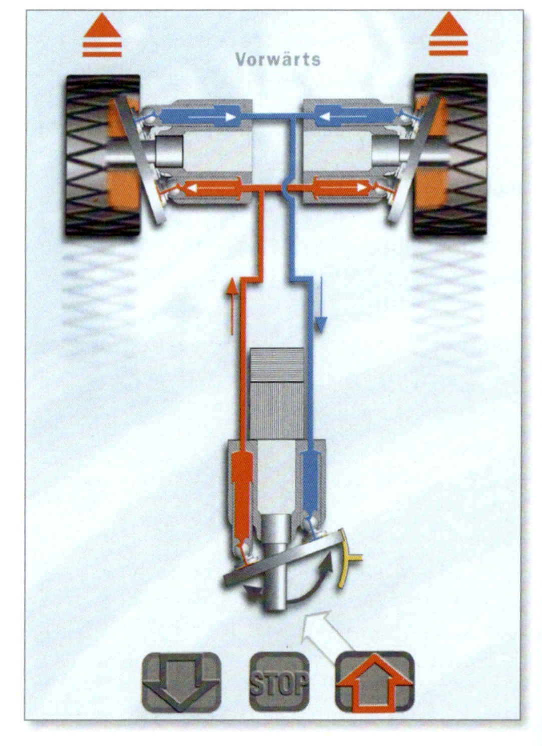

Grafische Darstellung der Funktion der Hydrostatik im Prinzip

Not-Aus-Schalter/Batteriesteckgriff an einem Mitgänger-Flurförderzeug

An Flurförderzeugen mit elektromotorischem Antrieb muss zur Verhinderung von Fehlsteuerungen in der Elektrik im Griffbereich des Fahrers für den Fahrantrieb und das Hubwerk eine Abschaltvorrichtung vorhanden sein, z.B. ein Notschalter oder eine Steckvorrichtung mit Griff. Außerdem muss ein vom Steuersystem unabhängiger Schalter den Fahrstromkreis automatisch unterbrechen, wenn der Fahrer vom Fahrerplatz absteigt.

Stellteile zum Handhaben der Last müssen beim Loslassen, auch beim unbeabsichtigten Loslassen in die Neutralstellung „0" zurückgehen. Hierbei müssen alle Lastbewegungen gestoppt werden.

Fahrerplatz

Der Fahrerplatz mit seinem Aufstieg, dem Sitz und den Stellteilen muss so gestaltet sein, dass er ein unfallfreies Bedienen ermöglicht. Seine Ausstattung ist pfleglich zu behandeln. Dies trifft sowohl für den Sitz als auch für die vorgeschriebene Beschriftung am Schaltpult zu.

Der Fahrerplatz ist so zu gestalten und zu erhalten, dass ein sicheres Bedienen des Gerätes unter Beibehaltung einer ergonomischen Körperhaltung gewährleistet ist. Die Bodenfläche eines Fahrerplatzes muss mindestens 1 400 cm^2 betragen. Auf ihr muss ein Kreis von 360 mm Durchmesser beschrieben werden können. Ab einer Höhe von 900 mm vom Boden ist er auf eine Größe von 500 mm zu erweitern.

Ein Fahrersitz muss in Fahrtrichtung mindestens 400 mm breit, von seiner Mitte bis zur Fahrzeugaußenkante 250 mm und von der hinteren Fahrzeugkontur 50 mm entfernt sein. Quersitzflächen müssen von außen mindestens 50 mm entfernt sein. Gegen die Motorwärme muss jeder Fahrerplatz abgeschirmt sein. Der Boden im Fahrerraum muss rutschhemmend sein.
Gehwege an/auf der Maschine ab 2 m über Flur müssen mit Geländer (Brustwehr, Knie und Fußleiste) in einer Höhe von 1 m bis 1,10 m versehen sein. Für Beifahrersitz oder -standplätze sind die gleichen Maße einzuhalten.
Fahrerstandplattformen an von einem Ende gesteuerten Mitgänger- und Fahrerstand-Flurförderzeug müssen den gleichen Anforderungen wie o.a. Fahrerplätze genügen.

Fahrzeug mit Fahrerstandplattform und Seitenschutz

Gleiches Fahrzeug mit hochgeklappter Standplattform und eingeklapptem Seitenschutz

Reichen die Plattformen über das Flurförderzeug hinaus, und kann das Gerät schneller als 6 km/h fahren, muss es mit einem Seiten-/Vorderschutz versehen sein, der einer horizontalen Kraft von 900 N standhält, die von innen nach außen wirkt. Der Fahrbetrieb darf nur möglich sein, wenn die Einrichtung in Schutzstellung steht.
Bei Mitgänger-Flurförderzeugen müssen die Plattformen hochgeklappt oder geschwenkt sein, wenn der Fahrer das Fahrzeug verlassen hat. Dies kann auch automatisch erfolgen. Geschieht es nicht automatisch, darf das Gerät nur in Bewegung gesetzt werden können, wenn der Fahrer auf der Plattform steht oder die Plattform sich nicht in der oberen Stellung befindet.

In den Bereichen des Zu- und Abgangs/Aufstiegs sowie in der normalen Position der Steuertätigkeit des Fahrers dürfen keine scharfen Kanten und Ecken vorhanden sein. Dies gilt z.B. auch für Klemmtafeln von Auftragszetteln und dgl.
Getränkeflaschen, -dosen und -becher sind so zu verstauen, dass sie sich während der Fahrt nicht „selbstständig machen". Zuleitungskabel, z.B. zu Displays/Bildschirmen, sind fest zu installieren, sodass der Fahrer an ihnen nicht hängen bleiben/darüber stolpern oder stürzen kann.

Aufstieg/Zugang

Der Aufstieg muss so gestaltet sein, dass ein sicheres Auf- und Absteigen möglich ist. Hierzu bedarf es oft eines Haltegriffes, z.B. an der linken vorderen Schutzdachstrebe. Das Lenkrad sollte als Haltegriff vermieden werden. Liegt die Höhe des Fahrerplatzbodens ab 550 mm über Flur, ist mindestens eine Trittstufe vorzusehen.

Die lichten Abmessungen des Handgriffs müssen mindestens folgende sein: Weite 45 mm, Länge 130 mm, Griffdurchmesser 15 mm. Bei der Haltemöglichkeit ist darauf zu achten, dass jederzeit drei Auflagepunkte/Griffmöglichkeiten gegeben sind, z.B. für einen Fuß und zwei Hände/zwei Füße und eine Hand. Für Trittstufen ist ein Schrittmaß von max. 550 mm einzuhalten.

Zusätzliche Griffe dürfen nicht ohne Zustimmung des Flurförderzeugherstellers angebracht werden, denn das kann u.U. die Stabilität, u.a. des Fahrerschutzdachs, schwächen.

Aufstieg zur Fahrerkabine mit Treppe und Podestgeländer

Die Hersteller werden deshalb ein solches Ansinnen regelmäßig entschieden ablehnen und darauf hinweisen, dass durch den entsprechenden Eingriff ihre Konformitätserklärung sowie ihr CE-Zeichen erlischt – eine Herstellerhaftung also ausgeschlossen wird, wenn die Maschine durch das Anbringen des Griffes „verändert" wird.

Gleiches gilt auch für Kleider- oder Schutzhelmhaken. Sie kann man auch mittels einfacher Rohrschellen befestigen.

Aufstiegstritt, den es auch zu nutzen gilt.

Die Auftrittstufen sind zu benutzen. Das Aufsteigen über die Reifen/Kotflügel, um z. B. an der Last zu hantieren, ist unzulässig.

Häufig werden überlange Schritte, fast Grätschen, gemacht und sich dabei am Handgriff oder einer Schutzdachscheibe hochgezogen, bzw. beim Verlassen des Fahrerplatzes abgesprungen. Verletzungen wie Schienbeinprellungen/-brüche, Knöchel- und Beinbrüche, oft schmerzhafte Verstauchungen der Fuß- und Handgelenke (nach Stürzen) sind die Folge.

Bei Flurförderzeugen mit Quersitz oder -stand, ist der Fahrerplatz so gestaltet, dass der Fahrer seinen Fuß nicht aus dem geschützten Bereich heraushalten kann, oder es erfolgt ein Warnsignal bzw. der Fahrantrieb schaltet ab (Auslösung durch einen Sicherheitsschalter ohne Selbsthaltung im Fußraum des Fahrerplatzes, den der Fahrer während der Fahrbewegungen immer mit dem äußeren Fuß zum Fahrzeugrand belasten muss).

Merke

Die Maschinen-/Gerätesicherheitseinrichtungen nicht außer Kraft setzen und bestimmungsgemäß benutzen (z. B. die Auftrittstufen)!

Fahrersitz

Generell muss der Fahrersitz ergonomisch so konzipiert sein, dass der Fahrer eine möglichst ermüdungsfreie und nicht verkrampfte Haltung beim Bedienen der Maschine einnehmen kann.

- Der Sitz muss den während des Betriebes einwirkenden dynamischen Kräften, z. B. Trägheitskräften beim Abbremsen, widerstehen können. Folglich darf er u. a. nicht nach vorn klappen.
- Ist der Sitz verstellbar, ob vorwärts, rückwärts oder um seine senkrechte Achse schwenkbar, darf sich die jeweilige Stellung nicht unbeabsichtigt verstellen können. Die Stellteile sind entsprechend auszuführen.
- Eine Gewichtseinstellung sollte zwischen 55 kg und 110 kg möglich sein. Bei Teleskopstaplern ist sie vorgeschrieben.
- Das Verstellen/Einstellen des Sitzes muss ohne Werkzeug möglich sein.

Von den Verstellmöglichkeiten sollte der jeweilige Fahrer individuell unbedingt Gebrauch machen. Nur dann ist eine optimale Steuertätigkeit möglich.

Da auf den Flurförderzeugführer, besonders den Gabelstaplerfahrer, Ganzkörperschwingungen (Vibrationen) im Sitzen, vorwiegend in vertikaler Richtung, wirken, und dies zu Lendenwirbelsäulenerkrankungen führen kann, sollten schwingungsdämpfende Sitze (mit einem schwingungsdämpfenden Wert < 1) verwendet werden (s. S. 181).

Der Auswahl eines solchen Sitzes ist umso mehr Bedeutung beizumessen, weil der Fahrersitz das primäre Bindeglied zwischen Fahrzeug und Fahrer ist. Ist die Schwingung stark spürbar, so kann dies zu gesundheitlicher Gefährdung führen, besonders wenn die Vibrationen in ungünstiger, verdrehter Rumpfhaltung auf den Fahrer einwirken, z. B. bei häufigem Rückwärtsfahren. Besonders bei einem Einsatz von Staplern auf unebenen Böden und Fahrwegen sowie dort, wo oft Gleise und Torschienen überquert werden müssen, sollte auf ausreichend schwingungsdämpfende Sitze nicht verzichtet werden. „Mager" ausgeführte und/oder defekte Sitze können die Schwingungen noch verstärken (s. a. Absatz „Vibrationen").

Sitze in einem Wagen

Gegenüber Berührung der Fahrzeugräder oder gegen durch sie hochschleudernde Teile muss der Fahrer abgeschirmt sein. Bei lenkbaren Rädern gilt dies nur bei Geradeausfahrt vorwärts.
Für Beifahrersitze gelten auch hier die gleichen Anforderungen.

Gegen Verbrennungen über +65 °C bei blanken Metallteilen und 83 °C bei lackierten Teilen oder Kunststoffteilen, auch beim Auf- und Absteigen, muss der Fahrer geschützt sein, z.B. durch Verkleidung des Auspuffrohres.

Hat ein Fahrer auf dem Fahrersitz Platz genommen, muss von seiner Sitzposition (eingedrückter Sitz) bis zur Unterkante des Fahrerschutzdaches oder der Fahrerkabine 1 m Platz vorhanden sein, damit genügend Kopffreiheit gegeben ist. Zur Belastung des Sitzes wird ein Fahrer von 90 kg Gewicht zugrunde gelegt. Ist ein Hilfssitz an einem Fahrerstand angebracht, ist eine gepolsterte Auflage und ggf. eine Rückenstütze ausreichend. Behindert der Sitz den Fahrer in seiner Bewegungsfreiheit, z.B. beim Aus- und Einsteigen, muss er schwenkbar oder klappbar ausgeführt sein.

Merke

Der Fahrerplatz ist das „technische Wohnzimmer" des Fahrers und pfleglich zu behandeln!
Der Fahrersitz ist immer auf die Körpermaße des Fahrers/Beifahrers einzustellen!

Rückhaltesysteme/-einrichtungen

Das Umkippen von Staplern und damit verbunden schwere, häufig tödliche Unfälle durch Herausschleudern der Fahrer, die dann durch den Hubmast oder das Fahrerschutzdach erschlagen wurden (Mausefalleneffekt), führte dazu, dass die Flurförderzeughersteller Rückhalteeinrichtungen in ihre Geräte eingebaut haben.

Das können sowohl geschlossene Fahrerkabinen sein, Halb- oder Schiebetüren, Bügelsysteme sowie Sicherheitsgurte (Beckengurte). Rückhalteeinrichtungen wirken aber nur dann, wenn sie auch benutzt werden, d.h. Anlegen des Gurtes, Schließen des Bügels oder das Fahren mit geschlossener Tür. Zwar ist es ergonomisch so, dass ein „höheres" Sicherungssystem (z.B. die geschlossene Fahrerkabine) das „geringere" Sicherungssystem wie (z.B. den Sicherheitsgurt) ersetzt. Der Fahrer ist jedoch gut beraten zu seiner eigenen Sicherheit, alle ihm zur Verfügung stehenden Sicherheitseinrichtungen gleichzeitig zu benutzen. Dies heißt – wie auch beim Autofahren – „erst gurten, dann spurten", auch wenn wir mit geschlossener Fahrerkabine fahren. Das ist auch schon deshalb sinnvoll, da der Fahrer im Falle eines Umkippens des Staplers auf dem Sitz gehalten und nicht in der Kabine herumgeschleudert wird oder an die Lenksäule prallt. Bitte auch auf kurzen Strecken anschnallen.

„Altgeräte", die kein Rückhaltesystem haben, sind nachzurüsten, wenn ein Arbeitgeber diese für seine Mitarbeiter einsetzen will. Dazu sagt Nr. 1.4 Anhang 1 BetrSichV Folgendes:

„Flurförderzeuge mit aufsitzendem Beschäftigten bzw. aufsitzenden Beschäftigten sind so zu gestalten, dass die Gefährdungen durch ein Kippen der Flurförderzeuge begrenzt werden, zum Beispiel:
- durch Verwendung einer Fahrerkabine,
- mit einer Einrichtung, die verhindert, dass Flurförderzeuge kippen,
- mit einer Einrichtung, die gewährleistet, dass bei einem kippenden Flurförderzeug für die aufsitzenden Beschäftigten zwischen Flur und Teilen der Flurförderzeuge ein ausreichender Freiraum verbleibt oder
- mit einer Einrichtung, die bewirkt, dass die Beschäftigten auf dem Fahrersitz gehalten werden, so dass sie von den Teilen umstürzender Flurförderzeuge nicht erfasst werden können."

Von der Europäischen Flurförderzeughersteller-Vereinigung „FEM" wurde eine gemeinsame Beurteilung der Vorschrift vorgenommen. Danach müssen Frontsitzstapler, wie die klassischen Gabelstapler und Teleskopstapler, auch mit Drehsitz sowie die Querstapler, jeweils bis 10 t Tragfähigkeit, mit einem Rückhaltesystem ausgerüstet werden.

Lassen Sie Nachrüstungen nur vom Flurförderzeughersteller oder einer entsprechenden Fachfirma vornehmen. Diese kennen den Fahrzeugaufbau und die Gerätecharakteristika. „Basteln" Sie niemals selbst! Das kann verhängnisvoll sein!
Weitere Ausführungen finden Sie im Kapitel 4, Abschnitt 4.7.

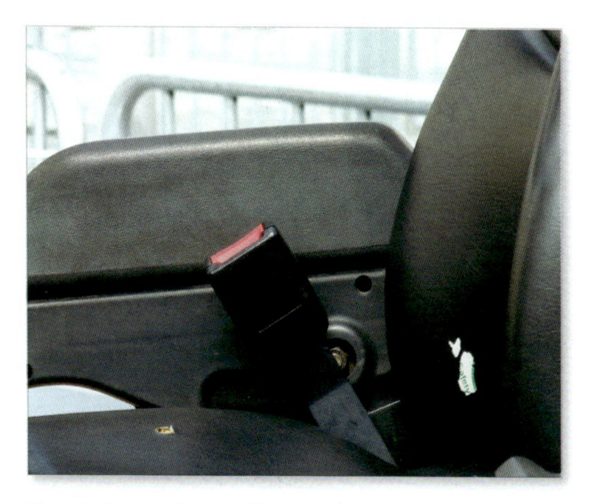

Sicherheitsgurtschloss an Frontstapler

Bügelsystem

Bügelsystem

Halbtür

Merke

Das Rückhaltesystem muss funktionssicher sein und benutzt werden!

Aufgrund des bisherigen Unfallgeschehens sind von Rückhaltesystemen befreit:
Spreizen- bzw. Schubmaststapler, Stapler mit hebbarem Fahrerplatz und Stapler zum Fahren mit hochgehobener Last, Hubwagen, Schlepper, Wagen und Mitgänger-Flurförderzeuge mit Mitfahrgelegenheit.

Schubmaststapler ohne Sicherheitsgurt ausgerüstet

Geschlossene Fahrerkabine im Außeneinsatz

Betriebsanleitung am Stapler – hier Rückseite Fahrersitz – im Einsatz immer dabei

Witterungsschutz/Fahrerkabine

Werden Flurförderzeuge mit Fahrersitz nicht nur gelegentlich für Arbeiten im Freien eingesetzt, sind die Fahrer durch geeignete Einrichtungen an den Flurförderzeugen, am besten mittels einer Fahrerkabine, gegen Witterungseinflüsse zu schützen.

Nicht „nur gelegentlich" im Freien arbeiten liegt z.B. vor, wenn der Fahrer mit dem Flurförderzeug längere Zeit, ununterbrochen in einer Schicht, draußen tätig ist. „Längere Zeit" liegt u.a. vor, wenn er ca. 2 h im Freien arbeitet, z.B. zwischen Arbeitsbeginn und Frühstückspause.

Unter Witterungsschutz ist schon ein Regendach mit Plastikverkleidungen an beiden Seiten der Kabine und hinten zu verstehen, wobei vorn die Verkleidung aus festem, schwer entflammbarem (s. ISO 3795) Material, z.B. aus Glas (in Gießereien wärmeisolierend) oder Kunststoff, bestehen und mit einem ausreichend großen Scheibenwischer ausgerüstet sein muss. Wird Glas gewählt, muss es Sicherheitsglas, am besten temperiert oder laminiert, sein. Als hintere Verkleidung sollte man dieses Material ebenfalls wählen und auch einen Scheibenwischer anbringen. Als Rettungsausstieg mittels Hammer muss es z.B. zerkrümeln (s.a. Kapitel 4, Abschnitt 4.7, Absatz „Retten bei Störfällen").

In der Kabine ist ein Aufbewahrungsort für die Betriebsanleitung vorzusehen (z.B. Tasche an der Rückseite der Rückenlehne des Fahrersitzes).

Plastikverkleidungen sind stets fest zu verspannen, um eine Sichtbeeinträchtigung zu vermeiden. Grundsätzlich muss die Verkleidung/Kabine und deren Befestigung schwer entflammbar sein.
Bei der Ausführung des Witterungsschutzes ist darauf zu achten, dass der äquivalente Geräuschpegel am Fahrerplatz möglichst nicht erhöht wird (s. Absatz „Lärmschutz") und die Sicht auf die Fahrbahn nach hinten und zu den Seiten hin weitgehend erhalten bleibt.

Führerhaustüren sollten im geschlossenen Zustand selbsttätig einrasten und im geöffneten Zustand festgestellt werden können.

Eine Fahrerkabine erfüllt den Witterungsschutz am besten. Sie kann die Aufgabe eines Schutzdaches übernehmen, wenn sie entsprechend konstruiert ist. Außerdem kann sie besonders ausgerüstet sein, z.B. mit gefilterter Frischluftzufuhr in kontaminierten Bereichen und bei Überschreitung der Auslöseschwelle von Schadstoffen in der Atemluft (s. Kapitel 4, Abschnitte 4.2.2 und 4.2.4). Ideal wäre es, wenn die Kabinen mit einer Klimaanlage versehen werden; denn im Sommer herrschen hier nicht selten Temperaturen von mehr als + 60 °C. Die Staplerhersteller und Zuliefererfirmen bieten sie an.

In vollkommen geschlossenen Kabinen sind Vorkehrungen für ausreichende Lüftung zu treffen. Ist eine Heizung eingebaut (bei verbrennungsmoto-

Fahrerkabine mit Klimaanlage

risch betriebenen Staplern reicht hierzu oft die Motorwärme aus), muss der Lufteinlass für die Heizung mit einem Frischlufteinlass versehen sein. Ist keine Heizung eingebaut, ist dem Fahrer Wetterschutzkleidung zur Verfügung zu stellen.

Eine Fahrerkabine muss mindestens eine Tür und einen Notausstieg (s. Kapitel 4, Abschnitt 4.7) in eine andere Richtung haben.

Ist die Kabine gleichzeitig als Schutz für den Fahrer gegen Herabfallen von Gegenständen (Last/Lastteile) vorgesehen, muss sie die Prüfungsanforderungen für Fahrerschutzdächer erfüllen.

Fahrerschutzdach mit Sicherheitsglas – der wirksamste Schutz für den Fahrer vor herabfallenden Gegenständen.

Anmerkung

Bei Flurförderzeugeinsätzen in niedrig oder nicht geheizten Hallen sind Fahrerkabinen dringend zu empfehlen, denn der Fahrer bewegt sich im Gegensatz zu Lagerarbeitern und dgl. relativ wenig. Wärmende Kleidung ist die schwächste Lösung.

Darüber hinaus wird das Fahrzeug mit Kabine von der Umwelt mehr beachtet und der Fahrer mit seinen Aufgaben stärker anerkannt. Beides zieht zwangsläufig eine Erhöhung der Arbeitssicherheit nach sich.

Außerdem können Fahrerkabinen mit dazu beitragen, bei umstürzenden Staplern deren Fahrern die zu erwartenden schwersten Verletzungen zu ersparen, u. a. dadurch, dass ein Herausschleudern aus dem Fahrzeug und ein falsches Abspringen des Fahrers verhindert wird. Sie gelten als Rückhaltesystem (s. Absatz „Rückhaltesysteme/-einrichtungen").

Wird ein Flurförderzeug nur gelegentlich ins Freie gesteuert, sollte dieses mindestens mit einem Regenschutzdach (aus Plexiglas) ausgerüstet werden.

Achtung!

Die Kabine eines Zulieferers gilt als Sicherheitsbauteil (s. a. Kapitel 1, Abschnitt 1.1.2, Absatz „CE-Kennzeichen – Neue Konformitätserklärung").

Lärmschutz

Der A-bewertete Schalldruckpegel wird am Fahrerplatz gemessen. Die Messung wird personenbezogen (im Abstand von 50 mm – 100 mm neben dem Fahrerohr) vorgenommen. Bei Fernbedienung wird der Lärmpegel in 1 m Entfernung von der Maschine (Lärmquelle) in 1,60 m Höhe gemessen (Anhang 1, Abschnitt 1.7.4.2 und Abs. 8, MRL 2006/42). Der Lärmbeurteilungspegel/Tageslärmexpositionspegel für den Fahrer sollte 80 dB(A) nicht überschreiten, andernfalls muss ihm der Unternehmer oder dessen Beauftragter Gehörschutz bereitstellen. Außerdem muss der Fahrer regelmäßig einer arbeitsmedizinischen Vorsorgeuntersuchung unterzogen werden. „dB" steht für „Dezibel" und (A) für einen Bewertungsfilter, den man abgestimmt auf die Hörfähigkeit des menschlichen Ohres in das Lärmmessgerät installiert hat. Der Beurteilungspegel wird über die Einwirkungsdauer des Lärmes über die Dauer einer Arbeitsschicht (8 h) bestimmt.

Die EG-Richtlinie 2003/10/EG „Mindestvorschriften zum Schutz von Sicherheit und Gesundheit der Arbeitnehmer vor Gefährdung durch physikalische Einwirkungen (Lärm)" vom 15.2.2003 (umgesetzt in deutsches Recht durch die LärmVibrations-ArbSchV), setzt die Grenzwerte in der Praxis um 5 dB(A) herab. Außerdem sind ab 87 dB(A) Sofortmaßnahmen, wie technische Lärmminderungen, vorgegeben. Tragepflicht von Gehörschutz besteht ab 85 dB(A).

Die EG-Richtlinie hat folgende neue Begriffe eingeführt (s.a. § 2 Lärm- und Vibrations-Arbeitsschutzverordnung):

1. Spitzenschalldruckpegel (p_{peak}), z.B. durch Knall oder Explosion – früher Höchstwert des nicht bewerteten Schalldruckpegels,
2. den Tageslärmexpositionspegel ($L_{EX8\,h}$) – früher Beurteilungspegel, bezogen auf einen 8-Stunden-Tag,
3. den Wochenlärmexpositionspegel ($L_{EX40\,h}$) bezogen auf eine 40-Stunden-Woche.

Ferner wird in der EG-Richtlinie die Einheit „Pa" gebraucht.

Was hat es mit diesem Wert auf sich?

Pascal – „Pa" ist die Dimension für den Schalldruck. Es ist der Betrag einer Druckschwankung (Amplitude). Das schwächste Geräusch, das ein menschliches Ohr gerade noch wahrnehmen kann, ist eine Druckänderung von

$$20\ \mu\text{Pa}\left(\frac{\text{Pa}}{1000}\right)$$

Dieser ist um den Faktor 5 000 000 000 weniger als der normale atmosphärische Druck. Diese Druckänderung erzeugt an unserem Trommelfell einen Ausschlag/eine Schwingung in der Größe eines Wasserstoffatoms. Das Ohr toleriert Drücke, die bis zu 1 000 000-mal größer sind.

Wir müssten also bei unseren Schallmessungen in der Einheit Pascal – „Pa" mit riesengroßen Zahlen rechnen. Deshalb wird eine logarithmische – also keine lineare – Skala mit 20 µPa als Basis benutzt. Als Ausgangspunkt werden 20 µPa = 0 dB angenommen.

Steigt der Druck um den Faktor 10, ergibt sich 200 µPa ≙ 20 dB.

Die Formel für den Schalldruckpegel „L" ist:

$$\left[L = 20 \cdot \lg\frac{p}{p_0}\ [\text{dB}]\right]$$

p = gemessener Lärmpegel = Schalldruck, $p_0 = 20$ µPa

Was bedeutet die Abkürzung dB(A), gesprochen „deziBel"?

„dezi" kommt aus dem Lateinischen und bedeutet 1/10. „Bel" ist eine nach dem Amerikaner Bell (Erfinder des Telefons) benannte Einheit.

1 dB ist folglich der Messwert $\frac{1}{10}$ B.

„A" ist eine Art Filter für die Messkurve, angepasst an das menschliche Ohr im Lärmmessgerät.

Es ist in den Betrieben verstärkt der primäre Lärmschutz angesagt.

Meist reicht dieser nicht aus und sollte daher unbedingt mit sekundärem Lärmschutz ergänzt werden.

primärer Lärmschutz = Schutz vor Lärm durch Maßnahmen, die Geräusche bereits bei ihrer Entstehung mindern (an der Lärmquelle), z.B. durch Verwendung lärmarmer Maschinen oder Arbeitsverfahren.

sekundärer Lärmschutz = Schutz vor Lärm durch Maßnahmen, die Geräusche nach der Lärmquelle mindern – also zwischen Lärmquelle und Beschäftigten, z.B. Schallschutzwände.

Sekundärer Lärmschutz kann durch technische Maßnahmen, z.B. Schallschutzwände und/oder von der Hallendecke herabhängende Dämmplatten, aber auch durch schallschluckende Matten auf Abstellplätzen für Lasten von Staplern und geräuschärmere Lagergeräte (s.a. Kapitel 4, Abschnitt 4.2.3, Absatz „Explosivstoffgefährdete Bereiche") sowie einer „schonenden Fahrweise"/Lastbewegung erreicht werden.

Reicht auch das noch nicht aus, muss zusätzlich PSA gegen Lärm/Gehörschutz getragen werden (s.a. Abschnitt 1.6 und 3.4.1).

Negative Geräusche/Impulse entstehen z.B. durch „robusten" Umgang (Aufnehmen/Absetzen von Gitterpaletten). So als ob man in einem sonst ruhi-

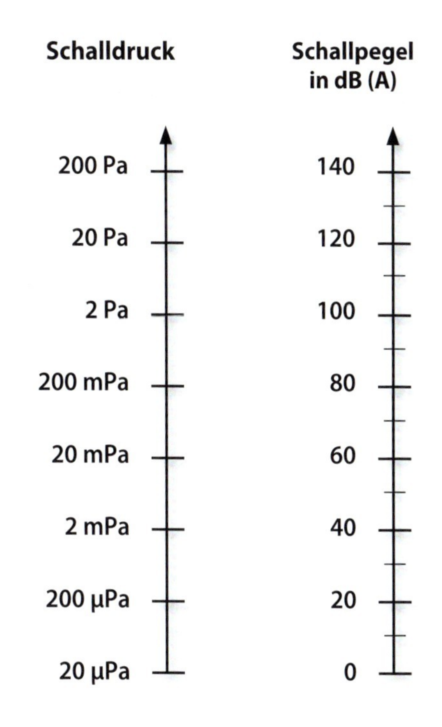

Skala: Schalldruck zu Schallpegel

gen Raum des öfteren mit der flachen Hand auf einen Tisch schlagen würde.

Gemäß EU-Richtlinie Umwelt-/Umgebungslärm von Maschinen ist auch für Gegengewichtsstapler mit Verbrennungsmotor bis zu einer Tragfähigkeit ≤ 10 t der garantierte Schallleistungspegel deutlich und dauerhaft, z. B. in Verbindung mit dem CE-Zeichen, am Stapler anzugeben.

Gemäß Maschinenlärminformationsverordnung – 3. ProdSV sind dem Betreiber Lärminformationen (höchster Emmissionsschalldruckpegel und zugehöriger Messunkt) mindestens in der Betriebsanleitung anzugeben.

Am Stapler angebrachtes Dämmmaterial, z. B. unter der Motorhaube, ist stets auf ordnungsgemäße Befestigung zu kontrollieren, sonst verliert es weitgehend seine Geräuschminderung.

Ist in der Betriebsstätte, in der der Stapler eingesetzt wird, Gehörschutz vorgeschrieben (Lärmbereich), muss auch der Staplerfahrer Gehörschutz tragen, so er nicht in einer wirkungsvoll schallgedämpften Fahrerkabine sitzt.

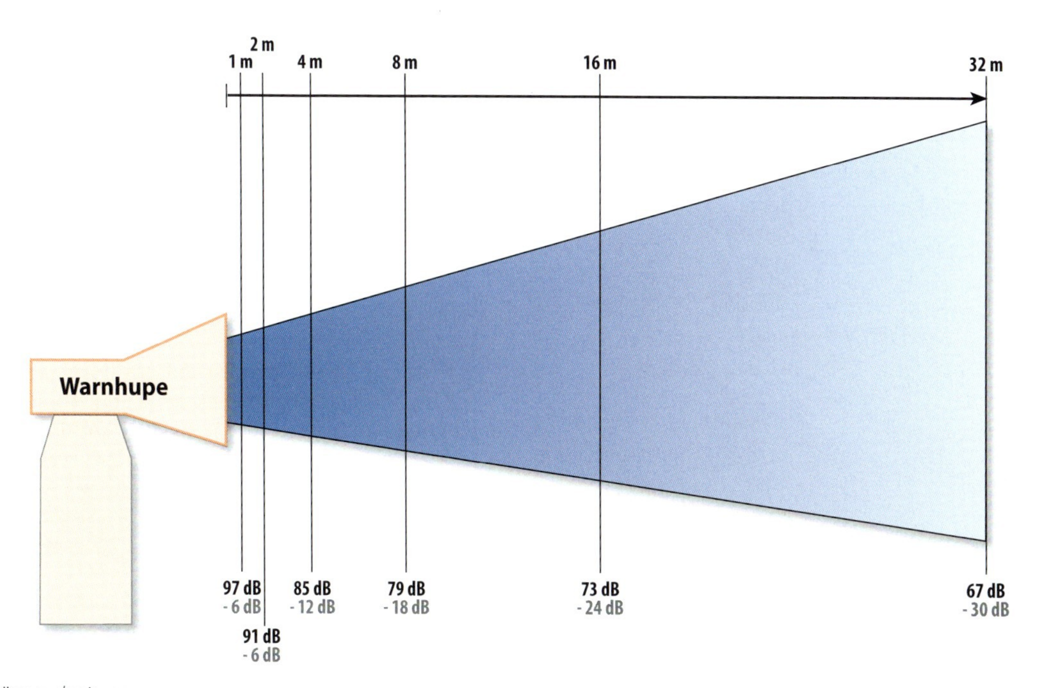

Lärmausbreitung

Bei einer idealen Schallausbreitung nimmt der Schall bei Verdopplung der Entfernung im Freien um ca. 6 dB(A) und im Raum um ca. 3 dB(A) (= Halbierung des Lärmes) ab. Eine Halbierung der schädlichen Lärmeinwirkung tritt auch bei Halbierung der Einwirkzeit, z. B. von 8 h auf 4 h ein.

Zwei Schallquellen gleicher Intensität können den Schallpegel verdoppeln. Wird eine Quelle abgeschaltet, halbiert er sich folgerichtig.

Das Hörfeld ist in eine logarithmische Skala aufgeteilt. Das bedeutet, dass der Wert den Lärm als doppelt so laut ausweist. 88 dB(A), als ein Messergebnis von 85 dB(A). 91 dB(A) ist folglich viermal so laut usw. (s. a. Kapitel 1, Abschnitt 1.6).

Anmerkung

Der Schallleistungspegel eines Flurförderzeuges ist für die Schallausbreitung/den Schalldruckpegel mit entscheidend.

Fahrerschutzdach

Der Fahrerschutz über dem Fahrzeug ist an jedem Stapler mit einer Hubhöhe über 1,80 m erforderlich.

Lagertechnikgerät ausgerüstet mit Schutzdach

Das Schutzdach kann abnehmbar sein, z. B. zum Arbeiten in einem Waggon oder Container. Ein Schutzdach kann auch bei Hubhöhen unter 1,80 m erforderlich sein, wenn z. B. Lasten mit größeren Höhen (1,85 m und mehr) gestapelt werden und über den Kopf des Fahrers hinaus hochgehoben werden.

Es muss so konstruiert sein, dass es dem Fahrer ausreichenden Schutz bietet, insbesondere gegen herabfallende Güter, ggf. auch gegen Hindurchfallen kleinerer Gegenstände (Lastteile, z. B. Steine, Schrauben oder dgl.), die durch ihn aufgestapelt werden. Die Sicht auf sein Arbeitsfeld darf durch das Dach aber nicht wesentlich eingeschränkt werden. Die Ausführung des Daches ist gemäß ISO 6055 vorzunehmen.

Das Schutzdach muss u. a. bis zu 2 000 kg Tragfähigkeit des Staplers, statisch die 2-fache Nennlast 1 min lang, halten. Mit steigenden Tragfähigkeiten geht die Prüflast zurück. Sie beträgt für Stapler von 2 000 kg bis 5 000 kg Tragfähigkeit 200 kg + Norm-Nennlast des Staplers – maximal 7 000 kg.

Für Stapler ab 5 000 kg bis 10 000 kg gelten als ausreichender Schutz gegen herabfallende Lasten, z. B. einem Bauholzpaket als Prüflast von 3 600 mm Länge und ≤ 1 000 mm Breite, folgende Werte:

Nennlast [kg]	Energie [J]	Prüflast [kg]
5 000 bis 6 350	3 264	1 360
6 351 bis 10 000	43 520	1 360

Fallhöhe „h" im freien Fall in [m]:

$$\left[h = \frac{\text{Energie [J]}}{9{,}81\ [\text{m/sec}] \cdot \text{Prüflast [kg]}} \right]$$

Die Verformung nach unten darf nach dem Aufprall den Abstand von 250 mm zwischen Oberkante Lenkrad und Unterkante Schutzdach nicht unterschreiten.

Geländegängige Teleskopstapler müssen außerdem mit einem Schutzgerüst gegen herabfallende Gegenstände von vorn (FOPS) gemäß ISO 3449 und gegen die Gefahr durch Überrollen (ROPS) gemäß ISO 3471 ausgerüstet sein. Wir empfehlen diese Schutzvorrichtungen auch bei den klassischen geländegängigen Staplern je nach Lastumgangsgegebenheiten anzubringen.

Weil Gabelstapler häufig vorschriftswidrig überlastet werden oder Kleinteile oder gar „lose Teile" transportiert werden, sollte der Ausführung des Daches, besonders schräg nach vorn über dem Fahrer, ein hoher Stellenwert eingeräumt werden.
Bei Staplern mit Fahrersitz ist das Dach so anzubringen, dass bei einem Fahrer von 90 kg Gewicht zwischen dem durchgefederten Sitz und der Unterkante des Daches 1 000 mm lotrechter Platz vorhanden ist (s. a. Absatz „Fahrersitz").

Bei Staplern mit Fahrerstand ist ein lotrechter Abstand von 1 880 mm einzuhalten.

Anmerkung

Der Hersteller kann in der Betriebsanleitung eine maximale Körpergröße festlegen, z. B. für Geräte zum Befahren von Containern oder Güterwaggons.

Eine Fahrerkabine kann die Aufgabe eines Schutzdaches übernehmen, wenn sie entsprechend konstruiert ist. Außerdem kann sie, entsprechend gebaut, z. B. mit gefilterter Frischluftzufuhr usw., in kontaminierten Bereichen und bei Überschreitung der Auslöseschwelle von Schadstoffen in der Atemluft eingesetzt werden (s. Kapitel 4, Abschnitt 4.2.2).

Lastschutzgitter

Lastschutzgitter = Schutzgitter am Gabelträger des Flurförderzeugs, das verhindern soll, dass eine Last bei angehobenem Lastträger auf den Fahrer stürzt – obligatorisch ab 1,80 m Hubhöhe.

Vom Hersteller aus müssen die Stapler grundsätzlich so ausgeführt sein, dass ein Lastschutzgitter befestigt werden kann, unabhängig davon, ob ein Transport von Kleinteilen oder dgl. vorgesehen ist oder nicht.

Starke Verbundglasscheiben vorn zwischen den Schutzdachstreben und oben am Staplerschutzdach bzw. eine Fahrerkabine können die Schutzfunktion eines Lastschutzgitters übernehmen.

Achtung!

Ein Lastschutzgitter kann ein Fahrerschutzdach nicht ersetzen!

Lastschutzgitter an einem Stapler

Besteht ein Fahrerschutzdach (nur) aus einzelnen Streben und besteht trotz Vorhandenseins eines Lastschutzgitters die Gefahr, dass Kleinteile das Dach des Fahrers treffen können, sollte der Unternehmer in seiner Gefährdungsbeurteilung zu dem Ergebnis kommen, dass auch im Fahrzeuginneren ein Schutzhelm getragen werden muss.

Schalt-/Zündschlüssel/Computercode

Der Schalt-/Zündschlüssel hat im wahrsten Sinne des Wortes eine Schlüsselfunktion. Durch einen sorgfältigen Umgang mit ihm muss gewährleistet sein, dass Unbefugte das kraftbetriebene Flurförderzeug, z. B. einen Gabelstapler, nicht benutzen können. Bei elektrisch betriebenen Geräten kommen Schaltschlüssel, bei benzin-, flüssig-erdgas- oder wasserstoffbetriebenen Fahrzeugen Zündschlüssel zum Einsatz.
Bei dieselbetriebenen Staplern werden Anlassschalter mit abziehbaren Sicherheitsschlüsseln verwendet. Die Einrichtungen müssen gewährleisten, dass die Geräte nicht durch einfache Hilfsmittel, wie Nägel oder Schraubendreher, in Betrieb gesetzt werden können. Es werden als Zugang zum Bedienen von Flurförderzeugen auch Eingaben von Schlüsselzahlen in den „Bordcomputer" programmiert. Nach mehrmaliger falscher Eingabe ist es temporär nicht möglich, das Flurförderzeug in Betrieb zu nehmen. Ein solches System kann den Schalt-/Zündschlüssel ersetzen.

Schalt-/Zündschlüssel der einzelnen Geräte dürfen nicht gegeneinander austauschbar sein.

Gerätesicherung durch Codesystem

Warneinrichtung

Eine Warneinrichtung an Flurförderzeugen mit Fahrantrieb ist besonders für gefährliche Betriebssituationen unerlässlich. In den Betrieben ist der Geräuschpegel oft so hoch, dass das Fahrgeräusch überhört wird. Hier ist das Hupsignal vielfach die einzige Möglichkeit, um zu warnen.

Teleskopstapler mit veränderlicher Reichweite müssen mit einer für die Umgebung deutlich hörbaren akustischen Warneinrichtung ausgerüstet sein. Dies gilt auch für ihre Rückwärtsfahrt. Warneinrichtungen, z.B. Hupen am Steuerplatz, sollten um 10 dB(A) und Warnsignale beim Rückwärtsfahren um 5 bis 10 dB(A) höher sein als die Betriebsgeräusche.

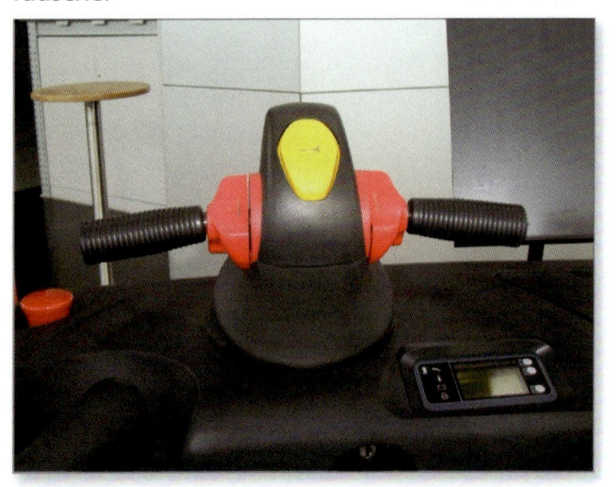

Signaleinrichtung/Hupe (gelb) am Fahrerstand eines Lagertechnikgerätes

Anmerkung

Ein Profi setzt eine Hupe nur im Notfall ein, nicht um sich den Weg „freizukämpfen".

Beleuchtung

Ist ein Flurförderzeug mit einer Beleuchtung ausgerüstet, ist sie gemäß Betriebsanweisung zu benutzen. Wird dies unterlassen, und kommt es dadurch zu einem Unfall, kann sich der Fahrer vom Vorwurf der Fahrlässigkeit schwerlich befreien (s. Kapitel 1, Abschnitt 1.2).

Stapler versehen mit Beleuchtungseinrichtung

Arbeitsscheinwerfer im Lagereinsatz

Scheinwerfer, auch für das Rückwärtsfahren, sind notwendig, wenn die Verkehrswege nicht ausreichend beleuchtet sind. Die Beleuchtungsstärke muss mindestens 15 Lux betragen und wenigstens 20 bis 85 cm über dem Fahrweg den Anhalteweg ≥ 2,50 m ausleuchten. Diese Beleuchtungsanlage hat sich beim Einsatz auf Firmengelände, auf dem gleichzeitig Verkehr von Straßenfahrzeugen stattfindet, gut bewährt. Auch sollte hierzu auf die Installierung von Bremslichtern und Fahrtrichtungsanzeigern nicht verzichtet werden (s. a. Kapitel 4, Abschnitte 4.4 und 4.4.8).

Die Stapler sind vom Hersteller oft so vorbereitet, dass die Beleuchtungsanlage, insbesondere Fahrscheinwerfer, rote Schlussleuchten und Fahrtrichtungsanzeiger, leicht und gegen Beschädigung geschützt, eingebaut werden können.
Da diese Scheinwerfer aber in der Regel tief/nahe der Fahrbahn angebracht werden, ist daran zu denken, dass sie nach Aufnahme einer Last, die höher als 1 m ist, wirkungslos werden, da sie ggf. durch die Last verdeckt werden. Hierzu bedarf es dann zusätzlicher Arbeitsscheinwerfer, die entsprechend höher befestigt werden müssen als Scheinwerfer für die öffentliche Straße.

Arbeits- und Fahrwegsbeleuchtungen am Fahrzeug sind so einzustellen, dass sie Personen des entgegenkommenden Verkehrs auch in Kurven nicht blenden. Dies gilt auch für andere Personen an ihren Arbeitsplätzen.

Kupplungseinrichtung

Die Kupplungseinrichtung an Flurförderzeugen ist in der Regel für den Anhängerbetrieb und im Sonderfall als Abschleppvorrichtung (s. a. Kapitel 4, Abschnitte 4.4.3 und 4.4.8) vorgesehen. Bei ihrer Benutzung ist stets auf das unbeabsichtigte Lösen der Anhängerdeichsel zu achten. Der Kupplungsbolzen

Kupplung mit Mehrfachtaschen zur Wahl für die waagrechte Ausrichtung der Zuggabel zum Fahrweg

Automatische Kupplung

mit seiner Sicherung ist stets sorgfältig einsatzbereit zu halten. Die Zuggabel sollte nicht auf dem Boden schleifen können (s. a. Kapitel 4, Abschnitt 4.2.3).

Befindet sich am Gerät eine Kupplungseinrichtung zum fernbedienbaren/rücktastenden Ankuppeln von Flurförderzeug-Anhängern, so muss sie selbsttätig wirken. Andernfalls muss sie derart ausgeführt sein, dass der Kupplungsbolzen von Hand zu sichern ist, sodass er sich nicht ungewollt ausheben oder ausklinken kann. Dies wird u. a. durch eine formschlüssige Sicherung erreicht. Die Funktion der Sicherung, z. B. eines Ringsplints oder einer „Verriegelungsnocke", muss durch Sichtkontrolle festgestellt werden können.

Anhänger

Bei Mehrachsanhängern muss die Zugeinrichtung (Zuggabel) bodenfrei (≥ 200 mm) und in Höhe des Kupplungsmauls einstellbar sein, damit sie zum Kuppeln und im Ruhezustand oder im Fehlerfalle nicht auf den Boden schlagen und Fußverletzungen verursachen kann.

Einachsige Anhänger, auch Tandemanhänger mit einem Abstand <1 m, müssen mit einer Einrichtung gegen Kippen nach vorn bzw. gegen Ausschlagen der Zuggabel nach oben und unten versehen sein (s. a. §§ 26, 28 und 47 DGUV V 70).

Anhängerdeichsel bodenfrei eingestellt

> **Merke**
>
> **Alle Sicherheitseinrichtungen, die wir am Flurförderzeug als selbstverständlich ansehen, dienen in jedem Detail allein der Sicherheit des Fahrers und seines nahen Umfeldes!**

Vibrationen

Schwingungen, die auf den Fahrer einwirken, können auf Dauer gesundheitsschädlich sein, besonders dann, wenn sie stark spürbar sind.

Neben der gesundheitsschädlichen Wirkung können auch die Flurförderzeuge, z.B. deren Lager, Schaden nehmen.
Die Kenngröße für die Schwingungsbeanspruchung wird als frequenzbewertete Beschleunigung in m/sec^2 angegeben. Ab 0,08 m/sec^2 ist sie gut spürbar und ab 0,315 m/sec^2 wird sie als stark spürbar bezeichnet. Die Schwingungen werden gemäß EN 13059 gemessen und sind in der Betriebsanleitung anzugeben. Die Hersteller betreiben mit viel Erfolg Schwingungsdämpfung, sogar an der Antriebsachse, z.B. durch Gummipuffer und/oder Hydrolager zwischen dem Unterbau/Chassis/Fahrzeugrahmen und dem Fahrerplatz/Aufbau. So werden sie der Richtlinie 2002/44/EG „Vibrationen“ vom 25.06.2002 gerecht, umgesetzt in deutsches Recht durch die LärmVibrationsArbSchV.

Auslösewert = Wert, ab dem Maßnahmen zur Vermeidung/Verringerung von Vibrationen ergriffen werden müssen

Expositionswert = Wert, dem ein Beschäftigter maximal ausgesetzt sein darf.

Sie setzt den täglichen Expositionswert für einen Bezugszeitraum von 8 h für Hand-Arm-Vibrationen auf 5 m/sec^2 fest, wobei der tägliche Auslösewert bei 2,5 m/sec^2 liegt. Für Ganzkörperschwingungen ist der Expositionswert 1,15 m/sec^2 bzw. der Auslösewert 0,5 m/sec^2 (LärmVibrationsArbSchV § 9).

Diese konstruktive Maßnahme kann seitens der Betreiber wirkungsvoll unterstützt werden, wenn sie für weitestgehend ebene Fahrwege (ohne Schlaglöcher und dgl.) sorgen. Denn solche Unebenheiten verursachen „Schlagimpulse“, wodurch sich die sonst auftretenden Schwingungen um 50 % erhöhen. Gleichermaßen erhöhen nicht passende oder defekte Sitze die Vibrationen.

Effiziente Schwingungsabkopplung des Hubmastes

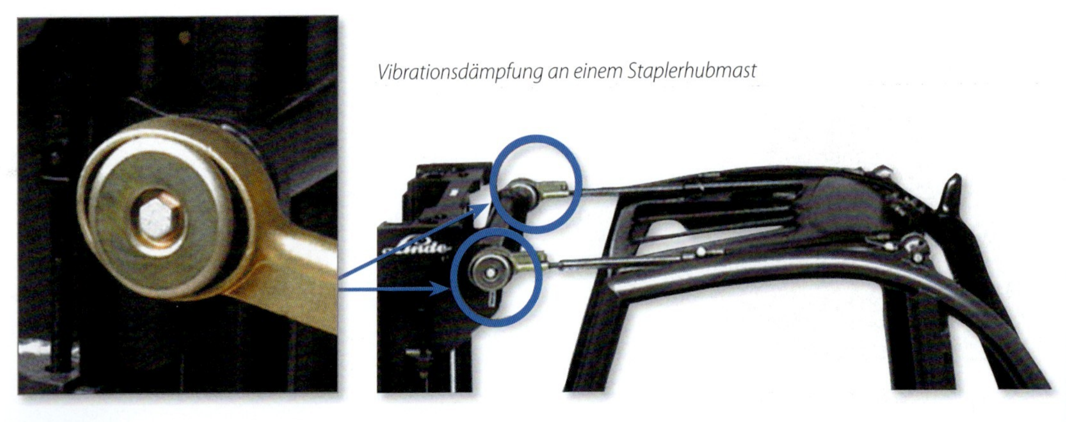

Vibrationsdämpfung an einem Staplerhubmast

Bereifung

Im Flurförderzeugeinsatz werden hauptsächlich folgende vier Reifentypen verwendet:

- Kunststoffreifen,
- Luftreifen,
- Superelastikreifen (SE) und
- Bandagenreifen.

Für raue Betriebsböden, z. B. Schrottplätze, sind Luftreifen nicht zu empfehlen.

Kunststoffreifen werden z. B. aus hochwertigen Polyurethanen hergestellt, die mit den Festigkeitsträgern (Felgen) chemisch dauerhaft verbunden sind. Sie sind widerstandsfähig gegen Öle, Fette sowie Treibstoffe, haben eine hohe Abriebfestigkeit (fünf bis sieben Mal höher als Gummireifen) und damit eine lange Lebensdauer. Sie sind geeignet für Fahrzeuge bis 6 km/h, die auf weitgehend ebenen Fahrwegen eingesetzt werden. Gegenüber Bandagenreifen aus Gummi sind sie temperaturunempfindlicher (einsetzbar bei -20 °C bis +80 °C, kurzzeitig bei -40 °C bis 100 °C). Für Gummireifen liegen die Temperaturwerte ohne Tragfähigkeitsverlust bei -40 °C bis +50 °C.

Luftreifen als Radialreifen oder Diagonalreifen?

Bei ***Radialreifen***, wie wir sie auch von Pkws oder Lkws kennen, verlaufen die Festigkeitsträger (Stahlseile) parallel zur Lauffläche. Ihr Gürtel verläuft über den Umfang des Reifens im Winkel von 20°. Zu den Stahleinlagen stehen die Reifen rechtwinklig. Sie haben eine größere Auflagefläche als Diagonalreifen sowie eine gleichmäßigere Auflage auf der Fahrbahn, einen besseren Rollwiderstand (μ = klein) und erwärmen sich im Fahrbetrieb nicht so schnell. Sie haben aber gegenüber Diagonalreifen den Nachteil, dass sie nicht so standsicher sind, besonders in der Seitenstabilität. Außerdem sind sie pannenempfindlicher.

Eine Auswahl verschiedener Reifentypen

Darum sollten sie in einfacher Bereifung nicht an Staplern montiert werden, die Lasten auf Hubhöhen über ca. 3 m befördern oder hängende Lasten transportieren sollen (s. Herstellerangaben – Resttragfähigkeiten).

Eine Untersuchung im Auftrag der Bundesanstalt für Arbeitsschutz, Dortmund ergab, dass durch Verwendung von Luft-Radialreifen statt Superelastikreifen ein besseres Lenkverhalten in kritischen Situationen (Lenkungsverreißen) sowie bei Kurvenfahrten eine höhere Seitenstabilität des Staplers zu erzielen ist.

Bei ***Diagonalreifen*** verlaufen die Stahleinlagen im Winkel von 45° über den Reifen, einmal nach rechts und einmal nach links. Für ihren Einsatz bestehen in der Regel keine Hubhöhenbegrenzungen, insbesondere in der Ausführung als Zwillingsbereifung (wenn doch, muss der Hersteller darauf hinweisen). Auch hängende Lasten sind standsicherheitsmäßig problemlos zu transportieren.

Luftreifen haben gegenüber Superelastikreifen eine etwas höhere Traktion (Vortriebskraft) und sind daher auf weniger befestigtem und unebenem Gelände problemloser einzusetzen. Außerdem haben sie eine größere Aufstandsfläche. Dies kann bei der Berechnung der Belastung von Decken und Öffnungsabdeckungen sehr wichtig sein (s. Kapitel 4, Abschnitte 4.1, 4.4.2).

Ist es im Betrieb möglich, sollten die Reifen statt mit Luft mit Stickstoff gefüllt werden. Dadurch wird das Fahrverhalten des Staplers noch verbessert. Stöße, z. B. hervorgerufen durch Unebenheiten auf der Fahrbahn, werden noch besser gedämpft als mit Luftfüllung. Darüber hinaus ist die Brandgefahr des mit Stickstoff gefüllten Reifens geringer als bei einem mit Luft gefüllten Reifen. Der im Brandfall aus den Reifen austretende Stickstoff wirkt als Feuerlöschmittel.

Um die Standsicherheit zu gewährleisten, muss der Reifen jedoch stets den vorgeschriebenen Luftdruck haben. Dieser muss am Gabelstapler deutlich und dauerhaft angegeben sein (s. a. Betriebsanleitung). Luftreifen werden jedoch besonders unter Volllast stärker eingedrückt (bis zu 100 mm) als Superelastikreifen, sodass für ein exaktes Einstapeln von Ladeeinheiten die Hubmaststellung (lotrecht) zu korrigieren ist.

Werden geteilte Felgen für Lufträder verwendet, müssen Einrichtungen vorhanden sein, durch die ein Auseinandernehmen der Felgen erst möglich ist, wenn das Rad demontiert ist (s. a. Abschnitt 3.4.1, Absatz „Reifenarbeiten").

Zum Befördern feuerflüssiger Massen dürfen keine Stapler mit Luftbereifung eingesetzt werden!

Luftreifen können auch mit Kunststoff ausgeschäumt werden (Zweikomponentenstoff). Die Reifenhersteller übernehmen aber danach keine Garantie mehr für deren Stabilität. Solche Füllungen werden oft in Reifen von Staplern in Schrotthandelsbetrieben verwendet.

Achtung!

Bei seitlicher Beschädigung rieselt/krümelt der Schaum heraus. Die Reifenstabilität ist dann stark beeinträchtigt. Ausgeschäumte Reifen sind härter als luftbefüllte Reifen. Ihre Erwärmung und ihr Abrieb ist dadurch jedoch größer.

Superelastikreifen – SE-Reifen bestehen aus Lagen verschiedener Gummimischungen unterschiedlicher Festigkeit mit Stahleinlage aus drahtseilähnlichem Gebilde, z. B. 5-strängig. Sie haben unter dem Laufgummi und hinter dem Flankenschutzgummi einen Komfort-Gummikern, den man mit dem des Luftreifens mit Luftfüllung vergleichen kann. Sie werden ebenfalls auf Felgen für Luftreifen montiert, haben eine hohe Standsicherheit, große Pannensicherheit und einen geringen Rollwiderstand. Darüber hinaus haben sie eine hohe Laufleistung, sind aber auch teurer als Luftreifen. Es gibt aber auch Nachteile. Sie erwärmen sich schneller, besonders ab einer Fahrgeschwindigkeit von über 25 km/h. Deshalb sind ab dieser Geschwindigkeit Luftreifen vorzusehen (so § 36 StVZO für den öffentlichen Straßenverkehr). Sie sind geringer im Fahrkomfort, besitzen eine schwächere Traktion und haben eine höhere Energieaufnahme als Luftreifen.

Aufbau von SE-Reifen im Querschnitt:

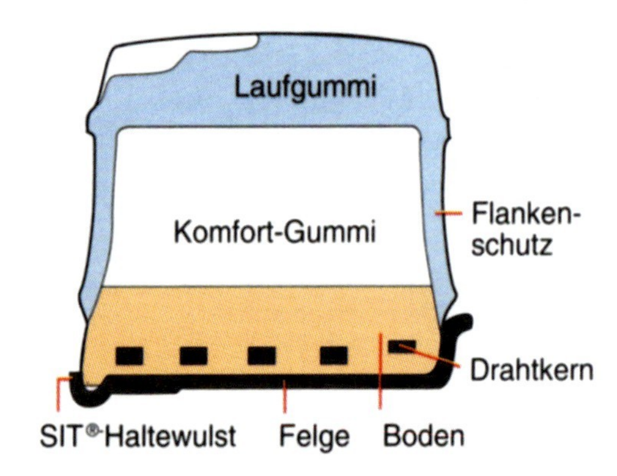

SIT®-Ausführung

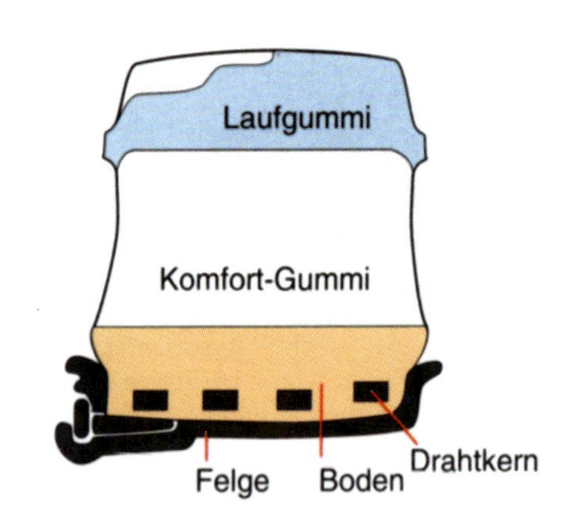

Ausführung für mehrseilige, seitengeteilte Felge

Die SE-Soft-Reifen kommen den Eigenschaften der Luftreifen nahe, besonders wenn sie als so genannte „Gummisoft-Reifen" ausgeführt sind, denn ihr Gummikern ist weicher als bei einem normalen SE-Reifen.

Auf einem Flurförderzeug können Luftreifen und Superelastikreifen gleichzeitig montiert werden, z. B. auf der Vorderachse Luftreifen und hinten SE-Reifen oder umgekehrt.

Wählen wir auf der Vorderachse SE-Reifen und auf der Hinterachse Luftreifen, so nutzen wir im Mittel alle Vorteile dieser beiden Reifenarten aus. Die Hubmaststellung z.B. bleibt auch unter Volllast weitgehend senkrecht, und die Lenkfähigkeit ist optimal.

Bandagenreifen bestehen aus einer Vollgummimischung. Sie haben entweder eine Drahtkerneinlage oder einen Stahlboden und benötigen eine besondere Felge.

Durch ihren Aufbau haben sie eine sehr günstige Arbeitsabmessung, d.h. eine geringe Höhe. Ihre Energieaufnahme ist gegenüber Luftreifen bei Horizontalarbeiten (Fahren) um ca. 5 % geringer. Außerdem besitzen sie gegenüber den drei anderen Reifentypen eine höhere Kipp-/Seitenstabilität. Ausgeführt mit Stahlboden haben sie die höchste Kippstabilität.

Bandagenreifen für Lagertechnikgeräte.

Bandagenreifen halten sehr hohen Belastungen stand und werden u.a. deshalb für Lagertechnikgeräte, wie Mitgänger-Flurförderzeuge, Kommissioniergeräte, Hubwagen, Regal-Flurförderzeuge und Schubmaststapler verwendet. Der Werkstoff Gummi hat gegenüber Polyurethan und Nylon einen höheren Rollwiderstand/Reibbeiwert. Gummireifen sollten daher bei ungünstigen Bodenverhältnissen, z.B. nass, schmierig und nicht überdachten Laderampen bevorzugt werden.

Bandagenreifen haben jedoch eine geringere Traktion als die anderen Reifen und werden deshalb hauptsächlich auf ebenen Hallenböden eingesetzt. Außerdem erwärmen sie sich schneller und sollten deshalb nur bis zu einer Fahrgeschwindigkeit von 16 km/h verwendet werden.

Profil – Abrieb

Die Luft- und Superelastikreifen enthalten Ruß. Dadurch ist ihr Abrieb schwarz, etwas klebrig und staubähnlich. Er lagert sich auf Betriebsanlagen, -einrichtungen und Gütern ab. Wegen seiner dunklen Farbe wird er als unangenehm empfunden. Aus diesem Grund werden helle Reifen angeboten und auch eingesetzt. Man nennt sie ***Cleanreifen***. Aber auch helle Reifen reiben sich ab – sie krümeln. Bei diesen Reifen wird der Ruß durch Kieselsäure ersetzt. Folglich haben diese Reifen keinerlei elektrische Leitfähigkeit.

Cleanreifen

Achtung!

Alle Reifenarten müssen für den Einsatz in Ex-Bereichen extra als antistatische Reifen bestellt werden, damit sie die besonderen Anforderungen an einen geringen Ableitwiderstand (kleiner 106 Ohm) für jede relative Luftfeuchtigkeit (s. DIN EN 1755) erfüllen. Diese Reifen werden entsprechend den Anforderungen speziell gefertigt und geprüft. Sie sind danach auch als solche gekennzeichnet.

Beim Einsatz in explosionsgefährdeten Betriebsbereichen müssen Fahrzeuge mit v > 6 km/h (s. DIN EN 1755), die nur mit solchen Reifen bestückt sind, extra geerdet werden, z.B. durch Schleifbänder. Besser ist es, gleich beim Hersteller „Cleanreifen" mit Erdungseffekt zu bestellen (s.a. Kapitel 4, Abschnitt 4.2.3).

Damit die Cleanreifen ihre antistatische Wirkung nicht verlieren, sind sie von Öl, Fett und Lösungsmitteln fernzuhalten bzw. nach Kontakt mit ihnen gründlich zu säubern, denn nach längerem Kontakt damit mindert sich ihre Leitfähigkeit.

Der Reifenabrieb kann polyzyklische Kohlenwasserstoffverbindungen (z. B. Benzopyrene) enthalten, die als Feinstaub in die Atemluft gelangen und u. U. Krebs erzeugen können. Darum sollte man nur Reifen verwenden, die diese Verbindungen nicht enthalten (s. Kapitel 4, Abschnitt 4.2.2, Absatz „Dieselmotor").

Den Reifenabrieb kann man auch mindern, wenn man die Fahrbahn mit einem Kunststoffanstrich versieht. Dies wird in den Betrieben, insbesondere an neuralgischen Stellen, auf denen sich die Stapler häufig drehen, Kurven fahren oder beschleunigen müssen, mit Erfolg praktiziert. Außerdem haben die Reifen eine längere Lebensdauer.

Achtung!

Unterschiedliche Böden können auch unterschiedliches Fahrverhalten auslösen, z. B. in Kurven, wenn der Boden glatt ist oder bei Bremsvorgängen.

Zur Frage des Reifenprofils ist zu sagen, dass ein Aquaplaning durch das große Eigengewicht und den damit verbundenen hohen Raddrücken sowie durch die geringen Geschwindigkeiten der Flurförderzeuge nicht auftritt.

Trotzdem sind Reifen mit Profil griffiger, besonders auf Fahrwegen, die z. B. durch Öl, Wasser und sonstige Verunreinigungen rutschig geworden sind. Wobei noch hinzukommen kann, dass die Raddrücke an den Lenkrädern (Hinterachse) bei voll ausgelastetem Stapler geringer sind als an den Vorderrädern, sodass bei Kurvenfahrt und gleichzeitigem Bremsen die Gefahr des „Hinwegrutschens" bei glatten Reifen eher gegeben ist als bei Profilreifen. Denn Profilreifen, besonders Luftreifen, „bauen" auf dem Fahrweg durch die Reifenprofillücke eine stärkere Gegenkraft auf als Reifen ohne Profil.

Sollen die Profilreifen ihre Griffigkeit behalten, sollte eine Profiltiefe von 2 mm nicht unterschritten werden. Bei Vollgummireifen z. B. ist die Abfahrgrenze durch eine rundumlaufende Rippe am Reifen angegeben. Der Reifen hat bei Erreichen der Abfahrgrenze immer noch ein erforderliches Arbeitsvermögen (Walken) von 60 J (Joule) (s. § 36 StVZO).

Solche Reifen sollten auch innerbetrieblich nicht verwendet werden. So wie hier ist es richtig: Wechseln ist angesagt.

Bei Luftreifen ist zudem darauf zu achten, dass der vorgeschriebene Luftdruck vorhanden ist und regelmäßig kontrolliert wird, z. B. Vorderachse/Antriebsachse 10 bar, Hinterachse/Lenkachse 6 bar.

Auswahl

Für den Betrieb auf öffentlichen Straßen und Wegen wird die erforderliche Ausnahmegenehmigung in der Regel Profilreifen vorschreiben. Hier gelten besondere Vorgaben (s. a. Kapitel 4, Abschnitt 4.4).

Einzuhaltende Profiltiefe für den Winterbetrieb von Staplern im öffentlichen Straßenverkehr: 4 mm.

Beim Einsatz der Stapler in Hallen mit ebenen Böden kann man Reifen kleineren Durchmessers ohne Profil verwenden, wie sie oft bei Elektrostaplern, z. B. mit Quersitz, montiert sind. Man sollte sie nicht auf Flurförderzeugen montieren, die lange Wege (über 2 km an „einem Stück") zurücklegen müssen, denn sie heizen sich, besonders unter Volllast, sehr stark auf und werden dann zerstört – sie „kochen" aus.

Achtung!

Reifen, aus denen größere Teile herausgerissen wurden, gefährden die Standsicherheit des Staplers. Es sind unbeschädigte Reifen aufzuziehen.

Beim Einsatz auf Fahrstrecken, bei denen mit Unebenheiten zu rechnen ist, und beim Einsatz im Freien sollten Reifen größeren Durchmessers mit Profil bis hin zum Geländestapler zum Einsatz kommen. Auf die erforderliche ausreichende Bodenfreiheit des Staplers auf diesen Fahrwegen ist zu achten. Ausführliche Erläuterungen über die verschiedensten Ausführungen, ihre Charakteristik, Belastbarkeit und Einsatzmöglichkeit, findet man in den VDI-Richtlinien 2196 „Bereifung für Flurförderzeuge".

Reifen, die über die Außenkontur des Fahrgestells herausragen, müssen wirksam abgeschirmt sein, z.B. durch Kotflügel. Maßstab für diese Beurteilung sind die Räder in Geradeausstellung (s. Absatz „Fahrersitz").

Merke

Die sachgerechte Auswahl der Bereifung und ihre Funktionstüchtigkeit ist genauso wichtig wie unser eigenes Schuhwerk!

Sondereinrichtungen

Für Spezialtransporte, wie sperrige Güter, können ebenso Zusatzspiegel erforderlich sein wie für Einsätze in engen Räumen. Für Personen mit besonderen Körperbehinderungen, z.B. mit nur einer Hand, einem steifen Bein oder Querschnittslähmung, müssen erforderlichenfalls, wenn diese Personen ansonsten für das Staplerführen geeignet sind, Sondereinrichtungen, wie Lenkhilfen, Handbremse statt Fußbremse als Betriebsbremse oder Fußbedienungshebel statt Handbedienungshebel und verstellbare Sitze angebracht werden.

Wirtschaftlichen Aufwand sollte man nicht scheuen, denn die Erfahrung hat gelehrt, dass besonders diese Kollegen ihre Arbeit sehr gewissenhaft ausführen (s.a. Kapitel 1, Abschnitt 1.5.1, Absatz „Körperbehinderte"). Außerdem werden die Mehrkosten für den Umbau der Maschine/des Arbeitsplatzes für den Behinderten vom Staat bezuschusst. Lassen Sie sich von Ihrer Berufsgenossenschaft, den Renten- oder Krankenversicherungen oder den Arbeitsagenturen kostenlos beraten.

Quetsch-, Scher- und Einzugsstellen

In der Regel sind die Quetsch- und Scherstellen am Flurförderzeug und hier insbesondere am Hubmast vom Hersteller vermieden oder mit Sicherungen versehen.

Diese Sicherungen müssen aber wirkungsvoll und fest angebracht sein und bleiben. Hier ist der Gabelstaplerfahrer auch ein „Beschützer" seiner Kollegen vor Unfällen, wenn er darauf achtet.

Absicherung der Quetsch- und Scherstellen am Hubmast

Quetsch- und Scherstellen, die z.B. durch Bewegung des Hubmastes und des Gabelträgers, einschließlich des Lastaufnahmemittels, entstehen, sind vermieden, wenn folgende Freimaße eingehalten werden:

- 25 mm Sicherheitsabstand bei Quetschgefahr für Finger, sofern Gefahr beim Auflegen der Hand eintritt (z.B. zwischen Klammern, Verstrebungen), der Grund- und Innenmaste, die sich aufeinander aufsetzen, Kolbenstangenkopf und Neigezylinder, Hubgerüstverstrebung und Schutzdach.
- 50 mm Sicherheitsabstand bei Quetschgefahr für Hände und Füße, z.B. zwischen vollständig zurückgeneigtem Hubmast und Fahrwerk bzw. Aufbauten des Fahrwerks, sowie zwischen Unterkante Gabelträger und Oberseite Radarme bei

Abschirmung des Hubmastes eines Mitgänger-Flurförderzeuges mit Fahrerstand mittels Kunststoffscheibe, auch zur Verhinderung des Durchgreifens

Ergonomischer Deichselkopf mit Handschutz und Sicherheitstastschalter eines Mitgänger-Flurförderzeuges

Schubstaplern. Bei Teleskopstaplern ist der Sicherheitsabstand 100/120 mm.
- 100 mm Sicherheitsabstand bei Quetschgefahr für Arme und Beine, z. B. zwischen vollständig zurückgeneigtem bzw. zurückgezogenem Hubmast und Fahrwerk, seinen Aufbauten bei Schubstaplern oder im Knickgelenk/-bereich zwischen Staplervorder- und -hinterteil. Bei Teleskopstaplern 120/180 mm.

Einzugsstellen an Umlenkrollen von Seilzügen/von Kettenrädern für Hubketten und an Führungsrollen von Lastaufnahmemittelträgern und von Innenmasten stellen eine Gefahr für die Finger dar, wenn man z. B. an die Hubkette nahe eines Kettenrades greift. Die Finger sind schneller eingezogen als man die Kette loslassen kann.

Die Absicherung der Gefahrenstellen kann durch Einlaufschutzeinrichtungen oder durch Abschirmvorrichtungen, die die Gefahrenstelle abdecken, realisiert werden:
- Die Abschirmvorrichtungen sollen stets durchsichtig, z.B aus Loch- oder Gitterwerk bzw. aus Kunststoff, hergestellt sein, damit die Sicht auf die Last oder den Fahrweg möglichst nicht eingeschränkt wird. Ein Schutz aus Gitterwerk, vorausgesetzt er ist so gestaltet, dass er beim Durchschauen kaum als störend empfunden wird, hat den Vorteil, dass an ihm der Staub nicht so leicht haften bleibt und beim Säubern die Oberfläche nicht zerkratzt wird. Folglich wird der Schutz auch nicht entfernt.

Abschirmung mittels eines Gitterwerkes

[Maße in Millimeter]

– entweder	h < 35 mm:	$l_{min} \geq 10$ mm
– oder	h = 35 mm bis 70 mm	$l_{min} \geq 2{,}57 \times h - 80$ [mm]
	h = 70 mm bis 120 mm	$l_{min} \geq 1{,}60 \times h - 12$ [mm]

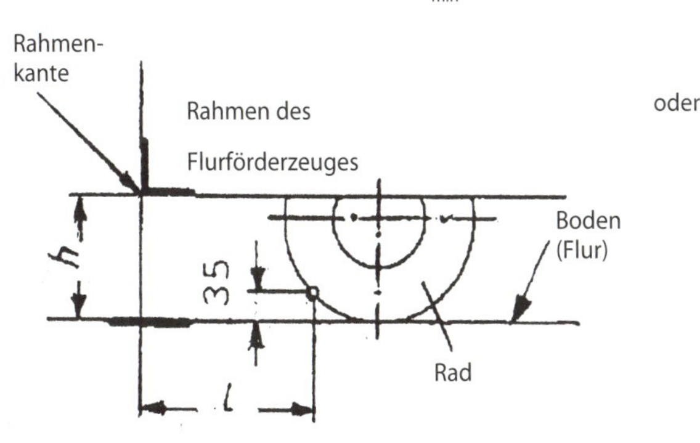

oder

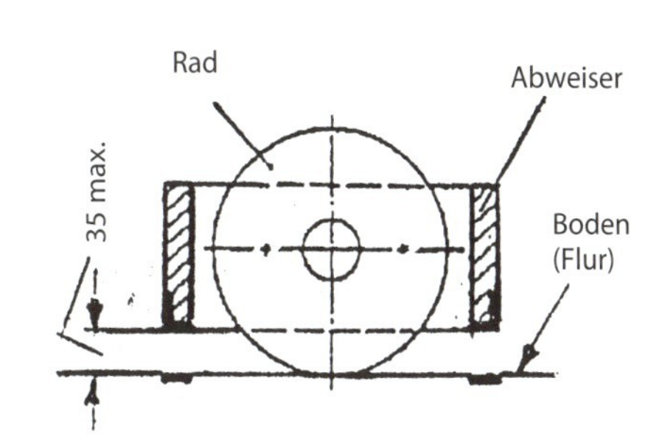

Abstandmaße für den Räderschutz an Mitgänger-Flurförderzeugen (s. DIN EN 3691-1 Nr. 4.7.5.2)

- Die Sicherungen sind sicher zu befestigen. Die auftretenden Erschütterungen sind zu berücksichtigen. Plexiglas ist sachgemäß zu befestigen, damit es nicht zerspringt.
- Die Sicherungen dürfen nicht entfernt werden (s. a. Abschnitt 3.4).

An Mitgänger-Flurförderzeugen gibt es zusätzlich zwei Quetsch- und Schergefahren:

1. Die Antriebs- und Stützräder gilt es wie folgt zu sichern:
   - entweder Rahmenhöhe „h" vom Fußboden < 35 mm und Abstand „l" der Räder ≥ 10 mm bis zum Reifenumfangspunkt in 35 mm Höhe oder
   - h = 35 mm bis 70 mm mit l ≥ 2,57 × h – 80 mm oder
   - h = 70 mm bis 120 mm mit l ≥ 1,60 × 12 mm oder
   - es ist ein Radabweiser mit einer Höhe h ≤ 35 mm anzubringen.
2. Der Deichselkopf ist durch einen Körperschutzschalter zu sichern, der bei Aktivierung das Gerät stillsetzt und die Fahrt in Gegenrichtung einleitet.

Bei Flurförderzeugen mit Quersitz oder Querstand, z. B. Schubmaststapler oder Hubwagen, ist der Fahrerplatz so auszubilden, dass der Fahrer seinen Fuß nicht unbeabsichtigt herausstrecken kann, oder es muss ein so genannter „Totmannschalter" installiert sein, der während der Fahrt mit dem Fuß gedrückt werden muss. Geschieht dies nicht, stoppt das Gerät oder löst ein Warnsignal aus.

Gabelträger

Gabelträger sind mit Gabelabziehsicherungen versehen. Sind sie beim Austausch der Gabelzinken entfernt worden, sind sie nach der Gabelzinkenmontage wieder anzubringen, will man beim Verstellen der Gabelzinken vor „blauen Zehen" sicher sein.

Gabelzinken haben gegen seitliches Verschieben eine Einklinkvorrichtung. Sie muss beim Einsatz stets in Funktion sein.

Für Lastaufnahmemittelträger/Lastschilder, z. B. einen Dorn, gelten diese Vorgaben sinngemäß.

Gabelzinkenabziehsicherung, hier mittels Imbusschrauben am Gabelträger

Gabelzinken/Schoneinlagen und -auflagen

Gabelzinken

Gabelzinken müssen gemäß ISO 2330 für den jeweiligen Stapler so gewählt werden, dass die genannte Tragfähigkeit aller Gabelzinken am Flurförderzeug mindestens die maximal zulässige Tragfähigkeit = Nenntragfähigkeit des Staplers beträgt. Sie ist entsprechend mit dem Nennlastschwerpunkt, dem Hersteller und dem Herstellungsdatum mit Kommissionsnummer zu kennzeichnen. Das bedeutet, dass z.B. ein Gabelstapler mit 2 000 kg Nenntraglast, ausgerüstet mit zwei Gabelzinken, mit je einer Gabelzinke für ≥ 1 000 kg Traglast ausgelegt sein muss. Die Prüflast beträgt gemäß ISO 5057 bis zu 5 000 kg Traglast das 2,5-fache und über 5 000 kg das 2,1-fache (s.a. Abschnitt 3.5).

C: Materialcode-Nr.
H: Kundenzeichen, optional
A: Artikelnummer
t: Tragfähigkeit in kg/Stück
l: Lastschwerpunktabstand
M: Werkstoff Herstellerzeichen
W: Herstellwoche
J: Herstelljahr

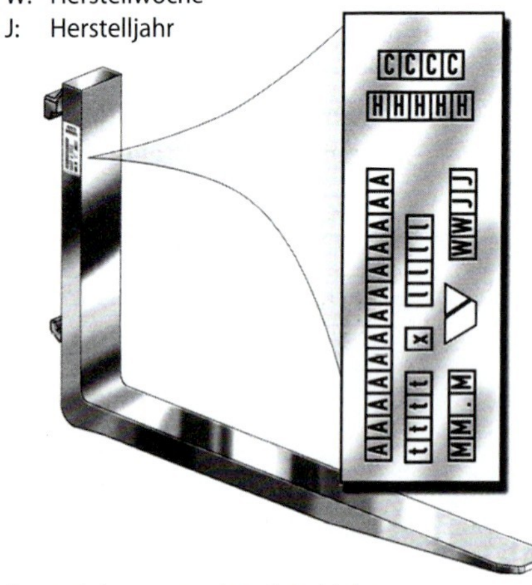

Kennzeichnung an einer Gabelzinke

Ist nur eine schmale Aufnahmeöffnung, z.B. an Behältern zum Aufnehmen als hängende Last vorhanden, sind die Gabelzinken zusammenzuschieben. Oft wird diese Zinkenstellung als eine Art Dorn, z.B. für Papierrollen, benutzt. Dann werden nicht selten die Zinkenaußenkanten rund geschliffen. Dies ist ohne Absprache mit dem Hersteller aber unzulässig. Das Gleiche gilt für das Abschleifen der Innenlängskanten, z.B. zur Aufnahme/Unterfangung von Coils oder auch Papierrollen.

Ebenfalls ist es ohne schriftliche Zusage des Gabelzinkenherstellers nicht zulässig, in den Gabelzinkenspitzen Bohrungen oder Nieten anzubringen, um Paletten oder dgl. aus dem „zweiten Glied" eines Lkw-Laderaums hervorzuziehen, denn es schwächt die Gabelzinkenspitzen und ist vergleichbar mit einer Abnutzung (s. Abschnitt 3.5.1).

Eine Standardgabelzinke darf nicht als Umkehrgabelzinke verwendet werden, denn ihre unteren Traghaken, die sich dann oben befinden würden, sind dafür nicht ausgelegt. Außerdem besitzen die unteren Haken keine Gabelzinkenarretierung. Eine Umkehrgabelzinke kann nur dann als Standardzinke eingesetzt werden, wenn der Hersteller sie dafür ausgelegt hat.

Umkehrgabelzinke

Die Drehvorrichtung, hier für Kübel, erfordert eine Umkehrgabel

Umkehrgabelzinken sind als solche gekennzeichnet. Es empfiehlt sich jedoch bei Spezialfällen, den Gabelzinkenhersteller zu befragen.

Gabelzinken sind auch hochklappbar lieferbar. Dies ist besonders günstig, wenn lange Gabelzinken eingesetzt werden oder Leerfahrten über längere Strecken erforderlich sind.

Auch sind teleskopierbare Gabelzinken (von 800 bis 1 150 mm) bewährt im Einsatz (s. a. Kapitel 4, Abschnitt 4.1.2.2, Absatz „Ladung in zweiter Reihe"). Sie werden mit oder ohne seitliche Verstellmöglichkeit vom Fahrerplatz aus hydraulisch gesteuert.

Bei einem anderen System werden sie manuell verschoben. Hierbei werden sie in seitlich an den Gabelzinken vorgesehenen Nuten geführt. Zwischenarretierungen sind möglich.

De facto sind es verschiebbare Gabelschuhe.

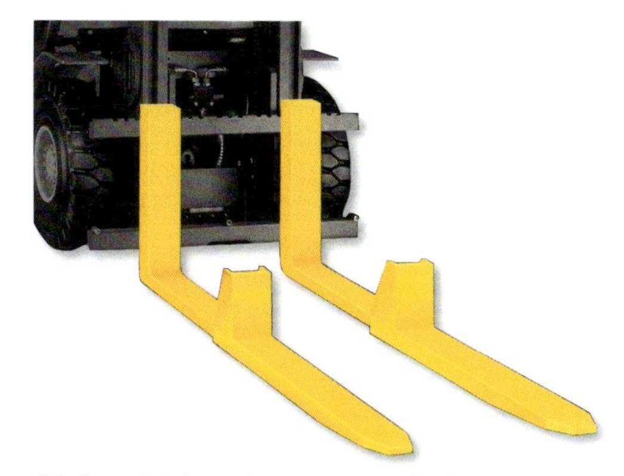

Teleskopgabel, besonders gut geeignet für das Ein- und Auslagern im zweiten Glied

Blick in die Funktion einer hydraulisch gesteuerten Teleskopgabel

Klappbare Gabelzinken; sie werden am Gabelträger im hochgeklappten Zustand verriegelt

Manuell verschiebbare Teleskopgabeln

Schoneinlagen und -auflagen

Gabelzinken unterliegen, da sie häufig aus Nachlässigkeit des Fahrers beim Aufnehmen und Absetzen von Lasten über Fahrwege, Fahrzeugböden u. dgl. geschleift werden, einem erhöhten Verschleiß. Sie nehmen in ihrer Dicke dadurch erheblich ab. Ihre Tragfähigkeit wird dadurch gemindert. Sie müssen ausgemustert werden. Diese Ausmusterung muss schon ab einer Dickenminderung von 10 % erfolgen (s. Abschnitt 3.52).

Mit Schoneinlagen aus Kunststoff, in die Unterseite der Gabelzinken eingelegt, kann diesem Verschleiß vorgebeugt werden. Hierzu müssen die Gabelzinken allerdings an der Unterseite mit einer entsprechenden Nut versehen sein, die den für die jeweilige Tragfähigkeit erforderlichen Querschnitt nicht verringern darf. Die Schoneinlage muss also schon bei der Fertigung berücksichtigt werden. Einschlägige Zulieferer bieten Einlagen an, die nach Verschleiß leicht ausgetauscht werden können.

Für den Transport empfindlicher Güter, sehr glatter Lasten, zur Lärmdämmung und als Explosionsschutz kann man auch die Gabelzinken entsprechend ummanteln, das Gabelblatt auf der Oberseite beschichten oder einfach eine Art Schutzschuh aufziehen (s. a. Abschnitt 3.2, Absatz „Gabelschuhe").

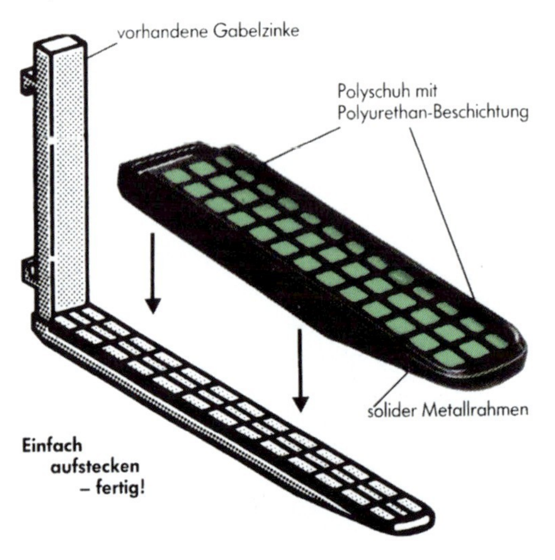

Schonschuhe, besonders für empfindliche Güter

Lastmomentsicherung

Wir wissen aus dem Kapitel 2, Abschnitt 2.1, dass Stapler mit dem Hebelgesetz arbeiten und die Lastmomente (Last mal Lastarm) eine große Rolle für die Standsicherheit in Längsrichtung spielen.

Für Teleskopstapler mit veränderlicher Reichweite, sei es durch teleskopierbare oder gelenkige Hubarmteile, die durch das Heben von Lasten das Lastmoment wesentlich verändern können, ist mindestens eine akustische und optische Warneinrichtung vorgeschrieben.

Sie zeigt dem Fahrer die Annäherung an die Grenzwerte der Standsicherheit an, die in den Standsicherheitsversuchen der DIN EN 1459-1 und DIN EN 1459-2 in den diesbezüglichen Anhängen A/B/C des jeweiligen Staplertyps festgelegt sind.

Der Staplerfahrer darf sich nicht „blind" auf diese Sicherungen verlassen, denn sie können plötzlich auftretende Überlastungen, die z. B. durch ein Lastpendeln (Lastarmverlängerung) oder eine Trägheitskraft, die beim Absenken von Lasten oder Durchfahren einer Bodenunebenheit auftritt, nicht so schnell erfassen und darauf reagieren.

Merke

Trotz Sicherheitseinrichtungen ist die bestimmungsgemäße Steuerung der Maschine unerlässlich! Die Maschine nicht „ausreizen" – sie hat ihre Grenzen.

Transportanschlagpunkte

Ist der Transport eines Gabelstaplers als bestimmungsgemäß vorgesehen, z. B. mit einem Kran zum Arbeiten in einem Wasserfahrzeug, ist dies in der Betriebsanleitung angegeben. Am Fahrzeug selbst müssen Anschlagpunkte vorhanden und deutlich markiert sein.

Für den Transport, z. B. auf einem Lkw, müssen an der Maschine vorn und hinten zum Verzurren Haken, Ringe oder Ösen angebracht sein.

Anschlagpunkte für den teilweisen Ausbau und den Transport von Bauteilen, z. B. Batterien und Gegengewicht, sind, soweit erforderlich, am Bauteil oder in der Betriebsanleitung anzugeben. An Anbaugeräten müssen, wenn sie abzunehmen sind, ebenfalls Anschlagpunkte vorhanden sein (s. Montageanweisung in der Betriebsanleitung).

In der Regel sind die Anschlagpunkte mit dem Transporthakensymbol gekennzeichnet. Das heißt aber nicht, dass Sie jeden Haken z. B. in die Öse einhaken können. Denn ist der Haken zu groß, wird er vorschriftswidrig an der Spitze belastet und kann außerdem leicht herausrutschen. Kranhaken werden nicht direkt in die Öse/Bohrringe, Traversen oder dgl. eingehangen. Es wird immer ein Anschlagmittel verwendet. Die Anschlagpunkte haben in der Regel scharfe Kanten und können eingelegte Anschlagmittel beschädigen. In beiden Fällen ist es daher am besten, in den Ösen erst Schäkel zu befestigen (s. a. Kapitel 4, Abschnitt 4.3, Absatz, „Lastaufnahme aufzuhängende Lasten" und Abschnitt 4.4.6).

Die Missachtung dieser Vorgaben musste ein Lkw-Fahrer im Moment des Aussteigens aus seinem Führerhaus mit dem Leben bezahlen. Ein herabfallender Handhubwagen erschlug ihn. Er war zum Transport an einem Turmdrehkran befestigt. Der Absturz erfolgte, als der Kunststoffgriff, an dem das Anschlagmittel befestigt war, an der Deichsel abbrach.

Transport mittels Traverse an Anschlagpunkten.

Merke

Transportanleitungen sind exakt zu befolgen, sonst ist ein Unfall oder Schaden vorprogrammiert!

Deutliche Markierung von Anschlagpunkten zum Transport/zur Montage und dgl. mittels Hebezeug

8. Grundsatz

- Stellteile müssen leichtgängig sein!
- Die Funktion und die Reaktion der Stellteile muss der Fahrer verinnerlichen!
- Der Zustand des Zugangs zum Fahrerplatz und der Fahrerplatz selbst müssen in ihrer ergonomischen Gestaltung erhalten bleiben!
- Der Schutz des Fahrers gegen die Einflüsse von Witterung, Lärm, Vibrationen und herabfallenden Lasten muss gegeben sein!
- Die Funktionstüchtigkeit der Lastaufnahmemittel und der Bereifung müssen stets gewährleistet sein!

3.2 Anbaugeräte – Zusatzeinrichtungen

Grundsätzliches

Anbaugeräte sind Zusatzeinrichtungen, die – je nach gewollter Tätigkeit – den Einsatzbereich der „Grundmaschine", z.B. Stapler, verändern bzw. erweitern.

Die Maschinenrichtlinie spricht auch von einer „auswechselbaren Ausrüstung".

Auch der Begriff „Lastaufnahmemittel" passt, d.h. ein eigenständiges Bauteil, mit dem eine Last bewegt wird.

Die Möglichkeit der vielseitigen Verwendbarkeit von Flurförderzeugen im innerbetrieblichen Transport in jeder Branche der Wirtschaft führte zu einem umfangreichen Angebot von Zusatzeinrichtungen und Anbaugeräten, die es ermöglichen, z.B. mit Hilfe des Gabelstaplers die Transportprobleme der Betriebe weitgehend zu bewältigen und den unrentablen und gefährlichen Handtransport abzulösen. Dies bedeutet neben der Rationalisierung eine erfolgreiche Unfallverhütungsmaßnahme, denn es gibt keine wirksamere Unfallverhütung als die direkte körperliche Abwesenheit und den Wegfall der Muskelkraft der Werktätigen bei den Transportarbeiten (s.a. „Anbaugeräte für Gabelstapler – Lastaufnahmegeräte" – VDI 3578).

Die Zusatzeinrichtungen bzw. Anbaugeräte bergen jedoch erhöhte Unfallgefahren in sich, wenn man sie nicht sachgerecht herstellt, sie nicht vorschriftsmäßig befestigt und benutzt. Sie müssen der Maschinenverordnung, der Maschinenrichtlinie, den Unfallverhütungsvorschriften und den Regeln der Technik, z.B. den einschlägigen DIN- und EN-Normen, entsprechen und u.a. mit einer Konformitätserklärung und dem „CE-Zeichen" versehen sein.

Achtung!

Auch selbsthergestellte Anbaugeräte für den Eigengebrauch müssen der Maschinenverordnung entsprechen und mit dem CE-Kennzeichen versehen sein (s. Kapitel 1, Abschnitt 1.1.2).

Eine Beispielsammlung von Anbau- und Zusatzgeräten

Anbaugerät Schneeschieber

Das Flurförderzeug bleibt auch nach Anbau einer Zusatzeinrichtung/eines Anbaugerätes oder dgl. als Grundmaschine ein Flurförderzeug. Der Grund für diese Zuordnungsmaßnahme ist die Konstruktion des Flurförderzeuges, denn der Konstrukteur hat hierzu die bauartspezifischen Regeln der Technik, z. B. DIN EN ISO 3691, zugrunde gelegt.

Diese Regeln der Technik berücksichtigen u. a. die Bauart und die zu erwartenden Belastungen, wie dynamische Kräfte, die in unterschiedlichster Form und Stärke auf die Maschine einwirken können. Aus diesem Grunde werden auch Lkw-Ladekrane immer Krane und Lader Erdbaumaschinen bleiben, auch wenn sie mit dem Anbaugerät „Gabel" als Lastaufnahmemittel, z. B. für einen Steinpalettentransport, ausgerüstet werden.

Selbstverständlich müssen in der Betriebsanleitung der Grundmaschine und/oder des Anbaugerätes dessen Einsatzbereiche vorgegeben und erläutert werden. Außerdem müssen Zusatzbetriebsanweisungen erstellt, die Fahrer einer erfolgreichen Zusatzausbildung unterzogen und die Zusatzeinrichtungen fachspezifisch regelmäßig durch einen Sachkundigen = befähigte Person geprüft werden.

Die Fahraufträge der Fahrer sind im Fahrausweis um die zusätzlichen Einsatzbereiche und Anbaugeräte zu erweitern.
Zusatzeinrichtungen und Anbaugeräte, z. B. Arbeitsbühnen, Klammern und Seitenschieber, müssen so ausgelegt und gebaut sein, dass ein unbeabsichtigtes Aushängen, Abrutschen nach vorn und seitliches Verschieben verhindert wird.

Außerdem müssen folgende Vorgaben erfüllt sein:
- Die Bewegungen der Anbaugeräte müssen in ihren Endstellungen mechanisch begrenzt sein.
- Bei Störungen in der Energiezufuhr darf sich die Last nicht verschieben oder unbeabsichtigt in Bewegung gesetzt werden können.
- Kupplungen der Energiezufuhr dürfen sich nicht unbeabsichtigt trennen.
- Drehbare Zusatzeinrichtungen dürfen sich nicht unbeabsichtigt drehen können.
- Werden für den Anbau der Zusatzeinrichtungen bzw. Anbaugeräte Hebezeuge eingesetzt, müssen hierfür Anschlagstellen vorgesehen sein (s. Abschnitt 3.1, Absatz „Transportanschlagpunkte").
- Quetsch- und Scherstellen sind zu vermeiden, erforderlichenfalls zu sichern.

Arbeitskorb mit Gabeltaschen, die ein seitliches Verschieben oder Abgleiten verhindern.

- Klammernde Anbaugeräte müssen in ihrer neutralen Stellung oder bei Störung in der Energieversorgung den Klammerdruck/die Last selbsttätig durch Absperrventile oder ein anderes wirksames System 10 min lang behalten/halten.

Stapler mit Klammer als Anbaugerät

- Die hydraulische Ausrüstung des Anbaugerätes muss auf die Grundhydraulik und deren Anschlüsse abgestimmt sein und den Vorschriften der Grundausrüstung entsprechen.
- An jedem abnehmbaren Anbaugerät muss ein Fabrikschild angebracht sein.
- Die sichere Bedienung des Staplers und die erforderliche Sicht auf das Lastaufnahmemittel, die Last und den Weg müssen erhalten bleiben.
- Das Lastmoment mit Anbaugerät darf das zulässige Gesamtlastmoment am Stapler nicht überschreiten.
- Die Standsicherheit des Staplers mit dem Anbau-

gerät muss vom Staplerhersteller oder nach dessen Anweisung geprüft sein.
- Bei Bestimmung der zulässigen Tragfähigkeit sind die dynamischen Kräfte, z.B. Stoßkräfte bei Seitenschiebern, zu berücksichtigen.

Ihr vorschriftsmäßiges Benutzen beginnt damit, dass sie sorgfältig am Flurförderzeug befestigt werden, sodass sie sich nicht unbeabsichtigt aushängen, seitlich verschieben und abrutschen können (auch nicht nach vorn). Hier ist mit Gründlichkeit vorzugehen, besonders dann, wenn kein Kundendienst oder kein Fachmann aus der eigenen Werkstatt zur Verfügung steht. Schon ein fehlerhaft angeschlossener Hydraulikschlauch kann die Ursache von Lastabstürzen mit schweren Verletzungen, nicht selten mit Todesfolge von Mitarbeitern sein, die sich in der Nähe des Arbeitsbereiches des Gabelstaplers aufhalten.

Merke

Beim Betrieb ist die Betriebsanleitung zu beachten! Die Zusatzgeräte dürfen nur für den Verwendungszweck benutzt werden, für den sie konstruiert sind!

Grundsätzliches zum Kauf und Einsatz von Anbaugeräten und Zusatzeinrichtungen

Um sich Probleme zu ersparen, sollte Folgendes beachtet werden:

Nur Anbaugeräte und Zusatzeinrichtungen anschaffen, die für das betreffende Flurförderzeug geeignet sind. – Auf Kompatibilität achten!

Zunächst ist der Einsatzbereich zu bestimmen, für den das Anbaugerät gebraucht wird. Dann muss geprüft werden, welches Anbaugerät zum Grundgerät passt.

Sollen mehrere Anbaugeräte an mehreren Grundmaschinen verwendet werden, so müssen alle Geräte aufeinander abgestimmt sein, d.h. in jeder Verwendungsmöglichkeit müssen die Arbeitsmittel miteinander kompatibel sein. Dies kann man unter Zuhilfenahme der jeweiligen Betriebsanleitungen ermitteln.

Treten Zweifel auf, sind die Hersteller der Grundmaschine und/oder der Zusatzgeräte schriftlich zu Rate zu ziehen. Können die Zweifel nicht ausgeräumt werden, darf der Betreiber das Anbaugerät nicht verwenden, schon gar nicht eigenmächtig Veränderungen vornehmen, sodass die Geräte zueinander passen (nach dem Motto: „Was nicht passt, wird passend gemacht."). Konformitätserklärung und CE-Kennzeichen der veränderten Maschine/des Gerätes würden dann zudem erlöschen.

Anschlussvorsorge

Beim Anschließen der Geräte an die Hydraulik des Staplers ist sorgfältig darauf zu achten, dass die richtigen Schläuche an den entsprechenden Verschraubungen befestigt werden, will man vor Fehlbedienungen des Staplerfahrers sicher sein. Da der Fahrer gewohnt ist, mit einer bestimmten Hebelbewegung die Senk-, Kipp-, Schiebe- oder Neigearbeit einzuleiten, sollte dies auch beim Einsatz des Zubehörs weitgehend eingehalten werden.

Von den Herstellern ist möglichst durch die Gestaltung der Anschlüsse oder Leitungen, wenigstens aber durch Kennzeichnung, eine Verwechslung der Anschlussmöglichkeiten weitgehend auszuschließen. Als Sicherungsmaßnahme können z.B. unterschiedliche Anschlüsse und Anschlussstellen gewählt werden, die verschiedene Schlauch- oder Leitungslängen erfordern. Sie verhindern am besten einen falschen Anschluss.

Wenn allerdings der Einkäufer bei der Ersatzteilbeschaffung nur die größere Länge beschafft, besteht die Gefahr des Vertauschens nach wie vor. Liegen Schläuche gleicher Länge vor, empfiehlt es sich, die Anschlussstücke und die Schläuche gleichfarbig, z.B. mit Klebe-, Textilband oder Farbe, zu kennzeichnen. Ist eine andere Bedienungsweise nicht zu vermeiden, muss sich der Fahrer eingehend vor dem Arbeitseinsatz mit der neuen Bedienungssituation vertraut machen.

Diese Rücksprachen sind z.B. notwendig beim Einsatz des Staplers mit Schaufel zum Umschlagen von Kies und Sand (s. Kapitel 2, Abschnitte 2.2 und 2.5). Hier muss häufig die Bereifung gewechselt werden, genau wie beim Einsatz von Zangen und Kübeln zum Transportieren feuerflüssiger Massen (s. Kapitel 4, Abschnitt 4.2.4). Hier wiederum darf keine

Luftbereifung verwendet werden. Der Fahrerplatz, der Treibstofftank und die Hydraulikschläuche sind vor Wärmestrahlen zu schützen.

Einsatz mit Anbaugerät im Sondereinsatz im Hitzebereich.

Zum Schutz vor extremen Temperaturen/Hitze angebrachte Ummantelung am Fahrzeug und damit dem speziellen Einsatzbereich des Staplers (ggf. Gießerei) Rechnung getragen.

Werden Anbaugeräte an verschiedenen Flurförderzeugen im Betrieb montiert, empfiehlt es sich, die zulässigen Kombinationen am Anbaugerät und Flurförderzeug eindeutig anzugeben.

Merke

Der geplante Einsatz des Staplers sollte mit dem Hersteller und im Zweifelsfall mit der zuständigen Berufsgenossenschaft besprochen werden!

Einsatzänderung

Bei geplanter Erweiterung des Gabelstaplereinsatzes durch eine Zusatzeinrichtung bzw. ein Anbaugerät in explosionsgefährdeten Betriebsstätten ist besonderes Material für das Zusatzgerät erforderlich. Weiß der Hersteller über den Einsatzort nicht Bescheid, liefert er evtl. ein Gerät aus einem Material, mit dem leicht Funken gerissen werden können. Es droht eine Explosion (s. Kapitel 4, Abschnitt 4.2.3).

Deshalb ist der Betreiber eines explosionsgefährdeten Bereiches auch verpflichtet, diese besonders gefährlichen Bereiche in sog. „Zonen" einzuteilen und besondere Vorgaben zu beachten, sowohl hinsichtlich Arbeitsmittel als auch Arbeitsumfeld (s. § 9 Abs. 4 BetrSichV und GefStoffV).

Tragfähigkeit

Die Anbaugeräte sind häufig erheblich schwerer als zwei übliche Gabelzinken.
Die wirkliche Tragfähigkeit des Staplers wird dadurch herabgesetzt (s. a. Einleitung – Fabrikschild, Hinweisschild am Anbaugerät).

Beispiel:

eine Drehklammer wiegt		ca. 280 kg
zwei Gabelzinken wiegen	–	ca. 80 kg
Zusatzgewicht		ca. 200 kg

Hat der Stapler 1200 kg Tragfähigkeit, so kann er beim Anbau einer Schaufel noch 1000 kg Last aufnehmen, vorausgesetzt, der Lastschwerpunktabstand (Stapler mit 1000 – 5 000 kg zulässiger Traglast: in der Regel 500 mm) ist gleich geblieben, was in der Regel nicht der Fall ist.

Neben dem größeren Eigengewicht des Zusatzgerätes und dessen Eigengewichtsschwerpunktabstand = Anbaugerätelastarm können ein vergrößerter Lastschwerpunktabstand, eine Außermittigkeit der Lastaufnahme und bei hängenden Lasten ein mögliches Pendeln derselben hinzukommen (s. Kapitel 2, Abschnitte 2.2, 2.4 und 2.5), die gleichfalls die Tragfähigkeit herabsetzen. Dies kann z. B bei Schaufeleinsatz, Gabelschuhen, Klammern und Dornanbau zur Aufnahme von Stahlbandrollen, Rohren, Teppichen oder dgl. auftreten.

Hier liegt es auf der Hand, dass die volle Tragfähigkeit nicht ausgeschöpft werden darf, da ein Pendeln kaum zu verhindern wäre.

Achtung!

Die Tragfähigkeit kann nicht einfach durch ein zusätzliches Gegengewicht erhöht werden. Wenn dies überhaupt möglich ist, kann hierüber nur der Staplerhersteller/-importeur entscheiden.
Der Fahrer muss darauf achten, dass die Tragfähigkeit des Anbaugerätes und des Gabelstaplers (Resttragfähigkeit, s. a. Kapitel 2, Abschnitt 2.2) nicht überschritten werden.

Beim Einsatz von Zangen für Kübel, Papierrollen und dgl. ist darauf zu achten, dass beim Aufnehmen von Papierrollen oder beim Ausschütten von Flüssigkeiten, z.B. aus Kübeln, die Drehbewegungen, die oft rechtwinklig zur Vorderachse wirken, sich ungünstig auf die ohnehin geringe Seitenstabilität des Staplers auswirken können. Ein Herabsetzen der Tragfähigkeit kann hier zum sicheren Transport erforderlich sein. In Fachkreisen spricht man bei der verbleibenden Tragfähigkeit von einer „Resttragfähigkeit" des Gabelstaplers.

Merke

Die verringerte Tragfähigkeit/Resttragfähigkeit des Gabelstaplers ist zu beachten!

Ein-/Anbauanleitung

Die Einbauanleitung des Herstellers ist zum reibungslosen unfallsicheren Einsatz unbedingt zu beachten. Sie muss sorgfältig aufbewahrt und dem Einbau- und Umbaupersonal zugänglich gemacht werden. Die Aufbewahrung der Anweisung bei der Rechnung und die „saubere Ablage" in der Buchhaltung ist wenig von Nutzen. Viel Zeit geht oft beim Umbau verloren, wenn die Anleitung nicht zur Hand ist. Nicht selten wird das Gerät dann falsch montiert. Es funktioniert nicht oder arbeitet fehlerhaft. Materialschäden und schwere Unfälle durch Abstürzen der Lasten können die Folge sein.

Kann die gesamte Betriebsanleitung nicht beim Gerät verbleiben, sollte wenigstens eine Kurzanweisung am Gerät angebracht werden. Die gesamte Betriebsanleitung sollte sich aber immer „vor Ort" befinden, z.B. in der Lagerverwaltung, damit der Gerätebediener in Zweifelsfällen immer darauf zurückgreifen kann. Die Hersteller sollten von dieser Form des zusätzlichen Hinweises und der Hilfe für den Verwender noch mehr Gebrauch machen. Es bedeutet gleichzeitig einen Dienst am Kunden und schützt das Gerät vor fehlerhaftem Anbau, der wiederum die Geräte beschädigen sowie reparatur- und störungsanfälliger machen kann.

Merke

Einbauanleitung des Herstellers genauestens beachten!

Teile für Ein-/Ausbau

Merke

Beim Einbau sind nur Originalteile/gleichwertige Teile und gleiche Befestigungselemente zu verwenden!

Dieses Gebot, für einen Fachmann eine Selbstverständlichkeit, ist äußerst wichtig. Nicht nur ein angelernter Mann erliegt der Versuchung, das Gerät mit Anbau- oder Zusatzelementen einsatzbereit zu montieren, die nicht dafür geeignet sind. Nicht immer lassen sich Originalteile beschaffen. In diesem Falle sind unbedingt Teile zu wählen oder herzustellen, die den gleichen Beanspruchungen genügen. Dies kann nur ein Sachkundiger entscheiden (s.a. Abschnitt 3.5.2).

Die Hektik des Betriebes, die leichtfertige Anweisung des Vorgesetzten, nicht selten geboren aus der Betriebssituation, kann auch einen Fachmann zu einer Notlösung greifen lassen. Darin liegt eine große Unfallgefahr, denn nichts ist so dauerhaft wie das Provisorium. Erst wenn sich das Anbaugerät vom Stapler löst, zu Boden fällt und beschädigt ist, wird es dann sachgerecht befestigt. Hierbei kann man froh sein, wenn es beim Materialschaden bleibt und keine Personen zu Schaden gekommen sind.

Wie oft müssen Technische Aufsichtsbeamte/Aufsichtspersonen, die einen durch diese Handlungsweise hervorgerufenen Unfall untersuchen, von den Beteiligten hören, dass sie sich über die Tragweite ihrer Anweisungen und deren Folgen nicht im Klaren waren.
Nicht selten muss dann der Richter die Beteiligten belehren, dass sie im Rahmen ihrer Vorbildung und Stellung im Betrieb verantwortlich sind und sie entsprechend zur Verhütung von Unfällen zu sorgen haben (s.a. Kapitel 1, Abschnitt 1.2.1).

So wie das Anbaugerät fachgerecht angebaut und eingesetzt wird, muss es auch abgebaut und sicher abgestellt werden. Befestigungsteile sind sorgfältig zu verwahren (s.o.), sonst werden bei Wiederanbau Provisorien verwendet. Die Geräte, z.B. eine Papierrollen- oder Steinepaketzange, sind standsicher und außerhalb der Verkehrswege sowie gegen Witterungseinflüsse und Beschädigungen (Schlauchleitungen und Gewindeanschlüsse) geschützt abzustellen und aufzubewahren. Dies gilt auch für Anschlagmittel.

Für den Anbau der Geräte erforderliche Kleinteile oder auch Werkzeug sollten schnell und ohne Komplikationen gefunden, ggf. mit dem Anbaugerät zusammen gelagert werden, z.B. in einer Zubehör- und Werkzeugbox. Ansonsten besteht die Gefahr, dass Notlösungen oder Provisorien „geboren" werden. Das ist gefährlich. Zudem macht das Suchen nach den passenden Utensilien nervös und kostet unnötige Zeit!

Achtung!

Nicht versuchen, die Teile direkt mit dem Anbaugerät zu verbinden, z.B. durch Bohren eines Loches in das Gerät und Befestigen einer Box mit dem entsprechendem Zubehör. Hierbei können die Konformitätserklärung, das CE-Zeichen und damit die Herstellerhaftung erlöschen.

Merke

Anbaugeräte und Zusatzeinrichtungen sicher abstellen!

Lagerstätte für Zubehör und Anbaugeräte

Gabelschuhe (s. a. S. 212)

Wegen der Vielzahl ihrer Einsätze und den leider immer wieder vorkommenden falschen Ausführungen „Marke Eigenbau", gehen wir auf diese „Schuhe" besonders ein.

Kann der Schwerpunkt einer Last nicht sicher unterfangen werden, können Gabelschuhe Abhilfe schaffen. Hierbei ist allerdings Voraussetzung, dass der nun längere Lastarm nach dem Tragfähigkeitsdiagramm bzw. der Lasttabelle das Heben der Last noch zulässt. Anderenfalls ist der Staplerhersteller zu befragen.

Wie sollen die Gabelschuhe aussehen?
Man wird sie am besten in U-Form konstruieren und hinten mit einer Querverbindung versehen. Durch die U-Form ist einmal ein Abrutschen zur Seite und durch die hintere Querverbindung ein Abziehen nach oben bzw. nach vorn wirksam verhindert.

Gabelschuhe an einem Vorführgerät angebracht

Eine Befestigung an den Gabelzinken selbst, z.B. mittels Stiften oder Gewindeschrauben in den Gabelzinken, ist wegen der Schwächung der Gabelzinken unzulässig. Ihre Länge sollte nicht größer als das

1,6-fache der eingesetzten Gabelzinken sein (60 % der Gabelzinkenverlängerung – „GV“ müssen durch die Gabelzinken – „GZ“ unterstützt sein).

Eine Gabelzinkenverlängerung – „L_{GV}“ ist wie folgt zu berechnen:

$$L_{GV} = \frac{L_{GZ} \cdot 100}{60}$$

Ist eine Gabelzinke z.B. 1 m lang, darf die Gabelzinkenverlängerung nur 1,667 m lang sein.

Ist die Verlängerung unten offen, kann sie für leichte Transportaufgaben mit Gleichstreckenlast/Flächenlast, z.B. Güter auf Euro-Paletten, eingesetzt werden.

Gleichstreckenlast = Last, die in einem festgelegten Längenabschnitt gleichmäßig verteilt ist, z.B. über einem Träger zwischen dessen Auflagen.

Ist die Verlängerung unten geschlossen ausgeführt, kann sie auch für mittlere und schwere Transporte mit Punktbelastung, z.B. mit einer kurzen Lasthakenflasche für den Transport von hängenden Lasten verwendet werden.

Gabelschuhe kann man auch klappbar, z.B. am Gabelträger befestigt, anbringen. Im hochgeklappten Zustand werden sie am Lastschild verriegelt. So sind sie gegen ein irrtümliches und unbeabsichtigtes Herunterschlagen gesichert.

Überschuhe für empfindliche Güter aus Kunststoff können wie Gabelzinkenverlängerungen aufgeschoben und gesichert werden. Sie dürfen aber nicht als Gabelzinkenverlängerung benutzt werden.

Am sichersten und am Ende auch am preiswertesten ist es, diese Gabelschuhe, wie alle Zusatzgeräte, beim Hersteller des Gabelstaplers oder bei Spezialzulieferfirmen unter Angabe des Staplertyps, deren Gabelzinkenbreite und -länge und der erforderlichen Tragfähigkeit mit Form der Belastbarkeit, zu bestellen (s.a. Abschnitt 3.2, Absatz „Gabelzinken/Schoneinlagen und -auflagen“).
Sollen die Gabelschuhe in explosionsgefährdeten Betriebsteilen zum Einsatz kommen, ist selbstverständlich auch diese Angabe für den Lieferanten notwendig, damit für sie ein funkenarmes Material gewählt wird (s. Kapitel 4, Abschnitt 4.2.3).

Achten Sie auf Konformitätserklärung und CE-Kennzeichen.

Merke

Gabelschuhe müssen zu den Gabelzinken passen!

Prüfung

Auch Zusatzeinrichtungen sind wie die „Grundmaschine“ einer täglichen Einsatzprüfung vor Arbeits-/Schichtbeginn zu unterziehen.
Hierzu sind die Prüfungsvorgaben des Zusatzgeräteherstellers zu beachten.

Auch dies sollte – wie das bei der Grundmaschine zu erfolgen hat – dokumentiert werden.

Dokumentationsmöglichkeit: Betriebs-Kontrollbuch für Grundmaschine und Anbaugeräte

Die Zusatzeinrichtungen sind in die regelmäßige Prüfung des Gabelstaplers durch eine befähigte Person/einen Sachkundigen mit einzubeziehen (s. Abschnitt 3.5).

Entweder ist das Anbaugerät für sich allein mindestens einmal im Jahr zu prüfen (s. Kap. 2.8 Punkt 3.15 DGUV R 100-500) oder mit der Grundmaschine zusammen (§ 37 DGUV V 68). Eine „doppelte“ Prüfung braucht nicht zu erfolgen.

Zusatzausbildung

Sollen Fahrer zum Steuern, z.B. von Gabelstaplern, eingesetzt werden, die mit Zusatzeinrichtungen/Anbaugeräten ausgerüstet sind bzw. wahlweise mit Gabelzinken und mit Anbaugeräten betrieben werden, sind diese Fahrer vorher ausreichend zu schulen. Am rechtssichersten ist es, wenn auch diese Ausbildung schriftlich festgehalten wird, damit der Nachweis erbracht werden kann, dass der Kollege auch dazu befähigt ist, mit dem „Spezialgerät" umzugehen.

Merke

Flurförderzeugführer sind für das fachgerechte Bedienen von Zusatzeinrichtungen ausreichend zu schulen!

Zusatzausbildung

Der Inhaber dieses Ausweises ist zum Führen von folgender/folgenden Flurförderzeugbauart(en):

____

(Bauarten sind z.B. Front-, Schubmast-, Quer-, Container-, Kommissionier-, Regal-, Lkw-Mitnahmestapler, Reach Stacker, Hubwagen, Wagen, Schlepper)

Antrieb / Ausrüstung / Steuerung*: ______________

____

(Ausrüstung ist z.B. ein Sonderanbaugerät wie eine Schaufel, ein Kranausleger, eine Dreh-Kipp-Vorrichtung oder eine Arbeitsbühne)

Betriebsbereich: ______________
(z.B. Ex-Bereich, Gefahrstofflager, Hafen, Kühlhaus)

Einsatz: ______________
(z.B. Transport hängender Lasten, Sondereinsätze wie Waggon verschieben, Anhängerbetrieb)

in Theorie und Praxis erfolgreich ausgebildet worden. Er hat die Prüfung bestanden (Grundlagen wie unter Allgemeine Ausbildung angeführt, Betriebsanleitung/-anweisung).

Datum / Stempel / Unterschrift(en):

Ausbilder Theorie | Ausbilder Praxis

Dokumentation der Zusatzausbildung

Benutzen sie zum Wechseln eines Anbaugerätes einen Kran, z.B. einen Schwenkarmkran, müssen die Fahrer auch ausgebildete Kranführer für diesen Krantyp sein (s. Kapitel 1, Abschnitte 1.5.1 bis 1.5.4).

Merke

Eine Zusatzausbildung ist erforderlich!
Der Fahrer muss sich vor der Verwendung eines Anbaugerätes und einer Zusatzeinrichtung von der bestimmungsgemäßen Befestigung des Gerätes/der Einrichtung überzeugen!

Säulenschwenkarmkran

9. Grundsatz

→ Anbauanleitungen beachten!

→ Nur Originalteile/gleichwertige Teile verwenden!

→ Tägliche Einsatzprüfungen durchführen!

→ Ggf. Tragfähigkeitseinschränkung (wirkliche Tragfähigkeit = Resttragfähigkeit) beachten!

→ Nicht unwissend arbeiten! – Zusatzausbildung ist erforderlich!

→ Geräte nach Gebrauch sicher abstellen!

3.3 Sonderbauarten

Vorbemerkung

Neben den klassischen Front- und Schubmaststaplern gibt es noch andere Bauarten. Wir bezeichnen sie als Sonderbauarten, weil sie im Vergleich zu den o.a. Bauarten im Durchschnitt in geringerer Stückzahl eingesetzt werden.
Selbstverständlich gelten für sie auch die diesbezüglichen Vorgaben in den Kapiteln 1 bis 6.

In den folgenden Abschnitten und Absätzen haben wir für diese Bauarten zusätzliche Vorgaben und Punkte zusammengefasst, die man bei der Schulung berücksichtigen muss.

Spreader

3.3.1 Großgeräte – Allgemeine Bestimmungen

Containerstapler, Reach-Stacker (Teleskopstapler für Container) und Portalhubwagen sind dafür konstruiert, Container und Flats zu transportieren und aus- und einzulagern sowie Fahrzeuge bzw. ihre Anhänger und Auflieger mit den Containern zu be- oder zu entladen. Dies geschieht mittels eines Spreaders. Die Verbindung zwischen Spreader und Container findet über sog. Twistlocks statt.

Container = große Behälter zum Lagern und Transport von Gütern.

Flat = Container ohne Seitenwände und Dach, lediglich mit Stirnwänden oder Rungen (= an der Bodenfläche senkrecht befestigte Halte-/Stützstange).

Spreader = (to spread = spreizen) Anbaugerät zum Aufnehmen von Containern oder Flats, von oben oder von den Seiten greifend.

Twistlock = (to twist = verdrehen, lock = Schloss) Verbindungsriegel zwischen Spreader oder Trägerfahrzeug und Container durch Aufsetzen und Verriegeln an den Eckbeschlägen des Containers.

Aus dieser Transportaufgabe heraus entstehen Gefahren für den Fahrer dieser Fahrzeuge und das Umfeld. Diese Gefahren werden durch den Bau der Maschinen, insbesondere für die Standsicherheit, im Hinblick der Sichtverhältnisse auf den Verkehrsweg weitestgehend entschärft. Die Vorgaben in den Betriebsanleitungen sind exakt einzuhalten. Trotz ihrer Masse werden sie, wie auch die anderen Bauarten, gezwungen, oft auf engstem Raum die Last sicher zu bewegen.

Verriegelungsvorrichtung/Twistlocks

Portalhubwagen für Containertransport mit „Spezialaufnahmevorrichtung".

Akustische Warnsignale für die Rückwärtsfahrt, z. B. an Teleskopstaplern mit veränderlicher Reichweite und Portalhubwagen, unterstützen die Absicherung nach hinten.

In Containerterminals werden Personensicherungsmaßnahmen installiert. Personen, die sich in diesen Bereichen aufhalten, müssen Warnwesten tragen (§ 37 DGUV V 37). Eine Warnweste muss auch ein Fahrer anlegen, wenn er sich außerhalb seines Fahrzeuges im Containerterminal aufhält (s. Kapitel 1, Abschnitt 1.6).

Anmerkung

Containerterminals sind Bereiche, in denen die Arbeit wesentlich durch den Umschlag und die Bereitstellung von Containern bestimmt wird.

Der sichere Umschlag von Containern ist wie folgt durchzuführen (s. a. Unfallverhütungsvorschrift – UVV „Hafenarbeit" – DGUV V 37):

- Container und Flats sind so aufzunehmen, dass ihre Schwerpunkte auf der Längsachse des Staplers liegen.
- Der Fahrer darf einen Container erst anheben, wenn er sich vorher vergewissert hat, dass die Twist-Locks des Spreaders verriegelt sind.
- Werden die Twist-Locks von Hand verriegelt, darf der Anschläger das Zeichen zum Anheben erst geben, wenn er sich davon überzeugt hat, dass sie verriegelt sind. Zum Anheben des Spreaders nach dem Absetzen des Containers gilt umgekehrt das Gleiche. Selbstverständlich gelten diese Vorgaben auch bei Funksprechverkehr.
- Werden übereinander gestapelte Container oder Flats zusammen aufgehoben, sind nur solche Verbindungsteile (Twist-Locks) zu benutzen, deren Verriegelung sich nicht unbeabsichtigt lösen kann. Die Verriegelung muss von außen erkennbar sein. – Die Gewissheit über diese Sicherung zu haben, ist bei ankommenden Behältern oft problematisch, sodass es vor dem Zusammenanheben dieser Container oder Flats immer sicherer ist, wenn sich Beschäftigte vorher aus dem Gefahrenbereich entfernen.
- Soll nur ein Teil von mehreren Containern oder dgl., welche untereinander verriegelt sind, angehoben werden, darf der Anschläger hierzu erst das Zeichen geben, wenn er sich vorher vergewissert hat, dass die Twist-Locks entriegelt sind. – Sollen die Behälter nur zu Kontrollzwecken angelüftet werden, braucht der Anschläger dies nicht zu tun.
- Werden Spreader mit von Hand zu betätigenden Verriegelungen eingesetzt, dürfen die mit ihnen umzuschlagenden Container oder Flats nur einlagig gelagert und einzeln aufgenommen werden. Beladene Container und Flats dürfen nicht mittels Anschlagmittel, z. B. Ketten, Seilen oder Hebebändern, unter einem Neigungswinkel „ß" angeschlagen werden; es sei denn, es ist vom Hersteller zugelassen. Der Grund liegt in der dabei entstehenden Zugkraft zur Mitte des Containers, die durch das Kraftdreieck bei hängenden Lasten entsteht (s. Kapitel 4, Abschnitt 4.3, Absatz „Lastaufnahme aufzuhängender Lasten"). Container sind am besten und rationellsten mittels Spreader zu verfahren.
- Bei Windeinflüssen hat sich der Fahrer bezüglich einer Fahrtunterbrechung strikt an die Betriebsanweisung zu halten; denn besonders ab „starkem Wind – Windstärke 6" bzw. starken Windböen kann durch die große Windangriffsfläche des Containers, besonders im Leerzustand, die Standsicherheit des Staplers gefährdet sein (s. Kapitel 2, Abschnitt 2.4.3 „Windeinflüsse").

Hubmast über einer standsicheren Fläche, hier Lkw, nach vorn geneigt

Lotrecht eingestellter Hubmast eines Containerstaplers zum Stapeln

Diese Großgeräte, bis auf den Portalhubwagen, unterliegen aufgrund ihrer Konstruktion den gleichen Vorgaben wie ein normaler Frontstapler. Für sie gelten aufgrund ihrer höheren zulässigen Traglasten, angefangen bei den Leercontainerstaplern für 8 t bis hin zu den Reach-Stackern von 45 t, Abweichungen.
So sind z.B. Lastschwerpunktabstände länger normiert (s. Kapitel 2, Abschnitt 2.2, Absatz „Mittige Lastaufnahme – Lastschwerpunktabstand – Lastarm") und die Konstruktion ggf. für das Verfahren mit hochgehobener Last vorgesehen. Alles andere ist gleich.

Containerstapler

Um die Sicht vom Fahrerplatz eines Containerstaplers auf die Fahrbahn zu verbessern, wird die Last oft im hochgehobenen Zustand verfahren. Dies ist jedoch nur zulässig, wenn die Maschine in ihrer Standsicherheit hierfür ausgelegt und dies nachgewiesen ist. Sei es, dass der Hersteller diese Arbeitsweise als bestimmungsgemäße Verwendung vorgesehen hat und die Vorgaben für diese Art der Verwendung mit den örtlichen Betriebsbedingungen vereinbar sind, oder ein Sachverständiger durch Gutachten unter örtlichen Betriebsbedingungen eine ausreichende Standsicherheit nachgewiesen hat.

Beispiel aus der Betriebsanleitung eines Containerstaplers:
Zum Containertransport:
„Der Stapler darf nur mit auf Fahrhöhe befindlichem Container und nach hinten geneigtem Hubmast gefahren werden."

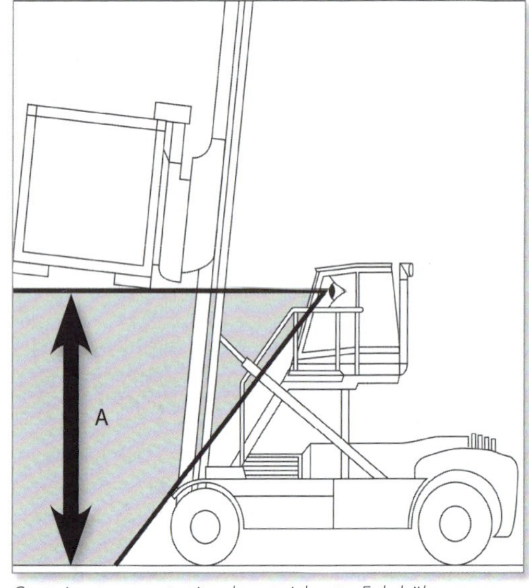

Containertransport mit gekennzeichneter Fahrhöhe

Die Fahrhöhe ist der Abstand „A". Hier kann unter dem Container durch den Hubmast hindurch auf die Fahrbahn geblickt werden.

Achtung!

Bei Kopflastigkeit der Güter im Container: In solchen Fällen sollte die Last mit entsprechend geringerer Höhe, ob rückwärts oder vorwärts mit Einweiser und im Kriechgang (≤2,5 km/h) verfahren werden.

Containermaße gemäß ISO 668:

Breite:	8 ft (′)	= 2 438 mm
Höhe:	8 ft (′) + 6 inch (in)	= 2 591 mm
Leergewicht:	20 ft: 2 250 kg	= 2,250 t
	40 ft: 3 780 kg	= 3,780 t
Kühlcontainer	40 ft: 4 500 kg	= 4,500 t

Anmerkung:

Fuß = foot (engl.): 1′ = 1 ft = 304,8 mm
Zoll = inch (engl.): 1″ = 1 in = 25,4 mm → 1′ = 12″

Vorsicht auch bei Aufnahme von Kühlcontainern, besonders mittels Gabelzinken!

Das Kühlaggregat ist in der Länge asymmetrisch (einseitig) an einer Stirnwand des Containers angebracht. Auf mittige Lastaufnahme ist zu achten (= Schwerpunkt mittig, s. Kapitel 2, Abschnitt 2.1).

Beim Längstransport von zudem auch noch kopflastigen Gütern/Containern extrem vorsichtig und langsam fahren (Kriechgang ≤ 2,5 km/h), ggf. mit abgesenkter Last unter Zuhilfenahme eines Einweisers oder in Rückwärtsfahrt.

Der Staplerhersteller geht bei seiner Traglastberechnung grundsätzlich von einer Längsachsmittigkeit der Last aus. Bis zu einer Tragfähigkeit ≤ 6 300 kg ist eine Abweichung nach links oder rechts ≤ 100 mm zulässig. Bei > 6 300 kg bis 10 000 kg Traglast ist die berücksichtigte Außermittigkeit 150 mm und bei > 10 000 kg bis 20 000 kg sind es 250 mm, > 20 t sind es 350 mm (s. Kapitel 2, Abschnitt 2.1). Darum sind Seitenschieber auch nur so ausgelegt. Die Last ist durch Gabelzinkenverstellung entsprechend zur Längsachsmitte hin zu verändern. Bleibt eine größere als zulässige Außermittigkeit bestehen, ist die zulässige Tragfähigkeit zu verringern. Hierzu ist der Hersteller zu befragen, z.B. bei Teleskopstaplern mit einem Spreader als Lastaufnahmemittel.

Verfahren von hochgegobener Last mit ausreichender Sicht auf die Fahrbahn.

Last wird längsachsmittig aufgenommen und verfahren.

Last ist für Containertransport in Längsrichtung mittig aufgenommen. Der lange Lastarm wurde berücksichtigt und der Hubmast zurückgelegt.

Portalhubwagen

Diese Bauart ist so konzipiert, dass sie den Container/Flat zwischen seinen vier Portalfüßen, dem sog. Fahrportal, aufnimmt. Der Portalhubwagen arbeitet nicht nach dem Hebelgesetz; denn er hebt die Last zwischen seinen Portalfüßen auf Rädern an. Die Lastbefestigung erfolgt über die Twist-Locks an einem Spreader, der sich dazu wie eine Art Glocke absenkt. Die Fahrerkabine befindet sich (falls vorhanden) an einer Stirnseite des Rahmens.

Eine Umsturzgefahr ist nur vorhanden, wenn, wie mit jedem anderen Fahrzeug auch, zu schnell durch eine Kurve gefahren oder zu scharf abgebremst wird. Das ungewollte Abbremsen passiert meistens durch ein Gegenfahren an lose Teile auf der Fahrbahn oder Unebenheiten im Fahrweg.

Eine erhöhte Unfallgefahr beim Einsatz von Portalhubwagen ist durch die Sichtverhältnisse des Fahrers auf die Fahrbahn und Quetschstellen an den Portalfüßen zu festen Teilen der Umgebung gegeben. Dazu kommt, dass der Fahrer in seiner Kabine sehr hoch über der Fahrbahn sitzt. Deshalb werden Kameras verwendet, die das Umfeld der Maschine aufzeichnen und am Bildschirm in der Kabine wiedergeben.

Fahrerkabine an einem Portalhubwagen

Die Quetschgefahr wird darüber hinaus durch Personenverkehrsverbot und Personenschutzmaßnahmen, z. B. wie in Schmalgängen für Regalstapler (s. Abschnitt 3.3.2), beseitigt.

Merke

Stets mit erhöhter Aufmerksamkeit arbeiten, denn es kann trotz Zutrittsverbot plötzlich eine Person auftauchen!

Portalhubwagen

Querstapler

Der Querstapler ähnelt im Steuern mehr noch als der Frontstapler dem Pkw. Dies ist umso mehr der Fall, weil die Lenkachse vorn angebracht ist. Sie ist meistens pendelnd befestigt. Damit ggf. bei vorliegenden Unebenheiten auf dem Fahrweg die auf der Plattform abgelegte Last aber nicht ins Rutschen kommen kann, ist sie durch Hydraulikzylinder zum Teil versteift. Es kann je nach Hersteller die Plattform/Lagerfläche begrenzt hydraulisch schräg gestellt werden.

Die Schrägstellung der Plattform erzielt annähernd die gleiche Wirkung wie eine Pendelachse, da dadurch die Gesamtschwerkraftlinie auch zur Längsachsmitte hin korrigiert wird. Durch den Ölaustausch zwischen den Hydraulikzylindern wirken sie als Radaufhängung und stellen auch auf unebenem Gelände den Bodenkontakt aller vier Räder sicher. Außerdem wirkt die Neigungsmöglichkeit für die Last wie ein Sicherheitsgurt.

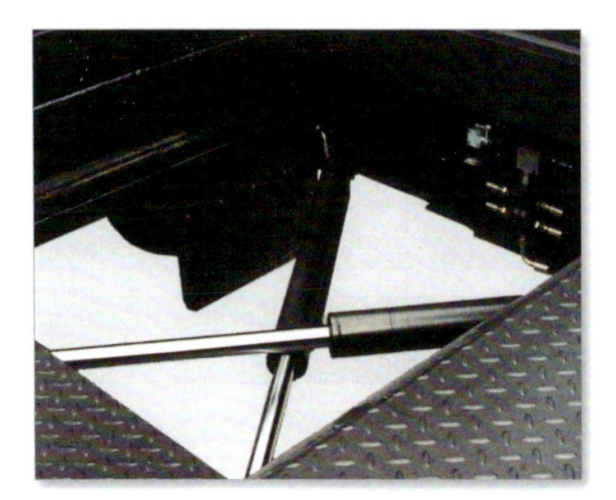

Hydraulikzylinder zur Verstellung der Neigung der Plattform eines Querstaplers.

Pendelachse/Neigungsvorrichtung der Ladeplattform eines Querstaplers.

Bis auf das Lastabsetzen auf der Ladeplattform unterliegt der Lastumgang den gleichen Vorgaben wie denen des Frontstaplers (s. Traglastdiagramm, z. B. für einen 4-t-Stapler im Kapitel 2, Abschnitt 2.5).

Beim Verfahren der unbelasteten Gabel ist diese ebenfalls bodennah bei zurückgeneigtem Hubmast abzusenken. Der Gabelträger ist dabei möglichst ganz einzuholen.
Das Verfahren von Lasten geschieht am sichersten mit auf der Fahrzeugplattform abgesetzten Last mit eingezogenem Hubmast. So ist die Standsicherheit optimal und der Verkehrsweg wird nicht durch eine vergrößerte Breite des Fahrzeugs eingeengt.

Beim Fahren ist – wie auch bei anderen Flurförderzeugen – auf ausreichenden Sicherheitsabstand zu Personen oder festen Teilen der Umgebung zu achten.

Schräg gestellte Plattform

Zusatzeinrichtung zum Transport von Kleinholzteilen – Hubmast ausgefahren, Fahrer entlädt Stapler/Kiste selbst.

Achtung!

Vor dem Losfahren Hubmast einziehen.

Fahren mit eingezogenem Hubmast

Wie für andere Flurförderzeugbauarten gibt es auch für den Querstapler Anbaugeräte, die die Arbeit erleichtern.

Anbaugerät zum Ein- und Auslagern bzw. Be- und Entladen von Fahrzeugen oder Waggons

An dem Bild wird deutlich, in welchen Bereichen diese Fahrzeuge vornehmlich eingesetzt werden – nämlich zum Transport von Langmaterialien wie Holz, Bleche oder Rohre.

Vorsicht ist geboten, wenn durch die Last auf der rechten Fahrzeugseite die Sicht dort erheblich eingeschränkt ist.

Sichtfeldeinschränkung in Fahrtrichtung rechts durch die Last

Deshalb sollte die Last immer auf der Plattform abgestellt werden, damit eine Sicht darüber möglich ist.

Auch wenn diese Fahrzeuge zum Transport von Einzelteilen neigen, die z. B. aus Bequemlichkeit mittransportiert werden – bitte nicht (s. oberes Bild)! Schon gar nicht dem Ansinnen von Kollegen nachkommen, sie auf der Ladefläche mitfahren zu lassen. Passiert hier etwas, z. B. durch ein starkes Abbremsmanöver fällt der Kollege herunter, haftet der Fahrzeugführer dafür.

Merke

Ein Querstapler bleibt ein Stapler und ist kein Lastwagen oder Taxi!

10. Grundsatz

- → Die Funktionstüchtigkeit der Sicherungen für die Lastaufnahme ist unerlässlich!
- → Die Verkehrswege, besonders die Fahrbahnen, sind eben und frei zu halten!
- → Die Einhaltung der Sicherheitsabstände auf den Verkehrswegen, ggf. ihre Absicherung durch Personensicherungsmaßnahmen, müssen gewährleistet sein!

3.3.2 Regal-/Kommissionierstapler

Grundsätzliches

Flurförderzeuge mit hebbarem Fahrerplatz, Regalstapler – Oberbegriff „Regal-Flurförderzeuge", sind einem Stapler sehr ähnlich. Sie unterliegen jedoch, nicht zuletzt wegen der erhöhten Anforderung an die Standsicherheit sowie der Absturz- und Quetschstellensicherung am Fahrerplatz, besonderen Anforderungen. Ihr Einsatz ist u.a. für Lagerarbeiten in Regalgängen und zu Inventurarbeiten an Stapeln und Regalen geeignet (s.a. „Flurförderzeuge für die Regalbedienung – Beschreibung und Einsatzbedingungen" – VDI 3577 und DGUV I 208-021).

Kommissionierstapler

Fahrerplatz, Mit-/Hochfahren von Personen

Der Fahrerplatz muss so gestaltet und platziert sein, dass der Fahrer bei allen Bewegungen der Maschine geschützt ist.

Dies wird u.a. erreicht durch:

- ausreichend hohes (> 1 m) und festes (900 N) Geländer mit Knie- und Fußleiste,
- zu verriegelnde, klappbare Brustwehren, Türen oder dgl., die nur nach innen geöffnet werden können,
- waagerechten und rutschhemmenden Fußboden,
- Fahrerschutzdach,
- Ortsbindung des Fahrers, z.B. durch Zweihandbedienung,
- abschließbare Umschaltung bei zwei Steuerplätzen; denn nur von einem Steuerplatz aus darf die Maschine gesteuert werden (so MRL Anhang 1 Nr. 1.2.2 – ausgenommen sind Befehlseinrichtungen zum Stillsetzen und Nothalt).

Fahrerplatz eines Kommissionierstaplers

Schmalgangsicherungen – Grundsätzliches

In Schmalgängen wird systembedingt auf den seitlichen Sicherheitsabstand von je ≥ 50 cm verzichtet. Dadurch bestehen für Fahrer und Fußgänger erhöhte Quetschgefahren, denen wirksam zu begegnen ist.

Grundsätzlich notwendige Schutzmaßnahmen:

- Durchgangsverkehr zu Fuß gleichzeitig mit Fahrzeugen ist unzulässig.
- Durchsteigen, -gehen, -kraxeln oder dgl. durch Regale hindurch ist zu untersagen.
- Sicherheitskennzeichen sind an den Regal-, Quer- und Notausgängen anzubringen und zu beachten.
- Beschäftigte, Leiharbeitnehmer und fremde Personen sind zu unterweisen (s. a. Kapitel 1, Abschnitt 1.1.3, Absatz „Betriebsanweisung").

Fehlender Sicherheitsabstand von mind. 50 cm kennzeichnet den Schmalgang

- Personenschutzmaßnahmen sind einer täglichen Einsatzprüfung zu unterziehen.
- Der Fahrer hat beim Ertönen des Warnsignals den Fahrbetrieb sofort einzustellen.

Nur funktionierende Schutzmaßnahmen wirken der hier stets „lauernden" Unfallgefahr entgegen. Sicherungsanlagen dürfen im Einsatz nicht abgeschaltet werden. Hat eine Warnanlage am Regal angesprochen, weil Personen unbefugt den Gang betreten, z.B. wenn sich ein Regal-Flurförderzeug im Gang befindet, darf sie nur vom Aufsichtführenden abgeschaltet werden können. Er darf es aber erst tun, wenn er sich überzeugt hat, dass die Gefahr „entschärft" ist.

Eine sicherheitsbautechnische Gestaltung des Lagersystems ist die beste Lösung. Denn durch sie werden unbefugte Personen zwangsläufig von den Gefahrenstellen ferngehalten. Sie ist z.B. eine in sich geschlossene Regalanlage durch Umzäunung oder Barrieren mit sicher verschließbaren Zugangstüren, die nur von befugten Personen, z.B. Fahrer und Rettungspersonen, geöffnet werden können.
Die zweitbeste Lösung sind Lichtschranken am Anfang des Schmalganges. Sie lösen beim unbefugten Einfahren oder Betreten ein Warnsignal aus. Daraufhin ist der Fahrbetrieb sofort einzustellen.
Auch durch einen Zeitplan lässt sich bedingt Sicherheit erreichen. Mit dem Zeitplan, z.B. zeitversetztes Befahren und Betreten von Fußgängern zum Kommissionieren von Hand u.a. durch Schichtregelung oder Auftragssteuerung, kann aber keine 100 %ige Sicherheit erreicht werden.

Trotz exakter Aufsicht ist zusätzlich eine Schutzmaßnahme, z.B. bautechnisch und/oder Scanner, am Fahrzeug erforderlich, damit Unfälle vermieden werden.

Scanner an einem Kommissionierstapler. So wird der Schmalgang abgetastet.

Die Sicherungen an der Maschine können wie folgt vorgenommen werden:

- Für Fußgänger, auch Kommissioniergeräteführer und unbefugte Personen im Schmalgang, durch ein mobiles Personenschutzsystem – PSS in Form von Infrarotfühlern bzw. Laserscannern, die am Regalstapler angebracht sind. Das System tastet mindestens 1,5 x den Anhaltebereich dieser Maschinen ab und schaltet, z.B. bei Personen in der Nähe, eine Warneinrichtung am Fahrerplatz ein und die Fahrgeschwindigkeit auf Kriechgang herunter. Der Fahrer muss daraufhin, wenn danach

die Maschine nicht automatisch die Fahrbewegung abschaltet, den Regalstapler anhalten.
- Für den Einsatz mehrerer Regal- und/oder Kommissionierstapler im Gang durch selbsttätig wirkende Abstandsschaltungen, die ein Zusammenstoßen verhindern.

Anmerkung

Sensoren geben Warnsignale bzw. greifen in die Fahrsteuerung ein, indem sie über den Kriechgang zum Stopp schalten. Sonst könnten die Maschinen umstürzen (s. Betriebsanleitung).

Diese Vorrichtungen sind Sicherheitsbauteile und müssen besonders bei Nachrüstung gemäß Maschinenverordnung ein Zertifizierungsverfahren durchlaufen. Sie dürfen erst danach eingebaut und verwendet werden. Die DGUV I 208-030 „Personenschutz beim Einsatz von Flurförderzeugen in Schmalgängen" enthält wesentliche Hinweise und Vorgaben für diesen gefährlichen Einsatzbereich.

Merke

Sicherungsanlagen dürfen im Einsatz nicht abgeschaltet werden! Hat eine Warneinrichtung angesprochen, muss der Fahrer das Flurförderzeug sofort stillsetzen, wenn es nicht schon von sich aus stoppt, was natürlich sicherer ist als sich zusätzlich auf den Fahrer zu verlassen.

Regale – Notausgänge

Quergänge sind nur für den Notfall geschaffen worden. Sie sind in langen Schmalgängen in der Regel unerlässlich; denn von jeder Stelle, auch im Gang, sollte in Luftlinie gemessen mindestens ein Ausgang in folgender Entfernung zu Fuß erreichbar sein:

a) 35 m in Räumen, ausgenommen Räume nach b) und d) bis f)
b) 25 m in feuergefährdeten Räumen ohne Sprinklerung oder vergleichbaren Sicherheitsmaßnahmen
c) 35 m in feuergefährdeten Räumen mit Sprinklerung oder vergleichbaren Sicherheitsmaßnahmen
d) 20 m in giftstoffgefährdeten Räumen
e) 20 m in explosionsgefährdeten Räumen, ausgenommen durch Explosivstoff gefährdete Räume
f) 10 m in durch Explosivstoff gefährdete Räume

Quergänge sind nur als gesicherte Fluchtwege zulässig. Die Sicherungen müssen der Gefährdung von Personen beim Überqueren der Schmalgänge wirksam entgegenwirken.

Bewährte Sicherheitseinrichtungen sind z. B. Lichtschranken, Pendelklapptüren, Halbtüren, Brustwehren und Fußmatten mit Warnfunktion. Bei ihrer Aktivierung/Betätigung, muss mindestens ein Warnsignal ertönen. Daraufhin hat der Fahrer den Fahrbetrieb sofort einzustellen.

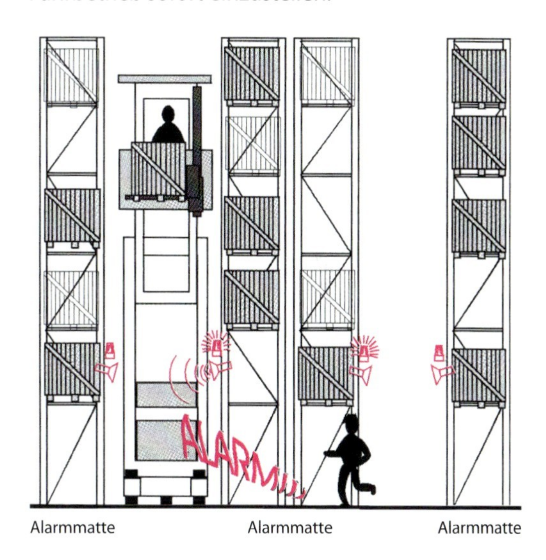

Quergangabsicherung mittels Alarmmatten

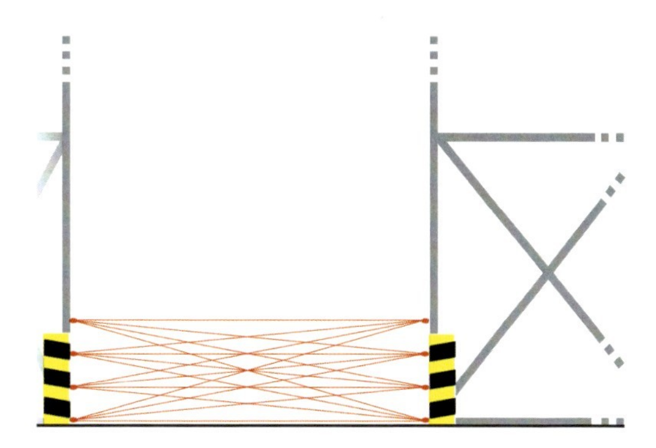

Lichtschrankensystem zur Personensicherung

Schmalgänge dürfen über Notausgänge, z. B. am Ende einer Sackgasse, nicht betreten werden können. Ist dies betriebstechnisch erforderlich, sind sie wie ein Schmalgang mit Personenschutzmaßnahmen zu versehen.

Das Durchsteigen/-gehen von Regalen ist verboten; dem ist wirksam entgegenzuwirken. Hierzu haben sich besonders bei Regalböden von > 1,20 m über Flur gespannte zuggefederte Drahtseile oder feste Zäune bewährt.

Vor Aufnahme von Nebenarbeiten sind Arbeitsbesprechungen durchzuführen und die Fahrer zu unterrichten. Mit Nebenarbeiten betraute Personen sind den gleichen Gefahren im Schmalgang ausgesetzt wie Fußgänger.

Merke

Die o. a. Sicherungen sind unabdingbar; denn der Mensch versucht leider oft den für ihn vermeintlich besten/kürzesten Weg zu gehen!

Erforderliche Sicherheitsmaßnahmen vor Aufnahme der Tätigkeit:

- Einstellung des Fahrbetriebes in Teilbereichen, erforderlichenfalls im gesamten Gang.
- Beidseitige Sperrung des Ganges bzw. eines Teilbereichs, z. B. durch abgeschlossene, rot-weiße Schranken, Scherengitter oder Ketten.
- Die Schlüssel für die Sicherungsketten/-schranken sollten von einer dazu benannten Person bei sich im Gang verwahrt werden. Ggf. sollte das Abschließen der Sicherheitseinrichtung mittels mehrerer Schlösser erfolgen, z. B. beim Einsatz mehrerer Arbeitsgruppen.
- Das Verbotsschild P06 „Für Flurförderzeuge verboten" ist an/nahe der Absperrung anzubringen.

P06 „Für Flurförderzeuge verboten"

- Nach Abschluss der Arbeiten ist die Sicherheitseinrichtung zu entfernen sowie Werkzeug, Bauteile und dgl. mitzunehmen. Sonst „lauern" sie als ständige Unfallgefahr auf dem Fahrweg oder im Regal.

Merke

Nur eine von der Einsatzleitung beauftragte Person darf nach Kontrolle der Arbeitsbeendigung die Absperrung aufheben.

Fahrgeschwindigkeiten

Je größer die Geschwindigkeit „v" ist, desto stärker muss besonders im Notfall abgebremst werden. – Standsicherheits- und Verletzungsgefahr!

Darum sind seitens der Hersteller Höchstgeschwindigkeiten vorgegeben (s. a. DIN 15185-2), z. B.:

- Generell gilt v ≤ 16 km/h, auch bei Diagonalfahrten.

  Diagonalfahrt = Fahrt, bei der gleichzeitig das Lastaufnahmemittel gehoben/gesenkt wird.

- Kommissioniergeräte, Fahrerplatz hebbar ≤ 1,20 m mit ausreichender Sicht auf die Fahrbahn und kein Fußgängerverkehr:
  mit Warnanlage: ≤ 4 km/h,
  ohne Warnanlage: ≤ 2,5 km/h.

Für Regal- und Kommissionierstapler:

- Maschine zwangsgeführt mit Gabel in Stapelstellung mit und ohne Last:
  Hub ≤ 4 m: ≤ 11 km/h,
  Hub > 4 m bis ≤ 6 m: ≤ 5,5 km/h,
  Hub > 6 m: ≤ 2,5 km/h.
- An Sackgassenenden und Ausfahrten darf nur mit ≤ 2,5 km/h herangefahren werden; dies gilt auch beim Vorbeifahren an Quergängen.

Bedenken Sie, dass beim Anfahren und Abbremsen immer eine Trägheitskraft auftritt, die besonders bei hochgehobener Last die Maschine aus dem Gleichgewicht und damit zum Umstürzen bringen kann.

Merke

Die Fahrgeschwindigkeiten sind in Abhängigkeiten der Hubhöhe seitens der Hersteller fest eingestellt. Sie dürfen nicht eigenmächtig verändert werden!

Arbeit im Breitgang

Stapler mit hebbarem Fahrerplatz > 3 m über Flur müssen grundsätzlich mit einer Warnleuchte, z. B. an den Batteriekästen befestigt, ausgerüstet sein. Sie muss leuchten, wenn der Fahrerplatz angehoben ist oder abgesenkt wird und wenn die Maschine fährt.

Warnleuchte an Regalkommissionierstapler

Im Breitgang ist der Sicherheitsabstand von je ≥ 50 cm vorhanden.

Die Hersteller bauen die Fahrzeuge zum Arbeiten in den Regalgängen mit bestimmten Geschwindigkeitsvorgaben.

Beispiel:
- max. 5 km/h bei Fahrten mit angehobener Hubplattform
- max. 10 km/h bei Vorwärtsfahrt und max. 7 km/h rückwärts/in Richtung der Gabeln

Vorwärtsfahrt mit einem Kommissioniergerät

Es gibt zudem Fahrzeuge, die von außerhalb des Fahrzeuges mit einem Tastschalter von Flur aus bedient werden können. Auch dann ist die Geschwindigkeit vorgegeben, z. B. zwschen 1 und 4 km/h einstellbar.

Fahrzeug mit zusätzlicher Flurbedienmöglichkeit

> **Merke**
>
> **Im Breitgang gilt es langsam und beim Vorbeifahren an Ein- und Ausfahrten sowie an Durchfahrten im Abstand von mind. 50 cm vorbeizufahren!**

Ein- und Auslagern von Gütern

Beim Ein- und Auslagern von Gütern immer darauf achten, dass von dem dafür vorgesehenen Arbeitsplatz gearbeitet wird, z. B. von der Fahrerstandplattform.

Bestimmungsgemäßes Kommissionieren von dem dafür vorgesehenen Standplatz aus.

Nicht auf Paletten oder in Gitterboxen steigen. Auch das Übersteigen in Regale ist nicht erlaubt, auch nicht das Einsteigen mit einem Fuß. Es besteht Quetsch- und Absturzgefahr.

Die Last möglichst immer gleichmäßig und mittig platzieren, damit die Standsicherheit gewährleistet bleibt. Vorsicht beim Transport kleiner loser Teile – diese in Boxen transportieren.

Merke

Keine Personen unter dem Fahrerplatz und der Last dulden!
Nicht ohne Spezialsicherung in Regale einsteigen!
Das Lastaufnahmemittel nur bei gesicherter Plattform betreten!
Auf einen freien Verkehrsweg achten!

Verhalten bei Störungen und Sicherheitsmängeln

Bei diesen Sofortarbeiten treten immer dann erhöhte Gefahren auf, wenn sie in Hektik, Übereifer oder aus Angst erledigt werden. Darum:
- Arbeits- und Betriebsanweisungen müssen vorliegen und beachtet werden.
- Bei Abschlepparbeiten und Notbetrieb genau nach Betriebsanleitung handeln, sonst kann sich u.a. die Maschine selbstständig machen.

Bei Ausfall, z.B. von Personensicherungsmaßnahmen bzw. technischem Defekt an der Maschine, ist
- der Betrieb sofort einzustellen,
- der Gefahrenbereich abzusichern,
- der Aufsichtführende zu informieren.

Der Betrieb ist erst wieder aufzunehmen, wenn die Gefahr beseitigt wurde und der Aufsichtführende die Freigabe erteilt hat. Hierzu ist eine Prüfung vor Ort erforderlich.

Zur Störungsbeseitigung müssen die erforderlichen Arbeitsmittel bereitgehalten und benutzt werden.
Das „Klettern" in Regalen, z.B. ohne Absturzsicherungen, ist unzulässig. Laufstege in den Regalen, eine Hebe- oder Arbeitsbühne, z.B. mit herausschiebbarem Laufsteg und einer Schiene zur Befestigung von Sicherheitsgeschirren, z.B. in Schmalgängen mit Personensicherungsmaßnahme, Zweihandzustimmungsschaltung, sind u.a. hierfür sehr gut geeignet.

Störungsbeseitigung in einem Regal mittels Spezialarbeitsbühne

Merke

Mängel melden!
Störungen und dgl. nur beseitigen, wenn Sie dazu befugt sind!

Maßnahmen für den Notfall

Von Fahrerplätzen muss eine Rettung des Fahrers, ggf. auch eines Mitfahrers, immer gewährleistet sein.

Eine Bergung von Personen im Not-/Gefahrfall ist im Voraus zu planen – Bergungsplan erstellen (BetrSichV Anhang 1 Nr. 2.4 f.) und die Mitarbeiter diesbezüglich zu unterweisen.

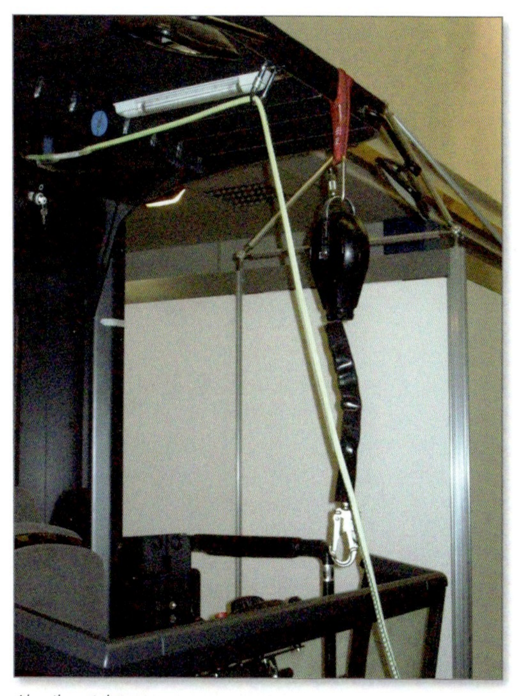

Abseilvorrichtung

Abseileinrichtung auf dem Dach eines Lagertechnikgerätes mit Hochhub

- Wenn möglich sollte in hebbaren Fahrerplätzen eine nach oben zu öffnende Bodenklappe vorhanden sein.
- Besteht durch die Umwehrung Einschlussgefahr, muss sie von außen zu öffnen sein oder eine nach oben zu öffnende Dachklappe eingebaut werden.
- Bei hebbarem Fahrerplatz > 3 m ist er mit einer Abseileinrichtung in ausreichender Länge gemäß DIN EN 341, Klasse C, Strickleiter oder dgl. zu versehen. Einfache Seile oder Knotentaue sind nicht zulässig.
- Außerdem ist eine vom Fahrweg aus zu bedienende energieunabhängige Not-Absenkvorrichtung mit $v \leq 0{,}4$ m/sec zu installieren.
- Beim Einsatz der Notablasseinrichtung und Arbeiten unter dem Fahrerplatz, diesen durch eine mechanische Sperre, z.B. Umschlingung einer Masttraverse, gegen Absenken sichern.
- Unter dem Fahrerplatz darf sich niemand aufhalten.

Achtung!

Auf Freiraum der Person(en), Schwenkschubgabel und Last zur Regalanlage achten.

Rettung eines Fahrers aus dem Fahrerplatz eines Regalkommissionierstaplers mittels Spezialarbeitsbühne und zweitem Regalkommissionierstapler

Auch von einem hebbaren Fahrerplatz ≤ 3 m muss eine Befreiung für den Fahrer und Mitfahrer gewährleistet sein.
Dies kann z.B. mittels Leiter, durch Einsatz einer Hebebühne oder Staplerarbeitsbühne bzw. mit einem Abseilmittel, erfolgen.

Die Selbstrettung (s. Betriebsanleitung) ist Bestandteil der Fahrerausbildung:

- Jährliches Üben und Wiederholen ist unabdingbar.
- Das Rettungsseil darf nicht über scharfe Kanten gezogen werden.

- Das Seil muss nach Gebrauch, auch nach einer Einsatzübung, zur Prüfung dem Hersteller zugesandt werden.
- Der Fahrer muss seine Retter herbeirufen können, z. B. über ein Rufsignal oder Handy.
- Das Selbstabseilen sollte stets als letzte Möglichkeit gewählt werden; denn hierbei tritt oft Angst auf.

Anmerkung

Zum Übersteigen von Lasten ist ein am Schutzdach befestigter, herausklappbarer „Galgen“ mit Einhakvorrichtung der Abseilvorrichtung sehr hilfreich.

Lasten sollten auch zum leichteren Abseilen u. a. wegen der Gefahr durch ungünstige Körperbelastungen, Abstürze und Schäden, hervorgerufen durch herabfallende Güter, nicht abgeworfen werden (s. a. Kapitel 4, Abschnitt 4.7).

Abseilübung unter Leitung des Ausbilders

Merke

Keine Panik!
Genau so handeln, wie es geübt wurde!
Rettungseinrichtungen funktionstüchtig erhalten!

11. Grundsatz

→ Die Beachtung der Fahrvorgaben für diese Maschinenbauarten sind bei keiner Bauart so wichtig wie hier!

→ Eine Manipulation an der Steuerung darf es nicht geben! Sie kann die Standsicherheit der Maschine sofort in Frage stellen!

→ Personenschutzmaßnahmen dürfen auch im hektischen Betriebsablauf nicht außer Betrieb gesetzt/missachtet werden!

→ Betriebsanweisungen sind unerlässlich!

→ Im Notfall Ruhe bewahren und nach Betriebsanweisung handeln!

3.3.3 Weitere Sonderbauarten

Vorbemerkung

Wie bei allen anderen Bauarten auch, sind die in den bisherigen und in den folgenden Abschnitten erläuterten Vorgaben zugeschnitten auf die Ausführung/bestimmungsgemäße Verwendung dieser Bauarten, zu berücksichtigen.

Besonderheiten, die für diese Bauart sehr wichtig sind (auch jene, von denen wir aus Erfahrung wissen, dass man sie für nicht so wichtig hält, um sie im Betrieb umsetzen zu müssen), haben wir nochmals erläutert. Das betrifft z. B. die Thematik, die im Kapitel 4, Abschnitt 4.4 erläutert ist.

Kommissioniergeräte

Kommissioniergeräte erleichtern dem Lagerpersonal das Zusammenstellen von Ware. Sie können einen bis zu 1,20 m hochhebbaren Fahrerplatz haben.

Das Beladen des Gerätes ist so vorzunehmen, dass Lasten beim Verfahren des Gerätes nicht abgleiten und herabfallen können.

Kommissioniergeräte unterschiedlicher Bauarten im Einsatz. Auf ausreichend Begegnungsabstand achten!

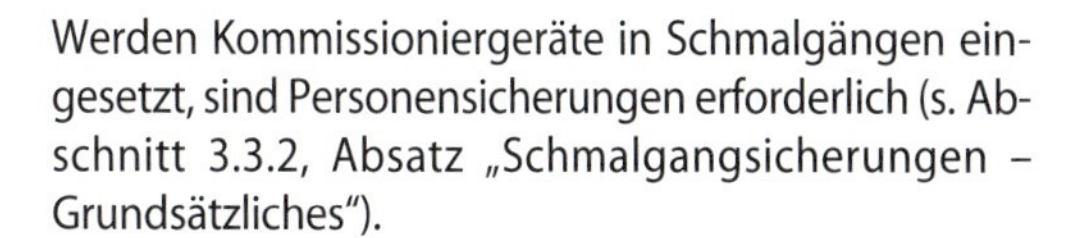

Werden Kommissioniergeräte in Schmalgängen eingesetzt, sind Personensicherungen erforderlich (s. Abschnitt 3.3.2, Absatz „Schmalgangsicherungen – Grundsätzliches").

Beim Einlagern in Regalen darf der Geräteführer bzw. sein Helfer nicht auf die Last, eingelagerte Güter und/oder Regalböden/-balken steigen (s. a. Abschnitt 3.3.2, Absatz „Ein- und Auslagern von Gütern"). Selbstverständlich gilt dies auch für freie Stapel über 2 m Höhe, so sie nicht dafür tritt- und standsicher sind, und die Person nicht gegen Absturz gesichert ist.

Bei Missachtung dieses Verbotes sind Unfälle mit schwerwiegenden Verletzungen leider nicht selten, wobei die Verletzungen oft durch den Aufprall auf Regalverstrebungen, Lasten und das Gerät hervorgerufen werden.

Kommissionierer beim zulässigen Verfahren von sicher verstauten Gütern auf Rollcontainern.

Kommissionieren per Hand. – Achtung: Je nach Ladegut kann das Tragen von Schutzhandschuhen erforderlich sein, z. B. bei spitzen Gütern oder rauen Oberflächen.

Beim Be- oder Entladen des Gerätes von Flur aus sollte man die Ladeplattform etwa auf das gleiche Niveau der Lagerfläche, sei es der Fußboden oder die Auflage der obersten Lage des Lagergutes einstellen. So kann das Gut auch von Hand ergonomisch bewegt werden.

Das Mitfahren des Geräteführers ist nur zulässig, wenn das Gerät dafür eingerichtet ist. Dies gilt auch für einen Beifahrer. Auf der Last, dem Lastträger, dem Batteriekasten und dgl. darf grundsätzlich nicht mitgefahren werden.

Beim Absenken des hochgehobenen Fahrerplatzes ist darauf zu achten, dass sich keine Personen unterhalb des Fahrerplatzes und dem Lastaufnahmemittel aufhalten.
Im angehobenen Zustand des Fahrerplatzes darf das Gerät nur verfahren werden, wenn der Hersteller dies bestimmungsgemäß vorgesehen hat.

Ladefläche ergonomisch umgestellt

Merke

Beim Einsatz in Schmalgängen besteht für Fußgänger eine erhöhte Quetschgefahr!

12. Grundsatz

→ Besonderheit des Fahrzeuges und Betriebsanweisungen beachten!

→ Vorgegebene Betriebsbedingungen einhalten!

→ In Schmalgängen Anweisungen über Fußgängeraufenthalt genauestens befolgen. – Auf Alarmsignale achten!

Hubwagen

Hubwagen, ob mit kleiner oder großer Tragfähigkeit, sind nur bei fachgerechter Lastaufnahme sicher zu beherrschen. Sie verfügen meist nur über ein schmales Standsicherheitstrapez. Ihre Tragfähigkeit und ihre Standsicherheit ist auf eine mittige Lastaufnahme bezogen (s. Kapitel 2, Abschnitt 2.2). Die Lasten sind daher möglichst mittig und nahe dem Batteriekasten aufzunehmen.

Fahrbetrieb
Die Lastaufnahmeflächen sind aufgrund der Gerätebauarten schmal. Außerdem haben die Hubwagenräder einen relativ kleinen Durchmesser. Beides ist der Grund dafür, warum sie besonders beim Überfahren von Bodenunebenheiten, Torschienen, Gullis, Torauffahrten oder dgl. leicht ins Kippen/Schwanken kommen können. Darum gilt es, Bodenunebenheiten zu meiden.

Ist dies nicht möglich, sind sie mit mäßiger Geschwindigkeit zu überfahren. Darüber hinaus sind sie möglichst schräg zu überfahren. Nur so werden die dadurch auftretenden Stoß- und Schwungkräfte, die auf die Geräte wirken, klein gehalten.

Regalfächer nicht mit dem Fahrerplatz unterfahren. Denn das kann „Kopf und Kragen" kosten.

Merke

Bauhöhen von Betriebseinrichtungen sind zu beachten!

Hubwagen im Einsatz

Werden Lasten mit hochliegenden Schwerpunkten, z.B. Güter, die für den Transport in Containern oder Lkws vorgesehen sind und darum mit Höhen von 1,70 m und höher gepackt sind, transportiert, müssen Stoß- und Schwungkräfte besonders klein gehalten werden; denn wir wissen ja: Alle Kräfte greifen direkt oder indirekt (über Hebelarme) am Gesamtschwerpunkt an. Und der liegt wegen des dominierenden Lastschwerpunktes gegenüber dem Geräteschwerpunkt dann sehr hoch über der Fahrbahn.

Transport mit hohem Lastschwerpunkt

Herabfallende Lasten/Lastteile und gar Umstürze von Hubwagen mit der Last sind nicht selten.

Hierzu ist ein Beispiel aus dem täglichen Leben sehr passend:
Ein Sektglas kippt leichter um als ein Bierglas.

Last nahe am Batteriekasten und mittig aufgenommen. Auch ein Mehrpalettentransport ist so sicher durchzuführen.

Der Körper bleibt im Profil des Hubwagens – zum eigenen Schutz.

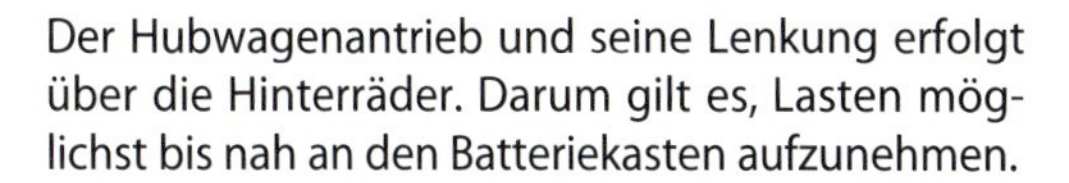

Der Hubwagenantrieb und seine Lenkung erfolgt über die Hinterräder. Darum gilt es, Lasten möglichst bis nah an den Batteriekasten aufzunehmen.

Wird dies versäumt, wirkt der Lastschwerpunkt und damit auch der Gesamtschwerpunkt stark auf die Vorderräder. Die Hinterräder/Lenkräder werden entlastet und sind nicht mehr ausreichend lenkfähig.

Die Standsicherheit beim Kurvenfahren kann durch eine Sicherheitsschaltung in Abhängigkeit zum Kurvenradius „r" erhöht werden (s. a. Kapitel 2, Abschnitt 2.4.1).

Beim Umgang mit Hubwagen an die Kollegen, aber auch an sich selbst denken.

Füße, Beine, Arme, Hände und seinen Kopf behält der Fachmann in der Kontur des Fahrerplatzes; denn er weiß, wie leicht sie verletzt werden können, z. B. wenn er beim Aus- und Einlagern von Lasten nahe an Regalen und Stapeln rangiert. Dies gilt auch für extremes Herausbeugen.

Parken

Hubwagen, auch kleinerer Bauart, parkt ein umsichtiger Fahrer nicht im Verkehrsweg, vor Türen, Notausgängen und Feuerlöscheinrichtungen sowie Schalteinrichtungen.

Wie auch bei allen anderen Sonderbauarten, sind hier die gleichen Bedingungen wie beim Gabelstaplerbetrieb einzuhalten.

Merke

Last/Lastschwerpunkt sicher unterfangen und mittig aufnehmen!
Nur gesicherte Lasten transportieren!
Unebenheiten meiden!
Torschienen oder dgl. schräg und langsam überfahren!
Kopf, Arme, Beine, Hände und Füße im Fahrerplatzprofil halten und nicht hinausbeugen!

Wagen

Fahrervoraussetzungen

Wagen sind Kleinlastwagen sehr ähnlich. Fahrzeugführer, die im Besitz eines Führerscheins sind, erlernen das Führen eines Wagens daher leichter als ein Fahrschüler ohne Kfz-Führerschein.

Trotzdem darf es die Einsatzleitungen und die Fahranwärter selbst nicht dazu verleiten zu glauben, dass die Fahrerlaubnis allein aufgrund des Besitzes eines Führerscheines erteilt werden darf.

Dies darf und kann nicht sein, denn für einen sicheren Umgang mit einem Wagen bedarf es zusätzlicher Kenntnisse und Fähigkeiten, die nur mit einer auf die Bauart „Wagen" bezogenen Ausbildung bzw. einer Zusatzausbildung, z. B. aufbauend auf einer erfolgreichen Frontgabelstaplerfahrer-Ausbildung mit einer Prüfung in Theorie und Praxis, erworben werden kann.

Ob ein Wagen oder ein Schlepper gesteuert wird – der Fahrer muss dafür ausgebildet sein.

Der Wagen wird sachgerecht beladen und die Ladung mit einem Netz gesichert.

Lastaufnahme

Wagen werden hauptsächlich, ob mit oder ohne Anhänger, für das Transportieren von Lasten eingesetzt. Hierbei liegt für ihren sicheren Einsatz die Hauptproblematik.

Auf Folgendes ist zu achten:
Das Fahrzeug darf nicht überladen werden!
Grund: Wie bei allen anderen Flurförderzeugen sind auch hier die Bremsen, Achskonstruktionen usw. nur bis zu einer maximalen Tragfähigkeit ausgelegt.

Lasten sind sicher zu verstauen!
Hierbei müssen der Fahrer und seine Helfer wissen, dass das Lastgewicht für die Rutschsicherheit keine Rolle spielt, da bei der Reibungs- und Fliehkraftwirkung die Masse keine Rolle spielt (s. Kapitel 2, Abschnitt 2.4.1, Absatz „Fliehkraft").

Wenn auch wegen der geringen Fahrgeschwindigkeit ≤ 30 km/h die Beschleunigungswerte bei einer Geschwindigkeitsänderung (anfahren oder abbremsen) nicht so groß sind, so ist auf die Ladungssicherung, bei Gütern aus Stahl (geringer Reibbeiwert, besonders untereinander oder auf einer feuchten Ladefläche), bei großvolumigen Gütern (hohe Schwerpunktlage) und bei schlanken Behältern, z.B. Fässern (geringe Aufstandsfläche im Verhältnis zu ihrer Höhe), verstärkt Wert zu legen.

Außerdem ist zu berücksichtigen, dass die Wagen, auch deren Anhänger, eine harte bzw. keine Federung und einen relativ kurzen Radabstand haben. Beide Kriterien begünstigen beim Überfahren von Unebenheiten ein „Hüpfen" von Lasten, wodurch sie standunsicher werden und leicht verrutschen (s. Kapitel 4, Abschnitt 4.1.2.2).

Selbstverständlich sind Bodenunebenheiten zu meiden bzw. mit verminderter Geschwindigkeit zu überfahren.

Fahrbetrieb

Sicherheitsabstand auf Verkehrswegen einhalten!
Neben der Ladungssicherung ist auch auf die Verletzungsgefahr durch Quetschung zu achten. Der

Nicht nur den Sicherheitsabstand des Wagens, auch den der Anhänger beachten – ein Unfall wäre hier teuer.

Lasten mittels „Spezialanhänger" sicher transportiert. Achtung: Ausreichende Bogen in Kurven fahren, denn auch der letzte Anhänger will sicher um die Kurve kommen.

Sicherheitsabstand von 50 cm zu beiden Seiten des Fahrzeuges, einschließlich seiner Ladung und festen Teilen der Umgebung, auch zu Stapeln, muss stets eingehalten werden. Dies gilt auch in Kurven. Achtung auf der Innenseite einer Kurve, wenn Anhänger mit einer Drehschemel-Zweiradlenkung gezogen werden; denn sie ziehen nach innen. Die gleiche Aufmerksamkeit ist dem seitlichen Abstand auch beim Fahren mit Fahrzeugen zu schenken, die ihre Ladung hinten haben; denn das Heck schlägt aus. Hier gilt es zusätzlich, Abstand zu halten (s. a. Absatz „Wagen und Schlepper-Fahrervoraussetzungen").

Testfahrten sind dringend anzuraten!

Aufgrund der dann vorliegenden Erkenntnisse werden Lastbreiten und -höhen sowie die Anhängerzahl festgelegt. Die Durchfahrtshöhe sollte immer 20 cm höher sein als der höchste Punkt des Fahrzeuges (einschließlich der Ladung und des Kopfes des Fahrers bei bestimmungsgemäßer Haltung).

Scharfkantige Lasten/Lastteile nicht ungesichert über das Profil herausragen lassen!

Solche scharfen Kanten können bei Personen, denen der Fahrer mit seinem Fahrzeug begegnet, schwere Schnittverletzungen verursachen, wenn z.B. zu nah an ihnen vorbeigefahren wird, oder diese Personen unachtsam an die Lastkanten greifen.

Anhängerbetrieb

Die zulässige Anhängerlast und -anzahl darf nicht überschritten werden! Ist der Wagen beladen, ist das Ladungsgewicht von der zulässigen Anhängerlast abzuziehen (s. a. Kapitel 4, Abschnitt 4.4.3).
Die Anhänger sind sicher zu kuppeln.

Beifahrer

Das Mitfahren von Personen ist in der Betriebsanweisung geregelt! Diese Anweisung ist strikt zu befolgen. Auch aus Gutmütigkeit darf nicht von ihr abgewichen werden; denn das Mitfahren von Personen ist vom Unternehmer oder dessen Beauftragten zu regeln.
Wenn der Hersteller bereits in seiner Betriebsanleitung ein Mitfahren untersagt, ist eine zusätzliche Anordnung über die Betriebsanweisung an sich nicht nötig, aber zur Verdeutlichung des Verbotes durchaus sinnvoll.

Grundvoraussetzungen hierfür sind:

- Das Fahrzeug muss hierfür eingerichtet sein.
- Für jeden Mit-/Beifahrer darf von der Last keine Gefährdung ausgehen. Für jeden Mitfahrer muss das gleiche Platzangebot (Raum/Standfläche/Sitz) wie für einen Fahrer vorhanden sein.
- Außerdem muss für ihn ein Festhaltebügel im Profil des Fahrzeuges angebracht sein.
- Mitfahrer dürfen den Fahrer beim Fahrzeugführen nicht behindern.

Sichtverhältnisse

Während des gesamten Fahrbetriebes ist auf ausreichende Sicht auf die Fahrbahn zu achten (s. Kapitel 4, Abschnitt 4.5.2)! Ist der Fahrweg nicht ausreichend beleuchtet, sind die Fahrscheinwerfer einzuschalten. Können Kurven trotz großem Fahrradius nicht eingesehen werden, ist die Fahrgeschwindigkeit zu reduzieren, sodass der Anhalteweg eingesehen werden kann (s.a. Absatz „Schlepper").

Bei Fahrten mit Licht- und Schattenbildung sowie bei Ein- und Ausfahrten von Hallen, ist die Geschwindigkeit ebenfalls herabzusetzen; denn die Augen können sich auf die unterschiedlichen Lichtverhältnisse nicht so schnell einstellen. Dies gilt selbstverständlich auch an unübersichtlichen Stellen, wie an Hallenecken (s.a. Kapitel 4, Abschnitt 4.1.2.1).

Bedenken Sie zusätzlich, dass mit steigendem Alter unser Auge in seiner Fähigkeit sich unterschiedlichen Lichtverhältnissen anzupassen, nachlässt. Bereits ab dem 25. Lebensjahr nimmt die Geschwindigkeit der Anpassung stetig ab. Daran können wir nichts ändern (auch Brillen helfen dabei nicht). Wir müssen es aber bei unserer Arbeit einkalkulieren.

Merke

Fahrzeug nicht überladen!
Auf gesicherte Ladung achten!
Sicherheitsabstand auch in Kurven einhalten!
Personen nur mitnehmen, wenn das Fahrzeug dafür eingerichtet und es erlaubt ist!

Schlepper

Schlepper (wie auch andere Flurförderzeuge, die Anhänger verziehen können), verfügen über eine bestimmte Zugkraft.

Die Nenn-Zugkraft eines Schleppers mit Antrieb durch Verbrennungsmotor ist die vom Hersteller angegebene horizontale Zugkraft in Newton an der Anhängerkupplung, die der Schlepper in einer spezifizierten Kupplungshöhe entwickeln kann, während er mit einer gleich bleibenden Geschwindigkeit von nicht weniger als 10 % seiner Nenn-Geschwindigkeit ohne Last auf ebenem, trockenem und horizontalem Betonboden fährt.

Bei Elektroschleppern ist die Nenn-Zugkraft die Zugkraft bei einstündiger Betriebsdauer. Für Stand- oder Sitzschlepper wird bei der Bestimmung für die Zugkraft ein Fahrergewicht von 90 kg zugrunde gelegt.

Die maximale Zugkraft ist die Zugkraft, die von einem bestimmten Schlepper aufgebracht werden kann, um den Anfahr-/Rollwiderstand der zu ziehenden Last, bestehend aus den Gewichten des Schleppers, des/der Anhänger/s und der Last(en), vorwärts zu überwinden.

Schlepper auf den Flughäfen. Dort wird er als Bodengerät bezeichnet.

Diese Zugkraft ist vom Hersteller oft am Schlepper angegeben. Bei Schleppern mit elektromotorischem Antrieb sind für die Leistung der Batterie zwei weitere Werte angegeben. Diese geben an, welche Zugkraft der Schlepper bei normalem Zugbetrieb, d.h. nach dem Anfahren, über einen Zeitraum von 5 min und 10 min aufrechterhalten kann.

Kennzeichnung der Zugkraft eines Schleppers

Anhängerbetrieb
Ein sicherer Verziehvorgang ist nicht allein von der Zugkraft, sondern auch vom Anhaltevermögen, der

Spurhaltung der Anhänger, der Fahrbahnbeschaffenheit (Querneigung nicht über 3 %), ihrem Zustand (feucht/trocken), der Lastverteilung und -sicherung abhängig. Eine Querneigung lässt die Anhänger leicht aus der Spur laufen, besonders in Kurven. Glatte bzw. feuchte Fahrbahnen haben einen geringen Reibbeiwert, sodass der Bremsweg länger ist als in trockenem Zustand (s. Kapitel 4, Abschnitt 4.4). Diese Betriebsgegebenheiten sind dem Hersteller anzugeben, damit er für den Betreiber die maximale Anhängerlast ermitteln kann. Trotzdem sollte immer zuerst ein Fahrversuch unter besonderen Vorsichtsmaßnahmen durchgeführt werden, wobei die Verkehrswegebreiten, besonders die der Kurven, mit überprüft werden müssen.

Bei den Verkehrswegebreitenbestimmungen ist auch zu berücksichtigen, ob über das Profil der Fahrzeuge hinaus geladen werden soll. Außerdem ist zu bedenken, dass Anhänger nach innen ziehen können, was die Regel ist. Kurven sind hier daher stets in weitem Bogen zu durchfahren.

Kuppeln

Beim Kuppeln von Anhängern besteht eine erhöhte Quetschgefahr. Deshalb ist besonders auf Folgendes zu achten:

- Ist die Kupplung mit mehreren Kupplungstaschen ausgerüstet, ist die Tasche zu wählen, in der sich die Deichselöse weitestgehend waagerecht zur Fahrbahn befindet.
- Nicht zwischen die Fahrwege treten, Anhänger nicht auflaufen lassen. (Auflaufen bedeutet, einen Anhänger im Gefälle auf den Schlepper abrollen zu lassen.)
- Beim Bedienen einer Rücktasteinrichtung die Steuerung des Fahrantriebes stets erst auf Kriechgang stellen, neben dem Fahrzeug gehen und bei selbsttätiger Kupplungsvorrichtung nur zum Einführen der Zuggabelöse zwischen Fahrzeug und Anhänger treten sowie nur auf ebenen Fahrwegen benutzen.
- Zuerst immer die schwerer beladenen Anhänger kuppeln. Leere Anhänger stets an das Ende des Zuges anhängen. Anderenfalls werden die leichteren bzw. leeren Anhänger in Kurven umgezogen.
- Ladeprofilvorgaben einhalten. Über das Profil des Fahrzeuges herausragende Lastteile kennzeichnen, am besten mittels rot-weißen Markierungsstreifen oder dgl. Scharfe Kanten sind zusätzlich zu sichern.
- Vor Fahrtbeginn hat sich der Schlepperfahrer

Schleppzug – Durch kurze Anhängerdeichseln ziehen die Anhänger nicht sehr nach innen.

Anhänger mit Allradlenkung – Anhänger zieht nicht nach innen.

Auch bei den Schleppern gibt es „Kombigeräte", die neben dem Verziehen von Anhängern auch mit einer Hubeinrichtung zum Heben von Lasten ausgestattet sind

Kuppeln mit Rücktasteinrichtung an selbsttätiger Schlepperkupplung.

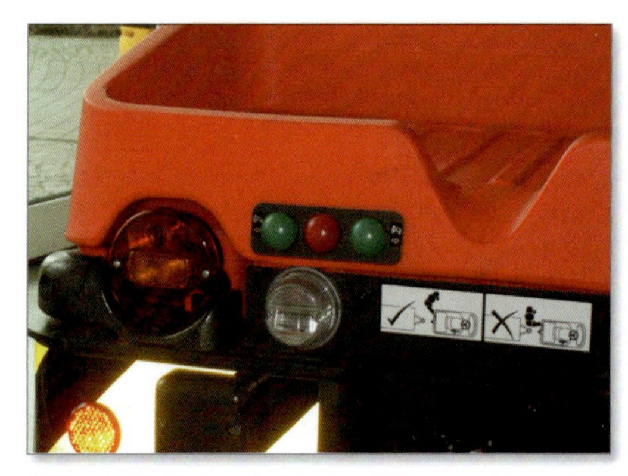

Schlepper mit Rücktasteinrichtung

vom ordnungsgemäßen Kuppeln der Anhänger zu überzeugen.

- Vor dem Abkuppeln erst die Anhänger sichern, z.B. durch Unterlegkeile.
- Fahrzeug nie verlassen, auch nicht beim kurzzeitigen Absteigen, u.a. um die Lastsicherung zu überprüfen, ohne vorher die Handbremse fest anzuziehen; denn schon geringe Bodenunebenheiten und Fahrbahnneigungen bewirken durch die Erdanziehung (Hangabtriebskraft) schon ab 2 % Gefälle ein Wegrollen des Schleppzuges.
- Schlepper und Anhänger möglichst nicht auf schrägen Ebenen abstellen. Wenn dies doch erforderlich ist, stets die Handbremse anziehen und Unterlegkeile vor nicht lenkbare Räder Richtung Tal anlegen.
- Die Kupplungsbolzen, sowohl am Gerät als auch an den Anhängern, sind gegen Herabfallen/Lösen zu sichern – unabhängig davon, ob eine Anhängerdeichsel in der Kupplung eingehangen ist oder nicht.

Achtung!

Anhängerfahrzeuge dürfen während der Fahrt nicht abgekuppelt werden, denn die Bewegungskräfte des Anhängers wären danach nicht zu beherrschen. Der Anhänger könnte sich selbstständig machen.

Anhänger rangieren

Schieben und Drücken von Fahrzeugen sowie Anhängern darf nicht mittels losen Stempeln erfolgen. Die Stempel können weggeschleudert werden und Personen treffen, es können Quetschungen durch auflaufende Anhänger verursacht werden.

Es sind sicher befestigte Abschleppstangen oder dgl. zu verwenden. Beim Rangieren von Anhängerfahrzeugen mit Drehschemellenkung (dies sind die in den Betrieben am häufigsten eingesetzten Anhänger) dürfen sich seitlich neben dem Fahrzeug keine Personen aufhalten. Diese Anhänger neigen bei stark eingeschlagener Zuggabel durch ihr Standsicherheitsdreieck zum Kippen.

Verkehrswege

Ein sicherer Transportvorgang ist aber auch von einem freien Anhalteweg des Schleppzuges abhängig. Sein Anhalteweg setzt sich aus Reaktionsweg und Bremsweg zusammen. Auch bei normaler Reaktionszeit beträgt vereinfacht gerechnet der Anhalteweg ⅓ der gefahrenen Geschwindigkeit. Bei 10 km/h ist er schon 3,33 m lang.

Dieser Anhalteweg muss auf seiner gesamten Länge einsehbar sein. Da dies, besonders in Kurven, oft nicht möglich ist, ist die Fahrgeschwindigkeit stark zu verringern. Dadurch wird der Bremsweg kürzer, und bei Gefahr muss nicht so abrupt gebremst werden. So können auch Lasten nicht so leicht verrutschen oder Anhänger aus der Spur laufen.

Anhängeranzahl

Für einen fachgerechten Anhängerbetrieb ist auch die Anhängeranzahl am Schlepper von Bedeutung. Mehr als sechs Anhänger sollten nicht in einem Zug verzogen werden. Der Fahrer muss seine Anhänger „im Blick" haben, auch in Kurven. Hier helfen Rückspiegel. Die zulässige Anhängeranzahl ist auf den vorhandenen Schlepper, die Art der Anhänger und die Betriebsgegebenheiten abzustellen.

Die UVV „Luftfahrt" – DGUV V 27 legt für ihren Geltungsbereich die Zahl der Anhänger in Abhängigkeit des Schleppereigengewichts, der max. Anhängerlast,

Anhänger-/Kupplungsvorrichtung mit Sicherheitskennzeichnung eines Schleppers

des Ladezustandes (leer oder voll) und der Anhängerart (z. B. für Gepäckcontainer und Fracht) fest. Im günstigsten Fall darf die Anhängeranzahl dort fünf nicht überschreiten. Dieser Maßstab sollte auch in anderen Gewerbezweigen angelegt werden.

Verkehrsregeln

Wie jeder Flurförderzeugführer muss auch der Schlepperfahrer die Verkehrsvorschriften und Sicherheitskennzeichnungen am Arbeitsplatz und an den Verkehrswegen beachten. Er bildet hier keine Ausnahme und nimmt mit seinem Fahrzeug keine Vorrangstellung ein. Es sei denn, es ist ausdrücklich so geregelt. Wird ein Schlepper, wie auch ein Wagen, ob mit Anhängern oder allein, auf öffentlichen Straßen und Wegen eingesetzt, sind selbstverständlich in vollem Umfang die Verkehrsregeln und -bestimmungen der Straßenverkehrsordnung und die Bedingungen der Ausnahmegenehmigung – Betriebserlaubnis – für das Befahren dieser Straßen und Wege mit Schleppern zu erfüllen (s. Kapitel 4, Abschnitt 4.4.7).

Merke

Zulässige Anhängerlast und -zahl nicht überschreiten!
Anhänger nicht auflaufen lassen!
Zuerst die schwerer beladenen Anhänger kuppeln!
Vor Fahrtbeginn von der Ladungssicherung, dem eingehaltenen Ladeprofil und dem ordnungsgemäßen Kuppeln überzeugen!
Verkehrsregeln und zusätzlich auf öffentlichen Straßen und Wegen die Ausnahmegenehmigungsauflagen beachten!
Stets mit angepasster Geschwindigkeit fahren!

Mitgänger-Flurförderzeuge

Definition

Mitgänger-Flurförderzeuge werden in der Grundform über eine Deichsel von Flur aus gesteuert. Sie werden auch als Geh-Flurförderzeuge bezeichnet (s. DA zu § 2 Abs. 4 DGUV V 68). In der Norm DIN EN 3691-1 und in der UVV „Flurförderzeuge" werden sie dagegen als Mitgänger-Flurförderzeug betitelt. Ihre Fahrgeschwindigkeit beträgt ≤ 6 km/h.

Sie können auch mit einer Mitfahrgelegenheit ausgerüstet sein. Dann ist ihre Fahrgeschwindigkeit höher. Sie liegt in der Regel ohne Last zwischen 10 km/h bis 13 km/h und mit Last zwischen 6,5 km/h und 10 km/h. Hierbei spielt es keine Rolle, ob das Flurförderzeug mit einem Hubmast oder mit einem Niederhub ≤ 500 mm ausgerüstet ist. Ohne Hubmast werden sie als Niederhubwagen bezeichnet.
Mitgänger-Flurförderzeuge sind Flurförderzeuge, die durch einen mitgehenden Fahrer gesteuert werden (§ 2 DGUV V 68). Die Bauvorschrift DIN EN ISO 3691-1 spricht von mitgängergeführten Flurförderzeugen und definiert diese als durch einen mitgehenden Bediener mittels einer Deichsel oder einer Fernbedienung geführte Geräte. Mit Hubmast sprechen wir von Hochhubwagen. So werden diese Maschinen auch von den Herstellern bezeichnet (nach DIN EN ISO 3691-1).

Mitgänger-Flurförderzeug

Mitgänger-Flurförderzeug mit Mitfahrgelegenheit, ausgerüstet mit einem Hubmast. Die Maschine arbeitet wie ein Gabelstapler, der Geräteführer muss auch genauso ausgebildet sein.

Ladungsteile durch Wickelfolie gesichert. Palettenlast wurde mittig in Längsrichtung und nah am Batteriekasten aufgenommen.

Dadurch wird auch eindeutig klar, dass die Anforderungen für die Befähigung zum Steuern eines solchen Flurförderzeugs gleich der einer Maschine mit Fahrersitz/Fahrerstand = Fahrerplatz gegeben sein muss, bei Ausrüstung mit einem Hubmast wie für einen Stapler oder ohne Hubmast wie für einen Hubwagen/ein Kommissioniergerät (s. a. Kapitel 1, Abschnitt 1.5.1).

Fahrerstandplattformen für Flurförderzeuge mit Fahrerstand von v ≥ 6 km/h, die über das Flurförderzeug hinausreichen, müssen mit Seiten- oder Vorderschutz (mit ≥ 900 N horizontaler Kraft) versehen sein. Verlässt der Fahrer das Flurförderzeug, müssen die Plattformen hochgeklappt oder geschwenkt sein. Dies kann auch automatisch erfolgen.

Tragfähigkeit

Mitgänger-Flurförderzeug-Betrieb ohne Hubmast ist dem Hubwageneinsatz und mit Hubmast dem Staplerbetrieb sehr ähnlich. Ihre volle Tragfähigkeit kann bei diesen Geräten auch nur ausgenutzt werden, wenn die Lasten nah am Lastaufnahmerücken/am Batteriekasten und mittig aufgenommen werden.

Werden Geräte mit Hubmast eingesetzt, sind die Lastschwerpunktabstände und die für die jeweilige Tragfähigkeit zugelassenen Hubhöhen genau wie beim Gabelstaplereinsatz zu beachten. Tragfähigkeitsdiagramme oder Lasttabellen, meistens nahe am Bedienungsstandort angebracht und auch von dort aus lesbar, geben hierüber Auskunft (s. a. Kapitel 2, Abschnitt 2.5).

Lastaufnahme

Trotz aller technischen Weiterentwicklungen, wie in der Höhe bewegliche Räder vorn am Gerät, ist es einfacher und damit ratsam, Europaletten in Längsrichtung, also von dort aufzunehmen, wo sie keine Unterbretter haben. Stöße auf das Gerät und die Ladeeinheit werden beim Unterfahren der Ladeeinheit dadurch vermieden.

Fahrbetrieb

Vor Fahrtbeginn ist möglichst der Basis-Lastfreihub vorzunehmen. So bleibt man an Unebenheiten auf der Fahrbahn nicht so leicht hängen. Beim Verfahren ist es am besten, dem Gerät mit 30°-Deichselstellung seitlich versetzt vorwärts voran zu gehen. Hierbei sollte der Arm fast durchgestreckt werden. Dadurch hält der Fahrer ausreichend Abstand vom Gerät, kann sich nicht so leicht in die Hacken fahren und Stöße durch die Maschine leichter abfedern. Außerdem sollte die Schulter nicht angehoben werden, weil sich sonst die Nackenmuskulatur verkrampft.

Merke

Sicherheitsmängel melden – Anweisung abwarten!
Last nahe am Gabelrücken und mittig aufnehmen! Tragfähigkeitsdiagramm/Lasttabelle beachten!
Gerät nicht ruckartig bewegen und ausreichend Abstand halten!

Ergonomische und damit weitestgehend unfallsichere Körperhaltung beim Führen der Maschine.

Bedienen der Hubeinrichtung außerhalb des Gefahrenbereichs der hochgehobenen Last

Von dieser Steuerweise sollte man nur bei Rangierfahrten, z.B. beim Ein- und Auslagern von Ladeeinheiten, Stapeln und zum Be- und Entladen von Fahrzeugen und Wechselaufbauten (beginnend direkt vor dem Fahrzeug) und beim Befahren einer Ladebrücke oder eines Aufzuges (s.a. Kapitel 4, Abschnitt 4.1.1.3) abweichen. Hier hat sich auch ein Tastschalter für einen „Schleichgang" bewährt. Es sei denn, die Last muss ständig beobachtet werden, u.a. auf etwas unebenen Boden, beim Überfahren von Gullideckeln und bei kopflastigen Lasten.

Befindet sich die Deichsel fast oben, sollte eine Fahrsteuerung nicht zu ruckartig, sondern durch eine sanfte Drehung erfolgen, denn besonders bei Impulssteuerung reagieren die Geräte sehr schnell, was schon bei etwas Unaufmerksamkeit des Fahrers zu Verletzungen durch Anfahren, auch sich selbst, führen kann.

Von anderen Verkehrsteilnehmern ist möglichst stets ausreichend Abstand (≥ 0,50 m) zu halten. Hierbei sind bei Fahrzeugbegegnungen das Ausscheren der Heckteile dieser Fahrzeuge bei Kurvenfahrt und bei Fußgängern deren plötzliche Bewegungen (in die Fahrbahn treten) zu berücksichtigen.

Ein- und Auslagern
Da die Mitgänger-Flurförderzeuge mit Hubmast und Fahrerstand nicht mit einem Fahrerschutzdach ausgerüstet sind, werden diese Maschinen zum Heben oder Senken von Lasten nur von Flur aus, also hinter oder schräg neben der Deichsel, bedient.

Hierbei soll die Deichsel um mindestens 45° zum Bedienenden hin geneigt werden. So hält sich der Bediener zwangsläufig außerhalb des „Schlagschattens" einer evtl. herabfallenden Last oder Teile von ihr auf. Günstiger wäre es, das Gerät wäre mit einem Lastschutzgitter ausgerüstet.

Selbstverständlich gilt das Abstandhalten auch für andere Personen als den Bedienenden. Der Aufenthalt unter angehobenen Lasten ist grundsätzlich verboten. (Vielfach finden sich auch Hinweisschilder dafür, an den Geräten angebracht.) Um dies zu gewährleisten, darf der Geräteführer seinen Bedie-

Steuerung beim Aus- und Einlagern sowie z. B. beim be- und Entladen von Lkws

Sicherheitskennzeichnung des Aufenthaltsverbotes am Hubmast eines Mitgängergerätes unter der Last und Lastaufnahmeeinrichtung

Hinweisschild/Verbot sich unter der Last aufzuhalten.

nungsplatz auch nur verlassen, wenn er die Last in die tiefste Stellung (auf den Boden) abgesenkt hat. Die Ausnahme ist, wenn er nur kurzfristig den Platz verlässt, aber im Einflussbereich der Maschine bleibt, sich also nicht von ihr entfernt. Er muss immer die Möglichkeit haben einzugreifen, wenn sich die Last nicht in Tiefstellung befindet (s.a. Kapitel 4, Abschnitt 4.9).

Mitfahren
Das Mitfahren von Personen und auch des Bedienenden selbst, ist nur zulässig, wenn die Maschine dafür eingerichtet ist. Das gefährliche Mitfahren auf dem Batteriekasten oder dem Lastaufnahmemittel ist eine Unsitte, die immer wieder in den Betrieben zu beobachten ist. Sie muss wegen der Unfallgefährlichkeit, sowohl für den Fahrer selbst als auch für das Umfeld, strengstens untersagt werden; denn abgesehen vom möglichen Abrutschen des Fahrers vom Gerät, stellt diese Führungsweise kein sicheres Steuern dar und führt deshalb häufig zu Fehlbedienungen.

Die Möglichkeit des Mitfahrens auf Geräten mit Mitfahrgelegenheit darf jedoch nicht dazu verleiten, vom Mitfahrerplatz aus die Hubeinrichtung zu bedienen. Auf diesem Platz befindet sich der Fahrer im „Lastschlagschatten" und ist durch evtl. herab-

Vorschriftsmäßiges Lastenverfahren nahe am Fahrwegsboden. Hier schon deshalb wichtig, weil der Lastschwerpunkt hoch liegt.

fallende Lasten oder Lastteile gefährdet (s.a. Absatz „Ein- und Auslagern").

Lastverfahren
Sicheres Lastverfahren ist wie beim Staplerbetrieb nur mit gesicherten Lasten und in Tiefstellung (bodenfrei) ≤ 500 mm vom Fahrweg, am besten ≤ 100 mm (Lastfreihub) vom Boden, gewährleistet; denn sonst liegt der Lastschwerpunkt und damit der Gesamtschwerpunkt (Geräte- + Lastschwerpunkt) zu hoch, und die Standsicherheit des Gerätes ist gefährdet.

Anhängerverziehen
Anhänger können auch mit diesen Flurförderzeugen verzogen werden, wenn sie hierfür eingerichtet sind bzw. Zusatzgeräte (Anhängerkupplungen) zur Verfügung stehen, die bestimmungsgemäß angebracht sind. Hierbei hat der Fahrer insbesondere darauf zu achten, dass die Kupplungsvorrichtung sicher, d.h. gegen selbsttätiges Lösen gesichert ist. Die Verkehrswege müssen hierfür eingerichtet sein (ausreichend breit, auch in Kurven) und die zulässige Anhängerlast und -anzahl darf nicht überschritten werden.

Vergessen wir nicht, der Geräteführer ist in erster Linie für seine Anhänger und damit für die Lasten in Bezug auf das sichere Verfahren verantwortlich (s.a. Kapitel 4, Abschnitt 4.4.3).

Arbeitsbühneneinsatz/Anbaugeräte
Wie Stapler können auch Mitgänger-Flurförder-

Mitgängerfahrzeug mit Anbaugerät

Nur mit gemeinsamer Rücksichtnahme aller ist reibungsloses und unfallfreies Arbeiten möglich

zeuge für einen Arbeitsbühneneinsatz verwendet werden.

Abgesehen von der ausreichenden Tragfähigkeit des Gerätes (≥ 5-mal Bühnengesamtgewicht) ist darauf zu achten, dass die Arbeitsbühne ausreichend sicher unterfangen ist. Hierbei ist zu bedenken, dass die Gabelzinken in der Regel nicht verstellt/breiter eingestellt werden können (s. a. Kapitel 4, Abschnitt 4.4.2, Absatz „Arbeitsbühne – Einsatzregeln").
Bei einem Arbeitsbühneneinsatz mit einem Mitgänger-Flurförderzeug ist aber zu berücksichtigen, dass das Fahrzeug nur ein schmales Aufstandstrapez hat. Diese Kombination sollte daher nur ausnahmsweise gewählt werden.

Sind regelmäßig oder häufig Personen zu heben, z. B. für Instandhaltungsarbeiten, sollte eine Hubarbeitsbühne zum Einsatz kommen (s. a. TRBS 2121 Teil 4), mindestens aber ein Stapler.

Neben Arbeitsbühnen können unsere Mitgänger-Flurförderzeuge auch mit weiteren Anbaugeräten ihre Arbeit verrichten – wichtig ist nur, wie bei allen anderen Flurförderzeugen, auf die passende Zuordnung von Grundmaschine und Anbaugerät zu achten. Das sagen uns die Betriebsanleitungen und im Zweifel auf Nachfrage der Hersteller direkt.

Umfeld
Fahrer von Mitgänger-Flurförderzeugen werden mit ihren Fahrzeugen von Gabelstapler-, Wagen- und Schlepperfahrern leicht übersehen, besonders dann, wenn die Geräteführer hinter großvolumigen Fahrzeugen, wie Gabelstaplern, die Maschine führen.

Das Übersehen hat nichts mit Überheblichkeit zu tun, sondern ist im natürlichen Wahrnehmungsverhalten gegenüber großer Körper begründet. Jeder Mensch richtet sein Augenmerk zuerst auf auffällige Gegenstände bzw. solche, von denen für ihn erkennbar, bewusst oder unbewusst, eine Gefahr ausgehen könnte. Dies sind an Kreuzungen und Einmündungen, aber auch im Begegnungsverkehr, zuerst massige Gegenstände.

Ein Beispiel:
Sie stehen mit Ihrem Pkw an einer Kreuzung mit Vorfahrtsregelung „rechts vor links". Rechts steht ein großer Lastwagen. Nachdem dieser die Kreuzung passiert hat, fährt auch ein Radfahrer von rechts in die Kreuzung ein, der dicht hinter dem Lkw stand. Passen Sie auf! Immer wieder werden diese Fahrer mit ihrem Fahrrad übersehen.

Dies ist auch der Grund, warum im Straßenverkehr so oft Fußgänger, besonders Kinder, verstärkt außerdem durch ihre schnellen Bewegungen (Laufen, Rennen), und Radfahrer angefahren oder überfahren werden (s. a. Kapitel 4, Abschnitt 4.6).

Hebelroller, Handhubwagen, Handgabelstapler

Beim Einsatz dieser Geräte bestehen in abgeschwächter Form die gleichen Gefahren und folglich die gleichen Vorgaben wie für kraftbetriebene Maschinen.
Diese Geräte werden leider am meisten unterschätzt.

Folgender Unfall ist hierfür ein Beleg:
Ein Tresor wurde angeliefert und vom Spediteur zum Weitertransport in den Halleneingang unter dem Rolltor abgestellt. Da zum Feierabend die Beschäftigten das Rolltor schließen wollten, zogen sie mit einem Hubwagen den Tresor, der sehr kopflastig war, weg. Hierbei kippte er nach hinten um. Der hinter dem Tresor stehende Mitarbeiter wurde dabei getroffen und schwer verletzt.

Die geringe Trägheitskraft, die beim Anfahren auftrat, hatte genügt, diesen Kippvorgang auszulösen. Das Verfahren dieser Geräte wird am besten gleich den Mitgänger-Flurförderzeugen vorgenommen. Ziehen ist hierbei immer besser als schieben, denn so wird der Körper des Bedienenden aus dem Gefahrenbereich der Maschine gehalten.
Für die ebenfalls von Personen erforderliche Unterweisung, die mit Hebelrollern, Handhubwagen und Handgabelstaplern umgehen sollen, können die Lehrpläne und Fahrübungsbeispiele für Hubwagen und andere Mitgänger-Flurförderzeuge herangezogen werden (s.a. Broschüre „Der Mitgänger-Flurförderzeugführer" des Resch-Verlags).
Handgabelstapler sind praktisch Hochhubwagen/Gabelhubwagen ohne Fahrantrieb. Eingesetzt werden sie oft als Bereitstellungs- und Zufuhrgeräte an Arbeitsmaschinen u.a. Gleichzeitig werden sie als Hubtisch verwendet, wie auch Handhubwagen mit dem entsprechenden Zusatzgerät.

Das Mitfahren, sog. Rollern, ist purer Leichtsinn und daher unzulässig.

Ergonomisch bestes Verziehen eines Handhubwagens.

Hubwagen als Hubtisch. Hierbei sind die Fahrrollen arretiert.

Handhubwagen vorbildlich abgestellt

Stillsetzen
Abschließend sei daran erinnert, dass natürlich ein mit Muskelkraft bewegtes Flurförderzeug (Handhubwagen oder dgl.) und Mitgänger-Flurförderzeug genauso fachgerecht und damit sicher stillzusetzen ist, wie jedes andere Flurförderzeug, z.B. ein Stapler.

Feststelleinrichtung eines Handhubwagens

Merke

Lasten nicht vom Mitfahrerplatz aus ein- und auslagern!
Lasten nur bodenfrei angehoben verfahren!
Mitfahren ist nur zulässig, wenn das Gerät dafür eingerichtet und es vom Unternehmer gestattet ist!
Gerät stets sicher stillsetzen!

Teleskopstapler

Begriffsbestimmung – Bauarten
Teleskopmaschinen sind mobile Arbeitsmittel, d. h. fahrend, sich bewegend. Sie sind kraftbetrieben, d. h. sie haben einen Antrieb (= Motor = Maschine) und transportieren Lasten, wobei eine Last auch eine Person sein kann.

Der Name „Teleskopmaschine" hat seinen Ursprung darin, dass die Last über einen ausfahrbaren Arm (= Teleskoparm) aufgenommen/abgesetzt und transportiert werden kann. Dies funktioniert anders als bei traditionellen Frontstaplern. Bei diesen wird die Last über einen Hubmast direkt (mittels Gabelzinken) oder mit Anbaugerät vor der Vorderachse aufgenommen. Bei Teleskopmaschinen wird die Last durch einen am Heck aufgebrachten, ausfahrbaren Arm aufgenommen.

Hier zeigt sich schon ein Einsatzbereich der Teleskopmaschinen, nämlich die Lastaufnahme oder das Lastabstellen weiter entfernt vom Fahrzeug.

Die Last hier aufzunehmen oder abzustapeln wäre mit einem Frontstapler mit Hubmast nicht möglich.

Je nach Bauart gibt es die Maschinen mit starrem Teleskoparm (nach DIN EN 1459-1) oder diesen montiert auf einem Oberwagen mit bis zu 360° Drehbarkeit (nach DIN EN 1459-2). Letzterer arbei-

Teleskopmaschine mit starrem Teleskoparm

Teleskopmaschine mit drehbarem Oberwagen

tet also wie ein Mobilkran/Fahrzeugkran.

Trotzdem laufen auch diese Maschinen unter dem Begriff Stapler, nämlich „schwenkbare Stapler mit veränderlicher Reichweite", die aus einem abgesenkten Fahrgestell mit schwenkbarem Aufbau mit einem Teleskophubarm als Hebevorrichtung (Schwenkhubarm) bestehen, an der in der Regel ein Lastaufnahmemittel angebracht ist, z. B. eine Trägerplatte und Gabelzinken.

Wir kennen die Bauarten Teleskopmaschine mit starrem Teleskoparm und die Fahrzeuge mit schwenkbarem Oberwagen samt Teleskoparm. Kann der Teleskoparm mehr als 5° nach links oder rechts gedreht werden (bezogen auf die Längsachsmitte des Fahrzeuges), sprechen wir von einem schwenkbaren Stapler mit veränderbarer Reichweite.

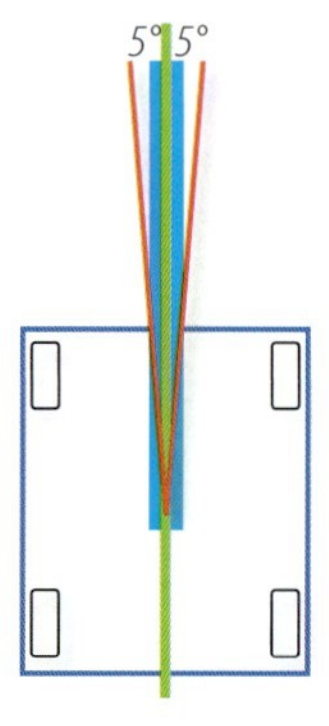

Schematische Darstellung der Abgrenzung Stapler mit veränderlicher Reichweite und schwenkbarer Stapler mit veränderlicher Reichweite.

Teleskopmaschine im Anhängereinsatz – als Zugmaschine.

Ob mit oder ohne drehbarer Einrichtung, zeichnen sich diese Geräte durch die Verwendung zahlreicher Anbaugeräte aus, die mittels einer Schnellwechseleinrichtung oder -kupplung montiert werden können. Dies ist eine Einrichtung am Ende des Hubarms, die das Aufnehmen und Verriegeln des Anbaugerätes gestattet, ohne dass dazu zusätzliches oder spezielles Werkzeug erforderlich ist.

Auch gibt es Spezialmaschinen mit in der Höhe verstellbarer Fahrerkabine.

Gerade in der Landwirtschaft kommen Teleskopmaschinen auch als Schlepper bzw. Zugmaschinen zum Einsatz.

Wird die zulässige Traglast bei Benutzung der Abstützvorrichtung ausgeschöpft, ist sie selbstverständlich zwingend in Funktion zu bringen. Dies gilt auch, wenn nur schnell und kurzzeitig/ausnahmsweise eine solche Last gehoben werden soll.

Die Abstützung ist immer vollständig auf einem ausreichend tragfähigen Boden abzusetzen (s. a. Kapitel 4, Abschnitt 4.4.2). Wird die Vorrichtung nicht „satt" auf den Boden aufgesetzt, gilt dies als nicht in Funktion gebracht; denn sie wirkt statisch nicht, da sie nur geringe Schwungbewegungen sicher abfangen kann.

Wird die Abstützung nicht verwendet, darf – wie hier zu sehen – der Flurförderzeugführer seinen Steuerstand nicht verlassen.

Werden Anbaugeräte mit höherem Eigengewicht als Gabelzinken und damit auch einem eigenen wirkenden Lastarm eingesetzt, ist die Tragfähigkeit entsprechend herabzusetzen. Ist die Längsachsmittigkeit, z. B. bei Schaufeleinsatz, nicht gewährleistet oder ist bei Drehkübel-/Behältereinsatz noch mit Schwungkräften zu rechnen, ist zusätzlich ein Traglastverlust einzukalkulieren. Die Betriebsanleitungen geben Auskunft. Im Zweifel sind die Hersteller zu befragen.

Lasten sind stets in Tiefstellung ≤ 300 mm vom Fahrweg entfernt mit eingezogenem Hubmast und weitestgehend zurückgeneigtem Lastträger/Lastaufnahmemittel, z. B. Gabelzinken, zu verfahren (s. a. ausführlich in der Broschüre „Sicheres Bedienen von Teleskopmaschinen" vom Resch-Verlag).

Wird die Teleskopmaschine „abgepratzt" und mit einer Arbeitsbühne eingesetzt, von der aus die (ausschließliche) Steuerung stattfindet, gilt sie als Hubarbeitsbühne (nach MRL und DIN EN 1459 Teil 3). In diesem Fall braucht kein Fahrzeugführer in der Fahrerkabine zu sein.

Abstützung in Funktion gebracht – auf tragfähigen Untergrund wurde geachtet.

Last wird bodenfrei/in Tiefstellung verfahren.

Abgestütztes Fahrzeug mit Arbeitsbühne – ohne Fahrer im Fahrzeug einzusetzen.

Reach Stacker

Eine Sonderbauart der Teleskopstapler ist der Reach Stacker. Er ist für den Containertransport und nicht für den Einsatz im „groben" Gelände vorgese-

Wechselaufbau mit bekanntem Gesamtgewicht und Schwerpunktlage wird mittels „Combihandler" auf dem Waggon verstaut.

Container wird zum Aufstapeln in Tiefstellung über die Längsachse gedreht.

hen. Naturgemäß kommt er im Hafenbereich und in Containerabfertigungsanlagen zum Einsatz. Er verfügt über keine Abstützeinrichtung.

Für das Verfahren von Containern, z.B. mit den Reach-Stackern, wurden wegen der eingeschränkten Sichtverhältnisse bestimmungsgemäß, also für die Standsicherheit dieser Maschinen schon bei der Konstruktion, folgende andere Abstandsmaße zur Fahrbahn berücksichtigt (s.a. Kapitel 2, Abschnitte 2.3 und 2.4.4, Kapitel 3, Abschnitt 3.3.1 sowie Kapitel 4, Abschnitt 4.4.4):

Teleskopstapler mit veränderlicher Reichweite für Vorwärtsfahrt:
Abstand der Containerunterseite ≤1 000 mm bis zur Oberkante des eingedrückten Sitzkissens durch einen 90 kg schweren Fahrer bei zurückgeneigtem Hubmast bzw. 2 300 mm bis zum Lastschwerpunkt, praktisch in halber Höhe des Containers. Hierbei

Last wird zum exakten Absetzen nur im Schritttempo geringfügig verfahren.

gilt es also, auf die Ladegüter im Container zu achten. Evtl. Kopflastigkeit muss vorher abgeklärt sein.

Zum Ein- und Auslagern – Stapeln von Containern – kann die Last unter Berücksichtigung des Traglastdiagramms höher gehoben werden. Darüber hinaus können geringfügige Standkorrekturen im Schritttempo ausgeführt werden.

Die Lasten sind unabhängig von der Hubhöhe lotrecht abzusetzen bzw. anzuheben. Schrägziehen oder Losreißen von Lasten ist nicht zulässig.

Fahrerkabinenzustand

Ob der Fahrer ein Flurförderzeug mit 40 t Tragfähigkeit oder 2 t zulässiger Traglast steuert, der Fahrerplatz/die Fahrerkabine muss frei von losem Werkzeug, gebrauchten Putzlappen und dgl. gehalten werden.

Tritt der Fahrer beim Einsteigen in die Kabine z.B. auf einen auf dem Fußboden liegenden Schraubenschlüssel, kann er ausrutschen oder gar stürzen. Geschieht dies erst beim Steuern, auch wenn er schon Platz genommen hat, wird er zumindest in seiner Konzentration beeinträchtigt und eine Fehlsteuerung kann die Folge sein.

Gebrauchte, mit Öl/Fett getränkte Lappen neigen zur Selbstentzündung, besonders wenn es in der Kabine warm ist (s.a. Abschnitt 3.4.1, Absatz „Putzlappen").

Führerhaus in einwandfreiem Zustand für ein sicheres Steuern der Maschine.

Lkw-/Mitnahmestapler

Gabelstapler werden oft zum Einsatz vor Ort mittels Lkw transportiert. Hierfür werden sie wie ein Spreizengabelstapler gemäß der Norm DIN EN ISO 3691 gebaut und für eine Mitnahme am Lkw, sei es am Heck oder zwischen den Achsen unter der Ladefläche des Lkw, ausgeführt.

Diese Gabelstapler gelten, solange sie mit dem Lkw verbunden/im Fahrzeug verstaut sind, als Last im Sinne des Straßenverkehrsrechts.

Werden sie am Einsatzort vom Lkw getrennt, gelten sie als Maschine/mobiles Arbeitsmittel/Flurförderzeug gemäß EU-Maschinenrichtlinie, BetrSichV und DGUV V 68.

Werden sie im öffentlichen Verkehrsraum gesteuert, gelten sie als Fahrzeug im Sinne des Straßenverkehrsrechts. Sie sind seit der 36. Änderung von § 18 Abs. 2 Nr. 1b StVZO, vom 22.10.2003 ähnlich wie eine Arbeitsmaschine mit $v \leq 20$ km/h zu behandeln. Aber auch unter 6 km/h müssen sie der StVZO entsprechen. Dies gilt auch in Fußgängerzonen, unabhängig von einer temporär begrenzten, zulässigen Befahrerlaubnis.

Lkw-/Mitnahme-Stapler am Heck eines Lkw aufgesattelt:

Für diese bestimmungsgemäße Ausführung ist der Hersteller verantwortlich. Hat der Betreiber zusätzlich beim Einsatz dieser Fahrzeuge Sicherheitsvorkehrungen zu treffen, hat der Hersteller darauf eindeutig und für jeden Benutzer verständlich (nicht im Kleingedruckten) hinzuweisen und dies ggf. zusätzlich am Flurförderzeug, z. B. mittels Label, anzugeben. Eine solche Maßnahme wäre u. a. die Absicherung der leeren Gabelzinken. Außerdem muss der Fahrer für das Führen eines Staplers mit $v > 6$ km/h einen gültigen Kfz-Führerschein besitzen (s. a. Kapitel 4, Abschnitt 4.4.8 und Broschüre „Flurförderzeuge auf öffentlichen Straßen – Verkehrsräumen“ des Resch-Verlags).

Gemäß DGUV V 68 „Flurförderzeuge“ sind deren Fahrer wie für das Steuern eines klassischen Front-/

Lkw-/Mitnahme-Stapler mit einem klappbaren Hubmast wird hier z. B. zwischen den Achsen eines Lkw verstaut.

Sicherung gegen unbeabsichtigtes Lösen des Staplers vom Lkw, hier mittels Ketten an beiden Längsseiten des Staplers.

Selbstständiges Aufsatteln des Staplers, hier beim Einfahren in die Lkw-Gabelzinkentaschen.

Last wird beim Entladen nahe am Gabelrücken platziert.

Befahren der Zugangsfläche eines Kunden. Tragfähigkeit des Fahrweges wurde vorher abgeklärt.

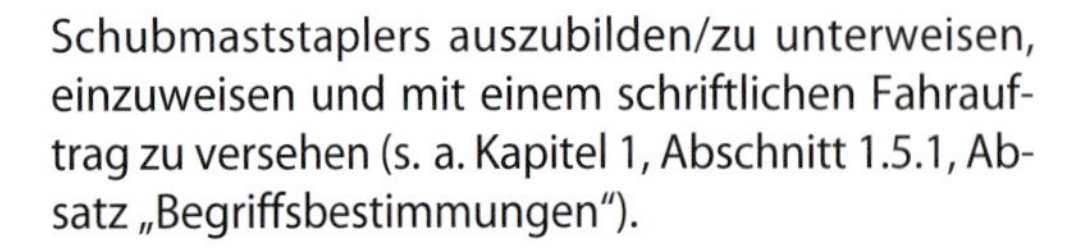

Schubmaststaplers auszubilden/zu unterweisen, einzuweisen und mit einem schriftlichen Fahrauftrag zu versehen (s. a. Kapitel 1, Abschnitt 1.5.1, Absatz „Begriffsbestimmungen").

Das beförderungssichere Verstauen/Befestigen des Staplers am Heck des Lkw ist nur durch eine formschlüssige Sicherung zu erreichen. Eine rein kraftschlüssige Sicherung, z.B. durch Verklemmen, reicht nicht aus.

Formschlüssige Sicherungen sind z.B. ein kraftbetriebener Halterungsrahmen, der unter und hinter den vorderen Teil des Staplerrahmens greift, Einsteckbolzen mit Lösungssicherung in Gabeleinstecktaschen am Lkw oder von Hand anzulegende Zurrgurte, Seile, die um den Stapler herumgelegt oder seitlich angelegt werden und sowohl am Lkw als auch am Stapler befestigt und verspannt werden.

Das Verfahren und die Lastbewegung erfolgt nach

Vorsicht! Be- und Entladen spielt sich auch häufig – wie hier – im öffentlichen Verkehrsraum ab. – Die StVO ist einzuhalten, auch für unseren Flurförderzeugführer.

den gleichen Vorgaben wie für den klassischen Gabelstapler (s. Beispielbilder).
Der Lkw-Fahrer = Gabelstaplerfahrer ist für die Durchführung einer wirkungsvollen und fachgerechten Sicherung des Staplers am Lkw bzw. ein beförderungssicheres Verstauen des Staplers im Lkw verantwortlich. Über die Abdeckung evtl. Schäden, ob Sach- oder gar Personenschaden, sollte sich der Betreiber mit seiner Haftpflichtversicherung in Verbindung setzen; denn über die Kfz-Versicherung ist der Stapler nicht automatisch mitversichert.

Merke

Ein Mitnahmestapler ist wie jeder andere Gabelstapler fachgerecht zu führen!
Zusätzlich sind die Straßenverkehrsvorschriften zu beachten!

Mehrwegseitenstapler verfügen über eine Mehrwegelenkung und sind so optimal manövrierfähig.

Vier-Wege- oder Mehrwegestapler

Vierwegestapler = Seitenstapler, der mit seiner flexiblen Radstellung in alle vier Richtungen fahren kann (vorwärts, rückwärts, seitwärts).

Diese Stapler – sowohl mit Elektroantrieb als auch mit Verbrennungsmotor – eignen sich besonders zum Transport von Langgutmaterial, Spanplatten, übergroßen Paletten, aber auch Kabeltrommeln oder Walzen. Sie können sowohl im Innen- als auch im Außenbereich eingesetzt werden, ebenso in Schmalgängen.

Auch in Schmalgängen sind Mehrwegstapler einsatzfähig – wie hier leitliniengeführt.

13. Grundsatz

→ Die Rechtsgrundlagen und physikalischen Gesetzmäßigkeiten gelten auch für die Sonderbauarten!

→ Die Fahrerausbildung ist auch für das Führen von Sonderbauarten Vorschrift!

→ Regelmäßige Unterweisungen sind ebenfalls erforderlich!

→ Lasten sind unabhängig von Aufnahme und Verstauen stets gegen Verrutschen und Abgleiten zu sichern!

→ Kraftbetriebene Maschinen gelten auf öffentlichen Verkehrswegen in allen Belangen als vollwertiges Fahrzeug!

3.4 Vorsichtsmaßnahmen bei Instandhaltungsarbeiten

Grundvorgaben

Das Pflegen, Warten und Instandsetzen sowie Prüfen von Flurförderzeugen dient ausschließlich der Werterhaltung und der Sicherheit der Fahrzeuge. Unabhängig von der Pflicht des Unternehmers, ständig für die Sicherheit und Gesundheit seiner Beschäftigten bei der Arbeit zu sorgen, muss er gemäß §§ 4 und 6 BetrSichV und § 10 DGUV V 68 „Flurförderzeuge", Regeln der Technik, z. B. Normen und Betriebsanleitung der Hersteller, die Maschinen, hier Flurförderzeuge, deren Anhänger sowie Anbaugeräte und Zusatzeinrichtungen auf einem Niveau halten, das garantiert, dass das Arbeitsmittel während der gesamten Benutzungsdauer sicher ist (s. § 3 Abs. 7 BetrSichV). Verschlissene Teile müssen gegen neue, sicherheitstechnisch einwandfreie Teile ausgetauscht werden.

Eine einfache Hilfe und ein Beleg für eine systematische Instandhaltung ist ein Betriebs-Kontrollbuch, das der Fahrer führen sollte. In Verbindung mit der VDI-Richtlinie 3963 „Schadensschlüssel für die Codierung von Reparaturen an Flurförderzeugen" und den Wartungsanleitungen/-vorgaben der Hersteller kann die Instandhaltung optimal geplant und ausgeführt werden.

Bei diesen Arbeiten kommt es leider immer wieder zu Unfällen mit nicht selten schwerwiegenden oder sogar tödlichen Verletzungen. Diese Unfälle wären vermeidbar, wenn einige grundsätzliche Sicherheitsvorgaben beachtet würden (s. a. „Sicherheitsregeln für die Fahrzeug-Instandhaltung DGUV R 109-008"). Daher muss für jedes Flurförderzeug eine Betriebsanleitung, auch mit Angaben über Bedienung und Wartung im Betrieb, in deutscher Sprache vorhanden sein, die entweder am Stapler selbst oder am Einsatzort (z. B. in der Lagerverwaltung) vorhanden sein muss.

Beauftragung

Bei der Beauftragung für die Instandhaltung von Flurförderzeugen ist durch die Geschäftsführung ein strenger Maßstab anzulegen, denn eine ausreichende Sachkunde ist die Grundvoraussetzung für diese Arbeit. In der Regel kann z. B. ein Gabelstaplerfahrer nur Pflegearbeiten am Stapler ausführen. Dies sind Ölstands- und Kühlwasserkontrollen, Batteriepflege, Reifendruckmessung und Staplersäubern.

Mit der Instandsetzung, Wartung und Prüfung dürfen nur Fachkräfte bzw. Sachkundige/befähigte Personen beauftragt werden!
Bedienen diese Personen während dieser Arbeit z. B. den Stapler für eine Probefahrt, gelten sie für diesen Zeitraum als Flurförderzeugführer.
Bei Pflegearbeiten durch Hilfskräfte sind diesen klare Arbeitsanweisungen zu erteilen! Über die Gefährlichkeit bei unsachgemäßer Arbeit an Bremsen, Lenkung und dgl., mit ihren oft unabsehbaren Folgen, sind sie eingehend zu belehren.

Nicht selten kommt es zu schweren Unfällen, weil aus Unkenntnis Instandhaltungsarbeiten unvollständig oder fehlerhaft ausgeführt wurden, die nicht beauftragtes Personal mit bestem Wollen, aber unzureichenden Kenntnissen, ausführte.

Merke

Als Führungskraft nur Fachkräfte mit Instandhaltungsarbeiten beauftragen!
Instandhaltungsarbeiten nur ausführen, wenn Sie Fachmann hierfür sind und dazu beauftragt wurden!

3.4.1 Sicherheitsregeln

Bei Beachtung der wichtigsten hier folgend aufgeführten Gefahren und deren Vorbeugung kann die Instandhaltung sicher durchgeführt werden (s. a. DGUV R 109-008 „Fahrzeug-Instandhaltung" und VDI 3568 „Maßnahmen und Einrichtungen zur Instandhaltung von Flurförderzeugen").

Werkzeug/Geräte

Für die anfallenden Arbeiten ist das notwendige Werkzeug und das benötigte Gerät bereitzustellen, sachgerecht zu benutzen und betriebssicher zu erhalten.

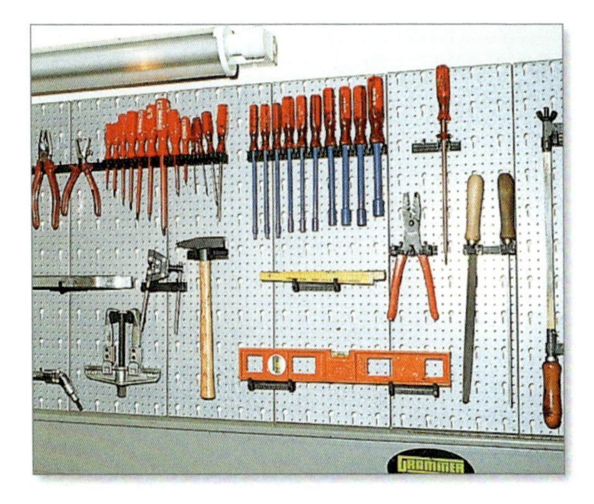

Fachmännische und übersichtliche Bereithaltung von Werkzeug

Steht das passende Werkzeug/Gerät nicht zur Verfügung, und es wird anderes Werkzeug (z. B. ein zu großer Schraubenschlüssel) verwendet, wird in der Regel mehr Schaden am Gerät angerichtet, als das notwendige Werkzeug kostet. Werden das Werkzeug und die Geräte nicht gepflegt und in keinem betriebssicheren Zustand erhalten, werden sie schneller verschlissen und führen zu Unfällen, etwa durch Abrutschen des Hammers vom Stiel, weil der Keil fehlt, oder durch abspringende Splitter vom zerschlagenen Meißelkopf.

Zudem führen defekte/zerschlissene Werkzeuge häufig zu Schäden an den Arbeitsmitteln, an denen repariert wird.

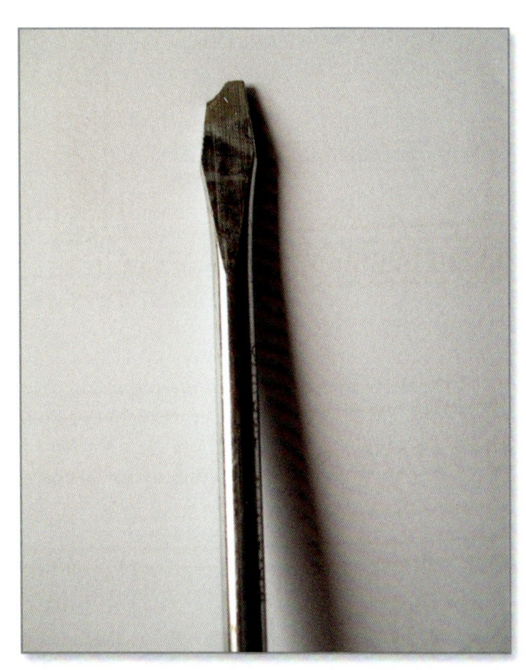

Defekter, zerschlissener Schraubendreher – er sollte einer Entsorgung zugeführt werden.

Merke

Nur geeignete Geräte und passendes Werkzeug ohne Mängel benutzen!

Prüfung von Arbeitsmitteln

Arbeitsmittel, z. B. Hebebühnen (s. DGUV R 100-500, Kapitel 2.10), Hebezeuge, wie Elektrozüge, Wagenheber (s. § 23 DGUV V 54), Schienenlaufkatzen und Brückenkrane (s. § 26 DGUV 52), sind jährlich mindestens einmal durch einen Sachkundigen/eine befähigte Person zu überprüfen.

Ortsfeste elektrische Arbeitsmittel, wie Schaltanlagen, Fertigungsbänder, und Anlagen wie Beleuchtung sind alle vier Jahre durch eine Elektrofachkraft zu überprüfen.

Ortsveränderliche Betriebsmittel wie elektrische Bohr- und Schleifmaschinen und dgl. sowie Verlängerungskabel mit Stecker sind alle sechs Monate auf ihren ordnungsgemäßen Zustand zu kontrollieren.

Diese Prüfungen können von einer Elektrofachkraft, bei Verwendung von Prüfgeräten auch von elektrotechnisch unterwiesenen Personen durchgeführt werden (s. DGUV V 3).

Flurförderzeug und Umfeld

Bedenken wir dabei, dass bei einem Flurförderzeug, z.B. bei Arbeiten am Antrieb, bei eingeschaltetem Fahr-/Zündschlüssel und einem Schaltfehler der Motor anlaufen kann (s.a. Absatz „Elektrische Anlage").

Beachten wir, dass wir in hockender oder kniender Körperhaltung von Fahrzeugführern nicht gesehen werden und das Fahrpersonal auf dem Verkehrsweg mit uns so nicht rechnet. Außerdem kann uns z.B. ein Gabelstaplerfahrer über die Last hinweg nicht sehen, denn auf unsere Körperposition ist sein Sichtfeld über die Last hinweg nicht eingestellt. Deshalb: Arbeitsbereich absichern!

Mobile Absperreinrichtung zur Kenntlichmachung und Absicherung einer innerbetrieblichen Arbeitsstelle

Absicherungsvorkehrungen sind selbstverständlich auch bei anderen Instandhaltungsarbeiten auf Verkehrswegen zu treffen, wenn sie z.B. in der erforderlichen Breite eingeengt sind (s.a. Kapitel 4, Abschnitt 4.1.2.3) oder der Fahrbahnbelag ist z.B. noch nicht wieder zum Befahren hergerichtet.

Für diese Verkehrssicherungspflichtmaßnahmen ist der Unternehmer/sein Beauftragter auch verantwortlich (s.a. Kapitel 1, Abschnitt 1.2.0). Dies entbindet die Fahrzeugführer aber nicht davon, hier besonders vorsichtig zu Werke zu gehen. Anderenfalls ist ein Unfall vorprogrammiert.

Fahrschüler warten auf ihren Einsatz – mit Warnweste ausgestattet. Links mit Verkehrsleitkegel „abgetrennter" Übungsbereich, der nicht betreten werden darf.

Merke

Vor Beginn der Arbeiten ist das Fahrzeug wirksam gegen unbeabsichtigtes Fortrollen zu sichern!
Bei Arbeiten auf Werkstraßen und öffentlichen Verkehrsräumen ist der Einsatzort abzusichern sowie eine Warnweste zu tragen!
Bei Einengung des Verkehrsweges ist ggf. ein Warnposten erforderlich!

Bremsanlage

Das Anziehen der Feststellbremse allein genügt nicht. Hier sind zur Sicherung mindestens vor und hinter nicht gelenkten Rädern Unterlegkeile zu legen.
Grund: Durch das Hantieren an der Bremsanlage bzw. dem Aufbocken kann die Wirkung der Bremse aufgehoben werden.

Beim Arbeiten an einem angekippten Stapler, z.B. zum Reifenwechseln, kann die Feststellbremse auch wirkungslos oder in ihrer Wirkungsweise beeinträchtigt sein.

Merke

Beim Arbeiten an der Bremsanlage das Flurförderzeug stets gegen Wegrollen sichern!

Stapler gegen unbeabsichtigtes Anfahren gesichert.

Elektrische Anlage

Es ist möglich, dass bei diesen Arbeiten der Stapler plötzlich anfährt.
Grund: Beim Arbeiten am Zündschloss, Anlasser und dgl. kann der Stapler durch das Schließen des Anlasserstromkreises bei eingelegtem Gang anrucken und eine kurze Strecke fahren. Ist zufällig ein ausreichendes Gas-Luft-Gemisch im Vergaser bzw. in den Motorzylindern vorhanden und der Motor noch warm, und kann man die elektrische Verbindung nicht schnell genug wieder lösen, sodass der Anlasser durchläuft, springt der Motor an und der Stapler fährt unkontrolliert davon. Hier reicht zu einem Unfall schon ein halber Meter.

Beim Arbeiten an der elektrischen Anlage, z. B. eines Elektrostaplers, kann durch Versuchsschaltungen beim Reparieren schnell unbeabsichtigt oder beabsichtigt der Fahrschaltstromkreis geschlossen werden und der Stapler plötzlich anfahren. Eine sichere Unfallverhütungsmaßnahme stellt neben dem Einsatz von Unterlegkeilen hierbei das Abklemmen der Batterie oder bei Elektrostaplern das Herausziehen des Anschlusssteckers bzw. das Betätigen des Not-Aus-Schalters dar, wenn man unter Stromanschluss arbeiten muss. Dieses Herausziehen hilft auch, eine ungewollte Fahrt zu beenden.

Merke

Arbeiten an der elektrischen Anlage sind nur von Fachleuten auszuführen!

Selbstverständlich ist die Motor-/Batteriehaube im aufgeklappten Zustand gegen unbeabsichtigtes Herabfallen, z. B. durch Einlegen der dafür vorhandenen Vorrichtung, zu sichern.

Anmerkung

Die Ausrüstung mit einer solchen Sicherungsmöglichkeit ist für den Hersteller Pflicht.

Angehobene Stapler bzw. deren Teile

Merke

Angehobene Flurförderzeuge oder deren Teile, wie z. B. Hubmasten, sind gegen unbeabsichtigtes Herunterfallen, Abrollen, Abgleiten, Umkippen und Absinken wirkungsvoll zu sichern, besonders dann, wenn an ihnen oder unter ihnen gearbeitet wird!

Provisorien oder nicht geeignete Sicherungen sind gefährlich, z. B. der Einsatz von Steinen oder Holzböcken, die das Gewicht des Staplers nicht tragen.

Bei diesen Arbeiten bedarf es vor der eigentlichen Arbeit einer konkreten Vorplanung, welche Arbeiten gemacht werden müssen unter Einsatz welcher Hilfsmittel.
Auch beim Einsatz von Wagenhebern ist auf die ausreichende Dimension zu achten – Pkw-Wagenheber sind im Normalfall ungeeignet.

Transportieren von Flurförderzeugen und Bauteilen

Ist zu Instandhaltungsarbeiten und Prüfungen eines Flurförderzeuges das Anheben erforderlich oder wird es transportiert, hat der Hersteller am Fahrzeug die hierfür erforderlichen Anschlagpunkte deutlich erkennbar anzugeben.

Wie für das Anschlagen eines kompletten Staplers, sind die Anschlagpunkte für Bauteile, z. B. eines Gegengewichtes, ebenfalls deutlich erkennbar am Bauteil angegeben. Genauso verhält es sich bei einem Anbaugerät.

In der Betriebsanleitung des Flurförderzeuges sind darüber hinaus die Arbeitsschritte zum Anheben des Gerätes, z.B. mit welchem Anschlagmittel welches Gewicht zu heben ist, vermerkt.

Selbstverständlich sind nur Anschlagmittel (wie Rundstahlketten und Hebebänder) zu verwenden, die den einschlägigen Normen entsprechen. Kfz-Abschleppseile sind unzulässig. Achtung bei scharfen Kanten. Diese müssen „entschärft" werden (s. Kapitel 3, Abschnitt 3.1, Absatz „Transportanschlagpunkte" und Kapitel 4, Abschnitt 4.3, Absatz „Scharfe Kanten").

Bei ihrer Auswahl ist auch ihr Einsatzbereich zu berücksichtigen, z.B. Einfluss von aggressiven Stoffen, wie Laugen, Säuren, sowie von hohen bzw. extrem niedrigen Temperaturen und Nässe.

Merke

Transportieren von Staplern, An- und Abbau von Bauteilen exakt nach Betriebsanleitung und Betriebsanweisung vornehmen!

Hydraulik

Ein gefährlicher Zustand kann ebenfalls eintreten, wenn an der Hydraulikanlage gearbeitet wird und das Lastaufnahmemittel bzw. das Lastschild und der Innenmast nicht gegen Absinken gesichert sind. Das Lastaufnahmemittel und der Innenmast fallen sofort herab, wenn die Hydraulikleitung drucklos wird.

Dies geschieht z.B., wenn am Fuße des Hydraulikzylinders die Ölablassschraube wegen Undichte nachgezogen werden soll und dabei abreißt. Liegt jetzt der Monteur unter dem Hubmast, kann er durch den schnell herabsinkenden Innenmast bzw. den Gabelträger verletzt oder sogar erschlagen werden.

Merke

Bei Arbeiten an der Hydraulik beeinflussbare Konstruktionsteile sichern!

Freier Fall

Diese o.g. schweren Verletzungen entstehen durch den „freien Fall" des Maschinenteiles, der durch die Erdanziehung/Fall-/Erdbeschleunigung auftritt. Durch die Erdanziehung fällt jeder frei werdende Körper, auch aus der Ruhe heraus, in Richtung Erdmittelpunkt herab. Man nennt dies „freier Fall". Durch die Fallbeschleunigung „g" $\approx$ 10 m/sec^2 nimmt er hierbei schon auf der kurzen Fallstrecke eine relativ hohe Geschwindigkeit „v" an. Hierbei ist der Zuwachs der Geschwindigkeit aller Körper gleich, vernachlässigt man den Luftwiderstand, der u.a. durch den Umfang und die Oberflächenbeschaffenheit der fallenden Körper entsteht (s.a. Kapitel 2, Abschnitt 2.4.2, Absatz „Freier Fall").

Fallhöhe (s)	Fallzeit (t)	Geschwindigkeit am Ende (v)
1 m	0,45 sec	4,4 m/sec = 16 km/h
2 m	0,63 sec	6,3 m/sec = 23 km/h
5 m	1 sec	9,9 m/sec = 36 km/h
10 m	1,43 sec	14,0 m/sec = 50 km/h

Kinetische Energie, Kraftstoß, Impuls

(s.a. Kapitel 2, Abschnitt 2.4.2, Absatz „Hängende Lasten")

Dort, wo sich der Körper befindet, bevor er herabfällt, hat er eine Lageenergie, die abhängig ist von der Gewichtskraft „G_K" und damit der Masse „m" ($G_K = m \cdot g$) und der Höhe „h":

$$E_L = G_K \cdot h$$

Fällt er herunter, wandelt sich E_L zunehmend in E_K (kinetische Energie) um. Sie ist abhängig von der Masse „m" und der Fallgeschwindigkeit „v":

$$E_K = \frac{m \cdot v^2}{2}$$

E_L ist am höchsten Punkt (also dort, von wo aus der Körper herabfällt) genauso groß wie E_K am tiefsten Punkt (also am Boden) = Energieerhaltungssatz.

E_L und E_K sind durch den Einfluss der Masse unterschiedlich groß, auch wenn die Körper (bei gleicher Form) gleichschnell fallen.

Praktischer Beweis:

Wir lassen 2 Tennisbälle – einer davon gefüllt mit Schrauben oder Muttern, der andere leer – aus 2 m

Höhe in ein Sandbett fallen. Beide Bälle kommen gleichzeitig, also nach derselben Zeit, auf dem Boden auf. Auch die Geschwindigkeit, mit der sie aufkommen, ist gleich groß, da die Masse der Körper beim Fallen keine Rolle spielt. – Man stellt jedoch fest, dass sich der schwerere Ball tiefer in den Sand „gräbt". Aufgrund seiner größeren Masse übt er beim „Einschlag" in den Sand eine größere Kraft aus.

Beide Körper reichen bei einem Fall aus 2 m Höhe schon aus, um beim Auftreffen eine Kopfverletzung zu erzeugen. Schwerste Verletzungen sind durch einen herabgleitenden Innenmast leider gegeben (s. a. Kapitel 1, Abschnitt 1.6, Absatz „Grundsätzliches").

Vergessen wir nicht: Die Geschwindigkeit, die ein Körper im Freien Fall erreicht, geht im Quadrat in die Größe der kinetischen Energie ein. Verdoppelt sich die Geschwindigkeit, vervierfacht sich die Energie. Schon geringfügig vergrößerte Fallhöhen erhöhen die Fallgeschwindigkeit erheblich. Bei einem Fall aus 5 m Höhe entsteht schon eine Geschwindigkeit von rund 36 km/h.

Ein Beispiel:

- m = Gewicht/Masse Innenmast eines Staplers + Lastaufnahmemittel (z. B. Gabelzinken) = 300 kg
- h = Fallhöhe des Innenmastes = 2 m
- v = erreichte Geschwindigkeit am

$$\text{Fußboden} = \frac{s}{t} = \frac{h}{t} = 6{,}3\ \text{m/sec}$$

$$E_K = \frac{m \cdot v^2}{2} = \frac{300 \cdot 6{,}3^2}{2} = \frac{300 \cdot 39{,}69}{2} = 5953{,}50\ \text{J}$$

Ein Stahlbolzen oder ein Schraubenschlüssel von nur 100 g = 0,1 kg Gewicht entwickelt folgende Energie/Wucht:

$$E_K = \frac{m \cdot v^2}{2} = \frac{0{,}1 \cdot 6{,}3^2}{2} = \frac{0{,}1 \cdot 39{,}69}{2} = \frac{3{,}969}{2} = 1{,}985\ \text{J}$$

Fällt das Stück aus 4 m herunter, ist mit einem Schädelbruch zu rechnen.
So wurde ein Anschläger tödlich verletzt, als ihm aus 10 m Höhe eine Metallschraube auf den Kopf fiel. Seinen Schutzhelm hatte er, um sich den Schweiß von der Stirn zu wischen, gerade abgenommen.
Selbst wenn er die Schraube hätte kommen sehen, hätte er keine Zeit zum Ausweichen gehabt (s. Tabelle auf S. 262).

Merke

Unser Körper hält dieser Wucht nicht stand! Absicherung des Hubmastes und dgl. sowie die Sicherung gegen Herabfallen von Montageteilen und Werkzeug ist erforderlich!

Dieser Vorgang, z. B. an der Hydraulik, und die daraus resultierende Wirkung ist vielen Monteuren und Schlossern unbekannt, sodass es immer wieder zu schweren Unfällen kommt. Hydraulikanlagen an Gabelstaplern werden in der Regel für die Bremsanlage, den Betrieb des Hubmastes, Sonderlastaufnahmemittel (Kübel, Zangen), spezielle Zusatzgeräte (Schaufeln) und bei Staplern mit hydrostatischem Antrieb für das Getriebe verwendet.

Hier soll hauptsächlich die Hydraulikanlage für das Lasthub- und Lastaufnahmesystem besprochen werden. Grundsätzliches gilt aber auch gleichermaßen für die Bremsanlage und das hydrostatische System des Getriebes.

Um sicher mit Hydraulikanlagen umgehen zu können, bedarf es einiger Grundkenntnisse. Hydraulikanlagen sind geschlossene Systeme, die unter Druck arbeiten. Der Druck in den Leitungen, ob Rohre, Schläuche oder Zylinder, wird durch eine Flüssigkeit, meistens Öl, übertragen, da sich diese Medien nicht komprimieren/zusammendrücken lassen. Aufgebaut wird der Druck durch eine Pumpe. Ein ausreichender Arbeitsdruck kann nur aufgebaut werden, wenn genügend Flüssigkeit in dem System vorhanden ist. Dies ist besonders bei Anlagen wichtig, die, wie der Gabelstapler, mit langen Arbeitshüben, z. B. am Hubmast, arbeiten. Ist nicht genügend Öl in der Anlage, kann der Hubmast nicht voll ausgefahren werden. Wird eine Stelle in dieser Anlage undicht, fällt der Druck ab. Ist die Undichte groß, kann kaum mehr Druck aufgebaut werden.

Merke

Hydraulikleitungen u. dgl. stehen in Funktion immer unter Druck!

Entsteht eine Undichte, z. B. durch Bruch einer Leitung am Hubzylinder, fällt der Druck rapide ab und ein evtl. angehobenes Lastaufnahmemittel/der Lastträger, z. B. Gabel oder ein hochgehobener Fahrerplatz, schlagen zu Boden.

Hubmast durch Hebeband am Hubgerüst gesichert

Sicherung des Innenmastes durch Befestigen an einem Schwenkarmkran

Achtung!

Fehler am Hubzylinder sind besonders gefährlich, weil er keine Bruchsicherung hat (s. a. Absatz „Freier Fall").

Aus den erläuterten Gründen ist die Notwendigkeit der Absicherungen in § 10 BetrSichV und § 10 DGUV V 68 ausdrücklich vorgegeben.

Die Forderung ist z. B. erfüllt, wenn die Absicherung erfolgt durch:

- besonders hierfür vorgesehene Bolzen,
- in den Hubmast gestellte Kanthölzer, Rohre oder dgl.,
- Festbinden mittels Ketten, Hebebändern, Seilen usw.,
- Halten mithilfe eines Hebezeuges, wie Flaschenzug, Kettenzug, Schienenlaufkatze,
- Auflegen auf Unterlagen (Bock, Rampe).

Bei allen Sicherungen ist darauf zu achten, dass der Innenmast in die Sicherung mit einbezogen ist. Anderenfalls muss er durch eine der angegebenen Maßnahmen zusätzlich gesichert werden. Hierbei darf bei vollständig ausgefahrenem Hubmast auch der obere Teil des Innenmastes, z. B. beim Triplex-Mast, nicht vergessen werden, der besonders dann eine Gefahr bedeutet, wenn am Hubmast von hochgelegenen Arbeitsplätzen (Arbeitsbühnen, Hebebühnen) aus gearbeitet wird.

Merke

Arbeiten am hochgehobenen Hubmast/Fahrerplatz nur nach Absicherung derselben gegen Herabgleiten!

Anmerkung

Die Absicherung des Hubmastes und dgl. ist auch trotz Senk- und Lecksicherungen an der Hydraulik durchzuführen.

Verlangt die Unfallverhütungsvorschrift auch nur die Absicherung des Hubmastes/Fahrerplatzes, wenn unter ihm gearbeitet wird, so ist es doch empfehlenswert, die Hubeinrichtung stets zu sichern, wenn an der Hydraulik gearbeitet wird, da z. B. Helfer in den gefährlichen Bereich geraten kön-

„Sicherung" von Hubmast und Gabelzinken durch Nach-vorne-Neigen und Bodenkontakt – so entsteht keine Gefahr.

nen. Dies gilt auch bei Arbeiten an der Steuerung für die Hubeinrichtung (s. a. nachfolgender Absatz).

Hubgerüst, Steuerung

Bei Arbeiten an der Steuerung vorn vor der Lenksäule besteht die Gefahr, den Steuerbefehl „Zurückneigen des Hubgerüstes" auszulösen. Das Hubgerüst fährt dann gegen den Fahrzeugrahmen.

Wenn der Hubmast auch einen Quetschsicherungsabstand für die Arme von 100 mm freilässt, so sichert er leider nicht alle Gefahrensituationen ab. Denn die, welche oft ein Instandhalter heraufbeschwört, entstehen aus nicht bestimmungsgemäßen Körperhaltungen, die durch den Sicherheitsabstand von 100 mm nicht kompensiert werden, denn die Beine oder der Unterkörper sind dicker als 100 mm.

Folgende Unfallschilderung beweist es:
Ein Monteur arbeitete an der Steuerung eines Frontstaplers. Hierzu hatte er sich rücklings auf das Armaturenbrett gesetzt, ließ seine Beine vorn zwischen Fahrzeugrahmen und Hubgerüst herabhängen und beugte sich nach vorn. Durch eine ausgelöste Fehlsteuerung neigte sich das Hubgerüst nach hinten und quetschte ihm beide Unterschenkel ein. Quetschungen und Prellungen waren die Folge. Glücklicherweise konnte er sich selbst befreien, indem er das Stellteil betätigte.

Sicherung des Hubmastes mittels eingelegtem Holzbalken gegen irrtümliches Zurückneigen

Merke

Bei Arbeiten an der Steuerung des Hubmastes den Hubmast sichern!

Durch einen eingelegten Hartholzbalken, z. B. mit einer Abmessung von 120 mm x 120 mm, etwas länger als die Fahrzeugbreite, kann man diese Gefahrenstelle „entschärfen", wie es auch die Betriebsanleitungen namhafter Hersteller vorschreiben.

Bei Schubmaststaplern ist sicherzustellen, dass Personen nicht zwischen Hubmast und Fahrzeugrahmen eingeklemmt werden können, z. B. durch einen parallel zwischen den Radarmen eingelegten Hartholzbalken von mindestens 0,5 m Länge.

Knickbereich

Bei Staplern mit Knicklenkung, die wegen ihrer „Gelenkigkeit" z. B. in engen Regalgassen oder Schmalgängen zum Einsatz kommen, besteht im Knickbereich eine erhöhte Quetschgefahr. Wer-

Knickbereichsicherung – rot – in Bereitschaftshaltung.

den in diesem Bereich Instandhaltungsarbeiten durchgeführt, ist er mit einer Einrichtung formschlüssig zu sichern.

Diese Absicherung ist wichtig, da oft an der gegenüberliegenden Seite des Aufstieges zum Fahrerplatz in gehockter oder gebückter Haltung, wenn nicht sogar im Liegen, gearbeitet wird und der Fahrer den Monteur dadurch nicht bemerkt. Er startet folglich und schwenkt zum Befahren einer Kurve den Knickbereich u. U. sofort ein. Schwerste Verletzungen des Monteurs sind leider oft die Folge.

Spreader

Vor Instandsetzungsarbeiten sind die Sicherungen der Quetschstellen an kraftbetriebenen Verstellspreadern einzulegen. Stattdessen kann auch eine von der Betriebssteuerung getrennt anzubringende Sicherungssteuerung ohne Selbsthaltung diese Sicherungsfunktion übernehmen.

Eine dieser Sicherungsmaßnahmen ist unbedingt durchzuführen, will man vor Fehlschaltungen, z. B. durch den Fahrer, sicher sein, die durch die räumliche Trennung anders nicht sicher verhindert werden können. Die Verletzungsgefahr ist nicht zu unterschätzen! Finger, ja die ganze Hand, sind in Gefahr!

Hochgelegene Arbeitsplätze

Klassisches (mobiles) Arbeitsmittel zum Heben von Personen ist die Hubarbeitsbühne.

Hubarbeitsbühne, hier Senkrecht- oder Scherenbühne

Podeste, Bühnen oder dgl. sind gegen Abstürzen von Personen und gegen Herabfallen von Gegenständen zu sichern, z. B. durch Geländer, Knie- und Fußleisten.
Fahrbare Arbeitsbühnen sind fachgerecht zu errichten und die Laufrollen festzustellen. Das gilt auch für den Einsatz von verfahrbaren Gerüsten.

Die Erhöhung der Arbeitsstandfläche auf der Bühne, z. B. durch Kisten, Kästen oder Leitern, stellt eine erhöhte Unfallgefahr dar, denn die Absturzsicherung durch das Geländer ist dadurch stark gemin-

Rollen des Gerüstes festgestellt – Kontrolle durch „Rütteltest"

Podestleiter

dert. Außerdem sind ortsveränderliche Arbeitsbühnen- und Fahrgerüste umsturzgefährdet.

Leitern statt Bühnen und dgl. sind nur für kurzzeitige (≤ 2 h) und leichte Arbeiten einzusetzen. Das Übersteigen auf das Fahrzeug ist nur zulässig, wenn es dadurch nicht umkippen, abrollen oder abgleiten kann. Auch muss ausgeschlossen sein, dass die Leiter umkippen kann, weshalb z. B. eine Podestleiter verwendet werden sollte und keine Anlege- oder Stehleiter, da diese beim Übersteigevorgang weggedrückt werden kann.

Bei Arbeiten von hochgelegenen Arbeitsplätzen aus, ist auch der oberste Hubmastteil gegen Absinken zu sichern (s. a. Absatz „Hydraulik").

Merke

Ortsbewegliche Bühnen, Fahrgerüste und Leitern standfest aufstellen! Standposition nicht durch Kisten erhöhen!

Absicherung von Maschinenteilen

Sind am Flurförderzeug, z. B. durch bewegte Maschinenteile, Quetsch- und Schergefahren sowie Einzugsgefahren vorhanden, müssen sie gemäß der Normenvorgaben gesichert werden. Dies geschieht

Einsatz einer Arbeitsbühne und eines Hebezeuges bei Arbeiten an einem Großgerät

in der Regel durch Abschirmungen/Abdeckungen. Leider müssen sie bei Instandhaltungsarbeiten oft abgenommen werden. Hier ist dann sowohl für die Instandhalter als auch deren Helfer eine erhöhte Unfallgefahr gegeben. Dieser Gefahr muss mit erhöhter Aufmerksamkeit begegnet werden.

Um diese Gefahr besonders für den Helfer zu minimieren, sollten die Schutzvorrichtungen möglichst erst dann entfernt werden, wenn das Arbeiten an diesen Stellen unmittelbar bevorsteht.

Nach der Arbeit an diesem neuralgischen Punkt sollte die Schutzvorrichtung sofort wieder angebracht/in Funktion gebracht werden und nicht erst dann, wenn die gesamte Arbeit erledigt ist.

Ein Unfall beweist wieder diese Notwendigkeit. Ein Lehrling ist einem Instandhalter zugeordnet. Es wird an einem Mitgänger-Flurförderzeug gearbeitet. Die Schutzscheibe am Hubmast ist abmontiert. Der Lehrling greift in den Hubmast und eine in dem Augenblick abgleitende Traverse des Innenmastes verletzt ihm zwei Finger schwer.

Solche gefährlichen und leider nicht von jedem zu erkennenden Gefahrenstellen sind z.B. der Hubmast durch seine beweglichen Traversen an seinen Innenmasten (abgesichert z.B. durch ein Gitter oder eine Kunststoffscheibe) und die Hubkettenauflaufstellen an den Umlenkrollen (gesichert durch Schutzblech oder Schutzhaube).

Hubmast mit Ketteneinlaufsicherungen

Eine Selbstverständlichkeit muss es für einen Fachmann sein, dass er nach getaner Arbeit die Schutzvorrichtungen unverzüglich wieder anbringt. Vorher darf die Maschine nicht zum Betrieb freigegeben werden.

Merke

Schutzvorrichtungen dienen einzig und allein unserer Sicherheit und der unserer Kollegen im Umfeld!

Arbeiten nahe/an Batterien

Durch das Trennen der elektrischen Anlage/Batterie vom Flurförderzeug wird das plötzliche Anfahren bei Fehlschaltungen verhindert. Außerdem werden Kurzschlüsse vermieden, wenn z.B. beim Festziehen einer Schraube der Schraubenschlüssel oder Schraubendreher abrutscht und eine Verbindung zwischen einem spannungsführenden Leiter und einer Masseklemme oder dem Gehäuse des Staplers hergestellt wird. Durch diese Kurzschlüsse kommt es außerdem zu Lichtbögen, die so wärmeintensiv sind, dass Verbrennungen an den Händen und Zündungen von Fett, Öl oder Benzin im Motorraum bzw. an der Arbeitskleidung des Monteurs möglich sind, besonders wenn der Motor noch warm ist.

Neben der Brandgefahr besteht auch die Gefahr von Sekundärverletzungen derart, dass der Monteur bei einem Lichtbogen erschreckt seine Hand zurückzieht und sich an einem Karosserie- oder Motorteil die Hand, meistens den Handrücken, aufreißt.

Bei Messarbeiten oder beim Suchen von Fehlerquellen kann die Batterie oft nicht abgeschaltet werden. Hier empfiehlt sich,

- dass der Monteur oder sein Helfer die Batteriepole abdeckt, damit beim Arbeiten nicht aus Versehen ein Werkzeug auf der Batterie abgelegt werden kann und so einen Kurzschluss herbeiführt,
- nur Werkzeug zu verwenden, bei dem nur die zur Arbeit notwendigen Teile metallisch blank gelassen sind. Die anderen Teile mit Isolierband abdecken oder besser gleich isoliertes Werkzeug für Elektroarbeiten benutzen.

Merke

Beim Arbeiten an oder in der Nähe der elektrischen Anlage/Batterie ist diese möglichst vom Flurförderzeug zu trennen (Minuskabel lösen) bzw. die Batteriepole abzudecken!

Folgendes Unfallbeispiel verdeutlicht die Notwendigkeit dieser Maßnahme:
Der Motorraum eines Staplers wurde von einem Instandhalter mit Waschbenzin gereinigt. Ein Helfer hielt hierzu den metallenen offenen Topf fest.
In den Armen müde geworden, stellte der Helfer den Reinigungsbehälter auf der herausgeklappten Batterie ab, führte dadurch einen Kurzschluss herbei und erzeugte einen Lichtbogen. Der Lichtbogen entzündete die Dämpfe des Waschbenzins, obgleich es einen Flammpunkt von nur +36 °C hat. Die mit Waschbenzin benetzte Kleidung des Helfers fing Feuer. Mit schweren Brandverletzungen wurde er ins Krankenhaus eingeliefert.

Umgang mit Batterien

Grundlagen
In der Regel werden Bleibatterien mit verdünnter Schwefelsäure – SO_4 verwendet. Die Verdünnung erfolgt mittels Batteriewasser (gereinigtem Wasser). In jeder Batteriezelle sind üblicherweise zwei Bleiplattensätze parallel geschaltet vorhanden, wobei

einer positiv (Anode) und der andere negativ (Kathode) geladen ist. Beim Betrieb der Batterie werden nun positiv elektrisch geladene Ionen (dies sind Atome oder Molekülteile) von den negativ geladenen Platten angezogen. Sie „tragen" hierbei elektrische Ladung durch den Elektrolyten, der elektrisch neutral ist, zu der Kathode. Von der Kathode (Minuspol) tragen in dem Anschlusskabel vorhandene Elektronen die Ladung zum Stromverbraucher. Die Kathode wirkt hierbei als eine Art Elektropumpe.

Anmerkung

Anode (griechisch) heißt Eingang,
Kathode (griechisch) heißt Ausgang.

Diesen Vorgang innerhalb der Batterie nennt man Elektrolyse. Hierbei wird an der Anode Sauerstoff – O_2 „entwickelt", der an der Kathode „gebraucht" wird. Dabei wird Wasserstoff – H frei. An beiden Polen bildet sich Bleisulfat – $PbSO_4$.

Beim Laden wird der Vorgang umgekehrt. Die positive Elektrode (+ Pol) hat jetzt Bleioxid – PbO_2, während die negative Elektrode (– Pol) reines Blei – Pb an der Oberfläche hat.

Beim Entladen einer Batterie (Leistungsabgabe) dringt, vereinfacht gesagt, Säure in die Oberfläche der Pole (Bleikörper) ein.

Beim Laden (Energieaufnahme) wird die Säure wieder aus den Bleiplatten herausgedrückt. Hierbei nutzen sich die Körper/Platten etwas ab. Der „Abrieb" sinkt auf den Boden der Batteriezelle und bildet dort einen „Sumpf".

Die Säuredichte wird beim Laden wieder höher. Sie ist im unteren Drittel der Zelle am größten.

Um bei Elektrolytflüssigkeitsbatterien eine gleichmäßige Säuredichte zu erhalten, mit dem Ergebnis einer schnelleren Wiederaufladung und Verringerung der Abnutzung der Bleikörper und damit Erhöhung der Lebensdauer der Batterie, empfiehlt es sich, eine Elektrolytumwälzvorrichtung – EU, einzusetzen. Diese Vorrichtung ist eine Art Luftpumpe in Form eines kleinen Kompressors, der im Ladegerät eingebaut ist und an den Batteriezellen angeschlossen wird. Sie bewirkt einen beschleunigten Säuredichteausgleich und verhindert so eine Säureschichtung.

Für die chemischen Umsetzungen/Elektrolyse in der Zelle gilt:

voll geladen		→	**voll entladen**	
Kathode	Anode		Kathode	Anode
PB	+ PBO_2		$PBSO_4$	+ $PBSO_4$
+ H_2SO_4				+ $2\,H_2O$

Das Speichervermögen/die Kapazität einer Batterie, richtet sich nach der Anzahl und Größe der einzelnen Zellen. Eine Zelle hat jeweils ca. 2 V Spannung. Die Kapazität wird in Amperestunden – Ah angegeben. Eine Batterie mit 48 V Spannung hat also 24 Zellen. Hat diese Batterie ein Speichervermögen von z. B. 600 Ah, kann sie voll aufgeladen 600 h lang mit 1 A entladen werden.

Anmerkung

Bei unseren Fahrzeugbatterien im Pkw liegt eine bedingte „Wartungsfreiheit" vor. Die Mengen von Elektrolyt und Wasser reichen in der Regel über die gesamte Lebensdauer der Batterie aus. Dies wird durch besondere Bleilegierungen der Elektroden und katalytischer Rückgewinnung von „zersetztem Wasser" zurück zum ursprünglichen Batteriewasser erreicht. Trotzdem empfiehlt es sich, den Wasserstand zu kontrollieren, denn je nach Betriebsgegebenheit (Sommer, Sonne) kann Wasser „verdampfen". Die Batteriezellen sind deshalb auch mit einem Sicherheitsventil als Schutz gegen Drucksteigerung in der Batterie versehen. In den Flurförderzeugbatterien mit Elektrolytflüssigkeit = Normalbatterie ist eine bedingte Wartungsfreiheit schwer möglich (s. aber Absatz „Wartungsfreie Batterien").

Beim Laden einer Batterie entsteht durch die Elektrolyse eine Vergasung (Zersetzung des Batteriewassers in zwei Raumteile Wasserstoff und einen Raumteil Sauerstoff). Der Sauerstoff, freiwerdend durch die Oxidation an der Anode (+), wird zum großen Teil für die Reduktion an der Kathode (–) benötigt. Der Wasserstoff steigt in der Batterie nach oben und vermengt sich nahe über der Batterieoberfläche mit Luft zu Knallgas.

Die Wasserstoffentwicklung ist auch vom Ladezustand der Batterie abhängig. Je mehr eine Batterie entladen ist, desto mehr gast sie beim Laden.

Ist der Volumenanteil des Wasserstoffes im Wasserstoff-Luft-Gemisch über 4 Vol.-% bis 77 Vol.-%, kann es durch Zündung zu einer Verpuffung/Explosion kommen. Die Möglichkeit einer solchen Gefahr ist also sehr groß, besonders nahe der Batterie. Wasserstoff hat eine Zündtemperatur von +560 °C und kann schon durch eine glühende Zigarette (770 °C) oder einen Schleif-, Schlag-, elektrischen Schaltfunken (über 600 °C) gezündet werden.

Um die Gasung (Wasserzersetzung) gering zu halten, wird mit Ladespannungen zwischen 2,35 V und 2,40 V pro Zelle gearbeitet. Schlussladungen sind gemäß Herstellerangaben bis zu 2,65 V/Zelle zulässig.

Da eine Batterie eine längere Lebensdauer hat, wenn sie nicht tiefentladen wird (geringere Bleikörperabnutzung), wendet man Zwischenladungen an. Die Lebensdauer einer Flüssigkeitselektrolytbatterie (herkömmliche Batterie), beträgt ca. 1 200 Ladezyklen = ca. 6 Jahre, wobei ein Ladezyklus immer als eine Aufladung von 20 % auf 100 % zu verstehen ist. Vorher fand also eine Entladung bis zu 80 % statt. Um Gasungen zu vermeiden, wendet man o.a. Zwischenladungen (Entladung bis zu 50 %) an, wobei dann zwei Zwischenladungen einem Ladezyklus entsprechen. Oder man setzt Spezialladegeräte ein, deren Ladespannungen exakt auf die Batterie eingestellt werden.
Eine o.a. Batterie sollte keiner höheren Temperatur als +55 °C ausgesetzt werden, sonst verringert sich ihre Lebensdauer erheblich. Außerdem kann sie gasen.

Durch das Gasen, hauptsächlich beim Laden, entsteht Wasserverlust, der auszugleichen ist. Hierzu darf nur so genanntes Batteriewasser verwendet werden. An die Reinheit dieses Nachfüllwassers werden hohe Anforderungen gestellt (s. DIN 43530-4). Dieses Wasser wird aus gewöhnlichem Wasser, z.B. Leitungswasser, hergestellt. Hauptsächlich werden hierfür folgende zwei Verfahren angewandt: Durch Destillation oder mittels Ionenaustauscher. Letzteres wird überwiegend angewandt, denn es erzielt bessere Reinheitswerte als das Destillationsverfahren.

Achtung!

Das Wasser ist frühestens erst kurz vor Ende des Ladevorgangs in die Batteriezellen nachzufüllen. Dadurch wird der Elektrolyt auch mit dem Wasser gut durchgemischt und ein Überfüllen und dadurch z.B. ein Benetzen und Verschmutzen der Batterieoberfläche vermieden, denn der Elektrolyt erhält durch das Laden wieder eine hohe Dichte und dehnt sich daher wie gefrierendes Wasser aus.
Auf die richtige Aufbewahrung des Wassers ist zu achten, sonst verschmutzt es. Der Behälter ist nach dem Befüllvorgang wieder zu verschließen. Außerdem dürfen keine metallischen Behälter, Rohrleitungen, Hähne oder dgl. verwendet werden.

Ein Aquamat, bestehend z.B. aus Batteriestopfen mit Schwimmerventil und Verbindungsleitungen zu den einzelnen Zellen, welcher im Freiraum oberhalb der Batteriezellen, aber innerhalb des Batterietrogs, montierbar ist, versorgt jede Zelle nach dem Anschluss an einen Versorgungs-Wasserbehälter automatisch mit dem notwendigen Batteriewasser. Der Nachfüllbehälter muss, wenn man keine Pumpe verwendet, mindestens 2 m über der Batterieoberfläche aufgestellt werden, denn als Fülldruck werden 0,2 bar benötigt (2 m Wassersäule erzeugt einen Druck von 0,2 bar). Ein Nachfüllvorgang dauert ca. 3 min.

Die Batterieoberfläche und die elektrischen Anschlüsse sind sauber zu halten.

Wird das Knallgas, z.B. durch einen Funken von elektrischen Betriebsmitteln, beim Metallschleifen, eines Streichholzes, Feuerzeuges, einer glühenden Zigarette gezündet und verpufft/explodiert, entsteht eine hohe Verbrennungswärme.

Eine Verpuffung ist eine sehr hohe, intensive Verbrennung. Sie ist praktisch eine schwache Explosion. Sie entsteht, wenn sich die Konzentration des Wasserstoff-Luft-Gemischs zwischen der unteren Explosionsgrenze (~ 4 Vol.-% Wasserstoffanteil) und der oberen Explosionsgrenze (~ 77 Vol.-%) befindet – mit großem Explosionsbereich.

Merke

Funkenreißen in der Nähe der Batterie, durch Kurzschlüsse, hervorgerufen durch Ablegen von Schraubendrehern auf der Batterie oder beim Lösen der Ladekabel, wenn das Ladegerät vorher nicht abgeschaltet war, sind zu vermeiden!
Vor dem Anschluss der Ladekabel ist das Flurförderzeug grundsätzlich auszuschalten!

Die Verpuffung kann in eine Explosion übergehen. Eine Explosion ist eine intensivere Verbrennung als eine Verpuffung. Sie wird daher in m/sec gemessen, während eine Verpuffung in cm/sec definiert ist. Die Druckwerte bei einer Explosion liegen bei 10 bar bis 12 bar, während bei einer Verpuffung nur ~ 1 bar gemessen werden (s.a. Kapitel 4, Abschnitt 4.2.3 Absatz „Explosionsgefährdete Betriebsstätten").

Durch eine solche Verpuffung/Explosion wird der Elektrolyt aus der Batterie gerissen, wobei Batteriezellen, wenn nicht die gesamte Batterie, platzen können. Die Folgen sind erhöhte Verätzungsgefahren durch Schwefelsäure/Natronlauge.

Folglich können auch schon kleine Verpuffungen das Elektrolyt-Wasser-Gemisch aus der Batterie herausschleudern/-reißen und zu schweren Verätzungen besonders im Gesicht und an den Händen führen.

Zum Laden sind zuerst die Ladekabel an der Batterie anzuschließen und erst danach das Ladegerät einzuschalten. Nach dem Ladevorgang ist erst das Ladegerät auszuschalten und danach die Ladekabel zu lösen bzw. der Batteriestecker zu ziehen.

Merke

Von der Pflicht das Ladegerät auszuschalten, bevor der Stecker gezogen wird, ist man nur befreit, wenn Spezialstecker installiert sind, die ein Schalten unter Last zulassen! Hierzu ist der Batteriehersteller zu Rate zu ziehen!

Werden Ladekabel, Messgeräte oder dgl. verwendet, ist als letzter Kontakt die Minusleitung möglichst unterhalb und weit entfernt von der Batterieoberkante anzuklemmen. Beim Abklemmen der Kabel ist zuerst die Minusleitung zu lösen.

Auch durch Überladung und/oder Überspannung, z. B. Zuschaltung einer zweiten Batterie wegen Startschwierigkeiten einer Maschine, kann eine erhöhte Gasung (Überdruck) auftreten und die Batterie dadurch zerstört werden sowie eine Explosion die Folge sein.

Für den Starthilfevorgang gilt wie auch beim Pkw:

- Will ich Strom geben, erst das Pluskabel anschließen!
- Habe ich Strom gegeben und will meine Überspielkabel abnehmen, zuerst das Minuskabel lösen!
- Beim Starten nicht über die Batterie beugen!

Merke

Beim Umgang mit Batterien besteht Explosions- und Verätzungsgefahr! Durch Einhaltung der Schutzmaßnahmen ist sie zu beherrschen!

Batterieverpuffung durch eine Überspannung bei Starthilfe für einen anderen Stapler

Batterieladeanlagen

Definitionen

Es gibt viele Begrifflichkeiten und Definitionen betreffend der Bereiche, die mit Batterien und dem Laden zu tun haben. Als Oberbegriff kann die **Batterieladeanlage** genannt werden. Darunter versteht man zusammenfassend (und umgangssprachlich) Batterieladeräume, -stationen und -geräte sowie auch die zum Laden erforderlichen elektrischen Arbeits- und Betriebsmittel mit Zubehör (s. a. DGUV I 209-069 „Ladeeinrichtungen für Fahrzeugbatterien").

Ladestellen sind Plätze, auf denen Batterien (in der Regel im Flurförderzeug verbleibend) geladen werden.

Ladegerät

Hierbei können, u.a. durch die heutige Möglichkeit des leichten und schnellen Ausbaus/Wechsels von Batterien ohne Zuhilfenahme eines Hebezeugs, sondern mittels einer eingebauten Vorrichtung/eines Batteriewagens (z.B. bei kleineren Flurförderzeugen) auch „ausgebaute" Batterien an der Ladestelle positioniert werden.

Es sollten aber nicht mehr als drei Fahrzeuge/Batterien an Ladegeräten angeschlossen sein, denn bei vier oder mehr Batterien erhöht sich das Risiko, einen Brand oder gar eine Explosion eines Wasserstoff-Luft-Gemisches hervorzurufen.
Hierfür ist es einfacher und in allen Belangen sicherer und rentabler, diesen Platz in eine Batterieladestation/eine(n) Ladestation/-raum zu verwandeln. Dies ist leicht durch eine räumliche Abtrennung, z.B. in einer Lagerhalle, möglichst unter Einbeziehung einer Außenwand, u.a. auch für die Entlüftung direkt ins Freie, mittels feuerhemmenden Wänden (Feuerwiderstandsklasse F 30) und eine nach außen aufgehende Zugangstür zu erreichen. Außerdem wird durch die sonst notwendigen Sicherheitsräume Platz gewonnen.

Batterieladestationen sind Bereiche, in denen Ladegeräte stehen, an die die Batterien angeschlossen werden. Die Batterien werden nach dem Laden wieder von dort entfernt, also z.B. wieder eingebaut und weggefahren (s.a. DGUV I 209-069 – auch zu weiteren Begrifflichkeiten und Definitionen).

Sicherheitsvorgaben

Grundsätzliches
Hierzu enthalten das ArbSchG und die BetrSichV Vorgaben, die u. a. durch die Technischen Regeln für Arbeitsstätten konkretisiert werden, z.B. ASR A2.2 „Maßnahmen gegen Brände".

Achtung bei Hochfrequenzbatterieladegeräten!
Sie können aufgrund ihrer hochfrequenten Felder zu körperlichen Beeinträchtigungen führen, besonders bei Menschen mit Herzschrittmacher, Implantaten und Piercingschmuck (s.a. Kapitel 1, Abschnitt 1.5.1, Absatz „Spezialfälle der Tauglichkeit"). Im Zweifelsfall ist Abstand zu halten: ≥ 1 m.

Der Raum sollte frostfrei sein. Seine Raumtemperatur an der Ladestelle sollte ≥ +10 °C und ≤ +25 °C sein. Wird der Raum beheizt, darf dies nicht mit offenen Flammen oder Glühkörpern geschehen. Befinden sich Heizkörper näher als 2,50 m zur Ladestelle, darf deren Oberflächentemperatur nicht mehr als +200 °C betragen.

Zum Laden sind die Batterien so aufzustellen, dass ihre Gasaustrittsöffnungen (Zellenöffnungen) in Luftlinie gemessen mindestens 1 m vom Ladegerät und funkenbildenden Betriebsmitteln, z.B. Maschinen, Geräten, elektrischen Schaltern und Steckvorrichtungen (Steckdosen), entfernt sind. Vertikal über Batterien sollten keine Ladegeräte aufgestellt werden. Funkgeräte, Handys und dgl. dürfen in diesem Bereich nicht benutzt werden und sind auszuschalten.

Wasserstoffgas ist gering leichter als Luft. Es schwebt auf der Oberfläche der Batterie und ist, wie oben ausgeführt, explosionsgefährlich. Beim Laden ist daher für eine ausreichende, hochliegende Entlüftung zu sorgen, wobei die zugeführte Frischluft gegenüberliegend (Querlüftung) in Bodennähe eintreten soll.

Achtung!

Bei Aufstellung der Geräte in Regalgängen, zwischen Stapeln und am Ende von Sackgassen kann es einen Luftstau geben!

Das Rauchen und der Umgang mit offenem Licht oder Feuer (Feuerzeug) ist unzulässig, es sei denn, es wird mit gasdichten Nickel-Cadmium-Batterien umgegangen. Nur funkenarme Werkzeuge verwenden.

Ladestellen

Ladestellen, auch für einzelne Ladevorgänge, dürfen in ganz oder teilweise geschlossenen Räumen, in denen Feuer-, Explosions-/Explosivgefahr besteht und in denen Feuchtigkeit oder Nässe vorhanden ist sowie in Großgaragen, nicht eingerichtet werden.

Merke

Auch an kleinen Ladestellen sind die Sicherheitsvorkehrungen unabdingbar und einzuhalten!

In Arbeitsstätten, z.B. in Lagerräumen, dürfen Ladestellen nur eingerichtet werden, wenn die Batterien nicht über die Gasungsspannung geladen werden oder eine ausreichende Lüftung gewährleistet ist.

Anmerkung

Eine Batterie beginnt deutlich zu gasen (kochen), wenn die Ladespannung > 2,40 V pro Zelle beträgt. Mit an die Batterie angepassten Ladegeräten und ihren Kennlinien kann das „Kochen“ weitestgehend verhindert werden (s. a. Absatz „Grundlagen“).

Eine ausreichende Lüftung ist gegeben, wenn in seinem freien Raumvolumen (Bruttovolumen minus aller Gegenstände wie Lagereinrichtungen und -geräte sowie Güter) mindestens ein 2,5-facher Luftwechsel (2,5 Vol/h) gewährleistet ist. Hierzu sind ausreichende, stets freie Lüftungsquerschnitte und ein Luftvolumenstrom erforderlich. Dazu zählen keine Türen und Fenster, wenn sie nicht ständig geöffnet sind. Die Luftgeschwindigkeit soll in den Öffnungen ≥ 0,1 m/sec betragen. Dieser Luftwechsel ist in normalen Betriebshallen schon durch eine natürliche Lüftung gegeben.

Berechnung des Luftquerschnitts und Lüftungsgestaltung:

Der freie Lüftungsquerschnitt „A“ in cm² errechnet sich aus

$$[A = 28 \cdot Q_{Ges}]$$

„Q_{Ges}“ = Summe aller „Q_e“
„Q_e“ = erforderlicher Luftvolumenstrom pro Ladestelle/Batterie.
[Q = 0,05 · n · I]
n = Anzahl der Zellen pro Batterie
I = Ladestromstärke in A
(„I“ ist abhängig von der Kennlinie des Ladegerätes = Zuordnung der Ladespannung zum Ladestrom. Eine Ladekennlinie kann sich in Zeitabschnitten ändern.)
Am besten ist es hierzu den Batterie- und Ladegerätehersteller zu befragen (s. a. Betriebsanleitung). In der Regel ist „I“ je 100 Ah (Amperstunde) Nennkapazität < 5 A. Eine fallende Kennlinie, die sich automatisch ändert und selbsttätig abschaltet hat z. B. eine Stromstärke „I“ von 4 A/100 Ah. Während ein Ladegerät, das mit konstantem Strom und konstanter Spannung lädt = IU-Kennlinie bis 2,4 V/Zelle, mit „I“ von 2 A/100 Ah und bis 2,25 V/Zelle mit „I“ von 1 A/100 Ah arbeitet.

Lüftungsgestaltung
Die Lüftungsöffnungen sind stets vollständig freizuhalten. Rohre/Schächte sind regelmäßig zu reinigen, damit u. a. die erforderliche Luftströmungsgeschwindigkeit erhalten bleibt.

Ist eine Lüftung installiert, ist sie auch zum Laden von Batterien einzuschalten. Um dies zu gewährleisten, sollte sie mit dem Ein- und Ausschalten der(s) Ladegeräte(s) gekoppelt sein.

Für eine gute Lüftung ist in erster Linie oberhalb der Batterie, z. B. im Fahrzeug, zu sorgen. Die Batterieabdeckung ist hierzu ganz aufzuklappen und gegen Herabfallen zu sichern.

Die Zuluft sollte möglichst in Bodennähe eintreten und hoch (nahe der Raumdecke) gegenüberliegend abziehen können bzw. abgesaugt werden.

Anmerkung

Eine Stunde nach dem Abschalten des Ladestromes ist in der Regel der Gasaustritt aus den Batteriezellen abgeklungen. So lange sollte mindestens auch die Lüftung eingeschaltet bleiben.

Batteriebediengänge und Sicherheitsabstände
An zum Laden abgestellten Flurförderzeugen ist um die Maschine/Batterie ein Gang ≥ 0,6 m frei zu halten.

Zusätzlich zu den Bediengängen in einer Breite ≥ 0,6 m sind folgende Abstände einzuhalten:

- Von Bauteilen/Materialien und eingelagerten Gütern, ob im freien Stapel oder in Regalen, die brennbar sind, und vor Heizgeräten, ist ein Abstand von 2,50 m einzuhalten. Über dem Ladeplatz ist diese Gegebenheit grundsätzlich unzulässig.
- Von feuer-, explosions- oder explosivstoffgefährdeten Bereichen ist ein Abstand von 5 m einzuhalten. Eine Lagerung solcher Stoffe/Güter über dem Ladeplatz ist selbstverständlich auch verboten.

Es empfiehlt sich, einen Sicherheitsabstand von 2 m mindestens durch Kettengehänge oder Fußbodenmarkierungen abzugrenzen. Damit ist u. a. besser sichergestellt, dass z. B. keine hochkantstehenden metallenen Teile dort abgestellt werden und durch Umfallen die Batterie treffen können.

Batterieabdeckung (im verschlossenen Zustand gleichzeitig der Fahrersitz) ordnungsgemäß aufgeklappt und zum Aufladen bzw. Abtransport zur Ladestation bereit.

Handleuchten dürfen nur ohne Schalter und in der Schutzklasse II IP 54 verwendet werden. Diese Vorschrift gilt auch bei ausreichender Entlüftung der Umgebungsatmosphäre.

Schweiß-, Schneid- und Metallschleifarbeiten dürfen im Umkreis von 10 m, am besten 15 m, und ≤ 20 m über der Ladestelle nicht durchgeführt werden (zündfähige Funkenspring- und -fluggefahr). Über der Batterieladestelle ist es am besten, solche Arbeiten grundsätzlich nicht ausführen zu lassen. Der Stellplatz sollte gekennzeichnet und auf dem Fußboden markiert sein.

Ladeleitungen sind gegen Beschädigung, z. B. durch ein Überfahren, zu sichern.

Der Fußboden muss antistatisch (Erdableitwiderstand ≤ 10^8 Ohm (s. a. Absatz „Ladestation") ausgeführt sein. Er ist außerdem öl- und fettfrei zu halten, denn sonst leitet er keinen elektrischen Strom ab.

Die lichte Höhe über dem Stellplatz muss ≥ 2 m sein.

Ladestation

Ladestation

Als gleichzeitiger Werkstattraum ist die Ladestation nicht vorzusehen. Ist der Raum groß genug, kann das Batterieladeteil leicht durch eine mindestens feuerhemmende Wand – Feuer-Widerstandsklasse F 30 – abgetrennt werden. Die lichte Höhe von Laderäumen soll auch über Laufrosten 2 m nicht unterschreiten. Ihre Türen müssen nach außen aufschlagen.

Bei notwendiger zusätzlicher Zwangsentlüftung dürfen die Lüftermotorflügel keine Funken reißen, sei es an Wandungen oder an Fremdkörpern. Die Entlüftung soll in Bodennähe und nahe der Decke wirken. Die Motoren sollten in der Schutzart IP 44 ausgeführt sein.

Elektrische Leuchten müssen der Schutzart IP I entsprechen. Elektrische Handleuchten dürfen nur verwendet werden, wenn sie die Schutzart II IP 54 aufweisen. Diese Forderungen gelten nicht, wenn die Leerlaufspannung der Ladeeinrichtung 65 V und die Nennleistung der gesamten Ladeeinrichtung 2 kV nicht übersteigt.

Der Fußboden (wie auch von Einzelladeplätzen, z. B. in Lagerhallen) muss so beschaffen sein, dass sein Erdableitwiderstand nicht mehr als 10^8 Ohm beträgt. Dadurch wird evtl. auftretende elektrostatische Energie (Aufladungen) sowohl von Gegenständen als auch von Personen schon im Entstehen durch Erdung abgeleitet (s. a. Absatz „Ladestellen").

Nach dem Ladevorgang sind die Batterieanschlüsse fest anzuziehen.

Zwangsentlüftung einer Lackstation nahe der Raumdecke

Hinweis auf Benutzung von Gesichtsschutz

Hinweis auf Tragen von Schutzschürze
Zeichen aus der Arbeitsstättenrichtlinie ASR A1.3

Vor dem Schließen des Chassis/Ablegen des Batteriedeckels oder dgl., sind die Batteriekabel so im Fahrzeugbatterieraum zu verstauen, dass beim Verschließen des Deckels die Kabel nicht beschädigt werden.

Merke

Mit den Schutzeinrichtungen in der Ladestation ist sorgfältig umzugehen, sodass sie funktionstüchtig sind und damit sicher bleiben!

Säure-/Laugenschutz

PSA für diese Arbeit sind:
Antistatischer Gesichtsschutz, z. B. Schutzbrille, Schutzhandschuhe, Schutzschürze und festes Schuhwerk, am besten Sicherheitsschuhe.

Auf das Tragen sollte seitens des Unternehmens an den geeigneten Stellen, wo Kontakt mit den gefährlichen Stoffen droht, hingewiesen werden.

Die PSA, auch die Schuhsohlen, müssen öl- und fettfrei sein, sonst leiten sie u. U. den elektrischen Strom nicht ab.

Auf die Haltbarkeit und die Wirksamkeit der PSA, u. a. Undurchlässigkeit des Gefahrstoffs, insbesondere nach intensivem Kontakt mit diesem Stoff, ist zu achten. Hierüber ist der Hersteller zu befragen, denn die Beeinträchtigung der Schutzfunktion ist augenscheinlich nicht zu erkennen (s. a. Kapitel 1, Abschnitt 1.6, Absatz „Weitere persönliche Schutzausrüstungen – PSA“).

Nachfülleinrichtungen für Schwefelsäure dürfen nicht für alkalische Batterien verwendet werden, denn schon geringe Mengen von Schwefelsäure können in alkalischen Nickel-Cadmium-Akkumulatoren bleibende Schäden verursachen. Der Elektrolyt, der für die Batterie benötigt wird, ist ätzend. Bei Bleiakkumulatoren (Batterien) wird als Elektrolyt verdünnte Schwefelsäure verwendet. Bei alkalischen Batterien verdünnte Kalilauge.

Schwefelsäure und Kalilauge sind möglichst in bruchsicheren oder vor Bruch geschützten Kunststoffgefäßen aufzubewahren, die ein Verwechseln mit Gefäßen anderen Inhalts, besonders von Trinkgefäßen sowie Limonadenflaschen und dgl., ausschließen. Durch Aufschrift ist der Inhalt anzugeben. Das Verschütten und Verspritzen von Schwefelsäure und Kalilauge ist zu verhindern, z. B. durch Säureheber oder Ballonkipper (s. a. DGUV I 109-009).

Merke

Das Prüfen der Elektrolytdichte, Nachfüllen von Batteriewasser und des Elektrolyten gelten als Instandhaltungsarbeiten! Vom Instandhalter, auch wenn es der Flurförderzeugführer selbst ist, muss „Persönliche Schutzausrüstung – PSA" getragen werden!

Erste Hilfe

Passiert ein Unfall, bei dem Säure oder Lauge auf die Kleidung oder an den Körper eines Menschen gelangt ist, ist die benetzte Kleidung sofort abzulegen.

Bei Verätzungen mit Schwefelsäure ist die Säure, außer an den Augen, sofort abzuwischen, aber nicht mit bloßer Hand. Dann mit reichlich Wasser abspülen. Durch das Erstabwischen verhindert man eine chemische Reaktion auf der Haut, bei der viel Wärme frei wird, durch die die Gefahr von Hautverbrennungen besteht. Für das Aus- und Abspülen der Augen sowie der Augenpartie hat sich eine Augenspülstation bewährt. Sie muss in nächster Umgebung der Batterieladestation installiert sein.

Für das Abspülen von Händen, Körper und Beinen sind Notduschen sinnvoll. Damit werden u. a. für Störfälle auch Gefahrstofflager bestückt.

Werden Augenspülflaschen, gefüllt mit einem Neutralisierungsmittel, z. B. für Schwefelsäure bereitgehalten, ist deren Haltbarkeitsdatum zu beachten (s. Gebrauchsanleitung zur Spülflasche).

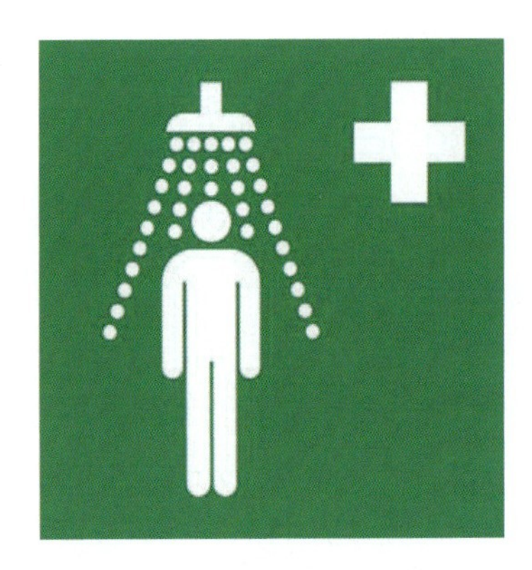

Hinweis für Notdusche

Merke

Erste Hilfe leisten, wenigstens aber Hilfe herbeiholen, ist Pflicht!

Achtung!

Bei Arbeiten in Fremdbetrieben müssen sich der Instandhalter und z. B. auch ein Sachkundiger = befähigte Person, für die Durchführung einer regelmäßigen Prüfung von Flurförderzeugen, vor Erledigung ihres Auftrages, über die „Erste-Hilfe-Organisation" informieren, damit nach einem Unfall sofort Erste Hilfe herbeigerufen werden kann bzw. er weiß, an wen er sich wenden kann.

Maßnahmen nach verschüttetem Elektrolyt

Der Elektrolyt darf nicht in die Kanalisation gelangen. Er muss mit einem geeigneten, u. a. saugfähigen, am besten neutralisierenden Mittel aufgenommen werden und ist in einem säure-/laugenbeständigen Gefäß zu sammeln sowie sachgerecht zu entsorgen.

Batteriewechsel

Vor dem Batteriewechsel sind die Anschlusskabel zu lösen. – Eine Maßnahme, die immer wieder vergessen wird. – Danach sollten die offenen (blanken) Pole oder Verbindungen von Zellen mit einer Gummimatte abgedeckt werden, damit Kurzschlüsse,

Batteriewechsel durch Transportwagen oder durch Rollenbahn.

z. B. durch abgelegtes Werkzeug oder Anschlagmittel, vermieden werden.

Werden zum Batterietransport Hebezeuge eingesetzt, sind Lastaufnahmemittel zu verwenden, die vom Batteriehersteller vorgegeben sind (s. a. VDI 3616). Auf jeden Fall darf der Batterietrog nicht durch horizontal wirkende Seil-/Kettenkräfte zusammengedrückt werden können. Dies wird am sichersten dadurch verhindert, dass eine Traverse eingesetzt wird, an der die Anschlagmittel senkrecht (ohne Neigungswinkel) an der Batterie angelegt werden (s. Kapitel 4, Abschnitt 4.3, Absatz „Lastaufnahme anzuhängender Lasten"). Die Lasthaken des Anschlagmittels sind von innen nach außen anzuschlagen. Dadurch fallen sie bei Entlastung nicht so leicht auf die Batterie, werden nicht an der Hakenspitze belastet und haken nicht so leicht aus. Ein dadurch entstehender Kurzschluss ist schwer möglich, da die Batteriepole nicht leitend abgedeckt sind.

Anmerkung

Flurförderzeugführer müssen auch zum Bedienen eines Kranes für diesen Einsatz als Kranführer ausgebildet sein.

Die Batterie ist lotrecht anzuheben sowie waagerecht zu transportieren und darf nicht gekippt werden. Beim Einsatz eines Batteriewagens ist der Wagen gegen unbeabsichtigtes Wegrollen zu sichern.

Wird an einem Flurförderzeug die Batterie unter einem hochgestellten Gehäusedeckel oder einem Hubmast geladen/gewechselt, ist der Deckel/der Hubmast formschlüssig gegen Herabfallen/-gleiten zu sichern.

Das Hebezeug, Lastaufnahmemittel/Anschlagmittel bzw. der Batteriewagen sind vor dem Einsatz einer täglichen Einsatzprüfung zu unterziehen.

Nach dem Batterietausch ist die Batterie fachgerecht im Fahrzeug zu befestigen, die Batteriestopfen auf festen Sitz zu kontrollieren, und die entladene Batterie an das Ladegerät anzuschließen.

Batteriewechsel mittels Traverse. Dadurch besteht keine Gefahr der Trogbeschädigung durch eine Druckkraft nach innen.

Lasthaken am Lastaufnahmemittel von innen nach außen eingehängt

Merke

Den Wechsel exakt nach den Betriebsanleitungen des Batterie- und Flurförderzeugherstellers ausführen! Ansonsten sind Schäden und Unfälle vorprogrammiert!

Merke

Um Hautschädigungen zu vermeiden, sind die Hände nach dem Arbeiten an einer Batterie gründlich zu waschen!

Wartungsfreie Batterien

Um die Unfallgefahr beim Umgang mit Batterien zu mindern und gleichzeitig weitgehende Wartungsfreiheit von Batterien zu erreichen, hat man „Flies- und Gel-Batterien" entwickelt. Bei einer Fliesbatterie sind Glasfasern (Flies) z. B. mit Schwefelsäure und Wasser getränkt. Bei einer Gelbatterie sind diese beiden Flüssigkeiten in einer pastenähnlichen Masse eingebracht.

Beide Batterietypen sind dadurch praktisch gasungsarm (10 % gegenüber der Normal-Batterie). Dieses wenige Gas entweicht über ein Sicherheitsventil, welches im Verschlussstopfen jeder einzelnen Zelle eingebaut ist. Um größere Gasungen zu vermeiden, dürfen diese Batterien nur bis zu 60 % entladen werden. Außerdem dürfen sie nicht schnell geladen werden, sonst gasen sie stärker und das Gel bzw. Flies wird brüchig.

Außerdem sollten sie nicht Temperaturen von > +35 °C ausgesetzt werden. Bei den herkömmlichen Batterien liegt die Temperaturgrenze bei +55 °C. Der Grund hierfür liegt hauptsächlich in der schlechteren Wärmeableitung gegenüber der herkömmlichen Batterie, besonders in den inneren Zellen.

Ihr Einsatz hat sich besonders für kleine Geräte unter leichten Bedingungen mit Steigungen von höchstens 3 % bewährt, z. B. in Lebensmittelbetrieben.

Wartungsfreie Batterien benötigen, soll ihre zu erwartende Lebensdauer von ca. 4 Jahren erreicht werden, besondere vom Hersteller vorgegebene Ladegeräte.

Das Befahren von Steigungen ist u. a. der Leistung einer Batterie deshalb so abträglich, weil auf schrägen Ebenen mit geringen Drehmomenten gefahren wird. Dies führt bei Elektromotoren dazu, dass ein hoher Strom durch den Anker des Motors fließt, mit der Folge einer Motorerwärmung und eines hohen Stromverbrauchs. Die Batterie verliert dadurch schneller an Leistung. – Sie wird relativ schnell entladen. Selbstverständlich sollten alle Batterietypen keinen größeren Erschütterungen ausgesetzt werden, denn dies „bekommt" den Zelleneinbauten und der Batteriezellenabdeckung nicht. Sie werden dann leicht undicht.

Batterie – Energieverbrauch

Der Energieverbrauch „E" kann wie folgt berechnet werden:

$$E = \frac{Q_E \cdot K_n \cdot L_f \cdot n \cdot U_m}{1000\ \mu}\ [\text{kWh/Ladung}]$$

Q_E : Entladung
K_n : Nennkapazität
L_f : Ladefaktor 1,20, bei EU 1,05
n : Anzahl der Zellen
U_m : Ladespannung 2,35 bis 2,4 V/Zelle
1 000 : Umrechnungsfaktor von Watt [W] in Kilowatt [kWl

η : Wirkungsgrad des Ladegerätes 0,7 bis 0,8 bei ungeregelten Geräten, 0,85 bei geregelten Geräten

Beispiel: Flüssigkeitselektrolytbatterie mit 800 Ah und 12 Zellen

$$E = \frac{0{,}8 \cdot 800 \cdot 1{,}2 \cdot 12 \cdot 2{,}35}{1000 \cdot 0{,}75} = 28{,}88 \text{ kWh}$$

Beispiele anderer Batterien:

48 V 600 Ah ~ 44 kWh/Ladung
80 V 960 Ah ~ 116 kWh/Ladung
24 V 160 Ah ~ 6 kWh/Ladung

Weitere Erläuterungen, z. B. für den Einsatz der Batterien, finden Sie im Kapitel 4, Abschnitt 4.2.2, Absatz „Elektroantrieb".

Rauchen und Handybetrieb bei der Instandhaltung

Die Dämpfe von Flüssig- und Erdgas sowie Wasserstoff und brennbaren Flüssigkeiten, nicht nur von Benzin, sind leicht entzündbar. Im Motor-/Batterieraum besteht eine erhöhte Brand- und Explosionsgefahr, da der Luftwechsel dort gering ist und z. B. durch den warmen Motor der Flammpunkt auch von sonst weniger gefährlichen brennbaren Stoffen erreicht wird.

Merke

Das Rauchen und der Handybetrieb im Werkstattraum, in dem mit brennbaren Flüssigkeiten gearbeitet wird oder in dem das Entstehen von brennbaren Gasen und Dämpfen möglich ist, besonders nahe und im Motor-/Batterieraum von Flurförderzeugen, ist unzulässig!

Die Glut einer Zigarette reicht aus, diese Dämpfe zu entzünden, denn die Temperatur an der Spitze einer Zigarette kann beim Rauchen bis zu +770 °C betragen. Dies gilt auch für die Vermeidung von Schalt-, Schleif- und Schlagfunken, auch eines Handys in der Tasche, z. B. durch sein Klingeln; denn sie haben eine Temperatur ≥ +600 °C und können die Treibstoff- und Knallgase zünden.

Zur Explosion dieser Gase mit Luft genügt schon sehr wenig Gasanteil, denn sie haben alle eine niedrige untere Explosionsgrenze „UEG". Sie liegt in Vol.-%, z. B. bei Benzin = 0,6 Vol.-%, bei Flüssiggas = 1,7 Vol.-%, bei Wasserstoff = 4,0 Vol.-% und bei Erdgas = 4,45 Vol.-%. So genügt schon ein Teelöffel voll Benzin; es erzeugt 1,6 l Gas. Ein Tropfen Flüssiggas dehnt sich beim Freiwerden sofort um das 260-fache aus. Außerdem ist Benzin und Flüssiggas schwerer als Luft (Flüssiggas sogar doppelt so schwer). Darum müssen die Öffnungen unten im Motorraum stets frei sein, auch wenn dadurch Staub in den Motor gelangen kann (s. a. Kapitel 4, Abschnitte 4.2.2 und 4.2.3).

Merke

Im und nahe dem Motor-/Batterieraum jegliche Funkenbildung vermeiden und für ausreichende Entlüftung sorgen!

Betanken

Das Rauchverbot wie auch der sonstige Umgang mit offenem Licht oder Feuer und die Handybenutzung gilt selbstverständlich auch beim Betanken von Fahrzeugen, denn die ggf. frei werdenden Gase von Treibstoffen, wie Flüssiggas, Erdgas und auch Dieselöl, wenn es fein verteilt und die Umgebungsluft sehr warm ist (Sonnenschein), können gezündet werden. Hierbei muss es nicht immer zu einer Verpuffung oder gar einer Explosion kommen. Ein Brand reicht auch schon aus, um Schlimmes anzurichten (s. a. Kapitel 4, Abschnitte 4.2.2 und 4.2.3).

Die beste Schutzmaßnahme ist nach wie vor die Vermeidung jeglicher Zündmöglichkeit.

Beim Betanken eines Flurförderzeuges sind Motor, Fremdheizung und Rußfilternachverbrenner abzustellen sowie das Rauchen zu unterlassen.

Außerdem dürfen in der näheren Umgebung/Arbeitsbereich (1 m um die Zapfsäule, im Innern des Fahrzeuges, sowie 1 m um das Fahrzeug herum) keine funkenerzeugenden Betriebsmittel und Werkzeuge, wie elektrische Bohrmaschinen oder Metallhämmer, betrieben und grundsätzlich keine Funkgeräte und Handys benutzt werden/eingeschaltet sein.

Tankanschlüsse, Tankschläuche und Tankpistolen müssen elektrisch leitfähig ausgeführt sein. Schleif-, Schneid- und Schweißarbeiten dürfen nicht im Umkreis von mindestens 10 m, am besten 15 m, des

Tankstelle für Flurförderzeuge. Hier ist sicherheitstechnisch alles in Ordnung.

Tankortes (so weit fliegen deren zündfähige Funken) und ≤ 20 m, am besten nicht über dem Tankort durchgeführt werden. Neben der Brandgefahr ist ein Treibstoff, z. B. Diesel, für die Haut schädlich, besonders wenn er wiederholt über die Hände fließt. Die Haut trocknet aus und wird rissig.

Flüssiggas wird beim Druckloswerden (Entspannen) sehr kalt und kühlt die Haut stark ab.

Was ist grundsätzlich direkt beim Tanken zu beachten?

- Beim Betanken mit Diesel säure-/laugenfeste Schutzhandschuhe, mit Flüssiggas aus Leder, tragen!
- Treibstoff nicht verschütten (ggf. entsorgen) und nicht in den Motorraum und auf heiße Teile gelangen lassen!
- Treibstoffe nicht über die Haut fließen lassen und Augenberührung vermeiden!
- Nach dem Betanken Tankstutzen/Füllanschluss schließen!

Zusätzlich für Gas:

- Vor dem Flaschenwechsel ist das Ventil der leeren Flasche zu schließen und die Gasleitung zum Motor im Leerlauf leer zu fahren!
- An Gasflaschen die Schutzmutter aufsetzen und festschrauben!
- Gasflaschen aufrecht stehend gegen Verrutschen und Umstürzen gesichert transportieren sowie nur am vorgegebenen Stellplatz abstellen/bereitstellen!
- Flüssiggasflaschen, außer für Entnahme aus der Gasphase, mit der Kragenöffnung nach unten anschließen und festspannen. Schläuche dürfen grundsätzlich nicht über das Fahrzeugprofil hinausragen.
- In der Schutzzone für Flüssiggas und dem Schutzabstand von Gastanks und Gasflaschen ist das Rauchen und der Umgang mit offenem Licht und Feuer, das Lagern brennbarer Stoffe, z. B. Holzpaletten, und das Abstellen von Fahrzeugen verboten!
- Flüssiggasflaschen nicht unter Erdgleiche (tiefer als 1 m) und/oder nicht im Abstand von ≤ 3 m von Abflussrinnen, Gullis und Öffnungen, Zugängen und Fenstern zu tiefer liegenden Räumen wechseln.

Merke

Treibstoffe nicht verschütten!
Schutzhandschuhe, beim Umgang mit Gas aus Leder und beim Umgang mit Diesel laugensicher, tragen!

Putzlappen

Putzlappen mit Öl, Fett oder Benzin getränkt, sind eine große Brandgefahr, da sich das Mittel auf einer großen Oberfläche im Lappen verteilt und so mit viel Sauerstoff in Berührung kommt. Der Flammpunkt von Diesel-/Heizöl liegt bei nur +60 °C. Sie

„Feuertrotz" für Putzlappen und dgl. mit selbsttätig schließendem Deckel

Reinigungsmitteltisch mit Auffangwanne

Handliche Waschgefäße mit automatisch schließendem Deckel bei einer Brandentwicklung

neigen aus diesem Grunde sogar zur Selbstentzündung und für Dieselöl z.B. reichen dafür schon +350 °C (s.a. Absatz „Umwelt und Gesundheitsschutz").

Merke

Gebrauchte Putzlappen sind in einem Behälter aus nicht brennbarem Material mit dicht schließendem Deckel aufzubewahren/abzulegen!

Reinigungsarbeiten, Reinigungsmittel

Vergaserkraftstoffe (= Benzin) sind, u.a. wegen des Bestandteiles Benzol, für Reinigungsarbeiten verboten. Beim Umgang mit ihnen besteht außerdem erhöhte Explosionsgefahr, da diese Flüssigkeiten schon bei normaler Temperatur und sogar bei tiefen Minusgraden verdampfen. Ihre Dämpfe bilden mit dem Luftsauerstoff in der Regel ein explosionsfähiges Gemisch.

Weniger gefährlich sind Testbenzine oder Petroleum. Ihr Flammpunkt liegt bei ~ +35 °C. Aber Vorsicht, in den Motorräumen ist es oft warm (s.a. Kapitel 4, Abschnitte 4.2.2 und 4.2.3).

Vorschriftsmäßige Waschbehälter mindern die Brandgefahr auch bei Verwendung von Testbenzin und Petroleum. Sie sind im einschlägigen Handel erhältlich. Nach Abschluss eines entsprechenden Vertrages wird das verbrauchte Mittel durch die Lieferfirma ersetzt (Austausch des Fasses) und fachgerecht entsorgt.

Besonders für den Einsatz vor Ort haben sich kleine Behältnisse bewährt, die durch ihre dicht schließenden Deckel, die nach Auftreten eines Brandes der Reinigungsflüssigkeit im Behälter, z.B durch ein Bi-Metall, selbsttätig schließen. Das Entwickeln und Ausbreiten von Dämpfen und Bränden wird weitgehend verhindert.

Reinigungspinsel für brennbare Flüssigkeiten sollten keine metallischen Teile haben.

Merke

Reinigungsarbeiten mit brennbaren Flüssigkeiten sollten möglichst nicht mit Flüssigkeiten durchgeführt werden, deren Flammpunkt unter +21 °C liegt!
Vergaserkraftstoffe dürfen nie zu Reinigungsarbeiten verwendet werden!

Die Batterie sollte abgeklemmt werden.
Kaltreiniger eignen sich sehr gut für Reinigungsarbeiten von Motoren, Motorteilen und Motorräumen.

Auch Kaltreiniger können gesundheitsgefährdend und brennbar sein. Die Gebrauchsanweisung und Sicherheitskennzeichnung sind zu beachten. Hautkontakt und Einatmen ihrer Dämpfe sind zu vermeiden.

Tetra-Trichlorethen darf als Reinigungsmittel nicht verwendet werden, da es besonders gesundheitsschädlich ist (s. a. Absatz „Umwelt und Gesundheitsschutz").

Flüssigkeitsstrahler

Zum Reinigen von Motoren, Motorinnenräumen, Chassis und dgl. eignen sich Flüssigkeitsstrahler sehr gut. Um Unfälle durch Verbrühen mit der heißen Flüssigkeit zu verhindern, müssen sie mit einem Strahlrohr mit mindestens einer Ummantelung im Handbereich und einer Bedienungseinrichtung ohne Selbsthaltung (Totmannschaltung) ausgeführt sein. Diese Schaltung bewirkt, dass beim Loslassen des Schalters am Strahlrohr ein Zuführventil geschlossen wird.

Flüssigkeitsstrahler, Bedienungskabel vorschriftsmäßig nicht festgebunden/verklebt

Nicht alle Konstruktionsteile dürfen direkt angestrahlt werden, denn sie können u.U. dadurch Schaden nehmen. Geschieht dies z. B. bei elektrischen Anlageteilen, kann zusätzlich ein Kurzschluss verursacht werden. Am besten ist es daher, sie vorher abzudecken.

Diese Schaltung erfordert im Gerät aber eine Drucksteigerungssicherung und einen Unterbrecherschalter für den Brenner, damit das Gerät nicht eine gefährliche Drucksteigerung erfährt bzw. der Wassererhitzer nicht durchbrennt (s. a. DGUV R 100-500 Kap. 2.36 „Arbeiten mit Flüssigkeitsstrahlern").

Merke

Der Flüssigkeitsstrahl darf nicht auf Personen, auch nicht auf sich selbst gerichtet werden! Die Verletzungsgefahr, z. B. von Haut und Augen, ist groß! – Augenschutz tragen!

Feuerarbeiten

Brände können z. B. vermieden werden durch

- den Ausbau des Kraftstoffbehälters und Abdichten der Kraftstoffleitungen,
- das Füllen des Behälters und der Leitungen mit Stickstoff oder anderen inerten Gasen,
- das Abdecken des Behälters bzw. der Kraftstoffleitungen gegen Funkenflug und Strahlungswärme.

Anmerkung

Unter inerten Gasen versteht man Gase, die sehr reaktionsträge sind (z. B. Stickstoff und alle Edelgase). Sie dienen dazu, den Sauerstoffanteil zu reduzieren/verdrängen, sodass sich eine Verbrennung nicht weiter fortpflanzen kann (Löschwirkung bzw. beim Schweißen Schutz vor Reaktion mit Sauerstoff).

Je nach Art und Umfang der Arbeiten ist eine der Sicherheitsmaßnahmen zu wählen. Für Feuerarbeiten am Kraftstoffbehälter selbst sind in der DGUV R 100-500 Kap. 2.26 „Schweißen, Schneiden und verwandte Verfahren" nähere Bestimmungen enthalten. Die Gasschläuche zwischen Brenner und Druckminderer müssen mindestens 3 m lang sein. Bei Feuerarbeiten am Gabelstapler mit Flüssig-/Erdgasbetrieb sind Schutzmaßnahmen gegen das Austreten des Gases oder zu große Drucksteigerung der Gasflasche bzw. des Gastanks zu treffen (s. a. „Verwendung von Flüssiggas" – DGUV V 79). Der sicherste Schutz gegen Wärmestrahlen ist, den Behälter auszubauen bzw. die Flasche abzunehmen und die Gasleitungen zum Motor im Leerlauf leer zu fahren.

Die Sicherung der Leitung wird z. B. erreicht durch Schließen der Hauptabsperrventile und Abschirmen der Leitungen einschließlich des Verdampfers bei Flüssiggas oder des Vergasers bei Erdgas. Je nach Umfang der Feuerarbeiten sind die Schutzmaßnahmen zu wählen.

Doch nicht nur unmittelbar am Flurförderzeug sind Drucksteigerungen in den Leitungen zu verhindern, sondern auch in seiner näheren Umgebung. Im Umkreis von ca. 1 m darf nicht geschweißt oder geschnitten werden. Denn die Strahlungs- bzw. Übertragungswärme kann auch Drucksteigerungen in den Leitungen oder Tanks bzw. Verdampfungen von Treibstoffen, Fetten und Ölen im Motorraum hervorrufen.

Folgender Unfall beweist die Notwendigkeit dieser Vorsichtsmaßnahme:
Ein Schlosser wollte von einer Stahlplatte mit einem Gasschweißgerät ein Stück abtrennen. Hierzu legten der Staplerfahrer und er die Stahlplatte auf die Staplergabel und hoben sie mit dem Stapler in ca. 80 cm Höhe an. Durch die große Hitze beim Schneidbrennen erwärmte sich die Hydraulikleitung am Hubmast mit dem darin befindlichen Öl. Ein Hydraulikschlauch platzte, und das umherspritzende Öl entzündete sich. Schlosser und Fahrer erlitten durch das brennende Öl schwere Brandverletzungen.

Drucksteigerungen können vermieden werden durch:
- Abschirmung der Leitungen,
- Kühlung der Leitungen,
- isolierende Unterlagen.

Merke

Drucksteigerungen in Leitungen sind sicher zu verhindern!

Vorsicht beim Umgang mit Acetylen. Es hat einen Explosionsbereich mit Luft von 2,4 Vol.-% bis 83 Vol.-%, mit reinem Sauerstoff liegt er sogar bei 2,3 Vol.-% bis 93 Vol.-%. – es knallt also immer! Eine Zündung von Acetylen kann schon bei +305 °C erfolgen. Benzin hat dagegen nur einen Explosionsbereich von 0,6 Vol.-% bis 8 Vol.-% und eine Zündtemperatur von +220 °C bis +450 °C. Diese Temperaturen sind leicht und schnell erreicht. Schlauchundichtheiten sind eine häufige Unfallursache.

Merke

Bei Feuerarbeiten, z. B. Schweißarbeiten, ist die Gefahr des Entzündens brennbarer Flüssigkeiten, z. B. von Kraftstoffdämpfen, Gasen und Ölen, sicher zu verhindern! Außerdem sind Drucksteigerungen in der Hydraulik zu vermeiden!

Reifenarbeiten

Wird ein Luftreifen von der Felge genommen, z. B. um ihn auszutauschen oder zu flicken, ist hierbei darauf zu achten, dass der Monteur nicht durch wegfliegende Teile, z. B. Muttern, Sprengringe oder Felgenteile, verletzt wird. Diese Gefahr besteht besonders bei geteilten Felgen. Hierunter sind auch Felgen mit Sprengring, geschraubte, genietete und punktgeschweißte Felgen zu verstehen, wobei die letzten drei Felgenarten besonders bei Flurförderzeugen und Transportkarren anzutreffen sind.

Aber auch andere Felgen, besonders wenn sie schon lange im Einsatz sind, können wegfliegen, sei es durch Beschädigung an den Felgenwänden, durch zu hohen Überdruck beim Aufpumpen der Reifen oder durch schadhafte Gewinde.

Folgende Sicherheitsmaßnahmen schützen vor Unfällen:
1. Überprüfung der Reifen auf eingeklemmte Teile, wie Steine usw.
2. Überprüfung der Felgen auf sichtbare Schäden, wie deren Gewinde, Schweißnähte und dgl.
3. Bereitstellung und Einsatz einer Schutzeinrich-

Sicherungsvorrichtung für Felgen gegen Wegfliegen von Felgenteilen

Felgensicherung angelegt und verschraubt

Auffangschirm / Schutzhaube an Auswuchtmaschine in Schutzfunktion gebracht

tung, die über der Felge befestigt wird und so größere fortfliegende Teile auffängt, wobei die Schutzeinrichtung an Baulichkeiten oder Geräten sicher befestigt sein muss. Solch eine Vorrichtung kann auch in Form einer Schutzhaube oder eines Bügels leicht an der Wand angebracht werden. Nur in Schutzstellung gebracht sollte z. B. die Auswuchtmaschine eingeschaltet werden können.

4. Mittengeteilte Felgen von Luftreifen erst lösen, wenn der Reifenluftdruck abgelassen wurde.
5. Einhaltung des zulässigen Fülldrucks beim Aufpumpen.
6. Regelmäßige Belehrung des Personals und Überwachung auf Einhaltung der sachgemäßen Montage durch den Verantwortlichen.

An mit Luft gefüllten Reifen darf die Verbindung geteilter Felgen erst gelöst werden können, wenn das Rad von der Achse genommen worden ist (Herstellerpflicht).

Selbstverständlich ist das Fahrzeug vorher durch Anziehen der Feststellbremse und Anlegen von Unterlegkeilen an der nicht angehobenen Seite gegen Fortrollen zu sichern (s. a. Absatz „Fahrzeug sichern").

Abgase werden über Schläuche, angeschlossen am Fahrzeugauspuff, direkt ins Freie geleitet.

Merke

Bei Reifenarbeiten Fahrzeug gegen Wegrollen und Felgen gegen Wegfliegen von Teilen sichern!
Steine und dgl. im Reifenprofil entfernen!

Umwelt- und Gesundheitsschutz

Wie die Maschinen- und Anlagensicherung wichtig sind, so ist auch der Gesundheits- und Umweltschutz unerlässlich.
Müssen Fahrzeuge mit verbrennungsmotorischem Antrieb in geschlossenen, auch teilweise geschlossenen Räumen mit laufendem Motor instand gehalten werden, so sind, wenn die Raumlüftungsmaßnahmen nicht ausreichen, die Abgase direkt ins Freie abzuleiten. Dies geschieht am besten über Schlauch-Rohr-Leitungen, die am Auspuff angeschlossen werden.

Diese Maßnahmen sind notwendig, denn die Abgasbestandteile, wie Kohlenmonoxid „Co" bei Benzin-, Erdgas- und Flüssiggasantrieb sowie Ruß mit angelagerten polyzyklischen aromatischen Kohlenwasserstoffen „CH", z. B. bei Dieselstaplern, sind gesundheitsschädlich.

Oft werden in Wasserschutzgebieten Fahrzeuge eingesetzt, bei denen Bio-Öl als Schmierstoff und Bio-Diesel verwendet werden (s. Kapitel 4, Abschnitt 4.2.2).

Auch durch „Vernebelungen" von Stoffen, z. B. von Reinigungsflüssigkeiten, können sich schädliche

Substanzen (Aerosole) in der Atemluft befinden. Sie können nicht nur eingeatmet, sondern z. B. auch durch die Haut aufgenommen werden sowie Haut und Augen verletzen/verätzen.

Anmerkung

Die leider so beliebten Filtermasken mit Watte-, Schwamm- oder Koloidfilter sowie Papiermasken, sind zwar leicht zu tragen, sind aber z. B. reine Grobstaubmasken und als Schutz beim Farbspritzen unbrauchbar, denn sie halten nur die Farbpartikel, aber nicht die Lösemitteldämpfe zurück. Fliesmasken mit Filter sind nur zulässig, wenn der „AGW" (AGW = Arbeitsplatzgrenzwert) nicht überschritten wird (s. Kapitel 4, Abschnitt 4.2.2).

Achtung!

Die GStoffV gilt auch bei Instandhaltungsarbeiten (s. Kapitel 4, Abschnitt 4.2.4).

Hiergegen ist Gesichts-, Augen- und Handschutz angezeigt (s. a. Absatz „Flüssigkeitsstrahler").

Doch nicht nur in der Atemluft sind gesundheitsschädliche Bestandteile enthalten. Auch in Reinigungsmitteln und Schmierstoffen können für uns abträgliche Substanzen vorhanden sein. Machen wir uns schmutzig, was oft bei dieser Arbeit nicht zu vermeiden ist, denn bei vielen Arbeiten können wir schwer Schutzhandschuhe tragen, dann heißt es vorzubeugen, damit erstens unsere Haut geschützt wird und zweitens der Schmutz, z. B. Altöl oder dgl., leicht von den Händen und Unterarmen wieder abzuwaschen ist. Hierfür gibt es bewährte Hautschutzmittel.

Folgende Unsitte muss grundsätzlich aus den Werkstätten beseitigt werden:
Das vermeintliche Reinigen unserer Haut mit Lösemitteln, z. B. Testbenzine oder gar Nitrolösungen. Vereinfacht muss hierzu gesagt werden, dass solch ein „Sünder" bei dieser leichtsinnigen Handlungsweise über die Haut so viel gesundheitsschädliche Substanzen aufnimmt, als ob er einen ganzen Tag ohne Atemschutzmaske farbgespritzt hätte.

Noch eine Unsitte darf es in unseren Betrieben nicht mehr geben:
Das Abblasen von Haut und Kleidung mittels Pressluft oder gar mit Sauerstoff.
Kommt der Luftstrahl stark und zielgerichtet auf die Haut, „impfen" wir den Schmutz unter unsere Haut.

Anmerkung

Auch Kaltreiniger sind u. U. gesundheitsschädlich und explosionsgefährlich. Sie können nicht sorglos benutzt werden. Wenn irgend möglich, sollten Kaltreinigungsgeräte eingesetzt werden. Sie haben einen Arbeitstisch mit Gitterrost, sodass die Flüssigkeit störungsfrei ablaufen kann und nicht verschüttet wird. Außerdem sind sie mit Auffanggefäßen, z. B. einem Fass, versehen. Die nicht mehr zu verwendende Flüssigkeit wird in der Regel vom Lieferer der Reinigungsflüssigkeit vorschriftsmäßig entsorgt.

Wird zudem zum Abblasen Sauerstoff aus der Gasflasche genommen, kommt hinzu, dass sich die Kleidung mit Sauerstoff anreichert. Ist sie dann noch etwas mit Öl und Fett verschmiert, was sich bei Monteurarbeiten kaum vermeiden lässt, besteht für die betreffende Person, kommt sie einer Zündquelle zu nahe, z.B beim Schweißen oder beim Rauchen in der Pause, erhebliche Brandgefahr.

Warum passiert so etwas?
Das Öl oder Fett wird in der Kleidung fein verteilt und ist in Verbindung mit reichlich Sauerstoff hochgradig brennbar.
Darum kann man z. B. Heizöl/Dieselöl in einem Dieselmotor zur Explosion bringen. – Eine Explosion ist eine sehr rasche Verbrennung. – Im Motor wird nämlich das Öl durch Entspannung, davor war es auf ca. 200 bar und mehr verdichtet worden, fein vernebelt und wird dadurch feinst verteilt mit Luft/ Sauerstoff in Berührung gebracht. Erwärmt man nun dieses Gemisch ausreichend, beginnt es von selbst zu brennen. Darum hat ein Dieselmotor eine Vorwärmungs-Glühkerze und benötigt zur Zündung keine weitere Zündkerze. Diesen Effekt (der besseren Verbrennung) nutzt man auch durch den Einsatz von Turboladern aus.
Aus dem oben dargelegten physikalischen Grund müssen auch Sauerstoffmanometer öl- und fettfrei gehalten werden. Sie würden sonst, bei schon geringer Undichtheit im Zündungsfall, wie Papier verbrennen. Wir sehen diesen Brennvorgang beim Stahlschneiden/ Brennschneiden, bei dem Stahl unter reinem Sauerstoffstrom getrennt wird.
Der Einsatz von Pressluft ist nur zum Abblasen/Ausblasen, z. B. von Werkstücken, zulässig, wenn Druckverteilungsdüsen eingesetzt werden und der Facharbeiter eine Schutzbrille trägt.

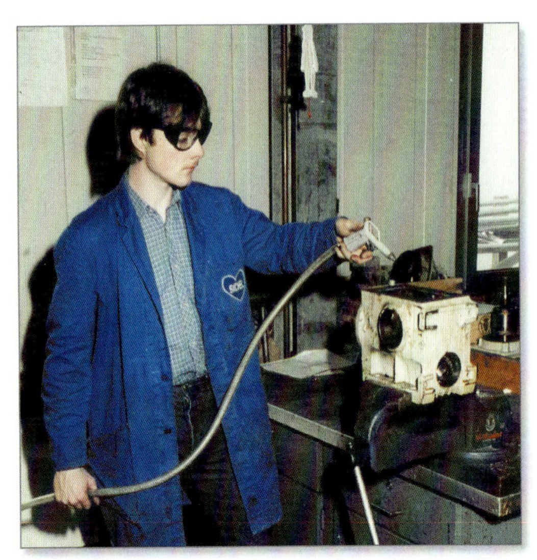

Pressluftanschlussgerät mit Druckverteilungsdüse zum Werkstückausblasen

Anmerkung

Darum müssen auch gebrauchte Putzlappen in unbrennbare Behälter mit dichtschließendem Deckel abgelegt werden, denn sie neigen durch die Öl- und Fettanreicherung zur Selbstentzündung (s. Absatz „Putzlappen").

Die Spritzpistole ist mit einem Schalter ohne Selbsthaltung (Totmann) ausgerüstet (s.a. Absatz „Flüssigkeitsstrahler").

Besser geeignet, sowohl hinsichtlich der Gefährlichkeit als auch der Umluft am Arbeitsplatz, sind Abblaskabinen.

Zum Abblasen wird das Werkstück durch eine Öffnung in den Innenraum gelegt. Dabei wird eine Lichtschranke passiert und die Druckluft eingeschaltet. Beim Entnehmen des Teiles aus der Abblaskabine wird die Druckluft automatisch wieder abgeschaltet. Alternativ bieten Hersteller auch den Anschluss an eine Absauganlage an, was die optimalste Lösung ist. Die Abblaskabine hat zudem den Vorteil, dass das Umfeld, wie Böden, Regale, Maschinen und Werkzeuge sauber bleiben.

Merke

Bei Arbeiten mit laufendem Motor Abgas abführen! – Hautschutz verwenden! – Sich nicht mit Pressluft/Sauerstoff abblasen! – Reinigungsmittel, Altöl und dgl. sachgerecht entsorgen!

Ausgelaufenes Öl muss sofort beseitigt werden.

Schadstoffentsorgung

Dem Umweltschutz zuliebe ist es eine Selbstverständlichkeit, dass wir Kaltreiniger und andere Lösemittel, Schmierstoffe oder dgl. nicht in die Kanalisation oder ins Erdreich schütten bzw. versickern lassen, denn 1 l Dieselöl z.B., verseucht schon über 1 000 l Grundwasser.

Ist uns unglücklicherweise doch einmal solch ein Malheur passiert, müssen wir verantwortungsbewusst handeln und mit entsprechenden Aufsaugmitteln den Schaden beseitigen. Außerdem wird dadurch die Glätte auf dem Raumboden beseitigt.

Es muss aber das richtige Mittel sein. Es darf selbst nicht brennbar sein, sonst haben wir den gleichen Effekt wie mit den Putzlappen (s.a. Absätze „Putzlappen" und „Betanken von Fahrzeugen").

Abriebstaub von Reibbelägen ist, wenn möglich, durch Nassreinigung zu binden oder sicher, am besten mit bauartgeprüften Staubsaugern der Kategorie K 1, abzusaugen. Beläge sind möglichst als ganze Teile abzunieten. Sie sind wie der Staub staubdicht zu verpacken und emissionsfrei zu entsorgen.

Merke

Freigewordene/verschüttete Schadstoffe, auch in kleinen Mengen, sind gemäß Betriebsanweisung zu entsorgen!
Hierbei ist die vorgegebene PSA zu tragen!

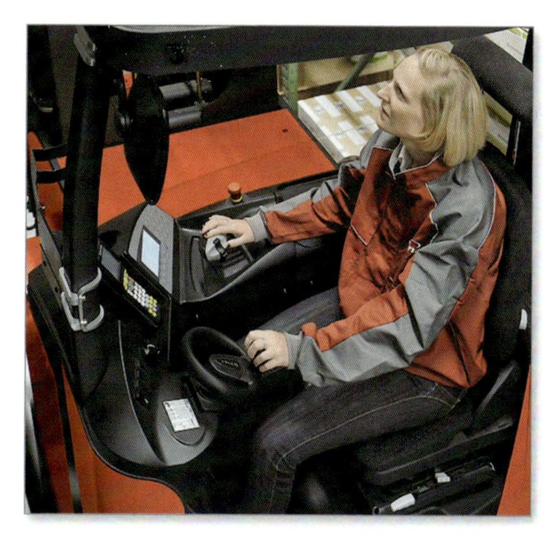

Funktionelle Kleidung hat seinen Sinn in der Logistik.

Persönliche Schutzausrüstung – PSA

Wie ein „roter Faden" zieht sich durch dieses Kapitel die Notwendigkeit des Tragens persönlicher Schutzausrüstung – PSA zur ganz persönlichen Sicherheit des Trägers.

Das Tragen dieser Schutzausrüstung ist für jeden Werktätigen Pflicht, wenn es die Unfallverhütungsvorschriften, Betriebsanweisungen und Werkverträge vorschreiben (s. Kapitel 1, Abschnitt 1.6).

Darüber hinaus darf ein Fachmann nicht mit „flatternder" Kleidung und aufgekrempelten Ärmeln seine Arbeit verrichten, denn leicht könnte er sonst damit an Stellteilen hängen bleiben.

Merke

Gesundheits- und Umweltschutzmaßnahmen nicht vernachlässigen! Persönliche Schutzausrüstung – PSA tragen!
Kleidung zuknöpfen – Ärmel nach innen umschlagen!

Zusammenfassung

Die Beachtung der erläuterten Sicherheitsmaßnahmen gewährleisten weitgehend eine unfallsichere Instandhaltung von Flurförderzeugen, sei es bei ihrer Pflege, Wartung, Reparatur oder Prüfung. (Nähere Informationen zum Thema Instandhaltung, s. Broschüre „Instandhaltungsarbeiten" von Bernd Zimmermann, erschienen im Resch-Verlag und BG-Regel „Fahrzeug-Instandhaltung" – DGUV R 109-008).

Abschleppen von Flurförderzeugen

Dies sind Sondereinsätze. Auf jeden Fall ist vorher die Betriebsanleitung zu studieren. Am besten ist es, solche möglichen Situationen vorher „durchzuspielen" und eine Betriebs-/Arbeitsanweisung hierüber zu erlassen.

Wie ist beim Abschleppen vorzugehen?

- Stellt das Flurförderzeug eine erhöhte Gefahr dar, z. B. durch eine hochgehobene Last, ist die Stelle abzusichern. Ist der Verkehrsweg eingeengt, ist ggf. mit Warnposten zu arbeiten.
- Feststellbremse anziehen. – Gilt nicht bei Maschinen mit hydrostatischem Antrieb/Getriebe. – Hierzu sind die angeführten Sondermaßnahmen zu beachten.
- Einen Unterlegkeil vor ein nicht lenkbares Rad anlegen. Steht das Fahrzeug auf einer schrägen Ebene, muss der Keil talseitig positioniert werden.
- Flurförderzeug entladen. Hierzu bei Staplern das Lastaufnahmemittel in Tiefstellung ca. 10 cm bis 150 cm zum Fahrweg hin absenken und so belassen.
- Bei Elektrostaplern ist der Notausschalter zu betätigen. – Die Lenkhilfe ist dann nicht mehr in Funktion. Bei hydrostatischem Getriebe sind zusätzlich die Standbremse und das Stopppedal wirkungslos.
- Bei Maschinen mit Hydrostat muss die Lamellenbremse gelöst werden, die als Sicherheitsmaßnahme eingreift, wenn der Öldruck im Hydrostat-Ölkreislauf abgefallen ist. Sie ist nur durch diesen Druck, der gegen ihre Druckfedern arbeitet, offen. Wird diese Bremse nicht geöffnet, kann man den Stapler keinen Zentimeter wegziehen. Zum Lösen der Bremse wird z. B. ein Stellhebel im Hydraulikkreislauf betätigt. – Nach dem Abschleppen ist diese „Bremswirkungslosigkeit" wieder rückgängig zu machen und die Sicherung wieder anzubringen. Vorher ist aber an einem nicht lenkbarem Rad ein Unterlegkeil anzulegen.

Achtung!

Findet das Abschleppen auf öffentlichem Verkehrsraum statt, gelten für beide Fahrzeuge die FZV, StVZO und die StVO (s. a. Kapitel 4, Abschnitt 4.3, Absatz „Einsatz auf öffentlichen Straßen/Verkehrsräumen").

- Das Zugfahrzeug ist entsprechend der Anhängelast auszuwählen. Hierbei ist das Eigengewicht des abzuschleppenden Fahrzeugs ggf. mit Last und zu befahrende Steigungen/Gefälle zu berücksichtigen. Die abzuschleppende Maschine gilt als ungebremster Anhänger (s. Kapitel 4, Abschnitt 4.4.3, Absatz „Anhänger verziehen").
- Das Abschleppseil/die Abschleppstange ist entsprechend der erläuterten Gesamt-Anhängerlast auszuwählen.
- Flurförderzeuge mit Hydrostat sind immer mit einer Abschleppstange zu verziehen.
- Das Abschleppmittel, z.B. ein Seil, muss entweder unten vorn am Hubgerüst oder hinten an der Kupplungseinrichtung befestigt werden, wobei der Kupplungsbolzen gegen unbeabsichtigtes Ausheben zu sichern ist. – Die Maschine darf nicht mittels eines Staplers, Schleppers, über lose Stempel, Riegel oder dgl. verdrückt werden.
- Die defekte Maschine und das Zugfahrzeug müssen immer von je einem Fahrer, der für das Steuern dieser Bauart erfolgreich geschult wurde, gesteuert werden.
- Die höchstzulässige Fahrgeschwindigkeit des defekten Flurförderzeugs darf nicht überschritten werden.
- Nach dem Abschleppvorgang ist das defekte Fahrzeug wie eine intakte Maschine abzustellen und zusätzlich ein Unterlegkeil talseitig vor ein nicht lenkbares Rad anzulegen.

Merke

Nicht im Übereifer handeln! Genau nach Betriebsanweisung und Betriebsanleitung arbeiten!

14. Grundsatz

→ Nur Fachkräfte mit Instandhaltungsarbeiten beauftragen!

→ Nur Arbeiten ausführen, wenn Sie hierfür Fachmann sind und dazu beauftragt wurden!

→ Nur intaktes Werkzeug, Geräte und funktionssichere Maschinen benutzen!

→ Flurförderzeuge gegen Wegrollen sichern!

→ Angehobenes(n) Fahrzeug/Fahrerplatz, Hubmast und Hubgerüst sichern!

→ Schutzvorrichtungen benutzen!

→ Persönliche Schutzausrüstung – PSA tragen! Kleidung zuknöpfen, Ärmel nur nach innen umschlagen!

→ Abschleppvorgaben beachten!

3.5 Prüfung von Flurförderzeugen, Anbaugeräten und Zusatzeinrichtungen

Vorbemerkung

Flurförderzeuge und Lastaufnahmemittel müssen aus Sicherheitsgründen regelmäßig geprüft werden. Doch allein mit diesen Prüfungen ist die Sicherheit nicht gewährleistet. Täglich bzw. bei Arbeitsschichtwechsel sind z. B. Sicherheitskontrollen am Fahrzeug/Gerät erforderlich. Die Erfahrung lehrt, dass beim Einsatz von verschiedenen Fahrern die Geräte weniger sorgfältig behandelt und nachlässiger gepflegt werden, als wenn sie nur von einem Fahrer geführt werden.

Abnahmeprüfung

Arbeitsmittel dürfen nur in Verkehr gebracht werden, wenn sie den vorgesehenen Anforderungen an Sicherheit und Gesundheit entsprechen. In Deutschland ist dies geregelt im Produktsicherheitsgesetz – ProdSG (dieses Gesetz gilt im Übrigen auch für alle unsere Verbraucherprodukte, wie bspw. Rasierer, Toaster, Computer usw.).

Für unsere Maschinen und Lastaufnahmeeinrichtungen (z. B. Anschlagmittel oder Anbaugeräte) sind hier die Maschinenverordnung (9. ProdSV) und die Maschinenrichtlinie 2006/42/EG maßgebend.

Die Sicherheit der Arbeitsmittel bescheinigt der jeweilige Hersteller mit einer Konformitätserklärung und dem CE-Kennzeichen. Alle Hersteller haben vor In-Verkehr-Bringen ihres Produktes dieses einer Abnahmeprüfung zu unterziehen bzw. Stichproben hinsichtlich Funktion und Sicherheit zu veranlassen.

Bestimmte Arbeitsmittel müssen zusätzliche Anforderungen erfüllen, wenn sie z. B. in besonderen Bereichen eingesetzt werden. So müssen Flurförderzeuge und andere Arbeitsmittel, die in Explosions- bzw. explosionsgefährdeten Betriebsbereichen eingesetzt werden, zusätzliche Kriterien erfüllen (Explosionsschutzverordnung, 11. ProdSV).

Bevor die Arbeitsmittel im Betrieb eingesetzt werden, muss der Unternehmer/Betreiber ihren Einsatzbereich festlegen und sie ggf. einer zusätzlichen Prüfung unterziehen, z. B. bei Lastaufnahmemitteln durch einen Sachkundigen = befähigte Person (Ziff. 315, Kap. 2.8 DGUV R 100-500).

Beim Einsatz in explosionsgefährdeten Bereichen hat der Unternehmer vor Inbetriebnahme die Gefährdung in einem besonderen Dokument = Explosionsschutzdokument darzustellen (§ 9 Abs. 4 BetrSichV i. V.m. GefStoffV) und darf nur entsprechend für diesen Einsatzbereich speziell „abgestimmte" Maschinen einsetzen. Ihm obliegt die Verantwortung für den sicheren und bestimmungsgemäßen Einsatz der Arbeitsmittel.

3.5.1 Tägliche Einsatzprüfung von Flurförderzeugen, Anbaugeräten und Zusatzeinrichtungen

Grundsätzliches

Die vorgeschriebene tägliche Einsatzprüfung/der tägliche Check von Flurförderzeugen und deren Anbau- und Zusatzgeräte vor dem Einsatz ist Pflicht (s. a. § 4 Abs. 5 BetrSichV, § 9 Abs. 1 DGUV V 68).

Die Prüfung wird in der Regel durch den Fahrer ausgeführt. Die tägliche Einsatzprüfung kann auch von fachkundigem Werkstattpersonal oder von einem hierzu beauftragten Flurförderzeugführer vor Inbetriebnahme in der Arbeitsschicht oder dgl., sowohl für eine Maschine als auch für mehrere Flurförderzeuge durchgeführt werden, denkbar z. B., wenn die Maschinen von mehreren Personen an einem Arbeitstag gesteuert werden.

Der Normalfall sollte aber die Prüfung durch den Fahrer selbst sein, da er selbst die Gewissheit verspüren sollte, ein sicheres Gerät zu benutzen.

Die Prüfung scheint nur bei oberflächlicher Betrachtung übertrieben. Rechtzeitiges Feststellen von Schäden dient nicht nur der Wirtschaftlichkeit des Gerätes, sondern auch im überwiegenden Maße der eigenen Sicherheit und der Sicherheit Dritter. Wenn man bedenkt, dass hierzu kein besonde-

Tägliche Sicht- und Funktionsprüfung vor Fahrtantritt bei einem Querstapler

rer Zeitaufwand erforderlich ist, sondern nur etwas Aufmerksamkeit des Fahrers, u. a. beim Besteigen und Anfahren des Staplers, erkennt man sofort, dass der Aufwand im Verhältnis zum Nutzen klein ist.

Merke

Eine gewissenhaft durchgeführte „Tägliche Einsatzprüfung" bewahrt uns vor unliebsamen Überraschungen!

Mängel sind dem Unternehmer bzw. Vorgesetzten sofort zu melden (s. ArbSchG, BetrSichV und DGUV V 68). Seine Anweisungen sind abzuwarten! Der Fahrer sollte erinnern, wenn Schäden oder Mängel nicht behoben werden, ruhig mehrfach, denn sein Leben ist nur so sicher wie das Fahrzeug und der Einsatzbereich es ist. Ist der Mangel/Schaden für ihn so offensichtlich und sicherheitsrelevant, muss er die Arbeit einstellen, bis der Schaden behoben ist. Ein solcher Fall liegt z. B. bei schadhaften Bremsen vor (s. a. Kapitel 1, Abschnitt 1.3, Absatz „Zusammenfassung").

Besondere betriebliche Einflüsse, wie starke Staub- oder Gasentwicklungen, erfordern weitere Prüfungen (Luftfilter, elektrische Kontakte).

Die Prüfung sollte auch dokumentiert werden. Dies ist schon aus Beweisgründen sinnvoll, um nachvollziehbar feststellen zu können, wann ein Mangel aufgetreten ist.

Als Buchführung für diesen „Check" hat sich ein Betriebskontrollbuch für Flurförderzeuge (zu beziehen beim Resch-Verlag) bewährt. Es ist so aufgebaut, dass neben den Einsatzzeiten, die für die Instandsetzungsintervalle wichtig sind, durch den Fahrer festgestellte Mängel eingetragen und vom Vorgesetzten gegengezeichnet werden können.

Ein solches oder ähnliches Buch ist für jeden Stapler beim Einsatz in Explosivstoffbetrieben erforderlich. Es kann auch als vorgeschriebenes Störfallbuch für jeden Stapler in Explosivstoffbetrieben verwendet werden (s. Kapitel 4, Abschnitt 4.2.3, Absatz „Explosionsgefährdete Betriebsstätten").

Die auf den nachfolgenden Seiten aufgestellten 4 x 4-Sicherheitsregeln für die vorgeschriebene „Tägliche Einsatzprüfung" für jede Flurförderzeugbauart können als Gedächtnisstütze sehr gute Dienste leisten.

Anmerkung

Selbstverständlich sind an dem jeweiligen Flurförderzeug nicht vorhandene Einrichtungen zu streichen und andere spezifischen Geräte oder dgl., z. B. der Spreader am Containerstapler, zusätzlich aufzunehmen.

Front-, Schubmast-, Container-, Teleskop- und Querstapler, Portalhubwagen

1. Das Fahrzeug allgemein:
1. Schäden am Fahrzeug
   (Fahrersitz, undichte/schleifende Leitungen, Karosserie)
2. Antrieb
   (z. B. Kühlwasser, Motoröl, Abgasreinigung, Batterie)
3. Beleuchtung, Bremslicht und dgl.
4. Warneinrichtung, „Not-Aus" bei Elektro-Flurförderzeugen

2. Das Fahrwerk:
1. Reifen
   (Schäden, Fremdkörper, Luftdruck)
2. Betriebs- und Feststellbremse
3. Griffigkeit der Pedale
4. Lenkung

Korrekt: Diese Reifen sind auszuwechseln.

3. Die Hubeinrichtung:
1. Führung des Lastaufnahmemittels
   (voll ausfahren, Rollenzustand, Risse im Hubgerüst)
2. Funktion des Hydrauliksystems
   (Füllstand Hydrauliköl; Senken in Nullstellung?)
3. Gabelzinken
   (Zustand, mittig eingestellt, Befestigung)
4. Hubketten, Hubseile
   (Zustand, gleichmäßige Spannung)

Rückhalteeinrichtung/Bügeltür intakt und funktionstüchtig

4. Die zusätzlichen Einrichtungen:
1. Fahrerschutzdach, Lastschutzgitter, Fahrerkabine, Rückhalteeinrichtungen
   (Schäden, Befestigung, Bildschirm und Videokamera, z. B. am Portalhubwagen)
2. Anbaugeräte und Zusatzgeräte, auch die Arbeitsbühne
   (Befestigung, Schäden)
3. Lastaufnahmemittel
   (Zustand, Ablegereife, Überlastwarn-/-abschalteinrichtungen an teleskopierbaren Masten)
4. Anhängevorrichtung und Anhänger
   (Unterlegkeil)

Fahrerkabine sauber. Hindernisse im Fußraum?

Regal-, Kommissionierstapler – Kommissioniergerät

1. Das Fahrzeug allgemein:
1. Schäden am Fahrzeug
   (Rahmen, Fahrerplatz, betretbare Arbeitsplattform)
2. Antrieb
   (Batterie)

3. Schalteinrichtung (selbsttätig auf Nullstellung)
4. Warneinrichtung, Selbstrettungsmittel, Rückhaltesysteme

2. Das Fahrwerk:
1. Räder
2. Bremsen
3. Pedale (Griffigkeit)
4. Lenkung (Lenkrad/-knauf, Spiel)

Bremsprobe? Auch die Last muss dem standhalten.

3. Die Hubeinrichtung:
1. Hydraulik (undichte Leitungen, Füllstand, kein Senken in Nullstellung)
2. Lastaufnahmemittel (Gabelzinken, Plattform)
3. Hubmast (Risse, Führungsrollenzustand)
4. Hubketten, Hubseile (ausreichende und gleichmäßige Spannung)

Arbeitsscheinwerfer, Rundumleuchte, Fahrerschutzdach, Kabine o.k.?

4. Die zusätzlichen Einrichtungen:
1. Fahrerschutzdach (Schäden, Befestigung)
2. Beleuchtung
3. Personensicherung für Schmalgang
4. Aufhängervorrichtung und Anhänger (Kupplung, Zuggabel, Räder, Ladefläche)

Hubwagen

1. Das Fahrzeug allgemein:
1. Schäden am Fahrzeug (Rahmen, Batteriekasten, Fahrerplatz)
2. Antrieb (Batterie)
3. Lastaufnahmemittel (Risse, verbogen)
4. Hubeinrichtung (undichte/schleifende Leitungen)

2. Das Fahrwerk:
1. Räder
2. Bremsen
3. Lenkung (Spiel)
4. Stellteile (selbsttätig zurück in Nullstellung)

3. Die Sicherheitseinrichtungen:
1. Hupe
2. Notausschalter
3. Beleuchtung
4. Durchgreifschutz

Durchgreifschutz vorhanden und sauber?

Wagen – Schlepper

1. Das Fahrzeug allgemein:
1. Schäden am Fahrzeug
   (Aufstieg, Türen, Fahrerplatz)
2. Antrieb
   (je nach Art, Batterie, Kühlwasser, Ölstand)
3. Schalteinrichtung
   (selbsttätig in Nullstellung)
4. Warneinrichtung

2. Das Fahrwerk:
1. Räder
2. Bremsen
3. Pedale
   (Griffigkeit)
4. Lenkung
   (Lenkrad/-knauf, Spiel)

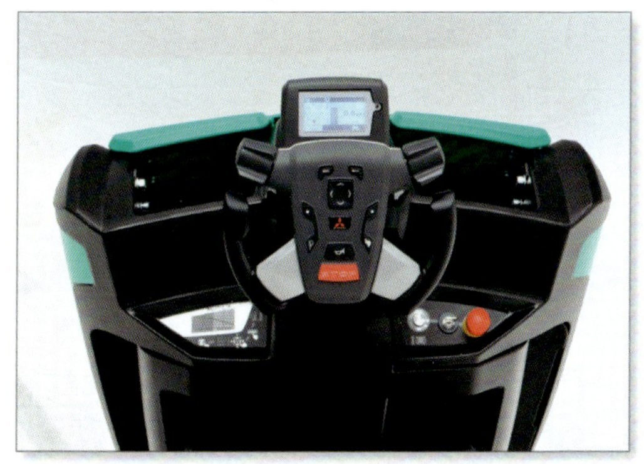

Lenkung, Stellteile, Sicherheitseinrichtungen überprüft?

3. Die Ladefläche/der Laderaum (entfällt ggf. bei Schleppern):
1. Boden
   (Zustand)
2. Ladebordwände
   (Befestigung, Verriegelung)
3. Ladungssicherungsmittel

4. Die zusätzlichen Einrichtungen:
1. Beleuchtung, Bremslicht, Fahrtrichtungsanzeiger
2. Anhängerkupplung und Anhänger
   (Kupplung, Zuggabel, Räder, Ladeflächen)
3. Mitfahrerplatz
   (Festhaltebügel)
4. Auflagen für Einsatz auf öffentlichen Straßen und Wegen
   (Papiere)

Zugvorrichtung/Anhängerkupplung, Rücktasteinrichtung, Beleuchtung in Ordnung?

Mitgänger-Flurförderzeuge

1. Das Gerät allgemein:
1. Schäden am Gerät
   (Rahmen, Batteriekasten)
2. Antrieb
   (Batterie)
3. Fahrerplatz (bei Kombigeräten)
4. Warneinrichtung, Notausschalter

Funktionscheck vor Fahrtbeginn

2. Das Fahrwerk:
1. Räder
   (Lager, Rundlauf)
2. Deichsel-Lenkung
   (Befestigung, Tastkopf, Spiel)
3. Stellteile
   (selbsttätig zurück in Nullstellung – ggf. keine Behinderung durch den Handschutzbügel?)
4. Bremse
   (Selbsttätigkeit bei Fahrerstand- und Mitgänger-Flurförderzeugen)

Schäden an Gerät, Deichsel, Stellteilen?

3. Die Hubeinrichtung:
1. Hydraulik
   (undichte Leitungen, Füllstand, kein Senken in Nullstellung)
2. Lastaufnahmemittel
   (Gabelzinken, Plattform, Befestigung)
3. Hubmast
   (Risse, Rollenzustand)
4. Hubketten, Hubseile
   (Zustand, gleichmäßige Spannung)

4. Die zusätzlichen Einrichtungen:
1. Anbaugerät
   (bestimmungsgemäßer Anbau)
2. Zusatzgerät
   (Funktion, Befestigung)
3. Standplattform (bei Kombigeräten)
4. Seitenschutz (bei Kombigeräten)

Plattform und Seitenschutz o.k.?

Personensicherungseinrichtungen am Schmalgang

Der Unternehmer oder dessen Beauftragter hat dafür zu sorgen, dass auch die zum Betrieb von Flurförderzeugen erforderlichen Sicherheitseinrichtungen einer täglichen Einsatzprüfung unterzogen werden.

Diese Prüfung ist nur dann nicht erforderlich, wenn der Ausfall der Sicherheitseinrichtung selbsttätig und für das Bedienungspersonal deutlich erkennbar angezeigt wird, z.B. durch eine Überwachungsschaltung mit Rundumwarnleuchte am Zugang des Schmalganges in Verbindung mit Lichtschranken, u.a. für den Betrieb von Regal-, Kommissionierstaplern.

Die überprüfende Person muss kein/e Sachkundiger/befähigte Person sein. Es genügt, eine Aufsichtsperson, wie z.B. einen Lagerleiter, zu verpflichten.

3.5.2 Wiederkehrende-/Sonderprüfungen – Prüfumfang – Prüfnachweis

Grundsätzliches

Auszug aus der Betriebssicherheitsverordnung – BetrSichV

§ 14 Abs. 2 und 3:
„Unterliegen Arbeitsmittel Schäden verursachenden Einflüssen, die zu gefährlichen Situationen führen können, hat der Arbeitgeber die Arbeitsmittel entsprechend den nach § 3 Abs. 3 ermittelten Fristen durch hierzu befähigte Personen überprüfen und erforderlichenfalls erproben zu lassen.
Der Arbeitgeber hat Arbeitsmittel einer außerordentlichen Überprüfung durch hierzu befähigte Personen unverzüglich zu unterziehen, wenn außergewöhnliche Ereignisse stattgefunden haben, die schädigende Auswirkungen auf die Sicherheit des Arbeitsmittels haben können. Außergewöhnliche Ereignisse im Sinne des Satzes 2 können insbesondere Unfälle, Veränderungen an den Arbeitsmitteln, längere Zeiträume der Nichtbenutzung der Arbeitsmittel oder Naturereignisse sein.
Die Maßnahme nach den Sätzen 1 und 2 sind mit dem Ziel durchzuführen, Schäden rechtzeitig zu entdecken und zu beheben sowie die Einhaltung des sicheren Betriebs zu gewährleisten."

§ 10 Abs. 2:
„Der Arbeitgeber hat sicherzustellen, dass Arbeitsmittel nach Änderungs- oder Instandsetzungsarbeiten, welche die Sicherheit der Arbeitsmittel beeinträchtigen können, durch befähigte Personen auf ihren sicheren Betrieb geprüft werden."

§ 4 Abs. 5:
„Der Arbeitgeber hat bei der Gefährdungsbeurteilung nach § 5 des Arbeitsschutzgesetzes unter Berücksichtigung der Anhänge 1 bis 5, des § 6 der Gefahrstoffverordnung und der allgemeinen Grundsätze des § 4 des Arbeitsschutzgesetzes die notwendigen Maßnahmen für die sichere Bereitstellung und Benutzung der Arbeitsmittel zu ermitteln. Dabei hat er insbesondere die Gefährdungen zu berücksichtigen, die mit der Benutzung des Arbeitsmittels selbst verbunden sind und die am Arbeitsplatz durch Wechselwirkungen der Arbeitsmittel untereinander oder mit Arbeitsstoffen oder der Arbeitsumgebung hervorgerufen werden."

§ 2 Abs. 6:
„Für Arbeitsmittel sind insbesondere Art, Umfang und Fristen erforderlicher Prüfungen zu ermitteln. Ferner hat der Arbeitgeber die notwendigen Voraussetzungen zu ermitteln und festzulegen, welche die Personen erfüllen müssen, die von ihm mit der Prüfung oder Erprobung von Arbeitsmitteln zu beauftragen sind."

Anmerkung

Bei dem Ergebnis der Analyse sollte immer beachtet werden, dass die Beweislast nach einem Schaden beim Unternehmer liegt.

Sachkundiger/befähigte Person

Was ist unter einem Sachkundigen/einer befähigten Person zu verstehen?

Befähigte Personen oder Sachkundige sind Fachleute, die aufgrund ihrer fachlichen Ausbildung und Erfahrung über ausreichende Kenntnisse und zeitnahe berufliche Tätigkeit und somit über die erforderlichen Fachkenntnisse über die zu prüfenden Betriebsanlagen und -geräte, Maschinen oder dgl. verfügen. Sie müssen mit den einschlägigen staatlichen Arbeitsschutzvorschriften, Unfallverhütungsvorschriften und allgemein anerkannten Regeln der Technik, z. B. DGUV-Regeln, DIN EN-Normen, VDE-Bestimmungen, technischen Regeln anderer EU-Staaten bzw. anderer Vertragsstaaten des Abkommens über den Europäischen Wirtschaftsraum soweit vertraut sein, dass sie den arbeitssicheren Zustand der Arbeitsmittel beurteilen können (s. § 2 Abs. 6 BetrSichV, TRBS 1203).

Diese Kollegen können auch aus dem eigenen Betrieb stammen. Sie müssen frei urteilen können, d. h. weisungsfrei sein. Ihnen sind die erforderlichen Prüfgeräte zur Verfügung zu stellen, ansonsten ist eine ordnungsgemäße und vorschriftsmäßige Prüfung nicht möglich. Wird die Prüfung von einem firmeninternen Fachmann durchgeführt, hat der Arbeitgeber das notwendige „Rüstzeug" zur Prüfung auf seine Kosten (nach Weisung des Sachkundigen/der befähigten Person) zu beschaffen.

Aus dem eigenen Betrieb können es u. a. sein: Ingenieure, Techniker, unterwiesene Meister und besonders ausgebildete und bewährte Handwerker aus Metallberufen, aber auch Flurförderzeugführer selbst.

Es liegt im Ermessen des Unternehmers/der Betriebsleitung, wen er als Sachkundigen mit der Prüfung beauftragt. Vom Sachkundigen muss verlangt werden, dass er vom Standpunkt der Sicherheit aus, objektiv seine Begutachtung und Beurteilung abgibt, unbeeinflusst von betrieblichen oder wirtschaftlichen Umständen (so TRBS 1203). Zur Absicherung des Unternehmers, dass er den „richtigen" Sachkundigen/befähigte Person beauftragt, ist ein Befähigungsnachweis sinnvoll, der dieser Person nach spezieller Schulung/einem Lehrgang erteilt wird (solche Lehrgänge werden z. B. vom Haus der Technik Essen angeboten). Der Unternehmer hat damit eine sorgfältige Pflichtenübertragung vorgenommen.

Prüfdienst

Oft wird seitens der Geschäftsführung von Betrieben, besonders nach angeforderten Angeboten von Fachfirmen für die Prüfungskosten bzw. nach eingegangener Rechnung zu durchgeführten Prüfungen durch eine Fachfirma, überlegt, ob diese Prüfungen künftig nicht von eigenen Mitarbeitern durchgeführt werden können.

Bei der folgenden Kostenrechnung werden dann oft die Kosten für die Werkzeuge, Prüfgeräte, die Arbeitsplätze, der Zeitaufwand für die Prüfung (er wird leider oft zu gering angesetzt) und die vorab erforderliche Ausbildung sowie die späteren Weiterbildungen außer Acht gelassen. Gerade die Weiterbildung ist ein Kostenfaktor, der ins Gewicht fällt, weil sich die technischen Ausführungen der Fahrzeuge/Geräte ändern (Verbesserungen/Erweiterungen werden seitens der Hersteller vorgenommen), die eine Fortbildung der Prüfer erforderlich machen.

Es ist unabdingbar, dass ein Prüfer auf dem Stand der Technik ist.
Zudem ist regelmäßige Prüfpraxis zu gewährleisten, d. h. von den befähigten Personen sind mehrere Arbeitsmittelprüfungen durchzuführen. Fehlt es daran oder wird über einen längeren Zeitraum (z. B. länger als 1 Jahr) keine Prüfung durchgeführt, müssen durch die Teilnahme an Prüfungen anderer Prüfer erneut Erfahrungen gesammelt und das Wissen aufgefrischt werden, bevor wieder eigenverantwortlich geprüft wird (s. TRBS 1203 Punkt 2.3).

Regelmäßige Prüfung eines Gabelstaplers

Aus der Erfahrung ist zu sagen, dass sich ein eigener Prüfdienst, wenn überhaupt, nur lohnt, wenn auch mindestens eine eigene Wartungs- und Reparaturwerkstatt für Flurförderzeuge betrieben wird. Ist dies der Fall, ist zu beachten, dass der Prüfer aus Gründen der Neutralität nicht gleichzeitig ein Instandhalter sein sollte, denn dieser kann schwerlich seine eigene Arbeit neutral beurteilen.

Sachverständige gelten selbstverständlich auch als Sachkundige/ befähigte Personen. Umgekehrt ist dies jedoch nicht der Fall.

Für Überprüfungen gibt es Grundsätze, nach denen diese Person zu prüfen hat. Diese sind vom Betreiber/Auftraggeber vorzugeben. Im Schadensfall können sonst auf Betreiber und befähigte Person Rechtsfolgen zukommen, falls der Schaden in kausalem Zusammenhang zur Prüfung steht (s. z. B. §§ 37 und 38 DGUV V 68).

Anschlagmittel für hängende Lasten

Anschlagmittel, wie Rundstahlketten, Stahldrahtseile und Hebebänder sowie ihr Zubehör, z. B. Lasthaken und Schäkel, müssen ebenfalls mindestens jährlich einmal durch eine befähigte Person auf Sicherheit (auf Ablegereife – unbrauchbar/erforderliche Reparatur) überprüft werden (s. a. Absatz „Prüfumfang – Ziffer 3.2").

Rundstahlketten und Hebebänder mit aufvulkanisierter Umhüllung müssen darüber hinaus alle drei Jahre auf Schäden u. a. einer zerstörungsfreien Prüfung unterzogen werden. Auch diese Prüfungsfrist muss ggf. verkürzt werden (s. Eingangsbegründungen für die Maschinen selbst).

Haupt-/Wiederholungsprüfung

Flurförderzeuge, deren Anbaugeräte und Zusatzeinrichtungen sind gemäß § 37 DGUV V 68 regelmäßig, jedoch mindestens einmal jährlich durch einen Sachkundigen = befähigte Person auf sicherheitstechnische Mängel hin zu überprüfen (s. a. Absatz „Grundsatz").

Anmerkung

Diese Prüfungen sind unabhängig von den ggf. durchzuführenden Hauptuntersuchungen gemäß FZV und StVZO bei erteilten Ausnahmegenehmigungen zur Teilnahme am öffentlichen Straßenverkehr erforderlich.

Diese Vorgabe beruht auf jahrzehntelanger Erfahrung der Technischen Aufsichtsbeamten = Aufsichtspersonen und den Ergebnissen aus dem Unfallgeschehen beim Einsatz von Flurförderzeugen.

Das Prüfungsintervall kann bzw. muss auf der Grundlage einer Gefährdungsanalyse (§ 3 BetrSichV) kürzer angesetzt werden, z. B. beim Einsatz in aggressiver Atmosphäre, und längerer Außerbetriebsetzung (> 5 Monate/Winterzeit/Saisonbetrieb) und vor Wiederinbetriebnahme.

Bei den Gefährdungsbeurteilungen ist stets die Betriebsanleitung zu berücksichtigen und im Zweifelsfall der Hersteller und die Technischen Aufsichtsbeamten zu Rate zu ziehen.

Merke

Flurförderzeuge, Anbaugeräte, Zusatzeinrichtungen u. dgl. müssen einer regelmäßigen Hauptprüfung unterzogen werden!

Prüfumfang

Wiederkehrende Prüfungen müssen sich auf die Überprüfung des Zustandes der Bauteile der Fahrzeuge/Geräte, ihrer Einrichtungen und auf das Vorhandensein und die Wirksamkeit/Funktion ihrer erforderlichen Sicherheitseinrichtungen sowie auf die Vollständigkeit des Prüfnachweises erstrecken.

Dafür, was und wie im Einzelnen zu prüfen ist, gibt es unterschiedliche Vorgaben. Diese sind z. B. in der VDI 2511 oder der FEM 4004 aufgeführt.

Die Prüfung sollte u. a. Folgendes umfassen:

1. Fahrwerk und Antrieb

1.1 Lenkung, z. B. Nullstellung, toter Gang, Lenkgestänge, Lenkhebel, Gelenke, Radlager, Achsaufhängung, Achsschenkelbolzen

1.2 Bremsen (Betriebs- und Feststellbremse), z. B. Bremsbeläge, -leitungen, -anschlüsse, Feststellvorrichtung der Feststellbremse, Wirksamkeit der Bremsen, Bremsseile, -gestänge, -pedalspiel, -pedalgriffigkeit

1.3 Räder, z. B. Radbolzen, Bereifung (Zustand, Abfahrtiefe), Luftdruck; bei Mitgänger-Flurförderzeugen: Fußabweiser

1.4 Fahrgestell, z. B. Rahmen, Traversen (Verbindungen, Schweißnähte), Befestigungen von Hubgerüst und Gegengewicht, Federung/Tragfedern und Federlagerungen), Anhängerkupplung (Befestigung)

1.5 Antrieb

1.5.1 Elektrik, z. B. Leitungen, Sicherungselemente, Befestigung der Batterie, Anschlussvorrichtungen von Kabelanschluss, Schalteinrichtung

1.5.2 Verbrennungsmotorisch, z. B. Verbrennungseinstellung, Abgasreinigung, Auspuffzustand; bei Flüssiggas-/Erdgasbetrieb: Tankanschluss, Flaschenbefestigung, Funktion, Dichtheit gemäß DGUV G 310-004

1.6 Schaltung, z. B. Stellteile, Steuerungsorgane, Schalt-, Zünd-, Anlassschloss, Fahrschalter

2. Hubwerk

2.1 Hydraulik, z. B. Dichtheit, Lauf

2.2 Hubgerüst, z. B. Rollen, Gleitschienen, Endschalter, Anschläge, gleichmäßiger Lauf der Innenmaste, Befestigung, Lagerung; bei Windenantrieb: Flaschenzugseilrollen, Seilrollen, Seiltrommeln

Anmerkung

Schlauchleitungen älter als sechs Jahre, mit einer Lagerzeit von höchstens zwei Jahren, sollten nicht verwendet werden, denn sie unterliegen einer natürlichen Alterung. Hiervon kann entsprechend vorliegender Prüf- und Erfahrungswerte in den jeweiligen einzelnen Anwendungsbereichen, insbesondere unter Berücksichtigung der Einsatzgebiete, abgewichen werden. Für Schläuche und Schlauchleitungen aus Thermoplasten können andere Richtwerte maßgebend sein. Weicht die Lebensdauer von dem o. a. Richtwert ab, ist dies auch in der Betriebsanleitung des Herstellers angegeben. Die Schlauchleitungen sind u. a. mit einem Herstellerdatum versehen (s. a. Abschnitte 4.2.2 und 5.4.2 BGR 237).

2.3 Huborgane, z.B. Hydraulikschläuche, Schlauchanschlüsse, Klemmen, Schlösser

2.3.1 Rundstahlketten und Seile gemäß DIN-Normen, z.B. DIN 685-5 „Geprüfte Rundstahlketten, Benutzung"

2.3.2 Lamellenketten (Flyer-, Rollenketten), z.B. Rissprüfung, Probebelastung, 1,25-fach der höchstzulässigen Tragfähigkeit des Staplers im eingebauten Zustand, zulässige Längung 3 %, Bolzen und Laschen auf Abnutzung und Kerben untersuchen.

Unbrauchbare/ablegereife Hubmastkette

Anmerkung

Die Messung erfolgt am besten z. B. über 17 Doppelglieder im Arbeitsbereich, wobei eine Länge von 17 Doppelgliedern einer neuen Kette vorgegeben ist. Ergibt die Messung, dass auf dieser Messstrecke nur 16½ Doppelglieder der gebrauchten Kette vorhanden sind, ist die Kette auszuwechseln (sie ist ablegereif).

Achtung!

Die Ketten müssen sauber und entölt sein.

3. *Lastaufnahmemittel*

3.1 Gabelzinken, Dorne, Ausleger, Haken: z.B. Abnutzung (s. Herstellervorgabe) und Formveränderung (Durchbiegung), hier für Belastung mit höchstzulässiger Traglast des Flurförderzeuges jeder einzelnen Gabelzinke unter Beachtung

Gabelzinkenprüfgerät im Einsatz

des Normlastschwerpunktabstandes der Maschine, wobei sie mittig am Gabelträger zu positionieren ist.
Gabelzinken dürfen nur geringfügig verbogen sein.

Wenn der Gabelwinkel von 90° zwischen Gabelrücken und Gabelblatt bei den Messpunkten des Normlastschwerpunktabstandes „D", z.B. für Frontgabelstapler bis 5 000 kg von 500 mm nach vorn und oben: < 88° > 91° oder der Höhenunterschied der Gabelblattlängenspitze > 3 % bzw. die zulässige Vorgabe des Herstellers überschreitet, muss dieser eingeschaltet werden.

Höhendifferenzen der Gabelzinken zueinander von ≥ 10 mm sind problematisch.

Extreme Aufbiegung der Gabel. Hier muss der Hersteller zu Rate gezogen werden.

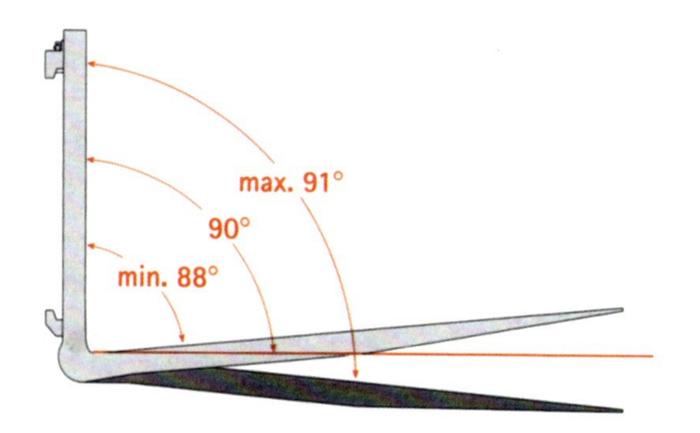

Zulässige Toleranzen der Stellung des Gabelschaftes/-rücken zum Gabelblatt.

Seitliche Verbiegungen im vorderen Drittel bis zu 6 mm sind noch tragbar.
Das Richten von Gabelzinken, ja grundsätzlich die Reparatur derselben, sollte nur vom Gabelzinkenhersteller bzw. durch einen vom Hersteller autorisierten Betrieb durchgeführt werden.

Zu dünne (10 % Abnutzung gemessen an der Unterseite der größten Abnutzung, z. B. nahe des Gabelknickes, s. a. ISO 5057) oder rissige Gabelzinken sind ablegereif. Die Mindestdicke der Spitze sollte ⅙ der ursprünglichen Dicke nicht unterschreiten.
Bohrungen in der Spitze des Gabelblattes, z. B. als Zughilfe zum Hervorziehen von Paletten, sind nicht günstig. In den übrigen Bereichen sind sie unzulässig.
Aufschweißungen sind nicht erlaubt. Bei 10 %iger Abnutzung ist die Tragfähigkeit der Gabelzinke um 19 % herabgesetzt. Eine Weiterverwendung auch mit herabgesetzter Tragfähigkeit ist unzulässig. Außerdem ist sie ablegereif, wenn die Kennzeichnung gemäß ISO 2330 nicht mehr lesbar ist.
Wurden an einer Gabelzinke Reparaturen vorgenommen, ausgenommen Reparaturen oder Ersatz der Arretierung, darf sie erst wieder benutzt werden, wenn sie gemäß ISO 2330 einem Belastungstest unterzogen wurde. Für eine Traglast „L“ ist dies mit einer Testlast „F“ wie folgt vorzunehmen:

$L \leq 5\,000\,kg \rightarrow F = 2{,}5 \cdot L$

$L > 5\,000\,kg \rightarrow F = 2{,}1 \cdot L$

Gabelzinkenbruch – Zustand des Gefüges lässt auf einen Schaden vor mehreren Wochen schließen.

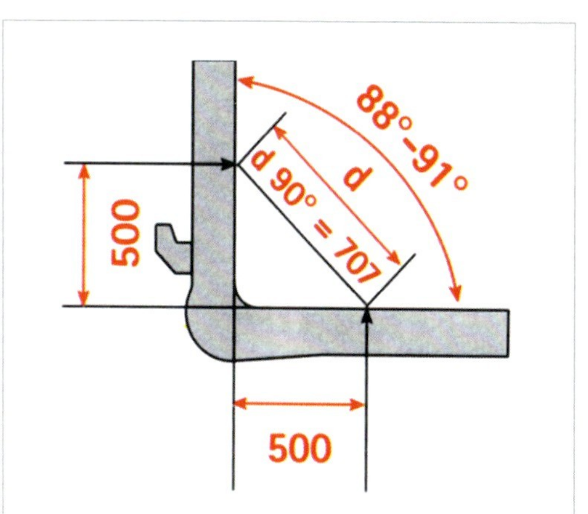

Das Diagonalmaß d darf betragen bei:
a) Allzweck-Staplern d = 695 bis 713 mm
b) Staplern mit erhöhten Anforderungen (z. B. Regal-/Kommissionierstapler und Regalbediengeräte): d = 704 bis 710 mm.

Eine Gabelzinke mit einem Maß d außerhalb des o. g. Bereiches ist nicht mehr betriebssicher und muss ausgetauscht oder, wenn möglich, repariert werden.

So messe ich richtig

Achtung!

Längsrissbildung im Inneren des Gabelblattes, z. B. durch Belastung/Schläge durch unebenen Fahrweg, besonders bei verwundenen Gabelblättern, sind schwer zu erkennen. Bei Zinken, die älter als zehn Jahre sind, ist verstärkt darauf zu achten, weil das Material schon müde wird.

Anmerkung

Rissfreiheit wird durch zerstörungsfreie Prüfung (Sprühmittel, Ätzverfahren oder dgl.) festgestellt.

1. Die zu prüfende Oberfläche ist rückstandsfrei gereinigt.

2. Diffusions-Rot auf zu prüfende Stelle sprühen, Eindringzeit ca. 20 Minuten.

3. Diffusions-Rot mit Reiniger oder Wasser von der Oberfläche entfernen.

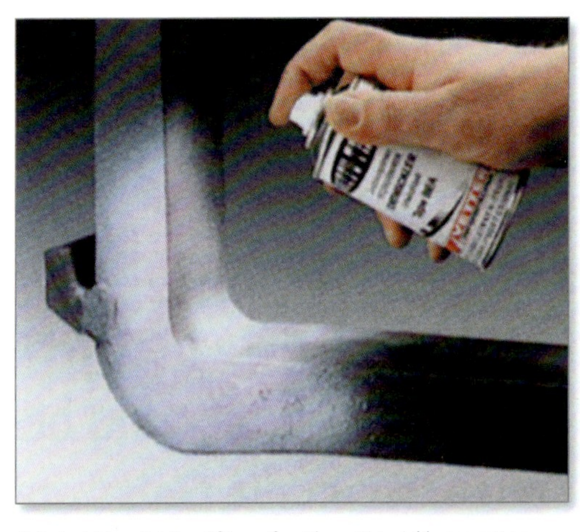

4. Entwickler gleichmäßig aufsprühen. Entwicklungszeit ca. 20 min. Risse werden durch austretende Kontrastfarbe sichtbar.

3.2 Sonstige Mittel, wie Anhängegeräte, deren Zustand, Befestigungselemente, Anschlagmittel und Zubehör gemäß DIN EN 13414.
Zur Außerbetriebnahme ggf. bis zur Instandsetzung dürfen sie nicht mehr benutzt werden – sind sie ablegereif (s.a. Kapitel 4, Abschnitt 4.3, Absatz „Belastungstabellen").

4. *Sonstiges*

4.1 Beschilderung/Beschriftung, z.B. Fabrikschild, Warnaufkleber „Aufenthaltsverbot für Personen unter Lastaufnahmemittel", Luftdruck, Anhängelast, Tragfähigkeitsdiagramm, Lasttabelle

4.2 Beleuchtungsanlage, z.B. Fahrscheinwerfer (auch für Rückwärtsfahrt), Arbeitsscheinwerfer, Fahrtrichtungsanzeiger usw. für Verkehr auf öffentlichen Straßen und Wegen (s. Abschnitt 4.4.7), Anhängerkupplung, Waggonverzieheinrichtung, Beifahrerplatz, Haltegriffe, Aufstieg, Fahrersitz

5. *Sicherheitseinrichtungen*

Fahrerschutzdach, Fahrerstandschutz (Zustand, Befestigung), Lastschutzgitter, Warn-

einrichtung (Hupe), Kettenrolleneinlaufschutz und Quetsch-, Scherstellenschutz, z. B. mittels Kunststoffscheibe/Gitterplatte an Hubmast und Lastaufnahmemittel, Gabelzinkenaushub-, Verschiebe- und Abziehsicherung, Not-Aus-Schalter am Elektrostapler/Abziehgriff an Batteriesteckvorrichtung, Nottastknopf/Deichselkopfschalter und Fußschutz an Mitgänger-Flurförderzeugen (s. a. Ziffer 1.3).
Beim Rückhaltesystem ist auf seine Wirksamkeit, z. B. nicht aushängbarer Kabinentüren, Befestigung der Sicherheitstüren /-bügel sowie des Fahrersitzes/Verriegelung des Chassisdeckels und seine Funktion, z. B. ggf. in Verbindung mit dem Fahrantrieb und Bremse sowie des Sicherheitsgurtes beim Schrägzug nach außen zu achten/zu prüfen. – Im hochgeklappten Zustand des Batteriedeckels/ der Motorhaube ist der Gurt arretiert.

6. ***Anhänger***
   Die Grundlage für den Prüfungsumfang von Anhängern ist die BetrSichV. Die Prüfung muss sich mindestens auf äußerlich erkennbare Schäden und Mängel erstrecken. Besonderes Augenmerk ist auf Funktion und Befestigung der Zuggabel mit ihrer Einhängöse, der Räderbefestigungen, die Verriegelungsvorrichtung der Ladeflächenwände im aufrechten Zustand und Befestigungsösen oder dgl., z. B. für Zurrgurte, zu richten.

7. ***Handbetriebene Flurförderzeuge***
   Für handbetriebene Flurförderzeuge, z. B. Hebelroller, Hubwagen, Handgabelstapler, sind die in der FEM 4.004 für diese Bauarten zutreffenden Prüfungsgrundlagen heranzuziehen.

Merke

Sicherheitsprüfungen dienen hauptsächlich dem Arbeits- und Gesundheitsschutz!

Zusatzprüfungen

Neben der regelmäßigen Hauptprüfung können zusätzliche Sonderprüfungen erforderlich sein. Sie sind z. B. angezeigt für die Abgasmessung, z. B. für Flüssig-/Erdgasstapler alle 6 Monate (s. § 37 DGUV V 79) oder Dieselstapler jährlich (s. TRGS 554).

Alle vier Jahre sind Waggonrangierfahrzeuge einer Prüfung durch einen Sachverständigen zu unterziehen.

Außerordentliche Prüfungen

Flurförderzeuge sollten nach wesentlichen Änderungen, z. B. Auswechseln des Hubmastes, Erhöhung der Tragfähigkeit oder Schweißungen an tragenden Teilen, u. a. am Hubmast, durch einen Sachverständigen, z. B. vom Hersteller, geprüft werden. Als wesentliche Änderung gilt nicht der Einsatz von Teilen gleicher Art oder das Umrüsten wie Wechseln des Lastaufnahmemittels.

Bei Staplern in explosions- bzw. explosivstoffgefährdeten Betrieben ist nach wesentlichen Änderungen an den Ex-Schutzeinrichtungen eine Prüfung durch eine anerkannte Prüfstelle notwendig.

Austausch schadhafter Maschinenteile

Immer wieder tritt die Frage auf, ob nach einem Austausch eines schadhaften Teils, wie z. B. einer Hubkette oder Gabelzinke, auch die zweite Hubkette oder Gabelzinke ersetzt werden muss. – Nein, das muss sie nicht. Es muss aber gewährleistet sein, dass beide Ketten wieder gleichmäßig ziehen bzw. die Gabelzinke u. a. parallel zur neuen Zinke steht (Abweichung < 6 mm) und die Höhendifferenz zueinander < 10 mm beträgt.

Im Zweifelsfall ist der Hersteller zu Rate zu ziehen.

Wartungen

Wartungsarbeiten, die aufgrund von Betriebsanleitungen oder Empfehlungen des Herstellers erfolgen, haben sich für die Sicherheit und den störungsfreien Einsatz sehr bewährt. Sie sind im übrigen auch Bestandteil einer ordnungsgemäßen Arbeit mit einem Flurförderzeug. Sie ersetzen die Hauptprüfung aber nicht.

Prüfnachweis

Die wiederkehrenden Prüfungen sind zu dokumentieren (s. § 14 BetrSichV und § 39 DGUV V 68). In der Regel geschieht dies für kraftbetriebene Flurförderzeuge durch Eintragung, auch der festgestellten Mängel, jeweils in ein Prüfbuch. Der Nachweis kann auch über die EDV geführt werden. Hierbei muss aber erkennbar sein, wer die Eingabe und wer die Prüfung vorgenommen hat. Die Erkennbarkeit/Zuordnung des Eintragenden kann z. B. durch Zugriffsberechtigung mittels Passwort erfolgen. Für die Aufsichtspersonen u. dgl. muss außerdem die Kenntnisnahme der Eintragung durch Gegenzeichnung wie auch im Prüfbuch am Einsatzort möglich sein.

Für handbewegte bzw. durch Muskelkraft betriebene Flurförderzeuge kann der Nachweis durch die Eintragung in ein Prüfbuch geführt werden, in das mehrere Flurförderzeuge eingetragen werden können, wenn auch hierfür nicht die EDV-Eintragung gewählt wird.

Bei gemieteten oder geliehenen Geräten/Flurförderzeugen kann der Nachweis auch durch eine Kopie des letzten Prüfnachweises am Einsatzort geführt werden.

Bei geleasten Flurförderzeugen ist es anders, denn die Prüfpflicht liegt in der Regel bei der Person, die das Flurförderzeug geleast hat, also es tatsächlich nutzt. Diese Fahrzeuge sind wie eigene Fahrzeuge zu „betreuen". Es sei denn, ein privatrechtlicher Vertrag regelt es anders.
Ob ein Flurförderzeug geliehen, gemietet oder geleast (mit „Betreuungsvertrag") wurde, der betreibende Unternehmer muss sich regelmäßig vergewissern, ob das Gerät/Fahrzeug vorschriftsmäßig geprüft wird (s. Kapitel 1, Abschnitte 1.2 und 1.4).

Der Nachweis einer Prüfung muss enthalten:
- Datum und Umfang der Prüfung sowie eventuelle noch ausstehende Teilprüfungen,
- Ergebnis der Prüfung mit Angabe festgestellter Mängel,
- Beurteilung, ob einem Weiterbetrieb Bedenken entgegenstehen,
- Angaben über notwendige Nachprüfungen,
- Name und Anschrift des Prüfers

(s. § 39 DGUV V 68).

Abnahmeprüfungsprotokolle, Gutachten von Sachverständigen und Protokolle von außerordentlichen Prüfungen sollten zur Einsichtnahme nahe dem Einsatzort vorliegen und dem Prüfbuch beigelegt werden.
Wie die o. a. Protokolle sollte der Unternehmer es stets ermöglichen, dass die Prüfungsnachweise so nah wie möglich am Einsatzort einsehbar sind.

Die Beseitigung der bei der Prüfung festgestellten Mängel ist vom jeweiligen Reparateur im Prüfbuch zu vermerken. Eindeutige, beigeheftete Rechnungen erfüllen den gleichen Zweck.

Anmerkung

Vorbereitete Prüfungsbogen, die vom Prüfer vor Ort nur ausgefüllt werden müssen, und Prüfberichte der Prüfer gelten, wenn sie die o. a. Angaben enthalten, selbstverständlich auch als ausreichender Nachweis der durchgeführten Prüfung. Sie können auch in das Prüfbuch des Flurförderzeuges eingeheftet werden.

Prüfung von Gebrauchtmaschinen vor Wiederinbetriebnahme

Wird ein gebrauchtes Flurförderzeug von einer Fachfirma verkauft (Hersteller – Werksvertretung), wird dieses vor Abgabe an den Kunden so überprüft, dass es einer Hauptprüfung/regelmäßigen Prüfung entspricht. Diese Prüfung sollte sich der Kunde jedoch im Prüfbuch bescheinigen lassen.
Wurde solch eine Prüfung durchgeführt, kann die Prüfung vor Inbetriebnahme entfallen, anderenfalls ist sie vornehmen zu lassen.

Prüfplakette

Prüfplaketten stellen zur leichteren Übersicht und Kontrolle durch Aufsichtführende eine große Hilfe dar. Sie ersetzen jedoch nicht den schriftlichen Nachweis, sei es in einem Prüfbuch oder durch die Eintragung in die EDV, denn die erforderlichen Angaben und Beurteilungen des Prüfers sind auf der Plakette nicht möglich.

Prüfungsplaketten nach Abgasprüfung eines gasbetriebenen Gabelstaplers sowie der regelmäßigen Prüfung (unter Hinweis auf Rechtsgrundlage DGUV V 68).

Seit Jahren hat sich die Plakette bewährt. In Anlehnung an die Plakette nach der DEKRA-/TÜV-Prüfung unserer Pkws wird jedoch davon ausgegangen, dass, wenn sie am Flurförderzeug angebracht ist, das Gerät/die Maschine in Ordnung ist.
Das ist aber oft nicht der Fall, und kann es oft auch nicht sein, denn der Prüfer hat evtl. Mängel am Flurförderzeug festgestellt, die nicht sofort behoben werden konnten. Er dokumentiert nur seine Prüfung und den Hinweis auf die nächste Hauptprüfung.

Um Missverständnisse zu vermeiden, sollte die Plakette erst angebracht werden, wenn auch die bei der letzten Prüfung festgestellten sicherheitstechnischen Mängel behoben worden sind.

Beseitigt die Prüffirma diese Mängel nicht selbst oder führt sie keine Nachprüfung durch, so empfiehlt sich folgendes Verfahren:
Die Prüffirma schickt nach der durchgeführten Prüfung, bei der sie sicherheitstechnische Mängel festgestellt hat, die Prüfplakette an den Unternehmer bzw. dessen Beauftragten mit dem Hinweis, die Plakette erst am Flurförderzeug anzubringen, wenn die Mängel behoben worden sind.
Da der Unternehmer bzw. dessen Beauftragter für den sicherheitstechnischen Zustand in erster Linie verantwortlich ist, ist diese Verfahrensweise eine juristisch einwandfreie Handlung und verursacht darüber hinaus keine nennenswerten Kosten.
Im Klartext: Der Sachkundige/die befähigte Person haftet für die Prüfung – für den Betrieb danach ist der Betreiber verantwortlich.

15. Grundsatz

- → Die tägliche Einsatzprüfung ist durchzuführen!
- → Schäden/Sicherheitsmängel sind zu melden und unverzüglich zu beheben!
- → Die Sicherheitsprüfungen sind unabdingbar!
- → Auf anstehende Prüfungen ist hinzuweisen!
- → Die Prüfungen sowie ggf. die Mängelbeseitigung sind zu dokumentieren!

Kapitel 4
Einsatz von Flurförderzeugen

4.1.1.1 Verkehrswege – Grundsätzliches

Vorbemerkung

Für einen sicheren Flurförderzeugeinsatz spielen die Verkehrswege eine wichtige Rolle. Wie auch bei der Konstruktion und der Bedienung sind physikalische Gesetze und die Ergonomie zu berücksichtigen.

Grundsätzlich müssen die Wege weitgehend waagerecht angelegt und eben ausgeführt sein sowie erhalten werden. Diese Vorgaben sind gleichrangig wichtig, denn sie haben einen wesentlichen Einfluss darauf, dass die Schwerkraftlinie des Flurförderzeuges in etwa in der Längsachsmitte der Maschine verbleibt.

Darüber hinaus können Unebenheiten, die mit den Fahrzeugen überfahren werden, Schwungkräfte erzeugen, die sich negativ auf die Sicherheit auswirken: Die Maschine kann ins Schwanken kommen, Lasten können verrutschen, Lastteile herabfallen und starke Vibrationen auf den Fahrer einwirken. Nicht zuletzt kann die Maschine Schaden nehmen.

Außerdem können die dynamischen Kräfte, z. B. die Fliehkraft, die beim Kurvenfahren auftritt, die ganze Maschine zum Umstürzen bringen.
Leider kann der Konstrukteur diese negativen Auswirkungen nicht vollständig ausgleichen, sodass der Betreiber die notwendigen Maßnahmen treffen muss.

Merke

Verkehrswege waagerecht und eben anlegen!
Unebenheiten/Schlaglöcher beseitigen!

Anhalteweg

Ein Fahrer kann kein Flurförderzeug vor einem Hindernis unmittelbar zum Stillstand bringen. Das gelingt einem Pkw-Fahrer auf der Straße auch nicht, denn zum einen muss der Fahrer erst auf die Situation reagieren (Reaktionszeit) und zum anderen wirkt auf das Fahrzeug eine Trägheitskraft, die es weiter in Fahrtrichtung treibt (s. a. Kapitel 2, Abschnitt 2.4.1, Absatz „Trägheitskraft").
Darum legt jedes Fahrzeug, bevor es zum Stillstand kommen kann, einen Anhalteweg zurück. Es sei denn, es fährt – sarkastisch gesagt – gegen eine Betonwand, und auch dann legt es noch einen Weg, wenn auch nur einen geringen Verformungsweg, zurück.

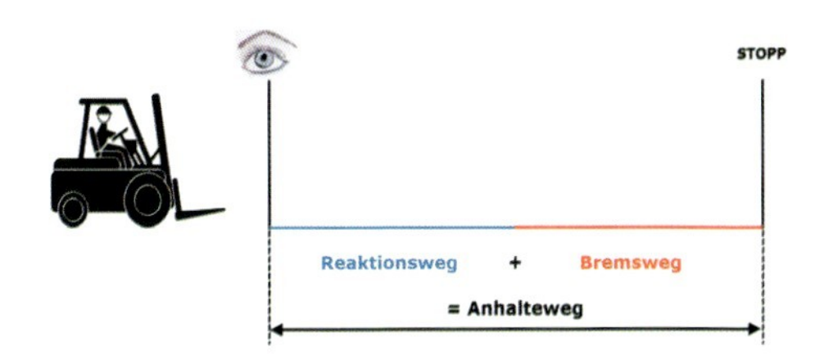

Der Anhalteweg „A_W" setzt sich aus Reaktionsweg „R_W" und Bremsweg „B_W" zusammen:
$[A_W = R_W + B_W]$

Ein Anhalteweg „A_W" errechnet sich für feuchte und mit Gummiabrieb oder dgl. versehene Fahrbahnen vereinfacht folgendermaßen:

Reaktionsweg: $\left[R_W = \frac{v}{10} \cdot 3\right]$

Bremsweg: $\left[B_W = \left(\frac{v}{10}\right)^2\right]$

Anhalteweg: $\left[A_W = \frac{v}{10} \cdot 3 + \left(\frac{v}{10}\right)^2\right]$

Beispiele:

$$v = 25\ \text{km/h}: \quad A_W = \frac{25}{10} \cdot 3 + \left(\frac{25}{10}\right)^2 = 13{,}75\ \text{m}$$

$$v = 50\ \text{km/h}: \quad A_W = \frac{50}{10} \cdot 3 + \left(\frac{50}{10}\right)^2 = 40\ \text{m}$$

Auf trockener Straße beträgt der Anhalteweg bei 15 km/h noch 5,6 m, bei 30 km/h ist er bereits 14 m lang und bei 60 km/h braucht man schon 40 m, bis das Fahrzeug zum Stehen kommt.

Die Flurförderzeuge bewegen sich im Durchschnitt zwischen 7 km/h und 25 km/h, wobei die Elektrogabelstapler langsamer fahren als die mit Diesel- oder Otto-Motoren betriebenen Flurförderzeuge. Die Durchschnittsgeschwindigkeit „v" der Stapler mit einer Last und auf Wegen in Regalgängen und zwischen Stapeln liegt bei ca. 10 km/h.
Auch bei dieser Geschwindigkeit beträgt der Anhalteweg bei erhöhter Aufmerksamkeit und Bremsbereitschaft – Fuß nahe dem Bremspedal – noch ca. 2,50 m.

Viele Flurförderzeugführer glauben, dass sie das Fahrzeug auf kürzerer Strecke zum Halten bringen können. Das ist ein gefährlicher Irrtum.

Im Betrieb ist darüber hinaus noch zu berücksichtigen, dass sich der Flurförderzeugführer mit seinem Fahrzeug nicht wie auf der Straße im fließenden Verkehr bewegt, sondern meistens mit Querverkehr und Personen rechnen muss, die plötzlich unmittelbar vor sein Fahrzeug treten. Dadurch ist der Weg, auf dem er seinen Stapler zum Halten bringen muss, genauso kurz wie beim Heranfahren eines Pkw an ein Stauende auf der Autobahn. Und wie häufig dort Auffahrunfälle passieren, weiß jeder.

Der Fahrer hat seine Fahrgeschwindigkeit stets darauf einzurichten, dass er bei Gefahr rechtzeitig anhalten kann.

Beschaffenheit

Auf Hauptverkehrswegen werden z.B. Front- und Teleskopstapler oft mit 20 km/h sowie Schubmaststapler mit 16 km/h gefahren. Damit ist auch eine entsprechend längere Sicht in die Ferne erforderlich (s.a. Abschnitt 4.5.2).

Im Betrieb, besonders nahe Torein- und -ausfahrten, ist die Fahrbahn oft durch Reifenabrieb und Feuchtigkeit glatt. Durch den dadurch geringeren Reibbeiwert baut der Bodenbelag eine kleinere Reibungskraft auf, der Bremsweg und damit der Anhalteweg wird länger. Dies wirkt sich negativ auf die Griffigkeit/Traktion der Reifen, besonders bei Kurvenfahrten, aus.

Merke

Mit angepasster Geschwindigkeit fahren!
Anhalteweg berücksichtigen!

Planung

Trotz „Einstellung" des Fahrers auf den Anhalteweg seines Fahrzeuges muss der zwangsläufig auftretende Anhalteweg auch bei Betriebs- und Lagereinrichtungsplanungen berücksichtigt werden. Die Arbeitsstättenverordnung – ArbStättV mit ihrer Richtlinie ASR 17/1, 2 gibt hierfür genaue Vorgaben. Die Forderungen und die Durchführungsregeln dieser Vorschrift sind möglichst schon bei der Pla-

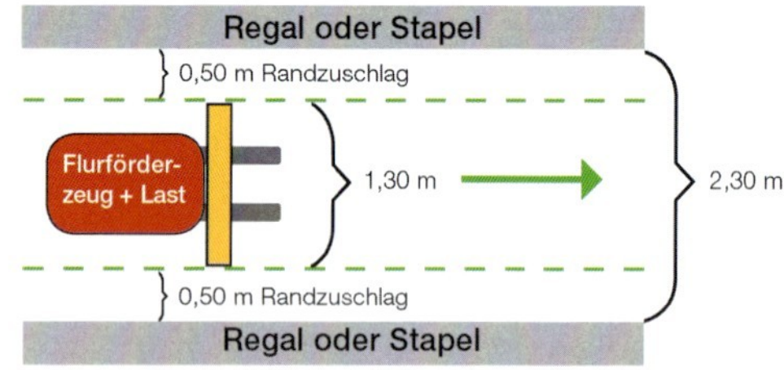

Mindestbreite des Verkehrswegs bei einer Verkehrsrichtung

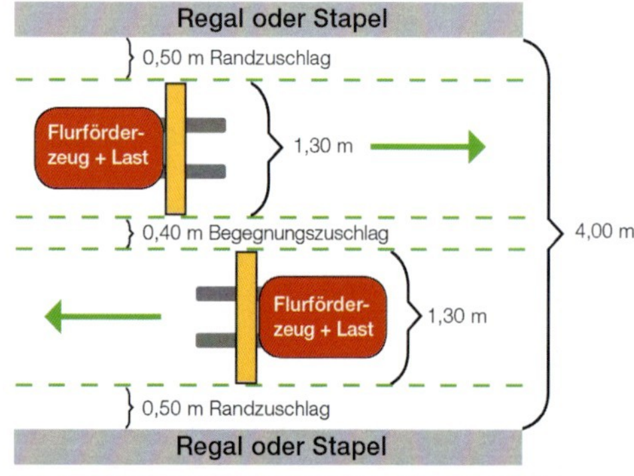

Mindestbreite des Verkehrswegs bei Gegenverkehr

Verkehrswegeabmessungen nach ArbStättV

nung von Fabrikanlagen, der Aufstellung von Maschinen und der Einrichtung von Lagerhallen zu beachten.

Der Unternehmer hat die Verkehrswege, für die er verantwortlich ist, festzulegen und so einzurichten, dass einer Gefährdung seiner Beschäftigten und dritter Personen vorgebeugt wird. Unter Festlegung dieser Wege ist auch die Freigabe u.a. zum Befahren von Flurförderzeugen zu verstehen. Besondere Verkehrswege, wie z.B. für Kommissionierstapler, Regalstapler, Container- und Teleskopstapler sowie Portalhubwagen (Container-Terminals), sind so einzurichten, dass Personen durch den Verkehr dieser Fahrzeuge nicht gefährdet werden (s. Kapitel 3, Abschnitt 3.3.3).

Verkehrswegeabgrenzung z.B. zum Fußgängerbereich

Hierzu einige Entscheidungshilfen:

Die Wegeführung ist möglichst so anzulegen, dass Ring- und damit wenig Begegnungsverkehr entsteht. Dies erspart nebenher extra breite Wege.

Fußgänger und Lastverkehr sind möglichst voneinander zu trennen. Tore sind am besten mit einem separaten Personeneingang zu versehen.

An Türen, Toren, Treppenauf- und -abgängen, Durchgängen, Durchfahrten und dgl. müssen die Verkehrswege für Fahrzeuge (hierzu gehören auch die Flurförderzeuge) in einem Abstand von mehr als 1 m vorbeiführen. Ist dies nicht zu verwirklichen, sind Sicherungen vorzusehen, die verhindern, dass Personen direkt auf den Verkehrsweg treten können, z.B. Barrieren mit Knieleisten als Durchsteigesicherung.

Verkehrsweg getrennt von Fußgängerweg und zusätzliche Barrieren, z.B. vor Sozialräumen.

Aber Vorsicht! Die Barrieren dürfen die Quetschgefahr nicht verlagern. Es muss zwischen der Barriere und dem Flurförderzeug ein Sicherheitsabstand von ≥ 500 mm vorhanden sein. Es sei denn, sie ist am Anfang und Ende als „Tüte" – Einfädeltasche ausgeführt! Zu den Gefahrenstellen zählen auch die Ausgänge von Sozialräumen, denn hier sind die Menschen erfahrungsgemäß oft unaufmerksam. Je nach Betriebsgegebenheiten und vorgesehenen Flurförderzeugen sind die Breiten und Höhen entsprechend einzurichten.

4.1.1.2 Verkehrsflächenbelastung

Grundvorgabe

Der Verkehrsweg muss ausreichend tragfähig sein und nicht zuletzt auch bei starken Umwelteinflüssen, wie Hitze, tragfähig bleiben. Hierauf ist besonders in Leichtbau- und Tragluftbauten und bei Asphalt unter Sommersonneneinstrahlung zu achten. Hierzu ist es wichtig zu wissen, welches Gewicht z.B. ein Gabelstapler auf den Boden, sowohl in der Fläche, wenn sie nicht vollständig unterlegt ist als auch über seine Räder, besonders bei Böden, die aus einem Bohlen- oder Gitterrostbelag bestehen, abgibt.

Nicht ausreichend tragfähig für ein Flurförderzeug – Gefahr!

Maschinenaufstandsfläche

Stapler mit einer zulässigen Traglast ≤ 4 t haben eine Aufstandsfläche von ca. 2 m² (Achsabstand mal Spurweite). Stapler mit höherer Tragfähigkeit und Schubmaststapler haben eine größere Aufstandsfläche.

Flächenbelastung

Die Mehrbelastung beträgt durch die Hub- oder Senkbewegung, und ggf. sogar wegen Unebenheiten in der Fahrbahn, im Schnitt das 1,4-fache – Schwingungsbeiwert/Stoßfaktor – der angehobenen Last (s.a. Richtlinie 2008/42/EG).

Die Formel nach VDI 2199 „Empfehlungen für bauliche Planungen beim Einsatz von Flurförderzeugen" für die Bodenflächenbelastung durch Stapler pro m² lautet:

Flächenbelastung ohne Hublast

$$= \frac{\text{Eigengewicht} + 75\,\text{kg (Fahrer)} \times 1{,}4\ \text{(Stoßfaktor)}}{\text{B (Breite ohne Hublast)} \times \text{L (Länge L 2 + Gabelzinken)}}$$

Stapler mit einem längeren Normlastarm, z.B. 1 200 mm, sind wegen ihres hohen Eigengewichts etwas schwerer.

Maß B:
ohne Hublast = größte Fahrzeugbreite
mit Hublast = größte Fahrzeugbreite einschl. Palette auf Gabel

Maß L:
ohne Hublast = größte Fahrzeuglänge einschl. Gabelzinken
mit Hublast = größte Fahrzeuglänge einschl. Palette auf Gabel

Maß L 2:
Fahrzeuglänge Gegengewicht Hinterkante bis Vorderseite Gabelschaft

alle Werte:
- ohne Hublast: Gabelzinken 1 000 mm lang
- mit Hublast: Palette 1 000 x 1 200 mm quer
- ohne integrierten Seitenschieber

Vereinfacht können wir die Bodenbelastung auch folgendermaßen ermitteln (Fahrergewicht wurde nicht berücksichtigt):

Ein Stapler bis zu 2 t Tragfähigkeit wiegt etwa das Doppelte von dem, was er tragen kann.
Ein Stapler mit 1,5 t Traglast wiegt also 3 t und hat bei Volllast ein Gesamtgewicht von 4,5 t.

Stapler, die mehr als 2 t tragen, wiegen erst einmal 4 t (2 x 2) und dazu das mehr, was sie mehr als 2 t tragen können. Ein Gabelstapler mit einer Tragfähigkeit von 3,5 t wiegt demnach:
2 x 2 t = 4 t
→ 4 t + 1,5 t = 5,5 t ohne Last,
→ 5,5 t + 3,5 t = 9 t Gesamtgewicht mit Last.

Bei Frontstaplern ab 5 t zulässiger Traglast errechnet sich das Gesamtgewicht in etwa wie folgt: 2 x 2 t plus dem Gewicht, was sie mehr als 2 t tragen dürfen, plus der zulässigen Traglast, plus nochmals 1,5 t.

Flächenbelastung mit Hublast

$$= \frac{\text{(Eigengewicht} + 75\,\text{kg (Fahrer)} + \text{Nennlast)} \times 1{,}4\ \text{(Stoßfaktor)}}{\text{B (Breite mit Hublast)} \times \text{L (Länge L 2 + Lastlänge (mind. Gabelzinkenlänge))}}$$

Frontstapler bis ca. 4 t Tragfähigkeit nehmen ca. 2 m² belastete Bodenfläche ein. Quer-/Gelände- und Containerstapler sind großflächiger.

Beispiel für einen 8-t-Stapler:
4 t + 6 t + 8 t + 1,5 t = 19,5 t Gesamtgewicht.

Berechnen wir mit unserer Überschlagsrechnung die Belastung eines Verkehrsweges beim Einsatz eines 2-t-Gabelstaplers:
2 x 2 t + 2 t Last = 6 t.
Da der Stapler ca. 2 m² Bodenfläche einnimmt, teilen wir durch 2 und erhalten 6 t : 2 m² = 3 t/m²

Merke

Auf ausreichende Tragfähigkeit des Fahrweges achten!

Punktbelastung/Raddruck

Sein Gesamtgewicht gibt ein Frontstapler bis ca. 4 t Tragfähigkeit also auf ca. 2 m² Boden ab. In der Praxis sieht die Lastverteilung jedoch ungünstiger aus. Bei der Lastaufnahme, besonders bei Belastung bis an seine maximale Tragfähigkeit, rückt der Gesamtschwerpunkt (resultierend aus Stapler- und Lastschwerpunkt) nahe an die Vorderachse. Der Stapler hebt sich fast, bedingt durch die zusätzlichen Bewegungskräfte, kurzzeitig von den Hinterrädern ab. Dieser Vorgang ist deutlich erkennbar durch die leichtere Beweglichkeit der Lenkung, da ein Stapler Hinterradlenkung hat. Die Bewegungskräfte sind um so größer, je höher die Geschwindigkeit ist, mit der die Last gehoben oder gesenkt wird und je ruckartiger die Bewegung begonnen und beendet wird.

Dadurch kann jedes Vorderrad von Staplern dieser Größenordnung einen Raddruck von bis zu 2 800 kg • 10 (Erdbeschleunigung) = 28 000 N (Newton) auf den Verkehrsweg ausüben. Denn werden Lasten angehoben oder abgesenkt, und ist der Stapler mit seiner Nennlast ausgelastet, also hat ein Stapler mit 2 t Tragfähigkeit 2 t aufgenommen, können sich durch die dynamischen Kräfte die Hinterräder kurzzeitig vom Boden abheben (s. bereits gemachte Ausführungen). Das Gesamtgewicht liegt dann auf der Vorderachse. Das bedeutet, dass bei einem 2-t-Stapler 6 t Gesamtgewicht kurzzeitig über beide Vorderräder, also 3 t je Rad, auf den Boden wirken können.
Ein Linde-Stapler H 20 z. B. hat mit Last eine statische Radlast vorn von 2 595 kg. Hierbei muss noch mit dem Stoßfaktor pro Rad von 1,1 gerechnet werden, weil der Boden, besonders einzelne Bodenteile (Bohlen oder dgl.), durch das Heben und Senken von Lasten auch stoßartig beansprucht wird. Der Stoßfaktor beträgt deshalb nur 1,1, weil für Flächenlast bei vier Rädern mit 1,4 gerechnet wird.

Demzufolge entsteht folgende Kraftwirkung:

Gesamtgewicht geteilt durch zwei mal Stoßfaktor 1,1 mal Erdbeschleunigung 10:
2 595 kg • 1,1 • 10 m/sec² = 28 545 N = 2 855 daN.
Ein Still-Stapler R 20 hat z. B. eine maximale Achslast von 3 656 kg. Dies entspricht 1 828 kg pro Rad. Diese Kraft wirkt über die Radauflagefläche auf den Boden. Von ihm wird sie in Form einer Gegenkraft aufgefangen. Kann der Boden diese Gegenkraft nicht aufbringen, bricht er ein, denn der Boden kann nur seine mögliche Bodenpressung entgegensetzen. Sie ist abhängig von seiner Beschaffenheit/Bodenart.

Die erforderliche Stützfläche „Fl" in cm² für einen Stapler errechnet sich aus:

$$\left[\; Fl = \frac{\text{Stützkraft in daN}}{\text{Bodenpressung in daN/cm}^2} \; \right]$$

Je größer die Aufstandsfläche ist, über die der Stapler seine Stützkraft in [daN] über die Räder, ggf. unter Verwendung von unter die Räder gelegte Druckverteilungsplatten, auf den Boden abgibt, desto geringer ist die Bodenbelastung/-pressung auf den Fahrweg.

Ein Beispiel aus dem täglichen Leben:

Vergleicht man diese beiden Paar Schuhe, wird schnell klar, dass man mit den High-Heels aufgrund der viel kleineren Aufstandsfläche viel leichter im Boden versinken wird, als mit den Sportschuhen, denn der Druck auf den Boden ist bei den Turnschuhen auf eine viel größere Fläche verteilt.

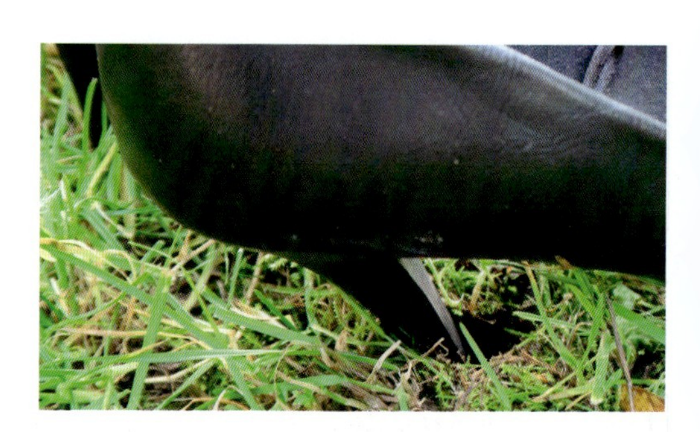

Bodenart	**Zulässige Bodenpressung in daN/cm² (kg/cm²)**
A) Angeschütteter, nicht künstlich verdichteter Boden	0 – 1
B) Gewachsener, offensichtlich unberührter Boden	
1. Schlamm, Torf, Moorerde	0
2. Nicht bindige, ausreichend fest gelagerte Böden:	
- Fein- bis Mittelsand	1,5
- Grobsand bis Kies	2,0
3. Bindige Böden:	
- breiig	0
- weich	0,4
- steif	1,0
- halbfest	2,0
- hart	4,0
4. Fels mit geringer Klüftung in gesundem, unverwittertem Zustand und in günstiger Lagerung:	
- in geschlossener Schichtenfolge	15
- in massiger oder säuliger Ausbildung	30
C) Künstlich verdichteter Boden - Asphalt, Pflastersteine, - Beton je in Abhängigkeit vom Unterboden	**Bauzeichnungen einsehen. Ggf. Bodenbohrungen vornehmen**

Technische Angaben für die Bodenbelastung z. B. durch Linde-Frontstapler mit Dieselantrieb

Verwendete Reifengröße				
Achse	H 20	H 25	H 30	H 35
Antriebsachse	7,00 – 12	7,00 – 12	28 x 9 – 15	28 x 12,5 – 5
Lenkachse	6,50 – 10	6,50 – 10	23 x 9 – 10	23 x 9 – 10

Die Werte sind Anhaltswerte vom Reifenhersteller, hier Continental. Bei anderen Reifenfabrikaten können Abweichungen auftreten.

Bodenpressung						
Achse	**Bereifung**	**Belastung**	**H 20**	**H 25**	**H 30**	**H 35**
Antriebs-achse	Luft	mit Last (daN/cm²)	8,4	8,7	8,2	–
		ohne Last (daN(cm²)	4,7	5,0	–	–
		Luftdruck (bar)	10	10	9	–
	SE	mit Last (daN/cm²)	9,5	10,3	10,2	8,9
		ohne Last (daN/cm²)	5,7	5,9	5,7	5,4
Lenk-achse	Luft	ohne Last (daN/cm²)	5,2	5,6	5,7	6,0
		Luftdruck (bar)	8	8	7	7
	SE	ohne Last (daN/cm²)	6,1	6,6	6,3	6,7

Zur Beurteilung der Bodenbelastung ist immer der jeweils größte Belastungswert der jeweiligen Räder zugrunde zu legen, hier eines Staplers mit 2 000 kg Tragfähigkeit.

Die statischen Radlasten stellen sich wie folgt dar:				
Typ	**H 20 D**	**H 25 D**	**H 30 D**	**H 35 D**
Eigengewicht (kg)	3 895	4 350	4 895	5 500
mit Hublast:				
vorn (kg)	2 595	3 088	3 553	4 010
hinten (kg)	353	338	493	490
ohne Hublast:				
vorn (kg)	988	1 045	1 143	1 255
hinten (kg)	960	1 130	1 305	1 495

Alle Werte beziehen sich auf die Standardausrüstung (s. Typenblatt des Staplerherstellers) mit Einfachbereifung und 1 000 mm langen Gabelzinken, jedoch ohne Fahrergewicht.

Es besteht eine enge Beziehung zwischen Luftdruck und Bodendruck. Generell sind die Reifen mit dem vom Hersteller vorgegebenen Luftdruck zu fahren. Eine gut gemeinte Erhöhung des Luftdrucks ist nicht gut. Nur bei Einhaltung des niedrigen Luftdrucks (Herstellervorgabe) gibt der Reifen den Druck verteilt auf eine große Aufstandsfläche weiter und federt Kraftstöße ausreichend ab. Bleibt der Kontaktflächendruck mit dem Fahrwegsboden bei steigender Radlast gleich, erhöht sich der Druck im Unterboden (Fahrweg) nur geringfügig.

Anmerkung

Luftreifen haben in der Regel eine größere Aufstandsfläche als SE-Reifen. Das Luftvolumen trägt das Gewicht im Reifen. Mit steigendem Luftvolumen ist bei gleichbleibender Radlast ein niedrigerer Luftdruck zulässig. Große Luftvolumina werden durch Breitreifen oder größere Durchmesser erzielt, z. B. bei Geländestaplern.

Geländestapler, ausgerüstet mit großvolumigen Reifen und damit großer Auflagefläche

Weitere Ausführungen zu dem Thema Bereifung s. a. Kapitel 3, Abschnitt 3.1, Absatz „Bereifung".

Wie sind die jeweiligen Angaben über Bodenpressung durch den Stapler für den Einsatz des Staplers verwertbar?

Beispiel:
Ein Dieselstapler mit einer Tragfähigkeit von 2 000 kg mit SE-Bereifung auf der Antriebsachse übt mit Last einen Druck/eine Kraft von 9,5 daN/cm² auf den Boden aus.
Weist die Bodenart die annähernd gleiche zulässige Bodenpressung, z. B. Asphalt mit 10 daN/cm² auf, sind keine zusätzlichen Abstützungsmaßnahmen erforderlich.
Soll der Stapler aber auf hartem, bindigem Boden mit zulässiger Bodenpressung von nur 4 daN/cm² eingesetzt werden, sollten Druckverteilungsplatten oder dgl. in folgender Größe untergelegt werden:

$$Fl = \frac{9{,}5}{4} \times \text{Reifenaufstandsfläche}$$

$$= 2{,}38 \times \text{Reifenaufstandsfläche}$$

Achtung!

Fußbodenbeläge, z. B. aus Asphalt, können durch Hitzeeinwirkung sehr viel an Bodenpressung verlieren. Hierauf ist besonders im Sommer und generell in Traglufthallen zu achten.

Anmerkung

Durch sommerliche Temperaturerhöhungen können ganze Stapel und Lagergeräte, wie Kunststoffkästen, instabil werden und umstürzen (s. a. Abschnitt 4.1.3).

Die Reifenaufstandsfläche ist beim Reifenhersteller zu erfragen. Sollte sie nicht zu erfragen sein, kann man sie in etwa auch durch einen Abdruck des Reifens, z. B. mittels Kreide, auf dem Fahrweg ermitteln.

Bei anderen Reifenarten, z. B. Bandagenreifen, mit denen u. a. Schubmaststapler ausgerüstet werden, liegen die Punktbelastungen mit bis zu 18 daN/cm² höher. Der Grund dieser höheren Punktbelastung liegt überwiegend in der geringeren Aufstandsfläche als z. B. bei Luftbereifung.

Durch den hohen Raddruck können Fahrwegauflagen, z. B. bei Regalflurförderzeugen, sehr leicht Schaden nehmen, besonders bei Ein- und Ausfahrten an Regalen und beim Ein- und Auslagern, u. a. mit Schubmaststaplern, da der Boden an diesen Stellen zusätzlich einer erhöhten Reibung durch die Kurvenfahrten sowie Beschleunigungskräfte, z. B. durch das Anfahren und Abbremsen beansprucht wird. Die Böden sind entsprechend auszulegen.
Leider werden auch Fußböden von Lager- und Regalbühnen – sie haben oft nur eine Tragfähigkeit von ≤ 250 daN/m² (kg/m²) – in ihrer Stabilität überschätzt. Genauso passiert dies bei Aufzügen, Ladebrücken, Ladebordwänden sowie den Böden von Fahrzeug-/Anhänger- und Wechselaufbauten (s. Abschnitte 4.1.1.3, 4.1.2.2 und 4.1.4).

Bodenluken, Fußboden- und Montageöffnungen

Aufgrund der Erläuterungen wird deutlich, warum es gefährlich sein kann, die Belastbarkeit von Abdeckungen oder anderen Öffnungen zu überschätzen.

Besonderes Augenmerk ist auf Abdeckungen aus Holz zu legen, da es passieren kann, dass ein Maschinenrad auf einem Holzbrett zum Stehen kommt. Durch einen Bruch der Bohle, aber auch schon bei einem Durchbiegen derselben, gerät der Stapler in Schräglage oder kommt in Schwingung und kann umstürzen. Dies geschieht umso leichter, je höher sich die Last in dieser Situation befindet.

Punktbelastete Revisionsschachtabdeckung

Auch das Einsinken von nur einem Staplerrad kann den Stapler zum Umstürzen bringen, wenn die Gesamtschwerkraftlinie aus der Standfläche des Staplers herausfällt (s. Kapitel 2, Abschnitt 2.3, Absatz „Standsicherheit von Staplern"). Druckverteilungsplatten, die z. B. über die Abdeckung von Montageöffnungen gelegt werden, beseitigen diese Gefahr. Sie müssen jedoch gegen ein Verrutschen gesichert sein (s. a. Abschnitt 4.4.7).

Merke

Besonderes Augenmerk auf Bodenabdeckungen legen!

Zustand der Wege

Die Ausführung und Beschaffenheit der Verkehrs- und Transportwege muss den Erfordernissen der Stapler angepasst sein. Die Tragfähigkeit muss mindestens dem halben Gesamtgewicht des Staplers oder dem höheren Raddruck entsprechen, wenn nicht sichergestellt ist, dass auf diesem Verkehrsweg nur Lasten geringeren Gewichts als seine Tragfähigkeit befördert werden. In jedem Lagerhaus mit Untergeschoss muss die Tragfähigkeit in kg/m² dauerhaft und leicht erkennbar angegeben sein.

Verkehrswege sind möglichst eben und weitgehend rutschhemmend anzulegen und zu erhalten. Dies gilt besonders auf kritischen Flächen, wie Laderampen und schrägen Ebenen. Aufgetragene Kunststoffe bringen hier Abhilfe.

Die Verkehrswege sind stets freizuhalten. Dies gilt auch für das Abstellen von Lasten, besonders an Aus- und Eingängen, Treppen, vor Sozialräumen, Notausgängen sowie Feuerlösch- und Schalteinrichtungen, z. B. Notausschalter, auch wenn das Abstellen nur vorübergehend erfolgen sollte.

Ein Flurförderzeug darf nicht in den Boden einsinken können. Dies ist besonders auf Höfen und Lagerplätzen zu beachten. Schon die geringsten Unebenheiten können z. B. einen Stapler aus dem Gleichgewicht bringen, besonders wenn die Unebenheit dann auftritt, wenn gerade die Last hochgehoben wird. Ein Pendel, vorn an der Last angebracht, beweist es. Hier ist deutlich zu erkennen, wie das Lotpendel beim Überfahren eines Revisionsschachtdeckels – Niveauunterschied 5 mm – erheblich von der ursprünglichen Wirkungslinie abweicht. Darüber hinaus können die Schwungkräfte die Last in ihrem sicheren Halt auf der Gabel gefährden. Um diese Kräfte klein zu halten, sind Gleise, Torschienen, Bordsteinkanten und dgl. mit mäßiger Geschwindigkeit und möglichst schräg zu überfahren. Dadurch werden außerdem starke Stöße gegen die Achse des Staplers vermieden. Fällt die Kraftlinie der Gesamtkraft außerhalb der Standfläche des Staplers, was durch zusätzliche Bewegungskräfte leicht möglich ist, kippt der Stapler um (s. Kapitel 2, Abschnitt 2.3, Absatz „Fahren in Querfahrt auf geneigten Fahrbahnen/über Unebenheiten" und Abschnitt 2.4.1).

Notausgang: Elektrische Schalteinrichtungen und Feuerlöscher werden freigehalten.

Torschiene wird schräg und langsam überfahren

Anfahr-/Überfahrkeile für Container und dgl.

Schadhafte Bodenstellen sind unverzüglich auszubessern. Glatte und rutschige Stellen sind abzustumpfen. Achtung bei Hallenausfahrten/-einfahrten durch Gummiabrieb. Abflussrinnen sind tragfähig und ausreichend breit zu überbrücken. Bodenabsätze sind an den Boden anzugleichen oder anzuschrägen, z.B. Türschwellen, Schiebetorschienen und Gullydeckel, Anfahrten auf Maschinenpodeste und Bordsteine. Bei Neuanlagen sollten diese Einrichtungen bodengleich ausgeführt sein. Schienen für Fahrzeuge sind bodengleich zu verlegen. Abdeckplatten, Überfahrvorrichtungen und dgl. müssen satt aufliegen/anliegen. Sie müssen gegen Verschieben gesichert sein. Dies gilt auch für Anfahrkeile, ob groß oder klein, für das Beladen/Befahren von Containern (s.a. Abschnitt 4.1.2.2, Absatz „Ladebrücken").

Aushebeösen sind in den Platten zu versenken (ähnlich den Abdeckungen für Wasser- und Gasanschlüsse auf Gehwegen von öffentlichen Straßen). Nach unten abgeschrägte Platten erleichtern das Einsetzen und Ausheben der Abdeckungen. Auf diese Maßnahmen ist besonders dann zu achten, wenn ein Gabelstapler mit kleinen glatten Rädern, z.B. bei Elektrostaplern geringer Tragfähigkeit, verwendet wird (s. Kapitel 2, Abschnitt 2.4.1).

Wenn die Niveaugleichheit versäumt wurde, sollte dieser gefährliche „Verkehrsübergang" möglichst später angeglichen bzw. „entschärft" werden. Werden, bedingt durch Bauarbeiten, Wasserleitungen und Kabel über den Weg gelegt, sollten auch diese Unebenheiten ausgeglichen werden. Einfache Dachlatten oder dgl. bringen hier Abhilfe. Sie sind aber auch gegen ein Verrutschen zu sichern, z.B. durch je eine Verbindung der Latten links und rechts der Leitung oder dgl. Es können auch von der einschlägigen Industrie angebotene Übergangsbrücken verwendet werden.

Merke

Bodenunebenheiten beachten und meiden! Gleise, Torschienen, Bordsteinkanten und dgl. schräg und langsam überfahren!

4.1.1.3 Befahren von Aufzügen

Tragfähigkeit

Wie bei Verkehrswegen gilt die Beachtung der Tragfähigkeit auch für Aufzüge. Ihre Tragfähigkeit ist oft nur so groß, dass gerade ein Stapler für 1 t Tragfähigkeit – dies entspricht 2 t Eigengewicht – ohne Last befördert werden kann. Neben der grundsätzlichen Tragfähigkeit ist auch die Punktbelastung des Bodens zu beachten, damit das Flurförderzeug nicht plötzlich einbricht. Schäden im Boden, wie auch andere Mängel, z.B. an der Türverriegelung, sind unverzüglich dem Vorgesetzten zu melden (s.a. VDI 3388).

Freigabe

Die Freigabe zum Befahren von Aufzügen ist wie die Freigabe eines jeden Weges zu handhaben. Die Freigabe darf es grundsätzlich bei Aufzügen ohne

Welches Flurförderzeug einen Aufzug befahren darf, muss vorab eindeutig geregelt sein.

Einfahren mit Mitgänger-Flurförderzeug – erst Gerät, dann Person

Fahrkorbtüren nur geben, wenn zwischen dem Flurförderzeug und den Aufzugsschachtwänden ein Freimaß vorn und hinten von 100 mm eingehalten werden kann.

Mit Flüssiggas betriebene Flurförderzeuge sollten Aufzüge nicht befahren, denn der Aufzug hat in der Regel am Fahrschachtende unten eine Grube, welche die Gefahr eines unter Erdgleiche (≥ 1 m) liegenden Raumes in sich birgt. Im Fehlerfalle ausströmendes Gas kann sich darin leicht ansammeln und bildet schnell ein explosionsfähiges Gemisch (s. a. Abschnitt 4.2.2, Absatz „Otto-Motor mit Flüssiggasantrieb").

Wird der Aufzug überlastet, kann er in den Führungen „durchrutschen", wenn er nicht sogar abstürzt. Oft „sackt" er geringfügig durch, und hält nicht genau an der vorgesehenen Stelle an. Die Aufzugstür lässt sich dann nicht öffnen, und die Personen müssen befreit werden, was nicht selten einige Zeit in Anspruch nimmt.

Am Aufzug ist am besten deutlich ein Befahrverbot oder eine Befahrzulassung bis zu einem bestimmten Gesamtgewicht, der maximalen Baulänge und ggf. der zugelassenen Lasten, anzugeben.

Befahrverhalten

In Aufzüge ist möglichst mittig einzufahren. Hierauf ist besonders bei breiten/großflächigen Aufzügen zu achten. Sonst besteht die Gefahr, dass die Aufzüge verkanten. Hierbei können sogar die Tragseile aus den Aufzugtragrollen herauslaufen, beschädigt werden und sich festsetzen.

Ein Mitgänger-Flurförderzeug sollte vor sich herführend eingefahren werden. Es sei denn, der Aufzug hat zwei Ausgänge. Dadurch ist gewährleistet, dass sich der Fahrer nicht zwischen Fahrzeug und Aufzugswand/-schacht einklemmt und sich dann u. U. ohne Tastschalter für einen „Schleichgang" nicht selbst befreien kann sowie u. a. auch nicht den Aufzugsalarmschalter erreicht. Denn bei aufrecht stehender Deichsel ist das Flurförderzeug, einschließlich Tastknopf, ausgeschaltet und die Bremse in Funktion.

Beim Befahren von Aufzügen ohne Fahrkorbtüren ist ein Sicherheitsabstand von mindestens 100 mm zu den Vorderkanten des Fahrkorbbodens einzuhalten.

Vor dem Einfahren und Herausfahren dürfen sich außer dem Flurförderzeugführer trotz des mittigen Einfahrens keine Personen im Aufzug aufhalten.

Der Aufzug wird vorschriftsmäßig **nicht** vom Fahrerplatz aus bedient.

Beim Herausfahren darauf achten, dass sich keine Personen vor dem Aufzug aufhalten.

Dies sollte auch möglichst bei Aufzügen mit Fahrtkorbtüren eingehalten werden. Beim Befahren des Fahrkorbes, bei der Aus- und Einfahrt sowie im Fahrkorb, hat der Flurförderzeugführer darauf zu achten, dass sich während der Fahrzeugbewegung keine Personen im Fahrkorb aufhalten. Andernfalls hat er die Fahrbewegung zu unterbrechen bzw. darf nicht aus dem Fahrkorb herausfahren oder in ihn einfahren.

Im Aufzug muss der Fahrer die Feststellbremse anziehen und den Antrieb abstellen. Bei Mitgänger-Flurförderzeugen ist die Fahrdeichsel hochzustellen. Werden Anhänger allein in den Aufzug gestellt, sind sie ebenfalls gegen Wegrollen zu sichern (Unterlegkeile anlegen). Außerdem ist ihre Deichsel hochzustellen und gegen unbeabsichtigtes Herunterschlagen zu sichern.

Achtung: Mitgänger-Flurförderzeuge haben keinen Freihub. Das bedeutet, dass der Hubmast beim Lastenheben sofort aus dem Hubmastprofil herausragt.

Freihub = der Bereich, in dem die Gabelzinken angehoben werden können, ohne dass der Hubmast ausgefahren werden muss.

Ist ein Flurförderzeugführer gleichzeitig die Bedienungsperson des Aufzuges, muss er sich während der Fahrt des Aufzuges im Handbereich der Aufzug-Steuereinrichtungen aufhalten. Vom Fahrerplatz darf der Aufzug nicht bedient werden, denn die Quetschgefahr, z.B. zwischen einer Fahrerschutzdachstrebe und einer Kante der Aufzugstür, ist sehr groß.

Das Aufstoßen von Aufzugstüren mittels eines Flurförderzeugs oder einer Last ist ebenfalls gefährlich und daher nicht zulässig. Die Verletzungsgefahr von Personen, die sich außerhalb nahe der Aufzugstür aufhalten, ist u.a. dadurch sehr groß. Leider wird trotzdem oft so gehandelt. Darum sollte man sich z.B. als Führer eines Mitgänger-Flurförderzeuges außerhalb des Aufzugs mindestens in der halben Breite vor der Fahrkorbtür entfernt aufhalten.

Merke

Ein Aufzug reagiert empfindlich, wenn sorglos mit ihm umgegangen wird!

Transport von Gefahrstoffen in Aufzügen

Der Arbeitgeber hat seine Beschäftigten mittels schriftlicher Betriebsanweisung über den Umgang mit Gefahrstoffen in seinem Betrieb zu unterrichten und zu unterweisen (§ 14 GefStoffV). Dazu gehört auch das Befahren von Aufzügen mit zu transportierenden Gefahrstoffen.

Gefährliche Stoffe dürfen nicht zusammen mit Personen im Aufzug befördert werden. Zu den gefährlichen Stoffen gehören alle sehr giftigen, giftigen und leicht sowie hochentzündlichen und ätzenden Flüssigkeiten oder Gase, ferner kaltverflüssigte Gase, wie flüssiger Stickstoff und Kohlendioxid in fester Form (Trockeneis). Es ist immer zu bedenken, dass Aufzüge ausfallen können, und die Personen im Aufzug gezwungen sind, sich über einen längeren Zeitraum in der beengten Räumlichkeit aufzuhalten. Treten Gefahrstoffe während des Transportes in den Aufzügen aus ihrer Verpackung aus, so besteht für die Personen, die sich zusammen mit den Gefahrstoffen im Aufzug befinden, keine Möglichkeit, sich diesen durch Verlassen des Aufzuges zu entziehen. Wenn Gefahrstoffe im Aufzug transportiert werden, ist mithin auf besonders sorgfältige und – so weit erforderlich – spezielle Verpackung/Absicherung zu achten.

Gefahrstoffe dürfen in Aufzügen nur transportiert werden, wenn der Inhalt aus ihren Verpackungen nicht nach außen gelangen kann. Dies ist durch mechanisch sichere Überbehälter, wie Tragekörbe, Eimer, Fässer oder Kisten, zu gewährleisten. Druckgasflaschen dürfen nur mit dicht schließenden Ventilen, Überwurfkappe und geeigneter Transporthilfe transportiert werden und müssen während des Transportes gegen Umfallen gesichert werden.

Es ist während der Fahrt mit dem Aufzug sicherzustellen, dass keine weiteren Personen in den Aufzug einsteigen. So bieten sich mit Schlüsseln gesicherte Aufzüge an. Zusätzlich sollten Aufzüge durch das Anbringen von Verbotsschildern ein Zusteigen von Personen verhindern.

Treten Gefahrstoffe im Aufzug aus, haben die dort befindlichen Personen auf der nächtsmöglich erreichbaren Ebene diesen zu verlassen und für die sofortige Stilllegung des Aufzuges zu sorgen. Weiterhin sind je nach Art des Gefahrstoffes die erforderlichen Maßnahmen zur Alarmierung der Umgebung bzw. Reinigung des Aufzuges einzuleiten und durchzuführen.

Treten in einem Aufzug sogar giftige, hoch-/leicht entzündliche oder ätzende Gase aus, ist der Aufzug auf der nächsten Ebene sofort stillzulegen und der gesamte Gefahrenbereich zu alarmieren sowie zu evakuieren. Ferner ist die Feuerwehr zu alarmieren.

Ausgetretene Gefahrstoffe sind selbstredend fachmännisch und sachgerecht zu entsorgen.

Merke

Der Umgang mit Gefahrstoffen in Aufzügen ist hochsensibel!

4.1.2.1 Verkehrsflächen – Sicht – Ausleuchtung

Grundsätzliches

- Verkehrswege müssen überschaubar und ausreichend ausgeleuchtet/beleuchtet werden.
- Kritische Stellen sind zu entschärfen.

Ausleuchtung/Beleuchtung

Eine Beleuchtung für die Ausleuchtung der Verkehrswege (Anhalteweg des Staplers) und seiner Arbeitsbereiche, z. B. Regale, Stapel, Lagerbühnen und Fahrzeuge, ist durch am Stapler angebrachte Front- und Arbeitsscheinwerfer erforderlich, wenn die Wege und Einsatzorte, z. B. durch feste Beleuchtungskörper, nicht ausreichend ausgeleuchtet sind. Die erforderliche Ausleuchtung (Beleuchtungsstärke) richtet sich nach der Sehaufgabe. Für einen Verkehrsweg sind mindestens 50 Lux erforderlich. Für genaues Lastaufnehmen/-absetzen sollte eine Ausleuchtung von 100 Lux und mit Leseaufgabe von 200 Lux gewählt werden.

Unter Beleuchtungsstärke E = Lux (lx) = Lumen pro m^2 (lm/m^2) versteht man das Verhältnis des auftreffenden Lichtstroms zur Empfängerfläche. Die Beleuchtungsstärke nimmt mit dem Quadrat der Entfernung ab.

In Hallen herrschen oft unterschiedliche Lichtverhältnisse.

Hallenein- und -ausfahrt mit Anfahrschutz versehen – dient gleichzeitig für den Fahrer als Achtung!

Natürliche Beleuchtungsstärken	**E/lx**
Sonnenlicht im Sommer	100 000
Sonnenlicht im Winter	10 000
Bedeckter Himmel im Sommer	5 000–20 000
Bedeckter Himmel im Winter	1 000–2 000
Nachts bei Vollmond	0,2
Mondlose klare Nacht	0,0003

Für bestimmte Arbeitsbereiche können aber auch weit höhere Lichtstärken erforderlich sein, z. B. 100 Lux bis 300 Lux in Regalgängen mit Leseaufgabe. Scheinwerfer müssen so eingestellt sein, dass die Verkehrswegausleuchtung mindestens 85 cm bis 20 cm über der Fahrbahn wirkt. Selbstverständlich ist diese Forderung auch für Rückwärtsfahrten zu erfüllen (Scheinwerfer hinten). Übergänge vom Hellen ins Dunkle oder umgekehrt, z. B. bei Hallenausfahrten, sind möglichst stufenlos zu gestalten.

Dies kann z. B. durch ausgeleuchtete Schleusen oder verstärkte Ausleuchtung im Eingangsbereich geschehen (120 Lux bis 200 Lux), denn die Augen des Fahrers können sich auf die anderen Lichtverhältnisse, z. B. bei einer Fahrt im Sommer von einem von Sonnenlicht durchfluteten Freilager mit 100 000 Lux, auf eine Werkhalle mit 40-Lux-Ausleuchtung, nicht schnell genug einstellen. Bis zu 2 sec können hierfür notwendig sein. Nach einem Blick in die Sonne kann es noch länger dauern. Als Alternative zur zielgerichteten Ausleuchtung von den Seiten oder schräg von oben haben sich auch hell angelegte Wände nahe des Hallentores bewährt, die als Art Reflektoren wirken und keine Energiekosten verursachen. Der Wirkungsgrad beträgt hierbei 0,3. Von der Hallendecke beträgt er 0,5. Eine Fußbodenreflexion hat nur einen Wirkungsgrad von 0,2 (s. Forschungsergebnis 1985 der Bundesanstalt für Arbeitsschutz und Arbeitsmedizin (BAuA), Hauptsitz Dortmund).

Anmerkung

Ein Wirkungsgrad von 0,3 bedeutet, dass 30 % des Lichtes der Lichtquelle reflektiert wird. Je mehr Licht reflektiert wird (also je höher der Wirkungsgrad), desto besser ist der Raum ausgeleuchtet.

Für große Lager sind die energiesparenden Hallenreflektorleuchten mit Hochdrucklampen zu empfehlen. Sehr gut sind die Quecksilberdampflampen.

Für Räume ohne besondere Leseaufgabe und ohne ständigen Arbeitsplatz können für die Allgemeinbeleuchtung bis 200-Lux-Natriumdampflampen verwendet werden. Verkehrsschilder, Warnanstriche und unständige Arbeitsplätze sind dann jedoch zusätzlich zu beleuchten.

Bei der Bemessung zur Beleuchtung bei Neuinstallation ist zu berücksichtigen, dass an der Wirkungsstelle die 1,5-fache Lichtstärke der Nennbeleuchtungsstärke vorhanden ist. Damit ist über längere Zeit, auch bei Alterung und normaler Verschmutzung der Leuchtkörper, eine ausreichende Beleuchtung gewährleistet.

Arbeits-/Fahrscheinwerfer, geschützt gegen mögliche Beschädigung, sind so ausgelegt, dass sie das Arbeitsfeld und den Anhalteweg ausleuchten.

Regelmäßige Wartung ist erforderlich. Sie muss mindestens einsetzen, wenn die Beleuchtungsstärke auf dem Verkehrsweg unter 80 % der Nennbeleuchtungsstärke absinkt. Unter 0,6 x Nennbeleuchtungsstärke darf die Lichtstärke auf dem Weg nicht absinken.
Wird ein Stapler im Freigelände im Dunkeln eingesetzt, ist seine eigene Beleuchtung entsprechend auszurichten. Sie muss mindestens seinen Anhalteweg, den er bei Gefahr noch zurücklegt, mit 15 Lux bis 20 Lux ausleuchten.

Beleuchtungseinrichtungen, wie Fahr-, Arbeits-, Rückfahrscheinwerfer, Brems-, Rück- und Blinklichter, sind vom Fahrer gemäß Betriebsanweisung zu benutzen (s. a. Abschnitt 4.2.1, Absatz „Frontscheinwerfer, Arbeitsscheinwerfer").

Merke

Beleuchtungseinrichtungen benutzen!
An Hallenaus- und -einfahrten Geschwindigkeit verringern!

Spiegel

Sind Kreuzungen, Einmündungen, Kurven, Hallenausfahrten und dgl. unübersichtlich, helfen Spiegel, wie sie auf öffentlichen Straßen und Wegen mit Erfolg eingesetzt werden, um diese Stellen übersichtlicher zu gestalten. Sie gestatten einen Blick „um die Ecke". Ihre Größe ist wählbar, sodass sie an Regalpfosten und dgl. angebracht werden können, ohne

360°-Spiegel als Hilfsmittel für den Fahrer.

zu behindern. Bei der Verwendung von Kugel- oder Segmentspiegeln wird der Blick um die Ecke noch wesentlich verbessert, wobei der Blick sowohl nach der rechten als auch nach der linken Seite möglich ist. Segmentspiegel geben das „Bild" direkt wieder. Kugelspiegel erfassen sehr viel von der Umgebung.

Pendeltüren/Streifenvorhänge

Pendeltüren müssen weitgehend durchsichtig sein und bleiben. Hier haben sich aufgenietete

Antischrammleisten erhalten hier schon seit Jahren die Pendeltür durchsichtig.

Anschlagsleisten bewährt, die die Türflügel vor dem Verschrammen sichern. Grundsätzlich sollte jedoch geprüft werden, ob die Türen nicht durch Lichtschranken oder Belastungsplatten gesteuert werden können, so dass sie in Fahrtrichtung des Staplers aufgehen, wenn sich ein Stapler der Tür nähert. Sie sichern so den Weg hinter der Tür ab, können darüber hinaus nicht verschrammt werden und halten lange in ihren Halterungen.

Soll ein Bereich abgetrennt sein, gleichzeitig aber durchgängig gehalten werden, bieten sich sog. Streifenvorhänge an. Sie können als Windschutz wie in Ein- und Ausgangsbereichen, zur Geräuschminderung wie in Werkstätten, Fertigungs- und Produktionsbereichen oder als Staub- und Verschmutzungsschutz wie in Produktionshallen eingesetzt werden. Ebenfalls können sie sinnvoll zum Energiesparen in Kühlräumen oder Fertigungshallen mit geringer Temperatur verwendet werden.

Streifenvorhang als Abgrenzung zu einem Fertigungsbereich

4.1.2.2 Be- und Entladen von Fahrzeugen

Allgemeines

Ein Thema, das direkt oder indirekt jeden Unternehmer angeht. Unabhängig davon, wer für eine sichere Ladung während des Transports auf der Straße, der Schiene, zu Wasser oder in der Luft verantwortlich ist, muss die Unternehmensleitung dafür Sorge tragen, dass die Betriebseinrichtungen (z. B. fahrbare Rampe oder Ladebrücke) betriebssicher sind.

Laderampe mit Ladebrücke für das Befahren eines Lkw. Aber Achtung! Trägt der Lkw den Stapler? Das muss vorher geklärt sein!

Laderampen, Ladeplattformen, fahrbare Rampen, Ladestege, Ladeschienen

Laderampen dienen zum Be- und Entladen von Fahrzeugen, sind also gleichermaßen Verkehrsweg, Abstell- und Lagerplatz – zumindest zeitweise. Gleichfalls werden dort Arbeiten, wie Kontrolltätigkeiten und das Sortieren von Waren, vorgenommen. Diese verschiedenen Konstellationen bringen es mit sich, dass die Landerampen ein hohes Gefährdungspotenzial in sich bergen. So müssen sie eine bestimmte Breite aufweisen, je nach dem, wie sie benutzt werden. Dienen sie ausschließlich dem Begehen von Fußgängern, müssen sie mind. 0,80 m breit sein. Werden Geräte und Fahrzeuge auf diesen Laderampen eingesetzt, müssen sie breiter sein. Beim Verkehr mit handbewegten Transportmitteln/Handhubwagen 0,80 m + 2 x 0,30 m = 1,40 m (Breite + Sicherheitsabstand = Verkehrswegbreite). Wenn kraftbetriebene Transportmittel, wie Gabelstapler, eingesetzt werden, müssen sie 1,20 m + 2 x 0,50 m = 2,20 m breit sein. Zu berücksichtigen ist also auch, dass immer ein Sicherheitsabstand eingeplant werden muss.

Um mit der Gleitsicherheit auf ihren Fahrbahnen keine Probleme zu haben, sollten Laderampen

Schrägrampe mit Geländer (über 1 m erforderlich), sicher begeh- und befahrbar, Neigung höchstens 12,5 %

möglichst überdacht werden. Auffahrten zu ihnen sollten keine Neigung von über 12,5 % = 7° haben.

Als Absturzsicherung für Flurförderzeuge haben sich an der Rampenkante angebrachte/einsteckbare Leitplankensegmente oder ähnliche Konstruktionen bewährt, die so breit zu wählen sind, wie die zu beladenen Fahrzeuge sind. An der betreffenden Ladestelle können sie ausgehoben werden.

Ladeplattformen, die z. B. als so genannte vorgesetzte Plattformen vor Laderampen oder seitlichen Toren für das stirnseitige Be- und Entladen von parallel abgestellten Sattelaufliegern, Wechselaufbauten, -brücken und Containern aufgestellt sind, sollten mindestens so breit sein, wie die zu beladenen Fahrzeuge oder dgl. sind.

An ihrer offenen Seite, z. B. Richtung Verladestraße, sind sie mit einer Absturzsicherung für Flurförderzeuge zu versehen. Diese Forderung kann durch an der Plattformkante angebrachte Radabweiser oder Leitplankensegmente erfüllt werden, die am besten ≥ dem Durchmesser der größten Räder der Flurförderzeuge sind, die auf der Ladeplattform eingesetzt werden. Die Plattformen sind oft auch fahrbar ausgeführt.

Fahrbare Rampen sind ortsveränderliche Einrichtungen für das Befahren z. B. von Flurförderzeugen von der Fahrbahn des Fahrzeuges bzw. des Abstellplatzes eines Sattelaufliegers oder Wechselaufbauten zur Ladefläche derselben. Für deren Breite gelten die gleichen Vorgaben wie für Ladebrücken. Ihre Neigung sollte ≤ 12,5 % sein.

Verladeanlage mit Andockstation für Fahrzeuge. Vorteil: Ein Verladen ohne Witterungseinflüsse für Lagerarbeiter und Waren.

Ungesicherte Rampenkanten sind gemäß Arbeitsstättenrichtlinie – ASR A1.3 durch gelb-schwarze Schrägstreifen zu kennzeichnen, damit dieser Gefahrenbereich besser erkennbar ist. Die Breite des Schrägstreifens sollte mind. 10 cm betragen.

Ist eine Laderampe groß dimensioniert, empfiehlt sich eine farbliche Markierung, um eine Abgrenzung von Verkehrsweg zu erlaubter Lagerfläche vorzunehmen. Damit werden diese Gefahrenbereiche voneinander getrennt.

Ladestege, die wie fahrbare Rampen, nur in etwas leichterer Bauweise, ausgeführt sind, sind aus diesen Gründen nur für handbetätigte und hand-

Fahrbare Verladerampe

Ladeschienen für Anhängertransport

geführte Geräte geeignet. Sie sollten eine Breite von 0,55 m nicht unterschreiten. Haben sie ein Geländer, sollte ihre lichte Breite um 0,24 m breiter sein. Ihre Neigung sollte nicht größer als ca. 17° = 30 % sein. Ein sicheres Begehen und Führen von Geräten auf ihnen muss aber gewährleistet sein. Ideal ist eine Neigung nicht über 12,5 %.

Ladeschienen sind ortsveränderliche paarweise zu verwendende Einrichtungen, die bestimmungsgemäß zum Verkehr mit durch Kraftantrieb bewegten Fahrzeugen, z. B. Bagger und Lader zum Transport mittels eines Lkw zu einer anderen Baustelle, zwischen Standfläche des Transportfahrzeuges und deren Ladestelle dienen. Ihre Breite ist mindestens so zu wählen, dass auch bei notwendigen Lenkkorrekturen des zu verladenden Fahrzeuges oder des Fahrzeuges, das die Ladeschienen befährt, auch bei geringfügigen Abweichungen von der Parallelität der Schienen kein Überfahren ihrer Seitenkanten erfolgt.

Selbstverständlich sind die Ladeschienen sicher an der Ladefläche zu befestigen. In der Regel werden sie mit ihren hierfür angebrachten Haken in den Zwischenraum der Ladefläche und der heruntergelegten Bordwand eingehangen. Ihre Neigung sollte 30 % nicht überschreiten. In jedem Falle muss ein sicheres Begehen und Befahren gewährleistet sein. Auffahrrampen von Tiefladern sind z. B. mit Holzbohlen zu versehen, bevor sie von Raupengeräten befahren werden.

Klappbare und verschiebbare Ladebrücke mit Gewichtsausgleich

Ladebrücken

Eine ausreichende Tragfähigkeit, Ausleuchtung, Gleitsicherung und Sicherheit gegen Abrutschen beim Befahren gilt auch für Ladebrücken (s. a. DIN EN 1398, DGUV R 108-006 und DGUV I 208-001). Die Ladebrücken müssen ausreichend tragfähig und gegen Abrutschen gesichert sein. Die Sicherung muss sowohl in der Laderichtung als auch in der Entladerichtung wirken. Die Sicherungseinrichtungen sind vor dem Befahren und Begehen in Funktionsstellung zu bringen. In Laderampen oder Hallen fest eingebaute Ladebrücken oder an Rampenkanten befestigte, u. U. verschiebbare Ladebrücken, die in Hochstellung (Bereitschaft) selbsttätig gegen Umfallen gesichert sein müssen, stellen die besten Lösungen dar.

Von Hand anzulegende Ladebrücken bergen die Gefahr des Abrutschens bei nicht eingelegter oder beschädigter Sicherung in sich. Wählt man sie, sollte man Ladebrücken benutzen, deren Sicherungen selbsttätig wirken.

Merke

Ladebrücken sichern und stets in Bereitschaftsstellung bringen!

In die Laderampe eingebaute Ladebrücke mit Seitenschutz; verschiebbare Brücke in Bereitschaftsstellung

Das Laderampenniveau und die Ladebrücken sollten so konzipiert sein, dass keine größeren Steigungen als 12,5 % zu überbrücken sind. Es empfiehlt sich außerdem, bei fest eingebauten Ladebrücken die Brückenzungen zu unterteilen, damit sie in jedem Lkw und Container auch schmalerer Ausführung aufgelegt werden können und die letzte Ladeeinheit nahe der Fahrzeugaufbauklappe sicher verladen werden kann.

Um die Transportgeräte besser einfahren zu können, sollte die Brückenzunge möglichst so gebaut sein, dass sie fast waagerecht an die Fahrzeugbodenkante anschließt. Dies erleichtert besonders den Transportvorgang mit Gabelhubwagen und Mitgänger-Flurförderzeugen.

Die Breite der Brücke sollte mindestens 1,25 m betragen. Die Mindestbreite darf auch bedingt durch bauliche Zwänge 1 m nicht unterschreiten.

Die notwendige Breite zum Befahren mit Transportmitteln errechnet sich folgendermaßen:

- für handbewegte Geräte mit einer Spurbreite über 0,75 m: Spurbreite + 0,50 m,
- für kraftbewegte Geräte mit einer Spurbreite über 0,55 m: Spurbreite + 0,70 m.

(DGUV R 108-006)

Ladebrücke: Mittiges Befahren erhöht die Sicherheit.

In Verkehrsflächen eingebaute Ladebrücken sollten in Ruhestellung mit den angrenzenden Flächen eine Ebene bilden und in dieser Stellung selbsttätig und tragfähig abgestützt sein. Ortsveränderliche Ladebrücken, ob an der Rampenkante fest oder verschiebbar angebrachte oder von Hand anzulegende Brücken, sollten nach Gebrauch hochgestellt werden. Die befestigten Brücken befinden sich so zum Anlegen bereits in Bereitschaftsstellung und müssen vor dem Zurücksetzen des Lkw nicht erst hochgehoben werden, wobei sich der Helfer dabei im Gefahrenbereich aufhält.

In Verkehrsflächen eingebaute, handbetätigte Ladebrücken sollten, wenn sie nicht auf einem Fahrzeug abgestützt sind oder sich in Ruhestellung befinden, selbsttätig in die untere Betriebsstellung oder in eine tragfähig abgestützte Stellung absinken. Ältere Ladebrücken dieser Bauart sinken oft in eine Ruhestellung unter die Oberfläche der Laderampe ab. Sie sollten so umgebaut werden, dass sie mit der Rampe ein Niveau bilden.

Auch die Übergänge von Verkehrsflächen in Containern sind für das Befahren sicher herzurichten. Hier helfen ausreichend tragfähige, keilförmige Über-

Auffahrkeil zur Containerbeladung

fahrbleche, die ebenfalls gegen Verschieben, z. B. durch Anketten am Container oder Einlegen in den Container, zu sichern sind und über die ganze Breite des Containers reichen.

Quetschstellen an den Längsseiten und der Stirnseite zwischen Rampenkante und Ladebrücke sind zu vermeiden bzw. zu sichern. Für die Verkehrsfläche der Ladebrücke ist rutschhemmendes Material zu wählen, z. B. Tropfenblech oder Rillenmaterial (s. a. DGUV R 108-006/DIN EN 1398 und Merkblatt „Ladebrücken" – DGUV I 208-001). In Ladeverkehrswegen dürfen sich keine Stolperstellen bilden.

Ladebordwände/Hubladebühnen

Die Bühnen müssen den Belastungen, die beim Be- und Entladen des Fahrzeuges auftreten, sicher standhalten.

Wenn auch beim Befahren der Bühne mit keinem nennenswerten Stoßfaktor gerechnet werden muss, da auf ihr die Last zum Auf- oder Abladen nicht gehoben/gesenkt wird, ist ihre Tragfähigkeit von in der Regel ≤ 1 600 kg bei nur einer Abstützung/Befestigung am Fahrzeug (ohne zweite Auflage/Abstützung z. B. auf einer Laderampe) zu gering.

Kraftbetriebene Flurförderzeuge, z. B. Gabelstapler, Hubwagen und Mitgänger-Flurförderzeuge mit oder ohne Hubmast, sind mit Last um einiges schwerer. Ein Mitgänger-Flurförderzeug ohne Hubmast mit 1 600 kg Tragfähigkeit wiegt insgesamt schon ~2 000 kg. Mit Hubmast hat eine solche Maschine mit 1,2 t Traglast ein Gesamtgewicht von ca. 2 050 kg. Gabelhubwagen sind kaum leichter.

Gabelstapler mit Treibgas- oder Dieselantrieb für 1 200 kg Tragfähigkeit wiegen allein (ohne Last) schon 2 525 kg. Elektrostapler sind noch schwerer. So wiegt ein 1-t-Stapler ~2 000 kg und hat so ein Gesamtgewicht von 3 000 kg (s. a. Typenblätter für Flurförderzeuge – VDI 2198).

Anmerkung

Es gibt auch Ladebordwandausführungen, die so am Fahrzeug befestigt und gesteuert werden, dass sie sich immer in gleicher Höhe und Neigung wie der Fahrzeugladeraumboden befinden. Sie gleichen sich, programmiert vom Fahrerplatz aus, bei Be- und Entlastung des luftgefederten Fahrzeuges automatisch bis zu ca. 20 cm hoher Niveauänderung an.

Diese Bühnen sind folglich bei einseitiger Abstützung praktisch nur mit handbetriebenen Handhubwagen zu befahren.

Durch eine zweite Abstützung, z. B. auf einer Laderampe, wird ihre Belastungsfähigkeit jedoch er-

Hinweis in einer Betriebsanleitung für eine Ladebordwand auf Verbot zum Befahren mit schweren Ladegeräten (also auch Staplern).

Verladen mittels Mitgänger-Flurförderzeug: Während des Hoch- und Runterfahrens der Ladebordwand keinerlei Fahrtbewegung machen – es droht Absturzgefahr!

höht. Hierzu sollte auf jeden Fall grundsätzlich der Ladebordwandhersteller/Ausrüster schriftlich zu Rate gezogen werden, wenn nicht bereits die Betriebsanleitung dazu umfassend Auskunft gibt. Denn beim Überfahren der Abstützung am Fahrzeug muss, wenn auch nur kurzzeitig, die Bühnenaufhängung/-befestigung nur 70 % des Gesamtgewichts/Achslast mit Last des Mitgänger-Flurförderzeugs, 80 % des Gabelstaplers tragen (s. a. VDI 2198 Abschnitt 4.4.6).

Das gibt uns die Möglichkeit z. B. Elektro-Mitgänger-Flurförderzeuge, ob mit oder ohne Hubmast von bis zu 2 t Traglast einzusetzen. Vorausgesetzt die Hubladebühne hat eine zulässige Tragfähigkeit von 1 600 kg.

Gabelstapler mit 1 t = 1 000 kg zulässiger Traglast sind jedoch dafür schon zu schwer, denn sie haben ein Gesamtgewicht von ca. 3 230 kg (Still-Stapler – RX 50). Dies bedeutet, dass man die Vorderachse beim Überfahren der Befestigung der Bühne am Lkw die Abstützung mit 2 580 kg (80 % des Gesamtgewichts) belasten würde.
Beim Einsatz der Ladebordwand/Hubladebühne ohne zweite Abstützung ist darauf zu achten, dass das Flurförderzeug/der Handhubwagen bzw. ein Rollbehälter nicht unbeabsichtigt von der Bühne abrollt. Hierzu sind die herausklappbaren Schutzleisten/-schwellen in Funktion zu bringen.

Wird ein Fahrzeug von der Stirnseite (von hinten) her über seine Ladebordwand be- oder entladen, ist daher darauf zu achten, dass die Ladebordwand möglichst mit ihrer Zunge gleichmäßig auf der Laderampe aufliegt. Damit die Ladebordwand beim Beladen eines Fahrzeuges, das sich hierbei mit seiner Ladefläche etwas nach unten bewegt, weiter „satt" aufliegt, haben die Ladebordwände eine Schwimmstellung. Sie weichen nach oben aus. Wird ein Fahrzeug jedoch entladen, geht seine Ladefläche etwas nach oben, auch wenn das Fahrzeug luftgefedert ist. Es verändert sich also in der Höhe, wenn es auch nur einige Zentimeter sind. Die Ladebordwand kann diese Niveauveränderung zum Ausgleich nach unten jedoch nicht selbsttätig ausgleichen. Sie muss über die Hubkorrektur, z. B. mit dem Fußschalter, nachjustiert werden. Wird diese Korrektur versäumt, liegt die Ladebordwand mit ihrer Zunge nicht mehr auf der Laderampe auf. Beim Befahren, besonders mit Last, wird sie dann überlastet. Ein Materialbruch kann, wenn auch nicht sofort, die Folge sein.

Merke

Tragfähigkeit und Betriebsanleitung der Hubladebühne beachten!

Prüfung

Ladebrücken, die fest mit dem Gebäude verbunden sind, oder separat stehende Laderampen, fahrbare Rampen und Ladebordwände/ Hubladebühnen sind regelmäßig, jährlich mindestens einmal, durch eine befähigte Person/einen Sachkundigen auf ihren betriebssicheren Zustand zu überprüfen.

Die Prüfung der an einem Lkw befestigten Hubladebühnen erfolgt im Rahmen der Hauptuntersuchung gemäß StVZO nur durch Augenschein und Funktionsmäßigkeit der Steuerung und der Warnleuchten. Es findet keine Überprüfung gemäß § 10 BetrSichV statt. Sie sind aber Prüfungsbestandteil der regelmäßigen Fahrzeugprüfung nach § 57 DGUV V 70. Da Hubladebühnen Hebebühnen sind, geht die Verpflichtung zur regelmäßigen Prüfung (mind. 1x jährlich) auch aus Punkt 2.9 DGUV R 100-500, Kap. 2.10 „Betreiben von Hebebühnen" hervor.

Ladeplattformen, Ladestege, Ladeschienen und freibewegliche Ladebrücken – Lademittel sind ebenfalls regelmäßig zu überprüfen (s. § 3 Abs. 6 BetrSichV, DGUV R 108-006).

Anmerkung

Die Notwendigkeit der Sicherheitsüberprüfung gilt auch für Wechselbrücken und Sattelauflieger und ihre Abstützungen (s. a. Absatz „Fahrzeugbereitstellung – Betriebssicherheit").

Merke

Ladeeinrichtungen und Fahrzeuge regelmäßig prüfen!
Sicherheitsmängel dem Vorgesetzten melden!

Verantwortung – Grundlagen

Wie wir im Kapitel 1, Abschnitt 1.2 erfahren haben, ist jeder für sein Tun/Handeln verantwortlich und als Verursacher einer möglichen Gefahr verpflichtet, diese so klein wie möglich zu halten, will er sich nicht nach Eintritt eines Schadens einer Haftung mit allen möglichen Rechtsfolgen ausgesetzt sehen.

Beim Be- und Entladen von Fahrzeugen können beim Eintritt eines Schadens, aber auch schon bei Feststellung eines Verstoßes gegen die Straßenverkehrsvorschriften, hierfür mehrere Personen verantwortlich sein. Man muss diesen Bogen aber noch weiter spannen, denn de facto ist jeder, der mit dem Transport einer Ware zu tun hat, mitverantwortlich für deren sicheren Transport.

Wir wollen vorab einige Begrifflichkeiten klären:

Was verstehen wir unter „Verladen"?
Siehe hierzu die Abb. auf Seite 325.

Das Transportrecht kennt eine Vielzahl von Personen, die eine Rolle spielen:

Absender ist, wer ein Ladegut in Verkehr bringt, d. h. der „Ausgangsfaktor" eines Transportes.

Empfänger ist derjenige, der das Ladegut entgegennimmt. Es wird ihm regelmäßig aus der Obhut des Frachtführers/Fahrers übergeben.

Beförderer ist, wer den Verkehrsträger (z. B. Fahrzeug) zum Transportvorgang des Gutes verwendet.

Verlader ist, wer vom Beförderer die Ladung tatsächlich und gegenständlich übergeben bekommen hat.

Fahrzeughalter ist, wer den Nutzen aus dem Verkehrsträger zieht. Er ist bei Fahrzeugen regelmäßig im Fahrzeugschein eingetragen.

Eigentümer ist, wem rechtlich die Sache gehört.

Besitzer ist, wer die tatsächliche Verfügungsgewalt (Herrschaft) über die Sache hat.

Frachtführer ist, wer einen Vertrag mit dem Absender über den Transport einer Ladung geschlossen hat.

Fahrer ist, wer das Transportmittel tatsächlich führt (er kann z. B. Angestellter des Frachtführers sein).

Spediteur ist, wer die Möglichkeit der Lagerung und des Transportes hat. Oftmals bedienen sich gerade große Speditionen Frachtführern zum Transport der Sache.

Welche Vorschriften kommen für den Straßenverkehr zur Anwendung und sind zu beachten?

- Straßenverkehrsgesetz – StVG mit seinen Verordnungen StVZO, FZV, FeV und StVO
- Handelsgesetzbuch – HGB – Frachtführerrecht
- Berufskraftfahrerqualifikationsgesetz – BKrFQG
- Abkommen über den Beförderungsvertrag im grenzüberschreitenden Straßengüterverkehr – CMR
- Gefahrgutverordnung Straße/Eisenbahn/Binnenschiff – GGVSEB
- Unfallverhütungsvorschrift „Fahrzeuge" – DGUV V 70
- Ordnungswidrigkeitengesetz – OWiG
- Strafgesetzbuch – StGB
- Bürgerliches Gesetzbuch – BGB

Zugegeben, die rechtlichen Grundlagen sind nicht einfach. Das darf uns aber nicht dazu verleiten, zu glauben und danach zu handeln, dass der Frachtführer, z. B. die Spedition oder der Fuhrunternehmer mit seinem Fahrer, die gesamte Verantwortung für den sicheren Transport, einschließlich der Verladung und Sicherung der Ladung trägt.

Das stimmt in keinem Fall.

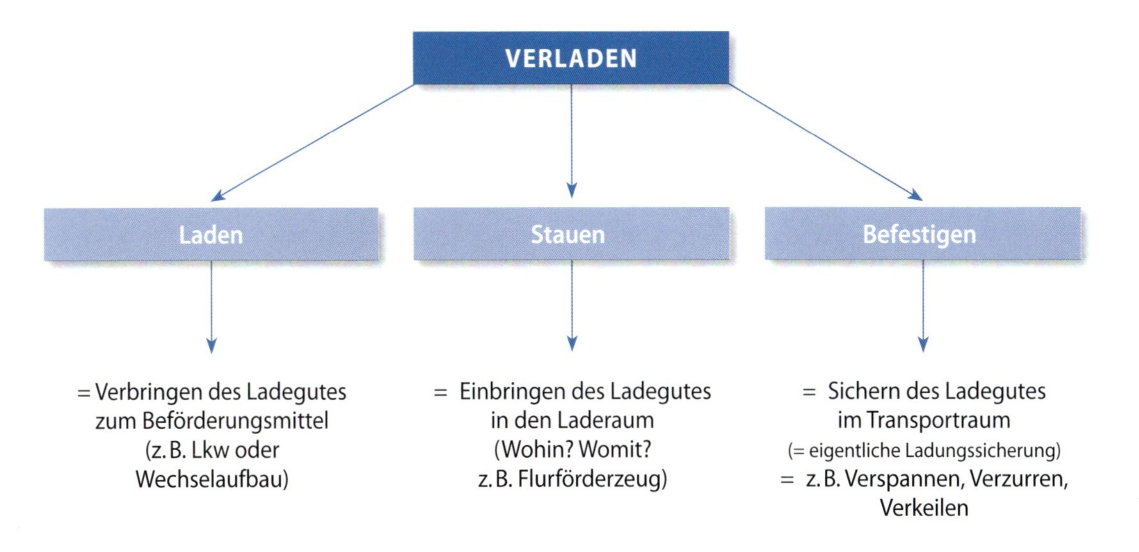

Wie, wann und in welchem Rahmen ist man verantwortlich und wie sind die Vorgaben zu erfüllen?

Hierzu gibt das HGB im § 412 Abs. 1 einen kurzen, aber trotzdem prägnanten, rechtlichen Rahmen. Er besagt: „Soweit sich aus den Umständen oder der Verkehrssitte nicht etwas anderes ergibt, hat der Absender das Gut beförderungssicher zu laden, zu stauen und zu befestigen (verladen) sowie zu entladen. Der Frachtführer hat für die betriebssichere Verladung zu sorgen."

Was ist mit „aus den Umständen oder der Verkehrssitte nicht etwas anderes ergibt" gemeint?

Umstände sind z. B. das Verladen und Entladen von Schwergütern, u. a. große oder stark kopflastige Güter, für das besondere Fachkenntnisse erforderlich sind. Unter Verkehrssitte ist z. B. das Abholen von Stückgut als Einzelgut u. a. vom Stückgut-/Expressgutbahnhofsteil der Deutschen Bahn bzw. das Abladen auf diesem Bahnhof zu verstehen.

Was bedeutet „beförderungssicher"?

Zunächst einmal muss das Gut/die Ware so verpackt sein, dass es den zu erwartenden Beanspruchungen, auch den Umgebungstemperaturen, bei bestimmungsgemäßem Transport, z. B. mit einem Lkw oder Waggon, unbeschadet standhält.
Will man z. B. aus Anlass eines Geschäftsjubiläums einem Geschäftspartner eine Flasche Wein übersenden, muss man sie so verpacken, dass sie nicht zu Bruch geht. Zur Sicherheit kennzeichnet man die Ware entsprechend mit „Vorsicht Glas!". Gleichzeitig kann man davon ausgehen, dass sie nicht in einem in Betrieb befindlichen Tiefkühlfrachtraum befördert wird.

Will man eine Vielzahl von Weinen an einen Absender schicken, ist die Ware z. B. auf einer Palette so zu verstauen, dass sie als Ladeeinheit in sich den Transport „heil" übersteht.

Besteht die Ware aus Inhaltsstoffen, die beim Freiwerden, z. B. durch Beschädigung des Behältnisses, für das Umfeld, Personen/Umwelt eine Gefahr bedeutet, ist die Ware ein Gefahrgut und gemäß GGVSEB mit einem „Gefahrzettel" zu versehen und nach den Gefahrgutvorschriften transportieren zu lassen (s. a. Abschnitt 4.2.4).

Was bedeutet „betriebssicher" beladen?

Betriebssicher für den Transport ist ein Fahrzeug,

Beförderungssichere Last auf dem Weg zum Lkw.

Sattelauflieger, eine Wechselbrücke oder ein Container beladen, wenn die Vorgaben, insbesondere über Breite, Höhe und Länge, Nichtüberschreitung der zulässigen Achslasten, zum Lastverteilungsdiagramm, weitestgehend mit dem Lastschwerpunkt auf der Längsachsmitte seitens des Verladens, eingehalten wurden. Bremslichter, Fahrtrichtungsanzeiger, Rückfahrscheinwerfer, ggf. die Rückfahrwarneinrichtung und dgl. dürfen nicht verdeckt und in ihrer Funktion beeinträchtigt werden.

Hiervon hat sich der Frachtführer bzw. sein Lkw-Fahrer vor der Fahrt durch Augenschein zu überzeugen. Wird der Container, die Wechselbrücke/Wechselbehälter, der Sattelauflieger nach Abschluss des Ladevorgangs verschlossen und verplombt, muss die Inaugenscheinnahme vorher durch eine befähigte Person geschehen und dokumentiert werden. Darauf sollte der Frachtführer bestehen. Diese Vorgaben sind auch bei Zuladung von Teilladung bzw. nach ihrem Abladen zu erfüllen (s.a. §§ 22 und 23 StVO).

Während der Fahrt hat der Fahrer das Fahrverhalten in Abstimmung zur Ladung, z.B. beim Durchfahren von Kurven sowie beim Beschleunigen und Abbremsen, zu überprüfen. Dies gilt auch für das Funktionieren der Ladungssicherung. Hier gibt die Rechtsprechung relativ kurze Intervalle vor, die u.a. durch das Befahren von Steigungen, engen Kurven oder unebener Fahrbahn beeinflusst werden. So wurde in einem Gerichtsprozess eine Überprüfung schon nach 50 km Fahrleistung für notwendig erachtet.

Jede Last muss im Lkw betriebssicher verladen und gesichert werden.

Verantwortungsbereiche

Absender

Hauptsächlich ist der Absender verantwortlich, denn der Gesetzgeber geht von dem Grundsatz aus, dass derjenige, der eine Gefahr durch das Inverkehrbringen schafft, die dabei möglichen Gefährdungen soweit wie möglich zu minimieren hat.

Er kann diesen Transport selbst bewerkstelligen oder durch einen Frachtführer durchführen lassen. Hierzu muss er ein geeignetes Fahrzeug auswählen oder bestellen.

Dabei muss er Folgendes berücksichtigen:

- Das zulässige Gesamtgewicht (Eigengewicht plus Ladung).
- Die zulässige Achslast.
- Für den erforderlichen Lade-/Stauraum ist folgendes Ladeprofil einzuhalten:
  Breite ≤ 2,50 m – Kühlwagen ≤ 2,60 m,
  Höhe ≤ 4 m, Länge ≤ 18 m.
- Verteilung des Ladegutes auf dem Fahrzeug/Anhänger:
  Das Lastverteilungsdiagramm ist die Grundlage. Ist es nicht mehr vorhanden, kann es vom Kfz-/Anhängerhersteller/Ausrüster bezogen werden. Der TÜV, die DEKRA z.B. erstellen auch solche Diagramme. Auf jeden Fall sollten folgende Richtwerte eingehalten werden (s.a. UVV „Fahrzeuge – DGUV V 70“):
  20 % bis 30 % des momentanen Lastgewichts belasten die Vorderachse, wobei die zulässige Achslast nicht überschritten werden darf.

Der Ladegutschwerpunkt sollte möglichst tief liegen und sich über der Fahrzeug-/Anhänger-Längsachse befinden. Fällt seine Lage aus der üblichen Lage (symmetrisch und ≤ halbe Höhe des Ladegutes) heraus, sollte er angegeben/dem Verlader mitgeteilt werden. Ist seine Lage extrem, sollte er möglichst am Gut angegeben werden. Dieses Gut fällt dann unter Transportvorgänge, die als „besondere Umstände" zu verstehen sind. Hierunter fallen auch Übermaße von Breite, Höhe und Länge.

- Die Ladefläche muss ggf. mit Einhakvorrichtungen, z. B. Ladeschienen oder Einhakösen, ausgerüstet sein.
- Ladungssicherung:
  - die Auswahl und Bereitstellung der Ladungssicherungsmittel und deren regelmäßige Prüfung,
  - die Festlegung der Ladungssicherungsmaßnahmen,
  - die Auswahl des Ladepersonals und deren Unterweisung,
  - die Auswahl/Vorgabe des Fahrzeugführers, ggf. muss er zusätzlich ein Gefahrgutfahrer sein. Dann muss auch das Fahrzeug entsprechend ausgerüstet und gekennzeichnet sein (s. a. Abschnitt 4.2.4).

Gefahrgut

Beförderung von Kleinstmengen:

Eine Kleinstmenge ist z. B. Lackverdünner bis zu 25 l, abgefüllt in zulässigen Innenverpackungen mit einem Inhalt von ≤ 10 l oder Druckpackungen, z. B. von Farbspraydosen bis zu 30 kg bzw. 50 l Farbe, abgefüllt in ≤ 20-l-Dosen. Bei einer Mischladung darf die Bruttomasse 50 kg nicht übersteigen.

Eine Kleinmenge ist gegeben, wenn die Summe aller o. a. Stoffe in Litern/Kilogramm multipliziert mit 3 (Faktor für Stückgutbeförderung) die Endsumme 1 000 nicht übersteigt.

Anmerkung

Der Transport von Kleinst-/Kleinmengen, z. B. Einkauf von Testbenzin, Acetylen und Flüssiggas für die Instandhaltungswerkstatt, erfordert keine Kennzeichnung des Transporters und keinen Gefahrgutfahrer.

Ein Beispiel:

Testbenzin 100 l x 3 = 300 plus 66 kg (netto) Flüssiggas x 3 = 198 plus je 50 l Sauerstoff und Acetylen x 3 = 300 ergibt die Gesamtsumme 798.

Wird nur ein Stoff oder ein Produkt befördert, ist deren Höchstmenge für den Kleinstmengentransport, für verdichteten Sauerstoff z. B. 1 000 l Fassungsvermögen der Gasflaschen.

Folgende Vorschriften der GGVSEB müssen aber erfüllt/beachtet werden:

1.1 Behältnisse müssen baumustergeprüft sein.
1.2 Anschrift und Gefahrzettel müssen angebracht sein.
2. Das Ladegut ist so zu sichern, dass sich seine Lage zueinander und zum Fahrzeug nur geringfügig verändern kann.
3. Beim Transport brennbarer Gase der Klasse 2, z. B. Acetylen in einem Fahrzeug mit geschlossenem Aufbau, ist für eine ausreichende Entlüftung des Laderaums zu sorgen.
4. Bei Ladearbeiten ist das Rauchen und die Benutzung eines Handys in der Nähe von Fahrzeugen sowie in den Fahrzeugen untersagt.
5. Bei Be- und Entladearbeiten ist der Motor vorher abzustellen.

Frachtführer/Spediteur

Die Pflicht der Verladung und Entladung von Gütern kann der Absender per Werkvertrag z. B. an einen Spediteur übertragen. Will und kann dieser Spediteur diesen Auftrag nicht übernehmen, kann er auch einem Dritten, z. B. einem Subunternehmer = Frachtführer, diese Pflicht übertragen. Diese Übertragung setzt aber eine gewissenhafte Auswahl voraus, widrigenfalls würden sonst alle Haftungsansprüche u. a. nach einem Schaden an den Übertragenden zurückfallen (s. a. § 831 BGB). Die Bestellung eines Frachtführers ist dem Auftraggeber/Absender schriftlich mitzuteilen.

Fahrzeugbodenbelastung

Ferner muss der Absender klären, ob das Fahrzeug, der Anhänger, Sattelauflieger, Wechselaufbau, Container und dgl. ggf. für das Befahren mit Flurförderzeugen geeignet ist. In der Regel ist dies nicht für alle Flurförderzeuge gegeben, denn Stapler z. B. haben schon ohne Last ein relativ hohes Eigengewicht, und dafür ist der Laderaumboden meist nicht ausgelegt (s. a. Abschnitt 4.1.1.2).

Die Belastbarkeit von Containern liegt gemäß ISO-Norm 1496 bei ~ 1 000 kg/m². Bei einem 40-t-Standardcontainer trägt der Boden z. B. 3 000 kg/lfd. Meter. Dies ergibt bei einer Bodenbreite von 2,35 m

~ 1 280 kg/m². Druckkräfte durch Zurrkräfte sind hinzuzurechnen. Die Achslast wird nicht erhöht. Hier helfen Bodenverteilungsplatten, die aber die zulässige Nutzlast herabsetzen.

Hierzu beispielhaft einige Angaben von Maschinen mit Elektroantrieb (s. a. Typenblatt Flurförderzeuge – VDI 2198 – Angaben sind gerundet).

Selbstverständlich können Maschinen anderer Hersteller andere Werte haben.

Gabelstapler			
Tragfähigkeit	**1,2 t**	**1,5 t**	**2,5**
Gesamtgewicht [kg]	4 250	4 360	6 890
Achslast vorn mit Last [kg]	3 400	3 900	6 100
Radlasteinzel mit Last vorn [kg]	1 700	1 950	3 050
Bodenpressung Antriebsräder [t/m²] SE-Reifen [daN/cm²]	9,8	10,6	9,7
Bodenbelastung [t/m²]	1,75	1,85	2,41

Mitgänger-Flurförderzeug ohne Hubmast			
Tragfähigkeit	**1,6 t**	**1,8 t**	**2 t**
Gesamtgewicht [kg]	2 050	2 070	2 470
Achslast hinten mit Last [kg]	1 370	1 520	1 670
Radlast – hinten an Gabelspitze [kg]	690	800	820
Bodenbelastung [t/m²]	2,10	2,30	2,53

Mitgänger-Flurförderzeug mit Hubmast			
Tragfähigkeit	**1 t**	**1,2 t**	**1,6 t**
Gesamtgewicht [kg]	1 860	1 880	2 650
Achslast hinten mit Last [kg]	1 220	1 360	1 790
Radlast – hinten an Gabelspitze [kg]	610	680	900
Bodenbelastung [t/m²]	1,83	2,02	2,38

Hubwagen ohne Last	**Schubmaststapler**		
Tragfähigkeit	**2 t**	**1,25 t**	**1,6 t**
Gesamtgewicht [kg]	2 700	3 040	4 360
Achslast hinten mit Last [kg]	1 630	1 570	1 910
Radlast – hinten an Gabelspitze [kg]	820	790	1 000
Bodenbelastung [t/m²]	2,65	2,03	2,33

Bei der Tragfähigkeit des Laderaumbodens müssen auch die Abstützungen, z. B. des Sattelaufliegers, bei einachsigen, auch Zwillingsachsanhängern, Wechselbrücken und -behältern ausreichend tragfähig sein. Dies gilt auch für die seitlichen Stützen vorn. Ansonsten ist, besonders wenn das Flurförderzeug mit Last vorn in die Laderaumecke fährt, das Umstürzen des Behältnisses/Anhängers vorprogrammiert (s. a. Absatz „Fahrzeugsicherung"). Ist die Tragfähigkeit und Standsicherheit nicht gewährleistet, darf kein Ladevorgang erfolgen.

Soll das Gut vom Personal des Frachtführers, z. B. vom Lkw-Fahrer, mittels eines Flurförderzeuges mit Fahrerplatz, z. B. Gabelstaplers oder Hubwagens, geladen werden, muss er dafür erfolgreich ausgebildet sein und vom Frachtführer für das Steuern dieser Maschinen schriftlich beauftragt sein. Dieser Fahrauftrag wird dann vom Absender per Werkvertrag/Auftrag übernommen (s. a. Kapitel 1, Abschnitte 1.5.1 und 1.5.6).

Nichtübertragbare Pflichten des Absenders

Alle Pflichten kann der Absender nicht übertragen. Es verbleiben bei ihm insbesondere die Aufsichtspflicht für seinen Vertragspartner und sein Personal mit daraus resultierenden Haftungen (s. § 823 BGB und Kapitel 1, Abschnitt 1.4).

Diese Pflicht kann er durch Stichproben, die er dokumentiert und wie in den folgenden Ausführungen erläutert, erfüllen.

Wie hat der Absender zu verfahren, wenn er gravierende Mängel an Fahrzeugen, den Ladungssicherungsvorrichtungen, z. B. Ladeschienen, Befestigungsösen und Zurrmitteln, und Überladung feststellt?

Er kann Nachbesserung bis hin zum Entladen des Gutes und/oder Bereitstellung eines sicheren Fahrzeuges verlangen. Auf jeden Fall hat der Absender den Ladevorgang nicht vorzunehmen/den Vorgang abzubrechen/die Ladung wieder zu entladen/entladen zu lassen. Diese Pflichterfüllung ist für ihn wichtig, denn er hat schon allein gemäß StVO eine Verkehrssicherungspflicht. Er ist gut beraten, für ihn augenscheinlich nicht verkehrssichere Fahrzeuge, Anhänger, Auflieger, Wechselbrücken und Container nicht zu beladen. Solche Mängel sind z. B. abgefahrene Reifen, heraustropfendes Öl sowie schadhafte Ladeflächen und Laderaumtüren. Versäumt er diese Pflicht, kann er mit zur Rechenschaft gezogen werden.

Viele Firmen gehen daher dazu über, eintreffende Fahrzeuge zu wiegen. Nach dem Ladevorgang wird das Fahrzeug, einschließlich der verstauten Ladung, fotografiert und vor dem Verlassen des Werkgeländes wieder gewogen.

Bei der Überschreitung des zulässigen Gesamtgewichts und der Achslast gibt es keine Toleranzwerte.

Merke

Der Absender ist Garant für den sicheren Transport seines Gutes! Vertrauen ist gut. – Dokumentierte Kontrolle ist besser und sichert im Zweifelsfall ab!

Fahrzeugbereitstellung – Betriebssicherheit

Ausgangslage

Für die Bereitstellung eines für die vorgesehene Ladung geeigneten und verkehrssicheren Fahrzeuges ist der Frachtführer verantwortlich.
Bei der Auswahl des Fahrzeuges, z. B. zulässiges Gesamtgewicht, Bodenbelastbarkeit und seiner Ausführung (Stahl oder Holz), richtet er sich nach den Vorgaben des Absenders (Frachtbrief und Ladungssicherung).

Überlastung/Überladung/Ladeprofilvorgaben:

Verantwortlich für eine vorschriftswidrige Überlastung des Fahrzeuges ist der Frachtführer. Erfolgt diese Überladung aufgrund einer fehlerhaften Angabe im Frachtbrief, haftet der Absender nach dem Gefährdungsprinzip. Voraussetzung ist jedoch, dass die fehlerhafte Angabe im Frachtbrief ursächlich für die eingetretenen Folgen ist.

Hätte der Frachtführer unter Zugrundelegung der erforderlichen Sorgfalt (augenscheinlicher Fehler) diesen Fehler erkennen müssen, so trifft ihn eine Mitschuld. Erkennt er den Fehler erst während der Fahrt, z. B. durch einen ungewohnt langen Bremsweg, muss der Fahrer die Fahrt sofort unterbrechen. Die gleiche Verantwortung ist auch bei Überschreitung des Ladeprofils gegeben – Raum zum Verzurren lassen.

Für das beförderungs- und betriebssichere Be- und Entladen ist in erster Linie der Ladende verantwortlich. Denn beide Vorgaben des Gesetzgebers überdecken sich.

Helfen Beschäftigte des Frachtführers, z. B. der Fahrer, beim Laden, so sind dies reine Gefälligkeiten, wofür der Frachtführer nicht einzustehen hat. Beim Einsatz von Silo- oder Tankwagen wird der Fahrer dieser Fahrzeuge meistens beim Ladevorgang mitwirken, da er am besten mit den technischen Einrichtungen seines Fahrzeugs vertraut ist. Dieser Lastumgang fällt auch unter den Begriff „aus den Umständen ergibt" im § 412 HGB (s. a. Absatz „Verantwortung – Grundlagen").

Das bedeutet aber nicht, dass der Frachtführer für das betriebssichere Be- und Entladen nicht verantwortlich ist. Denn grundsätzlich ist er für den betriebssicheren = verkehrssicheren Zustand seines Fahrzeuges insgesamt, also auch der Ladung, verantwortlich. Dies beinhaltet besonders die Gewähr von Stabilität und Lenkvermögen des Fahrzeuges sowie Einhaltung des Reifenprofils und Funktion der Sicherheitseinrichtungen, z. B. Erkennbarkeit von Brems- und Schlusslicht. Erforderlichenfalls muss er auch die Verzurrung und Verkeilung der Ladung überprüfen.

Der Frachtführer bzw. sein Beauftragter, in der Regel der Fahrzeugführer, braucht beim Ladevorgang nicht anwesend zu sein.

Die „Verzahnung" der Verantwortlichkeiten betreffend des Ladens und der Sicherheit von Fahrzeug und Ladung zeigt sich im Ordnungswidrigkeitenrecht in den §§ 22, 23 StVO, 31 Abs. 2 StVZO, wonach Absender, Verantwortlicher der Ladetätigkeit und Halter des Fahrzeuges gleichermaßen in der Verantwortung stehen.

Fahrzeugführer – Verkehrssicherheit

In diesen Verantwortungsbereich ist auch der Fahrer des Fahrzeuges mit einbezogen, unabhängig davon, ob er als Beauftragter des Frachtführers oder nur als Fahrzeugführer zu betrachten ist, denn durch das Führen eines nicht verkehrssicheren

Fahrzeuges ist er zumindest der Mitverursacher einer Gefahr (s. § 23 StVO).

Selbstverständlich ist er auch für das sichere Rangieren seines Lkw-Zuges verantwortlich, z.B. beim Bereitstellen des Fahrzeuges und seiner Anhänger, Wechselaufbauten und Auflieger (s.a. Absatz „Rückwärtsfahrt"). Diese Tatsache ist u.a. auch mit ein Grund, warum das Ordnungswidrigkeitengesetz – OWiG unabhängig seines Tatbeitrages jeden Beteiligten beim Ladevorgang (Absender, Frachtführer und Fahrer) als Täter behandelt (s. Kapitel 1, Abschnitt 1.2.1). Wir bezeichnen dies als das sog. „Einheitstäterprinzip".

Vom betriebssicheren Zustand der Ladung hat sich der Fahrer, wie schon erläutert, während der Fahrt regelmäßig zu überzeugen. Je nach Besonderheit der Ladung (Sicherungen gegen Verrutschen, Abgleiten und Umstürzen) sind die Prüfungsintervalle zu verkürzen.

Zu den bereits erläuterten Besonderheiten von Ladeeinheiten, die dem Verlader für eine sichere Verladung unabdingbar bekannt sein müssen, sind auch Anschlagpunkte am Frachtgut anzugeben, wenn an ihnen oder über sie hinweg die Ladung mittels Zurrgurten gesichert werden muss. Darüber hinaus kann es notwendig sein, die hierzu zu verwendenden Sicherungsmittel vorzugeben.

Anmerkung

Die Angaben können schon vom Hersteller direkt notwendig sein. In der Regel ist der Hersteller eines solchen Ladegutes der erste Absender. Diese Angaben müssen bei mehreren Absendern in Folge lückenlos weitergegeben werden. Diese Hinweise müssen, wenn erforderlich, auch Vorgaben über einzusetzende bzw. nicht zu verwendende Transportgeräte, wie Gabelstapler oder Krane, enthalten.

Soll der Fahrzeugführer neben seiner Tätigkeit als Fahrer zusätzlich die Verladung durchführen bzw. die betriebssichere Ladung vor der Fahrt und unterwegs beurteilen oder die Ladungssicherung vornehmen, muss er hierfür vor seiner Beauftragung/Pflichtenübertragung für diese Arbeit unterwiesen/ausgebildet worden sein. Die Berechtigung zum Führen des Fahrzeuges/Besitz des entsprechenden Kfz-Führerscheins allein reicht dafür nicht aus (s.a. BkrFaG).

Bestell-Nr. FA19

Fachausweis Ladungssicherung

Reg.-Nr. ____________________

(für interne Zwecke, z.B. Personal-, Lehrgangsnummer o.Ä.)

Arbeitsaufträge sind von jedem Unternehmen neu zu erteilen.
Für weitere Aufträge o.dgl. ist ein Ergänzungsblatt erhältlich.
**** Nichtzutreffendes in den jeweiligen Rubriken streichen.***

Ausgabe 2016
© Copyright 2009, Resch-Verlag, Dr. Ingo Resch GmbH
Maria-Eich-Straße 77, D-82166 Gräfelfing
Telefon: 089 85465-0, Telefax: 089 85465-11
www.resch-verlag.com
Nachdruck – auch auszugsweise – nicht gestattet

Befähigungsnachweis für mit Ladungssicherung beauftragtes Personal

Rückwärtsfahrt

Beim Bereitstellen des Fahrzeuges, des Aufliegers oder des Anhängers ist meistens eine Rückwärtsfahrt erforderlich. Selbstverständlich ist für dieses Rangieren der Fahrer verantwortlich. Er muss das Fahrzeug und dgl. so steuern, dass keine Personen gefährdet werden.

Kann er seinen Fahrbereich, besonders hinter dem Fahrzeug, nicht ausreichend einsehen, und muss er damit rechnen, dass Personen unmittelbar – auf kurzem Wege – in seinen Fahrbereich eintreten können, muss er mit einem Einweiser arbeiten. Das sieht auch die UVV DGUV V 70 „Fahrzeuge" § 46 vor. Für Bereiche des öffentlichen Straßenverkehrs ist dies zusätzlich in § 9 Abs. 5 StVO geregelt. Eine solche Situation ist immer auf Parkplätzen von Baumärkten, Einkaufszentren, Laderampenbereichen und Straßen innerorts, besonders parallel neben Bürgersteigen gegeben.

Videokameras und Rückfahrwarneinrichtungen, die dem Fahrer einen Gegenstand, auch eine Person nahe der Rückseite des Fahrzeugs anzeigen/akustisch warnen, können den Einweiser ersetzen. Selbstverständlich muss der Fahrer zusätzlich darauf achten, dass er beim Zurücksetzen zu beiden Seiten seines Fahrzeugzuges den Sicherheitsabstand von ≥ 0,50 m zu festen Teilen der Umgebung, z.B. Hallenvorbauten an Ladestellen, einhält.

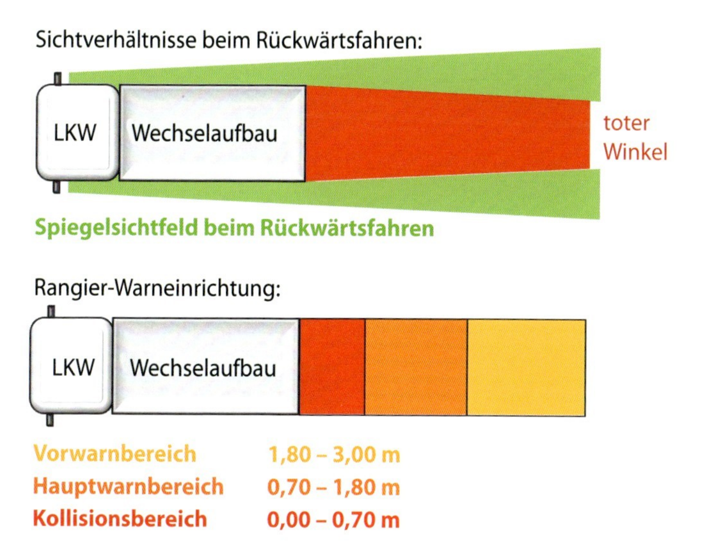

Fahrzeugsicherung

Für das sichere, bestimmungsgemäße Abstellen des Fahrzeuges, seiner Anhänger, des Aufliegers oder der Wechselaufbauten ist in erster Linie der Lkw-Fahrer verantwortlich.
Er allein weiß, wo am Fahrzeug die Liftachse angebracht ist, an der kein Unterlegkeil angelegt werden darf, weil sie drucklos werden kann und das Fahrzeug oder der Sattelauflieger über den Unterlegkeil hinwegrollt, wobei die Liftachse durch den Keil angehoben wird.

Der Verlader hat sich vor Beginn des Ladevorganges entweder durch seinen Aufsichtführenden oder, je nach Pflichtenübertragung, durch seinen Flurförderzeugführer mit dem Lkw-Fahrer hinsichtlich des Arbeitsablaufes (Be- und Entladen) zu verständigen.

Auf eine vorherige Verständigung bezüglich der Sicherung gegen Wegbewegen des Fahrzeuges kann verzichtet werden, wenn

- selbsttätig wirkende Einrichtungen vorhanden sind, die das Fahrzeug am Wegbewegen hindern,
- auf den Arbeitsablauf abgestimmte/geschaltete Signaleinrichtungen vorhanden sind,
- Unterlegkeile mit Kontaktfühlern, verbunden mit Lichtsignal, am Ladeplatz anzulegen sind.

Eine Verständigung über das „Aufbringen" des Ladegutes – Lastverteilungsplan usw. – ist nach wie vor erforderlich.

Fahrzeuge, ihre Anhänger, Wechselaufbauten und Auflieger, auch Waggons, dürfen nur be- und entladen werden, wenn sie gegen Rollen, erforderlichenfalls auch gegen Kippen, gesichert und ihre Abstellflächen ausreichend tragfähig sind.

Bei der Notwendigkeit der Sicherung besteht bei vielen Beteiligten leider der verhängnisvolle Irrtum, dass sich die im Verhältnis zum Flurförderzeug viel schwereren Fahrzeuge nicht wegbewegen können. Leider ist dem nicht so, besonders, wenn Fahrzeuge von der Stirnseite her mittels Gabelstapler oder Mitgänger-Flurförderzeugen befahren werden. Durch das Ein- und Ausfahren sowie das Absetzen oder

Ordnungsgemäß abgestellt auf festem Untergrund und gegen Wegrollen gesichert

Aufnehmen von Lasten treten dynamische Kräfte, insbesondere Schubkräfte, auf, die die Fahrzeuge mit oder ohne Last vom Ladepunkt wegbewegen können, wenn sie nicht gesichert sind.

Die Sicherung gegen Wegrollen kann folgendermaßen durchgeführt werden:

- bei Waggons, besonders bei allein stehenden: durch Anziehen der Handbremse oder Anlegen von zwei Hemmschuhen beidseitig vor einem Rad, wobei außerdem noch das Auffahren anderer Waggons verhindert sein muss;
- bei Lkws und ihren Anhängern: durch Anziehen der Feststellbremse und Anlegen der Unterlegkeile vor nicht lenkbare Räder bzw. durch Haltevorrichtungen.

Wird der Lkw oder sein Anhänger von der Stirnseite her befahren, so sind die Unterlegkeile, von der Laderampe aus gesehen, hinter den Hinterrädern anzulegen. Bei Lkws und ihren Anhängern bzw. Sattelaufliegern ist darauf zu achten, dass die Unterlegkeile nicht vor die Räder einer Liftachse gelegt werden, besonders wenn sie druckluftgesteuert ist, denn der Anpressdruck, mit dem die Räder der Liftachse auf die Fahrbahn gedrückt werden, kann langsam nachlassen, sodass die Gefahr besteht, dass das Fahrzeug bzw. der Anhänger über die Unterlegkeile hinweg nach vorne rollt.

Bei einem Lkw ist die Liftachse in der Regel die hinterste Achse. Bei Sattelanhängern mit drei Achsen können z.B., von vorn gesehen, die erste Achse, die ersten beiden Achsen oder die erste und die dritte Achse Liftachsen sein. Bei Drei-Achs-Anhängern mit Zuggabelgestänge ist die Liftachse meistens die erste nicht gelenkte Achse, von vorn gesehen. Man erkennt eine druckluftgesteuerte Liftachse z.B. an den Luftbälgen über der Achse.

Bei abgesattelten Sattelanhängern sind zusätzliche Abstützungen am Sattelanhänger erforderlich, wenn die Abstützungen nur für das Leergewicht des Sattelanhängers ausgelegt sind oder die Sattelanhänger kippen können. Abgestellte Wechselaufbauten dürfen nur befahren werden, wenn ihre Stützen dafür ausgelegt sind. Stützhölzer, hochkant gestellte Paletten, Palettenstapel oder dgl. sind keine geeigneten Stützeinrichtungen (s.a. „Sicherer Umgang mit Wechselbehältern" – DGUV I 214-079).

Bei nicht ausreichend tragfähigem Untergrund sind vor dem Abstützen Unterlegplatten unter die Abstützungen zu legen. Die Flächengröße ist von der Bodenpressung der Fahrbahn/Hoffläche abhängig (s.a. Abschnitt 4.1.1.2), wobei sich die Bodenpressung bei Asphalt durch Hitzeeinwirkung – Sonneneinstrahlung sehr verringern kann (s.a. Abschnitt 4.1.1.2, Absatz „Punktbelastung"). An den Abstützungen sind stets die Sicherungen gegen Einknicken einzulegen.

Liftachse an einem Lkw

Anordnung einer Liftachse

Anhänger zum Be- und Entladen vorbereitet.
Auch die Zuggabel ist längsmittig (geradeaus) eingestellt.

*Abstützung mit Druckverteilungsplatte.
Aber Achtung: Nur mittig macht es Sinn!*

Die Deichseln von Lkw-Anhängern, besonders mit Drehschemellenkung, sind möglichst in Richtung der Fahrzeuglänge einzustellen, denn dadurch können die Anhänger beim Ladevorgang weniger leicht über ihre Vorderachse abkippen. Ist dies nicht möglich, können Abstützungen notwendig werden. Es empfiehlt sich, die Lenkachse nach der Längseinstellung – besonders bei unebenem Boden – an einem Rad mit zwei Unterlegkeilen gegen Verdrehen zu sichern. Bei Fahrzeugböden, die mit Rollbahnen ausgerüstet sind (Rollböden), muss beim Be- bzw. Entladen der Fahrzeugboden waagerecht stehen und während des Ladevorganges in dieser Stellung so verbleiben. Es sei denn, es sind Sicherungen gegen Wegrollen des Ladegutes vorhanden und wirksam.

Merke

Vor dem Ladevorgang ist eine Absprache mit dem Fahrzeugführer erforderlich!
Erst mit der Arbeit beginnen, wenn das Fahrzeug und dgl. gegen Rollen und Kippen gesichert ist!

Be- und Entladevorgang

Beim Be- und Entladen von der Fahrzeug-Längsseite her ist möglichst folgendermaßen vorzugehen:

- Mit der Beladung über der nicht lenkbaren Achse beginnen. Mit dem Entladen jedoch über der Lenkachse anfangen. Unterlegkeile sind hierzu mindestens zu beiden Seiten eines Rades einer nicht gelenkten Achse anzulegen. Auch hier ist auf die Anordnung von Liftachsen zu achten.
- Beim Verladen (Verbringen, Absetzen, Stapeln und beförderungs-, betriebssicheren Stauen) von Gütern ist der Lastverteilungsplan einzuhalten.
- Gleichzeitig ist beim Einbringen von Teilladungen ihr getrenntes Wiederentladen zu berücksichtigen. Dies lässt oft kein Stauen ohne Leerraum zu, Güter müssen extra gesichert werden (s. a. Absatz „Ladungssicherungen – Grundsätzliches").

Achtung!

Beladen Sie ein Fahrzeug, das schon mit einer Teilladung versehen, jedoch nicht korrekt geladen ist (z. B. unzureichende Ladungssicherung), so haftet der Verantwortliche der Zuladung ebenso.

Merke

Ladevorgaben exakt einhalten!

Betreten von Ladeflächen/Lasten

Müssen Laderäume, -flächen, Verschlüsse von Öffnungen an Tankwagen/-waggons oder Lasten betreten werden, entsteht oft eine Absturzgefahr. Diese Gefahr kann z. B. durch ein(e) Laufschiene/-seil, die/das über der Ladestelle, z. B. über Gleisen, angebracht ist, oder mittels eines Geländers nahe

Rollleiter mit Absturzsicherung, z. B. für Arbeiten an hochgelegenen Tankverschlüssen

der Einsatzstelle von Tankfahrzeugen geschehen. In die Laufschiene/das Seil hakt sich dann das Ladepersonal mit seinem Sicherheitsgeschirr ein. Es kann aber auch eine Arbeitsbühne für externe Personen (s. Abschnitt 4.4.2, Absatz „Arbeitsbühne – Staplerbedienung") oder eine fahrbare Leiter mit Haltereif eingesetzt werden.

Arbeiten an Lasten, z. B. Containern, und das Befestigen/Anlegen von Zurrmitteln, können von Steh- oder Anlegeleitern aus vorgenommen werden. Zum Übersteigen auf Lasten sind Anlegeleitern zu benutzen, die mit ihren Holmen 1 m über der Oberkante der Lastfläche hinausragen müssen.

Ladungssicherung – Grundsätzliches

Die Sicherungsmaßnahmen müssen je nach Vertragslage entweder vom Absender oder vom Frachtführer vorgenommen werden. Wird keine Regelung getroffen, ist der Absender dafür verantwortlich (§ 412 HGB).

Die einfachste und oft rentabelste Methode ist eine lückenlose Beladung. Nicht immer kann dies durch die enge Platzierung der Güter erreicht werden. Hier helfen leere Flachpaletten, aufblasbare Luftsäcke oder Haltestangen/Vorlegekeile, die in Lochschienen, sei es am Boden oder an den Wänden der Laderäume, befestigt sind.

Auswahl von Zurrmitteln zur Ladungssicherung.

Am günstigsten ist es, die Ladung direkt an der Stirnwand des Laderaumes zu positionieren, wenn die Lastverteilung gemäß Lastverteilungsdiagramm dies zulässt. Voraussetzung der Wirksamkeit als Sicherung ist jedoch, dass diese Wand eine ausreichende Festigkeit besitzt, damit sie der auftretenden Schubkraft/Trägheitskraft standhält. Dies gilt natürlich auch bei Luftsäcken, Paletten, Balken, Vorlegeklötzen und dgl. Diese Sicherungen müssen auch ausreichend hoch sein, sodass sich die Ladung nicht über die Sicherung hinweg bewegen oder kippen kann. Sie darf aber nicht zu hoch über dem Schwerpunkt des Gutes angebracht sein, sonst „windet" sich das Ladegut, besonders bei Gummibändern, unter die Sicherung hindurch.

Eine Kippgefahr besteht, vereinfacht gesagt, immer dann, wenn die Höhe „h" des Ladeeinheitsschwerpunktes zur Aufstandsfläche des Gutes größer ist als die Aufstandslänge „L", gemessen von der Schwerkraftlinie der Ladeeinheit zur Außenkante der Aufstandsfläche in Kipprichtung. Gurtzurrmittel haben u. a. deshalb eine Dehnung von ≤ 5 %. Zurrmittel werden gemäß DIN EN 12195-1 bis DIN EN 12195-4 gefertigt.

Bei Ladungssicherung ist mit folgenden Kräften zu rechnen:

- mit Trägheitskräften beim Beschleunigen nach hinten und beim Abbremsen nach vorn,
- mit Fliehkräften zur Seite beim Durchfahren von Kurven und Ausweichmanövern, wobei praktisch auch eine Kurve gefahren wird,
- mit einer Wankkraft „F_{WK}", wenn die Ladeeinheit noch nicht kippt, aber Trägheitskräfte und Fliehkräfte fließend wirken, z. B. bei einer Fahrt in „Schlangenlinie".

Diese Kräfte kann man auch als Horizontalkräfte „H" bezeichnen, aufgeschlüsselt als Schubkraft „F_S", Kippkräfte „F_K" oder ggf. als Wankkraft „F_{WK}".
Als „F_S" wirkt sie, wenn der Körper noch ausweichen/gleiten oder rollen kann. Ihr entgegen wirkt eine Reibungskraft „F_W" (s. Kapitel 2, Abschnitt 2.4.1, Absatz „Reibungskraft").

Als „F_K" wirkt sie, wenn der Körper auf seiner Standfläche festgehalten wird, sei es durch eine große Reibkraft oder einen Anschlag, z. B. eine Schiene oder einen Balken.
Als „F_{WK}" wirkt sie als Resultierende aus „F_S" und „F_K".

Die Gewichtskraft „G_K" entsteht durch die Erdanziehung/Fallbeschleunigung „g" von 10 m/sec^2, die eine Masse „m" Ladeeinheiten und auch jeden anderen Körper zur Erde zieht. Sie errechnet sich aus [$G_K = m \cdot g$] (s. a. Kapitel 2, Abschnitte 2.2, 2.3, 2.4.1 und 2.4.2).

Dieser Bezug darf aber nicht dazu verleiten zu glauben, dass eine Ladeeinheit mit hohem Gewicht in der Bewegung sicherer auf der Ladefläche steht als eine Einheit mit geringerem Gewicht (s. Absatz „Kinetische Energie").

Diese Kräfte greifen alle am Schwerpunkt der Ladeeinheit an (s. a. Kapitel 2, Abschnitt 2.4.3).

Anmerkung

Diese Kräfte sind am einfachsten in Abhängigkeit zur Gewichtskraft „G_K" der Ladeeinheit zu bestimmen.

Es ist im Schnitt mit folgenden Kraftgrößen „H" zu rechnen:

- nach hinten beim Geradeausbeschleunigen, z. B. Anfahren aus dem Stand, mit $H = 0{,}5 \cdot G_K$
- zur Seite beim Kurvenfahren entgegen der Kurven mit $H = 0{,}5 \cdot G_K$
- nach vorn beim Abbremsen in Geradeausfahrt mit $H = 0{,}8 \cdot G_K$
  (Diese Kraft ist wegen der in der Regel höheren Verzögerung gegenüber der Beschleunigung beim Anfahren gegeben.)
- bei z. B. einer Mischfahrt mit einem Wanken der Ladeeinheit mit $H = 0{,}2 \cdot G_K$

Anmerkung

Die Werte 0,5/0,8/0,2 sind empirisch gefundene Umrechnungsfaktoren zur Gewichtskraft „G_K" der Ladeeinheit, die bei den Kfz-Fahrbewegungen/-Beschleunigungsveränderungen auftreten. Der Wert 0,8 ist gegenüber den anderen Faktoren wegen der möglichen hohen Verzögerung beim Notbremsen so hoch.

Auch in vertikaler Richtung können durch Schwingungen und Stöße, hervorgerufen durch unebene Fahrbahnen und Schlaglöcher, Kräfte wirken, die

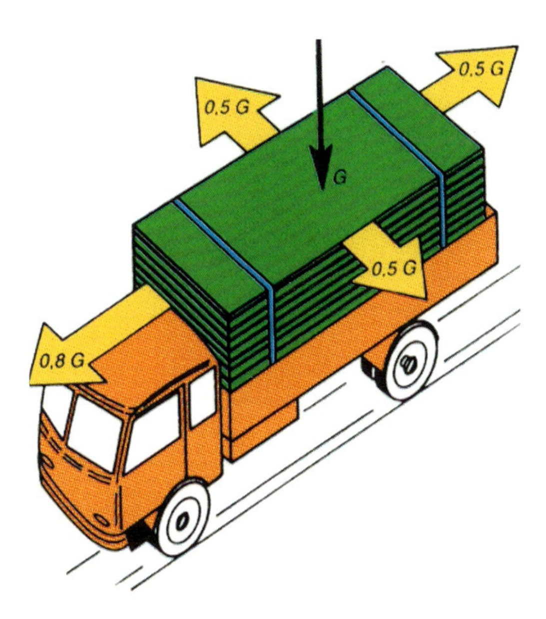

Kraftgrößen- und Wirkungsrichtung am Ladegut

dem 0,8-Fachen der Gewichtskraft der Ladeeinheit entsprechen. Sie können u. U. die Sicherungsmittel lockern. Nicht zuletzt ist darum auch auf ihren einwandfreien Sitz zu achten.

Mit einer Kippgefahr ist immer dann zu rechnen, wenn das Standsicherheitsmoment der Ladeeinheit „M_{St}" < dem Kippmoment „M_K" ist.

„M_{St}" errechnet sich aus „G_K" multipliziert mit dem Abstand der Schwerkraftlinie der Ladeeinheit zur Außen-/Kippkante ihrer Aufstandsfläche „a":

$$[M_{St} = G_K \cdot a]$$

„M_K" errechnet sich aus „G_K" multipliziert mit der Abstandshöhe „h" des Ladeeinheitenschwerpunkts lotrecht zur Aufstandsfläche:

$$[M_K = G_K \cdot h]$$

Wie stellt sich z. B. die Standsicherheit bei einer Kurvenfahrt dar?

Beispiel mit einer gleichmäßigen Massenverteilung auf der Euro-Palette, die mit ihrer längsten Seite von 1 200 mm parallel zur Längsachse des Fahrzeugs geladen ist, also zur Seite eine Aufstandsbreite von 800 mm hat.

Die Ladeeinheit hat eine Höhe von 1 800 mm. Ihre Schwerpunktlage befindet sich „a" = 400 mm von der Kippkante und „h" = 900 mm von der Aufstandsfläche entfernt.

Gleichgewicht würde bestehen, wenn:
$M_{St} = G_K \cdot a = M_K = G_K \cdot h$ wäre.

Es ist jedoch:
$M_{St} = G_K \cdot 400$ mm und $M_K = G_K \cdot 900$ mm.

Es wirkt folglich ein Kippmoment:
$M_K = 0{,}5 \cdot G_K \cdot 900$ mm $= G_K \cdot 450$ mm.

Hierbei ist noch keine zusätzliche Kraft „F_{WK}" berücksichtigt worden!

Diesem Kippmoment wirkt nur ein Standsicherheitsmoment $M_{St} = G_K \cdot 400$ mm entgegen. Die Ladeeinheit würde umkippen und muss zusätzlich zur Verrutschsicherung, z. B. mittels Zurrgurten, gesichert werden.

Achtung!

Sogar in Längsrichtung besteht eine Kippgefahr, denn auch hier ist das Kippmoment „M_K" größer als das Standsicherheitsmoment „M_{St}"
Beweis: $[M_K = 0{,}8 \cdot 900 \cdot G_K = 720 \cdot G_K]$
$[M_{St} = G_K \cdot 600]$ $M_K > M_{St}$

Kinetische Energie

Bei allen Ladungssicherungen ist das Hauptziel das Auftreten der kinetischen Energie „E_K" klein zu halten. Diese Energie wird hauptsächlich von der Geschwindigkeit beeinflusst, die die Ladung bei der Bewegung/beim Rutschen/Kippen aufnimmt, denn sie errechnet sich aus:

$$\left[E_K = \frac{m \cdot v^2}{2}\right]$$

Die kinetische Energie „E_K" vervierfacht sich danach, wenn „v" sich nur verdoppelt. Kann die Ladung aber nicht rutschen, gleiten, kippen oder dgl., baut sich auch keine kinetische Energie auf. Unterschätzen wir dabei leichte Lasten nicht, denn sie bewegen sich genauso leicht und schnell wie schwerere Lasten (s. a. Kapitel 2, Abschnitt 2.4.2, Absatz „Beweis der Energiegleichheit").

Der Grund hierfür ist, dass sich die Masse „m" der Ladung in der Bewegung durch die Trägheitskraft „$T = m \cdot a$" und der festhaltenden Reibungskraft „$F_W = m \cdot g \cdot \mu$" aufhebt. Kurz vor der Bewegung der Ladung ist die an ihr wirkende Trägheitskraft so groß wie die Reibungskraft. Rechnerisch stellt sich dies wie folgt dar:

„a" ist hierbei die Beschleunigung, hervorgerufen durch die Abbremsung des Fahrzeugs.
„g" ist die Erdbeschleunigung ~ 10 m/sec^2.
„μ" ist der Reibbeiwert.

Zustand kurz vor der Bewegung (s. a. Kapitel 2, Abschnitt 2.4.1, Absätze „Trägheitskraft", „Reibungskraft" und „Fliehkraft"):

$$T = F_W$$

$$\frac{T}{F_W} = 1 = \frac{m \cdot a}{m \cdot g \cdot \mu}$$

„m" kann man herauskürzen

$$1 = \frac{\not{m} \cdot a}{\not{m} \cdot g \cdot \mu}$$

und erhält:

$$1 = \frac{a}{g \cdot \mu}$$

$$a = g \cdot \mu$$

Was bedeutet dies für die Praxis?
Eine Verzögerung „a"/Abbremsung braucht nur geringfügig größer zu sein als „$g \cdot \mu$" und die Ladung fängt an zu gleiten/rollen.
„g" ist 10 m/sec^2, aber wie groß ist „μ"?

Da beim Transport von Lasten u. a. ständige, wenn auch geringe Bewegungen, z. B. durch Erschütterungen, Stoßkräfte und dgl., auftreten und der Übergang von Haft- in Gleitreibung fließend ist, wird, ja muss in der Ladungssicherungslehre der Reibbeiwert „μ" für Gleit-/Rollreibung angesetzt werden. Er ist viel kleiner als der Haftreibungswert.

Unter Berücksichtigung ungünstiger Gegebenheiten und nicht eindeutiger Zuordnung des Bodenbelagzustandes sollte mit den niedrigen Reibbeiwerten „μ" gerechnet werden.
Verschmutzte, vereiste und mit kleinen Steinen, besonders Kieselsteinen, sowie Kunststoffgranulat verunreinigte Böden müssen vor dem Ladevorgang gesäubert werden.

Flächenpaarung	Gleitreibbeiwert bei Zustand		
	trocken	nass	schmierig/fettig
Holz auf Holz	0,200 – 0,50	0,15 – 0,25	0,05 – 0,15
Metall auf Holz	0,150 – 0,50	0,15 – 0,25	0,02 – 0,10
Metall auf Metall	0,050 – 0,25	0,05 – 0,20	0,01 – 0,10
Beton auf Holz	0,250 – 0,60	0,30 – 0,50	0,10 – 0,20
Für Kunststoffe sollten die niedrigen Metallwerte zugrunde gelegt werden			

Kieselsteine und Kunststoffgranulate wirken wie Kugeln und verursachen eine Rollreibung, die einen 10-mal kleineren Reibbeiwert hat als die Gleitreibung.

Der Einsatz von Antirutschmatten kann den Reibbeiwert bis zu 1 erhöhen. Hierfür ist der Nachweis des Herstellers unabdingbar. In der Regel liegt er bei 0,6.

Ein Beispiel für eine Lastbewegung:

Ein Stahlträger liegt auf einem nassen Holzboden. „µ" ist in diesem Fall 0,20.

$$a = g \cdot \mu = 10 \cdot 0{,}2 = 2 \text{ m/sec}^2$$

Das bedeutet, dass der Stahlträger bei einer Beschleunigung von bis zu 2 m/sec^2 nicht rutscht.
Ist die Beschleunigung jedoch > 2 m/sec^2, also auch schon bei a = 2,1 m/sec^2, rutscht der Stahlträger beim Abbremsen (= negative Beschleunigung) gegen das Führerhaus.
Hierzu genügen schon einige Zentimeter Weg, und der Träger „bohrt" sich durch die Rückwand des Führerhauses.

Scharfe Kanten durch Unterlegmatten entschärft

Verzurren

Darum ist, wenn nach vorn, zu den Seiten und nach hinten keine ausreichende Sicherung durch Formschlüssigkeit der Ladung erreicht wird, diese zu verzurren, da sie sonst kippen kann. Durch das Niederzurren wird zusätzlich Druck auf die Ladung ausgeübt und die Reibungskraft erhöht.

Darüber hinaus ist zu beachten, dass die Druckkraft lotrecht nach unten umso kleiner wird, je kleiner der Zurrwinkel α wird, weil sich die Zurrkraft innerhalb ihres Kräftedreiecks aufteilt (s. Abb. unten).

α wird als Steigungswinkel zwischen der Ladefläche und dem Zurrmittel gebildet.

Achtung!

Beim Niederzurren ist darauf zu achten, dass dabei Reibungskräfte auftreten, die die durch Zurren gewonnenen Kräfte zum Teil aufbrauchen. Außerdem darf das Zurrmittel nicht über scharfe Kanten und raue Oberflächen gezogen werden, denn dadurch wird es beschädigt (s. Abschnitt 4.3, Absatz „Scharfe Kanten").

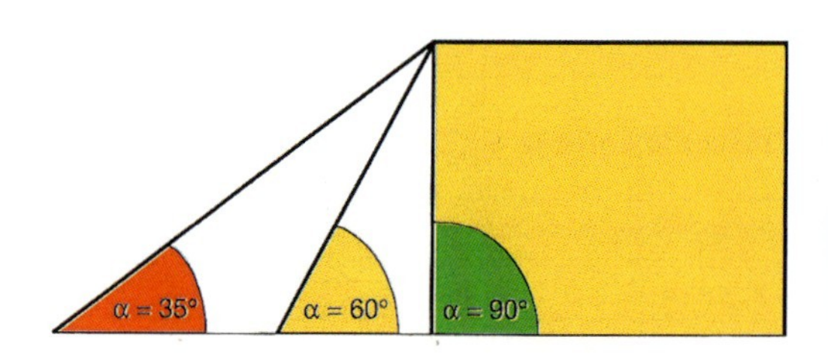

Zurrwinkel α im Vertikalzug

Zurrwinkel „β"

Beim Horizontal-/Diagonalverzurren entsteht zusätzlich ein Winkel „β". Er wird gebildet aus der Bordwand und dem Zurrmittel. Diese Art der Verzurrung wird oft bei schweren und großvolumigen Ladegütern, Arbeitsmaschinen, z. B. Baggern und Staplern, angewandt.

Beim Diagonalzug werden die Zurrmittel nur handfest angezogen. Sie sichern trotzdem nach jeder Seite das Ladegut.

Die Winkel sollten folgende Größen nicht unterschreiten: $\alpha \geq 20°$, $6° \leq \beta \leq 55°$. Sonst ist das Ladegut nicht ausreichend gegen „Hüpfen" und „Ausschießen" gesichert.

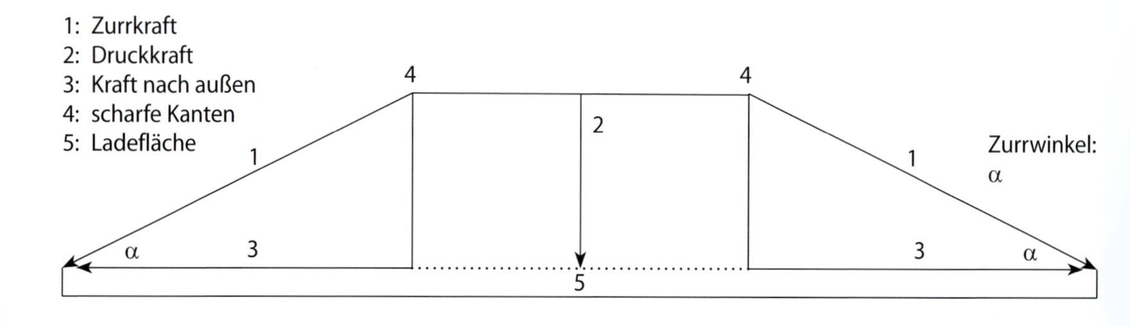

Vertikalzug

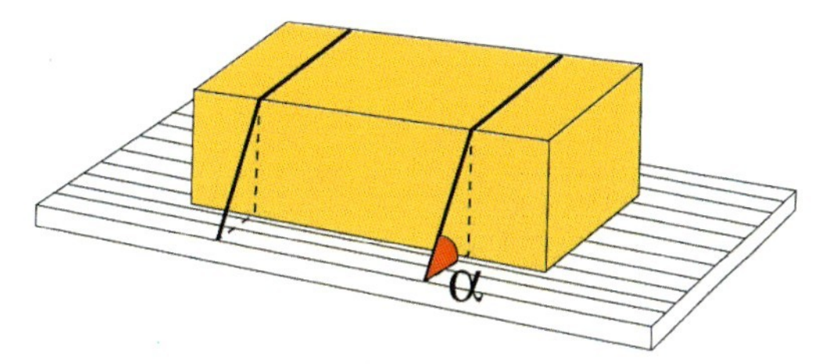

Zurrwinkel „α" im Vertikalzug – Systemdarstellung

Diagonalzug

Variante 1 mit Zurrwinkel α und β

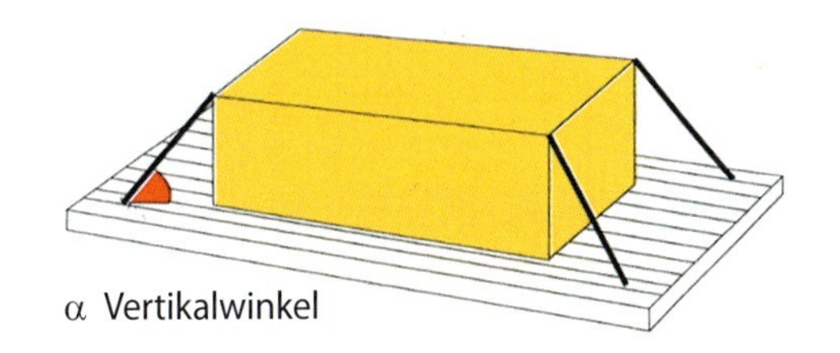

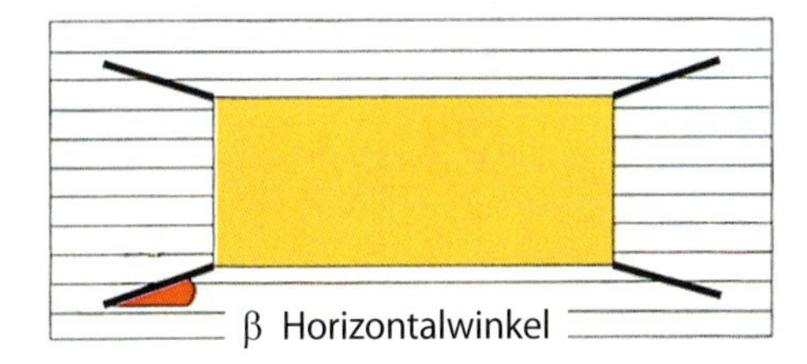

Variante 2 mit Zurrwinkel α und β

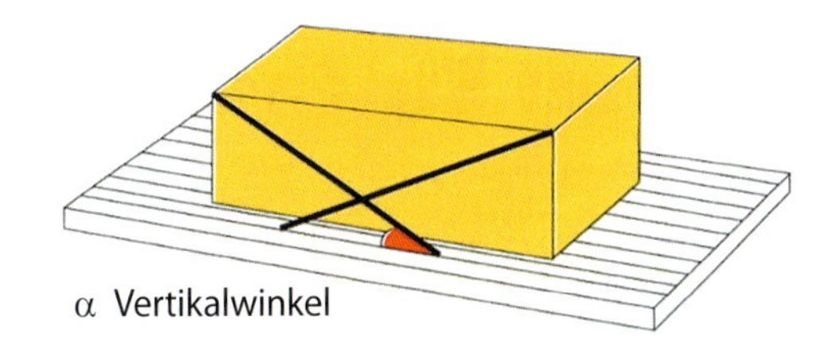

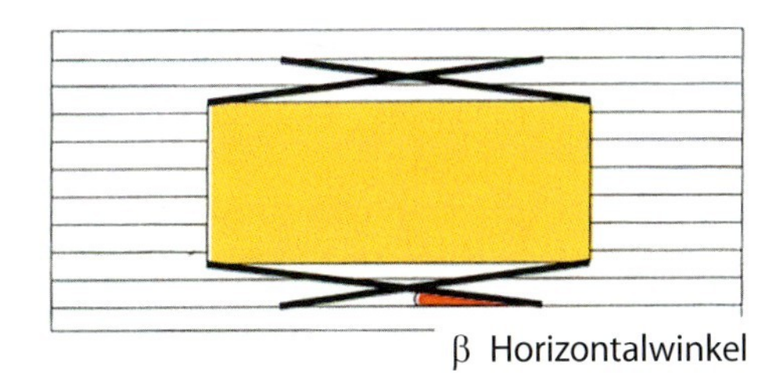

Variante 3 mit Zurrwinkel α und β

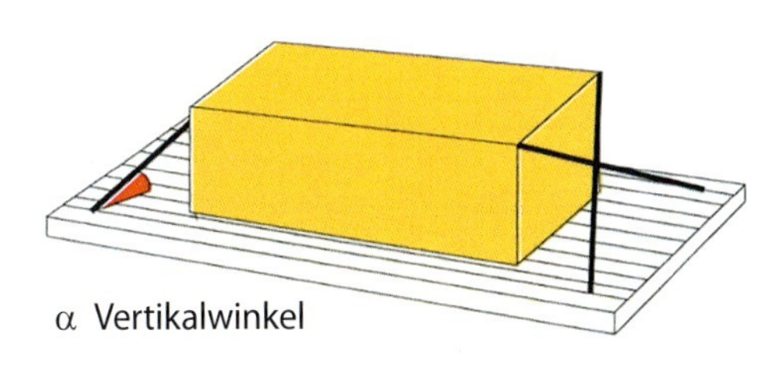

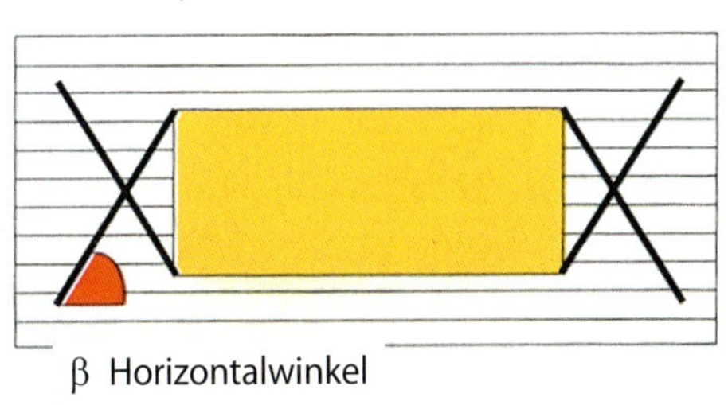

Zurrwinkel „α" im Vertikal-/Diagonalzug in Zusammenhang mit Horizontalwinkel „β" beim Diagonalzugverfahren

Man kann diese Kraftaufteilung einfach folgendermaßen demonstrieren:

Man nimmt einen Holzklotz oder dgl. mit den Abmessungen einer Zigarettenschachtel, legt ihn flach auf den Tisch und drückt ihn mittels einer gespannten Schnur mit beiden Händen nieder. Jetzt versucht ein Seminarteilnehmer den Klotz darunter zu verschieben. Es geht relativ leicht. Danach stellt man den Klotz auf eine seiner Schmalseiten auf, verspannt/verzurrt ihn wieder und lässt ihn verschieben. Der Teilnehmer erkennt, dass es jetzt schwerer geht. – Grund: Der Zurrwinkel „α" ist größer. Hierbei sollte der Teilnehmer aber nahe der Mitte/am Schwerpunkt des Klotzes drücken, sonst kippt er ihn unter der Schnur heraus.

Rechenwahlscheibe „Trucker's Disc" – Bestimmung der Vorspannkräfte, Anzahl der Zurrgurte und dgl. leicht gemacht

Kraftaufnahme am Lkw

Grundsätzlich müssen alle Ladungsmittel, z. B. Zurrmittel und Einhakvorrichtungen/Zurrpunkte am Lkw, die Trägheits- und Kippkräfte, z. B. zur Seite von 0,5 · G_K, sicher abfangen können. Gemäß DIN EN 12640 sind dies:

Fahrzeug-gesamtgewicht	Zurr-/Befestigungs-punkt
≥ 3,5 t – 7,5 t	> 800 daN
> 7,5 t – 12 t	> 1 000 daN
> 12 t	> 2 000 daN

Ordnungsgemäße Ladungssicherung hat die Regeln der Technik zu erfüllen, d. h. nach Maßnahmen zu erfolgen, die sich in Theorie und Praxis bewährt haben. Das sind im Wesentlichen z. B. die VDI Richtlinien 2700 ff. Auch gibt die DGUV I 214-003 viele hilfreiche Informationen zum Bereich Ladungssicherung, insbesondere für die Sicherung von Straßenfahrzeugen. Auch die Broschüre „Ladungssicherung auf Straßenfahrzeugen" aus dem Hause Resch-Verlag kann als Lektüre dazu empfohlen werden.

Außerdem stehen die Hersteller von Ladungssicherungsmitteln mit fachmännischem Rat zur Seite.

Merke

Nur fachmännisch durchgeführte Ladearbeiten sind sicher und garantieren ein betriebssicheres Befördern des Ladegutes!

Ladung in zweiter Reihe

Sind Paletten mit oder ohne Ladung von der Fahrzeuglängsseite aus der zweiten Reihe abzuladen, die mit den normalen Gabelzinken nicht erreicht werden können, sollten Teleskopgabelvorrichtungen, Gabelschuhe, Palettenholer oder dgl. verwendet werden.

Stangen, Ketten, Hebebänder oder Seile mit oder ohne Haken u. a. befestigt am Lastschild des Gabelstaplers sollten nicht ohne zusätzliche Sicherungsmaßnahmen eingesetzt werden, da hierdurch u. a. die Paletten beschädigt werden können. Außerdem kann sich das Anschlagmittel unter Spannung von der Palette lösen und dann sog. Peitschenschläge auslösen, wodurch in der Nähe stehende Personen Gefahr laufen, verletzt zu werden.

Will man Gabelschuhe und Palettenholer einsetzen, sollte der Hubmast aber nach vorn und nach hinten geneigt eingestellt werden können, damit die Paletten leichter unterfahren und etwas angehoben werden können, um sie so in die erste Reihe (an den Rand der Ladefläche) holen zu können. Umgekehrt kann beim Beladen verfahren werden. Hierzu muss die Last geschoben werden, wobei der Hubmast in der Regel etwas nach vorn geneigt wird, sodass die Palette/der Behälter nur mit der Vorderkante aufsitzt und die Gabelzinken nicht ganz eingeschoben

Teleskopstapler – hier bei der Arbeit im zweiten Gleis.

sind. Aber aufpassen, dass, wie auch beim Herausziehen, der Laderaumboden nicht beschädigt wird.

Vor dem Weitertransport sind die Paletten nah am Gabelschaft aufzunehmen bzw. ist die Teleskopgabel einzufahren, damit der Stapler nicht überlastet wird. Mit einem Palettenholer dürfen in der Regel Lasten nicht freitragend transportiert werden, wenn sie hierzu nicht gebaut sind.

Verbleiben Gabelschuhe beim weiteren Lastentransport auf den Gabelzinken, ist auf die vorn aus der Palette weit hervorstehenden Gabelschuhspitzen besonderes Augenmerk zu legen, damit durch sie keine Personen verletzt werden können. Für diesen Einsatz haben sich auch Teleskopstapler, besonders für das Lastbewegen auf der zweiten Ebene bewährt.

Beim stirnseitigen Entladen von Fahrzeugen und Containern sind möglichst Gabelhubwagen oder Mitgänger-Flurförderzeuge im Laderaum einzusetzen, wenn der Gabelstapler nicht in das Fahrzeug einfahren kann, denn die o. a. Zusatzgeräte reichen in der Regel als Überbrückung für die große Entfernung von den Ladeeinheiten bis zum Laderaumflächenrand nicht aus.

Einsatz längerer Gabelzinken für das Entladen in zweiter Reihe.

Anbaugerät zum Ausfahren der Gabeln und damit Laden aus entfernteren Bereichen.

Be- und Entladen mit der Teleskopmaschine – auch weiter weg kein Problem.

Manuell einstellbare Teleskopgabelzinken beim Be- und Entladen eines Lkw

Mit diesen Flurförderzeugen können die Ladeeinheiten relativ einfach zum Ladeflächenrand transportiert werden, denn sie können u.a. mit Last innerhalb des Fahrzeuges wenden. – Auch Transportfahrwerke/Transportroller (auch Panzerroller genannt) können zum Einsatz kommen, sogar für schwere Lasten – sog. Schwerlastfahrwerke.

Achtung!

Beim Entladen im öffentlichen Straßenverkehr, z. B. auf Parkplätzen für Kunden von Bau- und Supermärkten, auch auf Kinder achten (s. a. Abschnitt 4.4.8).

Das Hervorziehen von Ladeeinheiten beim stirnseitigen Entladen mittels Seil, Kette oder Hebeband ist besonders gefährlich, denn sie können reißen,

Auch gut geeignet für das Laden in zweiter Reihe: Lkw-Mitnahmestapler mit teleskopierbarem Arm.

Laderaum durch Teilladungen eingeengt – kein Aufenthalt von weiteren Personen

Durch den geringen Platzbedarf ist ein Mitgänger-Flurförderzeug für das Beladen eines Lkw, Containers oder Wechselaufbaus optimal geeignet.

wenn sie unter (extremer) Spannung stehen. Das kann dann auch den sog. Peitscheneffekt auslösen. Auf jeden Fall dürfen sich bei einem solchen Verziehvorgang keine Personen im Laderaum und direkt vor der Ladeöffnung aufhalten.

Leider hat die Nichtbeachtung schon zu tödlichen Unfällen geführt.

Ist im Laderaum der Sicherheitsabstand von 0,50 m zu beiden Seiten des Flurförderzeugs/der Last nicht eingehalten, z. B. wenn schon Teilladungen einseitig

Noppen auf den Gabelschuhen als Hilfe beim Heranziehen/Zurechtrücken der Paletten

im Laderaum stehen, ist der Aufenthalt von Personen, außer dem Flurförderzeugführer, nicht zulässig, denn die Quetschgefahr ist zu groß.

Merke

Nur fachgerechte Geräte benutzen!
Nicht nur der Ladevorgang und das Verstauen einschließlich der Ladungssicherung muss sicher erfolgen! Auch das Umfeld darf nicht gefährdet werden!

Ordnungswidrigkeitsrechtliche Ladungssicherungspflichten

1. Fahrzeugführer

Rechtsgrundlage der ordnungswidrigkeitenrechtlichen Ladungssicherungspflicht des Fahrzeugführers ist § 23 StVO. Hier ist geregelt, dass der Fahrzeugführer dafür verantwortlich ist, dass seine Sicht und das Gehör nicht durch die Ladung beeinträchtigt werden. Er muss dafür sorgen, dass die Ladung vorschriftsmäßig verstaut ist und die Verkehrssicherheit des Fahrzeugs durch die Ladung nicht leidet.

Er muss sein Fahrzeug auf dem kürzesten Weg aus dem Verkehr ziehen, falls unterwegs auftretende Mängel, welche die Verkehrssicherheit wesentlich beeinträchtigen, nicht alsbald beseitigt werden. Er muss dabei berücksichtigen, dass bei der Fahrt, ne-

ben dem „normalen" Fahrvorgang, auch Extremsituationen auftreten können, wie z. B. eine Vollbremsung, auf der Straße liegende Hindernisse, Ausweichmanöver usw.
Ihm obliegt auch die Verpflichtung der Kontrolle der Befestigungen sowie des Zustandes des Ladegutes selbst (so BGH, VersR 1970, 459, 456 oder BGH, NJW 1985, 2092).

An die Sorgfalt des Fahrers werden strenge Anforderungen gestellt. Ein Verstoß kann mit einem Bußgeld von 60 € (und mehr) sowie einem Punkt im Verkehrszentralregister geahndet werden.

2. Fahrzeughalter

Haftungsgrundlage für den Fahrzeughalter ist § 31 Abs. 2 StVZO. Der Halter darf die Inbetriebnahme eines Fahrzeuges weder anordnen noch zulassen, wenn ihm bekannt ist oder sein muss, dass die Ladung nicht vorschriftsmäßig verstaut ist oder die Verkehrssicherheit des Fahrzeuges durch die Ladung leidet.

Fahrzeughalter kann auch eine juristische Person (z. B. GmbH oder AG) sein. Wenn dem so ist, greift § 9 Abs. 2 Ordnungswidrigkeitengesetz – OWiG. Dieser regelt die Verantwortlichkeit eines vertretungsberechtigten Organes, einer juristischen Person oder eines Gesellschafters sowie die Übertragung der Verantwortlichkeit für die Ladungssicherung von einem Inhaber eines Betriebes auf eine bestimmte Person, wie Fuhrparkleiter, Disponent, Lade- oder Lagermeister.

Der Betriebsinhaber oder Geschäftsführer ist allerdings durch die Übertragung der Aufgaben nicht frei von Verantwortung. Ihm obliegt nach einer ordnungsgemäßen Pflichtenübertragung eine Aufsichtspflicht. Wenn er diese verletzt, haftet er nach § 130 OWiG. Gleiches gilt, wenn er fehlerhaft eine Person auswählt, die zur Leitung bzw. Aufgabenerfüllung nicht geeignet ist.

3. Verantwortlicher der Ladetätigkeit

Haftungsgrundlage für den Verantwortlichen der Ladetätigkeit ist § 22 StVO. Hier ist geregelt, dass die Ladung, einschließlich Geräte zur Ladungssicherung sowie Ladeeinrichtungen, so zu verstauen und zu sichern sind, dass sie selbst bei Vollbremsung oder plötzlicher Ausweichbewegung nicht verrutschen, umfallen, hin- und herrollen, herabfallen oder vermeidbaren Lärm erzeugen können. Hierbei hat der Verantwortliche der Ladetätigkeit die sog. anerkannten „Regeln der Technik" zu beachten. Darunter versteht man Verfahrensweisen, die sowohl in der Wissenschaft (Lehre) als auch in der Praxis generell bekannt und aufgrund praktischer Erfahrungen sich als richtig und praktikabel herausgestellt haben. Viele Regeln der Technik sind z. B. enthalten in DIN-Normen, Europäischen Normen, VDI-Richtlinien oder Unfallverhütungsvorschriften.

Wer nach den anerkannten Regeln der Technik handelt, hat die Vermutungswirkung auf seiner Seite, richtig gehandelt zu haben.

Von Regeln der Technik kann abgewichen werden. Es sind an sich Empfehlungen bzw. Auslegungsvorschriften. Zu beachten ist aber, dass, soweit von diesen Regeln der Technik abgewichen wird, sich die Beweislast quasi umkehrt. D. h. derjenige, der anders handelt, den Nachweis erbringen muss, dass er sich hinsichtlich der Sicherheit auf genau dem gleichen Stand bewegt, als wenn er die Regeln der Technik eingehalten hätte (wir kennen neben den Regeln der Technik auch noch die Begrifflichkeit „Stand der Technik". Dies ist im Gegensatz zu den Regeln der Technik noch eine Stufe höher, d. h. hinsichtlich der Sicherheit das „Non plus Ultra". Wir finden die Begrifflichkeit des Standes der Technik z. B. in unseren Technischen Regeln – TRBS). Als Regel der Technik wird z. B. die VDI-Richtlinie 2700 „Ladungssicherung auf Straßenfahrzeugen" angesehen. Auch andere Vorschriften wie Normen, z. B. die DIN EN 12195, können als solche angesehen werden. Beweisrechtlich bezeichnet man die Regeln der Technik auch als sog. antizipierte oder objektive Sachverständigengutachten, d. h. die Erfüllung bei der Ladungssicherung in seiner Beweisführung bedeutet fehlerfreie Ladungssicherung.

4. Absender/Versender

Wer im Einzelnen Verantwortlicher der Ladetätigkeit ist, lässt § 22 StVO offen. Anders als § 23 StVO, der sich ausdrücklich an den Fahrzeugführer wendet, oder § 31 StVZO, der die Haftung an die Haltereigenschaft knüpft, nennt § 22 StVO explizit keine konkrete Person. Es muss somit aus dem Gesichtspunkt des „Schutzzweckes der Norm" ermittelt werden, wer der Verantwortliche der Ladetätigkeit ist. Ein Indiz dafür ist § 412 HGB. In ihm ist geregelt, dass der Absender eines Gutes für die Beförderungssicherheit der Ladung, das ordnungsgemäße Stauen und Befestigen (= Verladen) sowie auch für die Entladung verantwortlich ist (so weit sich nicht aus den Umständen der Verkehrssitte etwas anderes ergibt oder vereinbart ist, z. B. durch Vertrag).

§ 22 StVO richtet sich an andere Personen als Fahrer und Halter, da dieser Personenkreis schon mit anderen Vorschriften ordnungswidrigkeitsrechtlich abgedeckt ist. Mit ihm soll „jede andere für die Ladung eines Fahrzeuges verantwortliche Person" in die Verantwortung genommen werden (so OLG Stuttgart mit Beschluss vom 27.12.1982, VRS 64, 308, 309 – diese Entscheidung wird von vielen Gerichten auch heute noch als richtungsweisende Entscheidung zitiert).

In erster Linie gehören zu den verantwortlichen Personen die Absender/Versender des Ladegutes (so OLG Celle, Beschluss vom 28.02.2007, AZ: 322 Ss 39/07).

§ 22 StVO schützt alle Personen und Gegenstände, die durch die Beförderung der Ladung gefährdet, verletzt oder beschädigt werden können. Ein wirksamer Schutz durch sichere Verladung hängt darüber hinaus weitgehend von den Eigenschaften des Ladegutes ab. Dessen Gewicht, Rutschfestigkeit oder Material kennt v. a. der Absender/Versender. Er kann deshalb die Sicherheit der Verladung von allen Beteiligten am besten beurteilen. Mithin ist es nur folgerichtig, dass er „verantwortliche Person" i. S. d. § 22 StVO ist (so OLG Celle, a. a. O).

5. Verlader

Verlader ist, wer Verfügungsberechtigter, d. h. unmittelbar Besitzer des Ladegutes ist. Er haftet dann, wenn er gleichzeitig Absender / Versender und damit Verantwortlicher nach § 22 StVO für die Ladetätigkeit ist.

Sonderfall: Verkauf ab Werk

Hierunter verstehen wir Verträge, bei denen Leistungs- und Erfüllungsort des Vertrages beim Verkäufer liegen, d. h. er seine vertragliche Leistung erbracht hat, wenn er das Ladegut zur Abholung durch den Käufer bereitstellt. Wir sprechen i. S. d. bürgerlichen Rechts von einer sog. Holschuld (d. h. der Käufer „holt" die Ware ab). Voraussetzung für eine vertragliche Leistung ist, dass sich das Ladegut in

Mitarbeiter des Absenders der Ladung bei den erforderlichen Sicherungsmaßnahmen.

einem beförderungsfähigen Zustand befinden muss, d. h. ordnungsgemäß verpackt ist, damit die Gefahr eines Schadens nicht besteht.

Diese Vertragsform wird deshalb häufig gewählt, weil der Verkäufer – anders als der abholende Frachtführer/Fahrer bzw. der für einen Transport verantwortliche Absender – kein Lkw-Fachmann ist, folgerichtig auch nicht über detaillierte Ladungssicherungskenntnisse verfügt. Eine Haftung für die Verladung kann ihm aufgrund der vertraglichen Konstellation (ab Werk) nicht anheimfallen. Anderenfalls würde dies bedeuten, dass z. B., wie dies in der Praxis häufig der Fall ist, der Verkäufer dem Kunden beim Verladen hilft, er mit in die Verantwortung gezogen wird. So haben wir bei großen Verkaufsketten die Möglichkeit, z. B. Dachgepäckträger oder Fahrzeuge zu leihen (= kostenlos) oder zu mieten (= entgeltlich), oder Mitarbeiter des Verkäufers helfen bei der Platzierung der Last. Dies führt zu keiner Haftung, auch nicht zu einer sog. Garantenstellung, für die er durch Unterlassen haften würde, da er aufgrund dieser Stellung zum Handeln verpflichtet wäre.

Strafbarkeitsrelevante Ladungssicherungsmängel

Führen Ladungssicherungsverstöße zu Schäden, insbesondere zu Personenschäden, tritt die Ordnungswidrigkeit „zurück" und der Straftatbestand „überholt". Eine Bestrafung wegen einer Ordnungswidrigkeit bei gleichzeitiger Bestrafung nach Strafrecht ist nicht möglich. Dies würde dem verfassungsmäßigen Grundsatz widersprechen, dass man nicht für eine Tat zweimal bestraft werden darf.

In Betracht kommt hauptsächlich § 229 StGB, die fahrlässige Körperverletzung, oder § 222 StGB, die fahrlässige Tötung.

Auch wenn fahrlässige Körperverletzung ein sog. Antragsdelikt ist, d.h. der Verletzte muss bei der Polizei oder Staatsanwaltschaft einen Antrag auf Strafverfolgung stellen, führt dies nicht dazu, dass nur in diesen Fällen ein Strafverfahren in Gang kommt. Vielmehr bejahen die Verfolgungsbehörden bei Ladungssicherungsverstößen oftmals das sog. „besondere öffentliche Interesse an der Strafverfolgung" und schreiten von Amts wegen ein.

Strafrechtlich verantwortlich kann aber nur diejenige natürliche Person sein, die auch nach ordnungswidrigkeitsrechtlichen Gesichtspunkten haften würde (eine GmbH können wir ja schlecht ins Gefängnis bringen, wohl aber deren Geschäftsführer als verantwortliches „Organ" der GmbH).

Verantwortlichkeiten auf zivilrechtlichem Gebiet

Nach Handelsgesetzbuch, insbesondere §§ 412 ff.
Das Transportrechtsreformgesetz – TRG, das in das HGB eingefügt wurde, regelt in § 412 HGB, dass „der Absender das Gut beförderungssicher zu laden, zu stauen und zu befestigen (verladen) sowie zu entladen" hat (soweit sich nach der Verkehrssitte nicht etwas anderes ergibt oder vereinbart ist = Vertrag). Umstände oder Verkehrssitte können z.B. spezielle Stückgüter sein oder sich durch Handelsgebrauch entwickelt haben.

Unter beförderungssicherer Verladung verstehen wir nicht nur das Verbringen des Ladegutes in den Transportraum, sondern auch das ordnungsgemäße Stauen (Absetzen) sowie Befestigen mittels Ladungssicherungssystemen, wie Gurten oder Ketten u.a. Hilfsmittel, wie z.B. Keile oder Luftsäcke, die verhindern, dass sich das Ladegut im Laderaum „selbstständig" macht. Hierbei ist zu berücksichtigen, dass auch ungewöhnliche Fahrmanöver mit einkalkuliert und bei der Ladungssicherung berücksichtigt werden müssen, wie z.B. Vollbremsung, Ausweichmanöver oder auf der Straße liegende Hindernisse.

Durch die Ladung selbst und die Art der Verladung dürfen keine Gefahren ausgehen, die zu Schäden führen können.

Der Frachtführer ist grundsätzlich nicht verpflichtet, die Beförderungssicherheit des Ladegutes zu kontrollieren. Allerdings ist es in seinem eigenen Interesse, dieses zu tun, da er zum einen nach § 412 Abs. 1 Satz 2 HGB für die „betriebssichere Verladung zu sorgen" hat, zum anderen eine beförderungsunsichere Ladung auch für ihn zu einem extremen Gefahrenrisiko werden kann, wenn z.B. nicht ausreichend formschlüssig geladen wurde oder falsche Ladungssicherungsmittel verwendet wurden. Mit einer „fahrenden Bombe" setzt sich sicherlich kein verantwortungsbewusst handelnder Fahrer in Bewegung.

Außerdem ist aus der vertraglichen Konstellation zwischen Frachtführer (und dem Fahrer als seinen Erfüllungsgehilfen, wenn der Fahrer nicht gleichzeitig Frachtführer ist) und Absender eine vertragliche Nebenpflicht gegeben, den Vertragspartner vor Schaden zu bewahren. Dies führt zur Verpflichtung des Frachtführers, wenn er eine Beförderungsunsicherheit erkennt, z.B. bei der Kontrolle vor Fahrtantritt oder während der Fahrt – zu der er auch verpflichtet ist –, so muss er den Absender davon in Kenntnis setzen und seine Weisungen abwarten. Er darf dann weiterfahren, wenn die Beförderungsunsicherheit beseitigt ist oder der Absender stillschweigend (konkludent) zu erkennen gegeben hat, dass er zwar den Hinweis des Frachtführers oder Fahrers zur Kenntnis genommen und verstanden hat, er aber keine Beseitigung vornehmen will.

Aber Vorsicht! Wenn die Beförderungssicherheit auch gleichzeitig zur Verkehrsunsicherheit des Fahrzeuges führt, darf der Fahrer nicht losfahren, denn für die Verkehrssicherheit seines Fahrzeuges ist er verantwortlich.

Vertragliche Abweichungen
Von den gesetzlichen Vorgaben des Handelsrechts können die Vertragsparteien abweichen. Sie können auch andere Zuständigkeiten hinsichtlich der Verantwortlichkeiten beim Laden und der Ladungssicherung treffen. Zu beachten ist aber, dass aufgrund der Beweisklarheit und sog. „Gerichtsfestigkeit" diese abweichenden Regelungen immer schriftlich getroffen werden sollten. So ist es auch möglich, die beförderungssichere Verladung auf den Frachtführer zu übertragen. Dieser muss sich allerdings darüber im Klaren sein, dass er dann die gesamte Verantwortung des Ladevorgangs aufgebürdet bekommt. Er muss mithin sein Personal auch hinsichtlich Ladungssicherung „ausbilden".

Entscheidungen über die Verantwortlichkeit beim Laden bzw. bei der Ladungssicherung
Auch wenn ein spezielles Transportfahrzeug zum Einsatz kommt, wie z. B. mit besonderen technischen Verladevorrichtungen wie einer Hebebühne, und wenn die Parteien eines Beförderungsvertrages keine Vereinbarung über die Bedienung der Verladevorrichtung getroffen haben, kann nicht darauf geschlossen werden, dass der Frachtführer verpflichtet ist, die Verladung des Transportgutes vorzunehmen. Es bleibt bei dem Grundsatz des § 412 Abs. 1 Satz 1 HGB, d. h. der Verantwortlichkeit des Absenders.

Achtung!

Wenn aber im Rahmen laufender Geschäftsbeziehungen die Verladetätigkeit durch den Frachtführer übernommen wird, so kann dies nach dem Grundsatz von Treu und Glauben dazu führen, dass der Frachtführer auch weiterhin dazu verpflichtet ist, bzw. der Absender darauf vertrauen kann (so BGH, Urteil vom 6.12.2007, AZ: 1 ZR 174/04). Der Frachtführer schafft durch sein Verhalten in der Vergangenheit sozusagen einen „Vertrauenstatbestand" für die Zukunft.

Besondere Umstände oder Verkehrssitte nach § 412 HGB als abweichende Zuständigkeit für die Ladungssicherung

Besondere Umstände wären z. B. Ladungsgüter von großem Gewicht oder speziellen Ausmaßen, die eine spezielle Ladungssicherung erforderlich machen, die nur der Absender kennt. Er ist dann auch dafür verantwortlich.
Die Verantwortlichkeit des Frachtführers „aus den Umständen heraus", wäre auch dann anzunehmen, wenn z. B. die Verladung die Bedienung spezieller technischer Anlagen oder Einrichtungen am Fahrzeug erforderlich macht, die nur der Frachtführer kennt, z. B. bei speziellen Tank- und Silofahrzeugen.

Bei der Annahme spezieller Fahrzeuge ist aber Vorsicht geboten. So hat bspw. in einer Entscheidung das OLG Düsseldorf in einem Urteil aus dem Jahre 1979 (VersR 1979, S. 862 f.) ein doppelstöckiges Transportfahrzeug zur Beförderung von Personenkraftwagen nicht als ein Spezialfahrzeug angesehen.

Wurde vereinbart, dass der Frachtführer neben dem Lkw, z. B. auch die eigenen Ladehilfsmittel, wie Ketten oder Bänder, zu stellen hat, so ist es sachlich gerechtfertigt anzunehmen, dass er auch selbst die Verladung mit seinen eigenen Hilfsmitteln vornimmt. Dies ist insbesondere dann anzunehmen, wenn es sich um spezielle Ladehilfsmittel handelt. Für diesen Fall müsste der Frachtführer, wenn er die Ladeaufgabe nicht übernehmen will, dem Vertragspartner ausdrücklich den Hinweis geben, dass er es nicht als seine Aufgabe ansieht, die Ladetätigkeit zu übernehmen.

Betriebssichere Verladung durch den Frachtführer
Diese Verpflichtung ergibt sich für den öffentlichen Straßenverkehr bereits aus § 23 StVO. Der Frachtführer hat somit alles das, was das Ladegut in Verbindung mit seinem Fahrzeug anbetrifft, abzuklären, wie z. B. Gewicht des Gutes, Stellung des Ladegutes im Laderaum (Lastverteilungsplan), Halten des Ladegutes bei zu erwartenden Verkehrssituationen (z. B. Verrutschen durch Kurvenfahrt oder Bremsen). Dies betrifft die Frage der Betriebssicherheit des Fahrzeuges. Diese Prüfung des Frachtführers bedeutet aber nicht, dass er selbst verpflichtet ist, das Ladegut in die betriebssichere Lage zu bringen. Er muss den Absender nur anweisen, entsprechend zu handeln. Er hat eine sog. **Mitwirkungsverpflichtung** hinsichtlich des Ladevorganges.

Werden Weisungen des Frachtführers vom Absender nicht erfüllt, die nach Ansicht des Frachtführers die Betriebssicherheit des Fahrzeuges betreffen, so darf der Frachtführer mit der Beförderung nicht beginnen. Stellt er bei der Beförderung entsprechende Mängel fest, darf er die Fahrt nicht fortsetzen. Hat der Frachtführer einen betriebsunsicheren Zustand des Fahrzeuges festgestellt, den Absender aber nicht ausreichend informiert, so muss er sich den betriebsunsicheren Zustand des Fahrzeuges selbst zurechnen lassen.

Festzuhalten ist, dass die betriebs- und beförderungssichere Verladung immer wieder miteinander korrespondiert, d.h., dass es im Einzelfall auch zu Überschneidungen kommen kann.

Die Beweislast für die Betriebssicherheit der Verladung trifft den Frachtführer. Dies betrifft z.B. auch die Frage, wo das Transportgut auf der Ladefläche befördert werden kann. Ist das Ladegut nicht sicher abgestellt und führt dies zu einem Verrutschen, so lässt dies auf eine mangelnde Betriebssicherheit schließen, die der Frachtführer zu vertreten hat (so OLG Düsseldorf, Urteil vom 13.07.1995, 18 U 32/95).

Teil- oder Zuladung während des Transportes

Hat der Absender einer Teilladung diese ordnungsgemäß auf das Lademittel verladen und wird zusätzliches Gut geladen oder umgeladen, so geschieht dies auf Verantwortung und zu Lasten des Frachtführers oder des weiteren Absenders, geht aber nicht zu Lasten des Absenders des bereits geladenen Gutes.

Wird die Umladung durch Dritte vorgenommen, so ist für die weitere Haftung entscheidend, ob diese dritten Personen für den Frachtführer oder selbstständig (als neue Absender) gehandelt haben.

Entladung

Auch hier wurde im Transportrechtsreformgesetz als Verantwortlicher der Absender angenommen (soweit nichts Abweichendes geregelt ist, s. § 412 HGB). Dies war bei der Entstehung des Gesetzes durchaus umstritten und nicht unbedingt klar auf der Hand liegend. Entlädt der Empfänger, ist er grundsätzlich nicht eigenverantwortlich tätig, sondern sog. Erfüllungsgehilfe des Absenders.

Dass der Frachtführer für die Entladung nicht verantwortlich ist, geht auch aus der Formulierung des § 425 HGB hervor. Dort ist geregelt, dass der Frachtführer für Beschädigungen des Gutes verantwortlich ist, die „in der Zeit von der Übernahme zur Beförderung bis zur Ablieferung" entstehen. Der Vorgang der Entladung ist nicht Bestandteil der Ablieferung, sondern schließt sich daran an. Es muss also quasi eine Haftungsschnittstelle zwischen Ablieferung und Entladung gezogen werden. Dem Frachtführer obliegt lediglich die Verpflichtung, das Transportmittel so zu platzieren, dass mit dem Entladevorgang begonnen werden kann (z.B. Heranfahren an eine Ladestation). Danach geht die Ladung wieder in den Gefahren- und Risikobereich des Absenders über.

Sicherungspflichten des Fahrzeuges, z.B. durch Unterlegkeile das Fahrzeug oder den Anhänger zu sichern, obliegen allerdings noch dem Frachtführer, da hier die Gefahr wieder vom Fahrzeug ausgeht.

Mithilfe des Frachtführers beim Entladen

Regelmäßig ist die Mithilfe des Frachtführers beim Entladevorgang eine Gefälligkeit für den Absender; er wird in seinem Risikobereich tätig. Passiert dabei dem Frachtführer ein Schaden, haftet er grundsätzlich nicht.

Achtung!

Nimmt der Frachtführer am Entladeplatz die Entladung seines Lkw von sich aus, d.h. ohne Absprache des Empfängers (oder Absenders), vor, z.B. aus Zeitgründen, so handelt er in eigener Verantwortung. Entstehen hierbei Schäden, hat er dafür einzustehen. Er ist in dem Sinne nicht mehr Erfüllungsgehilfe des Absenders, sondern handelt selbst in eigener Verantwortung (so z.B. LG Hamburg, Urteil vom 06.11.2000, AZ: 419 0 79/99).

Umladung während des Transportvorganges

Erfolgt durch den Frachtführer oder dessen Gehilfen während des Transportes eine Umladung des Gutes, so geschieht dies während seiner Obhut (s. § 425 HGB „in der Zeit von der Übernahme zur Beförderung bis zur Ablieferung"). Ein Umladefehler geht dann zu Lasten des Frachtführers. Wird die Umladung durch Dritte vorgenommen, ist für die Haftung des Frachtführers entscheidend, ob diese Personen für den Frachtführer handeln oder nicht. Geschieht der Umladevorgang im Verantwortungsbereich des Frachtführers (oder auch Spediteurs), so hat dieser durch seine betriebliche Organisation auch zu gewährleisten, dass sichergestellt ist, dass das Transportmittel das Betriebsgelände nicht mit unsicherer bzw. fehlerhaft gesicherter Ladung verlässt. Ist dies jedoch der Fall, spricht dies zunächst für ein „grobes Organisationsverschulden" des Frachtführers. Es ist insoweit dann auch Sache des Frachtführers, eine verantwortliche und fachkundige Person als verantwortlichen Lademeister zu bestimmen (so BGH, Urteil vom 08.05.2002, I ZR 34/00).

Mithilfe des einen bei Verladepflicht des anderen

1. Mitwirkung des Frachtführers bei Verladepflicht des Absenders

Es handelt sich hierbei um die Fälle, dass entweder der Frachtführer gezwungen wird, bei der Be- und Entladung zu helfen oder diese alleine vorzunehmen oder (z.B. aus Kundenfreundlichkeit) den Ladevorgang selbst vornimmt.

Im Normalfall handelt es sich hierbei um reine Gefälligkeiten des Frachtführers, d.h. insoweit sind die Fahrer Erfüllungsgehilfen des Absenders. Dies hat die Konsequenz, dass bei Schäden, verursacht durch den Frachtführer und seine Fahrer, dieser nicht haftet (OLG Köln, Urteil vom 26.03.1996, AZ: 22U 232/95). Ausnahme ist natürlich vorsätzliches Handeln des Frachtführers oder seiner Fahrer und Gehilfen. Gleiches gilt, wenn der Frachtführer dem Absender Personal überlässt, das auf Weisung des Absenders be- oder entlädt.

Wird der Frachtführer (oder seine Hilfspersonen) ohne Wissen des Absenders auf eigene Faust tätig, kommt eine Haftung in Betracht, so insbesondere bezüglich des Fahrers (oder der Hilfspersonen) nach § 823 BGB und des Frachtführers nach § 831 BGB. Insoweit wird der Fahrer nicht Erfüllungsgehilfe des Absenders, sondern handelt in eigener Verantwortung, da die Bereitschaft zur Übernahme der Be- oder Entladung durch den Absender nicht angezeigt wurde (LG Hamburg, Urteil vom 06.11.2000, AZ: 419 O 79/99).
Im Ergebnis kann somit festgestellt werden, dass entscheidend ist

1. wer tatsächlich die Verladung durchgeführt hat und
2. dabei die Oberaufsicht bzw. Leitung übernommen hat.

2. Mitwirkung des Absenders (oder seiner Hilfspersonen) bei Ladepflicht des Frachtführers

Existiert keine Abrede zwischen den Beteiligten über die Mitwirkung, so handelt es sich bei der Mitwirkung von Personen des Absenders ebenfalls um eine Tätigkeit für den Frachtführer, d.h. eine Gefälligkeit (so OLG Düsseldorf, Urteil vom 14.05.1970, AZ: 18 U 160/69).

Anders ist aber auch hier die Situation, wenn die Personen des Absenders ohne Wissen des Frachtführers handeln. Insoweit kommt auch hier eine Haftung in Betracht, wie im umgekehrten Fall bei Hilfe des Frachtführers bei Ladepflicht des Absenders.

Wichtiger Tipp für die Praxis!

Auch wenn es üblich und menschlich ist, sich bei gegenseitigen Arbeiten zu helfen, sollte niemals in die vereinbarten oder geregelten Verantwortlichkeiten des Zuständigen eingegriffen werden. Ansonsten droht immer eine Haftung!

Zusammenfassung

Beim Recht des Be- und Entladens, einschließlich Ladungssicherung, herrscht der Grundsatz der Privatautonomie und Dispositionsfreiheit. Die Parteien können grundsätzlich die Pflichten selbstständig vereinbaren. Treffen sie keine besonderen Vereinbarungen, so treten die gesetzlichen Regelungen in Kraft.

Hierbei wird in der Rechtsprechung zumeist darauf abgestellt, wer tatsächlich den Verladevorgang vorgenommen hat, wer an sich dafür verantwortlich ist und ob und wer eine Leitungspflicht dieser Tätigkeit vorgenommen hat bzw. wer dies hätte machen müssen.

Häufig ist die beförderungssichere nicht von der betriebssicheren Verladung zu trennen – sie überschneiden sich. Häufig ist beförderungsunsicher auch gleichzeitig verkehrsunsicher. Das führt dazu, dass in vielen streitigen Prozessen eine Haftungsteilung oder -quotelung vorgenommen wird, je nachdem, auf welcher Seite ein größeres/überwiegenderes Verschulden gesehen wird. So führen Fälle, bei denen die Ladung verrutscht, grundsätzlich zu einer Haftungsteilung von 50 % zu 50 %, da es sich hierbei zumeist sowohl um einen Fehler des Absenders, der nicht beförderungssicher verlädt, als auch um einen Fehler des Frachtführers, der insoweit sein Fahrzeug nicht betriebssicher lädt, handelt. Unterschiedliche Haftungsquoten entstehen z. B. dann, wenn weitere Kriterien zum Schaden geführt haben, wie z. B. mangelhafte Verpackung (dann überwiegende Haftung des Absenders) oder bspw. überhöhte Geschwindigkeit oder andere Fahrfehler durch den Frachtführer (dann überwiegende Haftung beim Frachtführer).

Sonderfall: Beförderung von Umzugsgut (§§ 451a, 451d HGB)

Wohnungs-, Schul- oder Institutseinrichtungen, Haushaltsgegenstände usw. bezeichnet man als Umzugsgut. Hierbei ist zu beachten, dass, anders als bei Handelsgütern, der Frachtführer für das Umzugsgut sowohl hinsichtlich der Beförderungssicherheit als auch der Betriebssicherheit verantwortlich ist (§ 451a HGB).

Zwar kann auch hier die Verladeverantwortlichkeit auf den Absender übertragen werden, dies ist aber regelmäßig nicht der Fall. Wenn dem aber so ist, haftet der Absender für die betriebssichere Verladung.

Sonderbestimmungen des internationalen Transportrechts

Europäisches Übereinkommen über die internationale Beförderung gefährlicher Güter auf der Straße/ADR

Fahrzeuge müssen nach ADR mit den nötigen Sicherungsmitteln ausgerüstet sein. Die Pflicht zur Bereitstellung der Sicherungsmittel betrifft nach ADR in erster Linie den Halter und Beförderer des Ladegutes. So regelt Abschnitt 7.5.7 ADR wie folgt: „Die Fahrzeuge oder Container müssen ggf. mit Einrichtungen für die Sicherung und Handhabung der gefährlichen Güter ausgerüstet sein.

Versandstücke, die gefährliche Güter enthalten, und unverpackte gefährliche Gegenstände müssen durch geeignete Mittel gesichert werden, die in der Lage sind, die Güter im Fahrzeug oder Container so zurückzuhalten (z. B. Befestigungsgurte, Schiebewände, verstellbare Halterungen), dass eine Bewegung während der Beförderung, durch die die Ausrichtung der Versandstücke verändert wird oder die zu einer Beschädigung der Versandstücke führt, verhindert wird.

Wenn gefährliche Güter zusammen mit anderen Gütern (z. B. schwere Maschinen oder Kisten) befördert werden, müssen alle Güter in den Fahrzeugen oder Containern so gesichert oder verpackt werden, dass das Austreten gefährlicher Güter verhindert wird. Die Bewegung der Versandstücke kann auch durch das Auffüllen von Hohlräumen mit Hilfe von Stauhölzern oder durch Blockieren oder Verspannen verhindert werden. Wenn Verspannungen wie Bänder oder Gurte verwendet werden, dürfen diese nicht überspannt werden, sodass es zu einer Beschädigung oder Verformung des Versandstückes kommt."

Übereinkommen über den Beförderungsvertrag im internationalen Straßengüterverkehr (CMR)

Das Übereinkommen gilt für die entgeltliche Beförderung von Gütern (kein Umzugsgut) auf der Straße mittels Fahrzeugen, „wenn der Ort der Übernahme des Gutes und der für die Ablieferung vorgesehene Ort in zwei verschiedenen Staaten liegen, von denen mindestens einer ein Vertragsstaat ist. Dies gilt ohne Rücksicht auf den Wohnsitz und die Staatsangehörigkeit der Parteien" (Art. 1 CMR).

Nach Art. 8 CMR ist der Frachtführer verpflichtet, bei der Übernahme des Gutes den äußeren Zustand des Gutes und seiner Verpackung zu überprüfen.

Der Frachtführer hat, soweit er Vorbehalte bei der Ladung feststellt, dies im Frachtbrief festzuhalten. Sofern der Frachtbrief keine mit Gründen versehene Vorbehalte des Frachtführers aufweist, wird bis zum Beweis des Gegenteils vermutet, dass das Gut und seine Verpackung bei der Übernahme durch den Frachtführer äußerlich in gutem Zustand waren und dass die Anzahl der Frachtstücke und ihre Zeichen und Nummern mit den Angaben im Frachtbrief übereinstimmten (Art. 9 Abs. 2 CMR).

Nach Art. 10 CMR haftet der Absender „dem Frachtführer für alle durch mangelhafte Verpackung des Gutes verursachten Schäden an Personen, Betriebsmaterial und an anderen Gütern sowie für alle durch mangelhafte Verpackung verursachten Kosten, es sein denn, dass der Mangel offensichtlich oder dem Frachtführer bei der Übernahme des Gutes bekannt war und er diesbezüglich keine Vorbehalte gemacht hat."

Nach Art. 17 CMR haftet der Frachtführer für gänzlichen oder teilweisen Verlust und für Beschädigung des Gutes, sofern der Verlust oder die Beschädigung zwischen dem Zeitpunkt der Übernahme des Gutes und dem seiner Ablieferung eintritt.

Der Frachtführer ist aber von der Haftung befreit, wenn er ohne Verschulden gehandelt hat.

Achtung!

Nach Art. 17 Abs. 3 CMR kann sich der Frachtführer nicht von einer Haftung befreien, wenn der Mangel für die Beförderung auf das verwendete Fahrzeug zurückzuführen ist.

4.1.2.3 Verkehrswege – Abmessungen – Kennzeichnung – Sicherung

Breite

Die Mindestbreite ist für den Fahrverkehr nach der Breite der Flurförderzeuge bzw. ihrer Lasten zu berechnen. Maßgebend ist das am weitesten herausragende Teil (Last oder Fahrzeugkontur). Bei einer Geschwindigkeit der Fahrzeuge ≤ 20 km/h berechnet sich die Verkehrswegbreite für **Richtungsverkehr** (= ohne Gegenverkehr) wie folgt:

Fahrzeug-/Lastbreite + 2 x 0,50 m

und zwar bis zu einer Höhe von 2 m (s. a. Arbeitsstätten – Richtlinie „Verkehrswege" – ASR 17/1, 2 und DGUV R 108-007).

Werden z. B. von einem Stapler Paletten mit 1,20 m Breite transportiert und sind ihre seitlichen Außenkonturen die am weitesten ausladenden Kanten des Staplers mit seiner Last, so muss der Verkehrsweg mindestens 2,20 m breit sein.

Findet **Gegenverkehr** statt, ist außer dem Randzuschlag von je 0,50 m zu beiden Seiten des Weges zu den Fahrzeug-/Lastbreiten noch ein Begegnungszuschlag von 0,40 m vorzusehen.

Kennzeichnung von Verkehrsweg am Regal.
Achtung! Die gelbe Linie gehört zum Fahrweg – darf also nicht zugestellt werden.

Sicherheitsabstand in einer kurzen Blockstapelgasse ohne Quergang je 0,10 m

Beispiel: 2 x 0,50 m + 2 x Staplerbreite à 1,20 m + 1 x 0,40 m Begegnungszuschlag = 3,80 m.
Werden die Wege auch für regen Personenverkehr benutzt, so sind Randzuschläge von je 0,75 m zu beiden Seiten vorzusehen.

Verkehren Flurförderzeuge mit höheren Geschwindigkeiten als 20 km/h, sind die Randzuschläge entsprechend zu erhöhen. Man nennt diesen Zuschlag auch Pendelzuschlag.

	Randzuschlag als Sicherheitsabstand zu beiden Seiten eines Verkehrsweges:	0,50 m
+	Begegnungszuschlag bei Gegenverkehr:	0,40 m
+	Randzuschlag bei Personenverkehr zu beiden Seiten des Verkehrsweges:	0,75 m
+	Pendelzuschlag bei Geschwindigkeiten > 20 km/h	

Bei ***geringen Verkehrsbewegungen*** können die Begegnungs- und Randzuschläge zusammen bis auf 1,10 m herabgesetzt werden, wobei jeweils der Raumbedarf für die Fahrzeug-/Lastbreite vorhanden sein muss. Das bedeutet praktisch einen Randzuschlag (= Sicherheitsabstand) von 0,55 m zu beiden Seiten eines Staplers, wobei kein zusätzliches Begegnungsfreimaß erforderlich ist. Der Begegnungsverkehr muss aber mit verminderter Fahrgeschwindigkeit erfolgen.

Liegen ausreichende Ausweichstellen vor, sowohl für den Flurförderzeug- als auch für den Personenverkehr, kann der Verkehr einspurig geführt werden. Das bedeutet, dass in diesen Fällen ein Randzuschlag = Sicherheitsabstand zu beiden Seiten von je 0,50 m ausreicht.

Zwischen Stapeln sind auf kurzen Wegen (≤ 8 m) ohne Quergassen und als Sackgasse nur mindestens 0,10 m zu beiden Seiten des Staplers/der Last freizuhalten.

Die befahrbaren Breiten von Laderäumen, Containern und dgl. sollten nicht schmaler als 1,40 m sein.

Stapeleinfahr-, Beschickungsgassen

Einfahrregalgassen

Einfahrregal = Regal zum Einlagern von Paletten, das von einer Bedienseite bestückt wird, indem der Stapler in die Regalgasse einfährt und die Paletten auf Auflageprofilen absetzt, die an den Seiten in unterschiedlichen Höhen angebracht sind.

Einfahrregal

Der Quetsch- und Schergefahr ist mindestens wie folgt zu begegnen (s. a. DGUV R 108-007):

- Zutrittsverbot für Fußgänger.
- Die Regalpfosten an der Einfahrt müssen durch einen Anfahrschutz gesichert sein.
- Der Abstand der Auflagen für die Ladeeinheiten muss unabhängig vom Abstand der Regalstützen so ausgeführt sein, dass ein Auflagemaß von 30 mm auf jeder der beiden Palettenseiten nicht überschritten werden kann.
- Die Auflagen für die Paletten im Arbeitsbereich des Flurförderzeugführers sind so zu gestalten, dass Verletzungen durch Bewegungen mit dem Flurförderzeug in Ein- und Ausfahrrichtung vermieden werden, z. B. durch Einfahr-/Leitschienen, Abstand ≥ 0,10 m und durchgriffsicherer Verkleidung der Regalseiten oder einer Fahrerkabine für das Flurförderzeug.

Wenn das Regal von beiden Seiten befahren werden kann, spricht man von einem Durchfahrregal.

Maschinenbeschickungs- und -abnahmegassen

Der Platz ist so zu gestalten, dass dem Maschinenführer ausreichend Arbeits-/Bewegungsfreiheit ≥ 0,75 m^2 verbleiben.

Ihre Zufahrt ist so auszuführen, dass Quetsch- und Schergefahren zwischen dem Flurförderzeug/der Last weitestgehend vermieden werden. Dies kann am besten durch Einhaltung des beidseitigen Sicherheitsabstandes von ≥ 0,50 m erreicht werden.

Als Ersatzmaß zum Sicherheitsabstand könnte Folgendes durchgeführt werden:
- Kein Personenzutritt außer dem Maschinenbediener.

Darüber hinaus ist erforderlich entweder
- die Zufahrt durch Einzäunung als Gasse möglichst kurz (ein bis zwei Last-/Ladeeinheitstiefen) herzurichten; dies kann auch temporär, z. B. durch Scherengitter, geschehen,
- an der Einfahrt die Eckpfosten der Lager-/Halleneinrichtung, z. B. die Hallendachpfeiler, gelb-schwarz zu markieren (s. ASR A1.3),

oder
- die Engstelle im Kriechgang ≤ 2,5 km/h zu passieren.

Außerdem ist zum rechtwinkligen Aus- und Einlagern von Gütern, z. B. in Regalen, auf Stapeln und Lagerbühnen, mindestens eine Arbeitsgangbreite – „Ast" erforderlich, die in der Regel breiter als ein Regalgang ohne Gegenverkehr ist.

Hierzu sind auf der Seite 354 einige Beispiele von Arbeitsgangbreiten für verschiedene Bauarten von Staplern mit ihren Lasten abgebildet.

In den Typenblättern der Maschinen sind für die Berechnung der Arbeitsgangbreite („Ast") die erforderlichen Daten angegeben, die Bestandteil der bestimmungsgemäßen Verwendung sind, wie auch Ausführungen über Bauhöhe, Radlasten, Batterie oder Bereifung. Denn ohne den zu berücksichtigenden kleinen Sicherheitsabstand von 200 mm (zu beiden Seiten a/2 = 100 mm) ist ein sicherer Einsatz des Flurförderzeuges, z. B. in Regalgängen, nicht gewährleistet.

Diese Sicherheit bezieht sich nicht nur direkt auf den Fahrer, sondern auch auf sein Umfeld, sowohl direkt als auch indirekt. Unter indirekter Gefährdung ist in diesem Fall die Möglichkeit/Wahrscheinlichkeit zu verstehen, dass durch Gegen-/Anfahren an Regal-, Lagerpfosten oder Stapeln, weil der kleine Sicherheitsabstand nicht gegeben ist, eingelagerte Güter oder Teile von Ladeeinheiten herabfallen und Personen auf dem Fahrweg verletzen können.

Der eingangs erläuterte vorgeschriebene Sicherheitsabstand von je ≥ 0,50 m zu beiden Seiten des Flurförderzeuges bzw. seiner Last und festen Teilen der Umgebung ist durch die Einhaltung der Arbeitsgangbreite nicht immer zwangsläufig gegeben. Dies ist z. B. beim Betrieb von Schubmaststaplern und Mitgänger-Flurförderzeugen oft der Fall, wenn die aufgenommene Last breiter ist, als der Stapler.

Kann oder will der Betreiber die Sicherheitsabstände nicht einhalten, muss er statt des großen Sicherheitsabstandes (2 x 0,50 m) Personensicherungsmaßnahmen wie für Regal-Flurförderzeuge in Schmalgängen treffen (s. Kapitel 3, Abschnitt 3.3.2).

Beim Nichteinhalten des kleinen Sicherheitsabstandes (2 x 100 mm), z. B. für ein rechtwinkliges Ein- und Auslagern von Gütern, wird als Rechtfertigung angegeben, dass auf das Regal schräg zugefahren und danach wieder schräg herausgefahren wird. Dies ist nicht ausreichend. Es muss gewährleistet sein, dass ein rechtwinkliges Arbeiten, auch vom Platzangebot für die Ladeeinheiten, möglich ist. Stehen z. B. Paletten, Gitterboxbehälter sehr eng, ist dies schwer bzw. nur mit Rangierarbeit möglich. In der Regel laufen die Arbeitsspiele dann leider so ab.

Durch diese Teilplanung geht der Betreiber aus den o. a. Gründen ein erhöhtes Unfallrisiko ein, das sich schon allein durch die zwangsläufig eintretenden Sachschäden an Gütern und Lagereinrichtungen und -geräten mit ihren hohen Kosten nicht auszahlt. Außerdem ist diese Umschlagsleistung schlecht (wenig Arbeitsspiele pro Zeiteinheit).

Achtung!

Der Sicherheitsabstand von je a/2 = 100 mm ist nicht mit dem mindestens erforderlichen Sicherheitsabstand, z. B. in einem Regalgang von ≥ 500 mm, zu verwechseln. Er ersetzt dieses Freimaß gemäß ArbStättV nicht.

Besondere Vorsicht ist darüber hinaus beim Führen von Mitgänger-Flurförderzeugen bei rechtwinkli-

Arbeitsgangbreite (Berechnung nach VDI 2198)
Arbeitsgangbreiten berechnen sich nach VDI Richtlinie 2198 „Typenblätter für Flurförderzeuge".
Die Formeln zur Ermittlung stehen bei den Darstellungen der einzelnen Flurförderzeugarten;
Manövrierzuschlag a = 200 mm.

3-Rad-Gabelstapler mit Drehschemel-Lenkachse

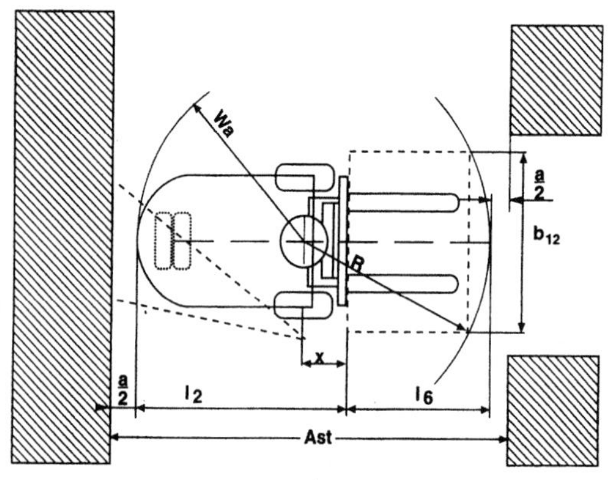

Formel: $\text{Ast} = \text{Wa} + \text{R} + \text{a}$

$$\text{Ast} = \text{Wa} + \sqrt{(l_6 + x)^2 + (\frac{b_{12}}{2})^2} + a$$

4-Rad-Gabelstapler mit Pendelachse (große Lastbreite)

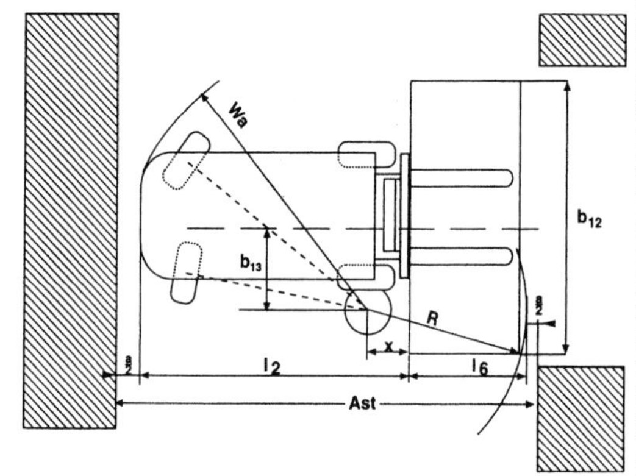

Formel: $\text{Ast} = \text{Wa} + \text{R} + \text{a}$

(gilt nur bei $\frac{b_{12}}{2} = \text{bzw} \geq b_{13}$)

$$\text{Ast} = \text{Wa} + \sqrt{(l_6 + x)^2 + (\frac{b_{12}}{2})^2} + a$$

4-Rad-Gabelstapler mit Pendelachse (geringere Lastbreite)

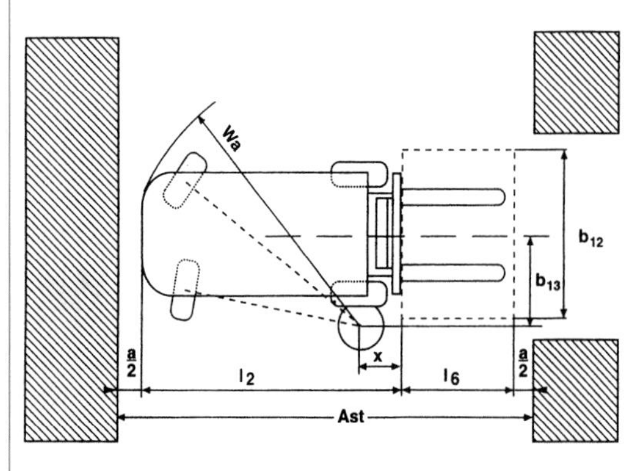

Formel: $\text{Ast} = \text{Wa} + x + l_6 + a$

(gilt nur bei $\frac{b_{12}}{2} \geq \text{bzw} = b_{13}$)

Querstapler

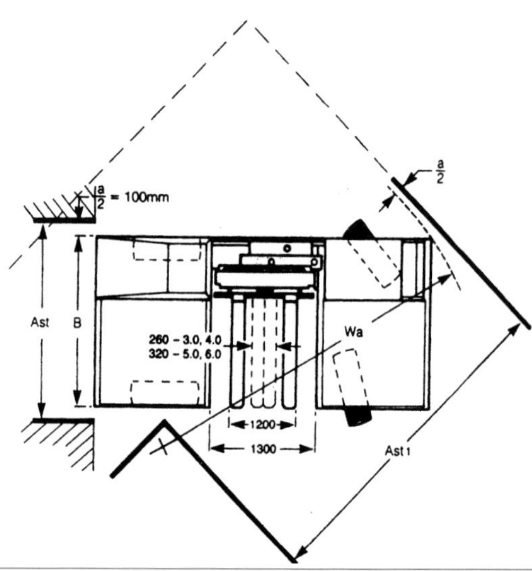

Tabelle für Verkehrswegebreiten für kraftbetriebene Flurförderzeuge (auch Mitgänger-Flurförderzeuge und Handhubwagen) mit einer Fahrgeschwindigkeit v ≤ 20 km/h. Über 20 km/h ist eine Randzuschlagerhöhung von mindestens je 0,10 m erforderlich.	
Weg	**Erforderliche Breite ≥**
1. Nur Richtungsverkehr	Flurförderzeug-Lastbreite plus 2 x 0,50 m
2. Mit häufigem Gegenverkehr durch Fahrzeuge	Je 1 x die betreffenden Flurförderzeug-Lastbreiten plus 2 x 0, 50 m plus Begegnungszuschlag von 0,40 m
3. Mit Fahrzeug und häufigem Personenverkehr	Wie unter Punkt 2, nur Verbreiterung des Randzuschlages auf 2 x 0,75 m
4. Bei geringen Verkehrsbewegungen	Je 1 x die betreffenden Flurförderzeug-Lastbreiten plus Randzuschlag incl. Begegnungszuschlag von insgesamt 1,10 m (2 x 0,55 m)
5. Einspurige Verkehrsführung, auch mit ausreichender Anzahl von Ausweichstellen	Flurförderzeug-Lastbreite plus 2 x 0,50 m
6. Fußweg für Handhubwagen	Gerät-/Lastbreite plus ≥ 0,20 m, mindestens 1,25 m (s. a. DGUV R 108-007)
7. Durchfahrten/Tore	2,40 m, mindestens jedoch Fahrzeugbreite plus 2 x 0,50 m

ger Ein- und Auslagerung von Gütern gegeben, wenn hinter diesen Flurförderzeugen an ihren Deichseln trotz vorhandener Sicherheitsabstände und Arbeitsgangbreite nicht mindestens 500 mm Freiraum vorhanden ist. Denn dann muss der Fahrer beim Steuern der Maschine neben der Deichsel stehen und das Flurförderzeug mit einer Hand bedienen. Diese Arbeit ist risikoreich und dauert länger als auf ausreichendem Platz.

Werden die Wege von Feuerwehrfahrzeugen, besonders als Zufahrt benutzt, sind sie ≥ 3,50 m hoch und breit auszuführen (Notausganglänge usw. s. Kapitel 3, Abschnitt 3.3.2, Absatz „Regale – Notausgänge").

Merke

Sicherheitsabstände gehören zum Verkehrsweg und sind freizuhalten!

Höhe

Die erforderliche lichte Höhe von Verkehrswegen für den Einsatz von Flurförderzeugen errechnet sich aus der Höhe des Fahrzeuges einschließlich stehendem oder sitzendem Fahrer bzw. aus der Lasthöhe plus 0,20 m Freimaß.

Unter lichter Höhe verstehen wir den freien vertikalen Raum – hier zwischen Bodenbelag und Decke bzw. der senkrecht gemessene Freiraum bis zu einem Hindernis.

Diese Höhe darf durch Schrägen, Unterzüge, Rohre, Leitungskanäle oder dgl. nicht eingeengt sein.

Für Mitgänger-Flurförderzeuge und in Regaldurchgängen darf die lichte Höhe 2 m nicht unterschreiten. Beim Einsatz von kraftbetriebenen Flurförderzeugen mit einer Hubhöhe bis 1,20 m muss die Mindesthöhe 2,50 m betragen. Darüber hinaus sollte sie

Höhenbegrenzung für Gabelstapler durch pendelnd aufgehängte Einfahrsperre

mindestens 3,50 m sein (s. ArbStättV). Bei Staplern mit besonderem Hubmast, z. B. Regalflurförderzeugen, ist sie abhängig vom eingesetzten Flurförderzeug. Sie errechnet sich folgendermaßen: eingefahrener Hubmast + 0,50 m. Hierbei ist der Freihub von bis zu 200 mm, bei dem sich der Hubmast, z.B. bei Duplex- und Triplexmast, in der Regel aus dem Hubgerüst noch nicht heraushebt, berücksichtigt worden, denn eine Last darf zum Verfahren derselben vom Stapler nur bodennah vom Fahrweg angehoben werden.

In Laderäumen, Containern und dgl. sollte die lichte Höhe bei Flurförderzeugen mit Fahrersitz oder Fahrerstand 2,30 m nicht unterschreiten und für Mitgänger-Flurförderzeuge ohne Mitfahrgelegenheit nicht geringer als 2 m sein.

Die Sicherheitsabstände auf Verkehrswegen gewährleisten u. a. das Schutzziel „Quetschstellensicherung für Personen" zwischen Teilen von kraftbewegten Flurförderzeugen bzw. deren Lasten und festen Teilen der Umgebung. Das Schutzziel kann auch z. B. durch Abschrankungen oder Abschirmungen erreicht werden.

Ist ein Flurförderzeug mit einem Fahrerschutzdach oder einer Fahrerkabine ausgerüstet, und kann der Fahrer höchstens seine Hände und Arme durch das Dach des Fahrerschutzdaches bzw. der Kabine hindurchstecken, gilt das Schutzziel als erfüllt, wenn zwischen den Oberkanten Fahrerschutzdach/Fahrerkabine und Hubmast in Fahrstellung (d. h., das Lastaufnahmemittel befindet sich in Tiefstellung – Gabelzinken 5 cm bis 20 cm vom Fahrweg entfernt) und Unterkanten von festen Teilen der Umgebung, u. a. Rohren, Unterzügen, Galerieböden und dgl., ein Abstand von mindestens 100 mm vorhanden ist und eingehalten werden kann.

Da die Staplerfahrer häufig den Hubmast beim Verfahren des Staplers nicht in die o. a. Stellung absenken, empfiehlt es sich, oberhalb des Fahrweges über die gesamte Breite des Weges vor den Engstellen in beiden Richtungen eine bewegliche Abschirmung anzubringen. Sie sollte mit Kontaktschaltern ausgerüstet sein. Als Abschirmung können auch Lichtschranken eingesetzt werden. Eine solche Abschirmung aktiviert eine Schaltvorrichtung, z. B. durch Ausweichen/Pendeln oder Unterbrechen des Lichtstrahles, die wiederum eine Warneinrichtung (Hupe, Klingel oder Blinklicht) aktiviert, die nur vom Aufsichtführenden abgestellt werden kann, z. B. mittels Schlüsselschalter.

Merke

Durchfahrtshöhen beachten!
Nur freigegebene Verkehrswege befahren!

Kennzeichnung

In Arbeits- und Lagerräumen, auch in nur teilweise geschlossenen Räumen, mit mehr als 1 000 m² Grundfläche, sollten die Verkehrswege gekennzeichnet sein, wenn sie nicht durch bauliche Einrichtungen, z. B. Regale, Lagergut im Blockstapel bzw. im Freien durch Anlegung/Befestigung der Wege mittels Asphalt, Beton oder dgl., vorgegeben sind oder es betriebliche Gegebenheiten, z. B. in Gießereien, nicht ermöglichen (§ 25 Abs. 4 DGUV V 1).

Die Kennzeichnung kann gut durch weiße oder gelbe 5 cm breite Linien durchgeführt werden. Im Handel sind hierfür einfach zu handhabende Linienziehgeräte mit schnelltrocknender und dauerhafter Farbe erhältlich. Auf Böden, auf denen die Farbe oder auch die bewährte Streifenfolie nicht haftet, können auch Nägel mit flachem, ca. 5 cm breitem Kopf (3 Stück pro laufenden Meter) verwendet werden.

Darüber hinaus sind kritische Punkte, z. B. die Rampenkanten und der Anfahrschutz an den Regaleckpfosten, zu markieren. Eine schwarz-gelbe Schraffierung ist hier die wirkungsvollste Kennzeichnung. Das Breitenverhältnis von gelben zu schwarzen Streifen, wie auch von weißen zu roten Streifen,

Gelb-schwarz gekennzeichneter Anfahrschutz an Regalpfosten – fest im Boden verankert.

Verkehrswegekennzeichnung für einen Kommissionierstapler.

sollte 1:1 bis 1,5:1 betragen, wobei die gelben bzw. roten Streifen einen Anteil von mindestens 50 % der Gesamtfläche haben müssen. Die Streifen sind in einem Neigungswinkel von ca. 45° anzuordnen.

Rot-weiße Markierungen sollte man nur bei Verkehrsregelungen und bei zeitlich begrenzten Absperrungen oder Aufenthaltsverboten, insbesondere auf Verkehrswegen für Fahrzeuge, verwenden (s. ASR A1.3).

Vor zu vielen Warnanstrichen sei gewarnt, sonst verlieren sie ihre Wirkung. Richtungspfeile auf dem Verkehrsweg, besonders an Kreuzungen, sollten sparsam verwendet werden, denn sie verleiten unbewusst zum „Rechthaben" – aggressivem Fahren (s.a. Abschnitt 4.6).

Lasten sind hinter den Wegmarkierungen abzustellen, auch wenn das Abstellen nur kurzzeitig erfolgen soll, denn die Wegemarkierung gehört mit zum freien Maß des Verkehrsweges.
Bei der Lagerung von Gütern ist ferner darauf zu achten, dass der Sicherheitsabstand – das Freimaß von 0,50 m – an kraftbetriebenen und zwangsgeführten Fördermitteln, wie z.B. Kreisförderern, Kranen und Gleisbahnen, nicht eingeengt wird. Bei Verkehrswegen für Verladearbeiten von Containern mittels Containerfahrzeugen und dgl. empfiehlt es sich, im Freimaß die aufschlagende/geöffnete Fahrertür mit zu berücksichtigen, sonst müssen die Fahrzeugführer rechts sehr dicht an die Container heranfahren, um erforderlichenfalls sicher aussteigen zu können. Dadurch entstehen Quetschgefahren für dritte Personen, weil für sie durch die langen Container kaum Ausweichmöglichkeiten vorhanden sind.

Merke

Lasten hinter Wegmarkierungen abstellen!
Die Markierungen müssen frei bleiben!

Verkehrswegekennzeichnung in einem Fertigungsbereich

Kennzeichnung eines Fußgängerweges

Sicherung

Die beste Lösung ist immer eine Verkehrswegeführung, die eine Sicherung der Wege überflüssig macht. Durch Betriebsgegebenheiten lässt sich dieser ideale Zustand jedoch nicht immer verwirklichen. Dann sind Sicherungen/Barrieren notwendig. Sie sind für den Querverkehr an unübersichtlichen Stellen dort anzubringen, wo mit häufigem Benutzen des Weges durch Personen zu rechnen ist und der Weg nicht in einem Abstand von mehr als 1 m vorbeiführt.
Von der Barriere aus wird dann die erforderliche Verkehrswegebreite gerechnet, also 0,50 m Sicherheitsabstand plus Stapler-Lastbreite plus 0,50 m Sicherheitsabstand. Feste Barrieren, ob im Boden verankert oder aushebbar, aber auch Kunststoffketten, haben sich hierfür bewährt. Ist der seitliche Sicherheitsabstand für eine Barriere nicht vorhanden, kann man auch eine Abschirmung aus Weichplastik auf Augenhöhe pendelnd aufhängen.

An besonders unübersichtlichen Stellen helfen zusätzlich Warnleuchten, die z.B. beim Nähern eines Gabelstaplers in Funktion treten, um die Gefahrenstelle zu entschärfen (s.a. Abschnitt 4.1.1.1, Absatz „Planung").
Eine seitliche Abschrankung ≥ 1 m Tiefe auf beiden Seiten eines Hallentores ist zu empfehlen, wenn sich direkt hinter dem Tor ein zum Tor quer verlaufender Verkehrsweg befindet, denn der Staplerfahrer ist durch den Helligkeitsunterschied Freigelände/Halle kurzzeitig in seinem Sehvermögen behindert. Seine Augen benötigen einige Sekunden, bis sie sich an die geänderten Lichtverhältnisse gewöhnt haben (s.a. Abschnitt 4.1.2.1, Absatz „Ausleuchtung/Beleuchtung").

360° Anfahrschutz für eine Säule auf dem Verkehrsweg

Wird an einer Güterladestelle, z.B. in der Produktion, nicht ständig gearbeitet, kann man diese Einsatzstellen auch sehr einfach temporär durch Kunststoffketten absichern.

Stellen sich Verkehrspunkte, z.B. an einer Gleisendstelle, als gefahrrelevant heraus, und kann man sie nicht durch Barrieren oder dgl. sichern, helfen sog. Warnungspiktogramme. Die Erfahrung lehrt, dass sie sehr wirkungsvoll sind.

Merke

Wegmarkierungen erleichtern uns die Transportarbeit und schaffen klare Verhältnisse zum Umfeld! Es gilt, sie zu beachten!

16. Grundsatz

- → Stets mit angepasster Geschwindigkeit fahren! Anhalteweg berücksichtigen! Verkehrswege frei halten! Sicherheitsabstand Einhalten! Auf freie Sicht achten!
- → Tragfähigkeiten der Fahrwege beachten!
- → Aufzugsbenutzungsvorschriften einhalten!
- → Bodenunebenheiten meiden!
- → Lasten hinter Wegmarkierungen abstellen!
- → Beleuchtungseinrichtungen benutzen!
- → Ladebrücken sichern!
- → Vor dem Be- und Entladen von Fahrzeugen Absprache mit dem Fahrzeugführer treffen!
- → Nur gesicherte Fahrzeuge und dgl. be- und entladen!
- → Beladungsvorgaben einhalten!
- → Nur freigegebene Verkehrswege benutzen

4.1.3 Stapelung, Lagergeräte

Stapel – Standsicherheit – Höhe

Gesicherte Verkehrswege setzen auch standsichere Stapel und Regale sowie Sicherungen gegen das Herabfallen von Gütern voraus.

Stapel sind auf ausreichend tragfähigem Untergrund zu errichten. Ist das Fundament eines Stapels nicht entsprechend der zu erwartenden Belastung ausgelegt, ist seine Bodenpressung zu schwach, kann kein stabiler Stapel errichtet werden. Schon Neigungen > 2 % stellen eine erhöhte Umsturzgefahr dar. Sie sind dann unverzüglich abzutragen.

2 % (entspricht 1,15°) sind nicht viel und trotzdem nicht mehr standsicher.

Je höher ein Stapel errichtet wird, desto kippempfindlicher wird er. Schon geringe auf ihn wirkende Kräfte, auch beim bestimmungsgemäßen Auf- und Abstapeln von Ladeeinheiten, können einen Stapel „umwerfen" (s. a. Kapitel 2, Abschnitt 2.4.3).

In einer Halle ist ein Stapel in seiner Höhe als standsicher anzusehen, wenn seine Höhe nicht mehr als ca. das 6-fache seiner geringsten Tiefe (Schlankheitsverhältnis der Höhe zur Schmalseite der Grundfläche) beträgt. Dieses Verhältnis ergibt bei einer Schmalseite (Breite/Tiefe) des Stapels als Säule oder Reihe von 0,80 m eine zulässige Höhe von 4,80 m.

Leere und leichte Lagergeräte bzw. Ladeeinheiten mit geringem Gesamtgewicht sind in ihrer Standsicherheit gefährdeter als Ladeeinheiten mit höherem Gesamtgewicht. Im Freien sind mögliche Windeinflüsse zusätzlich zu berücksichtigen. Sowohl geringe Gewichte als auch Windeinflüsse bedingen eine Verringerung der Stapelhöhe.

Hier besteht höchste Gefahr

Bei Stapeln aus leeren Lagergeräten, wie z. B. Gitterboxpaletten, Stapelkästen und dgl., mit > 1 200 mm

Standsichere Stapel, auch als einzelne Säulen

Länge und 800 mm Breite/Tiefe sowie einer Höhe bis zu 1 000 mm des einzelnen Lagergerätes, ist die Schlankheit des Stapels von ca. 4:1 nicht zu überschreiten. Leere Flachpaletten dagegen können wegen ihrer geringen Höhe und damit großen Kippsicherheit so hoch wie beladene Lagergeräte gestapelt werden. Bei Lagerung im Freien sollte die Schlankheit des Stapels aus beladenen Lagergeräten von 5:1 und aus leeren Lagergeräten von 3:1 nicht überschritten werden.

Formen, Gewichte und Abmessungen können die Stapelhöhe ebenfalls beeinflussen. Holzbretter oder Kunststoffpaletten sind oft verhältnismäßig leicht, aber in ihrer Abmessung lang. So gibt die Holzberufsgenossenschaft für ihre Mitgliedsbetriebe im freien Stapel in geschlossenen Räumen ein Verhältnis von 4 x Stapelbreite und im Freien von 3 x Stapelbreite für die Höhe vor.

Ein teilweise umschlossener Raum mit Decke, aber einer fehlenden Seiten- oder Stirnwand, z. B. ein Hallenvorbau, wird wie ein geschlossener Raum behandelt (s. a. Abschnitt 4.2.2, Absatz „Elektroantrieb").

Standfeste Stapelung auf einer Lagerfläche ohne Stirnwand

Wirkt auf einen Stapel eine äußere Kraft ein, z. B. ein Stoß oder eine Windkraft, so sind die oberen Lagen besonders gefährdet; denn hier spielt die Trägheitskraft, bedingt durch die hohen Beschleunigungen, eine untergeordnete Rolle. Entscheidend für die Verrutschsicherheit sind die Gewichtskraft und damit die Reibungskraft, die dem Staudruck/der Windlast entgegenwirken (s. Kapitel 2, Abschnitt 2.4.2, Absatz „Windeinfluss").

Leere Flachpaletten „vertragen" ein Stapelverhältnis von 1:5, vorausgesetzt sie sind nicht beschädigt und liegen „satt" auf.

Der Standsicherheitsfaktor von 2 gegen das Kippen von Lagereinrichtungen und -geräten, z. B. Regalen, Gitterboxpaletten, Behältern, Flachpaletten (beladen oder leer) und von freien Stapeln (mit oder ohne Stapelbehälter bzw. Lagergeräten), muss hierbei eingehalten werden (s. a. DGUV R 108-007 „Lagereinrichtungen und -geräte" und DIN 15146).

Bei der Berechnung des Standsicherheitsfaktors geht auch die Höhe des Lagergeräts/der Ladeeinheit in die Rechnung ein. Die Standsicherheit eines Stapels ohne Lagergerät (Palette, Stapelkästen und dgl.) oder Stapelhilfsmittel (Rungen, Rahmen auf Paletten) ist ebenfalls gegeben, wenn der Standsicherheitsfaktor von 2 gewährleistet ist. Hierzu ist als Lagergerät (= Ladeeinheit) die Höhe des einzelnen Lagergutes einzusetzen. Das kann z. B. ein einzelnes Brett, ein Bretter-/Stahlpaket, eine Kiste, ein Behälter oder ein Sack sein. Werden Stapelhölzer verwendet, sind diese zur Ladeeinheit hinzuzurechnen, unabhängig davon, ob sie fest mit dem Lagergut verbunden sind oder lose dazwischen gelegt werden. Die Ladeeinheit (mit oder ohne Stapelholz) muss jedoch mit der Auflage eine „innige" Verbindung (großes Gewicht, hohe Reibungskraft) haben.

Für eine waagerechte Aufstandsfläche errechnet sich die Sicherheit gegen Umkippen folgendermaßen:

$$\frac{M_{St}}{M_K} \geq v$$

$$\left[\frac{M_{St}}{M_K} = \frac{b}{h_i} \cdot \frac{n \cdot G_S}{(n-1) \cdot (2 \cdot H_Z + n \cdot H)}\right]$$

v = Standsicherheitsfaktor
M_{St} = Standmoment
M_K = Kippmoment
H = Horizontalkraft = 1/50 der Gewichtskraft aus Q_S
h_i = Höhe des einzelnen Lagergeräts
b = Breite (Tiefe) des einzelnen Lagergeräts
h = Gesamthöhe des Stapels
n = Anzahl der Lagergeräte im Stapel
H_Z = zusätzliche Horizontalkraft (anzusetzen mit mind. 150 N)
G_S = Kraft ($g \cdot Q_S$)
g = Fallbeschleunigung (~ 10)

Beispiel für einen Stapel aus beladenen Lagergeräten:

Eigengewicht je Lagergerät:	Q_G	= 75 kg
Nutzlast je Lagergerät:	Q	= 1 000 kg
Länge des Lagergeräts:	l	= 1 000 mm
Breite des Lagergeräts:	b	= 800 mm
Höhe des Lagergeräts:	h_i	= 1 200 mm
Anzahl der Lagergeräte im Stapel:	n	= 4

$$Q_S = O_G + Q = 75 \text{ kg} + 1000 \text{ kg} = 1075 \text{ kg}$$

$$Q_G = \text{Eigengewicht des Lagergeräts}$$

$$Q = \text{Nutzlast je Lagergerät}$$

$$Q_S = Q_G + Q \text{ (Eigengewicht + Nutzlast)}$$

1 075 kg erzeugen eine Gewichtskraft von

$$G_S = 9{,}81 \text{ m/sec}^2 \cdot 1075 \text{ kg}$$

$$\approx 10 \text{ m/sec}^2 \cdot 1075 \text{ kg} = 10750 \text{ N}$$

$$H = \frac{1}{50} \cdot G_S = \frac{1}{50} \cdot 10750 \text{ N} = 215 \text{ N}$$

$$H_Z = 150 \text{ N}$$

$$\frac{M_{St}}{M_K} = \frac{800}{1200} \cdot \frac{4 \cdot 10750}{(4-1) \cdot (2 \cdot 150 + 4 \cdot 215)}$$

$$= 8{,}24 > 2$$

➔ Der Stapler wäre kippsicher.

Beispiel für einen Stapel aus leeren Lagergeräten:

a) n=4:

$$Q_S = Q_G + Q = 75 \text{ kg} + 0 \text{ kg} = 75 \text{ kg}$$

75 kg erzeugen eine Gewichtskraft von:

$$G_S = 9{,}81 \text{ m/sec}^2 \cdot 75 \text{ kg}$$

$$\approx 10 \frac{\text{m}}{\text{sec}^2} \cdot 75 \text{ kg} = 750 \text{ N}$$

$$H = \frac{1}{50} \cdot G_S = \frac{1}{50} \cdot 750 \text{ N} = 15 \text{ N}$$

$$\frac{M_{St}}{M_K} = \frac{800}{1200} \cdot \frac{4 \cdot 750}{(4-1) \cdot (2 \cdot 150 + 4 \cdot 15)}$$

$$= 1{,}85 < 2$$

➔ Eine Stapelung aus vier Lagergeräten wäre nicht kippsicher.

b) n=3:

$$\frac{M_{St}}{M_K} = \frac{800}{1200} \cdot \frac{3 \cdot 750}{(3-1) \cdot (2 \cdot 150 + 3 \cdot 215)}$$

$$= 2{,}17 > 2$$

➔ Eine Stapelung aus drei Lagergeräten wäre kippsicher.

Höchst belastbares Ladegut treppenförmig im Blockstapel errichtet

Sind Stapel so aufgestellt, dass eine Stapelsäule im Gefahrenfalle die anderen stützen kann (Blocksystem), kann die geringste Seitenlänge des gesamten Stapelverbandes zugrunde gelegt werden, vorausgesetzt, das Gut bzw. die Verpackung und die Lagergeräte halten die Belastung aus. Hierbei ist zu beachten, dass der Niveauunterschied zwischen, z.B. einzelnen Stapelsäulen in Räumen, nicht größer als 6:1 (im Freien 5:1) ist, und die Randsäulenreihen nicht schlanker als 6:1/5:1 sind.

Damit die Stapel nicht kopflastig werden, muss beim Stapeln von Paletten und Stapelbehältern mit sehr unterschiedlichen Lastgewichten die Nutzlast der Lagergeräte nach oben hin abnehmen.

Beim Zusammenwirken besonders günstiger Lagerbedingungen (s. nachfolgende Erläuterungen) darf die Schlankheit eines Stapels unter Einhaltung eines höheren Standsicherheitsfaktors größer als 6:1 sein, und zwar wie folgt:

Schlankheit	Standsicherheitsfaktor
6 bis 8	2,3
8 bis 9	2,6
9 bis 10	3,0
10 bis 11	3,5

Eine größere Schlankheit als 11 sollte man nicht wählen.

Unter besonderen Lagerbedingungen sind u.a. steife Ladeeinheiten oder festes Lagergut, hoher Belastungsgrad der Ladeeinheiten, gleichmäßige Lastverteilung und ebener Boden sowie keine Windeinflüsse zu verstehen. Ferner muss gewährleistet sein, dass sich außer dem direkten Lagerpersonal, z.B. Gabelstaplerfahrer, keine weiteren Personen im Stapelbereich aufhalten. Für die höhere Stapelung sollte darüber hinaus die Aufsichtsbehörde und der zuständige Unfallversicherungsträger zu Rate gezogen werden.

Bei gefährlichen Gütern, z.B. brennbaren Flüssigkeiten, sind besondere Stapelhöhen zu beachten. Sie sind u.a. davon abhängig, ob in Regalen oder im freien Stapel mit oder ohne Paletten gestapelt wird und in welchem Behältnis, z.B. Fass, das Gut aufbewahrt wird.

Merke

Stapel auf ausreichend tragfähigem Boden lotrecht errichten!
Stapelhöhen beachten!

Tragfähigkeiten von Lagergeräten

Vier-Wege-Paletten/Europaletten nach DIN 15146 und DIN 15147

1 000 kg: Streifenlast auf jeweils ¼ der Längs- bzw. Schmalseiten der Palettenfläche, wobei alle Klötze an den Längsseiten bzw. die vier Eckklötze abgestützt sind. Die Belastung kann auf 1 250 kg erhöht werden, wenn an den Schmalseiten alle Klötze vollständig aufliegen.

Wird die Palette mit gleichmäßig verteilten und sich gegenseitig abstützenden/eng stehenden Lastteilen belastet, kann die Belastung auf 1 500 kg erhöht werden.

Aufsetzbügelpaletten für den Einsatz der leichteren und sicheren Lagerung von Ladegut mit nicht vollflächiger Auflage/mit verminderter Tragfähigkeit

Im stehenden Stapel darf die unterste Palette jeweils mit dem 4-fachen Wert (insgesamt – nicht als Auflast) belastet werden. Voraussetzung ist aber, dass sie vollflächig auf ebener und horizontaler Fläche aufliegt.

Neue Entwicklungen, z.B. aus Kunststoff und Sonderpaletten, sind für schwere Lasten konzipiert. Ihre Tragfähigkeit ist mit Berechnungsgrundlagen oder dgl. nachzuweisen.

Gitterboxpaletten
Diese müssen in ihnen gleichmäßig verteilte Lasten von mindestens 1 000 kg tragen können, wenn die Box auf den Gabelzinken des Flurförderzeuges liegt. Ruht die Box auf einer ebenen, waagerechten Fläche, muss sie zusätzlich eine Auflast von 4 000 kg zuzüglich des Gitterboxeigengewichts, also insgesamt 4 400 kg im Stapel tragen können. Mehr als fünf voll beladene Boxen sollten nicht gestapelt werden.

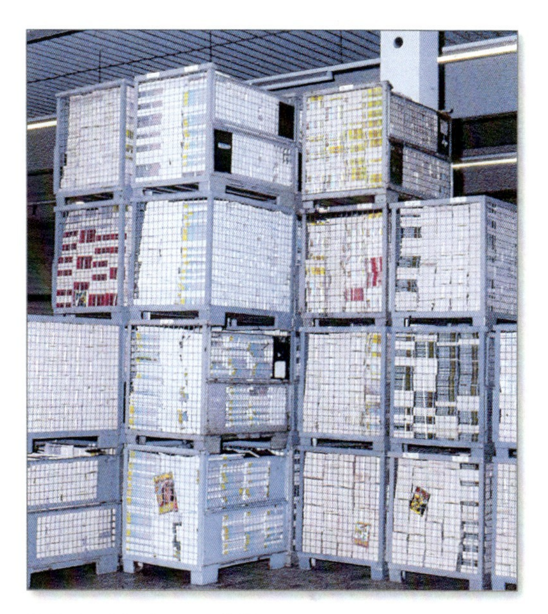

Zulässige Gitterboxstapelhöhe

Sind die zulässigen Belastungen der Lagergeräte nicht einwandfrei angegeben (s. a. Betriebsanleitung), ist der Hersteller zu Rate zu ziehen (s. a. Abschnitt 4.3, Absatz „Paletten und Behälter").

Anmerkung

Bei der Deutschen Bahn AG liegt die Lastgrenze in der Regel bei 900 kg pro Box, wobei im Stapel nur vier voll beladene Geräte zulässig sind, wenn nicht im Euro-Paletten-Pool – „EPAL" Paletten eingesetzt werden, die eine Tragfähigkeit von 1 500 kg ausweisen und eine Auflast von bis zu 6 000 kg zulassen.

Fabrikschild einer Gitterbox des Euro-Paletten-Pool „EPAL"

Bodenpressung von Gitterboxpaletten bei Grundbelastung von 1 000 kg

Die Gesamtfläche der vier Füße der Gitterboxpalette beträgt ~ 509 cm². Daraus werden bei waagerechtem und ebenem Untergrund folgende Bodenpressungen ermittelt:

Anzahl der Gitterbox-paletten im Stapel	Bodenpressung [daN/cm²] ~
1	2,3
2	4,4
3	6,7
4	9,0
5	10,0

Der Lagerboden muss als Bodenpressung mindestens jeweils den gleichen Wert aufweisen (s. a. Abschnitt 4.1.1.2, Absatz „Punktbelastung/Raddruck").

Merke

Stapel-/Lagergeräte sind nicht unbegrenzt belastbar! Tragfähigkeit und Stapelvorgaben beachten!

Gutoberfläche, Inhalt

Neben der grundsätzlichen Standsicherheitsregelung ist bei der Lagerung die Oberflächenbeschaffenheit des Gutes bzw. der Verpackung und die Eigenart des Gutes zu beachten.

Der Glattheit des Gutes bzw. der Verpackung, die ein leichtes Ver- oder Abrutschen des Stapelgutes verursachen kann, ist z. B. durch rauere Zwischenlagen oder Kleber zu begegnen. Außerdem ist auf eine waagerecht bleibende Ebene des Stapelgutes untereinander großen Wert zu legen. Sie kann nur bei ausreichender Steifheit der Verpackung oder des Gutes bzw. bei Packgut durch vollständig gefüllte Säcke mit schwer zusammenpressbarem Gut gewährleistet werden.

Auf unebenen und schrägen Flächen über 2 % Neigung kann kein weiteres Lagergut sicher gestapelt werden. Ausgleichsteile, wie Bretter, Balken, Keile usw., sind sehr aufwändig und erfüllen nur unvollständig die Sicherheitsanforderungen.
Stapel können instabil werden und umstürzen, falls das Gut ausläuft. Schnell auslaufende Güter stellen eine große Gefahr dar, besonders wenn die Verpackung durch Beschädigung keinen ausreichenden Halt bietet. Ausreichenden Halt und damit Steifheit des Stapels bieten z. B. Getränkekisten, Weinkartons und stärkere Kartonbehälter, wenn sie nicht instabil oder/und beschädigt werden.

Kartons mit Weinflaschen trocken und treppenartig auf Papierpaletten gelagert

Instabil können z. B. Verpackungen werden, wenn in ihnen u. a. aus Flaschen, Tüten, Beutel oder dgl. Stoffe auslaufen. Ein Karton kann auch durch Feuchtigkeit an Festigkeit verlieren, sei es durch auslaufende Flüssigkeit oder hohe Umgebungsfeuchtigkeit. Durch Feuchtigkeit können auch Paletten nicht nur im Freien Schaden nehmen.

Aufgrund hoher Umgebungstemperaturen kann Asphaltboden, insbesondere in Traglufthallen, weich werden und damit seine Bodenpressung verlieren. Hierfür sind z. B. Profilsteine besser geeignet.

Die Stabilität kann auch durch hohe Temperaturen in der Umgebungsluft, aber auch durch Belastung der Behältnisse im Stapel, z. B. Getränkekisten aus Kunststoff, herabgesetzt sein.

Anmerkung

Unter schnell auslaufendem Gut sind z. B. alle Arten von Flüssigkeiten, aber auch Kunststoffgranulate, die z. B. aus einem 50 l fassenden Sack in ca. 17 sec auslaufen, zu verstehen.
Bei der Lagerung von schnell auslaufendem Gut sollten, wenn die Verpackung nicht ausreichend schützt, möglichst Aufsetzbügelpaletten oder Regale verwendet werden.

Um das Einstürzen von ganzen Stapelreihen/-blöcken mit tausenden von zu Bruch gehenden Flaschen zu verhindern, ist der Hersteller der Kisten zu Rate zu ziehen und ggf. die Umgebungstemperatur zu senken und/oder die Belastung der Kisten zu verringern.

Über eine erforderliche Betriebsanweisung ist die Stapelarbeit zu regeln. Ladungen auf Paletten mit schnell auslaufendem Gut, die selbst das Gewicht einer Ladeeinheit tragen, sollten möglichst nur einfach, höchstens jedoch auf zwei Paletten übereinander, gestapelt werden, wobei nahe dem Verkehrsweg nur eine Palette mit Ladung stehen sollte. Durch den treppenartigen Stapelbau ist eine größere Sicherheit vor plötzlich umstürzenden Stapeln gegeben, falls das Gut ausläuft. Treppenartiger Stapelbau ist besonders dann durchzuführen, wenn die Ladeeinheit, z.B. durch Umreifung, Anlegen von Schrumpffolien oder dgl., eine kompakte Einheit

Leicht von Hand transportierbarer Kantenschutz für Stapelecken

Sicherung für Rundgüter

Stapel schiefer als 2 % Neigung – Umsturzgefahr

Stapel wurde nicht sofort abgetragen. Folge: umgestürzt

bildet; denn wird z. B. ein Sack in der unteren Ladeeinheit beschädigt, erhält die auf ihr stehende Ladeeinheit eine schiefe Auflage und rutscht ab. Stapelstützmaßnahmen und Flickarbeiten an der Verpackung stellen ein erhöhtes Unfallrisiko dar und sind zu vermeiden.

Beschädigte Stapelladeeinheiten in Stapeln sind vorsichtig lagenweise von oben abzutragen.

Stehen Stapel schräger als 2 % zur Standfläche, sind sie grundsätzlich abzutragen. Auch ist ein Stapel in seiner Standsicherheit gefährdet, wenn Einzelteile von Ladeeinheiten (u. a. durch Beschädigung) nicht mehr ausreichend tragfähig sind. Auf schrägen Oberflächen von mehr als 2 % Neigung und auf unebenen Oberflächen, die die aufzusetzende Ladeeinheit schräger als 2 % zur Senkrechten bringen würden, darf keine Ladeeinheit abgesetzt werden, denn die Hangabtriebskraft „H" bewirkt, dass die Ladeeinheit abgleitet, wie z. B. eine ungesicherte große Papierrolle auf einem stillstehenden Lkw mit > 2 % geneigter Ladefläche (s. a. Kapitel 2, Abschnitt 2.3, Absatz „Befahren schräger Ebenen").

2 % Steigung entspricht 1°.

Berechnung: $\tan\alpha = \frac{\text{Gegenkathete}}{\text{Ankathete}} = \frac{b}{a}$

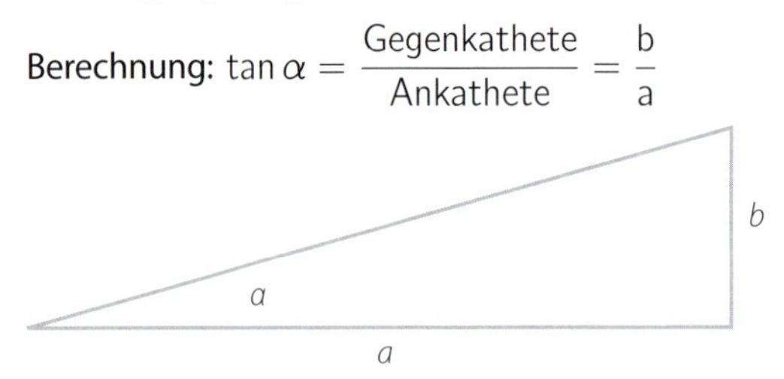

(gemäß Kreisfunktion in der Trigonometrie).

Bei der Anlieferung von Gütern sind Ladeeinheiten auf ihre Stapelbarkeit hin zu überprüfen.

Güter, welche nicht ordnungsgemäß gepackt sind oder sich verschoben haben, sowie Ladeeinheiten mit beschädigten Paletten bzw. mit defekten Stapelbehältern oder dgl., dürfen nicht gestapelt oder auf höher gelegenen Stellen abgesetzt werden.

Der Unternehmer oder dessen Beauftragter muss dafür Sorge tragen, dass die Standsicherheit der Stapel regelmäßig und vor einem Betreten geprüft wird.

Merke

Auf beschädigte und nicht tragfähige Güter und schiefe Stapel keine Lasten absetzen! Schiefe Stapel (über 2 % Neigung) abtragen!

4.1.4 Lagereinrichtungen

Lagerböden/Galerien

Lagerböden und Galerien müssen statisch einwandfrei entsprechend der vorgesehenen Belastung ausgelegt sein. Es gelten die gleichen Voraussetzungen wie für einen Zwischenboden innerhalb einer Lagerhalle und deren Verkehrswege.

Die zulässige Tragfähigkeit sollte in kg/m² angegeben werden.

Über eine Niveauhöhe von 1 m vom Fahrweg sind Geländer, bestehend aus Brustwehr, Knie- und Fußleiste, belastbar für eine Horizontalkraft von ≥ 500 N/m, als Schutz gegen Abstürzen anzubringen. Nur an der Auf- und Abgabestelle dürfen die Geländer aushebbar/ beweglich ausgeführt sein, und die Fußleisten dürfen, u. a. wegen Stolpergefahr, fehlen. Bewährt haben sich herabklappbare Geländervorrichtungen, die im geöffneten Zustand den Zugang zur hinteren Ladestelle zwangsläufig absichern. Ketten als Brustwehr sind unzulässig. Es

Einfach zu betätigende Sicherung gegen Abstürzen an der Auf- und Abgabestelle einer Hallengalerie

Galerieladestellensicherung durch um 80 cm zurückgesetzte Kette

Ladestelle bei der Beschickung und der Abnahme immer gesichert

sei denn, sie sind ≥ 80 cm von der möglichen Absturzkante zurückgesetzt und gegen unbefugtes Aushängen gesichert, z. B. durch ein Schloss. Geländer dürfen nicht nach außen aufklappen und sind mit Sicherungen gegen unbeabsichtigtes Öffnen zu versehen.

Soll der Lagerboden/die Galerie auch untergangen/-fahren werden, sollte die lichte Höhe 2,10 m nicht unterschreiten. Flurförderzeuge mit Hubmast erfordern eine Deckenfreiheit bei eingefahrenem Hubmast zum Lastentransport, am besten ≤ 100 mm vom Fahrweg, einen Freiraum nach oben von 200 mm (s. a. Abschnitt 4.1.2.3, Absatz „Höhe").

Regale

Regale müssen wie Lagerböden standfest errichtet werden und sicherheitstechnisch so ausgeführt sein, dass bei bestimmungsgemäßer Beschickung von ihnen keine Unfallgefahr ausgeht.

Die Regalsicherheit kann wie folgt erreicht werden:

- Regale sind lotrecht aufzustellen. Abweichungen der Regalstützen sind nur ≤ 1/200 der Regalstützenhöhe zulässig. Träger und Fachboden sind waagerecht zu befestigen (Abweichung 1/300 des Stützenabstandes voneinander).
- Regale sind am Boden, an der Decke/den Wänden zu befestigen. Davon kann abgesehen werden, wenn sie als „Zwillingsregale" aufgestellt und untereinander befestigt sind.
- Regalträger müssen mit einer Aushebsicherung, z. B. Formstifte, mit einer Widerstandskraft ≥ 7 500 N aber ≤ 10 000 N, versehen sein.

Aushebsicherung an einem Regalträger

- Stehen Regale parallel so dicht beieinander/hintereinander, dass für Ladeeinheiten in ihnen bei mittiger Einlagerung zwischen ihnen nur ein Frei-

Regalkennzeichnung

Sicherheits-/Anfahrschutz an Regalanlagen

raum von < 100 mm verbleibt, sind Durchschiebesicherungen mit einer Höhe ≥ 150 mm anzubringen. Solche Sicherungen haben sich auch an Regalen bewährt, die frei im Raum stehen.

- An den Stirnseiten ist ein Seitenschutz in einem Abstand von 0,5 m vom obersten Regalboden als Schutz gegen ein Herabschieben von Ladeeinheiten anzubringen. Hiervon kann abgesehen werden, wenn Güter von der Stirnseite eingelagert werden.
- Sollen Europaletten, Gitterboxpaletten in die Tiefe mit ihrer Querseite (800 mm breit) in Regale mit Trägerabstand – Tiefe 1 200 mm eingelagert werden, haben sich Tiefenauflagen bewährt. Am hinteren Ende können Durchschiebesicherungen angebracht werden.

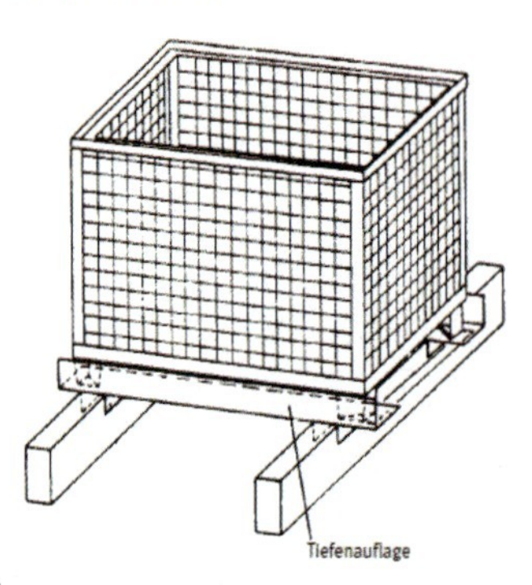

Tiefenauflage

- Als Schutz gegen Anfahren, z. B. durch Gabelstapler, müssen die Regalpfosten an den Einfahrecken/ihren Eckbereichen, auch an Quergängen, wenn sie nicht mit leitliniengeführten Flurförderzeugen beschickt werden, mit einem Anfahrschutz abgesichert sein. Er muss, soll er Nutzen bringen, mindestens 300 mm hoch sein und sollte eine Energie von 400 Nm aufnehmen können.
- An Regalen muss ein Fabrikschild deutlich erkennbar und lesbar sowie dauerhaft mit folgenden Angaben angebracht sein: Hersteller oder Importeur, Typenbezeichnung, Baujahr oder Kommissionsnummer, zulässige Fach- und Feldlasten und ggf. elektrische Daten.

Anmerkung

Eine Fachlast ist eine Last, die von einer Regalseite in ein Fach/einen Regalboden eingebracht werden kann. Die Feldlast ist die Summe der Fachlasten eines Feldes. Hierbei wird davon ausgegangen, dass die Lasten gleichmäßig verteilt sind. Diese Angaben helfen, Überlastungen zu vermeiden und erleichtern bei Schäden die Ersatzteilbeschaffung.

- Bei Durchgängen/-fahrten muss der unterste Regalfachboden ausgekleidet/unterfangen sein (nicht unbedingt für eingelagerte Güter tragbar).
- Die elektrische Anlage, wie Schalter, Leuchten, Steckdosen und dgl., ist so anzubringen/zu sichern, dass sie nicht beschädigt werden kann. Dies gilt auch für die Brandschutzinstallation, z. B. Sprinklerdüsen.

Merke

Lagereinrichtungen und -geräte nicht überlasten!
Schutzabstände ≥ 0,5 m von elektrischen Anlagen und Brandschutzinstallationen einhalten!

4.2 Fahrbetrieb

Organisation

Neben der getrennten Verkehrswegeführung und Sicherung ist es gut, wenn man durch Organisationsmaßnahmen Begegnungsverkehr von vielen Personen mit dem Gütertransport vermeidet. Dies lässt sich z.B. bei Hauptpausenzeiten erreichen, wenn man den Lastentransport mittels Gabelstapler kurz vorher unterbricht.

4.2.1 Sicherungssysteme, -maßnahmen

Trotz ausreichender Verkehrswege kommt es immer wieder vor, dass Personen, insbesondere in Regalgängen, von Gabelstaplern angefahren werden. Oft ist Unachtsamkeit von beiden Seiten der Grund.

Infrarotfühler, Ultraschall-/Lasergeräte

Warnsysteme an Staplern helfen, diese Unfälle zu verhindern. Ein Infrarotfühler oder Lasertaster z.B. könnte hier hilfreich sein. Er warnt den Fahrer am Schaltpult des Staplers. Er sollte akustisch so warnen, dass auch eine Person im Abstand von 2,50 m diesen Ton wahrnimmt. Er kann sogar so geschaltet sein, dass er gleichzeitig den Fahrantrieb abschaltet. Er ist allerdings nur einsetzbar, wenn im Raum eine Temperatur ≤ 25 °C herrscht.

Ultraschall- und Lasergeräte tasten ebenfalls den Verkehrsweg ab. Sie haben den Vorteil, dass sie temperaturunabhängig sind. Auch akustische Warnsysteme bei Rückwärtsfahrten gibt es serienmäßig (s.a. Kapitel 3, Abschnitt 3.3.2). Die Systeme können sogar so angebracht sein, dass sie in beiden Fahrtrichtungen wirken.

> **Achtung!**
>
> Beim Einsatz in Kühlhäusern, besonders in Tiefkühlräumen, ist seine Wirkung eingeschränkt, da das Personal Kälteschutzkleidung trägt und somit die Hautflächen am Kopf und an den Händen verdeckt sind (s.a. Kapitel 1, Abschnitt 1.6, Absatz „Weitere persönliche Schutzausrüstungen – PSA"). Dies gilt auch für Betriebsanlagen und -einrichtungen mit Wärmequellen, z.B. Heizung. Hier würde es zu oft ansprechen.

Kann man diese Sicherheitseinrichtung nicht einsetzen, sollte der Verkehrsweg 0,20 m bis 0,85 m über dem Fahrweg mit mindestens 120 Lux ausgeleuchtet sein.

Fahrsignale

Ein Gabelstapler hat eine Warneinrichtung/eine Hupe. Sie ist aber in der Regel nur dafür gedacht, plötzlich auf den Verkehrsweg tretende Personen möglichst rechtzeitig auf den herannahenden Stapler aufmerksam zu machen. Dementsprechend ist sie ausgelegt und sollte auch so eingesetzt werden.

Für den Einsatz nahe Arbeitsplätzen, z.B. an Maschinen und in Regalgängen, in denen sich Personen, u.a. zwecks Ein- und Auslagerung von Waren, aufhalten, empfiehlt es sich, zusätzlich eine Signaleinrichtung anzubringen, die die Personen auf die Fahrbewegungen des Staplers aufmerksam macht, da die Fahrzeuge sehr geräuscharm arbeiten. Es handelt sich um elektrisch betriebene Geräte und ihre Signalstärke liegt in der Regel ca. 5 db bis 10 dB über dem Umfeldgeräusch.

Die Signaleinrichtung sollte so ausgelegt sein, dass sie nur in unmittelbarer Nähe des Staplers gut zu hören ist. Ihr Ton sollte angenehm wirken, z.B. ähnlich einem Gong in Kaufhäusern, damit er auch im weiteren Umfeld nicht als störend empfunden wird. Geräte mit Breitbandsound – Mehrfrequenzton,

Breitbandtongerät einfach zu installieren

z. B. „BBS-teck“ können hier Abhilfe schaffen. Es wird auch ein Gerät, genannt „SMART ALARM“, angeboten, das sich selbstregelnd an den Umfeldlärm anpasst, aber immer 5 dB darüber liegt. Durch ein elektrisches Einbauteil sollte das Signal so geschaltet sein, dass es nur im Intervall warnt und nur anspricht, wenn der Stapler echte Fahrbewegungen ausführt. Die kleinen Fahrkorrekturen beim Ein- und Ausstapeln von Waren sollten durch ein Zeitverzögerungsrelais nicht berücksichtigt werden.

Neben akustischen Warnsignalen gibt es auch optische, z. B. die „v“-Technologie. Es handelt sich hierbei um eine Entwicklung der Firma Linde. Der Blue Spot besteht aus zwei LED-Leuchten, die oben am Fahrerschutzdachrahmen angebracht werden. Sie projizieren jeweils einige Meter in Fahrtrichtung, dies kann wahlweise vorwärts oder rückwärts sein, einen großen blauen Punkt auf den Fußboden (entweder permanent leuchtend oder blinkend). So können Personen im Umfeld sich rechtzeitig darauf einstellen, dass ein Flurförderzeug naht, selbst wenn es noch nicht sichtbar ist (z. B. an Einmündungen, Kurven oder Regalenden). Der Warneffekt ist erreicht. Auch andere Hersteller bieten solche Systeme an.

Blue Spot

Bremsleuchten, Fahrtrichtungsanzeiger

Hat der Stapler für den Betrieb auf öffentlichen Straßen und Wegen eine Ausnahmegenehmigung/Betriebserlaubnis – BE, wird er in der Regel damit ausgerüstet sein. Findet innerhalb des Werksgeländes auch ein ähnlicher Verkehr statt, z. B. durch An- und Abtransport von Waren durch Pkws und Lkws, sollte auch hier auf diese Warneinrichtung nicht verzichtet werden. Die Verkehrsteilnehmer können sich so besser gegenseitig auf die Fahrabsichten und die Fahrbewegungen des anderen Fahrzeugs einstellen.

Mit Fahrtrichtungsanzeiger ausgerüsteter Frontstapler.

Gerade auch an einem autonomen fahrerlosen Flurförderzeug macht ein Fahrtrichtungsanzeiger Sinn, damit die Umgebung sich auf den programmierten Fahrweg des Gerätes einstellen kann.

Blinkvorrichtung an einem ohne Bediener fahrenden Lagertechnikgerät.

Die Scheinwerfer, die Bremsleuchten und Blinker sollten so am Fahrzeug angebracht bzw. geschützt sein, dass sie nicht leicht, z.B. durch Anfahren oder Anstoßen, beschädigt werden können (s.a. Abschnitt 4.4.8).

Rückfahrscheinwerfer

Dieser Scheinwerfer soll im Normalfall die Fahrbahn hinter dem Gerät nicht voll ausleuchten, sondern nur hauptsächlich der Umgebung signalisieren, dass der Stapler rückwärtsfahren wird, wenn er nicht auch als Fahrscheinwerfer zum Rückwärtsfahren funktionieren soll. Dadurch kann sich das Umfeld eher auf diese Situation einstellen bzw. im Gefahrfall durch Zurufe warnen.

Wir kennen diese Lichter ja auch in bewährter Form von unseren Fahrzeugen im öffentlichen Straßenverkehr.

Stapler, die im öffentlichen Straßenverkehr fahren, müssen ohnehin mit diesen Leuchten ausgerüstet sein.

2 Teleskopstapler, die im öffentlichen Verkehrsraum fahren und mit entsprechenden Rückfahrscheinwerfern ausgerüstet sind, zudem mit zusätzlichen Arbeitsleuchten für den Bereich hinter dem Fahrzeug.

Frontscheinwerfer/Arbeitsscheinwerfer

Dieser Scheinwerfer, vorgeschrieben wie Bremslicht und Blinker im Verkehr auf öffentlichen Straßen, ist u.U. auch im Betrieb erforderlich, wenn die Fahrbahn nicht mit mindestens 50/100 Lux ausgeleuchtet ist (s. a. Abschnitt 4.1.2.1). Er kann darüber hinaus aber auch eine wertvolle Orientierungshilfe

Gute Ausleuchtung durch Arbeitsscheinwerfer.

und Zusatzausleuchtung auf Stapeltransportwegen, Regalverkehrswegen und Arbeitsbereichen sowie auch bei Fahrten vom Hellen ins Dunkle sein. Wie der Rückfahrscheinwerfer kündigt er eine Fahrt rechtzeitig an, wenn er mit der Vorwärts- und Rückwärtsfahrt gekoppelt ist.

Abgesehen von der notwendigen Ausleuchtung der Verkehrswege können Arbeitsscheinwerfer, z.B. zur Ausleuchtung einer Einsatzstelle, in Regalgängen, Stapelgassen, an einem hohen Stapel sowie in/an einem Lkw-Laderaum, eine wertvolle Hilfe sein, ohne dass die gesamte Halle bzw. der Lagerplatz ausgeleuchtet werden muss.

Aber Achtung, sie müssen auch nach Aufnahme einer Last wirksam sein und nicht nur die Rückseite der Last anstrahlen. Die Scheinwerfer kann man so einrichten, dass sie vom Fahrer je nach Bedarf leicht eingestellt werden können (s.a. Abschnitt 4.1.2.1, Absatz „Ausleuchtung/Beleuchtung").

Rundumleuchte

Rundumleuchten als (zusätzliche) Warnblinkleuchten können den Staplerbetrieb besonders für das Umfeld sicherer gestalten. Doch vor einer grundsätzlichen Anbringung an jedem Stapler im Betrieb sei gewarnt. Werden diese Leuchten zu oft/ständig eingesetzt oder bei vielen Staplern gleichzeitig, verliert diese Warneinrichtung ihre Funktion bzw. wird dadurch die Reizaufnahme der Kollegen, die dort arbeiten, überflutet. Das kann sogar zur Ablehnung des an sich gut gedachten Systems bis hin zu Aggressivität führen.
Das gleiche gilt übrigens auch für den Einsatz von akustischen Warnsystemen.

Rundumleuchten sollten den Staplern vorbehalten bleiben, die an exponierten, z.B. besonders unfallgefährdeten, Stellen eingesetzt werden (u.a. auf Werksstraßen mit Lkw-Verkehr), wenn der Stapler kein Bremsschlusslicht und dgl. hat oder dort fährt, wo mit Stapelverkehr nicht gerechnet wird, aber ein reger Personen- und Fahrzeugverkehr herrscht. Die Vorfahrt hat er durch sie nicht.

Ein mit zusätzlicher Warnleuchte ausgestatteter Stapler, die aber vernünftig nur in besonderen (Gefahren)Situationen eingeschaltet wird.

Rückspiegel

Der Rückspiegel, innerhalb des Profils eines Staplers, z.B. an einer Schutzdachstrebe mittels Schlauchschelle angebracht, erweitert den Überblick des Fahrers.

Achtung!

Keine Bohrungen oder Schweißarbeiten am Gehäuse oder Fahrerschutzdach vornehmen. Dies ist – wenn überhaupt – nur vom Hersteller selbst oder ausgewiesenen Fachbetrieben vorzunehmen. Das CE-Zeichen und die Konformitätserklärung können erlöschen, wenn die Maschine hier „verändert" wird. Das kann haftungsrechtlich weitreichende Konsequenzen nach sich ziehen.

Bestimmungsgemäß vom Hersteller angebrachter Spiegel

Instinktiv schaut der Fahrer bei Vorwärtsfahrt öfter in den Rückspiegel und beobachtet so besser seine Umgebung. Sind die Stapler mit Witterungsschutzverkleidung (Kabine) versehen, ist der Rückspiegel noch nützlicher, da diese Verkleidungen die Rundumsicht des Fahrers etwas einschränken. Panoramaspiegel erweitern den „Rundumblick" noch besser als Planspiegel.

Achtung!

Rückspiegel befreien den Fahrer nicht vor und während der Fahrt vom Zurückschauen durch Kopfdrehung.

Warnschilder

Führt ein Verkehrsweg aus einem hell erleuchteten Raum in ein dunkles Lager oder umgekehrt, ist der Fahrer kurzzeitig in seiner Sicht behindert (s. Abschnitt 4.1.2.1). Wenn möglich, sollte der Übergang besser ausgeleuchtet werden oder wenigstens mit Warnschildern auf diese Gefahr hingewiesen werden. Warnschilder haben sich auch dort bewährt, wo Personen nicht mit Staplerverkehr rechnen, wie auf Baustellen oder bei Ausgängen. Vor zu vielen Schildern sei allerdings gewarnt.

Warnung vor Flurförderzeugen (Kennzeichen W 07 der ASR A1.3 „Sicherheits- und Gesundheitsschutzkennzeichnung am Arbeitsplatz")

Verkehrsregelung

Der Unternehmer hat für die Verkehrswege, die seiner Verfügungsgewalt unterliegen, Verkehrsregelungen zu treffen, z. B. in der Betriebsanweisung und mittels Verkehrsschildern. Diese Verkehrsregelungen sollten möglichst denen des öffentlichen Straßenverkehrs gleichen. So brauchen sich die Beschäftigten, Besucher und Personen von Fremdfirmen nicht umzustellen. Als Verkehrszeichen sind die im öffentlichen Straßenverkehr eingesetzten Verkehrsschilder zu verwenden. Dies gilt besonders auch für den Gabelstaplerverkehr. Vor jede Hallenausfahrt sollte man z. B. das Stopp-Schild setzen.

Die notwendige Geschwindigkeitsregelung ist den Wegeverhältnissen anzupassen. An kritischen Punkten, z. B. Engpässen, engen Kurven, Einmündungen und vor Hallenausfahrten, empfiehlt es sich, die Geschwindigkeit stark zu reduzieren. 6 km/h ist angemessen. Große Richtungspfeile auf dem Boden sollte man vermeiden, da sie zum aggressiven Fahren in diese Richtung verleiten (s. Abschnitt 4.6).

Verkehrsregelung innerhalb des Betriebes

Bei normalen Wegbreiten mit Sicherheitsabstand, auch bei Lkw-Verkehr und auf übersichtlichen Wegen, sollte sich die Regelung für die Höchstgeschwindigkeit zwischen 10 km/h bis 20 km/h bewegen. Stellt man immer wieder fest, dass die Geschwindigkeitsbegrenzungen nicht eingehalten werden, kann man, besonders vor kritischen Punkten, Schwellen bzw. tellerartige, flache Hindernisse aus Gummi oder Weichplastik aufbringen, die die Fahrzeugführer von Lkws zwingen, vor dem Überfahren derselben, die Geschwindigkeit zu reduzieren. Für Radfahrer und für Flurförderzeuge muss aus Gründen der Standsicherheit dieser Geräte jedoch eine Fahrgasse/Spur freigehalten werden.

Auf Zebrastreifen sollte man nicht verzichten. Unwillkürlich verhindert man dadurch allmählich das willkürliche und schräge „Über-den-Weg-Laufen". Beim Anlegen der Übergänge derselben sollte man jedoch die Verkehrsgewohnheiten des Personals, wie kürzeste Wege und dgl., studieren und daraus seine Schlüsse ziehen. Anderenfalls werden die Übergänge erfahrungsgemäß nicht angenommen.

Die Anwendung der Verkehrsregeln der Straßenverkehrsordnung – StVO im innerbetrieblichen Werksverkehr stellt eine gute Lösung dar. Eindeutig ist hierbei jedoch, dass dies eine rein privatrechtliche Anordnung ist, deren Überwachung mit allen Konsequenzen (Bußgeld) nicht von der Polizei

Die Verkehrsregelung gilt im Betrieb sowohl für Fußgänger als auch für Fahrer.

durchgeführt und diese dort auch nicht tätig wird. Es sei denn, die Verkehrswege (Parkplätze, Rampenstraßen) gelten als öffentlich (s. Abschnitt 4.4.8).
Ist im Betrieb keine Verkehrsregelung getroffen worden, sollte sich der Fahrer grundsätzlich an die Regeln nach der Straßenverkehrsordnung, also z. B. rechts vor links, halten – auch wenn strenggenommen nur das „Gebot der gegenseitigen Rücksichtnahme" gilt. Das aber ist ein sehr „schwammiger" Begriff, deshalb ist das Aufstellen von klaren Regelungen auch im innerbetrieblichen Werksverkehr eine sinnvolle Sache.
Findet auf dem Fahrweg auch Fußgänger- bzw. Radfahrerverkehr statt, ist möglichst in ausreichendem Abstand (1 m) vorbeizufahren. Dies gilt auch für andere Arbeitsplätze.
Kreuzt ein Fußgängerweg den Fahrweg oder werden Flächen befahren, auf denen sich Arbeitsplätze befinden oder Personen bewegen, ob im Freien oder in Räumen, sollte der Fahrer das Fahrzeug stets so führen, als ob er sich einem Zebrastreifen nähert oder sich auf ihm befindet.

Merke

Bei Personen im Umfeld: Geschwindigkeit verringern, defensiv fahren!

Tachometer

Hat man im Betrieb Geschwindigkeitsregelungen eingeführt, sollte man die Stapler mit Tachometern ausrüsten, damit die Fahrer die Geschwindigkeit auch kontrolliert einhalten können.

Fahrgeschwindigkeitsbegrenzungsschalter

Eine erhöhte Umsturzgefahr eines Gabelstaplers ist beim Fahren mit angehobener Last (besonders bei Kurvenfahrt), aber auch schon beim kurzen Zurücksetzen, z. B. beim Be- und Entladen von Lkws, gegeben. Als wirkungsvolle Sicherheitsmaßnahme gegen die Umsturzgefahr hat sich ein Schalter bewährt, der so am Hubmast angebracht ist, dass er anspricht, wenn die Last über 0,50 m vom Boden angehoben und die Fahrsteuerung eingeschaltet ist bzw. wird. In diesem Falle wird die Fahrgeschwindigkeit auf 4 km/h begrenzt. Dieser Schalter darf aber kein Freibrief für das Fahren mit angehobener Last sein. Auch hier, mit der reduzierten Geschwindigkeit, ist die Last möglichst nahe am Boden, ca. 10 cm angehoben, zu verfahren. Solch ein Schalter kann auch als bauartbedingte Geschwindigkeitsbegrenzung verwendet werden, wenn dies z. B. bei Anhängerbetrieb ohne Druckluftbremsanlage zur Erhöhung der Anhängerlast oder für den Einsatz im öffentlichen Verkehrsraum erforderlich ist (s. Abschnitte 4.4.3 und 4.4.8).

Anmerkung

Durch Einbau solcher Schalter in Staplern eines Großbetriebes wurden bis jetzt über Jahre hinweg schwerste Unfälle durch umstürzende Stapler verhindert, wobei die Umschlagsleistung nicht sank.

Aufsteck-/Bretttasche/Warnpalette

Beim Betrieb auf öffentlichen Straßen und Wegen ist die Absicherung des Lastaufnahmemittels, z. B. Gabel- oder Schaufelzinken, vorgeschrieben (s. Abschnitt 4.4.8).

Gabelzinkenabsicherung

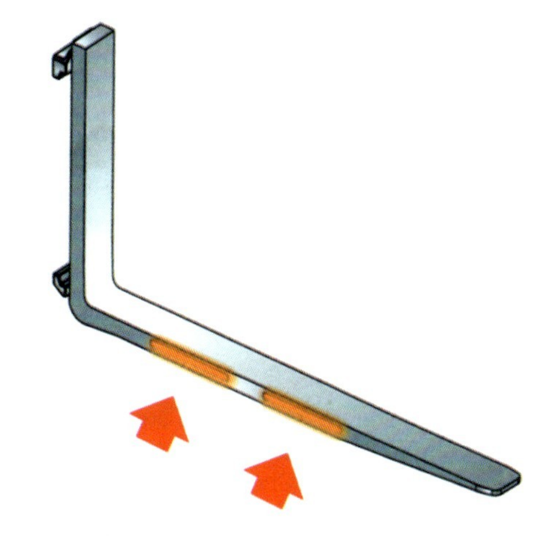

Intensiv reflektierende Farbe an den Gabelzinkenlängsseiten angebracht

Auch im innerbetrieblichen Verkehr ist diese Maßnahme sehr von Nutzen. Einfache Aufstecktaschen oder ausrangierte Paletten mit Stirnbrett, schwarzgelb markiert als Warnpalette, erfüllen diese Sicherheitsvorkehrung hervorragend. Ebenfalls eignen sich ausrangierte Gitterboxen mit rot-weißem Flatterband gekennzeichnet und damit für jeden sichtbar.

Will man keine Warnpaletten einsetzen, bieten sich auch folgende andere Sicherheitskonstruktionen an: Auf den Gabelzinken wird am Lastschild vor dem Gabelrücken eine klappbare Holztafel oder ein Winkelrahmen befestigt, der bei Leerfahrt heruntergeklappt wird.

Notwendiger als bei den Gabelzinken ist aber bei Leerfahrt die Absicherung von Dornen, ob Einzel- oder Zwillingsdorne, z.B. zur Aufnahme von Stahlrollen, da sie je nach Lastdurchmesser bis zu 1,50 m vom Boden entfernt am Lastschild montiert und nicht absenkbar sind. Hier könnten farbige, schwarz-gelbe Ringe aus Blech, Holz oder Plastik Abhilfe schaffen, die auf dem Dorn beweglich aufgesteckt sind. Sie werden bei Leerfahrt durch eine Spiralfeder auf dem Dorn nach vorn geschoben. Hierbei wäre der Sitz des Ringes fast vorn an der Dornspitze ideal. Wird eine Last aufgenommen, werden die Ringe durch die Last an das Lastschild herangeschoben und sind so nicht hinderlich.

Sind dem Betrieb solche Vorrichtungen zu aufwändig, können auch Verkehrsleitkegel verwendet werden, die einfach auf den Dorn aufgesteckt werden.

Schon allein durch Aufbringen einer reflektierenden Farbe auf beiden Seiten jeder Gabelzinke lässt sich ein positiver Warneffekt, wie z.B. auch bei den Rettungswegkennzeichen erzielen. Damit die Farbe nicht leicht abgescheuert wird, sollte sie in dafür vorgesehenen Nuten aufgebracht werden.

Zusammenfassung

Die oben aufgeführten Hilfsmittel sind einfach zu beschaffen und anzubringen. Die Hersteller haben sie zum Teil vorrätig bzw. bauen sie bei Bestellung gleich ein. Erfahrungsgemäß verführen sie den Gabelstaplerfahrer nicht zum oberflächlichen Führen des Gerätes, sondern gestalten den Flurförderzeugverkehr wesentlich unfallsicherer. Der Fahrer bleibt längere Zeit voll konzentriert und arbeitet dadurch unfallsicherer und nicht zuletzt leistungsfähiger.

Merke

Hilfsmittel erleichtern uns die Arbeit! Pflegen und nutzen wir sie! Sie sind nicht umsonst angebracht!
Verkehrsregelung beachten!

17. Grundsatz

→ Stapel nur auf standsicheren und ebenen Flächen, wie Fußböden, Lagerbühnen und Stellagen, errichten!

→ Auf beschädigte Ladeeinheiten keine Lasten absetzen!

→ Stapel, außer unter besonderen Voraussetzungen, nicht höher als 6:1 und im Freien von 5:1 errichten!

→ Regale, Geschossböden und Lagerbühnen nicht überlasten!

→ Auf Regalen und beim Stapeln die vorgeschriebenen Abstände zu elektrischen Anlagen und Sprinklervorrichtungen einhalten!

→ Verkehrsregeln beachten!

→ Hilfsmittel benutzen und pfleglich behandeln!

4.2.2 Gefahr durch Antrieb

Basiswissen

Der Antrieb eines Flurförderzeuges kann sowohl Gesundheitsgefahren durch den Elektrolyten in der Batterie (Verätzungen) als auch durch seine Abgase hervorrufen. Darum ist es wichtig, die Gesundheitsgefahren zu kennen, um Vorsorge treffen zu können (s.a. Kapitel 3, Abschnitt 3.4).

Im Abgas von verbrennungsmotorisch angetriebenen Geräten sind gesundheitsgefährliche Bestandteile enthalten. Damit diese Teile dem Menschen, z.B. beim Einatmen, nicht schaden können, sind für diese Stoffe Grenzwerte in der Atemluft festgelegt worden, die nicht überschritten werden dürfen. Sie werden als Arbeitsplatzgrenzwert – AGW, Biologische Arbeitsstoff-Toleranzwerte – BAT-Werte und für krebserregende Stoffe (Dieselabgase) als Technische Richtkonzentrationen – TRK-Werte bezeichnet.
Der AGW ist die höchstzulässige Konzentration eines Stoffes (Grenzwert) als Gas, Dampf oder Schwebstoff in der Luft am Arbeitsplatz. Also auch auf einem Fahrerplatz, die, wird sie wiederholt oder langfristig, in der Regel täglich acht Stunden am Tag und dies vier Arbeitswochen hintereinander, eingeatmet, der Gesundheit der betreffenden Person nicht schadet.

Der TRK-Wert ist der Grenzwert eines Stoffes, der vom Erfahrungswert (Schichtmittelwert) der Konzentration eines Stoffes in der Atemluft vorhanden ist, die, wird sie acht Stunden am Tag und in der Regel wöchentlich nicht länger als 40 Stunden, ein Jahr lang am Arbeitsplatz eingeatmet, dem Menschen gesundheitlich nicht schadet.

Der BAT-Wert ist die für den Menschen höchstzulässige Quantität eines Arbeitsstoffes bzw. Arbeitsstoffmetaboliten (Substanz zur Beeinflussung eines Arbeitsstoffprozesses) oder die dadurch ausgelöste Abweichung eines biologischen Indikators (Beeinflussers) von seiner Norm, die ihm auch unter den Bedingungen wie beim MAK-Wert, also langfristig acht Stunden am Tag, vier Arbeitswochen lang, nicht gesundheitlich schadet.

Die Einhaltung (Nichtüberschreitung) des AGW- bzw. TRK-Wertes kann immer dann als gegeben angenommen werden, wenn bei Kontrollmessungen die Schichtmittelwerte kleiner als 1/4 des AGW- bzw. TRK-Wertes sind oder bei Dauerüberwachung durch Alarmierung eine Überschreitung durch Sofortmaßnahmen verhindert wird.

Die Einhaltung bzw. die Unterschreitung dieser Werte ist z.B. durch Auspuffführung nach oben, ausreichenden Luftwechsel (Belüftung), Abgasreinigungsanlagen und regelmäßige Wartung der Motoren zu erreichen.

Speziell für den Fahrer selbst kann auch eine Fahrerkabine mit Frischluftversorgung eingesetzt werden. Die in die Fahrerkabine zugeführte Luft muss gesundheitlich zuträglich sein und den Anforderungen der Arbeitsstättenverordnung – ArbStättV für die Lüftung von Arbeitsräumen entsprechen. Dabei sind auch Belastungen durch andere Gefahrstoffe, wie z.B. Kohlenmonoxid, Stickoxide, Aldehyde und durch Sauerstoffmangel, zu berücksichtigen. Die Fahrerkabine ist mindestens alle viertel Jahre durch einen Sachkundigen auf ordnungsgemäßen Zustand zu überprüfen. Die Prüfung mit Ergebnis ist schriftlich zu dokumentieren. Diese Maßnahme setzt aber voraus, dass keine weiteren Arbeiter außer den Staplerfahrern in den Fahrerkabinen in diesem Arbeitsbereich tätig sind. Es sei denn, sie tragen Atemschutzgeräte oder halten sich auch in solchen Kabinen auf. Selbstverständlich ist darauf zu achten, dass die Kabinentüren während des Betriebes geschlossen sind.

Elektroantrieb

Der Elektroantrieb ist der umweltfreundlichste Antrieb. Hier müssen wir vorausschicken, dass alle Dinge in der Welt Elektrizität aufweisen. Doch gewöhnlich sind diese elektrischen Kräfte im Gleichgewicht, sodass sie nach außen hin keine Wirkung zeigen. Erst wenn eine sog. „Spannung" dazukommt, treten elektrische Wirkungen auf, und das elektrische Gleichgewicht ist gestört.

So kennen wir alle aus der Schule noch das Experiment, in dem ein Gummistock, Glas oder ähnliche Stoffe mit einem Wolllappen gerieben werden. Die Folge ist, dass sich an ihm danach leichte Gegenstände wie Haare oder Papierschnipsel anziehen. Hier haben die Gegenstände unterschiedliche Ladungen. Zwei Gegenstände mit derselben Ladung würden sich abstoßen, so z.B. zwei geriebene Glaskörper. Die verschiedenen Körper müssen also unterschiedlich elektrisch sein.

Auf diese Art funktionieren auch unsere Batterien. Zwei Pole aus verschiedenen Metallen werden in eine Flüssigkeit/Säure getaucht. Dadurch entsteht in dem einen Körper Elektronenüberschuss, im anderen Elektronenmangel. Dieser Spannungsunterschied drängt immer wieder auf Ausgleich, so erhalten wir elektrischen Strom (diesen Vorgang nennen wir „galvanische Elektrizitätsgewinnung").

Der elektrische Strom entsteht im eigentlichen Sinne durch Fortbewegung der Elektronen. Die Zahl der Elektronen, die in einer Sekunde durch einen Draht fließen, bezeichnet man als elektrische Stromstärke, die wir in Ampère (A) messen. Dieser Strom, der in Form der Elektronen fließt, wird nunmehr bei einem Elektromotor in mechanische Bewegungsenergie umgewandelt. Unser Elektromotor müsste deshalb eigentlich elektromagnetischer Wandler heißen.

Wir kennen auch den umgekehrten Fall der elektromagnetischen Umwandlung, nämlich von mechanischer Bewegungsenergie in elektrische Energie, wenn wir an unseren Fahrraddynamo denken.

Zur Umwandlung von elektrischer in mechanische Energie braucht man einen Magneten. Dieser hat zwei unterschiedliche Pole (Nord- und Südpol). Von Nord nach Süd verlaufen die magnetischen Kraftlinien. Den Bereich ihres Verlaufs, in dem die magnetische Kraft zur Wirkung kommt, nennt man magnetisches Feld. Bewegt man einen Drahtring quer durch dieses Magnetfeld, so werden die im Draht enthaltenen Elektronen aus ihrer ursprünglichen Lage gebracht und in Bewegung gesetzt. Im Draht fließt also elektrischer Strom. Entgegengesetzte Bewegung durch das Magnetfeld erzeugt auch eine entgegengesetzte Bewegung des Elektronenstroms. Wenn man den Draht hin und her bewegt, so wechselt auch der Strom seine Richtung dauernd. Man spricht daher von Wechselstrom. Je schneller man den Draht durch das Magnetfeld bewegt, desto stärker wird der erzielte Strom.

Elektromotoren bergen aber auch Unfallgefahren in sich, z. B. beim Umgang mit der Batterie, wie beim Laden und Warten derselben. An der Batterie muss ein Fabrikschild angebracht sein. Die Batterie muss so eingebaut sein, dass unter normalen Be-

Elektrostapler beim „Tanken"

triebsbedingungen direktes und indirektes Berühren unter Spannung stehender Teile und ein unbeabsichtigtes Verschieben, besonders beim Umkippen des Staplers mindestens bis zu 90°, verhindert ist. Die Nennspannung darf 96 V nicht überschreiten. Betriebsstromkreise des Staplers dürfen nicht eingeschaltet werden können, solange Anschlüsse zu einer außerhalb befindlichen Ladestromquelle vorhanden sind.

Ein Elektrostapler ist, wenn es die Leistungsanforderungen und die Betriebsgegebenheiten ermöglichen, den verbrennungsmotorisch angetriebenen Staplern vorzuziehen.
Für den Einsatz von Flurförderzeugen in ganz oder teilweise umschlossenen Räumen und Arbeitsbereichen ist dies bei einer Neuanschaffung, nach der Gefahrstoffverordnung – GefStoffV, stets erst zu prüfen.

Als ganz oder teilweise umschlossene Arbeitsräume und -bereiche sind räumlich begrenzte Bereiche

Wagen mit Elektroantrieb auch für den Einsatz in Räumen

zu verstehen, in denen eine wirksame natürliche Lüftung nicht gewährleistet ist, z. B. Werkstatt- und Lagerhallen, Silounterfahrten, Container, Lkw-Laderäume, Waggons, Flugzeuge, Schiffsräume und dgl. Eine Räumlichkeit gilt schon als teilweise umschlossen, wenn eine Wand fehlt.

Verbrennungsmotoren

Hier kennen wir den diesel-, benzin-, erdgas-, treibgas- und wasserstoffbetriebenen Motor. Dieser Motor funktioniert, indem er den jeweils verwendeten Kraftstoff durch Verbrennung in mechanische Arbeit umwandelt – daher hat der Motor seinen Namen.

Grundsätzlich muss der Antrieb so beschaffen sein, dass Gesundheitsgefährdung und Belästigung von Personen durch Abgase und Kühlströme nach dem Stand der Technik weitgehend vermieden werden.

Mündungen von Auspuffleitungen sind so anzuordnen, dass sie nicht in den Tätigkeitsbereich von Personen gerichtet sind. Am besten sind sie nach oben zu richten. So werden die gesundheitsschädlichen Abgase nicht konzentriert der Atmung zugeführt/praktisch verdünnt. Kohlenmonoxyd z. B. wird direkter abgeleitet, denn es ist leichter als Luft.

Die Auspuffrohre müssen, wenn sie frei liegen, einen Schutz gegen Verbrennungen haben. Abgasreinigungsanlagen und Einstellvorrichtungen für die Beeinflussung der Schadstoffe im Abgas müssen regelmäßig gewartet werden. Die Einstellvorrichtungen müssen Sicherungen gegen unbeabsichtigtes und unbefugtes Verstellen haben.

Kraftstofftanks und ihre Einfüllstutzen sind so in das Flurförderzeug einzubauen, dass eine ungewollte Beschädigung weitgehend vermieden wird und der Tank keiner unzulässig hohen Temperatur ausgesetzt ist, besonders beim Befördern feuerflüssiger Massen. Außerdem muss evtl. verschütteter Kraftstoff gefahrlos ablaufen können. Er darf nicht in den Maschinenraum, auf elektrische Teile oder die Auspuffanlage sowie den Fahrerplatz gelangen können. Der Treibstofftank muss austauschbar sein.

Auspuffverkleidung an einem Stapler mit Flüssiggasantrieb / Treibgastank

Ummantelung eines Auspuffrohres

Dieselstapler in einer großen, geräumigen Halle

Dieselmotor

Charakteristisch für den Dieselmotor ist die sog. Selbstzündung, d.h. dem eingespritzten Kraftstoff wird kein zündfähiges Luft-Kraftstoff-Gemisch im Brennraum zugeführt, sondern ausschließlich Luft. Diese wird im Zylinder verdichtet, wobei Temperaturen von etwa 700 °C bis 900 °C erreicht werden.

Die Vorteile des Dieselmotors liegen in seiner Robustheit, der hohen Leistung und dem relativ niedrigen Kraftstoffverbrauch. Durch Einsatz von Partikelfiltern kann der Ausstoß von Rußpartikeln fast vollständig verhindert werden.

Für den Einsatz von dieselgetriebenen Flurförderzeugen schreibt die Technische Regel für Gefahrstoffe – TRGS 554 „Abgase von Dieselmotoren" Folgendes vor:

Vor der Neuanschaffung von Flurförderzeugen ist vom Arbeitgeber zu prüfen, ob auf die Verwendung von dieselgetriebenen Flurförderzeugen in ganz oder teilweise geschlossenen Arbeitsbereichen anstelle von elektro-motorisch angetriebenen Flurförderzeugen verzichtet werden kann.

Abgase

Die Auspuffgase (Emissionen) des Dieselmotors enthalten neben Kohlenmonoxid – CO Beimengen von nitrosen Gasen (Stickoxide – NOx), Kondensat, sog. polyzyklische aromatische Kohlenwasserstoffe – PAHs und Ruß. Die Abgasbestandteile sind z.T. gesundheitsgefährlich. Die gesundheitsgefährlichen Substanzen im Abgas treten als Neben- oder Spurenbestandteile auf, wobei unter dem Aspekt des krebserzeugenden Anteils den Partikelemissionen erhöhte Bedeutung zukommt.
Die Partikelemissionen bestehen nicht allein aus Ruß. An ihnen sind z.B. die o.a. Kohlenwasserstoffe – HC-Verbindungen aus dem Kraftstoff bzw. dem Schmieröl und Sulfate aus dem Kraftstoffschwefel angelagert.

Das krebserzeugende Potenzial liegt in der Partikelemission, also im Ruß. Ihre Gefährlichkeit ist von ihrem Anteil in der Luft abhängig und wird durch den TRK-Wert (= Technische Richtkonzentration) bestimmt. Der Einsatz von Dieselmotoren in geschlossenen oder teilweise geschlossenen Räumen ist zulässig, wobei der TRK-Wert gemäß TRGS 554 von zzt. 0,1 mg/m^3 (bei Nichtkohlebergbau und untertägigen Bauarbeiten, z.B. beim Tunnel 0,3 mg/m^3) in der Luft nicht überschritten werden darf. Es ist ein Raumabgaswert von 0,01 mg/m^3 anzustreben. Die Praxis lehrt, dass dieser zu erreichen ist.

Da bei der Konzentrationsbestimmung des elementaren Kohlenstoffes im Feinstaub auch organisch gebundener Kohlenstoff mit gemessen wird, kann auf der Basis vom Gasamtkohlenstoff der TRK-Wert 0,15 mg/m^3 betragen. Hierbei muss der elementare Kohlenstoffstaub < 50 % sein.

Solch ein Mischkohlenstoff entsteht z.B., wenn Ottomotoren, angetrieben durch Benzin, Erdgas oder Flüssiggas in der Warmlaufphase oder Dieselmotoren in unterschiedlichen Lastzuständen laufen. Über 0,1 mg/m^3 müssen Schutzmaßnahmen zur Reinhaltung der Luft (Immission) getroffen werden, z.B. Erhöhung des Luftwechsels, Einsatz von Rußfil-

Rußfilter mit eigener Nachverbrennung in einem Dieselstapler

tern bis hin zum Einsatz von Elektrostaplern (s. o. Ausführungen).

Grundsätzlich sollte pro Stapler ein Raumvolumen von 2 000 m^3 zur Verfügung stehen und der Luftwechsel im Raum nicht unter viermal pro Stunde (vierfacher Luftwechsel) liegen.

Zweifacher Luftwechsel liegt vor, wenn gute Lüftung (keine generelle Abdichtung des Raumes; Fenster, Türen und Tore werden normal geöffnet) vorhanden ist. Dreifacher Luftwechsel ist gegeben, wenn gute bis sehr gute Lüftung (Dachlüftung und Fenster offen, Türen und Tore werden häufig geöffnet) vorliegt. Vierfacher Luftwechsel ist vorhanden, wenn sehr gute Lüftung gewährleistet ist (Türen und Tore sind offen, wobei das Schwergewicht auf den Toren liegt – Ein- und Ausfahrt von Lkws = Ladestraße bzw. Dachlüftung mit Ventilator ohne Zugerscheinung) (s. a. Kapitel 3, Abschnitt 3.4.1, Absatz „Umgang mit Batterien").

Der erforderliche Luftwechsel gilt auch in Raumteilen, z. B. in Regalgängen und Stapelgassen (über 4 m Höhe) ohne Querlüftung oder Dachlüftung, und besonders in geschlossenen Lkw-Ladeflächen, Waggons und Containern.

In Containern haben beim Einsatz von Staplern mit einem Abgaswert von „Bosch-Schwärzungszahl" – SZ = 1,6 Messungen ergeben, dass der TRK-Wert von 0,1 mg/m^3 schon ab neun Sekunden überschritten wurde. Ab einem SZ > 1 im Abgas der Stapler sollten in jedem Falle im Raum lüftungstechnische Verbesserungen durchgeführt oder Rußfilter eingebaut werden.

Reichen technische Maßnahmen zur Erhöhung des Luftwechsels im Raum und am Arbeitsplatz (Fahrerplatz) zur ausreichenden Minderung der Schadstoffe in der Atemluft – Unterschreitung der Auslöseschwelle – auch für das Umfeld der Stapler nicht aus, sind an den Staplern Dieselabgasfilter, am besten kombiniert mit katalytischer Nachbehandlung (Kombifilter), zu montieren. Die Filter werden in die Auspuffanlage eingebaut. Durch sie lässt sich auch ohne katalytische Nachbehandlung eine Verminderung der Partikelemission von mindestens 70 % erreichen. Lüftungstechnische Maßnahmen und der Einbau von Rußfiltern können jedoch kein Alibi für schlecht gewartete Motoren sein!

Abgasmessungen

Zur Beurteilung des Motorzustandes muss sein Abgas gemäß TRGS 554 Anlage 3 mindestens einmal jährlich, spätestens jedoch nach 1 500 Betriebsstunden gemessen werden. Das Ergebnis ist schriftlich zu dokumentieren, z. B. in einem Protokoll oder einer Kartei (s. a. Absatz „Zusammenfassung").

Bei Überschreitung der Referenzwerte (Herstellerangaben) vor dem Rußfilter (Schwärzungszahl) um mehr als 1 und dahinter um mehr als 0,5 oder des CO-Gehaltes um mehr als 200 ppm (ml/m^3) sind weitere Prüfungen, Einstellungen und Kontrollmessungen über die üblichen Wartungsarbeiten hinaus vorzunehmen.

Ein Rußfilter funktioniert folgendermaßen:
Durch ein kompaktes luftdurchlässiges Material, z. B. perforierte Trägerrohre, um das aufgerautes Kera-

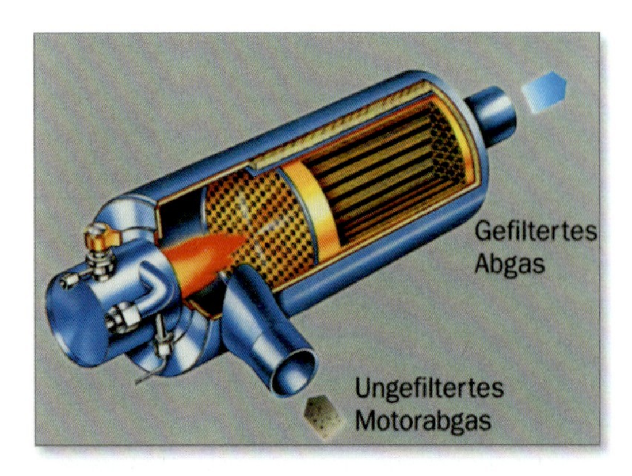

Funktion des Rußfilters mit eigener Nachverbrennung

Rußfiltersystem – Nachverbrennung in einem separaten Ofen

mikgarn gewickelt ist, welches im letzten Drittel der Auspuffanlage eingebaut ist, wird das Auspuffgas hindurchgeleitet. Dadurch lagern sich die Rußpartikel mit den an ihnen angelagerten polyzyklischen aromatischen Kohlenwasserstoffen-PAHs in den filzigen Zwischenräumen der Wicklungen ab.

Sind die Filter (Trägerrohre) mit Ruß sehr stark belagert, müssen sie davon befreit werden, denn wegen der geringen Abgastemperatur von ca. 260 °C regeneriert sich ein Filter nicht selbstständig. Hierzu benötigt er etwa +700 °C.

Zur Regeneration der Partikelfilter stehen vier Systeme zur Verfügung.

Ein System ist ein direktes Abbrennen im Rußfilter. Hierzu werden z. B. die seit Jahren bewährten Standheizungen in den Kraftfahrzeugen verwendet. Der Regeneriervorgang bei diesem System muss im Freien geschehen.

Bei einem zweiten System wird der Filtereinsatz herausgenommen und in einem elektrisch beheizten Ofen abgebrannt. Hierzu sind jedoch in der Regel Wechselpatronen erforderlich. Eine Filterpatrone hat eine Standzeit von ca. acht Stunden. Bei beiden Systemen dauert das Abbrennen ca. 20 min.

Setzt man einen Kombifilter ein, dessen katalytische Nachbehandlung nach der Filterung (Rußbefreiung) angebracht ist, bewirkt dieser Edelmetall-Katalysator während des laufenden Motors eine Umwandlung des Kohlenmonoxides – CO in Kohlendioxid – CO_2 und der unverbrannten Kohlenwasserstoffe in Kohlendioxid und Wasserdampf. Es wird dadurch eine Minderung der Immission von über 90 % erreicht.

Filteraustausch

Stapler mit Rußpartikelfilter

Beim dritten System wird dem Treibstoff ein Additiv beigegeben (Mischungsverhältnis 1:1 000), welches die Verbrennungstemperatur des Rußes herabsetzt, sodass er in einem nachgeschalteten Filter während der Fahrt verbrennt.

Ein viertes Schutzsystem stellt eine Art Papierfilter dar. Der Filter muss jedoch nach ca. 300 Betriebsstunden ausgetauscht werden und ist in der Regel als Sondermüll zu behandeln.

Voraussetzung eines bei allen Systemen guten Wirkungsgrades ist jedoch ein Dieselkraftstoff mit wenig Schwefelgehalt, am besten 0,01 Vol.-% gemäß DIN EN 590, denn ein schwefelhaltiger Dieselkraftstoff führt bei hohen Temperaturen zur Bildung von Sulfatpartikeln und somit zur Erhöhung der Gesamtpartikelemissionen.

Es wäre für die Verringerung der Schadstoffe im Abgas wünschenswert, wenn Dieselkraftstoff mit weniger Schwefelgehalt als zzt. verwendet werden würde. Oder wenn Bio-Diesel, der sowohl weniger Schwefelgehalt hat als auch in seinem Abgas weniger Ruß enthält, endlich seinen „Einzug" in den Betrieben halten würde.

Filterwechsel

Als Bio-Diesel wird Rapsmethylester – RME bzw. Pflanzenmethylester – PME bezeichnet. Sowohl Bio-Öl als Schmierstoff als auch Bio-Diesel werden oft für Fahrzeuge beim Einsatz in Wasserschutzgebieten verwendet (s.a. Kapitel 3, Abschnitt 3.4.1, Absatz „Umwelt- und Gesundheitsschutz").

Grundsätzlich sind die Wirkungsgrade auch (mit und ohne Katalysator) wesentlich vom Erreichen der Betriebstemperatur, der Einstellung des Motors und dem Zustand des Filters abhängig.

Bei der regelmäßigen Wartung des Motors (s. Betriebsanleitung des Herstellers) ist auch auf die Vermeidung des Dieselklopfens zu achten. Ein nachträglicher Einbau eines Filtersystems ist möglich, doch sollte stets erst der Hersteller des Gabelstaplers zu Rate gezogen werden, denn besonders bei einer direkten Regeneration des Filters ist eine Abstimmung mit dem Abgassystem des Staplers erforderlich.

Otto-Motor mit Benzinantrieb

Beim Abgas von Otto-Motoren mit Benzinantrieb steht das Kohlenmonoxid – CO als gefährliches Gas im Vordergrund. Dieses Gas wird beim Einatmen dem Menschen gefährlich. Die zulässige Beimischung von „CO" in der Luft ohne größere Gefahr für den Menschen darf zzt. nur 30 ml/m^3 = 33 mg/m^3 betragen.

Die Gefahr bei Anwendung von Benzinantrieb in geschlossener Halle wird deutlich, wenn man weiß, dass in der Regel direkt am Auspuff gemessen, ein Vielfaches der zulässigen Menge „CO" festgestellt wird. So hat der Otto-Motor, am Auspuff gemessen, folgende CO-Werte: bei Leerlauf 1,0 Vol.-% bis 4,5 Vol.-%, bei Teillast 0,2 Vol.-% bis 1,0 Vol.-%, bei Volllast 2,0 Vol.-% bis 5,0 Vol.-%, wobei 1 Vol.-% 10 000 ml/m^3 entsprechen. Nehmen wir günstig nur Teillast an, so ist der CO-Wert im Abgas trotzdem 333mal höher als zulässig, und das ist gefährlich, denn 30 ml/m^3 ist nicht viel. Würde man 2–3 Esslöffel voll mit kleinen Kunststoffteilchen in einen Behälter von der Größe 1 m x 1 m x 1 m, gefüllt mit Luft, hineinschütten und umrühren, wäre dies die zulässige Gasgemischmenge, die wir schadlos einatmen können. Das ist nicht viel und trotzdem gesundheitsschädlich!

Dieses CO hat nämlich eine Eigenschaft, die für uns schädlich sein kann. Es verbindet sich 200mal schneller mit den roten Blutkörperchen als das Sauerstoffteilchen „O" und löst sich nie mehr von ihm ab. Zeit seines Lebens (drei Monate) kreist das Blutkörperchen im Blutkreislauf nutzlos mit herum und kann keinen Sauerstoff mehr aufnehmen. Atmen wir über einen längeren Zeitraum schon ein wenig mehr als die o.a. Menge ein, erleidet unser Körper Schaden. Das restliche „CO", besonders entstanden beim Leerlauf, und das „CO_2" müssen deshalb durch eine erhöhte Raumentlüftung abgeführt werden.

Katalysatoren, die Kohlenmonoxid – CO in Kohlendioxid – CO_2 umwandeln, sind beim Einsatz in Flurförderzeugen problematisch, nicht zuletzt wegen der notwendigen Betriebstemperatur des Motors, denn unterhalb der Betriebstemperatur funktioniert ein Katalysator nur unzureichend. Die Motoren müssen grundsätzlich bei Verwendung von Katalysatoren mit bleifreiem Benzin betrieben werden.

Aus den dargelegten Gründen ist der Betrieb von Staplern mit Benzinantrieb bei normaler Hallenbelüftung und ohne Katalysatoren in geschlossenen oder teilweise geschlossenen Räumen verboten. Auch Tragluftbauten gelten als geschlossene Räume. Der Einsatz dieser Flurförderzeuge, auch mit Katalysator, ist auf Wasserfahrzeugen ebenfalls nicht zulässig.

Außerdem kann sich Benzin leicht entzünden und mit Luft zur Explosion führen. Es ist schwerer als Luft, hat einen Explosionsbereich von 0,6 Vol.-% bis 8 Vol.-% und zündet schon ab +220 °C.

Otto-Motor mit Erdgasantrieb

Seit ca. 1994 sind Stapler im Einsatz, die mit Erdgas betrieben werden. Erdgas besteht hauptsächlich aus Methan – CH_4, ist leichter als Luft und geruchlos. Seine Dichte beträgt 0,57 g/l bis 0,64 g/l. Es hat so gegenüber dem Flüssiggas den Vorteil, dass es ohne besondere zusätzliche Sicherheitsmaßnahmen unter Erdgleiche verwendet werden kann. Natürlich bedarf es mindestens der gleichen Sicherheitsmaßnahmen wie beim Umgang mit brennbaren Flüssigkeiten (Benzin), z. B. beim Betanken. Auch darf der AGW von Kohlenmonoxid – CO am Arbeitsplatz nicht überschritten werden.

Erdgastankstelle mit Reserveflaschen bei Versorgungsproblemen

Erschwerend gegenüber dem Einsatz von Flüssiggas ist jedoch, dass Erdgas großvolumiger ist und daher einen größeren Tank (Druckbehälter) benötigt. Außerdem ist zum Betanken ein Kompressor notwendig, denn in der Regel wird das Erdgas über eine Gasleitung durch kommunale Energieunternehmen angeliefert/aus dem Netz entnommen. In der Erdgastankstelle wird es dann mittels Kompressor auf 300 bar verdichtet. Betankungsdauer ca. 3 min. Bei Störungen oder dgl. können auch Reserveflaschen angeschlossen werden (s. a. TRG 280).

Messungen ergaben, dass im Abgas von erdgasbetriebenen Staplern weniger schädliche Bestandteile vorhanden sind als in der Emission der Stapler, die mit Benzin oder Flüssiggas betrieben werden.

Der Druckbehälter und seine Anschlüsse müssen so eingebaut sein, dass sie nicht über die Außenkon-

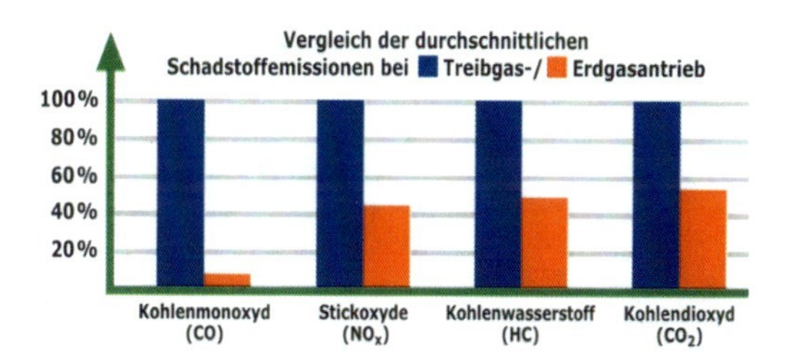

Erdgasstapler mit Tank

tur des Flurförderzeuges hinausstehen. Behälteranschlüsse müssen geschützt sein. Der Behälter muss so befestigt sein, dass er keinem Abrieb, Stoß oder Korrosionseinflüssen durch transportierte Güter/Produkte während des Betriebes ausgesetzt ist (auch in Anlehnung an die Ausführung von Pkws mit Erdgas).

Das Flurförderzeug nicht für längere Zeit dort parken, wo Gegenstände aus großer Höhe auf den Gastank herabfallen können.

Beim Einsatz in geschlossenen Räumen und engen Räumen unter Erdgleiche ist für eine ausreichende Entlüftung zu sorgen. Der Grund dafür ist auch hier das für uns gefährliche „CO" (s. Absatz „Otto-Motor mit Benzinantrieb"), das durch schlechte Motorwartung zwar relativ gering, aber im Abgas vorkommen kann. Darum sind regelmäßige Abgasmessungen erforderlich (s. Absatz „Zusammenfassung").

Eine Be- und Entlüftung durch Öffnungen in der Nähe des Fußbodens und der Raumdecke von je 0,3 % der Raumgrundfläche sollte gegeben sein. Der Einsatz in Schiffsladeräumen ist von Fall zu Fall zu entscheiden. Beim Einsatz in Schiffsräumen ist außerdem zu bedenken, dass herabfallende Lasten/Lastteile von Kranen u. U. den Tank treffen können. Dagegen helfen Abweisbügel über dem Tank (s. a. Abschnitt 4.4.7).

Gemische von Luft und Erdgas haben einen Zünd- und Explosionsbereich von etwa 4,45 Vol.-% bis 16,5 Vol.-%. Die Erdgas-Zündtemperatur beträgt +600 °C. Bereits wenig Erdgas in der Raumluft kann also schnell zu einer Explosion führen, obwohl das Erdgas/Methan im Gegensatz zu Benzin und Flüssiggas leichter als Luft ist. Die Tankanschlüsse und Motorzuleitungen müssen immer vorschriftsmäßig ausgeführt sein.

Otto-Motor mit Flüssiggasantrieb

Wir kennen hier den Antrieb mittels Treibgas bzw. Druckgas.
Unter Treibgasen versteht man allgemein verflüssigte oder verdichtete Gase oder Stoffe. Bei den Druckgasen für unsere Stapler (auch Pkws und Lkws) handelt es sich um eine Propan-/Butanmischung, also um Kohlenwasserstoffe.

Die Treibgasmotoren sind anstelle des Vergasers mit einer Treibgasanlage ausgestattet. Das Gas wird mittels einer Flasche auf dem Gegengewicht des Staplers transportiert. Von hier aus gelangt es in den Verdampfer. Die Zündung erfolgt mittels entsprechender Zündanlage.

Der Erdgasmotor gleicht dem mit Treibgas betriebenen Antrieb. Beide Verbrennungsformen zeichnen sich durch sehr niedrige Emissionswerte aus, gelten also als sehr umweltfreundlich.

Nicht zuletzt durch die Tatsache der Gefährlichkeit des Kohlenmonoxides – CO, das, wie schon erläutert, durch die unvollkommene Verbrennung im benzinbetriebenen Flurförderzeug sehr stark enthalten ist, und wegen der Wirtschaftlichkeit beim Gebrauch von Flüssiggas, auch Treib- oder Druckgas genannt, hat sich die Verwendung dieses Treibstoffs in kurzer Zeit sehr verbreitet. Durch die Einstellung im Verdampfer der mit Flüssiggas betriebenen Flurförderzeuge auf 30 % Luftüberschuss wird dieser Antrieb jedoch erst wirtschaftlich.

Gleichzeitig wird dadurch der CO-Anteil im Auspuffgas wesentlich geringer. Er ist aber trotzdem nicht harmlos, denn der Explosionsbereich von Treibgas (es besteht überwiegend aus Propan) liegt etwa bei 1,7 Vol.-% bis 10,9 Vol.-%. Eine „Wolke" von Flüssiggas ist in ihrer Randzone immer explosionsgefährlich. Weil, strömt Flüssiggas flüssig aus, vergast es in kurzer Zeit und nimmt den 260-fachen Raum ein, als den in der Gasflasche und breitet sich somit schnell aus. Das Flüssiggas ist nämlich wie Benzin in Verbindung mit Luft explosibel. Seine Zündtemperatur liegt wie die des Benzins zwischen +220 °C und 450 °C. Darüber hinaus ist es im gasförmigen Zu-

Stapler mit Treibgastank

Armatur und Tankanschluss für Treibgastank des Staplers.

stand erheblich (~ 1,5 bis 2,1-mal) schwerer als Luft. Durch die erwähnten Eigenschaften kann es sich besonders bei geringer Luftbewegung leicht am Boden und in Vertiefungen ansammeln und sogar in tiefer gelegene Räume (z. B. Keller) fließen.

Anmerkung

Da Flüssiggas geruchlos ist und man es dennoch etwas wahrnimmt, ist dem Gas ein geruchsintensiver Stoff beigegeben.

Diesen Gefahren ist beim Umgang durch besondere Vorsicht Rechnung zu tragen. Die Treibgasanlage muss so beschaffen sein und betrieben werden, dass Gefahren durch ausströmendes Gas in die Atmosphäre vermieden werden. Die Einstellvorrichtungen für das Gas-Luft-Gemisch muss gegen unbeabsichtigtes Verstellen gesichert sein.

Das Betanken von Behältern oder der Flaschenwechsel muss von außen sicher und leicht möglich sein. Dies darf nur von unterwiesenen Personen vorgenommen werden. Vor dem Flaschenwechsel ist das Flaschenventil der leeren Flasche zu schließen und die Gasleitung zum Motor im Leerlauf leer zu fahren. Flaschen, die nicht in Gebrauch sind, müssen mit Verschlussmuttern versehen werden. Gasflaschen/Druckbehälter dürfen nicht gelagert werden:

- in Räumen unter Erdgleiche,
- in Treppenräumen, Haus- und Stockwerksfluren, engen Höfen sowie Durchgängen und Durchfahrten oder in deren unmittelbarer Nähe,
- an besonders gekennzeichneten Rettungswegen,
- in Garagen und
- in Arbeitsräumen.

Zu Arbeitsräumen gehören nicht Lagerräume, auch wenn dort Arbeitnehmer beschäftigt sind (s. Abs. 5.1.3 TRG 280).

Soll dies ausnahmsweise doch geschehen, ist um die Flaschen herum eine kegelförmige Schutzzone von 1 m über dem Flaschenventil 2 m kreisförmig um die Flasche freizuhalten. Hierbei kann davon ausgegangen werden, dass sich das Gas in diesen Flaschen, dann ja weitgehend leer und drucklos, wie bei Entnahme aus der Gasflasche schneller verflüchtigt als in der Flüssigphase.
In dieser Zone dürfen sich keine Zündquellen, z. B. elektrische Steckvorrichtungen und keine Vertiefungen, u. a. Kanaleinlauf, Kelleröffnungen, Gruben oder Lichtschächte, befinden. Außerdem ist das Rauchen und der Umgang mit offenem Licht oder Feuer verboten. Dies gilt auch für eine Handybenutzung. Im Freien können die Freimaße halbiert werden (zum Abstellen des Flurförderzeuges, s. Absatz „Abstellen"). Die Gasflaschen, ob leer oder gefüllt, sind aufrecht stehend, gegen Anstoßen und Umstoßen sowie gegen Wärmeeinwirkung, z. B. pralle Sonne, geschützt ≥ 30 cm über dem Boden zu lagern. Am besten ist hierfür ein nach vorn luftdurchlässiger (Maschendraht) Verschlag im Freien aus nicht brennbarem Material, Blech, Stein oder dgl. geeignet. Als Lager im Freien gilt auch ein solches, das mindestens nach zwei Seiten hin offen ist (s. Abs. 5.1.1 TRG 280). In Räumen dürfen Treibgasbehälter nur bei ausreichender Lüftung gewechselt werden. Bei volumetrischer Befüllung von Gasbehältern ist eine Flaschenbefüllung in gleicher Art nicht zulässig.

Flüssiggasstapler mit Tank im Halleneinsatz

In ganz oder teilweise geschlossenen Räumen dürfen Gabelstapler mit Treibgasanlagen nur betrieben werden, wenn in der Atemluft keine gefährlichen Konzentrationen gesundheitsschädlicher Abgasbestandteile entstehen können (s. TRGS 900 „Arbeitsplatzgrenzwerte", z. B. den AGW nicht überschreiten, Sauerstoffgehalt in der Atemluft über 17 %).

Auszug aus der UVV „Verwendung von Flüssiggas – DGUV V 79"
Anlehnung für den Einsatz

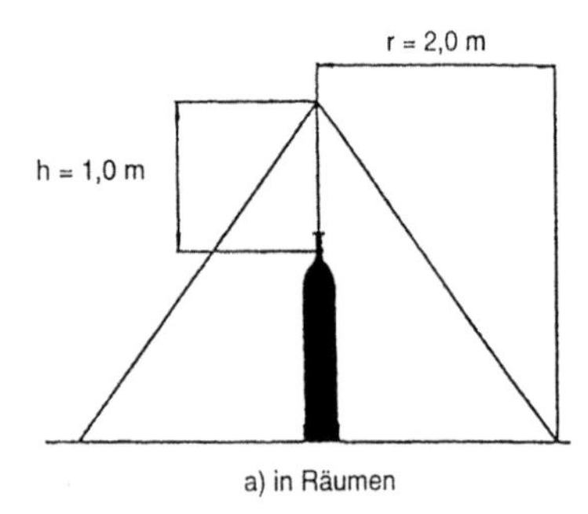

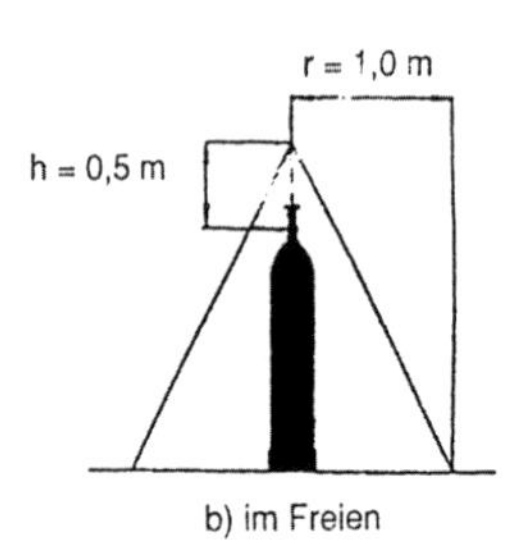

Bild 2: Schutzbereiche für Druckgasflaschen mit Flüssiggas
Einzelflasche und Batterien mit 2 bis 6 Flaschen, bei Entnahme aus der Gasphase

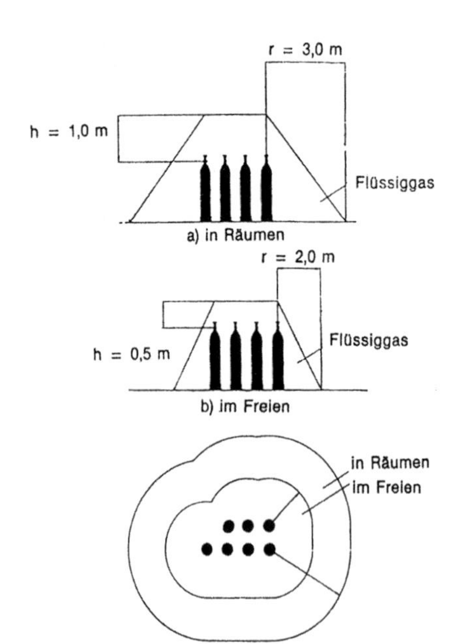

Bild 3: Schutzbereiche für mehrere Druckgasflaschen mit Flüssiggas
Batterien mit mehr als 6 Flaschen, bei Entnahme aus der Gasphase

Zu Bild 2 und 3:

Schutzbereiche bei Entnahme aus der Flüssigphase
a) in Räumen: ganzer Raum
b) im Freien: r = 3 m; h = 0,5 m

Geregelter Katalysator für Treibgas-/Flüssiggasstapler. Er reduziert die Emission von Kohlenmonoxid (CO) um ca. 95 %, die von Kohlenwasserstoffen (HC) um ca. 75 % und verwandelt diese Schadstoffe in Kohlendioxid (CO_2) und Wasser.

Dies wird z.B. durch eine optimale Einstellung des Motors, Verwendung eines Katalysators, kein wechselweiser Betrieb mit Benzin, regelmäßige Wartung des Luftfilters und ausreichende Lüftung der Räume erreicht. Das Arbeiten des Motors unter Betriebstemperatur muss weitgehend gewährleistet sein, sonst arbeitet der Katalysator nur unzureichend (s. Absatz „Otto-Motor mit Benzinantrieb"). Eine natürliche Lüftung ist u.a. durch zwei ständig offene Lüftungsöffnungen in gegenüber liegenden Wänden des Raumes gegeben, die eine aufsteigende Lüftung ermöglichen, wobei die Öffnungen 1 % der Bodenfläche des Raumes, mindestens jedoch 200 cm^2, betragen sollten.

Die Entlüftungsöffnungen im Motorraum des Fahrzeuges zum Abfließen von evtl. ausgeströmtem Flüssiggas sind frei zu halten (ein Öffnungsquerschnitt von 200 cm^2 bei wannenartiger geschlossener Bodenöffnung wird für ausreichend gehalten). Ein „Choke" soll bei bestehenden Anlagen dem direkten Zugriff entzogen werden, z.B. durch eine Abdeckkappe, die nur mit einem Werkzeug gelöst werden kann. Bei Neufahrzeugen ist ein „Choke" nicht mehr vorgesehen. Diese Maßnahmen sind erforderlich, denn besonders im Motorraum kann sich, da das Gas aus ihm nicht so leicht entweichen kann und Zündquellen nahe vorhanden sind, leicht eine explosionsfähige Atmosphäre bilden, die dann gezündet wird, z.B. durch einen Schalt- oder Schlagfunken.

Da sich das Gas beim Freiwerden/Ausströmen und anschließendem Verdampfen sehr stark abkühlt, kann es schnell, fließt es z.B. über die Hände, zu Kälteschäden kommen. Darum sollten beim Tanken/Flaschenwechsel und bei Instandhaltungsarbeiten Schutzhandschuhe aus Leder getragen werden (s.a. Kapitel 1, Abschnitt 1.6).

Abnehmbare Treibgasbehälter müssen am Flurförderzeug so positioniert werden, dass die Behälter/Flaschen liegen und ihre Kragenöffnung nach unten weist. Da die Flaschen oft leer gefahren sind, bevor der Gasflaschenwechselplatz erreicht ist, werden die Flaschen an nicht zulässigen Orten gewechselt und leider oft auch dort abgestellt. Darüber hinaus werden zusätzlich nicht vorschriftsmäßige Zwischenlager eingerichtet.

Dies ist alles nicht notwendig, wenn man vom Hersteller des Flurförderzeuges gleich zwei Gasflaschen montieren lässt, oder man wendet folgenden einfachen Trick an:
Die Gasflasche wird so aufgespannt, dass die Kragenöffnung der Flasche nicht genau lotrecht nach unten ausgerichtet ist. So steht das Tauchrohr in der Flasche auch etwas schräg. Fährt man nun die Flasche bis zu diesem Gasspiegel leer, hat man noch eine Treibstoffreserve, indem man jetzt die Flasche mit dem Kragen lotrecht ausrichtet. Das Tauchrohr steht dadurch auch lotrecht und man erreicht den Wechselplatz.

Treibgasflasche auf Stapler – ordnungsgemäß befestigt und Schlauch im Profil des Fahrzeuges

Die Öffnung muss nach oben gerichtet sein, wenn die Treibgasentnahme, z.B. bei kleineren Saugkehrmaschinen, bestimmungsgemäß aus der Gasphase erfolgt, denn nur dadurch ist das Tauchrohr nach oben gerichtet und befindet sich so über dem Flüssiggasspiegel.

Behälter/Gasflaschen sollen so befestigt sein, dass sie während des Betriebes keinem Abrieb, Stoß oder Korrosionseinflüssen durch die transportierten Güter/Produkte ausgesetzt sind. Anschlussschläuche sind so kurz wie möglich zu halten.

Auf/in Wasserfahrzeugen dürfen keine Stapler mit Flüssiggasantrieb eingesetzt werden (s.a. Abschnitt 4.4.7).

Unter Erdgleiche dürfen Flurförderzeuge mit Flüssiggasantrieb nur unter Einhaltung folgender Bedingungen eingesetzt werden:

- Durch eine ausreichende Lüftung muss die Bildung einer explosionsfähigen Atmosphäre verhindert sein.
- Treibgastanks müssen mit einer automatischen Füllstandsbegrenzung ausgerüstet sein.
- Das Entnahmeventil am Treibgasbehälter muss eine Absperreinrichtung haben, die bei Stillstand des Motors die Gaszufuhr zuverlässig absperrt.
- Bei Verwendung von Schlauchleitungen müssen diese mit einer Gasaustrittssicherung bei Schlauchbeschädigungen versehen sein.
- Unter Erdgleiche darf kein Treibgasbehälter gewechselt werden und kein Flurförderzeug mit Flüssiggasantrieb abgestellt werden.
- Eine ständige Aufsicht muss gewährleistet sein.

Zum sicheren Abstellen (Parken über eine längere Zeit, z.B. für die Mittagspause und den Feierabend) von Flurförderzeugen (s.a. Abschnitt 4.9) ist zusätzlich Folgendes zu beachten:

- Stapler nicht dort abstellen, wo Gegenstände, besonders aus großer Höhe auf die Stapler herabfallen können.
- Das Gasentnahmeventil ist zu schließen, es sei denn, es ist eine selbsttätig wirkende Absperreinrichtung eingebaut.
- Um die Gasflaschen-/Gasbehälterarmatur des Flurförderzeuges herum ist ein Schutzbereich von 0,5 m über der Armatur und kreisförmig von der Mitte der Armatur gerechnet sowohl im Freien als auch in Räumen von ca. 3 m einzuhalten. Die Maschinen dürfen nicht in der prallen Sonne abgestellt werden und sind von sehr heißen Oberflächen ≥ 1,50 m entfernt zu parken. Im Schutzbereich dürfen sich u.a. keine Zündquellen, Kelleröffnungen, Gruben und Schächte befinden. Abstand zu Heizkörpern ≥ 0,50 m.

Staplerabstand von einer Abflussrinne bis zur Flüssiggasflasche ≥ 3 m

- Eine ausreichende Lüftung muss gegeben sein.
- In der Schutzzone/dem Schutzabstand (Schutzbereich) von Gastanks/-flaschen keine Flurförderzeuge und brennbare Güter, Paletten und dgl. abstellen. Selbstverständlich ist darin auch das Rauchen und der Umgang mit offenem Licht oder Feuer verboten.

Anmerkung

Unter Erdgleiche ist ein Raum zu verstehen, dessen Fußboden allseitig tiefer liegt als 1 m unter der umgebenden Geländeoberfläche. Diesen Räumen sind Orte gleichzusetzen, die allseitig von dichten öffnungslosen Wänden von mindestens 1 m Höhe umschlossen werden.
Dies gilt auch für Aufzüge, besonders wenn mit ihnen in den Keller gefahren wird. Grundsätzlich sollte das Befahren mit Flüssiggasstaplern nicht durchgeführt werden, auch wenn sich die Aufzugsgrube nicht im Tiefgeschoss/Keller befindet, denn in ihr kann sich fehlerhaft ausgeströmtes Gas leicht ansammeln (s.a. Abschnitt 4.1.1.3).

Antrieb mit Wasserstoff

Bei einem mit Wasserstoff betriebenen Motor erfolgt die Verbrennung in Form einer Knallgasreaktion. Er funktioniert ansonsten wie ein Otto-Motor mittels anderen Kraftstoffs.

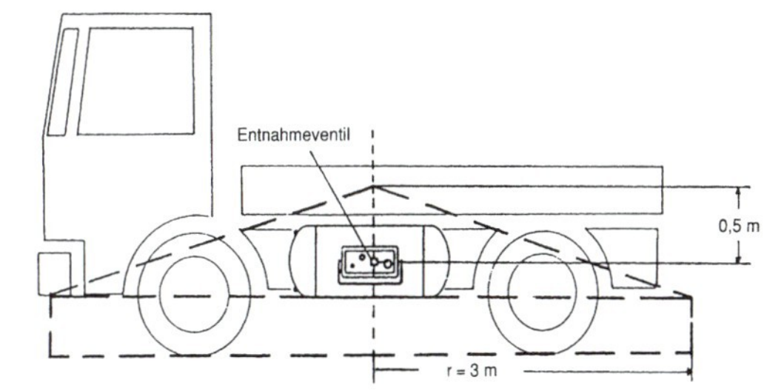

Abstellvorgaben für Flüssiggasfahrzeuge

Der Wasserstoff-Verbrennungsmotor darf aber nicht verwechselt werden mit dem Antriebssystem Wasserstoff-Sauerstoff-Brennstoffzelle. Bei dieser Art von Energiegewinnung, d.h. der Brennstoffzelle, handelt es sich um eine galvanische Zelle, die die chemische Reaktionsenergie eines ständig zugeführten Brennstoffes und eines Oxidationsmittels in elektrische Energie umwandelt. Diese Brennstoffzelle dient also als Energieumwandler.

Zusammenfassung

Raumlüftungsmaßnahmen, fachgerechte Einstellung des Kraftstoff-Luft-Gemisches, Wartung des Luftfilters und dgl. sowie der Einsatz von Abgasreinigungsanlagen, ob Katalysatoren für benzin- bzw. flüssiggasbetriebene Fahrzeuge oder Rußfilter mit Katalysatoren für dieselbetriebene Fahrzeuge, helfen die Luft rein zu halten. Ohne Abgasreinigungsanlagen können Flurförderzeuge mit verbrennungsmotorischem Antrieb in geschlossenen und teilweise geschlossenen Räumen, besonders in denen Regale und Lagergalerien eingebaut sind, schwerlich betrieben werden. Der Grund hierfür liegt hauptsächlich in der behinderten Lüftung, z.B. bei hohen Regalanlagen und Sackgassen.

Doch ist der Einsatz dieser Maschinen auch mit einer Abgasanlage nicht sorglos zu betreiben, denn nicht sorgfältig gewartete Motoren haben einen erhöhten Schadstoffausstoß, der nicht einwandfrei durch die Anlage beseitigt werden kann.

Je nach Umfang der „Allgemeinen Ausbildung" ist u.U. für die Führung eines Staplers mit einem anderen Antrieb als mit dem, der in der Ausbildung zur Sprache kam bzw. mit dem die Fahrübungen durchgeführt wurden, eine Zusatzausbildung (Dauer ca. 1 Lerneinheit – LE) erforderlich. Dieser Ausbildungsumfang liegt nahe der verhaltensbezogenen Ausbildung – Stufe 3.2 (s.a. § 14 GefStoffV).

Aber auch der Fahrer muss mithelfen, die schädlichen Abgase gering zu halten. Dies erreicht er durch nicht zu forsches Fahren und Vermeidung von langen Leerlaufzeiten (s.a. DGUV V 79).

Merke

Die Motor- und Abgasreinigungsanlagen sind stets pfleglich zu behandeln! Raumlüftungseinrichtungen nicht außer Betrieb setzen oder in ihrer Wirkung mindern! – Unsere Gesundheit lässt nicht mit sich spaßen!

Wiederholungsabgasmessungen

Aufgrund zahlreicher Vorschriften, insbesondere ArbSchG und BetrSichV, aber auch arbeitsplatz- und arbeitsmittelbezogener Vorschriften, wie GefStoffV oder DGUV V 70, ist der Unternehmer verpflichtet, die Gefährdung seiner Beschäftigten zu ermitteln. Hierzu gehört auch die Feststellung der Schadstoffemissionen durch Abgase von verbrennungsmotorisch betriebenen Flurförderzeugen.

Die Abgasmessungen sind jeweils mindestens wie folgt zu wiederholen:

- halbjährlich: mit benzin-, erdgas- und flüssiggasbetriebenen Motoren (s. TRGS 402 und § 37 Abs. 2 DGUV V 79),
- jährlich: mit Dieselöl betriebene Motoren (TRGS 554 – Im Untertagebetrieb gelten besondere Vorgaben).

Die Intervalle müssen u.U. verkürzt werden, z.B. bei extrem staubintensiven Betrieben, Mehrschichtbetrieb oder wenn der Hersteller dazu entsprechende Vorgaben macht (s. Betriebsanleitungen).

In Vorschriften vorgegebene oder durch Hersteller vorgeschriebene Fristen sind Mindestvorgabefristen für den Betreiber, es sei denn, es ist ausdrücklich etwas anderes bestimmt und geregelt (§ 3 Abs. 6 BetrSichV). Ihre Ergebnisse und die Schlussfolgerungen sind genauso zu dokumentieren, wie die regelmäßigen Messungen, z.B. im Betriebs-Kontrollbuch, zu beziehen beim Resch-Verlag, und in einem Messprotokoll (s.a. Kapitel 3, Abschnitt 3.5.2, Absätze „Prüfnachweis" und „Prüfplakette").

Bei benzin-, erdgas- und flüssiggasbetriebenen Antrieben geschieht dies u. a. durch Messung des CO-Gehaltes direkt am Auspuffrohr.

Bei Flurförderzeugen mit Dieselmotor wird die Schadstoffemission meistens durch die Ermittlung der „Bosch-Schwärzungszahl" durchgeführt. Dieses Messverfahren ist relativ einfach und preiswert zu bewerkstelligen. Unverdünntes Abgas wird vor und hinter dem Rußfilter per Saugpumpe durch ein weißes Filterpapier gesaugt. Danach wird mittels Fotomesskopf fotometrisch am geschwärzten Filterpapier der Rußgehalt im Abgas bestimmt. Bei der Messung wird der Dieselmotor in der Regel im oberen Leerlauf betrieben.
Auf die erforderlichen Maßnahmen bei Überschreitung der Auslöseschwellen von Schadstoffen, z. B. von CO = 30 ml/m^3 = 33 mg/m^3 oder 5 ml/m^3 = 9 mg/m^3 NO_2 beim Einsatz von Staplern mit Otto-Motoren und 0,1 mg/m^3 Rußpartikel bei Dieselmotoren sei verwiesen.

18. Grundsatz

- → Staplerbetrieb mit Flüssiggasantrieb ist unter Erdgleiche nur unter Einhaltung besonderer Bedingungen zulässig!
- → Raumlüftungseinrichtungen nicht außer Betrieb setzen bzw. in ihrer Wirkung mindern!
- → Abgasreinigungsanlagen pfleglich behandeln.

Kennzeichnung eines gefährdeten Betriebsbereiches mit „Warnung vor feuergefährlichen Stoffen" (nach ASR A1.3)

4.2.3 Gefährdete Betriebsstätten

1. Feuergefährdete Betriebsstätten

Feuergefährdete Betriebsstätten sollten gekennzeichnet sein.

Beim Einsatz von Flurförderzeugen in feuergefährdeten Betriebsstätten, u. a. in Betrieben und Lagern für Papier, Pappe, Holz und leicht brennbaren Kunststoffen, ist besonders auf die Brandgefahr durch Funkenflug aus dem Motor mit seinen heißen Auspuffgasen zu achten.

Stapler dürfen nicht mit laufendem Motor zwischen Stapeln aus leicht brennbarem Material abgestellt werden. Längerer Motorlauf im Stand ist zu vermeiden, denn eine erhöhte Unfallgefahr besteht besonders dann, wenn der Stapler mit seinem Auspuff in kurzem Abstand < 0,50 m vor leicht brennbaren Stoffen steht, wobei die heißen Auspuffgase gegen den brennbaren Stoff strömen. Besonders bei beengten Betriebsverhältnissen ist es empfehlenswert, den Auspuff und damit die gesundheitsschädlichen Abgasbestandteile nach oben zu führen (s. a. unter Absatz „Explosivstoffgefährdete Betriebsstätten").

Sicherheitsabstand > 0,5 m u. a. wegen Abgaswärme und möglichem Funkenflug.

Durch Einbau eines Spezialfilters oder eines Abgaskühlers mit Funkenfänger ist der Brandgefahr am besten zu begegnen.

Notausgänge, Flucht-/Rettungsweglänge, s. Kapitel 3, Abschnitt 3.3.2, Absatz „Regale – Notausgänge".

Lager für ammoniumnitrathaltige Stoffe – Vorbemerkungen

Ammoniumnitrathaltige Stoffe können detonationsfähig (Gruppe A + D), brandfördernd (Gruppe C) und zur selbstunterhaltenden fortschreitenden thermischen Zersetzung – luftunabhängig – (Gruppe B) in der Lage sein.

Bei NK- oder NPK-Düngern, die Ammoniumsalze und Nitrate enthalten (Gruppen A IV und B), besteht demnach erhöhte Brandgefahr und dabei Zersetzungsgefahr; denn das Ammoniumnitrat ist leicht entzündlich. Unter Wärmeeinwirkung, schon ab Temperaturen z. B. in der Gruppe B von +70 °C, können sich diese Stoffe zersetzen.

Hierbei entstehen gesundheitsgefährliche Dämpfe, insbesondere nitrose Gase. Die Zersetzung geschieht innerhalb weniger Minuten, kann aber auch erst Stunden nach der Erhitzung eintreten. Bei der Zersetzung entsteht ein stechender Geruch und weißer bzw. brauner Qualm (= nitrose Gase). Bei Rettungs- und Löschaktionen müssen daher unbedingt Atemschutzmasken mit Filtereinsatz und Schwebstofffilter oder von der Außenluft unabhängige Atemschutzgeräte getragen werden. Gestoppt werden kann die Zersetzung/der Brand nur mit Wasser (Abkühlung unter Zündtemperatur). Darum gilt auch hier das zu feuergefährdeten Betriebsstätten Gesagte.

Um beim Umgang mit diesen Stoffen die Gefahren soweit wie möglich zu minimieren und bei auftretenden Störfällen deren Beseitigung erfolgreich durchzuführen, wurden in der GefStoffV im Anhang I „Besondere Vorschriften für bestimmte Gefahrstoffe und Tätigkeiten" Nr. 5 für „Ammoniumnitrat" Sicherheitsvorgaben festgeschrieben.

Merke

Gefahrenminimierung durch Einhalten von Schutzabständen stets durchführen! Betriebsanweisung exakt beachten!

2. Lagerung von Gefahr- und Giftstoffen

Gefahrstoff = Stoff, Gemisch und Erzeugnis, der bestimmte physikalische oder chemische Eigenschaften besitzt, die für Mensch oder Umwelt gefährlich sein können, z. B. giftig, reizend, ätzend, krebserzeugend, leichtentzündlich oder umweltgefährlich.

Gefahrstoffe dürfen nicht an solchen Orten gelagert werden, an denen dies zu einer Gefährdung Beschäftigter und anderer Personen führen kann. Dies sind z. B. Verkehrswege, Treppenräume, Flure, Flucht- und Rettungswege, Durchgänge, Durchfahrten und enge Bereiche. Auch Lagerorte, wie Pausen-, Bereitschafts-, Sanitärräume oder Tagesunterkünfte, sind nicht geeignete Orte. In Räumen, in denen Personen arbeiten, d. h. an den klassischen Arbeitsplätzen, dürfen Gefahrstoffe nur dann gelagert werden, wenn sie Einrichtungen aufweisen, die dem Stand der Technik entsprechen.

Im Lager ist für ausreichende Beleuchtung und Belüftung zu sorgen. Bei der Beleuchtung ist zu beachten, dass diese so angebracht sein muss, dass eine Erwärmung des Gefahrgutes, die zu einer chemischen Reaktion führen kann, vermieden wird.

Lagerbehälter müssen so beschaffen sein, dass von ihrem Inhalt nichts ungewollt nach außen dringen kann. Auch muss eine Verwechslung der Behälter hinsichtlich des Inhaltes, z. B. mit Lebensmitteln ausgeschlossen sein, d. h. das Lagergut ist am Lagerbehälter eindeutig zu kennzeichnen.
Verpackungen und Behälter mit Ausrichtungspfeilen/-hinweisen müssen gemäß ihrer Kennzeichnung ausgerichtet gelagert werden. Wie für alle Lagereinrichtungen gilt, dass diese ausreichend statisch belastbar und standsicher sein müssen. Sicherungsmaßnahmen gegen heraus- oder herabfallen sind zu treffen. Ein ausreichend bemessener Anfahrschutz muss vorhanden sein.

Flurförderzeugführer müssen hinsichtlich der Gefahrstoffe und ihrem Transport speziell unterwiesen sein.

Lagergüter sind so zu stapeln, dass die Standsicherheit unter Beachtung der mechanischen Stabilität der Verpackungen und Behälter gewährleistet ist. So sind Paletten mit ihren Kufen senkrecht zu den

Auflageträgern der Regale abzusetzen, unpalettierte Fässer senkrecht übereinander und möglichst mit Greifrichtung von Staplern im Verbund zu stapeln.

Beim Ein- und Ausstapeln in Regalfächer von Hand sind die Stapelhöhen zu begrenzen und ggf. Tritte, Leitern oder Bühnen zu verwenden.

Bei der Zusammenlagerung von Gefahr- und Giftstoffen ist äußerste Vorsicht geboten. Sie dürfen nur zusammengelagert werden, wenn hierdurch keine Gefährdungserhöhung entsteht.

> **Giftstoff** = besonders gefährlicher Stoff, der durch Eindringen in den Organismus (z. B. durch Berührung, Schlucken, Einatmen) gesundheitsschädlich sein kann. Dabei werden bereits durch geringe Mengen dieser toxischen (= giftigen) Substanzen Stoffwechselvorgänge im menschlichen Körper beeinflusst, die zu einer dauerhaften Schädigung bis hin zum Tod führen können.

In Deutschland ist die Einstufung und Kennzeichnung von Stoffen, Zubereitungen und Erzeugnissen zusätzlich noch geregelt in der TRGS 220 „Nationale Aspekte beim Erstellen von Sicherheitsdatenblättern". Das Sicherheitsdatenblatt ist dazu bestimmt, den berufsmäßigen Anwendern, die bei ihrer Tätigkeit mit Stoffen und Zubereitungen notwendigen Daten und Umgangsempfehlungen zu vermitteln, um die für den Gesundheitsschutz, die Sicherheit am Arbeitsplatz und den Schutz der Umwelt erforderlichen Maßnahmen treffen zu können (so BekGS 220, Punkt 4 Abs. 1).

Eine Zusammenlagerung ist u. a. nicht zulässig mit:

- Stoffen, die bei Brand unterschiedliche Löschmittel benötigen,
- festen brennbaren Stoffen,
- bestimmten (hoch bis leicht) entzündlichen Stoffen, die nicht gemäß der Zusammenlagerungstabelle nach TRGS 510 gemeinsam aufbewahrt werden dürfen,
- selbstentzündlichen Stoffen – organischen Peroxiden, Stoffen, die bei Berührung mit Wasser entzündliche Gase entwickeln – Druckgase (außer in Feuerlöschern zu Löschzwecken und Druckgasverpackungen nach Festlegungen in der TRG 300, Arzneimitteln), Lebensmitteln und -zusatzstoffen, Futtermitteln und -zusatzstoffen, Genuss- und Kosmetikmitteln.

Eine Zusammenlagerung liegt nicht vor, wenn sich verpackte Stoffe in Frachtcontainern befinden. Sie dürfen allerdings nicht unmittelbar nebeneinander oder übereinander stehen. Im Freien können die Stoffe durch feuerbeständige Wände getrennt werden.

Die TRGS 510 gibt Auskunft hinsichtlich Gefahrstoffen in ortsbeweglichen Behältern.

Merke

Durch kleinste Nachlässigkeiten können Giftstoffe freiwerden! Fehler bei der Lagerung stellen bei Schäden die Rettungskräfte und die Feuerwehr vor große Probleme!

3. Explosionsgefährdete Bereiche

Beim Einsatz von Flurförderzeugen in explosionsgefährdeten Bereichen ist im Gegensatz zu den brandgefährdeten Bereichen mehr zu beachten, wenn diese Bereiche vor dem Einsatz dieser Maschine nicht gegen Explosionsgefahr gesichert hergerichtet sind. Anderenfalls sind am Flurförderzeug selbst Explosionsschutzmaßnahmen erforderlich.

Der Betreiber hat gemäß § 9 Abs. 4 BetrSichV (i.V.m. GefStoffV) vor Aufnahme der Arbeit eine Gefährdungs- und Zündquellenanalyse sowie ein Explosionsschutzdokument zu erstellen.

Warnkennzeichnung vor explosionsgefährlichen Stoffen (nach ASR A1.3)

Gasdichte Abschottung durch eine Sperrmauer

Gaswarngerät gekoppelt mit Absauganlage und Warnanlage

Bevor explosionsgeschützte Flurförderzeuge eingesetzt werden können, sollten immer erst Maßnahmen zum „primären Explosionsschutz" ergriffen werden. Dies bedeutet, dass eine explosionsfähige Atmosphäre erst gar nicht zu Stande kommt, z.B. durch entsprechende Belüftung oder Kapselung der Arbeitsprozesse, sodass keine gefährlichen Gasgemische in der Raumluft entstehen können.

Kann dies nicht erfüllt werden, gibt es zwei Möglichkeiten:

1. Die Zündung einer explosionsfähigen Atmosphäre wird ausgeschlossen, z.B. dadurch, dass die Oberflächentemperatur der Betriebsmittel, z.B. Motorgehäuse und Bremsen, begrenzt und Funkenbildung oder andere Zündquellen vermieden werden.
2. Die Auswirkung einer möglichen Explosion ist auf ein unbedenkliches Maß zu senken, z.B. durch druckfeste Kapselung der Zündquelle (im Motor).

Um wirksame Maßnahmen ergreifen zu können bzw. die Schutzmaßnahmen der Hersteller von ex-geschützten Maschinen und Gütern besser verstehen zu können, geben wir in den folgenden Absätzen einige hilfreiche Hinweise.

Eine Explosion entsteht, wenn drei Dinge zusammenkommen:

1. ein Brennstoff, z.B. Benzin oder ein Lösemittel,
2. Sauerstoff, z.B. aus der Luft und
3. eine Zündquelle bzw. eine bestimmte Temperatur.

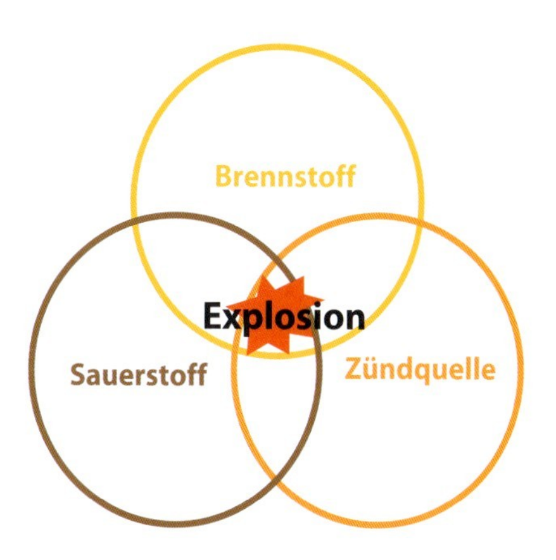

Der Brennstoff, z.B. Benzingas in der Luft, und der Sauerstoff in dieser Luft müssen in einem bestimmten Verhältnis zueinander stehen. Man nennt dieses Verhältnis für einen Gasbrennstoff Explosionsbereich.

Wann kommt es zu einem Brand bis hin zu einer Detonation?

Bei einer **Verbrennung** kommt bei einem kompakten Stoff nur die Außenfläche des Stoffes mit dem für die Verbrennung erforderlichen Sauerstoff in Berührung. Je mehr Stoff zerkleinert wird, desto besser kann der brennbare Stoff mit Sauerstoff reagieren. Je mehr Sauerstoff an den Stoff herangeführt wird, desto rascher erfolgt eine Verbrennung (s. Blasebalgeinsatz beim Grillen oder in der Schmiede). Bei gasförmigen Stoffen kann jedes Molekül von Sauerstoff umgeben sein, dann erfolgt die Verbrennung sehr intensiv (s.a. Kapitel 3, Abschnitt 3.4.1, Absatz „Putzlappen").

Eine **Verpuffung** ist eine sehr hohe, intensive Verbrennung. Die Konzentration von brennbarem Stoff und Luftsauerstoff liegt in der Nähe der unteren oder oberen Explosionsgrenze – uEG/oEG. Die Verbrennungsgeschwindigkeit wird in der Dimension [cm/sec] angegeben. Ihre Druckwerte liegen unter 1 bar. Erkennungsmerkmale: Weiche Stichflamme, dumpfes Geräusch.

Eine **Explosion** ist praktisch eine rasche Verpuffung. Die Konzentration von brennbarem Stoff und Luftsauerstoff ist optimal. Die Verbrennungsgeschwindigkeit wird in der Dimension [m/sec] angegeben. Ihre Druckwerte liegen über 1 bar. Erkennungsmerkmale: Weit reichende Stichflamme, sehr scharfer Knall, zertrümmernde Wirkung. Der Explosionsdruck bei Gasen und Dämpfen beträgt 8–12 bar und bei Stäuben 10–12 bar.

Eine **Detonation** ist eine blitzartige Explosion. Sie ist nur bei optimaler Mischung in reinem Sauerstoff möglich. Durch eine Stoßwelle wird die Reaktion schlagartig ausgelöst. Die Verbrennungsgeschwindigkeit wird in der Dimension [km/sec] angegeben. Ihre Druckwerte liegen erheblich über denen der Explosion. Erkennungsmerkmale: Weit reichende Stichflamme von sehr hoher Intensität, scharfer, schmetternder Knall; Bauteile und Baustoffe werden zerkleinert.

Wärme ist eine Energie, die u.a. bei der chemischen Stoffumsetzung, z.B. Verbrennung, frei wird. Die Maßeinheit der Wärme ist das „Joule" [J] bzw. das „Kilojoule" [KJ] (früheres Maß = Kalorie/Kilokalorie).

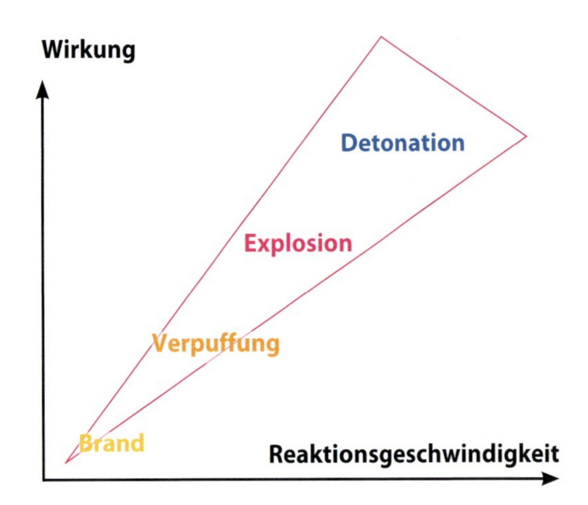

Der **Flammpunkt** einer brennbaren Flüssigkeit ist die niedrigste Flüssigkeitstemperatur, bei der sich unter festgelegten Bedingungen Dämpfe in solcher Menge entwickeln, dass über dem Flüssigkeitsspiegel ein durch Fremdzündung entzündbares Dampf-Luft-Gemisch entsteht. Der Flammpunkt wird u.a. bei Gefahrengradeinteilung gemäß GefStoffV berücksichtigt. Durch das Mischen von Flüssigkeiten mit unterschiedlichen Flammpunkten wird der Flammpunkt gesenkt/angehoben. Die Zugabe von nur 1 % Benzin, z.B. 25 cm^3 zu einem Liter Diesel lässt den Flammpunkt um ca. +30 °C sinken. Es wird ein entzündliches Gemisch.

Im Zuge der Harmonisierung europäischen Rechts durch die BetrSichV in Deutschland ist die Verordnung über brennbare Flüssigkeiten (VbF) weitgehend aufgehoben worden. Damit ist auch die Einteilung nach Gefahrengraden geändert worden. So ist die Einteilung A und B für Flüssigkeiten entfallen. B-Flüssigkeiten sind mit Wasser mischbar, z.B. Alkohol. Sie sind in den Gefahrengrad „entzündlich" einzustufen.

Darüber hinaus wird Heizöl/Dieselkraftstoff nicht mehr als „entzündlich" eingestuft. – Die Klasse A III entfällt.

Achtung!

Das bedeutet nicht, dass diese Stoffe nicht entzündlich sind. Werden sie z.B. in einem organischen Stoff, wie Baumwolle oder Sägespäne, fein verteilt (Putzlappen, Kleidung, unsachgemäße Aufsaugmittel) und kommt dann an die Stoffteilchen reichlich Sauerstoff heran, diffundiert es ab +60 °C und entzündet sich mit Sicherheit ab 350 °C (s. Tabelle und Kapitel 3, Abschnitt 3.4.1, Absatz „Schadstoffentsorgung").

Man unterscheidet in entzündliche, leicht entzündliche und hochentzündliche Flüssigkeiten. Hinsichtlich der Flammpunkte wird wie folgt unterschieden:

Gefahrengrad	Flammpunkt in °C
hochentzündlich	< 0
leicht entzündlich	≥ 0 bis 21
entzündlich	> 21 bis 55

Beispiele: Stoff	Flammpunkt in °C	Selbstentzündungstemperatur in °C
Leichtbenzin	~ -40	~ 250
Petroleum	21-55	
Dieselkraftstoff	~ 60	~ 350
Schmieröl	165	

Nach der GHS-Einstufung kennen wir 3 Kategorien, nämlich extrem entzündbare, leicht entzündbare und entzündbare Flüssigkeiten:

Kategorie	Flammpunkt in °C	Siedebeginn in °C
extrem entzündbar	< 23	≤ 35
leicht entzündbar	< 23	> 35
entzündbar	≥ 23	≤ 60

Unter GHS ist die Abkürzung „Globally Harmonized System of Classification, Labelling an Packaging of Chemicals" zu verstehen. Ziel war es, eine weltweite Einstufung und Harmonisierung der Kennzeichnung von Chemikalien zu erreichen.

Diese GHS-Einstufung und -Kennzeichnung ist in Europa umgesetzt worden durch die sog. CLP-Verordnung (Regulation on Classification, Labelling and Packaging). Diese ist am 20.01.2009 in Kraft getreten. Diese Europäische Verordnung stellt in allen Mitgliedstaaten der Europäischen Union unmittelbar geltendes Recht dar, sie muss nicht erst in nationales Recht umgesetzt werden.

Ist die **Raumtemperatur**, in der nur mit einer brennbaren Flüssigkeit umgegangen wird, nicht höher als 5 °C über dem Flammpunkt dieser Flüssigkeit bzw. bei Gemischen von verschiedenen brennbaren Flüssigkeiten nicht höher als 15 °C über dem Flammpunkt der Flüssigkeit in dem Gemisch mit dem geringsten Flammpunkt, so ist in der Regel nicht mit einer Explosionsgefahr zu rechnen. Dies trifft ebenfalls zu, wenn der Arbeitsplatzgrenzwert dieser brennbaren Flüssigkeiten nicht überschritten wird; denn diese Werte liegen dann unter 20 ml/m^3 bis 30 ml/m^3.

Achtung!

Sowohl die Raumtemperatur als auch die Arbeitsplatzgrenzwerte – AGW müssen laufend überwacht werden, und dies muss automatisch geschehen. Bei Überschreitung der Werte müssen Warneinrichtungen ansprechen.

Staubgefahr ist immer erst dann gegeben, wenn die Staubkorngröße ≤ 0,5 mm beträgt. Ab dieser Korngröße bezeichnet man den Staub als Feinstaub, z. B. Getreide- und Hausstaub.

Die **Temperatur** ist der Wärmezustand eines Stoffes in Grad Celsius [°C].

Die **Zündtemperatur** ist die Temperatur, auf die ein brennbarer Stoff erwärmt werden muss, um sich in Verbindung mit Sauerstoff zu entzünden.

Die **Selbstentzündungstemperatur** ist die Temperatur, auf die ein Stoff erhitzt werden muss, damit er ohne Zündquelle (also von selbst) zu brennen beginnt. Sie ist meistens wesentlich höher als der Flammpunkt des Stoffes, es sei denn, der Stoff befindet sich fein verteilt z. B. in einem Putzlappen. Durch diese Verteilung, z. B. von Lösemitteln, Ölen, Fetten oder dgl., kommt von allen Seiten intensiv Sauerstoff an diese Teile heran, und der aus organischem Stoff bestehende Lappen samt des Fettes oder dgl. beginnt zu brennen.

Anmerkung

Darum benötigt der Dieselmotor, in dem Dieselöl nach der hohen Verdichtung entspannt in den Verbrennungsraum geleitet wird und dabei fein vernebelt, nur zu Anfang eine Glühkerze und nicht zum weiteren Zünden wie ein Ottomotor eine Zündkerze.

Temperaturklassen: Alle brennbaren Gase und Dämpfe sind nach ihrer Zündtemperatur in Temperaturklassen eingeordnet.

Explosionsgruppen: Die brennbaren Gase und Dämpfe sind nach ihrer Zünddurchschlagsfähigkeit in Explosionsgruppen eingeteilt (s. Tabelle).

Hinweis: Die (nach Zahlenwerten) höheren Explosionsgruppen erfordern längere + engere Spalten, z. B. an Schaltern, als niedrigere Explosionsgruppen und schließen diese ein. Weitere Gase oder Gasgemische können dem Nachschlagewerk „Sicherheitstechnische Kennzahlen brennbarer Gase und Dämpfe" (Nabert/Schön/Redeker) entnommen und den entsprechenden Gruppen zugeordnet werden. Gruppe 1 gilt für Schlagwetterschutz, Gruppen II A bis C gelten für den allgemeinen Ex-Schutz.

Explosionsfähige Atmosphäre im Sinne der BetrSichV ist ein Gemisch aus Luft und Sauerstoff und brennbaren Gasen, Dämpfen, Nebeln oder Stäuben unter atmosphärischen Bedingungen, in dem sich der Verbrennungsvorgang nach erfolgter Entzündung auf das gesamte unverbrannte Gemisch überträgt.

Explosionsgefährdeter Bereich im Sinne der BetrSichV ist derjenige Bereich, in dem die Atmosphäre aufgrund der örtlichen und betrieblichen Verhältnisse explosionsfähig werden kann.

Als **atmosphärische Bedingungen** sind Gesamtdrücke von 0,8 bar bis 1,1 bar und Gemischtemperaturen von −20 °C bis +60 °C zu verstehen. Brennbare Gase, Dämpfe und Nebel können nur in Verbindung mit Luft (Sauerstoff) brennen, verpuffen oder explodieren.

Explosionsgefährdete Bereiche werden nach der Wahrscheinlichkeit des Auftretens explosionsfähiger Atmosphäre in folgende Zonen eingeteilt:

1. ***Zone 0*** umfasst Bereiche, in denen eine explosionsfähige Atmosphäre, die aus einem Gemisch von Luft und Gasen, Dämpfen oder Nebeln besteht, ständig, langzeitig oder häufig vorhanden ist.

Beispiele:

Stoff	Zündtemperatur in °C
Acetylen	305
Wasserstoff	560
Holz	280 bis 340
Papier	185 bis 360
Kohlen	140 bis 850
Tabak	175
Kohlenoxid	605
Erdgas	600
Benzin, Propan – Butan (Flüssiggas)	220 bis 450
Schwefelkohlenstoff	102

Temperaturklasse	Höchstzulässige Oberflächentemperatur der Betriebmittel in °C	Zündtemperatur der brennbaren Stoffe in °C
T1	450	über 450
T2	300	über 300 bis 450
T3	200	über 200 bis 300
T4	135	über 135 bis 200
T5	100	über 100 bis 135
T6	85	über 85 bis 100

Beispiele der Zuordnung von explosionsfähigen Medien						
Explosions-gruppen	Kurzzeichen der Temperaturklassen					
	T1	T2	T3	T4	T5	T6
IIA	Aceton Ammoniak Benzol (rein) Essigsäure Ethan Ethylacetat Ethylchlorid Kohlenoxid Methan Methanol Propan Toluol	i-Amylacetat n-Buthan n-Buthylalkohol Ethylalkohol	Benzine Erdöl	Acetaldehyd Ethylether		
IIB	Stadtgas	Atylen Ethyloxid				
IIC	Wasserstoff	Acethylen				Schwefelkoh-lenstoff

2. ***Zone 1*** umfasst Bereiche, in denen damit zu rechnen ist, dass eine explosionsfähige Atmosphäre aus Gasen, Dämpfen oder Nebeln gelegentlich auftritt.
3. ***Zone 2*** umfasst Bereiche, in denen nicht damit zu rechnen ist, dass eine explosionsfähige Atmosphäre durch Gase, Dämpfe oder Nebel auftritt, aber wenn sie dennoch auftritt, dann aller Wahrscheinlichkeit nach nur selten und während eines kurzen Zeitraums.
4. ***Zone 20*** umfasst Bereiche, in denen eine explosionsfähige Atmosphäre, die aus Staub-Luft-Gemischen besteht, ständig, langzeitig oder häufig vorhanden ist. Staubablagerungen in bekannter oder übermäßiger Dicke können gebildet werden. Staubablagerungen alleine bilden keine Zone 20.
5. ***Zone 21*** umfasst Bereiche, in denen damit zu rechnen ist, dass eine explosionsfähige Atmosphäre aus Staub-Luft-Gemischen gelegentlich auftritt. Ablagerungen oder Schichten von brennbarem Staub werden im Allgemeinen vorhanden sein.
6. ***Zone 22*** umfasst Bereiche, in denen nicht damit zu rechnen ist, dass eine explosionsfähige Atmosphäre durch aufgewirbelten Staub auftritt, aber wenn sie dennoch auftritt, dann aller Wahrscheinlichkeit nach nur selten und während eines kurzen Zeitraums.

(Grundlage dazu: GefStoffV, insb. § 6 Abs. 9 Nr. 2 und Anhang 1 Nr. 1.7).

Stoffbeispiele	uEG	oEG
Acetylen	2,3	78/92 (mit reinem Sauerstoff)
Benzin	~ 0,6	~ 8,0
Ether	1,7	36,0
Ethanol	3,5	15,0
Methan (Erdgas)	4,4	16,5
Propan (Flüssiggas)	1,7	10,9
Toluol	1,2	7,0
Wasserstoff	4,0	77,0

Explosionsgrenzen [Vol.-%]: Damit ein Stoff/Staub/Gas bei Zündung explodieren kann, muss er/es mit Sauerstoff (Luft) ein bestimmtes Mischungsverhältnis haben. Dieses Mischungsverhältnis hat eine bestimmte Bandbreite, die auch vom Umgebungsdruck beeinflusst wird. Sie liegt zwischen einer unteren Explosionsgrenze – uEG und einer oberen Explosionsgrenze – oEG.

Ein Beispiel: Füllt man 1 Teelöffel Benzin = 1,6 l Gas in ein leeres, sauberes 200-l-Fass, ist die untere Explosionsgrenze schon erreicht.

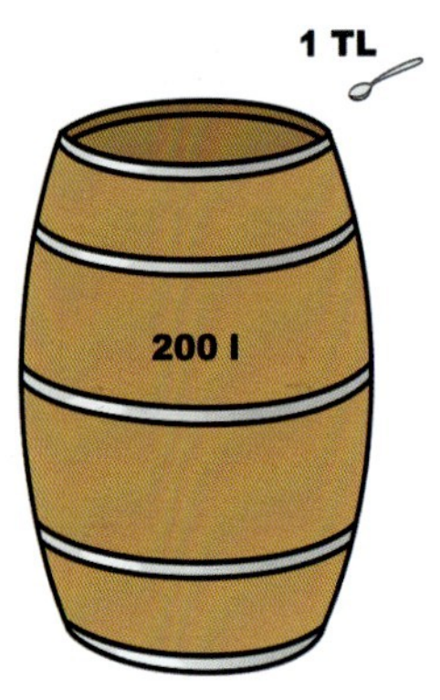

1 TL Benzin füllt ein 200-l-Fass mit explosionsfähiger Atmosphäre

Je größer/breiter die Explosionsbereichsspanne ist, desto gefährlicher ist das Gas, denn es kann bei vielen Mischungsverhältnissen gezündet werden. Die Zündtemperaturen sind, wie wir schon aufgelistet haben, relativ hoch. Die Temperatur der Funken, die entstehen kann, ist jedoch wesentlich höher, z. B. bei/durch: heiße Oberflächen über 120 °C und mehr, eine glühende Zigarette bis 770 °C, Schlag-, Schleif- und Schweißfunken sowie elektrische Schaltfunken über 800 °C.

Der **Brennpunkt** ist der Temperaturpunkt, bei dem die eingeleitete Verbrennung auch nach Entfernen der Zündquelle unterhalten bleibt.

Die **Verbrennungstemperatur** ist die Temperatur, die sich bei einem Feuer, bezogen auf einen bestimmten Stoff oder eine bestimmte Zeit, einstellt. Sie ist u. a. abhängig von der Verbrennungswärme der beteiligten Stoffe, der Verbrennungsgeschwindigkeit und von Wärmeverlusten.

Die **Verbrennungswärme** (Heizwert) ist die Wärmemenge, die bei der vollständigen Verbrennung eines Stoffes frei wird. Maßeinheit ist Joule pro Kilogramm [J/kg], bei Gasen Joule pro Kubikmeter [J/m^3].

Beispiele: Stoff	Verbrennungs-temperatur in °C
Phosphor	800
Stadtgas	1 500
Holz, Kohlen	1 100 bis 1 300
Magnesium	2 000 bis 3 000
Acetylen/Sauerstoff (Schweißflamme)	3 100

Brandbelastung: Sie ist die Zusammenfassung der Wärmemengen aller brennbaren Stoffe eines Raumes bzw. eines Brandabschnittes. Sie ergibt die Brandbelastung (MJ).

Beispiele: Stoff	[MJ/kg]
Holz/Kunststoff	16 bis 20
Benzin/Öle	42

Wärmewirkungen – Ausdehnung: Alle festen, flüssigen und gasförmigen Stoffe dehnen sich durch Wärmewirkung aus.

Weitergehende Stoffangaben sind im Tabellenwerk von Nabert/Schön/Redeker „Sicherheitstechnische Kennzahlen brennbarer Gase und Dämpfe" angegeben.

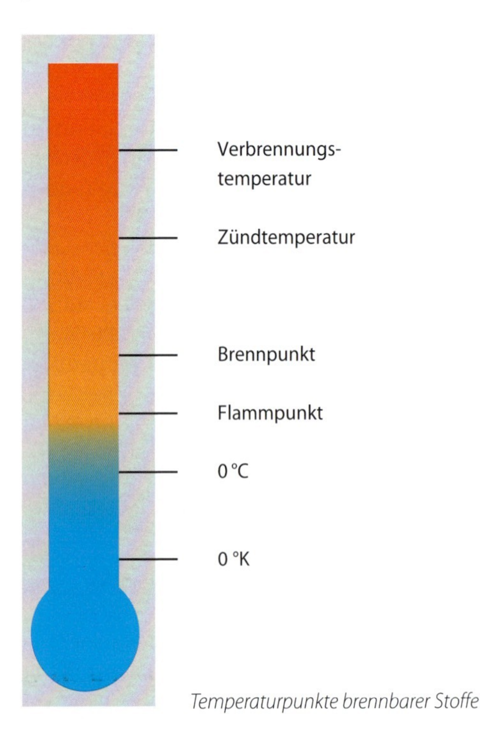

Temperaturpunkte brennbarer Stoffe

Gerätegruppe I = „M":
Diese Geräte/Maschinen sind zur Verwendung in untertägigen Bergwerken sowie deren Übertageanlagen bestimmt, die durch Grubengas und/oder brennbare Stäube gefährdet sind.

Gerätegruppe II = „G" bzw. „D":
Kategorie 1 zur Verwendung in Bereichen mit Zo-

Die erforderlichen sicherheitstechnischen Anforderungen an die Geräte/Maschinen für den Einsatz in den zutreffenden Gefahrenbereichen/Zonen werden in Gerätegruppen und Kategorien eingeteilt.

Geräte für den Einsatz in den unterschiedlichen Zonen		Medium
In Zone	**verwendbare Gerätekategorien**	**entworfen für**
0	1	Gas-Luft-Gemisch bzw. Dampf-Luft-Gemisch bzw. Nebel
1	1 oder 2	Gas-Luft-Gemisch bzw. Dampf-Luft-Gemisch bzw. Nebel
2	1 oder 2 oder 3	Gas-Luft-Gemisch bzw. Dampf-Luft-Gemisch bzw. Nebel
20	1	Staub-Luft-Gemisch
21	1 oder 2	Staub-Luft-Gemisch
22	1 oder 2 oder 3	Staub-Luft-Gemisch

nen 0 und 20 sowie auch in den Zonen 1, 2, 3, 21 und 22.
Kategorie 2 zur Verwendung in Bereichen mit Zonen 1 und 21 und auch in den Zonen 2, 3 und 22.
Kategorie 3 zur Verwendung in Bereichen mit Zonen 2 und 22, auch Kategorien 1 und 2 b.

Zur erforderlichen Kennzeichnung des Schutzsystems, z. B. auf dem Maschinenfabrikschild mit dem Kennzeichen „Ex" in Verbindung mit dem Kategorie-Kennzeichen, wird bei Gas, Dampf und Nebel das Zeichen „G" und bei Staub das Zeichen „D" gewählt (s. a. Absatz „Bau und Kennzeichnung der Geräte und Maschinen").

Aus der Sicht des Benutzers können Geräte der verschiedenen Kategorien, wie in der oben stehenden Tabelle gezeigt, angewendet werden.
Der Einsatz eines Flurförderzeuges in Zone 0, z. B. im Innern eines Desinfektionsapparates mit Ethylenoxid ohne vorherige Absaugung und Gasmischmessung, ist kaum gegeben.
Einsatzbereiche als Zone 20, mit Sicherheit als Zone 21, können jedoch in Schiffs- und Lagerräumen beim Aus-, Ein- bzw. Umlagern von pulverförmigen, auch pelletierten, organischen Stoffen, z. B. Mais, auftreten.

Zone 1 sind z. B. ein Auffangraum von Lagertanks für brennbare Flüssigkeiten, Füll- und Entleerstellen für brennbare Flüssigkeiten und Gase in Arbeits- und Lagerräumen sowie in Füllräumen ohne Lager im Umkreis von 10 m um die Füllstelle.

Achtung!

Um Füllöffnungen von Transportbehältern in Räumen, die während der Entleerung offen sind, gilt im Umkreis von 3 m und einer Höhe bis zu 0,8 m über dem Fahrweg Zone 2. Deckt sich dieser Bereich mit einem der Zone 1, gelten für den „3-m-Bereich" die Schutzmaßnahmen für Zone 1.

Zone 2 sind u. a. Lagerräume mit brennbaren Flüssigkeiten und Gasen, wie Lagerräume von medizinischen Haut- oder Desinfektionsmitteln.

Es ist aber zu beachten, und dies besonders, wenn eine größere Menge dieser Stoffe frei wird, dass sie bis zu 30 m weite Strecken fließen können. Dies ist besonders gefährlich, wenn sie schwerer als Luft sind, und das sind sie alle, bis auf Wasserstoff, Ethylen, Acethylen, Ammoniak, Blausäuregas, Kohlenmonoxid und Methan. Diese physikalische Eigenschaft ist besonders bei Gruben, Kanälen, Abflussrinnen, Schächten und unter Erdgleiche befindlichen Räumen zu beachten.

Als **Zone 22** sind z. B. Schüttbodenlager in Schiffsräumen, gefüllt mit pelletierten Stoffen mit höherem Feuchtigkeitsgehalt ab ca. 14 %, Annahme- und Abgaberäumen von Gütern mit brennbaren Stäuben mit Absaugeinrichtungen, z. B. von Getreide- und Futtermitteln, einzustufen. Da der Hersteller oft nicht weiß, wo das Flurförderzeug eingesetzt werden soll, sind ihm die Betriebsverhältnisse und Sicherheitsanforderungen (Ergebnis des Explosionsschutzdokumentes nach § 6 BetrSichV) anzugeben. Die aufgegebene Ausführung muss man sich bestätigen lassen (s. Kapitel 1, Abschnitt 1.1.3, Absatz „Lieferbedingungen").

Vor Bestellung/Kauf eines Flurförderzeugs sollten mit der Arbeitsschutzbehörde (Gewerbeaufsicht) und dem zuständigen Unfallversicherungsträger die erforderliche Schutzart (Zündgruppen der Stoffe, mit denen das Flurförderzeug umgehen soll oder in deren Nähe es im Einsatz ist) und die Gefahrenzone des Betriebsteiles festgelegt werden.

Die Daten sind dem Hersteller anzugeben, damit dieser das Gerät entsprechend auswählt und anbietet oder erforderlichenfalls durch Sonderausführungen den Erfordernissen anpasst. Zu dieser Datenangabe ist der Betreiber aufgrund der Richtlinie 1999/92/EG verpflichtet. Die an der Maschine vorgenommenen/garantierten Schutzmaßnahmen muss der Betreiber vom Hersteller für sein Explosionsschutzdokument verlangen, aus dem dann hervorgeht, dass dieses Arbeitsmittel gemäß EG-Richtlinie 94/9/EG in der explosionsfähigen Atmosphäre seines Betriebes eingesetzt werden kann.

Anmerkung

In der EG-Richtlinie 94/9 (Atex 100 a) und der EG-Richtlinie 1999/92 (s. a. BetrSichV) wird u. a. verstärkt Wert auf die Vermeidung der Gefährdung durch physikalische Auswirkungen und elektrostatische Entladungen gelegt. Auch darum ist die Beachtung der Betriebsanleitung der Hersteller mit ihren Sicherheitshinweisen seitens des Betreibers für einen sicheren und fachgerechten Betrieb der Arbeitsmittel so wichtig.

Bau und Kennzeichnung der Geräte und Maschinen

In Deutschland werden Geräte und Maschinen für den Einsatz in Ex-Bereichen nach der Maschinenverordnung – 9. ProdSV (= Umsetzung der Maschinenrichtlinie 2006/42/EG in deutsches Recht) und der Explosionsschutzverordnung – 11. ProdSV (= Umsetzung der ATEX-Richtlinie 94/9/EG) sowie den dazugehörenden Normen, z. B. DIN EN 1755, gebaut.

Die Haupteinsatzgebiete für Ex-Flurförderzeuge sind in der Praxis die Zonen 1, 2, 21 und 22. Hier spielt die Ausführung der Zündschutzart durch feste Kapselung „d" und erhöhte Sicherheit „e" eine Rolle.
Die erhöhte Sicherheit „e" garantiert Schutzmaßnahmen, die unzulässige Temperaturen und das Entstehen von Funken und Lichtbogen verhindern.
Die druckfeste Kapselung „d" umschließt alle relevanten Teile der elektrischen Betriebsmittel in Form eines Gehäuses.
Innerhalb der EG müssen die Geräte/Maschinen einer Baumusterprüfung unterzogen werden. Dies geschieht in Deutschland durch die „Physikalisch-Technische Bundesanstalt in Braunschweig – PTB".
Die Geräte und Maschinen werden mit einem CE-Kennzeichen versehen und mit dem Ex-Zeichen mit Zusatzangaben gemäß ATEX gekennzeichnet, z. B. Ex II 1 2G.

Warnschild Explosionsgefahr

Explosionsgeschützter Stapler, ausgerüstet mit elektrisch leitfähigen Reifen (antistatisch) und funkenarmen Gabelblättern

Explosionsgeschützter Schubmaststapler

Warneinrichtung in Form einer „Handhupe" mittels Pressluft an einem Ex-Stapler

Es bedeuten: „II" die Gerätegruppe, „1" die Kategorie und „2G" die Einsatzzone (Zone 0), hier Gas – gilt aber auch für D = Staub (Zone 20).

Amerikanische Kennzeichnung nach NEC 505 z. B. Class I, Zone 1, A Ex ed II c T6.

Es bedeuten: „ed" die Zündschutzart, „II c" die Explosionsgruppe und „T6" die Temperaturklasse.

Insgesamt wird für das Betriebsmittel eine Konformitätserklärung und eine Betriebsanleitung mitgeliefert.

Der Hersteller liefert in der Regel immer eine Grundversion gemäß DIN EN 1755 aus, z. B. einen Gabelstapler ausgerüstet mit Gabelzinken.

Wird die Maschine mit einem Anbaugerät, z. B. einer Papierklammer oder einem Ausleger für aufgehängte Lasten, ausgerüstet, muss sie vom Ausrüster explosionsgeschützt ausgeführt sein. Achtung aber bei Nachrüstungen: Der Grundmaschinenhersteller kann u. U. die Gültigkeit seiner Konformitätserklärung in diesem Fall widerrufen, denn z. B. die Gabelzinken sind nur am Gabelblatt aus funkenarmen Material, z. B. bronziert oder mit entsprechenden Gabelschuhen versehen.

Der Gabelrücken und das Traglastschild sind so nicht ausgeführt, denn der Hersteller geht bei bestimmungsgemäßer Verwendung davon aus, dass dort ein Kraftstoß „A" < 200 N und dadurch keine Funkengefahr auftritt.

Wird aber z. B. ein Anbaugerät montiert, das breiter als die Außenmaße des Staplers ist, kann so ein größerer Kraftstoß auch bei bestimmungsgemäßem Einsatz erfolgen, denn dadurch kann gleichzeitig ein Schleifvorgang auftreten. Die dabei auftretende Energie kann zündfähige Funken erzeugen, besonders, wenn in einer Kurvenfahrt der Körper anschlägt, z. B. mit einer Geschwindigkeit > 60 m/min (= 1 m/sec = 3,6 km/h) (s. a. Kapitel 3, Abschnitt 3.4.1, Absatz „Kinetische Energie, Kraftstoß, Impuls").

Je nach Ausführung können die Fahrzeuge in folgenden Gefahrenbereichen eingesetzt werden:

1) Ex-Schutz-Kategorie 2G, 3G (Zone 1, 2), Temperaturklasse T1 – T4
2) Ex-Schutz-Kategorie 2D, 3D (Zone 21, 22) (Staub explosionsgeschützt)
3) Explosivstoffgeschützt nach DGUV R 113-006

In der Regel können die explosionsgeschützten Flurförderzeuge, z. B. Stapler gemäß DGUV R 113-006 auch in explosivstoffgefährdeten Bereichen eingesetzt werden (s. a. Absatz „Explosivstoffgefährdete Betriebsstätten"). Gibt die Betriebsanleitung/das Datenblatt hierüber nicht eindeutig Klarheit, ist der Hersteller schriftlich zu befragen.

Der Betreiber sollte es allein mit dem Einsatz einer ex-geschützten Maschine nicht bewenden lassen.
Er sollte immer von einem möglichen Fahrfehler des Bedieners ausgehen.

Darum gibt die DGUV R 108-007 „Lagereinrichtungen und -geräte" u. a. auch für Regalständer an Regaleingängen Folgendes vor: Es ist als Schutz vor Anfahrschäden vor ihnen ein Anfahrschutz zu installieren, der mindestens einer mechanischen Energiewirkung von 400 Nm standhält (s. Abschnitt 4.1.4).

Hallendeckenpfosten, Galerieständer, Regalanfahrschutzvorrichtungen sollten daher ummantelt werden, z. B. durch bewährte Abweis-, Anstoßleisten, bei denen durch Anstoß und dgl. keine Funken erzeugt werden.

Ferner sollten Lagergeräte, wie Paletten, Behälter und Boxen, aus Holz oder Kunststoff verwendet werden. Denn was nützen funkenarme Gabelblätter, wenn eine Gitterboxpalette aus Stahl beim Aus- und Einlagern an einem Regalpfosten entlangschrammt.

Achtung!

Keine Lagergeräte oder Eckbeschläge aus Aluminium verwenden, denn vor allem beim Aufschlagen auf angerostetem/verrostetem Stahl muss mit der Entstehung zündfähiger Funken gerechnet werden.

Kunststoffgeräte müssen, wie die Räder der Flurförderzeuge mit v > 6 km/h, elektrisch leitfähig sein, z. B. bei einer relativen Luftfeuchtigkeit von 50 % ≤ 109 W oder bei 30 % ≤ 1 011 W (s. DIN EN 1755).

Grundregeln für den Einsatz

Verbotszeichen nach DGUV V 9

Neben der bereits erläuterten erforderlichen Einbindung des Flurförderzeugherstellers ist auch das Arbeitsfeld des Flurförderzeuges für eine gefahrlose Arbeit zu gestalten:

Ex-geschütztes Gerät mit zusätzlichen Schutzmaßnahmen, z. B. Kippbehälter geerdet, im Ex-Bereich im Einsatz

- Schleif-, Schweiß-, Schneid- und Schaltfunken vermeiden, sei es durch Metallbearbeitung oder Benutzung von Funksprechgeräten, Handys oder Lagereinrichtungen und -geräte.
- Rauchen und der Umgang mit offenem Licht und Feuer ist zu untersagen und entsprechend durch Verbotszeichen zu kennzeichnen.
  Achtung! Beim Waggonverschieben mit Verschiebegerät (s. Abschnitt 4.4.4) können zwischen den Antriebsrädern und dem Walzenpaar hohe Temperaturen entstehen.
- Keine Funken ziehen/erzeugen, z. B. durch Schlag des Lagergerätes, wie einer Gitterbox beim Absetzen auf eine andere Box oder Pendeln aufgehängter Lasten.
- Für ausreichende Erdung/Ableitung evtl. entstandener statischer Aufladung ist zu sorgen. Dies ist trotz elektrischer Schutzleiter notwendig. Grund: Es ist ein Potenzialausgleich innerhalb der Maschine erforderlich, z. B. für Schleifring – Gleichstrommotore.
  Es ist auch beim Einsatz von persönlicher Schutzausrüstung achtzugeben. Es sind z. B. keine Schutzhandschuhe mit Beschlagteilen aus Aluminium zu verwenden, und auf Ableitungsfähigkeit statischer Elektrizität, z. B. bei Gesichtsschutz und Schutzschürze ist zu achten (s. a. Kapitel 1, Abschnitt 1.6).
  Anmerkung: Antistatische Wirkung ist in der Regel gegeben, wenn der Oberflächenwiderstand höchstens 108 Ω (Ohm) ist (s. VDE 0510).
- Bei Maschinen mit v > 6 km/h sind antistatische Reifen, am besten mit ≤ 6 Ω Widerstand, zu verwenden. Dies sind z. B. die normalen schwarzen Reifen (mit hohem Rußanteil).

Achtung!

„Clean-Reifen" erzeugen zwar keine schwarzen Striche auf dem Fahrweg, leiten aber, wenn sie dafür nicht extra bestellt wurden, den elektrischen Strom nicht ab.

- Reifen und die Schuhsohlen vom Einsatzpersonal müssen öl- und fettfrei gehalten werden, denn Öl und Fett leiten keinen elektrischen Strom.
- Isoliert aufgehängte Lasten, z. B. durch Hebebänder, sind zu erden.
  Achtung! Auch der Stapler selbst kann die Last isolieren, wenn z. B. verwendete Gabelschuhe aus Kunststoff sind.
- Für den Einsatz ist eine Betriebsanweisung zu erstellen, die beachtet werden muss. Ferner sind

Spezialbehälter für brennbare Flüssigkeiten gewährleistet sicheren Transport

weitere Sicherheits- und Schutzmaßnahmen zu ermitteln und einzusetzen, wie z. B. aufsichtsführende Maßnahmen bei Alleinarbeiten (s. GefStoffV).

Merke

Ein Funke, und ist er noch so klein, kann eine Explosion auslösen!

In Lagern o. a. Betriebsstätten sind neben den normalen Lagervorschriften zusätzliche Vorgaben einzuhalten.

Hierzu Beispiele für die Lagerung von brennbaren Flüssigkeiten:

Lager mit Palettenumschlag:
Ohne Regale entsprechend der Belastungsfähigkeit der Einzelpalette, jedoch höchstens bis 4 m, unter der Voraussetzung der Sicherung jeder Ladung auf der einzelnen Palette.

Mit Regalen ohne Begrenzung, wenn die Regale DGUV R 108-007 „Lagereinrichtungen und -geräte" entsprechen, unter Voraussetzung der Ladungssicherung und dass die Paletten senkrecht zu den Regalauflageträgern abgesetzt sind.
Das Kommissionieren darf nur von ebener Erde aus, mit evtl. Fallhöhen von nicht mehr als 1,5 m für nicht zerbrechliche und 0,4 m für zerbrechliche Gefäße, durchgeführt werden.

Einzelfasslager:
Waagerechte Lagerung auf Rollbalken 1,5 m bis Unterkante der obersten Lage. Fässer gefüllt mit hoch- oder leicht entzündlichen Flüssigkeiten sollten jedoch grundsätzlich nur höchstens zweilagig gestapelt werden, da bei einem Herabfallen auf Beton sonst zündfähige Funken möglich sind. Die Fässer sind so zu lagern, dass sich die Füllöffnungen oben befinden.

Gesattelte und waagerechte Lagerung sollte bei brennbaren Flüssigkeiten nicht angewandt werden, da ein Herabfallen der Fässer beim Ausheben von Hand leicht möglich ist. Auch beim Ausheben durch einen Stapler besteht Beschädigungsgefahr, z. B. durch die Gabelzinken, wenn nicht ein Stapler mit hydraulischer Verstellung der Gabelzinken verwendet wird. Auch hier ist die Füllöffnung des Fasses nach oben zu legen.

Senkrechte Stapelung ist im Verbund, gesichert gegen Herabfallen, bis 4 m Höhe zulässig. Ein Zusatzgerät in Form einer Greifvorrichtung am Stapler ist hier erforderlich, wobei die Greifvorrichtung so gestaltet ist, dass ihre Greifpratzen zwischen die Sicken/Wulstringe z. B. des Fasses fassen. Dadurch entsteht eine formschlüssige Lastaufnahme. Diese Greifvorrichtung ist nicht notwendig, wenn die Fässer untereinander gesichert, z. B. umbändert, auf Paletten stehen und mit Gabelzinken transportiert werden.
Zum sicheren Transport und zum Lagern ist das Merkblatt „Sicherung palettierter Ladeeinheiten" der BG Handel und Warenlogistik (BGHW) als allgemein anerkannte Regel der Technik einzuhalten.

Welche Vorsichtsmaßnahmen sind zu treffen, um bei auftretenden Schäden die Gefahr zu beseitigen?

Im Alarmplan ist das erforderliche Vorgehen genau festzulegen. Durch Betriebsanweisungen sind klare Anordnungen zu treffen, z. B.:

1. Der Fahrer hat das Gerät sofort stillzusetzen, damit in unmittelbarer Nähe der ausgelaufenen Flüssigkeit bzw. des ausgetretenen Gases keine Zündquelle vorhanden ist.

1.1 Er darf das Gerät nicht aus der Gefahrenzone herausfahren, denn das gefährliche Gasgemisch breitet sich sehr schnell aus. Unmittelbar um den beschädigten Behälter kann sogar Zone 0 auftreten.

1.2 Er darf das Gerät erst wieder starten, wenn die Gefahr beseitigt ist.

2. Soll der Fahrer den Schaden nicht selbst beheben bzw. ab einer bestimmten Behältergröße nicht selbst beseitigen, muss er sofort den Schaden melden! Meldestellen festlegen! Nach dem ArbSchG, der BetrSichV und der DGUV V 1 ist der Fahrer und jeder Beschäftigte im Betrieb verpflichtet, Sicherheitsmängel zu melden bzw. nach Auftrag zu beseitigen.
3. Der Normalbetrieb darf erst wieder nach Freigabe durch den Verantwortlichen (Vorgesetzten, Betriebsfeuerwehr) aufgenommen werden.

Anmerkung

Der Fahrer sollte nur dann mit der Beseitigung des Schadens beauftragt werden, wenn ausreichende Fachkenntnis vorhanden ist und nur kleine Mengen, z. B. bis 20 l, ausgelaufen sind. Bei größeren Gebinden ist nach der Mittelbeseitigung ausreichende Lüftung erforderlich.

Merke

Schon die geringste Unachtsamkeit kann eine sehr gefährliche Kettenreaktion hervorrufen!

4. Explosivstoffgefährdete Betriebsstätten

Explosivstoffe sind Sprengstoffe, Treibstoffe, Zündstoffe, Anzündstoffe und pyrotechnische, z. B. Silvesterknallkörper, sowie Spreng-/Treibstoffe für andere Medien. Gegenstände mit Explosivstoff stehen den Explosivstoffen bei der Anwendung der Sicherheitsvorgaben gleich.

Für den Einsatz in Explosivstoffbetrieben dürfen nur Flurförderzeuge und deren Anhänger eingesetzt werden, die mit Schutzeinrichtungen gegen gefährliche Wechselwirkungen zwischen unverpacktem oder versandmäßig verpacktem Explosivstoff und dem Fahrzeug ausgerüstet sind. Dies gilt auch für unverpackte Gegenstände mit Explosivstoff, die nach dem Verkehrsrecht zur Beförderung auch unverpackt zugelassen sind (DGUV R 113-005).

Erfüllen die Fahrzeuge diese Forderung, werden sie als explosivstoffgeschützt bezeichnet. Explosionsgeschützte Flurförderzeuge erfüllen in der Regel ebenfalls diese Vorgaben (s. Herstellerangaben/Absatz „Explosionsgefährdete Bereiche"). Bieten die Flurförderzeuge und ihre Anhänger nur ausreichend Schutz für den Transport von versandmäßig verpacktem Explosivstoff, dann gelten sie als geschützte Fahrzeuge.

Generelle Fahrzeuganforderungen

Grundsätzlich ist bei beiden Schutzarten Folgendes zu beachten bzw. zu erfüllen:

- Es dürfen nur Flurförderzeuge mit Elektro- oder Dieselmotor betrieben werden.
- Der Dieselmotor muss vor oder hinter der Ladefläche liegen und durch eine Motorhaube abgedeckt sein.
- Die Luftansaugleitungen sind mit einem geeigneten Filter und einer geprüften Flammenrückschlagsicherung zu versehen.
- Kraftstoffbehälter und Kraftstoffleitungen müssen gegen mechanische Beschädigung und gefährliche Aufheizung, z. B. durch Motor oder Auspuff, geschützt sein.
- Die Akkubatterie muss mit einem staubdichten Deckel versehen und gegen das Eindringen von Explosivstoff geschützt sein.
- Die Ladefläche muss gegen Eindringen von Explosivstoff geschützt sein. Außerdem ist sie gegen elektrostatische Aufladung zu sichern.
- Gehäusedeckel von elektrischen Betriebsmitteln dürfen nur mithilfe von Werkzeug gelöst werden können. Sie sind ferner elektrisch leitend zu erden.
- Das Flurförderzeug ist mit einem Feuerlöscher auszurüsten.
- Die Entzündungsmöglichkeit von Explosivstoffen bei Lastbewegung muss verhindert sein.
- In besonderen Fällen sind beim Einsatz von Staplern funkenarme Gabelzinken bzw. funkenarme Aufsteckschuhe zu verwenden.
- Explosionsgeschützte und geschützte Fahrzeuge müssen mit einer Kontrollmöglichkeit für die Höchstgeschwindigkeit ausgerüstet sein. Es sei denn, die auf dem Betriebsgelände festgelegte Höchstgeschwindigkeit kann bauartbedingt mit dem Fahrzeug nicht überschritten werden.
- Die Fahrzeuge sind mit zwei Rückstrahlern auszurüsten und mit einer Sicherung gegen das Fahren mit angezogener Feststellbremse zu versehen.

Explosivstoffgeschützte Fahrzeuge – Zusatzanforderungen

- Die Oberflächentemperatur muss bei allen Teilen dieser Fahrzeuge unabhängig von der Umgebungstemperatur mindestens 40° unter der Zersetzungstemperatur des zu transportierenden oder im Gebäude vorhandenen Explosivstoffes liegen, oder es muss eine Überwachung der Temperatur am Gerät mit selbsttätiger Abschaltung vorhanden sein. Dies wäre z. B. bei Quecksilberfulminat (Knallquecksilber) mit einer Zersetzungstemperatur von +151 °C der Fall, wenn die Umfeldtemperatur ≤ +111 °C beträgt. Diese Forderung ist in der Regel durch eine maximale Oberflächentemperatur von +120 °C erfüllt.
- Zündgefahren durch elektrostatische Aufladungen dürfen durch leitfähige Teile nicht zu erwarten sein. Bremseinrichtungen dürfen keine Funken bilden können, z. B. durch funkenarme Beläge.
- Das Eindringen oder Niederschlagen von Explosivstoffstaub in/auf die Bremsanlage muss verhindert sein, z. B. durch Kapselung.
- Die elektrische Anlage muss gemäß DIN VDE 0166 installiert sein. Ladestecker können jedoch auch waagerecht eingeführt sein.
- Die elektrische Installation muss bipolar und die Pole isoliert gegenüber den Rahmen (IT-System) ausgeführt sein – Ausnahme: Isolationsüberwachungssystem und eigensichere Stromkreise: Die elektrische Einrichtung am Fahrzeug muss mit einer Isolationsüberwachungseinrichtung versehen sein und mit einer zweipoligen Abschaltung, auch für den Anlaufstrom, ausgerüstet sein. Ladestecker können jedoch auch waagerecht eingeführt sein.
- Für explosivstoffgeschützte Fahrzeuge (gemäß DIN EN 1755) ist eine erstmalige Typ- oder Einzelprüfung durch eine anerkannte Prüfstelle, z. B. die Bundesanstalt für Materialforschung und -prüfung – BAM, Berlin, bzw. in den EG-Staaten eine Technischen Überwachungsorganisation erforderlich.

Explosionsgeschütztes Mitgänger-Flurförderzeug

Geschützte Fahrzeuge – Zusatzanforderungen

- Geschützte Flurförderzeuge müssen erstmalig von einem Sachverständigen einer Typ- oder Einzelprüfung unterzogen worden sein.
- Akkubatterien müssen an geschützter Stelle eingebaut sein.
- Der Ladeanschluss muss im Gehäuse eine Staplers mit einem Sonderverschluss eingebaut sein. Metallgehäuse elektrischer Betriebsmittel und Fahrzeugkonstruktionsteile sind untereinander leitend zu verbinden. Sie dürfen aber nicht als Strombahn für betriebsmäßig fließenden Strom verwendet werden und nicht leitend mit Betriebsstrom führenden Leitungen verbunden sein.
- Die elektrische Anlage muss mit einer Abschalteinrichtung versehen sein, die den Stromkreis nahe an der Batterie unterbricht.
- Der Auspuff am Stapler ist nach oben gerichtet auszuführen und mit einem Funkenschutz zu versehen; es sei denn, der Stapler entspricht der Fahrzeugklasse B nach der Gefahrgutverordnung Straße/Eisenbahn/Binnenschifffahrt – GGVSEB.

Anhänger, sonstige Arbeitsmittel

- Ladeflächen, z. B. von Anhängern, müssen gegen elektrostatische Aufladungen gesichert und gegen das Eindringen von Explosivstoff geschützt sein.
- Kupplungseinrichtungen und Anhängerdeichseln dürfen nicht den Boden berühren können (Bodenfreiheit ≥ 200 mm). Auch bei einem evtl. Her-

unterschlagen der Deichsel aus der Horizontalen muss diese Bodenfreiheit gewährleistet sein.
- Für Fahrten in Gefällstrecken sind Unterlegkeile mitzuführen.

Bereichseinteilung der Ex-Bereiche

Der Unternehmer hat entsprechend DIN VDE 0166 „Errichten elektrischer Anlagen in Bereichen, die durch Stoffe mit explosiven Eigenschaften gefährdet sind" Bereiche einzuteilen in:

a) E1-Bereiche, in denen Explosivstoffe
   - konstruktions- oder verfahrensbedingt mit Anlagen bzw. Betriebsmitteln in Berührung kommen,
   - als Staub, Dampf, Kondensat, Sublimat oder in anderen Zustandsformen in beachtenswertem Umfang auftreten können.

b) E2-Bereiche, in denen Explosivstoffe
   - konstruktions- oder verfahrensbedingt mit Anlagen bzw. Betriebsmitteln nicht in Berührung kommen,
   - als Staub, Dampf, Kondensat, Sublimat oder in anderen Zustandsformen in beachtenswertem Umfang nur gelegentlich auftreten können.

c) E3-Bereiche, in denen Explosivstoffe
   - konstruktions- oder verfahrensbedingt mit Anlagen bzw. Betriebsmitteln nicht in Berührung kommen,
   - als Staub, Dampf, Kondensat, Sublimat oder in anderen Zustandsformen weder konstruktionsbedingt noch verfahrensbedingt auftreten können, z. B. Versandverpackungen und andere geschlossene Verpackungen.

In der Regel wird der Einsatzbereich für Flurförderzeuge in den E2-Bereich ≙ Zone 2 eingestuft (GefStoffV).

Einsatz

Kraftbetriebene Fahrzeuge/Flurförderzeuge dürfen grundsätzlich Folgendes nicht befördern und haben folgende Fahrweise zu beachten:

- Sprengöle, Zündstoffe, die nicht versandfähig verpackt sind, und pyrotechnische Sätze der Gruppe 1.
- Flurförderzeuge in Normalausführung dürfen nur zum innerbetrieblichen Transport dieser Stoffe eingesetzt werden, wenn dies bereits nach GGVSEB zulässig ist (s. a. Abschnitt 4.4.4).
- Geschützte Flurförderzeuge und ihre Anhänger dürfen nur versandmäßig verpackte Explosivstoffe und Explosivstoffe befördern, die nicht empfindlicher als Trinitrotoluol sind, wobei sie in allseitig dichten und dicht geschlossenen Behältnissen verpackt sein müssen.
- Auf explosivstoffgeschützten Fahrzeugen und deren Anhängern dürfen nur Explosivstoffe in versandmäßiger Verpackung oder in dichten und abgedeckten Behältnissen transportiert werden.
- Die Ladungen dürfen grundsätzlich nicht über die Fahrzeugbegrenzungen hinausragen.
- Beim Abwärtsfahren im Gefälle darf der Motor nicht abgestellt und nicht ausgekuppelt werden. Durch diese Maßnahmen wird auch mit dem Motor gebremst und die Bremsbeläge werden nicht übermäßig erwärmt.
- Bei Dunkelheit oder Nebel ist mit eingeschalteter Beleuchtung zu fahren.

Bei Fahrten nahe oder in explosivstoffgefährdeten Räumen ist Folgendes zu beachten:
- Normalfahrzeuge dürfen bis zu 20 m an die Räume heranfahren und müssen ohne Halt an ihnen vorbeifahren. An die Räume dürfen sie nur dann heranfahren, wenn die Explosivstoffe in den Räumen so beschaffen oder verpackt sind, dass keine Zündgefahr besteht.
- Geschützte Fahrzeuge dürfen an die gefährlichen Gebäude heranfahren, jedoch nur dann, wenn in den Gebäuden Explosivstoffe in versandmäßig verpackter Form vorliegen. Dies gilt auch für dieselbetriebene Fahrzeuge der Typen I, II und III nach GGVSEB. Geschützte Fahrzeuge dürfen in den E3-Bereich einfahren.
- Explosivstoffgeschützte Fahrzeuge dürfen ebenfalls an die Gebäude heranfahren. Hineinfahren dürfen sie, wenn die Explosivstoffe oder Gegenstände mit Explosivstoff so beschaffen oder verpackt sind, dass keine Zündgefahr besteht – E2- und E3-Bereiche.
- Transporte, von denen eine besondere Gefahr ausgeht, sind auffällig zu kennzeichnen. Beim Transport von nicht versandmäßig verpackten Explosivstoffen ist von anderen Fahrzeugen ein Abstand von mindestens 20 m einzuhalten. Dies gilt auch für die anderen Fahrzeuge zu dem Fahrzeug, das mit o. a. Gut beladen ist.
- Abgestellte Fahrzeuge sind bei Dunkelheit zu be-

leuchten. Auf Gefällstrecken sind sie neben der angezogenen Feststellbremse zusätzlich mit Unterlegkeilen gegen unbeabsichtigtes Wegrollen zu sichern.

Verkehrswege

Verkehrswege sind so anzulegen, dass sie einen gefahrlosen Gegenverkehr gewährleisten, oder es sind Ausweichstellen vorzusehen bzw. Einbahnstraßenbetrieb auszuweisen (Beschilderung).
Einmündungen müssen übersichtlich sein. Steiles Gefälle (≥ 10 %) ist zu vermeiden (s. a. Abschnitt 4.1.1.1).

Betriebs-Kontrollbuch, Betriebsanweisung

Für jedes kraftbetriebene Flurförderzeug (DGUV V 68), Landfahrzeug (DGUV V 70) und ihre Anhängern sind die Wartungsarbeiten zu dokumentieren. Hierzu kann das „Betriebs-Kontrollbuch für Flurförderzeuge" (zu beziehen beim Resch-Verlag) verwendet werden.

Jedem Flurförderzeugführer ist die gesonderte Betriebsanweisung für diese Tätigkeiten zur Kenntnis zu bringen.

Selbstverständlich ist wie beim Einsatz im Ex-Bereich ein Alarmplan zu erstellen.

Zusatzausbildung

Eine Zusatzausbildung/„Spezialfortbildung" müssen Fahrer erfolgreich absolvieren, die Güter oder Lasten transportieren oder mit ihnen umgehen,

- die brand- und explosionsgefährdet sind
- bei denen Giftstoffe freiwerden können
- die sich in Bereichen befinden, die brand- und explosionsgefährdet sind oder in denen Giftstoffe freiwerden können (s. a. Kapitel 1, Abschnitt 1.5.5, Absatz „Spezialfortbildungen").

Eine solche Spezialausbildung ist z. B. nach den Technischen Regeln für den Umgang mit Gefahrstoffen (z. B. trennbare Flüssigkeiten) ausdrücklich vorgeschrieben (s. GefStoffV oder TRGS 400).

Sicherheitskennzeichen

Es nutzen die besten technischen Einrichtungen und Maßnahmen nichts, wenn die Beschäftigten die Betriebsanweisung nicht befolgen und die Sicherheitskennzeichen im Betrieb nicht beachten. Die Bedeutung und die Notwendigkeit der Beachtung dieser Zeichen muss darum auch Bestandteil der o. a. Zusatzausbildung sein (s. a. Abschnitt 4.3, Absatz „Sicherheits- und Gesundheitskennzeichen am Arbeitsplatz").

Kennzeichnung eines Bereiches mit explosionsfähiger Atmosphäre (nach ASR A1.3)

Zusammenfassung

Die Sicherheitsmaßnahmen für die vier erläuterten Betriebsstätten, die besonders gefahrenexponiert sind, wurden deshalb so eingehend beschrieben, weil sie für andere Betriebsstätten je nach Gefährdung modifiziert und in abgewandelter Form als Muster herangezogen werden können.

Merke

Nur für den Gefährdungsgrad hergerichtete Flurförderzeuge verwenden, auch für Kurzeinsätze!
Sicherheitskennzeichen beachten!

4.2.4 Umgang mit gefährlichen Gütern

Im Abschnitt 4.2.3 wurde bereits auf die Notwendigkeit von Vorsichtsmaßnahmen beim Umgang mit gefährlichen Gütern eingegangen.
Diese Güter kommen jedoch nicht nur in diesen Betriebsstätten vor. Sie sind vielerorts anzutreffen. Sie werden z. B. in Speditionen, auf Bahnhöfen und in Häfen umgeschlagen, als Grundstoffe in Fabrikationsbetrieben angeliefert oder in landwirtschaftlichen Lagerhäusern bzw. in chemischen Betrieben gelagert und verarbeitet. Hierbei sind die Transportvorschriften in den Gefahrgutverordnungen See einerseits und Straße, Eisenbahn und Binnengewässer andererseits sowie der Gefahrgutbeauftragtenverordnung zu beachten sowie die Umschlags- und Lagerungsbestimmungen in der Gefahrstoffverordnung und den Technischen Regeln sowie den Hafenverordnungen einzuhalten.

Grundsätzliches für den Transport und die Lagerung von gefährlichen Gütern:

Vor dem Umschlag, dem Transport oder der Lagerung von Gefahrgütern hat der Unternehmer die Maßnahmen festzulegen, die erforderlich sind, um einer Gefährdung der Beschäftigten (Flurförderzeugführer) vorzubeugen.

Umgangsratschläge und Entscheidungshilfen geben das Chemikaliengesetz und die Gefahrstoffverordnung in Verbindung mit den Anhängen I bis III (Liste eingestufter gefährlicher Stoffe und Zubereitungen) sowie die Technischen Regeln für Gefahrstoffe (s. TRGS 220).

Zusätzlich sind die verkehrsrechtlichen Vorschriften über die Beförderung gefährlicher Güter, nach denen diese Stoffe auch einzustufen und zu kennzeichnen sind, zu Rate zu ziehen.

Informationsblätter der Hersteller geben darüber hinaus meistens eine gute Information über die Stoffe. Die Hersteller und Importeure sind gern bereit, diese Blätter zur Verfügung zu stellen. Man sollte auf diese Informationen nie verzichten!
Informationsschriften der einschlägigen Literatur, z. B. „Gefährliche Stoffe", „Gefahrgutschlüssel" und Merkblätter „Gefährliche Arbeitsstoffe" von Kühn-Birett, sogar in verschiedenen Sprachen, helfen Symbole, Kennziffern und Bezeichnungen leichter zu verstehen.

Die Informationen und Daten von Gefahrstoffen sind für die Maßnahmen zum Arbeits- und Gesundheitsschutz sehr wichtig. Besonders spielen die Konzentrationen der Stoffe und deren Einwirkungsart und -dauer eine maßgebende Rolle.

Ausschlaggebend ist der sog. Arbeitsplatzgrenzwert – AGW. Das ist der Grenzwert für die zeitlich gerichtete durchschnittliche Konzentration eines Stoffes in der Luft am Arbeitsplatz. Er gibt an, bis zu welcher Konzentration eines Stoffes akute oder chronische schädliche Auswirkungen auf die Gesundheit von Beschäftigten im Allgemeinen nicht zu erwarten sind (§ 2 Abs. 7 GefStoffV). Beurteilungsgrundlage ist eine täglich 8-stündige und wöchentlich 40-stündige Exposition (Ausgesetztsein) in vier aufeinander folgenden Wochen.

Gefahrstoffe, Gefahrgut

Gefahrstoff = Stoff, Gemisch und Erzeugnis, der bestimmte physikalische oder chemische Eigenschaften besitzt, die für Mensch oder Umwelt gefährlich sein können, z. B. giftig, reizend, ätzend, krebserzeugend, leichtentzündlich oder umweltgefährlich.

Gefahrgut = gefährliche Güter = Stoffe und Gegenstände, von denen aufgrund ihrer Natur, ihrer Eigenschaften oder ihres Zustandes im Zusammenhang mit der Beförderung Gefahren für die öffentliche Sicherheit oder Ordnung, v.a. für die Allgemeinheit, für wichtige Gemeinschaftsgüter, für Leben und Gesundheit von Menschen, Tieren und Sachen ausgehen können (s. § 2 Satz 1 GGBefG).

Vereinfacht gesagt ist Gefahrgut ein Gefahrstoff, der transportiert wird.

Es sind Stoffe, die in der Gefahrstoffverordnung – GefStoffV als solche bezeichnet sind. Aus den Beförderungspapieren oder durch die Kennzeichnung des Gebindes (Gefahrgutzettel) erkennt man, ob es sich um ein gefährliches Gut bzw. um einen Gefahrstoff handelt.

Gasflaschen in Gestell mit hohen Seitenwänden transportiert und langsam verfahren. Sichtkontakt zur Last ist hier aufgrund der Gefährlichkeit angebracht.

Die Kennzeichen der gefährlichen Stoffe (Symbole/Piktogramme) haben alle eine besondere Bedeutung. Nachstehend sind die wichtigsten Symbole abgedruckt.

Merke

Die Kennzeichen gefährlicher Stoffe haben Bedeutung für unsere Gesundheit! Es gilt sie zu beachten!

Neue Gefahrensymbole

Auf der Grundlage des „Globally Harmonized System of Classification, Labelling and Packaging of Chemicals" – GHS ist in der EU ein einheitliches System zur Kennzeichnung/Einstufung von Chemikalien in Bezug auf die Gefahren beim Umgang mit ihnen geschaffen worden.

Zu einem Gefahrenpiktogramm kann auch (zusätzlich) das Ausrufezeichen – GHS07 oder als Warnung bei Gesundheitsgefahr das Zeichen GHS08 verwendet werden.
Beim Umgang/Transport mit/von gefährliche Gütern und Gefahrstoffen, aber auch von sonstigen Gütern, die für ihren Transport nicht den einschlägigen Gefahrgutvorschriften, unterliegen, u.a. quarzhaltiger Staub und begaste Container, ist besonders und umsichtig zu Werke zu gehen sowie entsprechende Fachkunde erforderlich.

Ladekästen, Fasspaletten und Gestelle mit ausreichend hohen Seitenwänden haben sich, z.B. für Gasflaschen und Behälter, bewährt.

Der Unternehmer oder dessen Beauftragter hat dafür zu sorgen, dass Gefahrgüter/Gefahrstoffe nur dann umgeschlagen, transportiert und gelagert werden, wenn sie nach den einschlägigen Vorschriften verpackt und gekennzeichnet sind.
Ist das Gefahrgut/Gefahrstoffe nicht entsprechend verpackt (auch fehlende Kennzeichnung), ist unter besonderen Sicherheitsmaßnahmen zu entladen. Gefahrgut/Gefahrstoffe ist/sind bis zur Herrichtung der vorschriftsmäßigen Verpackung so zu lagern, dass eine Gefährdung der Beschäftigten und Dritter vermieden ist (s.a. Abschnitt 4.1.2.2).

Mit Gefahrgut in loser Schüttung darf nur umgegangen werden, wenn hierbei keine Gefahrstoffe freiwerden können. Kann dies der Fall sein, darf erst

Gefahrensymbole nach GHS mit sog. „Signalwörtern" aus DGUV I 213-034 „GHS-Global Harmonisiertes System zur Einstufung und Kennzeichnung von Gefahrstoffen"

Zusammenlagerung von Gefahrstoffen

Einzelgüter sicher zu einer Ladeeinheit verstaut

mit der Arbeit begonnen werden, wenn sichergestellt ist, dass eine Gefährdung durch die Gefahrstoffe beseitigt ist oder Maßnahmen getroffen sind, die eine Gefährdung, z. B. der Staplerfahrer, vermeiden. Beim Umschlag, z. B. von kontaminierten Böden, kann ein Stapler mit einer Fahrerkabine notwendig sein, die im Inneren unter Überdruck steht bzw. deren Zuluft (Frischluft) so gefiltert wird, dass sie für den Staplerfahrer gesundheitlich unbedenklich ist (s. a. Abschnitt 4.2.2, Absatz „Dieselmotor").

Asbest darf in loser Schüttung nicht transportiert oder gelagert werden.

Vor dem Ladevorgang von verpackten Gütern hat der Unternehmer oder dessen Beauftragter zu prüfen, ob Gefahrgut aus der Verpackung ausgetreten ist. Ist dies der Fall, ist die Gefährdung für die Beschäftigten vor dem Einsatzbeginn zu beseitigen.

Das Gefahrgut ist übersichtlich (nach Gefahrklasse möglichst getrennt mit Abstand) so zu lagern, dass keine Gefährdung für die Beschäftigten auftritt. Durch regelmäßige Kontrollgänge ist die intakte Lagerung zu kontrollieren.

Anmerkung

Für bestimmte Gefahrgüter gibt es Vorschriften für eine Zusammenlagerung, auch mit anderen Stoffen.

Die Lade- und Lagerarbeiten sind durch mindestens eine fachkundige Person zu beaufsichtigen (s. Kapitel 1, Abschnitt 1.4).

Der Umschlag, z. B. von verpacktem Gefahrgut, erfordert über den grundsätzlichen fachgerechten Einsatz von Flurförderzeugen zusätzliche Sicherheitsvorkehrungen und -maßnahmen. Hierzu einige wichtige Beispiele:

- Nur Lastaufnahmeeinrichtungen einsetzen, die die Verpackung nicht beschädigen.
- Für aufzuhängende Lasten nur Anschlagmittel, z. B. Hebebänder oder Ketten, mit großer Dehnung (≥ 25 %) oder kombinierte Anschlagmittel (Ketten-Seil, Ketten-Hebebänder) verwenden. Lastaufnahmemittel, die verpackte Güter ausschließlich durch Magnet-, Reib- oder Saugkräfte (Kraftschlüssigkeit, s. a. Abschnitt 4.3, Absatz „Lastaufnahme aufzuhängender Lasten") halten, nicht verwenden.
- Gefährliche Güter, deren Verpackung beschädigt ist, dürfen nur mit Lastaufnahmemitteln aufgenommen werden, die ein Ausfließen oder Auslaufen der Stoffe verhindern.

Zur Beseitigung von freigewordenem Gefahrgut sind nur Personen zu beauftragen, die

- über die erforderliche Fachkunde verfügen (Unterweisung, z. B. durch den Gefahrgutbeauftragten – Sicherheitsberater),
- mit den erforderlichen Hilfsmitteln und Schutzausrüstungen, wie Schutzanzug, Schutzhandschuhe, Augenschutz und Atemschutz, ausgerüstet sind, die selbstverständlich getragen werden müssen,
- einer arbeitsmedizinischen Vorsorgeuntersuchung unterzogen worden sind und hierbei keine gesundheitlichen Bedenken festgestellt wurden (s. Kapitel 1, Abschnitt 1.5). Die Personen, die für das Beseitigen freigewordenen Gefahrgutes und freigewordener Gefahrstoffe vorgesehen

sind, sind vor einem Einsatz und in regelmäßigen Zeitabständen (Kontrolluntersuchungen) durch einen Arzt mit arbeitsmedizinischer Fachkunde untersuchen zu lassen.

Selbstverständlich gilt oben Genanntes auch für den Umgang mit sonstigen Gütern, wenn hierbei Gesundheitsgefahren durch Gefahrstoffe oder Gefahrgüter mit biologischen Einwirkungen auftreten können.

Stapler, ausgestattet für den Einsatz in einem Warmbetrieb

Transport feuerflüssiger Massen/ gefährlicher Flüssigkeiten

Für den Transport von feuerflüssigen Massen müssen Flurförderzeuge besonders eingerichtet sein.

- Die Stellteile für das Bewegen der feuerflüssigen Masse müssen so gestaltet, gesichert oder angeordnet sein, dass sie nicht unbeabsichtigt betätigt werden können.
- Die Senkgeschwindigkeit des Lastaufnahmemittels darf 0,2 m/sec nicht überschreiten können.
- Der Fahrerplatz muss dem Fahrer ausreichend gegen Wärmestrahlung, Flammen und herausspritzende Massen Schutz bieten, u. a. durch eine Frontscheibe aus Wärmeschutzglas.
- Die Transportgefäße müssen Aufnahmeeinrichtungen haben, die ein unbeabsichtigtes Lösen vom Lastaufnahmemittel verhindern und die bestimmungsgemäß auftretenden Kräfte sicher aufnehmen können.
- Kupplungen der Energiezufuhr dürfen eine unbeabsichtigte Trennung nicht ermöglichen.
- Rohr-/Schlauchleitungen müssen gegen Beschädigungen ausreichend gesichert oder entsprechend verlegt sein.
- Kraftstoffbehälter und deren Einfüllstutzen müssen so angeordnet sein, dass sich der Kraftstoff durch Hitzeeinwirkung nicht entzünden kann.

Kübel zusätzlich mit einer Kette am Gabelträger gegen Abrutschen (Trägheitskraftwirkung) gesichert

Auf schrägen Ebenen nicht transportieren.
Gründe: Durch Trägheitskräfte kann der Schwerpunkt wandern und der Stoff wegen waagerechter Oberflächen aus-/überlaufen.

Bis auf Schutz gegen Hitze sollten diese Vorkehrungen auch für Transporte von anderen gefährlichen Flüssigkeiten und Massen, wie ätzende Stoffen, getroffen werden.

Stapler für den Einsatz in einer Gießerei mit Feinstaubfilter für das Hydrauliköl. Es filtert Teilchen bis 3 μ heraus.

Achtung!

Das zulässige Gewicht des vollgefüllten Gefäßes darf auch bei Zunahme seines Fassungsvermögens, infolge Verschleißes seiner Aufmauerung, die wirkliche Tragfähigkeit des Staplers nicht überschreiten! Wegen der Gefahr des Überschwappens der Flüssigkeit/Masse sollte das Gefäß nicht bis an den Rand gefüllt werden (2⁄3 Füllung ist gut). Ein Transport mit Deckel auf dem Behälter sollte stets angestrebt werden.

Gefäße für den Transport von feuerflüssigen Massen oder anderen gefährlichen Stoffen sind so am Lastaufnahmemittel zu befestigen, dass sie sich nicht unbeabsichtigt lösen können.

Merke

Alle Lastbewegungen sollten möglichst „sanft" durchgeführt werden!

Immissionen an Einsatzorten

Dämpfe und Stäube können auf den Flurförderzeugführer körperschädigend einwirken.

In der Regel werden diese Gefahr-/Schadstoffe in den Betrieben an der Entstehungsstelle durch eine primäre Schutzmaßnahme abgesaugt (s. a. GefStoffV und DGUV R 109-002 „Arbeitsplatzlüftung – lufttechnische Maßnahmen"). Nicht immer ist dies jedoch 100 %ig möglich, z. B. beim Beschicken von Öfen, Prozessorbehältern, Desinfizierräumen oder bei Einsätzen auf Deponien (s. a. DGUV R 101-004 „Kontaminierte Bereiche") und in Biostoffverwertungsbetrieben.
Bei solchen Tätigkeitsfeldern ist es, wenn der AGW überschritten wird, erforderlich, auf die Gefahren abgestellte persönliche Schutzausrüstung – PSA bereitzustellen (§ 9 Abs. 3 GefStoffV). Sie sind von den Fahrern zu tragen.

Vorfilter zur Entlastung des Luftfilters für den Motor in staubintensiven Betrieben

Beim Einsatz von Staplern, Schleppern oder Wagen ist es jedoch besser, den Fahrer durch eine Kabine, ausgerüstet mit einem Luftfilter in Form einer Klimaanlage, zu schützen (s. a. § 8 GefStoffV). Hier sind die Filter auf die gefährlichen Stoffe abzustellen.

Allgemein bekannt ist die Gefahr durch Lösemitteldämpfe in der Atemluft die u. a. in Farben oder dgl. enthalten sind.

Auftretender Staub wird dagegen in seiner Gesundheitsgefährdung nicht selten unterschätzt. Staub ist eine durch mechanische Prozesse oder Aufwirbelungen entstehende Verteilung fester Stoffe in der Luft (oder in anderen Gasen) in Form feinster fester Teilchen. Er zeichnet sich dadurch aus, dass er längere Zeit schweben kann. Dies macht ihn auch, wenn es sich um Gefahrstoffe handelt, so gefährlich, da er über den Körper leicht aufgenommen werden kann (s. TRGS 900).

Anmerkung

Staub kann durch Einatmen bis in die tieferen Atemwege vordringen. Quarzstaub ist ein mineralischer Staub.

Unterschieden wird der Staub in einer alveolengängigen A-Fraktion, A-Staub (früher Feinstaub genannt) und einer einatembaren E-Fraktion, E-Staub (früher Gesamtstaub genannt).

Anmerkung

Mineralischer Staub ist ein Staub, der beim Umgang mit vorkommenden Mineralien und Gesteinen, insbesondere bei deren Gewinnung, Be- und Verarbeitung oder beim Umgang mit Stoffen, Zubereitungen und Erzeugnissen aus diesen entsteht (s. TRGS 559 Mineralischer Staub). So beträgt der Luftgrenzwert für mineralische Stäube derzeit 10 mg/m³.

Sind in der Atemluft Lösemittel vorhanden, ist daran zu denken, dass bei einfachen Filtern zwar die Farbpartikel aus der Luft herausgefiltert werden, die Lösemittel aber nicht. Hier müssen Kohleschichtfilter verwendet werden.
Bei der Ausrüstung der Flurförderzeuge mit Kabinen ist zu prüfen, ob eine wirkungsvolle Abdichtung/-schirmung erreicht wird. Oft ist eine Überdruckkabine unumgänglich.

Für die Ausführung von Kabinen für den Einsatz in den erläuterten Bereichen sollte die DGUV I 201-004 „Fahrerkabinen mit Anlagen zur Atemluftversorgung auf Erdbaumaschinen des Tiefbaus" herangezogen werden.

In jedem Fall hat der Betreiber dem Hersteller für die infrage kommenden Maschinen mit Kabine Vorgaben/das Ergebnis der Gefährdungsbeurteilung gemäß § 3 BetrSichV in Verbindung mit TRGS 402 – Ermitteln und Beurteilen der Gefährdungen bei Tätigkeiten mit Gefahrstoffen, inhalative Exposition sowie Dokumentation gemäß § 5 ArbSchG und § 6 GefStoffV mitzuteilen.

Als Hilfsmittel für eine Gefährdungsbeurteilung kann die TRGS 559 „Mineralischer Staub" herangezogen werden.

Wirksamer Gesundheitsschutz, hier des Fahrpersonals, ist jedoch nur gewährleistet, wenn die Fahrer dieser Maschinen die Betriebsanleitung der Maschine und die Betriebsanweisung des Betreibers gemäß § 14 GefStoffV beachten.

Selbstverständlich ist die Wirksamkeit der Schutzmaßnahmen/die Einhaltung der Luftgrenzwerte zu überprüfen/zu überwachen (s. a. § 3 Abs. 1 ArbSchG und TRGS 402 Anhang 4).

Zusammenfassung

1. Für die Beschäftigten ist eine Betriebsanweisung zu erstellen. Sie ist in verständlicher Sprache, erforderlichenfalls in deren Muttersprache, abzufassen. Hierzu können u. a. die H- und P-Sätze herangezogen werden, die auch im Sicherheitsdatenblatt des Gefahrstoffes angegeben sind.
   In der Betriebsanweisung sind insbesondere anzugeben:

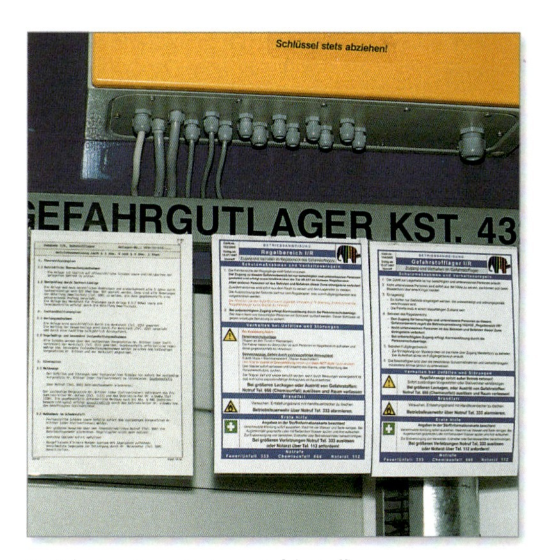

Betriebsanweisung in einem Gefahrstofflager

Gesicherte Ladeeinheiten (Säure) sachgerecht zum Abholen bereitgestellt.

   - Gefahren für Mensch und Umwelt,
   - Schutzmaßnahmen und Verhaltensregeln,
   - Verhalten im Gefahrenfall,
   - Erste Hilfe,
   - sachgerechte Entsorgung innerhalb des Betriebes.

   Die Betriebsanweisung ist den Beschäftigten am besten schriftlich auszuhändigen.

2. Entlade-, Stapel- und Lagerungshinweise auf der Ladung und den Begleitpapieren sind zu beachten.

3. Bei Austritt von Stäuben oder Flüssigkeiten, so weit sie als gefährlich gekennzeichnet sind, ist

sofort der Vorgesetzte zu benachrichtigen. Die Verpflichtung ist für jeden in der DGUV V 1 festgelegt (s. Kapitel 1, Abschnitt 1.1). Notfalls ist die Arbeit bis zur Entscheidung der Betriebsleitung zu unterbrechen.

4. Wenn erforderlich, ist eine entsprechende persönliche Schutzausrüstung bereitzustellen und zu tragen.

Warnung vor ätzenden Stoffen

Hinweis auf das Tragen von Handschutz

Achtung beim Tragen von Kontaktlinsen! Gefahrstoffe, auch deren Dämpfe, können sich hinter den Linsen festsetzen und schwere Verletzungen hervorrufen. Hierfür genügen schon einige Sekunden. Außerdem können sich Kontaktlinsen auf dem Augapfel verschmelzen. In jedem Fall ist ein Arzt zu Rate zu ziehen (s. a. Kapitel 1, Abschnitt 1.6, Absatz „Weitere persönliche Schutzausrüstungen – PSA“).

Anmerkung

Der Gefahrgutbeauftragte – Sicherheitsberater steht uns bei der Lösung und Erfüllung der o. a. Aufgaben mit Rat und Tat zur Seite.

5. Die Güter sind sachgerecht zu transportieren und zu lagern (s. a. Merkblatt „Sicherung palettierter Ladungseinheiten“). Sie sind vor aggressiven Stoffen zu schützen, erforderlichenfalls trocken und bei Temperaturen von ca. +5 °C bis +35 °C zu lagern.

6. Staubentwicklung ist besonders bei Massengut zu verhindern.

7. Für den Störfall beim Umgang mit Gefahrstoffen müssen von der Betriebsleitung genaueste Verhaltensanweisungen für die Beschäftigten erstellt werden. Sie sind diesen Personen in einer Erst-/Ad-hoc-Unterweisung zu erläutern und am besten zusätzlich durch Aushang bekanntzugeben.

Merke

Sich vor Umgang mit gefährlichen Stoffen über die möglichen Gefahren, die von ihnen ausgehen können, informieren! Betriebsanweisungen befolgen!

8. Tritt eine Störung auf, sind die Betriebsanweisungen für die Beseitigung des Gefahrstoffes genauestens einzuhalten. Auf alle Fälle gilt es, Ruhe zu bewahren, das Flurförderzeug stillzusetzen und den Schaden dem Vorgesetzten zu melden. Der Alarmplan ist zu beachten.

9. Die Beschäftigten sind hierüber mindestens einmal jährlich zu belehren.

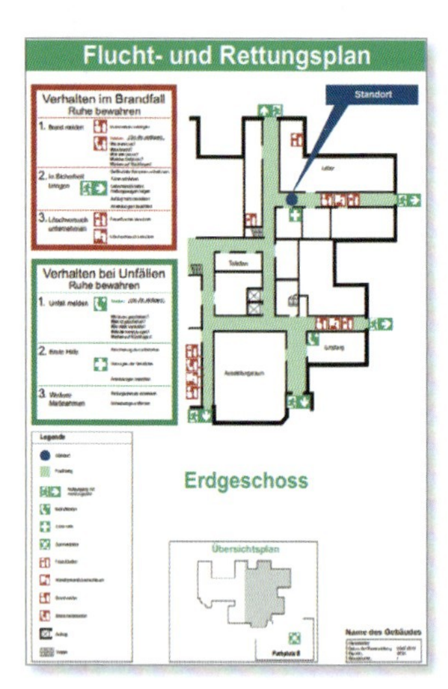

Flucht- und Rettungsplan im Betrieb

Alarmplan

Ein Alarmplan ist zu erstellen und den Beschäftigten bekanntzugeben.

Hauptbestandteile der Brandgase sind immer Kohlendioxid (CO_2), Kohlenmonoxid (CO) und Wasserdampf (H_2O).

Achtung!

Die bei Bränden entstehenden Brandgase sind grundsätzlich als Atemgifte einzustufen!

Brennen schwefel-, chlor- oder stickstoffhaltige Stoffe, muss mit der Entwicklung giftiger Gase und

Dämpfe, wie Schwefeldioxid, Chlorwasserstoff und Stickoxiden, ja sogar mit Blausäure, gerechnet werden. Hier gilt es besonders, den Alarmplan zu beachten.

Ist jemand verunglückt und dabei mit dem Gefahrgut/-stoff in Berührung gekommen, bzw. besteht der Verdacht, dass derjenige sich vergiftet hat, sind alle greifbaren Angaben über den gefährlichen Stoff zum Unfallarzt mitzunehmen oder unverzüglich nachzuliefern.

Anmerkung

Die TRGS 201 „Einstufung und Kennzeichnung bei Tätigkeiten mit Gefahrstoffen" gibt dem Unternehmer bzw. Verantwortlichen wichtige Hinweise im Hinblick auf den Umgang mit diesen Stoffen.

Merke

Tritt ein Schaden ein, Ruhe bewahren und nach Alarmplan handeln!

Zusatzausbildung

Wie für Fahrer, die z. B. in explosionsgefährdeten Betriebsstätten eingesetzt werden, eine Zusatzausbildung vorgeschrieben ist, ist sie für die Fahrer, die mit gefährlichen Stoffen oder Gütern umgehen, ebenfalls erforderlich.

Fort-/Weiterbildung

In keinem Einsatzbereich sind Fort-/Weiterbildungen so wichtig wie beim Umgang mit gefährlichen Stoffen oder Gütern, denn jeder von uns spürt, wie rasant noch immer die Entwicklung chemischer Produkte voranschreitet.

Neue Stoffe kommen auf den Markt, und in der Anwendung befindliche Stoffe werden in ihrer Wirkung und damit in ihrer chemischen Zusammensetzung und stattfindenden Reaktionen verbessert. Der Umfang einer normalen Unterweisung zur Abwendung von Gefahren bei fehlerhaftem Umgang mit ihnen reicht oft nicht aus.

Merke

Sonderzusatzausbildungen/Unterweisungen und Fort-/Weiterbildungen des Personals sind je nach Einsatzaufgabe unabdingbar (s. a. Kapitel 1, besonders die Abschnitte 1.4 und 1.5.1 bis 1.5.7)!
Das Einsatzpersonal darf die Teilnahme an den Seminaren nicht versäumen, will es weiter in diesem Arbeitsbereich tätig sein und sicher arbeiten!

19. Grundsatz

- → Nur geschultes Personal im Umgang mit gefährlichen Gütern/ Stoffen einsetzen!
- → Nur Stapler einsetzen, die für diesen Einsatz zugelassen sind. Dies gilt auch für Kurzeinsätze!
- → Schutzabstände bei der Lagerung von Gütern und des Staplers zu den Gütern einhalten!
- → Sich vor dem Umgang mit gefährlichen Stoffen/Gütern über die möglichen Gefahren, die von ihnen ausgehen können, informieren!
- → Kennzeichnung der Stoffe/Güter beachten!
- → Ggf. geeignete persönliche Schutzausrüstung – PSA bereitstellen und tragen!
- → Ausbildungstermine stets wahrnehmen!

4.3 Lastumgang

Lastgestaltung

Im Kapitel 1, Abschnitt 1.2 wurde erläutert, dass in erster Linie der Gabelstaplerfahrer für den sicheren Transport der von ihm aufgenommenen Last verantwortlich ist. Unter diesem Gesichtspunkt muss der Fahrer mit seinem Ladegut umgehen. Erscheint ihm eine Ladung nicht sicher, so muss er seinen Vorgesetzten benachrichtigen, wenn er die Ladung nicht selbst unfallsicher herrichten kann, wozu er aber beauftragt sein muss.

Kann die Ladung nicht sicher gestaltet werden, muss er den Transport ablehnen (s. §§ 15 und 16 ArbSchG und DGUV R 108-007 „Lagereinrichtungen und -geräte, Nr. 5.1.6).

Das Festhalten von Lasten durch Personen ist, außer bei aufgehängten Lasten unter Einhaltung besonderer Sicherheitsmaßnahmen, z. B. Führung der Last mittels Halteseilen/-stangen, in hohem Grade unfallgefährlich und daher nicht zulässig (s. Kapitel 2, Abschnitt 2.4.2, Absatz „Pendelbewegungsbeendigung").

Für die Lastgestaltung ist in erster Linie der Unternehmer verantwortlich.

Bei der Auswahl von Paletten, Behältern und dgl. ist zu prüfen, ob der zur Verfügung stehende Stapler diese auch sicher transportieren kann. Evtl. sind Zusatzeinrichtungen, wie Anbaugeräte oder andere Stapler notwendig. Die zulässige Höhe einer Last ist u. a. abhängig vom Staplertyp, der Sitzhöhe usw. Die Breite ist wesentlich von der Verkehrswegebreite abhängig.

Bei diesem Lastentransport muss vorher wegen der immensen Breite der Last abgeklärt werden, wo gefahren wird.

Die erwünschte Umschlagleistung darf bei all den o. a. Vorgaben nur eine untergeordnete Rolle spielen.

Paletten und Behälter

Durch die Vielzahl der Güter, die z. B. mit einem Gabelstapler aufgenommen werden müssen, ist ein großes Sortiment von Paletten, palettenähnlichen Gebilden und Behältern erforderlich. Das Angebot der einschlägigen Industrie kommt allen Wünschen weitgehend entgegen.

Leitsatz bei den Konstruktionen sollte weitgehend die palettenähnliche Grundkonstruktion sein, die die Aufnahme durch die Gabel des Gabelstaplers gewährleistet, ohne dass der Stapler umgerüstet werden muss. Sie müssen den Regeln der Technik entsprechen und bei sachgerechter Benutzung nur einem normalen Verschleiß unterliegen.

Paletten mit Aufsteckvorrichtungen dürfen nur dann zum Übereinanderstapeln verwendet werden, wenn gefahrloses Aufeinandersetzen und ausreichende Sicherung beim Stapeln gewährleistet ist.

Lagergeräte müssen als Sicherheit gegen Bruch mindestens dem Zweifachen der vorgesehenen Belastung (Summe der zulässigen Nutzlasten und Summe der Eigengewichte) standhalten. Bei der Stand- und Tragsicherheit ist eine ausreichende Eigensteifigkeit in Längs- und Querrichtung zu gewährleisten.

Es ist unabhängig von ihrer jeweiligen Beladung eine Horizontalkraft von 1/50 der Gewichtskraft vom Lagergerät der Stapeleinheit an ihren jeweiligen Aufstandsflächen sowie eine zusätzliche Horizontalkraft von mindestens 150 N in Höhe der obersten Aufstandsfläche anzusetzen. Die Sicherheit gegen Umkippen muss mindestens zweifach sein.

An Stapelbehältern, auch Gitterbox- und Einwegpaletten und Stapelhilfsmitteln, muss durch den Hersteller oder Importeur angegeben sein:
- Eigengewicht
- Name des Herstellers oder Importeurs
- zulässige Nutzlast auf Palette (max. Tragfähigkeit)

Behälter mit Korb auf Euro-Paletten stapelbar aufgenagelt

- zulässige/max. Auflast
- Baujahr

Die Einwegpalette oder der Einwegbehälter ist als solcher zu kennzeichnen, z.B.: Nur Einweg!

Die Aufsetzflächen der Paletten dürfen nicht zu knapp gewählt werden. Sind die Auflageflächen zu knapp bemessen, kann es beim Übereinandersetzen, z.B. von Behälterstapeln, leicht zu unsicheren Stapeln kommen, die ein Einstürzen nach sich ziehen können. Seitlich angebrachte, schräge Einführungslaschen bei Behältern haben sich bewährt.

Es muss eine Betriebs- und Gebrauchsanweisung vorliegen, aus der die Angaben über Nutzlast, Auflast und ggf. der Stapelhöhe ersichtlich sind (s.a. Abschnitt 4.1.3).

Lastsicherung

Am sinnvollsten und rationellsten ist die Sicherung, die vom Hersteller angebracht wird und bis zum Verbraucher bzw. Kleinverteiler wirkungsvoll bleibt. Hier bieten sich Schrumpffolie, Verpacken und Verspannen von Gütern auf Einwegpaletten, Befestigen von Einzelwerkstücken und Schwergütern auf Einwegpaletten an.

Die erhöhten Kosten der Verpackung können auf dem Wege einer Umlage von allen Beteiligten aufgefangen werden. In jedem Falle sind die Kosten, die beim Transport eingespart werden, wesentlich

Einzelstück auf der Palette verzurrt.

höher als die Umlagekosten. Der Sicherheitswert wird praktisch gratis mitgeliefert und ist nicht zu unterschätzen, denn ein gebrochener Fuß eines Lagermitarbeiters, kostet den Betrieb an Ausfallzeiten und Lohnkosten ein Vielfaches der Verpackung incl. ihrer Entsorgung.

Lastsicherungsmöglichkeiten

Güter werden auch durch Umreifung unter der Palette hindurch gesichert. Damit die Umreifung beim Aufnehmen der Palette durch die Gabelzinken nicht zusätzlich gespannt wird, sollten die Paletten möglichst immer in Längsrichtung aufgenommen werden, denn sonst erfolgt eine zusätzliche Spannung der Bänder, da diese durch die obe-

Säcke mit Schüttgut zu einer Einheit verbunden.

Die oberste Lage der Getränkekisten ist durch Spannschnur gesichert. Aufgrund örtlicher Gegebenheiten (Bordstein) ausnahmsweise Drehen mit angehobener Last erlaubt – aber langsam und behutsam!

Last mittels Folien zu „größeren" und damit sichereren Ladeeinheiten verpackt

ren Unterbretter nicht ganz dicht an den oberen Brettern der Palette anliegen. Da die Aufnahme der Palette in Längsrichtung nicht immer möglich ist, sollte die zu erwartende zusätzliche Spannung der Umreifung bei Queraufnahme bei der Wahl der Verpackung und der Festigkeit der Umreifungsbänder berücksichtigt werden.

Einige typische Sicherungsmöglichkeiten:

- Verbandstaplung mit Verzurrung der oberen Lage. Ein versierter Staplerfahrer hat immer einen Zurrgurt zur Sicherung der oberen Lage des Ladegutes zur Hand, z. B. für gleichgroße Güter, Kartons und dgl.
- Verbandstapelung mit Schrumpffolie, z. B. für gleich große Güter. Hierdurch wird gleichzeitig ein Schutz gegen Witterungseinflüsse, Verschmutzung und Beschädigung erreicht.
- Stapelung mit Zwischenlagen und Verzurrung der oberen Lage, z. B. für Kübel und im Umfang ungleichmäßige Behälter.
- Verbandstapelung mit Haftstoff zwischen den einzelnen Lagen, der in waagerechter Richtung (Verschieberichtung) haftet, die Reibung erhöht und dadurch das Verrutschen der Güter weitgehend verhindert, während das Gut nach oben leicht zu lösen ist, z. B. bei Kunststoffsäcken.

Last mittels Spezialtransporter verfahren

Wagen mit Antirutschboden auf der Ladefläche

Kleinteile werden hier sicher und zusammen in einer Gitterbox transportiert.

Bauchige Fässer durch Profildeckplatte miteinander verbunden

Aufsetzbügelpalette mit nicht belastbaren Füllkörpern sicher gestapelt.

- Fässer und Tonnen sind am sichersten und rationellsten mit Fasspaletten zu transportieren und zu stapeln. Stehend auf Paletten sind sie am besten durch Umreifung, z.B. mittels Schnur, zu sichern. Diese Sicherung ist besonders bei schlanken Behältern notwendig.
- Sollte der Stapelraum trotz druckempfindlicher Güter in der Höhe ausgenutzt werden, bieten sich Gitterboxpaletten (besonders für Kleinteile) und Paletten mit Aufsetzbügeln an.
- Streifen/Matten aus Antirutsch-Material haben sich als Sicherung gegen Verrutschen, z.B. auf einer Ladefläche eines Anhängers oder Wagens sehr gut bewährt. Ihr Reibbeiwert „µ" liegt bei 0,6 bis 1,0.

Die DGUV I 208-042 „Gefährdungs- und Belastungskatalog Lagern, Fördern, Transportieren" gibt wertvolle Hilfe im Umgang mit Lastsicherungen.

Lose Teile

Die o.a. Lastsicherungen sind u.a. notwendig, weil durch eine Änderung der Fahrbewegung Trägheitskräfte an der Last bzw. den Lastteilen in Fahrtrichtung und bei unebenen Fahrwegen auch nach oben wirken, die sonst nur von der Reibungskraft

Lose, ungesicherte Ladung auf der Ladefläche sollte nicht sein.

festgehalten werden (s. Kapitel 2, Abschnitt 2.4.1, Absatz „Trägheitskraft"). Die Masse/das Gewicht einer Last spielt bekanntlich keine Rolle. Ein leichtes Lastteil rutscht demnach genauso leicht von der Gabel/der Ladefläche wie ein schweres Teil.

Gefährlicher wird es aber noch, wenn Teile lose auf Ladeeinheiten aufgelegt und oft aus Gutmütigkeit oder um einen Arbeitsgang zu sparen, mitgenommen werden. Bei einem Bremsvorgang verrutschen sie und gleiten ab, weil die Verzögerung „a" größer ist als das Produkt aus Erdbeschleunigung „g" und Reibbeiwert „µ" (s. a. Kapitel 2, Abschnitt 2.4.1, Absatz „Reibungskraft").

Merke

Nur gesicherte Lasten transportieren! Keine losen Teile mitnehmen!

Lastaufnahme aufzuhängender Lasten

Der Transport von aufgehängten Lasten ist in der Regel keine bestimmungsgemäße Verwendung eines Gabelstaplers. DIN EN 1459, DIN EN ISO 3691-1 z. B. keine Anforderung zur Minimierung der Gefährdungen, die sich durch die Handhabung frei hängender, pendelnder Lasten ergeben.

Ohne Zustimmung des Herstellers für diese Einsatzart kann u. a. die Konformitätserklärung und damit u. U. die Gewährleistung nach einem Schaden infrage gestellt sein. Hier ist zu allererst die Betriebsanleitung zu Rate zu ziehen. Enthält diese keine Ausführungen über den gewollten Einsatzbereich, muss der Hersteller kontaktiert werden.

Auf schriftlichen Antrag wird er mit der Vorgabe einer je nach Betriebsgegebenheiten erheblichen Tragfähigkeitsreduzierung von bis zu 75 % der wirklichen Tragfähigkeit des Staplers (Angaben auf dem Fabrikschild) dieser Einsatzart zustimmen. Das Hinzuziehen eines Sachverständigen kann auch hilfreich sein (s. a. Kapitel 1, Abschnitt 1.1.3, Absätze „Bestimmungsgemäße Verwendung" und „Neue Konformitätserklärung/-erweiterung").

Der Grund für diese Maßnahme ist hauptsächlich, dass bei diesem Einsatz erfahrungsgemäß auch bei schonender Fahrweise eine mehr als geringfügige Außermittigkeit des Lastschwerpunktes von der Längsachse des Staplers sowie eine nicht zu verhindernde temporäre Lastarmverlängerung auftritt. Diese Bewegungen, hervorgerufen durch die beim Fahrbetrieb auftretenden dynamischen Kräfte, können die Standsicherheit des Staplers erheblich gefährden. Deshalb muss dagegen Vorsorge getroffen werden, z. B. durch Verringerung der Tragfähigkeit, denn eine dynamische Kraft wird durch die Masse/

Pendeln einer Last beim Fahren des Staplers über einen Gully hinweg

Baustahlmatten mittels Traverse und kurzer Stahldrahtseile angeschlagen. Eine Pendelbewegung ist hier nur geringfügig möglich.

Der Transport der Kabeltrommel, hier mit langen Hebebändern, verursacht leicht einen weiten Pendelausschlag. Darum wird die Last mit einem Chemiefaserseil geführt.

Last wesentlich beeinflusst (s. a. Kapitel 2, Abschnitte 2.2, 2.4.2 und 2.5).

Lasten, die durch Aufhängen, z. B. über/an Anbaugeräten (Kranauslegern), oder an den Gabelzinken mittels Haltevorrichtungen, die an den Gabelzinken befestigt sind, transportiert werden, bergen wegen der Einflüsse einiger physikalischer Gesetze, z. B. Trägheitskraft, Lage- und kinetische Energie, ein größeres Gefährdungspotenzial in sich als ein Gütertransport mittels Flach- oder Gitterboxpalette (s. Kapitel 2, Abschnitt 2.4.1).
Neben den dort erläuterten Einflüssen und deren Beherrschung kommt erschwerend hinzu, dass der Hubmast beim Verfahren der hängenden Last nicht weit zurückgeneigt werden kann, denn würde man dies tun, schlüge die Last gegen den Hubmast.

Doch zunächst muss sichergestellt sein, dass die Ladeeinheit/das Gut für die Anschlagart geeignet ist.

Kann das Gut überhaupt sicher befestigt werden? Hält das Gut bzw. dessen Verpackung überhaupt den auftretenden Kräften stand?

Hierzu ein Beispiel: Soll das Gut mittels eines Anschlagmittels (Seil, Kette oder Hebeband), z. B. mit einer Zweistrang-Kette unter einem Neigungswinkel „β" (s. a. Absatz „Neigungswinkel") angeschlagen werden, muss sichergestellt sein, dass das Gut/dessen Verpackung der hierbei auftretenden Druckkraft nach innen standhält (s. a. Abschnitt 3.3.1, Absatz „Containerstapler"). Diese Druckkraft „D" tritt immer auf und ist umso größer, je größer der Neigungswinkel „β" der Anschlagmittelstränge ist, der auch für die Größe der Kräfte „F" in den Strängen maßgebend ist (s. Zeichnung Kraftdreieck – Summe aller Kräfte gleich Null). Die Gewichtskraft „G_{KL}" ist immer gleich groß, auch wenn sie im Dreieck, je größer der Neigungswinkel wird, immer kleiner erscheint. Wir erkennen diese Druckkraft z. B. beim Tragen eines mit nasser Wäsche gefüllten Wäschekorbs aus Kunststoff. Er wird u. a. durch die Druckkraft nach innen durchgebogen. Wir sehen diese Druckkraft auch an mit einem Turmdrehkran angehobenen Baustahlmatten wirken, wenn sie sich durchbiegen.

Aus diesem Grunde dürfen auch beladene Container oder Flats in der Regel nicht mit Anschlagmitteln unter Neigungswinkel angeschlagen werden. Ihr Anschlag ist z. B. mit Rahmentraversen, Spreader oder ausreichend langen Gabelzinken durchzuführen, die in ihren Abmessungen den Außenabmessungen des Containers oder Flats entsprechen. Seile werden am besten an den unteren Eckbeschlägen des Containers/Flats angeschlagen.

Grundsätzlich ist das Anschlagmittel bzw. das Lastaufnahmemittel (Anbaugerät) verrutschsicher, z. B.

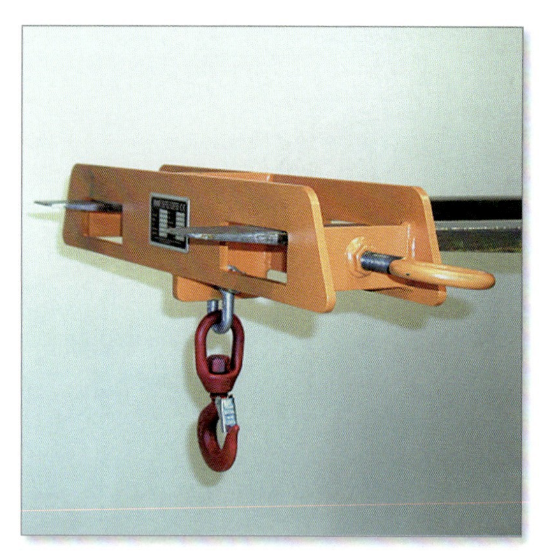

Anbaugerät zum Transport hängender Lasten, vorschriftsmäßig mit Typenschild für Einsatzbedingungen und CE-Zeichen versehen, wird an den Gabelzinken befestigt.

am Lastschild oder an den Gabelzinken, zu befestigen. Ein Verklemmen, z.B. mittels Schraubzwingen seitlich an den Gabelzinken/vom Lastaufnahmemittel reicht nicht aus, denn die Vibrationen, die beim Fahrbetrieb im Stapler auftreten und ein mögliches Pendeln der Last können diese lockern, begünstigt durch die konische Ausführung der Gabelzinken. Schweißen und Bohren ist an den Gabelzinken ohne Einschaltung des Herstellers der Zinken nicht zulässig, denn die Tragfähigkeit kann dadurch vermindert werden.

Außerdem spielen weitere Einflüsse eine wichtige Rolle und zwar die Anschlagart, mit der die Last angeschlagen wird und der Neigungswinkel, unter dem ein Anschlagmittel (Hebeband, Endlosschlinge und dgl.) bzw. ein Anschlagmittelstrang an einer Last befestigt/angeschlagen wird.

Diese Probleme sind nur zu bewältigen, wenn die Forderungen von DGUV R 100-500, Kapitel 2.8 „Betreiben von Lastaufnahmeeinrichtungen im Hebezeugbetrieb" und die diesbezüglichen Normen eingehalten werden.

Liest man in der DGUV R 100-500, Kapitel 2.8 unter „Anwendungsbereich" nach, kann man der Meinung sein, sie gelte nicht für den Einsatz von Lastaufnahmemitteln und Anschlagmitteln an Flurförderzeugen. Dem ist jedoch nicht so. Sie ist sinngemäß anzuwenden. Dies gilt auch für den Umgang/die Einsätze von Anschlagmitteln, z.B. das Hochhängen, insbesondere der Lasthaken von unbelasteten Seilen und Ketten.

So ist ein Kranausleger mit Kranhaken nach DGUV V 52 „Krane" und den diesbezüglichen Normen zu behandeln. Trotzdem erhält der Ausleger ein Lasttragkraftdiagramm, das auf den Gabelstapler abgestimmt ist.

Ein anderes Beispiel: Ist an einer Erdbaumaschine, z.B. einem Lader, statt einer Schaufel ein Hubmast mit Gabelzinken oder nur eine Gabelvorrichtung, bestehend aus zwei Gabelzinken als Lastaufnahmemittel, angebaut bzw. mittels einer Schnellwechselvorrichtung befestigt, so sind für dieses Anbaugerät u.a. die Bestimmungen der DGUV V 68 „Flurförderzeuge" und DIN EN ISO 3691-1 „Sicherheit von Flurförderzeugen", u.a. für die Sicherung von Quetsch- und Scherstellen, anzuwenden, obwohl der Lader in seiner Grundausführung eine Erdbaumaschine bleibt.

Welche Bestimmungen der DGUV R 100-500, Kapitel 2.8 sind z.B. für den Einsatz der erläuterten Arbeitsmittel am wichtigsten und zu beachten?

1. Das Lastaufnahmemittel, z.B. Traverse, Klauen, Zangen und Vakuumheber, muss für die Last und das Umfeld geeignet sein. Kraftschlüssige Lastaufnahmemittel, die die Last ausschließlich durch die Kraftschlüssigkeit halten/tragen, wie Klemmen, Vakuumheber und Lastmagneten, sind für den Gefahrgut-, Gefahrstofftransport nicht geeignet (s. Abschnitt 4.2.4). Der Grund hierfür ist, dass Lasten, z.B. bei Ausfall des Vakuums beim Vakuumheber oder beim Aufsetzen einer Last, die mit einer Klemme bzw. Zange gehalten wird, nicht mehr sicher festgehalten werden und herabstürzen können.

   Bei Klemmen z.B. wird die Last mittels einer Haltekraft, die über einen Hebel aufgebaut wird, gehalten. Durch das Aufsetzen der Last kann die Hebelkraft zumindest teilweise kurzzeitig verloren gehen und die Haltekraft verringert sich. Dem kann auch eine Formschlüssigkeit entgegenwirken, z.B. bei einer Fassklammer, die nur so hoch ist, dass sie ein Fass zwischen zwei Sicken greift. Geht die Reibkraft verloren, kann das Fass nicht durch die Klammerpratzen rutschen (s.a. Kapitel 2, Abschnitt 2.4.1).

Kraftschlüssige Lastaufnahme mittels Steinezange mit kurzem Greifarm und begrenzter Pendelmöglichkeit

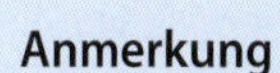

Anmerkung

Formschlüssige Lastaufnahmemittel sind Geräte und Mittel, die die Last durch ihre Form, z. B. Kübel, Greifer und Boxen, halten oder welche die Last umschlingen oder dgl. und damit den Lastschwerpunkt unterfangen sowie die Anschlagmittel, z. B. Seile, Ketten und Hebebänder.

Bei der Auswahl des Anschlagmittels ist neben der Verwendungsart/Anschlagart aber auch das Umfeld zu berücksichtigen.

Hierzu gehören hauptsächlich Umfeldtemperaturen und Medien, wie Säuren, Laugen und Feuchtigkeit.

Beispiele: Rundstahlketten, z. B. der Güteklasse 2, dürfen nur von 0 °C (Güteklasse 4 und 8 –40 °C) bis 100 °C (Güteklasse 8 bis +200 °C / Güteklasse 4 bis +30 °C) mit 100 % ihrer Tragfähigkeit belastet werden. Bei Stahldrahtseilen reduziert sich je nach Seilart unter –60 °C und über +100 °C ihre Tragfähigkeit. Ebenso dürfen Faserseile und Chemiehebebänder nur bis – 40 °C und +80 °C voll belastet werden.

Chemiefaserhebebänder aus Polyester (Kurzzeichen PES), erkennbar am blauen Traglastetikett,

Hydraulische Steineklammer

Kraftschlüssiges Lastaufnahmemittel Papierklammer, hier bestimmungsgemäß eingesetzt – aber bitte nicht zum Transport von Gefahrstoffen.

sind gut beständig gegen die meisten Säuren und Lösemittel. Gegen Laugen sind sie aber sehr empfindlich. Deshalb wäscht man sie auch nicht mit Seife oder dgl. ab. Polyamid-Hebebänder (Werkstoffkurzzeichen PA), erkennbar am grünen Traglastanhänger, haben eine gute Beständigkeit gegenüber Laugen. Sie nehmen aber sehr viel

Auto als hängende Last am Anschlagmittel einer Teleskopmaschine.

Kabeltrommel mit Hebebändern (Rundschlinge) formschlüssig unter einem Neigungswinkel angeschlagen

Feuchtigkeit auf, was beim Einsatz unter Minustemperaturen problematisch wird, da sie dann unbeweglich (steif) werden.

Hebebänder aus Polypropylen (mit braunem Etikett) sind gegen Laugen und Säuren weitgehend unempfindlich.

2. Die Tragfähigkeiten der Lastaufnahmeeinrichtungen, wie Tragmittel, z.B. Kranhaken, fest angebaute Greifer und Traversen, und Anschlagmittel, z.B. Hakenseile, Hebebänder, Endlosseile (Grummets), Rundschlingen, Seilgehänge und lösbare Teile, u.a. Schäkel, müssen ausreichend tragfähig/dem Seil, der Kette oder dem Hebeband angepasst sein. Hierbei ist bei Anschlagmitteln die Anschlagart, z.B. Schnürgang, und der Neigungswinkel, unter dem ein Anschlagmittelstrang belastet wird, mit zu berücksichtigen.

Neigungswinkel

Werden Anschlagmittel, wie Seile, Ketten und Hebebänder, unter einem Neigungswinkel „β" eingesetzt, entstehen in den einzelnen Strängen größere Seilkräfte als bei senkrechtem Anschlag.

Was ist ein Neigungswinkel, und wo wird er gemessen?

Der Neigungswinkel „β" ist der Winkel zwischen einem Seilstrang und der gedachten senkrechten Linie durch den Lastbefestigungspunkt des Seilstranges.

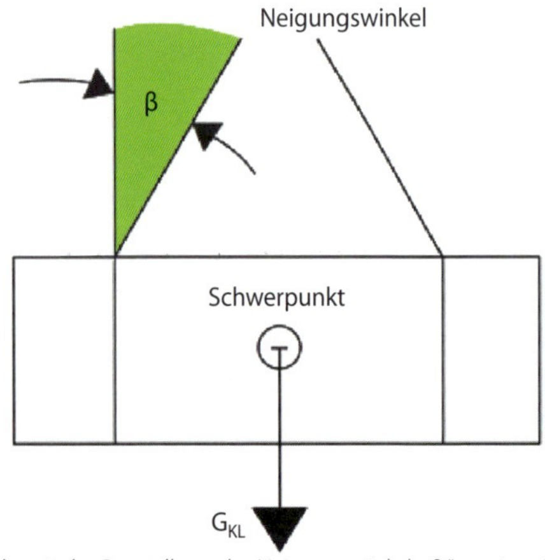

Zeichnerische Darstellung des Neigungswinkels „β" an einer Last

Warum erhöht sich die Kraft in den einzelnen Anschlagmittelsträngen mit zunehmendem Neigungswinkel?

Der Grund für die größeren Seil-/Zugkräfte in den Anschlagmittelsträngen liegt darin, dass jeder Gewichtskraft (hier die Lastgewichtskraft), soll Gleichgewicht im ruhenden System herrschen, eine gleich große Gegenkraft entgegenwirken muss. Diese Gegenkraft wirkt aufgrund der Erdanziehung immer lotrecht nach oben.

Wenn nun ein Anschlagmittel, nehmen wir als Beispiel ein Drahtseil an, nicht genau lotrecht wirkend an der Last befestigt ist, muss die Gegenkraft in die Seilstränge umgeleitet/verteilt werden, und zwar unter dem Neigungswinkel der einzelnen Seilstränge. Jede Kraftumlenkung kostet aber Kraft. Je weiter die Umlenkung (Neigungswinkel) ist, desto größer sind die jeweiligen Zugkräfte in den Seilsträngen.

Hierzu einige Beispiele aus dem täglichen Leben:
Zwischen zwei Terrassenmauern ist eine Wäscheleine befestigt. Sind die Dübel mit ihren Haken für die Leine nicht fest genug in der Wand befestigt, werden sie, sobald die nasse Wäsche aufgehängt ist, aus der Wand gerissen.

Die Zugkraft in der Wäscheleine war für die Haltekraft der Haken in der Wand zu groß. Vergleichbar große Kräfte wie jene, die durch die nasse Wäsche über die Haken auf die Dübel wirken, muss man auch beim Tragen eines gefüllten Wäschekorbes vor dem Körper in den gespreizten Armen aufbringen.

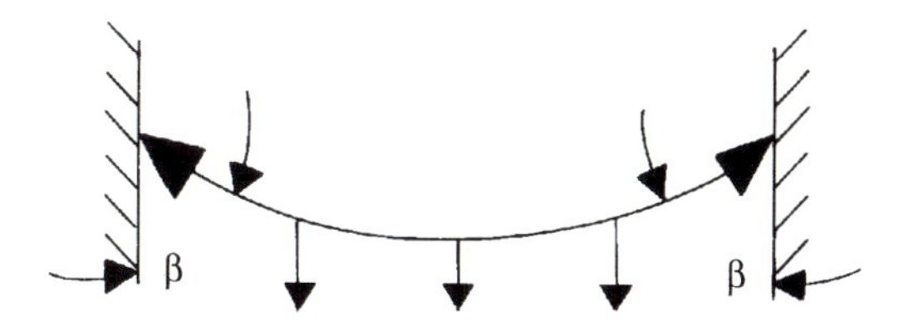

Neigungswinkel an einer Wäscheleine

Der gleiche unterschiedliche Kraftaufwand ist zu spüren, wenn man einen Tisch einmal über die Längsachse und einmal über die Querachse hochhebt.

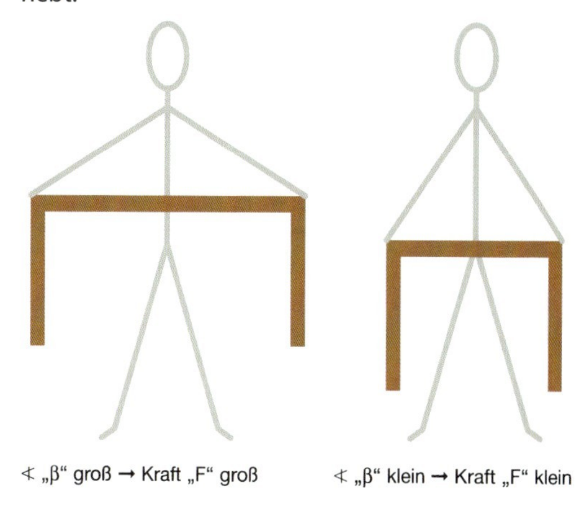

Wirkende Kräfte beim Anheben eines Tisches einmal längs und einmal quer

Diese physikalischen Einflüsse spürten schon unsere Vorfahren. Die Naturvölker in Afrika, Australien und Südamerika machen es noch heute so. Sie tragen ihre Lasten auf dem Kopf. Die dabei auftretenden Kräfte können sie so lotrecht (ohne Umlenkung) leichter bewältigen als wir Europäer mit unseren Traggewohnheiten.

Man kann die Zunahme dieser Kräfte auch selbst ausprobieren/erspüren und wie folgt demonstrieren: Führen Sie an einem Tisch oder gegen eine Wand/Tür einen Liegestütz aus, einmal mit den Armen nahe/unter ihren Schultergelenken und einmal, indem Sie die Arme weiter zur Seite spreizen. Im zweiten Fall müssen Sie mehr Kraft aufwenden, trotzdem Sie inzwischen nicht schwerer geworden sind.

Merke

Je größer der Neigungswinkel ist, desto größer ist die Belastung/die Zugkraft im Seilstrang!

Statischer Beweis

Beweis der großen Kräfte in den Einzelsträngen unter Neigungswinkeln am Beispiel einer aufgehängten Straßenlaterne zwischen zwei parallelen Häuserfronten mittels eines Seiles:

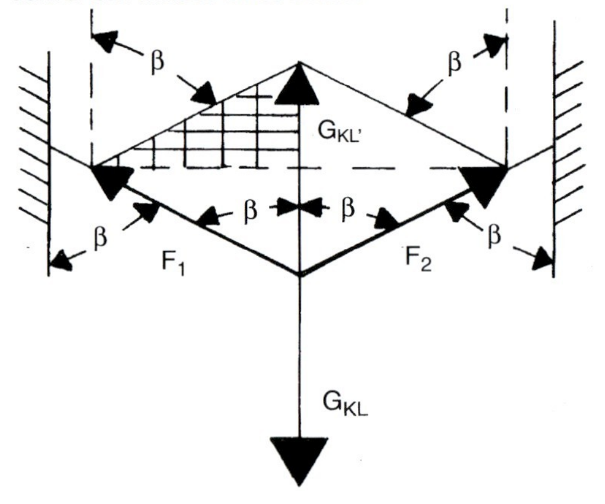

Kräfte und Winkel an der Aufhängung einer Straßenlaterne

„Alle Kräfte im ruhenden System sind ausgeglichen."
– Erstes Grundgesetz der Statik. –

Da die Gegengewichtskraft „$G_{KL'}$" zur Gewichtskraft „G_{KL}" der Laterne nicht direkt lotrecht wirken kann, muss sie in Komponenten (über das Kräfteparallelogramm) zerlegt werden.

Wir erkennen in der Zeichnung bei allen Winkeln den Neigungswinkel „β".

β (Neigungswinkel) = $\frac{1}{2}\gamma$ (Spreizwinkel)

Merke

Neigungswinkel klein halten!

Berechnung der Winkelfunktion

Hierzu teilen wir das Belastungsdreieck (s. a. die Dreiecke bei der Straßenlaterne) in zwei spiegelgleiche Dreiecke auf, wobei die Gegenkraft „$G_{KL'}$" vom Lastgewicht G_{KL} lotrecht auf der Basis-Dreieckstrecke steht. Wir haben also einen rechten Winkel im Dreieck und können den Satz des Pythagoras anwenden. Beim asymmetrischen Anschlag ist hierzu das linke gedachte Dreieck am Kranhaken zu betrachten, wobei die Gegenkathete (gegenüberliegende Seite) zum Winkel β waagerecht liegt.

Da Wechselwinkel an Parallelen gleich sind, ist β = β'.

In der Berechnung bedeuten:
C = Kräfte F in den Anschlagmittelsträngen
G_{KL} = Lastgewichtskraft
$G_{KL'}$ = Gegengewichtskraft durch Last

$$\cos\beta = \frac{\text{Ankathete}}{\text{Hypotenuse}} = \frac{a}{C}; C = \frac{a}{\cos\beta}$$

Beispiel:

$$\cos\beta\ 60\circ = 0{,}5; C = \frac{1}{0{,}5} = \frac{1 \cdot 10}{5} = 2$$

Setzen wir für „a" die Lastgewichtskraft „G_{KL}" ein, erkennen wir, dass C = F doppelt so groß ist wie $G_{KL} = G_{KL'}$, also bei einem zweisträngigen Anschlagmittel jeder Strang für sich die Lastgewichtskraft „$G_{KL'}$" als Gegengewichtskraft aufbringen muss.

Merke

Bei Neigungswinkel 60° = zweifache Belastung des Anschlagmittels!

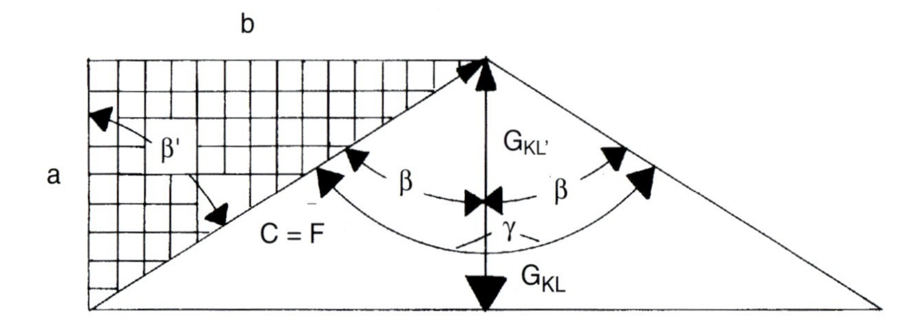

Berechnung der Winkelfunktion „cos β"

Einfluss des Neigungswinkels

Bis zu einem Neigungswinkel von 6° gilt der Anschlag als lot-/senkrecht. Darüber hinaus ist jedoch die Mehrbelastung im Anschlagmittel zu berücksichtigen. Sie nimmt mit größer werdendem Neigungswinkel erheblich zu.

Hierzu folgend eine Aufstellung:

Neigungswinkel	cos β	Belastung
30°	0,886	1,15-fach
45°	0,707	1,41-fach
60°	0,500	2,00-fach
70°	0,342	2,92-fach
80°	0,174	5,75-fach
84°	0,105	9,52-fach
89°	0,017	58,82-fach

Für die Auswahl der Anschlagmittel ist die erforderliche Tragfähigkeit im senkrechten Zustand multipliziert mit „cos β" zu errechnen. Wir erkennen deutlich, dass aufgrund des Anwachsens der Kräfte in den einzelnen Anschlagmittelsträngen das Anschlagen an der Umschnürung eines Gutes nur zulässig ist, wenn der Hersteller/Lieferant den Anschlag als bestimmungsgemäß deklariert hat. Hierzu hat er die auftretenden Neigungswinkel und damit die Belastungen in der Auslegung der Umschnürung berücksichtigt.

Lastaufnahmemittel eines Steineherstellers für das Anschlagen an der Umschnürung eines Steinepaketes

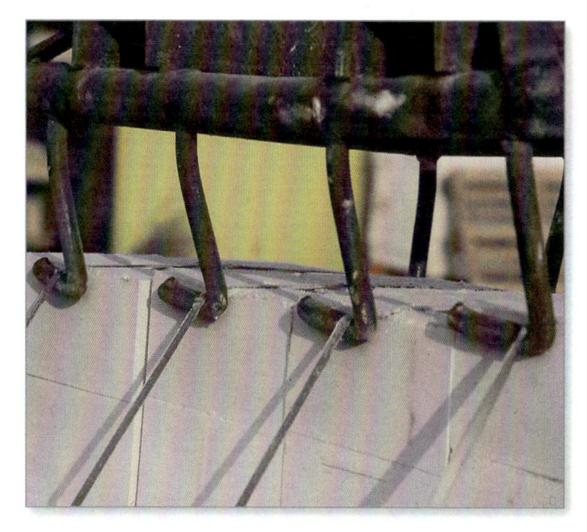

Die Haken greifen unter die Umschnürung des Steinepaketes. Durch die pyramidenförmige Stapelung der obersten Lage liegt hier das Band mit einem Neigungswinkel von 45° an den Steinen an.

In der Regel ist dieser bestimmungsgemäße Umschlag nur mit einem besonderen Lastaufnahmemittel zulässig, das der Hersteller/Lieferant, z. B. für Steinpakete, mitliefert/anbietet.

Merke

Nicht an der Umschnürung anschlagen – außer in Sonderfällen!

Ein Neigungswinkel von mehr als 60° darf in keinem Fall überschritten werden, denn dann hätte man die Kräfte in den Anschlagmittelsträngen in der Praxis nicht mehr im Griff.

Dies gilt nicht, wenn Anschlagmittel, z. B. Drahtseil-, Rundseilgehänge an Traversen, fest angebracht sind und nur mit einem Werkzeug lösbar, verwendet werden; denn der Hersteller dieser Lastaufnahmemittel hat hier die Belastung der einzelnen Stränge entsprechend des Neigungswinkels in seiner Berechnung mitberücksichtigt. Dies ist im Normalfall in der Praxis aber schwer möglich.

Die vorangegangene Tabelle zeigt deutlich das große Anwachsen des negativen Einflusses des Neigungswinkels, insbesondere bei mehr als 60° (rot).

Merke

Neigungswinkel über 60° sind in erhöhtem Maße unfallgefährdend und daher in der Regel nicht zulässig!

Mehrsträngiger asymmetrischer Anschlag

Bei asymmetrischem Anschlag entstehen unterschiedlich große Belastungen an den Anschlagmittelsträngen. Eine Asymmetrie entsteht z. B. durch einen außermittig liegenden Lastschwerpunkt oder unterschiedlich lange Anschlagmittelstränge. Die Schräglage der Last stellt sich automatisch ein, denn die Natur bewirkt durch ihre Erdanziehung sofort eine lotrechte Einstellung der Lastschwerkraftlinie, genau unter dem Lasthaken.

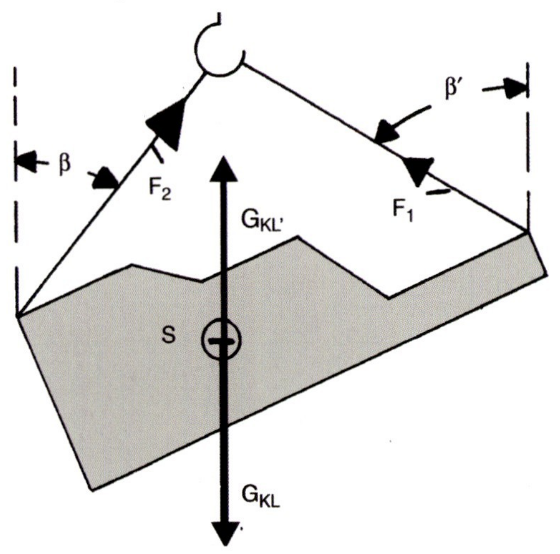

Asymmetrische Lastaufnahme durch einseitige Schwerpunktlage

Sie können dies einfach mit einem Zollstock demonstrieren. Sie falten den Zollstock so, dass Sie ein geschlossenes gleichschenkliges Dreieck erhalten. Danach fassen Sie ihn an seiner Dreieckspitze mit Daumen und Zeigefinger und halten ihn fest. Das Dreieck hängt so waagerecht. Jetzt hängen Sie unten an der waagerechten Seite des Zollstocks ihren Schlüsselbund ein und verschieben ihn nach außen. Sofort pendelt sich das Zollstockdreieck so schräg ein, dass sich der neue Schwerpunkt und die Schwerkraftlinie des Zollstocks mit dem Schlüsselbund unter ihrer festhaltenden Hand befinden.

Eine Asymmetrie und damit unterschiedliche Belastung kann auch bei einem Einsatz von einem Anschlagmittel mit drei und mehr Strängen entstehen, wenn z. B. die Anschlagösen an einem Transportbehälter verbogen oder ausgeschlagen sind.

Achtung!

Je mehr sich der Neigungswinkel auf einer Seite der Lot-/Senkrechten – $\beta = 0°$ nähert, desto mehr hat der zugehörige Anschlagmittelstrang zu tragen. Bei lotrechter Stellung hätte er das gesamte Lastgewicht zu tragen.

Will man keinen Tragfähigkeitsnachweis der einzelnen Stränge, z. B. durch Versuche oder Berechnungen (s. a. Tragfähigkeitsangaben in DIN 695 und DIN 5688-3) durchführen, ist bei zweisträngigem Anschlag nur ein Strang als tragend anzunehmen. Bei drei und mehr Strängen im Anschlagmittelgeschirr sind in diesen Fällen nur zwei Stränge als tragend vorauszusetzen. Dies gilt auch, wenn zwei oder mehr Stränge in eine Anschlagöse eingehängt werden. Eilige und einmalige Fälle machen hier keine Ausnahme! Darum ist stets ein waagerechter Lastenanschlag anzustreben. So ist erst einmal der schädliche Einfluss unterschiedlicher Neigungswinkel ausgeschaltet. Ein waagerechter Anschlag ist u. a. durch den Einsatz von verkürzten Strängen an der Seite zu erreichen, an der die Last wegen der einseitigen Lage des Lastschwerpunktes tiefer als auf der leichteren Seite hängt.

Einer Mehrbelastung ist auch ein Strang ausgesetzt, wenn die Stränge gleich lang sind, aber nicht genau am Kranhaken/der Gabelzinkentasche eingehangen sind. Hier genügen schon millimeterkleine Abweichungen, z. B. an einem Schäkel, und ein Strang trägt überhaupt nicht mit.

Merke

Bei zweisträngigem Anschlag im Zweifelsfall immer nur einen Strang als tragend annehmen und das Anschlagmittel entsprechend auswählen!

Anschlagarten

Die Anschlagart, mit der eine Last gehoben werden soll, ist für die zulässige Belastung des Anschlagmittels mitentscheidend.
Es gibt drei Hauptanschlagarten: direkt, geschnürt und umgelegt/umschlungen.

Sie sind folgendermaßen definiert, hier am Beispiel „Anschlag mit Einzelstrang":

Einzelstranganschlag mit Kette (= Anschlagmittel) und Traverse (= Lastaufnahmemittel) – Begriffsbestimmung nach DGUV R 100-500 Kap. 2.8.
Achtung! Wird mittels eines Kranes gehoben, muss der Kollege dafür als Kranführer ausgebildet/unterwiesen sein.

Vierstrangiger Anschlag

Direkt: Das Anschlagmittel (Strang) ist unmittelbar, ohne dass es um die Last gelegt wurde, an der Last, z. B. im Lasthaken, eingehängt.

Geschnürt: Das Anschlagmittel ist von unten um die Last herumgelegt und mit einem Ende durch die Endschlaufe (Öse oder dgl.) des anderen Endes durchgezogen. Danach ist dieses Ende, z. B. im Lasthaken, eingehängt. Beim Anziehen des Anschlagmittels entsteht eine Schnürung (s. a. unter Absatz „Schnürgang").

Umgelegt/Umschlungen: Das Anschlagmittel ist unten um die Last herumgelegt und mit seinen beiden Enden, z. B. im Lasthaken, eingehängt. Dabei kann die Last nur im Anschlagmittel liegen (Hängegang), oder sie wird vom Anschlagmittel im gesamten Umfang umschlungen, aber nicht geschnürt.

Wird beim Umlegen/Umschlingen ein Einzelstrang oder eine Rundschlinge (Endlos-Stahldrahtseil, Rundstahlkette oder Hebeband) eingesetzt, halbiert sich die Belastung im jeweiligen Strangteil. Das Anschlagmittel kann somit stärker belastet werden, als wenn nur ein Anschlagmittelstrang trägt. Hierbei herrscht aber im gesamten Anschlagmittel überall die gleiche Zugkraft (entsprechend der halben Belastung in den Strangteilen). Trotzdem wird am Lastansatzpunkt und im Lasthaken das gesamte Lastgewicht getragen. Die Kräfte werden an den Befestigungspunkten nur aufgeteilt/umgelenkt.

Man kann diese Kraftaufteilung/Belastung sehr gut mit seinen vor dem Körper senkrecht nach unten gestreckten Armen, wobei man die Hände faltet, demonstrieren. Legt man dabei in die Hände eine Last, z. B. ein Buch, tragen hierbei die Arme je die halbe Last. In den gefalteten Händen und dem Körper wirkt aber die gesamte Lastkraft. Sie wird von den Fingern nur nach beiden Seiten in die Arme aufgeteilt.

Ein Beispiel für die zulässige Belastung eines zweisträngigen Anschlagmittels im direkten Anschlag (nicht geschnürt und nicht umgelegt):

Stahldrahtseile 20 mm Ø, zulässige Tragfähigkeit pro Seil 3 550 kg, $\beta = 45°$, $\cos \beta = 0{,}70$.
3 550 kg • 0,70 = 2 485 kg zulässige Belastung je Seilstrang.
Das ergibt für die zwei Stränge 2 485 • 2 = 4 970 kg ~ 5 000 kg.
Es kann mit diesem Anschlaggeschirr eine Last von 5 000 kg Gewicht unter einem Neigungswinkel bis 45° angehoben werden (s. a. Absätze „Tragfähigkeitsanhänger" und „Belastungstabellen").

Last ist geschnürt, mit einem Neigungswinkel und Verwendung von Kantenschonern angeschlagen

Schnürgang

Wird ein Anschlagmittel geschnürt, tritt an der Schnürstelle eine Biegung auf. Damit diese Biegung nicht zur bleibenden Verformung (Quetschung) wird und dadurch das Anschlagmittel beschädigt und in seiner Tragfähigkeit geschwächt wird, sind die Anschlagmittel nur bis 80 % ihrer Tragfähigkeit zu belasten.

Hebebänder ohne verstärkte Schlaufen dürfen nicht im Schnürgang eingesetzt werden, denn sie würden bleibende tragfähigkeitsmindernde Verformungen davontragen. Darum dürfen quersteife Hebebänder hierfür nur verwendet werden, wenn sie im Bereich der Schnürung mit Beschlagteilen versehen sind. Quersteif können z. B. Hebebänder mit Festbeschichtung sein.

Wird ein Anschlagmittel direkt, nicht mittels Ring, Haken, Schlaufe, Öse, Flämischem Auge, Kausche oder dgl., z. B. in den Lasthaken eingehängt, gilt dies auch als Schnürung. Es sei denn, seine Radien sind je mindestens 2,5-mal so groß wie z. B. der Durchmesser eines Drahtseiles.

Scharfe Kanten

Scharfe Kanten an Lasten bewirken ebenfalls Biegungen an den Strängen, die allerdings wesentlich stärker ausfallen als beim Schnürgang und immer zu bleibenden Verformungen an den Strängen führen. Außerdem kommt es zu Anschnitten und Kerbwirkungen an den Strängen, die sich besonders bei Kraftstößen negativ auswirken und ein Anschlagmittel zum Reißen bringen können.

Achtung!

Wird eine Last unter einem Neigungswinkel angeschlagen, können scharfe Kanten das Anschlagmittel auch an der Lastoberseite beschädigen. Dann ist auch hier ein Kantenschutz erforderlich.

Wie leicht man durch Kerbwirkung etwas öffnen (aufreißen) kann, merken wir beim Öffnen von kleinen Kunststoffbeuteln, z. B. gefüllt mit Shampoo, Kaffee oder dgl. Finden wir die Kerbe jedoch nicht, wird es schwer, die Verpackung zu öffnen.

Der Einsatz von Anschlagmitteln über scharfe Kanten ohne Kantenschoner oder dgl. ist verboten (Ausnahme Rundstahlketten – s. folgende Ausführungen).

Anmerkung

Auch sehr raue Oberflächen vertragen Seile und Hebebänder nicht gut, wenn sie über diese Flächen gezogen werden. Darum sind solche Schleifvorgänge, wie das Hervorziehen von Anschlagmitteln unter abgesetzten Lasten, möglichst zu vermeiden.

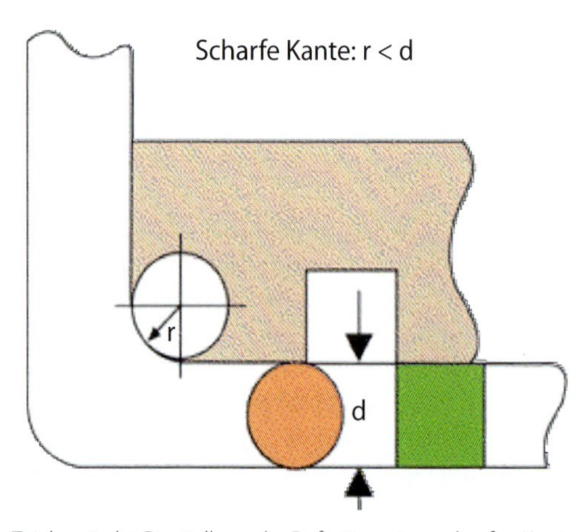

Zeichnerische Darstellung der Definition einer scharfen Kante

Deutlich zu erkennen: Ein DIN-Schäkel von 60 mm Durchmesser = 30 mm Radius ist hier für ein Stahldrahtseil von 50 mm Durchmesser eine scharfe Kante. Folge: Das Seil wurde unter voller Belastung beschädigt/gequetscht.

Was versteht man unter einer scharfen Kante?
Scharf ist eine Kante, wenn der Kantenradius „r" einer Last kleiner ist als der Durchmesser „d" des Seiles, die Dicke „d" des Hebebandes oder die Nenndicke „d" der Rundstahlkette, welche(s) zum Anschlagen dieser Last vorgesehen ist. Dies gilt auch bei Verwendung von zu dünnen Schäkeln und Lasthaken, auch wenn sie die Tragfähigkeitsanforderungen erfüllen und wenn Anschlagmittel, z. B. Rundschlingen, über einen nicht ausreichend dicken Lasthaken gelegt werden.

Ein Beispiel:
Eine scharfe Kante liegt schon vor, wenn der Kantenradius „r" einer Last 8 mm ist und ein Anschlagseil mit einem Durchmesser von d = 8 mm bzw. ein Hebeband mit einer Dicke von 8 mm zum Anschlagen dieser Last verwendet wird.

Eine scharfe Kante ist schon nicht mehr vorhanden, wenn z. B. ein Stahldrahtseil von 20 mm Ø verwendet wird und der Kantenradius der Last, des Schäkels oder dgl. 21 mm beträgt. Scharfe Kanten können nicht nur bei aufzunehmenden Lasten vorhanden sein. Auch die Kanten z. B. von Gabelzinken stellen scharfe Kanten dar.

Durch den Einsatz von Kantenschonern, Kunststoffhüllen an Hebebändern, die sogar verschiebbar oder gleitend angebracht sind, ausreichend dimensionierten Schäkeln, Seilrollen oder Kauschen sind scharfe Kanten zu „entschärfen".

Gabelzinken sind in der Regel immer eine scharfe Kante. Hier können die Rundschlingen beim Anfahren oder Abbremsen außerdem verrutschen!

Schnürstelle am Seil und Einsatz von Kantenschonern an den scharfen Kanten des Hubmastes

Anmerkung

Mit Hebebändern, ausgerüstet mit gleitenden Kantenschonern, lassen sich auch Lasten mit scharfen Kanten, z. B. Bandeisenrollen/Coils, sehr gut wenden/umlegen. Dies darf aber nur auf einer ausreichend tragfähigen Unterlage, z. B. Hallenboden oder einer Galerie, nicht aber auf einem Stapel vorgenommen werden. Dabei muss darüber hinaus beachtet werden, dass das Coil beim Wenden nicht umschlagen kann, wobei es ins Anschlagmittel schlägt und es durchtrennen würde. Diese Gefahr ist bei einem Wenden auf Stapeln besonders groß.

Hier ist alles falsch! Scharfe Kante, auch trotz des untergelegten Sackes, Hebeband stark beschädigt und Gabelzinken auf den Spitzen belastet.

Einsatz einer kurzgliedrigen Kette mit einer höheren Belastungsstufe für diese Last aus U-Profilen mit scharfen Kanten

Ist das Anschlagen über scharfe Kanten nicht zu vermeiden, sind ohne Kantenschutz nur Ketten zu verwenden, die aber nur bis zu 80 % ihrer zulässigen Gewichtsbelastung ausgelastet werden dürfen.

Es sei denn, es werden Ketten der höheren Belastungsstufe nach DIN 695 eingesetzt. Für Seile und Hebebänder gelten diese Erleichterungen nicht!

Wird eine Kette im Schnürgang eingesetzt und über eine scharfe Kante gezogen, ist nur einmal die Tragfähigkeitsverringerung von 80 % zu berücksichtigen, da in jedem der beiden Schwächungskriterien bereits einem Biegevorgang Rechnung getragen wurde. Dies gilt auch bei einem Schnürgang und dem Einhängen im Lasthaken ohne Ring oder dgl.

Merke

Das Anschlagen über scharfe Kanten ist verboten! Ausnahmen sind Ketteneinsätze unter besonderen Voraussetzungen! Kantenschützer, Schäkel, Seilrollen, Kauschen oder dgl. verwenden! Anschlagmittel nicht über raue Oberflächen schleifen und unter abgesetzten Lasten hervorziehen!

Traglastanhänger

An Anschlagmitteln, gefertigt nach DIN EN 818-1, für Rundstahlketten, DIN EN 1492-1 für Hebebänder und Rundschlingen und DIN EN 13414-1 für Stahldrahtseile sowie DIN EN 1261 für Faserseile, sind Traglastanhänger gemäß EG-Maschinenrichtlinie (2006/42/EG) – MRL Anhang 1 Ziffer 4.3.2 anzubringen und entsprechend zu benutzen.

Traglastanhänger

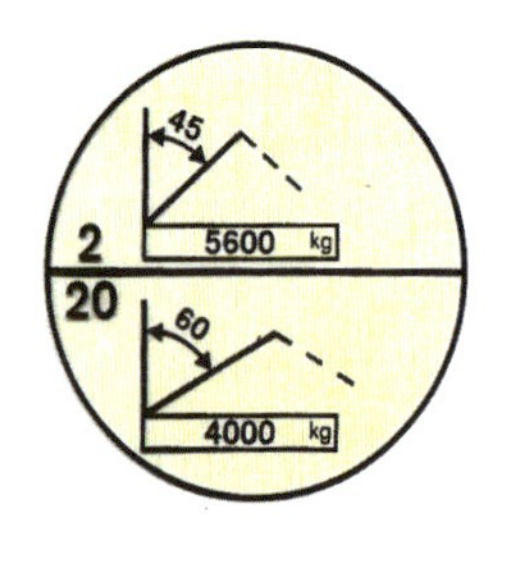

Rundstahlkette Güteklasse 2, zweisträngig, 20 mm Nenngliedдicke

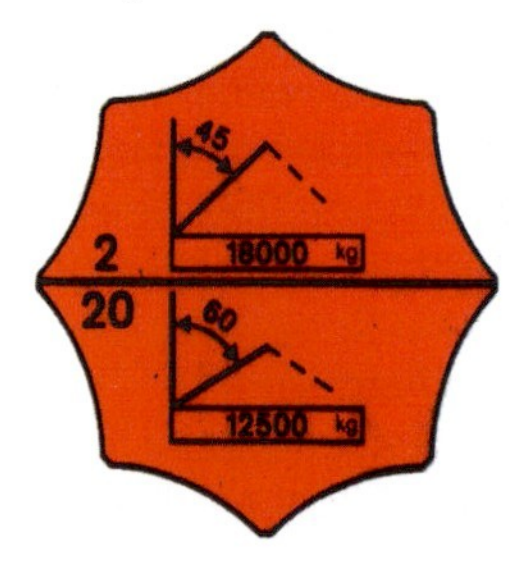

Rundstahlkette Güteklasse 8, zweisträngig, 20 mm Nenngliedдicke

Dieser(s) Anhänger/Etikett muss bei Anschlagketten, -seilen und -bändern mindestens die Angabe für einen Anschlag unter einem Neigungswinkel von 60° aufweisen.

Achtung beim Einsatz von Drahtseilen!

Wir unterscheiden zwischen zwei verschiedenen Seilarten: einmal das Litzenseil = Seilart N = Normal und einmal das Kabelschlagseil = Seilart K. Schaut man in die entsprechenden Belastungstabellen, ist

Traglastanhänger eines Stahldrahtseiles. Bei Hebebändern sind es angenähte Fähnchen.

zu erkennen, dass die Seilart K, obwohl sie in entsprechender dickerer Ausführung vorliegt als die Seilart N, nicht mehr trägt. Diese Tatsache resultiert aus der Bauart dieses Seiles.

Ein Kabelschlagseil besteht aus einzelnen Rundlitzenseilen, die nochmals um eine Einlage gedreht/verseilt sind. Will man das Kabelschlagseil zu einem Endlosseil/Grummet-Seilart G machen, ohne dass man die beiden Enden, z.B. mit einer Presshülse verbindet, zieht man die Einlage heraus und schiebt in die dadurch entstehende Röhre im Seil von jeder Seite je ein Ende eines Litzenseiles hinein, bis sie in der Seillängsmitte fast zusammenstoßen. Dafür hat man dieses Seil jeweils um die Hälfte der gesamten Seillänge länger gelassen.

Das Litzenseil dagegen besteht aus z.B. sechs Litzenbündeln, die um einen Kern gedreht/verseilt sind.

Der metallische Querschnitt des Litzenseiles ist also größer als der des Kabelschlagseiles. Das Kabelschlagseil trägt daher bei gleicher Dicke/gleichem Durchmesser weniger als ein Litzenseil, dafür ist es aber beweglicher (biegsamer).

Aber aufgepasst! Am Verbindungspunkt des inneren Litzenseils ist das Kabelschlagseil empfindlich. Dieser Seilabschnitt, der rot gekennzeichnet ist, darf folglich nicht über einen Lasthaken oder dgl. gelegt werden.

Eines müssen wir uns immer vor Augen führen: Der Gabelstapler kann noch so tragfähig und standsicher sein, ist die Last nicht sicher angeschlagen oder ist z.B. das Anschlagmittel aufgrund des Neigungs-

Rot markierte Stoßstelle der inneren Litze eines Kabelschlagseils

winkels, unter dem die Anschlagmittelstränge angeschlagen sind, zu schwach bemessen, reißt es und die Last stürzt herab. Denn auch hier gilt: „Eine Kette ist nur so stark wie ihr schwächstes Glied" (s.a. DGUV R 109-004, 109-005 und 109-006).

Belastungstabellen

Belastungstabellen, die in der Regel von den Anschlagmittelherstellern und den Unfallversicherungsträgern zur Verfügung gestellt werden, helfen uns bei der Auswahl von Anschlagmitteln. Sie enthalten Angaben in Abhängigkeit der Anschlagart für Neigungswinkel bis 6° (senkrecht), bis 45° und bis 60°. Für mehr als 60° gibt es keine Angaben, denn ein Neigungswinkel über 60° ist wegen der großen Kräfte, die in den Anschlagmittelsträngen auftreten würden, nicht zulässig.

Sie geben Auskunft über die zulässige Tragfähigkeit von Anschlagmitteln in Abhängigkeit ihrer Ausführung, ihres Durchmessers/ihrer Dicke, der Umgebungstemperatur und der vorgesehenen Anschlagart. Entscheidend ist jedoch die Betriebsanleitung des Herstellers und der Traglastanhänger.

In der DGUV I 209-021 sind Belastungstabellen für Anschlagmittel aus Rundstahlketten, Stahldrahtseilen, Rundschlingen, Chemiefaserhebebänder, Chemiefaserseile und Naturfaserseile aufgeführt. Sie enthält ferner Ausführungen zu Anschlagarten der einzelnen Anschlagmittel sowie Kennzeichnung und Ablegereife, ferner Sondereinsatzbereiche, wie z.B. Einsatz bei hohen Temperaturen.

Bei Frost und Temperaturen über 300 °C verringert sich die Tragfähigkeit wie folgt (siehe DIN EN 818-6):

Temperatur C°	– 40 bis 300	über 300 bis 400	über 400 bis 475
Tragfähigkeit %	100	75	50

	Tragfähigkeit in kg beim Schnürgang und für Kranzketten				
Ketten-Nenn-dicke		Doppelstrang mit Neigungswinkeln von		Kranzkette	
	Einzelstrang	0° bis 45°	45° bis 60°	Einzelstrang	Doppelstrang
mm					
8	800	1 120	800	1 600	4 000
10	1 250	1 750	1 250	2 500	6 400
13	2 100	3 000	2 100	4 250	10 600
16	3 150	4 400	3 150	6 300	16 000
18	4 000	5 600	4 000	8 000	20 000
20	5 000	7 000	5 000	10 000	25 000
23	6 400	9 000	6 400	13 200	32 000
26	8 500	12 000	8 500	17 000	42 000
28	10 000	14 000	10 000	20 000	50 000
32	12 500	17 500	12 500	25 000	64 000
36	16 000	22 400	16 000	31 500	80 000
40	20 000	28 000	20 000	40 000	100 000
45	25 000	35 000	25 000	50 000	125 000

Belastungstabelle einer Rundstahlkette der Güteklasse 4

Beim Feuerverzinken gilt damit: Tabellenwert halbieren! Siehe: DGUV R 109-004 „Rundstahlketten als Anschlagmittel in Feuerverzinkereien".

Betriebssicherheitskoeffizient gemäß MRL 2006/42/EG

Drahtseile und ihre Endverbindungen: 5
Textilfaserseile und Ketten und ihre Metallteile: 4
Hebebänder: 7

Schleifen, Schrägziehen, Losreißen von Lasten

Schleifen und Schrägziehen von Lasten ist möglichst zu vermeiden. Das gilt auch für aufgehängte Lasten, denn, abgesehen vom vergrößerten Lastschwerpunktabstand, kann die Last plötzlich festhängen und danach wieder freiwerden, was eine Überlastung bzw. eine erhöhte Trägheitskraft auf den Stapler wirken lässt. Genauso verhält es sich beim Losreißen von Lasten, z. B. wenn sie angefroren oder festgehakt sind. Denken Sie nur daran, wie Sie umgeworfen werden würden, wenn Sie einen Strauch aus der Erde herausziehen und er plötzlich aus dem Erdreich frei wird. Ihre eingesetzte Kraft wirft Sie um, weil plötzlich die Gegenkraft im Erdreich wegfällt (s. Kapitel 2, Abschnitt 2.4.2, Absatz „Losreißen von Lasten").

Merke

Schrägziehen und Schleifen von Lasten vermeiden!
Lasten nicht losreißen!

Prüfung von Lastaufnahme- und Anschlagmitteln

Selbstverständlich ist es, dass Paletten, Stapelbehälter, Stapelhilfsmittel, Lastaufnahmemittel und Anschlagmittel regelmäßig, d. h. je nach Beanspruchung, täglich, wöchentlich oder monatlich, auf ihren unfallsicheren Zustand überprüft werden müssen. Darüber hinaus ist natürlich die jährliche Hauptprüfung der Lastaufnahmeeinrichtungen durch einen Sachkundigen = befähigte Person erforderlich (s. DGUV R 100-500 Kapitel 2.8).

Rundstahlketten und Hebebänder mit aufvulkanisierter Umhüllung müssen außerdem alle drei Jahre physikalisch und technisch (auf Rissfreiheit und Korrosion) durch einen Sachkundigen überprüft werden.

Grundsätzlich sollten sie nach der Anlieferung, z. B. von Außenlagern oder bei Ringtausch, bevor sie zur Bereithaltung auf Lager gelegt werden, durchgesehen werden. Fehlerhafte Stapelmittel, Lastaufnah-

Ablegereifes Stahldrahtseil

Ablegereifes Hebeband (Rundschlinge)

memittel und Anschlagmittel sind, wenn sie nicht sofort instand gesetzt werden, wirksam der Benutzung zu entziehen. Bei Anschlagmitteln spricht man bei diesen Zuständen von „Ablegereife".

Ablegereif sind z. B. Anschlagmittel in folgenden Fällen (eine Auswahl):

Stahldrahtseile:

- Bruch einer Litze,
- Knick, Eindrückung und Kinke (Klanke),
- Lockerung der äußeren Lage in der freien Länge,
- Quetschungen in der freien Länge,
- Quetschungen im Auflagebereich der Öse mit mehr als vier Drahtbrüchen bei Litzenseilen (Seilart N) bzw. mehr als zehn Drahtbrüchen bei Kabelschlagseilen (Seilart K) und Grummets (Seilart G),
- Korrosionsnarben,
- Beschädigung oder starker Verschleiß der Seil- oder Seilendverbindungen.

Chemiefaserseile:

- Bruch einer Litze,
- mechanische Beschädigungen, starker Verschleiß oder Auflockerungen,
- Garnbrüche in großer Zahl, z. B. mehr als 10 % der Gesamtgarnzahl im am stärksten beschädigten Querschnitt,
- Lockerung der Spleiße,
- starke Verformungen infolge von Wärme, z. B. durch innere oder äußere Reibung und Wärmestrahlung,
- Schäden infolge Einwirkung aggressiver Stoffe.

Chemiefaserhebebänder:

- Beschädigung der Webkanten oder des Gewebes oder Garnbrüche in großer Zahl, z. B. mehr als 10 % der Gesamtgarnzahl im am stärksten beschädigten Querschnitt,
- starke Verformungen infolge von Wärme, z. B. durch innere oder äußere Reibung und Wärmestrahlung,
- Beschädigung der tragenden Nähte,
- Schäden infolge aggressiver Stoffe.

Hebe-/Rundschlingen (aus endlos gelegten Chemiefasern):

- Verformung durch Wärmeeinfluss, z. B. durch Strahlung, Reibung, Berührung,
- Beschädigung der Ummantelung oder ihrer Vernähung und sichtbare Schädigung der Einlage,
- Einfluss aggressiver Stoffe, wie Säuren, Laugen und Lösemittel.

Bei normaler Beanspruchung und täglichem Einsatz empfiehlt es sich, diese Mittel zusätzlich zur täglichen Einsatzprüfung monatlich einmal durch einen Beauftragten/Sachkundigen = befähigte Person aus dem eigenen Betrieb, z. B. Lagermeister, durchchecken zu lassen.

Merke

Aufgehängte Lasten reagieren bei einem falschen Anschlag und nicht schonender Fahrweise extrem sensibel!

Sicherheits- und Gesundheitsschutzkennzeichnung am Arbeitsplatz

Die Kennzeichen gemäß ASR A1.3 sind eine Hilfe und Unterstützung für einen sach- und fachgerechten und weitestgehend unfallfreien Betriebsablauf sowie den persönlichen Arbeits- und Gesundheitsschutz der Mitarbeiter, ein funktionierendes Rettungswesen und eine wirkungsvolle und schnelle erste Hilfe. Werden die Zeichen nicht beachtet, liegt in jedem Fall eine fahrlässige Unterlassung vor. Bei einer Nichtbefolgung von Gebotsvorgaben muss man sich besonders nach einem Schadensfall den Vorwurf der Fahrlässigkeit gefallen lassen. Missachtet man wissentlich ein Verbotskennzeichen, hat man eine vorsätzliche Handlung/Unterlassung begangen, denn man hat ganz bewusst einen möglichen Schaden billigend in Kauf genommen.

Merke

Die Sicherheits-/Gesundheitsschutzkennzeichen dienen vor allem dem Schutz der Menschen und der Umwelt!

Verbotszeichen

Allgemeines Verbotszeichen[1]

Rauchen verboten

Keine offene Flamme; Feuer, offene Zündquelle und Rauchen verboten

Für Fußgänger verboten

Kein Trinkwasser

Für Flurförderzeuge verboten

Kein Zutritt für Personen mit Herzschrittmachern oder implantierten Defibrillatoren[2]

Berühren verboten

Mit Wasser löschen verboten

Keine schwere Last[3]

1 Dieses Zeichen darf nur in Verbindung mit einem Zusatzzeichen agewendet werden, das das Verbot konkretisiert.

2 Das Verbot gilt auch für sonstige aktive Implantate.

3 „Schwer" ist abhängig von dem Zusammenhang, in dem das Sicherheitszeichen verwendet werden soll. Das Sicherheitszeichen ist erforderlichenfalls in Verbindung mit einem Zusatzzeichen anzuwenden, das die maximale zulässige Belastung konkretisiert (z. B. max. 100 kg).

Eingeschaltete Mobiltelefone verboten

Kein Zutritt für Personen mit Implantaten aus Metall

Hineinfassen verboten

Aufzug im Brandfall nicht benutzen

Mitführen von Hunden verboten[4]

Essen und Trinken verboten

Abstellen oder Lagern verboten

Betreten der Fläche verboten

Personenbeförderung verboten

Benutzen von Handschuhen verboten

Schalten verboten

Zutritt für Unbefugte verboten

Mit Wasser spritzen verboten

Aufsteigen verboten (In der Bedeutung von Besteigen für Unbefugte verboten)

Laufen verboten

Warnzeichen

Allgemeines Warnzeichen[5]

Warnung vor explosionsgefährlichen Stoffen

Warnung vor radioaktiven Stoffen oder ionisierender Strahlung

Warnung vor Laserstrahl

Warnung vor nicht ionisierender Strahlung

4 *Das Verbot gilt auch für andere Tiere.*

5 *Dieses Zeichen darf nur in Verbindung mit einem Zusatzzeichen angewendet werden, das die Gefahr konkretisiert.*

Warnung vor magnetischem Feld

Warnung vor Hindernissen am Boden

Warnung vor Absturzgefahr

Warnung vor Biogefährdung

Warnung vor niedriger Temperatur/Frost

Warnung vor Rutschgefahr

Warnung vor elektrischer Spannung

Warnung vor Flurförderzeugen

Warnung vor schwebender Last

Warnung vor giftigen Stoffen

Warnung vor heißer Oberfläche

Warnung vor automatischem Anlauf

Warnung vor Quetschgefahr

Warnung vor feuergefährlichen Stoffen

Warnung vor ätzenden Stoffen

Warnung vor Handverletzungen

Warnung vor gegenläufigen Rollen [6]

Warnung vor Gefahren durch das Aufladen von Batterien

Warnung vor optischer Strahlung

Warnung vor brandfördernden Stoffen

Warnung vor Gasflaschen

Warnung vor explosionsfähiger Atmosphäre

6 Die Warnung gilt auch für Einzugsgefahren anderer Art.

Gebotszeichen

Allgemeines Gebotszeichen [7]

Gehörschutz benutzen

Augenschutz benutzen

Fußschutz benutzen

Handschutz benutzen

Schutzkleidung benutzen

Hände waschen

Handlauf benutzen

Gesichtsschutz benutzen

Kopfschutz benutzen

Warnweste benutzen

Atemschutz benutzen

Auffanggurt benutzen

Rückhaltesystem benutzen

Vor Wartung oder Reparatur freischalten

Hautschutzmittel benutzen

Übergang benutzen

Fußgängerweg benutzen

Schutzschürze benutzen

Rettungsweste benutzen

7 Dieses Zeichen darf nur in Verbindung mit einem Zusatzzeichen angewendet werden, welches das Gebot konkretisiert.

Rettungszeichen

Rettungsweg/ Notausgang (links) [8]

Rettungsweg/ Notausgang (rechts) [8]

Erste Hilfe

Notruftelefon

Sammelstelle

Arzt

Automatisierter Externer Defibrillator (AED)

Augenspüleinrichtung

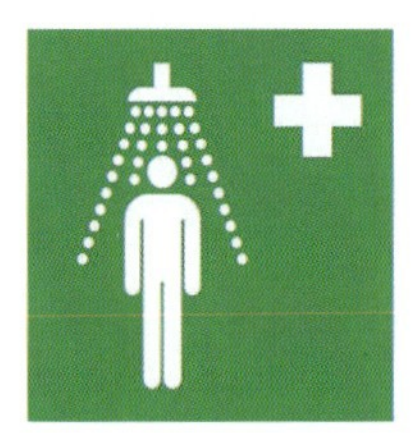

Notdusche

Krankentrage

Notausstieg mit Fluchtleiter

Rettungsausstieg

Öffentliche Rettungsausrüstung

Notausstieg

Beispiel für Rettungsweg/Notausgang mit Zusatzzeichen (Richtungspfeil)

Beispiel für Rettungsweg/Notausgang mit Zusatzzeichen (Richtungspfeil)

8 Dieses Rettungszeichen darf nur in Verbindung mit einem Zusatzzeichen (Richtungspfeil) verwendet werden.

Brandzeichen

Feuerlöscher

Löschschlauch

Feuerleiter

Mittel und Geräte zur Brandbekämpfung

Brandmeldetelefon

20. Grundsatz

- → Betriebsanleitung – Herstellervorgabe exakt einhalten!
- → Nur gesicherte Lasten transportieren!
- → Keine losen Teile mitnehmen!
- → Neigungswinkel möglichst klein halten!
- → Nie mit mehr als 60° anschlagen! Nicht an der Umschnürung einhaken!
- → Im Zweifelsfall bei zweisträngigem Anschlag nur einen Strang, bei drei oder mehr Strängen nur zwei als tragend annehmen!
- → Bei Schnürganganschlag das Anschlagmittel nur mit 80 % seiner Tragfähigkeit belasten!
- → Anschlagmittel nicht über scharfe Kanten anschlagen! Kantenschützer, Schäkel oder dgl. verwenden! Nicht über raue Oberflächen schleifen und nicht unter abgesetzten Lasten hervorziehen!
- → Lasten möglichst nicht schleifen, schräg ziehen und losreißen!
- → Auch Stapel-/Lastaufnahme-/Anschlagmittel einer „täglichen Einsatzprüfung" unterziehen!
- → Eine Zusatzausbildung ist unabdingbar!
- → Sicherheits- und Gesundheitskennzeichen beachten und Verbote strikt einhalten!

Schlussbetrachtung

Die physikalischen Grundlagen sind in der Regel neben den rechtlichen von den Seminarteilnehmern am schwersten zu verstehen. Weitere Ausführungen hierüber würden aber den Rahmen dieses Handbuches sprengen.

Hierzu verweisen wir auf unsere Lehrbücher „Krane – Beschaffenheit – Ausbildung – Einsatz" und „Der Kranführer", herausgegeben vom Resch-Verlag (s. Anhang „Medien – Rechtsquellen – Literaturverzeichnis").

Oft ist zum Verständnis für einen sicheren Umgang bzw. für ein fachmännisches Steuern von Flurförderzeugen die Erläuterung der dargelegten physikalischen Grundlagen in der Ausführlichkeit weder erforderlich noch zeitlich machbar. Die Ausführlichkeit ist u. a. abhängig von der Vorgabe in einer „Allgemeinen Ausbildung" – Stufe 1. Für den Ausbilder sind die Erläuterungen jedoch unentbehrlich, denn er muss in der Lage sein, sich Hintergrundwissen zu erarbeiten bzw. nachschlagen zu können. Umso besser und einfacher kann er den Fahrschülern und den Flurförderzeugvorgesetzten die physikalischen Gesetze und damit die Bestimmungen in den Vorschriften für einen sicheren Einsatz von Flurförderzeugen erklären und als kompetenter Partner wirken.

4.4 Sondereinsätze

Allgemeines

Flurförderzeuge sind bewährte Fahrzeuge im innerbetrieblichen Transport. Sie sind vielseitig und rationell einsetzbar. Durch ihre problemlose Handhabung werden sie jedoch nicht selten sowohl von der Einsatzleitung, dem Umfeld als auch von den Fahrern selbst zu Aufgabenlösungen herangezogen, zu denen sie nur unter Einhaltung besonderer Vorschriften eingesetzt werden dürfen. Nur bei Erfüllung dieser Bestimmungen sind sie auch bei diesen Einsätzen weitgehend unfallsicher.

Niemals sollten Arbeiten im „Hauruck-Verfahren" angewiesen und durchgeführt werden, auch wenn ein Termin noch so drängt bzw. Kosten für diese Sonderarbeiten nicht eingeplant sind oder gespart werden sollen.
Die Erfahrung lehrt, dass nach einem Unfall (mit oder ohne Personenschaden) die Material-, Gerätesowie Personeneinsätze und damit der Zeit- und Kostenaufwand wesentlich höher sind als für die Ausführung der Arbeit nach fachkundiger Vorplanung, Anweisung, Überwachung und Durchführung.

Jeder Beteiligte würde gern nach einem Unfall, besonders wenn Personen zu Schaden kamen, diesen mit all seinen Rechtsfolgen ungeschehen machen, wobei dann die Zeit- und Kostenfaktoren keine maßgebende Rolle mehr spielen.

Ist der Einsatz, z. B. in der Betriebsanleitung, nicht ausdrücklich erwähnt und/oder sind technische Erweiterungen/Änderungen am Flurförderzeug erforderlich, angefangen z. B. beim Beifahrerplatz, über eine Lkw-Anhängerkupplung/Druckluftbremsanlage bis hin zu einer Kupplung für das Einhaken des Sliphakens beim Waggonverschieben, ist der Hersteller einzubinden. Anderenfalls kann die Konformitätserklärung und damit das CE-Kennzeichen ungültig werden und der Hersteller übernimmt u. a. bei Schäden an der Maschine keine Haftung (s. a. „Gesamtbetrachtung" sowie Kapitel 1, Abschnitt 1.1.1).

Grundregeln für die Einsatzleitung

- Ein bestimmungsgemäßer Einsatz des Flurförderzeuges muss gewährleistet sein.
- Für den Einsatz muss der Fahrer ausgebildet sein. Geschah dies nicht bereits in der Allgemeinausbildung – Stufe 1 oder einer Zusatzausbildung – Stufe 2, und wurde im Fahrausweis dies nicht bescheinigt, ist die Zusatzausbildung in Theorie und Praxis vor Einsatz erfolgreich durchzuführen. Erst dann ist der Fahrauftrag zu erweitern.
- Der Einsatz bedarf einer gewissenhaften Vorplanung. Sind für den Einsatz am Flurförderzeug Anbaugeräte, Zusatzeinrichtungen, Hilfsgeräte oder dgl. erforderlich, sind diese zu beschaffen/bereitzustellen. Diese Arbeitsmittel müssen zur Maschine passen und fachgerecht montiert werden (s. a. BetrSichV und DGUV V 68).
- Erforderlichenfalls sind z. B. Helfer abzustellen, elektrische Anlagen freizuschalten/abzudecken bzw. Sicherheitsabstände einzuhalten, Antriebe abzuschalten und gegen irrtümliches Wiedereinschalten zu sichern sowie Rohrleitungen abzusperren, ggf. für den Einsatz zu entleeren und vorzubereiten. Darüber hinaus ist der Einsatzort gegen das Umfeld abzusichern.
- Betriebs- und Arbeitsanweisungen sind zu erstellen. Die Zusatzbetriebsanweisungen (s. a. Broschüre „Grundsatz- und Zusatzbetriebsanweisungen für den Betrieb von Flurförderzeugen" vom Resch-Verlag) geben hierfür eine wertvolle Hilfestellung.

- Stets sollte mit der Führung der betroffenen Abteilung, erforderlichenfalls unter Einbeziehung der mitarbeitenden Fremdfirmen, eine Vor-/Planungsbesprechung durchgeführt werden. Mit dem beteiligten Personal ist eine Arbeits-/Einsatzbesprechung abzuhalten. Dies gilt besonders

Arbeitsbesprechung vor dem Einsatz

dann, wenn der Sondereinsatz erstmalig durchgeführt werden soll bzw. nach längerer Zeit wieder ansteht.
Diese Besprechungen sind mit die Grundvoraussetzungen für einen zügigen, störungsfreien und damit unfallfreien Ablauf der Arbeit.
Das Ergebnis der Besprechungen sollte schriftlich festgehalten werden, dies schon aus Beweisgründen wie auch ggf. zum Nachlesen der beteiligten Personen. Wenn dann auch noch jeder Verantwortliche dieses Einsatzes gegenzeichnet, z. B. durch sein Namenskürzel, hat man rechtlich gesehen den Einsatz am sorgfältigsten geplant, und jeder Beteiligte kennt seinen Aufgabenbereich und seine Verantwortung.

- Werden die Anbaugeräte und Zusatzeinrichtungen für mehrere Gabelstapler verwendet, empfiehlt es sich, eine Prüfkartei anzulegen. Nur durch diese Prüfung ist gewährleistet, dass die Gerätschaften jederzeit einsatzfähig sind. Selbstverständlich sind diese Geräte und Einrichtungen mit in die erforderliche tägliche Einsatzprüfung des Gabelstaplers (natürlich nur bei Bedarf), z. B. durch den Fahrer, mit einzubeziehen (s. Kapitel 3, Abschnitt 3.5.1). Nach Erledigung des Einsatzes sind die Zusatzarbeitsmittel ggf. fachgerecht zu demontieren und sicher zu lagern, damit sie für den nächsten Einsatz brauchbar zur Verfügung stehen. Entstandene Schäden sind dem Vorgesetzten unverzüglich zu melden.

Diese Voraussetzungen sind nicht überzogen, denn Sondereinsätze werden nicht alle Tage „gefahren". Der Flurförderzeugführer ist hier nicht selten verführt, seinen Kolleginnen und Kollegen einen Gefallen zu tun, obgleich er hierbei Sicherheitsvorschriften missachten muss (z. B. unerlaubtes Mitfahren oder Transport zusätzlicher loser Teile, wie Werkzeug auf der Last). Er muss sich aber auch darüber im Klaren sein, dass er zur Rechenschaft gezogen wird, wenn etwas passiert, denn er ist in erster Linie für das fachgerechte Führen der Maschine verantwortlich (s. a. Kapitel 1, Abschnitt 1.2.0).

Hier hilft ihm seine Gutmütigkeit nicht. Nicht selten sind es dann gerade die Personen, denen er gefällig war, die ihm Vorwürfe machen und Wiedergutmachung verlangen, ja ihn sogar anzeigen.

Merke

Sondereinsätze nur mit „Extragenehmigung" durchführen!
Betriebsanweisung beachten!

Die Einhaltung der Betriebsanweisungen sind durch die Einsatzleitung zu überwachen.

Diese Aufsichtspflicht ist über das normale Maß hinaus zu erfüllen, will sich die Betriebsleitung/des-

Verbotswidriges Hochfahren zu Installationsarbeiten. Szene ist durch Ausbilder unter besonderen Sicherungsmaßnahmen (Weichbodenmatte) nachgestellt.

sen Beauftragter nach einem Schaden/Unfall nicht den Vorwurf der Sorgfaltspflichtverletzung/Nichterfüllung der Verkehrssicherungspflicht auch in Bezug auf das Umfeld ausgesetzt sehen.

Als Beweis der Erfüllung dieser Pflicht (Exkulpationsbeweis – sog. Auswahlverschulden) kann eine Dokumentation sehr hilfreich sein (s. a. § 831 BGB und Kapitel 1, Abschnitt 1.4).

Die folgenden „6 Richtigen" sollte sich daher jeder Flurförderzeugführer zu Eigen machen:

1. Keinen Übereifer an den Tag legen!
2. Stets die Betriebsanleitung und Betriebsanweisung beachten!
3. Vor dem Einsatz ist eine Einsatzprüfung (Flurförderzeug mit Anbaugerät oder dgl. und Umfeld, z. B. Verkehrsweg/Arbeitsstelle) vorzunehmen.
4. Können die Sicherheitsvorgaben nicht exakt eingehalten werden, z. B. weil ein Helfer fehlt oder ein zusätzliches Arbeitsmittel schadhaft ist, darf der Einsatz nicht gefahren werden.
5. Nur die für den Einsatz erforderlichen/zugelassenen Arbeitsmittel verwenden.
6. Immer die Umgebung beobachten und den Gefahrenbereich der Last- und Staplerbewegung frei halten! Wird etwas unklar, erst einmal Stopp und die Situation klären!

In diesem Handbuch werden für die Sondereinsätze hauptsächlich die Vorgaben behandelt, die das Einsatzpersonal wissen und beherrschen muss, damit es die Aufgabe sicher und trotzdem rationell erledigen kann.

21. Grundsatz

→ Sondereinsätze sind nur nach Extragenehmigung durch den Unternehmer/dessen Beauftragten durchzuführen!

→ Die Betriebsanleitung und Betriebsanweisungen sind exakt einzuhalten!

→ Die zum Einsatz kommenden Arbeitsmittel sind einer Einsatzprüfung zu unterziehen!

4.4.1 Mitfahren von Personen

Grundsätzliches

Stapler sind in der Regel Einmannfahrzeuge. Dürfen mehrere Personen mitfahren, muss es der Hersteller gestatten (Betriebsanleitung) und das Fahrzeug dafür auch ausgerüstet sein.
Die Mitnahme von Personen ist zusätzlich vom Unternehmer oder dessen Beauftragten in seinem Betrieb zu regeln (Betriebsanweisung). Sie ist auf das notwendige Maß zu beschränken. Hiervon kann abgesehen werden, wenn nur vom Unternehmer oder dessen Beauftragten zugelassene Personen mitfahren dürfen. Selbstverständlich muss der Mitfahrerplatz in jeder Hinsicht sicher sein.

Kennzeichnung des Verbotes zum Mitfahren an einem Stapler

Bei Mitfahrerstandplätzen muss die Höchstgeschwindigkeit des Staplers in der Ebene bauartbedingt auf 16 km/h begrenzt sein (§ 25 DGUV V 68). Auf jeden Fall müssen eine ausreichende Sitz- bzw. Standfläche und eine Festhaltevorrichtung vorhanden sein.

Pflichten des Beifahrers

Die Festhaltevorrichtung ist vom Beifahrer zu benutzen.
Seine Beine darf er nicht über den Rand (Profil) des Gerätes herabhängen lassen. Ebenso hat er seine Arme und seinen Kopf während der Fahrt im Profil des Flurförderzeuges zu halten.
Auf- und Absteigen und Übersteigen auf eine andere Maschine ist während der Fahrt verboten.

Die erforderlichen Sicherheitsmaßnahmen gelten auch für Personen, die zum Zwecke der Ausbildung mitfahren, sowohl für den Lernenden als auch für den Fahrlehrer/Ausbilder. Hierunter fallen auch Einweisungsmaßnahmen und Gewöhnungsphasen unter Anleitung durch einen versierten Flurförderzeugführer/Co-Ausbilder im Rahmen der gerätebezogenen Ausbildung – Stufe 3.2. gemäß DGUV G 308-001.

An die Erlaubnis zum Mitfahren durch den Unternehmer oder dessen Beauftragten ist ein strenger Maßstab anzulegen, dies nicht zuletzt wegen des geringen Platzangebotes auf dem Gabelstapler und der Möglichkeit der Behinderung des Fahrers beim Bedienen und Führen des Gerätes. Sie sollte nie zur „Schonung der Schuhsohlen" der Betreffenden erteilt werden.

Nur bestimmten Personen sollte die Mitfahrgenehmigung erteilt werden. Sie sind dem Gabelstaplerfahrer am besten namentlich mitzuteilen.
Da z. B. ein auf einem Stapler montierter Sitz für andere Personen zum Mitfahren geradezu einladend wirkt, sollte er wieder entfernt werden, wenn in nächster Zeit das Mitfahren eines Beifahrers nicht notwendig ist.

Extrasitz für Beifahrer – hier darf selbstverständlich mitgefahren werden.

Merke

Für das Mitfahren von Personen muss das Flurförderzeug entsprechend ausgerüstet sein! Außerdem muss für die Personenmitfahrt eine Erlaubnis vom Unternehmer vorliegen!

Schlepper mit Mitfahrgelegenheit – Beine und Füße sicher „verstaut" und geschützt, Arme befinden sich im Profil des Fahrzeuges.

4.4.2 Hochfahren von Personen mit Arbeitsbühnen

Vorbemerkung

Das an sich „klassische" für das Heben von Personen vorgesehene mobile Arbeitsmittel ist die Hubarbeitsbühne. Wenn möglich und planbar und v. a. wenn ständig Personen „gehoben" werden müssen, sollte der Unternehmer daher auch darauf zurückgreifen, z. B. für Instandhaltungsarbeiten (TRBS 2121 Teil 4).

Hubarbeitsbühne – hier eine Senkrecht- oder Scherenbühne

Das führt aber nicht dazu, dass mit Flurförderzeugen kein Heben von Personen mehr erfolgen darf (TRBS 2121 Teil 4).

Allgemeines

Beim Hochfahren von Personen auf dem Lastaufnahmemittel, z.B. Gabelzinken, Paletten, Gitterboxen und dgl., bestehen erhöhte Quetsch- und Schergefahren am Hubmast der Maschine und an festen Teilen der Umgebung, z.B. an Regalteilen, sowie Absturzgefahr von dem Aufnahmemittel (s. nachgestellte Szene mit Ausbilder, S. 445).

Obwohl diese Gefahren in den Betrieben bekannt sind, werden sie häufig ignoriert, sodass es wiederholt zu schweren Unfällen, auch mit Todesfolge, kommt.

Diesen vorschriftswidrigen Handlungsweisen mit den Verschuldensstufen grobfahrlässig, wenn nicht

Klassische Arbeitsbühne für Stapler

sogar vorsätzlich, kann nur mit einer einfachen, praktischen und wirtschaftlichen Lösung – dem Einsatz einer vorschriftsmäßigen Arbeitsplattform/Arbeitsbühne – wirksam begegnet werden.

Solche Einsätze sind u.a. bei Instandhaltungsarbeiten, wie Reparaturen, Wartungen und Pflegearbeiten sowie Prüfungsarbeiten an/von Betriebsanlagen und Arbeitsmitteln gegeben.

Es kommen hauptsächlich folgende Bauarten von Arbeitsbühnen zum Einsatz:

- Die klassische Arbeitsbühne, auf der im Wesentlichen alle anderen Bühnenausführungen aufbauen.
- Die Arbeitsbühne für Mitgänger-Flurförderzeuge.
- Die Arbeitsbühne mit Steuerung von der Bühne aus.
- Die Arbeitsbühne für Arbeiten an Regalen/in Schmalgängen.

Bei einem Arbeitsbühneneinsatz mit einem Mitgänger-Flurförderzeug ist aber zu berücksichtigen, dass das Fahrzeug nur ein schmales Aufstandstrapez hat. Diese Kombination sollte daher nur ausnahmsweise bzw. „zurückhaltend" gewählt werden.

Teleskopstapler mit Steuerung aus der Bühne

Es dürfen zur Arbeit mit Arbeitsbühnen nur Flurförderzeuge eingesetzt werden, die eine ausreichende Tragfähigkeit haben.

Die Tragfähigkeit gilt als ausreichend, wenn der Hersteller oder Lieferer das Auf- und Abwärtsfahren mit einer Arbeitsbühne zu Arbeiten an hochgelegenen Stellen als bestimmungsgemäße Verwendung vorgesehen hat und die Vorgaben für diese Art der Verwendung mit den örtlichen Betriebsbedingungen vereinbar sind oder eine ausreichende Standsicherheit unter den örtlichen Betriebsbedingungen durch ein Sachverständigengutachten nachgewiesen ist.

Bei Frontgabelstaplern gilt die Tragfähigkeit auch als ausreichend, wenn

1. die Bodenfläche der Arbeitsbühne die Abmessungen einer Europalette (1 200 mm x 800 mm) nicht überschreitet,
2. sich der Standplatz der Mitfahrenden in Höhe der Gabelzinken befindet und
3. die Tragfähigkeit des Gabelstaplers bei der Hubhöhe, die der Höhe der angehobenen Arbeitsbühne entspricht, mindestens das Fünffache des Gewichtes beträgt, das sich aus dem Eigengewicht der Arbeitsbühne, dem Gewicht der mitfahrenden Person und der Zuladung ergibt (§ 26 Abs. 1 DGUV V 68 Durchführungsanweisung).

Merke

Arbeitsbühne nur mit dem hierfür zugelassenen Flurförderzeug aufnehmen!

Bühne für Mitgänger-Flurförderzeug

Arbeitsbühne – Einsatzregeln

- Für den Einsatz hat der Unternehmer eine Betriebsanweisung zu erstellen und bekanntzumachen. Die Beschäftigten müssen die Betriebsanweisung beachten, die der Unternehmer oder dessen Beauftragter aufgrund seines Direktionsrechts erlassen hat (s. a. §§ 4 und 9 ArbSchG, § 12 BetrSichV, § 5 DGUV V 68).
- Zusätzlich zur Betriebsanweisung sind für eine Betriebsstörung am Stapler und für den Notfall Maßnahmen für die Bergung der Mitfahrer im Voraus zu planen (s. Anhang 1 Punkt 2.4 f. BetrSichV).
- Der Stapler ist lotrecht aufzustellen.
- Mehr als zwei Personen dürfen, außer auf Bühnen mit großer Grundabmessung, z. B. Containerflächenmaß bei Aufnahme mittels Spreader, nicht mitfahren.
- PSA gegen Absturz sollte in der Bühne getragen werden, besonders wenn von der Bühne heraus

PSA gegen Absturz in der Arbeitsbühne am Teleskopstapler

mit kraftbetriebenen Arbeitsmitteln, z. B. Bohrmaschinen, gearbeitet wird. Grund: Fällt der aufgebaute Druck beim Bohren plötzlich weg, kann man leicht nach außen abkippen.
- Der Einsatzort ist abzusichern. Ggf. ist der Durchgangsverkehr zu sperren und Umleitungen auszuweisen/vorzugeben (Schlagschatten beachten).
- Gegenseitige Verständigung zwischen Fahrer und Hochfahrer muss gewährleistet sein.

Anmerkung

Der Resch-Verlag hat auch für diesen Einsatz eine Betriebsanweisung in seiner Broschüre „Grundsatz- und Zusatzbetriebsanweisungen für den Betrieb von Flurförderzeugen" im Angebot.

Arbeitsbühne – Einsatz im Freien

Arbeitsbühnen werden oft im Freien und dabei auf Wegen, die sonst nicht befahren werden, eingesetzt. Hier gelten neben den Vorgaben zum Einsatz in Räumen zusätzliche Beachtung von ausreichender Tragfähigkeit der Einsatzwege und der Auswirkung von Windeinflüssen (s. Herstellerangaben).

Achtung!

Auch das Einsinken von nur einem Rad kann den Stapler zum Umstürzen bringen, wenn die Gesamtschwerkraftlinie aus seiner Standfläche herausfällt (s. Kapitel 2, Abschnitt 2.3, Absatz „Standsicherheit von Staplern").

Wird die Bodentragfähigkeit überschätzt/nicht beachtet und gibt der Boden nach, kann der Stapler in eine Schieflage kommen und umstürzen, besonders wenn z. B. ein Monteur oben auf der Bühne Schwungkräfte, z. B. beim Lösen von Schrauben und Muttern oder dgl. ausübt. Vergessen wir nicht, dass der Stapler auch mit der verhältnismäßig geringen Bühnenlast eine nicht zu unterschätzende Gewichtskraft „G_K" auf den Boden ausübt.

Arbeitsbühneneinsatz an Außenfassade mit einem Teleskopstapler

Der Boden setzt dieser Kraft seine mögliche Bodenpressung entgegen. Sie ist abhängig von seiner Beschaffenheit/Bodenart. Reicht sie nicht aus, gibt er nach. Es ist wie auf einem Vereinsfest: Stellt man Tische und Bänke auf Rasenflächen auf und beachtet die Bodenfestigkeit dabei nicht, drücken sich ihre Beine in den Boden.

Anmerkung

Weitere Ausführungen, besonders auch für die Belastung von Verkehrsflächen, Ladebrücken und Bodenöffnungsabdeckungen und dgl. s. Kapitel 4, Abschnitt 4.1.1.2.

Durch Windeinfluss ≥ Windstärke 6 = starker Wind (der vom Wetteramt in 10 m Höhe gemessen wird) und durch starken böigen Wind (Stärke 6) ist die Standsicherheit des Staplers gefährdet. Der Einsatz sollte bei diesen Witterungsverhältnissen unterbrochen werden, besonders dann, wenn er an Hallenecken oder zwischen Häuserwänden stattfindet, denn hier wirkt außerdem noch verstärkend der Turbineneffekt (s. a. Kapitel 2, Abschnitt 2.4.2, Absatz „Windeinfluss"). Großflächige Lasten > 1 m^2, besonders wenn sie leicht sind, sollten in der Bühne schon ab Windstärke 5 = frische Brise nicht transportiert werden.

Merke

Auf Standsicherheit des Flurförderzeuges achten!

Arbeiten nahe bzw. an elektrischen Leitungen und Anlagen

Elektrische Leitungen sind in den Betrieben bis auf Schleifleitungen isoliert ausgeführt.

Zuleitungen, besonders Überlandleitungen, sind in der Regel „blank". Hier besteht vermehrt für Stapler, wie auch z. B. für ortsveränderliche Krane, z. B. Fahrzeugkrane, Lkw-Ladekrane sowie Bagger und Lader, eine erhöhte Gefahr, wenn sie ihnen zu nahe kommen. Luft leitet 200-mal schlechter als Kupfer. Je näher man der Freileitung kommt, desto eher kann der Strom auf den Stapler überspringen, und dies geschieht umso früher, je höher die Spannung in der Elektroleitung ist.

Durch die fünf „goldenen" Regeln können sich Staplerfahrer und Helfer vor einem Stromschlag am besten schützen:

1. Elektrische Anlage freischalten,
2. gegen Wiedereinschalten sichern,
3. Spannungsfreiheit feststellen lassen,
4. erden und kurzschließen,
5. benachbarte, unter Spannung stehende Teile abdecken oder abschranken!

Diese Sicherheitsarbeiten dürfen nur von Elektrofachkräften vorgenommen werden!

Bei Nennspannungen bis 1 000 V kann man davon ausgehen, dass unter üblichen Arbeitsbedingun-

Gefahrzone D_L abhängig von der Nennspannung (DIN VDE 0105-100)

Netz-Nennspannung U_n (Effektivwert) kV	Äußere Grenze der Gefahrenzone D_L [1] (Abstand in Luft) mm		Bemessungs-Steh-Blitz-/Schaltstoßspannung U_{imp} (Scheitelwert) kV
	Innenraumanlage	Freiluftanlage	
< 1	Keine Berührung		4
3	60	120	40
6	90	120	60
10	120	150	75
15	160		95
20	220		125
30	320		170
36	380		200
45	480		250
66	630		325
70	750		380
110	1100		550
132	1300		650
150	1500		750
220	2100		1050
275	2400		850
380	2900/3400		950/1050
480	4100		1175
700	6400		1550

[1] Werte D_L sind für die höchste Bemessungs-Stehstoßspannung (Blitz- oder Schaltstoßspannung) angegeben; weitere Werte für niedrigere Bemessungsspannungen s. VDE 0101-2.

gen ein ausreichender Schutz gegeben ist, wenn die im Umkreis der Arbeitsstelle befindlichen aktiven Teile (unter Spannung stehend) gegen Berühren geschützt sind.

Soweit in den elektrotechnischen Regeln keine Grenzwerte festgelegt sind, darf gearbeitet werden, wenn

- der Kurzschlussstrom an der Arbeitsstelle höchstens 3 mA bei Wechselstrom (Effektivwert) oder 12 mA bei Gleichstrom beträgt,
- die Energie an der Arbeitsstelle nicht mehr als 350 mJ beträgt,
- durch Isolierung des Standortes oder der aktiven Teile oder durch Potenzialausgleich eine Potenzialüberbrückung verhindert ist oder
- die Berührungsspannung weniger als AC 50 V (Wechselstrom) oder DC 120 V (Gleichstrom) beträgt,
- bei den verwendeten Prüfeinrichtungen die in den vergleichbaren elektrotechnischen Regeln festgelegten Werte für den Ableitstrom nicht überschritten werden.

Muss in der Nähe von unter Spannung stehenden aktiven Teilen gearbeitet werden, wobei die o. a. Sicherheitskriterien nicht erfüllt sind, und sind diese Teile nicht durch isolierende Abdeckungen oder Abschrankungen geschützt, sind diese Arbeiten nur zulässig, wenn die Teile nicht berührt werden können oder bei Netzspannungen über 1 kV = 1 000 V Grenzabstände der Gefahrenzone zu diesen Teilen eingehalten werden.

Kann die Grenze (Gefahrenzone) überschritten, überbeugt oder übergriffen werden, dies gilt auch mittels Werkzeugen, Stangen, Werkstücken usw., sind mindestens nachstehend angeführte Schutzabstände in Abhängigkeit der vorhandenen Nennspannung in der Anlage/Leitung einzuhalten:

a) Für folgende elektrotechnische Tätigkeiten durch Elektrofachkräfte oder durch elektrotechnisch unterwiesene Personen bzw. unter deren Aufsicht:

- Bewegen von Leitern und sperrigen Gegenständen in der Nähe von Freileitungen,
- Hochziehen und Herablassen von Werkzeugen, Material und dgl., sofern Freileitungen oder Leitungen in Freiluftanlagen unterhalb einer Arbeitsstelle unter Spannung bleiben müssen,
- Arbeiten an einem Stromkreis von Freileitungen, wenn mehrere Stromkreise (Systeme) mit Nennspannungen über 1 kV auf einem gemeinsamen Gestänge liegen,
- Anstrich- und Ausbesserungsarbeiten an Masten, Portalen und dgl. von Freileitungen unter besonderen, in den elektronischen Regeln beschriebenen Voraussetzungen,
- Arbeiten an Freiluftanlagen.

Nennspannung	Schutzabstand von unter Spannung stehenden Teilen ohne Schutz gegen direktes Berühren
bis 1 000 V (1 kV)	0,5 m
über 1 bis 30 kV	1,5 m
über 30 bis 110 kV	2,0 m
über 110 bis 220 kV	3,0 m
über 220 bis 380 kV	4,0 m

b) Bei allen nicht-elektrotechnischen Tätigkeiten, wie Montage-, Transport-, Anstrich- und Ausbesserungsarbeiten (ohne Aufsicht) usw., auch durch Elektrofachkräfte oder elektrotechnisch unterwiesene Personen bzw. unter deren Aufsicht, sowie bei Gerüstbauarbeiten, Arbeiten mit Staplern, Hebezeugen und Baumaschinen (Baggern und Ladern) und sonstigen nicht-elektronischen Arbeiten:

Nennspannung	Sicherheitsabstand
bis 1 000 V (1 kV)	1,0 m
über 1 bis 110 kV	3,0 m
über 110 bis 220 kV	4,0 m
über 220 bis 380 kV und unbekannt	5,0 m

c) Der Sicherheitsabstand (b) ist auch beim Ausschwingen von Leitungsteilen und für den Arbeitsbereich des Monteurs einzuhalten.

Achtung!

Nahe Hochfrequenzanlagen können u. U. elektromagnetische Felder (EM) besonders für Personen mit Körperhilfen wie Herzschrittmachern und Implantaten sowie Piercingschmuck schädlich sein (s. Kapitel 1, Abschnitt 1.5.1 „Spezialfälle der Tauglichkeit")

Von den Sicherheitsabständen darf nur abgewichen werden, wenn

1. durch die Art der Anlage eine Gefährdung durch Körperdurchströmung oder durch Lichtbogenbildung ausgeschlossen ist oder
2. aus zwingenden Gründen der spannungsfreie Zustand nicht hergestellt werden kann, soweit dabei
   - durch die Art der bei diesen Arbeiten verwendeten Hilfsmittel oder Werkzeuge eine Gefährdung durch Körperdurchströmung oder durch Lichtbogenbildung ausgeschlossen ist und
   - der Unternehmer mit diesen Arbeiten nur Personen beauftragt, die für diese Arbeiten an unter Spannung stehenden aktiven Teilen fachlich geeignet sind und
   - der Unternehmer weitere technische, organisatorische und persönliche Sicherheitsmaßnahmen festlegt und durchführt, die einen ausreichenden Schutz gegen eine Gefährdung durch Körperdurchströmung oder durch Lichtbogenbildung sicherstellen (§ 8 DGUV V 3).

d) Der Stapler sollte immer geerdet werden, wenn er nicht über seine Räder zur Fahrbahn geerdet ist.

Achtung!

So genannte Cleanreifen sind normalerweise nicht elektrisch leitfähig. Dies muss beim Reifenhersteller extra bestellt werden.

Merke

Stets ausreichenden Abstand einhalten!
Windeinflüsse berücksichtigen!

Verhalten im Gefahrfall – Stromberührung

Es ist geschehen! Der Stapler hat Stromberührung!

Wie hat sich ein Staplerfahrer im Gefahrfall zum Schutz seines eigenen Lebens und das Dritter richtig zu verhalten?

- Oberstes Gebot: Ruhe bewahren und Übersicht behalten!
- Stapler aus dem Gefahrenbereich herausfahren, z. B. durch Absenken des Hubmasts!
- Strom abschalten lassen! Dies gelingt in der Regel nur in Betrieben, nicht aber an Überlandleitungen, weil u. a. über diese Leitungen ganze Wohn- und Industriegebiete mit Strom versorgt werden.

Aus diesem Grunde wird bei Berührung nur eines Freileitungsdrahtes der Strom nicht automatisch abgeschaltet, trotzdem der Stapler geerdet ist. Dies wird über einen Erdschlussbegrenzer/Spulenwiderstand/eine Erdungslöschspule gemäß VDE 0132 im Umspannwerk verhindert.
Da solche Fehlerquellen auch in anderen Situationen öfter auftreten und kurzfristig beim Verbraucher selbst wieder beseitigt werden, muss in solchen Fällen das E-Werk/Umspannwerk unterrichtet werden, sodass dort sofort Maßnahmen eingeleitet werden können.

Bei Berührung von zwei Freileitungsdrähten wird trotz Ansprechen der Sicherungen der Strom innerhalb von drei Sekunden wieder eingeschaltet. Dies geschieht zweimal. Der Grund hierfür ist der gleiche wie im ersten Fallbeispiel.
Es beginnt aber sofort die Eingrenzung des Verursachers, sodass die Fehlerquelle durch Aussparung/Umschaltung/Umgehung wieder spannungsfrei geschaltet werden kann. Diese Arbeiten dauern zwei bis vier Stunden.

Es ist also in jedem Fall wichtig, dass der Staplerfahrer und die Einsatzleitung die Telefonnummer der Leitzentrale des Umspannwerkes kennen. Somit kann der Vorfall dorthin gemeldet werden, damit die Abschaltung bzw. die Vorarbeiten dazu unverzüglich eingeleitet werden können. Hierbei sind Rückversicherungen mit Namensdokumentation des Gesprächspartners wichtig, damit u. a. Scharlatane mit ihren leider bewussten Falschmeldungen weitestgehend ausgeschaltet werden.

Kann man den Stapler nicht freifahren, und kann der Strom nicht abgeschaltet werden, muss der Staplerfahrer auf alle Fälle auf dem Fahrerplatz/an seinem Steuerstand verbleiben.

Stromberührung: Fahrerplatz nicht verlassen, erst Stapler freifahren/abschalten lassen!

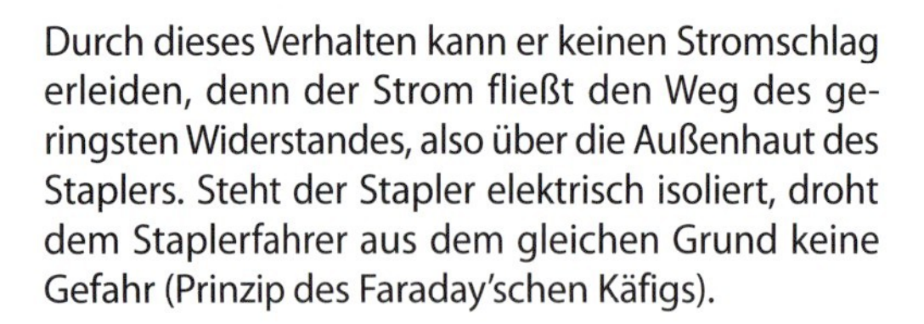

Durch dieses Verhalten kann er keinen Stromschlag erleiden, denn der Strom fließt den Weg des geringsten Widerstandes, also über die Außenhaut des Staplers. Steht der Stapler elektrisch isoliert, droht dem Staplerfahrer aus dem gleichen Grund keine Gefahr (Prinzip des Faraday'schen Käfigs).

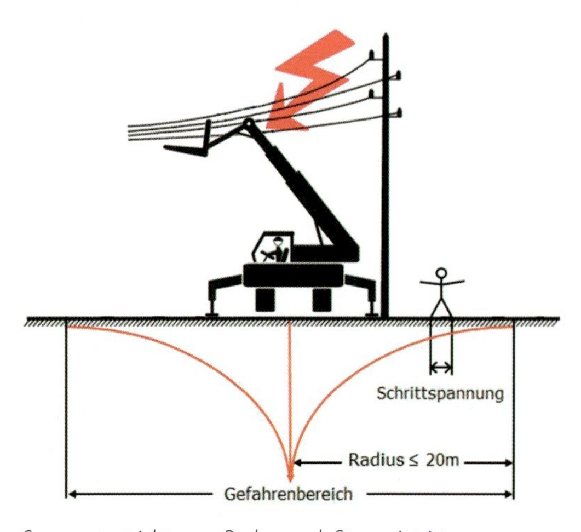

Spannungstrichter am Boden nach Stromeintritt

Stapler von Außenstehenden nicht berühren lassen!

Steigt er aber ab, stellt er eine Verbindung zwischen dem Stapler und der Erde her. Es fließt durch seinen Körper ein für ihn gefährlicher Strom. Immer wieder passieren dadurch Unfälle, häufig mit Todesfolge.

Oft springen Staplerfahrer ab. Wenn sie Glück haben, passiert ihnen nichts. Dann müssen sie aber in Hockstellung mit den Füßen nebeneinander (nicht in Schrittstellung) landen, denn unter dem Fahrzeug bildet sich – wenn Strom in den Boden eintritt – ein sog. Spannungstrichter.

Sonst überbrücken Füße und Beine eine Stromstrecke in der Erde, in welcher ein Spannungsabfall stattfindet. Dadurch fließt dann ein Strom über den Körper, der durch die hohe Spannung gefährlich ist. Darum dürfen Staplerfahrer und dritte Personen in diesen Fällen bei der Staplerbedienung durch Funk bzw. über Kabel und Außenstehende nicht direkt auf den Stapler zugehen und auf keinen Fall den Stapler berühren oder besteigen. Will der Staplerfahrer oder Außenstehende den Spannungstrichter verlassen, dann entweder auf einem Bein („hickeln"/hüpfen) oder in ganz kleinen Schritten („Gänsefüßchen").

Es gibt also in dieser Situation nur eine sichere Lösung: Sitzen bleiben, sowie Außenstehende fernhalten und auch selbst den Stapler von außen nicht berühren oder gar besteigen, auch nicht den Fahrerplatz.

Anmerkung

Auch hier gilt: Nicht absteigen und Außenstehende warnen! Doch nicht tatenlos zusehen! Handy benutzen und Strom abschalten lassen!

Nach einem Elektrounfall sofort Erste Hilfe einleiten!

Bei zwei Personen auf der Bühne die unter Strom stehende Person an den Armen abschlagen oder an ihrer trockenen Kleidung (nicht direkt am Körper) anfassen. Der Helfer „schaltet“ sich sonst elektrotechnisch gesehen parallel zu.

Merke

Nach Stromberührung keine Panik aufkommen lassen! – Fahrerplatz nicht verlassen oder besteigen! – Außenstehende fernhalten! – Erste Hilfe einleiten!

Arbeitsbühne – Arbeiten mit Elektroarbeitsmitteln

Elektrowerkzeuge dürfen in bzw. von der Arbeitsbühne aus nur in schutzisolierter Ausführung, über Schutztrennung bzw. mit Kleinspannung oder Schutz durch Abschaltung (Fehlerstromschutzschalter 30 mA) betrieben werden!
Grund: Die Arbeitsbühne gilt de facto aufgrund ihres Gefährdungspotenzials als „enger elektrischer Betriebsraum“.

Isolierende Schutzkleidung (Körperschutzmittel nach DIN VDE 0680) ist, soweit sie benutzt wird, mindestens alle 12 Monate durch eine Elektrofachkraft auf sicherheitstechnisch einwandfreien Zustand zu prüfen, isolierende Handschuhe alle 6 Monate (§ 5 Tabelle 1c DGUV V 3). Darüber hinaus sind Einrichtungen zur Arbeitssicherheit, wie isolierte Werkzeuge, isolierende persönliche Schutzausrüstungen und Betätigungs- und Erdungsstangen, vor jeder Benutzung auf äußerlich erkennbare Mängel zu überprüfen.

Elektroschweißarbeiten dürfen in bzw. von der Arbeitsbühne aus nur durchgeführt werden, wenn grundsätzlich

a) nur geeignete, nach § 15 Abs. 1 DGUV R 100-500 Kap. 2.26 „Schweißen, Schneiden und verwandte Verfahren“ gekennzeichnete Schweißstromquellen (Geräte) verwendet werden (Kennzeichen S – Schutz bei Arbeiten unter erhöhter elektrischer Gefährdung), die außerhalb der Arbeitsbühne aufgestellt sind, und
b) trockene und unbeschädigte persönliche Schutzausrüstung, wie Schutzschuhe mit isolierenden Sohlen, z.B. nach DIN EN ISO 20344 bis DIN EN ISO 20347, Schweißerschutzhandschuhe nach DIN EN 12477 und Arbeitskleidung mindestens schwerer Qualität, getragen wird.

Darüber hinaus ist
entweder

- die Arbeitsbühne isoliert aufzunehmen, wobei der maximale Kurzschlussstrom des Lichtbogenschweißgerätes, abhängig vom Seildurchmesser, folgende Werte nicht überschreiten darf (s.a. DGUV R 101-005):

Kurzschlussstrom (A)	60	80	100	120	140
Seildurchmesser (mm)	6	8	10	12	14

oder

- es ist eine elektrisch leitende Verbindung mit ausreichend kleinem elektrischen Widerstand zwischen Personenaufnahmemittel und Anschlussklemme „Werkstück“ am Lichtbogenschweißgerät gesondert herzustellen.

Stapler als Schweißtisch

Wird an Werkstücken elektrisch geschweißt, die am Stapler mit einem Lastaufnahmemittel aufgehängt sind, muss der Stapler gegen 1 000 V isoliert sein. Dies kann z.B. durch ein Isolierstück, Isolierwirbel, ein trockenes Hanf- oder Chemiefaserseil oder eine Isolierlasche in einem Schäkel geschehen, welches(r) zwischen dem Lasthaken und dem Lastaufnahmemittel angebracht ist. Wird dies nicht beachtet, können besonders Anschlagmittel und der Stapler Schaden nehmen.

Werden Lastaufnahmemittel von Gabelstaplern, wie Gabelzinken u. dgl., mit einem Stapler als Arbeitstischunterlage – Unterlage für zu schweißende Werkstücke – verwendet, muss das Werkstück zum Gabelstapler hin ebenfalls mindestens gegen 1 000 V isoliert sein, z. B. durch isolierende Zwischenlagen, u. a. zwischen Gabelzinken und Werkstück.

Geschieht dies nicht, würde in beiden Fällen, u. a. wenn der Gabelstaplerfahrer während des Schweißvorgangs vom Stapler absteigt, hierbei ein für ihn gefährlicher Strom durch seinen Körper zur Erde fließen. Darüber hinaus könnten am Stapler Schäden, z. B. an der elektronischen Steuerung, auftreten.

Beim Einsatz für Gasschweißarbeiten sind darüber hinaus mindestens die Hydraulikleitung und die Treibstoffanlage des Gabelstaplers ausreichend abzuschirmen, sonst könnten durch Wärmestrahlung Schläuche platzen und durch Funkenflug Brände entstehen.

Es können beim Elektro-Schweißen elektromagnetische Felder entstehen. Sie werden vom Menschen aufgenommen und können Reaktionen auslösen, z. B. an metallischen Implantaten und an Piercingschmuck Wärme erzeugen, die sogar Verbrennungen nach sich ziehen. Ihre Wirkung ist zum einen von ihrer Feldstärke und zum anderen von ihrer Frequenz abhängig (s. a. Absatz „Arbeiten nahe bzw. an elektrischen Leitungen und Anlagen", Kapitel 3, Abschnitt 3.4.1, Absatz „Sicherheitsvorgaben" und Kapitel 1, Abschnitt 1.5.1, Absatz „Spezialfälle der Tauglichkeit").

Achtung!

Ist der Gabelstaplerfahrer erhöhter Wärmestrahlung ausgesetzt, darf er keine Kontaktlinsen tragen, denn die Linsen könnten u. U. mit dem Augapfel verschmelzen. Über die Temperaturwiderstandsfähigkeit der Linsen ist ein Augenarzt zu Rate zu ziehen (s. a. Kapitel 1, Abschnitt 1.6, Absatz „Weitere persönliche Schutzausrüstungen – PSA").

Teleskopstapler mit Arbeitsbühne – Bedienung aus der Arbeitsbühne bei gleichzeitigem Verlassen des Fahrerplatzes erlaubt.

Arbeitsbühne – Staplerbedienung

Folgende Zusatzpflichten beim Arbeitsbühneneinsatz hat der Fahrer zu erfüllen:

- Die Arbeitsbühne ist gemäß Betriebsanleitung und -anweisung vom Staplerfahrer aufzunehmen und am Stapler zu befestigen.

- Stets ist eine weitgehend waagerechte Stellung der Arbeitsbühne anzustreben. Hierzu ist der Hubmast vor dem Anheben der Arbeitsbühne lotrecht bzw. so einzustellen, dass sich ihr Fußboden waagerecht und damit der Rückenschutz der Arbeitsbühne lotrecht zur Erdoberfläche befindet. Die Arbeitsbühne ist so ausgelotet. Erforderlichenfalls ist der Hubmast etwas nach hinten oder nach vorn zu neigen bzw. der Stapler mit seinem Fahrwerk einseitig auf ausreichend tragfähige, breite und gegen Verschieben gesicherte Ausgleichsbleche, -bohlen zu stellen. Anderenfalls besteht eine erhöhte Umsturzgefahr für den Stapler, und die Personen auf der Arbeitsbühne haben einen unsicheren Stand.

- Während der Arbeit auf hochgehobener Arbeitsbühne darf der Fahrer seinen Bedienungsplatz nicht verlassen. Er muss jederzeit in der Lage sein, das Lastaufnahmemittel (Arbeitsbühne) mit den Personen auf der Bühne sofort ablassen zu können. Dies gilt besonders bei Arbeiten an oder nahe von elektrischen Anlagen bzw. Leitungen bzw. beim Umgang mit Gefahrstoffen.

Teleskopstapler vollständig abgestützt/abgepratzt als Vorbereitung zum Arbeitsbühneneinsatz

Ein Verlassen des Bedienplatzes ist dann erlaubt, wenn die Bedienung der Arbeitsbühne aus ihr heraus erfolgt und eine andere gleichzeitige Benutzung, z. B. vom Fahrerplatz aus, ausgeschlossen ist (s. MRL Anhang 1 Punkt 1.2.2). Gleichzeitig muss der Stapler vollumfänglich abgestützt/abgepratzt werden. Der Stapler wird so zur Hubarbeitsbühne (nach DIN EN 1459 Teil 3 und MRL).

- Beim Einsatz einer „Arbeitsbühne für externe Personen", bei dem die Personen die Arbeitsbühne auf dem hochgelegenen Arbeitsplatz verlassen haben, kann der Fahrerplatz vom Staplerfahrer verlassen werden, wenn die Arbeitsbühne auf einem hochgelegenen Arbeitsplatz standsicher abgesetzt wurde, wobei das Lastaufnahmemittel an der Arbeitsbühne befestigt ist und sich somit ebenfalls oben befindet.

Hierbei muss der Stapler selbstverständlich durch Anziehen der Feststellbremse und abgezogenem Fahr-/Schaltschlüssel gegen Wegrollen gesichert sein. In diesem Fall ist das Verlassen des Fahrerplatzes trotz angehobenem Lastaufnahmemittel durch den Fahrer zulässig, da der Gabelstapler standsicher und gegen Wegrollen gesichert wurde, Personen nicht unter eine angehobene Last treten bzw. sich darunter aufhalten können und der Stapler von Unbefugten nicht benutzt werden kann. Hier liegt im Sinne von § 15 und § 32 DGUV V 68 „Flurförderzeuge" keine hochgefahrene Last vor.

Achtung!

Ausreichende „Erste Hilfe" muss jedoch für die Personen auf dem hochgelegenen Arbeitsplatz gewährleistet bleiben, u. a. durch Einsatz von Sprechfunk, wobei ein Staplerfahrer vor Ort stets kurzfristig einsatzbereit sein muss.

Zwei Personen bei Kommissionierstapler erlaubt.

- Die Feststellbremse (Handbremse) ist vom Fahrer anzuziehen, da das Fahrzeug gegen unbeabsichtigtes Wegrollen gesichert sein muss. Die ständige Belastung der Betriebsbremse (Fußbremse) ist wegen der schädlichen Dauerbelastung der Hydraulik und der statischen Belastung des Fußes des Fahrers nicht zulässig. Der Antrieb sollte stets abgestellt werden.

- Beim Einsatz ist die zulässige Belastung der Bühne, besonders wenn Teile zur Montage oder Demontage auf- bzw. abtransportiert werden müssen, zu beachten.

- Nach Beendigung einer Arbeit an einem Ort, ist die Bühne mit dem Monteur abzulassen. Er muss die Arbeitsbühne verlassen, bevor diese an den nächsten Einsatzort gefahren wird. Diese, für einen Außenstehenden strenge Maßnahme ist erforderlich, da die Verletzungsgefahr des Monteurs zwischen Bühnenteilen und Bauteilen der Halle, wie Pfeilern und Regalpfosten, sehr groß ist, z. B. wenn der Monteur Arme, Beine oder gar seinen Kopf während der Fahrt über das Profil der Bühne hinausstreckt.

Von diesem Grundsatz darf nur abgesehen werden, wenn die Arbeitsbühne bodenfrei (100 mm bis 200 mm, aber nicht höher als 500 mm) abgesenkt und dann erst mit höchstens ≤ 16 km/h verfahren wird. Hierbei ist jedoch Voraussetzung, dass ein Flurförderzeug/Stapler verwendet wird, dessen bauartbedingte Höchstgeschwindigkeit 16 km/h beträgt und Haltegriffe innerhalb der Kontur der Arbeitsbühne angebracht sind. Die Mitfahrer haben die Haltegriffe während der

Fahrt zu benutzen und dürfen sich während der Fahrt nicht hinausbeugen und nicht hinausgreifen/-zeigen. Der Stapler ist aber kein Taxi. Das bedeutet, dass unter diesem Mitfahren nur die Fahrt zwischen zwei Einsatzstellen, z. B. innerhalb einer Halle, zu verstehen ist (s. Abschnitt 4.4.1).

- Das Mitfahren/Verfahren auch mit hochgefahrenem Lastaufnahmemittel/Arbeitsbühne, Fahrerplatz oder dgl. ist auch auf einem Regal- oder Kommissionierstapler in Regalgängen zulässig, wenn er bestimmungsgemäß verfahren wird, vorausgesetzt bei der Mitfahrt einer zweiten Person ist auch für sie eine Zustimmungsschaltung in der Arbeitsbühne/auf dem Fahrerplatz vorhanden.

- Im hochgehobenen Zustand der Arbeitsbühne an einem normalen Stapler sind geringe Standortkorrekturen – Feinpositionierung (bis zu 0,5 m bei hochgehobener Arbeitsbühne im Tastgang, auch mittels Seitenschieber) mit Personen auf der Arbeitsbühne nur unter der Voraussetzung zulässig, dass die Standsicherheit (ebener Boden, geringe Fahrgeschwindigkeit, keine abrupte Fahrbewegung) gewährleistet bleibt und in der nahen Umgebung keine Quetschgefahr (Pfeiler, Regale) vorhanden ist.

Hier kann das Tragen eines Schutzhelmes durchaus Sinn machen, wenn Kleinteile herunterzufallen drohen.

Steuer- und Fahrbewegungen darf der Fahrer nur auf Anweisung einer Person auf der Bühne durchführen. Von festen Teilen der Umgebung hat er ausreichenden Abstand zu halten.

- Befinden sich mehrere Personen auf der Bühne, ist für diese Anweisungen vor dem Einsatz eine Person zu bestimmen, die dem Staplerfahrer bekanntzugeben ist.

- Bei Auf- und Abwärtsbewegungen der Arbeitsbühne dürfen sich die in ihr befindlichen Personen nicht hinausbeugen sowie ihre Hände und Füße nicht hinausstrecken. Tritte, Leitern, Kisten usw. dürfen auf der Arbeitsbühne als Standplatzerhöhung o. dgl. zu keiner Art von Tätigkeit verwendet werden.

- Beim Arbeitseinsatz sollten der Fahrer und die arbeitende Person immer Sicherheitsschuhe tragen und einen Schutzhelm dann, wenn eine Gefährdung für den Kopf von oben droht.
  Vom Tragen dieser persönlichen Schutzausrüstung – PSA, insbesondere des Schutzhelmes, durch den Fahrer kann von ihm nur abgesehen werden, wenn er sich auf seinem Fahrerplatz aufhält und er durch eine Fahrerkabine ausreichend gegen herabfallende Teile auch mit kleinen Abmessungen geschützt ist. Ein Fahrerschutzdach reicht in der Regel nicht aus, denn kleine Teile, z. B. Schrauben und Muttern, fallen auch da hindurch. Vergessen wir nicht, dass z. B. eine Schraube aus einer Fallhöhe von nur 4 m auf dem Fahrweg auftreffend eine Geschwindigkeit von ~ 32 km/h aufgenommen hat (s. a. Kapitel 1, Abschnitt 1.6).

Merke

Betriebsanleitung und Betriebsanweisung beachten!
Arbeitsbühne standfest und waagerecht aufstellen sowie ggf. Umgebung absichern!
Der Stapler mit Arbeitsbühne ist kein Taxi!

PSA gegen Absturz

Eine immer heiß diskutierte Frage ist, ob PSA gegen Absturz in der Arbeitsbühne zu tragen ist. Hierzu ist zu sagen, dass in Deutschland keine rechtliche Verpflichtung existiert, sich anzugurten. Schreibt aller-

Abseileinrichtung am Dach eines Regalstaplers.

dings die Betriebsanleitung des Geräteherstellers eine Anseilpflicht vor, so kann die Arbeitsbühne bestimmungsgemäß nur benutzt werden, wenn PSA gegen Absturz getragen wird. Gleiches gilt, wenn der Betreiber/Arbeitgeber per Direktionsbefugnis/Betriebsanweisung das Tragen von PSA gegen Absturz anordnet. Die DGUV R 112-198 „Benutzung von PSA gegen Absturz" gibt wichtige Hinweise zu diesem Thema.

Gleichermaßen ist es bei PSA zum Retten aus Höhen. Hier bieten die Gerätehersteller, z. B. bei den Regalbediengeräten, PSA zum Retten aus Höhen mit an. So befinden sich Rettungseinrichtungen bspw. am Fahrzeugdach von Hochregallager-Flurförderzeugen.

Wichtig ist, dass, soweit im Notfall aus der Arbeitsbühne ausgestiegen und abgeseilt werden soll, dies der Fahrer auch vorher ausreichend übt. Es ist naturgemäß nicht jedermanns Sache, sich aus mehreren Metern Höhe abzuseilen. Dies verlangt Mut und Können (DGUV R 112-199 „Benutzung von PSA zum Retten aus Höhen und Tiefen" behandelt dieses Thema).

Nicht zuletzt muss gesagt werden, dass auch ohne Verpflichtung es Sache des Bedieners selbst ist, PSA gegen Absturz zu tragen. Der Arbeitgeber ist gut beraten, wenn er dies auch anordnet. Anhang 1 der DGUV I 212-515 „PSA – Informationsschrift für Unternehmer und Versicherte zur Auswahl, Bereitstellung und Benutzung von persönlichen Schutzausrüstungen" gibt dem Arbeitgeber nützliche Hinweise im Hinblick auf die Gefährdungsbeurteilung zur PSA gegen Absturz.

PSA in einer Arbeitsbühne bei einem schwenkbaren Teleskopstapler.

Soll PSA gegen Absturz eingesetzt werden, so ist der Umgang mit der PSA von einem Sachkundigen für Schutzausrüstungen gegen Absturz zu vermitteln (DGUV G 312-906).

22. Grundsatz

→ Betriebsanleitungen und Arbeits-/Betriebsanweisungen sind von allen am Einsatz Beteiligten strikt einzuhalten!

→ Beifahrer und Hochfahrer müssen den Anweisungen des Fahrers Folge leisten!

→ Bei einem Stromunfall Ruhe bewahren! – Rettungsplan strikt einhalten!

→ Persönliche Schutzausrüstung – PSA tragen!

4.4.3 Anhängerbetrieb

Anhänger - generell

Der Flurförderzeugführer muss seinen Schleppzug jederzeit schnell und auf dem ihm vorgegebenen Anhalteweg sicher stillsetzen können, wobei die Anhänger weitgehend spurtreu bleiben müssen.

Achtung!

Anhänger ziehen in Kurven nach innen. Vierradgelenkte Anhänger tun dies weniger. Je kürzer die Zuggabel ist, desto geringer ist der Zug nach innen. Drehschemelgelenkte Anhänger haben einen kleinen Wenderadius. Achsschenkelgelenkte Anhänger sind sehr spurtreu.

Auf den Verkehrswegen muss der Sicherheitsabstand von 0,5 m zu beiden Seiten des Schleppzuges, auch in Kurven, freigehalten werden.

Anhänger mit kleinen Bockrollen und vorderen Lenkrollen sollten nur mit geringer Fahrgeschwindigkeit verzogen werden.

Die Auflistung der Charakteristiken zeigt, dass der Einsatz und die örtlichen Gegebenheiten für die Auswahl der Anhänger sehr mitbestimmend sind.

Schlepper mit ungebremstem Anhänger

Anhängergesamtgewicht

Welches zulässige Anhängergesamtgewicht = Anhängelast kann man an die Maschinen, z. B. einen Gabelstapler, anhängen?

Es ist abhängig von der Zugkraft des Gerätes, der Bremsanlage, dem Zustand der Fahrbahn (Reibbeiwert) und dem Gefälle/der Steigung (s. a. DIN 15172 „Kraftbetriebene Flurförderzeuge, Schlepper und schleppende Flurförderzeuge – Zugkraft, Anhängelast" sowie VDI 3973 „Kraftbetriebene Flurförderzeuge, Schleppzüge mit ungebremsten Anhängern").

Als **ungebremster Anhänger** gilt ein Anhänger, der über eine o. a. Bremsanlage nicht verfügt, auch wenn er eine Auflaufbremse hat.

Für das Verziehen eines ungebremsten Anhängers gibt es folgende einfache Regel: Was ein Flurförderzeug tragen kann, kann es auch ziehen, vorausgesetzt, die Fahrgeschwindigkeit ist entsprechend angepasst, und es hat keine Last aufgenommen. Hat es eine Last aufgenommen, ist deren Gewicht vom zulässigen Gesamtgewicht der Anhänger/Anhängerlast abzuziehen, wobei auch bei der Wirkung der Trägheitskraft beim Abbremsen die Lenkachse mit ≥ 20 % des Flurförderzeugeigengewichts belastet bleiben muss, sonst ist der Stapler nicht mehr lenkfähig.

Die maximale Anhängelast „m_A" kann wie folgt errechnet werden (ungebremste Anhänger):

$$\left[m_A = m_S \cdot \left(\frac{Z - 2}{1{,}18 \cdot v + i - 2} - 1 \right) \right]$$

m_S:	Staplergewicht + Fahrergewicht (90 kg)
Z:	Mindestabbremsung in % = 25 %
v:	Fahrgeschwindigkeit in km/h
i:	Gefälle/Steigung in %

Anhänger mit kurzen Anhängerdeichseln

Anhängerverziehen über Gabelzinken

So wie man Anhänger mit einer Kupplungseinrichtung hinten ziehen darf, kann man Lasten auf Anhängern auch mit der Gabel vorn ziehen. Hierzu werden auch einachsige Anhänger verwendet, die an der Zugvorrichtung, die an den Gabelzinken des Staplers formschlüssig befestigt ist, angehangen werden. Formschlüssig bedeutet, dass z.B. die Aufnahmetasche der Kupplung mittels Bolzen hinter den Gabelzinkenrücken so befestigt ist, dass sie sich während der Fahrt nicht lösen kann. Der Gabelstapler verzieht den Anhänger in Rückwärtsfahrt.

Die Aufnahmevorrichtung kann aber auch kraftschlüssig, z.B. durch Verspannung, auf der Gabel erfolgen. Dies wird besonders bei Mitgänger-Flurförderzeugen vorgenommen.

Kupplungsvorrichtung an Schlepper zum Anhängerverziehen

Kupplungsvorrichtung hochgestellt und gegen Herabfallen gesichert

Anhängerverziehen in Rückwärtsfahrt über die Gabelzinken mit einer Kupplungstasche befestigt am Gabelträger

Das Kupplungsmaul muss auch hier, wie bei einem Verziehvorgang in Vorwärtsfahrt, ausreichend weit sein, damit das Zuggabelgestänge den Anhänger/die Zugmaschine nicht aushebt und die Kupplung sowie die Anhängevorrichtung nicht beschädigt.

Selbstverständlich muss auch hier der Verkehrsweg ausreichend (mit Sicherheitsabstand von 0,50 m zu beiden Seiten) breit sein und für den Fahrer sowohl in Fahrtrichtung (also nach hinten, da Rückwärtsfahrt) als auch in Richtung Anhänger überschaubar sein, oder es ist ein Einweiser abzustellen.

Kuppeln von Anhängern

Die Kupplungseinrichtung ist nur bestimmungsgemäß zu verwenden. Der Anhänger muss sicher festgestellt sein, am besten auf ebenem Gelände mittels Feststellbremse oder Unterlegkeilen, auf unebenem Gelände und Gefällstrecken mittels Feststellbremse

Anhängerkuppeln mit Rücktasteinrichtung an einem Schlepper

und Unterlegkeilen. Je Anhänger ist mindestens ein Unterlegkeil auf der Talseite vor einem nicht lenkbarem Rad anzulegen (s. Kapitel 3, Abschnitt 3.3).

Bei einstellbarer Zugeinrichtung ist das Zuggestänge auf die Höhe des Kupplungsmaules einzustellen. Ist die Kupplung mit mehreren Aufnahmetaschen versehen, ist die Tasche zu wählen, in der sich die Zuggabelöse/das -gestänge möglichst waagerecht/parallel zur Fahrbahn befindet. Das Hineintreten zwischen Flurförderzeug und Anhänger ist während des Kupplungsvorganges möglichst zu vermeiden.

Wird der Anhänger an den Stapler herangeschoben, muss eine zuverlässige, unterwiesene Person die Feststellbremse bedienen, oder es sind andere geeignete Maßnahmen, wie z. B. Bereithalten von Unterlegkeilen zum Anlegen und dadurch Abbremsen des Anhängers, zu ergreifen. Das Auflaufenlassen von Anhängern ist unzulässig.

Ist ein Flurförderzeug mit einer Rücktasteinrichtung versehen, muss der Bedienende beim Kuppelvorgang während des Rücktastens nebenher gehend das Flurförderzeug bedienen. Bei Fahrzeugen mit Rücktasteinrichtung und selbsttätiger Kupplung darf nur zum Einführen der Zugeinrichtung in das Kupplungsmaul zwischen das Fahrzeug getreten werden. Bei nicht selbsttätiger Kupplung ist der Kupplungsbolzen nach dem Einstecken formschlüssig zu sichern.

Anmerkung

Automatische Kupplungen sind mit CE-Kennzeichen und Konformitätserklärung versehen (s. a. Absatz „Lkw-Anhänger").

Zu einem Zug sind zuerst die beladenen/schwersten Anhänger am Flurförderzeug zu kuppeln. Dadurch wird ein Umziehen leerer/leichter beladener Anhänger im Zug in Kurven weitgehend vermieden.

Der Fahrer hat sich in jedem Fall vor Fahrtbeginn vom ordnungsgemäßen Ankuppeln des Anhängers/der Anhänger zu überzeugen.
Das Abkuppeln von Anhängern während der Fahrt ist verboten.

Abstellen von Anhängern

Abgestellte Anhänger sind gegen Wegrollen, am besten mit Unterlegkeilen, zu sichern. Hierzu sind Unterlegkeile auf den Anhängern mitzuführen (s. a. DGUV V 70 „Fahrzeuge"). Die Zuggabel ist möglichst hochzuklappen und gegen Herabfallen zu sichern.

Oft wird gefragt, warum ein Anhänger nicht das gleiche Bremssystem hat, wie z. B. eine Lkw-Zugmaschi-

Zuggabel hochgestellt und gegen Herabfallen eingeklinkt/ gesichert.

ne. Eine Lkw-Zugmaschine hat federbelastete Bremsen. Bei Ausfall der Druckluft drücken die Federn die Bremsen zu. Dieses System ist bei Anhängern nicht anwendbar, denn würden die Bremsen zufallen, kann die Zuggabel nicht mehr bewegt werden.

Ein Zweikreisbremssystem wäre an Anhängern zu aufwändig. Außerdem bestünde dann eine doppelte Fehlermöglichkeit, z. B. würde nicht selten nach dem Kuppeln vor Fahrtbeginn das Entriegeln der Bremse vergessen werden.

In Anlehnung an DGUV V 70 sollten die Anhänger wie folgt ausgerüstet werden:

Mit mindestens einem Unterlegkeil:
- zweiachsige Anhänger.

Mit zwei Unterlegkeilen:
- drei- und mehrachsige Anhänger,
- Sattelanhänger,
- einachsige Anhänger mit einem zulässigen Gesamtgewicht von mehr als 750 kg.

Die Unterlegkeile müssen formschlüssig, z. B. in Einstecktaschen, gesichert am Flurförderzeug/Anhänger mitgeführt werden.

Merke

Zulässige Anhängelast und Anzahl der Anhänger nicht überschreiten!
Vor Fahrbeginn vom ordnungsgemäßen Ankuppeln überzeugen!
Nur freigegebene Verkehrswege befahren!
Vorgegebene Höchstgeschwindigkeit nicht überschreiten!
Abgestellte Anhänger gegen Wegrollen sichern!

Lkw-Anhänger

Als ***gebremster Anhänger*** wird ein Anhänger bezeichnet, dessen Bremsen an den Rädern über ein Bremssystem aktiviert werden, das bauartbedingt, ohne manuelle Einflussnahme, direkt über die Betätigung der Betriebsbremse des Flurförderzeugs wirkt, z. B. als Druckluftbremse gespeichert über einen Kompressor, angeschlossen an einem Lkw-Anhänger.
Durch den engen Wendekreis des Flurförderzeuges kann die Zuggabel des Anhängers leicht beschädigt werden. Darum keine zu kleinen Kurvenradien fahren. Am besten die Kupplung am Stapler mit ei-

Lkw-Anhänger mit Druckluftbremsanlage mittels Stapler verzogen.

nem entsprechend langen Zwischenstück/Abstandsteil befestigen. Dann ist ausreichender Freiraum/Radius für die Zuggabel vorhanden (s. a. Absatz „Anhängerverziehen über Gabelzinken").

Das Verziehen von Anhängern mit wirkungsvoller Auflaufbremse, also als ungebremster Anhänger, ist, auch bei waagerechter Zuggabelstange und im Schritttempo, trotzdem sehr problematisch und daher unzulässig, da der Anhänger den Gabelstapler beim Bremsvorgang durch die entstehende Auflaufkraft wegschieben kann. Auch ein hohes Eigengewicht des Flurförderzeugs (über 5 t) ist kein ausreichender Garant für ein sicheres Verschieben, besonders bei Kurvenfahrt.

Wird diese Gefahr nicht beachtet, kommt es zwangsläufig zu schweren Unfällen, wie nachstehende Unfallschilderung beweist.

Beim Verziehen eines Lkw-Anhängers mit einem Gabelstapler mittels eines Abschleppseiles bremste der Fahrer in einer engen Kurve ab. Der schräg von hinten auf den Stapler auflaufende Anhänger stieß den Stapler um. Durch den Kraftstoß wurde der Fahrer vom Sitz geschleudert. Durch den Sturz erlitt der Fahrer so schwere Kopfverletzungen, dass er an der Unfallstelle verstarb.

Merke

Lkw-Anhänger nur mit besonderer Bremsanlage verziehen!

Anhänger: Zusammenfassung

Ob ein ***gebremster Anhänger*** mit einem bestimmten Flurförderzeug verzogen werden kann, ist am einfachsten über die maximale Zugkraft zu errechnen, die in der Regel in der Bedienungsanleitung/im Typenblatt angegeben ist.

Anmerkung

Die maximale Zugkraft „$F_{Zg.max}$" wird in der Regel als Zugkraft bezeichnet. Sie ist so auch im Typenblatt des Herstellers angegeben (s. VDI 2198). Liegt das Blatt in der Betriebsanleitung nicht bei, kann es vom Hersteller angefordert werden.

Die maximale Anhängelast „m_A" für gebremste Anhänger auf horizontaler Fahrbahn errechnet sich aus:

$$m_A = \frac{\text{Zugkraft}}{\text{Rollwiderstand}} = \frac{F_{Zg.max}[N]}{200[N/t]}$$

Um Unebenheiten und Schubkräfte beim Bremsen besser beherrschen zu können, sollten 500 N/t zugrunde gelegt werden.

Zum Verziehen, besonders von ***ungebremsten Anhängern***, ist am besten der Hersteller zu Rate zu ziehen. Hierzu sind dem Hersteller die Betriebsverhältnisse, wie Steigungen, Gefälle und Straßenzustand, anzugeben.

Die einmal bekannte höchstzulässige Anhängelast sollte am Stapler, am besten in der Nähe des Kupplungsmaules, deutlich angegeben werden, damit sie jederzeit für jeden, ähnlich der Achslast am Lkw, erkennbar ist. Hierbei ist allerdings darauf zu achten, dass der Stapler in seinem Urzustand mit Eigengewicht, Motorleistung, Fahrgeschwindigkeit und Bremskraft belassen bleibt.

Durch eine in der Betriebsanweisung und Verkehrsregelung (Beschilderung) vorgegebene Reduzierung der Fahrgeschwindigkeit kann die Anhängelast erhöht werden, denn dadurch sind beim Verziehvorgang geringe Bremskräfte notwendig. Außerdem treten bei einer Geschwindigkeitsänderung geringe Trägheits- und Schub-/Auflaufkräfte auf (s. Kapitel 2, Abschnitt 2.4.1). Aufgrund dieses Zusammenhangs steht die Fahrgeschwindigkeit „v" in der Formel für die Errechnung der maximalen Anhängerlast auch im Nenner.

Verziehen eines ungebremsten Anhängers

Durch eine „straffe" Aufsicht muss aber sichergestellt sein, dass die vorgegebenen Höchstgeschwindigkeiten nicht überschritten werden. Andernfalls ist sie bauartbedingt festzulegen.

Der Unternehmer hat den Fahrern von Flurförderzeugen die zulässige Anhängelast, die Anhängeranzahl und die höchstzulässige Fahrgeschwindigkeit für beladene und leere Anhänger bekanntzugeben, nachdem er sie aufgrund seiner Betriebsgegebenheit festgestellt hat bzw. feststellen ließ.

Mehr als sechs Anhänger sollten nicht verzogen werden, da u. a. der gesamte Zug, besonders in Kurven, vom Fahrer nicht mehr beobachtet werden kann.

Außerdem hat der Unternehmer die Verkehrswege, die von Flurförderzeugen mit Anhängern befahren werden dürfen, freizugeben.

Merke

Zulässige Anhängerlast und Anhängeranzahl nicht überschreiten! Nur die freigegebenen Verkehrswege befahren!

Je nach betrieblichen Gegebenheiten sind Anhängerzahl und Einsatzbereiche festzulegen.

Beladen von Anhängern

Selbstverständlich sind Lasten auf den Anhängern fachgerecht zu verstauen und erforderlichenfalls zu sichern.

Schon geringe Beschleunigungen/Verzögerungen „a" können, besonders bei glatten Flächen von Lasten und Ladeflächen (Reibbeiwert „µ" klein), eine Last ins Rutschen bringen, wobei grundsätzlich die Masse (Gewicht) für die Bewegung der Last keine Rolle spielt; denn sie wird durch die Wirkung der Gewichtskraft bei der Reibungskraft „F_W" aufgehoben.

Anmerkung

Beim Verzurren wird von einer Gleitreibung ausgegangen. Der Reibbeiwert „m" beträgt jeweils auf trockenen Flächen bei Holz auf Stahl 0,15 und bei Stahl auf Stahl 0,05, jeweils im trockenen Zustand.

$$[G_K = m \cdot g]\ [F_W = m \cdot g \cdot \mu]\ [T/A = m \cdot a]$$

Beweis: Eine Last befindet sich auf einer Ladefläche gerade noch in Ruhe. Hierbei ist ihr Beharrungsvermögen/ihre Trägheitskraft „T" oder ihre Antriebskraft „A" gleich der Reibungskraft „F_W".

Also ist $m \cdot a = m \cdot g \cdot \mu$, wobei „g" die Erd-/Fallbeschleunigung ist. Die Masse „m" kann folglich herausgekürzt werden. Es bleibt also $a = g \cdot \mu$ übrig.

Beispiel für Stahl auf Stahl, z. B. Gitterbox auf Ladefläche aus Stahlblech, mit µ = 0,15:

$a = g \cdot \mu = 10 \cdot 0{,}15 = 1{,}5\ m/sec^2$: Die Last liegt gerade noch still.

Ist „a" nur geringfügig größer als $1{,}5\ m/sec^2$, fängt die Last unabhängig von ihrem Gewicht an, sich zu bewegen/zu rutschen.

Lasten sind möglichst mittig zwischen den Achsen zu verladen und gegen Verrutschen und Kippen zu sichern. Bei Fahrten auf Fahrbahnen mit Querneigung und auf schrägen Ebenen ist die außer Mitte wirkende Lastgewichtskraft zu beachten. Bei Kurvenfahrten sind die auftretenden Fliehkräfte zu berücksichtigen.

Anhängerladung sicher verstaut und gegen Verrutschen gesichert mittels „Spezialanhänger".

Weitere Ausführungen zu dieser Gesamtthematik finden Sie in Kapitel 2, Abschnitt 2.4.1 bis 2.4.4 und Kapitel 4, Abschnitt 4.1.2.2.

Merke

Auf richtige Beladung und Ladungssicherung achten !

23. Grundsatz

- → Anhänger, die verzogen werden, müssen jederzeit wieder gefahrlos angehalten werden können!
- → Zulässiges Anhängergesamtgewicht und Anhängeranzahl nicht überschreiten!
- → Anhänger sicher kuppeln und nie auflaufen lassen!
- → Anhängerlasten richtig verstauen und sichern!
- → Vorgegebene Höchstgeschwindigkeit nicht überschreiten!
- → Sicherheitsabstand auch in Kurven einhalten!
- → Anhänger sicher abstellen!

4.4.4 Waggonverschieben

Vorbemerkung

Für das Verschieben von Waggons gilt grundsätzlich das Gleiche wie für das Anhängerverziehen. Der Verschiebevorgang ist so durchzuführen, dass sowohl das Flurförderzeug und der (die) Waggon(s) als auch das Umfeld durch diese Arbeit keinen Schaden nehmen können.

Verschiebevorgänge sind sehr unfallgefährlich, wenn sie nicht exakt nach den Sicherheitsvorgaben durchgeführt werden.

Folgender tragische Unfall stellte es wieder unter Beweis:

Waggon wurde vorschriftswidrig verschoben.
Folge: Sturz von der Laderampe, Fahrer erlitt dabei tödliche Verletzungen.

Mit einem Gabelstapler verzog ein Lagerarbeiter einen weiter zu entladenen Waggon von der Laderampe eines Lagerhallentors vor ein anderes Tor. Hierzu hatte er einfach den Waggon mit einem Seil am Kupplungsbolzen des Staplers verbunden. Als er den Waggon am neuen Standort abbremsen wollte, rollte dieser weiter und riss den Stapler mit Fahrer von der Laderampe. Der Fahrer wurde dabei vom sich überschlagenden Stapler tödlich verletzt.

Die Ursache des Unfalls ist klar.

Waggons sind, nachdem sie in Bewegung gebracht worden sind, wegen einer geringen Reibungskraft, hervorgerufen durch einen kleinen Reibbeiwert „μ" (Stahl auf Stahl) und einer stattfindenden Rollreibung, nur schwer wieder zum Stillstand zu bringen, denn die der Bewegung entgegenwirkende Reibungskraft „F_W" ist klein. Sie ist gegenüber der Haftreibung kurz vor der Waggonbewegung 100-mal kleiner. Sie errechnet sich aus:

$$[F_W = m \cdot g \cdot \mu]$$

Das Flurförderzeug kann einen Waggon daher in der Regel allein nicht anhalten, denn die Trägheitskraft [T = m • a] ist zu stark und schiebt den Waggon in die Bewegungsrichtung weiter. Der weiterrollende Waggon reißt das Fahrzeug mit und um (s. Kapitel 2, Abschnitt 2.4.1, Absätze „Trägheitskraft" und „Reibungskraft").

Was ist zu beachten und wie kann ein sicherer Verschiebevorgang innerbetrieblich durchgeführt werden?

Zunächst ist das Vorhaben, wenn es auf Anschlussgleisen der Deutschen Bahn AG oder anderen Privatbahnen stattfinden soll, im Vorfeld mit dem Bahnbevollmächtigten des Landes, meistens ist dies eine Person der Deutschen Bahn AG, abzusprechen/genehmigen zu lassen.

Grundlagen dieser Genehmigung, u. U. mit Auflagen, sind die „Eisenbahn-Bau- und Betriebsordnung für Anschlussbahnen" – EBOA/„Verordnung über den Bau und Betrieb von Anschlussbahnen" – BOA. Schutzziele und deren Erfüllung sind u. a. in DGUV V 73 „Schienenbahnen" und DGUV V 68 „Flurförderzeuge" sowie weitere Schriften der Berufsgenossenschaften, besonders der BG der Straßen-, U-Bahnen und Eisenbahnen enthalten.

In der Regel dürfen Gleise ein Gefälle/eine Steigung von max. 2,5 % = 1:400 haben, denn Ablaufvorgänge mit Waggons wären auf größerem Gefälle sehr problematisch.

Das Waggonverschieben gilt als Eisenbahnbetrieb und darf nur von hierzu besonders beauftragten und unterwiesenen Mitarbeitern durchgeführt werden, z. B. dem Eisenbahnbetriebsleiter – EBl und Rangierer.

Waggon-Verschiebegeräte

Verschiebegeräte, hier Flurförderzeuge, z.B. Wagen, Schlepper oder Stapler, müssen die erforderliche Antriebsleistung/Zugkraft aufbringen. Sollen sie den (die) Waggon(s) nach dem Verschieben abbremsen, müssen sie dazu außerdem die erforderliche Bremskraft haben und mit einer starren Kupplungsstange mit dem (den) Waggon(s) verbunden werden.

Bei der Mehrzahl der zum Einsatz kommenden Flurförderzeuge ist dies nicht der Fall. Diese Maschinen müssen dann mit Zusatzeinrichtungen ausgerüstet werden. Die zur Verfügung stehende Antriebs-, Brems- und Zugkraft sagt uns der Hersteller in der Betriebsanleitung oder auf Nachfrage (s.a. Abschnitt 4.4.3).

Wie muss ein Flurförderzeug zusätzlich ausgerüstet sein, damit es allein den (die) Waggon(s) gefahrlos zum Halten bringen kann?

Als bewährte Zusatzeinrichtungen sind uns zzt. bekannt:

1. Eine ***Drückbohle***, die derart am Fahrzeugrahmen angebracht ist, dass die Schubkräfte über die Befestigung der Bohle unmittelbar auf den Fahrzeugrahmen übertragen werden. Der Hubmast hinter der Schubbohle bleibt im Einsatz frei beweglich. Der Stapler ist nicht am Waggon befestigt. Ein weiterrollender Waggon würde sich zwangsläufig von der Drückbohle lösen.

2. ***Hakenvorrichtungen***, die so konstruiert sind, dass sich ein Zugseil selbsttätig ausklinkt, wenn der ins Rollen gebrachte Waggon den Stapler überholt und mitreißen würde. Diese Hakenvorrichtung kann z.B. ein ***Drehhaken*** oder ***Sliphaken*** sein.

Schlepper mit Drückbohle beim Waggonverschieben

Drehhaken, befestigt am Staplerhaken in Zugfunktion

Jede Hakenvorrichtung muss bei einem Seilzug über 45° selbsttätig ausklinken. Bei den Hakenvorrichtungen hat der Fahrer außerdem die Möglichkeit, vom Sitz aus über einen Seilzug den Zughaken auszuklinken, an dem das Zugseil eingehängt ist. Bei diesen Zugvorrichtungen besteht jedoch die Gefahr, dass das Fahrzeug vom ausgeklinkten Seil um- oder mitgerissen werden kann, wenn das Seil, z.B. mit seiner Schlaufe, an einem hervorstehenden Teil des Flurförderzeuges hängen bleibt. Die Schlaufe des Seiles darf

Fachgerechtes Waggonverschieben mit Zugseil über einen Drehhaken

Sliphaken, eingeklinkt in der Stapleranhängerkupplung in Zugfunktion

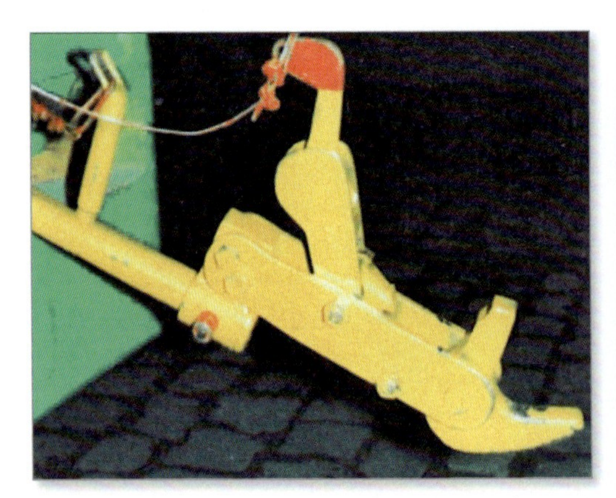

Sliphaken durch Fahrer ausgeklinkt. Das Zugseil wurde dadurch gelöst.

daher nur mit einer Presshülse oder einem Spleiß hergestellt sein, nicht mittels Drahtseilklemmen.

Hervorstehende Teile am Fahrzeug sind außerdem zu beseitigen oder abzudecken, z. B. Schrauben am Staplergegengewicht. Abweisbleche, besonders beim Einsatz des Drehhakens, sind zu empfehlen, wenn dieser Haken auf dem Gegengewicht montiert ist.

Das Flurförderzeug muss bei Verwendung eines Zughakens parallel neben dem Waggon fahren, auch in Kurven. Es sollten nur Stahldrahtseile von mindestens 5 m Länge eingesetzt werden, denn bei Ketten besteht eher die Gefahr, dass sie beim Schlaffwerden hängen bleiben. Es ist darauf zu achten, dass der Schrägzug des Seiles nicht größer als 30° zur Gleisachse wird.
Dies gilt auch in Kurven.

Es ist die erforderliche Seilstärke auszuwählen. Hierzu ist die auftretende Zugkraft im Seil zu berücksichtigen. Sie soll nicht mehr als 30 kN (für ≤ 3 zweiachsige Waggons) betragen, wenn das Seil am Seilhaken oder der Seilöse seitlich am Waggon eingehangen wird. Dies ist eine bewährte Verbindungsart. Will man die Zahl der Waggons erhöhen, sollte man das Seil am Waggonzughaken (zwischen den Puffern) anbringen.

Achtung!

Wie beim Verschiebegerät sind auch bei den Hakenvorrichtungen die Vorgaben der Hersteller, u. a. zum höchstzulässigen Waggon-Verziehgewicht, zu beachten.

Ein Stahldrahtseil Ausführung N müsste für diese Belastung von 3 000 kg (entspricht 30 kN) einen Durchmesser von 16 mm haben.

Bei der Bestimmung des Stahldrahtseildurchmessers ist die Seilart, z.B. Litzenseil „N", zugrunde zu legen (s. Abschnitt 4.3).

Bei der Auswahl des Zugmittels (Stahldrahtseil) ist auf seinen ordnungsgemäßen Zustand zu achten. Abgelegte, schadhafte Anschlagmittel dürfen nicht als Zugmittel eingesetzt werden. Reißen sie, können sie zum „Geschoss" werden und schwere Verletzungen zur Folge haben, was leider schon mehrfach geschehen ist.

3. Ein Schiebegerät, das durch den Gabelstapler angetrieben und abgebremst wird. Dieses Gerät setzt im Gegensatz zu den anderen Hilfsmitteln keine befahrbaren Wege neben dem Gleis voraus. Nur an der Aufsatzstelle für das Gerät muss (s. generelle Gleisbauvorhaben) diese und das Gleis „eingedeckt" sein. Dann kann das Gerät mit dem Gabelstapler und mit dafür vorgesehenen Gabeltaschen transportiert und auf das Gleis gesetzt werden. Für seinen Einsatz ist eine Zulassung durch die Bahnaufsichtsbehörden erforderlich.
   Das Schiebegerät ist für Gabelstapler je nach Verwendung eines der möglichen Ausführungen von 1,5 t bis 9 t Tragfähigkeit zugelassen und hat bis zu 300 t Zug- und Schubleistung, dies sind ca. sechs bis acht Waggons. Es ist einsetzbar bis zu Gleisneigungen bzw. Steigungen von 2,5 %. Dies entspricht einem Gefälle von 1:400, das in der Regel bei keinem Anschlussgleis überschritten wird.

Waggonverschiebegerät im Einsatz

Beim Einsatz des Verschiebegerätes ist besonders auf Folgendes zu achten:

a) Die Gabeln des Staplers müssen bis unter die Quertraverse des Staplers angehoben werden, damit durch die Vorderräder ein erhöhter Anpressdruck auf die Walzen ausgeübt wird. Ein Durchdrehen sowohl der Walzen als auch der Räder des Staplers wird dadurch weitgehend vermieden.

b) Bei vorhandenen Kurven mit weniger als 90 m Radius im Verschiebegleis ist eine Kupplungsstange zwischen Gerät und Waggon zu verwenden, die fest anzubringen ist, da die Puffer des Gerätes starr ausgeführt sind. Im unbefestigten Fall gäbe es sonst einen einseitigen Schub auf das Gerät und es könnte aus den Schienen springen.

Merke

Ein rollender Waggon ist schwer zum Halten zu bringen! Außerdem sind Anhaltewege lang! Verschiebevorgang nur durchführen, wenn die Betriebsanweisung exakt eingehalten werden kann!

Waggon – generelle Maßnahmen

Die Zusatzeinrichtungen müssen mit einem CE-Kennzeichen, einer Konformitätserklärung und einer Betriebsanleitung versehen sein (s. a. Abschnitt 4.4). Die Anhängerkupplung muss für den Verziehvorgang geeignet und ausreichend bemessen sein.

Rangierer mit Schutzkleidung entfernt den Hemmschuh nach dem Verschiebevorgang.

Mit dem Hubmast, über die Gabelzinken am Puffer oder mit dem Fahrzeugaufbau bzw. dem Gegengewicht des Staplers darf ein Waggon nicht verschoben werden, denn ein Schaden an der Maschine oder gar ein Unfall, z. B. durch Abrutschen oder Umstürzen des Flurförderzeuges, wäre vorprogrammiert.

Deshalb:

- Vor dem Bewegen des Waggons ist der gewünschte Haltepunkt durch Hemmschuhe festzulegen, wenn er nicht am Gleisende sein soll, an dem der Prellbock als Sicherung angebracht ist. Es sei denn, die Handbremse am Waggon wird bedient oder das Verschiebegerät wird festgekuppelt und kann den Waggon sicher abbremsen.
- Kann der Fahrer die Fahrstrecke nicht einsehen, ist eine Hilfsperson (Einweiser) abzustellen, die stets im Blickfeld oder in Funkverbindung mit dem Fahrer stehen muss.
- Die Fahrstrecke einschließlich Sicherheitsabstand zu beiden Seiten der Waggons muss stets frei sein.
- Nahe des Zugseils keine Personen dulden, denn das Zugseil könnte abrutschen oder reißen und durch den entstandenen Peitscheneffekt die Personen verletzen.
- In den Waggons dürfen (außer ggf. Bremser) Personen nicht mitfahren.
- Rangierer, Sicherheitsposten und dgl. müssen folgende persönliche Schutzausrichtungen tragen:
  - Sicherheitsschuhe, möglichst Schnürstiefel,
  - Schutzhelm,
  - Schutzhandschuhe,
  - Schutzbrille bei intensiver Staubentwicklung.

- Ihre Kleidung sollte hell sein, wobei die Jacke oder dgl. zugeknöpft sein soll.
- Bei Sicherung von Bahnübergängen in öffentlichen Verkehrsräumen ist das Tragen von Warnkleidung vorgeschrieben (s. DGUV I 212-016).
- Waggons dürfen höchstens im Schritttempo (≤ 4 km/h) bewegt werden.
- Nach dem Verziehvorgang sind das Zugmittel und die Verziehvorrichtung fachgerecht zu lagern und insbesondere vor aggressiven Stoffen zu schützen.

24. Grundsatz

→ Betriebsanweisungen müssen vorliegen und exakt eingehalten werden!

→ Die Gleisanlage muss frei sein und während des Verschiebevorgangs frei bleiben!

→ Mit dem Flurförderzeugführer, Rangiere und Sicherungsposten muss eine eindeutige Verständigung gewährleistet sein!

4.4.5 Transport von Sondergut

Was ist hier unter Sondergut zu verstehen?

- Anlieferung von Schwergut, großflächig, großvolumig und/oder mit einseitigem/hoch liegendem Schwerpunkt oder
- Versetzung/Abtransport von demontierten Maschinen oder Anlageteilen.

Nicht selten wird diese Transportaufgabe im „Hauruck-Verfahren", unter Zeitdruck und „von guten Ratschlägen" der Beteiligten bis hin unter Zuhilfenahme von „lebenden Zusatzgegengewichten" erledigt.

Sondergut – Speditionsanlieferung – Versetzen von Maschinen

Ein Schaltschrank, eine Werkzeugmaschine, ein Tank, ein Gebläse, ein Computer oder dgl. soll z. B. mit einem Lkw angeliefert und mit einem Stapler abgeladen werden. Meistens sind diese Güter noch gegen Witterungseinflüsse und vor Transportschäden durch Verschalung geschützt.

Wie ist im Vorfeld vorzugehen, damit diese Sondergüter genauso wie normale Lasten ohne Schäden an ihnen oder Personen abgeladen und an ihren Bestimmungsplatz/Zwischenlagerort gebracht werden können?

In den folgenden Absätzen werden die Planungs- und Ausführungsschritte erläutert und zusammengefasst, damit die Transportaufgabe sicher gelöst werden kann. Darüber hinaus kann diese Auflistung genauso zur Abwicklung normaler Transportaufgaben herangezogen werden, wie z. B. die im Kapitel 2, Abschnitt 2.4.4 erläuterten Arbeitsspiele/Transportabläufe.

Für diese Transportaufgabe wurden die aus Kapitel 2 auf der Grundlage physikalischer Gesetze erläuterten Verfahrensweisen zu den bestimmungsgemäßen Einsätzen von Flurförderzeugen abgestimmt und bewusst nochmals herangezogen.

1. ***Lastgewicht feststellen.***
   Angaben hierüber findet man im Frachtbrief.

2. ***Lage des Schwerpunktes ermitteln.***
   Auch wenn das Gut auf einer Palette, sei es einer Euro-Palette oder einer Einwegpalette größerer Abmessung angeliefert wird, ist diese Ermittlung erforderlich, denn die Lage des Schwerpunktes kann einseitig sein oder die Last ist durch einen sehr hoch liegenden Schwerpunkt kopflastig.
   Der Hersteller/Importeur ist verpflichtet, beim Inverkehrbringen seines Guts die Gefahr soweit wie irgend möglich zu minimieren. Hierzu gehö-

Maschinenverladung, Schwerpunktlage und Lastgewicht sind bekannt.

ren auch Angaben zu Transport, Montage u. dgl. Der Absender des Gutes ist gemäß § 412 HGB verpflichtet, das Gut beförderungssicher zu laden, zu stauen und zu befestigen (verladen) sowie zu entladen, soweit sich aus den Umständen oder der Verkehrssitte nicht etwas anderes ergibt.
Unter „Verkehrssitte" ist z. B. ein Stückgut-/Expressguttransport zu verstehen, der nicht aus der Norm herausfällt (gleichmäßig verteiltes Gut in einer Kiste oder auf einer Palette). Dieses Gut soll z. B. vom Expressgutbahnhof abgeholt werden oder zu einem Kunden von einem Spediteur als Teilladung transportiert werden.
Unter „Umstände" ist insbesondere Schwerguttransport zu verstehen, womit Spezialtransportfirmen beauftragt werden, die dann aber auch das Abladen bewerkstelligen. Hierzu muss der Hersteller aber auch Angaben, z. B. über die Schwerpunktlage, geben.
Weitere Ausführungen zu diesem Themenkomplex s. Abschnitt 4.1.2.2, ab Absatz „Verantwortung – Grundlagen".

Anmerkung

Der Absender ist zu dieser Auskunft/Angabe in den Ladepapieren oder auch an dem Gut/Verschalung verpflichtet. Diese Pflicht geben ihm das „Produktsicherheitsgesetz – ProdSG" und das Transportrecht vor.

3. *Kann die Last/der Lastschwerpunkt sicher aufgenommen/ausreichend unterfangen werden, und reicht die Staplertragfähigkeit aus?*
Wenn erforderlich, sind längere Gabelzinken oder Gabelschuhe auf die Gabelzinken aufzuschieben und gegen Abrutschen zu sichern.

Danach ist der Lastschwerpunktabstand zu ermitteln (Abstand vom Gabelrücken bis zum Schwerpunkt).

Mit diesem Längenmaß wird anhand des Tragfähigkeitsdiagramms am Stapler die zulässige Traglast ermittelt. In unserem Beispiel ist es ein Diagramm für einen Stapler mit bis zu 8 000 kg Tragfähigkeit. Der Stapler kann mit einem der drei möglichen Hubmaste ausgerüstet sein.

Mit dem Hubmast (a) 5 650 mm kann der Stapler mit seinem Normabstand der Last von 600 mm 8 000 kg tragen (oranger Pfeil), wobei sich der Schwerpunkt in der Höhe ebenfalls im Abstand von 600 mm vom Gabelblatt befinden muss.
Mit dem Hubmast (b) von 7 000 mm trägt der Stapler nur noch 7 000 kg.
Mit dem Hubmast (c) von 7 500 mm reduziert sich die zulässige Traglast auf 6 000 kg.

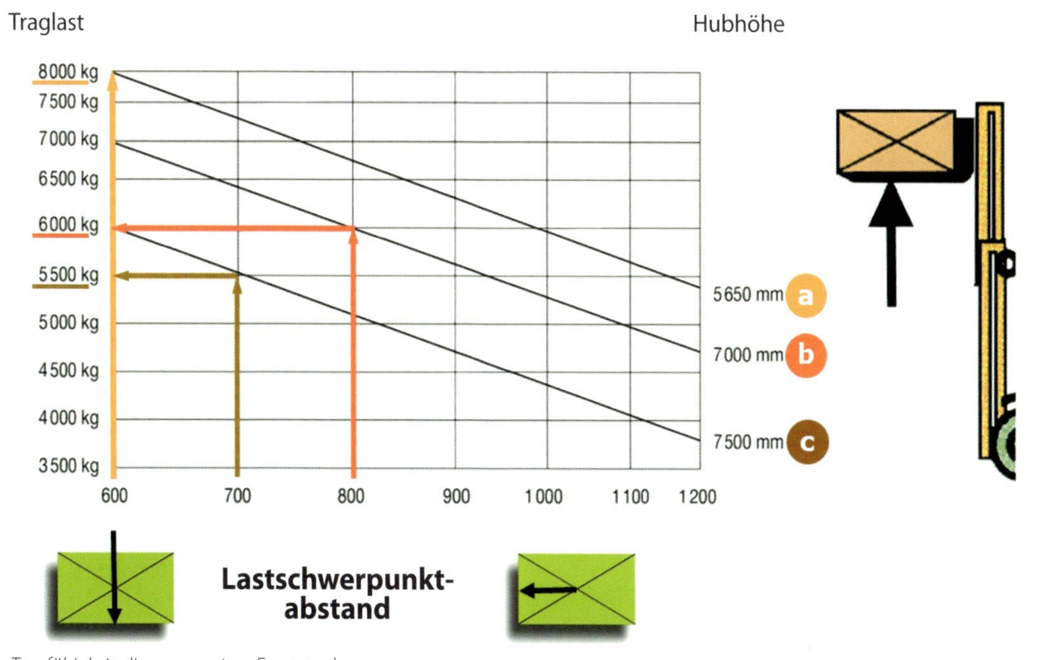

Tragfähigkeitsdiagramm eines Frontstaplers

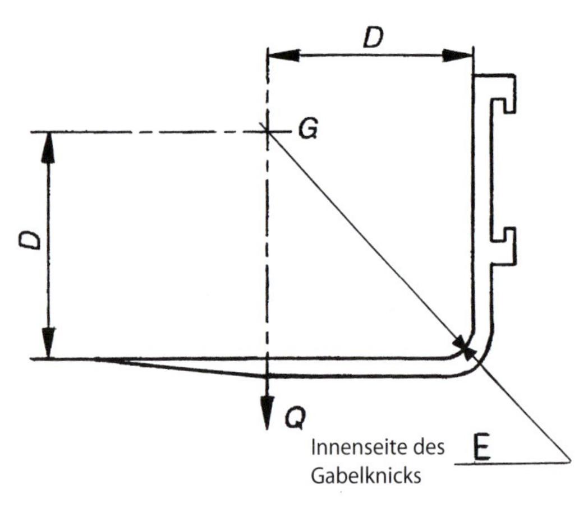

Normlastschwerpunktlage der Prüflast von Front-, Teleskop-, Schubmast- und Mitnahmestaplern sowie Mitgänger-Flurförderzeugen mit Hubmast (Q = L = Gewichtskaft der Last)

Anmerkung

Bei Bestimmung der Normtragfähigkeit der Gabelstapler sowohl beim Aus- und Einlagern von Gütern als auch beim Verfahren von Lasten geht der Hersteller davon aus, dass der Abstand des Lastschwerpunkts von der Gabelblattoberseite nach oben gleich dem Norm-Lastschwerpunktabstand „D" ist (s. Abb.).

Der Norm-Lastschwerpunktabstand ist den Staplern wie folgt zugeordnet:

Nenntragfähigkeit (in kg)	Norm-Lastschwerpunkt-abstand (in mm) Angabe s. Diagramm/Tabelle
< 1 000	400
> 1 000 ≤ 5 000	500
> 5 000 ≤ 10 000	600
≥ 10 000 < 20 000	600/900/1 200
≥ 20 000 < 25 000	900/1 200
≥ 25 000	1 200/1 500
Schubmaststapler	600

Achtung!

Die Tragfähigkeit des Staplers wird nicht höher, wenn der Normabstand nicht ausgeschöpft wird, z. B. bei einer Last, die nur eine Tiefe von 400 mm hat, der Normabstand aber 600 mm beträgt. Der Grund liegt u. a. in der Auslegung der Hubmastkonstruktion, der Achsen, der Bremsen usw.

In unserem Beispiel ist der Stapler mit dem Hubmast (b) ausgerüstet. Der gemessene Lastschwerpunktabstand beträgt 800 mm. Wir verfolgen die Linie, finden den Treffpunkt der Linie zu (b). Nun verfolgen wir die Linie nach links und finden die zulässige Traglast von 6 000 kg (rote Pfeile).

Wäre das zu entladende Gut 6 500 kg schwer, muss überlegt werden, wie hoch es an seinem Standort gehoben werden soll. Ist die Hubhöhe ≤ 5 650 mm, kann die Last am Bestimmungsplatz so hoch gehoben werden. Ist das Abstandsmaß des Lastschwerpunktes, gemessen vom Gabelblatt nach oben > „D", in unserem Beispiel 600 mm, aber z. B. 900 mm, ist das Mehrmaß von 300 mm der Hubhöhe hinzuzurechnen.

Achtung!

Eine geringere Hubhöhe als 5 650 mm erhöht nicht ohne Weiteres die Tragfähigkeit des Staplers (s. Betriebsanleitung).

Anmerkung

Kann die Lage des Lastschwerpunktes in der Tiefe und/oder der Höhe nicht ermittelt werden, ist davon auszugehen, dass er sich mindestens jeweils in der Mitte der äußeren/oberen Lasthälfte befindet.

Container bietet große Angriffsfläche für Wind.

Glasspiegelrohling wird mit Spezialaufnahmevorrichtung aufgenommen und verfahren.

Ausreichende Sicht auf die Fahrbahn ist gegeben.

Anmerkung

Der Staplerhersteller geht bei seiner Traglastberechnung grundsätzlich von einer Längsachsmittigkeit der Last aus. Bis zu einer Tragfähigkeit ≤ 5 000 kg ist eine Abweichung nach links oder rechts ≤100 mm zulässig. Bei > 6 300 kg bis 10 000 kg Traglast ist die berücksichtigte Außermittigkeit 150 mm und bei > 10 000 kg bis 20 000 kg sind es 250 mm, > 20 000 kg = 20 t sind es 350 mm. Darum sind Seitenschieber auch nur so ausgelegt (s. a. Abschnitt 2.2).

4. *Kann der Lastschwerpunkt auf der Längsachse des Staplers aufgenommen/unterfangen werden?*

Der Stapler ist mit seiner Gabelzinkenstellung entsprechend zur Längsachsmitte hin zu verändern. Bleibt eine größere als die zulässige Außermittigkeit bestehen, ist die zulässige Tragfähigkeit zu verringern. Im Zweifel den Hersteller befragen.

Vorsicht beim Einsatz im Freien! Wind kann die Lastgewichtskraftlinie besonders von leichteren und großflächigen Lasten aus dem „Lot" bringen und nach vorn drücken. Beides kann den Stapler zum Kippen bringen. Darum ist ab Windstärke 6 = starker Wind/starker, böiger Wind der Transportvorgang abzubrechen. Großflächige und verhältnismäßig leichte Lasten sollten schon ab Windstärke 5 = frische Brise nicht mehr transportiert werden (s.a. Abschnitt 4.4.2, Absatz „Arbeitsbühne – Einsatz im Freien" und Kapitel 2, Abschnitt 2.4.2, Absatz „Windeinfluss").

5. *Ist die Last ggf. zusätzlich zu sichern?*

Diese Notwendigkeit kann durch Kopflastigkeit oder glatter/geringer Aufstandsfläche gegeben sein.

Das Festhalten einer Last ist unzulässig. Nur aufgehängte Lasten sind mit Hilfsmitteln, z.B. Chemiefaserseilen, zu führen.

6. *Ist der Verkehrsweg ausreichend tragfähig, breit, hoch genug, weitgehend eben, rutschfest und einsehbar?*

Bestimmungsorte werden oft mit Staplern, besonders mit solchen Lasten, befahren, trotzdem sie sonst dazu nicht benutzt werden.

Fußbodenöffnungen können für das Befahren mit gegen Verrutschen gesicherten Druckverteilungsplatten zusätzlich abgedeckt werden.

Bei Neigungen > 2 % sollte die Last immer bergwärts verfahren werden. Hier sollte die sonst übliche Toleranz von ~ 2° ≙ ~ 3 % nicht ausgeschöpft werden, nicht zuletzt deshalb, weil bei hoch liegendem Gesamtschwerpunkt, gebildet aus Stapler- und Lastschwerpunkt, der Gesamtschwerpunkt, besonders bei kopflastigen Lasten, einen großen Abstand zur Verkehrsfläche hat und der Stapler dadurch erhöht kippgefährdet ist.

Verkehrswege können wegen fehlendem seitlichem Sicherheitsabstand – auch in Kurven – von je 0,50 m bis zu einer Höhe von 2 m temporär für den Fußgängerverkehr abgesperrt und/oder Einweiser eingesetzt werden (s.a. Abschnitt 4.5.2).

Der Freiraum nach oben gilt als ausreichend, wenn er über der Last bzw. dem Stapler 0,20 m beträgt.

Containertransport in Vorwärtsfahrt mit zulässiger Containerposition mittels Stapler > 10 t Traglast

7. *Ist die Sicht auf die Fahrbahn, besonders vor der Last, ausreichend (s. a. Abschnitt 4.5.2 und Kapitel 3, Abschnitt 3.3.1, Absatz „Containerstapler")?*

Die Sichtvorgabe wird als erfüllt angesehen, wenn über die Last oder an der Last vorbei der Fixpunkt in Höhe von 1,20 m – auf öffentlichem Verkehrsraum wegen Kindern von 0,60 m – von der Fahrbahn im Abstand von 2,50 m vor der Last vom Fahrer gesehen werden kann.

Ist die freie Sicht nicht ausreichend gegeben, kann ein Einweiser eingesetzt werden, oder es wird ausnahmsweise im Schritttempo rückwärtsgefahren. Ragt die Last über das Seitenprofil des Staplers heraus, ist besonders Acht zu geben, denn die Last „schlägt" nach außen zur Seite sehr stark aus. Auch hier ist ein Einweiser erforderlich, wenn nicht Stapler, ausgerüstet mit Drehsitz, Quersitz oder mit Videokamera, eingesetzt werden, bzw. der Fahrweg für Personen gesperrt wird (s. a. Abschnitte 4.5.2 und 4.5.3).

Achtung!

Einweiser, auch Aufsichtführende und Lastführende, müssen sich stets außerhalb des Gefahrenbereiches aufhalten. Sie dürfen z. B. nicht vor der Last hergehen oder sich nahe der Last aufhalten.

8. *Wie ist die Last vor Fahrtantritt einzustellen und mit welcher Fahrgeschwindigkeit ist die Last zu verfahren?*

Bei der Standsicherheitsbestimmung beim Verfahren von Lasten geht der Hersteller z. B. gemäß DIN EN 3691-1 (z. B. Front- und Schubmaststapler) oder DIN EN 1459 (Teleskopstapler) bei allen Bauarten in der Regel davon aus, dass sich die Gabeloberseite im Knickbereich zum Gabelrücken bei zurückgeneigtem Hubmast im lotrechten Abstand zur Fahrbahn von 300 mm (bei Geländestaplern 500 mm) befindet.

Bei Containerstaplern geht der Hersteller von folgender Laststellung aus (s. a. Betriebsanleitung des Herstellers):

- mit normalem Hubmast 300 mm/500 mm über Flur,
- als Teleskopstapler mit veränderlicher Reichweite (DIN EN 1459) bei Vorwärtsfahrt für ausreichende Sicht, Abstand Containerunterseite ≤ 1 000 mm über dem max. durch 90 kg Fahrgewicht mittig eingedrückten Sitzkissen, eingezogenem Hubmast und bei zurückgeneigtem Gabelträger, bei Rückwärtsfahrt 300 mm/500 mm bei lotrecht eingestelltem Hubmast,
- als Teleskopstapler für Container > 6 m quer aufgenommen bei Vorwärtsfahrt für ausreichende Sicht Containerschwerpunkt Abstand ≤ 2 300 mm bis zum max. eingedrückten Sitzkissen, bei Rückwärtsfahrt oder mit erhöhtem Fahrersitz vorwärts 300 mm/ 500 mm,
- Stapler gemäß DIN EN ISO 3691-3 Containerunterseite Abstand ≤ 1 000 mm bis zur Oberseite des eingedrückten Sitzkissens bei voll zurückgeneigtem Hubmast.

Anmerkung

§§ 2 und 12 DGUV V 68 „Flurförderzeuge" lassen allgemein eine Bodenfreiheit von 500 mm zu.

Achtung deshalb bei Kopflastigkeit der Güter im Container.

In solchen Fällen sollte die Last mit entsprechend geringerer Höhe, ob rückwärts oder vorwärts mit Einweiser und im Kriechgang (≤ 2,5 km/h) verfahren werden.

Mit dem Staplerhersteller sollte für diese Fälle vorher grundsätzlich schriftlich die jeweilige zulässige Lasthöhe abgeklärt sein.

Warum wurde dieses Bodenfahrfreimaß von 500 mm statt 300 mm gewählt?

Die Hersteller gehen wegen der Verkürzung des Hebelarms von der Vorderachse bei ihren Standsicherheitsversuchen von einem zurückgeneigten Hub-

Auch Sondergut bodennah sicher verfahren, aber langsam und behutsam.

mast aus. Dadurch wird aber die Last und damit auch ihr Schwerpunkt angehoben.

Da jedoch ein Zurückneigen des Hubmastes nicht immer oder nur geringfügig möglich ist, sei es durch die Bauart, z. B. bei einem Schubmaststapler, oder beim Transportieren von hängenden Lasten oder Flüssigkeiten, wird auf der Grundlage eines senkrecht eingestellten Hubmastes allgemein die Bodenfreiheit vom Fahrweg bis zur Oberkante des Gabelzinkenblattes (lotrecht gemessen von 500 mm) zugelassen.

Die Last ist jedoch möglichst dicht am Fahrwegsboden zu verfahren. Ein Abstand von 100 mm wäre sehr gut, denn es ist zu berücksichtigen, dass der Hersteller zusätzlich bei seiner Standsicherheitsbestimmung für das Verfahren von Lasten auf Gabelzinken für die Lage des Lastschwerpunkts vom Maß „D" ausgeht.

Wird also das Freimaß von 300 mm bzw. 500 mm nicht ausgeschöpft, kann man bei nur 100 mm Abstand und Lastaufnahme ohne Palette/direkt auf dem Gabelblatt zum Fahrweg 200 mm bzw. 400 mm zum Maß „D" für den Abstand des Lastschwerpunkts vom Gabelblatt nach oben hinzurechnen (s. a. Kapitel 2, Abschnitt 2.4.3).

Liegt der Lastschwerpunkt innerhalb dieser Toleranz, ist eine Abklärung mit dem Hersteller zwecks Festlegung einer verminderten Tragfähigkeit für das Lastverfahren nicht erforderlich. Liegt der Lastschwerpunkt aber höher, und/oder kann die Last nicht so nah (≤ 100 mm) am Boden verfahren werden, gilt der Transport als Verfahren von Lasten im hochgehobenen Zustand, und der Hersteller bzw. ein Sachverständiger muss die Resttragfähigkeit und/oder die Fahrgeschwindigkeit festlegen.

Grundsätzlich sollte Sondergut möglichst nur mit Kriechgeschwindigkeit v ≤ 2,5 km/h verfahren werden. So werden die beim Fahren und zum Auf- und Absetzen der Last zwangsläufig auftretenden Trägheits-, Schwung-, Kipp- und Fliehkräfte klein gehalten.

Die Vorgaben für den Transport einer Speditionsanlieferung gelten selbstverständlich auch für das Bewegen von Sondergut im eigenen Betrieb, z. B. Versetzen von Maschinen, Anlagen usw.

Anmerkung

Sehr hilfreich und der Sicherheit dienend ist der Einbau einer Überlastsicherung/eines Lastmomentbegrenzers in Form einer Überlastwarneinrichtung, wie sie für Teleskopstapler mit veränderbarem Ausleger verlangt wird (s. DIN EN 1459).

Selbstverständlich können diese Transporte ggf. auch in Form einer Zwillingsarbeit durchgeführt werden (s. Abschnitt 4.4.6).

Merke

Nur durch rechtzeitige und sorgfältige Planung auf der Grundlage der Gefährdungsanalyse und Einhaltung der Sicherheitsvorgaben ist ein sicherer Einsatz möglich!

4.4.6 Zwillingsarbeit von Staplern

Grundsätzliches

Lade- und Transportarbeiten mit zwei Staplern – Zwillingsarbeit, um besondere Speditionsanlieferungen oder Sondergüter mit größeren Längenmaßen abzuladen, sind immer ein problematisches Unterfangen.

Wie ist vorzugehen, um das Restrisiko weitgehend klein zu halten?

Es dürfen nur Lasten transportiert werden, die sich nicht sicherheitsgefährdend durchbiegen und nicht abrutschen, abrollen oder abgleiten können. Erforderlichenfalls sind z. B. palettenähnliche Unterlagen zu verwenden, mit denen die Last sicher auf-

Last mit 2 Staplern transportiert: sog. Zwillingsarbeit oder auch Tandemhub genannt.

genommen werden kann. Ist dies gewährleistet, ist zu prüfen, ob die Last in Abhängigkeit ihres Gewichts und der Lage ihres Schwerpunkts mit den Gabelzinken aufgenommen werden kann.

Es sollten nur Stapler eingesetzt werden, deren Tragfähigkeit jeweils ausreicht, um wenigstens ⅔ des Lastgewichts, tragen zu können.

Damit soll weitgehend sichergestellt werden, dass u. U. bei hoch liegendem Lastschwerpunkt durch die Güter im Container und bei nicht längsachsmittiger Lastschwerpunktlage, besonders beim Längstransport und bei außermittiger Lastaufnahme und Bedienungsfehlern, bei zu schnellem Anheben oder Absenken der Last jeder Stapler mehr als errechnet tragen kann (Sicherheitsreserve) und nicht umstürzt.

Anmerkung

Bei Containern ist immer davon auszugehen, dass der Lastschwerpunkt, auch bei leerem Container, mindestens in halber Höhe (ca. 1 300 mm) des Containers liegt. Außer bei einem Flat (Container ohne Seitenwände und Dach), denn da liegt er etwas tiefer. Für das Lastenverfahren (hochgehoben) ist deshalb mit dem Staplerhersteller über die Resttragfähigkeit zu reden (schriftliche Abklärung) bzw. die zulässige Fahrgeschwindigkeit mit ihm festzulegen (s. a. Absatz „Einsatzregeln“ und Abschnitt 4.4.5).

Der Lastentransport kann nach stirnseitiger Lastaufnahme = Längstransport oder nach Lastaufnahme von der Breitseite der Last = Quertransport durchgeführt werden.

Lastverteilung auf den Gabelstaplern

Befindet sich der Gesamtlastschwerpunkt, bestehend aus Schwerpunkt des Gutes und Behälterschwerpunkt, z. B. eines Containers, genau in der Mitte, wird jeder Stapler mit der Hälfte des Gesamtgewichts des aufzunehmenden beladenen Behältnisses „L“ belastet.

Stapler „St_1“ mit $\frac{L}{2}$; Stapler „St_2“ mit $\frac{L}{2}$

Bei diesen Lasttransporten kommt das Hebelgesetz unterschiedlich zur Auswirkung. Grundsätzlich wirkt hier die Last, z. B. ein Container oder anderes Langgut, als ein passiver Hebel/Träger, der in diesem System das Lastgewicht/die Lastgewichtskraft auf die beiden Stapler, wie in den folgenden Rechenbeispielen angegeben, verteilt.

Am Ende der jeweiligen Stirn-/Längsseite des Trägers/der Last überträgt der Träger/die Last die entsprechenden Gewichte bzw. Gewichtskräfte auf die Stapler wie auf einer Brücke.

Werden die Gabelzinken gleichmäßig auf gleichem Niveau angehoben, entsteht auch keine seitliche Kraft (Zug-/Schubkraft).

Beispiel für einen Längstransport bei symmetrisch verteilter Last:
„a“ ist hier gleich „b“; L = 6 000 kg

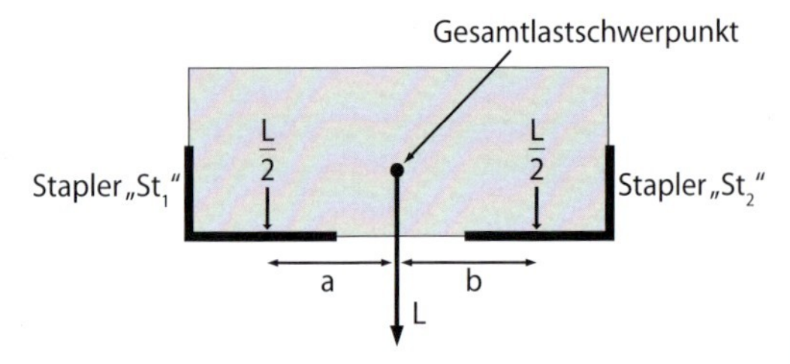

Jeder Stapler wird mindestens mit 3 000 kg belastet. Unter Berücksichtigung unserer Sicherheitsreserve sollten zwei Stapler mit je 4 000 kg Tragfähigkeit ausgewählt werden.

Zwillingsarbeit im Quertransport

Beispiel für einen Längstransport mit asymmetrisch verteilter Last:
L = 6 000 kg ; a = 3 500 mm ; b = 5 500 mm

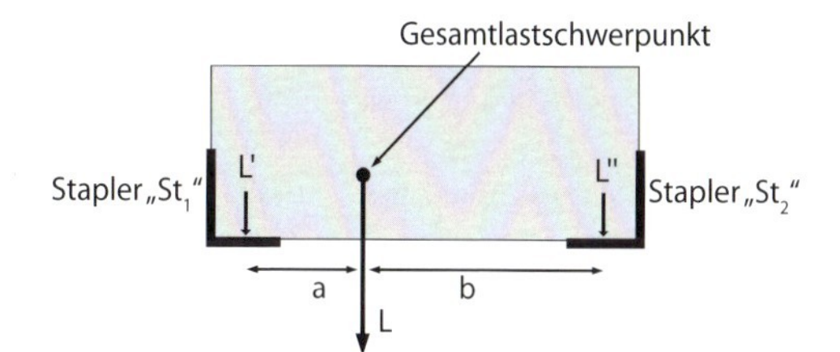

$$\text{Für } St_1:\ L' = L \cdot \frac{b}{a+b}$$

$$\text{Für } St_2:\ L'' = L \cdot \frac{a}{a+b}$$

$$L' = 6000\ \text{kg} \cdot \frac{5500\ \text{mm}}{9000\ \text{mm}} = 6000\ \text{kg} \cdot 0{,}61 = $$
$$= 3667\ \text{kg}$$

$$L'' = 6000\ \text{kg} \cdot \frac{3500\ \text{mm}}{9000\ \text{mm}} = 6000\ \text{kg} \cdot 0{,}39 = $$
$$= 2340\ \text{kg}$$

Warum wird der Stapler St_1, zu dem sich der Lastschwerpunkt näher befindet, am stärksten belastet?

Am deutlichsten wird dies durch ein Beispiel aus dem Alltag: Auf einer Gartenbank sitzt eine Person nah dem Stirnende (a). Hebt man die Bank an diesem Ende an, hat man es schwerer als von der anderen Seite (b).

Nach der Gewichts-/Kraftübergabe beginnt im jeweiligen Stapler das klassische Hebelgesetz zu wirken.

Beim Längstransport wirkt jetzt ein Lastarm LA. Es ist der Abstand vom Gabelrücken bis zur Vorderachsmitte. Ihm entgegen wirkt dann der Gegengewichtsarm des Staplers (Abstand Staplerschwerpunkt bis zur Vorderachsmitte).

Beispiel für einen Quertransport bei symmetrisch befindlichem Lastschwerpunkt:
L = 6 000 kg ; a = b

$$St_1 : L' = \frac{a}{a+b};\quad St_2 : L'' = \frac{b}{a+b}$$

Gesamtlastschwerpunkt
L'
L''
„St1"
a
b
„St2"
L

$$\text{Belastung } St_1 = St_2:\ \text{je } \frac{L}{2} = 3000\ \text{kg}$$

Beim Quertransport kommt vorn der uns bekannte Lastarm zur Wirkung, denn dort steht kein zweiter Stapler, der als Gegenlager wirkt.

Wir rechnen als Beispiel mit LA = die Hälfte einer Containertiefe, also ~ 1 200 mm. Dies ergibt bei einem Stapler mit einer zulässigen Tragfähigkeit von 5 000 kg gemäß Traglastdiagramm/-tabelle ~ 3 300 kg Resttragfähigkeit. Unter Berücksichtigung unseres Sicherheitszuschlages sind zwei Stapler mit je 4 000 kg (2/3 von 6 000 kg) auszuwählen.

Man sollte jedoch zwei Stapler mit je 5 000 kg zulässiger Tragfähigkeit einsetzen, da die Tragfähigkeitsangaben in den Diagrammen/Tabellen in der Regel nur Traglastwerte bis zu einem Lastarm von 1 000 mm angeben. Ggf. ist der Hersteller zu Rate zu ziehen.

Beispiel für eine asymmetrische Lastaufnahme im Quertransport:
L = 6 000 kg ; a = 1 500 mm ; b = 3 000 mm

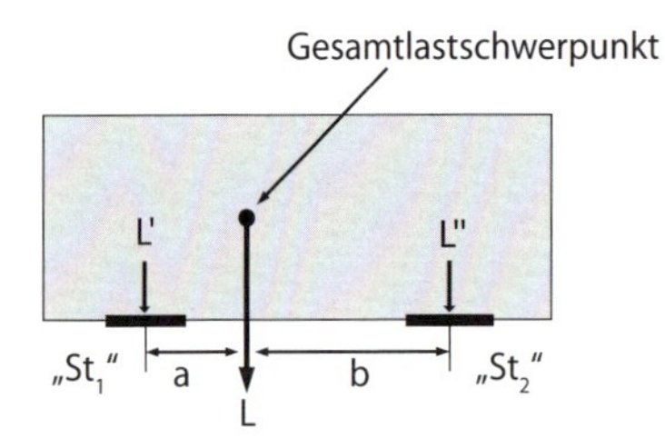

Belastung „St_1":

$$L' = L \cdot \frac{b}{a+b} = 6000\ \text{kg} \cdot \frac{3000\ \text{mm}}{1500\ \text{mm} + 3000\ \text{mm}}$$
$$= 6000\ \text{kg} \cdot \frac{3000\ \text{mm}}{4500\ \text{mm}} = 6000\ \text{kg} \cdot 0{,}67 =$$
$$= 4020\ \text{kg}$$

Belastung „St_2":

$$L'' = L \cdot \frac{a}{a+b} = 6000\ \text{kg} \cdot \frac{1500\ \text{mm}}{1500\ \text{mm} + 3000\ \text{mm}}$$
$$= 6000\ \text{kg} \cdot \frac{1500\ \text{mm}}{4500\ \text{mm}} = 6000\ \text{kg} \cdot 0{,}33 =$$
$$= 1980\ \text{kg}$$

Laut Traglasttabelle/-diagramm und mit Sicherheitszuschlag sind zwei Stapler à 6 000 kg auszuwählen, besonders in den Fällen, bei denen der Lastschwerpunkt sehr einseitig liegt. Als Stapler „St_2" könnte aber auch eine Maschine mit einer zulässigen Traglast von 5 000 kg eingesetzt werden.

Einsatzregeln

- Es sind möglichst Stapler gleichen Typs einzusetzen, damit ein gleichmäßiger Transportvorgang leichter durchgeführt werden kann. Denn dadurch sind die Senk- und Hub- sowie Neigungsgeschwindigkeiten der Hubmaste von Grund auf gleich und somit leichter gleich zu halten. Außerdem sind die Wenderadien gleich.
- Die Verkehrswege müssen ausreichend tragfähig sein (s. a. Abschnitt 4.4.2, Absatz „Arbeitsbühne – Einsatz im Freien").
- Der Fahrweg muss weitestgehend rutschfest und eben sein. Ab ≥ 2 % Steigung/Gefälle ist die Last bergseitig zu führen (s. a. Abschnitt 4.4.5).
- Bei Kurvenfahrten sollten auf den Gabelzinken befestigte Drehteller verwendet werden, die auch in einer Kurve einen sicheren Lastentransport gewährleisten.
- Zur Lastaufnahme sind ausreichend lange Gabelschuhe zu verwenden.
- Gabelzinken möglichst weit auseinander einstellen.
- Beim Quertransport sind die Gabelzinken möglichst nahe der stirnseitigen Lastaußenkontur unter der Last anzusetzen, damit zur Seite kein Lastmoment entsteht.
- Die Gabel, bestehend aus mindestens zwei Gabelzinken, ist möglichst nah zum Fahrweg nur bis auf ≤ 100 mm auf gleichem Niveau anzuheben.

Vorbereitung zu einem Zwillingstransport im sog. Quertransport mit 4 Staplern gleichen Typs und gleicher Leistung.

- Die Hubmaste sind ggf. leicht so weit nach hinten zu neigen, sodass die Gabelblätter waagerecht und damit vollständig an der Lastunterseite anliegen.
- Die Last sollte nur mit Kriechgeschwindigkeit $v \leq 2{,}5$ km/h verfahren werden.
- Ab Windstärke 6 = starker Wind und/oder starkem, böigem Wind sollte der Transport nicht stattfinden (s. a. Abschnitt 4.4.2, Absatz „Arbeitsbühnen-Einsatz im Freien" und Abschnitt 4.4.5).
- Der Einsatz ist von einem Aufsichtführenden zu leiten.

Merke

Großflächige Lasten liegen nicht automatisch sicher auf den Gabelzinken!
Beide Gabelstaplerfahrer müssen mit dem Aufsichtführenden ein eingespieltes Team sein!
Der Aufsichtführende hat das Sagen!

4.4.7 Flurförderzeuge auf/in Wasserfahrzeugen

Luken, Laderäume

Verkehrswege und Räume auf/in Wasserfahrzeugen sind vergleichbar mit denen für Lagerbühnen und Kellerräume.

Auf die Tragfähigkeit und Belüftung ist besonders zu achten.

Flurförderzeuge dürfen auf/in Wasserfahrzeugen nur eingesetzt werden, wenn der Boden, auf dem sie arbeiten, ausreichend tragfähig ist und ein Abstürzen der Flurförderzeuge/Umschlaggeräte sicher verhindert wird (s. DGUV V 37 „Hafenarbeit"). Ausreichend tragfähig ist ein Boden, wenn er dem höchstzulässigen Raddruck ohne Beschädigung standhält. Dies gilt selbstverständlich auch für einzelne Bohlen.

Normalerweise sind die Lukendeckel nur für eine gleichmäßige Lastaufnahme bemessen. Ein Stapler z. B. belastet die Lukenabdeckung, besonders einzelne Bohlen, jedoch punktförmig. Wenn nötig, ist ein tragfähiger Untergrund zu schaffen, z. B. durch gegen Verrutschen gesicherte Druckverteilungsplatten, bzw. durch Abweiser oder Leitplanken der Einsatzbereich zu begrenzen. Diese Unterlegplatten haben die Aufgabe, punktförmige Belastung durch den Stapler gleichmäßig auf mehrere Bohlen zu verteilen.

Bei der Sicherung gegen Verrutschen der Platten sind die durch das Fahren und Drehen der Räder auftretenden dynamischen Kräfte (besonders bei engen Kurvenfahrten) zu berücksichtigen. Deshalb ist es vor dem Befahren erforderlich, bei der Schiffsleitung eine Genehmigung einzuholen.

Aufsteckbare Abweiser oder Leitplanken können als notwendige Sicherung gegen Absturz in offene Luken eingesetzt werden. Ihre Höhe sollte mindestens so hoch sein wie der Durchmesser der größten Räder der Stapler, die das Deck bzw. die Laderäume befahren.

Für Stapler in Lukenöffnungen usw. ist der Einsatz nur mit Fahrerschutzdach zugelassen.

Achtung!

Fahrer von Flurförderzeugen und Gabelhubwagen sind wie Fußgänger/Stauer zu behandeln. Das bedeutet u. a., dass sie den Weisungen des Signalmannes folgen müssen und sich nicht unter schwebenden Lasten aufhalten dürfen.

Flurförderzeugantrieb

Flurförderzeuge mit Otto-Motor mit Benzin- oder Flüssiggasbetrieb dürfen in oder auf Schiffen nicht eingesetzt werden, denn deren Dämpfe sind schwerer als Luft und explosionsgefährlich. Bei Verwendung von Dieselgeräten ist eine Abgasreinigungsanlage, z. B. ein Rußfilter am besten mit katalytischer Beschichtung (Kombifilter), notwendig (s. Abschnitt 4.2.2, Absatz „Dieselmotor").

Beim Einsatz von mit Erdgas betriebenen Geräten dürfen von ihrem Abgas ebenfalls keine Gesundheitsgefahren ausgehen. Darüber hinaus muss eine unbeabsichtigte Beschädigung des Erdgastanks, z. B. durch Schiffseinbauten, Ladungsteile und herabfallende Lasten, verhindert sein, denn strömt durch einen leck geschlagenen Tank oder eine beschädigte Zuleitung vermehrt Gas aus, kann dies in die Laderaumluft führen, besonders an Laderaumstellen, über denen sich keine Lukenöffnung befindet, oder zwischen Ladungen zu explosionsfähigen Gemischen.

Der Einsatz von Flurförderzeugen mit Erdgasantrieb auf Schiffen ist von Fall zu Fall zu entscheiden und sollte besonders kritisch bewertet werden.

Gesundheitsgefährdende Gase und Dämpfe dürfen sich nicht in gefährlicher Konzentration entwickeln können. Besonders beim gleichzeitigen Be- und Entladen von Schütt- und Massengütern kann dies leicht auftreten. Es dürfen nur Flurförderzeuge eingesetzt werden, die dafür entsprechend geschützt ausgeführt sind.

Flurförderzeugtransport

Sollen Gabelstapler in Schiffs- oder Lagerräumen ohne Ein- bzw. Auffahrten eingesetzt werden, ist es notwendig, diese Umschlaggeräte mit Kranen, Schienenlaufkatzen oder Flaschenzügen zum Einsatzort zu heben. Hierfür sind die Anschlagpunkte

Reach Stacker im Laderaum eines Schiffes mit ausreichender Tragfähigkeit.

für den bestimmungsgemäßen Transport meistens deutlich gekennzeichnet.

Diese Vorgaben, einschließlich der Anschlagart, sind in der Betriebsanleitung der Maschine enthalten und sollten befolgt werden, denn anderenfalls kann die Gefahr bestehen, dass das Flurförderzeug Schaden nimmt oder abstürzt.

Teleskopstapler bestimmungsgemäß gehoben.

Die ausgewählten Anschlagmittel dürfen nicht an Maschinenteilen anliegen, an denen sie beschädigt werden können, und nicht über scharfe Kanten gezogen/angeschlagen werden.

Für die Auswahl des Anschlagmittels gelten die gleichen Vorgaben wie für den Transport von hängenden Lasten (s. Abschnitt 4.3, Absatz „Lastaufnahme aufzuhängender Lasten").

Abnehmbare Gegengewichte und Anbaugeräte

Gabelstapler haben ein relativ hohes Eigengewicht (s. Kapitel 2, Abschnitt 2.1, Absatz „Gewichtsverhältnis – Gewichtsverteilung"). Hierfür reicht ggf. die Tragfähigkeit des Hebezeugs nicht aus.

Hier bietet sich folgende Lösung an:

Das Gegengewicht wird vom Stapler mittels Hebezeug abgehoben. Anschließend gelangen zuerst der Stapler und dann das Gegengewicht zum Einsatzort. Hierzu muss das Gegengewicht jedoch abnehmbar sein. Stapler mit abnehmbarem Gegengewicht sind Sonderanfertigungen, die beim Hersteller bestellt werden können.

Transport des Staplers in ein Schiff. Hier zuerst das dafür abzunehmende Gegengewicht.

Diese abnehmbaren Gegengewichte müssen folgende Sicherheitsmaßnahmen erfüllen:

- Sie müssen einfach zu montieren und zu demontieren sein.
- Ihre Befestigung muss den zu erwartenden Beanspruchungen bei der Demontage oder Montage und im Einsatz entsprechen und darf nur einem normalen Verschleiß unterliegen.
- Am Gegengewicht und Stapler müssen Transportösen vorhanden sein. Sie dürfen seitlich nicht hervorstehen.
- Die Anschlagstellen für den Transport mittels Hebezeug müssen deutlich angegeben sein.

Beim Einsatz eines Gabelstaplers mit einem Gegengewicht sind folgende Grundregeln zu beachten:

- Ohne Gegengewicht darf der Stapler nicht eingesetzt werden, da sonst seine Standsicherheit nicht gewährleistet ist.

- Vor Inbetriebnahme, nach Montage des Gegengewichts, sind die Befestigungen vorschriftsmäßig anzulegen.

Wird dies versäumt, kann es passieren, dass das nicht gesicherte Gegengewicht bei Aufnahme einer Last durch den Stapler nach vorn schlägt und der Fahrer schwer verletzt wird. Auch wenn das Gegengewicht nicht nach vorn schlägt, kann es verrutschen und die Standsicherheit des Gabelstaplers beeinträchtigen. Dies führt in der Regel zum Umstürzen des Fahrzeugs.

Die angeführten Verfahrensweisen sind in der jeweiligen Betriebsanleitung festgelegt. Dies gilt auch für Anbaugeräte, z.B. von Papierklammern.

Merke

Einsätze auf und in Wasserfahrzeugen unterliegen zusätzlichen Bestimmungen! Sie können, auf den Einzelfall abgestimmt, unterschiedlicher Natur sein!

25. Grundsatz

→ Sonderguttransport, Zwillingsarbeit und Staplertransport mittels Hebezeug erfordern besondere Vorsicht und Teamarbeit!

→ Sie müssen wie die Regelarbeit geplant und exakt ausgeführt werden!

→ Zaungäste sind fernzuhalten!

→ Eile und Übereifer dürfen das Handeln nie bestimmen!

4.4.8 Flurförderzeuge auf öffentlichen Straßen und Wegen

Gefährdungspotenzial

Flurförderzeuge sind in der innerbetrieblichen Logistik das überwiegend eingesetzte Transportmittel. Sie werden auch oft zum Be- und Entladen von Fahrzeugen verwendet, wenn dies nicht, besonders bei sperrigen und langen Gütern, von Kranen durchgeführt werden kann.

Bei diesen Tätigkeiten kommen sie regelmäßig mit dem öffentlichen Straßenverkehr mit all seinen Risiken für die Verkehrsteilnehmer in Berührung.

Dadurch entsteht für alle Beteiligten neben der normalen Unfallgefahr beim Flurförderzeugeinsatz eine nicht unerhebliche zusätzliche Unfallgefährdung und sie ist, das wissen die Fachleute, nicht gering. Dies beginnt damit, dass das Umfeld die Fahreigenschaft der Flurförderzeuge nicht kennt, die Problematik beim Lastumgang unterschätzt, und endet

Unfallsituation auf einem öffentlichen Betriebsgelände – öffentlich, da für jedermann befahrbar.

damit, dass sich oft Kinder auf den Verkehrsflächen tummeln.

Diesen Risiken muss u. a. durch die Beachtung der StVO, StVZO und FZV begegnet werden.

Öffentlicher Verkehrsraum – Begriffsbestimmung nach StVO

Die StVO regelt und lenkt den öffentlichen Verkehr. Das Direktionsrecht darüber hat ausschließlich der Bund.

Die StVO schreibt im § 1 folgende Grundregeln fest:
„(1) Die Teilnahme am Straßenverkehr erfordert ständige Vorsicht und gegenseitige Rücksicht.
(2) Jeder Verkehrsteilnehmer hat sich so zu verhalten, dass kein anderer geschädigt, gefährdet oder mehr, als nach den Umständen unvermeidbar, behindert oder belästigt wird."

Für den Ort, an dem der Straßenverkehr stattfindet, wird im StVG wie auch in der StVO und der StVZO der Begriff „Öffentliche Straße" verwendet.

Besonders im Hinblick auf die Verkehrsflächen, die keine reinen Straßen sind (s. folgende Ausführungen unter „b)") wird auch von Verkehrsräumen gesprochen (s. VwV zu § 1 StVO).
Wir verwenden daher in unseren Ausführungen auch den Begriff „Verkehrsräume".

Straße und Gehweg dem öffentlichen Verkehr gewidmet.

Bei öffentlichem Verkehrsraum wird wie folgt unterschieden:

a) Öffentlich-rechtliche Straßen/Wege, die dem öffentlichen Verkehr gewidmet sind.

Hierbei handelt es sich hauptsächlich um Straßen, Wege und Plätze = Flächen, die dem öffentlichen Straßenverkehr dienen und der Allgemeinheit zu Verkehrszwecken offen stehen.

Dies sind in der Regel die Straßen, Wege und Plätze in unseren Wohn-, Gewerbe- oder Industriegebieten, die Land-, Bundesstraßen und Autobahnen. Ihr Eigentümer ist in der Regel der Staat (Bund, Land oder Gemeinde).

Gleichfalls gelten aber auch Radwege/Bürgersteige als öffentlich im Sinne des StVG, wenn sie nur zum

Lastentransport auf öffentlichem Gehweg mit Stapler und Anhänger und mitlaufender Aufsichtsperson

Geöffnetes Tor eines Betriebsgeländes – beschränkt öffentlich.

Be- und Entladen von Fahrzeugen überquert/befahren werden.

b) Tatsächlich öffentliche oder beschränkt öffentliche Wege, Straßen/Verkehrsraum.

Hier handelt es sich um Verkehrsräume, die überwiegend Privatpersonen, Gesellschaften, Firmen gehören oder von ihnen angemietet bzw. gepachtet sind, z. B. Parkhäuser, Firmengelände, wie Besucher- und Kundenparkplätze, Betriebshöfe sowie Ladestraßen.

Ferner sind öffentlich:

- Zufahrten zu Verladestraßen, auch mit Bahngleisen, z. B. der Deutschen Bahnen und Befahren derselben,
- allgemein benutzbare Wege zu Privatgrundstücken,
- private Zufahrten zum Steinbruch bei Benutzung auch durch beliebige Abholer,
- Fußgängerzonen in Einkaufszentren,
- Bahnhofsvorplätze.

Verkehrsflächen sind öffentlich, wenn sie von jedermann benutzt werden können und dies auch tatsächlich geschieht. Hierbei ist es nicht von Bedeutung, ob dies durch den Verfügungsberechtigten ausdrücklich oder mit stillschweigender Duldung geschieht. Die Eigentumsverhältnisse und die wegerechtliche Widmung sind hierbei nicht ausschlaggebend. Das Oberlandesgericht Düsseldorf hat in dem Urteil Nr. 5Ss OWi 72/88 über die Öffentlichkeit eines Firmengeländes diese Definition wie folgt bestätigt:

Generelle Herausnahme aus dem öffentlichen Verkehrsraum durch eine Absperrschranke mit Pförtner zum Befahren eines Firmengeländes.

„Ein Verstoß gegen § 1 Absatz 2 StVO setzt voraus, dass die Behinderung, Gefährdung oder Schädigung im öffentlichen Verkehr geschieht. Ein Grundstück, auch ein privates Firmengelände, ist nur dann öffentlich, wenn es ausdrücklich oder mit stillschweigender Duldung des Verfügungsberechtigten für jedermann zur Benutzung in verkehrsmäßiger Hinsicht zugelassen ist und auch so tatsächlich genutzt wird, wobei es auf die verwaltungsrechtliche Widmung oder die Eigentumsverhältnisse nicht ankommt. Das Grundstück muss jedenfalls von einem unbestimmten Personenkreis benutzt werden dürfen." (s. a. OLG Saarbrücken VRS 47, 54 ff.; OLG Karlsruhe VRS 60, 439 ff.; und OLG Stuttgart VM 90,79 ff. und Verwaltungsvorschrift VwV zu § 1 StVO-Grundregeln).

Auch wenn der Verkehrsraum abgegrenzt ist oder die Benutzung nur zeitlich begrenzt zulässig ist, liegt in diesem Zeitraum dafür Öffentlichkeit vor, z. B. für:

- Zufahrten zu Waschstraßen, Tankstellen und ihr Raum an den Zapfstellen,
- Hafenstraßen, auch am Kai,
- allgemein zugänglicher Kaufhaus-, Betriebshof zu Öffnungszeiten,
- Parkplatz einer Gaststätte,
- allgemein zugängliches Parkhaus und Warenhausdach oder ein entsprechendes Gebäude/Gelände mit Fahrstreifen und Stellflächen,
- Verladerampen und Zufahrten sowie Stellflächen für Luftfracht auf eingezäuntem Flughafen.

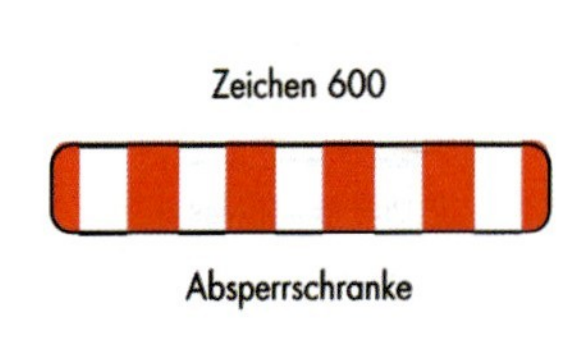

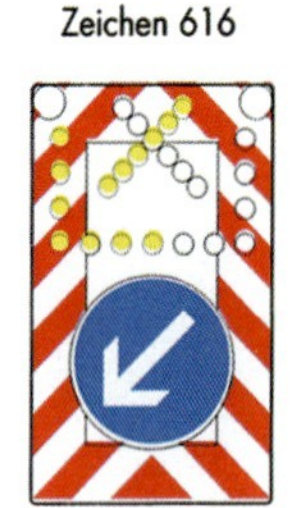

Absperreinrichtungen nach StVO.

Bei diesen Beispielen liegt die Betonung auf „Benutzung durch jedermann".

Der Verkehr auf öffentlicher Straße ist nicht öffentlich, solange sie, z. B. wegen Bauarbeiten, durch Absperrschranken o. ä. wirksame Mittel für alle Verkehrsarten gesperrt ist (s. VwV zu § 1 StVO).

Unter „alle Verkehrsarten" sind der Fahrzeug- und der Fußgängerverkehr gemeint.

Diese Definition muss für den Betreiber/Eigentümer Grundlage für den Einsatz von Fahrzeugen, hier Flurförderzeugen, sowohl auf der Straße als auch im firmeneigenen öffentlichen Verkehrsraum sein, wenn er von einer Ausnahmegenehmigung/Betriebserlaubnis für das Flurförderzeug zum Befahren des Verkehrsraums mit ihnen befreit sein will.

Die Herausnahme einer Teilfläche aus öffentlich-rechtlichen Wegen/Straßen (Begriffsbestimmung Vorseiten unter a), auch eines Bürgersteigs, der als Zufahrtteilfläche zu einem Werksgelände dient, bedarf der Genehmigung durch die dafür zuständige Verkehrsbehörde, z. B. das Ordnungsamt. Für Verkehrsräume, Begriffsbestimmung unter b), bedarf es keiner Genehmigung.

Gleichwohl müssen die Absperrmaßnahmen verkehrsrechtlich fachlich einwandfrei geleitet und durchgeführt werden (s. a. „Richtlinie für die Sicherung von Arbeitsstellen an Straßen – RSA" und „Merkblatt über Rahmenbedingungen für erforderliche Fachkenntnisse zur Verkehrssicherung von Arbeitsstellen an Straßen – MVAS-99").

Achtung!

Eine Zugehörigkeit zum öffentlichen Verkehrsraum ist bei Flächen anzunehmen, die sich äußerlich augenscheinlich für das Befahren darstellen, z. B. ohne Torbegrenzung, Beschilderung, Grünstreifen zur Straße oder mit abgesetzten Bordsteinen.

Ausnahmegenehmigung/Betriebserlaubnis

Ist eine Genehmigung zur Herausnahme, auch nur temporär, des Verkehrsraumes aus der Öffentlichkeit durch die Behörde nicht möglich oder durch den Unternehmer selbst, z. B. aufgrund des Betriebsablaufes, nicht praktikabel, bedarf es zum Betrieb des(r) Flurförderzeuge(s) einer Ausnahmegenehmigung/Betriebserlaubnis, z. B. durch die Straßenverkehrszulassungsbehörde.

Diese Genehmigung muss eingeholt werden, weil es für Flurförderzeuge keine allgemeine Betriebserlaubnis für Typen nach § 20 StVZO gibt. Deshalb muss jedes Fahrzeug nach § 21 StVZO eine Einzelbetriebserlaubnis haben.

Mitgänger-Flurförderzeuge ohne Mitfahrgelegenheit sind wie einachsige an Holmen geführte Zug- und Arbeitsmaschinen zu behandeln, da ihre zwei Achsen in der Regel nur einen Abstand von ca. 1 m haben und so als einachsig gelten. Sie sind sowohl von dem Nachweis, dass sie den Bestimmungen der StVZO entsprechen müssen als auch von der Zulassung und der Führerscheinpflicht befreit.

Anmerkung

Das StVG und damit die StVO sowie die StVZO sind auch für Flurförderzeuge anzuwenden, da sie im Sinne von § 1 Abs. 2 StVG Landfahrzeuge sind, die durch Maschinenkraft bewegt werden, ohne an Bahngleise gebunden zu sein.

Wagen und Schlepper sind dagegen nach § 3 Abs. 2 FZV zulassungspflichtig, soweit sie bauartbedingt schneller als 6 km/h fahren können. Sie sind im Gegensatz zu Staplern nicht vom Zulassungsverfahren ausgenommen. Das hängt damit zusammen, dass in anderen EU-Ländern diese Fahrzeuge – Wagen und Schlepper – keine Flurförderzeugbauarten darstellen, sondern dem „normalen" Fahrzeugbereich zugeordnet werden bzw. eine Abgrenzung zu Kleinlastwagen und Schleppern zu Zugmaschinen schwer möglich ist. Es wurde deshalb eine Trennung zwischen Zulassungsfreiheit der Stapler einerseits und Zulassungsverpflichtung der Wagen und Schlepper andererseits nach FZV gemacht.

Diese Fahrzeuge laufen in Europa nicht einheitlich unter dem Begriff Flurförderzeug.

Diese Verordnung setzte die Europäischen Richtlinien 1999/37/EG sowie 2003/127/EG in nationales Recht um. Grund der Rechtsänderung war es, eine Harmonisierung der Fahrzeugkategorien in Europa herbeizuführen.
Stapler sind im Geschwindigkeitsbereich von 6 bis 20 km/h von der Zulassung befreit. Lkw-Mitnahme-Stapler, die zumeist bauartbedingt bis 6 km/h fahren, bedürfen ebenfalls keinerlei Zulassung. Soweit sie jedoch bauartbedingt mehr als 6 km/h fahren können, sind sie wie andere Gabelstapler zu behandeln.

Schlepper mit Anhänger und Versicherungskennzeichen, da öffentlicher Verkehrsraum (Veranstaltungsgelände).

Was bedeutet dies nun im Klartext für die Gabelstapler, die im öffentlichen Straßenverkehr fahren sollen?

≤ 6 km/h unterliegen sie keiner Zulassungspflicht, sie benötigen kein amtliches Kennzeichen und keine Haftpflichtversicherung (§ 2 PflVG). Sie müssen jedoch auf der linken Fahrzeugseite dauerhaft lesbar angebracht (§ 4 Abs. 4 FZV) ein Schild mit Namen und Anschrift des Besitzers aufweisen (§ 64 b StVZO). Gabelstapler mit einer Geschwindigkeit von > 6 km/h bis ≤ 20 km/h benötigen eine Einzelbetriebserlaubnis sowie ein Schild mit Namen und Anschrift des Besitzers am Fahrzeug, aber ebenfalls noch keine Pflichtversicherung.

Mit Halterdaten und Geschwindigkeitskennzeichnung versehener „StVZO"-Stapler.

Flurförderzeug	Zulassung	Pflichtversicherung
0 – 6 km/h	keine Zulassung gilt für alle Fahrzeuge	keine gilt für alle Fahrzeuge
6 – 20 km/h	keine Zulassung für Stapler	Wagen und Schlepper: ja Stapler: nein
> 20 km/h	Zulassung gilt für alle Fahrzeuge	für alle Fahrzeuge

Für beide Fahrzeugkategorien gilt aber die faktische Verpflichtung zum Abschluss einer Betriebshaftpflichtversicherung, wenn nicht sogar beim Genehmigungsverfahren zur Einzelbetriebserlaubnis zwingend der Nachweis einer Betriebshaftpflichtversicherung für dieses zu genehmigende Flurförderzeug von der Straßenverkehrszulassungsbehörde verlangt wird.

Für Flurförderzeuge > 20 km/h ist eine Zulassung und ein amtliches Kennzeichen erforderlich, ferner Haupt- und Abgasuntersuchung, eine Einzelbetriebserlaubnis und eine Haftpflichtversicherung (§ 2 PflVG).

Ist das Flurförderzeug nicht pflichtversichert, z. B. ein Stapler mit v > 6 km/h oder ≤ 20 km/h bzw. wenn auf dem Verkehrsraum die Öffentlichkeit temporär herausgenommen wurde, wird dringend angeraten, die Versicherung der Flurförderzeuge mit dem Betriebshaftpflichtversicherer abzuklären. Die Abdeckung ist nicht selbstverständlich und erfolgt nicht automatisch.

StVZO-Ausrüstung

Stapler über 6 km/h müssen den Bau- und Betriebsvorschriften der StVZO genügen. Sie müssen ausgerüstet sein mit Rückleuchte, Rückfahrscheinwerfer, Scheinwerfer, Fahrtrichtungsanzeiger, Warnleuchte (vorgeschrieben bei Fahrzeugen über 3,5 t – eine Ausnahme hierzu ist möglich, wenn z. B. nur eine Straße überquert wird), Bremsleuchte (rot vorgeschrieben, zwei Stück hinten – an Fahrzeugen mit hydrostatischen Antrieb, der als Betriebsbremse gilt, nicht erforderlich), Kennzeichenbeleuchtung (> 20 km/h), Schlussleuchte, Rückstrahler (rot), Warnblinklicht (gelb), Begrenzungsleuchte.

Sonstige StVZO-Ausrüstung:
Unterlegkeil, Außenspiegel (mindestens links, evtl. bei Sichteinschränkung auch rechts erforderlich), Innenspiegel, Anfahrspiegel (Rampenspiegel – benötigt > 12 t, mindestens 2 m über Fahrbahn, rechts), Gabel-Warnschutzbalken oder entsprechende andere Absicherung der Gabelzinken, Warndreieck, amtliches Kennzeichen, Kennzeichenhalter (> 20 km/h),

Dieser Stapler ist zulassungspflichtig, würde er im öffentlichen Straßenverkehr fahren.

Lichtanlage, Rundumleuchte, Arbeitsscheinwerfer, Panoramaspiegel – für den Einsatz im öffentlichen Straßenverkehr

Stapler gemäß StVZO ausgerüstet – hier mit Warndreieck und Unterlegkeil

Schild auf der linken Fahrzeugseite dauerhaft lesbar angebracht (§ 4 Abs. 4 FZV) mit Namen und Anschrift des Besitzers (≤ 20 km/h), Schilder mit der Maximalgeschwindigkeit von 20 km/h mit schwarzem Rand an beiden Längsseiten und der Rückseite (§ 58 StVZO), Verbandskasten.

Zudem müssen Gabelstapler nach § 30 StVZO so gebaut und ausgerüstet sein, dass ihr verkehrsüblicher Betrieb niemanden schädigt oder mehr als unvermeidbar gefährdet, behindert oder belästigt, die Insassen insbesondere bei Unfällen vor Verletzungen möglichst geschützt sind und das Ausmaß und die Folgen von Verletzungen möglichst gering bleiben. Fahrzeuge müssen in straßenschonender Bauweise hergestellt sein und in dieser erhalten werden. Für die Verkehrs- oder Betriebssicherheit wichtige Fahrzeugteile, die besonders leicht abgenutzt oder beschädigt werden können, müssen einfach zu überprüfen und leicht auswechselbar sein.

Insbesondere ist die Sicherung von Kippeinrichtungen sowie von Hub- und sonstigen Arbeitsgeräten vorzunehmen. Im Einzelnen wird hinsichtlich der Voraussetzungen auf das Merkblatt für Stapler vom 19.11.2004 verwiesen, veröffentlicht im amtlichen Verkehrsblatt 2004, S. 604 ff.

Zum Einsatz von Staplern im öffentlichen Straßenverkehr ist gemäß § 70 StVZO eine Ausnahmegenehmigung erforderlich. In diesen Ausnahmegenehmigungen können Fahrtstrecken, Tragfähigkeitsreduzierungen usw. festgelegt werden oder das Fahren nur am Tag oder mit einem zweiten Mann als Einweiser (§ 71 StVZO).

Fahreraufgabe: Sicherung der Gabelzinken

Eine Ausnahmegenehmigung nach § 70 StVZO ist deshalb erforderlich, da die Vorschriften der StVZO für Pkw und Lkw wörtlich nicht von den Staplern erfüllt werden oder werden können. Diese Ausnahmegenehmigungen werden in der Regel im Zusammenhang mit der Betriebserlaubnis (nach § 21 StVZO) von der Straßenverkehrsbehörde erteilt. Voraussetzung zur Genehmigung ist eine technische Begründung sowie der Nachweis, dass das nach der StVZO geforderte Sicherheitsniveau auf andere Weise erreicht wird. Hierbei ist das erwähnte Merkblatt für Stapler hilfreich, das hierzu wichtige Hinweise enthält. Das Merkblatt ist jedoch nicht rechtsverbindlich, sondern dient nur als Hilfsmittel für die amtlich anerkannten Sachverständigen (bspw. DEKRA oder TÜV) bei der Begutachtung des Staplers.
Für kleinere Serien kann bspw. die Ausnahmegenehmigung zusammen mit einem Mustergutachten erteilt werden. Dies bedeutet, dass ein einheitliches Gutachten für eine Kleinserie von gleichen Fahrzeugen erstellt wird und hinsichtlich der Erteilung der Einzelbetriebserlaubnisse nicht jedes Fahrzeug einzeln begutachtet werden muss.

Soweit eine Abweichung von Gewichten, Achslasten und Abmessungen gemäß StVZO vorliegt, kann zusätzlich eine Erlaubnis für „übermäßige Straßenbenutzung" (§ 29 StVO) erforderlich sein.
Es werden i.V.m. der Ausnahmegenehmigung nach § 70 StVZO gleichzeitig auch Auflagen (nach § 71 StVZO) verfügt, wie z.B. bestimmte Fahrstrecken, fahren nur am Tag oder mit einem zweiten Mann als Einweiser oder Tragfähigkeitsreduzierung.

Einsatz eines Querstaplers auf „geschlossenem", d. h. nicht öffentlichem Betriebsgelände (Holzverarbeitung) – weder Zulassung noch Kennzeichen noch Führerschein nach FeV erforderlich. Aber Achtung! Selbstverständlich ein Muss sind Ausbildung, Fahrausweis und Fahrauftrag.

Lkw-Mitnahmestapler – bis 6 km/h im öffentlichen Straßenverkehr ohne Führerschein zu fahren – aber selbstverständlich mit Ausbildung!

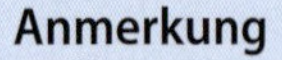

Anmerkung

Die Kfz-Prüfstelle überprüft bei den vorgegebenen Hauptuntersuchungen des Staplers nur die Vorgaben der StVZO. Bei den Mitnahmestaplern überprüft sie z. B. nur die Funktion der Brems- und Fahrtrichtungsanzeiger in Verbindung mit dem Fahrzeug sowie die Staplerbefestigung am Fahrzeug.

Die regelmäßige Prüfung der Stapler gemäß § 37 DGUV V 68 ist daher außerdem unabhängig erforderlich (s. a. Kapitel 3, Abschnitt 3.5.2, Absatz „Haupt-/Wiederholungsprüfung").
Für das Mitführen eines Anhängers bedarf es im Gegensatz zu einer Arbeitsmaschine, z. B. eines Laders, einer Zulassung (§ 3 Abs. 2 FZV).

Fahrerlaubnis

Der Besitz einer Fahrerlaubnis (Nachweis durch eine amtliche Bescheinigung/Führerschein) ist stets von Vorteil, aber gemäß „Fahrerlaubnisverordnung – FeV" nur für Flurförderzeuge ab einer bauartbedingten Höchstgeschwindigkeit von > 6 km/h (im Gegensatz z. B. für einen Pkw), unabhängig vom innerbetrieblichen Fahrauftrag/Fahrausweis, erforderlich:

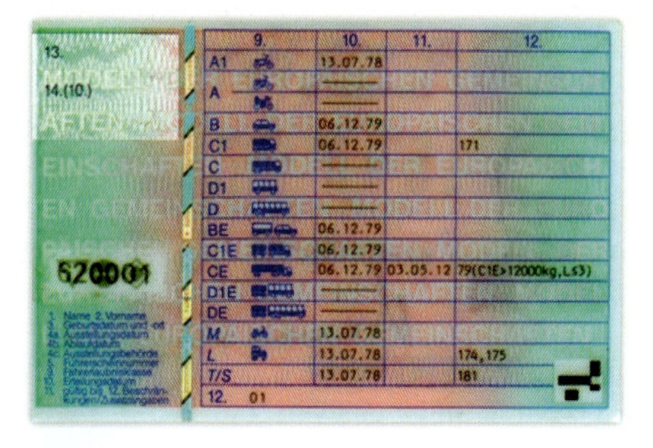

Fahrerlaubnisklasse

- L für Fahrzeuge, auch Flurförderzeuge, mit einer durch die Bauart bestimmten Höchstgeschwindigkeit von ≤ 25 km/h, unabhängig vom zulässigen Gesamtgewicht, auch in Verbindung mit den Klassen B, T und C1
- T für Fahrzeuge, z. B. Zugmaschinen, mit einer durch die Bauart bestimmten Höchstgeschwindigkeit von ≤ 60 km/h; schließt Klasse AM und L ein (s. § 6 Abs. 3 Nr. 11 FeV)
- B für Fahrzeuge mit einem zulässigen Gesamtgewicht von ≤ 3 500 kg; schließt Klasse L ein
- C1 für Fahrzeuge mit einem zulässigen Gesamtgewicht von > 3 500 kg, aber ≤ 7 500 kg; setzt die Klasse B voraus
- C für alle Fahrzeuge; schließt Klasse C1 ein und setzt Klasse B voraus
- E für den Betrieb mit Anhänger

Anmerkung

Die Klassen müssen im Kfz-Führerschein eingetragen sein.

Die Führerscheinvorgaben sind identisch mit denen für das Steuern eines Kraftfahrzeugs auf öffentlichen Straßen. Nur muss ein Kfz-Fahrer auch für ein Kfz mit v ≤ 6 km/h einen entsprechend gültigen Führerschein besitzen.

Einsatz einer Kamera bei Fahrt im öffentlichen Straßenbereich wegen großflächiger Last

Besondere Vorsicht ist geboten, z. B. bei Kindern, denn so ein Transport ist immer interessant. – L-Führerschein ist erforderlich.

Das Mindestalter für die Klassen L, T und E ist 16 Jahre, für erlaubnisfreie Kraftfahrzeuge 15 Jahre.

Für das Steuern eines kraftbetriebenen Flurförderzeuges mit Fahrerplatz muss man gemäß § 7 DGUV V 68 18 Jahre alt und erfolgreich ausgebildet sein.
Der Besitz eines Kfz-Führerscheins ist stets von Vorteil, ersetzt aber grundsätzlich nicht die Ausbildung zum Gabelstaplerfahrer und den Fahrauftrag, auch wenn das Fahrzeug mittels Fernsteuerung betrieben wird (s. a. Kapitel 1, Abschnitt 1.5.6).

Gefahrguttransport und Sichtverhältnisse

Soll Gefahrgut, z. B. Paletten beladen mit brennbaren Flüssigkeiten, von einem Lkw abgeladen werden, kann auf öffentlichem Verkehrsraum der Staplerfahrer u. U. zum Gefahrgutfahrer werden (s. Abschnitte 4.1.2.2 und 4.2.4).

Wie im Absatz „Gefährdungspotenzial" schon angeführt, ist besonders bei Einsätzen auf öffentlichen Straßen und Wegen mit Kindern zu rechnen. Dementsprechend ist in Bezug auf die Sichtverhältnisse über die Last auf die Fahrbahn der Fixpunkt nicht 1,20 m vom Fahrweg nach oben, sondern nur 60 cm von oben anzunehmen (s. a. Abschnitt 4.5.2). Ggf. muss mit Frontstaplern rückwärtsgefahren werden (s. a. Abschnitte 4.5.2 und 4.5.3) oder eine Kamera eingesetzt werden.

Aufsichtspflicht

Neben der normalen Aufsichtspflicht ist für Einsätze auf öffentlichen Straßen und Wegen eine verstärkte Aufsicht sicherzustellen. Die Einsatzleitung/der Fahrbeauftragte hat sich regelmäßig, mindestens vierteljährlich, von dem Besitz des gültigen Führerscheins zu überzeugen. Eine unverzügliche Unterrichtungspflicht über den Verlust/Entzug des Führerscheins sollte in der Betriebsanweisung verankert sein. Dem Fahrer ist für diesen Einsatz dann der Fahrauftrag zu entziehen. Die Gerichtsbarkeit legt seit Jahren hierfür einen sehr strengen Maßstab an. Die Dokumentation der Führerscheinkontrolle und zusätzlichen planmäßigen sowie unauffälligen persönlichen Kontrollen sind unabdingbar.
Immer wieder tritt die Frage auf, ob dem Fahrer im Falle des Führerscheinverlustes oder -entzuges auch generell der Fahrauftrag zu entziehen ist. Hier muss man unterscheiden:

Wenn der Fahrauftrag gekoppelt ist mit dem Besitz des Führerscheines, d. h. Fahren im öffentlichen Straßenverkehr, ist der Fahrauftrag zwingend zu entziehen, da ja eine Voraussetzung für das Fahren im öffentlichen Straßenverkehr nach FeV, nämlich der Führerschein, nicht mehr existiert.
Hingegen kann der Fahrer betriebsintern, d. h. im nicht-öffentlichen Bereich, nach wie vor seine Tätigkeit als Flurförderzeugführer verrichten.

Verliert der Fahrer jedoch seinen Führerschein nach FeV infolge von Alkohol mit z. B. 2 ‰, so hat der

Vorgesetzte ihm gegenüber eine verstärkte Aufsichtspflicht, denn es liegt der Verdacht nahe, dass der Fahrer auch innerbetrieblich unter Alkoholeinfluss sein Flurförderzeug führen könnte. Es muss ihm aber nicht zwangsläufig schon deshalb auch der Fahrauftrag entzogen werden. Auf alle Fälle sollte mit ihm ein klärendes Gespräch über die Situation geführt werden. Wenn allerdings durch eine Untersuchung, z. B. durch den Betriebsarzt, oder durch andere Umstände klar wird, dass die Eignung des Fahrers nicht mehr gegeben ist, so muss gehandelt werden und ihm der Fahrauftrag entzogen werden. Dies schließt nicht aus, dass ihm dieser zu einem späteren Zeitpunkt wieder erteilt wird, wenn sich die Gegebenheiten zugunsten des Fahrers geändert haben.

Merke

Nur mit Flurförderzeugen öffentliche Verkehrsräume befahren, die hierfür zugelassen sind!
Nur Fahrer einsetzen, die ggf. zusätzlich einen dafür gültigen Kfz-Führerschein besitzen!
Der Besitz des Führerscheins ist regelmäßig zu kontrollieren!
Der Beschäftigte muss den Verlust/den Entzug des Führerscheins dem Unternehmer/dessen Beauftragten sofort mitteilen!

26. Grundsatz

- → Die Zuordnung der Verkehrsräume in Bezug darauf, ob sie öffentlich/nichtöffentlich sind, vor Einsatz der Fahrzeuge abklären!
- → Nach bekannter Rechtslage Sicherheitsmaßnahmen einleiten!
- → Nur Flurförderzeuge einsetzen, die für die Betriebsgegebenheiten geeignet sind!
- → Vorgaben der Ausnahmegenehmigung einhalten und überwachen!
- → Ggf. nur Fahrer einsetzen, die im Besitz eines entsprechenden gültigen Kfz-Führerscheins sind!
- → Verstärkte Aufsicht ausüben!

4.4.9 Gesamtbetrachtung

Wie die erläuterten Sondereinsätze veranschaulichen, ist ein Flurförderzeug, besonders ein Gabelstapler, vielseitig und dabei sicher und rationell einsetzbar. Für alles ist er jedoch nicht geeignet.

Von der bestimmungsgemäßen und ordnungsgemäßen Verwendung, die in der Betriebsanleitung des Herstellers in Verbindung mit den Regeln des VDMA – Fachgemeinschaft Fördertechnik niedergelegt sind, darf nur abgewichen werden, wenn der Hersteller hierzu um Rat gefragt wurde.

Selbstverständlich kann von den erläuterten Sondereinsatzvorgaben/Lösungsbeispielen abgewichen werden, wenn die Sicherheit auf eine andere ebenso sichere Art und Weise gewährleistet ist bzw. eine Gefährdungsbeurteilung gemäß § 5 ArbSchG, § 3 BetrSichV und § 3 DGUV V 1 für diese Betriebsgegebenheit durch eine gleichwertige Lösung gegeben ist.

Der Betreiber/Unternehmer ist jedoch gut beraten, die Vorgaben aus den o. g. Unterlagen auf der Grundlage der berufsgenossenschaftlichen Basisvorschrift DGUV V 1 „Grundsätze der Prävention“ unter Hinzuziehung des staatlichen Regelwerks (TRBS) und das der DGUV (s. DGUV-Verzeichnis) zu erfüllen.

Die Beschäftigten/Versicherten haben die Pflicht, den Unternehmer dabei zu unterstützen (§§ 15 und 16 DGUV V 1).

Will der Unternehmer dies nicht tun, sollte er vorher mit dem Gewerbeaufsichtsamt/Amt für Arbeitsschutz und dem zuständigen Unfallversicherungsträger, ggf. auch dem Maschinen-/Anlagenhersteller Verbindung aufnehmen. Er sollte den Beweis für seine „gleichwertige“ Maßnahme dokumentieren. Anderenfalls muss er nach einem eingetretenen Schaden/Unfall mit Rechtsfolgen rechnen.

4.5 Fahrbetrieb – Lastumfang – Sichtverhältnisse – Rückwärtsfahren

Fahrverhalten, Geschwindigkeit

Ein Flurförderzeugführer muss mit seiner Last und seinen Anhängern so umgehen, dass er sich und andere weitgehend vor Unfällen bewahrt. D.h., er muss die Fahrbewegungen und die Fahrgeschwindigkeit des Fahrzeuges so einrichten, dass er ausreichend vor einem auf seinem Verkehrsweg auftauchenden Hindernis sicher mit oder ohne Last/Anhänger anhalten oder ausweichen kann. Ist ein Ausweichen schwer möglich oder hat er durch die Verkehrsverhältnisse, z.B. an Ausgängen oder Regalgängen, vor zu erwartenden plötzlich auftauchenden Hindernissen nur einen geringen Anhalteweg zur Verfügung, muss er mit erhöhter Aufmerksamkeit fahren und die Fahrgeschwindigkeit herabsetzen/anpassen.

Beim Steuern des Flurförderzeuges gehören beide Hände ans Lenkrad, es sei denn, es ist mit einem Lenkknauf ausgerüstet, oder es wird rückwärtsgefahren. Nur so ist eine sichere Fahrweise gewährleistet, und der Fahrer kann bei kritischen Situationen schnell reagieren.

Das Kaffeetrinken, auch wenn das Fahrzeug am Fahrerplatz mit einer Becherhalterung ausgerüstet ist, das Lieferscheinhalten, -lesen und das Telefonieren während der Fahrt oder dgl. müssen der Vergangenheit angehören.

Seitens der Betriebsleitung sind die Verkehrswege entsprechend zu gestalten, erforderlichenfalls zu kennzeichnen und zu sichern sowie eine Verkehrsregelung durchzuführen (s. Kapitel 1, Abschnitte 1.2.0 und 1.4).

50 % aller Transportunfälle ereignen sich beim Umgang mittelbar oder unmittelbar mit einem Flurförderzeug. In der Hauptsache sind Mitarbeiter betroffen, die in der Nähe des Arbeitsbereiches, z.B. des Staplers, ihre Arbeit verrichten und Beschäftigte, die die Gabelstapler steuern.

Die wirksamste Unfallverhütungsmaßnahme ist, auf die Verhaltensweisen sowohl des Fahrers als auch des übrigen Personals einzuwirken. Dies gilt besonders an Arbeitsplätzen, Büro- und Sozialraumausgängen, Kreuzungen und Hallenausfahrten (s.a. Abschnitt 4.6).

Warnhinweis auf Staplerverkehr sowie sinnvolle Verkehrsregelung auch auf einem nichtöffentlichen Betriebsgelände.

Hallenein- und -ausfahrten sind erfahrungsgemäß ein großer Gefahrenbereich, deshalb besonders defensiv fahren.

Beide Gruppen, der Fahrer und das Umfeld, sollten sich grundsätzlich defensiv verhalten. In erster Linie sollte schon im Unterbewusstsein, das in der Hauptsache unsere impulsiven Handlungen beeinflusst, die gefährliche Einstellung bekämpft werden: „Ich habe recht!" Einfach gesagt, was nützt einem Fußgänger das Recht auf Vorrang beim Überqueren der Straße, wenn er bei der Wahrnehmung seines Rechtes überfahren wird und stirbt?

Gute Erfahrungen für die Betriebssicherheit haben die Betriebe mit dem Zahlen einer Prämie an den Fahrer für unfallfreies Fahren gemacht.

Die Computertechnik macht es möglich, dass Sicherheitssysteme angeboten und in Flurförderzeuge eingebaut werden.

Eines der Systeme ist so geschaltet, dass es nach dem Anstoßen/Gegenfahren, z. B. von Anlagenbauteilen, wie Torlaufschienen, Toren, Maschinen, Regalen und auch Stapeln, den Fahrantrieb ausschaltet und ein Wiedereinschalten durch den Fahrer unmöglich macht.

Nur ein Aufsichtführender/„Supervisor" bzw. sein Vertreter können das Fahrzeug wieder reaktivieren.

Da beim Start des Flurförderzeugs das System den Fahrer und Stapler registriert, ist eine eindeutige Zuordnung zum Schadenverursacher gewährleistet.

Sind weitere handelnde Personen am Schadensfall beteiligt, z. B. ein zweiter Geräteführer mit einem Handhubwagen, ein Lkw-Fahrer oder dgl., muss mittels einer Unfalluntersuchung der Fall aufgeklärt werden.

Merke

Sichere Maschinen und Anlagen, gepaart mit geschultem Personal, Eigenverantwortung und Aufsicht, garantieren störungsfreies Arbeiten!

4.5.1 Lastumfang

Voraussetzung: Die Last muss sicher gestaltet und fachgerecht aufgenommen worden sein.

Bei der Lastbewegung treten immer wieder folgende Fragen auf:

a) Wie lang müssen die Gabelzinken sein?
b) Wie hoch und breit darf die Last sein?

Gabellänge

Zu a): In jedem Falle muss das sichere Unterfangen des Lastschwerpunktes gewährleistet sein, wobei zu berücksichtigen ist, dass bei der Lastbewegung, besonders beim Abbremsen, die hierbei auftretenden Trägheitskräfte sicher abgefangen werden, sodass die Last nicht über die Gabelzinkenspitzen nach vorn abkippen kann.

Die Gabelzinken sollten möglichst so lang sein, wie die Last, gemessen von der Aufnahmeseite, tief ist.

Beispiel: Eine Palette ist in ihrer Grundfläche 1 200 x 800 mm groß. Wird die Palette quer aufgenommen, sollten die Gabelzinken mindestens 800 mm lang sein (1 m Länge ist zu empfehlen). Wird die Palette längs aufgenommen, sollten die Gabelzinken mindestens 1 200 mm lang sein. Dadurch unterfangen die Gabelspitzen auch das vordere Querbrett der Palette. Die Palette liegt somit sicherer auf den Gabelzinken und wird nicht beschädigt.

Bei Gitterboxpaletten, z. B. von der Deutschen Bahn, empfiehlt es sich, Gabelzinken in 1 300 mm Länge zu wählen, damit die Bodenbretter ausreichend unterfangen werden. Durch diese Gabelzinkenlänge ist auch die Gefahr gemindert, dass Böden von Lastbehältnissen, z. B. von Behältern und Containern, beim Abfangen der Trägheitskräfte durch die Gabelzinkenspitzen beschädigt werden (s. a. bei Längsaufnahme von Paletten).

Das Maß der Gabelzinkenlänge sollte die Lasttiefe nicht unterschreiten, wobei man keine Länge unter 1 m auswählen sollte.

Höhe

Zu b): Grundsätzlich ist die zulässige Lasthöhe schon durch die freie Höhe des Verkehrsweges gegeben. Sie sollte immer bei abgesenkter Last für das Verfahren des Staplers plus 0,20 m betragen (s. a. Abschnitt 4.1.2.3, Absatz „Höhe").

Außerdem muss der Fahrer den Verkehrsweg ausreichend überblicken können, wobei die Last niemanden gefährden darf (s. Abschnitt 4.5.2).

Breite

Die zulässige Breite ist abhängig von der Verkehrswegebreite. Es muss mindestens auf beiden Seiten der Last/des Staplers zu festen Teilen der Umgebung, auch zu Stapeln und in Kurven, ein Sicherheitsabstand von 0,50 m frei bleiben. Dies gilt auch für das Abstellen von Gütern, auch wenn es nur

Wenn die Sicht derart eingeschränkt ist, ist ein Einweiser sinnvoll, wenn vorwärts gefahren werden muss – am besten mit Sprech-/Funkkontakt oder sogar zusätzlich Kamera am Lastaufnahmemittel angebracht

kurzfristig sein soll. Dieses Freimaß ist auch an Kranen, Schienenfahrzeugen und dgl. einzuhalten.

Soll ausnahmsweise eine breitere Last transportiert werden, ist dies eine Sonderarbeit. Sie ist von der Betriebsleitung zu genehmigen. Neben erforderlichen betriebsspezifischen Maßnahmen, wie Absperrungen oder kurzzeitiger Betriebspause, kann ein Einweiser notwendig sein, der dem Transport schräg in einem Abstand von mindestens 0,75 m vorangehen sollte, derart, dass er stets Blickkontakt mit dem Fahrer halten kann. Es sei denn, es wird mit Sprechfunk gearbeitet. Die Lastbewegung sollte im Schritttempo durchgeführt werden (s. a. Abschnitte 4.1.2.3 und 4.4.5).

Merke

Die Gabelzinken sollten mindestens so lang sein wie die Lasttiefe!
Ist die Last breiter als der Stapler, Verkehrswegebreite überprüfen!
Links und rechts der Last müssen mindestens 0,50 m frei bleiben!

4.5.2 Sichtverhältnisse

Im Betrieb

Die Last darf mit Bodenfreiheit nur so hoch auf, am oder im Lastaufnahmemittel sein, dass der Staplerfahrer die Fahrbahn (Anhalteweg) des Staplers über

Bei ebenen Fahrbahnverhältnissen ist geringe Bodenfreiheit angesagt.

die Last hinweg oder an ihr vorbei, bzw. wenn der Stapler zum Verfahren mit hochgehobener Last, z. B. Leercontainer, zugelassen ist, unter die Last hindurch, überblicken kann.

Die Bodenfreiheit beim Verfahren der Last beträgt ca. 5 cm bis 20 cm. Sie ist bei ebenem Boden klein (ca. 5 cm, z. B. in Regalgängen) und bei unebenem Boden (Freigelände) und beim Überfahren von Schienen und Anfahren von Steigungen zwangsläufig größer zu wählen (ca. 10 cm bis 20 cm, ggf. auch mehr).

Der Anhalteweg wird von der Vorderkante, z. B. der Gabelzinkenspitze/der Last, bis zum Endpunkt nach der Fahrt gemessen.

Der durchschnittliche Anhalteweg eines Staplers mit

Aufgrund örtlicher Gegebenheiten/Bodenverhältnisse ist höhere Bodenfreiheit erforderlich.

Hier darf bestimmungsgemäß mit hoher Last gefahren werden (bauartbedingt).

Wegen fehlender Sicht ist Kameraeinsatz erforderlich.

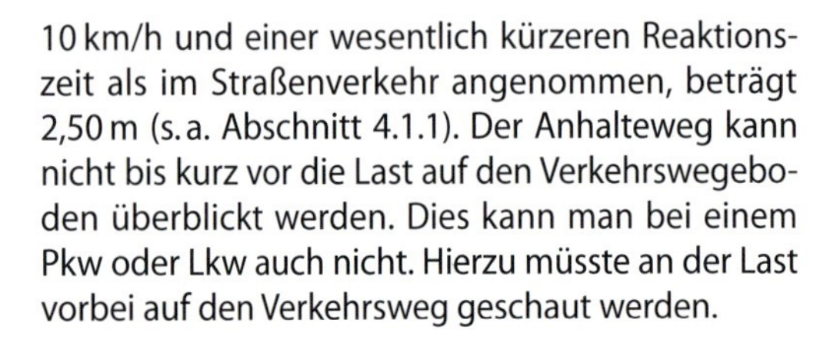
10 km/h und einer wesentlich kürzeren Reaktionszeit als im Straßenverkehr angenommen, beträgt 2,50 m (s. a. Abschnitt 4.1.1). Der Anhalteweg kann nicht bis kurz vor die Last auf den Verkehrswegeboden überblickt werden. Dies kann man bei einem Pkw oder Lkw auch nicht. Hierzu müsste an der Last vorbei auf den Verkehrsweg geschaut werden.

Ausreichende Sicht auf die Fahrbahn ist folglich gegeben (s. Zeichnung), wenn der Fahrer einen Punkt in der Höhe von 1,20 m (b), von der Fahrbahn aus gerechnet des Anhaltweges seines Fahrzeuges von 2,50 m (a) vor der Last (Lasthöhe c) sehen kann. Hierbei muss er sich jedoch bestimmungsgemäß auf seinem Fahrerplatz befinden. Der Endpunkt entspricht der Rücken-Kopfhöhe eines mit einer Körpergröße von ca. 1,72 m leicht gebückten Menschen, wobei seine Hand fast auf den Boden reicht, um an Gütern auf dem Boden oder an unteren Regalfächern zu arbeiten. Diese Sichtpunktvorgabe sollte bei allen Gabelstaplertypen, unabhängig von der Geschwindigkeit und Bauart, im Werksverkehr eingehalten werden.

Bei Staplerverkehr auf öffentlichen Straßen und Wegen sind für den Sichtpunktabstand vom Boden 60 cm anzusetzen, da dort mit Kindern zu rechnen ist (s. Abschnitt 4.4.8).

Bei Containerstaplern geht der Hersteller von folgender Laststellung/Bodenfreiheit aus:

- bei Vorwärtsfahrt für ausreichende Sicht Containerschwerpunkt-Abstand ≤ 2 300 mm bis zum max. eingedrückten Sitz,

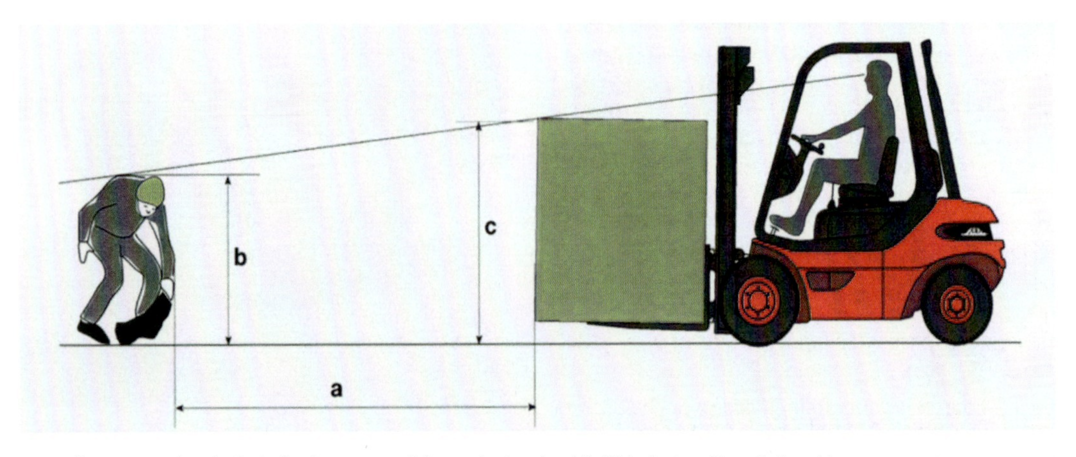

Darstellung ausreichender Sicht für die gesamte Fahrzeugbreite, einschließlich der Last über die Last hinweg

- bei Rückwärtsfahrt oder mit erhöhtem Fahrersitz vorwärts 300 mm/500 mm,
- Stapler über 10 000 kg Traglast Containerunterseite-Abstand ≤ 1 000 mm bis zur Oberseite des eingedrückten Sitzkissens bei voll zurückgeneigtem Hubarm.

Bei Vorwärtsfahrt kann der Fahrer somit unter dem Container hindurch den Fahrweg sehen.

Zusammenfassung

Bei höheren Geschwindigkeiten wird der Anhalteweg länger und muss selbstverständlich über den oben festgelegten Punkt hinaus berücksichtigt werden. Ist der Endpunkt dieses Anhalteweges nicht zu überblicken, z. B. in Kurven oder auf Gefällstrecken, ist die Fahrgeschwindigkeit zu reduzieren, sei es durch Verkehrsregelung, eine technische Maßnahme am Stapler. Spiegel an diesen kritischen Punkten haben sich bewährt.

Konkrete grundsätzlich anwendbare Beispiele für die zulässige Höhe einer Last können nicht angegeben werden, da der Blickwinkel des Fahrers weitgehend abhängig ist von der Sitz- oder Standhöhe, dem Abstand des Sitzes vom Lastaufnahmemittel, der Hubmastneigung des Staplers nach hinten, der Lasttiefe und der Körpergröße des Fahrers. Sie ist von Fall zu Fall zu bestimmen.

Im Allgemeinen kann davon ausgegangen werden, dass bei Verwendung eines normalen Frontgabelstaplers mit einer Tragfähigkeit von 1 500 kg bis 2 500 kg, bei einem Fahrer mit einer Durchschnittsgröße von 1,72 m und einer Gesamthöhe der Last von 1,55 m, einschließlich Lastfreihub von ca. 10 cm, die Sicht auf den Anhalteweg nicht behindert wird, vorausgesetzt, die Palette wird auf der Gabel bis an den Gabelschaft mit der Palettentiefe von 0,80 m (quer) aufgenommen. Bei Staplern in niedriger Bauweise, insbesondere der Fahrersitzanordnung, sinkt die Gesamthöhe auf ca. 1,45 m.
Müssen höhere Lasten transportiert werden und will man möglichst das Rückwärtsfahren vermeiden, sollten technische Hilfsmittel, z. B. Videokameras oder noch besser Stapler mit erhöhter Sitzposition oder Drehsitzstapler, eingesetzt werden (s. a. Abschnitt 4.5.3).

An Regalstaplern mit Fahrersitz im Abstand zum Fahrweg ≤ 1,20 m und an Schubmaststaplern mit großen Hubmasten ist am Gabelträger als Hilfsmittel zum leichteren, schnellen und trotzdem sicheren Arbeiten oft eine Videokamera angebracht. Über dem am Fahrerplatz angebrachten Bildschirm steuert der Fahrer den Arbeitsvorgang.

Hat er den Lastträger, ob beladen oder leer, in Tiefstellung gebracht, um z. B. eine Fahrt zur nächsten Einsatzstelle vorzunehmen, steuert er das Flurförderzeug weitestgehend auch über den Bildschirm, was erfahrungsgemäß nicht von Vorteil ist, denn dadurch schaut er nicht nach links oder rechts. Die Kamera tut es auch nicht, sodass es immer wieder zu Unfällen durch Anfahren von Personen kommt.

Diesem Unfallrisiko kann man einfach vorbeugen, indem die Videokamera für diese Fahrten abgeschaltet wird. Dies wird nur geschehen, wenn es automatisch erfolgt, z. B. mittels eines Kontaktschalters, angebracht am Hubgerüst in 2 m Höhe. Hierbei bleibt der Bildschirm eingeschaltet und unterliegt somit keinem erhöhten Verschleiß.

Merke

Durch aufgenommene Last nicht die Sicht auf die Fahrbahn verbauen, auch nicht ausnahmsweise!

Videokamera für die Sicht nach vorne als auch nach hinten

Deutliche Drehbewegung des gesamten Oberkörpers unter Zuhilfenahme des Haltegriffes beim Rückwärtsfahren.

4.5.3 Rückwärtsfahren

Körperbeeinflussungen

Muss bergab (mit Last) gefahren, oder müssen nur ab und zu größere Güter transportiert werden, darf kurzzeitig rückwärtsgefahren werden. Diese Ausnahme liegt z. B. auch beim Transport von Teilen zur Montage im Betrieb vor.

Das Rückwärtsfahren soll nicht über weite Strecken und nur kurzzeitig erfolgen, da die Last hierbei nicht ausreichend unter ständiger Kontrolle gehalten werden kann, der Verkehrsweg durch den toten Winkel nicht ausreichend überblickt wird und der Mensch durch die extreme Verdrehung des Oberkörpers, besonders in Verbindung mit Vibrationen durch den Stapler, die über den Sitz auf den ganzen Körper des Fahrers wirken, gesundheitlichen Schaden erleiden kann.

Die extreme Körperhaltung beim Rückwärtsfahren mit einem Flurförderzeug ohne drehbaren oder schräg eingestellten Sitz führt außerdem zwangsläufig zur Überanstrengung des Fahrers, was ein Nachlassen der Konzentrations- und Leistungsfähigkeit mit zu erwartenden Fehlleistungen und erhöhter Unfallgefahr zur Folge hat.
Man stelle sich als Vergleich einen Pkw-Fahrer vor, der laufend rückwärtsfahren muss. Die körperliche Mehrbelastung wird hier klar deutlich. Darüber hinaus kann es durch diese Zwangshaltung zu Muskelverspannungen des Rückens, des Nackens und der Oberschenkel bis hin zu anatomischen Veränderungen der Wirbelsäule durch Dauerbelastung kommen.

Darum ist auch bei gesicherten Lasten und Rückspiegeln am Stapler das längere, regelmäßige Rückwärtsfahren über lange Strecken auf einem Frontsitz unzulässig.

Voraussetzungen

Ein regelmäßiges Rückwärtsfahren, das im Widerspruch zur Forderung aus § 12 DGUV V 68 „Flurförderzeuge" steht, liegt vor, wenn es sich um eine Beförderung serienmäßiger Produkte gleicher Art handelt,

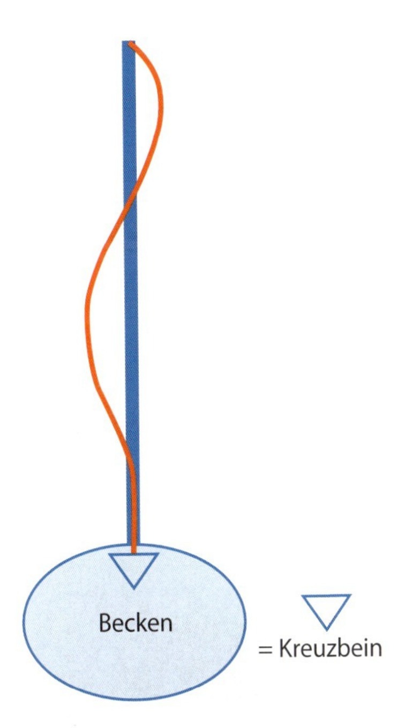

Mit der Verdrehung der Wirbelsäule einher geht eine seitliche Verbiegung der Wirbelsäule (Skoliose, rot), mit der möglichen Folge z. B. einer Bandscheibenschädigung.

Schubmaststapler in Vorwärtsfahrt

diese serienmäßigen Produkte über gleiche Wegstrecken zu befördern sind und hierbei Rückwärtsfahrten einen Anteil von mehr als 50 % ausmachen.

Eine solche regelmäßige Lastenbeförderung liegt in der Regel demnach in den meisten Produktions- und Handelsbetrieben vor.

Ragt die Last wesentlich über das Seitenprofil hinaus, sollte (besonders in Kurven) nicht rückwärtsgefahren werden , weil die Last dabei extrem zur Seite ausschlägt und den Verkehrsweg in der Regel sehr einengt. Solch eine Fahrt fällt dann unter den Begriff „Sondereinsatz" (s. a. Abschnitt 4.4.5).

Unter längerem Rückwärtsfahren ist nicht das Rangieren beim Auf- und Abladen von Waren und beim Aus- und Einlagern von Gütern aus bzw. in Regalen zu verstehen, wobei keine zusammenhängende, längere Strecke als ca. 25 m in einem Stück rückwärtsgefahren werden sollte.

Sichtverhältnisse

Bei Staplern mit quer/um 90° zur Längsachse angeordnetem Fahrersitz, z. B auf Schubmaststaplern, liegt keine Rückwärtsfahrt im Sinne von § 12 Abs. 1 DGUV V 68 vor (s. a. Anhang A 1 DIN EN ISO 3691-1).

Lange Wegstrecken (über 80 m) sollten wegen der Gefahr einer starken Verspannung der Nackenmuskeln aber nicht regelmäßig eingeplant werden.

Wie ist das regelmäßige, nicht gesundheitsschädliche Rückwärtsfahren zu vermeiden?

Werden laufend größere Güter transportiert, sind andere Frontsitzstapler einzusetzen als Gabelstapler, wenn nicht durch Hilfsgeräte, wie Spiegel, über die Last hinweg auf die Fahrbahn geblickt werden kann, sodass keine Rückwärtsfahrt notwendig ist. Spiegel sind jedoch, nicht zuletzt weil dadurch der Kopf extrem in den Nacken gelegt werden muss, ergonomisch nicht günstig.

Besser ist es, man setzt vibrationsarm befestigte Videokameras mit Bildschirmen am Fahrerplatz ein. Hierzu wäre bei reinem Bildschirmfahren eine seitlich in Höhe der Vorderachse angebrachte Abstandsmessung mittels eines Scanners zur Umgebung, z. B. für das Kurvenfahren an Hallenecken, sehr hilfreich, die optisch in den Bildschirm einge-

Ausreichendes Blickfeld bei Rückwärtsfahrten für die Fahrzeugbreite, besonders auf kurzen Strecken und bei Be- und Entladearbeiten. x m ≤ 1,20 m.

Stapler mit erhöhter Sitzposition.

blendet ist und Hindernisse zusätzlich akustisch anzeigt (s. a. Abschnitt 4.5.2).
Eine dritte Sichtverhältnisverbesserung durch eine Bauarterweiterung am Stapler ist die idealste Lösung.

Hier bietet sich ein Stapler an, der mit einem Chassisaufbau versehen ist und praktisch eine Sitzerhöhung darstellt. Solch ein Stapler bietet sich z. B. für das Transportieren von Serienprodukten in der Getränkeindustrie an. Darum bezeichnet man ihn in der Praxis auch als „Getränkestapler".

Achtung!

Die Hilfmittel befreien nicht vom temporären Zurückschauen.

Gesamte „Bedienungseinheit" um 90° schwenkbar.

Will man noch universeller handeln, sollte man einen Drehsitzstapler einsetzen. Wie aus der Abbildung ersichtlich ist, gibt es Drehsitze, bei denen sich der Sitz samt Pedale – also die gesamte Bedieneinheit – um 90°dreht und so quasi eine Sitzposition wie bei einem Schubmaststapler eingenommen wird. Dadurch wird bei einer Rückwärtsfahrt, die praktisch jetzt keine mehr ist, die extreme negativ wirkende Körperverdrehung und damit Körperverspannung und der „tote Winkel" beim Zurückschauen fast vermieden.

Stapler, ausgerüstet mit Drehsitz und Haltegriff.

Warnsignale, sowohl akustisch als auch optisch (ein blauer Punkt auf die Fahrstrecke projiziert), und Rückspiegel, besonders als Weitwinkel ausgeführt, helfen das Restrisiko zu minimieren.

Erfreulicherweise ist festzustellen, dass die Entwicklungsabteilungen der Hersteller noch nicht am Ende ihrer ergonomischen Arbeit sind, sodass das regelmäßige, unfallträchtige Rückwärtsfahren bald der Vergangenheit angehören wird.

Merke

Technische Hilfsmittel helfen uns die Gabelstapler noch rationeller und sicherer einzusetzen!
Haben wir diese Lösung nicht parat, gilt es nach wie vor, sowohl vor als auch während der Rückwärtsfahrt, zurückzuschauen!

27. Grundsatz

→ Das Fahrverhalten stets den Betriebsgegebenheiten anpassen und defensiv fahren!

→ Lasten nur so aufnehmen, dass sie sicher transportiert werden können!

→ Auf freie Sicht auf die Fahrbahn achten!

→ Beim Rückwärtsfahren vorher und während der Fahrt den Oberkörper drehen, um den toten Winkel weitgehend zu übersehen!

4.6 Anleitung zur Grundhaltung des Fahrers im Fahrbetrieb – „Gefahr erkannt – Gefahr gebannt"

Vorfeld der Gefahr

In der betrieblichen Praxis kommt es häufig zu Unfällen, obwohl die Fahrer offensichtlich bemüht sind, die Unfallverhütungsvorschriften einzuhalten. Es treten gefährliche Situationen ein, die zwar sofort bemerkt werden, doch es bleibt oft nicht mehr genügend Zeit, um durch entsprechendes Reagieren eine Kollision abzuwenden. Routinierte, erfahrene Fahrer geraten aber meist erst gar nicht in solche gefährlichen Situationen, weil sie schon im Vorfeld der Gefahr erkennen, welches Geschehen sich aus der gegebenen Konstellation entwickeln könnte. Sie beurteilen eine Situation nicht erst als gefährlich, wenn die Gefahr schon akut geworden ist, sondern bereits im Entstehen. Für den unerfahrenen Fahranfänger ist es aber typisch, dass er in den Unfall „hineinfährt", obwohl er die Unfallverhütungsvorschriften schon gut kennt, weil ihm der Blick für dieses Vorfeld der Gefahr noch fehlt.

Deshalb muss bei der Schulung auch der Blick des Fahrers trainiert werden für

- den ***gefährdeten Partner/Kollegen***
- die ***kritischen Stellen***,
- die ***kritischen Zeiten***, zu denen es gefährlich werden könnte.

Gerade wenn es eng und hektisch zugeht, ist besondere Vorsicht und Rücksichtnahme erforderlich.

Und sie müssen vertraut gemacht werden mit
- ***kritischen Fahr- und Stapelmanövern,*** bei denen es leicht zu Versehen oder zu Missverständnissen kommen kann.

Denn nur wer die mögliche Gefahr schon im Entstehen, also in ihrem Vorfeld erkennt, ist auch in der Lage, diese Gefahr abzuwenden (s. Abschnitt 4.5).

Gefährdete Partner/Kollegen

Betriebsangehörige, die aufmerksam den innerbetrieblichen Verkehr beobachten, sind keine gefährdeten Partner oder Kollegen. Gefährlich wird es erst, wenn Mitarbeiter unaufmerksam durchs Werksgelände gehen. Zu ihnen zählt zunächst die große Gruppe der so genannten „Redner". Wer mit einem Kollegen im Gespräch vertieft ist, hat natürlich kaum Zeit, sich auf seine Umgebung zu konzentrieren. Fährt z. B. ein Flurförderzeugführer an solchen „Rednern" vorbei, muss er immer mit einem plötzlichen „In-die-Quere-Kommen" rechnen. Er muss außerdem damit rechnen, dass er oft nicht gehört oder gesehen wird. Notfalls muss er Warnzeichen geben. Wenn irgend möglich, sollte er in 1 m Abstand vorbeifahren.

Unaufmerksam ist zudem derjenige, der gerade durch andere Dinge abgelenkt wird. Personen, die in unmittelbarer Nähe der Fahrbahn mit dem Rücken zu dieser eine besonders schwierige Arbeit ausführen, achten meist wenig auf den übrigen Verkehr. So kann es dann passieren, dass sie plötzlich

Gefährdete Partner am Büroausgang

Umsichtiges Verhalten am Regalende

ein kleines Stückchen rückwärts in die Fahrbahn treten, ohne sich entsprechend zu orientieren und so z. B. einem herannahenden Stapler in den Weg kommen, weil sie ganz auf ihre eigene schwierige Arbeit konzentriert sind.

Wer besonders schwere und sperrige Lasten auf den Schultern trägt, ist so beschäftigt, diese gut ans Ziel zu bringen, dass er seiner Umwelt nur wenig Aufmerksamkeit schenkt. Auch hat er Mühe, sich umzuschauen, wenn er die Fahrbahn überquert. Ob es hier zu einem Unfall kommt oder nicht, hängt von dem ab, was dem Fahrer wann bewusst wird: Nimmt er erst den Schritt nach rückwärts oder das Betreten der Fahrbahn ohne vorheriges Anhalten wahr, ist die Kollision oft unvermeidlich. Fällt ihm aber schon von Weitem auf, dass sich hier Mitarbeiter abmühen, die es schwer haben und deshalb abgelenkt sind, wird er auf ein solches oder ähnliches Verhalten gefasst sein und den Unfall vermeiden können, nach dem Motto:
Gefahr rechtzeitig (d. h. schon im Vorfeld) erkannt – Gefahr gebannt!

Unaufmerksam ist naturgemäß auch der „Gedankenlose". Er hat entweder den Kopf leicht gesenkt oder starrt in die Luft und „würdigt den Verkehr keines Blickes". Deshalb ist auch bei ihm besondere Vorsicht geboten. Aber nicht nur zu Fuß gehende Mitarbeiter können unaufmerksam sein. Das kommt bedauerlicherweise auch „unvorschriftsmä-

Umsichtiges Verhalten an einer Wegeeinmündung

ßig", z.B. bei manchen Staplerfahrern, vor. Insbesondere in Betrieben mit dichtem Flurförderzeugverkehr ist es notwendig, für diesen innerbetrieblichen Verkehr bestimmte Regeln festzulegen. Im Allgemeinen bestimmen die Betriebe, dass auf ihrem Gelände dieselben Vorschriften wie im Straßenverkehr Gültigkeit haben. Dementsprechend gilt zumeist die Rechts-vor-Links-Vorfahrt, falls nicht sogar die Vorfahrt regelnden Verkehrszeichen aufgestellt werden (s.a. Abschnitt 4.2.1).

Kommt nun an eine solche Kreuzung ein an sich wartepflichtiger Fahrer, der seinen Blick geradeaus nach vorn gerichtet hat und bei der Annäherung zu erkennen ist, dass er sein Tempo nicht mäßigen wird, so kann schon aus diesem „Anlauf" der „Ablauf" des Geschehens vorausgesehen werden: dass nämlich dieser Fahrer ohne anzuhalten durchfahren wird. Bemerkt der andere Fahrer diesen „falschen" Anlauf schon aus weiter Ferne, kann er sich darauf einstellen und seinerseits rechtzeitig und „in aller Ruhe" bremsen. Ist dies nicht der Fall und nimmt er deshalb fälschlich an, der andere würde seiner Wartepflicht genügen, ist die Kollision nicht mehr durch Vorsicht („Vorsicht" kommt ja von „Voraus-Sehen"), sondern höchstens noch durch Glück beim dann folgenden Notbremsmanöver, manchmal aber leider überhaupt nicht mehr zu verhindern.

Eine weitere kritische Personengruppe stellen die Fremden (Besucher) im Betrieb dar. Sie lassen sich leicht schon an ihrer Kleidung erkennen (keine im Betrieb übliche Arbeitskleidung) und sind auch sonst nicht bekannt. Sie erweisen sich häufig als unaufmerksam, weil sie mit anderen reden (also der Gruppe der Redner zuzuordnen sind) oder weil sie sich so sehr auf die Suche nach dem Büro oder dem Arbeitsplatz des Gesprächspartners konzentrieren, dass sie auf die übrige Umwelt viel zu wenig achten. Oft ist für sie zudem eine Werkshalle oder ein Werksgelände etwas völlig Fremdes, und sie kennen den Verlauf der Fahrwege nicht. Sie rechnen viel zu wenig mit Fahrverkehr und erschrecken, wenn unvermutet vor ihnen z.B. ein Stapler auftaucht. Wer aber – das kennen wir ja vom Straßenverkehr her – plötzlich erschrickt, reagiert oft ganz anders, als dies der Situation angemessen und richtig wäre. Deshalb gilt auch bei solchen Fremden: Besondere Vorsicht!

Kritische Stellen

Besondere Vorsicht ist geboten an Stellen mit abrupt wechselnden Beleuchtungsverhältnissen: also beim Hineinfahren aus dem Hellen ins Dunkle und umgekehrt. In beiden Fällen braucht das menschliche Auge einige Zeit (bei größeren Helligkeitsunterschieden bis zu zwei Sekunden!), bis es sich an die neuen Lichtverhältnisse anpasst (= adaptiert). Während dieser Adaptionszeit fährt der Fahrer praktisch blind. Er wird nicht oder zu spät bemerken, wenn ihm etwas in die Quere kommt, sofern er nicht mit dieser Gefahr vertraut ist, sein Fahrtempo

Dem Wechsel der Lichtverhältnisse ist durch langsames Fahren – notfalls anhalten – Rechnung zu tragen – unsere Augen brauchen Zeit zum Anpassen.

entsprechend mäßigt und größte Aufmerksamkeit walten lässt. Wobei es nicht darauf ankommt, ob die Ausleuchtung der Räume den gesetzlichen Bestimmungen entspricht, sondern nur auf den relativen Unterschied zwischen beiden Räumen. So fährt ein Staplerfahrer ebenso kurze Zeit blind, wenn er eine Last aus einem im grellen mittäglichen Sonnenlicht liegenden Werkshof in eine gut ausgeleuchtete, aber gegenüber dem Hof eben doch dunklere Werkshalle transportiert, wie wenn er aus einem vorschriftsmäßig beleuchteten Lager in eine aus produktionstechnischen Gründen sehr viel hellere Arbeitshalle überwechselt (s.a. Abschnitt 4.1.2.1).

Kritische Stellen im Betrieb sind des Weiteren alle Fahrbahnen, die durch natürliche oder künstliche Beleuchtung in Licht-Schatten-Zonen unterteilt werden. Auf einem hellen, gut ausgeleuchteten Streifen folgt ein dunklerer, weil im Schatten liegend, danach wieder ein heller usw. Der noch wenig erfahrene Fahrer wird, weil er auch noch entferntere Gegenstände in den hellen Zonen relativ gut zu erkennen vermag, zur Annahme verführt, man könne die gesamte Fahrbahn gut überblicken. In Wirklichkeit aber werden dunkle Gegenstände und dunkel gekleidete Personen in Schattenzonen sehr viel schwerer und später bemerkt als in den hellen. Nur wer diese Gefahr kennt, kann auf sie Rücksicht nehmen und wird hier mit besonderer Aufmerksamkeit und Vorsicht durchfahren.

Im Übrigen gilt das über das Fahren bei wechselnden Beleuchtungsverhältnissen und in Licht-Schatten-Zonen Gesagte naturgemäß auch für das Stapeln selber. Wer im Dunklen ein Ladegut aufnimmt und es in der Höhe an einer Stelle absetzen muss, die vor einem sehr hellen Hintergrund liegt, tut gut daran, sein Auge erst einmal an das helle Licht zu gewöhnen, bevor er mit dem Einstapeln beginnt.

Als kritische Stellen anzusehen sind ferner solche mit unebenem Boden. Zwar ist vorgeschrieben, dass die Ausführung und Beschaffenheit der Verkehrswege den Erfordernissen des Staplers hinsichtlich der Tragfähigkeit angepasst sein müssen, doch ist nicht gefordert, dass die Fahrbahn völlig glatt, sondern nur eben, zu sein hat. Kleinere Unebenheiten lassen sich kaum vermeiden. Sie stören zunächst auch nicht erheblich, verursachen sie doch nur geringfügige Schwankungen und Stöße. Soll allerdings bei größerer Hubhöhe eine Stapelarbeit ausgeführt werden und ist dabei etwas Rangieren – Hin- und Herfahren – nötig, so ist auf solchem Boden wieder besondere Vorsicht geboten, um kein Ladegut zu beschädigen oder gar abzuwerfen. Denn die geringe Schwankung am Boden des Staplers ergibt oben bereits einen beträchtlichen Weg, den der Lastaufnahmeträger zurücklegt (s.a. Abschnitt 4.1). Überdies ist auch das Reduzieren der Geschwindigkeit und das zusätzliche Sichern der Ladung bei größeren Fahrbahnunebenheiten angebracht.

Wenn schon ein solcher Weg befahren werden muss, dann absolute Geschwindigkeitsreduzierung zum Wohle der Last, des Staplers und nicht zuletzt des Fahrers selbst.

Kritische Stellen sind schließlich alle jene Verkehrswege, die stark verschmutzt sind, z.B. durch Öl, Lehm, Laub, Erde, die Engstellen oder eine Querneigung aufweisen, die einen unübersichtlichen Verlauf haben (Kuppen, Kurven) und die durch besonders belebte Werksabschnitte (mit sehr viel Fahr- und Fußgängerverkehr) führen.

Kritische Zeiten

In jedem Betrieb gibt es bestimmte Zeiten, zu denen sehr viel häufiger kritische Fußgänger-Fahrzeugführer-Konfrontationen oder Konfrontationen zwischen den Flurförderzeugführern untereinander entstehen als zu anderen Zeiten.

Dazu zählt in erster Linie
- der ***Arbeitsbeginn***,
- die ***Mittagszeit*** sowie die Stunde danach und
- die Zeit knapp vor ***Feierabend***.

Insbesondere dann, wenn ein Betrieb gleitende Arbeitszeit hat, die Mitarbeiter also zu unterschiedlichen Zeitpunkten eintreffen, ist zu Beginn der Arbeit immer mit eiligen und hastigen Personen zu rechnen, die rasch ihren Arbeitsplatz erreichen wollen und daher ihrer Umwelt wenig Augenmerk schenken. Gegen Dienstschluss sind die Menschen mit ihren Gedanken schon beim Feierabend, sind zudem häufig müde und abgespannt und übersehen deshalb leicht einmal etwas (s. Abschnitt 4.1.2.3).

Wenig Konzentration auf die Umwelt findet man außerdem auf dem Weg zur Kantine und noch weniger auf dem Rückweg. Schlecht um die Aufmerksamkeit bestellt ist es bei vielen Betriebsangehörigen in der ersten Stunde nach dem Mittagessen.

Zum natürlichen physiologischen Leistungstief – die Leistungsfähigkeit des Menschen ist normalerweise zwischen 13.00 Uhr und 15.00 Uhr am niedrigsten – kommt noch das bekannte Phänomen des „Ein voller Bauch studiert nicht gern". Dieser Satz gilt nicht nur für das Studieren, sondern in abgewandelter Form auch für jede andere menschliche Arbeit. Geringere Aufmerksamkeit, häufigere Ungenauigkeit und Fehler, größere Unvorsichtigkeiten und damit auch größere Unfallgefahren sind die Folgen, mit denen der Flurförderzeugführer zu diesen Tageszeiten zu rechnen hat.

Schließlich muss im Zusammenhang mit den kritischen Zeiten auch noch auf die Tücken schlechten Wetters hingewiesen werden. Wird außerhalb der Betriebsgebäude gestapelt, ergeben sich bei Nässe, Schnee und Eis naturgemäß besonders heikle Situationen, die berücksichtigt und beherrscht sein wollen (Glätte mit Rutschgefahr für das Fahrzeug und das Ladegut, Gefahr des Außer-Spur-Geratens des Fahrzeugs durch festgefrorene Schneerillen, Verengung der Verkehrswege durch Schneewälle u.a.m.). Speziell bei Brillenträgern kann es besonders kritisch werden, wenn sie mit unverminderter Geschwindigkeit von der Kälte in eine warme Werkshalle hineinfahren. Die Brille läuft an, der Fahrzeuglenker fährt eine nicht geringe Strecke praktisch blind, bis er sein Fahrzeug zum Stehen gebracht hat, um die Brille zu putzen.

Gefahrenpunkt Kreuzung

Schon eingangs wurde auf die Gefahrenstelle „Kreuzung" im Zusammenhang mit dem unaufmerksamen Fahrer hingewiesen, der die Vorfahrt des anderen nicht beachtet. Daneben ergeben sich bei der Kreuzung von Verkehrswegen manchmal Konstellationen, welche den „wartewilligen" Fahrer geradezu verführen, unbewusst gegen die Vorschriften zu verstoßen. Dazu zählen insbesondere alle nach oben zeigenden Pfeile auf Schildern und alle nach vorne zeigenden Pfeile auf den Fahrbahnen, die dem Fahrer anzeigen, er dürfe hier nur geradeaus fahren und nicht nach rechts oder links abbiegen. Derartige Pfeile haben für den Menschen, der auf sie zufährt, einen eigenartigen Aufforderungscharakter. Sie ziehen den Blick in Richtung der Pfeilspitze und verleiten den Fahrer dazu, durchzufahren, ohne den von rechts Kommenden zu beachten bzw. zu berücksichtigen (s. a. Abschnitte 4.2.1 und 4.5).

Beim Annähern an Kreuzungen, besonders wenn sie schwer einsehbar sind, hat es ein Staplerfahrer

Kreuzungsgefahrenbereich durch ausreichende Lichtverhältnisse und Rundumspiegel an Hallendecke entschärft.

besonders schwer, denn bis er die Kreuzung ausreichend überblicken kann, muss er sich so weit „vortasten“, dass seine Last bzw. bei Fahrt ohne Last sich die Gabelzinken schon auf der Kreuzung befinden. Hier gilt es, sehr vorsichtig zu sein.

Eine weitere Gefahr an Kreuzungen ergibt sich aus dem so genannten Blickschattenphänomen. Befinden sich in unserem Gesichtsfeld zwei Gegenstände, die beide für uns von gleicher Bedeutung sind, von denen der eine aber sehr auffällig, sehr wuchtig, sehr markant, der andere hingegen klein und unscheinbar ist, so verführt dies dazu, dass unsere Aufmerksamkeit am markanten Gegenstand hängen bleibt und der an sich gleich wichtige, jedoch unscheinbare Gegenstand nicht wahrgenommen wird. Kommt also beispielsweise von rechts ein relativ großer, mit auffälliger Last beladener Stapler und folgt dahinter ein kleines handbedientes Flurförderzeug, so kann es passieren, dass der wartepflichtige Fahrer sofort losfährt, wenn der große Stapler die Kreuzung passiert hat. Sein Blick und seine ganze Aufmerksamkeit folgen nur dem großen Gerät, während das kleine Gerät völlig übersehen und deshalb angefahren wird.

Nur wer mit dieser speziellen Gefahr an Kreuzungen vertraut ist, kann sich vor ihr schützen, indem er sich angewöhnt, nach dem Passieren des vermeintlich einzigen Fahrzeugs nochmals nach rechts zu blicken.

Gefahr durch Hektik

Unfallgefährlich können aber auch einfache Manöver werden, wenn sie in Hast und Eile erledigt werden. Sicherlich soll z.B. ein Staplerfahrer nicht trödeln, sondern schnell arbeiten. Aber: Die Wahrscheinlichkeit des Eintretens eines Schadensereignisses wird umso größer, je mehr innere Unruhe oder Ungeduld, Stressdruck oder Gehetztwerden das Verhalten des Fahrers beeinflussen. Nur wer ruhig und gelassen seine Arbeit verrichtet, kann letztlich eine optimale Leistung erbringen.

Vorsicht als Einstellung

Der gut entwickelte Blick für den gefährdeten Partner/Kollegen, die kritischen Stellen, die kritischen Tageszeiten und die Gefahren an Kreuzungen und durch Hektik befähigen den Fahrer, schon dann zu bemerken, dass es gefährlich werden könnte, ehe die Gefahr tatsächlich aktuell geworden ist. Ergänzt werden muss diese Fähigkeit jedoch noch durch eine entsprechend sicherheitsbewusste Einstellung. Eine Einstellung, welche praktisch identisch ist mit jener, die man im Straßenverkehr als defensives Verhalten bezeichnet und dort mit der Grundregel umschreibt

- Verbotenes nie!
- Gebotenes immer!
- Aber auch Erlaubtes manchmal nicht!
- Hast und Eile vermeiden!

Ruhig und bedacht handeln, wenn es hektisch wird

Auch bei der Ausbildung stehen Vorsicht und Sicherheit an oberster Stelle – wie hier: wartende Teilnehmer außerhalb des Fahrbereiches mit Warnwesten – auch der Ausbilder trägt eine solche.

Mit positiver Einstellung arbeitet es sich leichter und auch sicherer.

Ein qualifizierter Flurförderzeugführer befolgt immer die Unfallverhütungsvorschriften. Er hält sich darüber hinaus jedoch bewusst zurück – verzichtet freiwillig von sich aus manchmal auf Erlaubtes, wenn ihm schon im Vorfeld der Gefahr etwas begegnet, das ihn zu besonderer Vorsicht veranlasst. Er tut so letztendlich mehr als die Vorschriften verlangen und leistet damit einen entscheidenden Beitrag zur Sicherheit im Betrieb.

Er ist somit ein Vorbild für seine Kolleginnen und Kollegen. Dieses vorbildliche Verhalten verschafft ihm die Achtung und Anerkennung seines Umfeldes. Gegenseitige Rücksichtnahme und Verständnis untereinander werden zur Selbstverständlichkeit und erhöhen die Lebensqualität im Betrieb, denn Anerkennung und Verständnis erzeugen Wohlbefinden, und Wohlbefinden „beflügelt" den Menschen und setzt positive Kräfte frei, die auch die Qualität unserer Arbeit erhöhen.

Erfahrene Ausbilder beim Erfahrungsaustausch

Darum ist auch von den Ausbildern/Unterweisern immer wieder gestärkt auf die Einstellung der Fahrer hinzuwirken. Ein Erfahrungsaustausch der Ausbilder untereinander ist deshalb unabdingbar.

Diese positive Persönlichkeitsbildung wird wesentlich gestärkt, wenn sich der Fahrer mit seiner Tätigkeit identifiziert, stolz auf die von ihm erbrachte Leistung ist und seine Arbeit froh erledigt. Wird ihm darüber hinaus auch noch von seinem Umfeld außerhalb seiner Kollegenschaft Anerkennung zuteil, so wird sein Selbstwertgefühl noch gestärkt und sicherheitsbewusstes Verhalten durch ihn „nach Hause getragen". Wettbewerbe für Staplerfahrer, die sicherheitsbewussten und qualitativ hochwertigen, ja filigranen Umgang mit dem Flurförderzeug zeigen, wie z. B. der schon legendäre „Linde StaplerCup", der deutschladweit veranstaltet wird und bei dessen Veranstaltungen sich auch gerne Prominenz aus Gesellschaft und Politik zeigt, werten das Arbeitsmittel Flurförderzeug und seine Fahrer in hohem Maße auf und sind deshalb psychologisch sehr wertvoll.

Merke

Gefahr erkannt – Gefahr gebannt!

Unfallsituationen

Neben Gefährdungssituationen, d. h. Situationen vor Eintritt eines Schadens und Gefahrenkomponenten, wie gefährdete Partner, kritische Stellen und Zeiten, müssen wir auch darauf eingehen, dass es leider nicht nur bei Gefahren bleibt, sondern wir auch eine Vielzahl von Unfällen mit Flurförderzeugen zu verzeichnen haben, d. h. bestimmte Gefahren in Unfällen enden. Juristisch gesehen ist die Gefahr die Vorstufe eines Unfalles/Schadens. Aus den Regeln für die bestimmungsgemäße Verwendung von Flurförderzeugen des VDMA werden einzelne Unfallsituationen bzw. Unfallursachen aufgelistet:

1. Anfahrunfälle

Bei sichtbehinderten Lasten kommt es leicht zu Anfahrunfällen. Deshalb gilt für den Fahrer: besonders vorsichtig fahren und im Zweifelsfalle sofort stoppen. Für den regelmäßigen Einsatz mit sichtbehinderten Lasten, z. B. mehrere Getränkepaletten neben- und übereinander, werden erprobte und bezahlbare Sichthilfsmittel, bestehend aus Kamera und Monitor, angeboten. Auch bei kurzen Rückwärtsfahrten muss der Fahrer immer in Fahrtrichtung sehen.

2. Auf- und Absteigen

Beim Absteigen kommt es immer wieder zu schwerwiegenden Fußknöchelverletzungen, nicht zuletzt deshalb, da viele Fahrer den Aufstieg nicht benutzen, sondern abspringen. Wenn wir dies tun, müssen wir bedenken, dass wir mit einem Vielfachen des Körpergewichtes auf der Erde auftreffen. Diese Kräfte bzw. das Gewicht muss unser Körper bzw. müssen insbesondere unsere Gelenke auffangen. Kommen wir dann auch noch auf einer schrägen Ebene oder gar z. B. auf einer Unebenheit, wie einem Stein oder einer Stufe, auf, knicken wir unweigerlich um, brechen uns den Fuß oder erleiden einen Bänderriss. Deshalb gilt: immer Auftrittsstufen benutzen und immer mit dem Gesicht zum Stapler absteigen!

3. Quetschen und Scheren

Durch unachtsames Verhalten des Fahrers kommt es am Hubgerüst zum Quetschen oder Abscheren von Fingern oder Armen. Deshalb niemals in das Hubgerüst hineingreifen. Kommt eine andere Person in die Nähe des Hubgerüstes, so muss die Hub- oder Senkbewegung sofort gestoppt werden.

Sturz von der Rampe

4. Stapler kippt um

Wenn der Stapler umstürzt, wird der Fahrer oft schwer verletzt oder getötet. Hauptursachen des Umsturzes sind

- Kurvenfahrt ohne Last,
- zu schnelle Kurvenfahrt,
- Fahrten mit angehobener Last,

Fahren mit angehobener Last

- Fahrten mit zur Seite ausgeschobener Last,
- Wenden und Schrägfahrt auf Gefällestrecken und Steigungen,

Absturz durch nicht angezogene Handbremse an Steigung

- Führen der Last talseitig auf Gefällestrecken und Steigungen,
- breite Lasten,
- Verfahren pendelnder Lasten,
- Rampenkante oder Stufe,
- Lkw-Ladevorgang: Trotz aller Sicherheitsvorschriften kommt es immer noch zu Umkippunfällen, z. B. wenn der Lkw bereits anfährt, obwohl die Gabelzinken sich noch über der Ladefläche befinden, die Überladebrücke nicht in richtiger Position ist oder der Stapler mit einem Rad über den Rand kommt,
- angehobene Last: Die Last darf nur vor dem Stapel oder dem Regal angehoben werden, da sonst bereits bei niedriger Fahrgeschwindigkeit und kleinem Kurveneinschlag eine akute Umkippgefahr besteht,
- Neigen des Mastes nach vorn mit aufgenommener Last,
- Fahren auf unebenen Wegen,

Umsturz durch Fahrt auf unebenem und weichem Untergrund bei unangepasster Geschwindigkeit.

- Überlastung,
- bei starkem Wind kann das Transportieren von großflächigen Lasten zum Umkippen des Flurförderzeuges führen,
- beim Befördern von Flüssigkeiten kann die Veränderung der Schwerpunktlage innerhalb eines aufgenommenen Behälters infolge der Einwirkung von Massenkräften, z. B. beim Anfahren oder Bremsen oder bei Kurvenfahrt, zum Umkippen des Flurförderzeuges führen.

4.7 Rettung aus Gefahr

Umkippen des Flurförderzeuges

Wir haben Ursachen für den Umsturz eines Staplers aufgeführt (Kapitel 4.6 letzter Absatz).

Wie aber verhalten wir uns nun, wenn wir selbst in diese Situation – Kippen des Staplers – kommen?:

Unser Sicherheitsstandard hat sich in den letzten Jahrzehnten extrem gebessert. So gab es früher Flurförderzeuge ohne Rückhaltesysteme. Hier kam es immer wieder zu schweren und oft sogar tödlichen Unfällen dadurch, dass die Fahrer aus dem Stapler geschleudert und so vom Chasis oder dem Fahrerschutzdach erschlagen wurden. Häufig löste sich auch bei Elektrostaplern die Batterie und erschlug den Fahrer oder verletzte ihn schwer. Durch das Einführen von Rückhaltesystemen (im Einzelnen siehe nächster Absatz) und festen Fahrerkabinen sind diese Unfälle extrem zurückgegangen.

Kippt ein Stapler, so gilt in erster Linie der Grundsatz: Ruhe bewahren – keine Panik! Wir wissen, dass unsere Stapler sicher gebaut sind (unter der Voraussetzung der Einhaltung der MRL sowie der Normen). Dies bedeutet, dass beim Kippen des Staplers der Fahrer sich auf alle Fälle ruhig im Fahrzeug verhalten sollte, die Hände am Lenkrad, die Füße links und rechts gegen die Lenksäule gedrückt, den Oberkörper an die Rückenlehne. So sollte er den Umkippvorgang „verfolgen“.

Eine rundum geschlossene Fahrerkabine ersetzt ein geringeres Rückhaltesystem, wie z. B. einen Sicherheitsgurt oder einen Klappbügel.

Es muss aber in aller Deutlichkeit gesagt werden, dass wir es trotz Fahrerschutzdach und Türen für wichtig halten, dass ein vorhandener Sicherheitsgurt trotzdem angelegt wird. Wir schnallen uns ja auch im Auto an, obwohl wir eine feste Fahrerkabine haben. Bei Flurförderzeugen ist es zudem so, dass, wenn es zu einem Umkippen des Staplers kommt, der Fahrer im Führerhaus umhergeschleudert wird und sich so einem erheblichen Verletzungsrisiko ausgesetzt sieht.

Ein sehr gutes Rückhaltesystem in Form eines Klappbügels – hier an einem Lkw-Mitnahmestapler.

Absprung des Fahrers bevor der Stapler die Rampe hinunterstürzt.

So raten auch unsere Hersteller zu folgendem Vorgehen (Auszug der Betriebsanleitung eines Linde Staplers Baureihe H 40 T/H 45 T/H 50 – 500 T):

„Der Beckengurt muss während der Bedienung des Fahrzeuges immer angelegt sein! Mit dem Beckengurt darf sich nur eine Person anschnallen. Fahrerkabinen mit geschlossenen festen Türen oder Bügeltüren erfüllen die Sicherheitsanforderungen für Fahrerrückhaltesysteme. Der Beckengurt kann zusätzlich benutzt werden. Er muss aber angelegt sein, wenn mit offenen oder demontierten Türen gefahren wird."

Das Abspringen aus einem Stapler kann somit der Vergangenheit angehören.

Bestimmte Extremsituationen rechtfertigen jedoch ausnahmsweise ggf. doch ein Abspringen, wenn z. B. der Absturz von einer Rampe in ein Gewässer droht. Wenn hier der Fahrer noch die Möglichkeit hat und geistesgegenwärtig reagieren kann, so sollte er das Fahrzeug durch Springen nach hinten mit einem weiten Sprung versuchen. Er sollte auf keinen Fall dorthin abspringen, wohin der Stapler fällt. Dies – wie gesagt – ist aber eine extreme Ausnahmesituation.

In Belehrungen und Unterweisungen sollte der Fahrer immer wieder auf die Wichtigkeit des Anlegens des Beckengurtes hingewiesen werden, auch wenn zusätzlich eine Fahrerkabine existiert. Auch bei unseren Autos gilt: Selbst die kürzeste Fahrstrecke sollte uns zum Anlegen des Gurtes zwingen. Auch nach gefahrenen 10 m kann es zu einem Verkehrsunfall kommen, nicht erst wenn wir 5 km gefahren sind. Wo existiert denn die Logik, dass wir uns auf kurzen Strecken nicht anschnallen brauchen? Gleiches gilt für unsere Stapler, wenn wir z. B. nur kurze Strecken im Lager zurücklegen. Hier ist es nicht nur Aufgabe des Fahrers selbst, auf seine Sicherheit zu achten, sondern auch die der Vorgesetzten, immer wieder auf diese Sicherheitseinrichtung Sicherheitsgurt hinzuweisen.

Gleiches gilt für das Fahren mit geschlossenen Türen bei einer Fahrerkabine. Diese kann nur dann ein sicheres Rückhaltesystem darstellen, wenn die Türen auch geschlossen sind. Wenn die Türen geöffnet werden, muss jedoch zwingend der Sicherheitsgurt angelegt werden. Eine geöffnete Fahrerkabine ohne weiteres Rückhaltesystem/Sicherheitsgurt oder Klappbügel bringt sicherheitstechnisch gar nichts.

Rückhaltesysteme

Zu den Rückhaltesystemen (s. a. Kapitel 3, Abschnitt 3.1, Absatz „Rückhaltesysteme") bzgl. Auswahl und Benutzung nicht zuletzt aufgrund der Erfahrung noch einige Erläuterungen.

Der vorhandene Sicherheitsgurt, wie hier bei einem Mitnahmestapler, ist dazu da, um benutzt zu werden.

Die Sicherheitssysteme sollen in erster Linie verhindern, dass der Fahrer beim Kippen des Staplers nach außen auf die Fahrbahn geschleudert wird.

Wir kennen folgende Sicherheitssysteme:

Den Sicherheitsgurt:
Er muss den Fahrer auch in seitlicher Richtung (nach außen) festhalten.

Es wird in der Regel ein Beckengurt installiert, denn zum einen ist die obere Halterung des Dreipunktgurtes schwierig anzubringen und zum anderen schränkt er den Fahrer bei seinen häufigen Rückwärtsfahrten und damit beim erforderlichen Rückwärtsschauen mit weitem Verdrehen des Oberkörpers unverhältnismäßig ein.

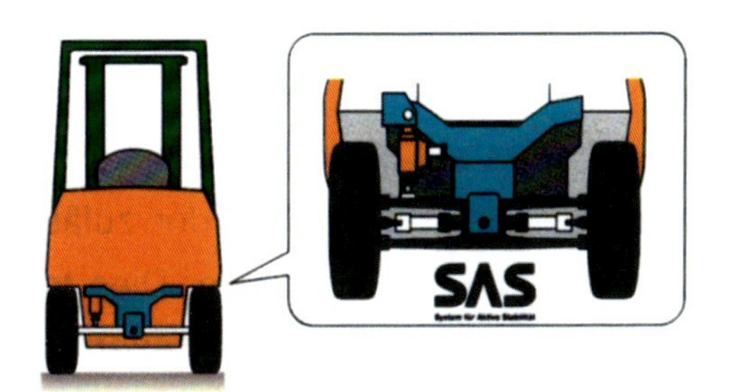

SAS-Lenkachsstabilisator

Fahrerkabine plus Sicherheitsgurt – beides zusammen ein perfektes Sicherheitssystem

Die Lenkachsstabilisierung:
Dieses System bewirkt vor dem Kippen des Staplers in der möglichen Kipprichtung durch eine Stabilisierung/Hydraulikabstützung der Lenkachse eine Verminderung der Kippgefahr. Aus dem Standsicherheitsdreieck wird dadurch einseitig/in Kipprichtung ein Viereck. Dies erfolgt über einen Hydraulikzylinder, der über eine Mikroprozessorsteuerung funktioniert. Gespeist wird die Steuerung über Sensoren, welche u.a. kontinuierlich das Lastgewicht, die Lasthöhe, die Fahrgeschwindigkeit und die Lenkradstellung messen.
Damit wird die Tragfähigkeit und dgl. des Staplers nicht erhöht. In seinen verifizierten Standsicherheitsverfahren berücksichtigt der Hersteller dies dazu nicht.

Auch die Aufsetznocken bei den Gegengewichtsstaplern werden dabei nicht herangezogen, denn sie gelten als statisch unbestimmtes System. Ist der Schwung zur Seite nur etwas zu groß, kippt der Stapler um, vergleichbar mit einem Lkw- oder Autokran, der seine Abstützung nicht vollständig auf den Boden abgesetzt hat (s.a. Kapitel 2, Abschnitt 2.3, Absatz „Standsicherheit von Staplern“).

Den Profilabstandshalter:
Er gewährleistet, dass bei kippendem Flurförderzeug für die aufsitzenden Beschäftigten zwischen Flur und Teilen der Flurförderzeuge ein ausreichender Freiraum bleibt. Es geschieht praktisch bei Staplern > 10 t Tragfähigkeit, denn bei diesen Staplern ist das Rahmen-/Chassisprofil so groß, dass der Fahrerplatz mit ausreichend Freiraum platziert ist.

Die Fahrerkabine:
Bei ihr müssen aber die Türen nicht einfach und schnell aushebbar sein.
Das „Nicht-einfache-Aushängen" der Tür ist z. B. verhindert, wenn die Türhalterung bzw. ihre Aushebsicherung, z. B. ein Winkelanschlag, befestigt mit mindestens zwei Schrauben, nur mit einem Werkzeug, z. B. einem Maul- oder Inbusschlüssel gelöst werden kann.

Oft wird ein Beckengurt seitens des Herstellers zusätzlich eingebaut, trotzdem die Kabinentür nicht einfach auszuhängen ist. Der Grund hierfür liegt in der günstigeren Fließbandfertigung des Staplers. Eine Vorschrift zum Anlegen des Gurtes besteht aber grundsätzlich nicht.

Auf die zusätzliche Sicherheit von gleichzeitigem Anschnallen, auch bei geschlossener Kabinentür, haben wir aber schon hingewiesen (s. Kapitel 4, Abschnitt 4.7). Wenn der Hersteller in seiner Betriebsanleitung oder der Arbeitgeber in seiner Betriebsanweisung das Anlegen des Gurtes vorschreibt, hilft kein Diskutieren – dann ist Anlegen Pflicht.

Die Halbtür oder das Bügelsystem:
Sie sind am Chassis und Schutzdach bzw. an der Chassis-/Motor-/ Batteriehaube, dem Fahrersitzrahmen oder seiner Rückenlehne befestigt.

Die Türen sind nach außen zu öffnen, während die Bügelsysteme nach oben-hinten über die Rückenlehne hochgeklappt werden. Sie sind in der Regel mit dem Fahrschalter und/oder der Feststellbremse gekoppelt.

Das Bügelsystem stellt nach unserer Meinung ein sehr gutes System dar, da es schnell und einfach zu bedienen ist und nach außen zum Fahrweg hin keinen Raumbedarf hat, also auch in relativ engen Platzverhältnissen nicht das Aus- und Einsteigen behindert.

Damit der Fahrer leicht und schnell das Rückhaltesystem entriegeln kann, sollte es am besten nur mit dem Fahrbewegungsschalter gekoppelt sein. Außerdem sollte ein Türschloss mit einem Zugriff geöffnet werden können, wobei daran zu denken ist, dass die

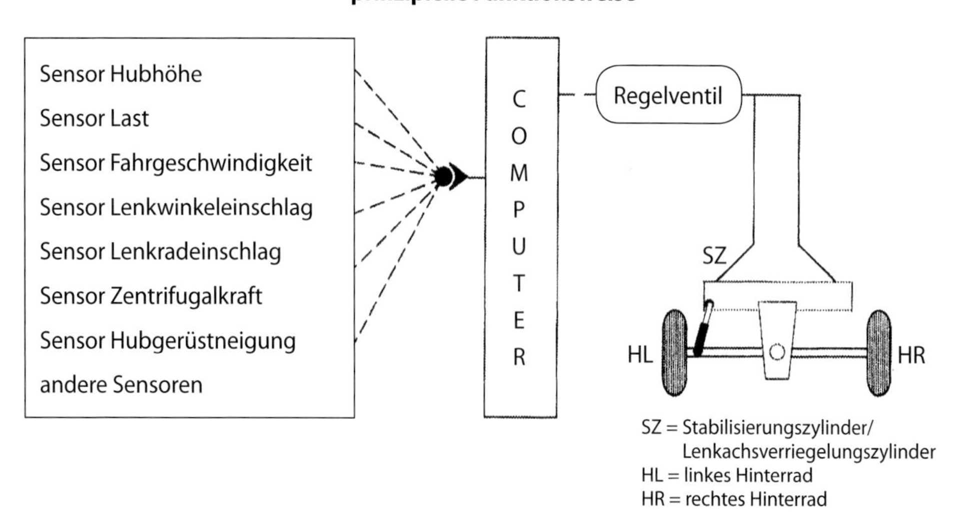

Funktionszeichnung Rückhaltesystem „Lenkachsstabilisierung"

Auch als „Pilot Protector" bekanntes und sicheres Rückhaltesystem für Stapler zum Nachrüsten

Fahrer oft Schutzhandschuhe tragen (s.a. Absatz „Retten bei Störfällen").

Halbtüren oder Bügelsysteme verhindern nicht ein Nach-vorne-Neigen des Fahreroberkörpers, z.B. durch einen Absturz des Staplers in Längsrichtung, wie von einer Laderampe beim Be- und Entladen von Fahrzeugen.

Das hat zur Folge, dass der Fahrer mit seinem Oberkörper nach vorn schnellt, wenn der Hubmast unten auf die Fahrbahn aufschlägt, denn durch den Fall nur aus dieser Höhe von ca. 1 m hat der Stapler schon eine Geschwindigkeit „v" von ~ 16 km/h erreicht. Sie wird auf dem Fahrweg durch einen nur 5 cm bis 10 cm langen Verformungsweg im Asphalt abgebremst.

Der Fahrer muss sich also extrem stark am Lenkrad festhalten/an ihm gegenstemmen, sonst wird er durch den Aufprall seines Oberkörpers auf den Knauf des Lenkrades schwer verletzt.

Die Hersteller rüsten seit 1996 alle erstmalig inverkehrgebrachten Frontsitzstapler mit einem Rückhaltesystem aus. Schon in Gebrauch befindliche Stapler ohne Rückhaltesystem muss der Betreiber seit 1996 auf eigene Rechnung nachrüsten (s.a. Kapitel 3, Abschnitt 3.1, Absatz „Rückhaltesysteme"). Es darf also heutzutage kein Stapler mehr „ohne" sein/betrieben werden.

Ist ein Flurförderzeug so ausgerüstet, dass ein Beifahrer mitfahren kann, muss auch seine Sitzposition

Ohne Rückhaltesystem – welches auch immer – können diese Unfälle auch tödlich enden.

mit einem Rückhaltesystem ausgestattet sein (z. B. bei einem Plattformwagen).
Ausgenommen sind Fahrzeuge, die bestimmungsgemäß ohne Rückhaltesystem fahren können, z. B. ein Kommissionierstapler in der Arbeitsbühne, wo sich die Kollegen frei in der Bühne bewegen können.

Achtung!

Bevor ein Rückhaltesystem eingebaut/bestellt werden soll bzw. ein vom Hersteller bereits eingebautes System, z. B. der Beckengurt, durch ein anderes System ersetzt werden soll, ist Rücksprache mit dem Hersteller zu nehmen. Versäumt man dieses Gespräch bzw. holt die Zustimmung mit ggf. vorgegebener Montageanweisung nicht ein, kann die Konformitätserklärung des Staplers erlöschen. Der Grund hierfür liegt u. a. in der Bauart des Staplers. Es können z. B. die Schutzdachstreben in die Gesamtheitsstabilität mit einbezogen sein, sodass man daran nicht einfach bohren oder schweißen kann.
Vor dem Einkauf sollten die Fachleute aus dem Betrieb und von den Herstellern zur Beratung herangezogen werden.

Retten bei Störfällen

Eine Selbstrettung muss aus einem Flurförderzeug stets möglich sein. Dies kann erforderlich sein, wenn z.B. der Fahrmotor gerade in einer Stapelgasse streikt – was bedeutet, dass der Fahrer die Halbtür oder die Kabinentür nicht ausreichend weit öffnen kann, um aussteigen zu können (s. Ziffer 3.2 Anhang 1 und Ziffer 4.1 Anhang 2 BetrSichV).

Hierzu muss z.B. in der Kabine ein Rettungshammer wie in einem Reise-/Stadtbus griffbereit sein, um das Rückfenster einschlagen zu können. Es sei denn, man kann das Rückfenster aufklappen oder einfach herausdrücken.

Alleinarbeit in einem Schüttgutlager.

Ein Befreiungsmesser für das Durchtrennen des Sicherheitsgurtes sollte auch am Fahrerplatz griffbereit aufbewahrt werden, damit sich der Fahrer damit vom Gurt befreien kann, wenn das Gurtschloss klemmt oder die Halle brennt und das Lösen auch in Panik sehr schnell möglich sein muss.

Anmerkung

Bei Maschinen, deren Fahrerplätze ganz vorn oder hinten angebracht sind, z. B. bei Schubmaststaplern und Mitgänger-Flurförderzeugen mit Mitfahrgelegenheit, besonders wenn es sich um Fahrerstandplätze handelt, springt man am besten in Fahrtrichtung gesehen nach hinten oder zur Seite ab/weg.

Ganz deutlich muss jedoch jedem Beteiligten klargemacht werden, dass trotz aller Rettungsmöglichkeiten immer die Gefahr besteht, ernsthaft verletzt zu werden. Eindeutig die beste Verhaltensweise, wieder gesund heimzukommen, ist die Einhaltung der Betriebsanleitung und Sicherheitsbestimmungen, die Fahrzeuge betriebssicher zu erhalten und die Betriebsanlagen so zu gestalten, dass ein sicherer Lastentransport mit Staplern gewährleistet ist.

Die Themen „Retten aus Gefahr" und „Retten bei Störfällen" müssen auch in der Fahrerausbildung behandelt werden und sich in den regelmäßigen Unterweisungen wiederfinden (s. a. Kapitel 3, Abschnitt 3.3.2, Absatz „Maßnahmen im Notfall").

Merke

Stürzt ein Stapler um, nicht in Panik geraten, sitzen bleiben und festhalten!
Müssen Sie aber abspringen, dann weit nach hinten weg!

4.8 Alleinarbeit

Definition

Des Öfteren ist zu entscheiden, ob Alleinarbeit zulässig ist und wenn ja, welche Sicherheitsmaßnahmen hierbei zu treffen sind. Zunächst muss definiert werden, was unter Alleinarbeit zu verstehen ist.

Alleinarbeiten sind Tätigkeiten, bei denen sich der Arbeitsplatz des Beschäftigten außerhalb des Sicht- und Hörbereiches anderer Personen befindet. Solche Arbeiten können z. B. sein: Alleinarbeit eines Gabelstaplerfahrers in einer Halle oder auf einem Freigelände, Bereitschaftsdienst eines Staplerfahrers in einer Spedition, Spätdienst bzw. Nachtarbeit in einem Großlager usw.

Besteht für den Beschäftigten durch seine Tätigkeit in Alleinarbeit keine erhöhte Gefährdung, ist sie zulässig. Eine erhöhte Gefährdung kann z. B. bei Arbeiten an elektrischen Anlagen bzw. elektrischen Freileitungen und bei Ausübung einer gefährlichen Arbeit, z. B. in Behältern, Begasungsräumen sowie in Lagerräumen, gefüllt mit Schüttgut, vorliegen.

Gefährliche Arbeiten sind Tätigkeiten, bei denen eine erhöhte Gefährdung, z. B. durch mechanische, elektrische und biologische Gefahren oder durch Strahlungsenergie, vorliegt bzw. eine besondere Gefahr, u. a. durch Beeinträchtigungen infolge von Umgebungseinflüssen, Faktoren physiologischer oder psychologischer Art, gegeben ist. Hier ist in der Regel eine zweite Person erforderlich (s. Abschnitt 4.4 und 4.4.2).

Selbstverständlich sind die Fahrer so auszubilden bzw. derart erst zu unterweisen, dass sie zur Abwendung erheblicher unmittelbarer Gefahr für die eigene Sicherheit oder die Sicherheit anderer Personen, z. B. bei Einsturzgefahr von Stapeln oder Undichtheiten an Gasflaschen eines Staplers mit Flüssiggasantrieb, die geeigneten Maßnahmen zur Gefahrenabwehr und Schadensbegrenzung selbst treffen können, wenn der zuständige Vorgesetzte nicht erreichbar ist.

Dem Fahrer dürfen aus diesem Handeln keine Nachteile entstehen. Es sei denn, er hat grob fahrlässig oder gar vorsätzlich gehandelt (s.a. § 9 ArbSchG und Kapitel 1, Abschnitt 1.5.1, Absatz „Alleinarbeit").

Verhaltensweise

Eine Alleinarbeit setzt, soll sie vom Ausführenden störungs- und unfallfrei erledigt werden, eine besondere Zuverlässigkeit und ein starkes Verantwortungsbewusstsein voraus, denn der Alleinarbeitende hat im Prinzip während seiner Tätigkeit keine Aufsichtsperson zur Seite, die ihm ggf. Anweisungen erteilt.

Ist ein Flurförderzeugführer insgesamt dazu nicht in der Lage, wird u.a. die Arbeit verschleppt und zum Schichtende folgerichtig in Hast ausgeführt. Dies zieht zwangsläufig eine nicht schonende Fahrweise, Überladung der Maschine und der Anhänger nach sich.
Die Steuerungstätigkeit ist so auszuführen, dass dritte Personen z.B. in der Lagerhalle tätig werden bzw. in den Raum eintreten können. „Blind zu fahren", also mit zu hoher Last oder rückwärtsfahren ohne Blick nach hinten mit der Begründung: „Da kann ja keiner kommen oder sein" darf nicht geschehen. Darum ist das Flurförderzeug auch vorschriftsmäßig stillzusetzen, auch wenn es nur zur eigenen Pause ist.

Diese Sorgfalt und Gewissenhaftigkeit – Voraussehen einer möglichen Gefahr – muss durch Unterweisungen und planmäßige unangemeldete Kontrollen stets wach gehalten und unterstützt werden (s.a. Abschnitt 4.4.8, Absatz „Aufsichtspflicht"). Diese Tugenden sind auch bei der Eignungsbeurteilung für diesen Einsatz einzufordern (s.a. Kapitel 1, Abschnitt 1.5.1, Absatz „Alleinarbeit").

4.9 Verlassen des Fahrerplatzes

Grundsätzliches

Der Fahrerplatz darf betriebsmäßig nur im Stillstand verlassen werden. Auf- und Abspringen während der Fahrt ist unzulässig.

Der Fahrer muss das Flurförderzeug so verlassen, dass es für Dritte und für ihn selbst keine Gefahr bedeutet und von Unbefugten nicht benutzt werden kann.
Dies gilt auch für Mitgänger-Flurförderzeuge.

Eckpunkte für richtiges Stillsetzen des Staplers

Freiraum

- Das Fahrzeug nicht im Weg und vor Türen, Toren, auch Notausgängen, Feuerlöscheinrichtungen und Schaltvorrichtungen sowie auf Fluchtwegen abstellen. Hierbei ist auch an einen evtl. erforderlichen Zutritt von Feuerwehrleuten bei einem Brandeinsatz zu denken.
- Nur auf ausreichend belastbaren Stellen parken. Vorsicht bei Gitterrosten, Boden-, Montageöffnungsabdeckungen und dgl.
- Fahrzeuge mit Verbrennungsmotor, besonders mit Gas betriebene und Maschinen mit frei liegenden Hydraulikleitungen, z.B. an Staplern, im Abstand von ≥ 1,50 m von sehr heißen Oberflächen (Öfen, Gas- oder Ölbrennern und Heißluftgebläsen) abstellen. Denn die hohe Wärmeabstrahlung kann ungeschützte Schläuche, Leitungen und Behälter durch die Ausdehnung der Gase oder Öle zum Platzen bringen.
- Gabelstapler, besonders mit Flüssiggas im Abstand ≥ 3 m von Kellerfenstern, Lichtschächten, Abflüssen, Arbeitsgruben und Kellertreppen abstellen (s.a. Abschnitt 4.2.2, Absatz „Otto-Motor mit Flüssiggas").

Ordnungsgemäß am Rande eines Parkplatzes im öffentlichen Verkehrsraum abgestellte Teleskopstapler.

Schlepper samt Anhänger ordnungsgemäß am Rand eines Verkehrsweges abgestellt. Weder der Schlepper noch die Anhänger stellen so eine Gefahr dar.

Flurförderzeug am Rande eines Verkehrsweges im Baumarkt abgestellt – so stellt es kein Gefahrenrisiko und Hindernis für Fußgänger und Fahrer dar.

Anfahrsicherung

- Die Lenkräder sind möglichst gerade einzustellen, dass beim Wiederanfahren das Fahrzeug nicht beginnt, zwangsläufig eine Kurve zu fahren und sein Heck „ausschert" und dadurch in der Nähe des Flurförderzeuges stehende Personen verletzt werden oder feste Teile der Umgebung, wie Regale, angestoßen werden.

Antrieb

- An Gabelstaplern Zuleitung schließen und Gasleitung zum Motor leer fahren.
- Der Fahrerschalter ist auf Leerlauf/Null zu stellen.
- Der Antriebsmotor ist abzustellen.

Anmerkung

Leerlauf-/Nullstellungen des Fahrschalters verhindern ein unbeabsichtigtes Anfahren des Flurförderzeuges, sei es durch Fehlzündungen (Nachdieseln) oder beim Beginn einer neuen Fahrt (beim Starten).

Wegrollsicherung

- Die Feststellbremse – Handbremse ist anzuziehen.
- Anhänger sind durch Anlegen der Bremse bzw. durch Gegenrollen mindestens eines Hinterrades an einen Bordstein oder dgl. oder Anlegen von zwei Unterlegkeilen möglichst vor einem nicht lenkbarem Rad zu sichern. Die Anhängerdeichsel ist hochzustellen und gegen Wegrollen zu sichern.
- Flurförderzeuge dürfen auf geneigten Flächen (schrägen Ebenen) nicht abgestellt werden. Lässt sich dies nicht vermeiden, sind sie zusätzlich zur angezogenen Feststellbremse durch Anlegen von Unterlegkeilen vor nicht lenkbare Räder (auch bei Anhängern), mindestens jedoch einen Keil pro Fahrzeug und Anhänger, talseitig zu sichern (s. a. Abschnitt 4.2.3 und 4.4.3).
- Fahrzeug und Anhänger sind bei Dunkelheit auf dem Verkehrsweg zu beleuchten, wenn die Gefahr des Anstoßens besteht. Dies gilt nicht auf reinen Abstellplätzen.

So bitte nicht!

Auch nach Schulungen sind Flurförderzeuge ordnungsgemäß stillzusetzen und gegen unbefugtes Benutzen zu sichern – Zündschlüssel abziehen!

Sicherung gegen unbefugtes Benutzen

Das Abziehen und sichere Verwahren des Schalt-/Zündschlüssels soll ein unbefugtes Benutzen des Fahrzeugs verhindern. Wird der Fahrschlüssel, z.B. in Schränken oder Schreibtischschubladen verwahrt, müssen diese verschlossen werden.

Achtung!

Dieser Absatz gilt auch für Flurförderzeuge, die einer Arbeitsgruppe zur Verfügung stehen, in der alle Mitglieder zum Flurförderzeugführer ausgebildet worden sind. Es sei denn, die Aufsicht ist so lückenlos oder der Arbeitsraum ist verschlossen, sodass keine Unbefugten das Flurförderzeug benutzen können.

Diese Maßnahmen sind zu treffen, unabhängig davon, ob der Fahrer das Flurförderzeug nur für kurze Zeit, z.B. für einen Gang ins Büro, verlässt oder ob er es für längere Zeit, z.B. zur Mittagspause oder zum Feierabend, stillsetzt/abstellt.

Das Sichern gegen Wegrollen des Flurförderzeuges muss deshalb so sorgfältig geschehen, da schon geringe Bewegungen des Fahrzeuges, z.B. hervorgerufen durch die Wegeverhältnisse im Betrieb, zu Quetschgefahren zwischen dem Fahrzeug und festen Teilen der Umgebung führen können.

Folgender Unfall untermauert wieder diese Handlungsvorgabe:
Ein Staplerfahrer wollte, nachdem er eine Ladeeinheit (Palette mit Getränkekartons) aus einem Regal herausgehoben hatte, auf der Palette verrutschte Kartons zurechtrücken. Hierbei fuhr der ungesicherte Stapler nach vorn und quetschte ihn zwischen Palette und Regalbodenvorderkante ein. Tödliche Bauchquetschungen waren die Folge.

Grund der Vorwärtsbewegung des Staplers: Das Fahrzeug stand vor einer geringfügigen Unebenheit im Regalgangboden, und der Fahrer hatte vergessen, die Handbremse anzuziehen.

Lastaufnahmemittelsicherung

Lastaufnahmemittel sind bis auf ihre tiefste Stellung abzusenken. Stellen sie trotzdem noch eine Unfallgefahr dar, z.B. Dorne zum Transport von Coils, sind sie zu sichern. Aufgesteckte Verkehrsleitkegel haben sich hierfür bewährt.

Nicht auf den Boden abgesenkte leere Gabelzinken, stellen eine Stolperstelle dar. Darum sind die Gabelzinken, einschließlich ihrer Spitzen, bis auf den Boden/Fahrweg abzusenken. Diese Gabelzinkenstellung ist durch ein Nach-vorne-Neigen des Hubmastes zu erreichen. Dadurch werden auch die Hubketten entlastet.

Fahrzeug ordnungsgemäß abgestellt nach § 15 DGUV V 68 – Gabelzinkenspitzen am Boden → keine Stolperfalle

Kurzzeitiges Verlassen des Fahrerplatzes

Steigt der Fahrer z. B. vom Fahrerplatz eines Staplers ab, um an der Last zu hantieren, kann er den Fahrschlüssel stecken lassen, da er in unmittelbarer Nähe des Staplers bleibt (im Einflussbereich) und so u. a. ein unbefugtes Benutzen verhindern kann.

Kurzzeitiges Verlassen, um Regale zu inspizieren.

Einflussbereich bedeutet auch mögliche Einflussnahme. D. h., der Fahrer muss sowohl das unbefugte Benutzen als auch ggf. ein selbstständiges In-Bewegung-Setzen, z. B. wegen mangelhaftem Anziehen der Hand-/Feststellbremse unterbinden. Hierzu reicht also allein eine Sichtverbindung zum Fahrzeug und eine kräftige Stimme nicht aus.

Folgendes Beispiel aus dem täglichen Leben gibt die Situation wieder:
Brötchen holen am Samstag Morgen. Das Auto wird vor der Bäckerei geparkt. Ein großes, freies Schaufenster gewährt eine freie Sicht auf das gute Stück. Langsam aber sicher macht sich auf der etwas abschüssigen Straße der Wagen selbstständig. Der Wagen fährt schneller auf das davor parkende Auto auf, als dass der „Brötchenholer" seinen Wagen im Laufschritt erreicht. – Folglich kein gegebener Einflussbereich.

Die Last kann in Fahrstellung angehoben bleiben (nicht über Kopf des Fahrers) und der Antriebsmotor muss nicht abgeschaltet werden.

Die Feststellbremse ist jedoch stets anzuziehen und die Fahrschaltung auf Leerlauf/Null zu stellen.

Merke

Je nachdem wie ich das Fahrzeug abstelle, ist es sicher oder eine „lauernde" Unfallgefahr für jeden!

Vor Notausgängen, Feuerlöscheinrichtungen und Schalteinrichtungen, besonders vor Not-Aus-Schalteinrichtungen, hält der Fahrer möglichst nicht an.

Natürlich hält ein versierter Fahrer auch nicht vor Türen an, die in Richtung seines Fahrzeugs aufschlagen. Sonst können sie von Dritten nicht geöffnet werden.

Oft sind die Fahrer geneigt, diese Anordnungen als zu übertrieben anzusehen. Doch nicht selten verstreichen durch solch eine nachlässige und gedankenlose Handlungsweise wertvolle Sekunden, bis z. B. ein Not-Aus-Schalter betätigt werden kann.

Codenummern/Chipkarten
Flurförderzeuge können auch durch Codenummern oder Chipkarten vor unbefugtem Benutzen geschützt sein. Nur die „richtige" Chipkarte/Codenummer gibt das Gerät frei. Bei mehrmaligem falschen Eingeben der „Geheimzahl" wird das Gerät gesperrt und muss erst freigeschaltet werden. Das sind sichere und sinnvolle Einrichtungen.

Stilllegung

Wird ein Fahrzeug längere Zeit (über Wochen oder Monate) stillgelegt, sollte die Batterie ausgebaut, der Kraftstoffbehälter mit Kraftstoff gefüllt, und das Fahrzeug aufgebockt werden. Durch diese Maßnahmen werden Batterieschäden, Korrosionen im Tank und Reifenabplattungen vermieden.

Mitgänger-Flurförderzeug mit Lesegerät für Codenummer – damit unbefugtes Benutzen weitgehend vermieden wird (Eingabenummer sollte nur dem jeweiligen Bediener bekannt sein).

28. Grundsatz

→ Voraussicht, Rücksicht und Umsicht sind für den Flurförderzeugführer selbstverständlich!

→ Gefahr erkannt – Gefahr gebannt.

→ Bedienungs-/Betriebsanleitungen und Betriebsanweisungen betrachtet der Flurförderzeugführer stets als bindend!

→ Er bleibt auch standfest, wenn Kollegen bitten.

→ Rückhaltesystem auf dem Stapler immer in Funktion bringen!

→ Stürzt ein Flurförderzeug um, dann keine Panik!

→ Alleinarbeit erfordert besondere Umsicht, Sorgfalt und Gewissenhaftigkeit!

→ Ein Flurförderzeug wird immer so verlassen, dass es für andere und für den Fahrer selbst keine Gefahr bedeutet und von Unbefugten nicht benutzt werden kann! Dies gilt sowohl für einen kurzen Halt als auch für eine längere Abwesenheit!

→ Mit dem Schalt-/Fahrschlüssel/der Schlüsselzahl/Chipkarte ist sorgfältig umzugehen! Sonst droht im Schadensfall Haftung!

Kapitel 5
Prüfung – Erfolgskontrollen – Auswertung von Schulungen

5.1 Erfolgskontrollen

Juristischer Nachweis

Erfolgskontrollen nach Ausbildungen, wie der „Allgemeinen Ausbildung", der „Zusatzausbildungen" (bauartspezifisch) und der „Spezialfortbildung" (besondere Einsatzgebiete) sollten stets durchgeführt werden.
Schriftliche Erfolgskontrollen sind am besten, denn nur durch sie kann man als Ausbilder einfach und ohne viel Zeitaufwand abfragen, ob der vermittelte Lehrstoff verstanden wurde.

Außerdem sind sie bei Unstimmigkeiten und Streitfragen, insbesondere vor Gericht, stichhaltige Beweise für die fachlich richtige Lehrstoffvermittlung (s. Kapitel 1, Abschnitte 1.2.0 und 1.4). Für die „Allgemeine Ausbildung" eines Staplerfahrers fordert die DGUV G 308-001 auch eine schriftliche Form.

Aufbewahrung der Erfolgskontrollen

Die Erfolgskontrollen/Prüfungsbogen sollten datenrechtlich einwandfrei (zugriffssicher für „dritte Personen") zehn Jahre lang aufbewahrt werden, wobei die Aufbewahrung in digitaler Form ausreichend ist (z. B. eingescannte Testbögen, abgelegt in einer Datei des Ausbilders).

Für den Nachweis von erfolgten Unterweisungen, die jährlich mindestens einmal durchgeführt werden müssen, ist eine Teilnehmerliste mit dem dokumentierten Thema, das diese Unterweisung zum Inhalt hatte, ausreichend (s. a. Kapitel 1, Abschnitt 1.5.7).
Diese Dokumentation kann einfach und schnell mit allen ggf. erforderlichen betrieblichen Verfügungen juristisch einwandfrei in das „Protokollbuch – Unterweisungen von Beschäftigten, Leiharbeitnehmern und Fremdfirmen" des Resch-Verlags eingetragen werden.

Schriftliche/mündliche Erfolgskontrollen während des Lehrgangs

Die theoretische Abschlussprüfung (s. Abschnitt 5.2) kann z. B. bei der „Allgemeinen Ausbildung" wie folgt gesplittet werden (wenn es sich nicht um den klassischen Frontstapler handelt, für den das Basiswissen genügt): Am Anfang des zweiten Tages legt der Prüfer den Teilnehmern den „Basisbogen" und am Schluss der theoretischen Ausbildung den „Bauartenbogen" (z. B. Reach Stacker/Containerstapler) zur Beantwortung vor. Soll in der Ausbildung z. B. auch das Thema „Arbeitsbühneneinsatz" mitbehandelt werden, fügt man den „Zusatzausbildungsbogen Arbeitsbühne" hinzu, wenn die Prüfung insgesamt nicht in drei Teile aufgeteilt werden soll.

Bei Ausbildungen sowie bei Fort- und Weiterbildungen, die über mehrere Tage gehen, sollte der

Ausbilder auf schriftlich/mündlich gestellte Fragen, die jeweils den vermittelten Stoff betreffen, nicht verzichten. Diese Fragen können während der Abhandlung und des Abschlusses eines Abschnittes gestellt werden. Stellt man sie inhaltlich ähnlich wie sie auch in der Abschlussprüfung verfasst sind, kann man neben der sofortigen Erfolgskontrolle auch gleichzeitig auf die Prüfung vorbereiten.

Durch diese Zwischentests kann der Dozent leicht den vermittelten Stoff „abfragen" und feststellen, ob er verstanden wurde. Er ist dadurch in der Lage, gezielt evtl. nicht verstandene Themenkomplexe nochmals zu behandeln.

Außerdem arbeiten die Teilnehmer aufmerksamer als ohne diese Zwischentests mit, weil sie wissen, dass der Lehrgang nicht nur am Schluss mit einer Prüfung abschließt, besonders, wenn der Dozent darauf hinweist, dass die Testergebnisse im Zweifelsfall in der Abschlussprüfung als Mitarbeit/mündliche Note positiv zur Bewertung der Prüfung mit herangezogen werden können, was gerade dann eine Rolle spielen kann, wenn die Abschlussprüfung des Schülers „auf der Kippe" steht.

Es sollten nur Fragen gestellt werden, deren Themen auch in der Ausbildung behandelt wurden.

5.2 Theoretische Prüfung

Abschlusstest

Eine theoretische Prüfung sollte möglichst immer schriftlich erfolgen. Hierzu wurden vom Autor Abschlusstestbogen verfasst.
Ein Abschlusstest, sei es nach einer „Allgemeinen Ausbildung", einer „Zusatzausbildung" oder einer „Nachschulung", sollte stets vorgenommen werden. Natürlich können nicht haargenau alle einzelnen behandelten Inhalte abgefragt werden. Hierbei muss sich der Ausbilder auf das Wesentliche beschränken.

Für diesen Abschlusstest hat der Autor ein Baukastensystem entwickelt, das beim Resch-Verlag zu beziehen ist.

Hieraus kann der Dozent je nach vermitteltem Wissen = gewünschter erforderlicher Ausbildung die Abschlussprüfung zusammenstellen.

Folgende Testbogen stehen zur Verfügung:

Für die STUFE 1: Testbogenpaket „Grundausbildung Basiswissen" – Allgemeine Ausbildung

---

Dieses Testbogenpaket beinhaltet folgende Testbogen für 25 Teilnehmer:
- Testbogen „Theoretische Prüfung" – Variante A mit 40 Fragen
- Testbogen „Theoretische Prüfung" – Variante B mit 40 Fragen. (Sie können gemischt die Varianten A und B ausgeben, so können die Teilnehmer nicht voneinander abschreiben).
- Lösungsschablonen für beide Varianten liegen bei.
- Zur Abnahme der praktischen Prüfung ist ein Protokoll „Praktische Prüfung" (Checkliste für den Prüfer) beigefügt.
- Ebenso ein Protokoll für die Prüfungsergebnisse, in dem Sie die Ergebnisse der theoretischen und der praktischen Prüfung je Prüfling zusammenführen können.

Der Schwerpunkt der Fragen liegt auf der Bauart Frontstapler (so wie es auch der Lehrstoff des berufsgenossenschaftlichen Grundsatzes DGUV G 308-001 vorsieht). Für die „klassische" Ausbildung eines Flurförderzeugführers auf einem Frontstapler genügen daher die Basisfragebogen.

Soll bereits bei der „Allgemeinen Ausbildung“ ein spezielles Gerät, wie bspw. ein Containerstapler, gezielt geschult werden oder ist auf bestimmte Betriebsgegebenheiten einzugehen, so verwenden Sie ergänzend Testbogen der Stufe 2.

Bilden Sie Bediener ausschließlich für Mitgänger-Flurförderzeuge (ohne Fahrersitz oder -stand) oder für Handhubwagen aus, so genügen hier anstatt der Basistestbogen die Prüfungsbogen für Mitgänger-Flurförderzeuge oder Handhubwagen.
Für die anderen Bauarten empfehlen wir den Einsatz sowohl der Basis- als auch der bauartspezifischen Testbogen.

Für die STUFE 2: Testbogenpakete „Zusatzausbildung bauartspezifisch“

Diese Pakete beinhalten Testbogen mit je 15 Fragen für die theoretische Prüfung, Lösungsschablonen für den Prüfer, Protokolle für die praktische Prüfung und Protokolle für die Prüfungsergebnisse für jeweils 10 Teilnehmer.

Es stehen folgende Testbogenpakete zur Verfügung:
- Reach Stacker, Containerstapler
- Schwerlaststapler / Geländestapler
- Lagertechnikgeräte I (Regalstapler, Hochhubwagen, Schub(mast)-stapler, Kommissionierstapler)
- Mitgänger-Flurförderzeuge (ohne Fahrersitz / -stand)
- Lagertechnikgeräte II (Niederhubwagen, Kommissioniergeräte)
- Querstapler, Wagen, Schlepper
- Lkw-Mitnahmestapler
- Handhubwagen

Für die STUFE 2: Testbogenpakete „Zusatzausbildung – besondere Einsatzbereiche“

Auch diese Pakete beinhalten Testbogen mit je 15 Fragen für die theoretische Prüfung, Lösungsschablonen für den Prüfer, Protokolle für die praktische Prüfung und Protokolle für die Prüfungsergebnisse für jeweils 10 Teilnehmer.

Es stehen folgende Testbogenpakete zur Verfügung:
- Be- und Entladen
- Öffentlicher Verkehrsraum
- Transport hängender Lasten
- Aufzüge befahren
- Explosionsgefährdete Bereiche, Gefahrenbereiche, Gefahrstoffe
- Arbeitsbühneneinsatz
- Waggon verschieben, Anhänger verziehen

Beispiele für Abschlussprüfungen

A: Die Teilnehmer sind für das Steuern von Gabelstaplern im Lagerbetrieb, einschließlich Be- und Entladen von Fahrzeugen und Arbeitsbühneneinsatz ausgebildet worden.
Folgende Testbogen werden eingesetzt:
- Grundausbildung Basiswissen (er ist, s.o., immer zu verwenden)
- Zusatzausbildung – besondere Einsatzbereiche „Be- und Entladen“ und „Arbeitsbühneneinsatz“

B: Die Teilnehmer sind für das Steuern von Schmalgangstaplern ausgebildet worden.
Folgende Testbogen werden eingesetzt:
- Grundausbildung Basiswissen
- Zusatzausbildung bauartspezifisch „Lagertechnikgeräte I“

C: Ausbildung für das Steuern eines Regal- und Kommissionierstaplers sowie Kommissioniergerätes.
Folgende Testbogen werden eingesetzt:
- Grundausbildung Basiswissen
- Zusatzausbildung bauartspezifisch „Lagertechnikgeräte I“

- Zusatzausbildung bauartspezifisch „Lagertechnikgeräte II“

D: Steuerfähigkeit für Hubwagen, Kommissioniergerät und Mitgänger-Flurförderzeug.
Folgende Testbogen werden eingesetzt:
- Grundausbildung Basiswissen
- Zusatzausbildung bauartspezifisch „Lagertechnikgeräte I“
- Zusatzausbildung bauartspezifisch „Lagertechnikgeräte II“
- Zusatzausbildung bauartspezifisch „Mitgänger-Flurförderzeuge“

Die Zusammenstellung der Zusatzausbildungsbogen ließe sich auf der Grundlage des entsprechend erweiterten Lehrplans beliebig ändern/erweitern. Selbstverständlich benötigt dann der Ausbilder sowohl für die theoretische als auch für die praktische Ausbildung, einschließlich der Prüfungslerneinheit und Auswertung, mehr Zeit.

Für die schriftliche Prüfung ist im Gegensatz zur mündlichen Prüfung kein Beisitzer notwendig. Die Abschlusstestbogen sind ein eindeutiger Beweis des Wissensstandes des Teilnehmers zum Abschluss der Ausbildung.

Zeitvorgabe – Auswertung

Für die Beantwortung der Fragen ist den Teilnehmern ausreichend Zeit zu geben. Vor dem Austeilen der Testbogen sollte auf ein Zeitlimit nicht hingewiesen werden.

Je nach Prüfungsfragenanzahl liegt die Bearbeitungszeit zwischen 25 bis 45 min. 45 min (1 LE) sind als ausreichende Bearbeitungszeit anzusehen.

Für die Auswertung sind für jeden Fragebogen ca. 5 min anzusetzen. Inklusive nachfolgender Fehlerbesprechung können je nach Teilnehmerzahl bis zu 2 LE für eine theoretische Prüfung erforderlich sein.

Testbogen-Auswertung – Beurteilung – Fehlerbesprechung

Bei der Auswertung der Testbogen sollte der Ausbilder aufpassen, dass die Probanden keinen Einblick haben, da dann die „Geheimhaltung“ der Bewertung infrage gestellt ist. Auch ist Vorsicht geboten, zeitgleich auszuwerten, während noch einige Teilnehmer den Test schreiben. Durch das Ankreuzen von Ihnen in schon beantwortete Fragebogen bekommen die Teilnehmer mit, dass Fehler gemacht wurden. Sie projizieren dies unweigerlich auf ihren eigenen Fragebogen, den sie noch vor sich haben. Das führt unweigerlich zu Unsicherheit und Unaufmerksamkeit und damit zu Unruhe.

Die Prüfung sollte als bestanden gelten, wenn mindestens 60 % der Fragen richtig beantwortet wurden – und zwar 60 % je Testbogen.

Anmerkung

Die Vorgabe, dass noch bei 60 % richtiger Antworten die Prüfung als bestanden anzusehen ist, erscheint manchen Prüfern, auch Einsatzleitern, die von dieser Bewertung Kenntnis erlangen, sehr großzügig. Dies trägt jedoch dem Schwierigkeitsgrad der Fragen Rechnung. Zudem sollte man den Bewertungsmaßstab nicht zu hoch ansetzen und damit Kollegen durchfallen lassen, die an sich eine ausreichende Befähigung haben.

Bei nur 50 – 60 % richtig beantworteter Fragen sollte mit den betroffenen Teilnehmern zusätzlich durch ein mündliches Gespräch geklärt werden, dass sie den Prüfungsstoff überwiegend verstanden haben. Nicht zuletzt werden manche Fragen allein schon durch Prüfungsangst falsch bzw. unvollständig beantwortet oder sind auf Sprachprobleme zurückzuführen. Bei diesem mündlichen Gespräch sollten die Abweichungen / Fehler, die der Teilnehmer im schriftlichen Testbogen gemacht hat, besprochen werden und ggf. durch weitere Erläuterungen und Fragen des Ausbilders die richtige Antwort „herausgekitzelt“ werden.

Zeigt das mündliche Prüfungsgespräch, dass der Teilnehmer im Wesentlichen den Stoff verstanden hat, kann die Prüfung als bestanden gewertet werden. Zeigt das mündliche Gespräch aber, dass doch erhebliche Lücken vorhanden sind, so ist eine erneute schriftliche Prüfung nach einer Ausbildungswiederholung angezeigt. Der Ablauf des mündlichen Gespräches sollte vom Ausbilder in seinen Grundzügen (z. B. die zusätzlich gestellten und richtig bzw. falsch beantworteten Fragen) schriftlich festgehalten werden.

Werden bei der schriftlichen Prüfung bereits weniger als 50 % richtig beantwortet, so empfehlen wir dringend die Prüfung als nicht bestanden zu werten.

Notenbewertungen sollte man, wenn man sie vornimmt, nicht nach „draußen" geben.

Die Fehlerbesprechung sollte in der Gruppe immer anhand eines neutralen Testbogens, in dem die Fehler pro Teilnehmer zu jeder Antwort als Strich markiert sind, anonym erfolgen. Dies ist bei der Erwachsenenausbildung erfahrungsgemäß sehr wichtig, auch wenn die Teilnehmer es vor der Prüfung anders sehen. Nach der Prüfung sind sie dann sehr froh darüber. Auch wenn diese für alle erfolgreich war und jemand erfährt, dass er die meisten Fehler gemacht hat, ist das für ihn ein negatives Gefühl, obwohl auch er bestanden hat.

Gleichfalls sollte man den Teilnehmern die Testergebnisse auch einzeln nicht sagen oder ihren Prüfungsbogen nicht geben. Zum einen bleibt das einzelne Ergebnis dann doch nicht geheim und zum anderen muss der Prüfer die Testbogen laufend ändern. Insgesamt bleibt durch diese Verfahrensweise der Lehrgang angenehm in Erinnerung, was ansonsten mit Sicherheit nicht der Fall ist.

Mündliche Prüfung

Bei der mündlichen Prüfung empfiehlt es sich, einen Beisitzer (Zeugen) hinzuzubitten. Damit werden nach nicht bestandener Prüfung Streitigkeiten weitgehend vermieden.

Die Beisitzer unterliegen selbstverständlich der Schweigepflicht und sollten vor der mündlichen Prüfung vom Ausbilder darüber auch belehrt werden.

Eine mündliche Prüfung ist auch möglich und kann, wird sie bestanden, als erfolgreiche theoretische Prüfung gewertet werden, wenn ein Fahrschüler zwar der deutschen Sprache mächtig ist, aber die Fragen und die Antworten der Abschlusstestbogen nicht oder nur schlecht lesen und dadurch nicht richtig beantworten kann. – Dieses „Nicht-Lesen-Können" kommt leider nicht selten vor.

Anmerkung

Die Feststellung der mangelhaften Lesefertigkeit sollte der Personalabteilung mit dem Einverständnis des Teilnehmers, ggf. mit Zustimmung des Betriebsrates, mitgeteilt werden; denn die Betriebsleitung muss daraufhin entsprechend reagieren, z. B. durch Verwendung von Piktogrammen.

5.3 Praktische Prüfung

Tägliche Einsatzprüfung

Die „Tägliche Einsatzprüfung" sollte stets Bestandteil einer praktischen Prüfung sein. Nur sollte man sie nicht bis ins Detail durchführen lassen, denn das kann leicht zum „Oberlehrertum" führen und kostet zudem zu viel Prüfungszeit.

Allgemeinausbildung – Prüfungsfahrt

Die Prüfungsstrecke muss Aufgabenstellungen enthalten, mit denen der Fahrschüler die Beherrschung von Fahrzeug- und richtiger Einsatztechnik unter Beweis stellt – wenn auch noch nicht in Perfektion – er ist ja noch Fahranfänger.

Übungsparcours – Nur Übung macht den Meister. Ausreichende Übung ist Voraussetzung der Zulassung zur praktischen Prüfung. Hier darf es keinen Zeitdruck geben.

Eine sehr gute Anleitung zum Aufbau eines solchen Fahrtests für Gabelstaplerfahrer stellt der BG-Grundsatz – DGUV G 308-001 dar. Er ist leicht auf jede andere Geräteart abzuwandeln. Natürlich muss auch der Prüfungsparcours den betrieblichen Gegebenheiten angepasst werden. Der Ausbilder sollte aber immer berücksichtigen, dass wesentliche Aufgabenstellungen in der praktischen Prüfung vorkommen müssen, wie etwa Kurvenfahren oder richtiges Stapeln. Es bringt nichts, wenn der Prüfling nur eine kurze Strecke fährt – ohne wesentliche Tätigkeit wie Stapeln oder Einlagern einer Gitterbox in ein Regal vorzunehmen.

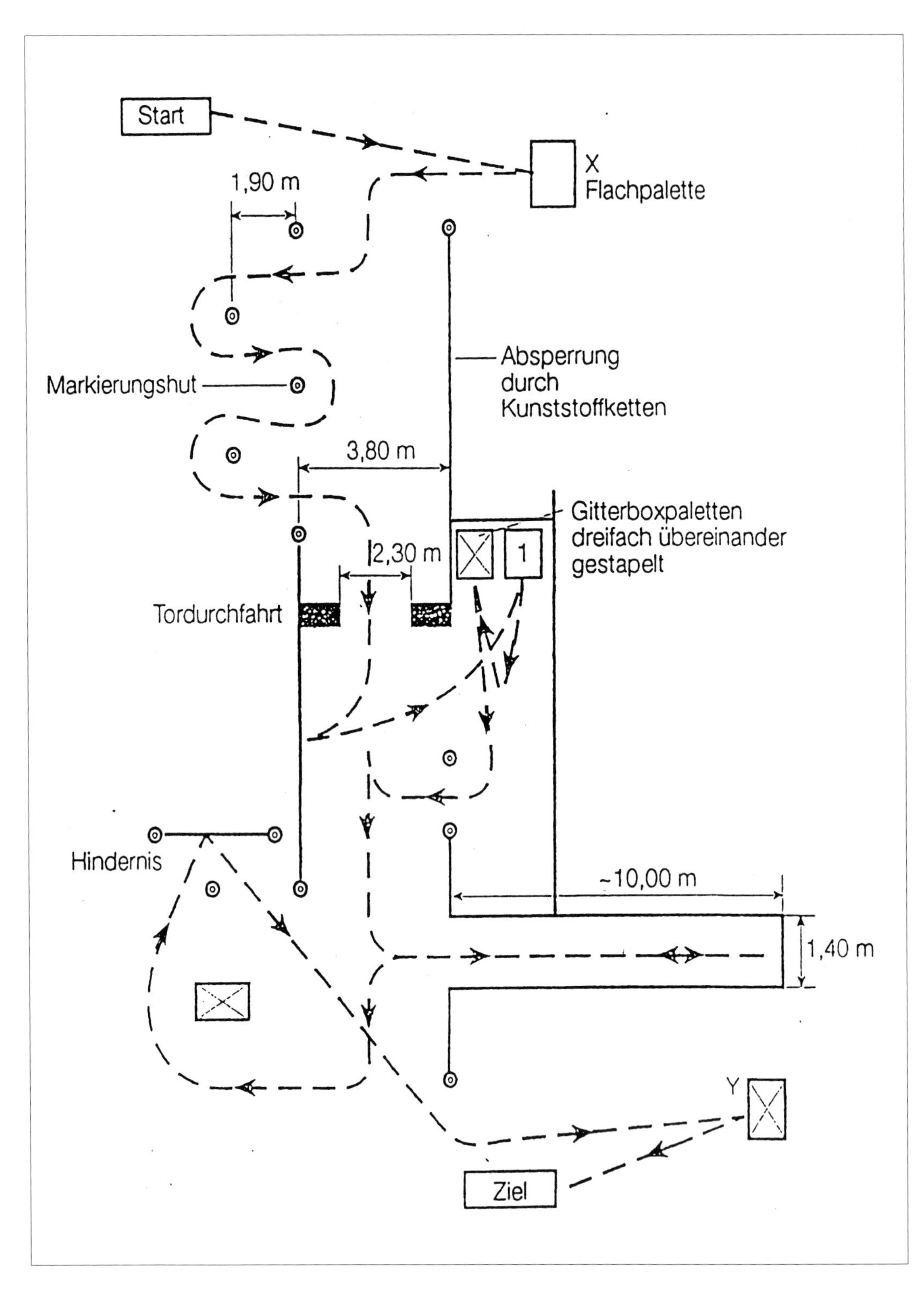

Beispiel einer Prüfungsfahrt als Abschluss der Gabelstapler-Fahrausbildung – ideale Teststrecke

Auch die Kennzeichnung der Übungsgeräte für das Umfeld ist hilfreich. – Hier weiß jeder: Achtung! Es muss mit Fehlern gerechnet werden.

Auch sollte die Fahrt nicht zu kurz bemessen sein, denn sonst kann damit letztendlich nichts Prüfungsrelevantes dokumentiert werden. Also: Unter 5 Minuten reine Fahrzeit (ohne Einsatzprüfung) sollte die Prüfungsfahrt nicht dauern.

Achtung: Lässt man in der Prüfung 2 Stapler parallel fahren, muss gewährleistet sein, dass eine Kollision beider Fahrzeuge ausgeschlossen ist (z. B. durch ausreichenden Abstand der Strecken zueinander). Es sollten dann aber auch 2 Prüfer vor Ort sein.

Den Fahrparcours kann man für die Teilnehmer mit einfachen Mitteln interessant gestalten.
Dafür bieten sich folgende Hilfsmittel und Handlungen an:

- Als Lasten kann man nicht nur Gitterboxen, sondern auch leere Getränkekisten auf Paletten verwenden, die mit einem Gummiband zusammengehalten werden. Hebt der Fahrer die abzustapelnde Palette nicht ausreichend an, zieht er die Getränkekisten auf der unteren Palette herunter. Geschieht dies beim Aufstapeln, schiebt er sie weg.
- Vor einer Rückwärtsfahrt kann der Ausbilder temporär hinter das Fahrzeug einen Verkehrsleitkegel stellen. Schaut sich der Fahrer vorher nicht ausreichend um, fährt er ihn prompt an.
- Während der Fahrer Slalom fährt, kann der Ausbilder ihn durch Zuruf zu sich bitten. Garantiert kommt der Fahrer zu ihm, ohne die Last vorher abzusenken und/oder den Fahrschlüssel abzuziehen.
- Am Abstellplatz – Ende der Prüfungsfahrt – stellt der Ausbilder einmal einen Faltkarton mit dem Aufkleber „Feuerlöscher" hin. Trotzdem wird der Fahrer das Fahrzeug dort stillsetzen, obwohl der Karton Feuerlöscheinrichtungen signalisiert.

Diese „Joker"-Maßnahmen sind bei den Teilnehmern Gesprächsthema, bleiben im Gedächtnis und erhalten die Aufmerksamkeit. Jeder Teilnehmer wird erhöht wachsam sein.

Für den Fahrparcours sollte möglichst eine Fläche von 180 m² zur Verfügung stehen, wobei ein Rechteck von ca. 11 m mal 16 m ausreichend ist. Die Fläche muss nicht vollständig freigehalten sein. Die Lastaufnahmestellen auf beiden Seiten und der Innenraum zwischen den Start-/Zielplätzen auf dem Fahrparcours könnten z. B. durch Hallenpfeiler oder Baulichkeiten unterbrochen sein. Regale, Laderampen oder Ladestege bieten sich zur Aufnahme- und Absetzstelle der Last an. Sie können in die Grundfläche eingerechnet werden.

Natürlich dürfen die Übersichtlichkeit für den Ausbilder und die Sicherheitsabstände $\geq 0{,}5$ m zu festen Teilen der Umgebung dadurch nicht eingeschränkt sein. Weniger als 150 m² Grundfläche sollte eine Teststrecke nicht aufweisen.

Verkehrssicherungspflicht

Bedenken Sie, dass Sie als Ausbilder die juristische Verantwortung für Ihre Schüler haben. Achten Sie aber auch darauf, dass Sie sich nicht selbst gefährden, indem Sie sich z. B. zu nahe am Fahrzeug aufhalten oder „im Weg stehen".
Gleiches gilt übrigens auch für die Kollegen, die auf ihre Prüfung warten. Sie haben sich in einem Bereich aufzuhalten, wo sie nicht gefährdet werden. Das Tragen von Warnwesten hat sich bewährt – auch für den Ausbilder. Natürlich trägt auch der Ausbilder Sicherheitsschuhe, denn er geht ja mit gutem Beispiel voran.

Die Fahrstrecke sollte niemals im öffentlichen Verkehrsraum liegen, sodass Personen den Bereich ungehindert passieren können. Der Parcours ist in einem solchen Fall entsprechend abzusperren, um dies zu verhindern. Das gilt im Übrigen auch für ein rein innerbetriebliches Gelände. Auch hier haben andere Kollegen nichts zu suchen. Es macht deshalb auch Sinn, den Fahrparcours als solchen zu kennzeichnen.

Abgrenzung und Absicherung eines Übungsgeländes – für jeden anderen erkennbar.

Nachfolgend ist ein Fahrparcours für Gabelstapler grafisch dargestellt (s. u.).

Bei dieser Teststrecke ist das Ziel auch gleichzeitig die Startstelle der Prüfungsfahrt für den zweiten Fahrer. So wird Leerzeit vermieden.

Eine Zeitbegrenzung sollte den Teilnehmern nicht vorgegeben werden, denn das führt meistens zu Hektik und Fehlern. Dies muss dem Ausbilder vorbehalten sein, denn nur er kann die erwartete Fahrfertigkeit beurteilen.

Für die Fahrten sollten zur Markierung/Abgrenzung Kartons, Verkehrsleitkegel, Flatterleinen, Plastikketten oder dgl. eingesetzt werden. Wichtig ist nur, dass damit Markierungen bzw. Hindernisse vorgegeben werden können, die, sollten sie angefahren werden, nicht umfallen und Verletzungen verursachen. Aufrecht stehende Paletten sind nicht geeignet.

Achtung!

Bitte verwenden Sie keinesfalls lebende Hindernisse. Auch das Hineintreten von Personen, z. B. des Ausbilders selbst, um den Prüfling zum Reagieren/Halten zu zwingen, darf nicht erfolgen. Das Risiko eines Unfalles ist zu groß. In der Vergangenheit gab es bereits mehrere dieser Art, sogar schwere!

Das Aufnehmen einer Last sollte in einer praktischen Prüfung immer enthalten sein. Wie die „tägliche Einsatzprüfung" sollte auch stets das Verlassen/Stillsetzen des Flurförderzeuges im Fahrtest geprüft werden.

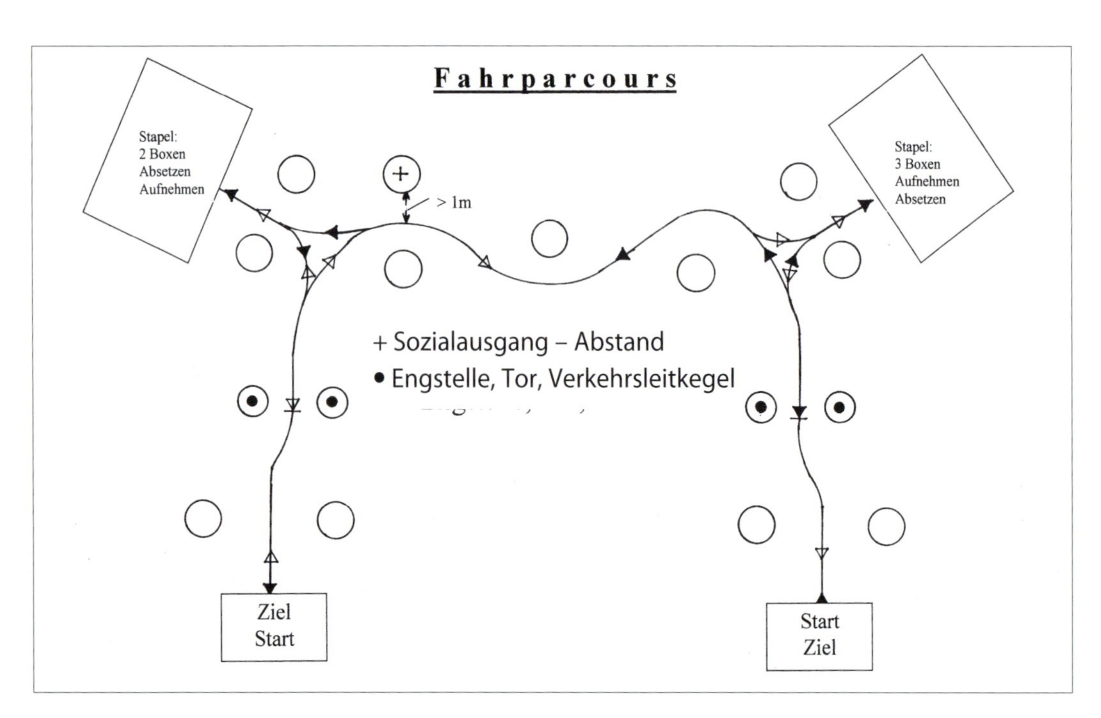

Fahrparcours für die praktische Prüfung von Gabelstaplerfahrern

Die Teststrecke ist so aufzubauen, dass 30 Fahrfehler möglich sind, z.B. für eine Gabelstaplerfahrprüfung:

- 5 Fehler bei der „Täglichen Einsatzprüfung" (Reifen-, Fahrerschutzdach-, Lastaufnahmemittel-, Bremsen-, Lenkungs-, Warneinrichtungs- und Hubmastüberprüfung)
- 3 Fehler bei der Lastaufnahme und beim Verfahren der Last (Last nahe am Gabelschaft aufgenommen, Last bis auf ca. 10 cm bis 20 cm zum Boden abgesenkt, Hubmast vor Fahrtantritt zurückgeneigt)
- 12 Fehler beim Befahren der Teststrecke (zu schnell und Anfahren von Begrenzungen, Zurückschauen vor und bei Rückwärtsfahrten, Stopp bei Engstellen)
- 5 Fehler beim Stapeln (Hubmast senkrecht stellen, stete Bremsbereitschaft, Hubmast erst über standsicheren Flächen nach vorn neigen, Rückwärtsschauen vor Zurücksetzen, Lastaufnahmemittel vor Fahrtantritt bodenfrei abgesenkt und Hubmast zurückgeneigt)
- 5 Fehler beim Stillsetzen des Staplers (nicht vor Notausgang und Feuerlöscheinrichtungen, Lastaufnahmemittel bis auf den Boden absenken, auch die Gabelspitzen, Fahrschalter auf Leerlauf/Null stellen, Feststellbremse anziehen, Schalt-/Zündschlüssel abziehen und mitnehmen bzw. Computer ausschalten)

Bei Zusatz- oder Sonderzusatzausbildungen sollten je nach Parcoursaufbau geringere Fehlerpunktzahlen zugrunde gelegt werden.
Bei Zusatzausbildungen sollte man z.B. 12 Fehlerpunkte festlegen.

Zusatzausbildung – Prüfungsfahrt

Beispiele:

a) Arbeiten mit einer Papierklammer an einem Stapler
Tägliche Einsatzprüfung der Papierklammer, Aufnahme einer Papierrolle vom Fahrwegboden, wobei die Papierrolle längs, durch Vorlegeklötze gegen Wegrollen gesichert, auf dem Boden liegt, Drehen der Klammer mit der Rolle. Auf einer markierten kurzen Strecke auf eine hochkant stehende Papierrolle zufahren und die Last (Papierrolle) darauf absetzen, ohne Last zurücksetzen und den Stapler an einem vorgegebenen Platz abstellen und verlassen.

b) Arbeiten mit einer Arbeitsbühne
Tägliche Einsatzprüfung der Bühne, Tragfähigkeit der Bühne für Auftrag prüfen, Aufnahme der Arbeitsbühne, Aufstellung des Flurförderzeuges, z.B. des Staplers, Mitgänger-Flurförderzeuges, sodass der Bühnenboden waagerecht steht, Hochfahren der Arbeitsbühne, Verständigungskontrolle, Verhalten auf dem Fahrerplatz, Abstellen der Arbeitsbühne.

c) Umgang mit Gefahrstoffen
Verschiedene Gefahrstoffe (Beschaffenheit und Gefährdungen/Sicherheitskennzeichnung), Tragen besonderer persönlicher Schutzausrüstung, Transport eines leeren Gefahrgutbehälters, z.B. ein Fass auf einer Fasspalette, Lastaufnahme und Lastabsetzen zu ebener Erde, Verhalten im Gefahrfall.

d) Arbeiten mit einer aufgehängten Last, z.B. Steineklammer an einem Stapler
Tägliche Einsatzprüfung der Steineklammer, Aufnahme einer Ladeeinheit aus Mauersteinen, Verfahren der Last bis zu einem Steinepaketstapel (1m bis 2 m hoch), Absetzen der Last auf diesem Stapel; ohne Last zu einem vorgegebenen Parkplatz fahren und den Stapler verlassen.

e) Arbeiten mit einer aufgehängten Last mit Einsatz eines Anschlagmittels, z.B. Hebeband, Seil oder Kette
Auswahl des Anschlagmittels unter Berücksichtigung des Umfeldes (Temperatur, Feuchtigkeit oder dgl.), des Lastgewichtes, des Anschlages (z. B. Schnürung) und des Neigungswinkels. Tägliche Einsatzprüfung des Lastaufnahmemittels/Anbaugerätes und des Anschlagmittels; Aufnahme und Verfahren sowie Absetzen der Last.

Prüfungsprotokoll

Über das Ergebnis der praktischen Prüfung sollte ein Protokoll geführt werden. Als Erleichterung wurde hierfür ein Protokollbogen entwickelt, auf dem der Prüfer leicht seine Beobachtungen und die Fehler der Flurförderzeugführeranwärter während der Prüfung vermerken kann. Auf der Rückseite dieses Protokolls ist, wie beim Prüfungsbogen für die theoretische Prüfung, eine Beurteilungsmöglichkeit und darüber hinaus eine Eintragungsmöglichkeit bezüglich der Grundhaltung und des Fahrverhaltens des Fahrschülers gegeben.

Durch die Führung dieses Protokollbogens ist bei der praktischen Prüfung kein zweiter Prüfer/Beisitzer erforderlich; denn dieses Protokoll ist ein ausreichender Beweis der am Prüfungstag erbrachten praktischen Fahrfertigkeit. Als Zeugen können auch die anderen Flurförderzeugführeranwärter herangezogen werden, sollte es zu Beschwerden seitens eines „Kandidaten" kommen; denn gravierende schwache Leistungen bei der praktischen Prüfung bleiben den anderen Seminarteilnehmern nicht verborgen!

Dieser Protokollbogen ist so aufgebaut, wie die Beispiele der Fahrtests angegeben wurden, sodass er für jede Art von Prüfung verwendet werden kann.

Zeitvorgaben

Wie bei theoretischen Prüfungen und Erfolgskontrollen sollte nie Zeitdruck entstehen, aber eine Zeitvorgabe gegeben werden. Mehr als 10 min sollte ein Fahrtest nicht in Anspruch nehmen.

Die praktische Prüfung sollte so aufgebaut/gestaltet sein, dass sie leicht in 6 min bis 8 min absolviert werden kann.

Auswertung – Beurteilung

Bei Überschreitung bis zu 5 min sollte ein Fehlerpunkt hinzugerechnet werden. Benötigen Fahrschüler länger als 20 min, sollte ihnen nochmals Zeit zum Üben gegeben bzw. eine Wiederholung der praktischen Fahrprüfung vorgeschlagen werden. Die praktische Prüfung sollte schon dann, unabhängig von den gemachten Fahrfehlern, als nicht bestanden angesehen werden. 12 Fahrfehler sind noch als ausreichend zu bewerten.

Erkennt der Ausbilder schon während der Prüfungsfahrt, dass die angesetzte Zeit bei weitem überschritten wird oder kommt der Schüler mit Vorgängen (z. B. Einstapeln einer Palette) trotz mehrfacher Versuche nicht zum Abschluss, sollte die Prüfung abgebrochen werden, denn jeder weitere Versuch führt beim Schüler zu noch mehr Nervosität. Ggf. kann die Prüfungsfahrt dann wiederholt werden – das steht im Ermessen des Ausbilders.

Zur Beurteilung, ob die Prüfung bestanden wurde, sollte man den gleichen Bewertungsmaßstab wie bei der theoretischen Prüfung zugrunde legen. Wurden mindestens 60 % der Aufgaben richtig erfüllt, ist die Prüfung bestanden. Zwischen 50 % und 60 % sollte dem Teilnehmer eine praktische Zusatzaufgabe gegeben werden. Löst er sie, ist die Prüfung bestanden, treten hierbei erheblich Fehler auf, so sollte der Praxisteil als nicht bestanden gewertet werden.

Kapitel 6
Methodik – Didaktik

Wir wollen als letztes Kapitel für den Ausbilder/Unterweiser oder die Führungskraft einige Vorschläge und Ratschläge hinsichtlich Lernverhalten, Aufbau von Schulungen usw. geben. Über allem steht jedoch die Individualität einer jeden Lehrperson. Sie muss die Lernform finden und anwenden, die auf ihre Person am besten zugeschnitten ist. Ein „Verstellen" ist schlecht, wirkt für die Schulungsteilnehmer irreführend und unglaubwürdig. Bleiben Sie deshalb der, der Sie sind, dann ist die erste Voraussetzung für eine erfolgreiche Schulung bereits gegeben.

6.1 Lernen

In den letzten Jahrzehnten hat sich das Lernen wesentlich verändert. War es früher ein einseitiges Vermitteln im Sinne des Vortrags des Lehrenden an den Lernenden, so hat es sich immer mehr in Richtung Gemeinschaftlichkeit entwickelt, in dem Sinn, dass der Lehrer Trainer ist und die Schüler die Mannschaft bilden. Nur ein gemeinsames Miteinander und Aufeinanderzugehen, ein Geben und Nehmen gewährleisten ein aktives und erfolgreiches Lernen.

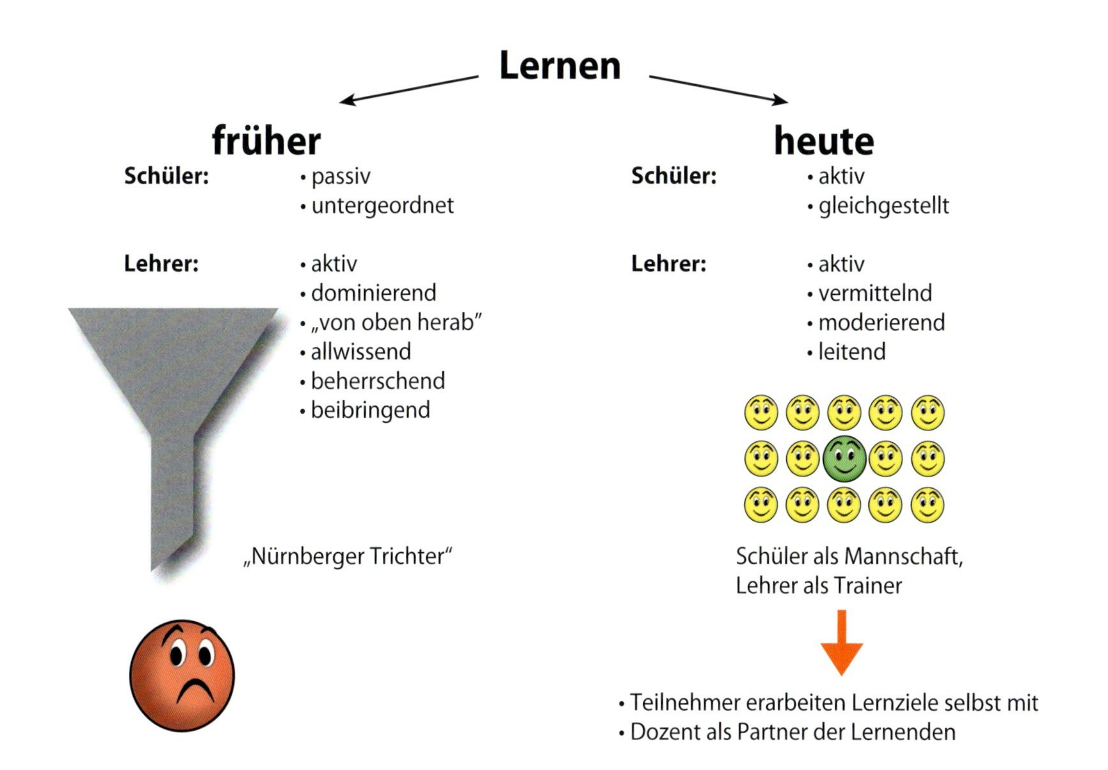

Arten des Lernens

Lernen ist für die Existenz des Menschen von größter Bedeutung. Das Lernen stellt eine Entwicklung dar, durch die der Mensch erst lebensfähig wird. Lernen ist Qualifikation für das Leben.

In der Wissenschaft unterscheidet man einige Arten des Lernens:

a) Lernen durch Versuch – Irrtum – Erfolg
Das Lernen geschieht hier durch Neugier und Probieren. Hat der Lernende mit einer Verhaltensweise Erfolg, so wird diese Verhaltensweise bestärkt und eingeprägt, während die erfolglosen Verhaltensweisen „gelöscht" werden. Entscheidend für das Einprägen ist der „Lustgewinn" durch das „Aha-Erlebnis", das als besondere Art eines Erfolgserlebnisses bezeichnet werden kann. Umgekehrt: „Gebranntes Kind scheut das Feuer" – Erlebnis warnt vor Wiederholung. Diese Lernart kann in der betrieblichen Praxis angewandt werden, wenn es eingeplant wird. Sie benötigt aber viel Zeit.

b) Lernen durch Nachahmung
Das Lernen geschieht durch Nachahmung der Tätigkeiten, der Fertigkeiten oder des Verhaltens eines Vorbildes. Der Lernende möchte sich mit seinem Vorbild identifizieren. Hierdurch können vor allem Lernziele im effektiven Bereich erreicht werden. Das Nachahmen kann bewusst und unbewusst geschehen. Hier wird ersichtlich, wie wichtig die Rolle des Ausbilders als Vorbild ist. Entsprechend wird bei negativen Vorbildern kein positives Verhalten zu erwarten sein.

c) Mechanisches Lernen
Das Lernen geschieht durch ständiges Wiederholen, Einprägen, Einüben, Angewöhnen des Lernstoffes. Es gibt keine Lernmethode, die ohne Übung auskäme. Wichtig für den Ausbilder ist es, genau zu wissen, in welchem Rhythmus das Üben und Wiederholen den besten Erfolg bringt. Man hat herausgefunden, dass von frisch gelerntem Stoff am ersten Tag sehr viel, dann allmählich aber immer mehr vergessen wird. Wiederholung fördert den Lernerfolg. Sinnvolles Material wird sehr viel weniger vergessen als Sinnloses. Anschaulich vorgegebenes Material bleibt länger haften als abstraktes.

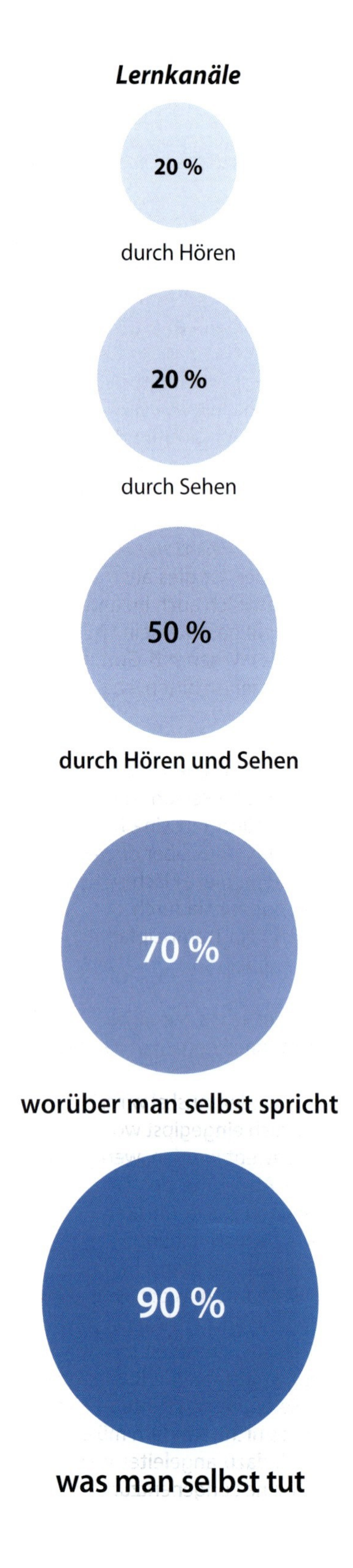

6.2 Exkurs Psychologie

Unbewusstes und bewusstes Verhalten – Warum?

Der Mensch ist von Natur aus träge. Er versucht ein Ziel immer zuerst mit dem geringsten Aufwand (Arbeit, Zeit, Geld) zu erreichen. Hierbei handelt er bewusst oder unbewusst egoistisch.

Dabei spielt der Selbsterhaltungstrieb eine große Rolle. Dieser Trieb wird von ihm heraus auf andere Menschen erweitert, wenn er darin für sich einen Nutzen sieht, z.B. Erhaltung seiner Art. Dies ist deutlich im Verhalten einer Mutter zu erkennen, die bis an ihre eigene Lebenssicherheit, ja sogar darüber hinaus geht, um ihr Kind zu schützen oder zu retten. Bei Liebenden ist dies auch zu erspüren. Der eine Partner sieht sich auch im anderen Partner. Er liebt – vereinfacht gesagt – sein Spiegelbild. Glaubt er an ein höheres Wesen, z.B. Gott, so wird er zuerst um sein Wohlergehen bitten, ehe er an das der anderen denkt.

Auch im praktischen Leben ist diese Handlungsweise zu erkennen. Eine Person will ein Ziel erreichen. Der Weg dahin führt um eine Rasenfläche herum. Der kürzeste Weg führt über die Rasenfläche. Egoistisch wird er über diese Fläche gehen, ungeachtet der Schäden, die er dadurch dem Rasen zufügt. Schnell entsteht ein Trampelpfad, denn auch andere Personen handeln so.

Auch im Körper eines Menschen herrscht Egoismus, sprich rationell negatives Handeln.

Beispiele: Ein Wadenmuskel wird, ist er nach einem Wadenbeinbruch eingegipst worden und kann dadurch nicht bewegt werden, weniger als sonst „ernährt". Nach Abnahme des Gipses erkennt der Mensch deutlich diese Muskelreduzierung. Nur durch Wiederbeanspruchung wird neues Muskelgewebe gebildet. Bei Menschen, die längere Zeit bettlägerig sind, tritt dies bei allen Muskeln ein, so auch bei der Atemmuskulatur und dem Herzmuskel. Diese Personen könnten die daraus anstehenden Gesundheitsgefahren, z.B. eine Lungenentzündung minimieren, wenn sie intensiv atmen würden. Nein, sie tun es nicht, sondern müssen durch Krankengymnastik dazu angeleitet werden. Mögliche Schäden, z.B. eine Lungenentzündung, die sie erleiden könnten, wollen sie nicht wahrhaben. Sie „blocken" diese Wahrscheinlichkeit ab: „Es wird mich schon nicht treffen". Außerdem ist es mühevoll, sich anders zu verhalten.

Genauso verhält sich ein Mensch bei einer sicherheitswidrigen Handlungsweise. Zum einen erkennt er diese Vorschriftswidrigkeit nicht, zum anderen blendet er die möglichen Folgen aus dieser Vorgehensweise aus. Er nimmt an, es wird ihn nicht treffen. – Es wird schon gut gehen. – Man erwischt mich nicht. – Ich werde durch diese Art des Handelns schneller und leichter an mein Ziel kommen, auch wenn es auf Kosten/Sicherheit anderer geht.

Man erkennt dieses Verhalten jeden Tag deutlich im Straßenverkehr: Geschwindigkeitsbegrenzungen werden nicht beachtet, es wird rechts überholt usw.

Auch im privaten, häuslichen Bereich ist dieses Verhalten zu beobachten. Wir benutzen einen Stuhl statt eine Leiter, um z.B. eine Tür in einem Hochschrank zu erreichen. Der Weg zum Leiterstandort ist uns zu weit. Wir lassen Schuhe, Stühle, Taschen im Weg stehen, weil wir sie evtl. am gleichen Tag noch benutzen/tragen wollen – versperren aber dadurch einen Verkehrsweg.

Diese Situationen lassen sich auch auf den betrieblichen Bereich übertragen. Der Fahrer stellt seinen Gabelstapler mitten im Verkehrsweg ab, um nur schnell einmal zur Kantine zu laufen, und vergisst oder ist zu bequem (es kostet Zeit und Mühe), die Gabelzinken bis auf den Boden abzusenken: Es wird sich schon keiner daran stoßen. – Sollen die anderen doch aufpassen.

Nun ist dieses Ausblenden einer möglichen Gefahr bzw. einer schlechten Erfahrung für ein gesundes und frohes Leben eines jeden Menschen aber auch wichtig. Ansonsten führt dieses »Nicht-Blockieren-Können" zwangsläufig zu Neurosen, wie Angstzuständen, Minderwertigkeitsgefühlen und dgl.

Mit diesem menschlichen Verhalten müssen wir alle leben und versuchen, es in die für uns sichersten Bahnen zu lenken. Jede Führungs- und Ausbildungskraft, sei es Mutter, Vater, große Schwester, großer Bruder, Kindergärtnerin, Jugendleiter, Trainer, Lehrer und Erwachsenenausbilder und hier wir selbst als Fahrlehrer, müssen uns darauf einstellen.

Angewandte Psychologie

Was versteht man darunter?
Es ist die Einflussnahme auf die inneren Gesetzmäßigkeiten und die daraus resultierenden Verhaltensweisen der Menschen, z. B. am Arbeitsplatz.

Unter innerer Gesetzmäßigkeit sind dabei u. a. die Mechanismen zum Verdrängen des Schlechten und das Behalten des Guten zu verstehen sowie die natürliche Trägheit des Menschen, den Weg des geringsten Widerstandes zu wählen.

Um diese Verhaltensweisen zum Schutze des Menschen und seines Umfelds zu ändern, haben sich Maßnahmen bewährt, die einen hohen Grad an Erfolgsaussicht haben, wenn folgende Vorgaben berücksichtigt werden:

1. Der Mensch sollte erkennen bzw. das Gefühl haben, dass es zu seinem Vorteil ist, wenn er sich anders verhält.
2. Das Selbstwertgefühl des Menschen und die Achtung vor dem anderen muss gestärkt werden.
3. Die hohe Wertigkeit seiner Gesundheit und die seiner Mitmenschen und seine Mitverantwortung hierfür muss ihm bewusst gemacht werden.

Hierzu im Einzelnen Folgendes:

→ Die „Bequemlichkeit" ist zu fördern.
Dies beginnt bei der Planung von Verkehrswegen – kurze Wege, sinnvoll ausgewiesene Zebrastreifen, sichere Aufstiege, erschütterungsarme Fahrzeuge, bis hin zu leicht erreichbaren Bedien-, Stellteilen.

→ Bessere Verdienstmöglichkeiten sollten möglich sein.
Höhere Gruppierung, Prämienzahlung bei unfallfreiem Steuern von Fahrzeugen.

→ Identifikation mit der Arbeit fördern.
Mitwirkung an der Planung von Arbeitsabläufen, Vorschlagswesen mit Prämienzahlung.

→ Mit Lob und Anerkennung, die nicht immer in „bare Münze" umgesetzt werden muss, sollte nicht gespart werden.
Jeder Mensch, nicht nur ein Kind, braucht seine „Streicheleinheiten".

→ Ausbilder und Einsatzleiter müssen sich ihrer Vorbildfunktion bewusst sein.
„Wie der Herr, so's Gescherr".

→ Schutzbedürfnis befriedigen!
Dem Probanden muss das Gefühl gegeben werden, dass Vorschriften, Verordnungen und Betriebsanweisungen zu seinem und dem Schutz Dritter geschaffen wurden.

→ Es sind ihm bei vorschriftswidrigem Handeln die für ihn möglichen Rechtsfolgen zu vermitteln, sei es im Arbeitsrecht (Kündigung, Versetzung), Strafrecht (Strafprozess) oder Zivilrecht (Schadensersatz).

Achtung!

Auf jeden sinnvollen Vorschlag muss reagiert werden!

Jeder Mensch ist anders, jeder Mensch ist individuell

Dieser Grundsatz macht es dem Ausbilder nicht einfach, eine Gruppe vieler Individualisten „unter einen Hut zu bringen". Dies ist immer dann umso schwieriger, je länger eine Veranstaltung dauert. Deshalb sind Pausen äußerst wichtig und wesentlicher Bestandteil einer erfolgreichen Schulung. Jeder theoretischen Lehreinheit von 45 min sollte eine zumindest 5- bis 10-minütige Pause folgen, spätestens nach 1 1/2 h eine längere Pause von ca. 15 bis 20 min. Individuelle Gegebenheiten der Gruppe muss der Ausbilder berücksichtigen, z. B. Raucherpausen einplanen.

Soweit der Ausbilder in Theorie und Praxis schult, bietet sich an, nach der Mittagspause mit einem praktischen Teil fortzufahren, da, wie wir alle wissen, ein üppiges Mittagessen dazu führt, dass sich das Blut im Wesentlichen im Magen-Darm-Trakt befindet und nicht im Gehirn. „Schwer verdauliche", d. h. theoretische und schwierige Themen, sollten daher nicht unbedingt in diese Zeit gelegt werden.

Die Art und Weise der Menschen und ihre Unterschiedlichkeit bringt es mit sich, dass der Ausbilder jeden Menschen anders „anfassen" muss und seine Stärken herausstellt und vermeidet Schwächen offenzulegen.

6.3 Schulungsformen und -aufbau

Lehrvortrag

Der Lehrvortrag vermittelt Kenntnisse durch verbale Mitteilung (Einweg-Kommunikation mit passiver Zuhörerrolle), die vom Zuhörer eine hohe Konzentration verlangt. Deshalb sollte der Lehrvortrag ***nur eine von mehreren*** Arbeitsweisen in einer Schulung sein.

Tipps zur Gestaltung eines Vortrages:
- Beziehen Sie die Teilnehmer mit ein!
- Strukturieren Sie klar und übersichtlich!
- Veranschaulichen Sie das Gesagte!
- Ein Lehrvortrag sollte nicht länger als 10 min bis 15 min dauern!

Kommunikation

Gesetzmäßigkeiten der Kommunikation

Sender *Empfänger*

1. Wichtig ist nicht, was A sagt, sondern was B versteht.
2. Wenn B eine Nachricht von A falsch interpretiert, hat A die Information nicht richtig vermittelt. Beim Sender liegt die Verantwortung für exakte Kommunikation.
3. Man kann nicht nicht kommunizieren.
4. Jede Kommunikation hat einen Inhalts- und einen Beziehungsaspekt. Der Beziehungsaspekt bestimmt den Inhaltsaspekt.

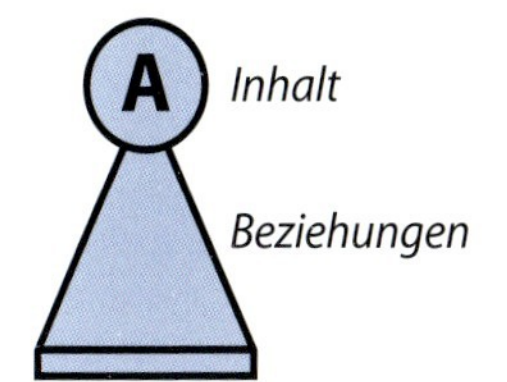

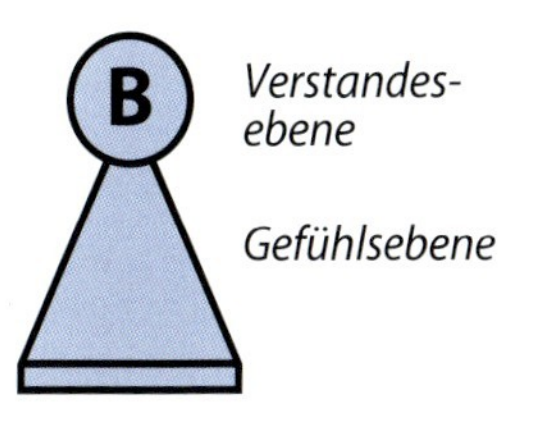

Fragetechnik

1. Wozu dienen Fragen?
- Um die Teilnehmer zum Denken anzuregen.
- Um sie in Lernprozesse einzubeziehen.
- Um den Lernfortschritt und Wissensstand zu erkennen.
- Um Selbsterarbeitung anzuregen und zu steuern.
- Um eine Gruppendiskussion in Gang zu halten und ein Ergebnis zu erarbeiten.

2. Formulierung von Fragen
- Konkrete Fragestellung (wer unklar fragt, bekommt unklare Antworten).
- Kurze und einfache Fragen mit präziser Wortwahl.
- Persönliche Anrede bevorzugen, wenn jemand konkret angesprochen wird.
- Suggestivfragen, Doppel- und Kettenfragen vermeiden.
- Zeit zum Nachdenken lassen, aber die Teilnehmer nicht „hängen" lassen – helfen – ggf. an andere weitergeben oder an alle freigeben.
- Fragen nicht selbst beantworten, es sei denn, eine Antwort kommt nicht oder nicht die richtige.

Frageform

1. Offene Fragen
- ergeben viele Antwortmöglichkeiten
- zum Anregen von Diskussionen
- Meinungen erfragen
- Begründungen erfragen
- weiterführende Antworten

Beispiele

Was halten Sie davon ...? Wozu führt das ...? Warum meinen Sie ...? Weshalb sollte ...? Wie sollte das aussehen ...?

2. Geschlossene Fragen
- konkrete eindeutige Antworten
- Gespräche steuern
- Gespräche, Diskussionen auf den Punkt bringen
- Ja-/Nein-Antworten
- Antwortmöglichkeiten sind vorgegeben

Beispiele

Ist heute Mittwoch ...? Wie heißt die Hauptstadt von ...?
Bist Du damit einverstanden ...?
Gehört das zu Methoden oder Medien ...?

Lehrgespräch

Für ein Lehrgespräch trägt der Seminarleiter ein von ihm entworfenes Konzept nicht einfach vor, sondern bezieht die Teilnehmer fragend ein und entwickelt deren Beiträge weiter. Das Gespräch ist vom Seminarleiter strukturiert, und er kennt zumindest in groben Zügen das Ergebnis.

Für ein Lehrgespräch benötigt man erheblich mehr Zeit, hier müssen Einwände und Fragen in Ruhe, ohne Zeitdruck und Ungeduld behandelt werden.

Ihre Aufgabe als Gesprächsleiter besteht darin, dass Sie

- das Ziel, Thema nennen und evtl. eine Kurzeinführung geben
- das Gespräch durch richtige Fragestellungen steuern
- Gedanken strukturieren und ausweiten
- alle Teilnehmer ins Gespräch einbeziehen
- Missverständnisse klären
- wichtige Beiträge hervorheben
- Beiträge, soweit erforderlich, mit Informationen ergänzen
- Feedback geben
- Ergebnisse zusammenfassen

Gruppenarbeit

Bei der Gruppenarbeit werden Teilaufgaben eines größeren Lernzusammenhangs kleineren Gruppen übertragen. Bei dieser Form werden die Teilnehmer in höherem Maße zur Selbstständigkeit angeleitet.

Bei der Gruppenarbeit sollten folgende ***Regeln*** beachtet werden:

- Gruppenarbeit kann, wie alle anderen Methoden auch, nur Teil eines Lernprozesses in einem größeren Zusammenhang sein.
- Die Teilaufgaben, die einer Gruppe übertragen werden, müssen von dieser auch bewältigt werden können.
- Gruppenarbeit kann auch sinnvoll funktionieren, wenn es innerhalb der Gruppe eine Arbeitsteilung gibt. Bei dieser internen Arbeitsteilung sollte der Dozent helfend reagieren.
- Eine Gruppe ist auf das Plenum angewiesen, dem sie ihre Arbeitsergebnisse vorträgt.
- Gruppen sollten ohne Störungen arbeiten können.
- Klare Arbeitsanweisungen mit Zielsetzung, Aufgabenstellung, zugelassenen Hilfsmitteln, zeitlichem Rahmen sowie Form, in der das Ergebnis vorliegen soll, sind notwendig.

Ablauf einer Gruppenarbeit

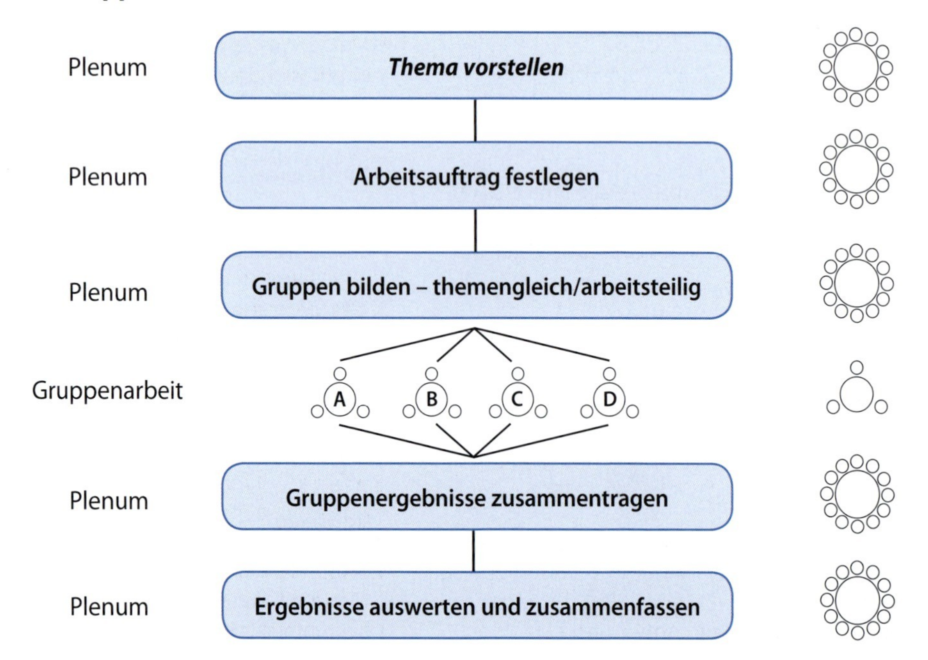

6.4 Phasen einer Schulungseinheit

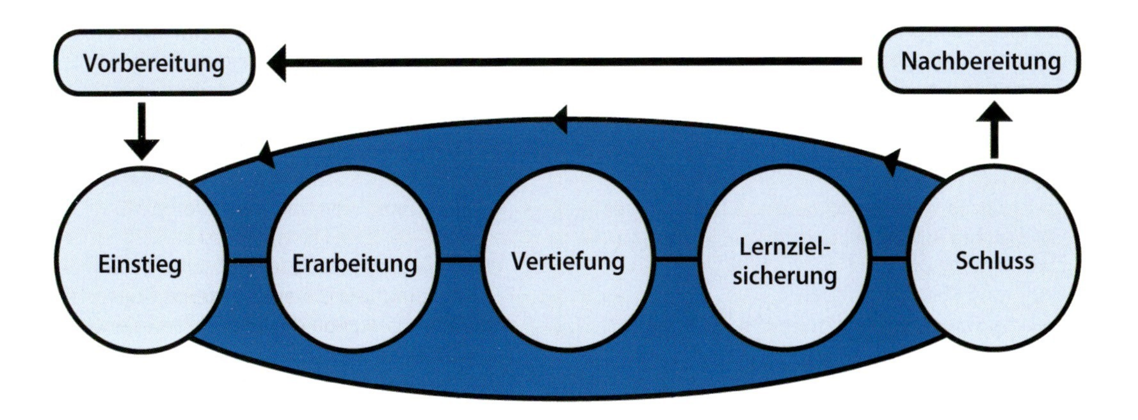

Beginn/Einstieg in eine Schulung

Erfahrungsgemäß ist der Beginn bzw. Einstieg in eine Veranstaltung mit die schwierigste Phase. Über diese Hürde kann man jedoch leichter kommen, indem man sich konkret mit dem Einstieg beschäftigt.

So kann die bewusste Wahl einiger bereits vorbereiteter Sätze helfen, ein aktueller Fall als Einstieg gewählt werden (so z. B. die Schilderung eines Unfalles aus der Tageszeitung oder eine betriebliche Gegebenheit) oder auch eine provokatorische Frage gewählt werden, dies insbesondere dann, wenn Sie es mit kritischen Teilnehmern zu tun haben. So z. B. können Sie auf eine Frage: „Ich fahre seit zehn Jahren Stapler. Was soll ich also hier auf dieser Fortbildungsveranstaltung über Flurförderzeuge? Ich kenne mich doch aus.", mit Gegenfragen antworten:

„Wissen Sie, wie viel Ihr Stapler wiegt? Wie viel Gewicht dürfen Sie mit Ihrem Stapler aufnehmen, wenn Ihr Stapler 4 t wiegt? Dürfen Sie mit einer Last von 2 t einen Aufzug befahren, dessen Traglast 4 t beträgt? Ist Ihr Stapler kippanfälliger, wenn Sie im Leerzustand fahren oder beladen?"

Oftmals werden Sie feststellen, dass die Teilnehmer mit ungläubigem Staunen reagieren, wenn Sie die Antworten präsentieren oder wenn Sie den Teilnehmern Zeit lassen, die Antworten selbst zu geben und diese dann häufig unrichtig oder nur achselzuckend reagieren. Sie haben so zugleich die Aufmerksamkeit geweckt und die Einsicht erreicht, dass es offensichtlich doch sinnvoll ist, an der Veranstaltung teilzunehmen.

Bitte beachten Sie aber, dass Sie nicht „oberlehrerhaft" und arrogant/von oben herab auftreten und die Teilnehmer bloßstellen. Sie haben dann bereits am Anfang der Veranstaltung eine gegen Sie ablehnende Einstellung der Teilnehmer provoziert und werden es schwer haben, diese Grundhaltung zu beseitigen.

Einsatz von Medien/Hilfsmitteln

Sinnvoll ist es, eine Veranstaltung mit verschiedenen Medien zu gestalten, so bspw. Broschüren, PowerPoint-Präsentationen mittels Beamer, Staplermodellen, Flipchart (s. a. Kapitel 1.5.2, Medieneinsatz). Bilder, kurze Filme oder auch Animationen, z.B. wie sich ein Vorgang abspielt, lockern auf und sind sinnvolle Ergänzungen für die Schulung.

Beispiel:
Sie zeigen in einer Animation, wie sich im Einzelnen die Lastaufnahme abspielt, also:
1. An ein Regal heranfahren
2. Hubmast lotrecht stellen
3. Gabelzinken anheben
usw.

Der Einsatz einer Flipchart ist deshalb sinnvoll, da hier ein Lernziel schrittweise erarbeitet werden kann. Auch kann diese dazu genutzt werden, einen Teilnehmer etwas darstellen zu lassen, eine Stoffsammlung anzulegen etc. Der Phantasie sind keine Grenzen gesetzt. Nachstehend einige Empfehlungen zum Umgang mit der Flipchart:

Schrift
- In Druckschrift schreiben.
- Groß genug schreiben.
- Zwei Schriftgrößen.
- Groß- und Kleinbuchstaben.
- Lesbarkeit von Buchstaben.

Gestaltung
- Pro Thema ein Blatt verwenden.
- Nicht zu viele Einzelheiten.
- Farben gezielt einsetzen.
- Kräftige Farben verwenden.
- Den Farben Funktionen zuordnen.

Vorteile
- Blätter lassen sich vor einer Veranstaltung herstellen.
- Blätter sind mehrmals einsetzbar.
- Blätter sind für längere Zeit sichtbar.
- Es lassen sich Entwicklungen aufzeigen.

Funktion
- Veranschaulichung von Sachverhalten.
- Visualisierung von Gruppenergebnissen.

Arten der Präsentation

Verwendung von Bildern und Unfallbeispielen

→ Soweit Sie Bilder zeigen, z. B. mittels Beamer an die Wand projizieren, beachten Sie im Vorfeld der Bilderauswahl, dass Sie grundsätzlich nur der Arbeitssicherheit gemäß „richtige" Bilder zeigen. So vermittelt es einen schlechten Eindruck und bleibt bei den Teilnehmern haften, wenn Sie Bilder zeigen, auf denen z. B. ein Schutzhelm oder Schutzhandschuhe fehlen, die zu tragen angebracht wären. Auch ist es für den Ausbilder psychologisch nicht hilfreich, wenn er sich von den Schulungsteilnehmern belehren lassen muss, dass sich Fehler auf dem Bild befinden. Anders ist es, wenn Sie ein Bild mit einem (oder mehreren) Fehlern zeigen, verbunden mit der Frage: „Schauen Sie doch einmal, fällt Ihnen an dem Bild etwas auf, sehen Sie Fehler?"

→ Auch sollten keine Bilder gezeigt werden, auf denen das Umfeld fehlerhaft ist, z. B. Verkehrswege verstellt sind oder Unordnung herrscht. Vielfach sieht man erst nach längerem und mehrmaligem Ansehen der Bilder bei der Vorbereitung einer Schulung, dass hier Fehler vorhanden sind.

→ Wenn Sie „fehlerhafte" Bilder zeigen, dann bitte unbedingt diese Fehler gegenüber den Teilnehmern darstellen, ggf. mit Pfeilen oder Laserpointer kennzeichnen. Das Bild niemals ohne „Aufklärung" über die beinhalteten Fehler ausblenden. Die Teilnehmer sind sonst verunsichert. Also am besten vor dem „Verlassen" des Bildes nochmals die Fehler selbst nennen oder von den Teilnehmern wiederholen lassen.

→ Vorsicht beim Zeigen von Unfällen oder bewusst fehlerhaften und vorschriftswidrigen Handlungen. Aus psychologischer Sicht prägen sich diese Bilder häufig mehr ein als richtiges Handeln. Deshalb immer konkret anhand des jeweiligen Bildes die Vorschriftswidrigkeit bzw. Fehlerhaftigkeit darstellen, wie auch schon oben geschildert.

→ Sollten Sie Unfälle mit Personenschäden zeigen, z. B. schwere Verletzungen, müssen Sie bitte die Teilnehmer unbedingt im Vorfeld, also bevor Sie dieses Bild einblenden, warnen, damit diese die Möglichkeit haben, wegzuschauen. Nicht jeder kann es psychisch verkraften, wenn er einen schwer verletzten oder toten Menschen sieht. Dies prägt sich häufig psychologisch ungeheuer negativ ein und sollte deshalb vermieden werden.

→ Insbesondere sollten Sie nicht am Ende eines Lehrganges – z. B. um abzuschrecken oder zu warnen – solche Bilder präsentieren, da die Teilnehmer mit einer positiven Einstellung aus Ihrer Veranstaltung gehen sollen und nicht mit Angst oder Unwohlsein.

→ Grundsätzlich sollten Sie bei der Verwendung solcher Bilder sehr zurückhaltend sein. Bitte berücksichtigen Sie auch, dass die Opfer auf den Bildern unkenntlich gemacht werden, denn auch sie haben eine Würde, die über das Leben hinausgeht. Das sagt uns schon Artikel 1 des Grundgesetzes.

Schlussworte am Ende einer Veranstaltung

Wichtig ist, dass am Ende einer Veranstaltung eine positive Grundstimmung vorhanden ist. Die Teilnehmer sollen, insbesondere nach bestandener Prüfung, mit einem Hochgefühl und v.a. mit gestärktem Verantwortungsbewusstsein den Raum verlassen. Beenden Sie deshalb niemals eine Veranstaltung mit Warnungen, Belehrungen oder gar Drohungen.

Die Schlussworte könnten wie folgt aussehen:
„Im Betrieb werden Sie ständig vor veränderte Aufgaben und Einsatzbedingungen gestellt. Sie müssen eigenverantwortlich beurteilen und entscheiden, ob und wie Sie eine Tätigkeit durchführen. Ihre neu gewonnenen Erkenntnisse und das neu erworbene Wissen befähigen Sie nunmehr, die Ihnen gestellten Aufgaben sicher zu meistern.

Nicht derjenige Flurförderzeugführer oder Gerätebediener ist ein „Könner", der seine Maschine bis an die Grenzen ihres Leistungsvermögens beansprucht. Wer sein Fahrzeug oder Gerät ausschließlich nach seinem Gefühl steuert und belastet/überlastet und die Leistungsgrenzen nur aufgrund gemachter Erfahrungen akzeptiert, nicht aber die Technik dahinter kennt und beherzigt, zeigt, dass er Fehler, Unfälle und ihre Folgen in Kauf nimmt.

„Könner" ist vielmehr derjenige Geräteführer, der um die Möglichkeiten und Grenzen seines Arbeitsmittels weiß, sie akzeptiert und nicht überschreitet. Er wird in Wahrnehmung seiner Verantwortung innerhalb des gesetzten Rahmens von Technik und Vorschriften optimal arbeiten.

Auch müssen Sie immer weiter bereit sein, sich weiterzubilden und Ihr Wissen auf den sich wandelnden Stand von Technik und Vorschriften anzupassen. Ein Verharren im einmal Erlernten reicht im Berufsleben nicht aus, insbesondere wenn man Verantwortung trägt, wie Sie es tun.

Seien Sie sich Ihrer Aufgabe und immer auch der Tragweite Ihres Handelns bewusst und ein Vorbild für andere.

Für eine erfolgreiche Arbeit meine besten Wünsche.

Ich zähle auf Sie."

Abschluss eines Lehrgangs

Jede Aus- und Fortbildung sowie Unterweisung sollte immer zukunftsorientiert sowie motivierend zur positiven Einstellung für die Pflichterfüllung der Beteiligten, auch des Ausbilders, beendet werden.

Die Teilnehmer müssen im Nachhinein das Gefühl haben, dass die Ausbildung in erster Linie zu ihrem Nutzen war. Außerdem muss ihnen vermittelt worden sein, ob direkt oder indirekt, dass sie auch in Zukunft mit ihren Problemen zur Lösung ihrer betrieblichen Aufgaben nicht allein gelassen werden und sie sich hierzu an ihren Ausbilder wenden können. Dies sollte auch, wenn irgend möglich, für private Probleme möglich sein.

Grundsätzlich gehört zu einem positiven Lehrgangsabschluss stets eine Besprechung der Prüfungsfragen, wobei Ergebnisse im Einzelnen nie vor allen Teilnehmern besprochen werden dürfen.

Wenn Bewertungsbogen ausgegeben wurden, die die Teilnehmer ausfüllen sollen, sollten Anregungen auf diesen Bogen, aber auch mündlich vorgetragene Meinungen, positiv besprochen werden. Ob sie bei zukünftigen Lehrgängen berücksichtigt werden können, ist von Fall zu Fall zu entscheiden.

Darüber hinaus ist darauf zu achten, dass der Lehrgang pünktlich (± 10 min) zu der am Anfang (in der Anwärmphase) des Lehrgangs bekannt gegebenen Zeit beendet wird.

Ob der Ausbilder jeden Teilnehmer bei der Übergabe/Überreichung der Urkunde usw. Hände schüttelnd beglückwünscht, oder ob er dies mit einem zustimmenden freundlichen und anerkennenden Blickkontakt tut, muss der Ausbilder von der jeweiligen Lage der Dinge (Raumverhältnisse, Teilnehmerzahl usw.) und seiner persönlichen Einstellung abhängig machen.

Dies gilt auch bei der Verabschiedung; denn auch unter den Teilnehmern können sich Personen befinden, die dem Körperkontakt (Händedruck) ausweichen möchten. Auf zustimmende Blickkontakte und einen Wunsch zum unfallfreien Heimweg sollte jedoch nie verzichtet werden.

Denken wir an die alte Weisheit: „Nicht was wir beginnen ist entscheidend, sondern das, was wir erfolgreich beenden."

Auswertung des Lehrgangs/der Schulung für den Ausbilder/Lehrer

Die Reaktionen, Auswirkungen, Erfolge des Lehrgangs, sowohl unmittelbar nach der Schulung als auch Monate und Jahre danach, sind nicht nur für den Auftraggeber/ Betrieb, sondern auch für den Ausbilder sehr wichtig.

Wie kann man Reaktionen und Erfolge messen?
Zunächst kann man sie unmittelbar nach der Veranstaltung, u. a. durch direkte Gespräche mit den Teilnehmern und insgesamt durch deren Verhalten sowie anhand von Beurteilungsbogen, die die Probanden ausfüllen, messen. Beifall und persönliche Verabschiedung der Teilnehmer vom Dozenten sind ein Gradmesser. Je stärker der Beifall und je mehr Teilnehmer sich verabschieden, sei es durch Handschlag, Kopfnicken oder Blickkontakt, desto besser „kam der Ausbilder an". Diese unmittelbare Resonanz ist sehr wichtig, besonders was die psychologische Seite – den Kontakt – betrifft. Es wurde begonnen, ein Vertrauensverhältnis zu schaffen.

Fachlich ist der Erfolg daran zu messen, wie viele Fragen in der „Theoretischen Prüfung" richtig beantwortet wurden. Die „Praktische Prüfung" fließt hierbei mit ein, denn Fahrfehler lassen auf ein Nichtverstehen der Fahrphysik schließen. Hierbei sind nicht die Fahrfehler gemeint, die durch mangelnde Übung gemacht wurden, sondern Fahrfehler, z. B. bei der Lastaufnahme wie das Nicht-Zurückneigen des Hubgerüstes vor Fahrtantritt oder ein Verfahren einer Last, ohne vorher das Lastaufnahmemittel so weit abzusenken, sodass sich die Last ca. 10 cm bis 20 cm über dem Verkehrsweg befindet.

Bei der Fehlerermittlung sollte der Lehrer auch feststellen, welche Fehler am häufigsten gemacht wurden. Sowohl der Prozentsatz der falsch beantworteten Fragen insgesamt, als auch die Fehler, die am häufigsten gemacht wurden, lassen für den Lehrer Schlüsse auf seine Wissensvermittlung zu. Aus diesen Ergebnissen ist z. B. zu ermitteln, welche Erklärungen und Erläuterungen vertieft, ergänzt und eventuell klarer ausgedrückt werden sollten. Aber auch für die Pädagogik – Didaktik – Darbietung des Stoffes sind Erkenntnisse zu verwerten, u. a. dafür, ob mehr praktische Beispiele gebracht werden sollten.

Darüber hinaus ist es möglich, durch Erfragen/Beobachten des Unfallgeschehens im Betrieb beim Umgang mit Flurförderzeugen nach dem Lehrgang festzustellen, ob oder wenn ja, wo ein Defizit im sicherheitsgerechten Verhalten und Führen der Flurförderzeuge vorliegt.

Dieses Wissen ist für weitere Schulungen im Betrieb wichtig.

Grundsätzlich ist Selbstkontrolle des Ausbilders, aber auch sachliche Kritik von Teilnehmern bzw. Einsatzleitern positiv für den Ausbilder, denn dadurch verwertet er diese Kritik bzw. Erkenntnis und bleibt nicht in seinem Können stehen, sondern verbessert und entwickelt sich weiter. Kommt dazu noch Weiterbildung, sei es durch Selbststudium oder Teilnahme an Fortbildungsseminaren, so ist die „Dynamik" seiner Lehre garantiert.
Man spricht auch von der „Innovation der Lehre".

6.5 Wertigkeit/Stellenwert eines Lehrgangs

Ein bleibender Erfolg des Lehrgangs sowohl für die Teilnehmer selbst als auch für die Auftraggeber und den Vorgesetzten der Fahrer sowie das Umfeld ist nur gewährleistet, wenn die Absolventen des Lehrgangs ein Erfolgserlebnis haben und die Auftraggeber, die Vorgesetzten und das Umfeld den Wert des Lehrgangs hoch ansetzen und die erbrachte Leistung der Probanden anerkennen.

Für diese notwendige Anerkennung hat der Auftragnehmer, z. B. ein Ausbildungsinstitut, eine Fahrschule, eine Ausbildungsabteilung eines Flurförderzeughändlers, schon im Vorfeld bei den Auftraggebern zu sorgen. Der Ausbilder selbst hat durch seine Fachkompetenz, sein Auftreten und die Abwicklung des Ausbildungslehrgangs diese Wertigkeit zu festigen.

Für den Teilnehmer ist es am Ende des Lehrgangs wichtig, dass er nach Bestehen der Prüfung in Theorie und Praxis hierüber einen schriftlichen Nachweis erhält. Hierfür haben sich Urkunden und die Eintragung in den Fahrausweis am besten bewährt. Ein Erfolgsnachweis ist für die Erteilung eines Fahrausweises nach § 7 Abs. 1 Nr. 3 DGUV V 68 mit ihren Durchführungsanweisungen zu § 7 erforderlich. – Die Erteilung ist schon aus Gründen der Wertstellung der Ausbildung und des Abschlusses wichtig.

Führungskräfte großer namhafter Unternehmen berichten, dass sie die Übergabe der Urkunden/Zertifikate und Fahrausweise sogar im kleinen, „feierlichen" Rahmen gestalten. Dies nicht etwa, weil die Vorgesetzten und Ausbilder nichts Besseres zu tun haben. Hintergrund ist, dass man durch Untersuchungen festgestellt hat, dass Flurförderzeugführer mit Zertifikat und insbesondere Fahrausweis weniger Unfälle verursachen und materialschonender fahren. Für sie hat ihre Tätigkeit mit Erlangung der Befähigung zum Flurförderzeugführer sowie der „feierlichen" Überreichung der Urkunde und des Fahrausweises an Wert gewonnen. Sie wissen nun, dass sie Verantwortung für sich, die Kollegen, das Umfeld und den Betrieb haben. Diese „handfesten" wirtschaftlichen Erwägungen sollten Führungskräfte in ihre Überlegungen zu Ausbildung, Urkunden, Fahrausweis und dem damit verbundenen Rahmen der Veranstaltung mit einbeziehen.

Diesen Erfolgsnachweis sollte die Personalabteilung der Firma, in der der ausgebildete Fahrer tätig ist, in Fotokopie abheften. Dies ist schon deshalb wichtig, da damit gegenüber dem Unternehmer die Befähigung nachgewiesen wird, dass der Kollege ein Flurförderzeug führen kann (s. DGUV V 68 § 7).

Die Urkunde und der Fahrausweis sind Eigentum des Fahrers. Darüber hinaus sind ein Lob des Ausbilders und anerkennende Worte des Chefs sehr wichtig. Sie wirken noch lange nach und haben eine stark motivierende Wirkung für seine zukünftige Aufgabe und seine Einstellung zur Arbeit. Diese positive Einstellung nach einer gelungenen/erfolgreichen Ausbildungsarbeit trifft auch für den Dozenten zu, wenn er diese Wirkung auch im Moment nicht direkt spürt.

Schlusswort

Ihnen – liebe Ausbilder – kommt zentrale Bedeutung im Umgang mit Flurförderzeugen zu. So wie Sie den Lehrstoff vermitteln und mit Ihrer Persönlichkeit anschaulich darstellen, wird der Flurförderzeugführer später seine Tätigkeit ausüben. Sie können ihn positiv prägen – leider aber auch negativ „zurücklassen".

Zu Ihnen „schaut der Fahrzeugbediener auf"; also seien Sie es sich in Ihrem Auftreten und Verhalten stets bewusst. Grenzen Sie sich von den leider existierenden „grauen" oder sogar „schwarzen Schafen" ab, die Ausbildungen und Unterweisungen „im Vorübergehen" absolvieren und damit die rechtlichen Grundsätze und Anforderungen an qualifizierte Ausbildungen (wie z. B. den DGUV-Grundsatz 308-001) mit Füßen treten. Diese Ausbilder gefährden in unverantwortlicher Weise fahrlässig oder sogar vorsätzlich das Leben unserer Gerätebediener und aller Kollegen.

So hat sich der IAG-Stempel des Institutes für angewandten Arbeits- und Gesundheitsschutz in den letzten Jahren als Qualitätsnachweis für Ausbilder bewährt (s. www.iag-mainz.de). Mit ihm können Sie alle Ihre Ausbildungen individuell mit der für Sie zugeteilten Ausbildernummer dokumentieren und stehen damit für höchste Qualität und Arbeitssicherheit im Umgang mit mobilen Arbeitsmitteln.

In diesem Sinne: **Viel Erfolg!**

– Der Verfasser –

Stichwortverzeichnis

Bildnachweis:
Titelseitenabbildungen Resch-Verlag: Alle Rechte vorbehalten.
kelifamily/fotolia.com: Seite 96

Der Verlag dankt folgenden Firmen recht herzlich für das Zurverfügungstellen von Fotos/Abbildungen (in alphabetischer Reihenfolge):

AUSA Center S.L.U.: Seiten 116, 344
Crown Gabelstapler GmbH &Co. KG: Seiten 51, 114, 237, 359, 497
Hiab Moffet (Cargotec Germany GmbH): Seite 508
Hubtex Maschinenbau GmbH & Co. KG: Seiten 50, 228, 257, 319, 457
Jungheinrich AG: Seiten 50, 115, 120, 194, 237, 239, 247, 315, 328, 464, 504, 505
Kalmar Germany GmbH: Seiten 50, 52, 97, 166, 200, 223, 254, 319, 343, 373, 472, 476, 503
Magaziner Lager- und Fördertechnik GmbH: Seiten 49, 51
Manitou Deutschland GmbH: Seiten 49, 115, 118, 125, 135, 154, 214, 249, 255, 312, 314, 320, 328, 339, 344, 359, 421, 426, 473, 491, 493, 494, 501, 512
Miag Fahrzeugbau GmbH: Seite 245
Mitsubishi: Seiten 182, 274, 292, 293, 294, 374, 485, 496
Palfinger GmbH: Seiten 50, 256, 420, 488
Still GmbH: Seiten 29, 31, 48, 51, 52, 109, 111, 182, 184, 185, 208, 213, 229, 230, 243, 314, 316, 325, 343, 379, 420, 458, 460, 461, 485, 494
Stöcklin Logistik AG: Seiten 49, 198, 238, 239, 420, 499
Terex Germany GmbH & Co. KG (Genie): Seiten 52, 163, 251, 252, 253, 450, 457, 459
Toyota Material Handling Deutschland GmbH: Seiten 353, 499
UniCarriers Germany GmbH (Atlet): Seite 354
UniCarriers Germany GmbH (Nissan): Seiten 48, 168,
Wacker Neuson Vertrieb Europa GmbH & Co. KG: Seite 486
Zeppelin GmbH (Hyster): Seiten 115, 129, 291

Der Autor dankt folgenden Firmen/Personen recht herzlich für das Zurverfügungstellen von Fotos/Abbildungen (in alphabetischer Reihenfolge):

Linde Material Handling: Seiten 92, 94, 110, 118, 130, 133, 135, 138, 147, 155, 162, 165, 169, 170, 179, 189, 190, 2x202, 2x208, 213, 217, 218, 224, 225, 227, 233, 240, 241, 243, 246, 248, 249, 250, 251, 254, 277, 287, 315, 320, 321, 323, 345, 353, 359, 365, 370, 379, 381, 387, 402, 405, 407, 411, 412, 413, 415, 418, 423, 425, 431, 447, 461, 463, 470, 474, 475, 493, 498, 500, 502, 516
Merlo Deutschland GmbH: Seiten 52, 117, 135, 252, 253, 450
Palfinger GmbH: Seiten 48, 125, 185, 255
Riga Mainz GmbH & Co. KG: Seiten 251, 478, 480
Schnirch, Ralf: Seite 104
Still GmbH: Seiten 133, 164, 324, 383, 385, 402, 431, 498
Toyota Material Handling Deutschland GmbH: Seite 162
Zeppelin GmbH (Hyster): Seiten 48, 59, 102, 147, 167, 224, 237, 247, 265, 280, 296, 419, 421, 425, 456
Zimmermann, Timo: Seiten 106, 114, 400

Alle weiteren Fotos/Abbildungen vom Verfasser.

Bezugsquellenverzeichnis

Anbaugeräte
KAUP GmbH & Co. KG, S. 554
VETTER Industrie GmbH, S. 555

Automation
Linde Material Handling GmbH, S. 553

Dieselstapler
Linde Material Handling GmbH, S. 553

Elektrohubwagen
Linde Material Handling GmbH, S. 553

Elektrostapler
Linde Material Handling GmbH, S. 553

Ersatzteile
Industrie-Service-Jung GmbH & Co. KG, S. 556

Explosionsgeschützte Flurförderzeuge
Linde Material Handling GmbH, S. 553

Fachbücher
Resch-Verlag, S. 560

Fachzeitschriften
Stünings Medien, S. 558
Vereinigte Fachverlage GmbH, S. 559
Vertikal Verlag, S. 557

Fahrausweise
Resch-Verlag, S. 560

Frontstapler
Linde Material Handling GmbH, S. 553

Gabelhubwagen
Linde Material Handling GmbH, S. 553

Gabelstapler
Linde Material Handling GmbH, S. 553

Gabelzinken
VETTER Industrie GmbH, S. 555

Mitgänger-Flurförderzeuge
Linde Material Handling GmbH, S. 553

Hochhubwagen
Linde Material Handling GmbH, S. 553

Hochregalstapler
Linde Material Handling GmbH, S. 553

Hubwagen
Linde Material Handling GmbH, S. 553

Kommissioniergeräte
Linde Material Handling GmbH, S. 553

Kommissionierstapler
Linde Material Handling GmbH, S. 553

Ladegeräte
Linde Material Handling GmbH, S. 553

Lastschutzgitter
Linde Material Handling GmbH, S. 553

Logistikzug
Linde Material Handling GmbH, S. 553

Niederhubwagen
Linde Material Handling GmbH, S. 553

Regalanlagen
Linde Material Handling GmbH, S. 553

Regalstapler
Linde Material Handling GmbH, S. 553

Schlepper
Linde Material Handling GmbH, S. 553

Schmalgangstapler
Linde Material Handling GmbH, S. 553

Schubmaststapler
Linde Material Handling GmbH, S. 553

Schulungsunterlagen für Ausbilder und Geräteführer
Resch-Verlag, S. 560

Treibgasstapler
Linde Material Handling GmbH, S. 553

Verbrennungsmotor Gabelstapler
Linde Material Handling GmbH, S. 553

Vier-Wege-Stapler
Linde Material Handling GmbH, S. 553